U0266202

石油和石油产品试验方法 行业标准汇编

2016

（第二分册）

中国石油化工集团公司科技部　编

中国石化出版社

图书在版编目（CIP）数据

石油和石油产品试验方法行业标准汇编.2016，第二分册 / 中国石油化工集团公司科技部编.—北京：中国石化出版社，2016.8
ISBN 978-7-5114-4139-3

Ⅰ．①石… Ⅱ．①中… Ⅲ．①石油-试验方法-行业标准-汇编-中国-2016②石油产品-试验方法-行业标准-汇编-中国-2016 Ⅳ．①TE622.5-65②TE626-65

中国版本图书馆CIP数据核字（2016）第199289号

未经本社书面授权，本书任何部分不得被复制、抄袭，或者以任何形式或任何方式传播。版权所有，侵权必究。

中国石化出版社出版发行
地址：北京市东城区安定门外大街58号
邮编：100011　电话：(010)84271850
读者服务部电话：(010)84289974
http://www.sinopec-press.com
E-mail：press@sinopec.com
北京柏力行彩印有限公司印刷
全国各地新华书店经销
＊
880×1230毫米 16开本 67印张 2011千字
2017年1月第1版　2017年1月第1次印刷
定价：280.00元

出版说明

《石油和石油产品试验方法行业标准汇编 2010》自 2010 年出版至今已有五年时间。在此期间，有些标准进行了复审修订，有些标准经过复审已经废止，同时不断有新的试验方法标准发布实施。为满足石油产品生产和销售企业、科研和教学单位以及广大用户的使用需要，中国石油化工集团公司科技部组织相关单位重新编辑出版了《石油和石油产品试验方法行业标准汇编 2016》。

本汇编全面系统地反映了石油和石油产品试验方法行业标准的最新情况，可为使用者提供最新的试验方法标准信息。

本汇编分第一~第五分册共五个分册，共收录了截至 2015 年 12 月底以前发布的石油和石油产品试验方法行业标准 571 项。因受篇幅限制，SH/T 0506—1998、SH/T 0510—1995（2006）、SH/T 0512—1992（2006）、SH/T 0513—1992（2006）、SH/T 0514—1992（2006）、SH/T 0515—1992（2006）、SH/T 0516—1992（2006）、SH/T 0518—1992、SH/T 0519—1992（2006）和 SH/T 0672—1998（2006）共 10 项润滑油评定方法标准未收入本汇编中。

标准号中括号内的年代号表示在该年度复审确认了该项标准，但这些标准并没有重新出版单行本。

本汇编包括的标准，由于出版的年代不同，其格式、计量单位及术语不尽相同。本汇编对原标准中的印刷错误一并作了校正。如有疏漏之处，恳请指正。

中国石油化工集团公司科技部
2015 年 12 月

目 录

I

目 录

目 录

中华人民共和国石油化工行业标准

液压液水解安定性测定法
（玻 璃 瓶 法）

SH/T 0301—1993

（2004 年确认）

代替 SH/T 0301—1992

1　主题内容与适用范围

本标准规定了用玻璃瓶法测定液压液水解安定性的方法。

本标准适用于矿油型和合成型液压液。

注：本标准也适用于评定水基或水乳化的液压液，但应按原始状态评定，试样量为 100g。

2　引用标准

GB/T 265　石油产品运动黏度测定法和动力黏度计算法

GB 4544　啤酒瓶

GB/T 4945　石油产品和润滑剂酸值和碱值测定法(颜色指示剂法)

GB/T 5231　加工铜及铜合金化学成分和产品形状

SH/T 0079　石油产品试验用试剂溶液配制方法

SH/T 0210　液压油过滤性试验法

3　方法概要

将试样、水和铜片一起密封在耐压玻璃瓶内，然后将其放在 93℃±0.5℃的油品水解安定性试验箱内，按头尾颠倒方式旋转 48h 后，将油水混合物过滤，测定不溶物，再将油、水分离，分别测定油的黏度、酸值、水层总酸度和铜片质量变化。

注意：在 93℃的试验条件下，使用能耐含有约 200kPa 的空气和水蒸气的玻璃瓶，操作中应戴上防护面罩和厚的纤维手套。

4　仪器与材料

4.1　仪器

4.1.1　玻璃瓶：容量 200mL，瓶口符合 GB 4544 规定。

4.1.2　天平：感量 0.5g 及感量 0.1mg。

4.1.3　压盖机。

4.1.4　油品水解安定性试验箱：由内部装有能够夹住玻璃瓶，并使转速保持在 5r/min，按头尾颠倒方式旋转的旋转机构的恒温烘箱所组成，该烘箱能控制温度至 93℃±0.5℃。

4.1.5　瓶启子：用以开启玻璃瓶盖。

4.1.6　过滤装置：不锈钢滤网薄膜型，符合 SH/T 0210 中的规定。

4.1.7　电动吸引器：抽气速率为 30L/min 的都可以使用，例如 YB·DX23 型。

4.1.8　吸滤瓶：250mL。

4.1.9　分液漏斗：250mL。

4.1.10 培养皿：直径 110mm。

4.1.11 离心管：锥形，100mL。

4.1.12 离心机：能维持离心速度为 1500r/min。

4.1.13 锥形烧瓶：250mL。

4.1.14 微量滴定管：2mL，分度为 0.02mL。

4.1.15 称量瓶：直径为 30mm，高为 60mm。

4.1.16 放大镜：20 倍。

4.1.17 烘箱：能控制温度至 60℃±1℃。

4.2 材料

4.2.1 铜片：符合 GB/T 5231 中 T1 要求，铜片厚为 0.10~0.12mm。

4.2.2 砂布：粒度为 240 号。

4.2.3 绸布。

4.2.4 瓶垫：直径为 24mm 的耐油橡胶垫。

4.2.5 瓶盖：直径为 25mm 的玻璃瓶用的马口铁皮盖。

4.2.6 薄膜型滤膜：直径 50mm，孔径 5μm 混合纤维树脂滤膜。

4.2.7 毛刷：猪鬃竹柄式。

4.2.8 蒸馏水：二次蒸馏水或离子交换水。

5 试剂

5.1 正庚烷：分析纯。

注意：易燃品。吸入有害，反复接触刺激皮肤。

5.2 1，1，1-三氯乙烷：分析纯。

注意：吸入有害。高浓度可引起无知觉或死亡，接触时可刺激皮肤和引起皮炎，如果燃烧可产生有毒蒸气。

5.3 无水硫酸钠：分析纯。

5.4 无水异丙醇：分析纯。

5.5 95%乙醇：分析纯。

5.6 氢氧化钾：分析纯，按 SH/T 0079 配制 $c(KOH) = 0.1mol/L$ 氢氧化钾标准滴定溶液及配制 $c(KOH) = 0.1mol/L$ 氢氧化钾异丙醇标准滴定溶液。

5.7 酚酞指示剂：配成 10g/L 乙醇指示液。

5.8 石蕊试纸

6 准备工作

6.1 清洗玻璃仪器，然后用蒸馏水清洗两次，干燥后备用。

6.2 将铜片剪成宽 13mm，长 51mm 的长方形，并按试验编号在铜片上打上印记。

6.3 将盛有薄膜型滤膜的称量瓶敞开盖子放在 60℃±1℃ 的烘箱内干燥，不少于 1h，然后盖上盖子放在干燥器中冷却 30min 后进行称重（精确至 0.2mg）。

7 试验步骤

7.1 用蒸馏水充满玻璃瓶，静置一昼夜，放出玻璃瓶中的水，然后用蒸馏水冲洗干净。

7.2 用洗净的玻璃瓶称取 75g±0.5g 试样和 25g±0.5g 蒸馏水。如果试样为水基或水乳化的液压液时，不需另加水，试样量为 100g±0.5g。

7.3 用砂布打磨铜片至表面清洁，并用正庚烷清洗，自然干燥后用清洁绸布擦净，然后称重（精确至 0.2mg），立即将铜片浸入装有试样的玻璃瓶中。

注：在处理铜片时，应戴手套或使用滤纸，避免手指与铜片接触。

7.4 把装有耐油密封垫的玻璃瓶盖，用压盖机紧压在试验用玻璃瓶上，以不泄漏为准。

7.5 将上述玻璃瓶安装在温度为93℃±0.5℃的试验箱内的旋转机构上，按头尾颠倒的方式，使其以5r/min速度旋转，试验温度达到93℃±0.5℃开始计时，运转48h。

7.6 取出玻璃瓶，放在隔热板上，冷却至室温。

7.7 用瓶启子打开玻璃瓶，将玻璃瓶内油和水倒入装有已称重过的薄膜型滤膜的过滤装置中，在真空下过滤，然后用适量加热至70℃左右的蒸馏水分次洗涤玻璃瓶、铜片。将洗涤液倒入过滤器过滤，直至洗涤液对石蕊试纸呈中性为止。洗后的铜片用镊子放入培养皿中。

7.8 将吸滤瓶内油和水混合物移至250mL的分液漏斗中，静置至分成清晰的水层和油层（若不测定不溶物时，可不经过滤而将玻璃瓶内的油和水混合物移至分液漏斗中进行油水分离，如果油和水的混合物不能分成清晰的油层和水层，可将其移至100mL锥形离心管中，以1500r/min速度离心分离10min，使之分出清晰的水层）。

7.9 将7.8条中分出的水层放入250mL锥形烧瓶中，同时用适量70℃左右的蒸馏水分次清洗吸滤瓶，所得洗涤液倒入分液漏斗中去洗涤剩下的油。静置分液漏斗中的油水混合物，将分出的水层放入上述的250mL锥形烧瓶中。然后再用适量70℃左右的蒸馏水分次洗涤分液漏斗中的油，直至洗涤液对石蕊试纸呈中性为止。静置后所分出的水层也放入上述锥形烧瓶中。

7.10 用药勺把少量无水硫酸钠加入到分液漏斗里的洗涤后油中，经剧烈摇动均匀，倒入已干燥过的滤纸上过滤。

7.11 黏度的测定。按照GB/T 265测定7.10条中过滤后试样的40℃运动黏度，将结果与原试样的黏度比较，计算在40℃下黏度变化百分数。

7.12 酸值的测定。按照GB/T 4945测定7.10条中过滤后试样的酸值，并和原试样酸值比较，记录酸值变化。

7.13 水层总酸度的测定。向7.9条中盛有水液（试验后水层和洗涤水液）的锥形烧瓶内，加入1mL酚酞指示液，用$c(KOH) = 0.1mol/L$氢氧化钾标准滴定溶液迅速滴定，直至溶液变成浅玫瑰色，并能保持15s不变为终点。记录滴定水层所消耗的氢氧化钾标准滴定溶液的毫升数。

7.14 不溶物的测定。将过滤器中的薄膜型滤膜用50mL正庚烷冲洗后，放入6.3条中的称量瓶中，按照6.3条要求移至60℃±1℃烘箱内干燥后称重。记录试验前后称量瓶和薄膜型滤膜的质量。

7.15 铜片质量变化的测定及铜片外观的判定。依次用正庚烷、三氯乙烷清洗培养皿中的铜片。在清洗时要用毛刷洗刷铜片表面，并用清洁的绸布擦净铜片，干燥后称重，记录试验前后铜片的质量。然后将铜片放在20倍的放大镜下观察，记录铜片外观颜色和腐蚀程度。

8 计算

8.1 试样的不溶物 $X[\%(m/m)]$ 按式（1）计算：

$$X = \frac{m_1 - m_0}{m} \times 100 \quad\cdots\cdots\cdots\cdots\cdots\cdots\cdots\cdots\cdots\cdots\cdots\cdots\cdots\cdots（1）$$

式中：m_0——试验前薄膜型滤膜和称量瓶的质量，g；

m_1——试验后薄膜型滤膜和称量瓶的称量，g；

m——试样的质量，g。

8.2 试样运动黏度变化百分数 $X_1(\%)$ 按式（2）计算：

$$X_1 = \frac{\nu_1 - \nu_0}{\nu_0} \times 100 \quad\cdots\cdots\cdots\cdots\cdots\cdots\cdots\cdots\cdots\cdots\cdots\cdots\cdots（2）$$

式中：ν_0、ν_1——试验前、后试样在40℃的运动黏度值，mm^2/s。

8.3 试样的酸值变化 $X_2(mgKOH/g)$ 按式(3)、(4)、(5)计算：

$$X_2 = Y_1 - Y_0 \quad\cdots\cdots\cdots\cdots\cdots\cdots\cdots\cdots (3)$$

其中：

$$Y_0 = \frac{V_0 \times 0.0561 \times c \times 1000}{m_2} \quad\cdots\cdots\cdots\cdots (4)$$

$$Y_1 = \frac{V_1 \times 0.0561 \times c \times 1000}{m_3} \quad\cdots\cdots\cdots\cdots (5)$$

式中：Y_0、Y_1——试验前、后试样的酸值，mgKOH/g；

V_0、V_1——试验前、后滴定试样所消耗氢氧化钾异丙醇标准滴定溶液的体积，mL；

c——氢氧化钾异丙醇标准滴定溶液的实际浓度，mol/L；

0.0561——与1.00mL氢氧化钾异丙醇标准滴定溶液[$c(KOH)=1.000mol/L$]相当的以克表示的酸(以氢氧化钾表示)的质量；

m_2，m_3——试验前、后试样的质量，g。

8.4 水层总酸度 $X_3(mgKOH)$ 按式(6)计算：

$$X_3 = (V_2 - V_3) \times 0.0561 \times c_1 \times 1000 \quad\cdots\cdots\cdots\cdots\cdots (6)$$

式中：V_2——滴定水层试样所消耗的氢氧化钾标准滴定溶液的体积，mL；

V_3——滴定空白试验所消耗的氢氧化钾标准滴定溶液的体积，mL；

c_1——氢氧化钾标准滴定溶液的实际浓度，mol/L。

8.5 铜片质量变化 $X_4(mg/cm^2)$ 按式(7)计算：

$$X_4 = \frac{m_4 - m_5}{A} \times 1000 \quad\cdots\cdots\cdots\cdots\cdots\cdots (7)$$

式中：m_4、m_5——试验前、后铜片质量，g；

A——铜片的表面积，规定条件下为$[(1.3 \times 5.1) \times 2]cm^2$。

9 精密度

用下述规定判断试样的酸值变化、水层总酸度和铜片质量变化试验结果的可靠性(95%置信水平)。

9.1 重复性：同一操作者在同一实验室，测定同一试样的两个结果之差不应大于下表规定的数值。

9.2 再现性：不同操作者在不同实验室，测定同一试样的两个结果之差不应大于下表规定的数值。

精密度表

项　　目	重复性(r)	再现性(R)
酸值变化，mgKOH/g	$0.8\bar{X}$	$1.9\bar{X}$
水层总酸度，mgKOH	$0.8\bar{X}$	$1.3\bar{X}$
铜片质量变化，mg/cm²	$0.3\bar{X}$	$0.9\bar{X}$

注：$\bar{X}$ 为两次测定结果的平均值。

10 报告

取重复测定两个结果的算术平均值(取至小数点后两位)作为试样的测定结果。

铜片外观：用文字描述铜片在20倍放大镜下观察的外观。

附加说明：

本标准由石油化工科学研究院技术归口。

本标准由大连石油化工公司负责起草。

本标准主要起草人颜贤忠、刘兰香。

本标准参照采用美国试验与材料协会标准 ASTM D2619-88《液压液水解安定性测定法（玻璃瓶法）》。

本标准首次发布于 1983 年。

编者注：本标准中引用标准的标准号和标准名称变动如下。

原标准号	现标准号	现 标 准 名 称
GB 5231	GB/T 5231	加工铜及铜合金牌号和化学成分

中华人民共和国石油化工行业标准

SH/T 0302—1992

抗氨汽轮机油抗氨性能试验法

代替 SY 2687—83

1 主题内容与适用范围

本标准规定了测定抗氨型汽轮机油抗氨性能的试验方法。

本标准适用于抗氨型汽轮机油。

2 引用标准

SH 0114 航空洗涤汽油

3 方法概要

3.1 向 800mL 试样中连续通入 12h 氨气(氨气流量为 115mL/min±2mL/min),然后静置 12h,摇动试样,目测有无沉淀物析出。

3.2 在规定的试验条件下,试样与氨气充分接触,油中酸性物质与氨发生化学反应,经过沉降后,摇动试样,观察试样有无沉淀物析出,有沉淀物析出者为抗氨不合格,无沉淀物析出者为抗氨合格。

4 仪器与材料

4.1 仪器

4.1.1 气体吸收瓶:直径为 65mm±2mm,高度为 400mm±2mm,容积 1000mL(在 800mL 处有环形刻线)。

4.1.2 恒温水浴:300mm×500mm。

4.1.3 温度计:0~100℃,分度值为 1℃。

4.1.4 氨气稳压器:LK-01 型或其他型载气稳压器。

4.1.5 压力表:0~245kPa($0~2.5kgf/cm^2$)。

4.1.6 浮子流量计:0~120 刻度或压差式流量计。

4.1.7 泡沫头:渗透率 3000~6000mL/min,孔径不大于 80μm。

4.1.8 细口瓶:1000mL。

4.2 材料

4.2.1 航空洗涤汽油:符合 SH 0114 规格要求。

4.2.2 氨气:纯度不低于 99.9%。

5 试剂

5.1 苯:分析纯。

5.2 无水乙醇:化学纯。

6 准备工作

6.1 按图安装试验仪器。

6.2 仪器安装好后进行系统试漏，保证系统不漏气。

6.3 将气体吸收瓶，先用航空洗涤汽油清洗，再用苯洗，最后用无水乙醇洗，晾干备用。

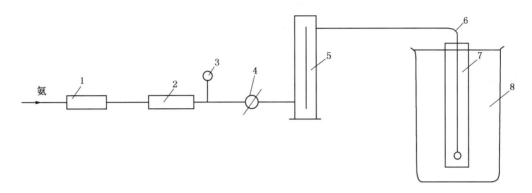

抗氨试验仪器安装示意图

1—氧化钙干燥管；2—稳压阀；3—压力表；4—考克；5—浮子流量计（或压差式流量计）；
6—泡沫头；7—吸收瓶；8—水浴

7 试验步骤

7.1 将试样用工业滤纸过滤（除去水杂），取 800mL 滤过的试样，倒入洁净干燥的吸收瓶中，然后放入泡沫头，使其距吸收瓶底部 10mm，然后把吸收瓶放入 65℃±2℃恒温水浴中。

7.2 连通氨气胶管，打开氨气阀，调节氨气流量为 115mL/min±2mL/min，连续通氨气 12h。

7.3 通氨气 12h 后，关闭氨气阀取出吸收瓶，用滤纸将外部及瓶口处的水擦干，防止外部水分进入试样中，将试样倒入 1000mL 细口瓶中静置 12h 后，先观察瓶底有无明显沉淀，如不明显再用手摇动细口瓶观察试样是否有悬浮沉淀。

8 结果判断

8.1 目测试样有无沉淀物析出，无者为试样抗氨合格；有者为抗氨不合格。

8.2 以重复测定两个结果一致作为测定结果，如其中一个不合格，此试验重做。

注：氨气进入吸收瓶之前必须用氧化钙干燥管进行干燥，否则有微量水分影响抗氨试验结果，使合格样变为不合格。

附　录　A
氨气流量计校正方法
（补充件）

A1　方法概要

将加有一定体积、一定浓度的标准酸溶液的吸收器，按图 A1 连接到氨气路中，往酸吸收液内通入氨气，当吸收液中混合指示剂变色时停止通氨，记录通氨气时间及氨气的温度、压力，按气态方程式计算氨气流量。

A2　仪器

A2.1　吸收瓶：250mL。
A2.2　温度计：0~100℃，分度值为1℃。
A2.3　气压计。
A2.4　秒表。
A2.5　磁力搅拌器。

A3　试剂

A3.1　混合指示液：2g/L 甲基红指示液与 2g/L 亚甲蓝指示液按 1∶1 体积混合。
A3.2　$c(HCl) = 0.1mol/L$ 盐酸标准滴定溶液。

A4　试验步骤

A4.1　按氨气流量计校正流程图连接好气路，在吸收瓶中加入 100mL $c(HCl) = 0.1mol/L$ 盐酸标准滴定溶液，并加入 2~3 滴混合指示液，放入搅拌子之后，放到磁力搅拌器上。

A4.2　打开气路中考克，使氨气通入到盛有蒸馏水的三角烧瓶中，调节考克，使浮子到校正刻度（或压差式流量计到规定刻度），当系统中空气排净时（观察通入水中氨气泡非常小时，认为系统中空气已排净）将泡沫头放入到吸收瓶中，同时开动秒表记录吸收时间，打开磁力搅拌器搅拌吸收液，当酸吸收液到达反应终点时，停止秒表，记下时间、氨气温度及当时大气压力。

A5　计算

氨气流量 $X(mL/min)$ 按式（1）计算：

$$X = \frac{n \cdot R \cdot T}{P \cdot t} \quad\cdots\cdots\cdots\cdots\cdots\cdots\cdots\cdots\cdots\cdots\cdots\cdots \text{（A1）}$$

氨气克分子数 n 按式（2）计算：

$$n = \frac{c \cdot V}{1000} \quad\cdots\cdots\cdots\cdots\cdots\cdots\cdots\cdots\cdots\cdots\cdots\cdots\cdots\cdots \text{（A2）}$$

式中：c——盐酸标准滴定溶液的实际浓度，mol/L；

V——盐酸标准滴定溶液体积，mL；

T——绝对温度，K；

P——大气压力，kPa（atm）；

t——时间，min；

R——气体常数，82.05×101.3mL（kPa/mol·K）[或 82.05mL（atm/mol·K）]。

A6 精密度

重复测定两个结果之差不应大于算术平均值的2%。

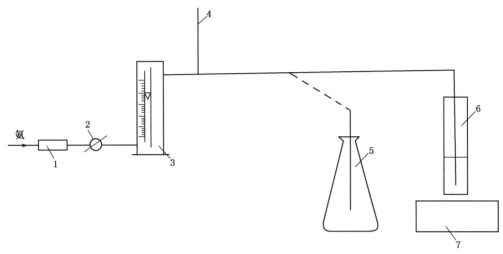

图 A1 氨气流量计校正流程图

1—稳压阀；2—考克；3—浮子流量计(或压差式流量计)；
4—温度计；5—三角瓶；6—吸收瓶；7—磁力搅拌器

附加说明：

本标准由石油化工科学研究院技术归口。

本标准由兰州炼油化工总厂负责起草。

本标准主要起草人张思恭。

中华人民共和国石油化工行业标准

添加剂中硫含量测定法
（电 量 法）

SH/T 0303—1992

（2004 年确认）

代替 SY 2688—83

---

1 主题内容与适用范围

本标准规定了用电量法测定添加剂中硫含量的方法。

本标准适用于硫含量在 0.5%~50%（m/m）范围内的非挥发性润滑油添加剂。添加剂中所含磷、氯、氮、锌及钙、钡等元素对测定结果无干扰。

2 方法概要

本标准系用库仑法测定添加剂的总硫含量。

试样在 1000℃高温下、在氧气流中燃烧分解，其中硫燃烧生成 SO_2 和 SO_3：

$$S+O_2 \longrightarrow SO_2+SO_3$$

SO_2 随燃烧气流进入电解池，和电解液中的 I_3^- 发生反应：

$$SO_2+I_3^-+2H_2O \longrightarrow SO_4^{2-}+3I^-+4H^+$$

使电解液中 I_3^- 浓度变化。

此时电解阳极发生反应：

$$3I^--2e \longrightarrow I_3^-$$

电解阴极发生反应：

$$2H^++2e \longrightarrow H_2 \uparrow$$

滴定终点由双铂片电极指示和控制。达到终点后，电解停止，微库仑计记录所消耗的电量。

在测定试样硫含量前，需先用二硫化二苄标准试剂对仪器进行标定，测出其硫的回收率，燃后再进行添加剂试样硫含量的测定，并根据所消耗的电量和硫的回收率计算试样的硫含量。

3 仪器与材料

3.1 仪器

3.1.1 微库仑计：YS-2A 型微库仑计或其他同类型的微库仑计。微库仑计应具有与双铂片指示电极配用并具有 0~10μA 可调电流的给定桥路；能提供 1~10μA 电解电流；测量与电解相互隔离；电流-时间积分误差不超过±1%。

3.1.2 电解池：如图 1 所示。电解池为 φ60mm，高 70mm 的玻璃圆筒，上部有一个 19 号标准磨口插孔、两个 14 号标准磨口插孔和一个通气管插孔，供安装电极和通气管用。19 号阴磨口下接有一个直径约 18mm 的阴极舱，舱内放一阴极室。阴极室为 φ12mm×40mm 的圆筒，底部装有用磨砂玻璃或离子交换膜作成的半透膜，用以防止碘扩散入阴极室而只让 H^+ 通过。电解阴极为铂丝电极。电解阳极为 7mm×10mm 铂片电极。指示电极为双铂片电极，其面积都为 7mm×10mm，间距为 4~7mm。两电极间应绝缘良好。通气管下部应拉成 φ1~2mm 的毛细管，以便燃烧气体能成细小气泡状分散在电解液内。

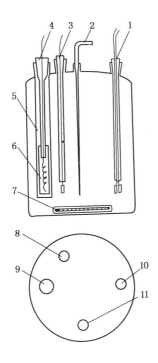

图 1　电解池

1—双铂片指示电极；2—通气管；3—电解阳极；4—电解阴极；

5—阴极舱；6—阴极室；7—搅拌棒；8—电解阳极插孔；

9—电解阴极插孔；10—指示电极插孔；11—通气管插孔；

3.1.3　磁力搅拌器。

3.1.4　高温炉：炉膛直径为 40mm，长 550～600mm。炉内温度分布均匀，在保证燃烧段温度为 1000℃时，炉内最高温度不得超过 1150℃。燃烧段热电偶安放孔应直通炉膛，距炉口 150mm。

3.1.5　温度控制器。

3.1.6　石英管：如图 2 所示。燃烧头有六至七个 $\phi1～2mm$ 的喷射孔。

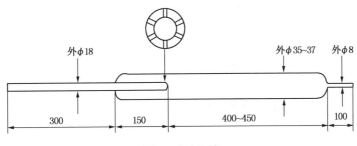

图 2　石英管

3.1.7　石英进样舟：如图 3 所示。

3.1.8　石英样杯：尺寸为 $\phi6mm×6mm$ 的平底石英杯。

3.1.9　气体流量控制器或调节阀。

3.1.10　转子流量计：量程为 0～500mL／min。

3.1.11　半微量分析天平：感量为 0.01mg。

3.2　材料

3.2.1　磁铁。

3.2.2 普氧。

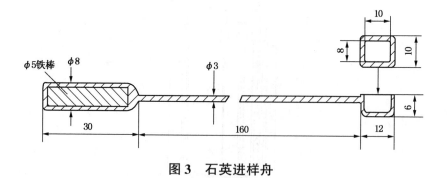

图 3 石英进样舟

4 试剂

4.1 二硫化二苄：标准物质。

4.2 碘化钾：分析纯。

4.3 冰乙酸：分析纯。

4.4 迭氮化钠：化学纯。

4.5 五氧化二钒：化学纯。

4.6 硝酸：化学纯，按体积比配成 1：1 的硝酸溶液。

4.7 盐酸：化学纯，按体积比配成 1：1 的盐酸溶液。

5 准备工作

5.1 配制电解液：称取 10g 碘化钾，5g 迭氮化钠，量取 10mL 冰乙酸，溶于 1L 去离子水或蒸馏水中，贮存在棕色瓶中备用。

5.2 将两对电极放在 1：1 硝酸中浸泡 1~2min，然后用蒸馏水冲洗干净，插入电解池相应位置中。

5.3 在电解池中加入 40~50mL 电解液，其用量应能浸没各对电极、但不超过阴极室上口。阴极室内应注满电解液。

5.4 按图 4 组装好仪器，接好氧气通路及高温炉与温度控制器、各对电极与微库仑计间接线。

5.5 打开温度控制器开关，将高温炉升温并恒温至 1000℃±10℃。

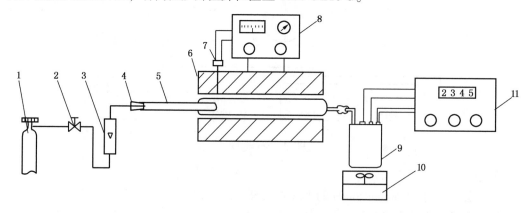

图 4 仪器组装示意图

1—氧气瓶；2—气体流量控制器；3—流量计；4—橡皮塞；
5—石英管；6—高温炉；7—热电偶；8—温度控制器；
9—电解池；10—磁力搅拌器；11—微库仑计

5.6 接通氧气，调节氧气流速为 150mL/min±10mL/min。

5.7 打开微库仑计开关，将"工作-延时"选择放在"工作"上，"自动-手动"选择放在"自动"上，"时间选择"放在"25s"上，"增益"旋至最大，"补偿"旋至"0"，给定放在"4"。

注：此处系以 YS-2A 型微库仑计为例，其他类型微库仑计按说明书要求使用。

5.8 开动磁力搅拌器（注意调节搅拌速度与位置，使气泡能散布在电解池中，切勿直接逸出）。按下"启动"按键，电解电流档置于"1mA"，平衡电解池。电解池应充分平衡至微库仑计平均每分钟计数不超过 0.2mC，且表头指针不得朝过碘方向漂移。否则，应检查各对电极，或用酒精灯小心灼烧指示电极、或清洗电解池、更换电解液。然后重新平衡电解池至合乎要求为止。

6 试验步骤

6.1 用半微量天平称取试样于石英样杯中，称精确至 0.01mg。按下述称取试样以便与电解电流档配合。

试样硫含量,%(m/m)	0.5~1	1~5	5~30	30 以上
试样量, mg	4~2	7~2	3~1	1
电解电流档位, mA	1	5	10	10

6.2 打开石英管管口的橡胶塞，将称好试样的石英样杯放在石英进样舟中，再一起放入石英管内，塞好橡胶塞，用磁铁小心将进样舟送到燃烧部位。

6.3 进样完毕，立即按下"启动"按键，25s 后开始计数（注意按上述选择电解电流档位，使电解时间不少于 1min）。

注：① 测定正式开始前，应先燃烧二至四个不含金属的含硫试样，以使石英管的吸附达到平衡。

② 在每次改变电解电流档位后，也需先燃烧一至二个不含金属的含硫试样，使电解池重新建立平衡，以免因过碘现象不同而得出错误的结果。

6.4 计数停止，"测量"，表头指针回到平衡位置后，记录电量数。然后打开橡胶塞，用磁铁取出石英进样舟，再塞好橡胶塞。

6.5 测定完毕，关好温度控制器和微库仑计开关，继续通氧气吹扫石英管 10min，关好流量控制器和氧气瓶。

6.6 关好磁力搅拌器开关。将电解池中的电解液倒掉，用蒸馏水仔细冲洗电解池和电极，然后装入蒸馏水并将电极浸泡在蒸馏水中。

6.7 将石英样杯放在烧杯中，加入 1:1 盐酸溶液，煮沸 5~10min，冷却后用自来水和蒸馏水仔细冲洗干净，烘干后备用。

6.8 按 6.2~6.4 条作三至五个二硫化二苄标准物质，分别记下电量数 Q_0，计算其硫的回收率 T，取其算术平均值作为仪器的平均硫的回收率 $\overline{T}$。

6.9 按 6.2~6.4 条进行添加剂中硫含量的测定，记下电量数 Q，计算其硫含量。若试样中含有钙、钡等碱土金属时，需在试样上覆盖重量为试样量 1~2 倍的五氧化二钒。

注：在使用五氧化二钒的最初一段时间内，硫的回收率迅速下降，然后趋于平稳。这时在测定含钙、钡试样硫含量时应在测定过程中不时插入二硫化二苄标准物质以校正硫的回收率。

7 计算

7.1 硫的回收率 $T(\%)$ 按式（1）计算：

$$T = \frac{Q_0}{15.62 m_1} \quad\cdots\cdots\cdots\cdots\cdots\cdots\cdots\cdots\cdots\cdots\cdots\cdots\cdots\cdots\cdots \text{（1）}$$

式中：Q_0——微库仑计电量计数，mC；

m_1——二硫化二苄质量，mg；

15.62——转换系数，mC/mg。

7.2 试样硫含量 $S[\%(m/m)]$ 按式(2)计算：

$$S=\frac{Q}{60m_2 \cdot \overline{T}} \quad\text{...} (2)$$

式中：Q——微库仑计电量计数，mC；

　　　m_2——试样质量，mg；

　　　60——转换系数，mC/mg；

　　　$\overline{T}$——平均硫的转化率，%。

8 精密度

用下述规定判断试验结果的可靠性(95%置信水平)。

8.1 重复性：同一操作者重复测定两个结果之差不应超过下列数值。

　　　硫含量,%(m/m)　　　　　　　　重复性,%(m/m)

　　　0.5~5　　　　　　　　　　　　算术平均值的6%

　　　>5~50　　　　　　　　　　　　算术平均值的4%

8.2 再现性：由两个实验室提出的两个结果之差，不应超过下列数值。

　　　硫含量,%(m/m)　　　　　　　　再现性,%(m/m)

　　　0.5~5　　　　　　　　　　　　算术平均值的8%

　　　>5~50　　　　　　　　　　　　算术平均值的6%

注：本标准的精密度于1982年由五个实验室，十个试样开展统计实验，并对实验结果进行数据处理和分析得来的。

9 报告

取重复测定两个结果的算术平均值作为试样的硫含量。

附加说明：
本标准由石油化工科学研究院技术归口。
本标准由石油化工科学研究院负责起草。
本标准主要起草人吴续源。

前　言

　　本标准等效采用国际标准 ISO 5662：1997《电气绝缘油腐蚀性硫试验法》，对 SH/T 0304—1992《电气绝缘油腐蚀性硫试验法》进行修订。

　　本标准与 ISO 5662：1997 的主要差异是：

　　引用标准不同。ISO 5662：1997 引用标准为 ISO 2160：1985《石油产品铜片腐蚀试验法》、ISO 3696：1987《分析实验用水详细说明和试验方法》。本标准引用标准为 GB/T 5096《石油产品铜片腐蚀试验法》、GB/T 6682《分析实验室用水规格和试验方法》。

　　本标准对 SH/T 0304—1992 的主要修订内容是：

　　1. 磨光材料不同。原标准为 63μm 碳化硅纸或布，90μm 碳化硅粉。本标准为 65μm 碳化硅纸或布，105μm 碳化硅粉。

　　2. 本标准中增加 2,2,4-三甲基戊烷作为清洗溶剂，增加对蒸馏水的规格要求。

　　3. 试片干燥方式不同。原标准规定试片在烘箱中干燥几分钟后可进行试验。本标准规定试片在热空气流中最多干燥 5min 或烘箱中干燥时间为少于 3min。

　　4. 本标准进行了编辑性修改。

本标准由中国石油化工集团公司提出。

本标准由中国石油化工集团公司石油化工科学研究院归口。

本标准起草单位：上海高桥石油化工公司上海炼油厂。

本标准主要起草人：陆丽华、李　静。

本标准首次发布于 1992 年。

ISO 前 言

　　矿物绝缘油中含有一些在特定的使用条件下能引起腐蚀的物质，本国际标准中所述的试验方法就是用来检测游离硫和腐蚀性硫这两种非理想杂质含量的。

　　在许多使用场合中，绝缘油会和受腐蚀的金属接触。因为这种有害的腐蚀性硫化物的存在会导致这些金属的腐蚀，腐蚀的程度取决于腐蚀物的含量、类型、时间和温度等因素，所以检测这些非理想杂质，不是定量的形式，而是一种识别有害物质的方法。

中华人民共和国石油化工行业标准

电气绝缘油腐蚀性硫试验法

Electrical insulating oils-Detection of corrosive sulfur

SH/T 0304—1999

（2005 年确认）

eqv ISO 5662：1997

代替 SH/T 0304—1992

告诫：

本标准涉及某些有危险性的材料、操作和设备，但是无意对与此有关的所有安全问题都提出建议。因此，用户在使用本标准之前应建立适当的安全和防护措施并确定有适用性的管理制度。

1 范围

本标准规定了从石油中提炼出的电气绝缘油中腐蚀性硫的试验方法。

本标准适用于电气绝缘油。

2 引用标准

下列标准包括的条文，通过引用而构成为本标准的一部分。除非在标准中另有明确规定，下述引用标准都应是现行有效标准。

GB/T 5096 石油产品铜片腐蚀试验法

GB/T 6682 分析实验室用水规格和试验方法

3 方法概要

在没有空气存在下，一块磨光的纯铜片和油在 140℃ 的试验温度下接触。在试验结束时，检查铜片颜色的变化，在和表 1 对比的基础上进行评定。

4 仪器与材料

4.1 仪器

4.1.1 鼓风烘箱或油浴：能加热并能控制在 140℃±2℃。

注：优先选用循环式鼓风烘箱。

4.1.2 瓶子：250mL，用耐化学腐蚀玻璃制成，细口，带有磨口玻璃塞子，完全充满到瓶塞时的容积为 270~280mL。

注：要求这种容积的瓶子是为了给油样有足够的热膨胀空间，硼硅玻璃瓶能满足此要求。

4.1.3 烘箱：控制温度为 105℃±2℃。

4.1.4 镊子：不锈钢制，扁平头。

4.2 材料

4.2.1 电解铜片：纯度为 99.9%，厚度为 0.125~0.250mm。

4.2.2 磨光材料：它包括 65μm 碳化硅纸或布，105μm 碳化硅粉和药用脱脂棉。

---

5 试剂

分析过程中使用分析纯试剂。

5.1 清洗溶剂：2,2,4-三甲基戊烷，纯度不低于99.75%。

注：采用GB/T 5096方法，在50℃下试验3h而不使铜片变色的其他无硫易挥发烃类溶剂也可使用。

5.2 丙酮。

5.3 乙醚。

5.4 氮气：纯度不低于99.9%。

5.5 蒸馏水：符合GB/T 6682中三级水要求。

5.6 磷酸钠：配成50g/L磷酸钠溶液。

6 准备工作

6.1 瓶子的清洗

瓶子应用化学方法进行清洗。先用洗涤剂洗去瓶子中的油污，然后用磷酸钠的溶液洗涤，用自来水冲洗，再用蒸馏水冲洗，最后放在烘箱中烘干。

6.2 铜试片准备

从铜片中切割下一块6mm×25mm（见注1）的铜试片，用65μm的碳化硅纸磨掉表面瑕疵，经此处理后的铜试片可以贮放在清洗溶剂中以备后用。使用时将铜试片从清洗溶剂中取出，持于用无灰滤纸保护的手指间，将脱脂棉用1滴清洗溶剂润湿，从玻璃板上沾取105μm的碳化硅粉磨擦铜试片，做最后一次磨光。用干净的棉团擦拭铜试片，以除去面上所有的金属粉末和磨屑，磨擦铜片时沿着长轴方向进行，直到新的棉团无脏痕为止。继后只能用不锈钢镊子来处理，而不能用手指接触。将清洁的铜试片弯成V型，使两边长为12.5mm，夹角为60°。然后分别用丙酮、蒸馏水、丙酮和乙醚清洗，将铜试片用热空气流烘干，最多干燥5min。然后立即按7.1所述进行试验（见注2和注3）。

注

1　较方便的方法是用一块较大的铜片在使用前按上述步骤在经过最终磨光后，再切成所需尺寸的小铜试片。

2　清洗方法按GB/T 5096。

3　铜试片可在烘箱中烘一下（少于3min），但如果这样，需要在使用前检查一下铜试片是否有锈。

7 试验步骤

7.1 试验前试样不需过滤。迅速地把准备好的铜试片放入盛有250mL试样的干净瓶子中，将弯曲的铜试片立着放于瓶底上，以使铜试片的水平表面不与瓶子底部接触，用少量的试样润滑磨口玻璃塞。通过一个接在氮气瓶减压阀或针形阀上的玻璃管向瓶中的试样吹入氮气，并形成气泡（若用橡胶管连接，橡胶管必须是无硫的）。通氮气2min，然后迅速地把瓶塞松松地盖于瓶口。

7.2 把塞好的瓶子放入温度控制在140℃±2℃的鼓风烘箱中，如采用油浴加热的方式，则将瓶子浸入油浴至瓶颈。待瓶中的试样接近140℃时，将瓶塞塞紧，在140℃±2℃的温度下加热19h后取出瓶子，让瓶子中的试样冷却到室温，小心地取出铜试片用清洗溶剂冲洗，以除去所有的油样。将铜试片立放在一张滤纸上，使清洗溶剂挥发，然后按7.3所述来观察试片，处理试片时只能用镊子夹取铜试片。

7.3 观察铜试片：持铜试片使光线从铜试片反射成约45°角度。

8 结果判断

根据表1把试样分成腐蚀性或非腐蚀性。

表 1　结果的分级

试片的描述	油的分级
试片呈现橙色、红色、淡紫色、蓝色或银色覆盖于紫红色的多彩色、黄铜色或金色、洋红色遍覆于黄铜色、显示有红色和绿色(孔雀蓝色)的多彩色但没有灰色	非腐蚀性
试片呈现透明的黑色、黑灰色或深褐色、石墨色或无光泽的黑色、光亮的黑色或漆黑色,任何程度的剥落	腐蚀性
注：以上描述的非腐蚀性与 GB/T 5096 中的 1，2，3 级相当，腐蚀性与 GB/T 5096 中的 4 级相当。	

9　试验报告

根据表 1 把试验结果报告为腐蚀性或非腐蚀性,并指出试验是按照本标准进行的。

中华人民共和国石油化工行业标准

石油产品密封适应性指数测定法

SH/T 0305—1993

（2004 年确认）

代替 SH/T 0305—1992

1 主题内容与适用范围

本标准规定了测定石油产品密封适应性指数的方法。

本标准适用于石油产品，不适用于含水石油产品。

2 引用标准

GB/T 528　硫化橡胶和热塑性橡胶拉伸应力应变性能的测定

GB/T 531　硫化橡胶邵尔 A 型硬度试验方法

3 定义

密封适应性指数（SCI）：在规定试验条件下，由一个标准的丁腈橡胶环在试样中的直径膨胀换算得到的体积膨胀百分数。

4 方法概要

用锥形量规测量橡胶环的内径，然后将橡胶环在 100℃的试样中浸泡 24h，取出冷却，用锥形量规测量橡胶环内径的变化，以体积膨胀百分数表示。

5 仪器与材料

5.1 仪器

5.1.1 橡胶环：由丁腈橡胶加工成的正方形截面环，内径 25mm±0.25mm，方形截面边长 1.5mm±0.15mm。

橡胶环性能如表 1：

表 1　橡胶环性能

项　　目		指　　标	试 验 方 法
扯断强度，MPa（kgf/cm²）	不小于	14.71（150）	GB/T 528
伸长率，%	不小于	130	GB/T 528
扯断永久变形，%		0	GB/T 528
邵尔 A 型硬度，度		75±5	GB/T 531

注：橡胶环应贮存在不受热、不受压、不见光、密闭容器内。在这样条件下贮存橡胶环有效期暂定两年。

5.1.2 锥形量规：用合金轴承钢制成，见下图。量规刻度范围在 24.00～29.00mm，公差为 ±0.02mm，刻线深度不大于 0.07mm，刻线宽度 0.1mm，表面粗糙度为 $\overset{0.2}{\bigtriangledown}$，锥度为 1 30。应定期对量规直径和表面粗糙度进行检测，不符合要求时报废。

5.1.3 烘箱：能控制温度在 100℃±2℃的恒温箱。

5.1.4 广口瓶：250mL，带磨口盖，瓶口直径不小于 40mm。

5.1.5 量筒 50mL。

5.1.6 竹镊子：长度 150~200mm。

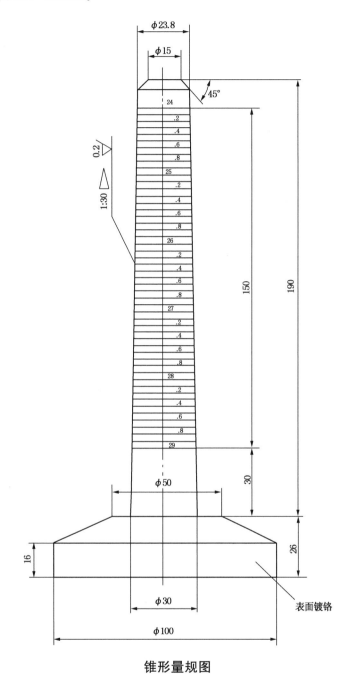

锥形量规图

5.1.7 剪刀。

5.2 材料

滤纸。

6 试剂

石油醚：分析纯，60~90℃。

7 试验步骤

7.1 用锋利的剪刀将橡胶环内周毛刺修剪至圆滑。

7.2 分别量取 50mL 试样于两个广口瓶中，其中一个为试验油；另一个为冷却用油。

7.3 在室温下将一个橡胶环置于冷却用油中浸泡 15min。

7.4 用竹镊子取出浸泡后的橡胶环，放在滤纸上将表面浮油吸干，并避免使橡胶环拉伸或扭曲。

7.5 将橡胶环轻放在锥形量规上测量橡胶环的内径，毛刺少的一面朝下。测量时，在一手轻轻地触及橡胶环的同时，用另一手转动锥形量规，使橡胶环保持在水平线上。特别注意避免使橡胶环拉伸，同时注意观察橡胶环与锥形量规之间应无可见空隙。观察橡胶环的下边缘，读出内径尺寸为 D_1，读至 0.025mm（1/4 刻度）。

7.6 经过测量后的橡胶环放入试验油中，每一个广口瓶只允许放入一个橡胶环。摇动广口瓶使橡胶环完全浸没在试验油中。盖好盖，立即放入预先加热到 100℃±2℃ 的烘箱中，恒温 24h。

7.7 经 24h 恒温后，从烘箱中取出广口瓶，用经过石油醚洗净的竹镊子将橡胶环取出，立即放入冷却用油中，加盖冷却 45min±15min。

7.8 按 7.4 条和 7.5 条步骤进行测量。读出膨胀后橡胶环的内径尺寸为 D_2，读至 0.025mm（1/4 刻度）。膨胀后的橡胶环极易变形，在测量时特别注意不要将橡胶环拉伸或扭曲。

注：试验全过程须由同一人完成。

8 计算

8.1 橡胶环体积膨胀百分数 SV（%）按式（1）计算：

$$SV = \left[\left(\frac{D_2}{D_1}\right)^3 - 1\right] \times 100 \quad\cdots\cdots（1）$$

式中：D_1——试验前的橡胶环内径，mm；

D_2——试验后的橡胶环内径，mm。

计算过程中需保留四位有效数字。

8.2 橡胶环体积膨胀百分数也可以用"橡胶环直径膨胀与体积膨胀的转换表"得到。

橡胶环直径膨胀百分数 SD（%）按式（2）计算：

$$SD = \left(\frac{D_2 - D_1}{D_1}\right) \times 100 \quad\cdots\cdots（2）$$

根据橡胶环直径膨胀百分数结果查阅表 2，即可求出橡胶环体积膨胀百分数。若直径膨胀百分数介于表 2 中两数中间时，可取相应的体积膨胀百分数中间值。

当按该表 2 所得结果有疑问时，则按式（1）计算为准。

9 精密度

用以下规定判断所得结果的可靠性（95%置信水平）。

9.1 重复性：同一操作者重复测定两个结果之差不应大于 $0.62\sqrt[3]{\overline{SV}}$。

9.2 再现性：由两个实验室提出的两个测定结果之差不应大于 $1.0\sqrt[3]{\overline{SV}}$。

注：① 其中 $\overline{SV}$ 为平均值。

② 本精密度的规定是由密封适应性指数为 1~35 的样品经统计试验取得的。

表2 橡胶环直径膨胀与体积膨胀的转换表 %

SD	SV	SD	SV	SD	SV
0.1	0.30	5.1	16.09	10.1	33.46
0.2	0.60	5.2	16.43	10.2	33.83
0.3	0.90	5.3	16.76	10.3	34.19
0.4	1.20	5.4	17.09	10.4	34.56
0.5	1.51	5.5	17.42	10.5	34.92
0.6	1.81	5.6	17.76	10.6	35.29
0.7	2.11	5.7	18.09	10.7	35.66
0.8	2.42	5.8	18.43	10.8	36.03
0.9	2.72	5.9	18.76	10.9	36.39
1.0	3.03	6.0	19.10	11.0	36.76
1.1	3.34	6.1	19.44	11.1	37.13
1.2	3.64	6.2	19.78	11.2	37.50
1.3	3.95	6.3	20.12	11.3	37.87
1.4	4.26	6.4	20.46	11.4	38.25
1.5	4.57	6.5	20.79	11.5	38.62
1.6	4.88	6.6	21.14	11.6	38.99
1.7	5.19	6.7	21.48	11.7	39.37
1.8	5.49	6.8	21.82	11.8	39.74
1.9	5.81	6.9	22.16	11.9	40.12
2.0	6.12	7.0	22.51	12.0	40.49
2.1	6.43	7.1	22.85	12.1	40.87
2.2	6.75	7.2	23.19	12.2	41.25
2.3	7.06	7.3	23.54	12.3	41.62
2.4	7.37	7.4	23.88	12.4	42.00
2.5	7.69	7.5	24.23	12.5	42.38
2.6	8.00	7.6	24.58	12.6	42.76
2.7	8.32	7.7	24.92	12.7	43.14
2.8	8.64	7.8	25.27	12.8	43.52
2.9	8.95	7.9	25.62	12.9	43.91
3.0	9.27	8.0	25.97	13.0	44.29
3.1	9.59	8.1	26.32	13.1	44.67
3.2	9.91	8.2	26.67	13.2	45.06
3.3	10.23	8.3	27.02	13.3	45.44
3.4	10.55	8.4	27.38	13.4	45.83
3.5	10.87	8.5	27.73	13.5	46.21
3.6	11.19	8.6	28.08	13.6	46.60
3.7	11.52	8.7	28.44	13.7	46.99
3.8	11.84	8.8	28.79	13.8	47.38
3.9	12.16	8.9	29.15	13.9	47.76
4.0	12.49	9.0	29.50	14.0	48.15
4.1	12.81	9.1	29.86	14.1	48.54
4.2	13.14	9.2	30.22	14.2	48.94
4.3	13.46	9.3	30.58	14.3	49.33
4.4	13.79	9.4	30.93	14.4	49.72
4.5	14.12	9.5	31.29	14.5	50.11
4.6	14.44	9.6	31.65	14.6	50.51
4.7	14.77	9.7	32.01	14.7	50.90
4.8	15.10	9.8	32.38	14.8	51.30
4.9	15.43	9.9	32.74	14.9	51.69
5.0	15.76	10.0	33.10	15.0	52.09

10 报告

取重复测定两个结果的算术平均值并修约至整数，即为试样的密封适应性指数(*SCI*)，作为测定结果。

――――――――――

附加说明：

本标准由石油化工科学研究院技术归口。

本标准由上海高桥石油化工公司炼油厂负责起草。

本标准主要起草人支绵、倪敏仁。

本标准参照采用英国石油学会标准 IP 278/72(88)《石油产品密封适应性指数》。

首次发布于 1984 年。

――――――――――

编者注：本标准中引用标准的标准号和标准名称变动如下。

原标准号	现标准号	现 标 准 名 称
GB/T 528	GB/T 528	硫化橡胶或热塑性橡胶　拉伸应力应变性能的测定
GB/T 531	GB/T 531.1	硫化橡胶或热塑性橡胶　压入硬度试验方法　第 1 部分：邵氏硬度计法(邵尔硬度)

ICS 75. 100

E 34

SH

中华人民共和国石油化工行业标准

NB/SH/T 0306—2013

代替 SH/T 0306—1992

润滑油承载能力的评定　FZG 目测法

Standard test method for evaluating the scuffing load capacity of oils
（FZG visual method）

2013-06-08 发布　　　　　　　　　　　　　　**2013-10-01 实施**

国家能源局 发布

目　次

前　　言

本标准修改采用美国试验和材料协会标准 ASTM D5182-97（2008）《润滑油承载能力测定法（FZG 目测法）》。

本标准是根据 ASTM D5182-97（2008）重新起草。

为了适合我国国情，本标准在采用 ASTM D5182-97（2008）时进行了部分修改。本标准与 ASTM D5182-97（2008）的结构差异见附录 C。本标准与 ASTM D5182-97（2008）的主要技术差异如下：

——本标准中部分引用标准采用我国相应的国家标准；

——本标准在 7.1 条增加了"其他合适的清洗溶剂"；

——本标准在 7.2 条增加了"QCL-003 型齿轮"；

——本标准增加了第 8 章"试验机标定"，使标准方法更加完善，有利于保持试验结果的一致性。；

——本标准增加了"11.6 试验结束后应松开离合器上螺母，否则会损坏试验机"，使试验操作更加合理，减少误操作对试验机的损坏；

——本标准增加了"表 4 齿面损坏描述和特征"，有助于更好判断齿轮是否失效；

——本标准在第 12 章增加了"除了报告失效级别外，试验报告还应包括相应的试验信息，例如：油样名称，齿轮类型，试验转速，试验油温（启动温度），试验方法，试验前齿轮检查结果等"，使试验报告内容更加完整；

——本标准增加了"A.2 启动电动机前，拧紧齿轮箱上盖螺栓"；

——本标准增加了"A.3 启动电动机前，检查驱动齿轮箱机油液面。必要时更换驱动齿轮箱机油"，以保证试验安全进行；

——本标准增加了"A.6 应遵守所有与其有关的安全规定"；

——本标准删去了 ASTM D5182-97（2008）中"图 5 齿轮检查表"；

——本标准删去了 ASTM D5182-97（2008）中"A.2 试验设备"。

本标准代替 SH/T 0306—1992《润滑剂承载能力测定法（CL-100 齿轮机法）》，SH/T 0306—1992 是参照 IP 334/80《润滑油承载能力试验（FZG 齿轮机法）》制定的。

本标准与 SH/T 0306—1992 相比主要变化如下：

——SH/T 0306—1992 规定每级试验启动初始温度为 90℃，本标准规定从第 4 级开始试验启动初始温度为 90℃；

——本标准增加了"第一级试验前应该先安装第 12 级载荷，保持 2 min～3min（不运转）"；

——试验结果判定标准改变。

本标准的附录 A、附录 B 为规范性附录，附录 C 为资料性附录。

本标准由中国石油化工集团公司提出。

本标准由全国石油产品和润滑剂标准化技术委员会石油燃料和润滑剂分技术委员会（SAC/TC280/SC1）归口。

本标准起草单位：中国石油化工股份有限公司石油化工科学研究院。

本标准的主要起草人：苗启乐、宋海清、樊金石。

本标准所替代标准的历次版本发布情况为：

——SH/T 0306—1992。

润滑油承载能力的评定　FZG目测法

1　范围

1.1　本标准规定了评定硬质钢齿轮用润滑油承载能力（齿轮胶合）的试验方法。刮伤是磨粒磨损的一种形式，也是本标准规定的一种失效形式。本标准主要用于评价添加少量添加剂的润滑油（例如：工业齿轮油、变速箱油和液压油等）的承载能力，但不适用于评定高极压性能润滑油（例如：API GL-4和GL-5规格的齿轮油）的承载能力。

1.2　本标准采用国际单位制〔SI〕单位。

1.3　本标准涉及某些有危险性的材料、操作和设备，但并未对与此有关的所有安全问题都提出建议。因此，用户在使用本标准之前，有责任建立适当的安全和防护措施，并确定相关规章限制的适用性。有关安全措施及注意事项见附录A。

2　规范性引用文件

下列文件中的条款通过本标准的引用而成为本标准的条款。凡是注日期的引用文件，其随后所有的修改单（不包括勘误的内容）或修订版均不适用于本标准，然而，鼓励根据本标准达成协议的各方研究是否可使用这些文件的最新版本。凡是不注日期的引用文件，其最新版本适用于本标准。

GB/T 17754　摩擦学术语
SH 0004　橡胶工业用溶剂油

3　术语和定义

下列术语和定义适用于本标准，也可参见GB/T 17754摩擦学术语。

3.1

划痕　scratching

由相对滑动对磨面的微凸体和（或）磨粒作用使表面材料脱落或迁移。

3.2

磨料磨损　abrasive wear

由于硬颗粒或硬突起对固体表面挤压和沿表面运动而造成的磨损。

3.3

刮伤　scoring

在摩擦表面滑动方向上形成广泛的沟槽和划痕的严重磨损形式。

3.4

粘着磨损（胶合）　adhesive wear（scuffing）

由于粘着作用使材料由一表面转移至另一表面或脱落所引起的磨损。

3.5

抛光　polishing

磨粒磨损中轻度磨损，材料轻微损失，典型的是表面光滑，全部或部分原始表面花纹消失。

4 方法概要

使用 FZG 齿轮试验机或同类替代设备评定润滑油的承载能力。试验机加载第 1 级后，以恒定转速（约 1450r/min）运行约 15min（21700r），然后逐级增加载荷直至达到失效级别（见表 1），第 4 级开始以后各级控制启动时试验油温（90℃）。安装试验齿轮前和每级试验后均检察齿面状况，评估齿面累计胶合状况。

表 1　标准 FZG 载荷级别

载荷级别	小齿轮上扭矩/ （N·m）	齿面载荷/ N	赫兹接触应力/ （N/mm²）	传递的总能量/ （kW·h）	加载载荷
1	3.3	99	146	0.19	H_1
2	13.7	407	295	0.97	H_2
3	35.3	1044	474	2.96	H_2+K
4	60.8	1799	621	6.43	H_2+K+W_1
5	94.1	2786	773	11.8	$H_2+K+W_1+W_2$
6	135.5	4007	929	19.5	$H_2+K+W_1+\cdots+W_3$
7	183.4	5435	1080	29.9	$H_2+K+W_1+\cdots+W_4$
8	239.3	7080	1232	43.5	$H_2+K+W_1+\cdots+W_5$
9	302.0	8949	1386	60.8	$H_2+K+W_1+\cdots+W_6$
10	372.6	11029	1539	82.0	$H_2+K+W_1+\cdots+W_7$
11	450.1	13342	1691	107.0	$H_2+K+W_1+\cdots+W_8$
12	534.5	15826	1841	138.1	$H_2+K+W_1+\cdots+W_9$

注：H_1——载荷力臂 H_1（轻）；

　　H_2——载荷力臂 H_2（重）；

　　K——砝码托盘；

　　$W_1 \sim W_9$——砝码。

5 意义和用途

5.1 许多汽车和工业设备中使用齿轮系统传递能量。较高转速条件下，润滑油和添加剂是防止齿轮胶合（粘着磨损）的重要因素。本试验方法用来评价润滑直齿轮和螺旋齿轮（平行轴）油的承载能力。

5.2 试验设备（试验机和齿轮）的评价能力限制了试验方法适用范围，用该试验方法得出的承载能力试验结果，与螺旋型准双曲面斜齿轮试验结果没有直接的相关性。在区别少量添加剂和没有添加剂的试验油方面也受到限制。满足 GL-4 或 GL-5 要求较高水平的添加剂，一般都超出该试验设备的最大测试能力，因此不能使用此试验方法评定这些添加剂（或试验油）的承载能力。

6 试验设备

6.1 FZG 齿轮试验装置

6.1.1 试验设备更完整、详细的描述和操作说明见生产商/供应商提供的说明书。

6.1.2 FZG 齿轮试验机采用闭环能量施加原理，即正方形试验原理，给试验齿轮施加规定的扭矩（载荷）。图 1 和图 2 给出了 FZG 试验机的示意图。通过两个弹性轴把试验齿轮和驱动齿轮连接在一起。弹性轴1包含了一个加载离合器，通过在载荷力臂上悬挂砝码的方式给试验系统施加规定扭矩。

6.1.3 试验齿轮箱安装了加热器和冷却管路，控制试验油温。试验齿轮箱一端安装了热电偶，控制加热和冷却系统，以便获得方法规定的操作条件。

6.1.4 FZG 试验机由电动机驱动，电动机转速为 1440r/min 时功率不小于 5.5kW（7.4HP）。

6.2 计时器原理

使用合适的计时器或转速计数表，控制每一级试验的转数。计时器能在每一级试验结束后自动切断电动机电源。

6.3 加热板

使用加热板或适当的加热工具将齿轮加热到 60℃~80℃，便于把齿轮安装到轴上。

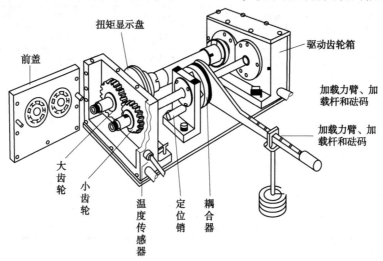

图 1 典型 FZG 试验机示意图

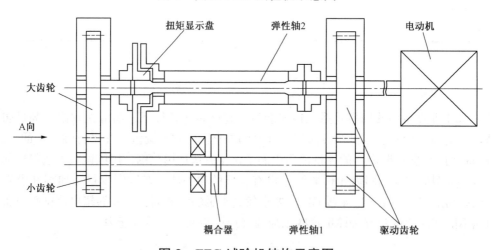

图 2 FZG 试验机结构示意图

7 试剂和材料

7.1 清洗溶剂

清洗试验机使用溶剂油或其它合适的清洗溶剂。

注1：清洗溶剂属于易燃物品，挥发的气体有害。应远离热源、火花和明火（见附录A）。

注2：溶剂油满足SH 0004要求。

7.2 试验齿轮

试验齿轮使用FZG"A"型齿轮或国产QCL-003型齿轮，技术参数见表2，齿轮副轮廓示意图见图3。每副齿轮可使用两次，但应清洗干净，避免上次试验油对下次试验产生影响。

表2 "A"型齿轮和QCL-003型齿轮技术参数

参数名称		数值
中心距/mm		91.5
有效齿宽/mm		20.0
节圆直径	小齿轮/mm	73.2
	大齿轮/mm	109.8
外圆直径	小齿轮/mm	88.7
	大齿轮/mm	112.5
模数/mm		4.5
齿数	小齿轮	16
	大齿轮	24
齿面修正系数	小齿轮	0.8635
	大齿轮	−0.5103
标准压力角/（°）		20
啮合角/（°）		22.5
洛氏硬度		60~62
齿面粗糙度/μm		0.3~0.7

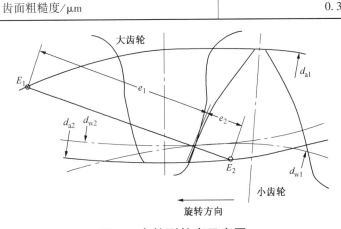

图3 齿轮副轮廓示意图

8 试验机标定

8.1 新试验机标定

新试验机应运行合适的参考油（例如：欧洲协调委员会（CEC）的参考油RL219和RL214）试验，校验试验机的重复性和苛刻度。

8.2 在用试验机标定

在用试验机每年或运行 40 次试验后，应运行参考油试验，校验试验机的重复性和苛刻度。

9 安全事项

本标准涉及使用高负荷齿轮和高转速轴，应采取适当的防护措施（见附录 A）。

10 试验准备

10.1 试验齿轮

使用清洗溶剂彻底清洗试验齿轮，去除齿轮上的保护层，必要时使用软毛刷。自然风干或吹干清洗后的齿轮，检测（目测）齿面的损坏或腐蚀状况。不能使用有任何损坏或腐蚀的齿轮运行试验。

10.2 试验齿轮箱

使用清洗溶剂彻底清洗试验齿轮箱和轴承，去除上次试验残留的试验油。该清洗步骤可在试验结束且放空试验油后、拆卸试验齿轮总成前进行。推荐清洗两次齿轮箱和轴承，以便彻底清洗掉上次试验残留油。放空清洗油后，风干试验齿轮箱和轴承。

注：使用清洗溶剂清洗前，齿轮箱温度应降到 60℃ 以下。

10.3 试验齿轮总成

用加热盘或其他合适的加热工具，加热齿轮、垫块和轴承至 60℃ ~ 80℃，按照图 4 所标示的位置将试验齿轮安装到轴上（大齿轮安装在左边弹性轴上，小齿轮安装在右边弹性轴上）。顺序安装合适的垫块、轴承、锥形垫圈、止动垫圈、锁紧螺母和前盖。

10.3.1 将试验齿轮正确安装到各自轴上对获得正确结果非常重要。

注：不正确安装能使得齿面载荷不确定分布，从而导致不稳定的或更低的失效级别。

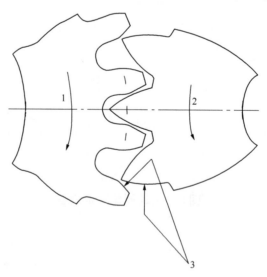

1——大齿轮；
2——小齿轮；
3——齿轮齿面。

图 4 试验齿轮安装示意图

10.4 添加试验油

将 1.25L 试验油加入试验齿轮箱（最高液面约到轴中心线位置）。

注：为了确保彻底清洗掉上次试验残留油，可以先将约 1.25L 试验油加入试验齿轮箱，按 10.5 条安装齿轮箱上盖，不加载，拧紧离合器上所有螺母，盖上防护罩，空载运转 3min~5min 后放空，然后再加 1.25L 试验油。

10.5 安装试验齿轮箱上盖

拧紧试验齿轮箱上盖的 6 个螺栓，连接加热器。

11 试验步骤

11.1 正式试验前，加载至 12 级（载荷见表 1），不启动电动机保持 2min~3min，确保所有间隙都在正确的工作位置。运行 11.2 条前卸掉所有载荷。

11.2 安装试验机后，用定位销锁住离合器，松开离合器上所有螺母，加第 1 级载荷（载荷见表 1）。拧紧离合器上所有螺母（以星型或十字交叉型拧紧螺母，大小 100Nm），取下所有外加载荷、力臂和定位销，盖上防护罩。启动电动机（1450r/min），打开加热器，运转 15min（21700 转）后关闭电动机。

11.3 插入定位销，松开离合器上所有螺母。根据表 1 加第 2 级载荷。拧紧离合器上所有螺母（以星型或十字交叉型拧紧螺母，大小 100Nm），取下所有外加载荷、力臂和定位销，盖上防护罩。启动电动机（1450r/min），打开加热器，运转 15min（21700r）后关闭电动机。第 3 级的步骤与上述相同。

11.4 从第 4 级开始，包括以后各级载荷，试验过程均与 11.2 条相似；但从第 4 级开始，启动时的试验油温控制在 90℃~93℃之间。

11.4.1 从第 4 级开始，包括以后各级载荷，记录试验结束时油温，并检查小齿轮的损坏状况（不需要从轴上拆掉齿轮）。根据第 3 章术语和图 5~图 8 示例及表 3 中对齿面损坏状况的描述，记录齿面损坏类型和宽度，目测齿面，无放大。推荐使用表格记录每一级观察到的齿面损坏状况。

11.4.2 如果 16 个齿面所有总粘着磨损（胶合）或刮伤宽度大于或等于一个齿面宽度（20mm），试验失效，该载荷级别为失效级别。报告失效级别。附录 B 中给出了试验结果评判的示例。

11.5 运行试验直到试验失效。如果运行 12 级后仍未失效，也终止试验，试验结果为 12 级未失效。

11.6 试验结束后应松开离合器上螺母，否则会损坏试验机。

注：判断失效级别仅以小齿轮为准。

表 3 齿面损坏描述和特征

齿面损坏形式	齿面损坏特征
抛光	比新齿面光滑，齿面磨纹逐渐平滑，粗糙度减小
划痕	齿面滑动方向出现细线，细线未从齿顶延伸到齿根，交叉磨纹未消失，粗糙度基本不变
刮伤	刮伤和划痕滑动方向相同，呈线状或带状，有轻、中、深度之分，刮伤的沟槽从齿顶延伸到齿根，粗糙度增大，刮伤处交叉磨纹消失
胶合	呈线带状或全齿面胶合，胶合处形貌模糊、磨纹消失，粗糙度比交叉磨纹大且深
注：表中列出了 FZG 试验机几种典型的常见破坏形式。用目测法检查齿面，观察距离 25cm 左右，评价与原始齿面的区别。	

图 5　抛光

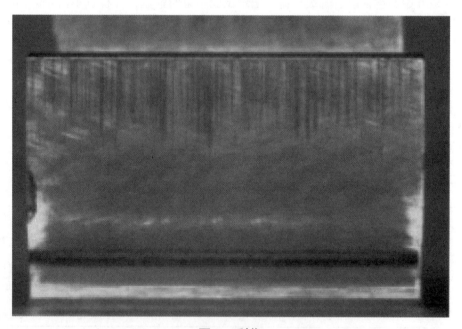

图 6　刮伤

图7 刮伤和胶合

图8 胶合

12 试验报告

报告11.4.2得出的试验结果。如果运行12级后未达到失效标准，则报告12级未失效。除了报告失效级别外，试验报告还应包括相应的试验信息，例如：试验油名称，齿轮类型，试验转速，试验油温（启动温度），试验方法，试验前齿轮检查结果等。

13 精密度和偏差

13.1 精密度

按下述规定判断试验结果的可靠性（95%的置信水平）。

13.1.1 重复性 r

在同一实验室，同一操作者使用同一仪器，按照相同方法，对同一试样连续测定的两个试验结果之差不能超过 2 级载荷。

$$r = 2$$

13.1.2 再现性 R

在不同实验室，不同操作者使用不同仪器，按照相同方法，对同一试样测定的两个单一、独立结果之差不能超过 2 级载荷。

$$R = 2$$

13.2 偏差

由于没有公认的能确定试验偏差的参考油，故未定义偏差。

14 关键词

极压型油，极压，FZG，齿轮油，齿轮胶合，液压油，直齿轮，传动液。

附　录　A

（规范性附录）

安全措施及注意事项

A.1　清洗溶剂使用：

A.1.1　在 60℃以下清洗齿轮箱。

A.1.2　清洗时禁止产生火花或使用加热器、火花和明火等火源。

A.1.3　用后立即盖好盛清洗溶剂的容器。

A.1.4　使用合适的通风设备。

A.1.5　避免吸入清洗溶液蒸气和薄雾。

A.1.6　避免清洗溶剂反复或长时间接触皮肤。

A.2　启动电动机前，拧紧齿轮箱上盖螺栓。

A.3　启动电动机前，检查驱动齿轮箱机油液面。必要时更换驱动齿轮箱机油。

A.4　正确设计和连接加热器和电动机电路。

A.5　启动电动机前，盖好防护罩。

A.6　应遵守所有与其有关的安全规定。

附 录 B
（规范性附录）
试验齿轮评判图例

B.1 试验齿轮齿面损坏状况及试验结果评判图例如图 B.1~图 B.8 所示。

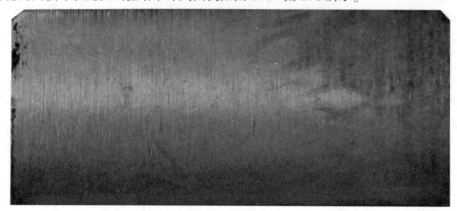

图 B.1 抛光

图 B.2 刮伤和划痕

图 B.3 刮伤（4mm）

图 B.4　刮伤（9mm）

图 B.5　刮伤（20mm），失效

图 B.6　刮伤和胶合（约6mm）

图 B.7　刮伤和胶合（约 15mm）

图 B.8　胶合（20mm），失效

附　录　C

（规范性附录）

本标准的章条编号与 ASTM D5182-97（2008）章条编号对照

C. 1　本标准的章条编号与 ASTM D5182-97（2008）章条编号对照表见表 C. 1。

表 C. 1　本标准的章条编号与 ASTM D5182-97（2008）章条编号对照表

本标准章条编号	ASTM D5182-97（2008）章条编号
7. 1	—
7. 2	—
8. 1	—
8. 2	—
9	8
10. 1	9. 1
10. 2	9. 2
10. 3	9. 3
10. 4	9. 4
10. 5	9. 5
11. 1	10. 1
11. 2	10. 2
11. 3	10. 3
11. 4	10. 4
11. 5	10. 5
11. 6	—
12	11
13. 1	12. 1
13. 2	12. 2
14	13
A. 2	—
A. 3	—
A. 6	—
—	A2
附录 B	A3
附录 C	—
注：表中章条编号以外的本标准的其他章条编号与 ASTM D5182-97（2008）章条编号均相同且内容相对应。	

中华人民共和国石油化工行业标准

石油基液压油磨损特性测定法
（叶 片 泵 法）

SH/T 0307—1992

（2006 年确认）

代替 SY 2692—84

---

1 主题内容与适用范围

本标准规定了用高压叶片泵测定石油基液压油磨损特性的具体方法。

本标准适用于测定石油基液压油的抗磨特性。

2 引用标准

GB 1922—1980　溶剂油

GB 3405　石油苯

3 方法概要

11.4L 试样通过旋转叶片泵装置，循环 100h，工作条件是：13720kPa±274.4kPa 1200r/min±60r/min，当试样 40℃ 黏度是 50.6mm²/s 或低于 50.6mm²/s 时，试验温度为 65.6℃±3℃；当黏度大于 50.6mm²/s 时，试验温度为 79.5℃±3℃。以泵的总磨损量（试验期间定 3 和叶片的质量损失毫克数）作为试验结果。一次试验用试样的总量为 20L。

4 设备和材料

4.1 设备

4.1.1 驱动系统：最小功率为 11kW。

4.1.2 可拆泵芯型式叶片泵：在 6860kPa 1200r/min、49℃ 条件下，维克斯 104C 或 105C 泵流量为 28.4L/min。

4.1.3 油箱容积为 18.9L，出口有一个 60 目的滤网。

4.1.4 泵出口压力控制阀。

4.1.5 温度控制装置。

4.1.6 温度指示器：带有合适传感元件，用于指示泵的进、出口温度。

4.1.7 泵进、出口压力指示器。

4.1.8 热交换系统（加热和冷却）：最小换热面积为 1.4m²。

4.1.9 25μm 的中间滤油器。

4.1.10 流量测量装置。

4.1.11 低油位、高低温、高低压、低水压、电机过载安全系统。

4.2 材料

4.2.1 煤油：符合 GB 1922—1980 中 260 号。

4.2.2 苯：符合 GB 3405。

4.2.3 溶剂油：符合 GB 1922—1980 中 190 号。

5 试剂

石油醚：60~90℃，分析纯。

---

6 试验系统的安装和规范

6.1 试验系统各部分连接如图1所示，试验系统的设计和安装应考虑到试样容易通过各部件，并尽可能排泄完全。

6.2 泵体及总体组装图如图2和图3所示。

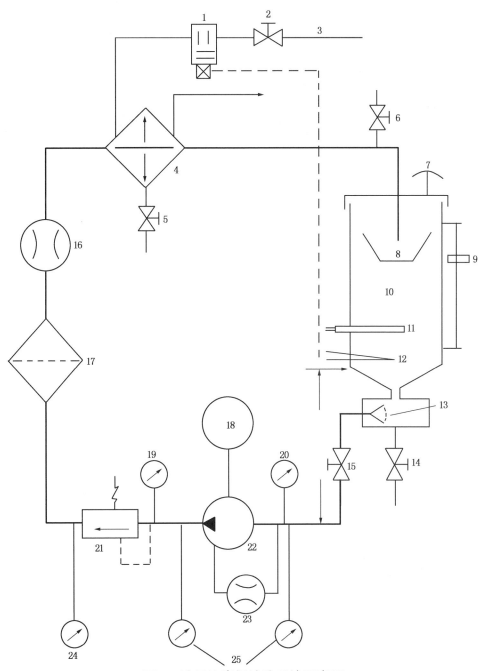

图1　液压油磨损试验系统示意图

1—电磁阀；2—调节水阀；3—冷却水；4—热交换器；5—排油阀；6—进气阀；

7—空气过滤器；8—受油碗；9—液位发讯器；10—油箱；11—加热器；12—温度控制传感器；

13—60目滤油器；14—排油阀；15—截止阀；16—流量计；17—25目滤油器；18—电机；

19—压力指示发讯器；20—复合压力计；21—压力调节阀；22—泵；

23—流量计；24—温度指示发讯器；25—温度指示器

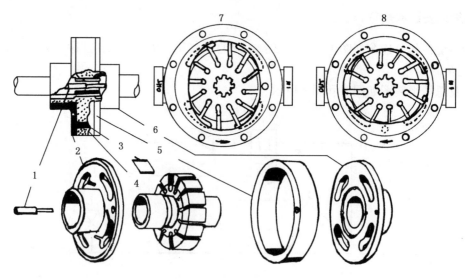

图 2　泵体详图

1—销钉；2—配电盘；3—叶片；4—转子；5—定子；

6—配油盘；7—顺时针旋转装配；8—逆时针旋转装配

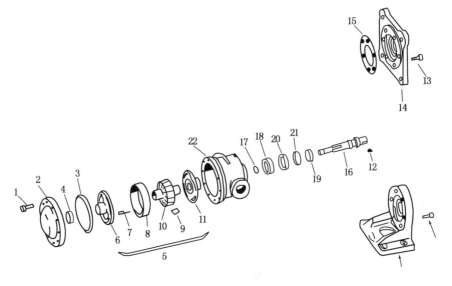

图 3　泵的组合体

1—泵盖螺钉；2—泵盖；3—泵盖垫圈；4—泵盖轴承；5—泵芯；

6、11—配油盘；7—定位销钉；8—定子；9—叶片；10—转子；

12—轴销；13—支架螺钉；14—支架(底座/法兰盘)；15—法兰盘垫片；

16—转动轴；17—弹簧圈；18—传动轴轴承；19—轴封；20—垫圈；

21—O 型环；22—泵壳

6.3　标准试验系统规范如下：

6.3.1　油箱底必须在泵壳进口中心线以上 457mm。

6.3.2　冷却器应装在泵中心线上，以便很好地排出试样。

6.3.3　以泵入口温度作为试验温度的基准。

6.3.4　试验泵应按顺时针方向旋转(从泵的传动轴一端看)。

6.3.5　回油管应伸入油箱液面下的受油碗中。

7 准备工作

7.1 清洗试验系统：

7.1.1 倒出受油碗的试样，打开主排泄阀和所有低处的油阀，以便把试验系统大部分已用过的试样排出。

7.1.2 把一个已经用过但仍好用的泵芯按照8.1~8.4要求，安装在泵壳内，用于循环清洗液体。

7.1.3 关好油箱出口阀，加入6~8L煤油，盖好油箱盖。

> 注：清洗曾运转过的油系统，一般用煤油清洗一次即可。当油箱和管线已被氧化油沾污时，可使用其他的溶剂清洗，如果第一次清洗后清洗液呈浑浊或深色时，则需重新清洗。

7.1.4 关闭所有排油阀和油箱入口处排气阀，打开供水阀，打开油箱出口阀让清洗液充满泵和系统中低处的管路。

7.1.5 全开压力控制阀。

7.1.6 轻推泵的"通"和"断"开关，观察系统有无泄漏等异常现象，直到液体中没有空气为止。

> 注：如果不能用肉眼检查油箱中的液体，则可由泵的噪音消失来判断油的脱气情况。

7.1.7 起动泵，当电流表动作后升压到6860kPa（每次开车都应在电流表动作后升压），在转数为1200r/min，温度保持38~43℃之间的条件下，使清洗液循环通过系统0.5h。

7.1.8 完全排净试验系统的清洗液。

7.1.9 用6~8L试样重复7.1.3~7.1.8步骤。

7.1.10 用煤油或苯清洗25μm滤芯和滤油器壳体，吹干后再安回原处。

> 注：根据空载时泵的进、出口压力变化情况判断60目和25μm滤油器堵塞程度。若由于结胶和杂质堵塞严重，滤芯可用苯清洗。一般60目滤油器，试验10次应清洗一次。

7.1.11 从泵体内取出清洗时用的泵芯，观察泵的密封状态，包括传动花键轴、轴的内外轴承和盖的密封情况，更换任一可疑的零件。

> 注：泵壳和轴在用同类型油运转时，不必经常取出，但运转五次后，需要认真检查磨损情况。

7.1.12 关闭油箱出口阀和所有的排试样阀。

7.1.13 把11.4L洁净的试样加到油箱里。

7.2 新试验泵芯的准备：

7.2.1 取出一组新的试验泵芯，检查所有的零件，用细油石磨去毛刺，并更换能影响性能的任何划伤、擦伤及其他缺陷的零件，泵芯尺寸应符合下列要求：叶片长较转子厚小0.0025~0.015mm；转子厚较定子厚小0.018~0.036mm。

7.2.2 用煤油或溶剂油清洗泵芯零件，再用石油醚漂洗定子和叶片组，并在空气中干燥。

7.2.3 分别称量定子和叶片组的质量(称精确至1mg)，并记录。

8 试验步骤

8.1 装配试验泵芯，所有的零件涂上一层试样，根据箭头所示的方向，确定配油盘、定子、转子的方向和位置，插入叶片使其倒角处于旋转方向的后侧。

8.2 插入定位销钉，销钉的大头约3.2mm露在外配油盘的外面。

8.3 将准备好的泵芯装入到泵壳内，利用导向销用手慢慢地向右旋转(孔在泵入口中心线处)，使泵芯完全安装到位，此时销钉的大头仍有3.2mm露在外配油盘的外面。

8.4 对正销钉孔，装上泵盖和垫圈，使用力矩扳手按1、5、3、7、2、6、4、8的对称顺序，以每次0.98~1.23N·m的力矩增量上紧8个端盖螺钉，直到泵合住为止，此时力矩约为11.5~17.2N·m。记录最终力矩，松开端盖螺钉，直到主轴完全自由，再重新以每次0.98~1.23N·m力矩增量上紧螺钉，直到比上次最终力矩低0.98~1.23N·m为止。当轻拽主轴时，泵应能转动自如。

8.5 打开油箱出口阀，使试样充满泵壳和系统中较低处的管路。

8.6 给定控制温度，开水阀，此时电磁阀处于关闭状态，打开压力控制阀，检查油箱盖上排气阀和所有的排油阀是否关闭。

8.7 轻推电机"通"和"断"开关，注意系统泄漏情况，排除空气，让试样返回油箱，给定低液位发讯器的位置。

8.8 起动泵，排除大量空气，然后升压1960kPa。

8.9 记录起动时间。记时表复零，在六级压力水平下(1960,3920,5880,7840,9800,11760kPa)各运转10min共计1h(通常是用泵运转产生的热量足够了,加热器无须加热)。

8.10 如果在运转期间听到泵有噪音，以0.49N·m的力矩增量，慢慢地上紧端盖螺钉，消除噪音。记录最后所施力矩的值和泵的最后流量值(对于黏度为32~43mm²/s的油,通常大约为11.5~17.2N·m和19~22L/min)。

8.11 当温度达到试验条件(通常在逐级升压时已经达到)，又完成了在压力11760kPa下的走合时间后，调节泵出口压力到13720kPa。

8.12 给定电机过载保护电流、温度控制器、温度和压力上下限的位置，调节台架上的水阀使水的"通"、"断"时间接近。

8.13 调整好试验系统，记时表回零，试验开始。

8.14 在确定的条件下连续运转100h。

8.15 试验停止和零件的检查：

8.15.1 在100h试验完成后，使压力和温度发讯器的低位给定指针复位，停车，关闭冷却水阀。

8.15.2 检查和记录试样及油箱表面状态，注意是否有沉积物，变色、浑浊和异常气味，打开油箱的排油阀和低位阀，使试验系统排空。

8.15.3 拆去泵端盖，小心地拆下整个泵芯。检查泵芯零件是否有磨损、沉积物、变色和其他状态。记录检查结果。

8.15.4 用溶剂油清洗并除去试验泵芯中定子和叶片组上的胶质和沉积物，然后在石油醚中漂洗并于空气中干燥。

8.15.5 分别称量定子和叶片组的质量，精确至1mg，记录其质量和总质量。

8.15.6 用试验前的总质量(定子加12个叶片)减去试验后的总质量，所得质量损失则表示试样的抗磨水平(也可用定子和叶片各自的损失来说明)。

9 精密度

按以下规定来判断试验结果的可靠性(95%置信水平)。

9.1 重复性：同一实验室、同一操作者对同一种试样进行重复试验，所得两个结果之差如果大于下表所列之值，则结果是可疑的。

9.2 再现性：不同实验室、不同操作者对同一种试样进行试验，所得两个结果之差如果大于下表所列之值，则结果是可疑的。

参 考 油	平均质量损失，mg	重复性[1]，mg	再现性[1]，mg
抗氧、防锈性	815	714	592
抗磨油	24	55	48

注：1) 由于试验结果不充分，所以这些数值不能作为试验精密度的确切标准。此精密度仅适用于石油基液压油，其他类型液压油的精密度尚未确定。

10 报告

报告定子和12个叶片的质量损失(以毫克为单位)，并报告有关磨损、擦伤、沉积物、橡胶密封等方面的任何异常现象，报告格式见附录A。

附 录 A
维克斯泵试验台架记录
（补充件）

送样单位＿＿＿＿＿＿＿＿＿＿＿＿　　试验日期＿＿＿＿＿＿＿＿＿＿

试样单位＿＿＿＿＿＿＿＿＿＿＿＿　　试验编号＿＿＿＿＿＿＿＿＿＿

试样黏度40℃，mm²/s＿＿＿＿＿　　泵号泵芯序号＿＿＿＿＿＿＿＿

泵盖扭矩，N·m＿＿＿＿＿＿＿＿　　泵件失重，mg＿＿＿＿＿＿＿

第一次＿＿＿＿＿＿＿＿＿＿＿＿　　定子＿＿＿＿＿＿＿＿＿＿＿＿

第二次＿＿＿＿＿＿＿＿＿＿＿＿　　叶片＿＿＿＿＿＿＿＿＿＿＿＿

异常现象：　　　　　　　　　　　总失重＿＿＿＿＿＿＿＿＿＿＿＿

　　　　　　　　　　　　　　　　称量者＿＿＿＿＿＿＿＿＿＿＿＿

　　　　　　　　　　　　　　　　装泵者＿＿＿＿＿＿＿＿＿＿＿＿

　　　　　　　　　　　　　　　　试验操作者＿＿＿＿＿＿＿＿＿＿

时 间		压 力，kPa		温 度，℃			流量	电流	功率	备注
h，min	累计 h	泵入口	泵出口	泵入口	泵出口	溢流阀后	L/min	A	kW	

附加说明：

本标准由石油化工科学研究院技术归口。

本标准由大连石油化工公司负责起草。

本标准主要起草人于治明。

本标准参照采用美国试验与材料协会标准 ASTM D2882-1974《石油基液压油叶轮泵试验法》。

SH/T 0308—1992

（2004年确认）

代替 SY 2693—85

润滑油空气释放值测定法

1 主题内容与适用范围

本标准规定了测定润滑油分离雾沫空气能力的方法。

本标准适用于汽轮机油、液压油等石油产品。

2 定义

空气释放值：在本标准规定条件下，试样中雾沫空气的体积减少到0.2%时所需的时间，此时间为气泡分离时间，以分（min）表示。

3 方法概要

将试样加热到25，50或75℃，通过对试样吹入过量的压缩空气，使试样剧烈搅动，空气在试样中形成小气泡，即雾沫空气。停气后记录试样中雾沫空气体积减到0.2%的时间。

4 仪器与材料

4.1 仪器

仪器由以下几个部分组成，如图1所示。

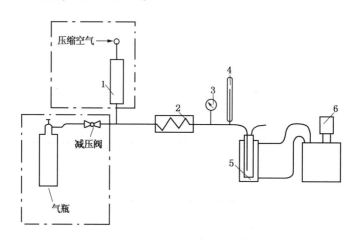

图1 空气释放值仪示意图

1—空气过滤器；2—空气加热炉；3—压力表；4—温度计；

5—耐热夹套玻璃试管；6—循环水浴

4.1.1 耐热夹套玻璃试管（如图2）：一个可通循环水的夹套试样管，管口磨口要配合紧密，可承受19.6kPa（0.2kgf/cm²）的压力。管中装有空气入口毛细管，挡油板和空气出口管。

4.1.2 空气释放值测定仪：由压力表[0～98kPa（0～1kgf/cm²）]、空气加热炉（600W）、温度计（0～100℃，分度值为1℃）组成。

4.1.3 循环水浴：可保持试管恒温在25，50或75℃±1℃。

4.1.4 小密度计：一套四支，范围在0.8300～0.8400，0.8400～0.8500，0.8500～0.8600，0.8600～0.8700g/cm³，分度为0.0005g/cm³。

4.1.5 秒表。

4.1.6 烘箱：能控制温度到100℃

4.2 材料

4.2.1 压缩空气：除去水和油的过滤空气，或瓶装压缩空气。

4.2.2 铬酸洗液：50g重铬酸钾溶解于1L硫酸中，贮存在磨口玻璃瓶中作清洗用。

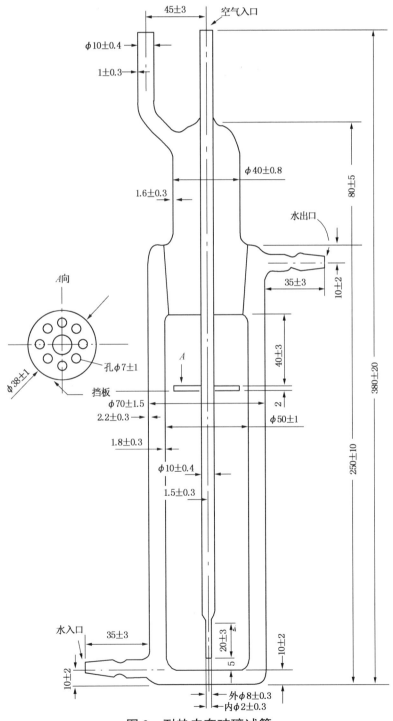

图2 耐热夹套玻璃试管

5 试验步骤

5.1 将用铬酸洗液洗净、干燥的耐热夹套玻璃试管，按图 1 装好。

5.2 倒 180mL 试样于耐热夹套玻璃试管中，放入小密度计。

5.3 接通循环水浴，让试样达到试验温度，一般循环 30min。

5.4 从小密度计上读数，读到 $0.001g/cm^3$，用镊子动小密度计，使其上下移动，静止后再读数一次，两次读数应当一致。若两次读数不重复，过 5min 再读一次，直至重复为止。记录此密度值，即为初始密度 d_0。

> 注：也可以用同一精度或更精密的(分度为 $0.0001g/cm^3$)密度天平。当使用密度天平时，应将沉锤置于一个带盖的玻璃圆筒内，放入循环浴中，以便使沉锤达到试验温度。当沉锤达到试验温度后，小心地将其浸入试样中，而没有空气泡粘住它。用铂丝将沉锤加到密度天平的横梁上，使沉锤的底部离夹套试管的底部距离为 10mm±2mm。

5.5 从试管中取出小密度计，放入烘箱中，保持在试验温度下。在试管中放入通气管(如图 2)，接通气源，5min 后通入压缩空气，在试验温度下使压力达到表压 $19.6kPa(0.2kgf/cm^2)$，保持压力和温度，必要时进行调节。通气时同时打开空气加热器，使空气温度控制在试验温度的±5℃范围内。

5.6 $(420±1)s(7min)$ 后停止通入空气，立即开动秒表。迅速从试管中取出通气管，从烘箱取出小密度计再放回试管中。

5.7 当密度计的值变化到空气体积减少至 0.2%处，也即 $d_t=d_0-0.0017$ 时，记录停气到此点的时间。若气泡分离在 15min 内，记录时间精确到 0.1min；大于 15~30min，精确到 1min，如停气 30min 后密度值还未达到 d_t 值，则停止试验。

> 注：对小密度计读数时，若有气泡附在杆上，可以轻微活动密度计，避开气泡然后读数。

6 报告

报告试样在某个温度下的气泡分离时间，以分表示，即为该温度下的空气释放值。

7 精密度

7.1 重复性
重复测定的两个结果之差，不应超过下表重复性的数值。

7.2 再现性
两个实验室各自测定的两个结果之差，不应超过下表再现性的数值。

精密度表 min

空气释放值	重 复 性	再 现 性
<5	0.7	2.1
5~10	1.3	3.6
>10~15	1.6	4.7

附加说明：

本标准由石油化工科学研究院技术归口。

本标准由石油化工科学研究院负责起草。

本标准主要起草人范毓菊。

本标准参照采用美国试验与材料协会标准 ASTM D3427-75《石油油品气泡分离时间测定法》。

含添加剂润滑油的钙、钡、锌含量测定法
（络合滴定法）

SH/T 0309—1992
（2004 年确认）
代替 SY 2694—85

1 主题内容与适用范围

本标准规定了用络合滴定法测定含添加剂润滑油的钙、钡、锌含量的方法。

本标准适用于未使用过的含添加剂润滑油。非金属元素硫、磷、氮对测定无干扰。测定范围为：锌 $0.02\% \sim 1.20\%(m/m)$，钙 $0.03\% \sim 1.20\%(m/m)$，钡 $0.05\% \sim 3.00\%(m/m)$；当润滑油中同时存在钙、钡时，钙钡比可测范围是钡的物质的量与钙的物质的量之比为 $0.3 \sim 10$。用本标准可以同时测定共存的钙、钡、锌三元素，也可以只测定其中任意的一个或两个要测定的元素。

本标准也可用于测定添加剂中钙、钡、锌含量，但试样称取量需酌减。

本标准不适用于测定含有铅的润滑油。

2 方法概要

试样经甲苯-正丁醇稀释后，用盐酸将试样中的钙、钡、锌抽提出来。抽提出来的试液在 pH 为 5.5 时，用二甲酚橙作指示剂测定锌含量；试样用铜试剂作沉淀剂，将锌及可能存在的重金属元素沉淀除去后，以铬黑 T 为指示剂，在 pH 为 10 时，用 EDTA 标准滴定溶液及氯化镁标准滴定溶液返滴定，测定其钙、钡总量；试液除加铜试剂外，再加入一定量的硫酸钾除去锌、钡后，在 pH 大于 13 条件下，用钙指示剂作指示剂，测定钙含量。钙、钡总量与钙含量之差为钡含量。

3 仪器与材料

3.1 仪器

3.1.1 梨形分液漏斗：300mL。

3.1.2 滴定管：25mL。

3.1.3 容量瓶：250mL 和 1L。

3.1.4 移液管：50，20mL。

3.1.5 振荡器：上面装有一个可固定分液漏斗用的木架。

3.1.6 三角烧瓶：250mL。

3.1.7 烧杯：100，250mL。

3.2 材料

滤纸：中速定性滤纸，直径 11cm。

4 试剂

4.1 铜试剂(二乙基二硫代氨基甲酸钠)：配成 50g/L 铜试剂溶液。

4.2 盐酸：分析纯，浓度为 $36\% \sim 38\%(m/m)$。配制成 $19\%(m/m)$，$7\%(m/m)$ 盐酸溶液。

4.3 氢氧化钠：分析纯，配成 100g/L 氢氧化钠溶液。

4.4 氨水：分析纯，氨含量为25%～28%(m/m)。配制成浓度为4%(m/m)的氨水溶液。

4.5 甲苯：分析纯。

4.6 正丁醇：分析纯。

4.7 氯化钠：分析纯。

4.8 硫酸钾：分析纯，配成20g/L硫酸钾溶液。

4.9 甲基橙指示剂：配成1g/L甲基橙指示液。

4.10 铬黑T指示剂：将1g铬黑T与100g氯化钠混合研细后保存于磨口瓶中。

4.11 二甲酚橙指示剂：将1g二甲酚橙与100g氯化钠混合研细后保存于磨口瓶中。

4.12 锌粒：无砷基准试剂。

4.13 孔雀石绿指示剂：配制成1g/L乙醇指示液。

4.14 钙指示剂($C_{21}H_{14}N_2O_7S$)又名2-羟基-1-(2-羟基-4-磺基-1-萘基偶氮)-3-萘甲酸或钙-羧酸指示剂(Calcon-carboxylic acid)。

将1g钙指示剂与100g氯化钠混合研细后保存于磨口瓶中。

4.15 氧化锌：基准试剂。

4.16 其他试剂

本标准还要使用氯化铵、冰乙酸、无水乙酸钠、氯化镁、无水乙醇等试剂。本标准所用试剂其纯度除有专门说明外均为分析纯。

5 准备工作

5.1 配制混合溶剂：用甲苯与正丁醇以1∶1(体积比)混合均匀。

5.2 氯化锌标准滴定溶液或氧化锌基准溶液的配制：

5.2.1 $c(ZnCl_2) = 0.015$mol/L氯化锌标准滴定溶液的配制

取锌粒约5g放在100mL烧杯中，加入19%(m/m)盐酸溶液20mL，作用3min后，迅速用蒸馏水洗净残留的酸，再用无水乙醇洗两次，于105～110℃的烘箱中烘10min，取出，在干燥器中冷却30min后，准确称取上述锌粒0.9807g于1L容量瓶中，将此容量瓶斜置成45°后，加入19%(m/m)盐酸溶液20mL，待锌粒全部反应完后，用蒸馏水稀释至刻度。

氯化锌标准滴定溶液的实际浓度$c(ZnCl_2)$，mol/L，按式(1)计算：

$$c(ZnCl_2) = \frac{m_1}{65.38 \times 1} \quad\cdots\cdots\cdots\cdots\cdots\cdots\cdots\cdots\cdots\cdots\cdots\cdots\cdots (1)$$

式中：m_1——锌粒质量，g；

　　65.38——基本单元为(Zn^+)的1mol锌的质量，g/mol；

　　　　1——氯化锌溶液的体积，L。

5.2.2 $c(ZnO) = 0.015$mol/L氧化锌基准溶液的配制

称取于800℃灼烧至恒重的基准氧化锌1.221g，称精确至0.0002g。加5mL 19%(m/m)盐酸溶液溶解后，移入1L容量瓶中，稀释至刻度，摇匀。

氧化锌基准溶液的实际浓度$c(ZnO)$，mol/L，按式(2)计算：

$$c(ZnO) = \frac{m_2}{81.38 \times 1} \quad\cdots\cdots\cdots\cdots\cdots\cdots\cdots\cdots\cdots\cdots\cdots\cdots (2)$$

式中：m_2——氧化锌的质量，g；

　　81.38——基本单元为(ZnO)的1mol氧化锌的质量，g/mol；

　　　　1——氧化锌基准溶液的体积，L。

5.3 $c(EDTA) = 0.015$mol/L标准滴定溶液的配制

称取乙二胺四乙酸二钠5.6g加热溶于1L蒸馏水中，待全部溶解后摇匀。用上述氯化锌标准滴定溶液(5.2.1)或氧化锌基准溶液(5.2.2)进行标定。标定时，用移液管移取上述溶液(5.2.1 或 5.2.2)20mL 于 250mL 三角烧瓶中，加甲基橙指示液 1 滴，用 4%(m/m)氨水溶液中和溶液至黄色，再用 7%(m/m)盐酸溶液调至呈红色，加入 pH 为 5.5 的乙酸-乙酸钠缓冲溶液 10mL，二甲酚橙指示剂约 20mg，用待标定的 EDTA 溶液将溶液由红色滴定至黄色。

EDTA 标准滴定溶液的实际浓度 $c(EDTA)$，mol/L，按式(3)计算：

$$c(EDTA) = \frac{c \times 20}{V_1} \quad\cdots\cdots\cdots\cdots\cdots\cdots\cdots\cdots\cdots\cdots\cdots\cdots\cdots (3)$$

式中：c——氯化锌标准滴定溶液(或氯化锌基准溶液)的实际浓度，mol/L；

　　20——所取氯化锌标准滴定溶液(或氧化锌基准溶液)的体积，mL；

　　V_1——滴定时所消耗 EDTA 溶液的体积，mL。

5.4　$c(MgCl_2) = 0.015mol/L$ 氯化镁标准滴定溶液的配制

称取六水氯化镁($MgCl_2 \cdot 6H_2O$)3.1g 用蒸馏水溶解后，稀释成 1L。用上述 EDTA 标准滴定溶液进行标定。标定时，用移液管移取 EDTA 标准滴定溶液 20mL 于 250mL 三角烧瓶中，加入甲基橙指示液 1 滴，用 4%(m/m)氨水溶液中和溶液至刚呈黄色，加入 pH 为 10 的氨-氯化铵缓冲溶液 10mL，铬黑 T 指示剂约 20mg，用待标定浓度的镁溶液将溶液滴定至灰紫色。

氯化镁标准滴定溶液的实际浓度 $c(MgCl_2)$，mol/L，按式(4)计算：

$$c(MgCl_2) = \frac{c(EDTA) \times 20}{V_2} \quad\cdots\cdots\cdots\cdots\cdots\cdots\cdots\cdots\cdots\cdots\cdots (4)$$

式中：$c(EDTA)$——EDTA 标准滴定溶液的实际浓度，mol/L；

　　　V_2——滴定时所消耗的氯化镁溶液的体积，mL；

　　　20——所取 EDTA 标准滴定溶液的体积，mL。

5.5　pH 为 5.5 的乙酸-乙酸钠缓冲溶液：取无水乙酸钠 200g，冰乙酸 9mL，用蒸馏水稀释至 1L。

5.6　pH 为 10 的氨-氯化铵缓冲溶液：取氨水 570mL，加入氯化铵 67g，用蒸馏水稀释至 1L。

5.7　50g/L 铜试剂溶液：取铜试剂 5g 于 250mL 烧杯中，加水 95mL，加热(勿沸)溶解。如有不溶物时，用中速定性滤纸过滤后再使用。

6　试验步骤

6.1　在 100mL 小烧杯中，按表 1 规定称取试样(精确至 0.01g)，加入混合溶剂 30mL，搅拌均匀后移入 300mL 分液漏斗中，再用 50mL 混合溶剂分三次洗涤烧杯，洗涤液一并加入上述分液漏斗中。

表 1　试样的用量

锌 含 量 %(m/m)	试 样 用 量 g
0.02~0.1	20~25
>0.1~0.4	15~20
>0.4~0.8	5~10
>0.8~1.2	2~3

6.2　向分液漏斗中加入 30mL 7%(m/m)盐酸溶液，将其在振荡器上振荡 10min，取下。静置分层后，将下层酸液放至 250mL 的容量瓶中，先用约 40mL 热蒸馏水(70~80℃)洗漏斗中试样一次，再用 5mL7%(m/m)盐酸溶液及约 40mL 热蒸馏水洗漏斗一次，这两次洗涤均应将分液漏斗置于振荡器上，振荡 5min。再向分液漏斗中加入热蒸馏水 20mL，用振荡器再振荡 1min。上述三次洗涤后的洗涤液合并加入 250mL 容量瓶中，用水稀释至刻度，待用。

6.3　锌含量测定

6.3.1 从上述 250mL 容量瓶中，吸取 50mL 试液于 250mL 三角烧瓶中，加入甲基橙指示液 1 滴，先用氨水将溶液调至黄色，再用 7%（m/m）盐酸溶液调至微红色，加入乙酸–乙酸钠缓冲溶液 10mL，二甲酚橙指示剂约 20mg，用已知浓度的 EDTA 标准滴定溶液滴定至溶液由红色变为黄色。

6.3.2 试样中锌的含量 $X_1[\%(m/m)]$，按式（5）计算：

$$X_1 = \frac{c(\text{EDTA}) \times V_3 \times 0.06538 \times 5}{m} \times 100$$

$$= \frac{c(\text{EDTA}) \times V_3 \times 32.69}{m} \quad\cdots\cdots\cdots\cdots\cdots\cdots\cdots\cdots (5)$$

式中：$c(\text{EDTA})$——EDTA 标准滴定溶液的实际浓度，mol/L；

$\quad\quad V_3$——滴定时所消耗的 EDTA 标准滴定溶液的体积，mL；

$\quad\quad m$——试样的质量，g；

$\quad\quad 0.06538$——与 1.00mL EDTA 标准滴定溶液 [$c(\text{EDTA}) = 1.000\text{mol/L}$] 相当的以克表示的锌的质量。

6.4 钙含量测定

6.4.1 从上述 250mL 容量瓶中，另取 50mL 试液于 100mL 烧杯中，加甲基橙指示液 1 滴，先用氨水将溶液调至橙色，再用 4%（m/m）氨水溶液将溶液调至黄色，后加 50g/L 铜试剂溶液 5mL（如无锌，省去此步），20g/L 硫酸钾溶液 5mL（如无钡，省去此步），再加热至 80℃ 左右，冷却 40min 后用中速定性滤纸将溶液过滤入 250mL 三角烧瓶中，烧杯及滤纸用热蒸馏水（60～70℃）洗三至四次，洗涤液一并加入三角烧瓶中。

6.4.2 滤液中加孔雀石绿指示液 1 滴，用 100g/L 氢氧化钠溶液将滤液调至由蓝色变绿直至无色。

6.4.3 加入钙指示剂约 0.1g，摇匀后再加入 $c(\text{MgCl}_2) = 0.015\text{mol/L}$ 氯化镁标准滴定溶液 5mL，然后用已知浓度的 EDTA 标准滴定溶液滴定至溶液由红色变为蓝色。

6.4.4 试样中钙的含量 $X_2[\%(m/m)]$，按式（6）计算：

$$X_2 = \frac{c(\text{EDTA}) \times V_4 \times 0.0408 \times 5}{m} \times 100$$

$$= \frac{c(\text{EDTA}) \times V_4 \times 20.04}{m} \quad\cdots\cdots\cdots\cdots\cdots\cdots\cdots\cdots (6)$$

式中：$c(\text{EDTA})$——EDTA 标准滴定溶液的实际浓度，mol/L；

$\quad\quad V_4$——滴定时所消耗的 EDTA 标准滴定溶液的体积，mL；

$\quad\quad m$——试样的质量，g；

$\quad\quad 0.0408$——与 1.00mL EDTA 标准滴定溶液 [$c(\text{EDTA}) = 1.000\text{mol/L}$] 相当的以克表示的钙的质量。

6.5 钡含量测定

6.5.1 测定钡含量时，要先测定钡、钙的总量，再减去钙含量而求出钡含量。

6.5.2 从上述 250mL 容量瓶中，取 50mL 试液于 100mL 烧杯中，加甲基橙指示液 2 滴，先用氨水将溶液调至橙色，再用 4%（m/m）氨水溶液将溶液调至黄色，后加 50g/L 铜试剂溶液 5mL（如无锌，可省去此步），试液加热至 80℃ 左右，冷却后用中速定性滤纸将溶液滤入 250mL 三角烧瓶中，烧杯及滤纸用热蒸馏水（60～70℃）洗三至四次，洗涤液一并加入三角烧瓶中。

6.5.3 滤液中依次加入氨–氯化铵缓冲溶液 10mL，已知浓度的 EDTA 标准滴定溶液 20～35mL 和铬黑 T 指示剂约 50mg。此时溶液呈蓝色。

6.5.4 用 $c(MgCl_2)=0.015mol/L$ 氯化镁标准滴定溶液返滴定过量的 EDTA 标准滴定溶液，溶液由蓝绿色变为灰紫色时为滴定终点。

6.5.5 试样中钡的含量 $X_3[\%(m/m)]$，按式(7)计算：

$$X_3 = \frac{[c(EDTA)\times(V_5-V_4)-c(MgCl_2)\times V_6]\times 0.1374\times 5}{m}\times 100$$

$$= \frac{[c(EDTA)\times(V_5-V_4)-c(MgCl_2)\times V_6]}{m}\times 68.7 \quad\cdots\cdots\cdots\cdots\cdots(7)$$

式中：$c(EDTA)$——EDTA 标准滴定溶液的实际浓度，mol/L；

V_5——加入的 EDTA 标准滴定溶液的体积，mL；

V_4——在 6.4.3 钙含量测定时所用 EDTA 标准滴定溶液的体积，mL；

$c(MgCl_2)$——氯化镁标准滴定溶液的实际浓度，mol/L；

V_6——返滴定时所消耗的氯化镁标准滴定溶液的体积，mL；

m——试样的质量，g；

0.1374——与 1.00mL EDTA 标准滴定溶液 $[c(EDTA)=1.000mol/L]$ 相当的以克表示的钡的质量。

7 精密度

用下述规定判断试验结果的可靠性(95%置信水平)。

7.1 重复性

同一操作者重复测定两个结果之差不应大于表 2 所列数值。

7.2 再现性

由两个不同实验室提出的测定结果之差不应大于表 2 所列数值。

表 2　精密度　　　　　　　　　　%(m/m)

测 定 元 素	含　　量	重　复　性	再　现　性
锌	≤0.05	0.003	0.006
	>0.05~0.2	0.008	0.010
	>0.2~0.8	0.012	0.030
	>0.8~1.2	0.05	0.10
钙	≤0.05	0.003	0.005
	>0.05~0.2	0.009	0.013
	>0.2~0.8	0.020	0.036
	>0.8~1.2	0.03	0.05
钡	≤0.05	0.015	0.020
	>0.05~0.2	0.025	0.035
	>0.2~0.8	0.04	0.09
	>0.8~1.3	0.10	0.16
	>1.3~3.2	0.13	0.36

8 报告

取重复测定两个结果的算术平均值，作为测定结果。

附加说明：
本标准由石油化工科学研究院技术归口。
本标准由兰州炼油化工总厂负责起草。
本标准主要起草人李荣熙、张军。

中华人民共和国石油化工行业标准

SH/T 0311—1992

置换型防锈油人汗置换性能试验方法

（2004年确认）

代替 SY 2754—82

1 主题内容与适用范围

本标准规定了置换型防锈油对人汗的置换性能的试验方法。

本标准适用于置换型防锈油。

2 引用标准

GB 443 L-AN 全损耗系统用油

SH 0004 橡胶工业用溶剂油

SH/T 0218 防锈油脂试验用试片制备法

SH/T 0312—1992 置换型防锈油人汗洗净性能试验方法

3 方法概要

在金属试片上印人工汗后，立即在印汗处滴上置换型防锈油，放入湿润槽中，经规定时间后，观察印汗处锈蚀情况，以评定置换型防锈油对人汗的置换性能。

4 仪器与材料

4.1 仪器

4.1.1 湿润槽：直径 300mm 的干燥器，底部盛装 2000mL 的蒸馏水。

4.1.2 印汗橡胶塞：按 SH/T 0312—1992 中 4.1.4 规定。

4.1.3 人工汗打印盒：按 SH/T 0312—1992 中 4.1.5 规定。

4.1.4 吹风机：冷热两用。

4.1.5 秒表。

4.1.6 玻璃板：60mm×110mm。

4.1.7 移液管：2mL。

4.1.8 滴管。

4.2 材料

4.2.1 溶剂油：符合 SH 0004 要求。

4.2.2 L-AN15 全损耗系统用油：符合 GB 443 中 L-AN15 要求。

4.2.3 钢片：符合 SH/T 0218 中钢片的材质和规格要求。

5 试剂

5.1 氯化钠：化学纯。

5.2 尿素：化学纯。

5.3 乳酸：化学纯，85%。

5.4 甲醇：化学纯。

中国石油化工总公司 1992-05-20 批准

1992-05-20 实施

6 准备工作

6.1 将试验用六块钢片，按 SH/T 0218 规定进行打磨与清洗，置于干燥器中备用。

6.2 人工汗液的配制

称取氯化钠 7g±0.1g、尿素 1g±0.1g 和乳酸 4g±0.1g，用 1∶1 的甲醇蒸馏水溶液溶解并稀释至 1000mL。

7 试验步骤

7.1 取三块按 6.1 条规定准备好的试片，平放在玻璃板上，然后按 SH/T 0312 的规定印汗，印汗后，立即用热风吹干印汗面。用滴管吸取试样少许，自试片印汗处上方 10～15mm 高处滴下 1～2 滴（约 0.10～0.15mL）至印汗处中心，使试样完全覆盖印汗处。

7.2 再取三块试片，用 L-AN15 全损耗系统用油代替试样，重复上述操作，作为对比用试片。

7.3 将上述六块试片平放在沥干箱中经放置 16h，然后再将试片移入湿润槽中，在 25℃±5℃ 下静置 24h。

8 结果的判断

试验结束后，用溶剂油洗去油膜，仔细检查试片印汗处锈蚀情况。滴 L-AN15 全损耗系统用油的三块对比试片印汗处应有锈蚀，否则试验应重做。合格的试样在其余三块试片的印汗处应无锈蚀。

附加说明：
本标准由石油化工科学研究院技术归口。
本标准由茂名石油化工公司研究院、武汉材料保护研究所负责起草。
本标准首次发布于 1974 年。

中华人民共和国石油化工行业标准

SH/T 0313—1992

石油焦检验法

代替 SY 2871—77(88)

1 主题内容与适用范围

本标准规定了石油焦的采样、水分、挥发分、灰分、硫含量、粉焦量及石油焦经煅烧后的密度等项目的试验方法。

本标准适用于石油焦。

2 引用标准

GB/T 387 深色石油产品硫含量测定法(管式炉法)

SH/T 0229 固体和半固体石油产品取样法

方法 A 采 样

3 总则

3.1 石油焦采样法以 SH/T 0229 为基础,并补充本标准各项规定。

3.2 石油焦试样原则上应在焦流中采样,在条件不许可时也可以在运输工具(火车、汽车等)的顶部及焦堆上采取。

3.3 供总水分测定的试样,必须在生产厂装运地点临计量前采取。

4 采样

4.1 不同场地下石油焦的采样。

4.1.1 焦流中采样

用机械采样器或手工从焦流中采样时,应根据总焦流量计算石油焦的有效流过时间,并在该时间内等时、间隔地采样。每批样的采样份数不能少于五份,试样总量不少于10kg。

4.1.2 运输工具顶部采样

在运输工具顶部采样时,在同一车上须至少在平均距离的五点上,从表层采取(经长途运输或停放后,应在焦层下0.2~0.3m处采样),力求试样均匀,增加其代表性。

每车的采样量不少于5kg,每批采样的车数按总车数的10%计量(但不能少于两车),试样总量不少于10kg。

4.1.3 焦堆采样

焦堆的采样点分布在焦堆表面各距底和顶0.5m和焦堆半高处的三条圆周线上,并分别等间距地布置三、五、八个采样点(见下图)。

在各采样点表层(长期堆放后应在焦堆层下0.2~0.3m处)采样不少于0.5kg的石油焦试样,试样总量不少于8kg。

4.1.4 将按上述规定选出的试样分成四份，取其任何相同的两份混合起来，并在钢板上用锤将其敲碎，再用四分法除掉两份，这样连续的敲碎、等分、直至焦的粒度小于10mm 总质量约1~2kg 为止，则得石油焦最终试样，将上述试样分成两份。一份供全项分析用，另一份密封保存两个月，作为复查仲裁用。

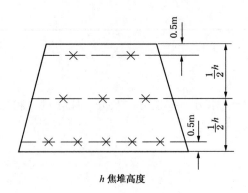

h 焦堆高度

5 试样的制备

将0.5kg 石油焦最终试样载于盘上，在105℃±3℃烘箱内干燥30min 以上，使试样达到空气干燥程度。

将石油焦从烘箱中取出冷却后，用机械或手工将其破碎到粒度小于5mm，均匀地取出50g 试样。继续破碎到能完全通过0.15mm 孔径的筛子为止，此样可供石油焦硫含量、灰分和挥发分的测定用。

方法 B 石油焦水分的测定

6 方法概要

将称取的石油焦试样，放在烘箱内烘干至恒重，测定其质量损失。

7 仪器

7.1 烘箱：能在105℃±3℃下恒温。

7.2 镀锌钢盘：160mm×120mm×30mm；也可以用容量150mL，直径100mm 的瓷或玻璃蒸发皿。

7.3 称量瓶：带有磨口塞，直径50mm，高30mm。

7.4 干燥器。

7.5 水银温度计：0~150℃，分度值为1.0℃。

7.6 坩埚钳。

7.7 小勺。

8 试验步骤

8.1 总水分的测定

8.1.1 称取石油焦最终试样50g（精确至0.5g）于预先称量过的钢盘上，将石油焦在钢盘中铺平，放在预先加热至105℃±3℃的烘箱内，并打开烘箱的自然通风孔。

8.1.2 1h 后取出钢盘，在空气中冷却30min 并称量，然后再进行干燥，每次20min，直到两次称量间之差数小于0.5g 为止，取最后称量数作为计算用。

8.1.3　总水分 $X_1[\%(m/m)]$ 按式(1)计算:

$$X_1 = \frac{(m-m_1)100}{m} \cdots\cdots\cdots\cdots\cdots\cdots\cdots\cdots\cdots\cdots\cdots\cdots\cdots (1)$$

式中: m——干燥前试样的质量,g;

　　　m_1——干燥后试样的质量,g。

8.2　内含水测定

8.2.1　将准备好的试样仔细搅拌,从试样的不同部位取出(分二或三次作)约 2g 重的石油焦试样,放在预先恒重好的称量瓶内,将称量瓶放入 105℃±3℃ 烘箱内干燥 1h,取出后放在干燥器内冷却 30min,并称量。然后,再进行干燥,每次 30min,直至两次称量之间差数小于 0.001g 为止,取最后质量作计算用(精确至 0.0002g)。

　　注:在烘箱内干燥时,应将盛有石油焦试样的称量瓶盖打开一半,而在干燥器内冷却及称量时则将其盖盖严。

8.2.2　内含水的质量百分数 X_2 按总水分的计算公式计算。

9　精密度

　　在石油焦水分测定中,重复测定两个结果间的差数,不应大于下列数值:

水　分	允许差数,%
总水分	0.3
内含水	0.2

10　报告

　　取重复测定两个结果的算术平均值作为试样的水分测定结果。

方法 C　挥发分测定法

11　方法概要

　　将石油焦试样放入 850℃ 高温炉内加热 3min,测定其质量损失。

12　仪器

12.1　瓷坩埚:高 43mm±0.5mm,上口外径 32mm±0.5mm,底口外径 18mm±0.5mm,具有内表面带有流槽状的坩埚盖,无盖时质量为 13~14g,壁厚 1.3~1.4mm。

12.2　高温炉:能在 850℃±20℃ 下恒温,炉门上应具有供挥发物逸出的孔隙,炉的后壁应具有供插热电偶的孔隙。

12.3　架子:耐热金属丝制成的,供安放坩埚用,架子的高度能使安在架子上的坩埚底与炉底的距离保持在 20mm±2mm。

12.4　干燥器。

12.5　坩埚钳。

12.6　小勺。

12.7　秒表。

13　准备工作

13.1　将高温炉加热至 850℃±20℃,热电偶的位置应使接点位于距炉底 20~30mm 的恒温地带。

13.2　坩埚须预先在 850℃ 高温炉内煅烧,经干燥器冷却后称量,并放入干燥器内备用。

14 试验步骤

14.1 用小勺搅拌第五章所制备好的试样、由试样较下部取出 1g±0.05g 试样，放入坩埚内，轻轻摇动使坩埚内的试样摊平。将坩埚盖盖好，并把坩埚放在架子上。

14.2 将盛有试样的坩埚连同架子迅速送到高温炉内的恒温地带，同时启动秒表，关上炉门，加热。当加热时间刚到 3min，就使挥发分坩埚离开恒温地带。坩埚在空气中冷却 3min 后，移入干燥器中冷却 30~40min 后称量（精确至 0.0002g）。

15 计算

石油焦挥发分 $X_3[\%(m/m)]$ 按式（2）计算：

$$X_3 = \frac{(m_2-m_3)\,100}{m_2}-X_2 \quad\cdots\cdots\cdots\cdots\cdots\cdots\cdots\cdots\cdots\cdots\cdots\quad (2)$$

式中：m_2——石油焦试样的质量，g；

$\qquad m_3$——加热后石油焦残留物的质量，g；

$\qquad X_2$——石油焦试样内含水量，%。

注：石油焦内含水量应和挥发分同时测定。

16 精密度

在石油焦挥发分测定中重复测定两个结果间的差数，不应大于 0.3%（m/m）。

17 报告

取重复测定两个结果的算术平均值，作为试样的挥发分测定结果。

方法 D 石油焦灰分测定法

18 方法概要

将石油焦试样在 850℃ 高温炉内灰化煅烧至恒重，以测定石油焦的灰分。

19 仪器

19.1 高温炉：能在 850℃ ±20℃ 下恒温。

19.2 舟形瓷皿：长方形，上口长 55~60mm，宽 25~30mm；底长 45~50mm，宽 20~22mm，高 14~16mm。

19.3 干燥器。

19.4 坩埚钳。

19.5 小勺。

20 试验步骤

20.1 用小勺搅拌好准备好的石油焦试样，从试样表面以下称取 2~3g 石油焦，放入预先加热恒重好的瓷皿内。

20.2 将盛有石油焦试样的瓷皿，放在 850℃ ±20℃ 的高温炉的炉膛前边缘上，在 3min 内逐渐将瓷皿移入高温炉完全灼热地带。关上炉门（炉门上的小孔应打开），煅烧 2h。

20.3 取出瓷皿，在空气中冷却 3min，然后移入干燥器内，冷却 30~40min，并称量。称量后再进行煅烧，每次 30min，直至两次称量间的差数小于 0.001g 为止，取最后质量作计算用（精确至 0.0002g）。

21　计算

石油焦灰分 X_4[%(m/m)]按式（3）计算：

$$X_4 = \frac{m_5}{m_4} \times 100 \quad\cdots\cdots\cdots\cdots\cdots\cdots\cdots\cdots\cdots\cdots\cdots\cdots\cdots（3）$$

式中：m_4——石油焦试样的质量，g；

$\quad\quad$ m_5——石油焦灰分残留物的质量，g。

22　精密度

在石油焦灰分测定中重复测定两个结果间的差数不应大于 0.05%（m/m）。

23　报告

取重复测定两个结果的算术平均值，作为试样的灰分测定结果。

方法 E　石油焦硫含量测定法

24　同 GB/T 387《深色石油产品硫含量测定法（管式炉法）》。

方法 F　粉焦量测定法

25　称出作为测定石油焦内粉焦含量用的试样，将其放在孔眼为 25mm 水平的金属丝筛子上筛过。

用铲子取出石油焦，每份不多于 15kg，并均匀地撒在筛子的整个表面上。将筛子中每份石油焦左右连续筛三次。全部石油焦试样筛过以后，称量通过筛子的粉焦，石油焦内粉焦含量以所取试样总质量的百分数计算。

方法 G　石油焦经煅烧后密度测定法

26　仪器

26.1　高温炉：能保持炉膛内温度达 1300℃。

26.2　坩埚或舟形皿：瓷制或刚铝石制。

26.3　干燥器。

26.4　玛瑙臼或钢臼。

26.5　金属网筛：筛网孔眼为 0.1mm。

26.6　密度瓶：50mL 或其他容积的锥形细颈密度瓶。

27　试剂

无水乙醇：化学纯。

28　准备工作

28.1　煅烧：石油焦分析试样的煅烧可以在特殊的煅烧炉内或在其他能调节及保持温度在 1300℃ 或 1300℃ 以上的加温装置内进行。

将要分析的石油焦试样放入瓷制或刚铝石的舟形皿或坩埚内，以便煅烧，装入试样的厚度不得超过60mm。

将去盖的舟形皿或坩埚放入管状炉内，煅烧时为了防止石油焦氧化，必须向炉内轻轻吹入不含氧及痕量一氧化碳的氮气，如不可能吹入氮气，则允许在有盖的双层坩埚内进行煅烧，外坩埚可以为金属制的，内外坩埚之间须撒入研细并煅烧过的含碳物质。

经过在温度1300℃±10℃下5h煅烧后，将试样转放在炉上较冷的地方，冷却至300℃以下后移入干燥器中。

28.2 粉碎：将煅烧过的分析用的石油焦试样，放在玛瑙臼或钢臼内研碎，须研得很细，使能通过筛网孔眼为0.1mm的筛子。筛子上的残留物要重复研细，直至分析用试样完全通过为止。

使用钢臼时，随后必须使捣细的试样脱磁，捣细时必须避免损失试料。

测定石油焦密度所取试样量依所用密度瓶容积而定：

密度瓶容积，mL	取样量，g
25	2
50	3
100	5

最好使用50mL锥形细颈的密度瓶。

29 试验步骤

29.1 将煅烧过的石油焦粉，从长脚小漏斗中，倒入预先已称量过的密度瓶内，称量盛有石油焦粉的密度瓶以测定所称试样的量，精确至0.0001g。

29.2 将无水乙醇注入盛有石油焦粉试样的密度瓶内至三分之二容积，并放在砂浴上沸腾3min，然后使静置于15℃的水浴中。另外，将无水乙醇在烧瓶内沸腾3min，也置于15℃水浴中，留置10min以后，从浴中取出密度瓶及烧瓶，将无水乙醇注满密度瓶，使瓶内无水乙醇液面略低于标线，再将密度瓶及盛有沸腾过无水乙醇的烧瓶放入水浴（或恒温器）中，使在15℃下留置20min，经过上述时间后，从水浴中取出密度瓶及烧瓶，迅速将密度瓶注满无水乙醇至标线，然后用滤纸条仔细擦干密度瓶颈部内壁（无水乙醇液面上）而密度瓶外面则用清洁的软毛巾擦干，并在分析天平上称量。然后将密度瓶内的溶液倒出，并用无水乙醇仔细洗涤。

29.3 用沸腾过的无水乙醇注满密度瓶的标线，仔细擦干密度瓶颈部内壁，在分析天平上称量。

注：① 无水乙醇的密度及盛有无水乙醇的密度瓶质量，均在15℃测定。
② 测定盛有无水乙醇的密度瓶质量，必须在每个8h工作班内至少进行一次。

30 计算

石油焦的密度ρ(g/cm³)按式(4)计算：

$$\rho = \frac{m_6 \cdot \rho_1}{m_6 + m_7 - m_8} \quad \text{（4）}$$

式中：m_6——石油焦粉试样质量，g；
m_7——注满无水乙醇的密度瓶质量，g；
m_8——盛有无水乙醇及石油焦粉试样的密度瓶质量，g；
ρ_1——15℃时无水乙醇的密度，g/cm³。

31 精密度

重复测定两个结果间的差数不应大于0.02g/cm³。

32 报告

取重复测定两个结果的算术平均值作为石油焦经煅烧后的密度。

附加说明：

本标准由石油化工科学研究院技术归口。

本标准由齐鲁石油化工公司胜利炼油厂负责起草。

本标准首次发布于 1955 年。

中华人民共和国石油化工行业标准

SH/T 0314—1992

（2004年确认）

代替 SY 3102—82

汽油诱导期测定器技术条件

1 主题内容与适用范围

本标准规定了汽油诱导期测定器的技术条件。

本标准适用于 GB/T 256《汽油诱导期测定法》的仪器。

2 引用标准

GB/T 256 汽油诱导期测定法

3 技术要求

3.1 汽油诱导期测定器的结构见图1。

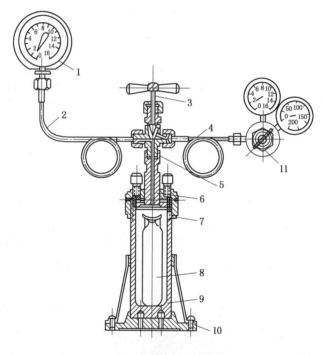

图 1

1—压力表；2—氧气表管；3—针阀；4—氧气表管；
5—十字接头；6—菌形塞；7—弹盖；8—三瓣口油杯；
9—弹体；10—底座；11—氧气减压阀

3.2 氧弹：用不锈钢（含镍 8%~11%，铬 17%~20%）制造。氧弹应经 1961.4kPa（20kgf/cm^2）的水压试验，不应有渗漏。

氧弹是由弹体、弹盖和弹头组成的。弹头包括菌形塞、氧气表管、针阀和手轮。

弹盖要能够沿着菌形塞的柄作上下移动，而且还要能够在菌形塞的扩大部分上面作左右旋动。将弹盖拧紧时，菌形塞的扩大部分必须紧密地将弹体封闭。其弹体的主要尺寸见图2。

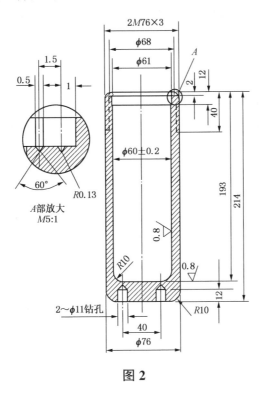

图 2

3.3 在汽油诱导期测定器十字接头的平面上，应刻有指示连接氧气表与压力表通路方向的箭头和字样。

3.4 氧弹压力表：直径为 150mm，刻度 0～1569kPa（0～16kgf/cm²），分度不大于 19.6kPa（0.2kgf/cm²），误差不大于 9.8kPa（0.1kgf/cm²），并禁油。

3.5 氧气表减压阀连接管及压力表连接管：外径 5mm，壁厚 1mm 的紫铜管。管身中部弯有螺旋一圈。需进行 1569kPa（16kgf/cm²）的水压试验不允许渗漏。铜管与压力表和减压阀连接端，采用带铅壁的螺帽密封。与氧弹连接端，采用锥形接头和螺帽密封。

3.6 表面皿：直径约 50mm。

3.7 温度计：全浸式，刻度 98～102℃，分度值为 0.1℃。

3.8 油杯：杯口边缘制成三个瓣形缺口，尺寸见图3。

3.9 底架（见图4）：用钢或铁制造。拧紧氧弹或向氧弹充装氧气时，都需要用底架放置氧弹。

3.10 氧弹所有零件必须用汽油清洗，晾干后方能装配。

4 验收规则

4.1 组装好的氧弹应按 3.2 条的规定进行水压耐压试验，历时 5min，无渗漏降压现象。

4.2 紫铜管应按 3.5 条进行水压试验，历时 5min，无渗漏降压现象。

4.3 每台仪器须经制造厂技术检查部门按本标准技术条件检查合格后方能出厂，收货人也应按本标准技术条件进行验收。

4.4 本仪器可按需要装配自动压力记录装置。

5 标志和包装

5.1 每台仪器应附有长方形金属铭牌，铭牌上印有仪器名称、本标准编号、出厂编号及日期、制造厂名等。

5.2　每台仪器都应该用特制的木箱或瓦楞纸箱包装。

5.3　每台仪器均应附有配套附件清单，使用说明书及产品出厂检查合格证。

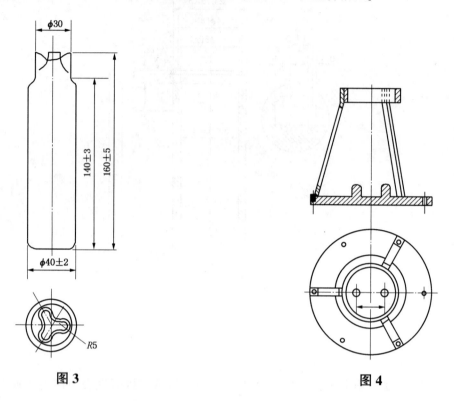

图 3　　　　　　　　　　　　图 4

附加说明：

本标准由石油化工科学研究院技术归口。

本标准由上海石油仪器厂负责起草。

本标准首次发布于 1966 年。

闭口闪点测定器技术条件

1 主题内容与适用范围

本标准规定了石油产品闭口闪点测定器的技术条件。

本标准适用于 GB/T 261—1983《石油产品闪点测定法（闭口杯法）》的仪器。

2 引用标准

GB/T 261—1983 石油产品闪点测定法（闭口杯法）

GB/T 514—1983 石油产品试验用液体温度计技术条件

3 技术要求

3.1 本仪器采用电炉加热,也可以选用煤气加热,使能保证升温速度达到 GB/T 261—1983 标准的要求。仪器有两种,一种带有电动搅拌装置(见图 1),一种带有手动搅拌装置(见图 2),均通过软轴进行搅拌。

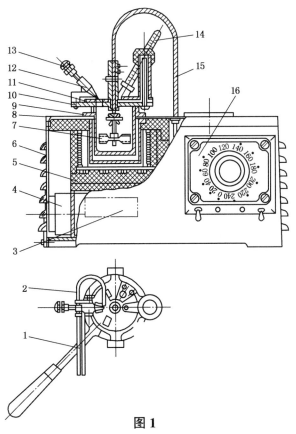

图 1

1—油杯手柄；2—点火管；3—铭牌；4—电动机；5—电炉盘；6—壳体；7—搅拌桨；8—浴套；9—油杯；10—油杯盖；11—滑板；12—点火器；13—点火器调节螺丝；14—温度计；15—传动软轴；16—开关箱

SH/T 0315—1992

3.2 浴套：为一铸铁容器，其内径为60mm，其底部距油杯的空隙为1.6~3.2mm，用电炉或煤气直接加热。

3.3 油杯：用黄铜制成平底直角筒形容器，油杯内壁刻有用来规定试样液面位置的标记，主要尺寸见图3。

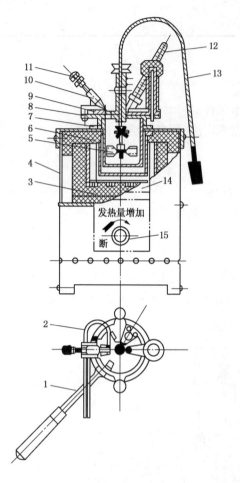

图2　　　　　　　　　　　　　　　　　　　图3

1—油杯手柄；2—点火管；3—电炉盘；4—壳体；5—搅拌桨；
6—浴套；7—油杯；8—油杯盖；9—滑板；10—点火器；11—点火
调节螺丝；12—温度计；13—传动软轴；14—铭牌；15—旋钮

3.4 油杯盖：用黄铜制成，应能与油杯配合，密封良好，其与杯子口径向配合间隙不超过0.36mm。其内平面应能与油杯口整个端面紧密接触，油杯盖的主要尺寸见图4。

3.5 点火器：喷孔直径为0.7~0.8mm，应能调整火焰使接近球形，其直径为3~4mm。

3.6 温度计：应符合GB/T 514—1983标准中的有关规定。

3.7 防护屏：可根据需要配套，用镀锌铁皮制成，高550~560mm，屏身内表面涂成黑色。

4 验收规则

每台仪器须经制造厂技术检查部门按本标准技术要求检查合格后方能出厂，收货人也应按本标准技术要求进行验收。

5 标志和包装

5.1 每台仪器应附有长方形金属铭牌，铭牌上印有仪器名称、本标准编号、制造厂名、出厂编号及

70

出厂日期。

5.2 仪器按使用部门需要用瓦楞纸箱或木箱进行包装，包装箱内应附有检验合格证及配套附件清单。

5.3 仪器交运输时，其包装箱内应有防震防潮材料或按生产与使用双方的协议进行包装。

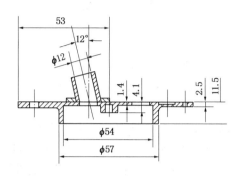

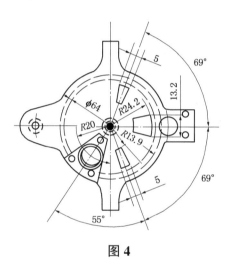

图 4

附加说明：

本标准由石油化工科学研究院技术归口。

本标准由上海石油仪器厂负责起草。

本标准首次发布于 1966 年。

前　　言

　　本标准非等效采用英国 BS 718—1991《密度计技术条件》，只采用了 BS 718 中以 20℃为标准温度的有关技术内容，对 SH 0316—92《石油密度计技术条件》进行修订。

　　本标准与 SH 0316—92 标准的主要技术差异是：密度计的尺寸大小及规格要求不同，读数方法是按国际标准方法，读取液体水平面，即下弯月面，对不透明液体读上弯月面修正到下弯月面，这些都符合有关国际标准的要求，而 SH 0316—92 不论透明或不透明油品都读取上弯月面。

　　本标准增加了 SY-02(0.0002g/cm^3)系列密度计，可以用于要求精度更高的密度测定。

　　本标准对制造密度计的材料、工艺、刻度及刻线等都作了详细的规定，这有利于提高密度计的质量。

　　本标准还给出了密度计主要技术要求及最大允许误差。附录 A 是进行弯月面修正的计算公式，附录 B 是推荐的密度计干管直径，这有利于提高密度测定的精度。

　　本标准的附录 A 为标准的附录，附录 B 为提示的附录。

　　本标准由石油化工科学研究院归口。

　　本标准由石油化工科学研究院起草。

　　本标准主要起草人：管焕铮、薄艳红。

中华人民共和国石油化工行业标准

SH/T 0316—1998

石油密度计技术条件

代替 SH 0316—1992

Specification for petroleum hydrometer

1 范围

本标准规定了 SY-02、SY-05 和 SY-10 三个系列固定质量的玻璃石油密度计(以下简称密度计)的技术条件。这些密度计用于测定原油和液体石油产品的 20℃密度,密度范围为 600~1100kg/m³。用于低表面张力的液体,具有较小的刻度误差。

本标准不包括内装温度计的密度计。

2 引用标准

下列标准包括的条文,通过引用而构成为本标准的一部分。除非在标准中另有明确规定,下述引用标准都应用现行有效标准。

JJG 42 工作玻璃浮计检定规程

3 刻度单位

密度刻度单位是千克每立方米(kg/m³),也可采用克每立方厘米(g/cm³)或克每毫升(g/mL)。

注:按照第 12 届国际计量大会的决议,毫升(mL)一般用作立方厘米(cm³)的专门名称,通常玻璃量器的容量采用毫升(mL),也可在本标准中使用。

4 标准温度

三个系列的密度计标准温度为 20℃,在 20℃的液体中使用时,密度计指示该液体 20℃下的密度。

5 表面张力

制造密度计应按以下规定的毛细作用条件进行校准。

5.1 当密度计在液体中从它的平衡位置稍微移动时,干管通过液体表面不会引起弯月面形状的明显变形。

5.2 密度计的刻度应按照 JJG 42 要求进行校准。

5.3 SY-02、SY-05 和 SY-10 三个系列的密度计,分度值分别为 0.2kg/m³、0.5kg/m³ 和 1kg/m³。均用于低表面张力石油液体。

6 校准和读数

6.1 密度计的刻度应按液体水平面的读数进行校准。

注:如果密度计是用于不透明液体,可读取弯月面顶部与干管相交处的读数,再修正到液体水平面读数(见附录 A)。

6.2 刻线的确切位置是该刻线宽度的中心。

中国石油化工集团公司 1998-09-24 批准

1999-04-01 实施

7 浸没

除紧靠弯月面部分外，密度计刻线应标在干管露出液面部分。

8 材料和工艺

8.1 密度计躯体及干管要选用合适的透明玻璃制造。加工时，应尽可能无应力及可见缺陷。玻璃体膨胀系数为 $25 \times 10^{-6} ℃^{-1} \pm 2 \times 10^{-6} ℃^{-1}$。

8.2 压载物质应用玻璃隔板固定在密度计的底部，制成后应满足 9.3 的要求。

8.3 密度计中不能有任何松散物质。

8.4 用于标刻线和标注的白色纸条应有一平滑无光泽的表面，不应有碳化迹象。当密度计干管在 80℃ 或在要使用的更高温度下放置 1h 后，线条不应褪色和变形。

9 形状

9.1 密度计的外表面要与主轴线对称。

9.2 密度计的横截面不应有急剧的变化，最好采用图 1 的锥形设计，但任何一种设计都不允许带进气泡。

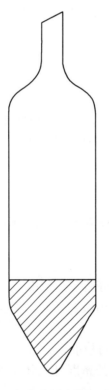

图 1 密度计躯体设计

9.3 密度计在液体中漂浮时，它的轴线偏离铅垂线应在 1.5° 范围内。

9.4 温度计不应成为密度计的一部分。

10 刻度

密度计的刻度例子见图 2。

10.1 一般情况

10.1.1 标刻线和标注的纸条应为白色，在 80℃ 或任何要使用的更高温度下应不松动。

10.1.2 应采用适当的方法，当密度计标尺发生任何位移时，都能被发现。

　注：标尺位移后的密度计不得使用。

10.1.3 刻度的刻线应是直线，不能有弯曲。

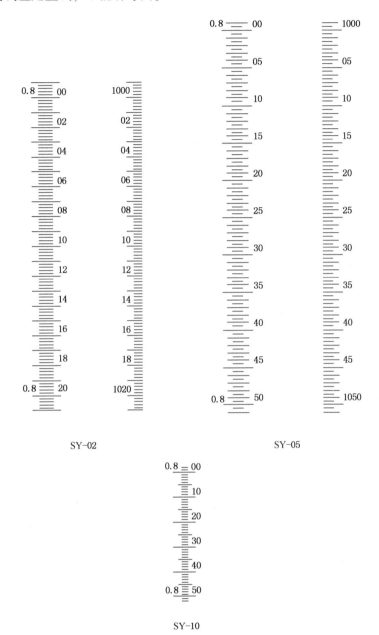

图 2　推荐密度计刻度的例子

10.1.4 密度计应只有一种密度刻度，如果密度计有两种刻度，它们指示的值应是不同的。

10.1.5 刻线及标注的颜色应为黑色，印在纸条上应清晰、持久。

10.2 刻线

10.2.1 刻线应清晰且宽度一致，线宽不得超过 0.2mm 或两相邻刻线中心之间距离的 1/6。

10.2.2 刻线之间不应有明显的局部不规则。

10.2.3 刻线应与密度计轴线垂直。

10.2.4 除有两种刻度的密度计外，短、中、长刻线应至少分别延伸到干管周长的 1/5、1/3 和 1/2。

10.2.5 表示密度计测量范围的最高和最低刻线应是长线。

10.2.6 短、中和长刻线要垂直排列，以便使所有的刻线中点或左端点或右端点形成的假想垂线平行于密度计的轴线，在后面的两种情况下也可以把垂线标出来。

10.3 刻线序列

10.3.1 SY-02 型密度计刻度的最小分度值是 0.2kg/m³ 或 0.0002g/cm³，刻线如下：
　　a）每第五条刻线为一长线；
　　b）在相邻两条长线之间有四条短线。

10.3.2 SY-05 型密度计刻度的最小分度值是 0.5kg/m³ 或 0.0005g/cm³，刻线如下：
　　a）每第十条刻线为一长线；
　　b）在相邻两条长线之间有四条中线；
　　c）在相邻两条中线之间和相邻中线和长线之间有一条短线。

10.3.3 SY-10 型密度计刻度的最小分度值是 1kg/m³ 或 0.001g/cm³，刻线如下：
　　a）每第十条刻线为一长线；
　　b）在相邻两条长线之间有一条中线；
　　c）在相邻中线和长线之间有四条短线。

10.4 刻线数字

10.4.1 除有两种刻度的密度计外，刻度应只有一套刻线数字。

10.4.2 刻度上所标的数字应使任何一条刻线的相应数值准确无误。

10.4.3 密度计标称范围的最高和最低刻线都应标完整数字。

10.4.4 至少每第十条刻线应标注数字。

10.4.5 标注数字应包括小数，但简写数字可省去小数。

10.5 刻度的延伸

刻度应延伸到测量范围以外，如表2所示。

11 密度计的测量范围(见表1)

表1 密度计的测量范围

系　列	测 量 范 围		每支密度计范围		支　数
	kg/m³	g/cm³	kg/m³	g/cm³	
SY-02	600~1100	0.6~1.1	20	0.020	25
SY-05	600~1100	0.6~1.1	50	0.050	10
SY-10	600~1100	0.6~1.1	50	0.050	10

12 主要尺寸

12.1 密度计主要尺寸应符合表2要求。

表2 密度计的主要技术要求

系　列	总长最大值	刻线总数及刻线间隔值		标尺最小长度	躯体直径		密度范围最低刻线以下体积		密度范围上下限以外的刻线数
					最小	最大	最小	最大	
	mm	kg/m³	g/cm³	mm	mm	mm	cm³	cm³	条
SY-02	335	100×0.2	100×0.0002	105	36	40	108	132	5~10
SY-05	335	100×0.5	100×0.0005	125	23	27	50	65	2~5
SY-10	90	50×1	50×0.001	50	18	20	18	26	2~3

12.2 刻度全长及最低刻线以下至少有 5mm 干管的横截面保持不变。

12.3 刻度最高刻线以上至少有 15mm 干管直径保持不变。

12.4 密度计干管直径不应小于 4mm。为方便加工制造，也可按附录 B 所推荐的干管直径加工。

13 密度计的最大允许误差

密度计的最大允许误差见表 3。

表 3　密度计的最大允许误差

系　　列	标尺上任一点的最大允许误差	
	kg/m³	g/cm³
SY-02	±0.2	±0.0002
SY-05	±0.3	±0.0003
SY-10	±1.0	±0.0010

14 标注

在密度计内要有以下永久、清晰的标注。

14.1 标注应指明刻度的单位，如 kg/cm³，20℃。

14.2 应标注以下中的任一项：

　　a）校准刻线用的液体表面张力，mN/m，如 25mN/m；

　　b）校准刻线用的液体表面张力类型，如低表面张力；

　　c）如果校准刻线用的是一种特殊液体，应注明液体名称。

14.3 密度计的系列号，如 SY-05。

14.4 制造厂的名称或商标。

14.5 标准温度，20℃。

14.6 标准名称，SH/T 0316。

14.7 密度计制造号和日期。

附 录 A

（标准的附录）

弯月面修正

为了得到相应液体水平面的读数值（见6.1），在读取干管弯月面上缘时，要加上表A1给出的相应弯月面修正值。它们是由推荐的干管直径的密度计计算得到的，基于朗格波尔（Langberg）公式，它们等于

$$h = \frac{1000\sigma \cdot i}{d \cdot \rho \cdot s \cdot g}\left[\sqrt{\left(1 + \frac{2 \cdot g \cdot d^2 \cdot \rho}{1000\sigma}\right)} - 1\right]$$

式中：h——弯月面修正值，kg/m^3；

  σ——液体表面张力，mN/m^3；

  i——标称刻度范围，kg/m^3；

  d——干管外直径，mm；

  ρ——弯月面上缘读数，kg/m^3；

  s——刻度长度（标称范围），mm；

  g——重力加速度，$9.81m/s^2$。

表A1是用第三行的刻度长度计算出来的，左边和右边的值分别表示密度计刻度长度的上限和下限。

表A1中的修正值已修约到最小刻度间隔值的1/5。

表A2与密度计干管直径有关，它可以得到较表A1更精确的弯月面高度修正值。表A2是由朗格波尔（Langberg）公式算出。

表A1 用密度单位表示的平均弯月面修正值（单位：kg/m^3）

密度计系列		SY-02		SY-05		SY-10	
最小分度值		0.2		0.5		1	
假定刻度长度，mm		113	127	125	145	50	62
液体密度	表面张力						
kg/m³ g/cm³	mN/m						
600 0.600	15	0.32	0.28	0.8	0.7	1.8	1.6
800 0.800	25	0.36	0.32	0.8	0.7	2.0	1.6
1000 1.000	35	0.36	0.32	0.8	0.7	2.2	1.6
	55	0.44	0.40	1.0	0.8		
	75	0.48	0.44	1.0	0.9		

注：以g/cm^3刻度的密度计，修正值应除以1000。

表A2 用长度单位表示的平均弯月面修正值（单位：mm）

液体密度		表面张力	干 管 直 径			
kg/m³	g/cm³	mN/m	4mm	5mm	6mm	7mm
600	0.6	15	1.7	1.8	1.9	1.9
700	0.7	20	1.8	1.9	2.0	2.0
800	0.8	25	1.9	2.0	2.0	2.1

表 A2(续)

液体密度		表面张力	干 管 直 径			
kg/m³	g/cm³	mN/m	4mm	5mm	6mm	7mm
900	0.9	30	1.9	2.0	2.1	2.2
1000	1.0	35	1.9	2.1	2.1	2.2
		55	2.2	2.4	2.5	2.6
1300	1.3	35	1.8	1.9	1.9	2.0
		55	2.1	2.2	2.3	2.4

附 录 B

（提示的附录）

推荐的密度计干管直径

表 B 中给出的直径并不是强制性的，它们用于密度计的制造。

表 B 推荐的密度计干管直径

标称范围的最低密度（顶点）		SY-02 和 SY-05	SY-10
kg/m³	g/cm³	mm	mm
600	0.60	6.6	6.4
700	0.70	6.1	5.9
800	0.80	5.7	5.5
900	0.90	5.4	5.2
1000	1.00	5.1	4.9
1100	1.10	4.9	4.7

中华人民共和国石油化工行业标准

石油产品试验用
瓷制器皿验收技术条件

SH/T 0317—1992

（2004 年确认）

代替 SY 3302—83

1 主题内容与适用范围

本标准规定了石油产品试验方法中所用的瓷制器皿验收技术条件。

本标准适用于石油产品试验用瓷制器皿（坩埚、舟、蒸发皿等）。是相应石油产品试验方法标准的补充。

2 引用标准

GB/T 268　石油产品残炭测定法（康氏法）

GB/T 387　深色石油产品硫含量测定法（管式炉法）

GB/T 388　石油产品硫含量测定法（氧弹法）

GB/T 508　石油产品灰分测定法

GB/T 2433　添加剂和含添加剂润滑油硫酸盐灰分测定法

SH/T 0170　石油产品残炭测定法（电炉法）

SH/T 0197　润滑油中铁含量测定法

SH/T 0225　添加剂和含添加剂润滑油中钡含量测定法

SH/T 0226　添加剂和含添加剂润滑油中锌含量测定法

SH/T 0270　添加剂和含添加剂润滑油的钙含量测定法

SH/T 0296　添加剂和含添加剂润滑油的磷含量测定法（比色法）

SH/T 0313　石油焦检验法

SH/T 0422　沥青灰分测定法

3 术语

3.1　表面异物：指肉眼可见的器皿釉面呈现的圆拱状物，渣粒、有色斑点等。

3.2　表面缺陷：指器皿釉面由于烧制时不慎引起肉眼可见的粘结残缺、漏挂釉及外力造成磕瓷、掉釉、龟裂等。

3.3　扁口：指圆形器皿的口不圆度。

3.4　眼歪：指器皿的孔眼圆心与中心线偏歪程度。

3.5　热稳定性：器皿在温度急变时釉面和胚体变化情况。

3.6　恒重性：器皿经高温灼烧后质量变化情况。以灼烧前后两次称量差表示。

3.7　使用温度：试验时允许最高加热温度。

3.8　耐酸度：器皿对酸液的抗蚀性能。以酸浸泡后瓷皿失重百分比表示。

3.9　含硫量：器皿含硫的数量。

3.10　容量：器皿装盛液体的最大容积（按量入法）。

4 分类

石油产品试验用瓷制器皿,根据用途分类,见表1。

表1 石油产品试验用瓷制器皿分类表

编号	器皿名称	容量,mL	图号	相关标准
1	残炭用1号坩埚	30	1	用于 GB/T 268
2	残炭用2号坩埚	18	2	用于 SH/T 0170
3	灰分用1号坩埚	50	3	用于 GB/T 508、GB/T 2433、SH/T 0197、SH/T 0225、SH/T 0226、SH/T 0422
4	灰分用2号坩埚	100	4	用于 GB/T 2433、SH/T 0270
5	定硫、磷用坩埚	30	5	用于 GB/T 388、SH/T 0296
6	定硫用瓷舟	长 88mm	6	用于 GB/T 387、SH/T 0313
7	挥发分用坩埚	20	7	用于 SH/T 0313
8	灰分用长方形舟		8	用于 SH/T 0313
9	灰分用蒸发皿	50	9	用于 GB/T 508

5 尺寸规格

石油产品试验用瓷制器皿尺寸规格应符合图1~图9的要求。

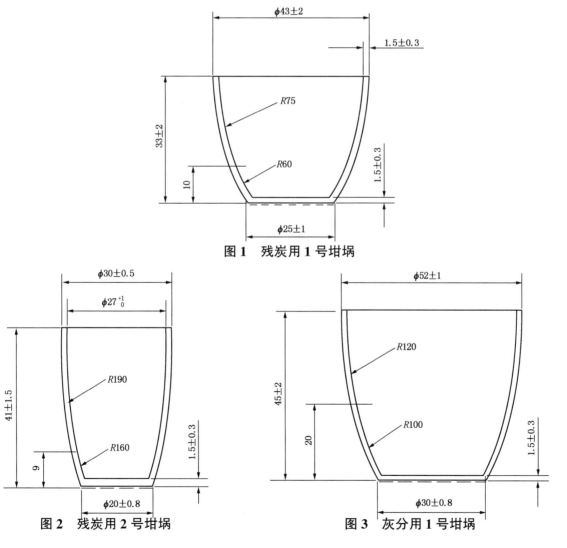

图1 残炭用1号坩埚

图2 残炭用2号坩埚

图3 灰分用1号坩埚

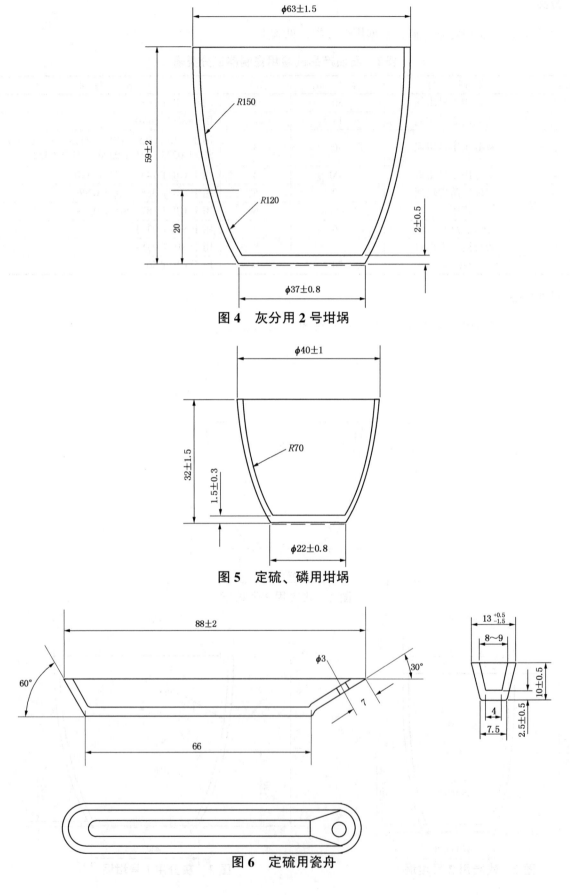

图 4   灰分用 2 号坩埚

图 5   定硫、磷用坩埚

图 6   定硫用瓷舟

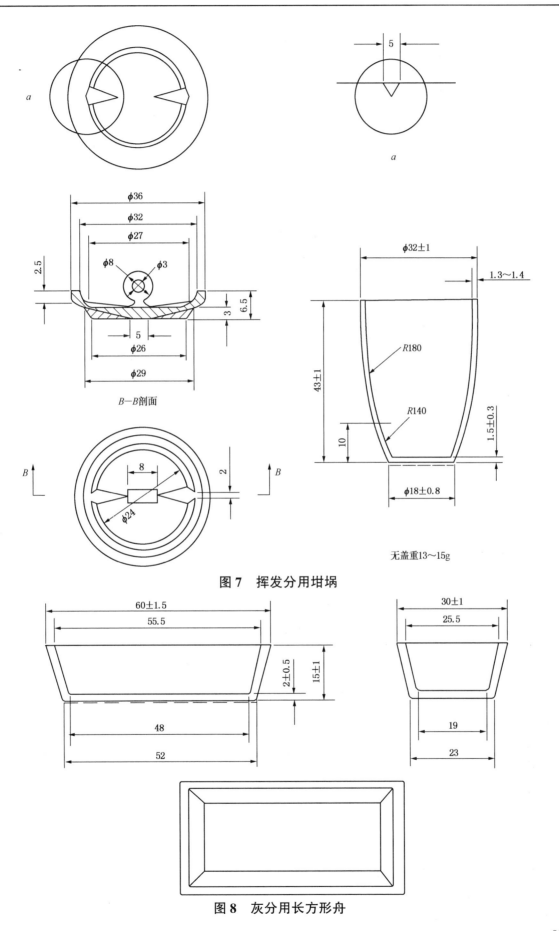

图 7 挥发分用坩埚

无盖重13~15g

图 8 灰分用长方形舟

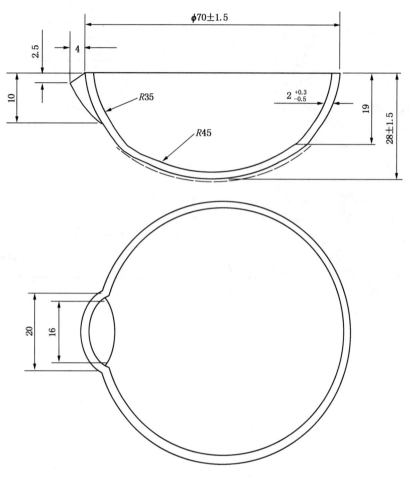

图9　灰分用蒸发皿

6　技术要求

6.1　外观

石油产品试验用瓷制器皿外观应符合表2要求。

表2　石油产品试验用瓷制器皿外观要求

项　目		坩埚、皿		瓷　舟	
		使用面	非使用面	使用面	非使用面
大于1mm² 表面异物，个	不多于	2	4	2	4
6mm² 表面缺陷，个	不多于	0	1	1	1
扁口口径差，mm	不大于	1.5		—	
眼歪与中心线差，mm	不大于	—		1	

6.2　理化性能

石油产品试验用瓷制器皿理化性能应符合表3要求。

7　检测方法

7.1　尺寸规格检查方法

用精度为0.02mm的游标卡尺，按图1~图9中尺寸要求部位测量。

7.2　外观检查方法

用目测计数法，要求面积项目用精度为0.02mm的游标卡尺测量。

表3 石油产品试验用瓷制器皿理化性能

理化性能		坩埚、方形皿	圆蒸发皿	瓷舟
热稳定性，温度急变		不炸裂	不炸裂	不炸裂
恒重性，g	不大于	0.0004	—	—
使用温度，℃	最高	1050	1050	1350
耐酸度，%	不小于	99.95	99.95	—
含硫量，g(每个瓷舟)	不大于	—	—	0.00006
容量，mL	不小于	视标志量	50	—

7.3 理化性能试验法

7.3.1 热稳定性试验

7.3.1.1 坩埚、方形皿

将洁净、干燥的试件放入升温至850℃±25℃的高温炉中，关闭炉门。此时炉温略有下降，待回升至850℃±25℃后恒温10min。打开炉门，用预热的坩埚钳取出试件放置在处于室温下的铁板(面积约为600mm×400mm×10mm)上(灰分用2号坩埚放在瓷板上)。若未出现炸裂，重复上述操作直至三次。

7.3.1.2 圆蒸发皿

将洁净、干燥的试件放在功率为1200W的圆盘电炉上灼烧10min。用预热的坩埚钳取下放置在处于室温下的石棉板上。若未出现炸裂，重复上述操作直至三次。

7.3.1.3 瓷舟

将洁净、干燥的试件放入已升温至925℃±25℃的管式炉中部，加热10min后取出放在处于室温下的石棉板上。若未出现炸裂，重复上述操作一次。

7.3.2 恒重性试验

将洁净的试件放入850℃±25℃的高温炉中加热30min，取出在空气中冷却3min后移入干燥器中，冷却30min。取出用分析天平称量，称精确至0.0002g，重复上述操作三次，计算后两次称量值之差。

7.3.3 耐酸度试验

将洁净的试件放入105~110℃的烘箱中干燥1h，取出放在干燥器中冷却30min，称量，称精确至0.0002g。重复上述操作至连续两次称量间差数不超过0.0004g，取其平均值为m_1。将已恒重的试件放入500mL烧杯中，加入盐酸、硫酸、硝酸各占10%的混合溶液至浸没试件。加热至90℃保持30min后再放置室温浸泡5h。将试件取出用蒸馏水洗至中性。再将试件按前述方法进行恒重，此时量为m_2。耐酸度$X[\%(m/m)]$按式(1)计算：

$$X = \frac{m_2}{m_1} \times 100 \quad\cdots\cdots (1)$$

式中：m_1——未经酸浸泡试件恒重值，g；

m_2——经酸浸泡、洗净后试件恒重值，g。

重复测定两次，均不得超过6.2条中表3的规定。若其中有一次结果不合格，则应再进行一次重复试验，第三次试验结果若符合6.2条中表3规定则认为合格，否则为不合格。

7.3.4 硫含量测定法

硫含量测定按GB/T 387操作，但不加砂、油样。空白试验不用瓷舟。

每个瓷舟硫含量X_1(g)，按式(2)计算：

$$X_1 = 0.016c(V-V_1) \quad\cdots\cdots (2)$$

式中：V——加热瓷舟时接受器中溶液所消耗的氢氧化钠标准滴定溶液的体积，mL；

V_1——不加瓷舟时接受器中溶液所消耗的氢氧化钠标准滴定溶液的体积，mL；

c——氢氧化钠标准滴定溶液的实际浓度，mol/L；

0.016——与 1.00mL 氢氧化钠标准滴定溶液[$c(NaOH)=1.000mol/L$]相当的以克表示的硫的质量。

7.3.5 容量测定法

用 100mL 量筒按量入法测量。

8 标志、包装

8.1 产品应有生产单位标志，一般以商标表示。

8.2 有容量要求的产品还应注明容量数。

8.3 包装方式不限，但必须具有较好的防震性，以防运输过程中损坏。

8.4 外包装明显位置应注明防震、防压、轻拿轻放等字样。

8.5 根据需要，生产厂附坩埚盖配套供应。

附 录 A

石油产品试验用瓷制器皿验收取样法

（补充件）

A1 本方法限于用户验收石油产品试验用瓷制器皿。

A2 根据到货包装型式分为：

A2.1 纸盒包装

取样件数不少于 20 个。

A2.2 其他包装

在包装中任意位置取总量的 5% 进行抽样，不少于 20 个。

A3 所取试件按本标准要求检验，必须完全符合要求。

A4 每 10 个抽样中有 1 个以上不符合标准要求时，则应向生产单位提出退换。

附加说明：

本标准由石油化工科学研究院技术归口。

本标准由石油化工科学研究院、醴陵理化瓷厂负责起草。

本标准主要起草人钮培南、阳伟平。

中华人民共和国石油化工行业标准

SH/T 0318—1992

开口闪点测定器技术条件

（2004 年确认）
代替 SY 3609—82

1 主题内容与适用范围

本标准规定了石油产品开口闪点测定器的技术条件。

本标准适用于 GB/T 267《石油产品闪点与燃点测定法（开口杯法）》的仪器。

2 引用标准

GB/T 267 石油产品闪点与燃点测定法（开口杯法）

GB/T 514 石油产品试验用液体温度计技术条件

3 技术要求

3.1 本仪器可采用煤气灯、酒精喷灯或适当的电炉加热，其结构见图 1。

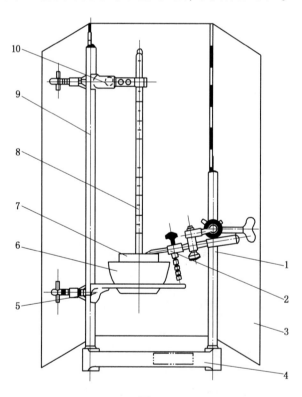

图 1

1—点火器支柱；2—点火器；3—屏风；4—底座；5—坩埚托；
6—外坩埚；7—内坩埚；8—温度计；9—支柱；10—温度计夹

3.2 内坩埚：用 08 号或 10 号优质碳素结构钢制成，上口内径 64mm±1mm，底部内径 38mm±1mm，高 47mm±1mm，厚度约 1mm，内壁刻有两道环状标线，各与坩埚上口边缘的距离为 12 和 18mm，其主要尺寸见图2。

3.3 外坩埚：厚约1mm，用08号或10号优质碳素结构钢制成，其尺寸见图3。

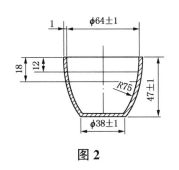

图 2

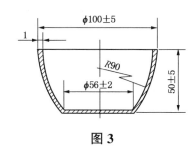

图 3

3.4 点火器喷孔直径：0.7~0.8mm，应能调整火焰长度，使成3~4mm近似球形，并能沿坩埚水平面任意移动。

3.5 温度计：应符合GB/T 514中的有关规定。

3.6 防护屏：用镀锌铁皮制成，高550~650mm，屏身内壁涂成黑色。

3.7 铁支架：高约500mm，无论用电炉或煤气灯加热，必须保证温度计能垂直地伸插在内坩埚中央。

4 验收规则

每台仪器须经制造厂技术检查部门按本标准技术要求检查合格后方能出厂，收货人也应按本标准要求进行验收，出厂时应附有证明产品质量合格的文件。

5 标志和包装

5.1 每台仪器应附有长方形金属铭牌，铭牌上印有仪器名称、本标准编号、出厂年月、出厂编号及制造厂名。

5.2 每套产品均应附有配件清单、使用说明书及产品检查合格证。

附加说明：
本标准由石油化工科学研究院技术归口。
本标准由石油化工科学研究院负责起草。
本标准首次发布于1966年。

编者注：本标准中引用标准的标准号和标准名称变动如下。

原标准号	现标准号	现标准名称
GB/T 514	GB/T 514	石油产品试验用玻璃液体温度计技术条件

中华人民共和国石油化工行业标准

SH/T 0319—1992

润滑脂皂分测定法

代替 ZB E36 011—88

1 主题内容与适用范围

本标准规定了用丙酮沉淀法测定润滑脂的皂含量。

本标准适用于测定润滑脂。

2 引用标准

SH/T 0330 润滑脂机械杂质测定法（抽出法）

3 方法概要

将润滑脂溶于苯中后，用丙酮沉淀润滑脂苯溶液中的肥皂，然后用重量法测定皂量。

4 试剂与材料

4.1 试剂

4.1.1 苯：分析纯。

4.1.2 丙酮：分析纯。

4.2 材料

定量滤纸。

5 仪器

5.1 滴定管：50mL。

5.2 锥形烧瓶：125 或 150mL。

5.3 漏斗：60°角，直径 50~70mm。

5.4 洗瓶：250~500mL。

5.5 回流冷凝管。

5.6 水浴或带有隐蔽炉丝的电炉。

5.7 干燥箱或恒温箱：加热温度 100~105℃。

5.8 刮刀。

5.9 玻璃棒：长 150~200mm，直径 3~4mm，两端烧圆。

5.10 干燥器。

6 准备工作

6.1 在清洁而干燥的 125mL 锥形烧瓶颈部，叠放一张滤纸，置于 100~105℃的烘箱中留置 1.5~2h，取出放在干燥器中冷却至室温，称取其质量，精确至 0.0002g。重复进行干燥、冷却及称量等操作，直至两次连续称量间的差数不大于 0.001g 为止。

6.2 用刮刀将试样表面刮掉，然后在不靠近容器壁的至少三处取约等量的试样，一起放在瓷蒸发皿中, 仔细调匀, 再用表面皿盖好。

6.3 取试样 1~2g, 称精确至 0.0002g, 放入锥形烧瓶(拿出瓶中的滤纸并记下瓶号)内。

7 试验步骤

7.1 向盛有试样的锥形烧瓶中加苯 5~10mL, 然后装上回流冷凝管, 在水浴上或在带隐蔽炉丝的电炉上稍热(不许苯沸腾)至全部溶解为止, 再将溶液冷却至室温。

7.2 用滴定管滴入丙酮 50mL 于试样苯的溶液中, 旋转锥形烧瓶进行搅拌, 此时不应使锥形烧瓶离开桌子。

7.3 将锥形烧瓶静置 1h 后, 用丙酮浸湿滤纸(原在瓶内一起称重的), 用此滤纸滤去上层液体, 然后用热丙酮洗涤瓶中和滤纸上的肥皂数次, 至油完全去掉为止。

7.4 洗涤完毕, 将带皂的滤纸与带皂的锥形烧瓶一起置于 100~105℃ 的烘箱中留置 1.5~2h, 取出放在干燥器中冷却到室温, 然后称取其质量, 精确至 0.0002g。重复进行干燥、冷却及称量等操作, 直至两次连续称量间的差数不大于 0.001g 为止。

8 计算

试样的皂分含量 $X[\%(m/m)]$ 按下式计算:

$$X = \frac{m_1 - m_2}{m_3} \times 100 - Y$$

式中: m_1——盛有析出的皂的锥形烧瓶及滤纸的质量, g;

m_2——清洁干燥的锥形烧瓶及滤纸的质量, g;

m_3——试样的质量, g;

Y——按 SH/T 0330 测得的试样中机械杂质质量百分数。

9 精密度

重复性: 同一操作者重复测定的两个结果之差不应大于 1%。

10 报告

取重复测定两个结果的算术平均值, 作为试样的皂含量。

附加说明:
本标准由石油化工科学研究院技术归口。
本标准由石油化工科学研究院负责起草。
本标准首次发布于 1954 年。

中华人民共和国石油化工行业标准

SH/T 0322—1992

润滑脂有害粒子鉴定法

代替 ZB E36 014—88

1 主题内容与适用范围

本标准规定了用划伤磨光的塑料表面的纹痕，估算润滑脂中的有害粒子。

本标准适用于润滑脂，也适用于不管什么颜色的润滑脂或加填料的润滑脂，或其他半固体、黏稠液体物质。

2 方法概要

将润滑脂放在两块洁净的经过高度磨光的塑料片之间，在一定压力下，使一块塑料片对于另一块旋转30°，当润滑脂中含有硬度大于塑料片的粒子，即在一块或两块塑料片上划出特殊的弧形纹痕，以纹痕总数来估计这类固体粒子的相对含量。

3 仪器

3.1 钢制测定仪器(见图1)由下列部件组成：

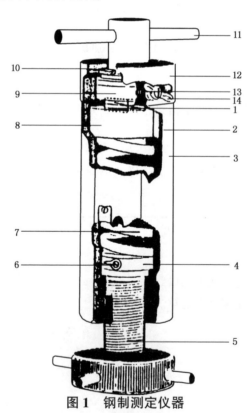

图1 钢制测定仪器

1—塑料片；2—平键；3—壳体；4—弹簧座；5—负荷螺丝；6—指针；7—弹簧；
8—下夹具；9—上夹具；10—垫圈；11—手柄；12—顶盖；13—双头螺柱；14—蝶形螺母

图1中两块塑料片1放在夹具8和9的正方形空穴内，以平行的位置紧密地合在一起，上夹具9是顶盖组9~13的一个部件。卸下顶盖上的四个螺钉，顶盖组可以从主体内腔轴向滑出，但为两个相对的凸肩部分卡住不能旋转，利用蛇形弹簧7，弹簧座4和负荷螺丝5通过夹具8施压力于塑料片。负荷螺丝同时可作为仪器的基座，弹簧座4上的指针6用来表示弹簧的压缩值，以间接测量作用于两块塑料片之间的压力。上夹具9在受压情况下可以旋转30°。夹具9可以被穿过顶盖12伸入的带翼螺杆所固定，使13不能旋转。若要旋转上夹具和塑料片，则须事先松开带翼螺杆，并旋转手柄11。在夹具9和顶盖12之间应垫有垫圈10，以便旋转。

3.2　塑料片：聚甲基丙烯酸甲酯制成（见图2），25mm×25mm×10mm。

图2　表示不同纹痕的塑料片试验

4　试剂

石油醚：60~90℃，分析纯。

5　试验步骤

5.1　将仪器上弹簧完全放松，旋下四个顶盖的螺钉，自主体取下顶盖组，见图1所示，将塑料片嵌入夹具8和9的正方形空穴内，塑料片包有保护纸，撕去朝外表面的保护纸，用细锉刀锉圆外表面周围棱边（因锐利棱边可能使相对的一块塑料片表面划出纹痕）。两个光滑表面上不应有纹痕和灰尘，用软刷或羚羊皮小心地除去任何灰尘粒子。

为了便于识别塑料片于表面编上号码，撕去背面的保护纸，并用过滤过的石油醚洗涤塑料片。擦洗塑料试验表面时应十分小心，避免引起纹痕。

5.2　用刮刀将试样的表面刮掉，然后在不靠近容器壁的至少三处，取约等量的试样，装在小烧杯中搅匀。称取约0.05~0.1g试样放到底下一块塑料片表面上。安装顶盖组，旋转负荷螺丝，使压力达到约1.37MPa（14kgf/cm²）。接着松开在顶盖组上制动带翼螺杆，旋转顶部的手柄到尽头（约30°）。然后放松负荷螺丝，降下压力，取下顶盖组，并从两个夹具上小心地卸下塑料片。经用石油醚洗净后观察。

6　报告

利用放大镜或投影观测器观察，记录两块塑料片上纹痕总数。

所得纹痕数，划分为三个等级：

一级：少于10条纹痕；

二级：10~40条纹痕；

三级：40条以上纹痕。

附加说明：

本标准由石油化工科学研究院技术归口。

本标准由石油化工科学研究院负责起草。

本标准首次发布于1965年。

本标准参照采用美国试验与材料协会标准ASTM D1404-83《润滑脂有害粒子测定法》。

中华人民共和国石油化工行业标准

SH/T 0323—1992

润滑脂强度极限测定法

（2004 年确认）

代替 ZB E36 015—88

1 主题内容与适用范围

本标准规定了润滑脂的强度极限测定法。

本标准适用于用塑性计测定润滑脂的强度极限。

2 方法概要

在试验温度下测定润滑脂在塑性计螺纹管内发生位移时的压力，换算成强度极限值，以 Pa 表示之。

3 材料

3.1 橡胶工业用溶剂油。

3.2 40℃运动黏度为 24~90mm²/s 和凝点低于试验温度 15℃的润滑油。

4 仪器

4.1 强度极限测定仪：由下列部件组成（见图 1）。

4.1.1 电炉：加热贮油器用，220V，70W。

4.1.2 贮油器。

4.1.3 压力表：膨胀管，直径不大于100mm，压力表量程和允许测量量程见表1。

表 1   MPa

压力表量程	允许测量量程	压力表量程	允许测量量程
0.06	0.005~0.05	0.16	0.02~0.12
0.10	0.007~0.08		
0.12	0.01~0.10	0.25	0.04~0.22

4.1.4 供油漏斗。

4.1.5 阀门：能连接和切断供油漏斗和内部管系统。

4.1.6 连接管。

4.1.7 玻璃罩。

4.1.8 螺母：固定螺纹管用。

4.1.9 壳体：装螺纹管用。

4.1.10 螺纹管（见图2）和套管：分长短两套，长螺纹管为100mm，短螺纹管为50mm，各有两支。螺纹管是由两个正剖管密合而成。管内径为4mm，管内壁各有螺旋齿纹，齿间距为0.8mm。

4.2 工作器：用来搅拌试样。内径40mm，高度60mm。工作器的盖和底可以拆卸。工作器内装有带40孔（孔径3mm）的活塞。并允许使用带衬圆柱体的工作器，可使工作器的容积减少一半。

4.3 刮刀。

4.4 恒温浴。

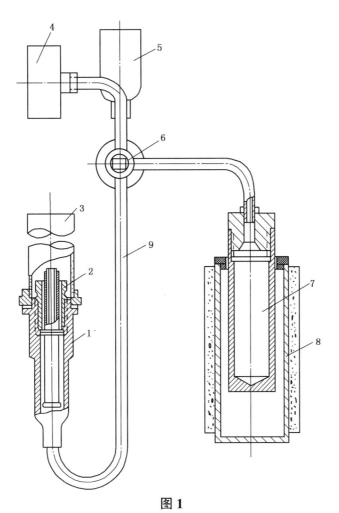

图 1

1—壳体；2—螺母；3—玻璃罩；4—压力表；5—供油漏斗；
6—阀门；7—贮油器；8—电炉；9—连接管

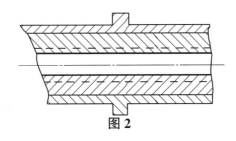

图 2

4.5 秒表。

5 准备工作

5.1 将仪器的整个系统，包括压力表和管线，全部充满润滑油。

5.2 凡与试样接触的塑性计部件及工作器，都用溶剂油擦洗洁净，并干燥。

5.3 用刮刀将试样装满工作器，不许形成气泡和空隙。

5.4 将工作器的盖和底合起来，在拧紧顶盖之前，应将活塞中的小孔填满试样，以避免试样内引入空气。然后将底盖和顶盖拧上。

5.5 将装有试样的工作器在 20℃±1℃ 的恒温浴内恒温 30min，然后牵引孔塞往复 100 次。

5.6 打开工作器顶盖，用刮刀将试样小心地以垂直方向抹入两个正剖管的螺纹管中。将两正剖螺纹管仔细合起来，切勿引起试样的移动，并将环套上。

5.7 用试样或难溶润滑脂抹在螺纹管外表面和套管内表面,将螺纹管装入套管,沿轴向慢慢地旋转和推进。

5.8 在螺纹管套管的凸出部下面套上橡皮垫圈,并将套管装到塑性计壳体内的台架上。

5.9 打开供油漏斗的阀,使润滑油充满塑性计,当壳体内的油面达到了螺纹管突出环状物的上端时,关闭供油漏斗的阀门。

5.10 用螺母将螺纹管固定在壳体内,在将螺母拧紧时应注意压力表。如系统在压力升高时(由于垫圈压缩),应迅速将供油漏斗阀门打开,以便驱出过剩的润滑油。

5.11 在壳体上端,装上保护玻璃罩。

5.12 将塑性计壳体放入恒温浴内,恒温浴液面应超过螺纹管顶端30mm。

5.13 按产品标准规定,使试验温度精确到±1℃恒温20min。恒温阶段,供油漏斗的阀门应一直打开。

从试样搅拌完毕到开始试验的间隔时间应在30~40min。

当用长螺纹管进行试验而压力超过压力表允许值时,则应使用短螺纹管。

6 试验步骤

6.1 关闭供油漏斗的阀门,开启加热贮油器的电炉电门,同时注意压力表。在应用长螺纹管时,体系增压速度每分钟不应超过0.005MPa;在应用短螺纹管时,则每分钟不应超过0.0025MPa。增压速度通过电炉的上下移动,增加和减少贮油器受热面进行调节。

6.2 当系统的压力达到某一个最大值后,压力开始下降,即切断电炉电源,打开供油漏斗阀门,缓慢地由壳体中取出螺纹管,然后关闭阀门。

6.3 记下压力的最大值,精确到0.001MPa。

7 计算

试样的强度极限 τ(Pa)按下式计算:

$$\tau = \frac{P \cdot R}{2L}$$

式中：P——最大压力值，MPa;

R——螺纹管的半径0.2cm;

L——螺纹管的长度，cm。

将计算结果以四位有效数字表示,例如:

11.77Pa, 117.7Pa, 1177Pa。

8 精密度

重复性：同一操作者重复测定两个结果与算术平均值间的差数,不应大于其算术平均值的±10%。

9 报告

取重复测定两个结果的算术平均值,作为测定结果。

附加说明：

本标准由石油化工科学研究院技术归口。

本标准由石油化工科学研究院负责起草。

本标准首次发布于1965年。

ICS 75.100
E 36

SH

中华人民共和国石油化工行业标准

NB/SH/T 0324—2010
代替 SH/T 0324—1992

润滑脂分油的测定　锥网法

Standard test method for oil separation from lubricating grease
(Conical sieve method)

2011-01-09 发布　　　　　　　　　　　　　　2011-05-01 实施

国 家 能 源 局　发布

前　言

本标准修改采用美国试验与材料协会标准 ASTM D6184-98(2005)《润滑脂钢网分油的测定法（锥网法）》。

本标准根据 ASTM D6184-98(2005)重新起草。

为了适合我国国情，本标准在采用 ASTM D6184-98(2005)时进行了修改。本标准与 ASTM D6184-98(2005)主要差异如下：

——引用标准采用我国现行国家标准和行业标准。

——为使用方便，本标准做了如下编辑性修改：删除了 ASTM D6184-98(2005)的引言。

本标准代替 SH/T 0324—1992《润滑脂钢网分油测定方法（静态法）》，SH/T 0324—1992 是参照美国联邦试验方法标准 FED 791C321.3-86《润滑脂钢网分油测定方法（静态法）》制定的。

本标准与 SH/T 0324—1992 相比主要变化如下：

——标准名称进行了修改，由《润滑脂钢网分油测定法（静态法）》修改为《润滑脂分油的测定
　　锥网法》；

——本标准增加了术语和定义、意义和用途、取样和仪器准备各章；

——本标准对恒温箱的控制温度由 $100\,℃\pm1\,℃$ 改为 $100\,℃\pm0.5\,℃$；

——本标准锥网试验装置构成图中从英寸换算成国际单位[SI]时，个别尺寸存在差异；

——本标准计算公式中的符号有所改变；

——本标准对精密度进行了修改。

本标准由中国石油化工集团公司提出。

本标准由全国石油产品和润滑剂标准化技术委员会石油燃料和润滑剂分技术委员会（SAC/TC280/SC1）归口。

本标准起草单位：中国石油化工股份有限公司石油化工科学研究院。

本标准主要起草人：姜靓。

本标准所代替标准的历次版本发布情况：

——SH/T 0324—1992。

润滑脂分油的测定　锥网法

1　范围

1.1　本标准适用于测定润滑脂在高温下的分油倾向。除非润滑脂规格要求其他试验条件，否则本标准试验条件为温度100℃，时间30h。

1.2　本标准不适用于锥入度大于340(1/10mm)的润滑脂产品(试验方法 GB/T 269，比 NLG I1 级的润滑脂要软)。

1.3　本标准采用国际单位制[SI]单位。

1.4　本标准可能涉及某些有危险性的材料、操作和设备，但并未对与此有关的所有安全问题都提出建议。因此，用户在使用本标准之前，应建立相应的安全和防护措施，并确定相关规章限制的适用性。

2　规范性引用文件

下列文件中的条款通过本标准的引用而成为本标准的条款。凡是注日期的引用文件，其随后所有的修改单(不包括勘误的内容)或修订版均不适用于本标准，然而，鼓励根据本标准达成协议的各方研究是否可使用这些文件的最新版本。凡是不注日期的引用文件，其最新版本适用于本标准。

GB/T 269 润滑脂和石油脂锥入度测定法(GB/T 269—1991，eqv ISO 2137 :1985)

GB/T 10611 工业用网　标记方法与网孔尺寸系列(GB/T 10611—2003，ISO 2194 :1991，MOD)

3　术语和定义

下列术语和定义适用于本标准。

3.1

润滑脂　lubricating grease

将稠化剂分散在液体润滑剂中所形成的一种稳定的半流体状到固体状的产物。

注：稠化剂的分散形成一个两相体系，由于表面张力和其他物理力的存在使流体状润滑剂固定不动。同时还包含着其他能提供特殊性质的组分。

3.2

分油　oil separation

从一个均匀的润滑剂组成中析出部分液体的现象。

3.3

稠化剂　thickener

在润滑脂中，使微小颗粒分散在液体润滑剂中形成骨架结构的物质。

注：稠化剂在润滑脂中的胶团可以是纤维(如各种金属皂)或者片状或者球状(如某一种非皂稠化剂)，不管最多能溶解多少，哪怕仅仅只有很少溶解在液体润滑剂中。通常的要求就是固体颗粒很小，分散均匀，与液体润滑剂能够形成一个相对稳定的胶体结构。

4　方法概要

将已称量的试样放入一个锥形的镍丝、镍铜合金丝或不锈钢丝网中，悬挂在烧杯上，加热到规定的时间和温度。除非润滑脂规格有特殊要求，试样的标准试验条件为100℃±0.5℃下恒温30h±0.25h 后进行测量。对分出的油进行称量，并以开始测量的试样的质量分数报告。

5 意义和用途

5.1 当润滑脂发生分油时，残留物的稠度发生了改变，从而影响产品的某些性能。测量结果与16kg桶装润滑脂在储存过程中的分油倾向有一定的关系，但不能表明其在动态情况下的分油倾向。

注：测定结果和16kg的桶装润滑脂分油之间的定量关系尚未确定。

5.2 本标准可用于规格和质量控制。

注：没有资料显示对本标准和SH/T 0682试验方法的结果进行过比较。

6 仪器与设备

6.1 试验仪器：组合仪器包括248μm的耐腐蚀丝形成的锥形网，一个200mL高型无嘴烧杯及盖，盖与烧杯紧密配合，在盖底中心处有一个挂钩。结构与尺寸如图1所示。

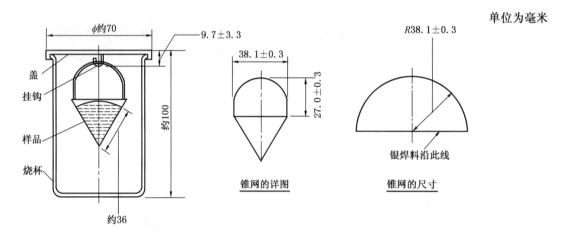

图1 锥网试验装置结构图

6.1.1 锥网：圆锥形的网，按GB/T 10611的规定，由中粗的248μm不锈钢、镍铜合金或者镍丝组成，尺寸和要求如图1所示。

注：过去一直使用分级的网或者金属丝网，是非银焊料结构的，不符合本标准。

6.2 恒温箱：温度能够控制在100℃±0.5℃。

6.3 天平：最小称量250g，感量为0.01g。

7 取样

7.1 检查样品是否存在不均匀的情况如分油，相变，或是受到重大污染。如果发现任何不正常的情况，则应重新获取样品。

7.2 用于分析的样品的量至少要能满足进行重复试验的需要。

7.3 尽管已经确定了试验需要的润滑脂的质量，但是用来填充锥网的润滑脂的量还是会比试验需要的量多一些。每次试验都要求有足够量的润滑脂来填满锥网，填满的程度近似如图1所示（大概10mL）。不管润滑脂的密度如何，每次试验所需的润滑脂的体积大致相同；质量范围则在8g~12g之间。

8 仪器准备

8.1 使用合适的溶剂仔细地清洗锥网、烧杯和盖。使锥网自然风干。

注：在超声波的槽中使用溶剂清洗网，对清洁网是非常有效的。

8.2 检查锥网确定是否清洁、无残留物以确保分油可以渗出。如果锥网网面出现不规则的情况如破缝、凹痕、折痕或者锥网网眼扩大或变小，则应更换。

9 试验步骤

9.1 预先加热恒温箱到试验温度。除非有其他特殊要求，试验在100℃±0.5℃的标准条件下进行30h±0.25h。

9.2 称量烧杯，精确到0.01g，W_i。

9.3 如图1所示组装网、盖、和烧杯。称皮重，精确到0.01g。

9.4 用合适的刮刀，将足够的润滑脂试样填入网内，尽可能地达到图1所示的水平，避免形成气泡。小心操作，注意不要使试样从网眼里挤出来。使试样的顶部光滑并呈凸圆形，防止分出的油积留。

9.5 装配完整的设备如图1所示，称量精确至0.01g。利用差值来计算润滑脂试样的质量，W。

9.6 将装配好的锥网分油设备放入控制在规定温度下的恒温箱内，放置规定时间。

9.7 从恒温箱中取出锥网分油设备，冷却到室温。从烧杯上取下盖，轻轻敲击，使锥网网尖上的油沿烧杯壁滴入烧杯内，从而避免锥网尖残留分出油。称量烧杯包括收集到的分出油，精确至0.01g，W_f。

9.8 在试验完成后，及时按照第8章要求清洗设备，为下次试验作准备。

10 计算

试样的分油量，X[%(质量分数)]按式(1)计算：

$$X = 100 \times (W_f - W_i)/W \cdots\cdots\cdots\cdots\cdots\cdots\cdots\cdots\cdots\cdots\cdots\cdots\cdots \quad (1)$$

式中：

W_i——加热前的空烧杯质量，g；

W_f——加热后烧杯的质量，g；

W——试样的质量，g。

11 报告

试验报告中应包含以下信息：

11.1 试样的性质。

11.2 试验日期。

11.3 试验温度和持续时间。

11.4 分油量，精确至0.1%(质量分数)。

12 精密度和偏差

12.1 精密度

由八个试验参与者对八个试样的分油统计试验，所有的试验都重复进行。试样分油量的质量分数范围为0.1%~23.7%(见表1)。按下述规定判断试验结果的可靠性(95%置信水平)。

表1 分油量测定的精密度典型值

分油量/%(质量分数)	重复性/%(质量分数)	再现性/%(质量分数)
1	1.15	1.51
5	2.57	3.39
10	3.64	4.79
20	5.15	6.78

12.1.1 重复性(r)

在同一实验室，由同一操作者使用同一台仪器，在相同操作条件下，对同一试样进行重复测定，测得的两个结果之差不应超过式(2)的要求。

$$r = 1.151 \times X^{0.5} \quad \cdots\cdots\cdots\cdots\cdots\cdots\cdots\cdots\cdots\cdots \quad (2)$$

式中：

X——两个重复测定结果的算术平均值。

12.1.2 再现性(R)

由不同操作者在不同实验室，使用不同仪器对同一试样在规定的试验条件下进行试验，所得的两个单一独立结果之差不应超过式(3)的要求。

$$R = 1.517 \times X^{0.5} \quad \cdots\cdots\cdots\cdots\cdots\cdots\cdots\cdots\cdots\cdots \quad (3)$$

式中：

X——两个单一独立结果的算术平均值。

12.2 偏差

润滑脂分油量的测定方法不存在偏差，因为试样的分油量仅仅由此试验方法所定义。

13 关键词

锥网试验；渗漏；润滑脂；分油；分油量。

参 考 文 献

[1] SH/T 0682 润滑脂在贮存期间分油量测定法

中华人民共和国石油化工行业标准

SH/T 0325—1992

润滑脂氧化安定性测定法

（2004年确认）

代替 ZB E36 022—89

1 主题内容与适用范围

本标准规定了用氧弹法测定润滑脂的氧化安定性。

本标准适用于提高试验温度条件下，测定润滑脂在静态贮存于氧气密闭系统中的抗氧化性。

本标准可用于表示批次稳定性的质量控制。但不预示在动态工作条件下润滑脂的安定性和长期贮存在容器里润滑脂的安定性，也不预示在轴承和马达部件上薄层润滑脂的安定性。它不应用于评价不同类型润滑脂的相对抗氧化性。

2 方法概要

将试样放在一个加热到99℃，并充有758kPa氧气的氧弹中氧化。按规定时间间隔观察并记录压力。经规定时间周期后，由氧气压力的相应降低来确定润滑脂的氧化程度。

3 试剂与材料

3.1 试剂

石油醚：90~120℃，分析纯；或橡胶工业用溶剂油。

3.2 材料

氧气：纯度不低于99.5%。

4 仪器

4.1 氧弹、试样皿、皿架、压力表和油浴，见附录A中详细说明。

注：如果热容量和热梯度特性与附录中所述油浴相当，并能维持氧弹在规定试验温度，其他恒温浴也可使用。

4.2 温度计：温度范围95~103℃，分度值为0.1℃，见附录B。

5 仪器准备

5.1 清洗试样皿中前一次试验全部污物和空气中灰尘沉淀物，依次用溶剂、热洗衣粉水和热的铬酸洗液清洗。最后用自来水彻底冲洗，再用蒸馏水冲洗，并放入烘箱中干燥。洗净的皿只能用镊子操作。

5.2 试验后如果发现氧弹和金属皿架上有漆膜，则应将其浸入到热溶剂中，用硬毛刷擦洗其内部，然后取出干燥。进一步用水和细的去污粉擦洗，直到全部漆的沉积物被除去为止。最后用自来水彻底冲洗，并在烘箱中干燥。洗净金属皿架只能用镊子操作。

6 试验步骤

6.1 在5个皿中各装入4.00g±0.01g试样。使试样均匀地分布在皿中，其上表面应平滑。将装有试样的皿分别放在皿架的5个底部搁板上。留下顶部搁板作为盖子用，以防止冷凝的挥发物滴入试样中。在装配氧弹时，放一小团玻璃棉于连接压力表管底部的口内。

注：无分度值为0.01g天平时，也可用分度值为0.1g天平称量，但仲裁试验时必须用分度值为0.01g的天平称量。

中国石油化工总公司 1992-05-20 批准

1992-05-20 实施

6.2　将皿架放入氧弹中，并缓慢而均匀地上紧螺栓密封氧弹。缓慢地引入氧气直到压力达到689kPa，然后慢慢地放掉氧气以排除氧弹中的空气。重复4次，使氧气压力达到下列数值：

室温，℃	压力，kPa
17～20	586
>20～23	593
>23～27	600
>27～30	607
>30～33	614
>33～37	621
>37～40	627

让氧弹静置一夜，以查明是否漏气。

注：按上面所指出的压力，当氧弹按6.3条步骤放入浴中时，压力的读数正好升至758kPa±14kPa。因此，在大多数情况下不需要放出氧气。这时经过一夜试漏检查已证明是符合要求的氧弹来说，在阀门处产生漏气的机会就可减少至最小限度。

6.3　将氧弹放入保持在温度为99℃±0.5℃的油浴中，当压力上升高于758kPa±14kPa时，就间歇地从氧弹中放出氧气，直到压力稳定在758kPa±14kPa，并且至少保持2h。如压力逐渐下降则表明氧弹在连续漏气。至少每24h观察并记录一次压力。在发生漏气情况时，不报告结果，但需重做试验。

6.4　把氧弹浸入到油浴中立即开始记时，并连续氧化至产品指标规定的时间周期。

注：产品指标中通常给出压力降(kPa)期限有一个或更多的时间间隔，例如100，200h等。

7　精密度

按下述规定判断试验结果的可靠性(95%置信水平)。

7.1　重复性：同一操作者，重复测定两个结果之差，不应大于下列数值。

平均压力降，kPa	重复性，kPa
0～34.5	13.8
>34.5～68.9	20.7
>68.9～138	41.4
>138～379	68.9

7.2　再现性：不同实验室，各自提出的两个结果之差，不应大于下列数值。

平均压力降，kPa	再现性，kPa
0～34.5	20.7
>34.5～68.9	34.5
>68.9～138	55.2
>138～379	138

注：这些精密度数据仅适用于吸氧速率与时间近似成正比例，在诱导期之前的部分数据。在短的时间间隔内，氧吸收速率迅速加速即表明到了诱导期。

8　报告

报告在规定的试验时间内，重复测定两个结果的平均值，作为测定结果的压力降(kPa)。

附　录　A
仪　　器
（补充件）

A1　氧弹:型式和尺寸如图 A1 所示。由 18%铬,8%镍的合金钢制成。氧弹在 99℃应能安全地经受工作压力 1241kPa,并装配有铅或聚四氟乙烯垫片密封。为便于清洗氧弹的内表面、盖子和压力表导管的内壁均应高度抛光。在没有皿架和皿时,氧弹的容积(测量到压力表的高度)应是 185mL±6mL。这可通过组合氧弹,取掉压力表,并测量充满氧弹到压力表联接面液体的总量来核对。可用螺旋盖代替图 A1 所示的螺栓固定盖。

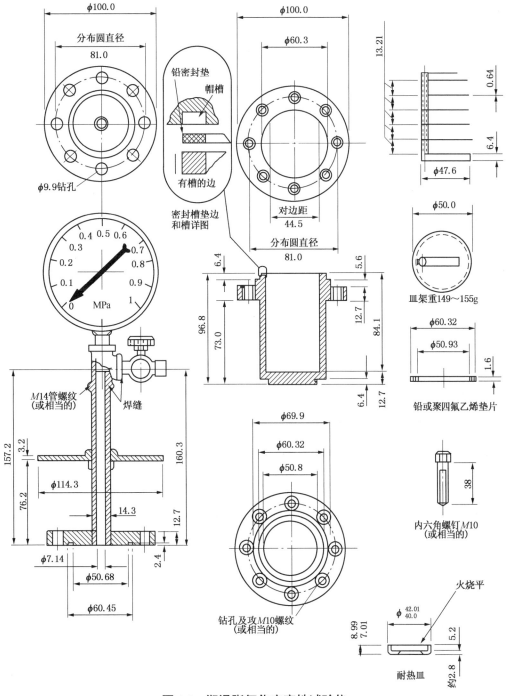

图 A1　润滑脂氧化安定性试验仪

A2 压力表：适用于氧气和矿油的指示型压力表，刻度间隔为每分度 6.89kPa，最大读数至少为 827kPa，并在 621～827kPa 范围内，精度至少为 3.45kPa。按图 A1 所示把压力表装到表管杆上。如果能满足上述规定量程和精度的要求，则可用记录压力表代替规定的指示压力表。

A3 油浴：能控制在 99℃±0.5℃，在所用的油浴温度变化率应小于 0.5℃。油浴应具有足够的深度，以使氧弹浸没到合适的深度。建议用泵或搅拌的方法使加热介质油循环。油浴应具有足够的热容量，在氧弹浸入后 60min 内使油浴获得所要求的温度。油浴有一温度计插入孔，使温度计的 96.8℃ 位置与油浴盖的上表面在同一水平面。调节浴面使氧弹顶浸入在油面下约 50mm。油浴应安置在无风或压力表周围的温度没有大的波动的地方。

A4 皿架：由 18% 铬，8% 镍合金钢制成，如同氧弹材料，应符合图 A1 中规定的尺寸。

A5 玻璃试样皿：应符合图 A1 中规定的尺寸。

附 录 B
温度计规格
（补充件）

范围，℃	95～103
试验温度，℃	98.9
浸入深度，mm	全浸
分度值，℃	0.1
长线刻度值，℃	0.5
每个刻数，℃	1
刻度误差（最大），℃	0.1
膨胀室许可加热到，℃	155
总长度，mm	270～280
棒径，mm	6.0～8.0
水银球长度，mm	25～35
水银球直径，mm	≥5.0 和 ≤棒径
刻度定位，℃	95
球底部到刻线距离，mm	135～150
刻度部分的长度，mm	70～100
球底到收缩室底部距离（最小），mm	—
球底到收缩室顶部距离（最大），mm	60
棒扩大部分：	
直径，mm	8.0～10.0
长度，mm	4.0～7.0
到底部距离，mm	112～116

附加说明：
本标准由石油化工科学研究院技术归口。
本标准由石油化工科学研究院负责起草。
本标准主要起草人李显名。
本标准参照采用美国试验与材料协会标准 ASTM D942-78(84)《润滑脂氧化安定性测定法》。

中华人民共和国石油化工行业标准

SH/T 0326—1992

汽车轮轴承润滑脂漏失量测定法

（2004 年确认）

代替 ZB E36 023—89

1 主题内容与适用范围

本标准规定了在实验室试验条件下，汽车轮轴承润滑脂的漏失量测定方法。

本标准适用于汽车轮轴承润滑脂的漏失量测定，可用来区别有明显不同漏失量特性的产品。是筛选、评价润滑脂漏失性能的主要手段。但本标准所测结果的大小并不能说明润滑脂实际使用寿命的长短，也不能用以区别漏失量相近的产品。

2 引用标准

GB/T 6536 石油产品蒸馏测定法

3 方法概要

把试样装入经过修改的前轮轮毂及轴组合件内，轮毂在 660r/min±30r/min 的速度，轴逐渐升温并保持在 104.5℃±1.5℃的条件下共运转 360min±5min。测定润滑脂或油（或两者都有）的漏失量，并在试验结束时注意观察轴承表面状况。

4 试剂与材料

4.1 试剂

4.1.1 正庚烷：化学纯，仲裁试验时必须选用的洗涤溶剂。

4.1.2 石油醚：90～120℃，分析纯。

4.2 材料

橡胶工业用溶剂油。

5 仪器

5.1 轮轴承润滑脂漏失量试验机

所需仪器如图 1 所示，详细叙述见附录 A。试验机由一专用的前轮轮毂及轴组合件组成，轮毂由电动机通过 V 形皮带带动而运转。组合件安装在恒温箱内，箱体上装有可测箱内环境温度及轴温的装置。同时还需要一个适用于尺寸为 31.75mm 六角螺母的力矩扳手。

5.2 温度计

符合 GB/T 6536 中 3.8 条低温范围温度计−2～300℃的要求。

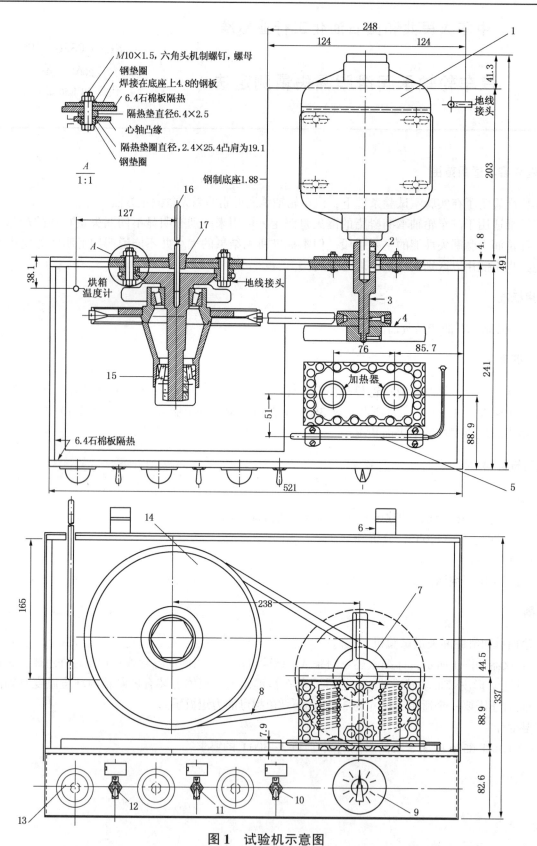

图1 试验机示意图

1—电动机，转速 1750r/min±25r/min；2—电动机轴密封；3—电动机延长部分；4—风扇；
5—液体传动式控温包；6—箱盖架；7—主动皮带轮，外径81.3mm；8—V形皮带；9—恒温调节器；
10—电动机开关；11—控制加热器开关；12—辅助加热器开关；13—指示灯；14—从动皮带轮，外径213mm；
15—轮毂及轴组合体；160—心轴温度计；17—温度计塞孔约 19.1mm

6 试验步骤

6.1 称 90g±1g 润滑脂试样在一平盘上，用刮刀在小轴承内装入 2g±0.1g 试样，在大轴承内装入3g± 0.1g 试样，把剩余的试样（85g）均匀地涂在轮毂内，在轮毂内的轴承外圈上涂一薄层试样。

> 注：① 用一把窄的楔形刮刀把试样装填在轴承里比较合适。
>
> ② 实际上剩余的试样将充满轮毂甚至外圈，除纤维性很强的试样外，可以用一把150mm长的刮刀很容易把 试样涂抹均匀。

6.2 分别称取漏失接受器及轮毂盖的质量，精确至0.1g，把漏失接受器及大（内部的）轴承安装 在轴的合适位置上，把轮毂及小（外部的）轴承装到轴上，再装上松配合的保持器环。用力矩扳手 以 6.8N·m±0.1N·m 的力矩拧紧固定轮毂组合件的六角螺母，然后把六角螺母退回60°±5°（或 螺母的一个平面），再用第二个螺母将它锁在该位置。拧上轮毂盖，在皮带轮上装好 V 形皮带， 然后盖上箱盖。

> 注：① 无分度值为 0.1g 天平的用户可选分度值为 0.5g 的天平来称量。仲裁试验时必须用分度值为 0.1g 天 平称量。
>
> ② 漏失接受器应仔细检查，确实使内边缘与密封面齐平，否则，这个边缘将会妨碍内部轴承的正确定位。
>
> ③ 向轴上装配装填了试样的轮毂时，应防止试样与轴接触。
>
> ④ 要经常检查主动皮带轮与从动皮带轮，使其对准在一个平面上，否则，将导致漏失发生变化。
>
> ⑤ 轮毂组合件过大的端隙有时是由于轴承磨损而造成的，因此，每250次试验之后，或经检查发现轴承有 磨损或其他损伤时，应更换新轴承。大（内）轴承内圈号是梯姆肯（Timken）15118，相应的外圈号为 15250。小（外）轴承内圈号是梯姆肯（Timken）09074，相应的外圈号为 09196。

6.3 盖上箱盖后，接通电动机及两组加热器，转速为660r/min±30r/min。用温度调节器或恒温装置 在15min±5min 内使箱温达到 113℃±3℃（在箱内温度升至 113℃之前，允许使用辅助加热器）并在 60min±10min 内使轴温达到 104.5℃±1.5℃，继续运转 300min±15min，直至试验结束。共运转 360min±5min。

> 注：① 仪器（轴、箱体及电动机）必须接地，否则由于积蓄的静电可能使得热电偶不起作用，仪器接地如图 1 所示。
>
> ② 试验机装有 660W 的加热器，它产生的热量一般能够在指定的时间内达到所需的温度。如果发现不能够 达到要求时，应更换成所需功率的加热器。通风能够影响加热的速度，因此要注意试验机的放置位置。

6.4 在 360min 试验周期结束时（从电动机及加热器接通时算起），关闭电源并趁热拆卸仪器（戴上合 适的防护用品）。

6.5 仪器冷却后，分别称取漏失接受器及轮毂盖的质量，精确至 0.1g。

> 注：如果漏失接受器满溢，溢出的润滑脂或油（或两者都有）应当称量，并且包括在所记录的总的漏失量当中。

6.6 将两个轴承在正庚烷（石油醚或溶剂油）中于室温下浸泡2min，除去试样。仔细检查轴承表面 有无漆膜、胶质或漆状沉积物。

> 注：已经发现，有些轮轴承润滑脂的皂类，用溶剂不能从轴上完全洗净，因此，轴承上可能会留下一层皂膜， 这种膜与由于润滑剂变质而产生的漆膜、胶质或漆状沉积物很容易相区别。

7 计算

试样的漏失量总和以 $X(g)$ 表示，按下式计算：

$$X = (m_2 - m_1) + (m_4 - m_3)$$

式中：m_2——试验后漏失接受器及油脂质量，g；

m_1——试验前漏失接受器质量，g；

m_4——试验后轮毂盖及油脂质量，g；

m_3——试验前轮毂盖质量，g。

8 精密度

按下述规定判断测定结果的可靠性(95%置信水平)。

8.1 重复性:同一操作者重复测定两个结果之差,不应大于下列数值。

漏失量范围,g	重复性,g
≤2	1.5
15~20	9

8.2 再现性:不同实验室各自提出的两个结果之差,不应大于下列数值。

漏失量范围,g	再现性,g
≤2	4
15~20	9

注:其他漏失量范围的精密度未确定。

9 报告

9.1 取重复测定两个结果的算术平均值,作为测定结果。

9.2 报告轴承表面存在的任何漆膜、胶质或漆状物质粘附的沉积物。

附 录 A

设 备

（补充件）

A1 主组合件

主组合件由专用的前轮轮毂和轴组合件组成，并安装在一个可控制的恒温箱里，轮毂由一个电动机通过一个 V 形皮带带动运转，结构如图 1 所示。两个加热器安装在仪器的底座上，一个为控制加热器而另一个为辅助加热器，并能恒温控制。

注：规定在所有新的试验机上应选用液体膨胀式温度调节器，其温包的位置如图 1 所示。别的类型可保持规定温度和定位的温度调节器也可以使用。选用热电偶测量环境（箱内）及轴的温度，也可选用低温水银玻璃温度计，棒状，符合本标准 5.2 条温度计要求。

A2 轴承主轴

主轴构造如图 A1。

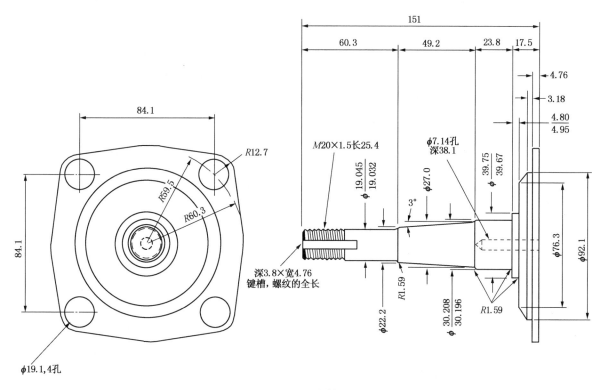

图 A1 主轴

A3 轴承轮毂

轴承轮毂构造如图 A2。

A4 漏失接受器

漏失接受器用以收集从轮毂内端漏失的润滑脂，其构造如图 A3 所示。这个接受器是可拆卸的，以便测定润滑脂的损失，它套在轴上，并固定在靠着大轴承的地方。

注：因为在实验室试验时，希望加速漏失，所以一般的润滑脂保持器不能用，而且在实际使用中还经常发现保持器有缺陷。

A5 风扇

风扇构造如图 A4。

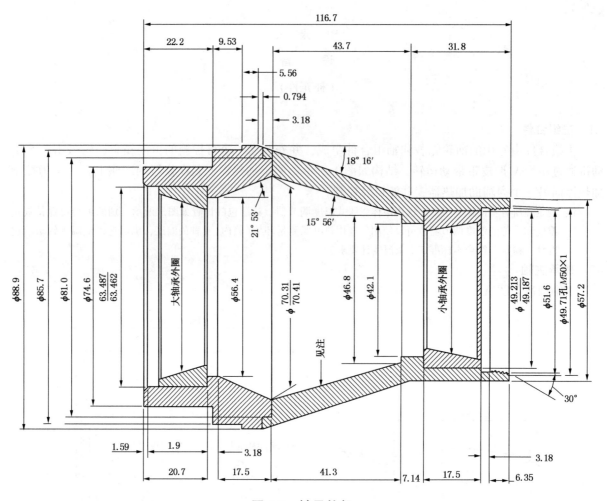

图 A2 轴承轮毂

注：轮毂组合体的两部分用 88.9mm 圆形冷拔钢棒制造。

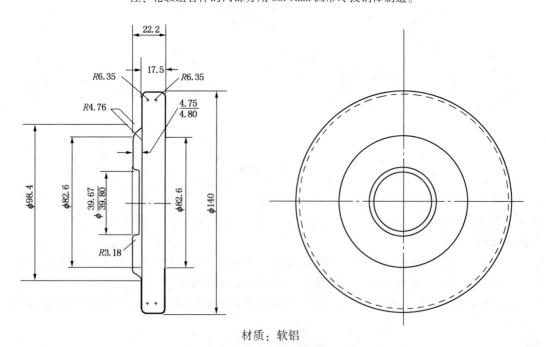

材质：软铝

图 A3 漏失接受器

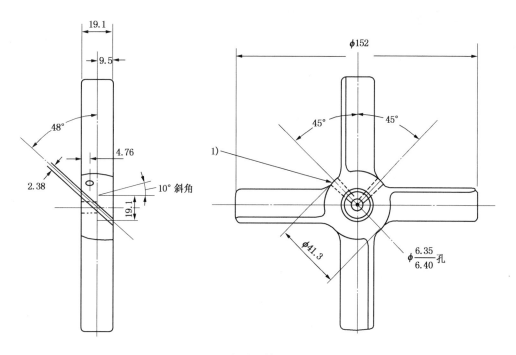

材质：铸铝

图A4 风扇

注：1）用3.45mm钻头钻两个通孔，再加工成 M 为4.37mm，
深为6.35mm的螺纹。

附加说明：

本标准由石油化工科学研究院技术归口。

本标准由石油化工科学研究院负责起草。

本标准主要起草人李文慧。

本标准参照采用美国试验与材料协会标准 ASTM D 1263-86《汽车轮轴承润滑脂漏失量测定法》。

编者注：本标准中引用标准的标准号和标准名称变动如下。

原标准号	现标准号	现 标 准 名 称
GB/T 6536	GB/T 6536	石油产品常压蒸馏特性测定法

中华人民共和国石油化工行业标准

润滑脂灰分测定法

SH/T 0327—1992

（2004 年确认）

代替 SY 2703—82

1 主题内容与适用范围

本标准规定了润滑脂灰分测定法。

本标准适用于润滑脂。

2 方法概要

用定量滤纸作引火芯，燃烧试样，并将固体残渣煅烧成灰，以质量百分数表示。

3 试剂与材料

3.1 试剂

3.1.1 盐酸：化学纯，将盐酸与蒸馏水按体积比 1：4 配成稀盐酸。

3.1.2 硝酸铵：分析纯（应无灰分），配成 10% 的水溶液。

3.2 材料

定量滤纸：直径 9cm。

4 仪器

4.1 带盖的瓷坩埚：30mL。

注：瓷坩埚可以使用至其里面的瓷釉损坏为止。

4.2 干燥器。

4.3 电热板、电炉或其他热源。

4.4 坩埚钳。

4.5 烧杯：500mL。

4.6 高温电炉或坩埚炉：能在 600℃±20℃ 及 800℃±20℃ 恒温。

5 准备工作

5.1 用刮刀将试样的表层刮掉，然后在不靠近容器壁的至少三处取约等量的试样，装在小烧杯中搅匀。

5.2 将瓷坩埚放入装有稀盐酸(1：4)的烧杯内，加热煮沸几分钟，取出，用水及蒸馏水洗净，烘干后放入已加热到 800℃±20℃ 的高温电炉或坩埚炉中，煅烧至少 10min，取出放在空气中冷却 3min，再移入干燥器中，冷却 30~40min 后进行称量，称精确至 0.0002g。重复进行煅烧、冷却及称量，直至连续称量间的差数不大于 0.0004g 为止。

6 试验步骤

6.1 按灰分量的大小，在已恒重的坩埚内称取试样 2~5g 称精确至 0.01g。然后取一张定量滤纸，叠成两折，卷成圆锥体，用剪刀把距尖端 5~10mm 的部分剪去，放入坩埚内，使圆锥体的滤纸将试样表面盖住。放到电炉或电热板上加热，待滤纸浸透试样后点火燃烧。燃烧时火焰的高度不应超过坩埚上边缘 10cm。

6.2 试样燃烧终了，火焰熄灭后将盛有炭化残渣的坩埚小心地移入 600℃±20℃ 的高温电炉中，在此温度下至少保持 1.5h，至残渣完全成灰为止。

如果炭化残渣难烧成灰时，则在坩埚冷却后滴入几滴硝酸铵溶液，使残渣浸湿，然后慢慢蒸发干，并继续煅烧。

6.3 残渣成灰后，取出放在空气中冷却 3min，再移入干燥器中，冷却 30~40min 后进行称量，称精确至 0.0002g。再放入高温炉或坩埚炉内煅烧 15min。重复进行煅烧、冷却及称量，直至连续称量间的差数不大于 0.0004g 为止。

7 计算

试样的灰分 $X[\%(m/m)]$ 按下式计算：

$$X = \frac{m_1 - m_2}{m} \times 100$$

式中：m_1——试样灰分与滤纸灰分的质量，g；

　　　m_2——滤纸灰分质量，g；

　　　m——试样的质量，g。

8 精密度

重复性：重复测定两个结果间的差数，不应超过下列数值。

灰分,%(m/m)	允许差数,%(m/m)
<0.1	0.02
0.1~1.0	0.05
>1.0~2.5	0.10
>2.5	0.15

9 报告

取重复测定两个结果的算术平均值，作为测定的结果。

附加说明：

本标准由石油化工科学研究院技术归口。

本标准由石油化工科学研究院负责起草。

本标准首次发布于 1954 年。

中华人民共和国石油化工行业标准

SH/T 0329—1992

（2004 年确认）

润滑脂游离碱和游离有机酸测定法

代替 SY 2707—79(82)

1 主题内容与适用范围

本标准规定了测定碱金属和碱土金属皂所稠化的润滑脂中游离碱和游离有机酸的含量。

本标准适用于润滑脂。

2 方法概要

将润滑脂试样加入溶剂油(或苯)–乙醇混合溶剂中，加热回流至试样完全溶解。酚酞为指示剂，以盐酸标准滴定溶液滴定其游离碱或以氢氧化钾乙醇标准滴定溶液滴定其游离有机酸。

3 试剂与材料

3.1 试剂

3.1.1 95%乙醇：分析纯。用 95%乙醇 7.5 体积与 3.5 体积蒸馏水配成 60%乙醇水溶液。

3.1.2 氢氧化钾：分析纯。用精制的乙醇配成氢氧化钾乙醇标准滴定溶液 $[c(KOH)=0.05mol/L]$ 。

3.1.3 盐酸：分析纯。用蒸馏水配成盐酸标准滴定溶液 $[c(HCl)=0.05mol/L]$ 。

3.1.4 苯：分析纯。

3.1.5 酚酞：配成 10g/L 乙醇指示液。

3.2 材料

橡胶工业用溶剂油。

4 仪器

4.1 磨口锥形瓶或锥形烧瓶：250~300mL。

4.2 微量滴定管：2mL，分度为 0.02mL。

4.3 蛇形或球形冷凝管：长约 300mm。

4.4 电热板或水浴。

4.5 刮刀。

4.6 烧杯或瓷杯。

4.7 量筒：50 和 100mL。

5 准备工作

用刮刀将试样的表面刮掉，然后在不靠近容器壁的至少三处，取约等量的试样，装在小烧杯中搅匀。

6 试验步骤

6.1 在清洁、干燥的磨口锥形烧瓶中称取试样 2~3g，精确至 0.001g；试验黏稠和难溶润滑脂时，称取 1~1.5g，精确至 0.001g；试验含有游离有机酸在 0.1 以下的润滑脂时，可称取 4~5g，精确至 0.1g。

6.2 在另一只清洁、干燥的磨口锥形烧瓶中，加入溶剂油 30mL 和 60% 乙醇 20mL，用具有磨口塞的回流冷凝管或用冷凝管上具有锡纸包住的软木塞塞好，在不断摇动下，将混合物煮沸 5min。对难溶于溶剂油的试样，可用苯代替溶剂油。

注：对皂含量较高的润滑脂及深色润滑脂允许加入溶剂油 60mL 和 60% 乙醇 40mL。

向煮沸过的溶剂油-乙醇混合物中，加入 3~4 滴酚酞乙醇指示液，在不断摇动下趁热用氢氧化钾乙醇标准滴定溶液(3.1.2)中和，直至淡玫瑰红色出现为止。

6.3 将中和过的溶剂油-乙醇混合物，注入装有已称试样的磨口锥形烧瓶中，用具有磨口塞的回流冷凝管或用冷凝管上具有用锡纸包住的软木塞塞好。在不断摇动下煮沸，直至试样完全溶解，再继续煮沸 5min，然后从冷凝管上取下，用锡纸包住的软木塞将装有混合物的锥形瓶塞好，在不断摇动的情况下，用冷却水冷至室温。

向混合物中加入 3~4 滴酚酞乙醇指示液，在不断摇动下进行滴定，若乙醇-水层为玫瑰红色时用盐酸标准滴定溶液(3.1.3)滴定，直至颜色消失；若乙醇-水层为无色时，用氢氧化钾乙醇标准滴定溶液滴定，直至淡玫瑰红色出现，滴定要连续进行但不超过 3min。

7 计算

7.1 试样的游离碱 $X[\text{NaOH}\%(m/m)]$ 按式(1)计算：

$$X = \frac{V \cdot c \times 0.040 \times 100}{m} = \frac{V \cdot c \times 4.0}{m} \quad \cdots\cdots\cdots\cdots (1)$$

式中：V——滴定试样混合液所消耗盐酸标准滴定溶液(3.1.3)的体积，mL；

　　　c——盐酸标准滴定溶液(3.1.3)的实际浓度，mol/L；

　　　m——试样的质量，g；

　0.040——与 1.00mL 盐酸标准滴定溶液[$c(\text{HCl}) = 1.000\text{mol/L}$]相当的以克表示的碱(以氢氧化钠表示)的质量。

7.2 试样的游离有机酸含量以酸值或以百分数表示。

7.2.1 试样的酸值 $K(\text{mgKOH/g})$ 按式(2)计算：

$$K = \frac{V \cdot c \times 0.0561}{m} \times 1000 \quad \cdots\cdots\cdots\cdots (2)$$

式中：V——滴定试样混合液所消耗氢氧化钾乙醇标准滴定溶液(3.1.2)的体积，mL；

　　　c——氢氧化钾乙醇标准滴定溶液(3.1.2)的实际浓度，mol/L；

　　　m——试样的质量，g；

　0.0561——与 1.00mL 氢氧化钾乙醇标准滴定溶液[$c(\text{KOH}) = 1.000\text{mol/L}$]相当的以克表示的酸(以氢氧化钾表示)的质量。

7.2.2 试样的游离有机酸 $X[$换算为油酸$\%(m/m)]$ 按式(3)计算：

$$X = \frac{V \cdot c \times 0.2825 \times 100}{m} = \frac{V \cdot c \times 28.25}{m}$$

式中：V——滴定试样混合液所消耗氢氧化钾乙醇标准溶液(3.1.2)的体积，mL；

　　　c——氢氧化钾乙醇标准溶液(3.1.2)的实际浓度，mol/L；

　　　m——试样的质量，g；

　0.2825——与 1.00mL 氢氧化钾乙醇标准滴定溶液[$c(\text{KOH}) = 1.000\text{mol/L}$]相当的以克表示的油酸的质量。

8 精密度

8.1 重复性

8.1.1 游离碱重复测定的两个结果间的差数，不应超过 0.02%（m/m）。

8.1.2 酸值重复测定两个结果间的差数，不应超过下列数值：

酸值，mgKOH/g	允许差数，mgKOH/g
<0.1	0.02
0.1~1.0	0.05
>1.0	0.1

8.1.3 游离有机酸重复测定两个结果间的差数，不应超过 0.02%（m/m）（换算至油酸）。

9 报告

9.1 取重复测定两个结果的算术平均值，作为试样的游离碱或游离有机酸的测定结果。

9.2 试样中游离碱含量在 0.02%（m/m）以下时，判断为无。

————————————

附加说明：
本标准由石油化工科学研究院技术归口。
本标准由石油化工科学研究院负责起草。
本标准首次发布于 1954 年。

中华人民共和国石油化工行业标准

润滑脂机械杂质测定法
（抽　出　法）

SH/T 0330—1992

（2004 年确认）

代替 SY 2709—62(82)

1　主题内容与适用范围

本标准规定了润滑脂机械杂质测定法(抽出法)。

本标准适用于测定润滑脂中不溶于乙醇–苯混合液及热蒸馏水中的物质的含量。

2　方法概要

用乙醇–苯混合液抽出润滑脂，用热蒸馏水处理滤器上的沉淀物并测定不溶解的残留物的质量。

3　试剂

3.1　95%乙醇：分析纯。

3.2　苯：分析纯。

3.3　乙醇–苯混合液：体积比为 1：4。

4　仪器

4.1　索氏抽取器：带有 500mL 的烧瓶。

4.2　支架：放置玻璃微孔滤器用，用玻璃或铝制成；支架总长须符合抽取器至磨口的长度。

4.3　瓷蒸发皿。

4.4　刮刀。

4.5　表面皿：直径 125～175mm（依瓷蒸发皿的直径而定）。

4.6　烧杯：300～500mL。

4.7　锥形烧瓶：250～500mL。

4.8　玻璃微孔滤器：坩埚式，孔径 4.5～9μm，常压下硫酸钡不通过。

4.9　洗瓶：500～1000mL，带有橡胶球。

4.10　玻璃棒：长 150～200mm，直径 3～4mm，两端烧圆。

4.11　水浴或电热板。

4.12　恒温箱。

5　准备工作

5.1　用刮刀将试样表层刮掉。然后在试样中不靠近容器壁的至少三处，取约等量的试样放入瓷蒸发皿中，仔细混合并用表面皿盖好。

试样在混合后的总质量应不少于 200g。

5.2　在准备玻璃微孔滤器时，先用铬酸洗液浸泡，然后用蒸馏水洗涤至滤板洁白为止。

将洗涤洁净的玻璃微孔滤器，放入 105～110℃ 的恒温箱中留置 2～3h，再在干燥器中至少冷却

30min 后，称取其质量精确至 0.0002g。重复进行干燥、冷却及称重等操作，直到两次连续称量间的差数不大于 0.0004g 为止。

5.3 将索氏抽取器连接于烧瓶上,此烧瓶装在水浴或电热板上,并向其中注入乙醇-苯混合液,直至混合液由支管开始流向烧瓶为止,然后再加入为抽取器容积二分之一体积的混合液,并将其倒入烧瓶中。

6 试验步骤

6.1 称取 1.5~2.0g 试样放入玻璃微孔滤器中，并称精确至 0.0002g。

6.2 将盛有称量好的试样的滤器放入支架中，再将支架与滤器一道垂直装入抽取器内，并用热苯填充滤器，以便使试样更好地膨胀。

然后，将冷凝器接于抽取器上，接冷却水，检查仪器各部分连接处是否紧密及它在支架上是否实实，随后再进行加热。

6.3 烧瓶加热的强度，要使冷凝液由冷凝器流入滤器中的速度每秒钟为 3~5 滴。

抽取工作应继续至少 1.5h，至抽取器中的溶液由黄色变至无色为止。

当溶剂自抽取器开始流入烧瓶时，停止加热，然后将冷凝器卸下，并小心由抽取器中取出支架与滤器。

将滤器自支架取出，插入锥形烧瓶内或安在圆环上，下置烧杯，以使残留的溶剂流入烧瓶或烧杯中。

6.4 除去溶剂后，将滤器放在支架上，用热 95%乙醇先洗，再用热蒸馏水洗。

6.5 将玻璃微孔滤器放入 105~110℃的恒温箱中，使其在此温度下留置 2h，再在干燥器中至少冷却 30min，然后称精确至 0.0002g。

再将滤器重新放入恒温箱中留置 1h，冷却 30min，并称量。此项操作重复进行，直至两次连续称量间的差数不大于 0.0004g 为止。

7 计算

试样中的机械杂质含量 $X[\%(m/m)]$ 按下式计算：

$$X = \frac{m_1 - m_2}{m_3} \times 100$$

式中：m_1——玻璃微孔滤器及残留物的质量，g；

m_2——玻璃微孔滤器的质量，g；

m_3——试样质量，g。

8 精密度

重复性：重复测定两个结果间的差数，不应超过 $0.1\%(m/m)$。

9 报告

取重复测定两个结果的算术平均值，作为试样中的机械杂质含量。

附加说明：
本标准由石油化工科学研究院技术归口。
本标准由石油化工科学研究院负责起草。
本标准首次发布于 1956 年。

中华人民共和国石油化工行业标准

SH/T 0331—1992

润滑脂腐蚀试验法

（2004 年确认）

代替 SY 2710—66（82）

1 主题内容与适用范围

本标准规定了润滑脂腐蚀试验法。

本标准适用于测定润滑脂对金属的腐蚀性。

2 方法概要

以浸入润滑脂的金属试片表面与润滑脂在一定温度下，经一定时间作用后所发生的颜色变化，来确定润滑脂对金属的腐蚀性。

3 试剂与材料

3.1 试剂

3.1.1 95%乙醇：分析纯。

3.1.2 苯：分析纯。

3.2 材料

3.2.1 砂纸或砂布：粒度为 180 号或 220 号。

3.2.2 脱脂棉。

3.2.3 金属片：圆形，直径 38~40mm、厚 3mm±1mm；或正方形，边长 48~50mm、厚 3mm±1mm。金属牌号需根据试样的产品标准而定。每一块金属片带有直径 5mm 的孔眼一个：圆形金属片的孔眼中心位置在距离边缘 5mm 的地方；正方形金属片的孔眼中心位置，则在一角上距离两边 5mm 的地方。

3.2.4 橡胶工业用溶剂油。

4 仪器

4.1 烧杯或瓷杯：直径不小于 70mm，高度不小于 100mm。

4.2 玻璃棒：比烧杯或瓷杯的直径长约 20~30mm，上有两个相距 20~30mm 的凹形切口，以便挂玻璃小钩。

4.3 L 形玻璃小钩：长约 30mm，挂金属片用。

4.4 放大镜：能放大 6~8 倍。

4.5 瓷蒸发皿或培养皿。

4.6 钢针或电刻机。

4.7 刮刀。

4.8 镊子。

4.9 恒温箱：温度能控制到±2℃。

5 准备工作

5.1 金属片的全部表面用砂纸或砂布纵向仔细磨光，最后用 220 号砂纸或砂布磨至光滑明亮，无明

显的加工痕迹。各金属片的号码只许刻在边缘侧面。

5.2 将磨好的金属片用镊子夹持于瓷蒸发皿或培养皿中用苯洗涤，再用苯浸过的脱脂棉擦拭，最后用干棉花擦干并不得与手接触。

5.3 将洗过和擦干的金属片用放大镜来观察，其上不得有腐蚀斑点等痕迹，对金属片上的小凹痕和小点，要用钢针或电刻机刻划一个直径不超过1mm的圆环，如果金属片上再有污点，则再洗涤、擦干，如再有腐蚀痕迹存在时，该金属片应作废。

6 试验步骤

6.1 用刮刀将试样表层刮掉。然后在不靠近容器壁的至少三处，取约等量的试样。将不少于200g的试样一起收集在瓷蒸发皿内，小心地搅匀，然后移入瓷杯或烧杯内。

杯内盛满的试样，要保证当挂在玻璃小钩上的金属片浸入后，试样层高于金属片约10mm。

6.2 将两块同牌号金属片悬挂在玻璃小钩上，再挂在杯口中央的玻璃棒的切口处并用滤纸轻压金属片，使其完全浸入试样内，要注意不使金属片互相接触，不要使其接触杯边，不要有空隙。

6.3 将盛有试样及金属片的烧杯，放在100℃±2℃的恒温箱中，保持3h。

6.4 恰到3h，从杯中取出金属片，并按次序移入瓷蒸发皿内，用玻璃棒及滤纸先后小心地去掉粘附在金属片表面的试样。去掉试样后的金属片，依次仔细地先用溶剂油后用95%乙醇-苯混合液(1：4)洗涤。然后，用95%乙醇-苯混合液冲洗金属片，并用棉花或滤纸拭干，再仔细观察。

7 判断

7.1 除了钢针或电刻机所圈划过的地方及距孔和边缘1mm以内的地方外，用肉眼观察，在金属片上没有斑点和明显的不均匀的颜色变化，即认为试样合格。在试验铜片及铜合金片时允许金属片有轻微的均匀的变色。

7.2 如仅有一块金属片上有腐蚀痕迹，则应重新试验，第二次试验时，即使在一块金属片上再度出现上述的腐蚀情况，则认为试样不合格。

附加说明：
本标准由石油化工科学研究院技术归口。
本标准由石油化工科学研究院负责起草。
本标准首次发布于1955年。

中华人民共和国石油化工行业标准

润滑脂化学安定性测定法

SH/T 0335—1992

(2004 年确认)

代替 SY 2715—77(88)

1 主题内容与适用范围

本标准规定了润滑脂化学安定性的测定方法。
本标准适用于润滑脂。

2 方法概要

将润滑脂试样放在规定氧气压力和温度的氧弹中氧化，按规定的时间间隔，观察并记录压力。在氧化时间终了后，测定试样氧化后之酸值或游离碱，并与氧化前比较，以其变化值和压力降，表示该试样的化学安定性。

3 试剂与材料

3.1 试剂

3.1.1 石油醚：90~120℃，分析纯；或橡胶工业用溶剂油。

3.1.2 95%乙醇：化学纯。

3.2 材料

工业滤纸。

4 仪器

4.1 氧弹(见图1)：由含镍8%~11%、铬17%~20%的不锈钢或接近于该牌号的不锈钢制成。

氧弹由两个主要零件组成：弹体8及弹盖7。盖连着弹头，弹头包括菌形物6，带有下侧管4及上侧管9的三通管5，带针阀2及手轮1的阀3。

氧弹盖可沿菌形物的轴上下移动，并可在菌形物与氧弹弹体密接的扩大部分上面旋转。在将盖拧紧时，菌形物的扩大部分即紧密地将氧弹弹体关闭。

为了清除弹头各零件，可将其拆卸，但每年不得超过一次。

4.2 氧气压力表：1.5级，压力计壳内的直径为150~200mm，刻度0~1.6MPa。

用不锈钢制的高压管(弯成螺旋状)，将压力表连接在弹头下部的侧管上。为了连接压力表，侧管具有一带铅垫片的普通螺帽。侧管与氧弹是由圆锥体和螺帽连接的。只有在需要修理压力表时，才将它从氧弹上拆下来。

4.3 碳素钢底架：在拧紧氧弹及向氧弹中充装氧气时，用来安放氧弹。此底架应拧紧在稳固的桌上。

4.4 垫圈：铝制。

4.5 扳手：拧氧弹用，其尺寸依氧弹盖突出部分的大小而定。

4.6 氧气瓶：氧气压力不少于1.0MPa。

4.7 氧气瓶减压装置：工作压力为0.1~1.5MPa。

4.8 高压铜管：用以连接减压装置与氧弹。用螺母使管与减压阀连接，并用螺母与圆锥体使管与氧弹连接。

4.9　水浴：带有温度调节器用以调节润滑脂的氧化温度。

4.10　玻璃座架：用以安放盛着试样的杯。安装座架时使用下列零件：

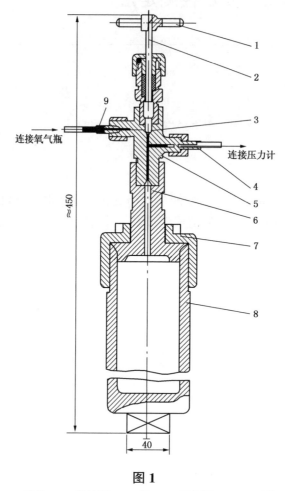

图1

1—手轮；2—带针阀；3—阀；4—下侧管；5—三通管；
6—弹头和菌形物；7—弹盖；8—弹体；9—上侧管

4.10.1　玻璃棒：一端粗的"杆"（形状如⊥形）三根，玻璃棒直径 6mm±1mm，长 180mm±2mm，粗头直径8mm±1mm。

4.10.2　玻璃短管：18 个，其内径 8mm±0.2mm，长 20mm±1mm，管壁厚 1mm±0.1mm。

4.10.3　平面圆玻璃六块：直径 55mm±1mm，厚 3mm±0.1mm，每块玻璃有三个孔，其直径 7.5mm±0.2mm，孔与玻璃边缘相距 3mm±0.1mm，并且三个孔之间的距离相等（各孔中心之间的距离为 35mm±1mm）。

4.11　玻璃杯：盛试样用，直径 30mm±2mm，高 12mm±1mm，壁厚 1mm±0.1mm。

4.12　玻璃水银温度计：0~150℃，分度值为 1℃。

4.13　称量瓶：直径 35~50mm。

4.14　金属圆筒形的容器：高约 450mm，直径 850mm，用来检查氧弹密闭情形，并在氧化后冷却氧弹。

5　试验步骤

5.1　在试验前，用石油醚或溶剂油洗涤氧弹弹体内部，并以空气气流吹干。用滤纸仔细地擦拭带有全部零件的弹盖。玻璃"杆"、平面圆玻璃、玻璃短管及玻璃杯按顺序地用石油醚及 95% 乙醇洗涤，并在恒温器中或在空气气流中干燥。

5.2 安装玻璃座架时,在每根玻璃"杆"上各套上一个玻璃短管,然后将一块平面圆玻璃放在这三根玻璃管上,再在每根玻璃"杆"上,各套上一个玻璃短管,这样继续将六块平面圆玻璃放好为止。

5.3 测定试样的游离碱或酸值,然后,从该试样中取约 4g,称精确至 0.1g,放入一只玻璃杯中,同样将其余的四只玻璃杯装好,分放在座架的每层圆玻璃上,但最上面的一块圆玻璃空着,不放玻璃杯。

5.4 将有试样的玻璃座架小心地移入预先放在座架上的氧弹内,在密封处加上垫圈,然后用盖将氧弹盖上,并用扳子拧紧。

用高压铜管和适当的螺帽将已准备好的氧弹与氧气瓶的减压阀连接起来。

5.5 氧气瓶与氧弹连接以后,将氧气吹入氧弹内,以排出其中空气。为此目的,缓慢地(约 3min 内)使氧弹内充满氧气至压力约为 0.2MPa,然后,同样缓慢地将氧气放入大气中,使氧弹内所剩压力约为 0.05MPa。这样重复操作两次,然后再将氧气导入氧弹内,使其压力达到试样产品标准中的规定量。

5.6 将充满氧气的氧弹从底架上取出,并把它小心的浸入盛有温度为 20℃±3℃ 之水的容器内,以试验其密闭性。如水内出现气泡,则应重新将氧弹移入底架上,使漏气的零件加以紧固,然后再用上述方法重复试验其密闭性,直到完全密闭不漏气为止。根据室温及规定的试验条件(压力和温度)按下式确定弹内最初压力 P_t(MPa)。

$$P_t = \frac{P_{t_3}}{1 + \frac{1}{273}(t_3 - t)}$$

式中: P_{t_3}——在规定的试验温度时,弹内氧气的规定压力,MPa;

t_3——试验时规定的温度,℃;

t——室温,℃。

氧弹内氧气的最初压力,在计算时应精确至 0.01MPa。

根据计算结果将氧弹内多余的氧气放出。

5.7 在准备氧弹的同时,将水浴加热至规定温度(精确到±2℃)。

5.8 使充满氧气并盛有试样的氧弹保持其垂直位置,小心地移入加热至规定温度的水浴内,并放在座架的巢孔中。仪器的简图见图 2。将氧弹放入恒温水浴内的时候,作为氧化开始。此时,记下时间及氧弹内的初压力。其次,在试验过程中,每 2h 记录一次压力。

5.9 过一些时候,由于氧弹内试样变热,氧弹内压力开始升高,当达到一定限度后,根据每种试样的性质不同,将在相当的时间内保持不变。再经过一段时间后,氧弹内的压力开始下降,这段时间就认为是试样的诱导期。氧化时间的长短以及氧弹内压力下降的指标,均规定在试样的产品标准中。

5.10 氧化时间终了后,将氧弹小心地移入盛有温度为 20℃±3℃ 之水的容器内,并使弹完全浸入水内。此时,由于温度降低,氧弹内的压力开始下降。使氧弹浸在水中至少 15min,以冷却并检查其密闭性。如在水中发现气泡时,则认为试验无效,须重做试验。

5.11 氧弹冷却后,将它移入座架上并立刻放掉氧弹中残留的氧气,然后,擦拭氧弹外面的全部零件,以去掉水分和污物,然后拧开盖,将盖从弹体取下。用滤纸吸去氧弹顶突出部分上的水分,小心地从氧弹内取出盛有试样的玻璃座架。

5.12 将已氧化的试样从各玻璃杯中小心地取出,装入称量瓶,并仔细搅拌。测定试样氧化后之酸值或游离碱,并与氧化前比较,以其变化值和压力降,表明该试样的化学安定性。

6 报告

取重复测定两个结果的算术平均值,作为测定结果。

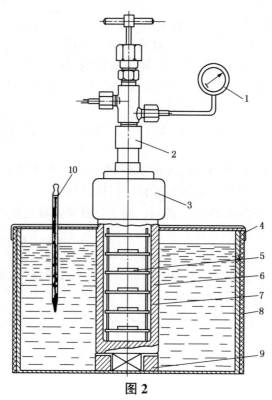

图 2

1—压力计；2—弹盖顶；3—弹盖；4—水浴盖；5—盛试样的玻璃杯；
6—玻璃座架；7—弹体；8—绝缘体；9—放入氧弹用的槽孔；10—温度计

附 录 A
仪器的维护方法
（补充件）

A1 新的氧弹，压力表及氧气连接管均应经过压力为 2MPa 的液压试验。该试验每经十二个月进行一次。

A2 新的氧弹以及经过机械修理的氧弹开始操作以前，均应将其拆开（弹体、弹盖及弹头零件）并仔细用直馏汽油或苯洗去油垢。必须仔细洗涤所有零件，其目的在于避免由于氧气与残留润滑油相互作用而引起爆炸。

A3 开始操作前，仔细检查氧弹有无裂纹或其他机械损伤。发现弹体或弹盖有任何损伤时，则不能用该氧弹进行操作。

A4 每次开始操作前，必须检查氧气减压装置及压力表是否完好无损。发现有毛病时，则不能用它进行操作。

A5 使用压缩氧气操作时，必须遵守现行的安全技术规则。

附加说明：
本标准由石油化工科学研究院技术归口。
本标准由石油化工科学研究院负责起草。
本标准首次发布于 1960 年。

中华人民共和国石油化工行业标准

润滑脂杂质含量测定法
（显微镜法）

SH/T 0336—1994

（2004年确认）

代替 SH/T 0336—1992

1 主题内容与适用范围

本标准规定了用显微镜法测定润滑脂中的外来粒子的尺寸和数量。

本标准适用于润滑脂。

2 定义

杂质是指外来粒子。

外来粒子：是在透射光下用显微镜观察润滑脂时，呈不透明的外来杂质和半透明纤维状的外来杂质。不是指制造时润滑脂的组分。

3 方法概要

把润滑脂涂在血球计数板上，用显微镜观察，测定外来粒子的尺寸和数量。

4 仪器

4.1 显微镜：放大倍数约100倍，带有目镜测微尺。

4.2 血球计数板：如下图，它是一块厚的载物玻璃片，带有4条纵沟槽，槽间构成三个小平面，中间平面比两侧平面低0.1mm。中间平面上刻有网纹，网纹中的大正方形边长为0.2mm。小正方形边长为0.05mm。当润滑脂充填在中间平面上，压上玻璃盖片时，盖片应紧贴在两侧平面上。沟槽就成为多余润滑脂的溢流器。

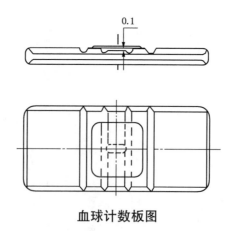

0.1

血球计数板图

4.3 纵横移动架：是用于计算边长为5mm正方形视野内的外来粒子，或采用刻有边长为5mm正方形的玻璃盖片代替。

5 准备工作

5.1 确定目镜测微尺的分度值：可通过显微镜观察血球计数板中间平面上网纹。测出大正方形每边长相当于标尺几个分度，例如，大正方形每边长相当于 10 个分度（或小正方形每边长相当于 2.5 个分度），这样，测微尺的分度值即为 0.2/10（或 0.05/2.5）= 0.02mm。

5.2 在每次测定之前，擦净并检查血球计数板装样表面（中间平面）、玻璃盖片和刮刀，应无杂质。

5.3 试样的准备：用干净刮刀刮去试样表面层。取出一点试样放在血球计数板中间平面上，并用玻璃盖片压紧，使其与两侧平面贴紧。试样应完全装满在玻璃盖片和血球计数板平面之间的空隙。多余试样被挤入沟槽内，但不允许试样被挤到两侧平面上。

6 试验步骤

6.1 将装好试样的血球计数板和玻璃盖片放在显微镜载物台上，在透射光下观察润滑脂，使粒子清晰可见。

6.2 在面积为 5mm×5mm 的试样薄层中，测定外来粒子的最大尺寸以确定粒子大小分级，对于纤维状物质应取纤维直径。5mm×5mm 的面积可由纵横移动架或刻在玻璃盖片上的正方形来确定。

6.3 记录 10~25μm、大于 25~75μm、大于 75~125μm 和大于 125μm 四组尺寸级别（或按产品标准中规定的杂质尺寸级别）的不透明外来粒子和半透明纤维状外来粒子的数量。

6.4 重复测定 10 次，记录每一尺寸级别的粒子总数目。

7 计算

每一尺寸级别的外来粒子数均以 10 次测定的算术平均值表示。每 1cm³ 内每一尺寸级别的外来粒子含量 X（个/cm³）按下式计算：

$$X = \frac{A \times 400}{10}$$

式中：A——10 次测定的粒子总数；

10——测定次数；

400——被测试样的体积（0.0025cm³）换算到 1cm³ 的系数。

附加说明：

本标准由石油化工科学研究院提出并技术归口。

本标准由石油化工科学研究院负责起草。

本标准主要起草人金秀兰。

本标准参照采用原苏联国家标准 ГОСТ 9270—86《润滑脂机械杂质测定法》。

中华人民共和国石油化工行业标准

SH/T 0337—1992

润滑脂蒸发度测定法

（2004 年确认）

代替 SY 2723—82

1 主题内容与适用范围

本标准规定了润滑脂蒸发度测定法。

本标准适用于测定润滑脂的蒸发度。

2 方法概要

将盛满厚 1mm 润滑脂的蒸发皿，置于专门的恒温器内，在规定温度下保持 1h（或按润滑脂产品标准所规定时间），测定其损失的质量。

3 材料

3.1 橡胶工业用溶剂油。

3.2 白瓷板。

3.3 伍德合金（铋：镉：锡：铅 = 4：1：1：2）：熔点 65℃。

4 仪器

4.1 恒温器（见图 1）：由带有可移动的玻璃侧门 2、金属外壳 1、加热台 6 和电热器 5（加热器能使放在加热台上的钢饼及钢饼上的蒸发皿均匀地加热至 400℃）组成。并带有手柄 8 和顶杆 7 借助弹簧 9 可以将钢饼 3 紧压于加热台 6 上。在恒温器外壳下部周围有圆孔 4，以保证空气自由进入恒温器内。

4.2 钢饼：直径 100mm，厚度 10mm±0.2mm，在钢饼上有插温度计用的凹穴，从钢饼的中心到穴孔的中心距离为 27mm，凹穴的直径为 10mm，深度为 6.4mm±0.1mm，在充满伍德合金的凹穴中插入温度计，钢饼应紧贴在加热台上，以便能均匀地受热。钢饼的表面粗糙度必须加工至 R_a 值为 0.4。

4.3 蒸发皿（见图 2）：为一钢制小皿，皿底表面的粗糙度要加工到 R_a 值为 0.4，每个蒸发皿外表面按顺序打上号码。

4.4 温度调节器或变压器：用来调节加热台的温度。

4.5 水银温度计：0~360℃。

4.6 干燥器。

5 准备工作

5.1 将蒸发皿在溶剂油中洗净，烘干，称精确至 0.0002g。

5.2 将试样装入称量过的蒸发皿中，不许有气泡，用刮刀仔细将试样表面刮平，并擦净蒸发皿的外表面。每种试样至少用四个蒸发皿进行试验。

5.3 将装有试样的蒸发皿称精确至 0.0002g，每个蒸发皿中所装试样的质量和它们的算术平均值之差不得超过±0.01g。

5.4 将钢饼放在恒温器的加热台上压下顶杆，关好玻璃侧门，进行加热，当钢饼凹穴中的伍德合金熔化后，将温度计插入穴中。

中国石油化工总公司 1992-05-20 批准

1992-05-20 实施

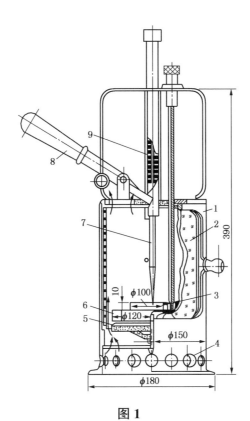

图 1

1—壳体；2—玻璃侧门；3—钢饼；4—圆孔；5—电热器；
6—加热台；7—顶杆；8—手柄；9—弹簧

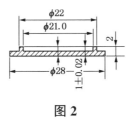

图 2

6 试验步骤

6.1 当钢饼温度达到产品标准规定的温度后，保持 5min，然后把装有试样的蒸发皿放在钢饼上。

6.2 蒸发皿放入后，立即关闭侧门，记下开始试验的时间，在恒温器内保持 1h(或按产品标准所规定的时间)。

6.3 达到规定的试验时间后，将电热器关闭，同时取出装有试样的蒸发皿，放在干燥器中的白瓷板上，冷至室温后进行称量，称精确至 0.0002g。

7 计算

试样的蒸发度 $X[\%(m/m)]$ 按下式计算：

$$X = \frac{m_1 - m_2}{m_1 - m_3} \times 100$$

式中：m_1——试验前蒸发皿和试样的质量，g；

m_2——试验后蒸发皿和试样的质量，g；

m_3——蒸发皿的质量，g。

8 精密度

8.1 每个蒸发皿的试验结果与所有蒸发皿试验结果的算术平均值之差数，不应超过 8%。

8.2 当蒸发度小于 5%(m/m)时，各蒸发皿的试验结果之差数不得超过 0.4%(绝对值)。

9 报告

9.1 若试样蒸发度低于 1%(m/m)时，则认为无蒸发。

9.2 取不少于四个蒸发皿所得结果的算术平均值，作为测定的结果。

如果四个蒸发皿中有一个试验结果超过允许差数时，弃去这个结果，取其余三个结果的算术平均值，作为测定的结果。

附加说明：

本标准由石油化工科学研究院技术归口。

本标准由石油化工科学研究院负责起草。

本标准首次发布于 1965 年。

中华人民共和国石油化工行业标准

SH/T 0338—1992

滚珠轴承润滑脂低温转矩测定法

（2004年确认）

代替 SY 2730—84

1 主题内容与适用范围

本标准规定了滚珠轴承润滑脂低温转矩测定法。

本标准适用于在滚珠轴承润滑脂低温转矩试验机上，测定温度为-20℃以下时润滑脂低温转矩的特性。

2 方法概要

将一个合格的清洗干净的 D 204 型轴承，用装脂杯反复填满试样，在规定的温度下静止恒温 2h 后，以轴承内环 1r/min±0.05r/min 速度转动，测定其作用在轴承外环上的润滑脂阻力。由于这个阻力与转矩成正比，因此以所测定的起动转矩和运转转矩来表示。

起动转矩——在开始转动时测得的最大转矩。

运转转矩——在转动规定时间（60min）后转矩的平均值。

3 材料

3.1 试验轴承：选用 D 204 型单列向心球轴承（由八颗直径为 7.9mm 钢球和钢保持架组成）。其径向间隙应为 0.008~0.018mm。

3.2 检查轴承用油：100℃运动黏度为 28.7~32mm^2/s 润滑油。

3.3 橡胶工业用溶剂油。

3.4 石油醚：60~90℃，分析纯。

3.5 硅油。

4 设备

4.1 试验装置

试验装置如图 1 所示。试验装置由以下几部分组成：

低温箱：可采用任一种绝热性良好的箱子，其内部容积为 0.03m^3 或更大一些。箱内空气温度可以控制并保持在 0~-70℃±0.5℃范围内。箱体内冷却介质出口处设有挡板，以防止试验轴承与冷却介质直接接触。

传动装置：传动机构如图 2 所示，试验轴承安装在试验轴上，轴肩的高度应不高于轴承内环的肩部，用一个厚度不小于 1.6mm 的平垫圈和一个锁紧螺钉将轴承内环压紧在 1r/min 试验轴上。

转矩试验装置：为一经平衡处理的鼠笼式负荷轴承座。轴承座总的质量调整到 454g±3g。如图 3 所示。

转矩测量装置：是一个标定过的，表面直径为 178mm 和量程为 0~1.8kg 或更大一些范围的测力计。精度每格 7g。

4.2 专用装脂器

装脂器由脂杯、心轴及压片组成。心轴和脂杯分别如图 4 和图 5 所示。

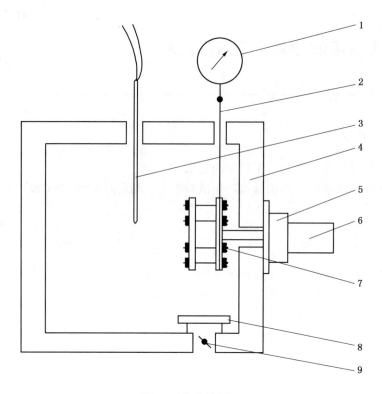

图 1 试验装置

1—测力计；2—测力绳；3—温度控制热电偶；

4—低温箱；5—齿轮减速器；6—电动机(186W)；

7—鼠笼式负荷轴承座；8—干冰出口处挡盘；

9—干冰调节活门

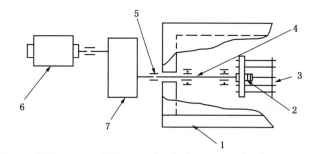

图 2 传动机构

1—低温箱；2—试验轴承座；3—负荷盘；4—1r/min 试验轴；

5—非金属绝缘套；6—186W 电动机，1725r/min(满负荷)；

7—齿轮减速器，速比 1740/1

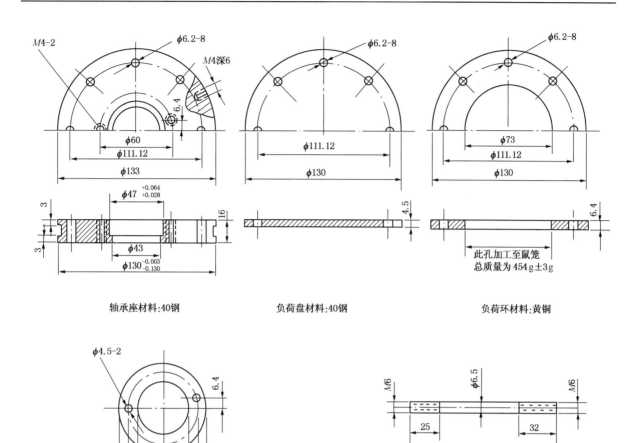

图3 轴承座部件

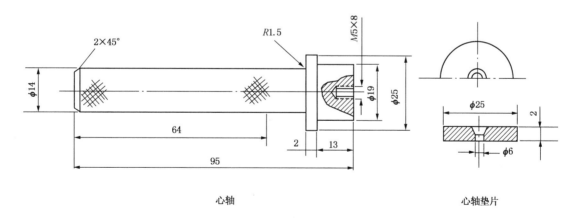

图4 心轴

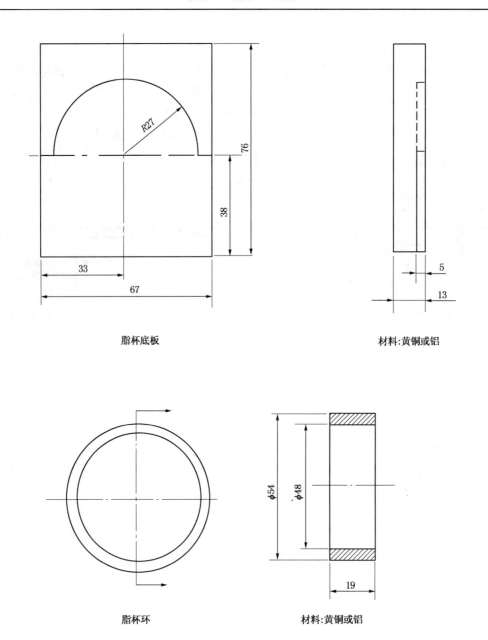

脂杯底板   材料:黄铜或铝

脂杯环   材料:黄铜或铝

图5　脂环

5　准备工作

5.1　试验装置的校正

定期对试验装置的温度控制仪表进行校正，并给出校正值，以保证试验数据的准确性。定期对试验装置的测力计用普通天平砝码进行测力校正。

5.2　试验轴承的选择

将径向间隙检查合乎要求的 D 204 型试验轴承用溶剂油清洗干净并干燥，然后用手轻轻转动，不允许出现不灵活现象。用100℃运动黏度为28.7~32mm²/s 润滑油检查轴承的运转转矩。检查步骤如下：在室温条件下，对被测轴承以每隔 120°方向各滴 1 滴油，共 3 滴。用手来回转动后将轴承装入试验装置的轴承座内。用测力计测定运转转矩，被测轴承共运转 3min，先预运转 2min，在第 3min运转期间内完成测定工作。其平均转矩值不超过 2.0mN·m 最大转矩值不超过2.5mN·m。

6 操作步骤

6.1 试验轴承需用溶剂油清洗两遍，再用石油醚漂洗两遍，将清洗干净的轴承放置在烘箱内，在100℃温度下干燥20min或用热风机吹干。装试样前轴承必须冷却至室温，并用于转动轴承检查是否正常。

6.2 将清洁、干燥的轴承安装在心轴(见图4)上，用垫片和螺钉固紧轴承的内环，用干净的钢刮刀将试样装入专用装脂器的脂杯(见图5)内，装满脂杯的3/4，尽量避免混入气泡。然后将轴承压入杯内的试样里，正反两个方向反复缓慢转动内环，以使试样能够进入轴承各个部位。当轴承的端面与脂杯的上端面对齐时，将轴承拔出并卸下。而后将轴承端面颠倒并重新固定，再将轴承直接压入脂杯，当轴承的端面与脂杯的上端面对齐时，慢慢地将轴承拔出；把沾在轴承边缘多余试样刮去，排除可见气泡并填满试样，然后取下心轴用刮刀刮平轴承两端。装好试样的试验轴承，在测定起动转矩以前不允许转动，以利于试验结果的重复。

注：在轴承装填试样的整个操作过程中，都应在清洁和干燥的环境中进行。

6.3 将装好试样的轴承仔细安装在轴承座内。

6.4 当低温箱内温度预冷到试验所要求的温度时，打开低温箱门，把试验轴承及轴承座安装到试验轴上并固定好，安装时注意不能转动试验轴承。

6.5 检查测矩绳子并涂少许硅油，确保不结冰或不碰到孔壁，并保证测矩绳处于拉紧状态。冷却期间，用一个两瓣的橡皮塞塞严通孔。在起动前应拔去橡皮塞。

6.6 将测力绳挂在轴承座外圈挂钩上，调整绳子到接近拉紧为止，此时外圈上的挂钩必须超过切点，至少向下要偏转在90°的位置。以保证测力绳不会滑出轴承座的外圈边缘。轴承座转矩半径为0.065m。

6.7 关闭低温箱的门，继续冷却到试验要求温度时，开始计时，恒温2h，试验温度的温差应保持在±0.5℃以内。在恒温期间，切勿转动试验轴承，否则试验无效。为了防止空气中湿气过多地冷凝，试验前在低温箱内放置一些干燥剂(如活性氧化铝等)。

6.8 为确保试验的顺利进行，当试验温度要求在-50℃以上时，在恒温期间，其干冰入口处的调节活门开度应调节到约1/3处，挡盘应与干冰入口压盖的边缘对齐；当试验温度要求在-50℃以下时，其干冰入口处的调节活门开度要相应增大，挡盘应全部移开。

7 试验结果

7.1 起动转矩

开动驱动马达，观察测力计指针，记下达到的最大读数，这个读数出现在开始运转后的几秒钟内。将刻度读数值(lb)乘以K值作为起动转矩值，mN·m。

7.2 运转转矩

继续转动试验轴60min，保持试验温度的温差在±0.5℃以内，在60min后的15s内观察测力计的平均读数，将这个读数值(lb)乘以K值，记下这个数值作为运转转矩值，mN·m。

8 计算

试样的转矩值M(mN·m)按下式计算：

$$M = K \cdot P$$

式中：K——常数(289)；

P——测力计读数，lb。

注：K值常数289是由测力计刻度读数值(lb)换算到mN再乘以轴承座转矩半径0.065m而得到的。

9 重复试验

如果要做重复试验，应清洗此轴承并重新填装新的试样，重新按照上述操作步骤进行。

10 精密度

用以下数值来判断结果的可靠性(95%置信率)。

10.1 重复性：同一操作者重复测定两个结果之差不应超过以下数值。

	重复性，平均值的百分数
起动转矩，mN·m	34
运转转矩，mN·m	78

10.2 再现性：两个实验室各自提供的结果之差不应超过以下数值。

	再现性，平均值的百分数
起动转矩，mN·m	79
运转转矩，mN·m	132

11 报告结果

本标准每次试验可得到以下两个值：起动转矩值和运转转矩值。分别取两个值的两次重复测定结果的算术平均值作为试样的起动转矩值和运转转矩值。

附加说明：
本标准由石油化工科学研究院技术归口。
本标准由石油化工科学研究院负责起草。
本标准主要起草人臧维满。
本标准参照采用美国试验与材料协会标准 ASTM D1478-1980《滚珠轴承润滑脂低温转矩测定法》。

中华人民共和国石油化工行业标准

SH/T 0339—1992

NaY 分子筛晶胞参数测定法

（2004 年确认）

代替 ZBE 49001—88

1 主题内容与适用范围

本标准规定了 NaY 分子筛晶胞参数的测定方法。NaY 分子筛晶体属于立方晶系，其晶胞参数是指晶胞的大小。

本标准适用于 NaY 分子筛。

2 方法概要

将待测分子筛试样与硅粉（内标物）混合，收集混合样的 X 射线衍射图，以硅粉为内标，校正分子筛衍射峰的位置，计算分子筛的晶胞参数。

3 仪器与材料

3.1 仪器

3.1.1 X 射线衍射仪：CuKα 辐射，狭缝：DS1°，RS0.3mm，SS1°。

3.1.2 恒温干燥箱：控制在 110℃±5℃。

3.1.3 恒湿器：实验室用玻璃干燥器，内盛氯化钙过饱和溶液，温度 18~28℃。

3.2 材料

硅粉：上海测试技术研究所 X 射线衍射硅粉末标样（标号：XSI-FBY）。

4 试验步骤

4.1 称取约 1g 待测试样及 0.05g 硅粉，研磨混匀后，置于 110℃±5℃ 的恒温干燥箱内，干燥 1h 以上，然后放入恒湿器中吸水 16~20h。

4.2 将吸水后的样品压入样品架中，记录衍射图，2θ 范围约 53°~60°（以能画出分子筛两个峰的背底为宜），扫描速度 0.25°/min，纸速 20mm/min，如下图。

4.3 测量 2θ 在 54° 和 58.3° 附近的分子筛衍射角及 56.1° 附近的硅粉衍射角，取值到小数点后三位，以峰高 3/4 处的中点所对应的 2θ 值作为衍射峰的角度。

5 计算

5.1 用硅粉的 $CuK\alpha_1$ 衍射角理论计算值（$2\theta = 56.123°$）与测量值之差校正分子筛衍射峰的位置。

5.2 将校正后的分子筛衍射角换算成面间距 d_{hkl}，按式（1）计算：

$$d_{hkl} = \lambda / 2\sin\theta \quad\cdots\cdots\cdots\cdots\cdots\cdots\cdots\cdots\cdots\cdots\cdots\cdots\cdots\cdots（1）$$

式中：λ——$CuK\alpha_1$ 射线波长 1.5405×10^{-10}，m。

5.3 NaY 分子筛的晶胞参数 a_0 按式（2）计算：

$$a_0 = d_{hkl}(h^2 + k^2 + l^2)^{1/2} \quad\cdots\cdots\cdots\cdots\cdots\cdots\cdots\cdots\cdots\cdots\cdots（2）$$

式中：$h^2 + k^2 + l^2$——分子筛衍射峰的 Miller 指数平方和，对于 2θ 角 54° 附近的峰它等于 211，对于 58.3° 附近的峰它等于 243。

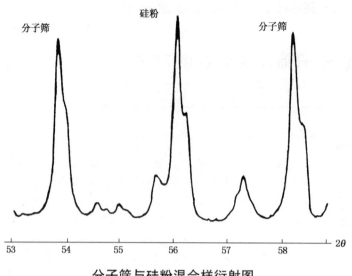

分子筛与硅粉混合样衍射图

5.4 由两个衍射峰计算 a_0 的平均值。

6 精密度

按下述规定判断结果的可靠性(95%置信水平)。

6.1 重复性

同一实验室，同一操作者，对同一个试样重复测定的两个结果的差值不应大于 2×10^{-12} m (0.02Å)。

6.2 再现性

不同实验室对同一试样测定的两个结果的差值不应大于 4×10^{-12} m(0.04Å)。

注：本精密度数据是对6个试样12个实验室测量结果的统计分析确定的。

7 报告

取重复测定的两个结果的算术平均值，报告数据。

附加说明：

本标准由石油化工科学研究院技术归口。

本标准由石油化工科学研究院负责起草。

本标准主要起草人嵇掌山、刘凤仁。

本标准参照采用美国试验与材料协会标准 ASTM D3942-91《八面沸石型分子筛晶胞大小测定法》。

中华人民共和国石油化工行业标准

SH/T 0340—1992

NaY 分子筛结晶度测定法

（2004 年确认）
代替 ZBE 49002—88

1 主题内容与适用范围

本标准规定了 NaY 分子筛结晶度的测定方法。分子筛结晶度是指样品中分子筛结晶相的百分含量。

本标准适用于 NaY 分子筛。

2 引用标准

GSB G 75004 测定 NaY 分子筛结晶度标样 NaY 分子筛

3 方法概要

根据试样中某结晶相的 X 射线衍射强度与该结晶相的含量成正比这一原理，采用 X 射线衍射法进行定量分析。

在相同条件下收集待测分子筛试样及标样的 X 射线衍射图，CuKα 辐射，取 2θ 为 14°～35°之间的八个衍射峰的峰高之和，乘以（533）衍射峰（2θ 约 23.5°）的半高宽作为分子筛的衍射强度，用外标法计算待测试样的分子筛结晶度。

4 仪器

4.1 X 射线衍射仪：CuKα 辐射，狭缝：DS 1/2°，RS 0.15mm，SS 1/2°。

4.2 恒温干燥箱：控制在 110℃±5℃。

4.3 恒湿器：实验室用玻璃干燥器，内盛氯化钙过饱和溶液，温度在 18～28℃之间。

5 准备工作

5.1 标样应符合 GSB G 75004 的要求。由长岭炼油厂催化剂厂生产，由石油化工科学研究院标定。

5.2 样品研细至手感无颗粒。

5.3 取适量待测试样及标样，放入恒温干燥箱中，110℃±5℃干燥 1h 以上，转移到恒湿器中吸水16h 以上，温度维持在 18～28℃。

6 试验步骤

对待测试样及标样，在相同试验条件下，顺序进行如下各步试验。

6.1 将吸水处理后的试样压入样品架中，记录衍射谱图。试验条件为：扫描范围 14°～35°（2θ），扫描速度 1°/min，走纸速度 10mm/min，X 光管电压、电流及记录仪量程的选择同 6.2 条。试验结果如图 1。

6.2 记录（533）衍射峰，扫描范围 22.5°～25°（2θ），扫描速度 0.25°/min，走纸速度 20mm/min，X 光管电压、电流及记录仪量程的选择应使标样的（533）峰高位于满量程的 50%～100%之间，如图 2。

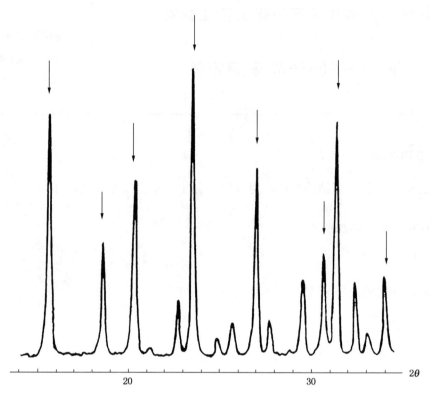

图1 分子筛八峰示意图

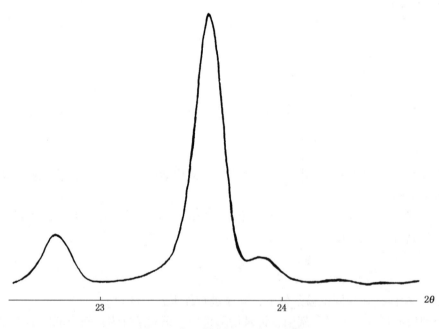

图2 分子筛(533)峰示意图

7 计算

7.1 从6.1条得到的衍射图上量出(331)、(511、333)、(440)、(533)、(642)、(822、660)、(555、751)、(664)八个衍射峰的高度,分别计算试样及标样的八个峰的峰高和。

7.2 从6.2条得到的衍射图上量出待测试样及标样(533)峰的半高宽。

7.3 NaY分子筛结晶度按下式计算:

$$X_i = X_R (I_i \cdot W_i / I_R \cdot W_R)$$

式中：X_R——标样的结晶度；

I_i——试样的峰高和；

I_R——标样的峰高和；

W_i——试样的(533)峰半高宽；

W_R——标样的(533)峰半高宽。

注：在某些情况下，省略6.1条步骤，仅根据6.2条得到的(533)一个峰的峰高乘以半高宽作为衍射强度，也能得到很好的结果，但不一定能与八峰法的结果完全相符，不能作为产品出厂、商品检验或仲裁的依据。

8 精密度

按下述规定判断试验结果的可靠性(95%置信水平)。

8.1 重复性

同一实验室，同一操作者，对同一试样重复测定的两个结果的差值不应大于4%。

8.2 再现性

不同实验室对同一试样测定的两个结果的差值不应大于5%。

注：本精密度数据是对6个样品在11个实验室测量的结果统计分析确定的。

9 报告

取重复测定的两个结果的算术平均值，报告数据。

附加说明：

本标准由石油化工科学研究院技术归口。

本标准由石油化工科学研究院负责起草。

本标准主要起草人嵇掌山、刘凤仁。

本标准参照采用美国试验与材料协会标准 ASTM D3906−91《分子筛相对衍射强度测定法》。

催化剂载体中氧化铝含量测定法

1 主题内容与适用范围

本标准规定了催化剂载体中氧化铝含量的测定方法。

本标准适用于以氧化铝为基体的催化剂载体。

2 方法概要

试样用硫酸、盐酸和过氧化氢溶解。溶液中的铝与乙二胺四乙酸二钠络合。过量的乙二胺四乙酸二钠以二甲酚橙为指示剂，在六次甲基四胺为缓冲剂、pH 为 5~6 条件下，用氯化锌标准滴定溶液反滴定，由消耗的体积计算氧化铝含量。

3 仪器

3.1 烧杯：250，500mL。

3.2 容量瓶：1000mL。

3.3 量杯：25mL。

3.4 移液管：50mL。

3.5 滴定管：50mL。

3.6 洗瓶：500mL。

3.7 漏斗：直径 60mm。

3.8 锥形烧瓶：250mL。

3.9 滴瓶。

3.10 高温炉。

4 试剂

4.1 盐酸：分析纯，配成 1∶1(按体积比)溶液。

4.2 氨水：分析纯，配成 1∶1(按体积比)溶液。

4.3 六次甲基四胺：分析纯。

4.4 氯化锌：分析纯。

4.5 二甲酚橙指示剂。

4.6 乙二胺四乙酸二钠(EDTA)：分析纯。

4.7 硫酸：分析纯。

4.8 30%过氧化氢：分析纯。

4.9 氯化钠：分析纯。

4.10 硝酸钾：分析纯。

4.11 氧化锌：基准试剂。

4.12 铬黑 T 指示剂。

4.13 水：去离子水，电导率不大于 5μs/cm。

4.14 氯化铵：分析纯。

5 准备工作

5.1 二甲酚橙指示剂的配制：称取 1g 二甲酚橙、100g 氯化钠，混合研细后，置于磨口瓶中。

5.2 络黑 T 指示剂的配制：称取 1g 络黑 T 和 100g 氯化钠，混合研细后，保存于磨口瓶中。

5.3 $c(\text{EDTA}) = 0.05\text{mol/L}(0.05\text{M})$ 乙二胺四乙酸二钠（EDTA）标准滴定溶液的配制和标定。

5.3.1 配制

称取 19g EDTA 溶于水中，移入 1L 容量瓶中，稀释至刻度，摇匀。本标准滴定溶液应半月标定一次。

5.3.2 标定

称取 0.13g 经 800℃ 灼烧至恒重的基准氧化锌，精确至 0.0002g。用少量水润湿，加入 2mL 盐酸溶液（4.1 条）使之溶解，再加入 10mL 水。用氨水溶液（4.2 条）中和至 pH7~8。再加入 10mL 氨–氯化铵缓冲溶液（pH = 10）及约 0.1g 络黑 T 指示剂，用已配制好的 EDTA 溶液滴定至溶液由紫色变为纯蓝色。同时做空白试验。

注：氨–氯化铵缓冲溶液（pH = 10）的配制是称取 54.0g 氯化铵溶于水，再加入 350mL 氨水，并用水稀释至 1L。

5.3.3 计算

EDTA 标准滴定溶液的实际浓度 $c(\text{EDTA})$，mol/L，按式（1）计算：

$$c(\text{EDTA}) = \frac{m}{(V_1 - V_0) \times 0.08138} \quad \cdots\cdots\cdots\cdots\cdots\cdots\cdots (1)$$

式中：m——氯化锌的质量，g；

V_1——EDTA 溶液的用量，mL；

V_0——空白试验时，EDTA 溶液的用量，mL；

0.08138——与 1.00mL EDTA 标准滴定溶液 $[c(\text{EDTA}) = 1.000\text{mol/L}]$ 相当的以克表示的氧化锌的质量。

5.4 $c(\text{ZnCl}_2) = 0.05\text{mol/L}$ 氯化锌标准滴定溶液的配制 称取 6.9g 氯化锌，加少量水溶解，为了加速溶解，滴加少量盐酸使其全部溶解后，稀释至 1L。

5.5 EDTA 标准滴定溶液与氯化锌标准滴定溶液的体积比：取 25mL EDTA 标准滴定溶液置于 250mL 锥形瓶中，加水约 100mL，再加入 0.1g 二甲酚橙指示剂，1.5g 六次甲基四胺，用氯化锌标准滴定溶液滴定至酒红色出现为终点。两溶液体积比 K 按式（2）计算：

$$K = \frac{V_{\text{EDTA}}}{V_{\text{ZnCl}_2}} \quad \cdots\cdots\cdots\cdots\cdots\cdots\cdots\cdots\cdots (2)$$

6 试验步骤

6.1 试样的处理：称取研磨至 150 目左右的试样 0.5g（精确至 0.0002g）于 250mL 烧杯中，用少量水冲洗杯壁，加入硫酸 15mL，盖上表面皿，于电炉上加热至硫酸刚冒白烟时，取下冷却。加入 20mL 盐酸溶液，2mL 30% 过氧化氢，至不冒泡时，再置于电炉上小火加热，直到刚冒硫酸白烟，取下烧杯冷却，用水洗表面皿和杯壁，至烧杯中溶液体积为 50mL。置于电炉上煮沸后，冷却，将溶液移至 100mL 容量瓶中，稀释至刻度，摇匀。如煮沸后的溶液有悬浮物，则需过滤，并用热水洗涤。

6.2 用移液管从 6.1 条的试样溶液中分取 10mL 于 250mL 锥形瓶中，准确加入 25.00mL EDTA 标准滴定溶液，50mL 水和 0.1g 二甲酚橙指示剂，用氢氧化铵（4.2 条）溶液调至酒红色，再用盐酸溶液（4.1 条）调至刚呈黄色后再多加入 1 滴，加热煮沸 1min。取下冷却，加入 1~2g 六次甲基四胺，使 pH 值为 5~6。用氯化锌标准滴定溶液滴定至溶液由黄色变为酒红色。

6.3 灼烧基的测定

6.3.1 在称取6.1条试样的同时，称取0.5~1g(精确至0.0002g)试样于已恒重的带盖瓷坩埚中，放在高温炉内，升温至850℃，恒温1h后取出，置于干燥器内冷却至室温(约放置0.5h)称重。

6.3.2 灼烧基 $B[\%(m/m)]$ 按式(3)计算：

$$B = \frac{m_2 - m_0}{m_1} \times 100 \quad\cdots\cdots\cdots\cdots\cdots\cdots\cdots\cdots\cdots\cdots\cdots\cdots\cdots\cdots\cdots\cdots(3)$$

式中：m_0——恒重后坩埚的质量，g；

　　　m_1——灼烧前试样的质量，g；

　　　m_2——灼烧后试样与坩埚的总质量，g。

取重复试验结果的算术平均值，作为灼烧基。

7 计算

试样中氧化铝含量 $X[\%(m/m)]$ 按式(4)计算：

$$X = \frac{(V_2 - V_3 \cdot K) \times c(\text{EDTA}) \cdot F \times 0.05098}{m \cdot B} \times 100 \quad\cdots\cdots\cdots\cdots\cdots\cdots\cdots\cdots(4)$$

当 $K = 1$ 时

$$X = \frac{(V_2 - V_3) \times c(\text{EDTA}) \cdot F \times 0.05098}{m \cdot B} \times 100$$

式中：V_2——加入 EDTA 标准滴定溶液的体积，mL；

　　　V_3——滴定时消耗氯化锌标准滴定溶液的体积，mL；

$c(\text{EDTA})$——EDTA 标准滴定溶液的实际浓度，mol/L；

　　　F——试样的稀释倍数；

　　　K——EDTA 标准滴定溶液与氯化锌标准滴定溶液的体积比；

　　　m——试样的质量，g；

　　　B——灼烧基，$\%(m/m)$；

0.05098——与 1.00mL EDTA 标准滴定溶液 $[c(\text{EDTA}) = 1.000\text{mol/L}]$ 相当的以克表示的氧化铝质量。

8 精密度

重复性：同一操作者重复测定的两个结果之差不应大于其算术平均值的2%。

9 报告

取重复测定两个结果的算术平均值作为测定结果。

————————————

附加说明：

本标准由石油化工科学研究院技术归口。

本标准由抚顺石油化工公司石油三厂、石油化工科学研究院负责起草。

中华人民共和国石油化工行业标准

SH/T 0342—1992

（2004年确认）

代替 SY 2773—78

重整催化剂中铁含量测定法

1 主题内容与适用范围

本标准规定了重整催化剂中铁含量的测定方法。

本标准适用于新鲜重整催化剂。

2 方法概要

用硫酸、盐酸、过氧化氢溶解试样，溶液中三价铁在 pH 为 4~5 的条件下，被盐酸羟胺还原成二价铁后，与邻菲啰啉生成红色络合物 $[Fe(C_{12}H_8N_2)_3]^{+2}$，用比色法进行测定。

3 仪器

3.1 分光光度计：能在 490nm 波长区中作吸光度测量。

3.2 烧杯：250，500mL。

3.3 容量瓶：100，1000mL。

3.4 量杯：25mL。

3.5 移液管：10，20mL。

3.6 滴定管：10mL。

3.7 滴瓶。

3.8 表面皿。

3.9 高温炉。

4 试剂和材料

4.1 硫酸：分析纯，配成 1∶1（按体积比）溶液。

4.2 盐酸：分析纯，配成 1∶1 和 1∶9（按体积比）溶液。

4.3 30%过氧化氢：分析纯。

4.4 乙酸钠：分析纯，配成 300g/L 溶液。

4.5 盐酸羟胺：分析纯，配成 10g/L 溶液。

4.6 邻菲啰啉：分析纯，配成 1.5g/L 溶液。

4.7 冰乙酸：分析纯。

4.8 铁丝：纯度为 99.9%以上（或光谱纯铁粉）。

4.9 水：去离子水，电导率不大于 5μS/cm。

5 准备工作

5.1 邻菲啰啉溶液的配制

称取 1.5g 邻菲啰啉，加入少量水和 10mL 冰乙酸，加热溶解后冷却，然后移入 1L 容量瓶中，再用水稀释至刻度。

5.2 铁标准溶液的配制

准确称取铁丝(或铁粉)1.0000g 于 250mL 烧杯中,加入 25mL 盐酸溶液(1∶1),置于电炉上加热溶解。冷却后,移入 1L 容量瓶中,再用水稀释至刻度,摇匀。此溶液每毫升含铁 1mg。

准确移取 10mL 上述溶液于 1L 容量瓶中,用水稀释至刻度。此溶液每毫升含铁 0.01mg。

> 注:铁标准溶液也可用分析纯硫酸亚铁铵制备。准确称取 0.0702g 六水硫酸亚铁铵 $(NH_4)_2Fe(SO_4)_2 \cdot 6H_2O$ 于 250mL 烧杯中,加入少量水和 100mL 盐酸溶液(1∶9),搅拌,使其溶解,移入 1L 容量瓶中,用水稀释至刻度,摇匀。此溶液每毫升含铁 0.01mg。

铁标准溶液可保留半年,其间如有浑浊或沉淀,应重新配制。

5.3 工作曲线的绘制

用 10mL 滴定管准确量取每毫升含铁 0.01mg 的标准溶液 1.00,2.00,3.00,4.00,5.00mL 分别放入 100mL 容量瓶中,再分别加入硫酸溶液(1∶1)3mL、300g/L 乙酸钠 20mL、10g/L 盐酸羟胺 10mL、1.5g/L 邻菲啰啉 15mL,用水稀释至刻度,摇匀。放置 30min 后,以同样试剂同时做空白试验,用 3cm 比色皿,在分光光度计的 490nm 波长处测定其吸光度。以吸光度为纵坐标,铁毫克数为横坐标绘制工作曲线。

6 试验步骤

6.1 将试样磨细至 150 目左右,称取约 0.5g(精确至 0.0002g)于 250mL 烧杯中,用少量水冲洗杯壁、加入 1∶1 硫酸溶液 15mL,盖上表面皿,置于电炉上加热,并不时地加以搅拌,加热至硫酸刚冒白烟时,取下烧杯冷却。然后加入 20mL 盐酸溶液(1∶1),2mL 30%过氧化氢,至不冒气泡时,再置于电炉上小火加热,直至出现硫酸白烟,取下烧杯冷却。用水冲洗表面皿和烧杯壁,至烧杯中溶液体积约为 50mL。置于电炉上煮沸后,取下冷却,转移到 100mL 容量瓶中,用水稀释至刻度,摇匀。如煮沸后的溶液有悬浮物,则需过滤并用热水洗涤。

6.2 用移液管准确量取 6.1 条溶液 20mL 于 100mL 容量瓶中,然后按 5.3 条加入试剂(不必加硫酸)进行测定。测得的吸光度在工作曲线中查出试液的铁毫克数。

6.3 灼烧基的测定

6.3.1 在称取 6.1 条试样的同时,称取 0.5~1g(精确至 0.0002g)试样于已恒重的带盖瓷坩埚中,放在高温炉内,升温至 850℃,恒温 1h 后取出,置于干燥器内冷却至室温(约放置 0.5h),称重。

6.3.2 灼烧基 $B[\%(m/m)]$ 按式(1)计算:

$$B = \frac{m_2 - m_0}{m_1} \times 100 \qquad (1)$$

式中:m_0——恒重后坩埚的质量,g;

m_1——灼烧前试样的质量,g;

m_2——灼烧后试样与坩埚的总质量,g。

取重复试验结果的算术平均值作为灼烧基。

7 计算

试样中铁含量 $X[\%(m/m)]$ 按式(2)计算:

$$X = \frac{S \cdot D}{m \cdot B \times 1000} \times 100 \qquad (2)$$

式中:S——从工作曲线上查出的铁毫克数;

D——试样的稀释倍数;

m——试样的质量,g;

B——灼烧基,$\%(m/m)$。

8 精密度

重复性：同一操作者重复测定的两个结果之差不应大于其算术平均值的 20%。

9 报告

取重复测定两个结果的算术平均值作为测定结果。

———————————

附加说明：
本标准由石油化工科学研究院技术归口。
本标准由抚顺石油化工公司石油三厂、石油化工科学研究院负责起草。

中华人民共和国石油化工行业标准

催化剂中氯含量测定法
（离子选择电极法）

SH/T 0343—1992

（2004 年确认）

代替 SY 2774—78S

1 主题内容与适用范围

本标准规定了催化剂中氯含量的测定方法。

本标准适用于新鲜的重整和催化裂化催化剂。

2 方法概要

试样中的氯经氢氧化钠溶液抽提后，用氯离子选择电极测定试样溶液中的氯离子，采用标准加入法定量测定。

3 仪器与材料

3.1 仪器

3.1.1 离子计。

3.1.2 氯离子选择电极。

3.1.3 参比电极：217 型双盐桥饱和甘汞电极(或其他同类型甘汞电极)。

3.1.4 容量瓶：50，1000mL。

3.1.5 烧杯：100mL。

3.1.6 称量瓶。

3.1.7 微量注射器：0.1，0.5mL。

3.1.8 高温炉。

3.2 材料

pH 试纸：pH1~14。

4 试剂

4.1 氯化钾：分析纯，配成饱和溶液。

4.2 硝酸钾：分析纯，配成浓度为 10g/L 溶液。

4.3 硝酸：分析纯，配成 1：3(按体积比)溶液。

4.4 氢氧化钠：分析纯，配成浓度为 20g/L 溶液。

4.5 氯化钠：光谱纯。

4.6 水：去离子水，电导率不大于 5μS/cm。

5 准备工作

5.1 $c($ NaCl$) = 0.1$mol/L$($ 0.1N$)$氯化钠基准溶液的配制

准确称取经 500~600℃灼烧至恒重的氯化钠 5.8443g，溶于水，移入 1L 容量瓶中，稀释至刻度，摇匀。可保存三个月，其间如有浑浊或沉淀，应重新配制。

5.2　$c(NaCl)=0.001mol/L(0.001N)$ 氯化钠基准溶液的配制准确量取 $10mL c(NaCl)=0.1mol/L$ (0.1N) 氯化钠基准溶液到 1L 容量瓶中，用水稀释至刻度，摇匀。

5.3　将离子计接通电源，仪器稳定时间按说明书要求。

5.4　将参比电极的内套管充满饱和氯化钾溶液，外套管充满硝酸钾溶液，防止出现气泡。

5.5　将指示电极浸入 0.001mol/L 氯化钠基准溶液中活化 1h。如果电极长期未使用，则须活化 2h。

6　试验步骤

6.1　试样的处理

称取研磨至 150 目左右的试样 0.1~0.2g（精确至 0.0002g）于 100mL 烧杯中，加入 10mL 氢氧化钠溶液（4.4 条），20mL 水，煮沸 20min。冷却后，用硝酸溶液调节 pH 值为 6~8。将溶液移入 50mL 容量瓶中，用水稀释至刻度。摇匀后，将全部溶液倒入 100mL 烧杯中，待测定。

6.2　试样的测定

将氯离子选择电极与 217 型双盐桥饱和甘汞电极和离子计相连接。用水洗涤电极直至在水中的空白电位达到仪器使用说明书要求。用滤纸吸干电极表面的水滴。将电极插入待测试液中，搅拌 3min 后，再静置 2min，读取电位读数 E_1。再在此溶液中用微量注射器准确加入一定量的氯化钠基准溶液[试样中氯含量超过 1%(m/m) 时需加入 0.5mL 0.1mol/L 氯化钠基准溶液；氯含量小于 1% (m/m) 时需加入 0.1mL 0.1mol/L 氯化钠基准溶液]，搅拌 3min，再静置 2min 后，读取电位读数 E_2。取下试液，洗净电极。

6.3　空白试验

在 50mL 容量瓶中加入 10mL 氢氧化钠溶液（4.4 条），并准确加入 0.1mL 氯化钠基准溶液（5.1 条），再用硝酸溶液调至 pH 值为 6~8，用水稀释至刻度，摇匀。将空白溶液全部倒入 100mL 烧杯中，插入电极，搅拌 3min，静置 2min，读取电位读数 E_1。再往此溶液中准确加入 0.1mL 氯化钠基准溶液（5.1 条），搅拌 3min，再静置 2min，读取电位读数 E_2。

6.4　灼烧基的测定

6.4.1　在称取试样的同时，称取 0.5~1g（精确至 0.0002g）试样于已恒重的带盖瓷坩埚中，放在高温炉内，升温至 850℃，恒温 1h 后取出，置于干燥器内冷却至室温（约放置 0.5h），称重。

6.4.2　灼烧基 $B[\%(m/m)]$ 按式（1）计算：

$$B=\frac{m_2-m_0}{m_1}\times100 \quad\cdots\cdots（1）$$

式中：m_0——恒重后坩埚的质量，g；

　　　m_1——灼烧前试样的质量，g；

　　　m_2——灼烧后试样与坩埚的总质量，g。

取重复试验结果的算术平均值作为灼烧基。

7　计算

7.1　试样中氯含量 $X[\%(m/m)]$ 按式（2）、式（3）和式（4）计算：

$$K=\frac{0.2\times10^{-3}}{反\log\left(\frac{E_1-E_2}{S}\right)-1}-0.2\times10^{-3} \quad\cdots\cdots（2）$$

$$c=\frac{A}{反\log\left(\frac{E_1-E_2}{S}\right)-1}-K \quad\cdots\cdots（3）$$

$$X = \frac{c \times 35.45 \times 50}{m \times 1000} \times 100 = \frac{c \times 177.25}{m} \quad\cdots\cdots\cdots\cdots\cdots\cdots\cdots\cdots\cdots\cdots\cdots\quad (4)$$

式中: K——空白试验测得的氯离子浓度, mol/L;

0.2×10^{-3}——加入 0.1mL 氯化钠基准溶液后被测溶液浓度变化值, mol/L;

　　A——0.2×10^{-3}[氯含量小于1%(m/m)时, 加入 0.1mL 氯化钠基准溶液后被测溶液浓度变化值, mol/L]; 1×10^{-3}[氯含量大于或等于1%(m/m)]时, 加入 0.5mL 氯化钠基准溶液后被测溶液浓度变化值, mol/L];

　　E_1——第一次测定的电位值, mV;

　　E_2——第二次测定的电位值, mV;

　　S——电极斜率;

　　c——试液中的氯离子浓度, mol/L;

　　m——试样的质量, g。

7.2 若以灼烧基计, 试样中的氯含量 X_1[%(m/m)]则应按式(5)计算:

$$X_1 = \frac{X}{B} \times 100 \quad\cdots\cdots\cdots\cdots\cdots\cdots\cdots\cdots\cdots\cdots\cdots\cdots\cdots\quad (5)$$

式中: B——试样的灼烧基, %(m/m);

　　X——式(4)中氯含量, %(m/m)。

8 精密度

　　重复性: 同一操作者重复测定两个结果之差不应大于其算术平均值的10%。

9 报告

　　取重复测定两个结果的算术平均值作为测定结果。

──────────

附加说明:

本标准由石油化工科学研究院技术归口。

本标准由抚顺石油化工公司石油三厂、石油化工科学研究院负责起草。

中华人民共和国石油化工行业标准

SH/T 0344—1992

加氢精制催化剂中三氧化钼含量测定法

（2004 年确认）

代替 SY 2776—78

1 主题内容与适用范围

本标准规定了加氢精制催化剂中三氧化钼含量的测定方法。

本标准适用于加氢精制催化剂。

2 方法概要

用硫酸溶解试样，加硫脲将溶液中的六价钼还原成五价，五价钼再与硫氰化钾生成 $M_0(CN_S)_5$ 形式的红色络合物，然后用比色法测定。

3 仪器与材料

3.1 仪器

3.1.1 分光光度计：能在 460nm 波长区中作吸光度测量。

3.1.2 冷却器：温度能保持在 10～15℃。

3.1.3 滴定管：5mL。

3.1.4 烧杯：250mL。

3.1.5 容量瓶：100，250，1000mL。

3.1.6 量筒：10，20mL。

3.1.7 温度计：0～50℃。

3.1.8 表面皿。

3.1.9 移液管：5mL。

3.1.10 漏斗：直径 75mm。

3.1.11 洗瓶。

3.2 材料

pH 试纸：pH1～14。

4 试剂

4.1 硫酸：分析纯，配成 1：1（按体积比）溶液。

4.2 柠檬酸铵：分析纯，配成 300g/L 溶液。

4.3 硫脲：分析纯，配成 100g/L 溶液。

4.4 硫氰化钾：分析纯，配成 500g/L 溶液。

4.5 硝酸：分析纯，配成 1：1 和 1：3（按体积比）溶液。

4.6 氢氧化钠：分析纯，配成 200g/L 溶液。

4.7 三氧化钼：光谱纯。

5 准备工作

5.1 三氧化钼标准溶液的配制

中国石油化工总公司 1992-05-20 批准

1992-05-20 实施

准确称取三氧化钼0.1000g于250mL烧杯中，加入200g/L氢氧化钠溶液10~20mL，置于电热板上加热至完全溶解，冷却后用水稀释，然后转移到1L容量瓶中，稀释至刻度，摇匀。此溶液每毫升含三氧化钼0.1mg。本标准溶液可保留半年，如出现浑浊或沉淀，应重新配制。

5.2 工作曲线的绘制

用5mL滴定管准确量取三氧化钼标准溶液1.00，2.00，3.00，4.00，5.00mL，分别放入100mL容量瓶中，将容量瓶置于10~15℃冷却器中，加入硝酸溶液（1∶3）3滴，300g/L柠檬酸铵溶液10mL，硫酸溶液20mL，100g/L硫脲溶液10mL。放置5min后，加入硫氰化钾溶液20mL，放置15min后，用水稀释至刻度，再放置30min。用同样试剂同时作空白试验。用1cm比色皿，在分光光度计的460nm波长处测定其吸光度。以吸光度为纵坐标，三氧化钼含量为横坐标绘制工作曲线。

6 试验步骤

6.1 将有代表性的试样磨细至150目左右，放入150~155℃烘箱中烘1h，称取0.1g左右（精确至0.0002g）于250mL烧杯中，冲洗杯壁，加入硫酸溶液10mL，放入玻璃棒，盖上表面皿，置于电炉上加热，并不时加以搅拌，待加热到刚冒白烟时，取下烧杯，冷却，用热水冲洗表面皿和杯壁，至烧杯中溶液的体积约为50mL，过滤此溶液于250mL容量瓶中，用热水冲洗滤纸，直至用pH试纸试验滤液不呈酸性为止。待溶液冷却后，用水稀释至刻度，并摇匀。

6.2 用移液管准确量取6.1条溶液5mL于100mL容量瓶中，将容量瓶放入10~15℃冷却器中，按5.2条加入试剂进行操作，测定溶液的吸光度，然后从工作曲线上查出溶液中三氧化钼的毫克数。

7 计算

试样中三氧化钼的含量$X[\%(m/m)]$按下式计算：

$$X = \frac{S \cdot D}{m \times 1000} \times 100$$

式中：S——从工作曲线上查出的三氧化钼毫克数；

　　　D——试样的稀释倍数；

　　　m——试样的质量，g。

8 精密度

重复性：同一操作者重复测定的两个结果之差不应大于其算术平均值的10%。

9 报告

取重复测定两个结果的算术平均值作为测定结果。

————————————

附加说明：
本标准由石油化工科学研究院技术归口。
本标准由抚顺石油化工公司石油三厂，石油化工科学研究院负责起草。

中华人民共和国石油化工行业标准

SH/T 0345—1992

加氢精制催化剂中钴含量测定法

（2004年确认）

代替 SY 2777—78

---

1 主题内容与适用范围

本标准规定了加氢精制催化剂中钴含量的测定方法。

本标准适用于加氢精制催化剂。

2 方法概要

用硫酸溶解试样，溶液中的二价钴在 pH 为 6 的条件下，与亚硝基红盐生成红色络合物 $Co[C_{10}H_4O(SO_3Na)_2NO]_3$，用比色法进行测定。

3 仪器与材料

3.1 仪器

3.1.1 分光光度计：能在 490nm 波长区中作吸光度测量。

3.1.2 酸度计。

3.1.3 容量瓶：100，250，1000mL。

3.1.4 移液管：5，10mL。

3.1.5 滴定管：5mL。

3.1.6 量筒：10，20mL。

3.1.7 烧杯：100，250mL。

3.1.8 表面皿。

3.1.9 漏斗，直径 75mm。

3.2 材料

pH 试纸：pH1~4。

4 试剂

4.1 乙酸钠：分析纯，配成 300g/L 溶液。

4.2 亚硝基红盐：配成 2g/L 溶液。

4.3 硝酸：分析纯，配成 1∶1 和 1∶3（体积比）溶液。

4.4 氢氧化钠：化学纯，配成 10g/L 溶液。

4.5 硫酸：分析纯，配成 1∶1（体积比）溶液。

4.6 海绵钴：光谱纯。

5 准备工作

5.1 钴标准溶液的配制

准确称取光谱纯海绵钴 1.000g 于 250mL 烧杯中，加入硝酸溶液（1∶1）10mL，盖上表面皿，置于电热板上加热至完全溶解。冷却后转移到 1L 容量瓶中，稀释至刻度，并摇匀。用移液管准确量取该溶液 10mL 于 100mL 容量瓶中，稀释至刻度，并摇匀。此溶液每毫升含钴 0.1mg。本标准溶液可保存半年，如出现浑浊或沉淀，应重新配制。

5.2 工作曲线的绘制

用 5mL 滴定管准确量取钴标准溶液 0.50、1.00、1.50、2.00、2.50mL，分别放入 100mL 烧杯中，加入 300g/L 乙酸钠 20mL，2g/L 亚硝基红盐 10mL，再用水稀释至 80mL 左右，在酸度计上用硝酸溶液（1∶3）和 10g/L 氢氧化钠溶液调节 pH 为 6（若用 pH 试纸调节时，则 pH 为 5.0~5.5）。然后转移到 100mL 容量瓶中，用水稀释至刻度，并摇匀。放置 20min 后，用同样试剂作空白试验。用 1cm 比色皿在分光光度计的 490nm 波长处测定其吸光度。以吸光度为纵坐标，钴毫克数为横坐标，绘制工作曲线。

6 试验步骤

6.1 将有代表性的试样磨细至 150 目左右，放入 150~155℃ 的烘箱中烘 1h，称取 0.1~0.15g（精确至 0.0002g）于 250mL 烧杯中，先用少量水冲洗杯壁，再加入硫酸溶液（1∶1）10mL，放入玻璃棒，盖上表面皿，置于电炉上加热，不时搅拌。加热至刚冒白烟时，取下烧杯。冷却后用热水冲洗表面皿和杯壁，至烧杯中溶液体积约为 50mL，将溶液过滤到 250mL 容量瓶中，用热水冲洗滤纸，直至用 pH 试纸试验滤纸不呈酸性为止。待溶液冷却后，用水稀释至刻度，并摇匀。

6.2 用移液管准确量取 6.1 条溶液 5mL 于 100mL 烧杯中，按 5.2 条进行操作。测定溶液的吸光度，从工作曲线上查出溶液中钴的毫克数。

注：试样溶液的取样量，可按试样中钴的含量范围作适当的增减。

7 计算

试样中钴含量 $X[\%(m/m)]$ 按下式计算：

$$X = \frac{S \cdot D}{m \times 1000} \times 100$$

式中：S——从工作曲线上查出的钴毫克数；

D——试样的稀释倍数；

m——试样的质量，g。

8 精密度

重复性：同一操作者重复测定的两个结果之差不应大于其算术平均值的 10%。

9 报告

取重复测定两个结果的算术平均值作为测定结果。

附加说明：

本标准由石油化工科学研究院技术归口。

本标准由抚顺石油化工公司石油三厂，石油化工科学研究院负责起草。

中华人民共和国石油化工行业标准

SH/T 0346—1992

加氢精制催化剂中镍含量测定法

（2004 年确认）

代替 SY 2778—78

1 主题内容与适用范围

本标准规定了加氢精制催化剂中镍含量的测定方法。

本标准适用于加氢精制催化剂。

2 方法概要

用硫酸溶解试样，溶液中的二价镍离子在碱性溶液中并有氧化剂存在的条件下，与丁二肟生成可溶性的红色络合物 $[Ni(C_4H_7N_2O_2)_2(H_2O)_2]^{+2}$，然后用比色法进行测定。

3 仪器与材料

3.1 仪器

    a. 分光光度计：能在 460nm 波长区中作吸光度测量。

    b. 容量瓶：100，250，1000mL。

    c. 移液管：5，10mL。

    d. 滴定管：10mL。

    e. 量筒：10，20mL。

    f. 烧杯：100，250mL。

    g. 表面皿。

    h. 漏斗：直径 75mm。

    i. 洗瓶。

3.2 材料

pH 试纸：pH1～14。

4 试剂

4.1 酒石酸钾钠：分析纯，配成 200g/L 溶液。

4.2 氢氧化钠：分析纯，配成 50g/L，100g/L 溶液。

4.3 过硫酸铵：分析纯，配成 30g/L 溶液（易失效，不宜多配）。

4.4 丁二肟碱溶液：配成 10g/L 溶液（其中稀释剂为 50g/L 氢氧化钠溶液）。

4.5 硫酸：分析纯，配成 1：1（按体积比）溶液。

4.6 盐酸：分析纯。

4.7 硝酸：分析纯。

4.8 氧化镍：光谱纯（或镍丝：纯度 99.9%）。

5 准备工作

5.1 王水：盐酸与硝酸以 3：1（按体积比）相混合。此溶液于使用前配制。

中国石油化工总公司 1992-05-20 批准

1992-05-20 实施

5.2 镍标准溶液的配制

准确称取光谱纯氧化镍 0.1273g 于 100mL 烧杯中，加入 20mL 王水，缓慢地加热溶解，如有残余物则需补加少量王水，继续加热至全部溶解。冷却后转移到 1000mL 容量瓶中，用水稀释至刻度并摇匀。用移液管准确量取该溶液 10mL 于 100mL 容量瓶中，稀释至刻度，并摇匀。此溶液每毫升含镍 0.01mg。本标准溶液可保存半年，如出现浑浊或沉淀，应重新配制。

5.3 工作曲线的绘制

用 10mL 滴定管准确量取镍标准溶液 2.00，4.00，6.00，8.00，10.00mL 于 100mL 容量瓶中，各加入 200g/L 酒石酸钾钠溶液 10mL，100g/L 氢氧化钠溶液 10mL，30g/L 过硫酸铵溶液 10mL，10g/L丁二肟碱溶液 10mL，再用水稀释至刻度，并摇匀。放置 10min 后，用同样试剂同时作空白试验。用 3cm 比色皿在分光光度计上的 460nm 波长处测定其吸光度。以吸光度为纵坐标，镍毫克数为横坐标，绘制工作曲线。

6 试验步骤

6.1 将有代表性的试样磨细至 150 目左右，放入 150~155℃ 的烘箱中烘 1h。取出后在干燥器中放 20min。称取 0.1~0.15g(精确至 0.0002g)于 250mL 烧杯中，先用少量水冲洗杯壁，再加入硫酸溶液(1∶1)10mL，放入玻璃棒，盖上表面皿，置于电炉上加热，不时搅拌。加热至刚冒白烟时，取下烧杯。冷却后用热水冲洗表面皿和杯壁，至烧杯中溶液体积约为 50mL，将溶液过滤到 250mL 容量瓶中，用热水冲洗滤纸，直至用 pH 试纸试验滤纸不呈酸性为止。待溶液冷却后，用水稀释到刻度，并摇匀。

6.2 用移液管准确量取 6.1 条溶液 5mL 于 100mL 烧杯中，按 5.3 条进行操作。测定溶液的吸光度，从工作曲线上查出溶液中镍的毫克数。

注：试样溶液的取样量，可按试样中镍的含量范围作适当的增减。

7 计算

试样中镍含量 $X[\%(m/m)]$ 按下式计算：

$$X = \frac{S \cdot D}{m \times 1000} \times 100$$

式中：S——从工作曲线上查出的镍毫克数；

D——试样的稀释倍数；

m——试样的质量，g。

8 精密度

重复性：同一操作者重复测定的两个结果之差不应大于其算术平均值的 10%。

9 报告

取重复测定两个结果的算术平均值作为测定结果。

附加说明：

本标准由石油化工科学研究院技术归口。

本标准由抚顺石油化工公司石油三厂，石油化工科学研究院负责起草。

ICS 75.140
E 42

中华人民共和国石油化工行业标准

SH/T 0398—2007
代替 SH/T 0398—1992

石油蜡和石油脂分子量测定法

Standard test method for
molecular weight of petroleum wax and petrolatum

2007-08-01 发布　　　　　　　　　　　2008-01-01 实施

中华人民共和国国家发展和改革委员会　　发　布

前　言

本标准修改采用美国食品化学法典 FCC V—2002 中《平均分子量测定法》(英文版)。

本标准代替 SH/T 0398—1992《石油蜡和石油脂分子量测定法》。

本标准根据 FCC V—2002 重新起草。

考虑到我国国情,在采用 FCC V—2002 时,本标准做了一些修改。

本标准与 SH/T 0398—1992 的主要差异:

——本标准增加了用邻二氯苯作溶剂的内容;

——本标准增加了用邻二氯苯作溶剂时操作温度为 100℃,用甲苯作溶剂时操作温度为 60℃。

本标准与 FCC V—2002 的主要差异:

——本标准增加了用甲苯作溶剂的内容;

——本标准增加了标准曲线方法测定分子量的内容。

本标准由全国石油产品和润滑剂标准化技术委员会提出。

本标准由中国石油化工股份有限公司抚顺石油化工研究院归口。

本标准起草单位:中国石油化工股份有限公司抚顺石油化工研究院。

本标准主要起草人:张会成、王丽君。

本标准所代替标准的历次版本发布情况为:

——SH/T 0398—1992。

石油蜡和石油脂分子量测定法

1 范围

1.1 本标准规定了用蒸气压渗透法(简称 VPO 法)测定石油蜡和石油脂分子量的方法。

1.2 本标准适用于石蜡、微晶蜡、液体石蜡、白色油、凡士林及能被邻二氯苯、甲苯溶剂溶解的特种蜡,不适用于容易缔合或解离的物质。

1.3 本标准包含标准曲线法和仪器常数法,其中标准曲线法只适用于分子量<800 的样品,仪器常数法适用于全部测量范围。

1.4 本标准未对与使用有关的所有安全问题都提出建议,因此,在使用本标准之前,使用者应建立适当的安全和防护措施,并制定相应的管理制度。

2 方法概要

根据理想溶液的拉乌尔定律,在溶剂沸点以下的恒温体系内,测定溶液蒸气压下降时所导致的热效应,用以计算试样的平均分子量。

3 仪器设备

3.1 VPO 分子量测定仪。

3.2 容量瓶:5mL 或 10mL。

3.3 注射器:针头带弹簧,1mL。

4 试剂与材料

4.1 邻二氯苯:分析纯。

警告:有毒,易燃。

4.2 甲苯:分析纯。

警告:有毒,易燃。

4.3 脱水剂:过氯酸镁(粒状或块状)或者 5Å 分子筛(粒状)。

4.4 标准样品:二苯乙二酮或其他色谱纯正构烷烃。

5 试验步骤

5.1 校对仪器

按照仪器说明书调试校正。若采用德国 KNAUER 型仪器,按下列步骤调试。

5.1.1 从热敏电阻探针上取下探针导线,把所有的注射器及两支温度计取出。提起铝块的外壳,将测定池顶的两个螺母旋下,提起测定池。小心地将洗净、烘干带有滤纸芯的玻璃杯取下,向杯中加入 20ml 脱水后的溶剂,装上池盖使其恢复原状。接通电源。

5.1.2 打开稳压器及铝块加热系统的开关,参照给定温度调节气相渗透压力计的螺旋电位器,使测定池温度达到给定的测试温度。用邻二氯苯作溶剂,温度设置在 100℃;用甲苯作溶剂,温度设置在 60℃。恒温 1.5h,测定池温度与顶部注射器加热器间的温度差允许小于 2℃。

5.1.3 用两支 1mL 注射器取同一纯溶剂并放入加热铝块的 0 号孔中预热。用纯溶剂冲洗热敏电阻,然后,在两个热敏电阻珠上各悬附一个液珠。待仪器状态稳定后,调好零点。按下"%"推进钮,调节电桥电压到 100%。

5.2 标准曲线的绘制和仪器常数的测定

由于测温计以及仪器其他组件的热损失,不能用记录仪所显示的电压差和方法原理所推导出来的公式求取试样的分子量。而用已知分子量的标准样品和试样对比测定。

这种对比测定的方法采用标准曲线法和仪器常数法。

5.2.1 标准曲线的绘制

用4.4条规定的标样配成质量摩尔浓度在0.005mol/kg~0.05mol/kg范围内任意几种(不少于4种)的标准溶液,然后,分别用注射器取出,按照浓度由低到高的顺序放在仪器加热器铝块的1,2,3,4号孔中预热。测定时,用注射器中待测的溶液冲洗热敏电阻,在其上悬附1滴待测溶液,另一参比热敏电阻上,悬附纯溶剂。几分钟后,表头或记录仪就可达到稳定读数或者达到给定的保留时间,读取ΔV值,并直至读数重复为止($\Delta V \pm 0.2$mV)。

以电压差ΔV为纵坐标,以相应的质量摩尔浓度C_M为横坐标,绘制标准曲线,如图1。

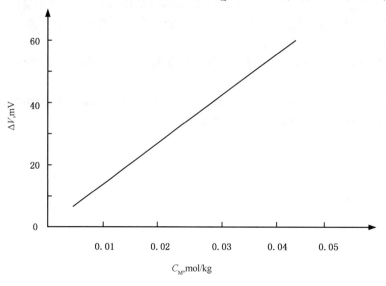

图1 标准曲线

曲线作好后,用两种以上已知分子量的物质校验曲线的可靠性。当实测的分子量与理论值相对误差小于2%时,即认为曲线可用。

5.2.2 仪器常数的测定

用标准物质配成质量摩尔浓度在0.005mol/kg~0.05mol/kg范围内几种浓度的标准溶液,分别测定其电位差ΔV值。以质量摩尔浓度C_M为横坐标,以$\Delta V/C_M$为纵坐标画出直线并外推到$C_M = 0$,此时的($\Delta V/C_M$)值即为仪器常数,以K_1表示,如图2所示。

仪器常数测出后,也应该用两种已知分子量的物质校验仪器常数。当实测的分子量与理论值相对误差小于2%时,此仪器常数才能应用。

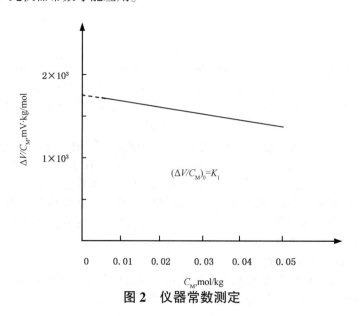

图2 仪器常数测定

5.3 试样分子量的测定

5.3.1 标准曲线法

配制两种不同质量分数 C_W(mg/g)的试样溶液，按 5.2.1 操作，分别测出其 ΔV 值，由标准曲线查出其相应的质量摩尔浓度 C_M。

5.3.2 仪器常数法

配制四种以上不同质量分数 C_W(mg/g)的试样溶液，按 5.2.2 操作，分别测出其 ΔV 值，计算 $\Delta V/C_W$ 值。以 C_W 为横坐标，$\Delta V/C_W$ 值为纵坐标，画出直线并外推到 $\Delta V/C_W = 0$，此时的值为试样常数值，以 K_2 表示，如图 3 所示。

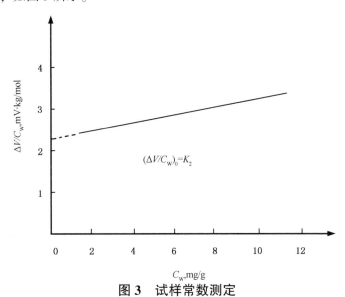

图 3　试样常数测定

6 计算

6.1 标准曲线法

试样的分子量按式(1)计算：

$$M = C_W / C_M \quad \cdots\cdots\cdots\cdots\cdots\cdots\cdots\cdots\cdots\cdots\cdots\cdots \quad (1)$$

式中：

M——试样的分子量；

C_W——试样的质量分数，mg/g；

C_M——标准曲线上查到的质量摩尔浓度，mol/kg。

取两个不同质量分数溶液平行测定结果的算术平均值作为试样的分子量。

6.2 仪器常数法

试样的分子量按式(2)计算：

$$M = K_1 / K_2 \quad \cdots\cdots\cdots\cdots\cdots\cdots\cdots\cdots\cdots\cdots\cdots\cdots \quad (2)$$

式中：

M——试样的分子量；

K_1——仪器常数值；

K_2——试样常数值。

取单次测定结果作为试样的分子量。

7 报告

测定结果表示至整数位。

8 精密度

按下列规定判断试验结果的可靠性(95%置信水平)。

8.1 重复性：同一操作者，在同一实验室使用同一台仪器，按方法规定的步骤，在连续的时间

里，对同一试样进行重复测定结果的允许差数由图 4 查出。

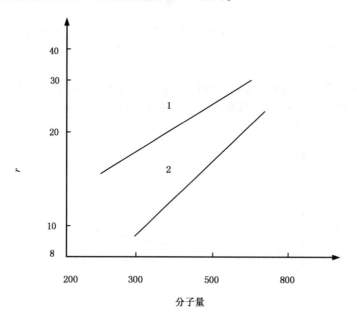

1——标准曲线法；
2——仪器常数法。

图 4　方法重复性

8.2　再现性：不同操作者，在不同实验室使用同类型的仪器，按方法规定的步骤，对同一试样测定结果的允许差数由图 5 查出。

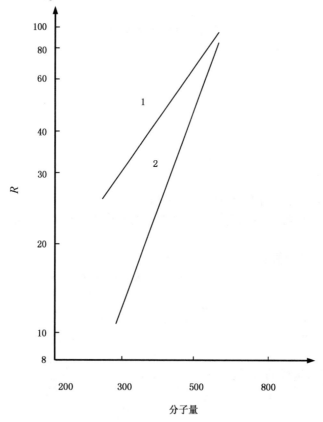

1——标准曲线法；
2——仪器常数法。

图 5　方法再现性

ICS 75.140
E 42

SH

中华人民共和国石油化工行业标准

NB/SH/T 0399—2013
代替 SH/T 0399—2005

石油蜡过氧化值测定法

Standard test method for peroxide number of petroleum wax

2013-06-08 发布　　　　　　　　　　　　　　　　2013-10-01 实施

国家能源局 发布

前　　言

本标准按照 GB/T 1.1—2009 给出的规则起草。

本标准代替 SH/T 0399—2005《石油蜡过氧化值测定法》。

本标准与 SH/T 0399—2005 的主要差异：

——本标准的试验方法使用二甲苯替代四氯化碳作为溶剂（见 7.4，SH/T 0399—2005 7.4）。

——本标准规定了用于脱除二甲苯中氧化杂质的氧化铝的活化条件（见 7.4）。

——本标准增加关于碘化钾溶液计算公式的注释（见 7.7，SH/T 0399—2005 7.7）。

本标准采用重新起草法，修改采用 ASTM D1832-04《石油蜡过氧化值测定法》（英文版）。

考虑到我国国情，在采用 ASTMD1832-04 时，本标准作了部分修改。在附录 A 中给出了这些技术性差异及其原因的一览表以供参考。

为了便于使用，本标准还做了下列编辑性修改：

——将实验所涉及的所有器具都列入仪器设备一章；

——删除关键词一章。

请注意本文件的某些内容可能涉及专利。本文件的发布机构不承担识别这些专利的责任。

本标准由中国石油化工集团公司提出。

本标准由全国石油产品和润滑剂标准化技术委员会石油蜡类产品分技术委员会（SAC/TC280/SC3）归口。

本标准起草单位：中国石油化工股份有限公司抚顺石油化工研究院。

本标准主要起草人：高波、刘淑琴、徐志扬。

本标准首次发布于 1992 年，于 2005 年第一次修订，本次为第 2 次修订。

石油蜡过氧化值测定法

警告：本标准涉及某些有危险的材料、操作和设备，但是无意对与此有关的所有安全问题都提出建议。因此，
使用者在使用本标准之前应建立适当的安全和防护措施，并确定有适用性的管理制度。

1 范围

本标准规定了石油蜡过氧化值的测定方法。

本标准适用于石油蜡类产品。

2 规范性引用文件

下列文件对于本文件的应用是必不可少的。凡是注日期的引用文件，仅所注日期的版本适用于
本文件。凡是不注日期的引用文件，其最新版本（包括所有的修改单）适用于本文件。

GB/T 601 化学试剂 标准滴定溶液的制备。

GB/T 6682 分析实验室用水规格和试验方法（GB/T 6682—2008，ISO 3696 :1987，MOD）。

3 术语

下列术语和定义适用于本文件

3.1

过氧化值 peroxide number

每1000g 蜡中能氧化碘化钾的量（毫摩尔）。

4 方法概要

将一定量的试样溶解于二甲苯（二甲苯需脱除氧化杂质，脱除方法是在使用前将二甲苯通过
活化后的氧化铝柱。）中，并用冰乙酸溶液酸化，加入碘化钾溶液，经过一定反应时间后，用硫代
硫酸钠溶液滴定，淀粉指示剂颜色变化指示滴定终点。

5 意义和用途

过氧化值表明了石油蜡中氧化性组分存在的量，石油蜡变质导致过氧化物和其他含氧化合物形
成，过氧化值表示能氧化碘化钾的化合物的量。

6 仪器设备

6.1 具塞碘量瓶：硼硅玻璃，容量 250mL。

6.2 恒温水浴。

6.3 电热恒温干燥箱。

6.4 天平：最小分度值为 0.1mg。

6.5 微量滴定管：容量为 10mL，最小分度为 0.05 mL。

6.6 移液管：容积为 2 mL，20 mL，25 mL，50 mL。

6.7 温度计：最小分度值为 0.1℃。

7 试剂与材料

7.1 试剂纯度：试验中使用试剂均为优级纯。只要确定所用试剂有足够纯度，在使用时不会降低

测定精度，也可使用其它等级试剂。

7.2 水纯度：本标准所用水是指蒸馏水，符合 GB/T 6682 中三级水要求，或相同纯度的水。

7.3 冰乙酸溶液：将 4mL 浓盐酸（HCl，相对密度 1.19）与 996mL 冰乙酸（CH_3CO_2H）相混合，冰乙酸必须通过用重铬酸钾进行的半小时还原性物质的检验。

冰乙酸的检验：为检验冰乙酸中是否含有还原性物质醇和醛，作如下检验：在烧瓶中加入 500mL 冰乙酸，将烧瓶置于 40℃～50℃ 水浴上恒温加热，慢慢地将研细的 5g 重铬酸钾投入烧瓶中，并不断摇荡 30min，若发生氧化还原反应则温度上升，即说明有还原性物质存在；若温度变化在 0.2℃ 范围内，则说明冰乙酸可以使用。

7.4 二甲苯：二甲苯需脱除氧化杂质，脱除方法是在使用前将二甲苯通过活化后的氧化铝柱，氧化铝的活化温度为 500℃；活化时间为 6h。

7.5 重铬酸钾标准溶液（0.01667mol/L）：重结晶两次的重铬酸钾（$K_2Cr_2O_7$）在约 164℃ 下干燥，恒重，在水中溶解纯净的重铬酸钾 2.452g，并在容量瓶中稀释到 500mL。

7.6 重铬酸钾标准溶液（0.001667mol/L）：在容量瓶中用水稀释 100mL 0.01667mol/L 的重铬酸钾溶液到 1000mL。

7.7 碘化钾溶液：在 100mL 水中溶解 120g 碘化钾（KI）。按如下所述脱除溶液的任何颜色：将 1mL 碘化钾溶液、50mL 水和 5mL 淀粉溶液放入 300mL 烧瓶中，并用氮气或二氧化碳气体覆盖。如果出现蓝颜色，则用微量滴定管加入 0.005mol/L 的硫代硫酸钠溶液直到颜色刚好消失。根据脱除颜色消耗的硫代硫酸钠溶液的量，计算并加入足够量[1]的硫代硫酸钠溶液到碘化钾母液中，使游离态碘转化为碘化物。当淀粉溶液加入到 1mL 碘化钾溶液中时，不应出现蓝色。但加入 1 滴 0.001667mol/L 的重铬酸钾溶液和 2 滴浓盐酸时应出现蓝色。在溶液表面加入几毫升三氯甲烷，避光贮存。

7.8 硫代硫酸钠标准溶液（0.1mol/L）：在 500mL 水中溶解 12.5g 硫代硫酸钠（$Na_2S_2O_3$）和 0.1g 碳酸钠（Na_2CO_3），使用前贮存至少 1 周，用 0.01667mol/L 的重铬酸钾溶液标定，间隔一段时间再标定，浓度只能有 0.0005 mol/L 的变化。

7.9 硫代硫酸钠标准溶液（0.005mol/L）：在容量瓶中用水稀释 100mL 0.1mol/L 的硫代硫酸钠标准溶液到 2000mL，用 0.001667mol/L 的重铬酸钾标准溶液标定。

7.10 淀粉溶液：在 100mL 沸水中溶解 1g 可溶性淀粉，加入几毫克碘化汞（HgI_2）。

8 操作步骤

8.1 在水浴上或烘箱中熔化一份具有代表性的蜡样，加热温度不能超过 65.5℃，或不能超过冻凝点 11℃，因为过热可能改变过氧化物的含量。

8.2 在已称重的碘量瓶中，称取 1g±0.2g 蜡样，精确到 1mg。往瓶中加入 25mL 二甲苯（7.4），放在水浴上，在二氧化碳或高纯氮气氛下快速溶解样品（注意在通风橱内进行），除非溶解样品需要，否则加热温度不能超过 65.5℃。此时，碘量瓶仍然在水浴中，二氧化碳或高纯氮气流明显地鼓泡通过溶液 1min，然后降低二氧化碳或高纯氮气流速度到每秒 1 个气泡，加入 20mL 冰乙酸溶液，冰乙酸溶液应充分温热防止蜡析出。把碘量瓶从水浴中取出，继续通二氧化碳或高纯氮气流，

---

1) 加入碘化钾母液中的 0.005mol/L 硫代硫酸钠的量 V（mL），按式（1）计算：

$$V = \frac{V_1 - V_3}{V_3} \times V_2 \quad \cdots\cdots\cdots\cdots\cdots\cdots\cdots\cdots\cdots\cdots\cdots\cdots\cdots\cdots\cdots\cdots\cdots \quad (1)$$

式中：

V_1——100mL 水中溶解 120g 碘化钾（KI）的溶液体积，mL；

V_2——脱除颜色所消耗的 0.005mol/L 的硫代硫酸钠溶液的量，mL；

V_3——1 个单位碘化钾溶液体积，mL。

加入 2mL 碘化钾溶液剧烈摇动 30s，在二氧化碳或高纯氮气泡继续通过混合物的情况下，碘量瓶静置 5min±3s。停止气流，加入 100mL 水，充分混合 1min。用 0.005mol/L 的硫代硫酸钠溶液滴定到浅黄色，加 5mL 淀粉溶液，继续滴定，直到加入 1 滴硫代硫酸钠溶液使蓝色消失，并且至少在 30s 内不再显色为止。

8.3 对试剂做一次空白测定，除不加试样外，按 8.2 所述步骤进行。

9 计算

计算过氧化值，以每 1000g 试样的毫摩尔数表示。按式（2）计算。

$$过氧化值 = [(A-B)N \times 1000]/S \quad\cdots\cdots\cdots\cdots\cdots\cdots\cdots\cdots\cdots\cdots \text{（2）}$$

式中：

A——滴定试样所消耗的硫代硫酸钠溶液的体积，mL；

B——空白滴定所消耗的硫代硫酸钠溶液的体积，mL；

N——硫代硫酸钠溶液浓度，mol/L；

S——试样质量，g。

10 报告

取重复测定两个结果的算术平均值作为测定结果，数值精确至小数点后两位。

11 精度和偏差

11.1 精密度：

按下述规定判断结果的可靠性（95% 的置信度）。

11.1.1 重复性（r）：同一操作者使用同一台设备，在相同操作条件下，对同一试样进行测定，在正确操作下，实验结果不超过下列数值：

过氧化值范围	重复性
0~15	1.5

11.1.2 再现性（R）：在不同的实验室，由不同的操作者对同一试样进行测定，在正确操作下，实验结果不超过下列数值：

过氧化值范围	再现性
0~15	3.3

注 1：对过氧化值大于 15 的试验，精度范围尚未确定。

注 2：本标准中虽然用二甲苯取代四氯化碳，但 11.1.1 和 11.1.2 的精度范围仍以四氯化碳为溶剂确定而非二甲苯。

11.2 偏差：由于过氧化值仅由本方法定义，因此该试验过程没有偏差。

附 录 A

（资料性附录属）

本标准与 ASTM D 1832-04 的技术性差异及其原因

表 A.1 给出了本标准与 ASTM D 1832-04《石油蜡过氧化值测定法》的技术性差异及其原因的
一览表。

表 A.1 本标准与 ASTM D 1832-04 的技术性差异及其原因

本标准的章条编号	技术性差异	原因
2	引用了我国相关标准	以适合我国国情
7.3	增加了冰乙酸中还原性物质检验的内容	进行细化，便于掌握和操作
7.4	增加了二甲苯中氧化杂质的脱除方法说明	进行细化，便于掌握和操作
8.2	将 ASTM D 1832-04 7.2 中的"蒸汽浴"改为"水浴"	增加方法的可操作性

中华人民共和国石油化工行业标准

SH/T 0400—1992

（2004 年确认）

石蜡碳数分布气相色谱测定法

代替 ZB E42 003—87

---

1 主题内容与适用范围

本标准规定了石蜡碳数分布的测定方法。

本标准适用于测定碳数为 $C_{18} \sim C_{44}$ 的石蜡产品的碳数分布。

2 方法概要

石蜡试样溶解于异辛烷溶剂中，并与微量注射器一起被预热至 $50 \sim 60℃$，用注射器将样品注入汽化器，以一定的升温速率升温，试样组分按碳数顺序出峰，用氢火焰离子化鉴定器检测，加入已知纯正构烷烃定性，结果用面积归一化法定量。

3 试剂与材料

3.1 固定液：MS（Silicone high vaccum grease）。

3.2 担体：40~60 目 101 白色担体。

3.3 标准烃：$nC_{20} \sim nC_{40}$，色谱纯。

3.4 异辛烷：分析纯。

3.5 三氯甲烷：分析纯。

3.6 载气：高纯氮，含氧量小于 10ppm（V/V），普通氮须经脱氧剂脱氧后方能使用。

3.7 燃气：氢气。

3.8 助燃气：压缩空气。

4 仪器、设备

4.1 色谱仪需具备以下条件：

　　a. 双气路、双氢火焰离子化鉴定器。

　　b. 程序升温装置能以恒定的升温速率升温到 350℃。

　　c. 柱头进样，汽化温度能达到 360~380℃。

　　d. 检测温度能达到 360~380℃。

　　e. 汽化器到柱入口及柱出口到检测器之间不能有任何冷却死角。

4.2 记录器：0~5mV，全行程时间不大于 1s。

4.3 积分仪：与色谱仪相匹配的任何类型的色谱数据积分仪。

4.4 微量注射器：1μL。

4.5 色谱柱：2 根，长 2m，内径 3~4mm 不锈钢柱。

5 分析步骤

5.1 试样的制备

将石蜡试样溶于异辛烷溶剂[浓度为 20%~30%（m/m）]加热到 50~60℃，使蜡样全部溶解。

中国石油化工总公司 1992-05-20 批准

5.2 色谱柱的制备

5.2.1 称取 2.5g MS，溶于适量的三氯甲烷中，在轻轻地搅拌下加入 100g101 白色担体，搅拌均匀后，置于红外灯下烘至无溶剂味，即可作为色谱柱的填充物。

5.2.2 用制备好的色谱柱填充物填充两根相同的 2m 长不锈钢柱，两根色谱柱的填充情况应尽量一致。

5.3 色谱柱的老化

将新填充的色谱柱装入柱箱，联好气路，并不使柱出口与鉴定器联接，在室温下通入载气，其流速控制在 18~20mL/min，以 5℃/min 升温速率将柱温由室温升至 260℃，在此柱温下恒温 1~2h，升温到 330℃，恒温 0.5h，冷却到 160℃，再以同一升温速率升温到 330℃，如此重复操作 4~6 次，并分别注入两次异辛烷，二至四次试样，待色谱峰全部流出后，冷却至室温，联接鉴定器。

5.4 色谱柱的评定

配制 5%(m/m)nC$_{24}$-甲苯溶液，在 250℃柱温下测定 nC$_{24}$烷的保留距离 d 和半峰宽 Y，若 $\dfrac{Y}{d}$ 值在 0.03~0.1 之间，则所制备的色谱柱即可满足本方法的要求。

5.5 调柱平衡

按照 5.6 条典型操作条件，调好分析柱载气流速，在室温下调记录器零点基线，然后将柱温迅速升到最高分析温度，当柱温稳定后，用平衡柱的载气将基线重新调至零点。

5.6 色谱分离典型操作条件

载气流速：18~20mL/min。

氢气流速：20~30mL/min。

初始柱温：140~160℃(由试样中最低沸点组分的碳数而定)。

最终柱温：280~330℃(由试样中最高沸点组分的碳数而定)。

进样量：0.5~1μL。

升温速率：3~5℃/min。

汽化温度：360~380℃。

鉴定器温度：360~380℃。

注：鉴定器要定期清除固定液中硅组分燃烧后沉积在表面上的污染物，因为这些污染物能改变鉴定器的应答特征。

5.7 在典型操作条件下，用预热到 50~60℃ 的微量注射器，把制备好的一定量的试样注入汽化室。注射器在汽化室内要停留一定的时间(至少 30s)，以保证试样中重组分全部汽化。

5.8 进样后立即启动程序升温控制器，开始程序升温。

5.9 在溶剂峰流出后，即刻启动积分仪。

5.10 待全部组分峰出光后，打印试验结果。

5.11 用加入已知纯正构烷烃使峰增高的方法定性。

5.12 测定各碳数烷烃之间的换算因子。

5.12.1 配制 nC$_{20}$~nC$_{40}$标样(至少六个组分)，标样中各组分要经过精确称量并接近等量，将标样溶于异辛烷溶剂中加热使其全部溶解。

5.12.2 按照 5.7~5.10 条试验步骤测定标样。

5.12.3 计算标样中每个正构烷烃的质量百分含量(用面积归一化法)。

5.12.4 每个碳数烷烃之间的换算因子按式(1)计算：

$$F_i = \frac{C_i}{C_{Ai}} \quad\cdots\cdots\cdots\cdots\cdots\cdots\cdots\cdots\cdots\cdots\cdots\cdots\cdots\cdots\cdots \quad (1)$$

式中：F_i——试样中 i 组分的换算因子；

C_i——i 组分配入的已知质量百分含量；

C_{Ai}——i 组分计算出的质量百分含量。

5.12.5 绘制 F_i-i(碳数)曲线，由曲线求出标样中所不包含组分的换算因子。

6 分析结果的表述

6.1 以质量百分数表示的碳数分布按式(2)计算：

$$C_i = \frac{A_i \cdot F_i}{A_s} \times 100 \quad\cdots\cdots\cdots\cdots\cdots\cdots\cdots\cdots\cdots\cdots\cdots (2)$$

式中：C_i——样品中 i 组分的质量百分含量；

A_i——i 组分峰面积总和；

F_i——i 组分的换算因子；

A_s——$\Sigma A_i \cdot F_i$。

6.2 以质量百分数报告试样的碳数分布，结果取重复测定的平均值至一位小数。

7 精密度

按下述规定判断试验结果的可靠性(95%置信水平)。

7.1 重复性

两次重复测定结果之差不应大于下表中 r 值。

7.2 再现性

两个试验室测定结果之差不应大于下表中 R 值。

精密度表

组分含量,%(m/m)	0.05~0.50	0.51~3.00	3.01~10.00	10.01~30.00
重复性(r)	0.13	0.37	0.54	0.62
再现性(R)	0.22	0.93	1.15	1.24

附加说明：

本标准由抚顺石油化工研究院技术归口。

本标准由抚顺石油化工研究院负责起草。

本标准主要起草人白玉瑛。

ICS 75.140
E 42

SH

中华人民共和国石油化工行业标准

NB/SH/T 0401—2010
代替 SH/T 0401—1992

石油蜡粘点和结点测定法

Standard test method for
blocking and picking points of petroleum wax

2011-01-09 发布　　　　　　　　　　　　2011-05-01 实施

国家能源局　发布

前　言

本标准修改采用美国试验与材料协会标准 ASTM D1465-04《石油蜡粘点和结点测定法》。

本标准根据 ASTM D1465-04 重新起草。

考虑到我国国情，在采用 ASTM D1465-04 时，本标准做了一些修改。本标准与 ASTM D1465-04 的主要差异：

本标准规范性引用文件采用了我国相应的国家标准和行业标准；

本标准将 ASTM D1465 引用的 ASTM E1 中 9C 温度计规格列入附录 A 中；

将英制单位改成国际单位制；

删除了 ASTM D1465 中的注 1 和注 4。

本标准代替 SH/T 0401—1992《石油蜡粘点和结点测定法》，SH/T 0401—1992 是等效采用 ASTM D1465-80 制定的。

本标准与 SH/T 0401—1992 的主要差异：

增加另一种粘结板；

增加"规范性引用文件"、"术语"、"意义和用途"等章；

温度计规格变化。

本标准的附录 A 是规范性附录。

本标准由中国石油化工集团公司提出。

本标准由全国石油产品和润滑剂标准化技术委员会石油蜡类产品分技术委员会（SAC/TC280/SC3）归口。

本标准起草单位：中国石油化工股份有限公司抚顺石油化工研究院。

本标准主要起草人：赵彬、齐邦峰。

本标准首次发布于 1992 年，本次为第一次修订。

石油蜡粘点和结点测定法

1 范围

1.1 本标准规定了石油蜡粘点和结点的测定方法。本标准适用于石油蜡。

1.2 本标准可能涉及某些有危险的材料、设备和操作，但并无意对与此有关的所有安全问题都提出建议。因此，在使用本标准之前，用户有责任建立适当的安全和防护措施，并确定相关规章的适用性。

2 规范性引用文件

下列文件中的条款通过本标准的引用而成为本标准的条款。凡是注日期的引用文件，其随后所有的修改单（不包括勘误的内容）或修订版均不适用于本标准，然而，鼓励根据本标准达成协议的各方研究是否可使用这些文件的最新版本。凡是不注日期的引用文件，其最新版本适用于本标准。

GB/T 2539　石油蜡熔点的测定　冷却曲线法（GB/T 2539—2008，IDT ISO 3841：1977）

SH/T 0132石油蜡冻凝点测定法（SH/T 0132—1992，eqv ISO 2207：1980）

SH/T 0408　蜡纸或纸板表面蜡量测定法

3 术语

本标准采用下列术语和定义。

3.1

蜡结点　wax blocking point

当试验带被分离时蜡纸表面出现50%膜破坏时的最低温度。

3.2

蜡粘点　wax picking point

当试验带被分离时蜡纸表面首先出现膜破坏时的温度。

4 方法概要

试纸用蜡样涂敷，将涂蜡的表面对折在一起，置于粘结板上，粘结板的一端加热，另一端冷却，沿着粘结板产生精确的温度梯度。涂蜡纸样放置规定时间后取下，将折叠的涂蜡纸样拉开，进行检查，标记蜡层最初破坏点和涂蜡纸样上有50%宽度的破坏点。取粘结板上相应位置的温度，为粘点和结点或粘结范围。

5 意义和用途

蜡纸在较低温度发生粘连，这是纸膜工业的主要问题。例如：当一卷涂过蜡的蜡纸表面粘结在一起时，分开粘结的表面薄膜，光亮的膜被破坏。蜡粘点和结点指示了近似的温度范围，在此温度之上互相接触的蜡表面可能引起表面膜破坏。

6 仪器、设备

6.1 涂蜡设备：任何人工或机械驱动的涂蜡机，能使宽度51mm以上的试纸带均匀涂上所需重量的蜡层。

6.2 切纸刀或切纸用的其他设备。

6.3 天平：感量2mg。

6.4 粘结板组件：包括一块宽305mm，厚13mm～51mm，长559mm（总长813mm）～915mm的金属板。板的一端加热，另一端冷却，提供一个长457mm～762mm、平均温度梯度0.3℃/cm～0.9℃/cm的试验段。从板的纵向到距板边缘25mm的宽度内，横向各点温度变化不得超过0.3℃，两种适合的粘结板详细结构见图1和图2。

单位：毫米

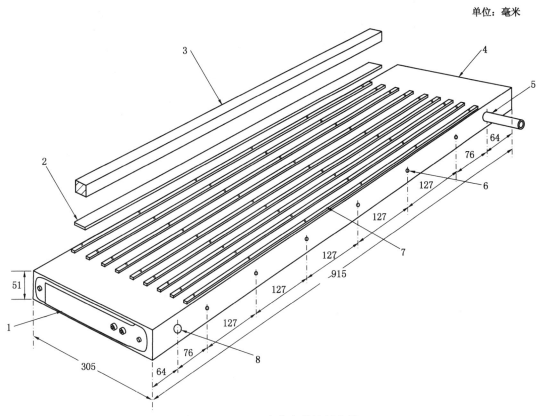

1—250W带状加热器，用6mm带帽螺丝（长13mm）安装在粘结板末端；

2—泡沫橡胶条，25mm×6mm×762mm，8根；

3—钢制压条，25mm×25mm，长381mm需要16根，长762mm需要8根；

4—铝粘结板，51mm×305mm×915mm；

5—穿过板的孔，直径13mm，在两端插入13mm的管线；

6—30线规热电偶，6支，间隔127mm，孔直径8mm，深76mm，最后一个热电偶距粘结板边140mm；

7—隔离条，9条，5mm×10mm×762mm，不锈钢或铬板制作，钻6个4mm直径暗螺钉眼孔，每个条用6个10mm长6/32扁平不锈钢机械螺丝固定；

8—温度调节器孔，51mm深，插入直径19mm的温度调节器。

图1　A型粘结板

6.4.1 泡沫橡胶条：宽25mm～38mm，厚6mm～13mm，长度与粘结板试验段相等，共八根。

6.4.2 钢质压条：断面为25mm×25mm，质量为7800kg/m³～8000kg/m³的钢材制成。一套压条可以是一根或由几根组成，总长度等于粘结板试验段，共八套。

6.5 温度记录仪或指示器：用来测量粘结板温度梯度。校准时，仪器和热电偶的精度不低于±0.3℃。

6.6 温度计：涂蜡装置水浴和蜡浴用，2支，温度范围-5℃～110℃，分度值为0.5℃，并符合附录A的规定。

7　试验用纸

纸：基重为46g/m²～51g/m²的草浆薄质半透明纸。

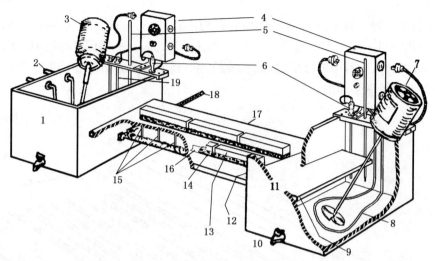

1—冷浴（203mm×228mm×381mm）；
2—冷却盘管；
3—马达搅拌器；
4—控制箱；
5—温度计，-20℃~105℃，分度0.5℃；
6—温度调节器；
7—马达搅拌器；
8—300W加热器；
9—板在每个浴槽内延伸127mm（从浴槽外量起）；
10—排液口；

11—加热浴（203mm×228mm×381mm）；
12—刻上的标记线，距加热浴51mm；
13—钢质压条（25mm×25mm×152mm）；
14—泡沫橡胶条（32mm×457mm×6mm~13mm）；
15—30线规热电偶10支，从标记线开始，沿纵轴间距51mm，接合点埋入上表面下3mm处；
16—纸；
17—铝粘结板（13mm×305mm×813mm）；
18—接电位计；
19—100W加热器。

图2　B型粘结板

8　取样

选取有代表性的样品的一部分，用量要根据使用的涂蜡设备的大小确定。

9　仪器的校准

9.1　接通粘结板电源，将八根泡沫橡胶条和钢质压条放在粘结板的固定位置上，放置足够的时间（至少3h），使粘结板温度达到平衡状态。

9.2　校准"测试"热电偶的步骤如下：将盛水的烧杯加热到43.3℃左右，用精度不低于0.3℃的标准温度计测量水温，同时将"测试"热电偶插入水中，用精度±0.5℃的手动电位计测量温度，便携式精密电位计或者K型电位计是首选，两种电位计在此温度范围内至少精确至0.3℃。

9.3　将校准的"测试"热电偶横放在粘结板上，热端放在已埋置在粘结板上的热电偶端点上面，确定将泡沫橡胶条完全覆盖热端，然后用钢质压条放在橡胶条上，经3min~4min，记下手动电位计和温度记录仪（或指示器）上相应点的读数。如"测试"热电偶读数经校正后的温度与温度记录仪（或指示器）的温度超过0.5℃时，应单独校验温度记录仪（或指示器）的准确度；若温度记录仪（或指示器）符合要求，则需检查热电偶是否损坏，热电偶与粘结板接触是否牢固。更换热电偶，小心填实热端位置使连接处与板牢固连接。按同样方法校正其他各支热电偶，记下每支热电偶的校正系数。

9.4　为更好操作，将粘结板安装在恒温的房间。安装新的热电偶或者板的温度变化比正常条件超过0.5℃时，定期进行粘结板的校准。

10 涂蜡纸样的准备

10.1 用空气浴或水浴加热蜡样，至高于预期熔点或冻凝点（根据 GB/T 2539 或 SH/T 0132）22℃以上，保证蜡样没有局部过热。涂蜡装置清洁后，将实验样品注入蜡浴。蜡浴和调节杆或压辊的温度应保持高于蜡的熔点或冻凝点 22℃。如调节杆或压辊没有温度控制（电加热或者通过热水加热），可用红外灯或者热蜡加热使之达到蜡浴温度。

10.2 试纸在温度 23℃±2℃ 和相对湿度 50%±5% 条件下最少保持一星期才可使用。将试纸通过蜡浴，开动涂蜡装置，要求试纸的一面涂蜡量为 $6.5g/m^2 \sim 10g/m^2$，另一面为 $3.2g/m^2 \sim 10g/m^2$。

10.3 涂蜡后的纸样放在空气中冷却至室温。

10.4 用 SH/T 0408 方法测量涂蜡量，除用本标准粘结点涂蜡纸样条取代 SH/T 0408 中 100mm×100mm 正方形的涂蜡纸样时例外。若涂蜡量超出试验面 $6.5g/m^2 \sim 10g/m^2$、背面 $3.2g/m^2 \sim 10g/m^2$ 的范围，应重新涂制纸样。

10.5 从符合涂蜡量要求的涂蜡试纸上裁下两份试验用涂蜡纸样。每份宽为 25mm，长为粘结板试验段长度的两倍。

10.6 涂蜡纸样在温度 23℃±2℃ 和相对湿度 50%±5% 的条件下至少放置 24h 以上。

11 试验步骤

11.1 粘结板应连续的托起。如果从冷板开始，将泡沫橡胶条和钢质压条放在粘结板规定的位置上，至少加热 3h 以上，使粘结板的温度达到平衡状态。检查温度记录仪确保粘结板处于理想的温度。

11.2 粘结板上可以放置 7 至 8 排涂蜡纸样。将涂蜡纸样试验面对折，其长度与板的试验段相同，再剪一条宽 25mm，长为粘结板试验段两倍的半透明纸（也可用玻璃纸）对折，并将涂蜡纸样夹在中间，沿板的长度方向置于粘结板上，折叠端与加热端的"起始线"齐平。每排不得放置两条以上的涂蜡纸样，仔细抹平涂蜡纸样上的皱折。按同样方法将其他涂蜡纸样按顺序放在粘结板上，如果粘结板试验区内仍有空余，则用泡沫橡胶条和钢质压条填满。

11.3 涂蜡纸样在粘结板上放置 17h 后，连同未涂蜡纸条一起从粘结板上取下，冷却 5min 后，将折叠的涂蜡纸样从冷端开始以 152mm/s 左右的速度拉开。

11.4 仔细检查试验面，标出粘点和 50% 结点位置。粘点位置是指蜡膜上一系列破坏斑点最初出现的，距离涂蜡纸样冷端最近的斑点。结点位置是指有 50% 宽度的蜡膜破坏最初出现并距离冷端最近的点。涂蜡纸样的横向出现细小而断续的线条不能作为 50% 的结点。蜡膜表面失去光泽或未出现蜡膜破坏的斑点，不能认为是粘点位置或结点位置。

注1：为了便于观察涂蜡纸样上蜡膜破坏情况，可在反射光下观察，并可在涂蜡纸样上撒石墨粉，或在涂蜡纸样背面衬不透明物体等。

注2：用一块棉纱布轻轻擦拭涂蜡纸样表面，使失去光泽（起毛），有时可辨别蜡膜是否破坏。

12 计算及报告

12.1 用温度记录仪的读数与粘结板上各支热偶间的距离，绘制仪器的温度梯度曲线，除了允许涂蜡纸样最初放在粘结板上温度稍有上升外，任何点的温度变化不应大于 0.3℃。

12.2 对每条观察过的涂蜡纸样，测量从折叠处到粘点和 50% 结点标记的距离，并从温度梯度曲线上查出相应的温度。

12.3 用℃表示试验结果，报告平均结果准确至 0.5℃。例如一个蜡样首次膜破坏的温度为 41.0℃，50% 结点温度 43.0℃，结果应报告如下：

　　　粘点：41.0℃；结点：43.0℃。

13 精密度和偏差

13.1 测定结果与平均值的差应符合以下数值。

13.1.1 粘点

13.1.1.1 重复性：同一操作者，同一台仪器测定同一样品的测定结果不应大于2.8℃。

13.1.1.2 再现性：不同操作者，不同仪器对同一样品进行测定结果不应大于3.6℃。

13.1.2 结点

13.1.2.1 重复性：同一操作者，同一台仪器测定同一样品的测定结果不应大于1.7℃。

13.1.2.2 再现性：不同操作者，不同仪器对同一试样进行测定结果不应大于3.3℃。

13.2 偏差 由于粘点和结点的测定是通过定义一种方法而得到的，本方法试验步骤没有给出偏差。

14 关键词

粘点；结点；蜡膜；蜡纸。

附　录　A

（资料性附录）

温度计规格

A.1　本标准所用温度计应符合表 A.1 的规定。

表 A.1　温度计的规格

ASTM 编号	9C
IP 编号	15C
温度范围/℃	−5~110
浸没深度/mm	57
刻度标尺	
分度值/℃	0.5
长刻线间隔/℃	1 和 5
数字标刻间隔/℃	5
示值允差/℃	0.5
安全泡	
允许加热至/℃	160
总长度/mm	285~295
棒外径/mm	6.0~7.0
感温泡长度/mm	9~13
感温泡外径/mm	≮5.5，≯棒外径
刻线位置	
感温泡底部至刻线于	0℃
距离/mm	85~95
刻度范围的长度/mm	140~175
棒扩张部分	
外径/mm	7.5~8.5
长度/mm	2.5~5.0
到底部的距离/mm	64~66

编者注：本标准中引用标准的标准号和标准名称变动如下。

原标准号	现标准号	现 标 准 名 称
SH/T 0408	NB/SH/T 0408	蜡纸或纸板表面蜡量测定法

中华人民共和国石油化工行业标准

SH/T 0402—1992

（2004 年确认）

代替 ZB E42 005—87

石蜡抗张强度测定法

1 主题内容与适用范围

本标准规定了石蜡抗张强度的测定方法。

本标准适用于石蜡抗张强度的测定。其适用范围为熔点（GB/T 2539 测定法）49~66℃，延长度不超过 3.2mm 的石蜡。

本标准也可用于其他类型石蜡，如调配蜡或熔点超过 66℃ 的石蜡，但这些石蜡的延长度应与上述要求相同，而且在铸模冷却时无过度收缩现象。

某些石蜡和微晶型石蜡的混合物测定的结果，不能用本标准测定结晶蜡的结果作比较。

2 引用标准

GB/T 2539　石蜡熔点（冷却曲线）测定法

3 术语

抗张强度为断裂有代表性的、特定形状的蜡样横断面所需的轴向应力。

4 方法概要

每个试样以六个蜡样为一组，试样注入横断面为 1.6cm^2 的特型铸模中，保持在室温 22.8℃±1℃ 和相对湿度为 50%±5% 的条件下放置 2h。用 89N/s 的加荷速度测量试样的抗张强度，以 kPa 表示。

试验方法和加荷速度、蜡样的形状和横断面的大小、蜡样制备方法、蜡样的处理以及蜡样的表面状况和蜡样的内应变等，这些因素都会影响试验结果的大小和准确性。因此，必须小心控制。

5 试剂与材料

5.1　异辛烷：分析纯。

5.2　脱模剂

200 号聚二甲基硅酮（1000mm^2/s，25℃），配成 2%（V/V）的异辛烷溶液。

6 仪器、设备

6.1　试验机

可用任何通用试验机，为了保证测量精度，宜采用多量程且最大负荷量程小于 500N 的试验机，并要求该机能准确到所施加力最低负荷的 1%，所加负荷要恒定匀速，所用抗拉负荷的合力方向与试样的纵向中心线重合。并且能迅速而准确的进行调整，另外，试验机的结构必须保证能用标准重荷对整个使用量程进行校正。

6.2　盖板

矩形 H63 黄铜结构、长×宽×厚为 57mm×38mm×6.4mm，黄铜盖板盖于每个模具上。

6.3　铸模

结构见图 1，铸模横断面积为 1.6cm^2。

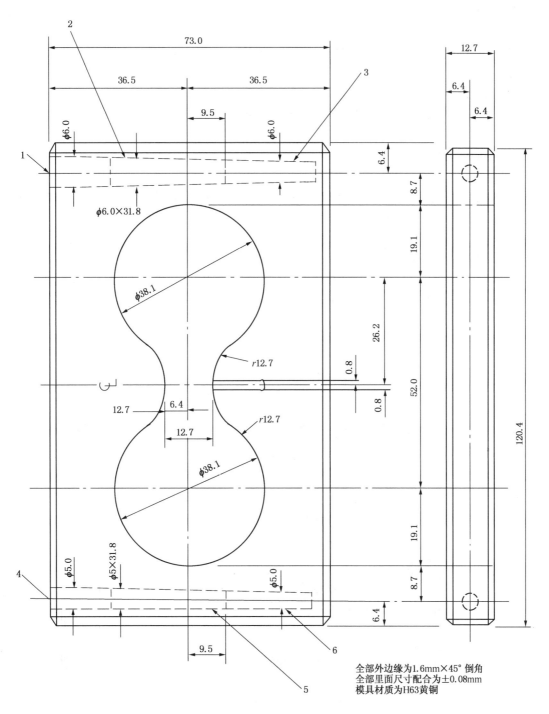

图 1　铸模

1、4—装配孔；2、5—定位销，1Cr18Ni9Ti；3、6—插入定位孔

6.4　试样夹

用于将蜡样固定在试验机上，为通用半定位型，见图 2。正确安装是将通用半固定框轴安装在蜡样支座和试验机支座中间，如图 2 所示。

6.5　冷却架

用于放铸模的底板，结构如图 3 所示。

6.6　底板

底板用1Cr18Ni9Ti不锈钢窄条制成，宽度和铸具的长度相等，长度等于6倍的模具宽度加89mm，具体尺寸见图3。

6.7 模具垫块

用于均匀的在底板上分离铸模，用橡木制成，截面为12.7mm×12.7mm，长度与铸模长度相等。

6.8 水浴

用于处理蜡样，可恒定在22.8℃±0.3℃，浴的大小不规定，但要能放下全部蜡样，并配备一个漂浮的框架，以使全部蜡样能浸入水中，浴的材质最好用不锈钢。

6.9 恒温箱

可恒温到100℃±3℃。

6.10 温度计

水浴用内标式二级标准温度计，测温范围为-2~52℃，最小分度值0.1℃。搅拌石蜡用温度计为浸入式，测温范围0~150℃，最小分度值1.0℃。

6.11 试验室

试验室应能保持室温在22.8℃±1℃，相对湿度50%±5%。

注：对于控制分析或研究工作，试验室温度和相对湿度可另行规定。但在试验过程中温度需保持不超过±1℃。
相对湿度不超过±5%，不同条件的结果不能相互比较。

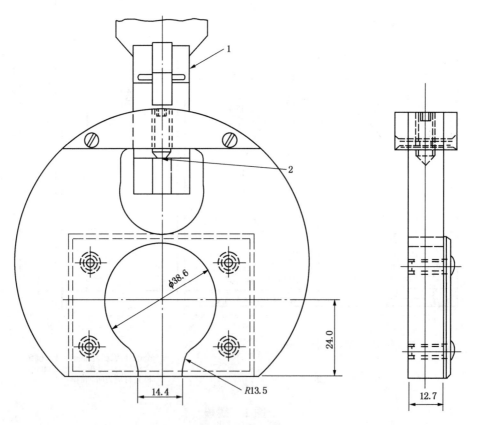

试样夹分上、下二个材质为：LY 12 硬铝(十二号锻铝)

图2 试样夹

1—拉力机接头；2—通用可调中心点

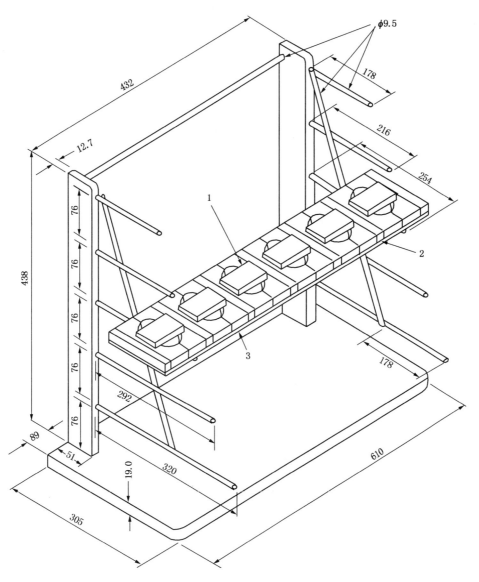

图 3　冷却架

1—盖板，57mm×38mm×6.4mm，H63 黄铜；

2—模具垫块，12.7mm×12.7mm×121mm，橡木；

3—底板，527mm×121mm×3.2mm，1Cr18Ni9Ti 不锈钢

7　分析步骤

7.1　校正

仔细校正抗张强度试验机，使抗拉负荷的合力方向与蜡样的纵向中心线重合。至少三个月校正一次，用有鉴定证书的标准重荷进行校正，校正时选择符合操作范围的标准重荷至少四个。选择标准重荷时要等量增重，以覆盖操作范围。

7.2　洗涤玻璃仪器

本试验所用的玻璃仪器应单独放置，并仅限用于本试验，仪器必须洗涤清洁以免因沾污而引起误差，仪器洗净后可在稍高于 100℃ 的温度下加热干燥。

7.3　铸模准备

小心刮去铸模内粘附的蜡，再用不起毛的布擦拭干净。在铸模内部和黄铜盖板及不锈钢底板表

面涂一薄层脱模剂，用棉花签浸泡脱模剂涂成非常薄的层，然后使溶剂蒸发。

将铸模和木垫片如图 3 所示装配在底板上，将黄铜盖板盖在铸模中间位置上。盖板的长端应垂直于铸模的长端。冷却支架和铸模组需放置在没有震动的平面上。

一组准备好的铸模使用前应至少在冷却支架上放置 1h。

7.4 试样的准备

7.4.1 采样

选择足够浇注六个蜡样的试样(约200g)为一组，这六个蜡样要从样品的不同部位采取。如果试样少于 0.45kg，则要将试样全部熔化。如多于 0.45kg 则需用四分法采样，以取有代表性的样品。

7.4.2 熔蜡

将要测定的六个蜡样的试样放入清洁的玻璃烧杯，并用清洁的表面皿盖上，放入已调好温度为 100℃±3℃ 的恒温箱内加热 2h 熔化。然后将恒温箱温度调节到 82℃，保持 1.5h 使试样温度降至 82℃，此时从恒温箱中取出烧杯，将试样慢慢倒入第二个清洁烧杯中，最后在第一个烧杯中剩下约 20mL 试样。再将第二个烧杯中的试样放置在有石棉垫的电热板上加热，加热时用温度计慢慢搅拌，调整加热时升温速度为 5.6℃/min±1℃/min，一直到 110℃±1℃。

> 注：需要时按上面的升温速度将蜡重新加热，使试样温度达到 110℃，用工业滤纸放在一个直径为 125mm，漏管为 10cm 长的漏斗过滤。

在非常缓慢地搅拌下仔细调整试样温度到 110℃±1℃，然后很快地用温度计作为倾注工具，将蜡倾入六个预先放置在冷却支架上的六个铸模中，要尽可能装满而不溢出。当倾注试样后绝不能以任何方式扰动底板上铸模组。记录注样时环境温度和相对湿度，在室温22.8℃±1℃和相对湿度50%±5%条件下，经 2h±10min 后，仔细地从铸模中取出试样，并在未上试验机前先浸入温度为 22.8℃±0.3℃的水浴中 15min，将试样放在浮框架下，使它完全浸入水中。

7.5 将试样牢固而均匀地安置在试样夹上，这个试样夹与试验机的各接头接触好。应保持试样夹处于活动状态，以保证其所应用的抗拉负荷的合力方向与试样的轴向中心线重合。当试样固定好后，立即以89N/s的加荷速度施加负荷到拉力机铸模的标准断面 1.6cm² 上。记录试样断裂成两半瞬时的施加负荷，以及断裂部位的状态。

7.6 立即按7.5条进行其余五个蜡样的抗张强度测定。记录试验时的环境平均温度和相对湿度。

7.7 取六次抗张测定试验结果的平均值作为试验机的读数(N)，凡超过平均值44N的试验结果应舍去。记录其余数次试验的平均值作为该试样的分析结果。假如六个试样中已被除去两个以上的结果，则这一组试样的六个试验结果都应作废。

8 分析结果的表述

8.1 报告按每平方米截面积计算的平均负荷值，应精确到10kPa。

8.2 要报告断口的主要形状是整齐的还是不规则的。要报告 6 个试样断裂口到试样中心的距离。要求断裂口到中心的距离不超过 3.2mm。

8.3 要报告试样铸模倾注时和抗拉强度试验时的温度和相对湿度。假如不是 22.8℃ 和 50%，则所得结果不符合本标准要求。

9 精密度

按下述规定判断试验结果的可靠性(95%置信水平)。

9.1 重复性

同一操作者在恒定操作条件下，在同一试验机上，测定同一试样两次试验结果差，不应超过下列数值。

范　围	重复性
$1.05 \times 10^3 \sim 3.10 \times 10^3 kPa$	$1.3 \times 10^2 kPa$

9.2 再现性

不同操作者，在不同实验室用同类型试验机对同一试样所得到两个结果的差不应超过下列数值。

范　围	再现性
$1.03 \times 10^3 \sim 3.10 \times 10^3 kPa$	$3.5 \times 10^2 kPa$

附加说明：

本标准由抚顺石油化工研究院技术归口。

本标准由抚顺石油化工公司石油一厂负责起草。

本标准主要起草人顾钦明、徐凤兰。

本标准等效采用美国试验与材料协会标准 ASTM D1320—73(83)《石蜡抗张强度测定法》。

编者注：本标准中引用标准的标准号和标准名称变动如下。

原标准号	现标准号	现 标 准 名 称
GB/T 2539	GB/T 2539	石油蜡溶点的测定　冷却曲线法

中华人民共和国石油化工行业标准

SH/T 0403—1992

石蜡色度测定法

（2004 年确认）

代替 ZB E42 006—88

1 主题内容与适用范围

本标准规定了用色板比色仪测定试样色度的方法。

本标准适用于石蜡。

2 方法概要

用标准色板比色仪比较法测定石蜡(熔化为液体后)的色度。

3 试剂与材料

3.1 重铬酸钾：分析纯。

3.2 硫酸：分析纯。配成 1%(m/m)硫酸溶液。

4 仪器、设备

4.1 色板比色仪(见图 1)。

4.2 比色板：用有机玻璃制成的标准色板(见图 2)。

> 注：有机玻璃色板易发生老化，因此使用后应保存在避光处。每年需用重铬酸钾硫酸标准比色液检验有机玻璃比色板的色号，如相差超过 1 个色号，则应更换色板。按下表配制标准比色液。

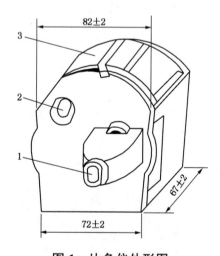

图 1 比色仪外形图

1—目测镜；2—色号孔；3—放比色皿处

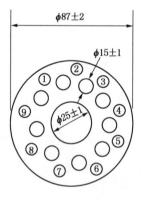

图 2 比色板

色　　号	1%（m/m）硫酸溶液中重铬酸钾质量浓度，g/L
1	0.002
2	0.004
3	0.006
4	0.010
5	0.020
6	0.030
7	0.040
8	0.050
9	0.060

4.3　比色箱：内装 220V8W 照明灯（日光灯）。

4.4　比色槽：高 80mm，宽 40mm，厚 13mm。

5　分析步骤

5.1　打开比色箱内照明灯，并把比色仪的目测镜和色板用擦镜纸仔细擦干净。

5.2　将试样放在 85℃±2℃ 的烘箱或水浴中熔化，用滤纸过滤，比色槽亦在上述温度下预热。

5.3　将过滤好的试样注入预热的比色槽中进行比色。

5.4　旋转比色板，由目测镜调节色板颜色与蜡样颜色相一致，此时比色仪的读数即为石蜡的颜色号。

6　分析结果的表述

取重复测定的两个结果中大的色号作为测定结果。

7　精密度

重复测定两个结果间的差值，不应大于 1 个色号。

附加说明：

本标准由抚顺石油化工研究院技术归口。

本标准由抚顺石油化工研究院负责起草。

本标准主要起草人杨令儒。

ICS 75.140
E 42

中华人民共和国石油化工行业标准

SH/T 0404—2008
代替 SH/T 0404—1996

石蜡光安定性测定法

Test method for
light stability of paraffin wax

2008-04-23 发布

2008-10-01 实施

中华人民共和国国家发展和改革委员会　　发　布

前　言

本标准代替 SH/T 0404—1996《石蜡光安定性测定法》。

本标准与 SH/T 0404—1996《石蜡光安定性测定法》的主要差异：

——将照度示值由原来的"70mW/cm^2±2mW/cm^2"改为"12.0mW/cm^2±0.3mW/cm^2"；

——增加紫外照度计；

——增加了紫外线危险性警示说明；

本标准由中国石油化工集团公司提出。

本标准由中国石油化工股份有限公司抚顺石油化工研究院归口。

本标准起草单位：中国石油化工股份有限公司抚顺石油化工研究院。

本标准主要起草人：赵 彬、齐邦峰、颜平兴。

本标准首次发布于 1992 年，于 1996 年 12 月第一次修订，本次为第二次修订。

石蜡光安定性测定法

1 范围

1.1 本标准规定了石蜡光安定性的测定方法，适用于食品用石蜡、全精炼石蜡和半精炼石蜡。

1.2 本标准可能涉及某些有危险的材料、设备和操作，但并无意对与此有关的所有安全问题都提出建议。因此，在使用本标准之前，用户有责任建立适当的安全和防护措施，并制定有适用性的管理制度。

2 规范性引用文件

下列文件中的条款通过本标准的引用而成为本标准的条款。凡是注日期的引用文件，其随后所有的修改单(不包括勘误的内容)或修订版均不适用于本标准，然而，鼓励根据本标准达成协议的各方研究是否可使用这些文件的最新版本。凡是不注日期的引用文件，其最新版本适用于本标准。

SH/T 0403 石蜡色度测定法

3 方法概要

将注满熔化蜡样的试样皿置入恒温室，在紫外光照度 $12.0mW/cm^2 \pm 0.3mW/cm^2$、温度 $90.0℃ \pm 1.0℃$ 条件下照射45min，然后测定试样颜色。以色号表示石蜡的光安定性。

4 仪器与材料

4.1 石蜡光安定性测定仪：包括带有数字显示的温度照度控制单元、紫外光照射加热单元以及恒温光照室。紫外光照度控制范围 $12.0mW/cm^2 \pm 0.3mW/cm^2$，温度控制范围 $90.0℃ \pm 1.0℃$，照射时间45min。仪器恒温室由铸铝材料制成，内部圆角，空气对流良好，便于控温，上部受光面采用透明石英玻璃板，对365nm波长的紫外光吸收小。仪器前部有看窗，便于观察试样照射情况；

4.2 紫外线高压汞灯：功率375W，紫外线波长365nm，灯管有效弧长140mm；

注：当仪器照度达不到要求时，应及时更换灯管。

4.3 紫外照度计：用于定期检测光安定性测定仪照度是否在规定范围内，UV−A型，UV−365探头，波长范围320nm~400nm，峰值波长365nm；

4.4 石英玻璃片：直径 $55mm \pm 2mm$，厚 $2.5mm \pm 0.5mm$；

4.5 试样皿：普通玻璃制，内径40mm，高21mm；

4.6 烧杯：100mL；

4.7 烘箱(或水浴)：能加热至85℃并恒温；

4.8 交流稳压电源：工作电压220V，功率不小于1kW，电压不稳时使用；

4.9 SH/T 0403 规定的仪器和设备。

5 准备工作

5.1 将洁净的比色皿、试样皿、石英玻璃片在烘箱(或水浴)中预热至 $85℃ \pm 2℃$。

5.2 将试样置于烧杯中，在 $85℃ \pm 2℃$ 烘箱(或水浴)中加热熔化，用定性滤纸过滤。

5.3 打开光安定性测定仪灯室，用蘸有酒精的脱脂棉擦干净灯管表面的指印和灰尘，擦干净石英玻璃板上表面的灰尘；

5.4 按 SH/T 0403 规定做好准备工作。

6 试验步骤

6.1 接通仪器电源，按下汞灯触发键，高压汞灯亮，监控照度、温度；

6.2 当恒温室温度达到 90.0℃±1.0℃，紫外光照度值稳定在 12.0mW/cm² ±0.3mW/cm² 并保持 5min 后，既可装入试样。

注：应定期将紫外照度计探头置于光安定性测定仪试样皿槽内，检测光安定性测定仪照度是否在上述范围内。

6.3 取出试样皿架，将预热的试样皿放在试样皿架上，将过滤后的试样注入试样皿中，待试样将溢出时，迅速将预热好的石英玻璃片沿试样皿边推盖上，皿内应无气泡。立即将试样皿架放回仪器恒温室中，按下计时键，开始计算照射时间。

警告：紫外线伤害皮肤和眼睛，在操作中应尽量避免紫外线的直接照射，尤其注意保护眼睛，操作者应带上紫外线防护眼镜。

6.4 通过玻璃看窗观察恒温室内试样照射情况，如果在照射过程中，发现试样皿中进入气泡，则此次试验作废。

6.5 照射达到 45min 后，立即取出试样皿结束试验。将照射后的试样倒入经预热的比色皿中，立即按 SH/T 0403 测定试样的色度号。

7 报告

取重复测定两个结果中大的色号作为试样的光安定性试验结果。

8 精密度

用下面的标准判断试验结果的精密度(95%置信水平)。

8.1 重复性：同一操作者，用同一台仪器，对同一试样进行重复测定，所得的两个试验结果之差不应超过 1 个色号。

8.2 再现性：不同操作者，在不同实验室，对同一试样进行测定，所得的两个独立结果之差不应超过 1 个色号。

中华人民共和国石油化工行业标准

凡士林重金属限量试验法

SH/T 0405—1992

（2005 年确认）

代替 ZB E42 008—88

1 主题内容与适用范围

本标准规定了用目视比色法检验凡士林中能被硫化钠溶液显色的重金属混合物的限量。

本标准适用于凡士林、石蜡、白油中重金属混合物限量以铅计为 30ppm(m/m)的检验。

2 方法概要

在稀乙酸酸性条件下，铅、铋、铜、镉、锑、锡、汞等重金属的稀溶液与硫化钠显色后以目视比色确定试样重金属含量是否超过限量。

3 试剂与材料

3.1 硫酸：分析纯。

3.2 盐酸：分析纯。

3.3 硝酸：分析纯。

3.4 冰乙酸：分析纯，配成 6%(m/m)乙酸溶液，量取 6mL 乙酸用水稀释至 100mL。

3.5 丙三醇(甘油)($CH_2(OH)CH(OH)CH_2(OH)$)：分析纯。

3.6 硝酸铅：分析纯。

3.7 硫化钠：分析纯。

4 仪器、设备

4.1 瓷坩埚：50mL。

4.2 钠氏比色管：50mL。

4.3 量筒：10，20，50，10mL。

4.4 移液管(带刻度)：5，100mL。

4.5 容量瓶：10，1000mL。

4.6 可调温电炉。

4.7 恒温水浴。

4.8 高温炉。

4.9 上皿天平：载量 200g，感量 0.2g。

5 试验步骤

5.1 铅标准原液的配制

准确称取 159.8mg 硝酸铅，先于烧杯中用少量蒸馏水及 1mL，硝酸溶解后移入 1000mL 容量瓶中，用蒸馏水稀释至刻度。此标准原液的使用期为两个月，当出现浑浊和沉淀物时应重新配制。

5.2 铅标准溶液的配制

取铅标准原液 10mL，加蒸馏水稀释至 100mL 此溶液为每毫升含铅 0.01mg，现用现配。

5.3 硫化钠溶液的配制

将 5g 硫化钠溶解于 10mL 蒸馏水中并加入 30mL 甘油；或者将 5g 氢氧化钠溶解于 30mL 蒸馏水中，并且加入 90mL 甘油，冷却后将其容量的一半用硫化氢饱和，再和剩下的一半混合。保存在茶色瓶中，并尽可能装满瓶。

此溶液的使用期为三个月，并保存在阴凉处。

注：如发色时出现不正常情况，应重新配制硫化钠溶液。

5.4 制备试料

称取 1.0g 试样于瓷坩埚中，用少量硫酸润湿试样放在电炉上，在通风橱中缓慢加热至碳化，然后，再次用硫酸润湿试样并缓慢加热碳化至几乎不冒白烟为止。再将坩埚移入高温炉中，于 500℃±25℃ 使残留物灼烧灰化 2h[2]，冷却后向坩埚中加入 2mL 盐酸及 0.5mL 硝酸在水浴上蒸干。向残留物中加入 2mL 乙酸溶液，全部移入钠氏比色管中，用少量蒸馏水冲洗坩埚三次，将冲洗液倒入钠氏比色管中，加蒸馏水至 50mL，摇匀，以此作为检测液。

注：碳化过程中必须控制加热强度，避免试样因体积膨胀溢出或飞溅出坩埚外。

1）原文灼烧温度为 450~550℃，本标准改为 500℃±25℃。

2）原文灼烧时间没作规定，本标准规定了灼烧时间为 2h。

5.5 标准比色液的配制

向空白钠氏比色管中加入和检测液同样处理所得到的溶液，再加入 3mL 铅标准溶液。然后，加 2mL 1mol/L 乙酸溶液和蒸馏水至 50mL，摇匀，以此作为标准比色液。

5.6 目视比色

分别向检测液和标准比色液中加入 1 滴硫化钠溶液，摇匀，放置 5min 后以白纸（或白色板）作为背景，把两个钠氏比色管垂直并列，取下塞子，从上方或侧方目视比较溶液显色的深度。

注：发色后放置时间 5min 最适宜，约经 10min 后，由于硫的析出，而使溶液开始显示带白色的浑浊，会影响比色判断，故要求同时发色检测液和标注比色液。

6 试验结果的表述

若检测液的颜色不深于标准比色液的颜色，则重金属含量低于极限量；反之，则超过极限量。

平行测定两个结果均不深于标准比色液的颜色，报告该试样的重金属含量（以铅计）不大于 30ppm（m/m）；反之，则大于 30ppm（m/m）。

附加说明：

本标准由抚顺石油化工研究院技术归口。

本标准由抚顺石油化工研究院负责起草。

本标准等效采用日本化妆用原料标准（1982）《凡士林重金属试验法》。

中华人民共和国石油化工行业标准

SH/T 0406—1992

凡士林紫外吸光度测定法

代替 ZB E42 010—89

1 主题内容与适用范围

本标准规定了用分光光度计测定凡士林紫外吸光度的试验方法。

本标准适用于 0.5g/L 凡士林的异辛烷溶液在 290nm 波长处吸光度的测定。

2 引用标准

GB/T 7363 石蜡中稠环芳烃试验法

3 术语

3.1 透射比 T：试样溶液在吸收池中所透过的辐射能与"溶剂空白"在同样一个吸收池中所透过的辐射能之比率，如式（1）：

$$T = 10^{-a \cdot b \cdot c} \quad\cdots\cdots\cdots\cdots\cdots\cdots\cdots\cdots\cdots\cdots\cdots\cdots\cdots\cdots\cdots\cdots \quad (1)$$
$$-\log_{10} T = a \cdot b \cdot c = A$$

式中：a——吸光系数；

b——吸收池的光程长度，cm；

c——溶液的浓度，g/L；

A——吸光度。

3.2 吸光度 A：透射比 T 的倒数取以 10 为底的对数，如式（2）：

$$A = \log_{10}\left(\frac{1}{T}\right) = -\log_{10} T \quad\cdots\cdots\cdots\cdots\cdots\cdots\cdots\cdots\cdots\cdots\cdots\cdots \quad (2)$$

3.3 吸光系数 a：吸光度除以光程和浓度积，如式（3）：

$$a = A / b \cdot c \quad\cdots\cdots\cdots\cdots\cdots\cdots\cdots\cdots\cdots\cdots\cdots\cdots\cdots\cdots\cdots \quad (3)$$

4 方法提要

凡士林紫外吸光度的确定，是在规定条件下，采用光程长度为 1.0cm 的石英吸收池，测试 0.5g/L 凡士林的异辛烷溶液在 290nm 波长处的紫外吸光度。

5 试剂与材料

5.1 异辛烷（2，2，4-三甲基戊烷）：光谱纯。用 1.0cm 吸收池以蒸馏水作参比，在 240~300nm 整个光谱范围内吸光度小于 0.05，若不符合，则可用活性硅胶柱进行精制，参见 GB/T 7363 溶剂净化部分。

5.2 蒸馏水：应符合 GB/T 7363 中规定。

6 仪器、设备

6.1 分光光度计：在 220~400nm 光谱区域内谱带宽度为 2nm 或更窄；仪器吸光度的测试重复性，

当吸光度在 0.4 左右时，不大于 0.005A；波长测量的重复性应在±0.2nm 以内。

6.2　吸收池：经过配对的一对或多对光程长度为 1.00cm±0.005cm 或更好的熔融石英吸收池。

6.3　容量瓶：100mL。

7　分析步骤

7.1　制备 0.5g/L 凡士林的异辛烷溶液：用减量法称取 0.05g 试样，称精确至 0.0002g，加入洁净的 100mL 容量瓶中，往容量瓶中加异辛烷至半满，并摇动使试样溶解后，加异辛烷至刻度线，摇匀。

注：如果试样不能迅速溶解，必须将容量瓶放在温水浴中加温，当试样溶解后，冷却至室温，加入异辛烷至刻度线，摇匀。

7.2　将试液移入 1.0cm 石英吸收池，盖上盖，用溶剂作参比，立即测试试样溶液在 290nm 波长处的紫外吸光度。

8　分析结果的表述

报告试样溶液在 290nm 波长处的紫外吸光度，取至小数点后两位数字。

附加说明：

本标准由抚顺石油化工研究院技术归口。

本标准由金陵石油化工公司长江石油化工厂负责起草。

本标准主要起草人马云升。

本标准等效采用英国药典 BP-80《医药凡士林》中吸光度。

ICS 75.140
E 42

SH

中华人民共和国石油化工行业标准

NB/SH/T 0407—2013
代替 SH/T 0407—1992

石油蜡水溶性酸或碱试验法

Standard test method for
water soluble acids and alkalis of petroleum waxes

2013-06-08 发布
2013-10-01 实施

国家能源局 发布

前　　言

本标准按照 GB/T 1.1—2009 规则起草。

本标准代替 SH/T 0407—1992《石油蜡水溶性酸或碱试验法》。本标准与 SH/T 0407—1992 的主要差异如下：

——修改了"方法概要"章（见 3，1992 版的 2）；

——增加了"规范性引用文件"章（见 2）；

——试验温度修改为"石蜡加热至 75℃ 或刚好熔化至透明"，"微晶蜡加热至高于滴熔点 10℃ 或刚好熔化至透明"（见 6.2，1992 版的 5.2）。

本标准使用重新起草法修改采用日本工业标准 JIS K 2252—1998《石油产品反应试验方法》。

为适合我国国情，本标准在采用 JIS K 2252-1998 时进行了修改，本标准与 JIS K 2252-1998 的主要差异如下：

——本标准的引用标准采用了我国相应的国家标准。

——增加了"石蜡加热至 75℃ 或刚好熔化至透明"，"微晶蜡加热至高于滴熔点 10℃ 或刚好熔化至透明"的规定。

请注意本文件的某些内容可能涉及专利。本文件的发布机构不承担识别这些专利的责任。

本标准由中国石油化工集团公司提出。

本标准由全国石油产品和润滑剂标准委员会石油蜡类产品分技术委员会（SAC/TC280/SC3）归口。

本标准起草单位：中国石油化工股份有限公司抚顺石油化工研究院。

本标准起草人：亢格平、赵彬。

本标准首次发布于 1992 年，本次为第一次修订。

石油蜡水溶性酸或碱试验法

警告：本标准可能涉及某些有危险的材料、设备和操作，但并无意对与此有关的所有安全问题都提出建议。因此，在使用本标准之前，用户有责任建立适当的安全和防护措施，并确立相关规章的适用性。

1 范围

本标准规定了石油蜡水溶性酸或碱试验方法。
本标准适用于石蜡和微晶蜡。

2 规范性引用文件

下列文件对于本文件的应用是必不可少的。凡是注日期的引用文件，仅所注日期的版本适用于本文件。凡是不注日期的引用文件，其最新版本（包括所有的修改单）适用于本文件。

GB/T 603 化学试剂　试验方法中所用制剂及制品的制备（GB/T 603—2002，ISO 6353-1 :1982，NEQ）

GB/T 2539 石油蜡熔点的测定 冷却曲线法（GB/T 2539—2008，ISO 3841 :1997，IDT）

GB/T 6682 分析实验室用水规格和试验方法（GB/T 6682—2008，ISO 3696 :1987，MOD）

GB/T 8026 石油蜡和石油脂滴熔点测定法（GB/T 8026—1987，eqv ISO 6244 :1982）

3 方法概要

试样与一定量的蒸馏水混合，石蜡加热至75℃或刚好熔化至透明，微晶蜡加热至高于滴熔点10℃或刚好熔化至透明，充分振荡使水溶性酸或碱溶于水相，冷却后分出水层溶液。于两支试管中分别滴加甲基橙和酚酞指示剂，观察水溶液颜色的变化，判断试样中是否含有水溶性酸或碱。

4 试剂与材料

4.1 甲基橙指示剂（1g/L）：称取 0.1g 甲基橙，溶于 70℃的水中，冷却，稀释至 100mL。

4.2 酚酞指示剂（10g/L）：称取 1.0g 酚酞，溶于乙醇（95%），用乙醇稀释至 100mL。

4.3 蒸馏水：符合 GB/T 6682 中三级水的要求。

4.4 玻璃棒。

4.5 定性滤纸。

5 仪器与设备

5.1 锥形瓶：250mL。

5.2 试管：用无色玻璃制作，直径 15 mm ~20mm，高 140mm~150mm。

5.3 水浴。

5.4 天平。

5.5 量筒：500mL。

6 试验步骤

6.1 于清洁、干燥的锥形瓶中，称取试样 100g±1g，加入 30mL 蒸馏水。

6.2 将锥形瓶在水浴中加热并用玻璃棒搅拌，直至石蜡试样加热至 75℃ 或刚好熔化至透明，微晶蜡试样加热至高于滴熔点 10℃ 或刚好熔化至透明，冷却后用玻璃棒将锥形瓶内石油蜡试样表面穿两个孔，用经水湿润过的滤纸过滤蜡层下的水溶液。

6.3 在两支试管中各加入约 10mL 过滤后的水溶液，在一个试管中滴加 1 滴~2 滴甲基橙指示剂，在另一个试管中滴加 1 滴~2 滴酚酞指示剂，观察滤液的变色情况。

7 试验结果的表述

按表 1 判断试验结果。

表 1 试验结果的判断

滴加指示剂后滤液变色情况		试验结果
酚酞指示剂	甲基橙指示剂	
变红色	不变色	有碱
不变色	变红色	有酸
不变色	不变色	无

用"有酸"、"有碱"或"无"表示石油蜡水溶性酸或碱的试验结果。

ICS 75.140

E 42

SH

中华人民共和国石油化工行业标准

NB/SH/T 0408—2013

代替 SH/T 0408—1992

蜡纸或纸板表面蜡量测定法

Standard test method for surface wax on waxed paper or paperboard

2013-06-08 发布

2013-10-01 实施

国家能源局 发布

前　　言

本标准按照 GB/T 1.1—2009 给出的规则起草。

本标准代替 SH/T 0408—1992《蜡纸或纸板表面蜡量测定法》，本标准与 SH/T 0408—1992 的主要差异：

——增加"规范性引用文件""术语和定义""意义和用途""偏差""关键词"章节。

——"分析天平，感量为 0.0002g"改为"电子天平，分度为 0.001g"（见 4.2，1992 年版 4.1）。

——"单面或双面刀片"改为"单面刀片"（见 4.3，1992 年版 4.2）。

本标准使用重新起草法修改采用美国试验与材料协会标准 ASTM D 2423—90（2007）《蜡纸或纸板表面蜡量测定法》制定（英文版）。

考虑到我国国情，在采用 ASTM D2423-90（2007）时，本标准作了一些修改。本标准与 ASTM D2423-90（2007）的主要差异：

——计量单位采用我国纸张常用单位。

——删除了部分涉及单位换算内容。

——"在分析天平上称量每张蜡纸试样，精确至总重量的 0.5%"改为"在电子天平上称量每张试样，读至 0.001g"。

请注意本文件的某些内容可能涉及专利。本文件的发布机构不承担识别这些专利的责任。

本标准由中国石油化工集团公司提出。

本标准由全国石油产品和润滑剂标准化技术委员会石油蜡类产品分技术委员会（SAC/TC280/SC3）归口。

本标准起草单位：中国石油化工股份有限公司抚顺石油化工研究院。

本标准主要起草人：雒亚东。

本标准首次发布于 1989 年，于 1992 年 5 月进行第一次修订，本次为第二次修订。

蜡纸或纸板表面蜡量测定法

警告：本标准可能涉及某些有危险的材料、设备和操作，但并无意对与此有关的所有安全问题都提出建议。因此，在使用本标准之前，用户有责任建立适当的安全和防护措施，并确定相关规章的适用性。

1 范围

本标准规定了蜡纸或纸板表面蜡量测定方法。

2 方法概要

用刀片刮去蜡纸或纸板表面蜡量，以刮蜡前后纸的质量差，计算蜡纸或纸板表面的蜡量。

3 意义和用途

蜡纸或纸板的许多特性与其表面蜡量有关。用溶剂油抽提方法测定蜡量不能区分存留在基准物质表面的和渗透到基准物质里面的蜡量。通过物理的除蜡方法可测定每种基准物质表面的蜡量。

4 仪器

4.1 纸垫片：在刮蜡操作时，置于蜡纸下面，当衬垫用。

4.2 电子天平：分度为 0.001g。

4.3 单面刀片：蜡纸上刮蜡用。

4.4 切纸板或其它仪器：带有卡具或模板，以保证切成的纸两边互相平行，也可用模压切割机。

4.5 测量仪器：可测量样品尺寸精确到 0.5mm。

5 取样

选用无皱折、裂痕或其它损伤的蜡纸或纸板作试样。

6 试验步聚

6.1 取一些 100mm×100mm 试样，测定每张试样的面积（mm²），精确到其总面积的 1.0%。

6.2 在电子天平上称量每张试样，读至 0.001g。

6.3 按下述方法，用刮刀刮去试样一面的表面蜡（第一面）。将试样牢牢压在衬垫纸上，避免滑移，使刀片与试样垂直，并重复朝一个方向轻轻地刮试样第一面的全部面积，将试样旋转 90°，仍按上法刮蜡，如此操作，直至试样从四个方向刮蜡均在两次以上。

6.4 按 6.2 条，将试样重新称量，记录其质量，作为试样第一面刮蜡后的基准量。

6.5 按 6.3 条，对试样的第二面进行刮蜡操作。

6.6 将试样再次称量，记录其质量，作为试样第二面刮蜡后的基准量。

7 报告

7.1 由试样质量差求得试样表面蜡量。原试样质量与第一面刮蜡后的试样质量的差值，为试样第一表面蜡量。第一面刮蜡后试样质量与第二面刮蜡后试样质量的差值，为试样第二面的蜡量，将 $g/mm^2 \times 10^6$ 换算成 g/m^2 表示。

7.2 分别以 g/m^2 为单位报告试样第一面和第二面表面蜡量。取重复测定结果的算术平均值作为蜡纸或纸板的表面蜡量，结果保留三位有效数字。

8 精密度和偏差

8.1 按以下规定判断结果的可靠性（95%置信水平）：

8.1.1 重复性：

同一操作者在相同的试验条件下、使用相同的试验材料、相同的试验仪器、在正常的操作条件下，两次试验结果的差值不得超过 $0.976\ g/m^2$。

8.1.2 再现性：

不同操作者在不同的实验室，使用相同的试验材料，在正常的操作条件下，两次试验结果的差值不得超过 $1.46\ g/m^2$。

> 注：精密度数值，是用每面涂蜡量为 $3.25\ g/m^2 \sim 9.76\ g/m^2$ 的商品纸作为试验用纸样，在各个实验室测定五个相同的蜡纸试样取得的结果。

8.2 偏差：

因为蜡纸或纸板的表面蜡量仅由本试验方法确定，因此，没有偏差。

中华人民共和国石油化工行业标准

SH/T 0409—1992

（2005 年确认）

代替 ZBn E42 013—89

液体石蜡中芳烃含量测定法
（紫外分光光度法）

1 主题内容与适用范围

本标准规定了用紫外分光光度计测定液体石蜡中芳烃含量的方法。

本标准适用于液体石蜡中芳烃含量的测定，测定的芳烃含量范围从 3ppm(m/m) 到 5%(m/m)。本标准测定结果是烷基苯类与萘类的平均值。

2 术语

本标准芳烃定义是指液体石蜡中烷基苯类与烷基苯类化合物，其中以烷基苯类为主。烷基苯类含量至少比烷基萘类大十倍。

3 方法概要

试样在 1cm 石英比色皿中，测定 285nm 和 270nm 附近最大吸光度。

4 试剂与材料

4.1 异辛烷：以水为参比，在 360~230nm 处吸光度应 0.00。

4.2 水：去离子水或蒸馏水。

5 仪器、设备

5.1 紫外-可见分光光度计：双光束扫描记录，波长范围 195~800nm，波长精度 0.5nm，波长重现性 0.02nm。

5.2 比色皿：配对的石英比色皿，光程 1cm。

5.3 容量瓶：25mL。

6 分析步骤

6.1 试样

试样是否稀释取决于试样中芳烃含量，芳烃含量在 0.1%(m/m)以上，试样需适当稀释，称样量以规定波长下最大吸光度在 0.4~1.5 之间为宜。称取约 0.3~0.5g 试样(精确至 0.2mg)于 25mL 容量瓶中，用异辛烷稀释到刻度。

6.2 校正试验

不用已知萘类化合物直接标定分光光度计，而取 $C_{10} \sim C_{13}$ 萘类在 285nm 波长下的平均吸光系数为 33.7L/g·cm，在 270nm 附近为 30.0L/g·cm(见附录 A)。同样取常见的 $C_{10} \sim C_{16}$ 烷基苯类在 270nm 附近平均吸光系数为 3.01L/g·cm(见附录 B)。

6.3 测定

分两种情况测定：

6.3.1 当试样中烷基苯类含量低于650ppm(m/m)，萘类低于50ppm(m/m)，测定时，萘类含量可以忽略，也不考虑它对烷基苯类测定的干扰，试样不需稀释，以异辛烷为参比液，直接读取试样在270nm附近最大吸光度，按式（1）计算芳烃含量。

6.3.2 当试样中芳烃含量在0.1%(m/m)以上，要测定285nm处萘类吸光度，计算萘类含量，在270nm附近测定烷基苯类含量，并按式（3）校正萘类对烷基苯类测定的干扰。试样需用异辛烷稀释，并以异辛烷作参比液进行测定。

以上两种情况，均以1cm厚的石英比色皿盛参比液和试样。

7 分析结果的表述

7.1 未稀释试样

烷基苯类的含量 W_{t1}（ppm）按式（1）直接计算：

$$W_{t1} = \frac{A_{270} \times 10^6}{a^a \cdot b \cdot c} \quad \cdots\cdots\cdots\cdots\cdots\cdots\cdots\cdots\cdots\cdots\cdots\cdots\cdots\cdots（1）$$

式中：A_{270}——270nm波长附近基线上最大吸光度；

10^6——直接换算为ppm(m/m)的常数；

a^a——烷基苯类平均吸光系数（或校准系数）3.01L/g·cm；

b——比色皿光程，cm；

c——未稀释试样近似密度（比色皿中试样质量浓度），g/L。

计算实例：未稀释试样，见图1。

$$W_{t1} = \frac{A \times 10^6}{a^a \cdot b \cdot c}$$

$$W_{t1} = \frac{0.20 \times 10^6}{3.01 \times 5 \times 750} = 17.7 = 18$$

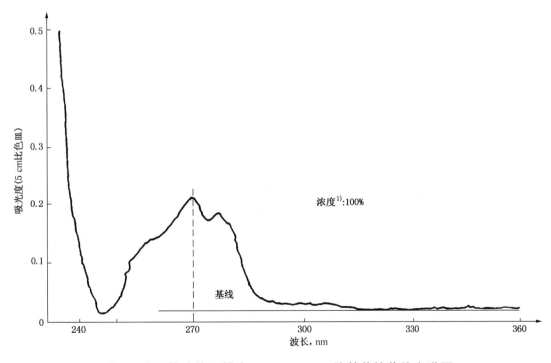

图1 分子筛液体石蜡中18ppm(m/m)烷基苯的紫外光谱图

7.2 稀释试样

用1cm比色皿，记录稀释试样图谱。在芳烃含量较高时，萘类对烷基苯类的测定有干扰，需要对它的干扰进行校准。

注：1) 比色皿中试样质量浓度即未稀释试样近似密度(g/L)。

7.2.1 萘类含量 $W_t{}'$(ppm)先按式(2)直接计算：

$$W_t{}' = \frac{A_{285} \times 10^6}{a_n \cdot b \cdot c} \qquad\qquad\cdots\cdots\cdots\cdots\cdots\cdots\cdots\cdots\cdots\cdots (2)$$

式中：A_{285}——285nm 波长基线上吸光度；

　　　　10^6——直接换算为 ppm(m/m)的常数；

　　　　a_n——萘类的平均吸光系数(或校准系数)，33.7L/g·cm；

　　　　b——比色皿光程，cm；

　　　　c——比色皿中试样质量浓度，g/L。

7.2.2 然后校准萘在 270nm 附近的干扰，烷基苯含量 W_{t2}(%)按式(3)计算：

$$W_{t2} = \frac{(A_{270} - 0.89A_{285}) \times 100}{a^\alpha \cdot b \cdot c} \qquad\qquad\cdots\cdots\cdots\cdots\cdots\cdots\cdots\cdots (3)$$

式中：A_{270}——270nm 波长附近基线上最大吸光度；

　　　　0.89——常数，吸光系数之比即 $\dfrac{a_n(270\text{nm})}{a_n(285\text{nm})} = \dfrac{30.0}{33.7} = 0.89$；

　　　　100——换算成百分含量常数；

　　　　a^α——烷基苯类的平均吸光系数(或校准系数)，3.01L/g·cm；

　　　　b——比色皿光程，cm；

　　　　c——比色皿中试样质量浓度，g/L。

7.2.3 总芳烃为萘类含量与烷基苯含量之和。

计算实例：稀释试样，见图2。

$$W_t' = \frac{A \times 10^6}{a_n \cdot b \cdot c}$$

$$W_t' = \frac{0.35 \times 10^6}{33.7 \times 1 \times 13.5} = 770$$

$$W_{t2} = \frac{(A_{270} - 0.89A_{285}) \times 100}{a^\alpha \cdot b \cdot c}$$

$$W_{t2} = \frac{(0.71 - 0.89 \times 0.35) \times 100}{3.01 \times 1 \times 13.5} = 0.981$$

$$总芳烃 = W_t' + W_{t2} = 0.077 + 0.981 = 1.06$$

7.3 以质量比(%，ppm)报告试样中的芳烃含量，结果应取至小数点后两位数字。

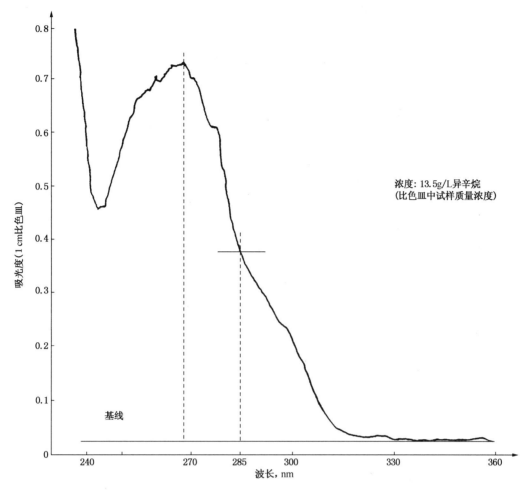

图 2　分子筛液体石蜡中约 1%(m/m) 芳烃的紫外光谱图

8　精密度

同一操作者，在同一试验室使用同一仪器，按方法规定的步骤，在较短的时间间隔里，对同一试样测定结果的允许差数，当试样芳烃含量为 1%(m/m) 时，允许差不大于 0.32%。

附　录　A

API 研究项目 44 发表的数据

（补充件）

化　合　物	API 序号	吸光系数，L/g·cm	
		285nm	270nm 附近
萘	605	28.5	32.6
1-甲基萘	539	32.0	32.0
2-甲基萘	572	22.9	31.8
1,2-二甲基萘	215	37.3	26.5
1,3-二甲基萘	216	36.4	26.5
1,4-二甲基萘	217	43.5	26.0
1,5-二甲基萘	218	54.0	29.0
1,6-二甲基萘	219	36.4	35.0
1,7-二甲基萘	220	36.0	32.5
1,8-二甲基萘	221	46.0	30.0
2,3-二甲基萘	222	22.0	30.0
2,6-二甲基萘	226	21.3	27.5
2,7-二甲基萘	224	23.5	29.5
1-异丙基萘	203	31.7	31.7
平　均		33.7	30.0

附 录 B
API 研究项目 44 发表的数据
（补充件）

化 合 物	API 序号	吸光系数，L/g·cm 270nm 附近
四氢萘	133	4.45
2-甲基四氢萘	398	3.83
5-甲基四氢萘	134	1.89
6-甲基四氢萘	135	5.41
6-正-庚基萘	287	4.96
正-丁基萘	176	1.82
1,4-二乙基萘	188	3.05
正-己基萘	143	1.40
1,4-二异基萘	191	2.19
正-辛基萘	144	1.40
正-十一烷基苯	146	2.50
正-十四烷基苯	394	2.39
1,1-二苯基乙烷	199	2.65
1,1-二苯基丙烷	200	2.72
1,4-二苯基丁烷	283	4.50
平 均		3.01

附加说明：

本标准由抚顺石油化工研究院技术归口。

本标准由南京烷基苯厂负责起草。

本标准主要起草人吴裕生、吴梅云。

本标准参照采用美国 UOP 公司现行分析方法 UOP 495—75《Molex 正构烷烃产品中芳烃含量紫外分光光度测定法》。

液体石蜡及原料中正构烷烃含量及
碳数分布测定法(气相色谱法)

SH/T 0410—1992

(2005 年确认)

代替 ZBn E 42 014—89

1 主题内容与适用范围

本标准规定了正构烷烃含量与碳数分布测定方法。

本标准适用于分子筛或尿素脱蜡所获得的液体石蜡中正构烷烃含量与碳数分布的测定,也适用于原料油及脱蜡油中正构烷烃含量与碳数分布的测定,若试样中含有正构烯烃,测定结果是正构烷烃与正构烯烃含量之和。

2 方法提要

试样注入色谱系统,该系统由两台带热导池检测器的双气路气相色谱仪串联而成。第一台色谱仪内装两根色谱柱,一根为无分离作用的短色谱柱,另一根为有分离作用的长分配柱。第一台的热导池检测器出口与第二台色谱仪器两根相同的 5A 分子筛色谱柱入口相连。

测定正构烷烃总含量用非分布法(或称间接法),测定碳数分布用分布法(或称直接法)。非分布法是光测出非正构烃含量,然后计算出正构烷烃含量。将试样注入无分离作用的短色谱柱,得到全样峰面积(试样所有组分包含在一个峰内),然后试样进入 5A 分子筛柱,扣除正构烷烃,得到非正构烃峰面积(非正构烃中所有组分包含在一个峰内),将非正构烃峰面积与全样峰面积相比,通过外标法计算出非正构烃的质量百分数,一百减去非正构烃质量百分数,即得正构烷烃总含量。

分布法是将试样注入长分配柱得到全样色谱图,然后试样通入 5A 分子筛柱,得到非正构烃分布图,它与全样色谱图的非正构烃本底相同,从而可确定全样色谱图上净正构烷烃峰面积。

通过归一化计算得到各单体正构烷烃相对分布,与非分布法测得的正构烷烃总含量相结合,即可得各单体正构烷烃在试样中百分含量。

3 试剂与材料

3.1 $C_9 \sim C_{18}$ 单体正构烷烃:色谱纯。

3.2 完全脱正构烷烃的非正构烃:将脱蜡煤油通过活化过的新鲜 5A 分子筛吸附柱,除去残留正构烷烃,直至流出物用 5.6 条测定碳数分布,得到的色谱图上看不到残留正构烷烃峰即可。

3.3 三甲基氯硅烷:分析纯。

3.4 5A 分子筛:30~60 目,5A 型,分压比 0.1 时正己烷吸附量大于 100mg/g,保存在密封容器中,避免吸湿,装柱后在柱温下通氢气 2h。

3.5 固定相:60~80 目酸洗 chromosorb"p"担体,涂渍 20%硅橡胶 SE30。

3.6 101 白色硅烷化担体(上海试剂一厂生产)。

3.7 氢气:作载气。

4 仪器与设备

4.1 气相色谱仪应符合下列条件:

第一台配有程序升温装置，能升温到300℃，第二台柱温能恒温到350℃，两台色谱仪均为双气路，带热导池检测器，第一台热导池检测器出口用连接管与第二台分子筛色谱柱入口连接，连接管温度保持在250℃。

气谱柱：第一台内无分离作用的不锈钢短填充柱，长30~100cm，内径3~4mm，内填充101白色硅烷化担体；另一根不锈钢长分配柱，长300cm，内径3~4mm，内填充3.5条固定相。第二台内装两根相同的5A分子筛不锈钢柱，长40cm，内径3~4mm。

注：UOP411方法短色谱柱要求无分离作用，却采用了有分离作用的硅橡胶色谱柱。本标准改用无分离作用的101白色硅烷化担体色谱柱。

4.2 电子积分仪：2台。

4.3 微量注射器：10μL。

4.4 读数放大镜：放大倍数10~20倍。

5 分析步骤

5.1 标样的制备

根据试样组成(未知试样可先按5.6条测定碳数分布，取得半定量结果)，用单体正构烷烃和完全脱正构烷烃的非正构烃，按一定比例配成与试样组成相近的标样。

5.2 5A分子筛的钝化

5A分子筛有时对试样中芳烃有过分的亲和力，使结果偏高，这种分子筛使用前应预处理，一种方法是将分子筛装入色谱柱，柱的一端与进样口相接，另一端不按检测器排空，载气流速调至20mL/min，柱温升到100℃。注入数份10%(V/V)三甲基氯硅烷的四氯化碳溶液，每份50μL，每注入50μL，柱温升高50℃，使分子筛柱达到使用柱温，之后，柱温每升高50℃，注入5份50μL硅烷化溶液，但不可过量，用完全脱正构烷烃的非正构烃检验，至分子筛柱前后的非正构烃峰面积相等为止。

注：也可用三甲基氯硅烷溶液浸渍分子筛，干燥后立即装柱，在使用柱温下通氢气活化2h。

另一种方法是连续地将数份(每份25μL)的芳烃注入分子筛柱。

检验分子筛是否能有效地吸附正构烷烃的方法是：将1μL正癸烷或正十一烷注入分子筛柱，若非正构烃杂质与已知值有明显偏差，说明分子筛需要更换。

5.3 调整检测器桥流

两台色谱仪检测器桥流均约为170mA，在正常操作条件下，当两个检测器信号相匹配时，注入完全脱正构烷烃的非正构烃，若在分子筛柱前后峰面积相同，则以后将不再改动桥流。

5.4 色谱分离典型操作条件

载气：氢气，流速70mL/min。

汽化室温度：275~300℃。

检测器温度：275~300℃。

柱温：测定正构烷烃总含量，第一台色谱仪为恒温，根据试样性质，选择在180~240℃；测定碳数分布，第一台色谱仪采用程序升温，升温速率以保证高沸点组分洗提时间为15~25min为宜。测定正构烷烃总含量及碳数分布第二台色谱仪柱温均为300℃。

5.5 测定正构烷烃总含量

在色谱分离典型操作条件下，向短色谱柱注入1~2μL试样和标样各两次，进样后同时启动两台积分仪，第一台记录试样和标样的全峰面积，第二台记录非正构烃的峰面积。取试样和标样各自两次测定的非正构烃峰面积对全样峰面积之比的平均值，计算出正构烷径总含量，典型色谱图如图1所示(轻液蜡试样)。

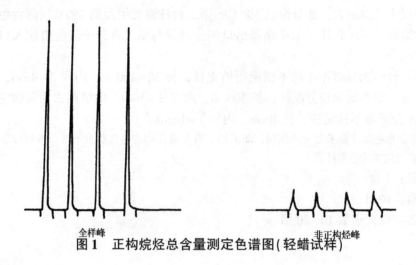

全样峰   非正构烃峰
图 1   正构烷烃总含量测定色谱图(轻蜡试样)

5.6   测定碳数分布

在色谱分离典型操作条件下，向长分配柱注入 1~2μL 试样，启动程序升温及两台积分仪记录试样色谱图。正构烷烃相对分布色谱图如图 2a 所示，非正构烃本底色谱图如图 2b 所示。

将两张色谱图叠在一起，在相对分布色谱图(图 2a)上描出非正构烃本底色谱图(图 2b)，得到正构烷烃的非正构烃本底，取一平均基线，使平均基线以下的正构烷烃峰面积等于平均基线以上的非正构烃峰面积。用读数放大镜测量平均基线以上的色谱峰的峰高与半峰宽，峰高精确到 0.5mm，峰宽精确到 0.1mm。

注：若液蜡中正构烷烃总含量大于 95%(m/m)，可直接以基线作峰底，不必采用扣减法测量。

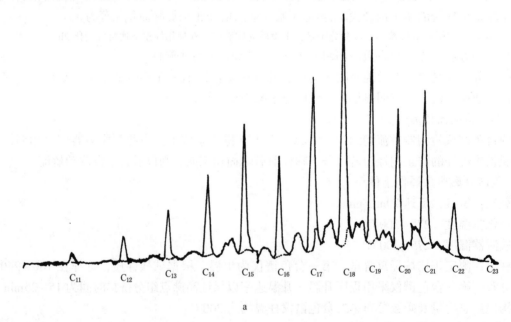

a

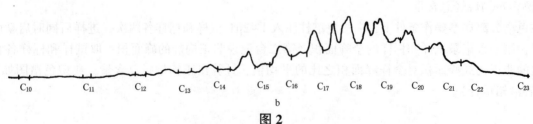

b

图 2

a—正构烷烃相对分布色谱图；b—非正构烃本底色谱图

6 分析结果的表述

6.1 计算公式

6.1.1 正构烷烃总含量按式(1)计算：

$$T = 100 - \frac{H \cdot I \times 100}{J} \qquad \cdots\cdots (1)$$

式中：T——正构烷烃在试样中总含量，%(m/m)；

H——试样中非正构烃峰面积对全样峰面积比的平均值；

I——标样中非正构烃的浓度，%(m/m)；

J——标样中非正构烃的峰面积对标样全样峰面积比的平均值。

6.1.2 正构烷烃的碳数分布按式(2)计算：

$$R = \frac{K \cdot P \cdot W \times 100}{S} \qquad \cdots\cdots (2)$$

式中：R——某一单体正构烷烃占正构烷烃总量的质量百分数；

K——各单体正构烷烃相对校正因子，见附录A；

P——某一碳数单体正构烷烃峰高；

W——某一碳数单体正构烷烃半峰宽；

S——试样中所有单体正构烷烃 $K \cdot P \cdot W$ 乘积之和。

6.1.3 某一碳数单体正构烷烃占全样质量百分数按式(3)计算：

$$U = \frac{R \cdot T}{100} \qquad \cdots\cdots (3)$$

式中：U——某一碳数正构烷烃占全样的质量百分数，%(m/m)；

R——某一碳数正构烷烃占正构烷烃总含量的百分数；

T——正构烷烃在试样中总含量，%(m/m)。

6.2 用质量百分数报告试样的正构烷烃总含量及碳数分布，取至小数点后一位数字。

7 精密度

重复性：同一操作者，同一台仪器，同一试样测定的重复性结果不得超过下列数值

	两次平行测定之差,%	五次重复测定标准偏差
液体石蜡	0.2	0.04
原料煤油	0.2	0.05
脱蜡煤油	0.3	0.06

附　录　A
单体正构烷烃相对校正因子表
（补充件）

单体正构烷烃	$n-C_9$	$n-C_{10}$	$n-C_{11}$	$n-C_{12}$	$n-C_{13}$	$n-C_{14}$	$n-C_{15}$	$n-C_{16}$
相对校正因子	1.00	1.01	1.03	1.05	1.07	1.09	1.10	1.12
单体正构烷烃	$n-C_{17}$	$n-C_{18}$	$n-C_{19}$	$n-C_{20}$	$n-C_{21}$	$n-C_{22}$	$n-C_{23}$	$n-C_{24}$
相对校正因子	1.14	1.15	1.17	1.18	1.19	1.19	1.20	1.21

附加说明：

本标准由抚顺石油化工研究院技术归口。

本标准由南京烷基苯厂、抚顺石油化工研究院负责起草。

本标准主要起草人吴裕生、邢文萍、何金海。

本标准参照采用美国 UOP 公司现行分析方法 UOP 411—75《扣除气相色谱法测定正构烷烃》。

中华人民共和国石油化工行业标准

液体石蜡中芳香烃含量测定法
（比 色 法）

SH/T 0411—1992

（2005 年确认）

代替 SY 2857—82

1 主题内容与适用范围

本标准规定了用分光光度比色测定液体石蜡中芳烃含量的方法。

本标准适用于测定芳香烃含量小于 1g/kg 的不含醇和烯烃的液体石蜡。若液体石蜡中芳香烃含量大于 1g/kg，则应先用无芳香烃液体石蜡稀释。

2 方法提要

用硫酸–甲醛试剂与芳香烃作用显色，显色后的溶液在一定的条件下，以比色法测定含量。

3 试剂与材料

3.1 硅胶：30~100 目，色谱用细孔硅胶。

3.2 硫酸：分析纯。

3.3 甲醛溶液：分析纯。

3.4 无水乙醇：化学纯。

3.5 石油醚：30~60℃，无芳香烃。

3.6 硫酸–甲醛试剂的配制

将硫酸和甲醛溶液按 99.5：0.5(m/m) 混合均匀，试剂保存在棕色细颈磨口瓶中。如发现试剂有颜色或沉淀析出时，不能继续使用。

4 仪器、设备

4.1 72 型分光光度计。

4.2 注射器：50μL 和 1mL。

4.3 容量瓶：10mL。

4.4 称量瓶：30mm×60mm。

4.5 分液漏斗：250mL。

4.6 秒表。

4.7 洗耳球。

4.8 漏斗。

4.9 分析天平。

4.10 折光仪。

4.11 恒温烘箱。

4.12 定性白瓷板。

4.13 吸附柱(见下图)。

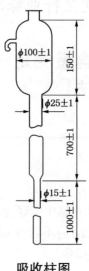

吸收柱图

5 分析步骤

5.1 硅胶的活化

取 30~100 目的硅胶，用蒸馏水在搅拌下煮沸洗数次，用硝酸银检验至无氯根并呈中性为止。然后在恒温箱中于 100~110℃ 下烘干，再在 150~160℃ 下活化 5h 以上，取出后立即置于干燥器中冷却，测其活性(见附录 A)，当活性大于 10 时即可使用。

5.2 制取无芳香烃液体石蜡和提纯芳香烃

5.2.1 根据硅胶和液体石蜡之比向已装好硅胶(向吸附柱中装硅胶时要上下均匀，松紧适宜)的吸附柱中注入一定量的液体石蜡(实际注入量要略少于理论注入量)，使之通过硅胶自然下流，并收集脱芳香烃液体石蜡。分段收集无芳香烃液体石蜡，不断用硫酸-甲醛试剂进行检验，一旦显色，立即停止收集，这时所得之液体石蜡即为无芳香烃液体石蜡。

5.2.2 制取无芳香烃液体石蜡后，液体石蜡中的芳香烃被吸附柱内的硅胶吸附，这时向吸附柱内加入已知折光率的无芳香烃石油醚，冲洗残存于硅胶上的非芳香烃组分。当流出液的折光率与无芳香烃石油醚的折光率相同时，再以经过干燥的压缩空气把吸附柱内石油醚吹尽。

5.2.3 吸附柱内石油醚吹尽后，再向吸附柱内加入无水乙醇作顶替剂，把硅胶上的芳香烃脱附下来，脱附下来的液体用蒸馏水在分液漏斗中洗涤 4~5 次，除去乙醇，然后将芳香烃用定量滤纸过滤以除去微量水分。所得组分为纯芳香烃，纯芳香烃的平均折光率在 20℃ 时应大于 1.4900。

5.3 绘制工作曲线

5.3.1 用从预测液体石蜡中提纯的芳香烃和无芳香烃液体石蜡按含量为 0，0.2，0.4，0.6，0.8 和 1.0g/kg 配制成一系列标准溶液。考虑温度变化对测定结果的影响，标准溶液应在温度为 25℃ 左右时配制。

5.3.2 用微量注射器吸取上述标准溶液各 50μL 分别置于洁净、干燥的六个 10mL 容量瓶中，用滴定管加入硫酸-甲醛试剂，至容量瓶的刻线为止，塞紧容量瓶的磨口塞立即用手剧烈摇动 4~5 次，然后以每分钟 100~110 次的频率手摇振荡 2min 或置于振荡机中以每分钟 160~200 次的频率振荡 3min，倒入光径 3cm 的比色皿中(比色皿吸光度应接近)，静置 10min(此时打开比色计进行稳压)后，以无芳香烃液体石蜡为空白，在一定波长和输出电压下进行比色，记录其吸光度。

5.3.3 以测得的结果和相对应的芳香烃浓度为坐标，绘制吸光度芳香烃浓度工作曲线。

5.3.4 若更换原料油或光电比色计，应另作工作曲线。

5.3.5 试样中芳香烃含量小于 1g/kg 时，按 5.3.2 的操作步骤测得吸光度，从工作曲线直接查得相对应的芳香烃含量。

5.3.6 试样中芳香烃含量大于 1g/kg 时，则先测定试样的折光率，估计出试样中的芳香烃含量，再用无芳香烃液体石蜡作为稀释剂，使试样稀释到芳香烃含量小于 1g/kg，再按 5.3.2 进行测定，并记下稀释倍数。

6 分析结果的表述

6.1 试样中芳香烃含量小于 1g/kg 时，用测得的吸光度在工作曲线上直接查得相对应的芳香烃含量。

6.2 试样中芳香烃含量大于 1g/kg 时，其芳香烃含量 X 按下式计算：

$$X = (n + 1)X_1$$

式中：n——稀释增加倍数；

X_1——稀释后芳香烃含量，g/kg。

6.3 以 g/kg 报告试样中芳香烃含量，取重复测定两个结果的算术平均值，取正数值作为试样的结果。

7 精密度

重复性：重复测定的两个结果间的差数，不应大于下列数值。

芳香烃含量，g/kg	允许差数，g/kg
小于或等于 10	1g/kg
大于 10	较小结果的 10%

附　录　A
硅胶活性测定法
（补充件）

A1　仪器、设备
A1.1　硅胶活性测定管见图 A1。

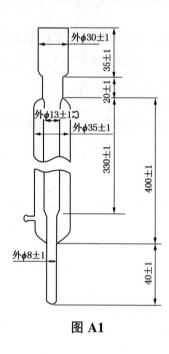

图 A1

A2　分析步骤
称取 10g 欲测其活性的硅胶，仔细装进下口用脱脂棉或玻璃纤维轻轻塞住的干燥、洁净的硅胶活性测定管中，同时轻敲管壁，使之装得均匀，松紧适宜。随即用 20mL 活性试液［苯含量为 10%（V/V）的苯–正庚烷二元混合物］从上口注入硅胶活性测定管中，并将分度为 0.1mL 的 10mL 量筒接在下口，待试液全部渗入硅胶后，加入 3mL 无水乙醇，待其全部渗入硅胶后再加入蒸馏水脱附，在流出液约 6~7mL 时，在流出口取 1 滴用硫酸–甲醛试剂做点滴试验，检查有无芳香烃，如此每隔 0.5mL 检查一次，直到检查出芳香烃为止，记取流出液体积（将用作点滴试验的部分也估计进去）。试验应在恒温下进行（实际上在操作时间不长的情况下，室温可视为是恒定的）。

A3　分析结果的表述
硅胶活性 Y（mL 苯/100g 硅胶）按式（A1）计算：

$$Y = \frac{100V \cdot C}{(1-C)m}$$ ………………………………………（A1）

式中：V——流出液（纯正庚烷）量，mL；

　　　C——活性试液中芳香烃的浓度，%（V/V）；

　　　m——硅胶的用量，g。

如上述操作：m = 10，C = 10%（V/V），

则：

$$Y = \frac{100V \times 10\%}{(1-10\%) \times 10} = 1.11V$$

220

重复测定的两个结果与其算术平均值的差数，不应大于±0.1~0.2mL，取至小数点后一位数字。

附加说明：
本标准由抚顺石油化工研究院技术归口。
本标准由抚顺石油化工研究院负责起草。
本标准首次发布于 1975 年。

液体石蜡及其原料油中正构烷烃含量测定法
（色 谱 法）

SH/T 0412—1992

（2005 年确认）

代替 SY 2858—82

1 主题内容与适用范围

本标准规定了用气相色谱测定液体石蜡及其原料油中正构烷烃含量的方法。

本标准适用于测定煤油馏分经分子筛脱蜡生产的液体石蜡产品及其原料油（煤油）中的正构烷烃含量。

2 方法提要

将试样注入 5A 分子筛色谱柱，正构烷烃被吸附，记录非正构烃流出的色谱峰，以外标法定量计算出非正构烃含量，扣减得正构烷烃含量。

3 试剂与材料

3.1 $nC_9 \sim nC_{15}$ 单体正构烷烃（色谱纯）。

3.2 纯非正构烃（制备方法附后）。

3.3 5A 分子筛：40～60 目，比压在 0.1 时，苯吸附量应小于 5mg/g，正己烷吸附量应大于 90mg/g。

3.4 氢气：纯度 99%（V/V）以上。

4 仪器、设备

4.1 色谱仪：氢气作载气时对苯的灵敏度（S）应大于（或等于）1000mV。

4.2 记录器：2～5mV，扫描时间应小于（或等于）1s。

4.3 色谱柱：玻璃、不锈钢或紫铜 U 型柱，长 20cm，内径 6～8mm。

4.4 微量注射器：10μL，带定量进样装置。

4.5 读数显微镜：放大倍数 20 倍。

5 样品

5.1 标准样的配制

5.1.1 基准标样的配制

5.1.1.1 根据试样的单体正构烷烃组成，用色谱纯单体正构烷烃配制出纯正构烷烃标样。

5.1.1.2 将 5A 分子筛脱蜡所获得的脱蜡油（非正构烃）在常温下多次通过 5A 分子筛吸附柱，除去残存的正构烷烃，测其流出油的折光率直至测定值恒定，即可收集保存，作为纯非正构烃。

5.1.1.3 用已配制出的纯正构烷烃标样，加入一定量的纯非正构烃制得基准标样，用小安瓿封存备用。

5.1.2 副标的标定

从欲分析的试样中选取有代表性的样品作副标。用相应的基准标样在色谱上进行标定，之后用小安瓿封存备用。

6 分析步骤

6.1 色谱柱的制备

将 40~60 目的 5A 分子筛置于 550℃ 的高温炉中活化 3h，稍冷却，趁热迅速装入色谱柱内。要求填充紧密、均匀，之后装入色谱仪，在使用柱温下通氢气活化 2h。

6.2 测定非正构烃含量

6.2.1 分析条件

载气流速：80~100mL/min；

柱温：160~170℃；

检测室：160~170℃；

汽化室：280℃±10℃。

6.2.2 打开直流电源将桥流调至所需的毫安数。

6.2.3 启动记录器，待基线稳定后即可进行分析。

6.2.4 用清洁、干燥的微量注射器分别定量注入副标和试样。

7 分析结果的表述

7.1 计算公式

7.1.1 试样中非正构烃含量用式（1）计算：

$$C_1 = \frac{F_1 \cdot C_2}{F_2} \quad \cdots\cdots\cdots\cdots\cdots\cdots\cdots\cdots\cdots\cdots\cdots\cdots\cdots\cdots\cdots\cdots \quad (1)$$

式中：C_1——试样中非正构烃含量，%（m/m）；

F_1——试样非正构烃峰面积；

C_2——标样中非正构烃含量，%（m/m）；

F_2——标样非正构烃峰面积。

7.1.2 试样中正构烷烃含量按式（2）计算：

$$C_3 = 100 - C_1 \quad \cdots\cdots\cdots\cdots\cdots\cdots\cdots\cdots\cdots\cdots\cdots\cdots\cdots\cdots\cdots\cdots \quad (2)$$

式中：C_3——试样中正构烷烃含量，%（m/m）。

7.2 用质量百分数报告试样中正构烷烃含量，结果取重复测定的平均值至小数点后一位数字。

8 精密度

重复测定的两个结果与平均值之差不应大于下列数值：

%（m/m）

试 样 名 称	重 复 性	再 现 性
液体石蜡	±0.5	±0.8
原 料	±2	±3

附加说明：

本标准由抚顺石油化工研究院技术归口。

本标准由金陵石油化工公司炼油厂负责起草。

本标准首次发布于 1975 年。

中华人民共和国石油化工行业标准

SH/T 0413—1992

液体石蜡中微量碱性氮含量测定法

（2005 年确认）
代替 SY 2859—82

---

1 主题内容与适用范围

本标准规定了液体石蜡中微量碱性氮含量的测定方法。
本标准适用于液体石蜡。

2 术语

碱性氮：试样中能与高氯酸作用的氮化物的氮。

3 方法提要

根据有机碱和无机酸在非水溶液中呈现的游离强度不同，以高氯酸-冰乙酸标准滴定溶液滴定，计算出碱性氮含量。

4 试剂与材料

4.1　冰乙酸：分析纯。
4.2　乙酸酐：分析纯。
4.3　苯：分析纯。
4.4　高氯酸：分析纯，70%~72%（m/m）的溶液。
4.5　甲基紫指示剂：配成 1g/L 的甲基紫冰乙酸指示液。称取 0.1g 甲基紫溶于 100mL 冰乙酸中。
4.6　苯-冰乙酸混合液：按苯与冰乙酸体积比 1：1 混合。

5 仪器、设备

5.1　微量滴定管：2mL，分度 0.01mL。
5.2　锥形烧瓶：250mL。

6 分析步骤

6.1 准备工作

6.1.1　高氯酸[$c(HClO_4) = 0.02mol/L$]-冰乙酸溶液的配制与标定：量取 2mL 高氯酸加 250mL 冰乙酸，再加 20mL 乙酸酐后，用冰乙酸稀释至 1000mL。

标定方法：称取经 105~110℃干燥，冷却后的基准苯二甲酸氢钾 0.015g，加入 50mL 冰乙酸，加热至沸，冷却后加 50mL 苯和 5 滴甲基紫指示剂，用高氯酸-冰乙酸标准溶液进行滴定，滴定终点为紫色全部消失而呈蓝色。高氯酸-冰乙酸标准滴定溶液的浓度 $c(mol/L)$ 按式（1）计算：

$$c = \frac{m_0}{204(V-V_1)} \times 1000 \quad \cdots\cdots\cdots\cdots\cdots\cdots\cdots\cdots\cdots\cdots \text{（1）}$$

式中：m_0——滴定时所用苯二甲酸氢钾的质量，g；
　　　　204——苯二甲酸氢钾的摩尔质量，g/mol；

V——滴定苯二甲酸氢钾时所用高氯酸–冰乙酸标准滴定溶液的体积，mL；

V_1——空白试验时所用的高氯酸–冰乙酸溶液的体积，mL。

6.2 分析步骤

6.2.1 在清洁、干燥的 250mL 锥形烧瓶中称取经过滤脱水的试样 50g±0.2g，加入苯–冰乙酸混合液 50mL，加 5 滴甲基紫–冰乙酸指示剂，用高氯酸–冰乙酸标准滴定溶液滴定，由紫色消失而呈蓝色即为终点。

6.2.2 在同样条件下，用同样试剂进行空白滴定。

7 分析结果的表述

试样中碱性氮含量 $X[\text{ppm}(m/m)]$ 按式（2）计算：

$$X = \frac{(V_2 - V_3) \times c \times 0.014}{m} \times 10^6 \quad\cdots\cdots\cdots\cdots\cdots\cdots\cdots\cdots\cdots\cdots\cdots\cdots\cdots\cdots（2）$$

式中：0.014——与 1.00mL 浓度为 $[c(\text{HClO}_4) = 1.000\text{mol/L}]$ 的高氯酸–冰乙酸标准滴定溶液相当的以克表示的氮的质量；

$\quad c$——高氯酸–冰乙酸标准滴定溶液的浓度，mol/L；

$\quad V_2$——滴定试样时所消耗的高氯酸–冰乙酸标准滴定溶液的体积，mL；

$\quad V_3$——滴定空白试剂时所消耗的高氯酸–冰乙酸标准滴定溶液的体积，mL；

$\quad m$——试样的质量，g。

用 $\text{ppm}(m/m)$ 报告试样的碱性氮含量，取至小数点后一位数字。

8 精密度

重复性：重复测定的两个结果间的差数，不应大于下列数值。

碱性氮含量，$\text{ppm}(m/m)$	重复性，$\text{ppm}(m/m)$
10 以下	0.5
10~30	1

附加说明：

本标准由抚顺石油化工研究院技术归口。

本标准由金陵石油化工公司炼油厂负责起草。

本标准首次发布于 1975 年。

ICS 75.140
E 42

中华人民共和国石油化工行业标准

SH/T 0414—2004
代替 SH/T 0414—1992

石油蜡嗅味试验法

Standard test method for odor of petroleum wax

2004-04-09 发布   2004-09-01 实施

中华人民共和国国家发展和改革委员会   发 布

前　言

本标准等同采用美国试验与材料协会标准 ASTM D1833-87(1999)《石油蜡嗅味试验法》(英文版)。

本标准代替 SH/T 0414—1992《石蜡嗅味试验法》。

本标准根据 ASTM D1833-87(1999)重新起草。

本标准与 SH/T 0414—1992 的主要差异：

——标准名称改为《石油蜡嗅味试验法》。

——本标准增加了"术语"及"意义和用途"一章。

——本标准增加了"试验小组"一章，包括人员组成及人员评定的重要因素。

——本标准在第 8 章"实验步骤"中，增加了采用干净无味的广口瓶进行嗅味评定的方法。

——本标准增加了"精密度和偏差"一章。

本标准的附录 A 是规范性附录。

本标准由中国石油化工集团公司提出。

本标准由中国石油化工集团公司抚顺石油化工研究院归口。

本标准起草单位：中国石油化工集团公司抚顺石油化工研究院。

本标准主要起草人：王丽君、张会成。

本标准首次发布于 1980 年，1992 年 8 月第一次修订。

石油蜡嗅味试验法

1 范围

1.1 本标准规定了评定石油蜡嗅味强度的试验方法。

1.2 本标准没有提及所有与使用有关的安全事项，该标准的使用者有责任事先建立适当的安全健康保护措施。

2 术语

石油蜡嗅味 odor of wax

用数字等级号表示，该等级号是按最适合于试样的气味强度来评定的。

3 方法概要

从蜡块上削下约10g薄片作为试样，放在无气味的玻璃纸上，然后由试验小组每位成员评定试样的嗅味，赋予与嗅味强度最相适应的数字等级号。另一种方法是把蜡片放入试样瓶中，每位小组成员在样品制备好的15~60min内作出嗅味评定，试验小组成员嗅味数字等级的平均值作为样品嗅味评定值。

4 意义和用途

在石油蜡(如食品包装蜡)使用中，石油蜡的嗅味强度是一项重要指标。例如，石油蜡嗅味限制性指标经常出现在石油蜡产品规格中。该方法用数字等级而不是用描述性词语为实验室间石油蜡嗅味强度一致性提供了基准。本方法主要用于评定嗅味强度，但结果受嗅味类型干扰。

5 设备与材料

5.1 刮刀：表面光洁度好的刀具，或其他容易擦干净的锋利工具。也可使用能从蜡块上削下薄片的机械设备(如蔬菜切碎机或凿子)。

5.2 纸：无气味的玻璃纸。

5.3 试样瓶：带盖的250mL广口瓶。

6 试验小组

6.1 嗅味试验小组至少由5人组成。

6.2 选择石油蜡嗅味试验小组成员时，应考虑如下重要因素：a) 正确评定的一致性；b) 个人的重复性。附录A中给出了用于检验这些因素的方法。

注：由于嗅觉灵敏度下降，任何患有呼吸疾病的成员应排除在外。

7 样品和试样

7.1 样品在室温下应为一整块，从蜡块上至少能制备100g蜡片。

7.2 每位试验小组成员评定用试样大约为10g。

8 实验步骤

8.1 刮去蜡样品表面，除去样品中杂质。用干净的刮刀制备约10g试样，放在无气味的玻璃纸上，薄片应当是从样品断面上得到的，给每位小组成员准备一份试样。

注：嗅味试验应尽可能在无气味的房间内进行，如有可能也要避免低的相对湿度，以免引起嗅觉迟钝。

8.2 试样制备好后，每位试验小组成员立即用鼻孔接近试样轻轻地闻，作出嗅味评定。另外一个方法如下：试样制备好后立刻转移到干净无气味的试样瓶中，然后盖上瓶盖。给每位试验小组成员准备一份试样，在试样制备好的15~60min内，每位小组成员应当取下瓶盖，在试样瓶口处轻轻地闻，对试样气味作出评定。

注：如果重复闻试样，由于"嗅觉疲劳"或试样组分挥发损失，试样嗅味强度将减弱。

8.3 每位试验小组成员根据自己闻到的嗅味强度，按表1记录相应的数字等级。

注：在所有试验完成前，试验小组成员间不应讨论试验结果。

表1 嗅味强度等级

数字等级	嗅味描述	数字等级	嗅味描述
0	无	3	强
1	轻微	4	很强
2	中等		

8.4 每人每次不能同时评定三个以上的试样，每组试验间隔时间不少于15min。

9 计算

试验小组成员给出的样品数字等级的平均值取至0.5个单位，如果任何个别成员的评定与平均值相差超过1.0个单位，则所有小组成员应对该样品重新进行嗅味评定试验，如果第二次试验仍有个别结果超过平均值1.0个单位，则可弃去这个结果，计算新的平均值。

10 报告

小组评定的平均值取至最接近的0.5个单位作为样品嗅味等级。

11 精密度和偏差

11.1 精密度——该试验方法的精度说明正在求证中。

11.2 偏差——由于嗅味数值仅根据试验方法确定，该试验方法过程没有偏差。

附 录 A

（规范性附录）

评选试验小组成员方法

A.1 适用范围

本方法规定了用正确评定的一致性和个人的重复性评选石油蜡嗅味试验小组成员的方法。

A.2 正确评定的一致性

A.2.1 选择4个气味轻微而气味强度不同的蜡样品（通常要求每个蜡样品1~2kg，由8~10个成员参加评选），按8.1所述制备试样，试样放在没有气味的地方。每人按字母顺序从A到D（嗅味强度由小到大排列）评定试样。评定试验每天进行一次，直至8~10次评定按同样的顺序排列（每天蜡样编号不同）。按照蜡样的正确评定给每位参加评选者打分，具体操作如下：

每次试验时，如果样品出现在第1位置，则给4个点数；样品出现在第2位置，则给3个点数；样品出现在第3位置，则给2个点数；样品出现在第4位置，则给1个点数。

A.2.2 测试结束后，把所有点数加起来，得出样品的相对排列顺序，作为嗅味的正确排列。

A.2.3 按下面所述确定每位参加评选者的分数：按照每个样品偏离真实排列位置的数值，把该数值作为点数减去。例如，如果试验小组把4个蜡样按A、B、C、D顺序排列，而某一试验者是按B、C、A、D顺序排列，则B与原位偏离1位，C偏离1位，A偏离2位，D在正确位置上，则该参加评选者总共偏离4点；如果他的排列顺序与其他评选者完全相反，则偏离原位的最大点数是8。对于上述排列，该参加评选者的得分是50分。

$$记分 = [(R - L)/R] \times 100$$

式中：

R——与小组排列顺序完全相反的点数；

L——与小组排列顺序比较的实际点数。

A.2.4 每位参加评选者的最终分数是他所有日常得分的平均值。

A.3 个人重复性

个人重复性完全按A.2.3所述确定分数的同样方式进行。只是他的每天排列应当和他自己的综合平均值相比较，而不是与正确排列相比较。

A.4 平均得分

试验小组成员在正确排列和个人排列一致性上都应该在70分以上。

————————

ICS 75.080

E 30

中华人民共和国石油化工行业标准

NB/SH/T 0415—2013

代替 SH/T 0415—1992

石油产品紫外吸光度和吸光系数测定法

Standard test method for
ultraviolet absorbance and absorptivity of petroleum products

2013-06-08 发布

2013-10-01 实施

国家能源局 发布

前　言

本标准按照 GB/T 1.1—2009 规则起草。

本标准代替 SH/T 0415—1992《石油产品紫外吸光度检验法》，SH/T 0415—1992 等效采用 ASTM D 2008-80 制定。本标准与 SH/T 0415—1992 的主要差异如下：

——本标准标准名称变更；

——本标准增加安全警告说明；

——本标准在"规范性引用文件"章中增加了部分引用标准（见 3，1992 版的 2）；

——本标准增加"术语和定义"章（见 3）；

——本标准增加了"钬氧化物玻璃或钬氧化物溶液"的有关内容（见 6.1，7.3）；

——本标准删除了"附录 E 安全防护说明"（1992 版的附录 E）；

——本标准精密度增加偏差内容（见 12，A.5，B.5，C.5，D.5，1992 版的 8.3，A4，B4，C4，D4）。

本标准使用重新起草法修改采用美国试验与材料协会标准 ASTM D 2008-09《石油产品紫外吸光度和吸光系数测定法》。

考虑到我国国情，在采用 ASTM D 2008-09 时，本标准做了一些修改。本标准与 ASTM D 2008-09 的主要差异如下：

——本标准部分规范性引用文件采用了我国相应的国家标准和行业标准；

——本标准附录 A 主要用于检测白油吸光度而不评定其等级，因此删除了萘和标准参考吸光度等内容；

——本标准按我国的习惯对标准格式进行了重新编排；

——本标准删除了英制单位和华氏温度。

请注意本文件的某些内容可能涉及专利。本文件的发布机构不承担识别这些专利的责任。

本标准由中国石油化工集团公司提出。

本标准由全国石油产品和润滑剂标准化技术委员会石油蜡类产品分技术委员会（SAC/TC 280/SC3）归口。

本标准起草单位：中国石油化工股份有限公司抚顺石油化工研究院。

本标准主要起草人：赵彬、高健。

本标准首次发布于 1992 年，本次为第一次修订。

石油产品紫外吸光度和吸光系数测定法

警告：本标准可能涉及某些有危险的材料、设备和操作，但并无意对与此有关的所有安全问题都提出建议。因此，在使用本标准之前，用户有责任建立适当的安全和防护措施，并确定相关规章的适用性。

1 范围

本标准规定了石油产品紫外吸光度和吸光系数的测定方法。

本标准适用于各种石油产品在 220nm～400nm 光谱区域波长下测定紫外吸收，包括液体试样的吸光度，或者液体和固体试样的吸光系数。

本标准在规定的测量条件下使用，规定的条件包括波长、溶剂（如果使用）、样品光程长度和样品浓度，使用时参考本标准附录中的应用实例，或者其它的测量条件说明。

本标准的应用实例包括白油的吸光度、精炼石油蜡的吸光系数和医药凡士林吸光系数的测定等。

2 规范性引用文件

下列文件对于本文件的应用是必不可少的。凡是注日期的引用文件，仅所注日期的版本适用于本文件。凡是不注日期的引用文件，其最新版本（包括所有的修改单）适用于本文件。

GB/T 6682 分析实验室用水规格和试验方法（GB/T 6682—2008，ISO 3696：1987，MOD）

JB/T 6777 紫外可见分光光度计

ASTM E131 分子光谱相关术语（Terminology Relating to Molecular Spectroscopy）

ASTM E169 紫外可见定量分析通用技术规程（Practices for General Techniques of Ultraviolet–Visible Quantitative Analysis）

3 术语和定义

下列术语和定义适用于本文件。本标准与吸收光谱有关的术语定义及符号应符合 ASTM E131。

3.1

辐射能 radiant energy

以电磁波形式传递的能量。

3.2

辐射功率 radiant power，*P*

辐射能射束中传输能量的速率。

3.3

透射比 transmittance，*T*

表示物质传输辐射功率能力的分子特性，用式（1）表示：

$$T = P/P_0 \tag{1}$$

式中：

P——透射样品的辐射功率；

P_0——入射样品的辐射功率。

3.4

吸光度 absorbance，*A*

表示物质捕获辐射功率能力的分子特性，用式（2）表示：

$$A = \lg\ (1/T)\ = -\lg T \tag{2}$$

式中：

    T——3.3 定义的透射比。

注：吸光度是指扣除参比物或标准物的吸收，由反射、溶剂吸收所造成的损失和折射效应已得到补偿，散射导致的衰减相对于吸收是很小的。

3.5

稀释因子 dilution factor，*f*

加入溶剂降低溶质浓度和吸光度的比例，用稀释后的溶液体积与含有相同溶质的原溶液体积之比表示。

3.6

吸光系数 absorptivity，*α*

表示单位样品浓度、单位光程长度下物质吸收辐射能的特性，吸光系数 *α* 用式（3）表示：

$$\alpha = Af\,/bc \tag{3}$$

式中：

    A——3.4 定义的吸光度；

    f——3.5 定义的稀释因子；

    b——样品池光程长度；

    c——物质的浓度。

3.7

样品池光程长度 sample cell pathlength，*b*

在辐射能光束传播方向上，从辐射能进入的样品表面到辐射能穿出的样品表面之间的距离，以 cm 表示。

注：此光程长度不包括装有样品的吸收池的厚度。

3.8

浓度 concentration，*c*

单位体积溶液中能产生吸收的物质的量，以 g/L 表示。

4　方法概要

在规定的条件下，用已知光程长度的吸收池，通过测定液体试样的吸收光谱来确定其紫外吸光度；在规定的波长下，用已知光程长度的吸收池，通过测定已知浓度的液体或固体溶液的吸光度来确定其紫外吸光系数。

5　意义和用途

在表征石油产品时，液体的吸光度、规定紫外波长下的液体和固体的吸光系数是有用的。

6　仪器、设备

6.1　分光光度计：配备用于液体试样、光程长度不大于 10cm 的吸收池，能够在 220nm～400nm 内采用

2nm 或更小谱带宽度测定吸光度。用 313.16nm 汞发射线，或者在 287.5nm 用钬氧化物玻璃或者在 287.1nm 用钬氧化物溶液测量吸收光谱，波长可重复，精度±0.2nm 或更小。在 220nm～400nm 吸光度为 0.4 时，吸光度重复性在±1.0%以内。

6.2 本标准使用的分光光度计的推荐测试方法，见 JB/T 6777。

6.3 也可使用能得到与 6.1 等效试验结果的仪器。

6.4 光程长度小于 10.0cm 的吸收池，只能在被装配该吸收池的仪器上使用。当扩展光谱范围时，应对分光光度计进行检验，推荐使用自动记录仪；手动操作分光光度计更适合在规定的分析波长下获得吸光度读数。当测试温度高于室温时，应采取措施确保吸收池处在选定的温度下进行测试。

6.5 融熔石英吸收池：一对或多对，光程长度 0.1000cm～10.00cm，且应在其标称光程长度的±0.5% 范围内。除非另有规定，推荐使用 1.0cm 光程长度的吸收池。吸收池的检测和清洗步骤见 JB/T 6777。

7 试剂与材料

7.1 水：参比水应符合 GB/T 6682 中三级水的要求。

7.2 异辛烷：（警告：极易燃，吸入有害）分析纯，作为首选光谱用溶剂。

当异辛烷纯度达不到要求时，按下列步骤进行精制：取 4L～5L 异辛烷，用直径 50 mm～75mm、高 0.6m～0.9m 的活性硅胶柱渗滤。用 1.0cm 吸收池，以水作参比，在 240nm～300nm 波长范围内进行检测，只收集吸光度小于 0.05 的渗出物。

7.3 十氢化萘（警告：易燃，蒸气有害）：分析纯，作为首选备用光谱溶剂。

当十氢化萘纯度达不到要求时，也推荐用 7.2 描述的硅胶渗滤法制备十氢化萘光谱用溶剂。

注：通常，可利用 ASTM E169 中列出的商业"光谱纯"溶剂。可以选择其一用于测定吸光系数，但仅限于按 9.2.2 使用。

7.4 钬氧化物玻璃或钬氧化物溶液：用来检验分光光度计的波长准确度。

8 取样

8.1 由于紫外吸收对操作不当引入的少量外来污染物非常敏感，故应采取预防措施，谨慎地采样，以获得有代表性的样品。如果可能，应从有包装的产品中采取，以防止意外的污染。

8.2 对质量在 1kg 以上的被测石油产品，应取约 1kg 有代表性的样品，并混合均匀。

8.3 对质量在 100g～1kg 之间的被测石油产品，应取全部作为样品，并混合均匀。

8.4 对质量小于 100g 的石油产品，则认为样品没有代表性。也可以进行测试，但在报告测定结果时，要将试样来源、取样步骤和样品选择依据作为结果的一部分加以记录和报告。

9 分析步骤

9.1 未稀释液体试样的吸光度

9.1.1 将水注满 1.0cm 参比吸收池，擦净吸收池窗面，而后把吸收池置于分光光度计池室内，在 220nm～400nm 波长范围内的分析波长处测试吸光度，以确定 1.0cm 吸收池的修正值。若在整个波长区域内其吸光度在 -0.01～+0.01 之间，即可忽略其修正值。确定吸收池的修正值后，应固定参比吸收池和试样吸收池，并在测试中保持不变。

9.1.2 将未稀释的液体试样（经充分脱水）注满 1.0cm 试样吸收池，按 9.1.1 测定吸光度。

9.1.3 从光谱的长波长末端开始绘制吸光度-波长曲线。从较短波长起依次读取吸光度数据直至获得大于 1.0 的数值。当使用自动记录仪（推荐）时，最好把吸收池的校正扫描和试样的扫描绘制在同一张图纸上。对光谱的较长波长区域，为获得易读的吸光度，最好采用光程长度大于推荐长度的吸收池（见 ASTM E169 中应用段）。对光谱的较短波长区域，吸光度会较大。为精确测量，可使用 0.1cm 吸收池。只有当这些吸光度值大于 1.0 时才记录。若要用数值表示，推荐测定吸光系数。

9.1.4 若用 0.1cm 吸收池代替 1.0cm 吸收池（9.1.3），重复 9.1.1 和 9.1.2 操作步骤，记录所有的测量结果。

9.2 固体和液体试样的吸光系数

9.2.1 方法概要

9.2.1.1 石油产品的吸光系数范围很宽，最常用的范围在 $10^{-4}L/$（$g \cdot cm$）~$10L/$（$g \cdot cm$）之间。

9.2.1.2 在测定吸光系数时，为获得最佳结果，吸光度值应在 0.1~1.0 之间。通过配制溶液或选择样品池光程长度，可获得 0.1~1.0 之间的吸光度。个别石油产品的吸光系数可能随波长变化较大，为了覆盖要求的波长范围，应制备若干不同的试样溶液。为获得可靠结果，应考虑溶剂、浓度和样品池光程长度的选择。

9.2.2 溶剂的选择

9.2.2.1 溶剂的选择取决于石油产品的溶解度和分析波长处溶剂的透光度，见 ASTM E169 中应用部分关于紫外用溶剂的简单讨论。

9.2.2.2 除非受溶解度的限制，应选用异辛烷作溶剂。

9.2.2.3 如果试样在异辛烷中不能完全溶解，则可改用十氢化萘作溶剂。

9.2.2.4 如果在准备需要的溶液时，试样在异辛烷和十氢化萘中溶解度均较低，则可以从 ASTM E169 列表中选用一种溶剂。不是所有列举的溶剂都适于本方法涉及的全部光谱区域。在测试样品吸光度的全部波长区域内，采用 1.0cm 吸收池，以水作参比，测试一种溶剂的吸光度，当吸光度小于 0.05 时，则认为该溶剂具有足够"光谱纯度"。在 ASTM E169 中所列表的环己烷（**警告：极易燃，吸入有害**）、四氯化碳、三氯甲烷（**警告：四氯化碳、三氯甲烷吞入致命，吸入有害，燃烧产生有毒蒸气**）和乙醇等都是光谱分析用的替代溶剂。

9.2.3 溶液浓度的选择

9.2.3.1 在吸收最弱的波长处，试样的原始溶液浓度应足以提供适度的吸光度（0.1~1.0），但不许超出 40g/L，且在溶剂的极限溶解度以内。

9.2.3.2 由原始溶液可制备出约 1g/L 的最低浓度。如样品在室温下溶解不完全，则可提高溶解温度后按 9.2.5 操作。

9.2.3.3 表 1 中列举了四种原始溶液的推荐浓度、所需的试样质量和溶液的体积，并在第四栏里给出了用 1.0cm 吸收池可测的吸光度在 0.1~1.0 之间时的吸光系数范围。

9.2.3.4 按照表 1 中有关试样的最低吸光系数选择所需的浓度。请注意推荐的试样质量和溶液体积，以便制备所需的原始溶液。

9.2.3.5 如果由于在分析波长处的吸光系数大于 1 而需要小于 1g/L 溶液的浓度时，先制备浓度为 4g/L 的原始溶液（见表 1），并稀释如下：用移液管吸取 1mL~10mL 原始溶液移入 25mL~100mL 容量瓶中，可获得 2.5~100 之间的稀释因子。选用适当的稀释因子，在分析波长处获得 0.1~1.0 的吸光度读数。

注：例如，用移液管移取 1mL 4g/L 的原始溶液至 25mL 容量瓶中，加入溶剂至刻度线并摇匀。第一次稀释的稀释因子为 25，浓度为 0.160g/L。重复上述操作步骤，由第一次稀释液可制备出浓度为 0.064g/L 的稀释液。第二次稀释的稀

释因子为 625。

表 1　样品原始溶液的推荐试样量和溶液体积

浓度/（g/L）	试样质量[a]/mg	容量瓶/mL	用 1.0cm 吸收池可测的吸光系数范围[b]
40	1000	25	0.0025～0.0250
10	250	25	0.010～0.100
4	100	25	0.025～0.250
1	100	100	0.100～1.000

[a] 试样称准至 0.1mg 或表中标称质量的 ±5% 以内。

[b] 如果采用 10.0cm 吸收池，则把吸光系数范围除以 10。

9.2.4　试样光程长度的选择

9.2.4.1　除非在本方法的个别应用中另作规定，推荐的试样光程长度为 1.0cm，而替代的试样光程长度为 10.0cm。

9.2.4.2　在 9.2.5、9.2.6 中规定采用推荐的 1.0cm 试样光程长度，而替代的试样光程长度为 10.0cm。在本方法的个别应用中规定不同的试样光程长度，但较小的试样光程长度应采用推荐的 1.0cm 吸收池，而替代的较大试样光程长度应采用 10.0cm 吸收池。

9.2.5　室温下的操作步骤

9.2.5.1　称取不同的推荐质量的试样至容量瓶中（见表 1），向容量瓶中加入溶剂至容量瓶容积的一半，摇动溶解后再加入溶剂至刻度线并摇匀。

9.2.5.2　如果试样不能迅速溶解，可把容量瓶放在水浴中加热溶解。试样溶解后再加入溶剂稀释并摇匀。待冷却至室温后再加入溶剂至刻度线。

9.2.5.3　将待测的原始溶液或稀释溶液注满 1.0cm 试样吸收池，把溶剂注满 1.0cm 参比吸收池，确保吸收池窗面洁净，而后把吸收池置于分光光度计池室内，在 220nm～400nm 区域内的分析波长处测定试样的吸光度。

9.2.5.4　如果采用 1.0cm 吸收池在一个或多个分析波长处的吸光度读数都小于 0.1，则改用 10.0cm 吸收池，重复 9.2.5.3 操作，获得在 0.1～1.0 之间的吸光度读数。

9.2.5.5　如果采用 1.0cm 吸收池在一个或多个分析波长处的吸光度读数都大于 1.0，则对原始溶液进行稀释。即用移液管移取 1mL～10mL 原始溶液至 25mL～100mL 容量瓶中，加入溶剂至刻度线。重复 9.2.5.3 操作，获得在 0.1～1.0 之间的吸光度读数。

9.2.5.6　测试注满溶剂的试样吸收池与注满溶剂的参比吸收池的吸光度，通过比较来确定吸收池的修正值。

9.2.6　在高温下的操作步骤

9.2.6.1　如果用推荐的溶剂在室温下不能获得均匀的试样溶液时（9.2.5.2），允许在能溶解试样的较高温度下测试吸光度，但不准超过 66℃。

9.2.6.2　按不同的推荐试样量称取试样，称准至 0.1mg（见表 1），加入洁净且经过校正的容量瓶中。

9.2.6.3　向容量瓶中加入部分溶剂，将容量瓶置于与测试温度相同的水浴中。试样完全溶解后，用与测试温度相同的溶剂稀释至刻度线，摇匀，并在水浴中加热至测试温度。

9.2.6.4　准备分光光度计吸收池的恒温装置，使试样吸收池和参比吸收池保持在所需的测试温度。

9.2.6.5　应采取适当措施，确保测试时溶液的温度保持在测试温度的 ±1.1℃ 以内。

9.2.6.6 用注射器（预热至测试温度）将试样溶液注入预热至测试温度的 1.0cm 试样吸收池中。用同样方法将预热至测试温度的溶剂注入 1.0cm 参比吸收池中，盖紧吸收池盖，擦净吸收池窗面，然后将吸收池置于分光光度计池室内，允许放置足够时间使温度达到平衡，在 220nm~400nm 区域的分析波长处测定吸光度。

9.2.6.7 如果 1.0cm 吸收池在一个或多个分析波长处的吸光度读数都小于 0.1，则应改用 10.0cm 吸收池，重复 9.2.6.6 操作，获得 0.1~1.0 之间的吸光度读数。

9.2.6.8 如果 1.0cm 吸收池在一个或多个分析波长处的吸光度读数都大于 1.0，则应按表 1 制备低浓度的第二种原始溶液。若还不能满足要求，则应改用一对 0.1cm 或 0.5cm 吸收池，重复 9.2.6.6 操作，获得 0.1~1.0 之间的吸光度读数。记录所有的读数。

9.2.6.9 测试注满溶剂的试样吸收池与注满溶剂的参比吸收池的吸光度，通过比较来确定吸收池的修正值。

10 计算

10.1 未稀释液体试样的吸光度

10.1.1 未稀释液体试样在各分析波长处的吸光度按式（4）计算：

$$A = A_L - A_c \tag{4}$$

式中：

    A——未稀释液体试样的吸光度；

    A_L——装满试样的试样吸收池的吸光度或在扫描图上的读数；

    A_c——装满水的试样吸收池的吸光度或在扫描图上的读数。

10.1.2 计算单位厘米光程长度的吸光度 A/b。其中 b 为以 cm 表示的试样吸收池的光程长度。

10.2 固体和液体试样的吸光系数

    固体或液体试样在分析波长处的吸光系数为 α，由式（5）求得：

$$\alpha = Af/cb \tag{5}$$

式中：

    A——试样溶液吸光度减去吸收池的修正值后获得的吸光度；

    b——试样池光程长度，cm；

    c——原始溶液的质量浓度，g/L；

    f——稀释因子，即稀释后的溶液体积与含有相同溶质的被稀释的原始溶液的体积之比，原始溶液的 f 等于 1。

11 报告

11.1 未稀释液体试样的吸光度

11.1.1 当报告未稀释液体试样的吸光度数值时，应说明测定波长和以 cm 表示的试样池光程长度。

11.1.2 当报告未稀释液体试样的单位厘米光程长度的吸光度值时，应说明测定波长。

11.2 固体和液体试样的吸光系数

    报告吸光系数数值时应说明测试吸光度的波长、溶剂、浓度和吸收池光程长度。

12 精密度和偏差

12.1 精密度：四种具体的石油产品的精密度见 A.7（白油）、B.5（精炼石油蜡）、C.5（医药凡士林）和 D.5（环保型橡胶加工或填充油）。

12.2 其他石油产品的精密度应通过实验室间合作对其有代表性的样品测试来确定。

12.3 偏差：由于没有可接受的参考标物准，不能确定这些步骤的偏差。

13 关键词

石油产品、紫外吸光度、紫外吸光系数、紫外光谱。

附　录　A
（规范性附录）
白油的吸光度

A.1　范围

这是应用通用方法来测定未稀释液体试样吸光度的实例之一。白油的吸光度应分别在 275nm 处用 0.1cm 吸收池，295nm～299nm 和 300nm～400nm 处用 1.0cm 吸收池进行测试。

A.2　分析步骤

白油试样的吸光度测试，按 9.1 步骤操作，在 400nm～250nm 区域内进行扫描。

A.3　计算

按 10.1.1 条计算用 0.1cm 吸收池测得的试样在 275nm 处的吸光度，用 1.0cm 吸收池测得的 295nm～299nm 和 300nm～400nm 区域的最大吸光度。

A.4　报告

报告白油的吸光度如下，保留 3 位小数：

波长/nm	试样光程长度/cm	吸光度（最大值）
275	0.1	—
295～299	1.0	—
300～400	1.0	—

A.5　精密度和偏差

A.5.1　用统计方法获得实验室间测定结果的精密度（95%置信水平）。

A.5.1.1　重复性：

由同一操作者用同一仪器，在稳定的操作条件下，对同一试样按本方法正确操作所得的连续测试结果之间的差值，不超出下列数值：

波长/nm	重复性
275	0.008
295～299	0.019
300～400	0.014

A.5.1.2　再现性：

由不同操作者在不同实验室，对同一试样按本方法正确操作，所得的两个单独的试验结果之差，不超出下列数值：

波长/nm	再现性
275	0.053
295~299	0.071
300~400	0.080

A.5.2 偏差：由于没有可接受的标准，这个步骤的偏差不能确定。

附 录 B

（规范性附录）

精炼石油蜡的吸光系数

B.1 范围

这是应用通用方法来测定固体和液体试样吸光系数的实例之一。精炼石油蜡吸光系数在290nm波长处进行测试。在规定的条件下，本方法适合测定 $0.01L/(g \cdot cm) \sim 1.0L/(g \cdot cm)$ 范围内的吸光系数。

B.2 分析步骤

B.2.1 按9.2.5中给出的通用方法在室温下测试精炼石油蜡的吸光系数。推荐将100mg精炼石油蜡试样溶于100mL异辛烷中，采用1.0cm和10.0cm吸收池，按9.2.5在290nm波长处测定吸光度。

B.2.2 如果试样在异辛烷中不能完全溶解，则用十氢化萘作溶剂。

B.2.3 如果试样在室温下不能完全溶解于异辛烷或十氢化萘，按9.2.6继续进行操作。

B.3 计算

按式（5）计算石油蜡的吸光系数 α。

B.4 报告

报告 $0.01L/(g \cdot cm) \sim 1.0L/(g \cdot cm)$ 范围内的石油蜡吸光系数，保留两位有效数字。若小于0.01L/ $(g \cdot cm)$ 时报告结果小于 $0.01L/(g \cdot cm)$，大于 $1.0L/(g \cdot cm)$ 时报告结果大于 $1.0L/(g \cdot cm)$。

B.5 精密度和偏差

B.5.1 用统计方法获得实验室间测定结果的精密度（95%置信水平）。

B.5.1.1 重复性：

由同一操作者用同一仪器，在稳定的操作条件下，对同一试样按本方法正确操作所得的连续测试结果间的差值，不超过下列数值：

吸光系数/ $[L/(g \cdot cm)]$	重复性/ $[L/(g \cdot cm)]$
0.02	—
0.15	0.02
0.30	0.02

B.5.1.2 再现性：

由不同操作者在不同实验室，对同一试样按本方法正确操作，所得的两个单独的试验结果之差，不超过下列数值：

吸光系数/ [L/ (g・cm)]	再现性/ [L/ (g・cm)]
0.02	—
0.15	0.05
0.30	0.05

B.5.2 偏差：由于没有可接受的标准，这个步骤的偏差不能确定。

附　录　C
（规范性附录）
医药凡士林的吸光系数

C.1　范围

作为应用通用方法测定固体和液体吸光系数的实例之一，医药凡士林的吸光系数应在 290nm 波长处进行测试。在规定的条件下，本方法适合测定 $0.02L/（g\cdot cm）$ ~$5.0L/（g\cdot cm）$ 范围内的吸光系数。

C.2　分析步骤

C.2.1　按 9.2.5 中给出的通用方法在室温下测试医药凡士林的吸光系数。推荐将 100mg 医药凡士林试样溶于 100mL 异辛烷中，采用 1.0cm 和 10.0cm 吸收池，按 9.2.5 在 290nm 波长处测定吸光度。如果需要按 9.2.5.5 稀释，稀释因子 5（如由 5 mL 稀释到 25mL）就适合测定最大 5.0 $L/（g\cdot cm）$ 的吸光系数。
C.2.2　如果试样不能完全溶解于异辛烷，则用十氢化萘作溶剂。

注：四氯化碳（**警告：如吞咽可致命，吸入有害，燃烧可产生有毒蒸气**）也是许多凡士林的良好溶剂。当试样不完全溶解于十氢化萘时，可用四氯化碳作溶剂。

C.3　计算

医药凡士林在 290nm 波长处的吸光系数 α 按式（5）计算。

C.4　报告

报告 $0.02L/（g\cdot cm）$ ~$5.0L/（g\cdot cm）$ 范围内的医药凡士林吸光系数，保留两位有效数字。若小于 $0.02L/（g\cdot cm）$ 时报告吸光系数小于 $0.02L/（g\cdot cm）$，大于 $5.0L/（g\cdot cm）$ 时报告吸光系数大于 $5.0L/（g\cdot cm）$。

C.5　精密度和偏差

C.5.1　用统计方法获得实验室间测定结果的精密度（95%置信水平）。
C.5.1.1　重复性：
由同一操作者用同一仪器，在稳定的操作条件下，对同一试样按本方法正确操作所得的连续测试结果间的差值，不超过 $0.01L/（g\cdot cm）$。
C.5.1.2　再现性：
由不同操作者在不同实验室，对同一试样按本方法正确操作，所得的两个单独的试验结果之差，不超过 $0.05L/（g\cdot cm）$。
C.5.2　偏差：由于没有可接受的标准，这个步骤的偏差不能确定。

附　录　D
（规范性附录）
环保型橡胶加工或填充油的吸光系数

D.1　范围

这是应用通用方法测定固体和液体吸光系数的实例之一，环保型橡胶加工及其填充油的吸光系数在 260nm 波长处进行测试。在规定的条件下，本方法适合测定 0.10L/（g·cm）~20L/（g·cm）范围内的吸光系数。

D.2　分析步骤

D.2.1　按 9.2.5 中给出的通用方法在室温下测试环保型橡胶加工及其填充油的吸光系数。推荐将 100mg 试样溶于 100mL "光谱级" 异辛烷中，采用 1.0cm 吸收池，按 9.2.5 在 260nm 波长处测定吸光度。

D.2.2　如果需要按 9.2.5.5 稀释，稀释因子 5（如由 5mL 稀释到 25mL）适合测定 5.0L/（g·cm）以下的吸光系数，稀释因子 20（如由 5mL 稀释到 100mL）适合测定 5.0L/（g·cm）~20L/（g·cm）之间的吸光系数。

D.3　计算

环保型橡胶加工及其填充油试样在 260nm 波长处的吸光系数 α 按式（5）计算。

D.4　报告

报告 0.10L/（g·cm）~20L/（g·cm）范围内的试样吸光系数，保留两位有效数字。若小于 0.10L/（g·cm）时报告吸光系数小于 0.10L/（g·cm），大于 20L/（g·cm）时报告吸光系数大于 20L/（g·cm）。

D.5　精密度和偏差

D.5.1　精密度：用下列规定来判断测定结果的可靠性（95% 置信水平）。
D.5.1.1　重复性：
若由同一操作者的平行测试结果之间的差值大于平均值的 7%，则认为可疑。
D.5.1.2　再现性：
若由两个实验室单独提供的结果之差大于平均值的 9%，则认为可疑。
D.5.2　偏差：由于没有可接受的标准，这个步骤的偏差不能确定。

前　言

本标准等效采用美国材料与试验协会标准 ASTM D2415-1966(1991 年确认)《沥青灰分测定法》,对 SH/T 0422—1992《石油沥青灰分测定法》进行修订。

本标准与 SH/T 0422—1992 的主要差异:

1. 精密度不同:本标准不仅增加了再现性要求,而且重复性要求也有了提高。

2. 取样量不同:SH/T 0422—1992 中的取样量为 3~5g;而本标准中规定的取样量为 10g。

3. 煅烧温度不同:SH/T 0422—1992 中规定的煅烧温度为 800℃±20℃;而本标准中规定的煅烧温度为 900℃±10℃。

对于灰分大于 1% 的沥青样品,也可采用本标准进行试验,但对精密度不作具体要求。

本标准由中国石油化工集团公司提出。

本标准由石油大学(华东)重质油研究所归口。

本标准起草单位:石油大学(华东)重质油研究所。

本标准主要起草人:王翠红、张小英、钱沧圆。

中华人民共和国石油化工行业标准

沥 青 灰 分 测 定 法

Standard test method for ash in bitumen

SH/T 0422—2000

（2005 年确认）

代替 SH/T 0422—1992

1 适用范围

本标准适于测定沥青的灰分。

2 引用标准

下列标准包括的条文，通过引用而构成为本标准的一部分。除非在标准中另有明确规定，下述引用标准都应是现行有效标准。

GB/T 11147　石油沥青取样法

3 方法概要

沥青经燃烧和煅烧后，所余无机物质即为灰分，以质量百分数表示。

4 意义和用途

沥青的灰分是沥青中无机矿物杂质的含量。含有微量金属的分子燃烧煅烧后形成的无机物和灰分的测定可以检查沥青中矿物质的含量。另外，在回收沥青时对回收的沥青要先进行灰分的测定，以确定是否因矿粉的存在影响了回收沥青的分析测定结果。

5 设备

5.1　高温炉：能够控制温度在 900℃±10℃。

5.2　坩埚：瓷质、硅质或铂质，容量为 35～45mL，上口直径 55～60mm，带盖。

5.3　筛：600μm（30 目）。

5.4　干燥器。

5.5　坩埚钳。

5.6　电炉。

5.7　瓷三角。

注：瓷坩埚可使用至其内表面的瓷釉损坏为止。

6 准备工作

6.1　取样按 GB/T 11147 进行。

6.2　样品脱水，当水含量超过 0.5%时应先进行脱水。

6.2.1　对固体样品，采用风干脱水。

6.2.2　对半固体和液体样品，采用加热蒸发脱水，温度不超过 150℃，当有轻馏分挥发时，应对轻馏分进行回收，然后返回到样品中。

6.3　样品的过滤

6.3.1　对固体样品，取至少100g样品研磨，取通过600μm(30目)筛的样品作为试验样品。

6.3.2　对半固体和液体样品，加热到流动温度下通过600μm(30目)的筛过滤。样品加热时间不应超过10min。

7　试验步骤

7.1　将洁净的坩埚放在900℃±10℃的高温炉里煅烧1h，在空气中冷却3min，然后将坩埚放入干燥器内，冷至室温，称量，称准至0.0001g。

7.2　重复7.1，直至连续称量的差数不超过0.0004g为止，将坩埚质量记为m_1。

7.3　将约10g按6.2、6.3处理过的样品转移至坩埚中，称准至0.0001g，记为m_2。

7.4　将盛有试样的坩埚放在石棉板孔上或电炉上，在通风橱中慢慢加热，如有蒸气发火时应立即用坩埚盖将坩埚盖上，迅速使其熄灭。控制加热，勿使沥青自坩埚边溢出。

7.5　当坩埚中仅剩下炭状残留物时，即将坩埚移置高温炉内，在900℃±10℃下煅烧30min。取出坩埚在空气中冷却3min后，将坩埚放入干燥器内，冷却至室温后称量，称准至0.0001g。

7.6　重复7.5直至连续称量间的差数不超过0.0004g，记为m_3。

8　计算

灰分w用下式计算，以质量百分数表示。

$$w\% = 100(m_3 - m_1)/(m_2 - m_1)$$

式中：m_1——坩埚质量，g；

　　　m_2——坩埚与试样的质量，g；

　　　m_3——坩埚与灰分的质量，g。

9　报告

取两个测定结果的算术平均值作为测定结果，报告灰分的质量百分数取至0.01%。

10　精密度

采用下列规定来判断结果的可接受性(95%置信度)。

10.1　重复性

同一操作者重复测定的两次结果的差数不超过0.01%。

10.2　再现性

两个实验室测定结果的差数不超过0.03%。

编者注：本标准中引用标准的标准号和标准名称变动如下。

原标准号	现标准号	现标准名称
GB/T 11147	GB/T 11147	沥青取样法

中华人民共和国石油化工行业标准

SH/T 0424—1992

（1998 年确认）

代替 ZB E43 002—88

石油沥青垂度测定法

1 主题内容与适用范围

本标准规定了石油沥青垂度的测定方法。

本标准适用于测定软化点 95℃以上的石油沥青的耐热性。

2 方法概要

将沥青试样按规定的尺寸和形状粘附在试验板上，再将该试验板垂直悬挂在恒温 70℃±2℃的烘箱中，保持 5h。测量试样受热产生蠕变下垂的距离，以毫米表示。

3 仪器设备

3.1 试验板：以 1Cr18Ni9Ti 不锈钢进行加工。该板尺寸如图 1 所示，厚 3mm。板的一侧有孔，能够在烘箱中垂直悬挂。

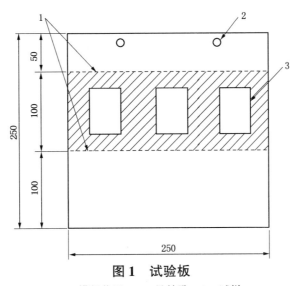

图 1 试验板

1—模板位置；2—悬挂孔；3—试样

3.2 模板：黄铜制品，尺寸和形状如图 2 所示。

3.3 烘箱：能自动恒温 70℃±2℃。

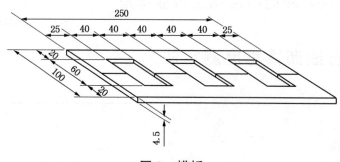

图 2　模板

4　准备工作

4.1　为避免试样局部过热，应在尽可能低的温度并勿使气泡进入试样的情况下，边慢慢地搅拌边加热熔化。加热温度不应超过试样软化点以上 90℃。

4.2　将试验板水平放置，在模板切口断面处涂上硅酮润滑脂或甘油-糊精（1∶1）隔离剂。按图 1 所示置于试验板上。注意隔离剂不要涂得过多。

4.3　将加热的试样注入模板内，并使略高出模板表面，在室温下冷却 30min。用热刀子沿着模板表面切去过量的试样，然后取掉模板。

4.4　取掉模板后，使粘附在试验板上的试样，在室温下放置 15min。

5　试验步骤

5.1　将粘有试样的试验板，垂直悬挂在 70℃±2℃ 的恒温烘箱中，保持 5h。

5.2　5h 后，取出试验板，测量各块试样沿长边方向的最大长度。

6　报告

以各测定值与最初长度 60mm 的差值中最大者作为该试样的垂度，以毫米为单位。

附加说明：
本标准由石油大学技术归口。
本标准由齐鲁石油化工公司胜利炼油厂负责起草。
本标准主要起草人崔新天、黄杰。
本标准等效采用日本工业标准 JIS K 2207—1980《石油沥青》中的垂度测定法。

ICS 75. 140
E 43

中华人民共和国石油化工行业标准

SH/T 0425—2003
代替 SH/T 0425—1992

石油沥青蜡含量测定法

Test method for wax content of asphalts

2004- 01- 09 发布　　　　　　　　　　　　2004- 06- 01 实施

中华人民共和国国家发展和改革委员会　　发 布

前　言

本标准在 SH/T 0425—1992 的基础上做了文字性修改，主要修改内容如下：

1. 在 4.2.1 对仪器的规定中增加了自动制冷装置及其冷浴槽容量要求。

2. 试验步骤 5.1 中要求的"火焰加热"改为"火焰加热或具有同样加热效果的花盆式电炉加热，但仲裁试验时用火焰加热"。

3. 试验步骤 5.4 中"如图所示的制冷设备"改为"符合控温精度的自动制冷装置或图 2 所示的冷冻过滤装置，但仲裁试验时用自动制冷装置。"

4. 标准文本有关章节中的"乙醇"改为"无水乙醇"，"乙醚"改为"无水乙醚"。

5. 精密度部分的再现性数值由原标准的 0.3，1.0，1.5 分别改为：0.3，0.5，1.0。

本标准自实施之日起，代替 SH/T 0425—1992。

本标准由中国石油化工集团公司提出。

本标准由石油大学(华东)重质油研究所技术归口。

本标准起草单位：石油大学(华东)重质油研究所。

本标准主要起草人：张玉贞、王翠红、卢水根。

石油沥青蜡含量测定法

1 范围

1.1 本标准规定了用裂解蒸馏法测定石油沥青中的蜡含量。

1.2 本标准适用于以天然原油的减压渣油生产的石油沥青。

1.3 本标准未涉及使用的安全规定，标准使用者有责任在使用前制定合适的安全应用规程。

2 规范性引用文件

下列文件中的条款通过本标准的引用而成为本标准的条款。凡是注日期的引用文件，其随后所有的修改单(不包括勘误的内容)或修改版均不适用于本标准，然而，鼓励根据本标准达成协议的各方研究是否可使用这些文件的最新版本。凡是不注日期的引用文件其最新版本适用于本标准。

GB/T 514 石油产品试验用液体温度计技术条件。

3 方法概要

将试样裂解蒸馏所得的馏出油用无水乙醚-无水乙醇混合溶剂溶解，在-20℃下冷却、过滤、冷洗；将滤得的蜡用石油醚溶解，从溶液中蒸出溶剂，干燥、称重求出蜡含量。

4 试剂和仪器

4.1 试剂

4.1.1 无水乙醚：化学纯。

4.1.2 无水乙醇：化学纯。

4.1.3 石油醚：60~90℃，化学纯。

4.2 仪器

4.2.1 自动制冷装置，其冷浴槽可容纳由吸滤瓶、玻璃过滤漏斗，试样冷却筒和柱杆塞组成的冷冻过滤组件三套以上，或将冷冻过滤组件按4.2.3规定组装成冷冻过滤装置；该两种装置的冷浴温度能够降至-22℃，并且能够控制在±0.1℃。

4.2.2 玻璃裂解蒸馏烧瓶：形状如图1所示，烧瓶支管即为冷凝管。

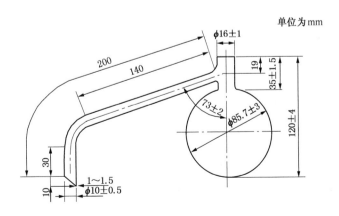

图1 裂解烧瓶

4.2.3　蜡冷冻过滤装置：由吸滤瓶、玻璃过滤漏斗，试样冷却筒和柱杆塞等组成，其安装总图如图2所示。玻璃过滤漏斗中滤板的孔径为20~30μm。

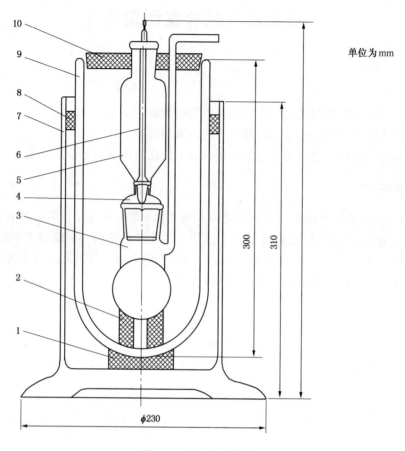

单位为mm

图2　冷冻过滤装置

1—橡胶托垫；2—托垫；3—吸滤瓶；4—玻璃过滤漏斗；5—试样冷却筒；
6—柱杆塞；7—玻璃罩；8—固定圈；9—冷浴槽；10—塞子

4.2.4　锥形瓶：150mL。

4.2.5　真空泵：抽气速率≥1L/s。

4.2.6　热水浴或电热套(板)。

4.2.7　干燥器。

4.2.8　燃气灯或花盆式电炉。

4.2.9　真空干燥箱：满足控制温度100~110℃，残压21~23kPa。

5　试验步骤

5.1　向裂解蒸馏瓶中装入试样约50g，称准至0.1g。用软木塞盖严蒸馏瓶。用已知质量的150mL锥形瓶作接受器，浸在装有碎冰的烧杯中。在接受器的软木塞侧开一小槽以使不凝气体逸出。用燃气灯火焰或具有同样加热效果的花盆电炉加热蒸馏瓶中的试样，但仲裁试验时用火焰加热。加热时必须让火焰或电炉加热面将烧瓶周围包住。

5.2　调节火焰强度或电路的加热强度，使从加热开始起在5~8min内达到初馏(支管头上流下第1滴)。以每秒2滴(4~5mL/min)的速度连续蒸馏至馏出终止，然后在1min内将烧瓶底烧红，必须使蒸馏从加热开始至终了在25min内完成。蒸馏终了后，在支管中残留的馏出油不应流入接受器中，馏出油称准至0.05g。

5.3　为避免蒸发损失，加热馏出油至微温并小心摇动接受瓶，可使馏出液充分混合。从这个混合油中称取适量的试样，加入已知质量的100mL锥形瓶中，准确至1mg，使其经冷却过滤后所得的蜡量在50~100mg之间。但馏出油的采样量不得超过10g。

5.4 准备好符合控温精度的自动制冷装置，或图2所示的冷冻过滤装置，但仲裁试验时用自动制冷装置。设定制冷温度，使其冷浴温度保持在−20~−21℃，或在图2所示的冷冻过滤装置中加入乙醇，用干冰降温，温度保持在−20~−21℃，把温度计浸没在150mm深处。冷浴中液态冷媒的量应能使冷冻过滤组件浸在冷浴中时，其液面高度比试样冷却筒中的无水乙醚−无水乙醇液面高出约100mm以上。

5.5 将吸滤瓶、玻璃过滤漏斗、试样冷却筒和柱杆塞组成冷冻过滤组件按图2所示组装好。

5.6 在盛有馏出油的100mL锥形瓶中，加10mL无水乙醚充分溶解后移入试样冷却筒。用15mL无水乙醚分两次冲洗锥形瓶后倒入试样冷却筒。再向试样冷却筒加入25mL无水乙醇进行混合。

5.7 将冷冻过滤组件放入已经预冷的冷浴中，冷却1h，使蜡充分结晶。在带有磨口塞的试管中装入30mm1:1无水乙醚和无水乙醇混合液(作洗液用)，并放入冷浴中冷却至−20~−21℃。

5.8 拔下柱杆塞，过滤被析出的蜡。用适当方法将柱杆塞在试样冷却筒中吊置起来。保持自然过滤30min。

5.9 启动抽滤装置，保持滤液的过滤速度为每秒1滴左右。当蜡层上的滤液将滤尽时，一次加入30mL预冷至−20℃的无水乙醚−无水乙醇(1:1)混合溶剂，洗涤蜡层、柱杆塞和试样冷却筒内壁，继续过滤，然后用真空泵抽滤，当冷洗剂在蜡层上看不见时，继续抽滤5min，将蜡中的溶剂抽干。

5.10 从冷浴槽中取出冷冻过滤组件，取下吸滤瓶，换装在已知重量的蜡回收瓶上，待达到室温后，用100mL热至30~40℃的石油醚将玻璃过滤漏斗、试样冷却筒和柱杆塞上的蜡溶解。

5.11 将蜡回收瓶放在适宜的热源上蒸馏，除去石油醚后放入真空干燥箱中干燥1h。真空干燥箱中的温度为105℃±5℃，残压为21~35kPa。然后将蜡回收瓶放入干燥器中冷却1h，称准至0.1mg。

6 计算结果

按5.1和5.2条的裂解蒸馏操作一次，按5.3~5.11条的脱蜡操作进行三次，沥青中的蜡含量$X(\%)$按下式计算：

$$X = 100\% \cdot (D \cdot P) / (S \cdot d)$$

式中：

S——试样采样量，g；

D——馏出油量，g；

d——馏出油中试样采取量，g；

P——所得蜡质量，g。

7 精密度

相互间的差别不超过表1数值时认为正确。

表1

蜡含量/%	重复性	再现性
0.0~1.0	0.1	0.3
>1.0~3.0	0.3	0.5
>3.0	0.5	1.0

8 报告

在方格纸上将所得蜡质量(g)作为横坐标，蜡质量分数(%)作为纵坐标，求出关系直线，用内插法求出蜡重量为 0.075g 时的蜡质量分数作为报告的蜡含量(%)。

注：关系直线的方向系数只取正值，有两条直线时，取内插值。

编者注：本标准中引用标准的标准号和标准名称变动如下。

原标准号	现标准号	现标准名称
GB/T 514	GB/T 514	石油产品试验用玻璃液体温度计技术条件

中华人民共和国石油化工行业标准

SH/T 0427—1992

润滑脂齿轮磨损测定法

（2004 年确认）
代替 ZB E36 017—88

---

1 主题内容与适用范围

本标准规定了润滑脂的齿轮磨损值的测定方法。

本标准适用于测定润滑脂的齿轮磨损值，用以表明润滑脂的相对润滑性能。

2 引用标准

GB 1992—1980 溶剂油

HG 3—1003 化学试剂 石油醚

3 方法提要

将涂有试验润滑脂的已知磨损性能的试验齿轮（四对），在规定负荷下进行往复运转，经规定周数后以铜齿轮平均质量损失作为磨损值。

4 试剂与材料

4.1 190 号溶剂油（GB 1992—1980）。

4.2 石油醚（HG 3—1003）。

4.3 二-(2-乙基己基)癸二酸酯：工业级。

4.4 试验齿轮：四对，每对由一个黄铜齿轮和一个钢齿轮组成，齿轮规格（见表 1）。

表 1 齿轮规格

齿轮种类 规 格	黄 铜 齿 轮	钢 齿 轮
齿 形	渐开线斜齿	渐开线斜齿
螺旋角	$\beta = 53°20'$右旋	$\beta = 36°40'$右旋
齿 数	$Z = 16$	$Z = 25$
法面模数	$M_n = 0.4$	$M_n = 0.4$
端面模数	$M_s = 0.497$	$M_s = 0.669$
压力角	$\alpha = 20°$	$\alpha = 20°$
精度等级	J–DCJB 179–60	J–DCJB 179–60
材 料	H62	40Cr

5 仪器和设备

5.1 齿轮磨损试验机(见图1)。

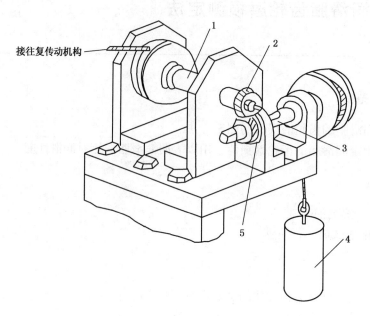

图1 齿轮磨损试验机

1—驱动轴;2—黄铜试验齿轮;3—被动轴;4—重锤;5—钢试验齿轮

5.1.1 驱动轴:包括外径25.4mm 的驱动皮带轮和安装铜齿轮(见图2)用的装置。

5.1.2 被动轴:包括外径25.4mm 载重皮带轮和安装钢齿轮(见图2)用的装置。

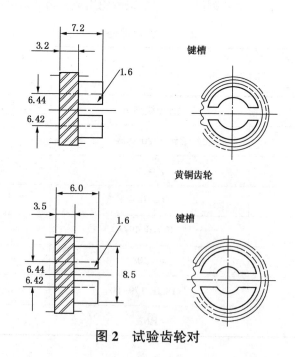

图2 试验齿轮对

5.2 驱动机构：往复运动(正弦曲线运动)，振幅 79.76mm，50cy/min，带一个旋转计数器。

5.3 砝码：22.24N(见图 1)。

5.4 砝码：44.48N(见图 1)。

5.5 烘箱：71℃。

5.6 天平：感量为 0.1mg。

5.7 容器：用于装与钢齿轮接触的二-(2-乙基己基)癸二酸酯。

5.8 刷子：硬毛刷。

6 样品

称取试样约 1g，作为试料。

7 试验步骤

7.1 在驱动轴上安装黄铜齿轮，在被动轴上安装钢齿轮，镶入齿轮上的标记槽，以保证齿轮试验装置每次装配在彼此相同的相对位置上。

7.1.1 齿轮的清洗、干燥及称量：

7.1.1.1 用硬毛刷和溶剂油擦洗试验齿轮。

7.1.1.2 在石油醚中漂洗齿轮，并在 71℃烘箱中干燥。

7.1.1.3 从烘箱中取出齿轮，冷却、称量并记录黄铜齿轮的质量(精确至 0.1mg)。

7.2 试验装置的装配：

7.2.1 在驱动轴上安装黄铜齿轮，并在齿轮磨损试验机的被动轴上安装钢齿轮(见图 1)，镶入标记槽，保证试验齿轮固定的位置(见 7.1)。

7.2.2 用柔软的绳缠绕滑轮，将传动轴与往复机构连接，并在被动轴上加 22.24N(见图 1)。

7.3 考察齿轮性能的运转过程：

7.3.1 将容器(见 5.7)安放在钢齿轮下部，将二-(2-乙基己基)癸二酸酯注入容器中，直到钢齿轮下部的齿被浸没。

7.3.2 启动往复机构，使其往复运转 1500cy 进行磨合。

7.3.3 在完成上述周数后停机，拆下齿轮，按 7.1.1 清洗、干燥齿轮对，并称量黄铜齿轮。

7.3.4 如黄铜齿轮的质量损失不超过 2mg，则此齿轮对可用于试验；若质量损失超过 2mg，则将此齿轮对报废。

注：在考察齿轮性能的运转中采用滴油器能保证有效地除去齿轮上的磨屑。

7.4 将磨合后合格的齿轮对按 7.2 条装配，并将材料均匀地涂在齿轮的啮合面上。然后，启动往复驱动机构，使其往复运转 6000cy。

7.5 试验运转结束后，拆下齿轮，按 7.1.1 清洗、干燥齿轮对，并称量黄铜齿轮。

7.6 在被动轴上加负载 44.48N，按 7.2 条步骤运转 3000cy。

7.7 在 3000cy 运转完毕后，拆洗齿轮，并按 7.1.1 所述，称量黄铜齿轮。

7.8 进行四次完整的试验，每次用新齿轮，并对 6000cy 和 3000cy 运转分别计算为每 1000cy 的黄铜齿轮质量损失(精确至 0.1mg)。

8 试验结果的表述

报告黄铜齿轮在 22.24N 力下运转 6000cy 后，每千周的平均质量损失(mg/1000cy)。

报告黄铜齿轮在 44.48N 力下运转 8000cy 后，每千周的平均质量损失(mg/1000cy)。

附加说明：

本标准由中国石化一坪化工厂提出并技术归口。

本标准由中国石化一坪化工厂负责起草。

本标准主要起草人卫建国、陈大鹏。

本标准参照采用美国联邦试验方法标准 FS 791 B 335.2《齿轮磨损方法》。

编者注：本标准中引用标准的标准号和标准名称变动如下。

原标准号	现标准号	现 标 准 名 称
HG 3-1003	GB/T 15894	化学试剂　石油醚

ICS 75.100
E 36

中华人民共和国石油化工行业标准

SH/T 0428—2008
代替 SH/T 0428—1992

高温下润滑脂在球轴承中
的寿命测定法

Standard test method for life of lubricating greases in
ball bearings at elevated temperatures

2008-04-23 发布　　　　　　　　　　2008-10-01 实施

中华人民共和国国家发展和改革委员会　　发　布

前　言

本标准修改采用美国试验与材料协会标准 ASTM D3336-05^{ε1}《高温下润滑脂在球轴承中的寿命测定法》。

本标准根据 ASTM D3336-05^{ε1} 重新起草。

为了适合我国国情，本标准在采用 ASTM D3336-05^{ε1} 时进行了修改。本标准与 ASTM D3336-05^{ε1} 主要差异如下：

——引用标准采用我国现行国家标准。

——本标准涉及到的单位采用国际单位制单位。

——清洗轴承用的正庚烷改为石油醚。

——删除了关键词章。

本标准代替 SH/T 0428—1992《高温下润滑脂在抗磨轴承中工作性能测定法》，SH/T 0428—1992 是参照采用美国联邦试验方法标准 FS 791 B331.2《高温下润滑脂在球轴承中的寿命测定法》制定的。

本标准与 SH/T 0428—1992 相比主要变化如下：

——标准名称作相应改变，由《高温下润滑脂在抗磨轴承中工作性能测定法》改为《高温下润滑脂在球轴承中的寿命测定法》。

——试验用轴承材料有改变。试验轴承由 E204 轴承改为使用 SAE No.6204 耐热轴承，在试验温度不高于 149℃ 时，可以使用由 ANSI 52100 钢制造的 ASTM No.6204 轴承。

——试验载荷有所变化，径向加载更高。

——适用温度最高可达到 371℃，比 SH/T 0428—1992 试验的最高温度 180℃ 高 191℃；

——按照温度条件分两种开、停机设置：不高于 149℃ 为 21.5h 开、2.5h 停循环；149℃ 以上为 20h 开、4h 停循环。而 SH/T 0428—1992 开停机设置为 21.5h 开、2.5h 停循环。

——SH/T 0428—1992 未对试验精密度进行描述，本标准对试验精密度进行了描述，遵循韦泊尔分布。

——本标准增加了附录 A，轴承内公差的测定方法。

本标准的附录 A 为规范性附录。

本标准由中国石油化工集团公司提出。

本标准由中国石油化工股份有限公司石油化工科学研究院归口。

本标准起草单位：中国石油化工股份有限公司石油化工科学研究院。

本标准主要起草人：刘中其、姜靓。

本标准所代替标准的历次版本发布情况为：

——SH/T 0428—1992。

高温下润滑脂在球轴承中的寿命测定法

1 范围

1.1 本标准规定了评定润滑脂在高温、高转速及轻负荷运转的球轴承中的性能的试验方法。

1.2 本标准采用国际单位制(SI)单位。

1.3 本标准未示明与其使用有关的所有安全问题,因此用户在使用本标准前应建立适当的安全和防护措施并确定有适用性的管理制度。

2 规范性引用文件

下列文件中的条款通过本标准的引用而成为本标准的条款。凡是注日期的引用文件,其随后所有的修改单(不包括勘误的内容)或修订版均不适用于本标准,然而,鼓励根据本标准达成协议的各方研究是否可使用这些文件的最新版本。凡是不注日期的引用文件,其最新版本适用于本标准。

GB 1922 油漆及清洗用溶剂油

GB/T 15894 化学试剂 石油醚 (GB/T 15894—1995,neq ISO 6353-3:1987)

3 方法概要

将一个装有润滑脂试样的 SAE No.6204 球轴承装在润滑脂轴承试验机烘箱内的主轴上,将径向、轴向负荷加到轴承外环上,驱动轴承内环在规定的高温下以 10000r/min 转速转动,直到润滑失效或完成规定运转时间为止,以运转时间(h)来评价试样在球轴承中的寿命。

4 意义与用途

本试验方法能够用来评价润滑脂在轻负荷下为高温、高速运转的球轴承提供长期润滑的能力。

5 设备

5.1 试验主轴(见图1、图2和图3):能够在温度高达 371℃、转速为 10000r/min 条件下运转。试验轴承座尺寸应为 19.99mm～20.00mm。如果试验轴承与支撑轴承同在一个轴承箱内(CRC 型,图1和图3),主轴的内部结构应为外部支撑轴承或两个轴承都能够在轴向自由浮动。两个轴承均能自由浮动的设计型式中,轴柄应具有一个 0.508mm～0.762mm 长度的自由轴向间隙。外置轴承座尺寸应为 19.99mm～20.00mm。

5.1.1 试验单元(图1和图2):一个指型弹簧垫片,产生 22N～67N 的轴向力,施加给外置浮动支撑轴承。

5.2 轴承箱

5.2.1 对于 CRC 型主轴:轴承箱尺寸应为 47.005mm～47.021mm,以便轴承能正常安装。试验轴承应配有防溅隔片或挡板,使润滑脂能保留在轴承中。隔片或挡板与内环及轴柄间分别具有 0.127mm～0.178mm 的间隙。

注:这种类型的主轴在用于测定高温下润滑脂在抗磨轴承中的性能特征的 CRC 研究技术中(CRC L-35-54 与 CRC L-35-62)进行了详细描述。

5.2.2 对于 Navy 型主轴(试验轴承安装在轴承箱外):轴承箱由与试验轴承材料相似的材料构成,并且在高达 371℃ 的高温下应保持外观尺寸不变。内径为 47.005mm～47.021mm。轴承箱盖应紧固,以防试样飞溅,并使润滑脂能保留在轴承上。将一根或两根小热电偶插入轴承箱,使热电偶

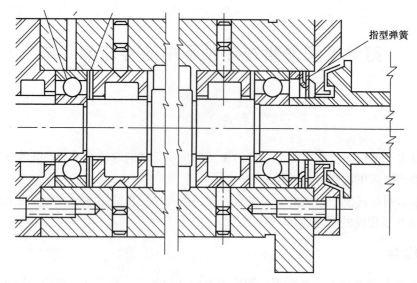

图1 试验主轴(两个浮动轴承)

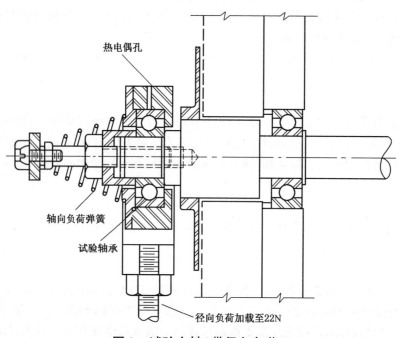

图2 试验主轴(带径向负荷)

轻轻压在试验轴承的外滚道上并持续接触。轴承箱上应装有柄连接一个架供加砝码,以便对试验轴承施加径向负荷。把22N±2N的轴向负荷通过一个室温下校正过的螺旋形弹簧施加在轴承的外环上。

5.3 电机驱动装置:主轴支架与恒定皮带张力的马达驱动装置,通过皮带传动,能够使主轴转速达到10000r/min±200r/min。安装马达时,应能保持试验主轴皮带轮上的皮带张力约为67N。

5.4 烘箱:可移动式,能够在1.5h内使试验温度达到371℃。

5.5 控制装置

5.5.1 试验轴承的外环温度应控制在规定试验温度的3℃内。温度控制装置应能通过控制烘箱温度来保持试验轴承外滚道温度在规定温度范围内。将一根热电偶放入烘箱中部控制烘箱温度。

5.5.2 应具备适用的装置,如可调节式重启继电器与过载时关闭烘箱加热及驱动马达的设备以及其他附属装置(时钟、记录器等)。记录烘箱温度与轴承温度。

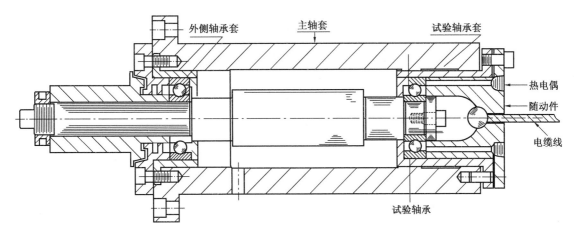

外侧轴承套　　主轴套　　　试验轴承套

热电偶

随动件

电缆线

试验轴承

图3　试验主轴轴向负荷设计

6　材料

6.1　试验轴承：型号为SAE No.6204，由耐热钢材制造，能适用于371℃高温。轴承应按ABEC-3技术要求制造，径向内公差为0.025mm~0.031mm。附录A中详细叙述了测定球轴承径向内公差的美国轴承制造协会标准方法。轴承内装配有一个球保持架，用可耐371℃高温的适宜材料制成。CRC型主轴的支撑轴承应与试验轴承相同。

注：用18-4-1高速钢或M-50(规格A600)工具钢制造的轴承及用热处理镀银的铍铜合金制造的保持架是符合要求的。另外，对于149℃或以下温度进行的试验，可以使用轴承套圈和滚动体材料由ANSI 52100钢制造，保持架由ANSI C1010制造的ASTM No.6204轴承(PCN12-43360-12)。轴承的精度要求为ABEC-3，内公差范围在0.021mm~0.028mm之间。

6.2　石油醚：符合GB/T 15894规格要求，分析纯，沸程60℃~90℃。

注意：有挥发性，吸入有害。

6.3　溶剂油：符合GB 1922中3号规格要求。

注意：易燃，蒸气有害。

7　试验条件

7.1　温度：根据要求最高为371℃。

7.2　转速：10000r/min±200r/min。

7.3　试验周期

7.3.1　不高于149℃时，21.5h运转，2.5h停止，停止时间内不加热。

7.3.2　高于149℃时，20h运转，4h停止，停止时间内不加热。

8　设备准备

8.1　在涂润滑脂试样之前，将试验轴承放入温热(约50℃)的溶剂油中转动清洗，然后用石油醚连续清洗两次后，放入烘箱在71℃下烘干，冷却至室温。

8.2　用窄刮刀给轴承装试样，使装入试样的质量相当于3.2cm³±0.1cm³体积的质量。还可以用体积度量试样，使用注射器将试样添加到轴承中。应从轴承两侧注入试样，使用窄刮刀保证试样不溢出滚道边缘。对于CRC型主轴，支撑轴承应装满试样。

8.3　将试验轴承、支撑轴承与指型弹簧安装到主轴上(见图1和图2)，并将热电偶固定在一定位置，使其与试验轴承(CRC型主轴)外圈接触。对于232℃及其以上的试验温度下进行的试验，每次试验应更换指型弹簧垫片。对于Navy型主轴，将试验轴承装入箱体并在轴承内滚道施加轻轻的推力使轴承压入主轴。盖好盖板，插入热电偶，并施加径向与轴向负荷。

9 试验步骤

9.1 用手转动轴承,每个方向转约 100 转,转速不超过 200r/min。同时启动驱动电机与加热装置,调节温度控制器,使轴承温度在 1.5h 内升高到试验温度。当在试验转速与试验温度下运转 2h 后,测定试验轴承外滚道的温度。调节控制器,使试验轴承外滚道温度为试样试验温度。至少每 24h 记录一次试验运转时间(h)、控制温度与轴承外滚道温度。除非使用自动控制器,否则周末应停机 72h(不加热),对于 Navy 型主轴,停机期间烘箱门应保持关闭。

注:一旦试验轴承的温度稳定性满足要求,不必再手动进行调整。然而,根据电压、环境温度等的变化可以进行微调。

9.2 继续进行试验直到试样失效,或者完成规定的运转时间为止。

10 结果

10.1 当出现下列任意一种情况时,则认为试样失效:

10.1.1 在试验温度下,主轴输入功率增加到平稳状态时功率的 300% 以上。

10.1.2 在运转周期中,试验轴承温升超过试验温度 15℃。忽略每天启动到达试验温度以后的 30min 时间内所产生的任何温升。

10.1.3 在启动或在试验运转期间,试验轴承的负荷增大或皮带打滑。

11 精密度与偏差

11.1 本标准的精密度尚未依据目前通行的准则(见 ASTM D02 委员会的研究报告 RR:D02-1007)得到。

11.2 两个独立的合作试验项目中得到的润滑脂寿命数据表明,其具有相当大的离散性,这些数据不遵循正态分布而遵循韦泊尔分布。因此,用统计参数如重复性与再现性是不适当的。韦泊尔参数如斜率、L_{10}、L_{50} 与 L_c 能更好地描述试验数据的分布。

11.2.1 从试验数据的韦泊尔曲线中可以推断精密度(见图 4、图 5)及计算得到的韦泊尔参数,总结于表 1(括号内示出 90% 置信率的结果)。也可以从总结于表 1 中所报告的平均值与试验结果的中间 50% 的范围来推断精密度。

表 1 润滑脂寿命(运转失效时间/h)

润滑脂	G-Ⅲ-54	G-Ⅲ-60
试验温度/℃	232	177
合作实验室数目	13	8
试验结果数目	48	31
韦泊尔参数		
斜率	1.89	1.53
	(1.56~2.27)	(1.19~1.92)
L_{10}	210	115
	(151~269)	(67~171)
L_{50}	571	394
	(487~657)	(310~494)
L_c	693	502
	(601~792)	(405~616)
平均	615	446
试验结果的中间 50% 范围	336~779	183~608

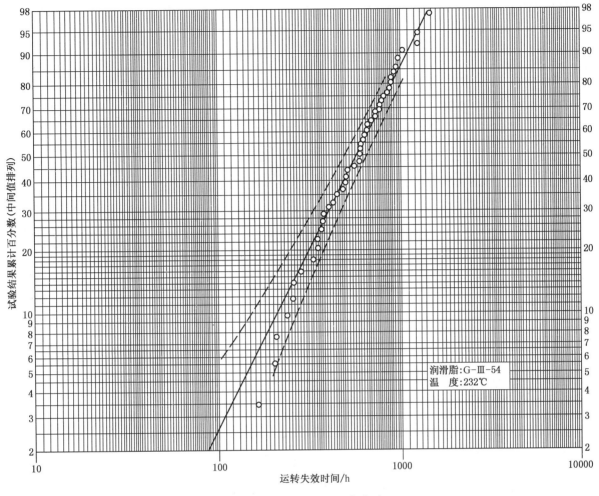

图4 G-Ⅲ-54 润滑脂寿命

11.3 当采用本标准时，有必要进行重复试验，因为润滑脂寿命试验结果是相当分散的。一种润滑脂若进行韦泊尔分析，需要进行至少五次重复试验，得到充足的试验数据，才能得到有意义的结果。

11.4 偏差：测定高温下球轴承中润滑脂寿命的测定步骤不存在偏差，因为高温下球轴承中寿命数值仅根据本试验方法而确定。

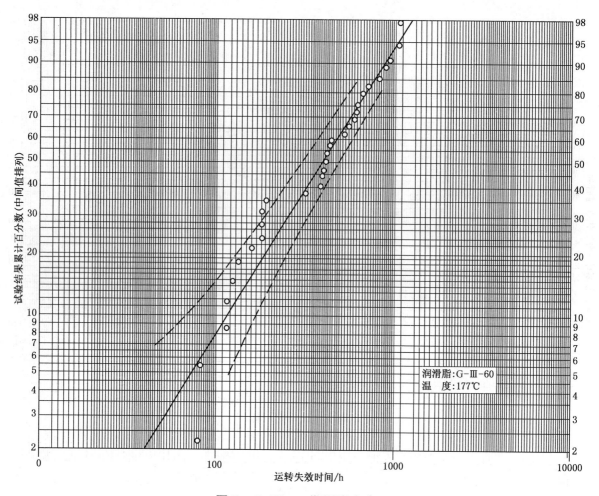

图 5　G-Ⅲ-60 润滑脂寿命

附　录　A
（规范性附录）
轴承内公差的测定方法

A.1　范围

A.1.1　本方法规定了测定轴承的径向内公差，以美国轴承制造协会标准4（方法1，3.6条）为依据。

A.1.2　本方法适用于径向开槽的球轴承。

A.1.3　本方法测定径向内公差，直接应用简单方式而不使用标准轴承。

A.1.4　测定的最小值读数与最大值读数之差是所测定的径向内公差。多次测定的平均值即为轴承的径向内公差 C_R。

A.1.5　事先润滑过的轴承与一些带盖板的轴承可能反向影响测量准确性。

A.2　试验步骤

A.2.1　在轴承内圈与面板间放置垫片，并按图 A.1 将轴承内圈固定在面板上。

A.2.2　将指示计放在轴承外圈外侧表面上并与滚道中心线平行，托住轴承外圈，让方向 A 的支座与外环相接触，小心不要抬高相反面。沿轴向重复抬起放下外圈并晃动外圈圆周（为了将球移动到滚道底部），直到指示计给出一致的最大读数值为止。

　　注：如果指示计指针没有明确指出最大值或最小值，那么可能是垫片太薄。

A.2.3　然后，继续保持让方向 A 的支座与外环相接触，在不移动圆周的情况下，将该点的外圈开始向上，然后向下移动。当球穿到滚道底部时，指示计会显示一个最大读数值，记录该数值，如图 A.1。

A.2.4　不改变处滚道的基本位置，让方向 B 的支座与外环相接触，小心不要抬起相反方向。读数前沿轴向重复抬起放下外圈并晃动外圈圆周（为了将球移动到滚道底部）。

A.2.5　然后，继续保持让方向 B 的支座与外环相接触，在不移动圆周的情况下，将该点的外圈开始向上，然后向下移动。当球穿到滚道底部时，指示计会显示一个最小读数值，记录该数值。

A.2.6　在不同角度位置重复相同步骤，以补偿轴承外圈内圈的可能不圆度。

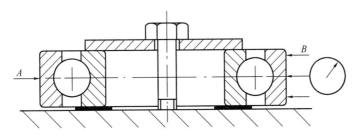

图 A.1　轴承内公差测定

ICS 75.100
E 36

中华人民共和国石油化工行业标准

SH/T 0429—2007
代替 SH/T 0429—1992

润滑脂和液体润滑剂与橡胶
相容性测定法

Standard test method for elastomer compatibility
of lubricating greases and fluids

2007-08-01 发布

2008-01-01 实施

中华人民共和国国家发展和改革委员会　　发 布

前　言

本标准与美国试验与材料协会标准 ASTM D4289-03《润滑脂和液体润滑剂与橡胶相容性测定法》的一致性程度为非等效。

本标准代替 SH/T 0429—1992《润滑脂与合成橡胶相容性测定法》，SH/T 0429—1992 是参照采用 ASTM D4289-83 制定的。

本标准与 SH/T 0429—1992 相比主要变化如下：

——修改了标准的名称，由《润滑脂与合成橡胶相容性测定法》改为《润滑脂和液体润滑剂与橡胶相容性测定法》；

——增加了液体润滑剂与橡胶相容性的内容；

——精密度按 ASTM D4289-03 进行了修改；

——增加了附录 A《标准橡胶的物理性能》。

本标准的附录 A 为规范性附录。

本标准由中国石油化工集团公司提出。

本标准由中国石油化工股份有限公司石油化工科学研究院归口。

本标准起草单位：中国石油化工股份有限公司重庆一坪润滑油分公司、中国航空工业第一集团公司北京航空材料研究院。

本标准主要起草人：谢红、王建山。

本标准所代替标准的历次版本发布情况：

——SH/T 0429—1992。

润滑脂和液体润滑剂与橡胶相容性测定法

1 范围

1.1 本标准规定了润滑脂和液体润滑剂与标准橡胶试片相容性的测定方法。标准橡胶为丁腈橡胶（NBR-L）和氯丁橡胶（CR）。

1.2 本标准适用于润滑脂和液体润滑剂与标准橡胶试片的相容性，特别是应用于汽车的润滑脂和液体润滑剂与橡胶试片相容性的评定，本标准也适用于对工业用液体润滑剂的评价。

1.3 本标准试验结果适用于对与润滑脂和液体润滑剂接触的橡胶密封件、密封圈、O 型环及类似产品机械性要求不苛刻的场合的评定。在与润滑脂和液体润滑剂接触的橡胶部件面临较大挠曲，温度及应力苛刻的应用场合，应评价橡胶的其他性能，如拉伸强度，扯断伸长率，才能更真实地反映其与橡胶的相容性。

1.4 本标准涉及某些有危险性的材料、操作和设备，但并未对与此有关的所有安全问题提出建议。因此，用户在使用本标准前应建立适当的安全防范措施，并制定相应的管理制度。

2 规范性引用标准

下列文件中的条款通过本标准的引用而成为本标准的条款。凡是注日期的引用文件，其随后所有的修改单（不包括勘误的内容）或修订版均不适用于本标准，然而，鼓励根据本标准达成协议的各方研究是否可使用这些文件的最新版本。凡是不注日期的引用文件，其最新版本适用于本标准。

GB/T 531　橡胶袖珍硬度计压入硬度试验方法（GB/T 531—1999，ISO 7619：1986，IDT）

GB/T 6682　分析实验室用水规格和试验方法（GB/T 6682—1992，ISO 3696：1987，NEQ）

HB 5428　低丙烯腈丁腈胶（NBR-L）和氯丁胶（CR）试验用硫化胶片

3 方法概要

将具有规定尺寸的标准橡胶试片置于润滑脂或液体润滑剂试样中，在 100℃（CR 或类似的橡胶）或 150℃（NBR-L）或润滑剂产品规格要求的其他温度下，经 70h 试验后，根据其体积变化和硬度变化来评价试样与橡胶的相容性。

4 仪器

4.1 邵尔 A 型硬度计。

4.2 天平：感量为 1mg。

4.3 耐热玻璃烧杯：矮型烧杯，100mL，直径约 50mm，深 70mm，有体积刻线。

4.4 表面皿：直径约 60mm。

4.5 试片挂钩：直径约 0.5mm 的一定长度的两端带钩的不锈钢丝，用于称试片。

4.6 悬挂丝：直径 0.71mm~0.72mm 的不锈钢丝，结构如图 1 所示，使试片低于液体表面。

4.7 烘箱：空气循环型，控温精度±2.5℃。

5 试剂与材料

5.1 水：符合 GB/T 6682 中三级水的要求。

5.2 丁二酸二辛酯碘酸钠（润湿剂）。

　　警告：使用当心，切忌入眼。

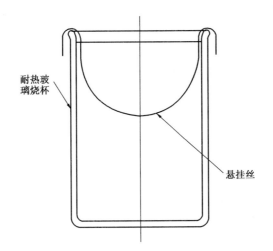

图1 流体样品试验时橡胶片悬挂丝

5.3 正庚烷：化学纯。
    警告：易燃，有害健康。

5.4 无水乙醇：化学纯。
    警告：易燃，有害健康。

5.5 标准橡胶试片：橡胶试片符合 HB 5428 丁腈橡胶(NBR-L)，氯丁橡胶(CR)的要求，其物理性能见附录 A。试片尺寸：直径为 40mm×2mm 的圆形试片或 50mm×25mm×2mm、35mm×35mm×2mm 的矩形试片。

5.6 定性滤纸。

5.7 绸布。

5.8 防护手套。

6 准备工作

6.1 将耐热玻璃烧杯及表面皿洗净、烘干，放无尘处备用。

6.2 在 600mL 烧杯中倒入足够的水煮沸约 5min，用表面皿盖上，冷却至 20℃~25℃，备用。

6.3 称量 0.5g 丁二酸二辛酯碘酸钠，放在 100g 水中溶解，配成丁二酸二辛酯碘酸钠润湿剂溶液。

7 试验步骤

7.1 在邵尔 A 型硬度计上按照 GB/T 531 的规定测定试片初始硬度 H_i。

7.2 将试片挂钩在空气中和浸入水中 10mm~15mm 分别称重，称准至 1mg。试片挂钩的整个挂钩部分应完全浸入水中，记录浸入深度。在烧杯的外部划一水面标记，以保证试片在水中质量测量的深度相同。

7.3 用蘸有正庚烷的绸布擦去试片表面杂质，用冷风吹干试片。

7.4 待正庚烷完全挥发后，称量试片挂钩和试片在空气中的总质量。

7.5 用试片挂钩将试片依次浸入润湿剂溶液和水中，每次浸润后迅速提起试片，使液体自然滴落。

7.6 把试片挂钩和试片挂在天平吊钩上，使试片挂钩浸入水中，深度同 7.2 条所述。去掉粘附在试片上面的空气泡沫。如果气泡难以除去时，重复 7.5 条操作。特殊情况下，需要采用机械方式移动吸附的气泡。

7.7 将试片浸入无水乙醇中，洗干净后，用滤纸吸干试片上的溶剂。

7.8 对于润滑脂试样：把大约 10mL 试样涂在烧杯四周及底部，用刮刀在试片上抹一厚层试样，放在烧杯中，用刮刀在试片周围涂抹试样，填满所有间隙，注意消除气泡。当装至烧杯约 80mL 刻度处(或称约80g),并使试片全部被试样覆盖,然后用刮刀将试样表面刮平,盖上表面皿。对液体润滑剂:将液体润滑剂试样装至烧杯80mL刻度处,将试片挂在悬挂丝上,放进烧杯中,使试片完全浸入试样中,盖上表面皿。

7.9 为保证橡胶和试样的体积比,一个烧杯只放一个试片。一次试验用两个试片。

7.10 把装有试片的烧杯放入预热到100℃±2.5℃或150℃±2.5℃的烘箱内保持70h±0.5h。试验结束后,从烘箱中取出烧杯,取下表面皿,用镊子把试片从烧杯中取出放在表面皿上冷却至室温,冷却时间约30min。

7.11 用绸布擦去试片上的试样,再用蘸有正庚烷的绸布擦洗试片。然后把试片浸入无水乙醇中,洗净后用冷风吹干或用滤纸吸干。

7.12 分别称量试验后试片在空气和水中的总质量。

7.13 在邵尔A型硬度计上按照GB/T 531测定试片试验后硬度H_f,按8.1条计算试片硬度变化ΔH。

7.14 按8.2条计算试片体积变化ΔV。

8 计算

8.1 试片硬度变化按式(1)计算:

$$\Delta H = H_f - H_i \quad\cdots\cdots\cdots\cdots\cdots\cdots\cdots\cdots\cdots\cdots\cdots\cdots\cdots\cdots\cdots\cdots\cdots\cdots \quad (1)$$

式中:

ΔH——试片硬度变化,度;

H_i——试片初始硬度,度;

H_f——试片终止硬度,度。

注:ΔH为负值指的是试验期间试片变软,反之变硬。

8.2 试片体积变化按式(2)计算:

$$\Delta V = \left[(M_3 - M_4) - (M_1 - M_2)\right]/(M_1 - M_2) \times 100 \quad\cdots\cdots\cdots\cdots\cdots\cdots \quad (2)$$

式中:

ΔV——试片体积变化,%;

M_1——扣除试片挂钩后,试验前试片在空气中的质量,g;

M_2——扣除试片挂钩后,试验前试片在水中的质量,g;

M_3——扣除试片挂钩后,试验后试片在空气中的质量,g;

M_4——扣除试片挂钩后,试验后试片在水中的质量,g。

若需测试片的初始密度按8.3条。

8.3 试片密度可按式(3)计算:

$$D = M_1/(M_1 - M_2)/d_水 \quad\cdots\cdots\cdots\cdots\cdots\cdots\cdots\cdots\cdots\cdots\cdots\cdots\cdots\cdots\cdots\cdots \quad (3)$$

式中:

D——试片密度,g/cm³;

M_1——扣除试片挂钩后,试验前试片在空气中的质量,g;

M_2——扣除试片挂钩后,试验前试片在水中的质量,g;

$d_水$——水的密度;g/cm³。

9 报告

9.1 试片硬度变化,取两个重复测定结果的算术平均值,准确至0.5度。

9.2 试片体积变化百分数,若$\Delta V \geqslant 10\%$,保留小数点后一位,若$\Delta V < 10\%$,保留小数点后两位。取两个重复测定结果的算术平均值,结果保留小数点后两位。

10 精密度

按下述规定判断试验结果的可靠性(95%置信水平)。

10.1 重复性

同一操作者使用同一台仪器、在相同操作条件下，对同一试样进行重复测定，所得两结果之差不能超过表1中规定的数值。

10.2 再现性

不同操作者在不同实验室，对同一试样进行测定，其中所得的两个独立的结果之差不能超过表2中规定的数值。

注：某些润滑剂的规格要求采用不同的试验条件，如延长时间，降低或提高试验温度。在这些情况下，重复性和再现性不能使用本标准第10章的数值。用户和供应商应协商确定可接受的精密度。精密度值适用于与标准橡胶物理特性相符的橡胶。

表 1 重 复 性

项　目	NBR-L(150℃)	CR(100℃)
体积变化,%	0.84	1.41
硬度变化, 度	1.5	1.5

表 2 再 现 性

项　目	NBR-L(150℃)	CR(100℃)
体积变化,%	3.45	9.87
硬度变化, 度	11.5	4.5

附 录 A

（规范性附录）

标准橡胶的物理性能

表 A.1 给出了标准橡胶的物理性能。

表 A.1 标准橡胶的物理性能

性 能 项 目		NBR-L	CR
密度，g/cm^3		1.200±0.020	1.430±0.020
硬度，度		70±5	70±5
扯断伸长率，%		≥275	≥275
拉伸强度，MPa		≥19.3	≥20.7
耐易挥发标准介质液体 B(40℃×22h)	体积变化，%	+54~+62	+65~+75
	硬度变化，度	−20~−12	−25~−15
注：耐易挥发标准介质液体 B，应符合 HB 5428 要求，组成为 70%异辛烷+30%甲苯(体积分数)。			

编者注：本标准中引用标准的标准号和标准名称变动如下。

原标准号	现标准号	现 标 准 名 称
GB/T 531	GB/T 531.1	硫化橡胶或热塑性橡胶 压入硬度试验方法 第 1 部分：邵氏硬度计法(邵尔硬度)

中华人民共和国石油化工行业标准

SH/T 0430—1992

刹车液平衡回流沸点测定法

代替 ZB E39 006—88

1 主题内容与适用范围

本标准规定了刹车液平衡回流沸点的测定方法。

本标准适用于测定刹车液及其基础液组分的平衡回流沸点。

2 引用标准

GB 514 石油产品试验用液体温度计技术条件

3 定义

平衡回流沸点：在冷凝回流系统内与大气压平衡条件下，试样沸腾的温度。

4 方法提要

60mL 试样在 100mL 烧瓶内与大气压平衡，并在一定回流速度条件下沸腾，用校正到标准大气压的温度作为平衡回流沸点。

5 仪器与设备

5.1 沸点测定仪：见图 1。

5.2 烧瓶：100mL 圆底双口短颈耐热玻璃烧瓶(见图 2)。

5.3 冷凝管：冷凝夹套长为 200mm，下端有一 19 号标准磨塞，端面为倾斜口的直形内芯冷凝管。

5.4 沸石：每次测定用 3~4 颗直径为 2~3mm 的碳化硅颗粒(或无釉陶瓷颗粒)，粒度为 8 号。

5.5 温度计：校正合格的 3 号滴点温度计，符合 GB 514 要求。

5.6 电加热器：能满足 7.2.1 所规定的加热要求。

6 样品

试样不少于 200mL。

7 分析步骤

7.1 准备工作

7.1.1 把校正过的温度计通过侧管安装到烧瓶中，使温度计水银球的末端距瓶底中心 6.5mm，用一短胶皮管套在温度计上，使其与管口密封。

7.1.2 将 3~4 颗碳化硅颗粒与 60mL 试料一起放入烧瓶内。

7.1.3 将烧瓶与清洁、干燥的冷凝管通过磨口相连接，并置于石棉金属网中心，放在电加热器之上，把冷却水的进出管连接到冷凝管上。

7.2 测定

7.2.1 一切准备就绪后，先开冷却水，再用电加热器先迅速加热，使试料在 10min±2min 内沸腾，要求回流速度达到每秒1~5滴，然后，立即调整加热，使回流速度达到每秒1~2滴，在此回流速度下，保持5min±2min后，每隔30s连续读取四个温度值(准确到0.3℃)，取其平均值作为读数结果。
7.2.2 记录试验条件下的大气压。

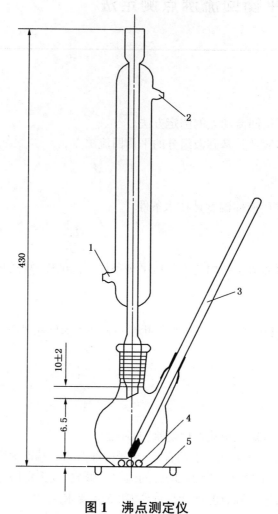

图1 沸点测定仪
1—进水口；2—出水口；3—温度计；4—沸石；5—石棉金属网

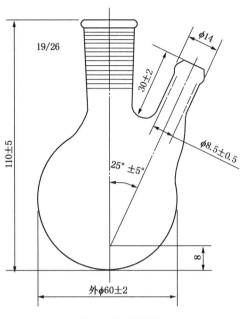

图2 短颈烧瓶

8 分析结果的表述

8.1 平衡回流沸点按式(1)计算:

$$T_{ERBP} = T_{示} + \Delta t_{修} + C_c \qquad (1)$$

式中：T_{ERBP}——经过温度计和大气压修正后的平衡回流沸点,℃;

   $T_{示}$——连续四次沸点读数的平均值,℃;

   $\Delta t_{修}$——温度计检定证书上对应的修正值,℃;

   C_c——校正到标准大气压的沸点修正值,℃。

8.2 C_c 值可按式(2)、(3)计算,也可从表1查得。

8.2.1 C_c 值以法定计量单位制按式(2)计算:

$$C_c = \frac{9.5 \times 10^5 (1.01325 \times 10^5 - P)(273 + t_c)}{1.33322 \times 10^2} \qquad (2)$$

8.2.2 C_c 值以非法定计量单位制按式(3)计算:

$$C_c = 9.5 \times 10^{-5}(760 - P')(273 + t_c) \qquad (3)$$

式中：P——测定沸点时的大气压, Pa;

   P'——测定沸点时的大气压, mmHg;

   t_c——$T_{示}$+$\Delta t_{修}$;

9.5×10^{-5}——单位压力及单位温度变化所引起的沸点变化系数。

表1 单位大气压的沸点修正值 ℃

t_c	每帕大气压差的修正值×10^{-4}	每毫米汞柱大气压差的修正值×10^{-2}
<100	2.25	3.00
100~140	2.92	3.90
>140	3.00	4.00

8.3 取重复测定两个结果的算术平均值,作为测定结果。

9 精密度

用下列数值来判断试验结果的可靠性(95%置信水平)。

9.1 重复性：同一操作者，重复测定两个结果之差，不应超过下列数值，见表2。

9.2 再现性：两个试验室所提供的测定结果之差，不应超过下列数值，见表2。

表 2 ℃

沸 点	重 复 性	再 现 性
<205	≤1.5	≤4.0
205~232	≤2.0	≤5.0
232~288	≤4.0	≤10.0

附加说明：

本标准由中国石化一坪化工厂提出并技术归口。

本标准由中国石化一坪化工厂负责起草。

本标准主要起草人吴开华、段治斌。

本标准参照采用美国试验与材料协会标准 ASTM D 1120-78《发动机冷却剂沸点标准试验方法》及美国联邦机动车辆安全标准 FMY SS DOT3 规格中《测定刹车液平衡回流沸点》的有关规定。

编者注：本标准中引用标准的标准号和标准名称变动如下。

原 标 准 号	现 标 准 号	现 标 准 名 称
GB 514	GB/T 514	石油产品试验用玻璃液体温度计技术条件

中华人民共和国石油化工行业标准

SH/T 0436—1992

航空用合成润滑油与橡胶相容性测定法

代替 ZB E40 007—86

1 主题内容与适用范围

本标准规定了航空用合成润滑油与橡胶相容性的测定方法。
本标准适用于测定航空用合成润滑油与橡胶的相容性。

2 引用标准

GB 528 硫化橡胶拉伸性能的测定
GB 531 橡胶邵尔 A 型硬度试验方法

3 定义

体积变化：将具有一定初始尺寸的试片浸渍在试验液体中，在一定温度下经历一定时间所测出的体积变化。

4 方法提要

将硫化橡胶浸泡在合成润滑油中，根据浸泡前后硫化橡胶性能变化(溶胀性-体积变化、拉伸应力应变性能变化和硬度变化)评定合成润滑油与硫化橡胶的相容性。

5 试剂与材料

5.1 定性滤纸或无绒布。
5.2 硫化橡胶试片：丁腈标准橡胶 BD-L、BD-G 及氟标准橡胶 BF 等的标准试片，厚度为2mm±0.3mm(所用标准胶料由航空航天部 621 所按标准弹性体材料标准提供)。
5.3 工业乙醇。
5.4 洗液：重铬酸钾在硫酸中的饱和溶液。

6 仪器与设备

6.1 金属恒温浴(铝浴或钢浴)：可控温在试验温度的±2℃，孔径尺寸与玻璃油杯外径相匹配(详见图 1)。
6.2 玻璃油杯：采用带磨口塞的抽提器(见图 2)。
6.3 分析天平：感量为 0.1mg。
6.4 厚度计：用于测量硫化橡胶厚度(公差 0.1mm，量程 0~10mm)。
6.5 邵尔 A 型硬度计：用于测量硫化橡胶硬度。
6.6 橡胶拉力机：见 GB 528。
6.7 烘箱：控温±1℃。
6.8 烧杯：100，500mL 各两个。
6.9 量杯：500mL 一个。

中国石油化工总公司 1992-05-20 批准

1992-05-20 实施

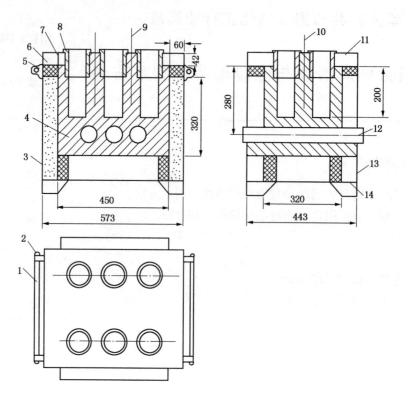

图 1

1—联杆；2—螺帽；3—炉架；4—金属浴芯体；5—支撑架；6—耐火砖；7—石棉布；8—环状体；
9—控温仪；10—温度指示器；11—盖板；12—管状电热元件；13—侧面板；14—底板

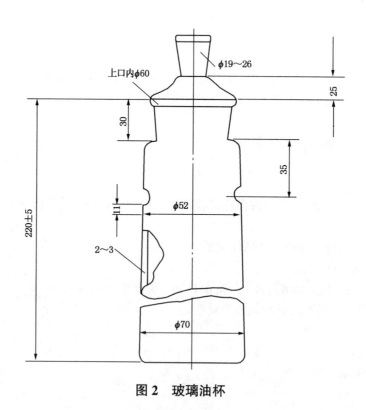

图 2　玻璃油杯

7 分析步骤

7.1 准备工作

7.1.1 将金属浴升温并恒定至试验温度。

7.1.2 将玻璃油杯用洗液浸泡 2h 后，再用自来水冲洗，最后用蒸馏水荡洗干净，放置 80~100℃ 烘箱中烘干，放在无尘处备用。

7.2 测定

7.2.1 体积变化的测定

7.2.1.1 试样

7.2.1.1.1 硫化橡胶试片：从厚度为 2mm±0.3mm 的硫化胶片上裁取 25mm×25mm 的方形试片（也可为任一矩形试片，但其长度或宽度不能大于 50mm，体积为 1~3cm³）。

7.2.1.1.2 同一批次试验用油约 370mL。

7.2.1.2 试验步骤

7.2.1.2.1 使用三个硫化橡胶试片（仲裁试验用五片）。在空气中称量每个试片，精确至毫克（m_1），然后在实验室温度下的蒸馏水中再称量每个试片（m_2），注意将试片表面气泡全部排除干净。

7.2.1.2.2 用滤纸或无绒布擦干试片，然后用不锈钢丝将其串在一起并适当隔开，自由悬挂在玻璃油杯中，试料的体积应至少是试片总体积的 15 倍，以保证试片完全浸没。用磨口塞把油杯口塞住，并放入恒温浴中，按照所要求的试验温度及周期进行试验。试验过程中应使橡胶避光。

7.2.1.2.3 只有同一硫化橡胶的试片才能放在同一个玻璃油杯中。如果橡胶的密度比试料的密度小，用沉降器使试片完全浸没在液面下。

7.2.1.2.4 在浸渍周期结束时，将玻璃油杯取出，迅速将试片转移到实验室温度下的新鲜试料中冷却，历时不少于 30min，不多于 60min。取出试片，先在工业乙醇（或橡胶工业用溶剂油）中冲洗 20s，以除去表面多余的试料。再用滤纸或无绒布擦干，然后在空气中称量试片的质量（m_3），精确至毫克，然后再在实验室温度下的蒸馏水中称量（m_4）。

注：起冷却作用的新鲜试料液可重复使用五次。

7.2.1.3 分析结果的表述

体积变化百分数 $\Delta V(\%)$ 按式（1）计算：

$$\Delta V = \frac{(m_3 - m_4) - (m_1 - m_2)}{(m_1 - m_2)} \times 100 \quad\cdots\cdots\cdots\cdots\cdots\cdots\cdots\cdots\cdots（1）$$

式中：m_1——橡胶在空气中的初始质量，g；

m_2——橡胶在水中的初始表观质量，g；

m_3——橡胶浸渍后在空气中的质量，g；

m_4——橡胶浸渍后在水中的表观质量，g。

试验结果取三个（或五个）试片结果的平均值。

7.2.2 拉伸应力应变试验

7.2.2.1 试样

7.2.2.1.1 硫化橡胶试片拉伸应力应变试验采用哑铃形试片（通用胶采用 GB 528 中的 1 型裁刀，硅、氟胶采用 2 型裁刀）。

7.2.2.1.2 同一批次试验用油约 370mL。

7.2.2.2 试验步骤

7.2.2.2.1 从同一批硫化胶片上切取十个试片，先测量试样的厚度及硬度 H_0（用三个哑铃形试片叠加，在其端头部分按照 GB 531 测量 H_0）。用其中五个试片按照 GB 528 测量浸渍前拉伸强度、伸长率(记下 T_{s0}、E_0)。

7.2.2.2.2　用不锈钢丝把做完浸渍后拉伸强度的五个试片串起来并适当隔开，自由悬挂在玻璃油杯中。试料的体积应至少是试片总体积的 15 倍(约 370mL)，以保证试片完全浸没。用磨口塞把油杯口塞住，并放入恒温浴中。按照所要求的温度和周期进行试验。

7.2.2.2.3　在浸渍周期结束时，将玻璃油杯取出，迅速把试片转移到实验室温度下的新鲜试料(见 7.2.1.2.4 注)中冷却，历时不少于 30min，不多于 60min。取出试片，先在工业乙醇(或橡胶工业用溶剂油)中冲洗 20s，以除去表面多余的试料，再用滤纸或无绒布揩干。然后测量浸渍后的硬度(H_1)。再打上标矩线，在 30min 内，在实验室温度下进行拉伸试验(记下 T_{s1}、E_1)。

7.2.2.3　分析结果的表述

拉伸强度变化百分数 $\Delta T(\%)$ 按式(2)计算：

$$\Delta T = \frac{T_{s0} - T_{s1}}{T_{s0}} \times 100 \quad\cdots\cdots (2)$$

伸长率变化百分数 $\Delta E(\%)$ 按式(3)计算：

$$\Delta E = \frac{E_0 - E_1}{E_0} \times 100 \quad\cdots\cdots (3)$$

硬度变化 ΔH 按式(4)计算：

$$\Delta H = H_0 - H_1 \quad\cdots\cdots (4)$$

式中：T_{s0}——未浸渍试片之拉伸强度，MPa；

T_{s1}——浸渍后试片之拉伸强度，MPa；

E_0——未浸渍试片之伸长率，%；

E_1——浸渍后试片之伸长率，%；

H_0——未浸渍试片之邵尔 A 型硬度值，度；

H_1——浸渍后试片之邵尔 A 型硬度值，度。

在计算 T_{s1} 时，试样厚度取试验前测量值；$T_s\%$、$E\%$试验结果取五个试片结果之平均值。

8　精密度

由下述规定判断试验结果的可靠性。

8.1　重复性：由同一操作者使用同一套仪器测定的试验结果之差不应大于1%。

8.2　再现性：由不同操作者或使用不同仪器测定的试验结果之差的误差范围暂未定(待积累)。

9　报告

a. 油样牌号、来源及批号。

b. 所用硫化橡胶牌号及试片类型。

c. 试验温度、试验周期。

d. 体积变化百分数，拉伸强度变化百分数，伸长率变化百分数，邵尔 A 型硬度变化值。

e. 进行拉伸性能及硬度测定时的温度。

f. 试验终了时试料有无变色及沉淀物说明(颜色、状态)。

g. 试验终了时试片外观(有无龟裂、脱层等)。

h. 试验人员及日期。

附加说明：

本标准由中国石化一坪化工厂提出并技术归口。

本标准由航空航天部第六二一研究所负责起草。

本标准主要起草人熊丽云、王文治。

编者注：本标准中引用标准的标准号和标准名称变动如下。

原 标 准 号	现 标 准 号	现 标 准 名 称
GB 528	GB/T 528	硫化橡胶和热塑性橡胶拉伸应力应变性能的测定
GB 531	GB/T 531.1	硫化橡胶或热塑性橡胶　压入硬度试验方法　第 1 部分：邵氏硬度计法（邵尔硬度）

中华人民共和国石油化工行业标准

SH/T 0450—1992

合成油氧化腐蚀测定法

代替 ZBE 40021—88

1 主题内容与适用范围

本标准规定了合成油氧化腐蚀测定方法。

本标准适用于测定合成油的氧化腐蚀特性。

2 引用标准

GB/T 265 石油产品运动黏度测定法和动力黏度计算法

GB/T 7304 石油产品和润滑剂中和值测定法(电位滴定法)

3 方法提要

在规定条件下,将试样氧化,用氧化前后运动黏度变化、酸值及金属片的质量变化,来评定试样的氧化安定性。

4 试剂与材料

4.1 苯。

4.2 无水乙醇。

4.3 石油醚:沸程 60~90℃。

4.4 金属片(尺寸:mm)

    a. 钢片(45 号钢):20mm×10mm×2mm;

    b. 铜片(T1 号铜):20mm×10mm×2mm;

    c. 铝片(LY11 号铝):20mm×10mm×2mm;

    d. 镁片(Mg8 号镁):20mm×10mm×2mm;

    e. 铅片(Pb1 或 Pb2 号铅,含铅 99.99%):20mm×10mm×2mm;

    距金属片上方 5mm 处中央钻有一直径为 2.5mm 小孔。

4.5 毛刷。

4.6 镊子。

4.7 砂纸或砂布:粒度为 180~220。

4.8 脱脂棉。

5 仪器与设备

5.1 氧化管:甲种带有玻璃塞(24 号标准磨口塞);乙种带有回流冷凝管。管长 260mm±5mm,内径 23mm±1mm,壁厚 1.4mm±0.2mm 硬质圆底玻璃试管,在 25mL 容量处有一刻线(见图 1)。

    注:乙种氧化管适于测定液压油的氧化安定性。

5.2 通气管:甲种长 400mm±5mm,乙种长 535mm±5mm,外径 7mm±0.5mm。尾端出口内径 2.5mm±0.3mm,离出口 35mm±1mm 处有一突起部分用于固定小铝钩(见图 2)。

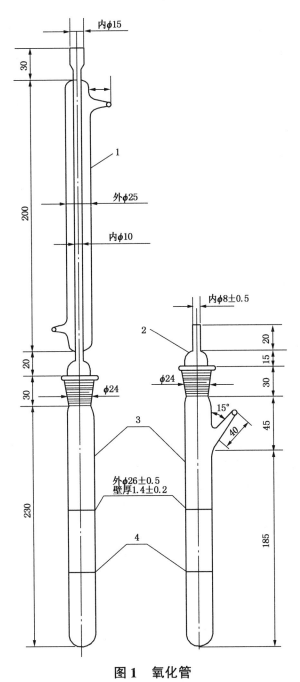

图 1　氧化管

1—冷凝管；2—磨口塞；3—氧化管；4—25mL 刻线

5.3　恒温浴：能控制 200℃±1℃的恒温浴。

5.4　空气流量计：0～100mL/min，控制到±3mL/min。

5.5　金属片悬挂钩：铝钩或玻璃钩，套在通气管突起部分上(见图 3)。

5.6　温度计：0～250℃，分度值为 1℃。

5.7　卡尺：最小读数 0.02mm。

5.8　平面锉或钢丝刷。

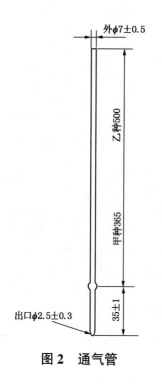

图 2　通气管

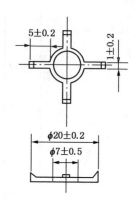

图 3　金属片悬挂钩

6　分析步骤

6.1　准备工作

6.1.1　金属片的处理：将试验所需金属片的所有表面磨光至 $R_a 0.8\sim0.2\mu m$ 粗糙度（用磨床或砂纸打磨）；铝片用平面锉（或钢丝刷）打磨，使其全部表面光滑明亮，无明显的加工痕迹。金属片磨光后，分类放入干燥器中。根据试验要求将金属片配套编号，进行称量，精确至 0.0004g。

6.1.2　氧化管的准备：将干净的氧化管配套编号，插入带有悬挂钩的通气管，用橡胶管与氧化管塞子固定。如用带冷凝管的氧化管，通气管从冷凝管上端插入，并用带豁口的软木塞连接。

6.1.3　按 GB/T 265 测定氧化前试样的运动黏度（温度根据产品标准决定）；按 GB/T 7304 测定试样的酸值。

6.2　测定

6.2.1　向氧化管注入试样到 25mL 刻线处。

6.2.2　把已称量的金属片按照钢（或铅）、铜、铝、镁的次序，用镊子挂在通气管下端的小钩上，放入管内试料中。通气管出口距氧化管底部 3~5mm。将氧化管放入已达到规定温度的恒温浴中，通气管上端连接流量计的出口，调节流量计至规定空气流量。自氧化管放入恒温浴中开始记时间。

6.2.3　氧化进行到规定时间，关闭电源和切断气源，从恒温浴中取出氧化管。稍冷后将试料倒入三角瓶中，供测定黏度和酸值用。

6.2.4　从氧化管中取出金属片，放入盛有石油醚或苯-乙醇溶剂（4∶1）的小皿里，用毛刷刷洗两遍，至油膜和附着物洗净为止。清洗后的金属片用滤纸吸干，立即用分析天平称量，精确至 0.0004g。若金属片有质量变化（金属片质量变化在 0.0004g 以内，规定为无腐蚀），用卡尺测量金属片尺寸，计算其表面积。

6.2.5　测定氧化后试料的运动黏度和酸值。

7　分析结果的表述

7.1　金属片质量变化 $G(mg/cm^2)$ 按式（1）计算：

$$G = \frac{m_2 - m_1}{S} \times 1000 \qquad \cdots\cdots\cdots\cdots\cdots\cdots\cdots (1)$$

式中：m_2——氧化后金属片质量，g；

$\quad\quad m_1$——氧化前金属片质量，g；

$\quad\quad S$——金属片表面积（不计算小孔），cm^2。

7.2 氧化前后运动黏度变化率 $X(\%)$ 按式（2）计算：

$$X = \frac{\nu_2 - \nu_1}{\nu_1} \times 100 \qquad \cdots\cdots\cdots\cdots\cdots\cdots\cdots (2)$$

式中：ν_2——氧化后运动黏度，mm^2/s；

$\quad\quad \nu_1$——氧化前运动黏度，mm^2/s。

7.3 取重复测定两个结果的算术平均值，作为测定结果。

7.4 试验结果应报告如下数据：

    a. 氧化前运动黏度；

    b. 氧化后运动黏度；

    c. 氧化前后运动黏度变化率；

    d. 氧化前酸值；

    e. 氧化后酸值；

    f. 氧化后各种金属片质量变化。

8 精密度

8.1 重复性：同一操作者重复测定两个结果之差，不应超过下表数值。

8.2 再现性：两个实验室提供测定结果之差，不应超过下表数值。

测 定 项 目	结 果 范 围	重 复 性	再 现 性
金属片腐蚀量，mg/cm^2	≤0.2	0.07	0.10
	>0.2	0.50	0.60
酸 值 mgKOH/g 油	0.05～1.0	0.05	0.20
	>1.0～5	0.20	0.55
	>5～20	0.50	1.50
黏度变化率 %	≤15	1.70	3.60
	>15～30	3.40	6.00

附加说明：

本标准由石油化工科学研究院提出。

本标准由中国石化一坪化工厂技术归口。

本标准由石油化工科学研究院负责起草。

本标准主要起草人满维龙。

本标准首次发布于 1983 年。

编者注：本标准中引用标准的标准号和标准名称变动如下。

原 标 准 号	现 标 准 号	现 标 准 名 称
GB/T 7304	GB/T 7304	石油产品酸值的测定　电位滴定法

中华人民共和国石油化工行业标准

SH/T 0451—1992

液体润滑剂贮存安定性试验法

代替 SY 4027—84

1 主题内容与适用范围

本标准规定了航空涡轮润滑油及液压油贮存安定性的试验方法。
本标准适用于测定航空涡轮润滑油及液压油的贮存安定性。

2 方法提要

将试样在 24℃±3℃ 下，暗处贮存 1 年，然后观察其均匀性的变化。

3 材料

3.1 铝箔：市售。
3.2 洗涤粉：市售。

4 仪器与设备

4.1 贮存室：恒温 24℃±3℃，无震动（如由于交通运输车辆引起的震动）。
4.2 透明玻璃瓶：5L，广口带盖。

5 样品

试样约 4L。

6 试验步骤

6.1 用洗涤粉刷洗瓶和盖，然后先用自来水冲洗，再用蒸馏水冲洗，最后，在空气中干燥（也可在 105℃ 的烘箱中烘干）。
6.2 用铝箔垫衬瓶盖。
6.3 将约 4L 试样倒入玻璃瓶，塞紧盖子。
6.4 用铝箔缠裹瓶子，使试样隔绝光线。
6.5 对玻璃瓶中的试样作出标志（包括试样类型，贮存日期及其他有用的说明）。
6.6 试样在 24℃±3℃ 的贮存室内贮存一年。
6.7 一年以后，从贮存室内取出瓶子，剥去铝箔。注意：不要摇动和搅动瓶中试样。

7 试验结果的表述

目测样品，报告试样有无浑浊、沉淀、悬浮物、变色或其他均匀性方面的变化。

附加说明：

本标准由中国石化—坪化工厂提出并技术归口。

本标准由中国石化—坪化工厂负责起草。

本标准主要起草人刘清和。

本标准等同采用美国联邦试验方法标准 FS 791 C 3465.1（1986）《液体润滑剂贮存安定性试验法》。

中华人民共和国石油化工行业标准

SH/T 0452—1992

润滑脂贮存安定性试验法

（2004 年确认）
代替 SY 4028—84

1 主题内容与适用范围

本标准规定了润滑脂贮存安定性试验方法。

本标准适用于测定润滑脂在提高温度条件下贮存一定时间后的安定性。

2 引用标准

GB/T 269 润滑脂和石油脂锥入度测定法

3 方法提要

润滑脂在规定条件下经贮存后，测其稠度（非工作和工作锥入度），并将贮存前后的锥入度值进行比较。

注：在引用本方法的润滑脂规范中必须给出该脂进行贮存试验的贮存时间和温度。

4 材料

4.1 铝箔：市售。

5 仪器与设备

5.1 两个标准脂杯，润滑脂工作器、锥入度计等（见 GB/T 269）。

5.2 恒温箱：自然对流式。

6 样品

试样约 1kg，足以装满两个标准脂杯。

7 试验步骤

7.1 将试样装满一个标准脂杯，刮去多余的脂，并确保脂的表面与脂杯口平齐（用作测定非工作锥入度的试样，见 7.6 条）。

7.2 将足够的试样装入另一个标准脂杯，确保试样满过脂杯口（用作测定工作锥入度的试样，见 7.6 条）。

7.3 用铝箔盖好试样。

7.4 将盛有试样的脂杯放入恒温箱内，在规定的试验温度下贮存规定的时间。

7.5 在贮存期结束后，从恒温箱中取出脂杯，冷至 25℃。

7.6 按 GB/T 269 测定试样的工作和非工作锥入度。

8 试验结果的表述

报告试样贮存前后锥入度的变化值，来评定试样的贮存安定性。

中国石油化工总公司 1992-05-20 批准

1992-05-20 实施

附加说明：

本标准由中国石化一坪化工厂提出并技术归口。

本标准由中国石化一坪化工厂负责起草。

本标准起草人刘清和。

本标准等效采用美国联邦试验方法标准 FS 791 C3467.1(1986)《润滑脂贮存安定性试验法》。

中华人民共和国石油化工行业标准

SH/T 0453—1992

（2004年确认）

代替 SY 4029—84

润滑脂抗水和抗水-乙醇(1∶1)溶液性能试验法

1 主题内容与适用范围

本标准规定了润滑脂抗水和抗水-乙醇(1∶1)溶液性能的试验方法。

本标准适用于测定润滑脂抗水和抗水-乙醇(1∶1)溶液溶解作用的性能。

2 引用标准

GB/T 679 化学试剂 乙醇(95%)

3 方法提要

把试样分成两份，其中一份放在蒸馏水中，另一份放在水-乙醇溶液中，一周后检查试料的解体现象。

4 试剂

95%乙醇：化学纯，符合 GB/T 679。

5 仪器

玻璃容器：250mL，具塞，两个。

6 样品

试样约 4g。

7 试验步骤

7.1 将 200mL 蒸馏水注入一玻璃容器中，将 200mL 乙醇-蒸馏水（体积比 1∶1）注入另一玻璃容器中。

7.2 将两份试料(从试样中分出的小脂团，每份约 2g)分别放入两个容器中，用塞子牢固地塞紧容器，在室温条件下静置一周。

7.3 一周后，将容器摇动一、二次，然后目测各容器中试料的解体程度。

8 试验结果的表述

报告每一容器中润滑脂试料的解体程度。

附加说明：

本标准由中国石化一坪化工厂提出并技术归口。

本标准由中国石化一坪化工厂负责起草。

本标准起草人刘清和。

本标准等同采用美国联邦试验方法标准 FS 791 C5415(1986)《润滑脂抗水和抗水-乙醇(1∶1)溶液性能试验法》。

中华人民共和国石油化工行业标准

合成航空润滑油中微量金属含量测定法
（原子吸收法）

SH/T 0472—1992

代替 SY 4034—84

1 主题内容与适用范围

本标准规定了合成航空润滑油中微量金属含量的测定方法。

本标准适用于未使用过的合成航空润滑油中微量铜、铁、镁、镍、铬及银的测定。

2 方法提要

用乙酸丁酯和冰乙酸的混合液做溶剂稀释样品，直接喷入空气–乙炔火焰中进行原子吸收光谱测定，用工作曲线法定量。

3 试剂

3.1 氧化铜：高纯或光谱纯。

3.2 三氧化二铁：高纯或光谱纯。

3.3 氧化镁：高纯或光谱纯。

3.4 三氧化二镍：高纯或光谱纯。

3.5 金属铬：高纯或光谱纯。

3.6 硝酸银：高纯或光谱纯。

3.7 乙酸丁酯。

3.8 冰乙酸。

3.9 盐酸：优级纯。

3.10 硝酸：优级纯。

3.11 去离子水：其中允许的欲测金属含量以不影响测定为准。

4 仪器

4.1 原子吸收分光光度计：带有耐腐蚀可调式喷雾器，有标尺扩展（或浓度直读）和延长积分时间功能，备有铜、铁、镁、镍、铬及银空心阴极灯。采用空气–乙炔火焰。

4.2 天平：能准确称至0.0001g。

4.3 移液管：1，5mL。

4.4 容量瓶：25，50，100mL。

4.5 量筒：500mL。

4.6 烧杯：25，50mL。

4.7 试剂瓶：500mL。

5 分析步骤

5.1 准备工作

中国石油化工总公司1992-05-20批准

1992-05-20实施

5.1.1 配制标准溶液

5.1.1.1 1000μg/mL 铜标准溶液的配制

称取在 120℃下烘 2h 并冷至室温的氧化铜 0.1252g 于烧杯中，加入 10mL 1：1 盐酸溶液，加热溶解，冷却后移入 100mL 容量瓶中，用去离子水稀释至刻度，摇匀。

5.1.1.2 1000μg/mL 铁标准溶液的配制

称取在 120℃下烘 2h 并冷至室温的三氧化二铁 0.1430g 于烧杯中，加入 10mL 1：1 盐酸溶液，加热溶解，冷却后移入 100mL 容量瓶中，用去离子水稀释至刻度，摇匀。

5.1.1.3 1000μg/mL 镁标准溶液的配制

称取 800℃下灼烧 2h 并冷至室温的氧化镁 0.1659g 于烧杯中，加入 10mL 1：1 盐酸溶液，加热溶解，冷却后移入 100mL 容量瓶中，用去离子水稀释至刻度，摇匀。

5.1.1.4 1000μg/mL 镍标准溶液的配制

称取在 120℃下烘 2h 并冷至室温的三氧化二镍 0.1409g 于烧杯中，加入 3mL 1：1 硝酸溶液和 10μgmL 1：1 盐酸溶液，加热溶解，冷却后移入 100mL 容量瓶中，用去离子水稀释至刻度，摇匀。

5.1.1.5 1000μg/mL 铬标准溶液的配制

称取 0.1000g 金属铬于烧杯中，加入 10mL 1：1 盐酸溶液，加热溶解，冷却后移入 100mL 容量瓶中，用去离子水稀释至刻度，摇匀。

5.1.1.6 1000μg/mL 银标准溶液的配制

称取 0.1575g 硝酸银溶解在 10mL 去离子水中，移入 100mL 棕色容量瓶中，用去离子水稀释至刻度，摇匀。

5.1.1.7 50μg/mL 混和标准溶液的配制

各取 1000μg/mL 铜、铁、镁、镍、铬标准溶液 2.50mL 加入同一个 50mL 容量瓶中，用去离子水稀释至刻度，摇匀。此溶液应现用现配制。

5.1.1.8 50μg/mL 银标准溶液的配制

取 1000μg/mL 银标准溶液 2.50mL 于 50mL 容量瓶中，用去离子水稀释至刻度，摇匀。此溶液应现用现配制。

5.1.2 配制混合溶剂

在 500mL 量筒中量取 300mL 乙酸丁酯和 200mL 冰乙酸加入 500mL 试剂瓶中，摇匀。

5.1.3 选择仪器条件

将含有欲测金属的、用混合溶剂配制的溶液（配制方法参见 5.2.1）喷入空气-乙炔火焰中，参考附录中火焰类型对各金属元素确立最佳燃助比，并选择测定各种金属元素的仪器参数（如灯电流、放大增益、狭缝宽度、灯高位置以及样品提升量），使仪器的记录系统在附录 A 所列出的测定波长下给出最大吸光度 A，并根据测定的含量范围选择适当的标尺扩展和积分时间，记录备用。

5.2 绘制工作曲线

5.2.1 标准系列的配制

5.2.1.1 0.1~1.0μg/mL 铜、铁、镁、镍、铬标准系列

取 50μg/mL 混合标准溶液 0.05，0.15，0.25，0.35 和 0.50mL 分别加入五个 25mL 容量瓶中，用乙酸丁酯和冰乙酸的混合溶剂稀释至刻度，摇匀。

注：标准系列中含水量不应大于 2%。

5.2.1.2 0.1~1.0μg/mL 银标准系列

取 50μg/mL 银标准溶液 0.05，0.15，0.25，0.35 和 0.50mL 分别加入五个 25mL 容量瓶中，用乙酸丁酯和冰乙酸的混合溶剂稀释至刻度，摇匀。

注：标准系列中含水量不应大于 2%。

5.2.2 绘制工作曲线

按 5.1.3 选择的仪器条件，在附录 A 列出的测定波长下，以乙酸丁酯和冰乙酸的混合溶剂作空白调零，测定 5.2.1 中各金属元素标准系列的吸光度 A。分别以各金属元素的吸光度 A 为纵坐标，对应浓度 C 为横坐标绘制各元素的工作曲线图。

注：镁的浓度大于 0.5μg/mL 时，工作曲线发生弯曲。

5.3 测定试样

5.3.1 试样的前处理

用移液管吸取 2.5mL 欲分析的润滑油试料，放入 25mL 容量瓶中，精确至 0.01g，用乙酸丁酯和冰乙酸的混合溶剂稀释至刻度，摇匀。

5.3.2 试料的测定

按 5.1.3 中选好的仪器条件，在测定每个金属元素的标准系列后立即测定处理后试料溶液的吸光度 A。根据吸光度 A，从各金属元素工作曲线上查得处理后试料中欲测金属元素的浓度 C（有浓度直读的仪器也可以采用浓度直读）。

6 分析结果的表述

6.1 按下式分别求出每克油中的金属含量 X(μg/g)：

$$X = \frac{C \cdot V}{m}$$

式中：C——处理后试料中含金属的浓度，μg/mL；

　　　V——处理后试料的体积，mL；

　　　m——试料的质量，g。

6.2 报告

用平行测定两个结果的算术平均值报告被测定的每一种金属的含量，以 μg/g 为单位，报告精确至 0.1 个单位。

7 精密度

7.1 重复性

同一操作者重复测定两个结果之差，不应超过下列数值：

μg/g

元素名称	含量范围	允许差数
铜	>0.2~10.0	0.2
铁	>0.5~10.0	0.8
镁	>0.2~10.0	0.4
镍	>0.2~10.0	0.4
铬	>0.5~10.0	0.7
银	>0.2~10.0	0.2

附 录 A
操 作 条 件
（补充件）

元 素	波长，nm	火焰类型
铜	324.7	贫 燃
铁	248.2	贫 燃
镁	285.2	贫 燃
镍	232.0	贫 燃
铬	357.9	贫 燃
银	328.1	贫 燃

附加说明：
本标准由中国石化一坪化工厂提出并技术归口。
本标准由中国人民解放军空军油料研究所负责起草。
本标准主要起草人张庆森、关群。

ICS 75.100
E 34

中华人民共和国石油化工行业标准

NB/SH/T 0474—2010
代替 SH/T 0474—2000

在用汽油机油中稀释汽油含量的测定
气相色谱法

Standard test method for gasoline diluent in used gasoline engine oils
by gas chromatography

2011-01-09 发布

2011-05-01 实施

国家能源局 发布

前　　言

本标准修改采用美国材料与试验协会标准 ASTM D3525-04《在用汽油机油中稀释汽油含量的测定法（气相色谱法）》。

为适合我国国情，本标准在采用 ASTM D3525-04 时进行了修改，本标准与 ASTM D3525-04 的主要差异：

——试验条件的差异；

（1）初始柱温由 30℃ 修改为 40℃；初始峰保留时间由 15s 以上修改为 10s 以上。

（2）程序升温由一阶程序升温修改为二阶程序升温，终点温度修改为 290℃。

（3）气化室温度由 255℃ 修改为 300℃。

（4）修改了使用毛细管柱时的载气流速。

（5）删除了对毛细管柱分离度的要求。

——取消了规范性引用文件；

——取消了术语一章中的讨论内容；

——将试剂正十四烷、正十六烷和正辛烷的纯度修改为色谱纯；

——用多点校准曲线的公式代替原标准中单点校准的计算公式；

——重复性和再现性的表述修改为我国的习惯表述。

本标准代替 SH/T 0474—2000《用过汽油机油中稀释汽油含量测定法（气相色谱法）》。

本标准与 SH/T 0474—2000 的主要差异：

——标准名称修改为《在用汽油机油中稀释汽油含量的测定法　气相色谱法》

——增加了使用毛细管柱测试稀释汽油含量的方法；

——采用校准曲线定量法代替公式法（单点校准）计算汽油含量；

——检测器温度由原来的 290℃ 修改为 300℃；

本标准由中国石油化工集团公司提出。

本标准由全国石油产品和润滑剂标准化技术委员会润滑油换油指标分技术委员会（SAC/TC280/SC6）归口。

本标准修订单位：中国石油化工股份有限公司润滑油研发（上海）中心。

本标准参加修订单位：中国石油天然气股份有限公司大连润滑油研究开发中心。

本标准主要起草人：羊丽君、吕文继、于兵。

本标准于 1992 年首次发布，2000 年第一次修订，本次为第二次修订。

在用汽油机油中稀释汽油含量的测定
气相色谱法

1 范围

1.1 本标准规定了用气相色谱法测定在用汽油机油中稀释汽油含量的方法。

1.2 对所测样品稀释汽油含量范围没有限制，只要样品和内标含量在气相色谱仪的检测范围内即可。

1.3 本标准限采用配置了氢火焰检测器和具有程序升温功能的气相色谱仪。

　　注：使用其他检测器和配置的也有报导，但本方法精密度仅适用于指定的仪器。

1.4 对于胶凝汽油机油，本标准还没有对其重复性和再现性进行足够的考察以确认其可行性。胶凝汽油机油是指静态下变性的油，但在轻微搅拌下可恢复其流动性。

1.5 本标准采用国际单位制(SI)单位。

1.6 本标准涉及某些与标准使用有关的安全问题。但是无意对所有安全问题都提出建议。因此，用户在使用本标准之前应建立适当的安全和防护措施并确定有适用性的管理制度。

2 术语和定义

2.1 定义

2.1.1

稀释汽油含量 **content of gasoline diluent**

汽油机油中测出的汽油含量，以质量分数表示。

2.1.2

稀释汽油 **gasoline diluent**

在用油分析中，指未能燃烧而进入曲轴箱导致汽油机油稀释的汽油组分。

2.2 缩略语

烃类化合物常用的缩略形式是以化合物中的碳原子数表示，用前缀指明碳链形式，下角标指明碳原子数。

　　例如：正癸烷 n-C_{10}

　　　　　异十四烷 i-C_{14}

3 方法概要

　　采用气相色谱技术分析样品，加入已知百分含量的正十四烷作为内标，测定汽油机油中汽油的质量分数。预先建立校准曲线，即将汽油与正十四烷的响应值之比对含有恒量内标物的润滑油混合物中的汽油质量百分数作图。通过校准曲线或者计算公式确定样品中汽油的质量分数。

4 意义和用途

　　发动机在正常工作时，可能会有一定量的汽油稀释到发动机润滑油中。然而，过大的稀释汽油含量可能意味着发动机性能存在问题。本标准提供了一个检测稀释汽油含量的方法，有助于用户预测发动机的性能以便采取适当的措施。

5 仪器

5.1 气相色谱仪：应具有下列特性参数。

5.1.1 检测器：本标准使用氢火焰检测器。在本标准规定的测试条件下，检测器对 $1\% n\text{-}C_{14}$ 的峰高应不低于数据采集装置满量程的 40%，且在该灵敏度下，检测器的稳定性必须达到每小时的极限漂移不大于满量程的 1%。检测器在色谱柱的最高使用温度下要能连续工作。色谱柱与检测器的连接必须确保不存在低于色谱柱温度的区域(冷点)。

5.1.2 色谱柱程序升温：气相色谱仪应具有线性程序升温功能，程序升温的范围要能够保证初始色谱峰的保留时间不少于 10s，并使内标物全部馏出，保留时间的重现性不大于 18s。

5.1.3 进样系统：应具备在色谱柱最高使用温度下能够连续控温的功能，或者使用具有程序升温功能并能达到最高要求温度的柱上进样口。应确保色谱柱和进样口的连接不存在低于色谱柱温度的区域(冷点)。

5.2 数据采集系统：应具有累加色谱图峰面积的功能，可以是具有色谱数据处理功能的电子积分仪或计算机。

5.2.1 积分仪或计算机系统的色谱软件必须具有计算色谱馏出峰的保留时间和面积(峰检测模式)的模式，能够处理检测器线性范围内的电子信号(例如 1V，10V)，系统最好具有扣除空白基线的功能。

注 1：电子积分系统可以实现自动化操作，并获得最佳精密度。

注 2：某些气相色谱操作软件能使基线的数学模型储存于存储器，从而在随后的样品分析中，自动从检测器信号中扣除基线使基线偏离得到补偿。某些积分仪也具有自动储存并从样品谱图中自动扣除基线的功能。

5.3 色谱柱：采用的色谱柱和操作条件，要保证在试验条件下，样品组分能够按沸点增大的顺序得到分离。填充柱分离度 R 不小于 3 且不大于 8。因为本方法要求有稳定的基线，所以需要对色谱柱流失、隔垫流失、检测器温度控制、载气流速稳定性和仪器漂移进行补偿。

5.4 流量控制器：气相色谱仪必须装备质量流量控制器，在色谱柱的操作温度范围内保持载气流速恒定，波动在 ±1% 范围之内。气相色谱仪入口的载气压力必须足够高，以补偿因色谱柱温度升高时导致的背压增加。对于表 1 中所列的色谱柱，入口压力 550kPa 能够满足要求。

5.5 进样器

5.5.1 通常使用 10μL 微量注射器进样。

5.5.2 推荐使用自动进样器，以保证进样体积的重复性。进样器应与气相色谱仪的操作同步。

5.5.3 样品瓶，带有隔垫的盖子，规格与进样器相适应。

6 试剂和材料

6.1 除特殊说明外，试验中所用试剂均为分析纯。只要试剂纯度能保证不降低测定精度，也可使用其他级别的试剂。

6.2 色谱柱固定液：甲基硅酮树脂和其他能满足本标准对烃类色谱馏出特性要求的固定液。

6.3 担体：通常使用粉碎的耐火砖和硅藻土作填充柱担体。其粒度和固定液涂渍量以获得最佳分离度和分析时间为准。一般情况下，粒度范围在 60 目~100 目，涂渍量 3%~10%。

6.4 载气：氦气或氮气，纯度不低于 99.99%(摩尔分数)。建议使用分子筛或其他合适的物质对载气做进一步的净化，以除去水分、氧气和烃类杂质。气源压力必须保证载气流速的稳定。

警告：氦气和氮气是高压的压缩气体。

6.5 氢气：高纯氢，纯度不低于 99.99%(摩尔分数)，氢火焰检测器的燃烧气。

警告：在高压下氢气是极易燃的气体。

6.6 空气：压缩空气，氢火焰检测器的助燃气。

警告：压缩空气具有高压并且助燃。

6.7 正十四烷，色谱纯。

警告：可燃液体，蒸气有害。

6.8 正十六烷，色谱纯。

警告：可燃液体，蒸气有害。

6.9　正辛烷，色谱纯。

　　警告：可燃液体，蒸气有害。

6.10　二硫化碳。

　　警告：二硫化碳极易挥发、燃烧，且有毒。

6.11　校准混合物：制备至少三个汽油和润滑油的混合物，混合物要与被分析的样品类型相似，并且覆盖所测汽油含量范围。

7　仪器准备

7.1　色谱柱准备

7.1.1　填充色谱柱可按下列步骤快速、有效地老化：

　　1）将色谱柱与进样口连接，检测器一端断开。

　　2）常温下用载气彻底吹扫色谱柱。

　　3）关闭载气使色谱柱完全卸压。

　　4）用合适的堵头将色谱柱近检测器的一端密封。

　　5）将色谱柱温度提高至最高使用温度并在该温度下保持至少 1h，期间无气流通过色谱柱。

　　6）将色谱柱冷却到常温，卸掉色谱柱近检测器一端的堵头并接通载气。

　　7）在通常的载气流速下，色谱柱程序升温至最高使用温度数次。

　　8）将色谱柱的自由端连接到检测器上并按照本标准第 10 章规定的步骤获得色谱图。

　　注 1：如果基线漂移不能达到要求，说明柱子老化不够，还存在柱流失。

　　注 2：对于固定液初始涂渍量为 10% 的填充色谱柱，一个有效的老化方法是，将色谱柱与检测器断开，载气设置为正常流速，将色谱柱在最高使用温度下保持 12h 至 16h。

7.1.2　毛细管柱：市售的毛细管柱通常已预老化过，与填充柱相比柱流失很低，但仍需老化处理。按下列步骤老化毛细管柱：

　　1）将毛细管柱正确地安装在气相色谱仪上，检查无泄漏后设置载气流量。在室温下通载气净化 30min 以上，才能开始加热。

　　2）以每分钟 5℃～10℃ 的速率升柱箱温度至终点操作温度后保持约 30min。

　　3）重复程序升温过程直到基线稳定。

7.2　系统性能检验

7.2.1　色谱柱分离度：本标准规定分离度以保证不同系统或实验室分析结果的一致性，按照公式（1）计算分离度 R。

7.2.2　用合适的溶剂如正辛烷配制 $n\text{-}C_{14}$ 和 $n\text{-}C_{16}$ 各占 1%（体积分数）的混合物，来测定色谱柱分离度。按与分析样品时相同的体积注射上述混合物并依照本标准 10 规定的实验步骤获得色谱图。由 $n\text{-}C_{14}$ 和 $n\text{-}C_{16}$ 峰尖之间的距离 d 和在基线处的峰宽 Y_1 和 Y_2 计算分离度 R。公式如下：

$$R = 2(d_1 - d_2)/(Y_1 + Y_2) \quad\cdots\cdots\cdots\cdots\cdots\cdots\cdots\cdots\cdots\cdots\cdots\cdots\cdots (1)$$

　　式中：

　　R——分离度；

　　d_1——$n\text{-}C_{16}$ 峰最大值处的保留时间；

　　d_2——$n\text{-}C_{14}$ 峰最大值处的保留时间；

　　Y_1——$n\text{-}C_{16}$ 峰基线处的峰宽；

　　Y_2——$n\text{-}C_{14}$ 峰基线处的峰宽。

7.3　气相色谱及相关设备：按仪器说明书设置操作条件，典型操作条件见表1。

7.3.1　使用氢火焰检测器时，需定期清除硅橡胶或固定液分解产物在检测器上形成的沉积物，以免影响检测器的响应特性。

7.3.2　如果进样口加热温度超过 300℃，那么每次更换新进样垫后必须做空白分析，以消除隔垫流失导致的干扰信号。在本标准通常使用的灵敏度下，先让进样垫在进样口工作温度下老化数小时可减少这种干扰。建议在分析任务完成后而非分析开始前更换进样垫。

表1 典型的色谱操作条件

项　目	填　充　柱	开管毛细柱
柱长/m	0.610	5~10
柱外径/mm	3.2	—
柱内径/mm	2.36	0.53
液相	甲基硅酮胶或液体	交联键合聚二甲基硅氧烷
液相百分比/%	10	—
担体	粉碎耐火砖或硅藻土	—
处理方法	酸洗	—
担体目数	80/100	—
液膜厚度/μm	—	0.88~2.65
柱温，初始温度/℃	40(保持1min)	40(保持1min)
柱温，终点温度/℃	290	290
程序升温速率/(℃/min)	6(170℃)，10(290℃)	6(170℃)，10(290℃)
载气	氦或氮	氦或氮
载气流速/(mL/min)	30	5[a]
检测器	氢火焰	氢火焰
检测器温度/℃	300	300
进样口温度/℃	300	300
进样量/μL	1	0.1~0.2(CS$_2$稀释10倍后)

　　[a] 使用具有程序升温功能的进样口时，可以适当提高载气流速。

8 样品准备

用1mL的注射器向样品瓶中注入0.5mL试样，称重试样，再注入10μL n-C$_{14}$内标，称重内标物，并记录。如果试样在室温下比较粘稠，不易进样，可向其中加入0.5mL经验证合适的稀释溶剂，如 n-C$_{16}$。盖好瓶盖至少摇荡2min，确保试样均匀。如果使用毛细管柱，样品需再用CS$_2$稀释10倍。

注：使用毛细管柱测试样品时，如果CS$_2$的峰面积(试验证明CS$_2$在氢火焰检测器上有响应)比汽油的峰面积大，则可以降低CS$_2$的稀释倍数或者改用其他稀释溶剂，如正十六烷。

9 校准

9.1 按8和10描述的步骤分析在6.11准备的每一个校准混合物，记录每个校准混合物中汽油响应的总面积和 n-C$_{14}$响应的面积。

9.2 按公式(2)计算每个校准混合物的比率 R：

$$R = A/B \quad\cdots\cdots（2）$$

式中：
A——汽油峰的总面积；
B——n-C$_{14}$的峰面积。

9.3 将比率 R 对按6.11配制的汽油质量百分数作图，得到校准曲线。

10 实验步骤

10.1 按照表1设置色谱操作条件。

10.2 注入一定体积的试样到气相色谱仪。

10.2.1 注意选择合适的样品进样量，使得所有样品的峰均不超出检测器的线性范围。填充柱进

样量为 $0.2\mu L \sim 1.0\mu L$；毛细管柱，对于稀释 10 倍后样品溶液的进样量为 $0.1\mu L \sim 0.2\mu L$。

10.3 注入试样后，立即启动程序升温，升温速率取决于表 1 或者 5.3 所要求的分离效果。数据采集系统启动必须与样品的注射同步。

10.4 当 $n\text{-}C_{14}$ 的峰馏出后，则可停止峰面积的积分，汽油机油峰面积不作为定量要求。

10.5 可以使用反吹或者升高系统温度的方法，使重组分馏出。

11 计算

11.1 记录样品从 0min 到 $n\text{-}C_{14}$ 出峰前对应于汽油峰的面积和对应于 $n\text{-}C_{14}$ 峰的面积。

11.2 通过 R 值和预先建立的标准曲线确定汽油在样品中的质量百分含量，如果色谱处理软件不具有该功能，则按式(3)或(4)计算：

$$C_S = C_1 + \frac{(C_2 - C_1)(R_S - R_1)}{(R_2 - R_1)} \quad\text{……………………………}(3)$$

或

$$C_S = R_S \times \frac{(C_2 - C_1)}{(R_2 - R_1)} \quad\text{……………………………………}(4)$$

式中：

C_S——样品中的稀释汽油含量；

C_1——校准混合物中的稀释汽油含量，对应于 R_1，由公式(2)计算得出；

C_2——校准混合物中的稀释汽油含量，对应于 R_2，由公式(2)计算得出；

R_S——样品中汽油峰面积对 $n\text{-}C_{14}$ 峰面积的比率；

R_1——稀释汽油含量比样品低的校准混合物的汽油峰面积对 $n\text{-}C_{14}$ 峰面积的比率；

R_2——稀释汽油含量比样品高的校准混合物的汽油峰面积对 $n\text{-}C_{14}$ 峰面积的比率。

注：当色谱图上出现异常峰，说明可能存在降解过程，使用校准曲线可以对稀释汽油含量做校正。

12 报告

12.1 按如下形式报告样品中汽油含量，结果精确至 0.01%：

汽油含量：××.××%(质量分数)

13 精密度和偏差

13.1 按下述规定判断试验结果的可靠性(95%置信水平)：

13.1.1 重复性

同一操作者，使用同一仪器，按相同的试验方法，对同一试样测得的两个连续试验结果之差不超过 0.28%(质量分数)。

13.1.2 再现性

不同操作者，在不同实验室，使用不同的仪器，用相同的方法对同一试样测得的两个单一、独立试验结果之差不超过 1.64%(质量分数)。

13.2 偏差

由于没有合适的参考物质，所以无法评估方法的偏差。

14 关键词

稀释汽油；气相色谱；汽油；润滑油。

中华人民共和国石油化工行业标准

含聚合物油剪切安定性测定法
（超声波剪切法）

SH/T 0505—1992

代替 SY 2626—83

1 主题内容与适用范围

本标准规定了用超声波剪切法测定含聚合物油剪切安定性的方法。

本标准适用于含聚合物液压油和内燃机油。

2 引用标准

GB/T 265　石油产品运动黏度测定法和动力黏度计算法

GB 1922　溶剂油

3 方法概要

将适量的含聚合物的试样，置于聚能器触棒中，使其经受一次或多次固定时间的超声波剪切处理，并按 GB/T 265 测定其黏度的变化，最后计算试样的黏度下降率。

油在聚能器(即超声波振荡器)中受超声波剪切作用所引起的黏度损失，以油的黏度下降率来评价其剪切安定性。

4 仪器与材料

4.1 仪器

4.1.1 超声波剪切试验仪：超声波剪切试验仪聚能器的输出端为直径 20mm 的圆柱棒，其端面不打中心孔、不倒角，表面粗糙度不低于 $\frac{1.6}{\bigtriangledown}$，共振频率为 20kHz±1kHz，输出功率≥250W。

注：超声波剪切仪 CSJ-Ⅲ 型是开封第二仪表厂生产的。

4.1.2 秒表：分度为 0.2s。

4.1.3 量筒：50mL。

4.1.4 烧杯：100mL。

4.1.5 温度计：0~100℃棒状温度计。

4.1.6 黏度测定器：符合 GB/T 265 要求的黏度计和恒温水浴。

4.2 材料

标准油：CSJ-标 2 油，在标准剪切试验条件下（即试样 30mL、冷却水温为 38℃，剪切时间为 10min）黏度下降率为 16%±1%。

注：CSJ-标 2 油由石油化工科学研究院提供。

5 试剂

石油醚：分析纯，60~90℃（或用符合 GB 1922 中 90 号要求的溶剂油）。

6 准备工作

6.1 试验仪标准工作状态的选定

中国石油化工总公司 1992-05-20 批准

标准工作曲线的绘制，由仪器生产厂在每台仪器出厂前用标准油进行校正并确定本仪器的标准工作状态。将标准工作曲线记录在仪器档案内。使用单位在停机一个月以上或正常使用三个月后，需重新按第 7 章试验步骤，用标准油分别在不同"功率"下，即在聚能器输出电压为 60、70、80、90、100V 时（或根据本仪器的输出电压范围选取数点不同电压值）分别测定标准油的黏度下降率，重复测定两次结果的黏度下降率的平均值和相应的聚能器输出电压值，绘制出本仪器的标准工作曲线。

6.2 按标准油所规定的黏度下降率 16% 的要求，从标准工作曲线上查找出相对应的聚能器输出电压值。所确定的输出电压值以及在此电压值下所伴生的最大共振时的相应的屏极电流毫安值，作为本仪器的标准状态"功率"值。

6.3 用秒表精确校验定时控制器的工作时间，其误差不得超过 10s，否则需进行调整。

7 试验步骤

7.1 为保证仪器工作的稳定性，在每天正式试验前，必须用 30mL 已用过的标准油或其他润滑油类，在标准剪切试验条件下，工作 15min。

7.2 每天考察新试样前，必须用标准油按标准剪切试验条件测定 1～2 次，并计算出在温度为 37.8℃ 或 40℃ 时的黏度下降率，如果本仪器所测定的黏度下降率不在 16%±1% 范围时，必须调整"功率"值，直至标准油的黏度下降率等于 16%±1%，以后的各次试验就可采用这个"功率"值对新试样进行试验。

> 注：在每天的试验中，虽然"功率"值可能因调整而有所不同，但按本标准统一操作后，就有可能对不同日期所得的各次试验结果，进行有效的比较。

7.3 检查仪器各旋钮位置，电源开关应在"断"的位置，输出功率旋钮向左转动至端位（这时输出功率最小），并校对各仪表的机械零点。

7.4 转动电源开关到"开"的位置，这时电源指示灯应亮，预热 5～10min 后，检查并调节旋钮，使稳压电源的电压表指示值为 220V。

7.5 将电源开关再转到"工作"位置，操作仪表板上的指示灯亮，稳定 3～5min 后，按下时间为 10min 的定时控制按钮。

7.6 接通加热试样用的环状加热器电源，同时把温度计插入水浴内，加热并控制水浴内的冷却水温度，保持在 38℃±2℃ 的范围内。

7.7 检查并打开聚能器的循环冷却水开关，细心检查回流冷却水是否畅通，以免聚能器冷却不够而损坏仪器。

7.8 用量管量取 30mL 试样，注入到清洁的 100mL 玻璃烧杯中。

7.9 将盛有试样的烧杯装入处于聚能器下端的夹持器三爪中，调节烧杯在夹持器中的位置，使试样的液面浸没触棒端面以上约 5mm 处。

7.10 升起恒温水浴，调节高度，使冷却水面高出玻璃烧杯内试样液面约 5mm，并将恒温水浴固定好位置，继续恒温 10min。

7.11 按下仪表板右侧的启动按钮开关，在听到振荡声音后，立即调节输出"功率"旋钮至电压表的指示在输出电压值位置上，再转动工作频率旋钮使电压表指示稳定在输出电压值上，这时实现共振，仪表板上的电流表调整在最大毫安值上，上述调节输出功率和工作频率的旋钮时，应迅速和反复调节，使电压表指示在要求的"功率"值上（这时屏极的毫安电流值为最大），整个调节工作要求在 30s 内完成，以保证试验有好的重复性。

7.12 当剪切到达预定试验时间后，仪器的定时控制器就自动断开高压电源而停止工作。

7.13 切断稳压电源开关及其他加热电源，切断冷却水源，降下冷却水浴，将试样烧杯从三爪夹持器中取下，并将试验后的试样倒入贴有标签的玻璃瓶中，以备测定温度在 37.8℃ 或 40℃ 时的运动黏度值用。

7.14 用绸布将触棒端部表面的试样洗擦干净，对黏度较大的试样，每次试验后必须用溶剂油洗净并干燥之，以便下次再用。

7.15 按 GB/T 265 分别测定试样剪切前、后的 37.8℃或 40℃时的运动黏度值。

7.16 记录在同一输出"功率"值和同一剪切时间下的标准油黏度下降率，以便作参考用。

8 计算

试样的黏度下降率 $X(\%)$ 按下式计算：

$$X = \frac{v_0 - v}{v_0} \times 100$$

式中：v_0——试样剪切前的 37.8℃或 40℃运动黏度值，mm^2/s；

v——试样剪切后的 37.8℃或 40℃运动黏度值，mm^2/s。

9 精密度

用以下规定判断所得结果的可靠性(95%置信水平)。

9.1 重复性

同一操作者用同一装置重复测定两个试验结果的较大值与较小值之比，不应超过 1.26 倍。

9.2 再现性

由两个实验室各自提供的试验结果的较大值与较小值之比，不应超过 1.41 倍。

注：① 试样的黏度下降率值小于 6%时，其精密度待定。
　　② 本标准的精密度是在 37.8℃下统计试验取得的。

10 报告

取重复测定两个结果的算术平均值作为试样的超声波剪切黏度下降率。

附加说明：
本标准由石油化工科学研究院技术归口。
本标准由石油化工科学研究院负责起草。
本标准主要起草人顾新华。

编者注：本标准中引用标准的标准号和标准名称变动如下。

原标准号	现标准号	现 标 准 名 称
GB 1922	GB 1922—1980	溶 剂 油

中华人民共和国石油化工行业标准

油页岩含油率测定法
（低温干馏法）

SH/T 0508—1992

（2005 年确认）

代替 ZBE 22001—86

1 主题内容与适用范围

本标准规定了用低温干馏法测定试样的含油率的方法。

本标准适用于油页岩低温干馏含油率及副产物收率的测定。

2 引用标准

GB 212 煤的工业分析方法

3 方法概要

将试样装于铝甑中，在隔绝空气条件下以一定的升温速度加热到 520℃，并保持一定时间。干馏后测定所得油、水、半焦和干馏副产物的收率。

4 试剂与材料

4.1 凡士林：工艺用。

4.2 金刚砂：800 号。

5 仪器、设备

5.1 铝甑：见图 1，有效容积 170mL±10mL。

5.2 破碎机：破碎粒度可调，供制样用。

5.3 加热炉：功率为 2kW 的单孔或多孔电炉。包括高温计、热电偶(EA)。

5.4 接受器：250mL 三角瓶。

5.5 称量瓶：直径 60mm。

5.6 标准筛：3mm 孔径、方筛。

5.7 分析天平：感量为 0.1mg。

6 分析步骤

6.1 检查铝甑的气密情况

6.1.1 检查方法：用肥皂水涂在盖紧后铝甑各接头处，或将甑体浸入水面下 10～15mm，甑内充入气体，使甑内压力达 1471～1961Pa（150～200mmH₂O），在此压力下保持约 1min，如无气泡发生，即认为气密合格。若甑导出管漏气，可将连接螺帽进一步拧紧，或将导出管卸下检查。若甑体与甑盖漏气，可按本方法 6.1.2 进行研磨。

6.1.2 研磨方法：甑体与甑盖接触面涂凡士林与 800 号金刚砂的混合物。甑盖小孔处装有 7～8cm 长的金属棒，一手握住棒，另一只手拿着甑体，左右转动 90°角数次，然后转动 180°角，研磨时不要向甑盖加压力，使甑体与甑盖达到密合后，再用柔软的布把金刚砂和凡士林混合物揩掉，并用水清洗干净、擦干，再重新进行气密试验，直到气密合格为止。

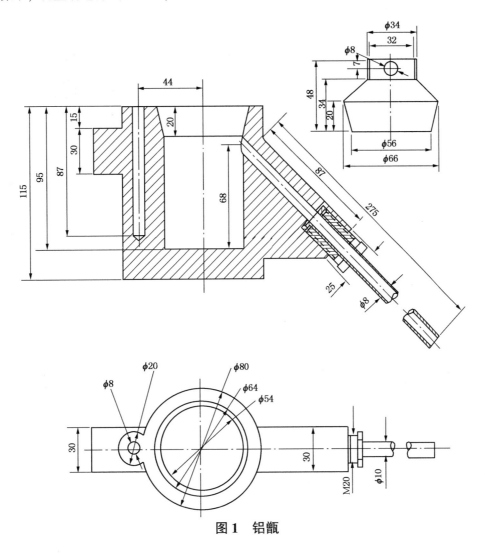

图 1　铝甑

6.2　新铝甑在使用前先加热到530℃，恒温20min，降温卸下备用。

6.3　将样品粉碎到粒度小于3mm，均匀地取出500g置于铁盘中，在实验室条件下干燥24h后，装入带磨口塞的广口瓶中，待用。

6.4　用牛角勺充分搅拌制备好的试样，取50g±0.5g放入已知质量的称量瓶中，称精确至0.01g，将已知质量的样品移入铝甑中。注意不要使试样进入导出管，并力求试样表面平整。

6.5　盖上甑盖，用木槌轻轻敲紧甑盖，铝甑导出管用胶塞与已知质量的接受器连接。导出管应伸入接受器内，伸入的长度不应小于接受器高度的一半，但不得和接受器底部接触。从胶塞的另一小孔插入一支略带弯曲的玻璃导管与气体收集装置相连(见图2)，各连接处必须气密合格。

6.6　冷却槽中放入冰和水，使接受器浸入水中，但接受器口应稍高出水面。

6.7　通电加热，加热速度应按表1中要求严格控制。加热过程中，各段时间的实测温度不得超过规定值的±5℃。到达520℃时，恒温20min，然后停止加热。

6.8　打开电炉盖，取出热电偶，并立即取出铝甑和接受器，将接受器从铝甑导出管胶塞连接处拆开。为防止半焦吸收空气中的水分，应将铝甑的出口管用软木塞塞上。

6.9　擦干接受器外壁水，放置约5min，然后称量(精确至0.01g)，盛有冷凝物的接受器质量与空瓶质量之差即为干馏冷凝物的质量(即油水和)。

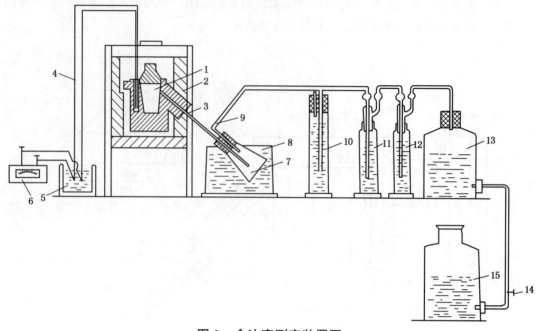

图 2　含油率测定装置图

1—铝甑；2—电炉；3—导出管；4—热电偶；5—冷接点恒温器；6—高温计；7—接受器；8—冷却槽；
9—气体导出管；10—压力计；11—H_2O 吸收瓶；12—NH_3 吸收瓶；13—集气瓶；14—夹子；15—低位瓶

6.10　用溶剂抽出法测出冷凝物中的水量。冷凝物质量减去水质量，其差值即为页岩油质量。

表 1　铝甑升温速度

加热时间 min	温　度 ℃	加热时间 min	温　度 ℃
0	室温	30	400
10	185	40	475
20	300	50	520

6.11　铝甑冷至室温后，用木槌轻轻敲击甑体后柄，直至甑盖松动，取下盖子，把半焦倒入已知质量的称量瓶中，随即称量。注意要用毛刷把粘附在甑壁的半焦清扫干净。所得质量与称量瓶质量之差值即为油页岩半焦的质量。

6.12　分析试样水分按 GB 212 中的水分测定方法进行测定。

6.13　冷凝物中含水量的测定按附录 A 进行。

7　分析结果的表述

7.1　干馏产物的分析基收率按下列公式计算：

$$T^f = \frac{a-b}{m} \times 100 \qquad \cdots\cdots\cdots\cdots\cdots\cdots\cdots\cdots\cdots (1)$$

$$T^s = T^f \times \frac{100}{100-W^f} \qquad \cdots\cdots\cdots\cdots\cdots\cdots\cdots\cdots (2)$$

$$W_Z^f = \frac{b}{m} \times 100 \qquad \cdots\cdots\cdots\cdots\cdots\cdots\cdots\cdots\cdots (3)$$

$$W_{RT}^f = W_Z^f - W^f \qquad \cdots\cdots\cdots\cdots\cdots\cdots\cdots\cdots\cdots (4)$$

$$K^{\mathrm{f}} = \frac{c}{m} \times 100 \qquad \cdots\cdots\cdots\cdots\cdots\cdots\cdots\cdots\cdots\cdots\cdots\cdots\cdots\cdots\cdots\cdots\cdots \quad (5)$$

式中：T^{f}——分析基页岩油收率，%(m/m)；

T^{α}——干基页岩油收率，%(m/m)；

m——分析试样质量，g；

a——冷凝物质量，g；

b——干馏总水分质量，g；

$W_{\mathrm{Z}}^{\mathrm{f}}$——分析基干馏总水分收率，%($m/m$)；

W_{f}——分析试样水分含量，%(m/m)；

$W_{\mathrm{RT}}^{\mathrm{f}}$——分析基热解水收率，%($m/m$)；

K^{f}——分析基油页岩半焦收率，%(m/m)；

c——油页岩半焦质量，g。

7.2 用质量的百分数报告试样的含油率。

结果取重复测定两个结果的算术平均值，至小数点后一位数字。

8 精密度

按以下规定来判断试验结果的可靠性(95%置信水平)。

8.1 重复性

在同一实验室，同一操作者重复测定两个结果之差不应超过表2数值：

表2　　　　　　　　　　　　　　　　　%(m/m)

试样含油率	测定结果之差		
	含油率	水　分	半　焦
<10	0.4	0.4	1.0
10~20	0.8	0.4	1.0
>20	1.5	0.4	1.0

8.2 再现性

不同实验室的不同操作者测定的两个结果之差不应超过表3数值：

表3　　　　　　　　　　　　　　　　　%(m/m)

试样含油率	测定结果之差		
	含油率	水　分	半　焦
<10	0.8	0.8	1.5
10~20	1.2	0.8	1.5
>20	2.0	0.8	1.5

附 录 A
冷凝物中含水量的测定方法
(补充件)

A1 主题内容与适用范围

本方法是将干馏冷凝物与无水溶剂混合，进行蒸馏测定其水分含量，从而计算得出该油页岩试样含油率。

本方法仅适用于测定油页岩试样低温干馏得到的冷凝物中的水含量。

A2 试剂与材料

A2.1 甲苯(分析纯)或工业溶剂油。

A3 仪器与设备

A3.1 水分测定器(见图A1)：包括接受器4(三角瓶)，容量为250mL；水分测定管3(同GB/T 260)和直管式冷凝管2，长250~300mm。

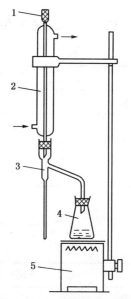

图 A1 水分测定装置图
1—棉花；2—玻璃冷凝管；3—水分测定管；4—接受器；5—封闭式电炉

A3.2 自动恒温电热套：容量250mL。

A4 分析步骤

A4.1 向已称过质量的盛有干馏冷凝物的接受器中加入100mL甲苯或工业用溶剂油。

A4.2 将该接受器和与之配套的带磨口的、经校正过的、干燥的水分测定管紧密连接在一起，水分测定管上端与干燥的冷凝器相连，测定装置图如A1。

A4.3 冷凝器上端应用棉花或其他物料松松地塞上，以防止尘埃落入并避免空气中的湿气在冷凝器内凝结。

A4.4 给电加热，并控制蒸馏速度，使从冷凝器下端滴下的液滴数为每秒2~4滴。当水分测定管中

314

的水分不再增加，溶剂变得完全透明时，即可停止蒸馏。蒸馏将结束时，应提高蒸馏速度，将附着在冷凝器内壁的水滴全部带入水分测定管中。

A4.5 接受器冷却后，将仪器拆开，若有一部分水附着在水分测定管壁上，可用螺旋形金属丝上下搅动，并静止数分钟，使水珠完全下沉后，再读取水分体积(计算时，室温水的密度可视为1)。

A5 分析结果的表述

试样干馏总水分质量百分含量 W_Z^f 按式(A1)计算：

$$W_Z^f = \frac{V}{m_1} \times 100 \quad \cdots\cdots\cdots\cdots\cdots\cdots\cdots\cdots\cdots\cdots \quad (A1)$$

式中：V——接受器冷凝物中水的体积，mL；

m_1——试样的质量，g。

以质量百分数报告试样的含水率，结果取一位小数。

附 录 B
分析试样水分测定
（补充件）

B1 主题内容与适用范围

本方法是将一定质量的试样在规定温度下干燥至恒重，所失去的量占试样原质量的百分数作为水分含量。

本方法适用于测定油页岩试样的分析水含量。

B2 仪器与设备

B2.1 干燥箱：带有自动调温装置，内附鼓风机，并能保持105～110℃。

B2.2 干燥器：内装干燥剂变色硅胶或块状无水氯化钙。

B2.3 玻璃称量瓶：直径为40mm，高25mm，并附有磨口的盖(图B1)。

瓷皿：外径40mm，高度16.5mm，壁厚1.5mm，并附有密合的盖(图B2)。

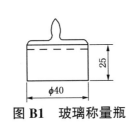

图 B1 玻璃称量瓶

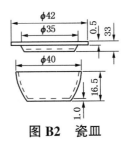

图 B2 瓷皿

B2.4 分析天平：精确到0.0002g。

B3 分析步骤

用预先烘干和称出质量(精确至0.0002g)的称量瓶(或瓷皿)称取粒度为0.2mm以下的分析试样1g±0.1g(精确至0.0002g)。然后把盖开启，将称量瓶(或瓷皿)放入预先鼓风并加热到105～110℃的干燥箱中。在一直鼓风条件下试样干燥1h后从干燥箱中取出称量瓶(或瓷皿)并加盖。在空气中冷却2～3min后，放入干燥器中冷却到室温(约20min)，称量。

然后进行检查性的干燥，每次 30min，直到试样的质量变化小于 0.001g 或重量增加时为止。在后一种情况下要采用增重前一次重量为计算依据。保留瓷皿和试样供测定灰分用。水分在 2% 以下时不进行检查性干燥。

B4　分析结果的表述

测定结果按式（B1）试算：

$$W^f = \frac{m_1}{m} \times 100 \qquad\qquad (B1)$$

式中：W^f——分析试样的水分，%；

m_1——分析试样干燥后失去的质量，g；

m——分析试样的质量，g。

以质量百分数报告试样的水分含量。

附加说明：

本标准由抚顺石油化工研究院技术归口。

本标准由抚顺石油化工研究院负责起草。

本标准主要起草人陈季英、刘长山。

编者注：本标准中引用标准的标准号和标准名称变动如下。

原 标 准 号	现 标 准 号	现 标 准 名 称
GB 212	GB/T 212	煤的工业分析方法

ICS 75.140
E 43

中华人民共和国石油化工行业标准

NB/SH/T 0509—2010
代替 SH/T 0509—1992

石油沥青四组分测定法

Test method for separation of asphalt into four fractions

2010- 05- 01 发布　　　　　　　　　　　　　　2010- 10- 01 实施

国 家 能 源 局　　发 布

前　　言

本标准非等效采用 JPI-5S-22-83（1998 确认），对 SH/T 0509—1992 进行修订。

本标准与 SH/T 0509—1992 的主要差异如下：

——本标准名称修改为《石油沥青四组分测定法》；

——本标准增加了规范性引用文件一章；

本标准由中国石油化工集团公司提出。

本标准由全国石油产品和润滑剂标准化技术委员会石油沥青分技术委员会归口。

本标准起草单位：中国石油化工股份有限公司石油化工科学研究院。

本标准主要起草人：王翠红、罗爱兰、王子军。

标准历次颁布情况：

——SH/T 0509—1992（1998）。

石油沥青四组分测定法

1 范围

1.1 本标准规定了石油沥青四组分(饱和分、芳香分、胶质、沥青质)的测定方法。

1.2 本标准适用于石油沥青,渣油可以参照使用。

1.3 本标准未涉及有关使用的安全规定,标准使用者有责任在使用前制定合适的安全应用规程。

2 规范性引用文件

下列文件中的条款通过本标准的引用而成为本标准的条款。凡是注日期的引用文件,其随后所有的修改单(不包括勘误的内容)或修订版均不适用于本标准,然而,鼓励根据本标准达成协议的各方研究是否可使用这些文件的最新版本。凡是不注日期的引用文件,其最新版本适用于本标准。

GB/T 514 石油产品试验用液体温度计技术条件

GB/T 11147 沥青取样法

SH/T 0652 石油沥青名词术语

3 方法概要

将试样用正庚烷沉淀出沥青质,过滤后,用正庚烷回流除去沉淀中夹杂的可溶分,再用甲苯回流溶解沉淀,得到沥青质。将脱沥青质部分吸附于氧化铝色谱柱上,依次用正庚烷(或石油醚)、甲苯、甲苯-乙醇展开洗出,对应得到饱和分、芳香分、胶质。

4 仪器、试剂与材料

4.1 仪器

4.1.1 沥青质测定器:见图1,包括磨口三角瓶,抽提器及冷凝器。

4.1.2 电热套。

4.1.3 玻璃短颈漏斗:ϕ75mm～90mm。

4.1.4 漏斗架。

4.1.5 玻璃吸附柱:见图2。外面带夹套,热水循环保温。

4.1.6 超级恒温水浴。

4.1.7 马福炉:0℃～800℃。

4.1.8 真空烘箱:可使温度保持在105℃～110℃,真空度保持在93kPa±1kPa(700mmHg±10mmHg)。

4.1.9 磨口三角瓶:24号磨口,150mL～250mL。

4.1.10 干燥器:带活塞,容积3000mL,无干燥剂;容积为3000mL～5000mL,有干燥剂。

4.1.11 分析天平:称准至0.0001g。

4.1.12 量筒:20mL,50mL,100mL。

4.2 试剂与材料

4.2.1 正庚烷:分析纯,脱芳(硫酸甲醛试验合格)。

4.2.2 石油醚:分析纯,60℃～90℃,脱芳(硫酸甲醛试验合格)。

4.2.3 甲苯:化学纯。

4.2.4 95%乙醇:化学纯。

单位：mm

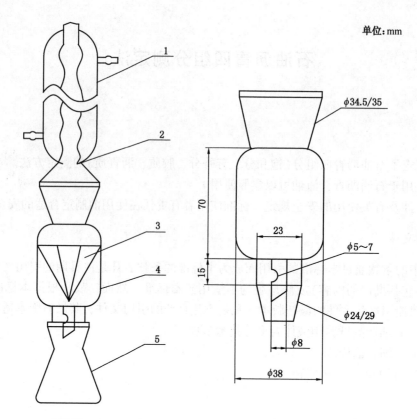

1——冷凝器；2——四个爪；3——滤纸；4——抽提器；5——磨口三角瓶。

图 1 沥青质测定器及抽提器尺寸

单位：mm

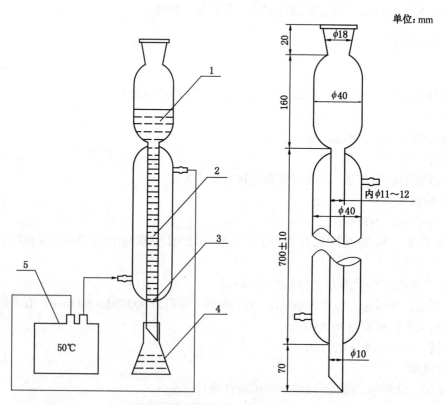

1——溶剂；2——活性氧化铝；3——棉花；4——接受瓶；5——超级恒温水浴。

图 2 吸附柱尺寸及吸附装置图

4.2.5 氧化铝：中性，层析用，100目～200目，比表面积＞150m²/g，孔体积0.23cm³/g～0.27cm³/g，使用前须活化。

4.2.6 定量滤纸：中速，φ11.0cm～12.5cm。

5 试验准备

5.1 氧化铝活化

将氧化铝放在瓷蒸发皿内，在马福炉中于500℃下活化6h，取出后立即放入带活塞无干燥剂的干燥器中，冷至室温。装入带塞且已称量过的细口瓶中，按氧化铝净重加入1%的蒸馏水，盖紧塞子，剧烈摇动5min，放置24h后备用，有效期为1周。活化后未用完的氧化铝可以重新活化处理后使用。

5.2 安全措施

本方法所用溶剂均易燃，且多数有一定程度的毒性，应注意安全防火，试验应在通风橱内进行。

6 试验步骤

6.1 分析流程

分析流程见图3。对于沥青质含量大于10%的样品，用正庚烷沉淀法分离出沥青质，将可溶分用冲洗色谱法测定其余三个组分；对于沥青质含量小于10%的样品，可称取两份试样，一份测定沥青质，另一份直接测定饱和分和芳香分，胶质由减差法得到。

6.2 沥青质含量的测定

6.2.1 在已恒重过的磨口三角瓶中，称取试样1g±0.1g(对沥青质含量低于10%的样品)，或0.5g±0.01g(对沥青质含量高于10%的样品)，称准至0.0001g，按每克试样50mL的比例加入正庚烷。

6.2.2 将装有试样及正庚烷的磨口三角瓶瓶1，与冷凝器相连。对于沥青质含量低于10%的样品，加热回流0.5h(对沥青质含量高于10%的样品，回流时间可延长至1h)，控制冷凝溶剂回流速度以滴状进行而非线状进行，待溶液冷却后，取下瓶1，盖好瓶塞，在暗处静置沉降1h。

6.2.3 在不产生摇动的条件下，尽可能地将上部清液慢慢地倒入装有定量滤纸的漏斗中，最后将剩余的少量溶液和沉淀摇动并倒入滤纸，注意勿使溶液升至滤纸的上缘。瓶1中的残留物用60℃～70℃的热正庚烷30mL分多次洗涤，洗涤液亦倒入滤纸中，全部滤液收集于瓶2中。瓶1不必洗涤，留待6.2.5使用。

6.2.4 折叠带有沉淀的滤纸，放入抽提器中，将瓶2与抽提器、冷凝器按图1组装好，加热回流1h或至下滴液无色，回流完毕，稍冷却，取下瓶2后按6.3.1进行。

6.2.5 往瓶1中加60mL甲苯，装上6.2.4中的抽提器、冷却器，回流至少1h或抽提至液滴无色。

6.2.6 冷却后取下瓶1，蒸出甲苯后，放入真空烘箱中，在温度为105℃～110℃、真空度为93kPa±1kPa(700 mmHg±10mmHg)的条件下，保持1h，取出后在装有干燥剂的干燥器中冷却至室温，称量得到的沥青质质量为m_1，称准至0.0001g。

6.3 饱和分(芳香分、胶质(或胶质加沥青质)含量的测定

6.3.1 对于沥青质含量大于10%的样品，回收瓶2中的大部分正庚烷，使溶液浓缩至约10mL作为冲洗色谱的进样，按照6.3.2～6.3.6步骤进行。对沥青质含量低于10%的样品，直接称取0.5g±0.01g试样，称准至0.0001g，加10mL正庚烷溶解稀释。

6.3.2 按图2将吸附柱与超级恒温水浴连接，保持循环水温为50℃±1℃。

6.3.3 在洗净干燥的吸附柱下端塞少许脱脂棉，从上端加入40g备用的氧化铝，同时用包有橡皮的细棒，轻轻敲打柱子，使氧化铝紧密、均匀，然后立即加入30mL正庚烷预湿吸附柱。

6.3.4 待预湿正庚烷全部进入氧化铝吸附剂顶层时，立即加入6.3.1的浓缩溶液(或溶解稀释的

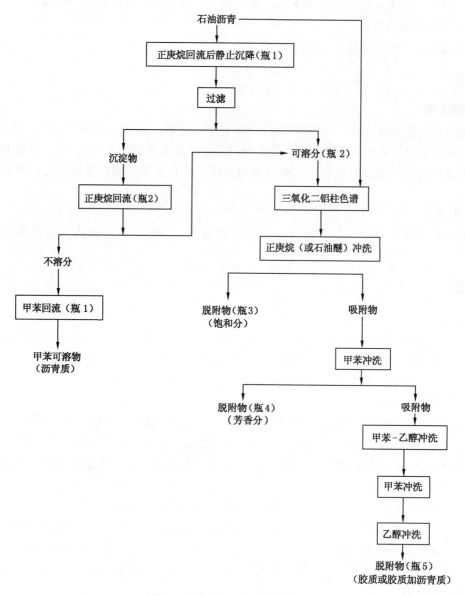

图3 沥青四组分分析流程图

试样），取 10mL 正庚烷(为冲洗饱和分 80mL 正庚烷的一部分)分多次将三角瓶中的残留物洗至柱中，柱下放一量筒，接受首先流出的正庚烷，当全部试样进入氧化铝顶层时，即刻再加少许备用氧化铝覆盖。

6.3.5 依次加入表1中的溶剂进行冲洗，可用二联球加压调节流速(但为保证充分吸附，开始速度不宜太快，一般只在接取芳香分后加压调节)，整个过程流速维持在 2mL/min～3mL/min。最初流出 20mL 为纯正庚烷，可作为表1中 80mL 正庚烷的一部分循环使用，以后用已恒重过的磨口三角瓶作接受瓶，待试剂全部进入氧化铝吸附剂顶层时更换冲洗剂，同时更换接受瓶(用甲苯-乙醇脱附的组分可接于同一瓶5中)，按顺序记录瓶号。

6.3.6 将收集的各组分回收溶剂后，放入真空烘箱，在温度为 105℃～110℃、真空度为 93kPa±1kPa(700mmHg±10mmHg)的条件下保持 1h，取出后，在装有干燥剂的干燥器中冷却至室温，称量，称准至 0.0001g，分别得到饱和分 m_2、芳香分 m_3、胶质 m_4(或胶质加沥青质 m_5)的质量，由于少量甲苯不溶物未计量，还有少量胶质(或胶质加沥青质)不能完全脱附，因此总收率一般为 90%～97%，胶质(或胶质加沥青质)含量可由减差法计算。

表1 冲洗溶剂及流出组分

瓶 号	冲洗剂	加入量/mL	流出组分	组分颜色
3	正庚烷ᵃ	80	饱和分	无 色
4	甲 苯	80	芳香分	黄~深棕色
5	甲苯–乙醇 （1：1体积比）	40	胶质或胶质加沥青质	深褐~黑色
	甲 苯	40		
	乙 醇	40		

ᵃ 可用脱芳烃石油醚代替正庚烷作饱和分的冲洗剂，但仲裁试验必须使用正庚烷。

7 计算

7.1 试样的沥青质含量 X_{AT} 按式（1）计算：

$$X_{AT} = \frac{m_1}{m} \times 100 \quad\cdots\cdots\cdots\cdots\cdots\cdots\cdots\cdots\cdots\cdots\cdots\cdots\quad （1）$$

式中：

m_1——试样中沥青质的质量，g；

m——沥青试样的质量，g。

7.2 试样的饱和分含量 X_S 按式（2）计算：

$$X_S = \frac{m_2}{m} \times 100 \quad\cdots\cdots\cdots\cdots\cdots\cdots\cdots\cdots\cdots\cdots\cdots\cdots\quad （2）$$

式中：

m_2——试样中饱和分的质量，g。

7.3 试样的芳香分含量 X_A 按式（3）计算：

$$X_A = \frac{m_3}{m} \times 100 \quad\cdots\cdots\cdots\cdots\cdots\cdots\cdots\cdots\cdots\cdots\cdots\cdots\quad （3）$$

式中：

m_3——试样中芳香分的质量，g。

7.4 试样的胶质含量有两种测定方式：

7.4.1 减差法 胶质质量分数 X_R 按式（4）计算：

$$X_R = 100 - X_S - X_A - X_{AT} \quad\cdots\cdots\cdots\cdots\cdots\cdots\cdots\cdots\cdots\quad （4）$$

7.4.2 冲洗法 胶质含量 X_R 按式（5）或式（6）计算：

当试样的沥青质含量>10%时按式（5）计算：

$$X_R = \frac{m_4}{m} \times 100 \quad\cdots\cdots\cdots\cdots\cdots\cdots\cdots\cdots\cdots\cdots\cdots\cdots\quad （5）$$

式中：

m_4——试样中胶质的质量，g。

当试样的沥青质含量<10%时按式（6）计算：

$$X_R = \left[(m_5 - m_1)/m \right] \times 100 \quad\cdots\cdots\cdots\cdots\cdots\cdots\cdots\cdots\quad （6）$$

式中：

m_5——试样中胶质加沥青质的质量，g。

8 报告

单个试样重复测定两个试验结果的算术平均值作为报告值，对于胶质需注明测定方式。

9 精密度

用下述规定判断测定结果的可靠性(95%的置信水平)。

9.1 重复性

同一操作者，用同一台仪器对同一试样重复测定两个结果之差，不应超过表2的数值。

9.2 再现性

不同操作者，在不同实验室，对同一试样测定两个结果之差，不应超过表2的数值。

表2 方法精密度

	测定范围	重复性/%	再现性/%
饱和分	12~27	1.2	4.0
芳香分	21~47	1.6	2.4
胶 质	31~55	1.6	4.3
沥青质	<10	0.5	1.2
	>10	1.6	2.4

10 关键词

饱和分；芳香分；胶质；沥青质。

编者注：本标准中引用标准的标准号和标准名称变动如下。

原标准号	现标准号	现 标 准 名 称
GB/T 514	GB/T 514	石油产品试验用玻璃液体温度计技术条件
SH/T 05462	NB/SH/T 0562	低温下发动机油屈服应力和表现黏度测定法

ICS 75. 100
E 34

中华人民共和国石油化工行业标准

NB/SH/T 0517—2014
代替 SH/T 0517—1992

车辆齿轮油防锈性能的评定 L-33-1 法

Standard test method for evaluation of moisture corrosion
resistance of automotive gear lubricants

2014-06-29 发布　　　　　　　　　　　　　**2014-11-01 实施**

国家能源局 发布

目　次

前　言

本标准按照 GB/T 1.1—2009 给出的规定起草。

本标准代替 SH/T 0517—1992《车辆齿轮油锈蚀评定法（L-33 法）》，本标准与 SH/T 0517—1992 相比主要变化参见附录 A 。

本标准使用重新起草法修改采用美国试验与材料协会标准 ASTM D7038-10《测定车辆齿轮油抗锈蚀的标准试验方法》。

本标准与 ASTM D7038-10 相比在结构上有较多调整，附录 B 中列出了本标准与 ASTM D7038-10 的结构变化情况。

本标准与 ASTM D7038-10 的主要技术差异及其原因在附录 C 中给出。

本标准由中国石油化工集团公司提出。

本标准由全国石油产品和润滑剂标准化技术委员会石油燃料和润滑剂分技术委员会（SAC/TC280/SC1）归口。

本标准起草单位：中国石油化工股份有限公司石油化工科学研究院。

本标准主要起草人：陈大忠、宋海清、樊金石、杨鹤。

车辆齿轮油防锈性能的评定　L-33-1 法

警告：使用本标准会涉及到危险材料、操作和设备，本标准没有指出在使用中所有涉及到的安全问题。因此用户在使用本标准前应建立适当的安全和防护措施，并确定有适用性的管理制度。

1　范围

本标准规定了采用准双曲面齿轮驱动桥在有水存在和加温条件下，测定车辆齿轮油的抗锈蚀性能的试验方法。本试验标准通常称为 L-33-1 试验。

本标准适用于测定车辆齿轮油的抗锈蚀性。

注：本标准中的单位数值采用［SI］国际单位制，无标注单位数值采用英制单位。

2　规范性引用文件

下列文件对于本文件的应用是必不可少的。凡是注日期的引用文件，仅所注日期的版本适用于本文件。凡是不注日期的引用文件，其最新版本（包括所有的修改单）适用于本文件。

GB 1922—2006 油漆及清洗用溶剂油

GB/T 6682—2008 分析实验室用水规格和试验方法（ISO 3696：1987 MOD）

《CRC Manual 21》CRC 评分手册

ASTM D235 矿物型溶剂油

3　术语和定义

下列术语和定义适用于本文件。

3.1

腐蚀　corrosion

在金属的加工表面发生变色，伴随着非机械作用的表面粗糙化。

3.2

停机　downtime

提供驱动试验单元的电源中断时间大于 10 s。

3.3

锈蚀　rust

腐蚀的一种特殊形式，总是恶化或者改变原始表面状况。

注：锈蚀总是具有颜色（通常是但不限制在红色、黄色、褐色、黑色等）以及具有以下描述的特征之一：（1）深度：锈蚀的表面总是比相邻的表面高。（2）结构：锈蚀的表面具有被侵蚀、鳞状或者不同于相邻表面的可见结构。

3.4

污迹　stain

仅仅由于变色引起的表面变化。

4 方法概要

4.1 本标准使用 DANA 公司生产的型号为 30，零件号 No. 27770-1X，速比为 4 : 10，装有非涂层的从动齿轮和主动齿轮双曲线差速器的驱动桥，未装驱动桥轴套。

4.2 试验单元的准备

每次试验前，完全拆解并清洗新的驱动桥总成，去掉驱动桥堵块，对所有的评分件（不包括轴承和齿轮轴承外环内表面）进行喷砂除锈。喷砂之前，从评分件上拆下所有的轴承，使用试验油涂在所有驱动桥内的零件和评分件表面上。按照试验要求组装试验单元，安装单元总成在试验台上，插上温度传感器和连接传动轴，把风扇和加热灯放置在靠近试验单元要求的位置上。

4.3 运转期

向驱动桥中加入 1.2 L 的试验油，在不加负荷的条件下，用电机驱动驱动桥（此试验没有使用驱动桥连接轴），主动齿轮转速为 2500 r/min。然后往驱动桥里加入 30 mL 的蒸馏水（其它孔均已密封），安装压力释放系统，设置压力释放压力约为 7 kPa。当试样温度升到 82.2℃时，关闭压力释放系统，压力释放系统停止工作。驱动桥在此温度下连续运转 4 h。

4.4 贮存期

运转期结束后，停止电机。从试验台上拆下驱动桥，放入贮存箱内。在温度为 52℃的条件下，恒温 162 h。

4.5 检查

贮存期试验结束后，试验已经完成。放出驱动桥里的试验油，拆解驱动桥总成，对锈蚀、污迹和其它沉积物进行评分。

5 方法应用

此试验模拟一种苛刻的用油情况，即驱动桥里存在由冷凝的水蒸汽形成的可导致腐蚀的湿气。这可能使驱动桥里的润滑油体积增大或减小，并通过驱动桥的通气孔呼吸带有湿气的空气。此试验可以筛选防腐蚀性能的润滑油。

6 试验设备

6.1 试验室环境条件

6.1.1 试验操作间

试验环境应符合优秀实验室要求的没有灰尘和其他污染物的条件。

6.1.2 零件清洗和喷砂间

使用溶剂的地方要提供足够的通风。

6.1.3 装配间

建议装配间环境的空气应过滤，保持恒定的温度和较低的湿度，防止试验件上落上灰尘和生锈。

否则应满足 6.1.1 项要求。

6.1.4 评分间

评分环境按照 CRC 评分手册《CRC Manual 21》的条件要求对所有评分件进行评分。

6.2 试验台、试验单元、试验室设备

6.2.1 试验单元安装

安装差速器壳体总成在试验台上（齿轮版本 99.1 或者 Vol.1），使后盖板安装接触面呈垂直位置，安装差速器壳体总成的高度保证在其底部能安装温度传感器。试验台的设计尺寸如图 D.1~图 D.4 所示。

6.2.2 驱动系统

没有对驱动系统设计作明确的规定；但是以下设备已经证明适合用于驱动驱动小齿轮转速维持在规定的 2500r/min±50 r/min。

6.2.2.1 电机功率 1.1 kW，封闭式，转速 3600 r/min，轴径 2.22 cm。

6.2.2.2 可移动的电机底座，（Dyn-Adjust）零件号 No.20-C。

6.2.2.3 道奇（Dodge）锥度锁紧皮带轮，零件号 No.40L100（被驱动轮），零件号 No.28L100（驱动轮）。

6.2.2.4 道奇（Dodge）正时皮带，零件号 No.480L100。

6.2.2.5 其他的零部件，如连接轴、耦合件和轴承块对连接上述试验件也是必需的，需要实验室准备。

6.2.3 蒸汽压力控制系统

运转期加热阶段驱动桥内的蒸汽压力通过连接到驱动桥后盖的水柱压力释放系统来控制，控制压力大约为 7 kPa±0.7 kPa。水柱压力释放系统通过一个尺寸合适的 NPT 不锈钢弯头和一个不锈钢全流阀连接驱动桥后盖。此系统还包含油罐和回流管，在试验油起泡沫的情况下能够使试验油流回试验单元。还包含一个水罐和回流管防止水柱里的水倒流回试验单元。图 D.1 所建立的系统认为是可接受的。

6.2.4 驱动桥后盖垫片

每次试验使用一个聚四氟乙烯垫片代替原工厂提供的垫片。

6.2.5 驱动桥半轴管开孔密封

由于试验差速器无差速器半轴或者后桥管，要求密封驱动桥开孔。按图 D.2 所示的尺寸加工一对开孔密封件在试验起动并往驱动桥里加入试验油之前，应先安装驱动桥开孔密封件。

6.2.6 温度控制系统

运转期阶段，使用电阻传感器（RTD）或热电偶（J 或 K 型）测量试验油温度。温度控制器接通两个 250W 的灯泡和一个冷却电风扇，或两者同时接通。控制试验油温度在 82.2℃±0.6℃。家庭使用的叶片直径为 31cm 的风扇也可用于冷却。图 D.3 所示加热灯和冷却风扇的位置。图 D.4 所示热电偶在驱动桥上的安装位置。

6.2.7 恒温箱和温度控制系统

贮存期阶段，用双层铝箱子或者不锈钢箱子罩住驱动桥总成。使用电阻传感器（RTD）或热电偶

（J 或 K 型）连接温度控制器，调节四片加热带的加热输入，四片加热带的总加热功率为 500 W。一个转速为 1550 r/min 的小型电动机带动一个转速为 1700 r/min±100 r/min 叶片轮，使空气在箱子内循环。控制试验油温度在 52℃±0.6℃。图 D.5 所示叶片轮尺寸，图 D.6 所示保温箱电路图。

6.2.8 喷砂

使用美制 80 号的氧化铝粗砂对差速器壳体、环形齿轮、主动齿轮、半轴齿轮、行星齿轮、四个止推垫片和驱动桥后盖板进行喷砂处理，目的是清除以前形成的锈蚀，并得到一致的表面。不能对轴承、轴承外环内表面和差速器销子进行喷砂处理。

6.2.9 本条目规定喷砂设备和材料

6.2.9.1 喷砂箱

固安捷（Grainger Econo-Line）公司生产的 36 in.×24 in. 喷砂机，型号 No.3Z850。或性能相当的产品。

1) 喷砂机仅用于 L-33-1 试验件的喷砂。

2) 测量进入喷箱之前的喷砂枪调节阀处空气压力，设置调节阀使进入喷砂箱的压缩空气压力维持在 552 kPa±14 kPa。

6.2.9.2 灰尘收集器

Grainger Econo-Line 的收集能力为 28.32 m^3/min ［1000 ft^3/min］。零件号 No.3JR93。或性能相当的产品。

6.2.9.3 喷砂枪的设置

(1) 固安捷（Grainger Econo-Line）喷砂枪总成流量为 0.337 m^3/min ［12 ft^3/min］，零件号 No.3JT01。

(2) 固安捷（Grainger Econo-Line）喷砂枪喷口内径为 1/4 in.。

(3) 对 L-33-1 试验件进行 15 次喷砂以后更换型号为 No.3JT0813 的零件。

(4) 固安捷（Grainger Econo-Line）空气喷气流量为 0.337 m^3/min ［12ft^3/min］，零件号为 No.3JT04。

6.2.9.4 喷砂材料

美制 80 号的氧化铝粗砂。进行 L-33-1 试验件 15 次喷砂以后更换喷砂材料。

7 试剂和材料

7.1 特殊试验水

飞世尔科技（Fisher Scientific）去离子的超过滤水，货号 NO.W2-4 或者 W2-20。或者满足 GB/T 6682—2008 中三级水的要求。

7.2 溶剂油

7.2.1 溶剂油要求满足 ASTM D235 2 型 C 级规格，芳烃含量在 0%～2%，闪点不低于 61℃，赛波特色号不小于+25/铂-钴色号不大于 25。或者满足 GB 1922—2006 中 4 号溶剂油的要求。

警告：溶剂油会产生燃烧和挥发的危害。

7.3 防锈油

美孚防锈油 Mobil Arma 245 或性能相当的防锈油。

警告：属于易燃混合物，如果吞咽，会受到伤害或者死亡。

7.4 安装用润滑油

安装试验件时使用试验油润滑。

8 试验油

每次试验需要 3.7 L 试验油。驱动桥容量为 1.2 L，多余的油用于安装时涂抹试验件。

9 试验准备

9.1 试验件准备

清洗重复使用的零件、密封件等，清洗驱动桥管开孔密封件、压力释放系统、弯管、温度传感器及安装件。

9.2 装配驱动桥

9.2.1 零件的清洗和准备

9.2.1.1 拆解驱动桥总成：拆解差速器总成，从差速器壳体内取出所有零件，并拆解差速器．扔掉安装时不再需要的轴垫片。从相关的零件上拆下所有轴承。为了安装需要保留主动齿轮和差速器的垫片。

9.2.1.2 差速器壳体加工：参照图 D.12~图 D.13 尺寸在差速器壳体上钻一个孔并攻丝，用于安装温度传感器。安装温度传感器的顶部离差速器壳体底部的距离为 25.4 mm±6.4 mm，如图 D.4 所示。

9.2.1.3 清洗：使用溶剂油（见 7.2）和一支圆形塑料毛刷子冲洗差速器壳体和每一个零件，并用压缩空气或氮气吹干。然后用溶剂漂洗冲洗差速器壳体和每一个零件。不能用金属刷子或砂垫清洗差速器壳体和每一个零件。清除所有轴承内在工厂装配时存留的油脂，并用干布条擦干净唇封。

9.2.1.4 接触表面和驱动桥后盖的准备：统一使用氧化铝粗砂对整个差速器壳体，环形齿轮，驱动小齿轮，同差速器接触的半轴齿轮，行星齿轮，四个止推垫片以及差速器后盖内表面进行喷砂处理。不要对轴承、轴承环和差速器销子进行喷砂。不要用手触摸任何喷砂清洗过的零件表面，因为手上的湿汗会引起生锈。

9.2.1.4.1 喷砂之后和试验前检查（见 9.2.1.5），用溶剂油和圆形塑料毛刷子冲洗喷砂过的零件表面、四个轴承和轴承环（冲洗压力不能超过 207 kPa）（见 6.1.2）。冲洗以后用溶剂油漂洗，然后用压缩空气或氮气吹干（压缩空气压力不能超过 207 kPa）（见 7.2）。使用型号 M18-02-CH00 的威克森过滤器（Wilkerson filter）过滤压缩空气或氮气。型号为 MTP-96-64617 的零件是威克森过滤器总成必需的替换件。不要使用金属刷子或除砂垫清洗喷砂过的零件；不要使用压缩空气或氮气旋转吹干轴承，仅使用吹气枪口出来的安全气流从零件旁经过吹干轴承。麦克马斯特卡尔（McMaster Carr）的吹气枪型号为 S154 产品已经证明是可以接受的。

9.2.1.4.2 试验前检查：完成对试验件喷砂后，清洗、冲洗之前，仔细检查喷砂过的试验件、轴承和轴承环是否有生锈、腐蚀和损坏。如果发现任何评分面有锈蚀，按 9.2.1.4 重新喷砂清洗。如果发现缺陷，例如铸造缺陷等等，试验结束后的检测会误认为这些铸造缺陷是锈蚀，要在试验报告里注明试验前已经存在这些铸造缺陷。如果发现轴承有锈蚀或损伤，用没有锈蚀的新轴承替换。替换的轴承应是相同的生产家和型号。从结束试验件检查到试验之前，不允许试验件上有锈蚀存在。

9.2.1.5 涂抹试验油：对所有喷砂处理过的零件，冲洗和漂洗以及吹干后应立即均匀地涂抹试验油。立即用试验油涂抹已经冲洗和漂洗过的四个轴承、轴承环和差速器销子（四个轴承、轴承环和差速器销子没有喷砂处理）。把零件浸泡在试验油里或者用试验油倒在零件表面上的做法都是可以接受的。不要用刷子给零件涂抹试验油。不要用手接触零件，以防手印引起生锈。

9.2.1.6 安装后桥总成之前，用少量的试验油涂抹所有螺栓。

9.2.1.7 喷砂完成后的2 h内，完成对所有的零件冲洗、漂洗、吹干和涂抹试验油。

9.2.2 试验单元组装

9.2.2.1 主动齿轮安装：按9.2.2项指导安装主动齿轮轴承到主动齿轮轴上，然后安装到驱动桥内。Dana No.5304-2公告可能对其他信息有用，但是L-33-1试验程序取代公告里的所有信息。

（1）安装驱动轴承座圈到差速器壳体内。小心在轴承座圈下面放置合适的垫片和油环。

（2）安装后主动齿轮轴承到主动齿轮轴上。

（3）把前主动齿轮轴承和油环放进驱动桥内，然后安装主动齿轮的前密封件到驱动桥内。

注：在安装过程中，前密封件可能会损坏，有必要就更换。

（4）安装主动齿轮和合适的轴承预紧垫片到驱动桥内。可能需要借助一个小扳子把前轴承压到适当的位置。安装主动齿轮轭垫片和螺母。主动齿轮螺母的拧紧扭矩范围为217 N·m~271 N·m。这个扭矩可拧紧部件防止驱动轴漏油。通过使用锤子轻轻敲打主动齿轮和扳动齿轮轭和驱动齿轮来拆卸主动齿轮轴承。

（5）调整主动齿轮的转动力矩。主动齿轮的转动力矩主要控制驱动桥总成最后的起动和转动力矩。调整主动齿轮的起动力矩在0.34 N·m~1.13 N·m之间。

（6）如果有必要可通过拆卸主动齿轮螺母以及敲打主动齿轮，从差速器壳体内取出主动齿轮来调整主动齿轮预紧垫片组合。可以通过不同的垫片组合达到正确的预紧力，垫片厚度限制在0.076 mm（0.003 in.）、0.013 mm（0.005 in.）、0.025 mm（0.001 in）和0.726 mm（0.030 in），可增加或减少垫片的数量调整转动扭矩。使用时注意垫片可能留在轴承或轴承套上。

（7）重复9.2.2.1的第四条安装主动齿轮。

（8）在相应的试验记录表格里记录最终的主动齿轮起动和转动扭矩。

9.2.2.2 差速器安装：组装从动齿轮，半轴齿轮，轴、止推垫圈、垫片和轴承。安装差速器和轴承帽到驱动桥内。轴承帽螺栓的拧紧力矩为48 N·m~68 N·m。测量驱动桥的起动和转动扭矩。转动扭矩应为0.8 N·m~1.5 N·m，起动扭矩应为0.9 N·m~2.0 N·m。

（1）通过卸下差速器和差速器两端轴承，增加或减少垫片来调整最后的转动扭矩，然后重新组装驱动桥获得最后的预紧力。

（2）重复9.2.2.2的第一条直到得到合适的驱动桥转动扭矩。

（3）在试验记录表格里记录最终的驱动桥的起动和转动扭矩。

（4）试验后桥安装完成后，安装驱动桥后盖之前，放置试验后桥于一个垂直位置，其中轭套在上面。放置驱动桥后盖于垂直位置，使试验后桥和驱动桥后盖控油最少10 min。

9.2.2.3 试验油添加：往驱动桥中加入1.20 L±0.03 L试验油。

9.2.2.4 后盖板、驱动桥轴孔密封塞和温度传感器的安装：安装后盖板，中间加上一个新的聚四氟乙烯垫片，先用试验油涂抹垫片两面。每次试验都使用一个新的聚四氟乙烯垫片。拧紧后盖板螺栓的扭矩范围为27 N·m~34 N·m。插入驱动桥轴孔密封塞（如图D.2所示）直到接触上差速器轴承，然后往外拔出大约3.2 mm，拧紧密封塞。安装温度传感器，使用聚四氟乙烯胶带密封螺纹（如图D.4、图D.12和图D.13）。安装NPT不锈钢90°弯头及不锈钢全开口阀。

10 标定

10.1 台架标定周期

为了保证试验一致性和精确性，在如下情况下应对试验台架进行标定：

10.1.1 新贮存箱和新建立的试验台架，应进行标定。

10.1.2 每十次非参考油试验进行一次参考油标定试验。

10.2 仪器标定

10.2.1 驱动速度

每次标定台架试验之前应根据一个已知的标准对驱动速度测量系统进行标定，可溯源到权威的或者专业的相关机构。

10.2.2 温度

每次台架标定试验之前对温度控制系统（贮存箱和电机）进行标定，可溯源到权威的或者专业的相关机构。

10.2.3 压力释放系统

每次进行台架标定试验之前使用下面的程序对压力释放系统进行标定。

10.2.3.1 从浸管的底部开始测量 704.9 mm±3.18 mm 距离，并在浸管上该距离处作记号。

10.2.3.2 给浸管施加 6.9 kPa 的压力。

10.2.3.3 往水套里倒入水，直到与 6.9 kPa 的压力抵消。

10.2.3.4 释放浸管里的压力，当水处于静态时，在浸管上作水位高度记号。

10.2.3.5 为了确认标定结果，给浸管施加压力直到空气从浸管的底部冒出，这时的空气压力范围应为 6.9 kPa±0.7 kPa。

11 试验步骤

11.1 预试验、开始及运转期

11.1.1 安装试验单元：

把组装好的试验单元安装在试验台上，连接传动轴和温度传感器。按图 D.1.3 安装风扇和加热灯。

11.1.2 调节温度控制器使温度保持在 83℃±0.6℃。

11.1.3 起动电机并立即加速到 2500 r/min±25 r/min。记录起动电机时的时间和初始油温。

11.1.4 从开始对驱动桥的零件进行喷砂到起动电机的时间间隔不要超过 8 h。

11.1.5 起动电机后的 5 min 内，用一个注射器通过全通阀把 29.6 mL±0.6 mL 的特殊试验水注入到试验单元中，并连接压力释放系统。

11.1.5.1 监控油温，当油温达到 83℃±0.6℃时，关掉全通球阀，断开压力释放系统，堵住阀门的侧面开孔端。这样可以防止其余的水蒸气泄漏。测量并记录驱动齿轮的转速、试验油温度和试验开始时间。试验油到达 83℃±0.6℃的升温时间最大不能超过 1 h。在试验油升温期间，偶尔会出现少部分的油水乳液起泡沫溅到收集器里。当试验油温达到 83℃±0.6℃时，还有乳液不能完全流回驱动桥里，试验室应在试验报告的评论栏里报告这些乳液的估计数量。

11.1.6 在油温为83℃±0.6℃、驱动桥转速为2500 r/min±25 r/min的条件下运转4.0 h±0.1 h。

11.1.7 试验结束时，测量和记录驱动齿轮的转速和报告试验时间。停电机，关闭加热灯和风扇。

11.2 过渡期

11.2.1 试验期结束后的30 min内把驱动桥放入贮存箱内。参照图D.6的放置位置。设置温度控制器的控制温度为52℃±0.6℃。放置驱动桥轴管开孔和驱动齿轮轴在一个水平面上。

11.2.2 启动内部风扇。启动温度控制系统维持试验油温度在52℃±0.6℃。试验油温度从运转期结束时降到52℃±0.6℃的时间不能超过1.5 h。

11.3 贮存期

11.3.1 记录试验油温度达到52℃±0.6℃时的时间。这个时间就是贮存期试验开始时间。

11.3.2 全部贮存期试验时间为162 h±0.2 h。

11.3.3 记录贮存试验结束的时间，然后切断贮存箱加热单元和循环风扇。贮存试验结束也就是整个试验的结束。

11.4 试验结束之后程序

11.4.1 立即从贮存箱中取出驱动桥，拆卸温度传感器。放掉试验油。在试验结束后的1 h内完全拆解试验驱动桥。

11.4.2 用溶剂油轻轻的冲洗所有零件，除去试验油。

11.4.3 最后评分之前用防锈油涂抹试验件。

11.4.4 拆解驱动桥后的1 h内用防锈油清洗和涂抹试验件。

11.4.5 如果不是在试验结束后的24 h内对试验件进行评分，涂抹过防锈油的试验件应泡在防锈油里或者保存在密封的容器里。用防锈纸包裹试验件来进行长时间保存试验件的作法也是可以接受的。

12 结果评定

12.1 在试验结束后的14天内，按照《CRC Manual 21》手册的要求对试验件进行评分。依照《CRC Manual 21》手册和附录D.4对试验件进行评分。附录D.4所述的评分程序代替《CRC Manual 21》手册里相关的程序是可行的。评分件上的沉积物将会属于下列两种情况之一：（1）生锈或腐蚀（2）污迹和油泥或者其他污物。

12.2 锈蚀评分将是下列整数中的一个：10，9，8，5或者0，使用表1中的定义：

表1 锈蚀评分表

锈蚀级别	数值	定 义
无锈	10	
痕迹	9	直径小于1 mm的锈点不超过6个点
轻度	8	7个或者超过7个锈点，每个锈点的直径不超过1 mm，或者1个或者多个锈点的直径大于或者相当于1 mm，但所有锈蚀面积不超过超过检测面的1%
中度	5	锈蚀面不超过检测面的5%
重度	0	锈蚀面超过检测面的5%

12.3 参照表1所描述的定义对表2中的检测面进行评分。

表 2　检测面序号和检测面

检测面序号	描 述
1	同行星齿轮接触的差速器止推面
2	同半轴齿轮接触的差速器止推面和内孔面
3	同差速器接触的半轴齿轮止推面和外圆面
4	驱动桥后盖内表面
5	从动齿轮齿表面
6	主动齿轮齿表面
7	主动齿轮轴承滚柱表面
8	主动齿轮轴承外环内表面
9	差速器轴承滚柱表面
10	差速器轴承外环内表面

12.4　在评分表格里记录评分数值，然后乘于附录 D.6 中相应的加权系数，得到的是最后锈蚀的优点评分。在评分表格的注释栏里记录其它沉积物的存在、位置和数量情况，例如污迹、油泥或者其它的东西。也要在评分表格的注释栏里注明非评分面上锈蚀情况。

12.5　由参加过专业培训的有经验人员进行评分视为有效评分。

12.6　试验有效性：

如果要求操作的参数百分数偏差和停机次数在附录 D.2 规定和定义的限值内，那么试验操作认为是有效的。

12.7　苛刻度调整：

非参考齿轮油试验结果进行苛刻度调整（SA）计算。使用参考附录 D.5 控制图表技术，确定评定锈蚀或者沉积物的试验室偏差。在相应的试验表格填入调整值。

13　结果报告

按附录 E 所示出具试验报告。

14　精密度和偏差

按下述规定判断试验结果的可靠性（95%置信水平）。

14.1　精密度

注：试验精密度是在操作有效的参考油试验结果的基础上建立的，这些试验结果受 TMC 监控。我们不受 TMC 监控，只是验证试验精密度。

14.1.1　中间精密度条件

获得试验结果的条件是在相同的实验室、使用相同的试验方法和相同的试验油，可以改变下列条件，如操作者、测量设备、试验台架、试验发动机和时间。

注：对于本试验方法使用中间精密度比"重复性"更为合适，因为重复性规定了更加严格的试验条件。

14.1.2　中间精密度限值 *i. p.*

在中间精密度的条件下长时间运转、使用正常和正确操作方法获得的两个试验结果的之差，不超出表3规定值。

表3 精 密 度

不同锈蚀[c]	中间精密度 $i.p.$		再现性 R	
	$S_{i.p.}$[a]	$i.p.$[b]	S_R[a]	R[b]
	0.25	0.70	0.25	0.70

[a] S=标准偏差。

[b] 此值是通过标准偏差乘于2.8得到。

[c] 这些统计数据的获得是建立在 TMC 参考油 151-3 的试验结果上的，试验时间为 2002.6.24～2003.10.1，参考油 151-3 试验结果平均值为 9.640。

14.1.3 再现性条件

获得试验结果的条件为在不同的实验室，不同的操作者，使用不同的设备，使用相同的试验方法和相同的试验油。

14.1.4 再现性限值 R

在再现性条件下长时间运转、使用正常和正确操作方法获得的两个试验结果的之差，不超出表2规定值。

14.2 偏差

偏差由一个认可的统计方法对参考油试验结果来确定，当一个有效的偏差确定后，允许对非参考油试验结果进行苛刻度调整。

附　录　A

（资料性附录）

本标准与 SH/T 0517—1992 的主要技术变化

A.1　本标准与 SH/T 0517—1992 的主要技术变化见表 A.1。

表 A.1　本标准与 SH/T 0517—1992 的主要技术变化

差异情况	本 标 准	SH/T 0517—1992
试验设备和材料	喷砂枪的喷砂压力：552 kPa±14 kPa	喷砂枪的喷砂压力为 700 kPa
	喷枪空气流量：12ft³/min	无规定
	喷嘴直径：1/4in.	喷嘴直径：1/8in.
	砂子规格：Alodur Fused Brown Aluminum Oxide, 80 grit-ANSI Table 3 Grade. 并且使要求使用 15 次以后更换砂子	34 号石英砂，莫氏硬度为 7，SiO₂ 含量为 99.8%
	每次试验使用一个新聚四氟乙烯的驱动桥后盖垫片	无规定
	使用新型的压力控制系统	压力阀
零件的清洗和准备	1. 喷沙以后用溶剂油冲洗，并用经过过滤的压缩空气吹干（压缩空气的压力不能超过 30 psi（270kPa））； 2. 当清洗、漂洗、吹干已经喷沙处理的零件之后，要立即浸泡在试验油中。不能用毛刷往零件上涂抹试验油； 3. 清洗、漂洗、吹干以及在试验零件上涂抹试验油必须在喷沙之后的 2 h 内完成	1. 喷沙以后用溶剂油冲洗，在空气中风干。不能用压缩风吹干； 2. 当清洗并风干零件之后，使用新的毛刷往零件上涂抹试验油
试验驱动桥的组装	1. 把主动齿轮和轴承装在驱动桥内，拧紧主动齿轮螺母的力矩为 217 N·m~271 N·m，0.34 N·m~1.13 N·m，没有具体规定起动力矩； 2. 力矩的大小可以通过增减主动齿轮轴上的垫片来调整，垫片的厚度规格限制在 0.076 mm，0.013 mm，0.025 mm，0.726 mm； 3. 把行星齿轮，半轴齿轮，小轴及止推垫片等装在差速器内，再装上从动齿轮。然后把差速器装在驱动桥内。拧紧差速器轴承螺帽力矩应为 48 N·m~68 N·m。起动力矩为 0.9 N·m~2.0 N·m。转动力矩为 0.8 N·m~1.5 N·m； 4. 拧紧驱动桥后盖螺栓力矩为 27 N·m~34 N·m	1. 主动齿轮和轴承装在驱动桥内，起动力矩为 0.8 N·m~11.0 N·m。转动力矩为 0.6 N·m； 2. 力矩的大小可以通过增减主动齿轮轴上的垫片来调整，可是没有垫片的厚度规格限制； 3. 把行星齿轮，半轴齿轮，小轴及止推垫片等装在差速器内，再装上从动齿轮。然后把差速器装在驱动桥内。没有规定拧紧差速器轴承螺帽力矩。起动力矩为 1.35 N·m~2 N·m，转动力矩为 0.8 N·m~1.5 N·m； 4. 没有规定拧紧驱动桥后盖螺栓力矩
标定试验	在下列情况下应重新对试验台进行参考油试验： 使用新的贮存箱 每进行第十次试验后	当移动了试验台的位置或接受委托进行校验时， 当试验台的使用期超过 4 个月 每进行了第二十次试验时 用参考油校验后的时间达到 6 个月时

表 A.1 本标准与 SH/T 0517—1992 的主要技术变化（续）

差异情况	本 标 准	SH/T 0517—1992
试验过程	1. 要求试验油温加热到 82.2℃±0.6℃，时间不能大于 1 h； 2. 要求运转期结束后的 30 min 内把驱动桥移到贮存箱内 h； 3. 规定试验结束后的 1 h 内，完全拆解驱动桥，然后在 1 h 内用溶剂冲洗，并用防锈油涂抹试验件； 4. 规定如果不在试验结束后的 24 h 内评分，要求把涂抹防锈油的试验件存放在防腐油或密封的容器内	没有对相关试验过程作规定
评分	1. 使用优点评分，即锈蚀或者腐蚀程度越轻分值越高，锈蚀或者腐蚀程度越重分值越低； 2. 各个评分部分的权重值不同； 3. 结果有效性： （1）在试验的加热阶段，没有停机次数限制； （2）运转试验阶段，最多不超过两次停机，并且两次停机时间总和不超过 15 min； （3）贮存试验阶段最多不超过 3 次停机，并且停机时间总和不超过 30 min； （4）规定操作参数偏差限值	1. 使用缺点评分，即锈蚀或者腐蚀程度越轻分值越低，锈蚀或者腐蚀程度越重分值越高； 2. 没有规定试验结果有效性
精密度	规定标准精密度	无规定

附 录 B

（资料性附录）

本标准的章条编号与 ASTM D7038-10 的章条编号对照表

B.1 本标准的章条编号与 ASTM D7038-10 章条编号对照表见表 B.1。

表 B.1 本标准与 ASTM D7038-10 相比的结构变化情况

本标准章条编号	对应的 ASTM 0738—10 章条编号
—	1.2，1.3
2	—
—	2
—	3.1
3.1	3.1.1
3.2	3.1.2
3.3	3.1.3
3.4	3.1.4
—	5.2
—	5.3
—	7.1，7.2
7.1	—
7.2	—
—	10.1，10.2
10.1	—
10.2	—
—	13.1，13.2
13	—
—	15
附录 D	附录 A
附录 E	—
注：表中的章条编号以外的本标准的其他章条编号与 ASTM D7038-10 的章条编号均相同且内容相对应。	

附 录 C

（资料性附录）

本标准与 ASTM 7038-10 技术性差异及其原因

C.1 本标准与 ASTM 0738-10 的主要技术性差异及其原因见表 C.1。

表 C.1 本标准与 ASTM 7038-10 技术性差异及其原因

本标准章条编号	技 术 性 差 异	原 因
6.2.9	修改 ASTM D7038-10 方法 6.2.9 条关于喷砂设备的相关条文。增加使用性能相当产品作为替代品	主要是喷砂设备技术要求不高，使用性能相当替代产品可降低成本
7.1，7.2	修改 ASTM D7038-10 方法 7.2 条关于试验水和清洗材料的相关条文。增加使用国产材料作为替代品	国产清洗剂费用低，容易得到，并且能够满足方法使用要求
10	试验台架校验周期由每进行十次试验或每间隔三个月应进行台架标定改为每进行十次试验后进行台架标定	根据我国国情，由于每年试验数量不多，如果采用每间隔三个月就进行台架标定，必然会产生人力物力的浪费。所以选用每进行十次试验后进行台架标定较为合理

附　录　D
（规范性附录）
系统示意图

D.1 系统示意图见图 D.1~图 D.15

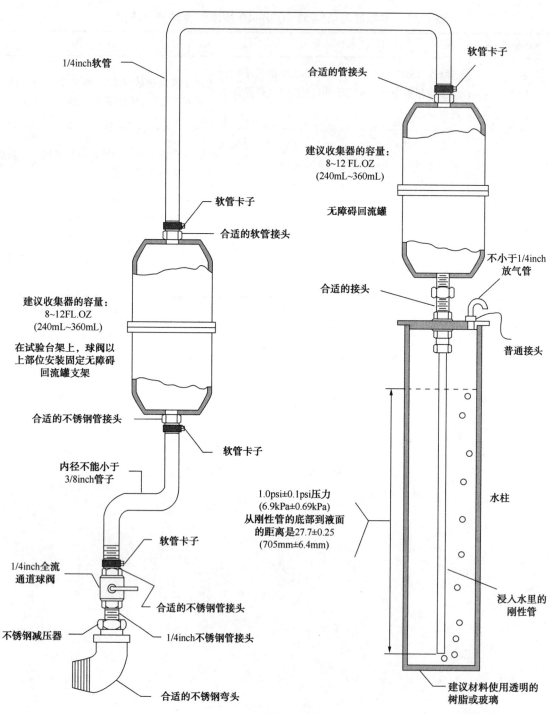

图 D.1　压力控制系统

单位为英寸（毫米）

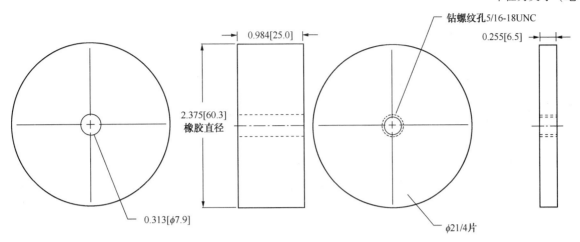

建议密封材料氯丁(二烯)橡胶

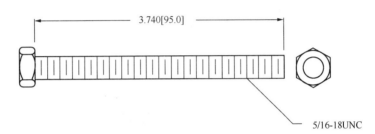

图 D.2　驱动桥密封

单位为毫米

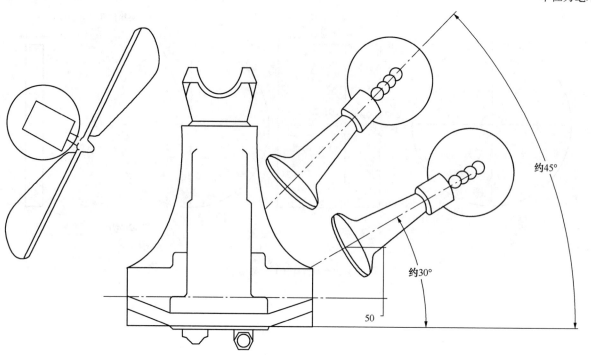

1. 按图所示位置放置加热灯和风扇；
2. 加热灯距离驱动桥大约50mm；
3. 风扇距离驱动桥大约150mm。

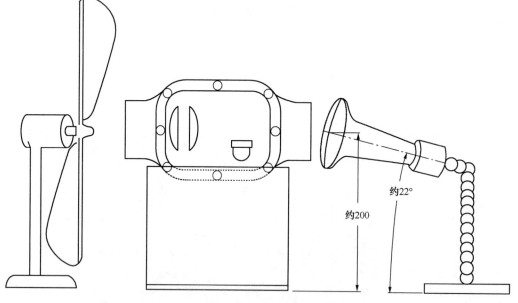

图 D.3 加热灯和风扇的布置

单位为英寸（毫米）

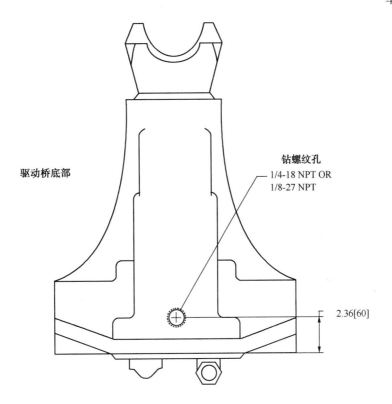

驱动桥底部

钻螺纹孔
1/4-18 NPT OR
1/8-27 NPT

2.36[60]

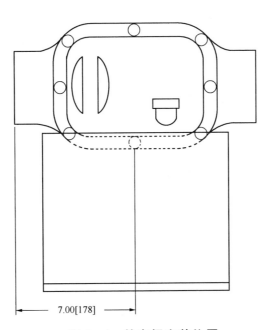

7.00[178]

图 D.4　热电偶安装位置

单位为英寸（毫米）

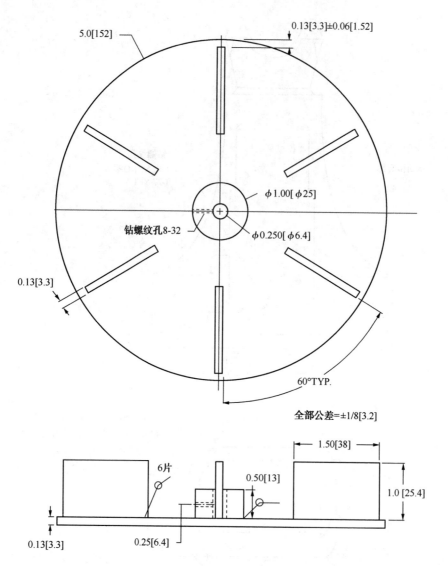

0.13[3.3]±0.06[1.52]

5.0[152]

φ1.00[φ25]

钻螺纹孔8-32

φ0.250[φ6.4]

0.13[3.3]

60°TYP.

全部公差=±1/8[3.2]

1.50[38]

6片

0.50[13]

1.0[25.4]

0.13[3.3]

0.25[6.4]

注：可通过改变风扇叶片测量转速。

图 D.5　风扇叶片

单位为英寸（毫米）

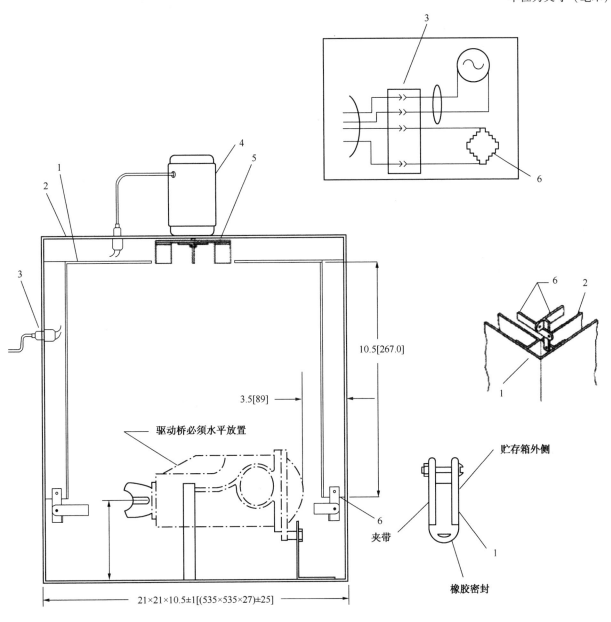

1—贮存箱外层 24.75×24.75×18±1 ［（620×620×460）±25］铝材料，焊接合缝；

2—内部隔板 24.75×24.75×10.5±1 ［（535×535×27）±25］铝材料，焊接合缝；

3—使用合适接头安装；

4—风扇马达转速 1550 r/min，115 V 电动马达；

5—风扇叶片：参考叶片图；

6—加热元件：110 V，总共 500 W，加热片零件号 No. S2450。

图 D.6 控制温度贮存箱

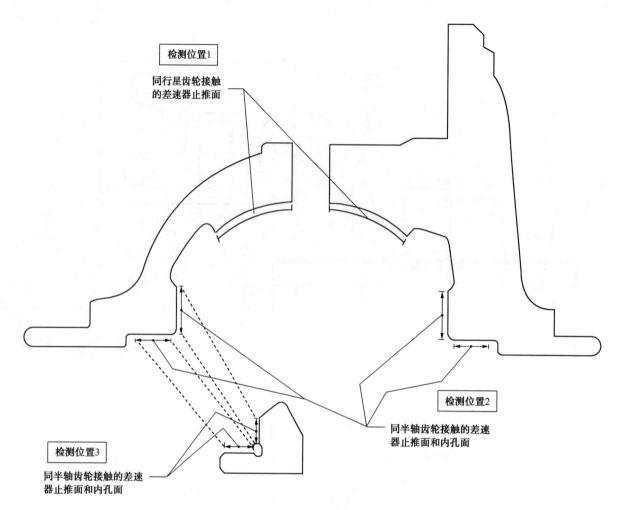

检测位置1

同行星齿轮接触
的差速器止推面

检测位置2

同半轴齿轮接触的差速
器止推面和内孔面

检测位置3

同半轴齿轮接触的差速
器止推面和内孔面

图 D.7　差速器壳体

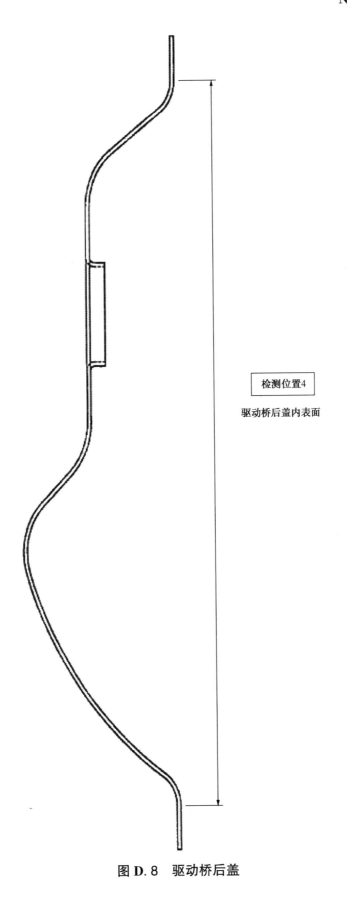

检测位置4

驱动桥后盖内表面

图 D.8　驱动桥后盖

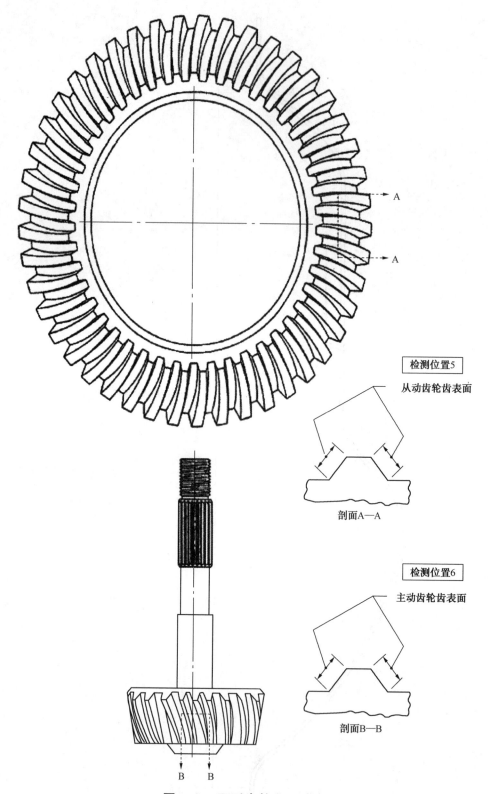

检测位置5

从动齿轮齿表面

剖面A—A

检测位置6

主动齿轮齿表面

剖面B—B

图 D.9　环形齿轮和驱动齿轮

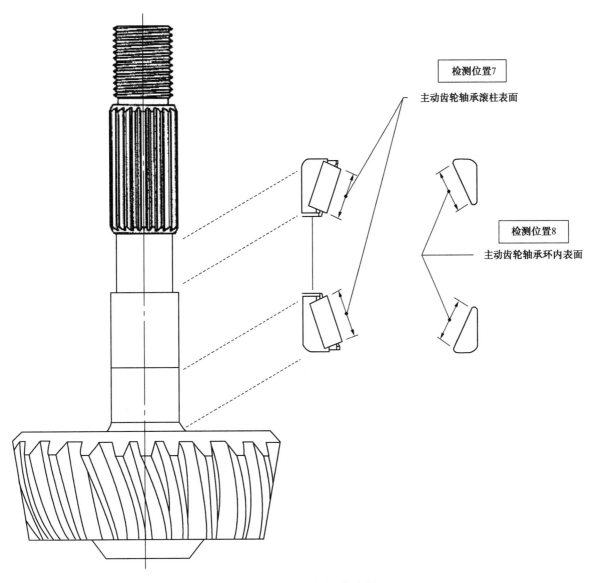

图 D. 10　驱动齿轮滚动轴承

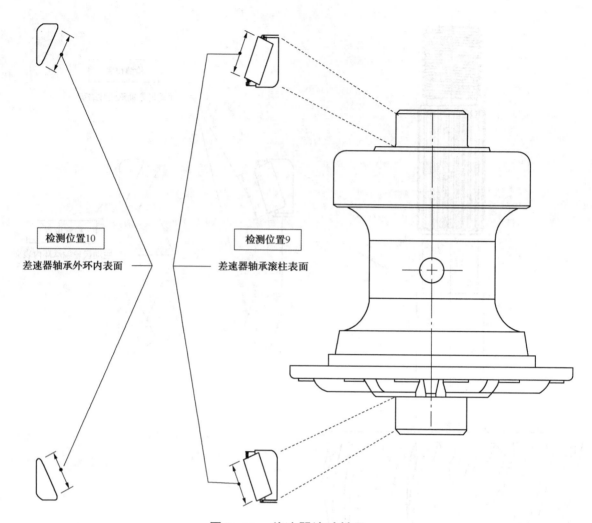

检测位置10

差速器轴承外环内表面

检测位置9

差速器轴承滚柱表面

图 D.11　差速器滚动轴承

单位为英寸（毫米）

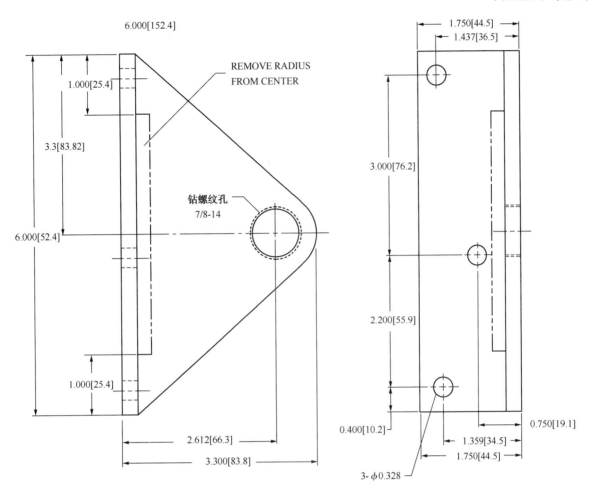

图 D.12　钻螺纹孔的定位装置

单位为英寸（毫米）

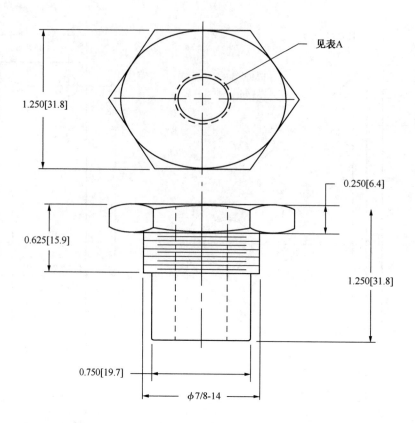

表A

垫片内径尺寸	GUIDE FOR
0.328	1/8-27 NPT DRILLING
0.438	1/8-27 NPT TAPPING
0.438	1/4-18 NPT DRILLING
0.578	1/4-18 NPT TAPPING

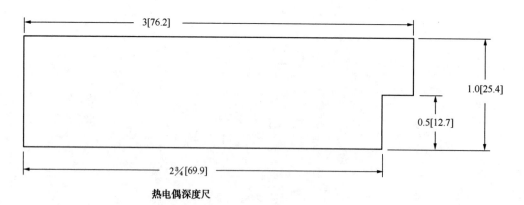

热电偶深度尺

图 D.13 钻螺纹孔的柱塞套

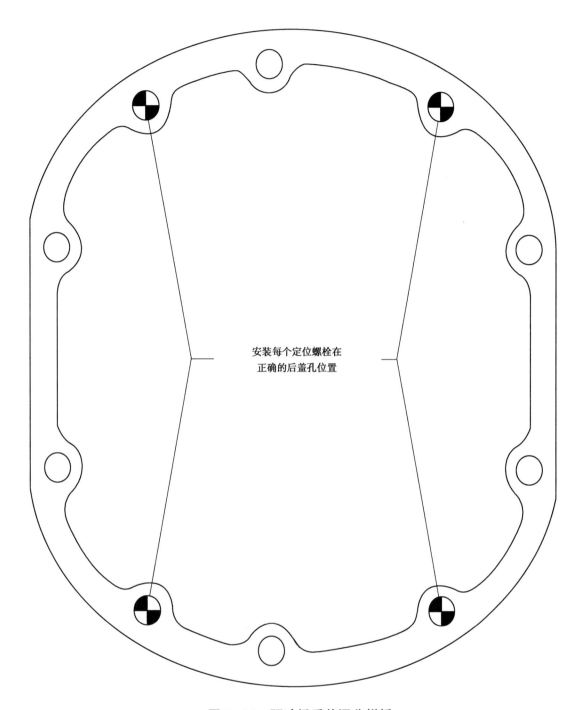

图 D.14　驱动桥后盖评分样板

单位为英寸（毫米）

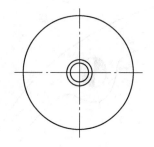

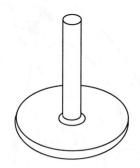

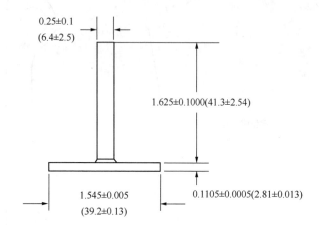

0.25±0.1
(6.4±2.5)

1.625±0.1000(41.3±2.54)

1.545±0.005
(39.2±0.13)

0.1105±0.0005(2.81±0.013)

图 D.15　同半轴齿轮接触处（位置2）评分模块

D.2　试验有效性计算和限值

D.2.1　为了保证试验操作有效，试验停机次数和要求操作参数偏差不能超过规定的限值。

D.2.2　停机次数限值：

D.2.2.1　试验加热阶段——试验油加热期间没有停机次数限制。

D.2.2.2　运转阶段——最多不能超过两次停机，并且停机发生的时间总和不能超过 15 min。

D.2.2.2.1　停机发生定义为试验中断直到重新进入试验操作条件的这段时间。

D.2.2.3　贮存阶段——最多不能超过 3 次停机，并且停机发生的时间总和不能超过 30 min。

D.2.2.4　不要计算停机发生时的偏差百分数。

D.2.3　试验操作参数偏差：

D.2.3.1　驱动桥油温是此试验方法要求控制的参数。

D.2.3.2　使用公式（A.1）计算这些参数的百分数偏差：

$$percent\ out = \sum_{i=1}^{n}\left(\frac{M_i}{0.5R} \times \frac{T_i}{D}\right) \times 100 \quad\cdots\cdots\cdots\cdots\cdots（A.1）$$

式中：

M_i——试验数值第 i 次超出范围的参数值；

R——试验参数规定的范围；

T_i——第 i 次超出试验参数范围的时间，h；

D——运转阶段或贮存阶段试验时间，h。

D.2.3.3 要求的操作参数偏差百分数如表 D.1 所示：

表 D.1 要求操作参数偏差限值

参　数	磨 合 阶 段	试 验 阶 段
温度	5%	4%

D.2.3.4 如果整个试验阶段驱动轴的平均转速超出 2500 r/min±25 r/min，则认为此次试验无效。

D.3 试验结果报告格式

按附录 E 所示出具标准的试验报告。

D.4 L-33-1 评分程序

D.4.1 完整的方法后附加额外的信息帮助评分员准确评定锈蚀。此附录中的评分步骤是可应用的。

D.4.2 评分之前用防锈油涂抹所有试验件。

D.4.3 擦去防锈油之前，检查零件有没有可疑的地方。防锈油用来加强锈蚀的外观。好处是擦去覆盖层之前发现有疑问的区域。

D.4.4 使用软棉布擦去多余的防锈油、油泥或者污迹。只能对试验件拭擦一次。

D.4.5 不要使用放大镜对每个评分区域进行评分。不要使用放大镜确定其他的锈点，或（进一步）细分已经确定的锈点。

D.4.6 如果不借用放大镜，又不能对某个斑点作出合理的判断，可以使用 10 倍放大镜判断这个斑点是不是锈点。如果使用放大镜后还不能确定此斑点是不是锈点，那么可以认为此斑点不是锈点。

D.4.7 如果使用放大镜评分，在试验报告的评论栏里注明在什么评分区域使用放大镜。

D.4.8 使用图 D.14 所示的后盖评分模板对后桥后盖板进行评分。

D.4.9 把后盖评分模板放在后盖评分面上，并用销子定位，后盖评分模板上的系列号码朝外可见。

D.4.10 在后盖板上使用 4 个锥形不锈钢定位销子正确定位评分模板，销子名称及零件号：McMaster Marr，90681A383，0.0305 in×0.409 in×5 in 长。后桥后盖评分模板图上已标出定位销的安装位置，见图 D.14 所示。

D.4.11 TMC 对所有后桥后盖评分模板的使用进行批准。给每个后桥后盖评分模板分配一个系列号码，此系列号码记录在一个设备记录卡文件里，记录卡文件由 TMC 保管。

D.4.12 使用同行星齿轮接触处模块对同行星齿轮接触处进行评分，见图 D.15。

D.4.12.1 插入评分模板到同半轴齿轮接触的孔里（检测位置2）。

D.4.12.2 往里推模板杆使模板固定及呈水平状态。

D.4.12.3 对内孔里模板平面以上到斜边缘非接触表面之间的表面进行评分。

D.5 发展及应用苛刻度调整 L-33-1 控制图表技术

通过 ASTM TMC 获得参考润滑油试验监测系统关于发展及应用苛刻度调整控制图表技术信息。

D.6 L-33-1锈蚀加权系数见表 D.2

表 D.2 L-33-1锈蚀加权系数

差速器评分位置	序 号	加 权 系 数
同行星齿轮接触处	1	0.087
同半轴齿轮接触处	2	0.193
半轴齿轮	3	0.094
后桥箱盖	4	0.169
从动齿轮	5	0.079
主动齿轮	6	0.079
主动齿轮轴承滚柱	7	0.051
主动齿轮轴承环	8	0.083
差速器轴承滚动柱	9	0.071
差速器轴承环	10	0.094

附 录 E

（资料性附录）

试验结果报告

车辆齿轮油防锈性能的评定 L-33-1 法
试验结果报告

试油名称：＿＿＿＿＿＿＿＿＿＿＿＿＿

委托单位：＿＿＿＿＿＿＿＿＿＿＿＿＿

试验编号：＿＿＿＿＿＿＿＿＿＿＿＿＿

试验日期：＿＿＿＿＿＿＿＿＿＿＿＿＿

表 E.1 试验结果报告

评定单位		试验台架	贮存箱

试验开始日期	完成日期	试验结束时间	试验周期

参考油编号		黏度级别	

齿轮版本		驱动齿轮批号	环形齿轮批号

评分人员（试验后）			
检测位置			
差速器壳体：	锈蚀评分[a]	加权系数	加权锈蚀
1. 同行星齿轮接触的差速器止推面		0.087	
2. 同半轴齿轮接触的差速器止推面和内孔面		0.193	
3. 同差速器接触的半轴齿轮止推面和外圆面		0.094	
4. 驱动桥后盖内表面		0.169	
5. 从动齿轮齿表面		0.079	
6. 主动齿轮齿表面		0.079	
轴承			
7. 主动齿轮轴承滚柱表面		0.051	
8. 主动齿轮轴承环内表面		0.083	
9. 差速器轴承滚柱表面		0.071	
10. 差速器轴承外环内表面		0.094	
			锈蚀优点评分合计
			校正因子
			苛刻度调整
			最终评分结果

[a] 锈蚀水平（输入 10，9，8，5，或者 0）

无锈＝10

痕迹＝9　不超过 6 个锈点，每个锈点直径不大于 1 mm

轻度＝8　7 个或者超过 7 个锈点直径不大于 1 mm，或者至少有一个锈点直径不小于 1 mm 的所有锈点面积不大于检测面积的 1%

中等＝5　锈蚀面积大于轻水平，不大于检测面积的 5%

重度＝0　锈蚀面积大于检测面积的 5%

表 E.2 操作有效性总结

操作人员

扭矩测量		
驱动小齿轮/（N·m）	起动扭矩	转动扭矩
试验桥总成/（N·m）	起动扭矩	转动扭矩

加热阶段		
时间	开始	结束
油温/℃	开始	结束

试验期			
时间/h	开始	结束	
驱动小齿轮转速/（r/min）	平均	最大	最小
油温/℃	平均	最大	最小

贮存期			
时间/h	开始	结束	
油温/℃	平均	最大	最小

偏差百分数					
	试验期			贮存期	
控制参数	允许偏差值/%	试验偏差值/%	实际偏差时间/（min：s）	允许偏差值/%	试验偏差值/%	实际偏差时间/（min：s）
油温	5			4		

表 E.3 试验前评分件的描述

同行星齿轮接触的差速器止推面	
同半轴齿轮接触的差速器止推面和内孔面	
同差速器接触的半轴齿轮止推面和外圆面	
驱动桥后盖内表面	
从动齿轮齿表面	
主动齿轮齿表面	
主动齿轮轴承滚柱表面	
主动齿轮轴承环内表面	
差速器轴承滚柱表面	
差速器轴承外环内表面	
注：喷砂以后的试验件描述。	

表 E.4 停机时间和备注

停机次数			
试验时间	日期	停机时间	停机原因
		总停机时间	

备注

中华人民共和国石油化工行业标准

车辆齿轮油热氧化安定性评定法
（L-60法）

SH/T 0520—1992

（2006年确认）

1 主题内容与适用范围

本标准规定了用 L-60 法评定车辆齿轮油的热氧化安定性的方法。

本标准适用于评定 L-CLE 车辆齿轮油在苛刻的高温氧化条件下的变质程度。

2 引用标准

GB 679　乙醇

GB 684　甲苯

GB 1922—1980　溶剂油

GB/T 7304　石油产品和润滑剂酸值测定法(电位滴定法)

GB/T 8926　用过的润滑油不溶物测定法(B法)

GB/T 11137　深色石油产品运动黏度测定法(逆流法)和动力黏度计算法

SH/T 0039　工业凡士林

3 方法概要

将 120mL 的试样加入旁热式的齿轮箱中，齿轮箱内有两个直齿轮和一个试验轴承，在规定的负荷和铜片催化条件下运转，空气以 1.1L/h 流量鼓泡通过齿轮箱中的试样，油温保持在 162.8℃±0.6℃，连续运转 50h。试验结束后，通过对试验件和试验后的试样来评价车辆齿轮油的热氧化安定性。

4 设备与材料

4.1　图 1~图 2 为试验装置示意图和齿轮箱安装截面图。

4.1.1　齿轮箱：箱内包括一个新的试验轴承，一对新的试验齿轮和两片铜片催化剂。

4.1.2　温度控制系统：由一个保温的加热箱，一台环流鼓风机和两支热偶传感器，并配有温度控制，显示、记录仪器。

4.1.3　直流发电机系统：该系统装有调整励磁电流和测定输出功率的仪表。直流发电机为 12V、45A 能对试验齿轮施加 128W 的负荷。

4.1.4　干燥的压缩空气。

4.1.5　空气流量调节器：在 7kPa 压力下能控制空气流量为 1.1L/h 的流量计。

4.1.6　铜片催化剂：冷轧电解铜两片，尺寸为 46mm×14mm×1.5mm。

4.1.7　试验齿轮：机床用圆柱直齿轮一对，一个为 GA34 齿数为 34，齿宽 9.5mm，另一个为 GA50 齿数 50，齿宽 9.5mm。

4.1.8　试验轴承：新的非标准 R-14 滚珠轴承。

4.1.9　清洗剂：Oakite811 清洗剂或三星水基百洁剂等。

4.1.10　溶剂油：符合 GB 1922—1980 NY 190 要求。

4.1.11　甲苯：符合 GB 684 要求。

4.1.12　乙醇：符合 GB 679 要求。

4.1.13　360 号水砂纸和百洁布。

4.1.14　凡士林：符合 SH/T 0039 要求。

4.1.15　硅胶。

4.1.16　软木垫厚 1.5mm。

4.1.17　白纸垫厚 0.125mm。

5　试验装置的校验

5.1　新的试验装置要用两种参考油进行校验。

5.2　试验装置每使用一年或做 20 次试验后，需用两种参考油 RGO-4668、RGO-4669 进行校验。

5.3　试验装置移动或维修更换零件后也需用两种参考油进行校验。

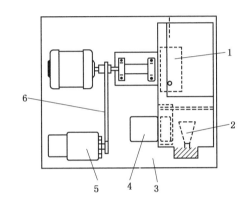

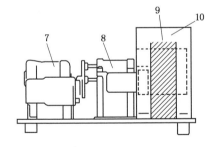
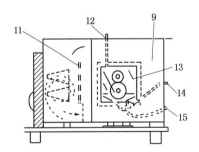

图 1　试验装置示意图

1—试验齿轮箱；2—加热器；3—底座；4—鼓风机电机；5—发电机；6—V 型皮带；7—驱动电机；
8—轴承座；9—空气箱热电偶；10—加热箱；11—辐射热挡板；12—齿轮箱排气管；13—看窗；
14—进气管；15—试油热电偶

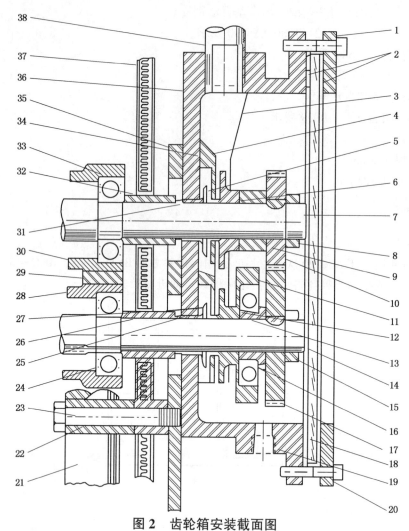

图 2　齿轮箱安装截面图

1—齿轮箱看窗密封板；2—齿轮箱看窗软木垫；3—挡油板；4—密封隔板；5—上部内螺旋甩油环；6—上部外甩油环；7—从动齿轮轴；8—上部轴头螺母；9—上部轴套；10—试验小齿轮；11—试验轴承夹板；12—下部甩油环；13—试验轴承衬套；14—主动齿轮轴；15—下部轴头螺母；16—试验轴承；17—试验大齿轮；18—齿轮箱看窗玻璃；19—进气管；20—齿轮箱看窗锁紧螺栓；21—轴承座支架；22—螺栓套管；23—螺栓；24—下部轴承；25—下部甩油环衬套；26—下部锁紧衬套；27—下部内螺旋甩油环；28—下部轴承座；29—轴承座垫圈；30—上部轴承座；31—上部甩油环衬套；32—上部锁紧衬套；33—上部轴承；34—密封纸垫；35—齿轮箱支架；36—齿轮箱体；37—加热器箱，38—排气管

6　试验的准备

6.1　试验齿轮箱的准备：先用溶剂油清洗齿轮箱、再用清洗剂浸泡 4h，浸泡后用尼龙刷和百洁布清洗(清洗时注意保护各部件的表面，不准用金属刷或粘附性布料擦洗)。然后用水冲洗净，再用乙醇除水，最后用甲苯清洗，风干。

6.2　试验齿轮的准备：用 360 号水砂纸磨光试验齿轮的各表面，细心地检查齿轮表面是否有划伤刻痕或缺陷，如有则用油石磨光，再用溶剂清洗，最后用甲苯清洗，风干。

6.3　试验轴承的准备：用溶剂油清洗，最后用甲苯清洗，风干。

6.4　铜片催化剂的准备：为了便于识别，可在一铜片侧面上锉一缺口作为标记。用 360 号水砂纸将两片铜片催化剂的各面磨光，用溶剂油和脱脂棉清洗擦净，最后用甲苯清洗，风干。在安装前称重有标记的铜片催化剂(精确至 0.1mg)。取铜片催化剂时只能借助于镊子或滤纸，不可用手直接接触。

6.5 空气箱温度控制的调整，在试验前要对空气箱的温度控制进行调整。首先把带有保温层的空气箱盖装在试验装置上，将热电偶插到箱盖顶以下 75mm 处，接通加热器和循环风扇的电源，当空气温度达到 177℃时，将温度控制器调到起控位置。在初始安装时这一调整是必要的，在试验过程中应定期检查，以保证与给定的温度一致。

6.6 温度记录和控制仪表的标定：由于本试验对温度极为敏感，所以新的试验装置安装之后必须对所有温度控制部分的仪表，热电偶用标准计量器具进行标定（以后每年进行一次标定）。校验热电偶时要将热电偶浸泡在一个带有搅拌器的恒温油浴中，热电偶浸泡深度为 20mm，油浴温度准确地调在 163℃±0.5℃。

7 试验装置的安装

7.1 试验齿轮箱的安装：按图 2 从里向外按顺序安装齿轮箱内的各个部件：试验轴承、试验齿轮、铜片催化剂、齿轮箱看窗、密封用的软木垫和白纸垫。每次试验都要用新的。

7.2 试验轴承的安装：安装试验轴承时将有制造厂编号的一面向外，紧固试验轴承夹具的螺栓，使轴承运转灵活。

7.3 试验齿轮的安装：安装试验齿轮时，将有制造厂编号的一面向外，紧固轴头螺母。

7.4 铜片催化剂的安装：安装铜片催化剂支架，紧固支架螺栓，把铜片催化剂插入夹具的槽中，把锉有标记的铜片催化剂插在内侧。

7.5 热电偶的安装：把热电偶插到齿轮箱下部，浸入试样中 5mm 并紧固螺母。

7.6 齿轮箱看窗的安装：在两张 1.5mm 厚的新软木垫和四张 0.125mm 厚的纸垫上涂抹一薄层凡士林，将纸垫贴在软木垫的两面，再将玻璃夹在贴有纸垫的软木垫中间，然后用固定平板整体地安装在齿轮箱上，紧固螺栓。

7.7 空气热电偶的安装：将热电偶安装在空气箱盖内，伸入盖板下 75mm，将其紧固。

7.8 进气管的安装：将进气管装在齿轮箱的底部并紧固螺母。

8 试验步骤

8.1 将 120mL 试样从排气管加入齿轮箱中，用手转动主动齿轮轴四转，以使试验齿轮和轴承得到润滑。在不加温的条件下，开动试验机 5min 使各部位进一步得到润滑。再把试样从齿轮箱中放出，直至试样流出成滴状时再排放 5min。然后将称重的 120mL 新试样加入齿轮箱中。

8.2 在 7kPa 压力下调节空气流量为 1.1L/h。

8.3 开动试验机，打开加热开关，记录时间，调节温度，使试样温度在 55～60min 内升至 162.8℃±0.6℃，调整发电机电压，使输出功率为 128W。

8.4 当试样温度达到 162.8℃±0.6℃时，记录试验开始时间，这时空气箱温度应为171.1℃±2.8℃。

8.5 试验连续运转 50h，若试验中断 5min 以上，试验无效，如果试验在 50h 的最后 2h 内中断，试验结果仍有效。

8.6 在完成 50h 运转后停机，取下空气箱盖，在 5min 内将试样从进气口处放入清洁的容器中，称重和记录放出试样的重量。

8.7 拆下齿轮箱看窗。

8.8 拆齿轮箱时不要破坏各部件上的沉积物，取下铜片催化剂，试验齿轮，试验轴承和齿轮箱内各部件。

9 试验结果的评定

9.1 用溶剂油清洗有标记的铜片上的沉积物，然后用甲苯清洗、风干并称重（准确至 0.1mg），报告铜片失重以%表示。另一铜片不需清洗，保持原状。

9.2 测定试验前后试样的 100℃ 运动黏度。除有特殊要求外，试样不进行过滤。黏度增长率以%表示。

9.3 测定试验后试样的戊烷不溶物，以%表示。

9.4 测定试验后试样的甲苯不溶物，以%表示。

9.5 测定试验后试样的总酸值以 mgKOH/g 表示。

9.6 试验失重：计算试验前后试验重量之差，以 g 表示。

9.7 检查和描述齿轮、轴承和铜片各个表面上的沉积物状况并附上述试验件的彩色照片。

9.7.1 颜色分为：本色、浅棕、棕色、深棕、黑色。

9.7.2 硬度分为：很软、软、中等、硬、很硬。

9.7.3 厚度以 mm 表示。

9.7.4 类型分为：漆膜、油泥两种。

10 评定报告

评定结果按车辆齿轮油热氧化安定性评定报告格式填写。见附录 A(补充件)。

11 精密度

本标准尚未建立精密度。

附 录 A
车辆齿轮油热氧化安定性评定报告（L-60法）
（补充件）

委托单位：　　　　　　　　委托日期：　　　　　　　　联系人：

试样名称：　　　　　　　　黏度等级：　　　　　　　　试验号：

一、试验条件

名 称	标 准 条 件	试 验 条 件
试样温度，℃	162.8±0.6	
加热温度，℃	171.1±2.8	
升温时间，min	55~60	
空气流量，L/h	1.1	
负荷，W	128	
试验时间，h	连续50	

二、评定结果

评 定 项 目	试 验 前	试 验 后	试 验 结 果
铜片催化剂失重，g			
试样失重，g			
总酸值，mgKOH/g			
黏度增长率，%			
戊烷不溶物，%			
甲苯不溶物，%			

三、对试验后试验件的描述

试验件名称	对试验件的描述
铜　片 （向齿轮的面为前面）	前面： 后面：
小齿轮 （编号向外的面为前面）	前面： 后面： 齿面：
大齿轮 （编号向外的面为前面）	前面： 后面： 齿面：
轴　承 （编号向外的面为前面）	前面： 后面： 保持架： 滚珠：

四、试验后的温度曲线和试验件的照片附后。

评定人：　　　　　审核人：　　　　　组长：　　　　　主任：

年　月　日

─────────

附加说明：

本标准由石油化工科学研究院提出并归口。

本标准由石油化工科学研究院负责起草。

本标准主要起草人汝承贵。

本标准等效采用美国联邦标准 FS 791B2504《评定汽车齿轮油热氧化安定性能试验方法》。

─────────

编者注：本标准中引用标准的标准号和标准名称变动如下。

原 标 准 号	现 标 准 号	现 标 准 名 称
GB 697	GB/T 697	化学试剂　乙醇(95%)
GB 684	GB/T 684	化学试剂　甲苯
GB/T 7304	GB/T 7304	石油产品酸值的测定　电位滴定法
GB/T 8929	GB/T 8929	原油水含量的测定　蒸馏法

中华人民共和国石油化工行业标准

润滑油抗擦伤能力测定法
（梯 姆 肯 法）

SH/T 0532—1992

（2006年确认）

代替 SY 2685—82

1 主题内容与适用范围

本标准规定了使用梯姆肯润滑油试验机或者环块试验机测定润滑油抗擦伤能力的方法。抗擦伤能力用 OK 值表示。

本标准适用于区分润滑油低、中、高抗擦伤能力，并适用于40℃时，黏度在4500mm²/s以下的润滑油。

2 引用标准

GB 1922—1980 溶剂油

SH 0114 航空洗涤汽油

3 定义

3.1 润滑油的抗擦伤能力：润滑油防止钢/钢运动摩擦表面擦伤的最高负荷。

3.2 OK 值：是在本标准试验机上钢制试件纯滑动摩擦面上不出现擦伤时负荷杠杆砝码盘上的最大负荷。

3.3 卡咬：试件摩擦表面上金属的局部熔合。

3.4 磨损：因机械或化学作用，或者机械与化学的联合作用下金属从本体上损耗的现象。

3.5 擦伤：卡咬所造成的金属摩擦面的损伤，擦伤的状态取决于卡咬的程度。

3.5.1 擦伤的判断

在试验中试件发生擦伤时主要表现为异常的噪音和振动；主轴转速的下降；试环表面出现明显的刻痕。试验结束后，擦伤与否用试块上的磨斑来判断，最严重的擦伤特征是试块上形成皱纹状深而宽的磨斑，如图1所示；图2为试环上典型擦伤照片；最常见的擦伤特征是在比较光滑的磨斑上有局部的损伤，并且单方向超出磨斑（俗称出头），其出头的位置必须在润滑剂流出侧，出头点一般有熔合特征，如图3、图4所示；OK 磨斑就是临界负荷下无擦伤即无此出头损伤的较光滑的磨斑，如图5所示。

3.5.2 不属于擦伤的情况

3.5.2.1 磨斑内部的局部损伤（即不出头），如图6所示。

3.5.2.2 磨粒磨损造成的划痕，一般表现为细长发亮，其长度往往在磨斑两侧都有超出，如图7所示。

3.5.2.3 试块磨斑的润滑油流出侧因高温或化学反应而产生的变色现象，如图8所示。

3.5.3 可疑情况

根据以上规定还难以确定是否擦伤时，则按可疑处理，处理办法见7.5条。

出现可疑状态主要有两种情况：

3.5.3.1 因磨损量小而出现的不整齐磨斑有时擦伤较难确定。

3.5.3.2 含有某些添加剂的油品，在较低负荷下极压作用还没有很好发挥，这时可能出现可疑状态，但随着负荷的增加，极压作用逐渐发挥，磨斑变为正常。

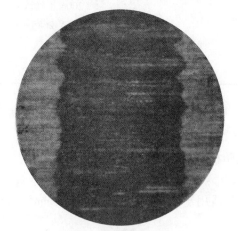

图1　严重擦伤 10X

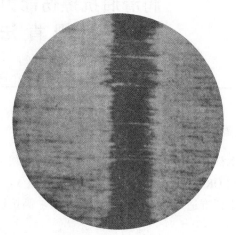

图2　典型擦伤 10X

图3　典型擦伤 10X

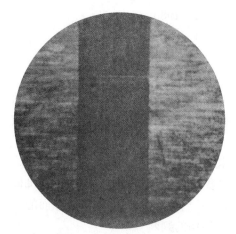

图4　OK 磨斑 10X

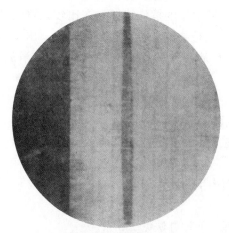

图5　OK 磨斑 4X

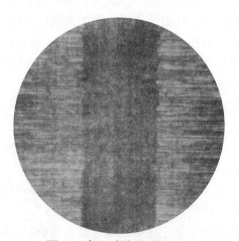

图6　磨斑内部损伤 10X

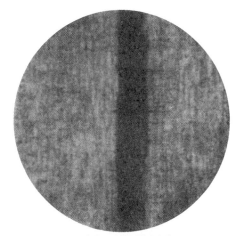

图 7 磨粒造成的划痕 10*X*

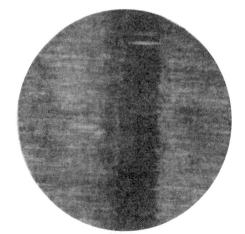

图 8 磨斑外侧的变色 10*X*

4 方法概要

试样在38℃±2℃时由贮油罐流到试验环上,试验机主轴带动试验环在静止的试验块上转动,主轴转速为 800r/min±5r/min,试验时间为 10min±15s。试验环和试验块之间承受压力,通过观察试验块表面磨痕,得出不出现擦伤时的最大负荷 OK 值。

5 设备和材料

5.1 设备

5.1.1 梯姆肯磨损和润滑试验机。

5.1.1.1 该机主要由测定系统、主轴驱动系统、试样循环系统、自动加载系统组成;测定系统主要由试环、试块、试块架、双杠杆组成;测定时试环旋转、试块固定,图 9 为测定系统图,有关试验机的细节详见试验机的说明书。

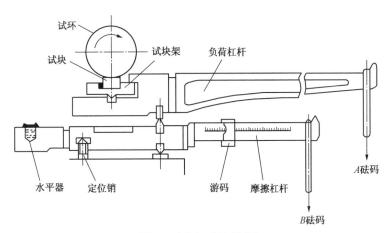

图 9 测定系统简图

5.1.1.2 试验机应调整到水平,摩擦杠杆也应调整到水平位置。试验机主轴的径向跳动不大于 0.013mm(0.0005in);主轴转速应为 800r/min ± 5r/min;试环与主轴组合间的径向跳动应小于 0.025mm(0.001in),若大于此数值,可能影响试验结果,这时应检查主轴、主轴承磨损情况及试环质量,并给以调整或维修。

5.1.1.3 自动加载器应以 8.9~13.3N/s(2~3 lb/s)的速率把载荷加到负荷杠杆上,并能平稳地加载或卸载而不产生冲击。

5.1.2 显微镜：用于测定试块磨斑宽度，放大倍数不限定，主要保证测量结果能准确到±0.05mm（±0.002in）。

5.1.3 温度计：0~100℃，分度值为 0.1℃。

5.1.4 秒表：刻度为 min 和 s。

5.2 材料

5.2.1 试环：具有洛氏硬度 HRC 为 58~62 或维氏硬度 HV 为 653~746 的钢试环，其宽度为 13.06mm±0.05mm（0.514in±0.002in），有效宽度为 12.7mm±0.025mm（0.5in±0.01in）；直径为 $49.22^{+0.025}_{-0.127}$mm（$1.938^{+0.001}_{-0.005}$in）；最大半径偏心率为 0.013mm（0.0005in）；表面粗糙度应在 0.51~0.76μm（20~30μin）的均方根值之间。试环与主轴配合必须合适，以避免试验中发生相对运动。

5.2.2 试块：试验表面宽为 12.32mm±0.05mm（0.485in±0.002in），长为 19.05mm±0.41mm（0.750in±0.016in）。硬度 HRC 为 58~62 或 HV 为 653~746 的钢块。每个试块可提供四个试验表面，表面粗糙度在 0.51~0.76μm（20~30μin）的均方根值之间。磨皱方向应为横向。试验表面之间垂直度及平行度不大于 0.005mm。

5.2.3 洗涤汽油：符合 SH 0114 要求。

5.2.4 溶剂油：符合 GB 1922—1980 中 260 号要求。

5.2.5 石油醚：60~90℃，分析纯。

5.2.6 无水乙醇：化学纯。

6 准备工作

6.1 在新购置到的一批试件中，任意挑选一个试环和试块，用适当的油品和负荷进行试运转，以确定磨斑有无大小头现象，若出现此情况，则应仔细调节调整刀架两个调整螺丝，松小头方向螺丝，紧大头方向螺丝，使调整刀架往小头的方向适当地转动一个角度，就能使磨斑正常。但要避免转动的角度过大，以致造成双杠杆系统各个刀刃配合不当。

6.2 试验前先用洗涤汽油，然后用较少量的石油醚，最后用 1000mL 试样清洗试验机接触试样的各个部件。注意油路中不应残留溶剂、废试样及磨粒，为此应开泵作低速循环清洗。

6.3 选取几个新环和新试块，在使用前 1h 用洗涤汽油和石油醚清洗，然后泡在石油醚中，在使用时取出试件，用清洁的绸布擦干。

6.4 把试环装在主轴上（避免手指接触试环表面），试环紧靠在轴上并固定好，既不能上得太紧以致试环发生变形，也不能上得太松以致试环与主轴之间滑动，然后用沾有石油醚-无水乙醇（1∶1）的棉花球擦洗试环表面。

6.5 把试块放到试块架上，然后用沾有石油醚-无水乙醇（1∶1）棉花球擦洗试块表面。注意试块必须紧固在合适的位置上。

6.6 把约 2800mL 的试样装入油箱（油面距顶部大约 76mm），把试样预热到 38℃±2℃（100℉±4℉）。为了使试样温度均匀而又稳定，这时应把装配好的试块和试块架放在油池里，让试样循环 15min，以确保试样温度符合要求。对于黏度很大以致难以循环的油品，可适当提高油温，但其结果的精密度不符合本标准的规定。

6.7 仔细把双杠杆系统组装好，使其全部刀刃都完全对准，在加载盘上放上合适的砝码。这时应缓慢转动主轴，检查环块间接触是否良好，若接触良好，则试环有效宽度上的试样应被刮掉，同时应仔细观察摩擦杠杆上的水平水泡有否波动，若有波动或试环上油膜厚度不均匀，则应仔细检查原因或更换试件，直至合适为止。

7 试验步骤

7.1 全开试样阀（试样的流出管口距环约 1.6mm），当油池内有适量试样，启动电机，在 15s 内使主轴转速达到 800r/min±5r/min，然后开动加载器，在 15s 时刚好开始加负荷。这时开始计时，如果在此试验负荷下估计无擦伤发生，则运转 10min±15s。如在试验中间已有明显擦伤发生，则应立即停止此负荷下的试验(起始的负荷可凭经验确定，若无法确定时，则可采用 133.4N(30 lb 的负荷)。

7.2 在 10min±15s 的周期结束时，立即关闭主电机，接着关闭试样阀，并把转速调节器转回零，卸去载荷，然后取出试块，在四倍左右放大镜下观察试块磨斑，以判断擦伤是否出现，然后用显微镜测量磨斑的平均宽度，如磨斑不规则，应采用割补法测定(精确到 0.05mm)。

7.3 在 133.4N(30 lb) 以上无擦伤发生时，则应以 44.5N(10 lb) 的增量往上做试验，直至出现擦伤，然后再减少 22.2N(5 lb) 以作最后判断，若无擦伤，则此负荷就是 OK 值。若出现擦伤，则把此负荷减少 22.2N(5 lb) 作为 OK 值。

7.4 在 133.4N(30 lb) 以下出现擦伤时，则应以 26.7N(6 lb) 的减量往下做试验，直到无擦伤出现，然后再把负荷增加 13.3N(3 lb) 以作最后判断，若无擦伤，则此负荷就是 OK 值，若出现擦伤，则把此负荷减少 13.3N(3 lb) 作为 OK 值。

7.5 当擦伤的判断出现可疑情况时，则应在该负荷下重复试验，若第二次试验确定为擦伤，则定为擦伤；若第二次试验确定为通过，则定为通过；若第二次试验依然有疑问，则按下面两种情况进行试验，在 133.4N(30 lb) 以上发生二次重复的可疑情况时，应再增加 22.2N(5 lb) 负荷试验，如果无擦伤发生，则可疑情况也定为通过；如果发生擦伤，则可疑情况也定为擦伤。然后以可疑情况的负荷为基准按 7.3 条的规定试验；在 133.4N(30 lb) 以下发生二次重复的可疑情况时，应再增加 13.3N(3 lb) 负荷作试验，如果无擦伤发生，则可疑情况也定为通过；若发生擦伤，则可疑情况也定为擦伤；若在负荷增加一级时，仍属可疑情况，则应在该负荷下重复试验，如仍属可疑，这时应继续增加负荷，同理类推，直至明确。然后按 7.4 条的规定试验。

7.6 在每次试验前，油箱中的温度应按 6.6 条的规定使试样油温稳定在 38℃±2℃(100℉±4℉)，同时主轴应冷却到 65℃(150℉) 以下。每次试验都应安装新的试环和翻动试块以提供新的试验表面。如果试块上较严重的擦伤发生，则整个试块应予报废，因为擦伤引起的摩擦热可能改变整个试块的表面特性；如果擦伤不严重，则应换一个面，而不要在原先那个面上做试验。

7.7 整个试验结束应及时用洗涤汽油或溶剂油及石油醚清洗设备，安放好杠杆系统，并按第 8 章的规定计算和报告结果。

8 记录和报告

8.1 试验记录和报告见下表。

梯姆肯法试验记录及报告表

送样单位											
试样组成											
试验条件		转速：　r/min；时间：　min；试样流量：　mL/min；室温：　℃										
序号	试 环		试 块		A	$T_{始}$	$T_{终}$	b	磨斑状况	备注
	材质	HRC	材质	HRC	N(lb)	℃(℉)	℃(℉)	mm		

试验结果报告　OK：_____ N(lb)　　说明：

MCP：_____ N/mm²

试验人员：_____　检查者：_____　年　月　日

表中：

A——负荷杠杆加载盘上砝码质量，N；

$T_{始}$——试样起始温度，℃或℉；

$T_{终}$——试样终止温度，℃或℉；

b——磨斑宽度，mm；

HRC——洛氏硬度；

OK 值，N(lb)。

8.2　MCP——OK 负荷下磨斑平均接触压力 N/mm²，该指标仅供参考之用。

$$MCP = \frac{98.1(A+C)}{L \cdot b'}(N/mm^2)$$

式中：A——砝码质量，N；

C——负荷杠杆常数，N；

L——OK 磨斑长度，mm；

b'——OK 磨斑平均宽度，mm。

9　精密度

按下列规定判断结果的可靠性(95%置信水平)。

9.1　重复性。同一操作者在同一台试验设备上在连续时间内，测定同一个试样，重复测定结果间的差值不得大于两级负荷增量。

9.2　再现性。两个试验室对同一油样测定结果之差值不得大于四级负荷增量。

9.3　若试验结果超过9.1或9.2条规定，那么对此结果应表示怀疑，要分析原因，采取相应措施，以期得出明确结论。

附加说明：

本标准由石油化工科学研究院技术归口。

本标准由兰州炼油化工总厂负责起草。

本标准主要起草人倪高增。

中华人民共和国石油化工行业标准

防锈油脂防锈试验试片锈蚀评定方法

SH/T 0533—1993

（2006年确认）

代替 SY 2751—82

1 主题内容与适用范围

本标准规定了防锈油脂防锈试验试片的锈蚀评定方法。

本标准适用于防锈油脂盐雾试验、湿热试验及大气半暴露试验后的金属试片的锈蚀评定。

2 方法概要

将锈蚀评定板与防锈油脂盐雾试验，湿热试验，以及大气半暴露试验后需评定的试片重叠起来，使正方框正好在试片的正中，对作为有效面积方框中的方格进行观察，总计在有效面积内有锈的格子数目，称为锈蚀度，以百分数表示。

3 仪器

锈蚀评定板：用 50mm×50mm×2mm 的无色透明平板制成。正中有 40mm×40mm 正方框，框内刻有 4mm×4mm 的正方形格子 100 个，格子刻线宽度不大于 0.1mm。

4 试验步骤

把锈蚀评定板与被测的试片重叠起来，使正方框正好在试片的正中。在光线充足的条件下用肉眼观察，以正中 40mm×40mm 的 100 个方格作为有效面积，总计在有效面积内有锈格子数目，称为锈蚀度，以百分数表示。

在锈蚀评定板的分割线上或交叉点上的锈点，其大小等于或大于 1mm 时，如果伸到格子内的都作为有锈格子。小于 1mm 时，则以一个格子有锈计算。

5 结果的判断

5.1 大气半暴露试片评定两面，以两面锈蚀度的算术平均值作为锈蚀度。

5.2 盐雾试验试片评定暴露的一面。

5.3 湿热试验以锈蚀重的一面作为评定面。

5.4 在每一评定面上，按下表评定锈蚀度与级别。

锈蚀分级表

评 级 注	0	1	2	3	4	5
锈点数	无	1～3	4 点或 4 点以上			
锈点大小		不大于 1mm	不规定			
锈点占格数	无	1～3	4～10	11～25	26～50	51～100
锈蚀度，%	0	1～3	4～10	11～25	26～50	51～100

除非另有规定，每一块试片评定面上，距边 5mm 的四周以及两孔出现锈蚀，评定时不予考虑。

中国石油化工总公司 1993-01-08 批准

1993-01-08 实施

注：锈蚀度虽为 1%~3%，但其中有 1 点等于或大于 1mm，评级定为 2 级。

5.5　有色金属的变色范围按下列级别定级：

　　0 级——无变化(与新打磨试片表面比较，光泽无变化)；

　　1 级——轻微变化(与新打磨试片表面比较，有均匀轻微变色)；

　　2 级——中变化(与新打磨试片表面比较，有明显变色)；

　　3 级——重变化(与新打磨试片表面比较，严重变色有明显腐蚀)。

附加说明：

本标准由石油化工科学研究院技术归口。

本标准由茂名石油化工公司研究院、武汉材料保护研究所负责起草。

本标准首次发布于 1975 年。

ICS 75.140
E 42

中华人民共和国石油化工行业标准

NB/SH/T 0556—2010
代替 SH/T 0556—2004

石油蜡溶剂抽出物测定法

Standard test method for solvent extractables in petroleum waxes

2011-01-09 发布 2011-05-01 实施

国 家 能 源 局 发布

前　　言

　　本标准修改采用美国试验与材料协会标准 ASTM D3235-06《石油蜡溶剂抽出物测定法》。

　　本标准根据 ASTM D3235-06 重新起草。

　　考虑到我国国情，本标准在采用 ASTM D3235-06 时进行了修改。本标准与 ASTM D3235-06 的主要差异：

　　——本标准引用标准采用我国相应的国家标准和行业标准。

　　——本标准取消了使用金属过滤器及与金属过滤器相关的内容。

　　——本标准取消了图 3"空气压力调节器"。

　　——本标准附录 A 中增加适当的压力表及相关计算公式。

　　本标准代替 SH/T 0556—2004《石油蜡含油量测定法(丁酮-甲苯法)》，本标准与 SH/T 0556—2004 的主要差异：

　　——本标准取消了部分引用标准。

　　——本标准在范围一章取消"本标准适用于含油量为 15%～55%的石油蜡"。

　　——本标准冷浴孔径改为 30mm±5mm。

　　——本标准取消了表 1"丁酮规格"。

　　——本标准附录 A 中增加水银压力计及相关计算公式。

　　本标准的附录 A 是规范性附录。

　　本标准由中国石油化工集团公司提出。

　　本标准由全国石油产品和润滑剂标准化技术委员会石油蜡类产品分技术委员会(SAC/TC280/SC3)归口。

　　本标准起草单位：中国石油化工股份有限公司抚顺石油化工研究院。

　　本标准主要起草人：蔡秀党。

　　本标准所代替标准的历次版本发布情况为：

　　——SH/T 0556—1993、SH/T 0556—2004。

石油蜡溶剂抽出物测定法

1 范围

1.1 本标准规定了石油蜡溶剂抽出物的测定方法。

1.2 本标准采用国际单位制[SI]单位。

1.3 本标准可能涉及某些有危险的材料、设备和操作，但是无意对此有关的所有安全问题都提出建议。因此，在使用之前，用户有责任建立适当的安全和防护措施，并确定相关规章的适用性。

2 规范性引用文件

下列文件中的条款通过本标准的引用而成为本标准的条款。凡是注日期的引用文件，其随后所有的修改单(不包括勘误的内容)或修订版均不适用于本标准，然而，鼓励根据本标准达成协议的各方研究是否可使用这些文件的最新版本。凡是不注日期的引用文件，其最新版本适用于本标准。

GB/T 514 石油产品试验用玻璃液体温度计技术条件

3 方法概要

将试样溶解于体积百分数各为50%的丁酮-甲苯混合溶剂中，溶液冷却至-32℃时析出蜡，经过滤管取出滤液。将滤液中溶剂蒸发，称量残留油，通过计算得到试样溶剂抽出物的质量百分数。

4 意义和用途

石油蜡中的含油量对石油蜡的许多性质都有影响，如石油蜡的强度、硬度、柔软性、摩擦系数、膨胀系数、耐擦伤性、污染特性、熔点等，这些影响是否重要，取决于最终石油蜡的应用。

5 仪器与设备

5.1 过滤装置：由最大孔径为10μm～15μm、直径10mm的烧结玻璃过滤管组成，过滤管上带有空气压力入口和喷管，并带有磨砂玻璃接头与25mm×170mm的冷却试管连接，过滤管孔径采用附录A方法测量。详细规格见图1。

5.2 冷浴：由带有至少容纳3个试管的孔径为30mm±5mm冷浴孔的绝热箱组成，冷浴内应加入合适的介质，如煤油、乙醇等，或可以用固体二氧化碳(干冰)冷却。规格见图2。

5.3 滴管：能移取1.0g±0.05g熔化的试样。

5.4 移液管：15mL±0.06mL。

5.5 气路系统设备

5.5.1 空气压缩机：能为蒸发装置提供稳定足量和适当压力的空气流。

5.5.2 空气压力调节器在充足的压力下为过滤器提供适量的空气。

5.5.3 干燥塔：500mL，内装变色硅胶和少许脱脂棉。

5.5.4 玻璃转子流量计：流量，1L/min～10L/min。

5.6 测温装置

5.6.1 温度计

5.6.1.1 冷浴用温度计：符合GB/T 514中GB-70。

5.6.1.2 蒸发用温度计：温度范围0℃～50℃；分度1℃。

单位为毫米

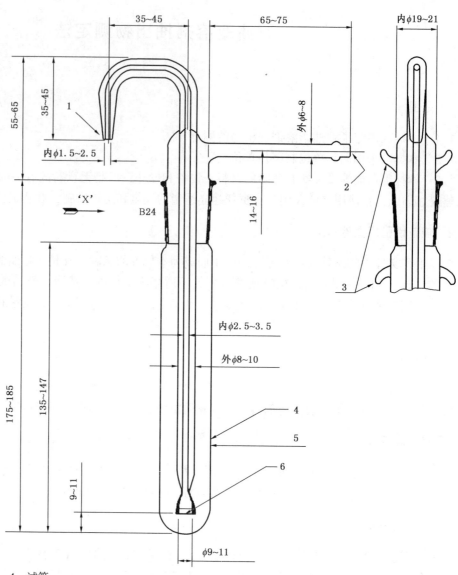

1—排液口；   4—试管；

2—空气入口；   5—管式浸液过滤管；

3—玻璃钩；   6—烧结多孔玻璃过滤管滤片。

图1 过滤器

5.6.2 可以使用与5.6.1不同的能够具有与水银玻璃温度计相同温度响应的温度测量装置。

5.7 锥形称量瓶：带有玻璃塞，容量15mL～25mL。

5.8 蒸发装置：由蒸发箱和多支集气管组成，详细规格见图3。该蒸发装置能保持称量瓶周围温度在35℃±1℃。将清洁而干燥的空气流经由内径为4mm±0.2mm的喷嘴垂直吹入称量瓶内，确保在蒸发初期每个喷嘴的顶部高于液面15mm±5mm，每个喷嘴的空气流出速率为2L/min～3L/min，进入称量瓶前的空气由装在干燥塔内的变色硅胶及脱脂棉净化。取4mL6.3所述的混合溶剂，按8.6条的要求，定期地检查空气清洁度，当残留不超过0.0001g时，认为蒸发装置工作正常。

5.9 分析天平：感量0.0001g。

5.10 金属丝搅拌器：长250mm、直径0.9mm的铁丝、不锈钢丝或镍丝制成，每端绕成直径为10mm的圆圈，其底部圆圈平面必须与金属丝垂直。

5.11 恒温箱：恒温范围70℃～100℃。

单位为毫米

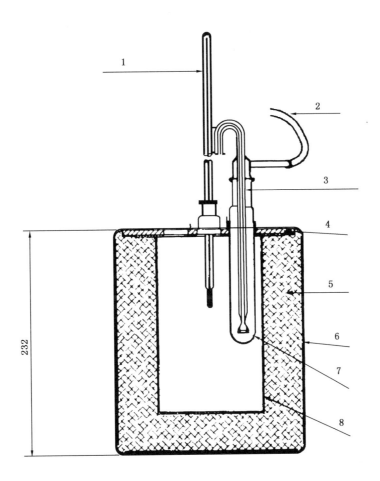

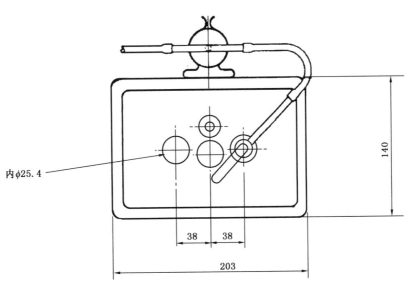

1—温度计；   4—酚醛塑料板；   7—试管；

2—空气导管；   5—玻璃毛绝缘层；   8—容量为1L的盛装冷却介质的金属容器。

3—过滤管；   6—外箱；

图2　恒温冷浴

单位为毫米

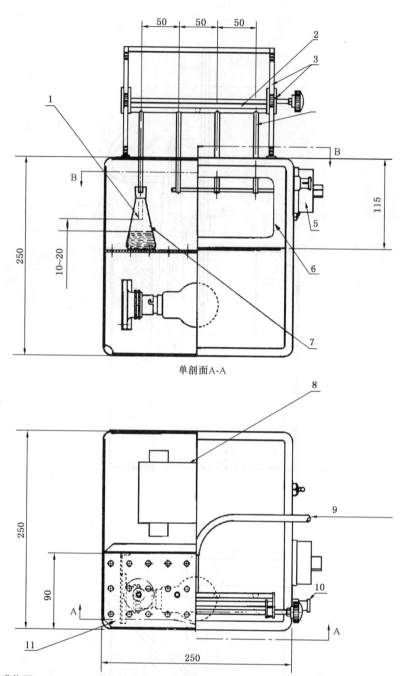

单剖面A-A

单剖面B-B

1—蒸发开始时喷嘴位置;
2—歧管;
3—调节喷嘴高度的齿条和齿轮;

4—空气喷嘴(内径3.8mm~4.2mm,外径约6.0mm);
5—恒温箱;

6—有玻璃窗的折叶门;
7—15mL称量瓶;
8—加热控制器;

9—来自流速计的过滤空气;
10—温度计套;
11—多孔金属板,孔径6.5。

图3 蒸发装置

5.12 干燥器：无干燥剂。

5.13 烧杯：800mL。

6 试剂

6.1 丁酮：分析纯。

6.2 甲苯：分析纯。

6.3 混合溶剂：丁酮、甲苯按体积比 1:1 配制。

6.4 储存混合溶剂时，按溶剂量的 5%(m/m)加入无水硫酸钙；使用之前过滤。

6.5 无水硫酸钙：分析纯。

6.6 空气：洁净且过滤。

7 样品

由于石油蜡中的溶剂抽出物在固体样品中分布不均匀，应将整个样品熔化并充分搅拌，以得到有代表性的样品。

8 试验步骤

8.1 将具有代表性的样品用水浴或烘箱在 70℃~100℃ 的温度下熔化，待样品完全熔化后充分混合。为了防止蜡在滴管顶部凝固，要将滴管预热，并迅速用滴管吸取 1.0g±0.05g 熔化的试样，小心地将试样滴入预先称准至 0.001g 洁净干燥的试管中，同时转动试管使试样均匀的凝固在试管底部，待试管冷却至室温后称量，精确至 0.001g。

注：用溶剂清洗干净的试管，其质量基本保持不变，因而可以知道试管的净重值，并能重复使用。

8.2 用移液管取 15mL 混合溶剂于试管中，在水浴中加热。试管中混合物液面与水浴液面相平齐，同时用金属丝搅拌器上下搅拌，直到试样完全溶解在溶剂中。溶解试样应迅速，以免由于加热时间过长而致使溶剂损失过大。

注：有些高熔点的试样不能形成清晰的溶液，要不断地进行搅拌直至不溶物呈现均匀的云雾状。

8.3 将试管插入装有冰水的 800mL 烧杯中，继续搅拌使蜡溶液呈糊状为止。取出搅拌器，从冰水浴中取出试管，用干布擦干试管外壁进行称量，精确到至少 0.1g。

注：在这步操作中，溶剂的蒸发损失不应超过 1%，溶剂的质量要确保恒定，当经过多次称量后，这一数值可以做为恒定值。

8.4 将装有蜡-溶剂糊状物的试管放入-34.5℃±1℃ 的恒温冷浴中，在此剧冷操作过程中，为了确保蜡-溶剂糊状物均匀，不允许在试管壁上形成蜡块或形成大的结晶块，要用温度计连续搅拌，直至温度达到-31.7℃±0.3℃。

8.5 从试管中取出温度计，并且将其在试管口停留片刻以流净残液。然后立即将在-34.5℃±1.0℃冷浴中冷却至少 10min、洁净干燥的管式浸液过滤管插入试管中，过滤器的磨口接头要密封不漏气。将称量瓶带盖称准至 0.0001g，然后取下瓶塞，将称量瓶放在过滤装置喷嘴下。

注：每一步骤都要很小心，以确保带塞称量瓶质量的准确性。首先要确定称量瓶的质量，用 6.3 所描述的混合溶剂清洗干燥的称量瓶，用布擦干外部，并放在蒸发装置下干燥大约 5min，然后将称量瓶和瓶塞放在无干燥剂的干燥器内移置天平附近，在称量前放置 10min，冷却。当称量瓶和瓶塞在蒸发装置下烘干后，要用钳子移取，瓶塞要轻取轻放。

8.6 在过滤管的空气入口处引入压缩空气。并且在称量瓶内迅速收集大约 4mL 滤液。解除压缩空气，让液体缓慢地从喷嘴流回，迅速移走称量瓶，盖上瓶塞，不必恢复至室温即进行称量，准确到至少 0.01g。取下称量瓶塞，将称量瓶放在 35℃±1℃ 的蒸发装置的喷嘴下，使喷嘴位于称量瓶颈部中心，喷嘴尖端位于液面上表面 15mm±5mm，用近 30min 的时间蒸发溶剂，然后取出称量瓶，盖上瓶塞，于天平附近放置 10min 后进行称量，称准至 0.0001g。重复溶剂的蒸发操作，每个蒸发周期为 5min，直至连续两次称量差值不超过 0.0002g 为止。

9 计算

用下式计算石油蜡的溶剂抽出物含量：

$$W = \frac{100AC}{BD}$$

式中：

W——试样溶剂抽出物质量分数，%；

A——溶剂抽出物质量，g；

B——试样的质量，g；

C——溶剂质量（试管加溶剂加试样质量减去试管和试样质量），g；

D——蒸发溶剂质量（称量瓶加滤液质量减去称量瓶和溶剂抽出物质量），g。

10 报告

用质量分数报告样品的溶剂抽出物含量，如果试验结果为负值，则报告为 0。

11 精密度和偏差

11.1 精密度

按以下规定判断结果的可靠性（95%置信水平）

11.1.1 重复性：同一操作者，使用同一台仪器，对同一试样测定的连续试验结果之差，不应大于下列数值：

范围	重复性
15%~55%	2%

11.1.2 再现性：不同操作者于不同实验室，对同一试样测得的两个独立结果之差，不应大于下列数值：

范围	再现性
15%~55%	5%

11.2 偏差

由于溶剂抽出物值仅是通过试验方法的术语定义得到的，因此本方法实验步骤无法确定偏差。

12 关键词

石油蜡；溶剂抽出物；蜡。

附　录　A

（规范性附录）

微孔管式浸液过滤管最大孔径测定法

A.1　范围

A.1.1　本方法规定了检测该标准过滤用多孔过滤管可靠性的方法，本方法规定了最大孔径，也提供了检查和测量多孔过滤管在连续使用过程中孔径发生变化的方法。

A.2　术语和定义

下列术语和定义适用于本附录。

A.2.1

最大孔径　**maximum pore diameter**

过滤器的最大孔的直径，μm。

注：本文所定义的最大孔径并不仅仅是指过滤管最大孔的物理尺寸。并认为孔的形状不规则。由于孔形状的不规则及过滤中其他特有的现象，所以可以推测过滤管既能将所有大于最大孔直径的颗粒截留，又能将小于所测孔径的颗粒截留。

A.3　方法概要

A.3.1　将过滤管清洗并用水润湿，然后将其浸没在水中，对过滤管的上表面加压，直到第一个气泡通过过滤管。用水的表面张力和施加的压力计算最大孔径。

A.4　仪器与材料

A.4.1　水银压力计或压力表。

A.4.1.1　压力表：量程0MPa~0.1MPa；分度0.0005MPa；针形阀式空气压力调节器。

A.4.2　压缩空气：清洁并干燥。

A.4.3　盐酸：分析纯。

A.4.4　丙酮：分析纯。

A.4.5　干燥烘箱：能恒温至105℃。

A.5　测定步骤

A.5.1　将过滤管在浓盐酸中浸泡，并用蒸馏水清洗，接着用丙酮淋洗，然后置于空气中干燥，最后将其放在105℃的干燥烘箱中30min。

A.5.2 将清洁的过滤管浸泡在蒸馏水中润湿。

A.5.3　按图A.1所示安装仪器，可经压力调节器慢慢施加压力。

A.5.4　使过滤管的滤片刚好浸没在水表面下，滤片上的水层要尽量少。

A.5.5　升高空气压力到低于估计气泡穿过压力约1.33kPa，然后以0.40kPa/min的速度缓慢增压，直到第一个气泡穿过过滤管滤片，记下第一个气泡离开滤片时的压力。如果液面超过过滤管滤片表面，则必须从观察到的压力中扣除由液体产生的压力。

A.6　计算

按下式计算过滤管直径：

$$D = \frac{2180 \times 0.133}{P}$$

式中：

D——直径，μm；

P——压力计读数，kPa；

0.133——mmHg 与 kPa 换算系数。

由上式计算出 10μm～15μm 孔径的相应压力为 29.1kPa～19.3kPa，在这一压力范围内的过滤管认为合格。

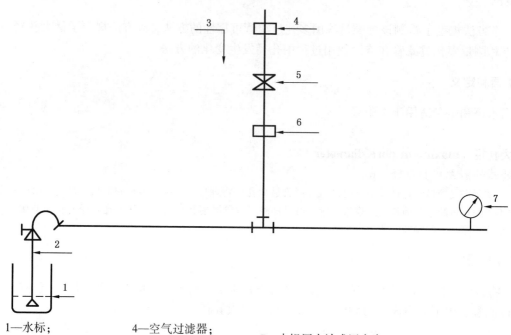

1—水标；

2—管式浸液过滤管；

3—压缩空气源；

4—空气过滤器；

5—空气压力调节器；

6—干燥球；

7—水银压力计或压力表。

图 A.1 检验过滤管孔径仪器安装图

中华人民共和国石油化工行业标准

SH/T 0557—1993

石油沥青黏度测定法
（真空毛细管法）

（2005 年确认）

1 主题内容与适用范围

本标准适用于以真空毛细管黏度计测定 60℃ 时石油沥青的动力黏度。也可用于测定黏度在 0.0036~20.000Pa·s 范围的其他物质。

本标准也适用于在其他温度下使用，但精确度是以测定 60℃ 的沥青黏度为依据。

2 方法概要

在严格控制真空度和温度的情况下，测定一定体积的液体流过毛细管所需的时间。液体的黏度以 Pa·s 为单位，是流动时间的秒数乘以黏度计校正系数。

随着毛细管内液体的上升、剪切速率下降，采用不同的真空度或不同管径的毛细管也都会改变剪切速率，因此，本方法适用于测定牛顿流体和非牛顿流体的黏度。

3 仪器设备

3.1 黏度计：本标准选用的黏度计，详见附录 A。推荐等同使用的两种黏度计，详见附录 B、C。有关黏度计标准的细则见附录 D。

3.2 温度计：本方法可以采用分度值为 0.02℃，校正过的精密标准温度计或其他具有相同精度的测温设备。有关温度计规格见附录 E。

3.3 水浴：水浴应适合于浸没黏度计，至少使黏度计最上面的计时标志刻度浸没水浴液面以下 20mm，且便于观察黏度计和温度计。黏度计应有牢固的支撑。应保证热量输入与热损失之间的平衡，水浴应充分搅拌。水浴中介质的温度差别在整个黏度计高度范围内或不同位置的黏度计之间，其温度差别不大于 0.03℃。

3.4 真空系统：真空系统应能使真空度保持在 39996Pa±67Pa（300mmHg±0.5mmHg）范围以内。系统的基本组成部分如图 1 所示。真空系统的线路应采用内径 6.35mm 的玻璃管，所用的玻璃接头应该密封不漏。当系统密闭时，开口式水银压差计（刻度 1mm）指示的真空度不应降低。真空源可以是合适的真空泵或吸气泵。

3.5 计时器：采用刻度为 0.1s（或更小），误差在 0.05% 以内，整个计时范围不少于 15min 的秒表或其他计时装置均可。

4 样品制备

4.1 小心地将样品加热，并不断地搅拌以保证样品受热均匀，防止局部过热。

4.2 将至少 20mL 样品移入合适的容器内，加热至 135℃±5℃，为防止局部过热要不时地搅拌，并小心慢搅以防空气进入。

中国石油化工总公司 1993-06-11 批准

1994-05-01 实施

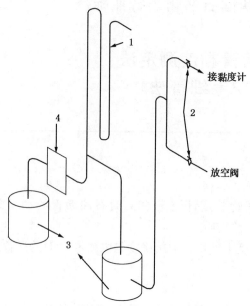

图1　真空系统基本组成部分

1—开口水银压差计；2—调节阀或旋塞阀；3—1 升缓冲罐；4—压力稳定器

5　试验步骤

5.1　使水浴温度保持在试验温度±0.03℃范围内，对所有的温度计读数进行必要的校正。

5.2　选择流动时间大于 60s，干净的、干燥好的黏度计，并预热到 135℃±5℃。

5.3　向黏度计内装入已准备好的样品，使其达到装料线 Emm±2mm 的高度（见图2）。

5.4　把已装好样品的黏度计，放入 135℃±5℃的烘箱或油浴中，使其保持 10min±2min，以赶出大的气泡。

5.5　从烘箱或油浴中移出黏度计，在 5min 内将黏度计夹在架子上垂直地放入水浴中，使最上面的计时标志刻度位于水浴液面以下至少 20mm。

5.6　建立 13339Pa±67Pa(300mmHg±0.5mmHg)的真空系统，用装在黏度计管路上的调节阀或旋塞阀将真空系统与黏度计连接起来。

5.7　黏度计放入水浴 30min±5min 后，打开通向真空系统管路上的调节阀或旋塞阀，使沥青流入毛细管。

5.8　测定弯月面前沿通过两个计时标志刻度所需的时间，精确到 0.1s，报告两个计时标志刻度间第一个超过 60s 的流动时间，并注明这对计时标志刻度的标号。

5.9　试验完成后，从水浴中取出黏度计并倒放在 135℃±5℃的烘箱中，直至沥青从黏度计中流出。用甲苯彻底清洗黏度计，然后再用石油醚冲洗。向毛细管内通入小流量的干净的干燥空气（时间约2min 或直到溶剂完全挥发）以便使管子干燥。定期地用铬酸洗液清洗黏度计以彻底清除有机沉淀物。用蒸馏水和无残渣丙酮冲洗及用干净空气吹干。

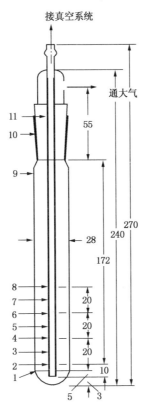

图 2　本标准选用的黏度计

1—装料线 E；2—第一计时标志 F；3—B 段；4—第二计时标志 G；

5—C 段；6—第三计时标志 H；7—D 段；8—第四计时标志 I；

9—装料管 A；10—24/40 磨口；11—真空管 M

6　计算

选择与这对计时标志刻度(如 5.8)所对应的校正系数，利用下式计算并报告黏度 ρ(Pa·s)，保留三位有效数字：

$$\rho = k \cdot t$$

式中：k——所选用的校正系数，Pa·s/s；

　　　　t——流动时间，s。

7　报告

在报告黏度试验结果时，还要附加说明试验温度和真空度。例如：黏度(60℃，39996Pa±67Pa，Pa·s)[60℃(300mmHg，泊)]。

8　精密度

8.1　重复性：同一操作者，使用同一台仪器，重复测定两个结果之差，不超过其平均值的 7%。

8.2　再现性：由两个实验室提供的结果，误差不超过其平均值的 10%。

附 录 A
本标准选用的黏度计规格
（补充件）

A1 范围

真空毛细管黏度计有 5 种规格，60℃黏度测定范围为 4.2~20000Pa·s（42~200000 泊），50~200 号最适合于测定沥青 60℃的黏度。

A2 仪器

A2.1 真空毛细管的设计及制造尺寸见图 2。该黏度计的系列规格号、近似半径、近似毛细管校正系数和黏度测定范围见表 A1。

表 A1 真空毛细管黏度计规格，毛细管半径，近似校正系数和黏度测定范围

黏度计规格	毛细管半径 mm	近似校正系数[1]，Pa·s/s			黏度范围[2]，Pa·s
		B	C	D	
25	0.125	2	1	0.7	42~800
50	0.25	8	4	3	180~31200
100	0.50	32	16	10	600~12800
200	1.0	128	64	40	2400~52000
400	2.0	500	250	160	9600~200000

注：1) 精确的毛细管校正系数必须用黏度标准样测得。

2) 本表所示的黏度范围是对应于流动时间为 60~400s 的。可以使用较长的流动时间（1000s 以下）。

A2.2 本黏度计包括一个单独的装样管 A，和一个精确孔径的玻璃毛细管。这两部分用一个标准锥度 24/40 的硅酸硼玻璃磨口接头联接在一起，玻璃毛细管上分 B、C、D 三个测量段被计时标志 F、G、H 和 I 隔开，每段长 20mm。

A2.3 可在一个 11 号橡皮塞上钻出一个直径约 28mm 的孔，把孔与边缘之间切开，做成一个简易的黏度计架，当把这个塞子放入水浴盖上直径为 51mm 的孔中时，这个架将把黏度计夹住。

附 录 B
推荐等同使用的黏度计规格（1）
（补充件）

B1 范围

该真空毛细管黏度计有 11 种规格，黏度测定范围为 0.0036~8000Pa·s（0.036~80000 泊），第 10~14 号最适合测定沥青 60℃的黏度。

B2 仪器

B2.1 真空毛细管黏度计的设计及制造尺寸见图 B1，该黏度计的系列规格号、近似毛细管校正系数 K 及黏度测定范围见表 B1。

B2.2 对所有规格的黏度计，测量球 C 的体积约为测量球 B 体积的 3 倍。

B2.3 在一个 11 号橡皮塞上钻出两个直径分别为 22 和 8mm 的孔，两孔中心间距离为 25mm，将两孔之间及 8mm 孔和边缘之间切开，做成一个简易的黏度计架。当把这个塞子放入水浴盖上直径为 51mm 的孔中时，这个架将把黏度计固定住。

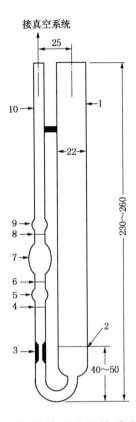

图 B1　推荐等同使用的黏度计（1）

1—装料管 A；2—装料线 E；3—毛细管 K；4—第一计时标志 F；5—B 段；

6—第二计时标志 G；7—C 段；8—第三计时标志 H；9—溢流管 D；10—真空管 M

表 B1　黏度计规格，近似毛细管系数及黏度测量范围

黏度计规格	近似毛细管系数[1]，Pa·s/s		黏度测定范围[2]
	B	C	Pa·s
4	0.002	0.0006	0.0036~0.08
5	0.006	0.002	0.012~0.24
6	0.02	0.006	0.036~0.8
7	0.06	0.02	0.12~2.4
8	0.2	0.06	0.36~8.0
9	0.6	0.2	1.2~24
10	2.0	0.6	3.6~80
11	6.0	2.0	12~240
12	20.0	6.0	36~800
13	60.0	20.0	120~2400
14	200.0	60.0	360~8000

注：1）精确的毛细管校正系数必须用黏度标准样测得。

　　2）表中所列黏度范围对应于流动时间 60~400s，也可以使用较长的流动时间（1000s 以下）。

附　录　C
推荐等同使用的黏度计规格(2)
（补充件）

C1　范围

该黏度计有 7 种规格，黏度测定范围为 4.2～580000Pa·s，50～200 号最适合于测定沥青 60℃ 的黏度。

C2　仪器

C2.1　真空毛细管黏度计的设计及制造尺寸见图 C1，黏度计规格、近似半径、近似校正系数及黏度 测定范围见表 C1。

C2.2　在该黏度计臂 M 上有 B、C、D 三个测量段，它们是具有精密孔径的毛细管，三个测量段用 F、G、H、I 隔开，每段长 20mm。

C2.3　在一个 11 号橡皮塞上钻出两个直径分别为 22 和 8mm 的孔，两个孔中间距离为 25mm，将两 孔之间及 8mm 孔与边缘之间切开，做成一个简易的黏度计架。当把这个塞子放入水浴盖上直径为 51mm 的孔中时，这个架将把黏度计固定住。

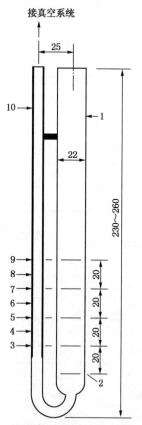

图 C1　推荐等同使用的黏度计(2)

1—装料管 A；2—装料线 E；3—第一计时标志 F；4—B 段；5——第二计时标志 G；
6—C 段；7—第三计时标志 H；8—D 段；9—第四计时标志 I；10—真空管 M

表C1 黏度计规格、毛细管半径、近似校正系数、黏度测量范围

黏度计规格	毛细管半径 mm	近似毛细管系数[1]，Pa·s/s			黏度测定范围[2] Pa·s
		B	C	D	
25	0.125	2	1	0.7	4.2~80
50	0.25	8	4	3	18~320
100	0.50	32	16	10	60~1280
200	1.0	128	64	40	240~5200
400	2.0	500	250	160	960~20000
400R[3]	2.0	500	250	160	960~140000
800R[3]	4.0	2000	1000	640	3800~580000

注：1）精确的毛细管校正系数必须用黏度标准样测得。

2）表中所示的黏度范围是对应60~400s的，也可以使用较长的流动时间（1000s以下）。

3）为屋面沥青设计的一种特殊规格，在计时标志 F 以上增加了5mm和10mm计时线，用这一计时标志和 B 段的校正系数，可以增加黏度的测定范围。

附 录 D
黏度计的校正
（补充件）

D1 范围

本附录介绍校正或检验本方法所使用的黏度计所需要的材料和步骤。

D2 材料

具有表D1所列近似黏度值的标准黏度样。

D3 校正

利用标准黏度样校正黏度计，其校正步骤如下：

D3.1 从表D1中选择一个在校正温度下最小流动时间为60s的标准黏度样。

D3.2 将该标准样倒入干净、干燥的待校黏度计中，至装料线 Emm±2mm（见图2）。

D3.3 将装有样品的黏度计放入温度精确至±0.01℃的水浴中。

D3.4 建立真空系统，使真空度保持在39996Pa±67Pa（300mmHg±0.5mmHg）。用旋塞阀把黏度计与真空系统连接起来。

D3.5 黏度计放入水浴中30min±5min后，打开旋塞阀，使标准样流入毛细管。

D3.6 用秒表测量弯月面前沿通过计时标志 F 和 G 所需的时间（精确到0.1s）和通过计时标志 G 和 H 所需的时间（精确到0.1s）。

D3.7 毛细管校正系数按式（D1）计算：

$$k = \rho_v/t \quad\quad\quad\quad (D1)$$

式中：ρ_v——校正温度下标准样的黏度，Pa·s；

　　　t——流动时间，s；

k——真空度为 39996Pa±67Pa(300mmHg±0.5mmHg)下黏度计的校正系数，Pa·s/s。

D3.8 利用同一标准样或另一标准样重复这些校正步骤，计算各毛细管和平均校正系数 K。每一个毛细管两次测定的校正系数 K 必须在它们平均值的 2%以内。毛细管的校正系数与温度无关。

D4 利用标准真空黏度计校正真空黏度计，具体校正步骤如下：

D4.1 任意选择一种流动时间至少为 60s 的石油沥青，再挑选一支已知毛细管系数的标准黏度计。

D4.2 将标准黏度计与要校正的黏度计一起安装在同一个水浴中(60℃)，按照 5.1~5.8 节中所叙述的步骤测定沥青的流动时间。

D4.3 校正系数 k_1 按式(D2)计算：

$$k_1 = (t_2 \cdot k_2)/t_1 \qquad\cdots\cdots\cdots\cdots\cdots\cdots\cdots\cdots\cdots\cdots\cdots\cdots (D2)$$

式中：k_1——被校正的黏度计的校正系数；

t_1——被校正的黏度计的流动时间，s；

k_2——标准黏度计的毛细管系数；

t_2——标准黏度计的相应流动时间，s。

表 D1 黏度标准样品

黏 度 号	近似黏度，Pa·s	
	20℃	38℃
N30000	150	24
N190000	800	160
S30000		24

附 录 E
温度计规格
（补充件）

本温度计应符合下列要求：

温度范围，℃	58.6~61.4
浸入深度	全浸
最小分度，℃	0.05
每一较长刻度，℃	0.1 和 0.5
刻数字，℃	1
刻度误差不超过	在 60℃时 0.1℃
膨胀室允许加热到，℃	105
全长，mm	300~310
杆直径，mm	6~8
水银球长度，mm	45~55
水银球直径，mm	不大于杆直径
从球底至 58.6℃刻度距离，mm	145~165
刻线部分长度，mm	40~90
冰点刻度范围，℃	−0.3~0.3
至收缩室底的距离，mm	大于 100
至收缩室顶的距离，mm	小于 125

附加说明：
本标准由石油大学提出并技术归口。
本标准由石油大学重质油研究所负责起草。
本标准主要起草人张昌祥、张玉贞。
本标准等同采用美国试验与材料协会标准 ASTM D2171−85《真空毛细管黏度计测定石油沥青黏度》。

中华人民共和国石油化工行业标准

石油馏分沸程分布测定法
（气相色谱法）

SH/T 0558—1993

（2004 年确认）

1 主题内容与适用范围

本标准规定了用气相色谱仪测定石油馏分沸程分布的方法。

本标准适用于常压终馏点低于或等于 538℃、蒸气压低到能在室温下进样和沸程范围大于 55℃ 的石油产品或馏分。

本标准不适用于汽油或汽油组分，也不适用于非石油烃馏分。

2 引用标准

GB/T 255　石油产品馏程测定法

GB/T 6536　石油产品蒸馏测定法

GB/T 9168　石油产品减压蒸馏测定法

3 术语

3.1 初馏点（IBP）：累加面积等于所得色谱图总面积 0.5% 的温度点。

3.2 终馏点（FBP）：累加面积等于所得色谱图总面积 99.5% 的温度点。

3.3 收率：色谱图的累加面积百分数，相当于试样的质量百分收率。

3.4 切片积分：将色谱图曲线和色谱基线包络的面积按相等时间间隔进行积分，称为切片积分。

由切片积分所得的每片的积分数称为切片面积，相等的时间间隔称为切片宽度。为消除噪声与残存影响，切片面积需加以适当修正。

4 意义与应用

4.1 本标准可用于炼油加工产品的馏程测定。

4.2 本标准所得沸程分布基本上相当于实沸点蒸馏所测得的馏程，它们的测定结果不同于 GB/T 255、GB/T 6536 或 GB/T 9168 几种蒸馏方法的测定结果。

5 方法概要

将试样导入能按沸点增加次序分离烃类的气相色谱柱。于程序升温的柱条件下，检测和记录整个分离过程的色谱图及其面积。在相同的条件下，测定沸程范围宽于被测试样的已知正构烷烃混合物，由此得到保留时间-沸点校正曲线。从这些数据可以获得被测试样的沸程分布。

6 仪器与材料

6.1 仪器

6.1.1 气相色谱仪：必须具备以下特性。

6.1.1.1 检测器：主要使用火焰离子化检测器(FID)，也可以使用热导检测器(TCD)。检测器必须在本标准规定的试验条件下，至少能以绘图仪满刻度10%的峰高检测出1.0%的正十二烷，同时不降低8.3条中定义的分离度。在此灵敏度下操作，所得基线漂移每小时不大于1%的满刻度。检测器也必须具有在最高柱温下连续操作的能力，并且它与色谱柱之间的连接不能有任何冷区。检测器响应的校正参见附录A。

6.1.1.2 色谱柱温程序控制器

　　a. 具有足够的程序升温能力，使得试样的初馏点得到至少1min以上的保留时间，以及能将试样完全洗脱出色谱柱。同时，程序升温速率必须满足9.3条中所说明的校正混合物每个组分的保留时间获得0.1min的重复性。

　　b. 当初馏点低于93℃时，要求初始柱温低于环境温度。但是，不能低于表1规定的初始柱温。

6.1.1.3 进样器：在足够高的温度下能将终馏点538℃的烃类试样完全气化，并且处在相当于最高柱温下能连续操作使用。也可以用能程序升温到最高柱温的柱头进样器。进样器与色谱柱之间的连接应避免任何冷区。

　　注：在更换新进样隔片后需将进样器升温到300℃以上温度工作时，必须先做空白运行，以便检查新隔片可能产生的流失峰。必要时在操作温度下老化一定时间。

6.1.2 绘图仪：具有0~1V信号量程和2s或更快的满刻度响应时间。

6.1.3 积分仪：为了测量色谱图的累加面积，必须配备电子积分器或计算积分仪或微机积分系统。该积分设备必须具有测量峰的保留时间和峰面积的能力。它们还应具备将检测讯号连续转换为周期性面积切片的能力。测得的最大切片面积必须在所用测量系统的线性范围之内。

6.1.4 色谱柱：在测试条件下典型的石油烃能按沸点增加次序分离，以及柱分离度(见8.3条)在3~8的色谱柱与相应操作条件都可以使用。典型色谱柱条件见表1。

6.1.5 流量控制器：必须能使载气流在柱温的整个范围内保持±1%的稳定性。推荐将进入色谱仪的载气压力调节在约500kPa±150kPa范围内。

6.1.6 微量注射器：满量程1~10μL。

6.2 材料

6.2.1 载气：火焰离子化检测器使用氮、氦或氩气。热导检测器使用氮或氢气。

　　注意：氮、氦或氩气是处于高压下的压缩气体。关于高压气源的安全使用按照国家有关规定执行。

6.2.2 燃烧气：氢用作为火焰离子化检测器的燃烧气。

　　注意：氢气在高压下是极易燃烧的气体。关于高压氢气源的安全使用按照国家有关规定执行。

6.2.3 助燃气：空气(烃类含量小于$1×10^{-6}m/m$)用于火焰离子化检测器的助燃气。

7 试剂

7.1 固定液：甲基硅酮橡胶或甲基硅酮流体固定液，色谱试剂。

7.2 填充柱载体：各种色谱用硅藻土，或硅烷化硅藻土载体，60~100目，色谱试剂。

7.3 正辛烷：分析纯。

7.4 二硫化碳：分析纯。

　　注意：二硫化碳是一种极易挥发、可燃和有毒溶剂。

7.5 参考油：参考油1号，参考油2号，其沸程分布见附录B。

　　注意：如果使用表1以外的固定相，要求用一些烷基苯化合物(如邻二甲苯、正丁苯、1，3，5-三甲苯、正癸苯和正十四烷基苯)的测试证实，该固定相是否具有按沸点增加次序分离烃类的特性(见附录C中图C1)。

表1 典型色谱操作条件

项 目	1	2	3	4	5
柱长，m	1.2	1.5	0.5	0.6	0.5~0.75
柱外径，mm	6.4	3.2	3.2	6.4	3.0~3.2
固定液	OV-1	SE-30	UC-W98	SE-30	交联或键合 OV-1 或 OV-101
固定液含量，%(m/m)	3	5	10	10	10
填充柱载体	S[1]	G[2]	P[3]	P[3]	上试102 或 202[4]
载体筛目	60~80	60~80	80~100	60~80	60~80
柱初温，℃	-20	-40	-30	-50	-10~35
柱终温，℃	360	350	360	390	350
程序升温速率，℃/min	10	6.5	10	7.5	8~10
载气	氮	氮	氮	氮	氮
载气流速，mL/min	40	30	25	60	25~30
检测器	TCD	FID	FID	TCD	FID 或 TCD
检测器温度，℃	360	370	360	390	350
进样器温度，℃	360	370	350	390	350
试样进样量，μL	4	0.3	1	5	1
柱分离度(R)	5.3	6.4	3.5	3	4~6

注：1) Diatoperts S——硅烷化处理。

2) Chromosorb G——酸洗、硅烷化处理。

3) Chromosorb P——酸处理。

4) 上试102 或上试202——硅烷化处理。

8 准备工作

8.1 混合物的配制

8.1.1 柱分离度检测混合物：将各为1%(m/m)的nC_{16}和nC_{18}溶解在适当的溶剂中，例如正辛烷，制成柱分离度检测用的混合物。

8.1.2 校正混合物：称取近似等量的nC_5~nC_{40}正构烷组分的混合物，用二硫化碳作稀释溶剂，配制成稀释比为1：1至1：100的正构烷烃校正混合物。校正混合物中至少有一个正构烷烃组分具有低于试样初馏点的沸点。正构烷烃的沸点数据列于表2。

8.2 色谱柱的制备：只要能制备出满足8.3条要求的色谱柱都可采用。色谱柱在正式使用前必须在最高使用温度下加以老化，以便减少由于固定液流失而引起的基线漂移。

8.2.1 色谱柱的老化

8.2.1.1 将色谱柱一端与进样器相连，另一端放空。

8.2.1.2 在室温下用载气彻底净化色谱柱。

8.2.1.3 关断载气，让色谱柱降至常压。

8.2.1.4 用盲柱接头封闭色谱柱放空端。

8.2.1.5 将柱温升至最高操作温度。

8.2.1.6 在无载气情况下将柱温保持在该温度至少1h。

表 2　正构烷烃的沸点

碳　　数	沸　点,℃	碳　　数	沸　点,℃
2	−89	24	391
3	−42	25	402
4	0	26	412
5	36	27	422
6	69	28	431
7	98	29	440
8	126	30	449
9	151	31	458
10	174	32	466
11	196	33	474
12	216	34	481
13	235	35	489
14	254	36	496
15	271	37	503
16	287	38	509
17	302	39	516
18	316	40	522
19	330	41	528
20	344	42	534
21	356	43	540
22	369	44	545
23	380		

8.2.1.7　冷却色谱柱至100℃以下。

8.2.1.8　重新将放空端打开并连接至检测器,打开载气。

8.2.1.9　在正常载气流速下,将色谱柱程序升温到最高操作温度几次。

8.2.2　对 10%(m/m) 含量的固定液的色谱柱,采用正常载气流速净化,同时让它保持在最高操作温度一定时间,也是有效的老化处理方法。高温保持时间视色谱柱情况而定,一般几小时至十几小时。

8.3　色谱柱的分离度:为了使本标准在不同实验室对相同试样获得一致的沸程分布测定结果,色谱柱的分离度(R)规定应在 3～8 之间。分离度通过与试样测定相同条件下,测定 8.1.1 的混合物,见图1,然后按式(1)计算:

$$R = 2(t_2 - t_1)/[1.699(W_1 + W_2)] \qquad\cdots\cdots\cdots\cdots (1)$$

式中:t_1、t_2——分别为 $n\mathrm{C}_{16}$ 与 $n\mathrm{C}_{18}$ 峰的保留时间,s;

W_1、W_2——分别为 $n\mathrm{C}_{16}$ 峰与 $n\mathrm{C}_{18}$ 半峰宽,s。

8.4　FID 离子头的清洗:由于固定液的高温流失,硅橡胶蒸气的燃烧会在离子头喷嘴周围形成晶状沉积物,从而影响 FID 的响应特性。严重时会堵塞喷嘴,点不着火,无响应讯号。因此,在正式测定试样之前或以后应定期清除沉积物。

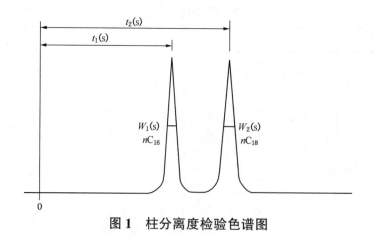

图 1　柱分离度检验色谱图

9　试验步骤

9.1　试验条件表

为了使测定结果获得最佳重复性，应参照表 1 编好一个试验条件的时间事件表，以便作业能在此事件表及色谱模拟蒸馏软件控制下循环进行。此表事件包括程序升温参数、色谱柱冷却返回的初始温度、平衡时间、进样注射和系统启动、分析作业与终温保持时间、积分参数以及其他操作条件。

注：本标准的软件石油化工科学研究院可以提供。

9.2　基线补偿分析

在本标准规定的程序升温条件下，固定液的流失会引起固有的色谱基线漂移，必须从试样分析数据中扣除。在每天做试样分析之前至少进行一次基线补偿分析。做法是，在与试样分析严格相同的条件下完成空白分析，即不注入试样，记录色谱基线讯号。基线补偿分析需要反复进行，直到获得有效残存总面积小于样品总面积的 0.3%，并且具有稳定高温平台的补偿基线为止。在试样分析时由所得讯号中扣除补偿基线讯号。基线补偿分析也可以用于两次试样分析之间或多次试样分析之后，以便考察仪器状况或试样残留情况。

必须密切注意影响色谱基线稳定的各种因素。例如，柱流失、隔片流失情况，检测器温度控制情况，载气流量稳定性，气密情况，以及仪器基线漂移、噪声等情况。

9.3　保留时间对沸点的校正

最好在每天做试样分析之前按 8.1.2 进行正构烷烃混合物的校正分析。在 8.1 条试验条件下，将 0.2~2.0μL 的正构烷烃混合物注入色谱仪。记录每个组分的峰保留时间及峰面积。

9.3.1　校正混合物的试样进样量不能超过柱负荷。柱负荷与固定液含量成正比关系。超柱负荷会引起峰形及保留时间畸变，从而导至沸程分布测定误差。

9.3.2　应用所记录的校正混合物各组分的保留时间与沸点数据作一张校正表。

9.3.3　按校正表画出沸点-保留时间曲线，如图 2 所示。正构烷烃的沸点参见表 2。非正构烷烃的沸点见附录 C。

9.3.4　为了获得好的精密度，沸点-保留时间校正曲线基本上应当是一条直线。试样的初馏点越低，色谱柱的初温也应越低。如果初温过高，将会在曲线的低端出现明显的弯曲，从而降低该沸点范围的精密度。事实上不可能消除对应于室温以下曲线低端的弯曲现象。因此，重要的是应该在低于试样初馏点的曲线部分至少有一个校正点。虽然校正曲线上端外推有较好准确度，但是为了获得最佳准确度，校正应包括试样高低两端的沸点范围。

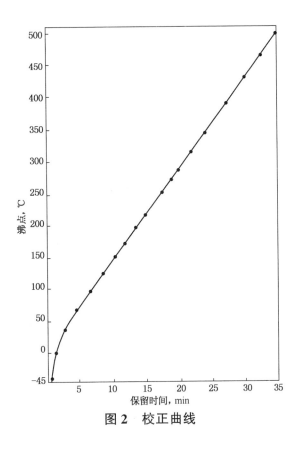

图 2　校正曲线

9.4　参考油样的分析

为了考察所用色谱仪、色谱分析过程计算方法，可以用参考油 1 号或参考油 2 号，在 9.1 条试验条件下完成分析。

9.4.1 参考油样的测定结果必须与附录 B 中所列值相吻合。

9.4.2 最好每周用参考油检查一次，以便及时发现仪器与操作条件的变化，加以修正。

9.5　试样分析

严格遵照 9.1 条所规定的试验条件与时间事件表，将试样注射进色谱仪，测量和记录整个分析过程所得的连续面积切片。切片宽度不得大于校正曲线上 538℃ 对应保留时间的 1%。

9.5.1 注意选用适当的试样量，不应使某些峰超过检测器的线性范围。对 FID，通常进样量选择 0.2～1.0μL 为好。对 TCD，进样量一般在 2～10μL 较为合适。

9.5.2 由于色谱模拟蒸馏对色谱柱分离度加以限制，试样组分峰不能完全分离，所以在分析过程中没有必要改变灵敏度。

9.5.3 试样分析过程必须进行到全部组分谱图返回恒定色谱基线之后，所以恒定基线点的判别对本标准是重要的。

面积切片变化速率（R_a）按式（2）计算：

$$R_a = (A_{i-1} - A_i)/W \qquad\qquad\qquad (2)$$

式中：A_i——给定切片积分时间末时的修正切片累加面积，积分单位；

　　　A_{i-1}——前一切片积分时间末时的修正切片累加面积，积分单位；

　　　W——切片宽度，s。

由规定分析作业结束时间向作业开始时间检查，对应于面积切片变化速率 R_a 首次超过试样修正总面积×10^{-6} 的点，被认为是返回恒定基线的点，也是试样由色谱柱洗脱的结束。

10 计算

10.1 归一化面积百分数，即收率 $S_i[\%(m/m)]$ 按式(3)计算：

$$S_i = 100B_i/S \quad \cdots\cdots\cdots\cdots\cdots\cdots\cdots\cdots\cdots\cdots\cdots\cdots\cdots\cdots\cdots\cdots\cdots\cdots (3)$$

式中：B_i——从分析开始至返回稳定基线过程中，任意给定时间的修正累加切片面积；

S——试样总的色谱面积，等于第一个稳定基线点对应的修正累加切片面积。

10.2 初馏点：找到对应于归一化百分数 $0.5\%(m/m)$ 的时间，并通过正构烷烃校正数据的线性内插求出对应于该时间的温度，即是初馏点(IBP)，℃。

10.3 终馏点：找到对应于归一化百分数为 $99.5\%(m/m)$ 的时间，通过正构烷烃校正数据的线性内插求出对应时间的温度，即是终馏点(FBP)，℃。

10.4 其他收率点：找到从 $1\%\sim99\%(m/m)$ 对应于归一化面积整数百分数的时间，并通过正构烷烃校正数据的线性内插求出对应时间的温度，即为相应的收率点温度，℃。

11 报告

以 $1\%\sim99\%(m/m)$ 收率的 1% 的间隔，包括初馏点与终馏点报告对应的整数温度，℃。也可以按用户需要编制其他报告。

注：如果想要得到沸程分布曲线，则利用正坐标纸绘出每个沸点温度对应收率的点。将初馏点绘在收率为零的点，终馏点绘在收率为 $100\%(m/m)$ 的点，连接各点得到一条平滑曲线。

12 精密度

按下述规定判断试验结果的可靠性(95%置信水平)。

12.1 重复性：同一操作者用同一仪器重复测定两次结果之差不应大于下列数值。

收率，%(m/m)	重复性，℃
IBP	4
5	2
10~40	2
50~90	2
95	3
FBP	7

12.2 再现性：由不同实验室各自提出的两个结果之差不应大于下列数值：

收率，%(m/m)	再现性，℃
IBP	15
5	6
10~40	6
50~90	6
95	7
FBP	16

附 录 A
检测器响应校正
（补充件）

对 FID 检测器本标准假定石油烃类化合物的响应值正比于它们的质量，可以不用进行严格校正。然而，对 TCD 检测器不加校正会造成明显偏差。为了进行响应校正，在用于试祥分析相同的试验条件下，分析 8.1.2 中配制的正构烷烃混合物。然后按式（A1）计算每个正构烷烃对正十烷的相对响应因子：

$$F_n = C_n / A_n / C_{nc_{10}} / A_{nc_{10}} \qquad \cdots\cdots\cdots\cdots\cdots\cdots\cdots\cdots\cdots\cdots\cdots\cdots\cdots\cdots \quad （A1）$$

式中：C_n——混合物中某正构烷烃的浓度；

A_n——混合物中该正构烷烃的峰面积；

$C_{nc_{10}}$——混合物中正十烷的浓度；

$A_{nc_{10}}$——混合物中正十烷的峰面积。

每个正构烷烃的相对响应因子两次测定结果的偏差应小于 1 ± 0.1。运用测得的正构烷烃相对响应因子对试样各相应累加面积进行校正，然后计算馏程数据。

附 录 B
参考油沸程分布测定的允许范围
（补充件）

表 B1

收 率,%(m/m)	参考油 1 号	参考油 2 号
	沸 点,℃	沸 点,℃
初馏点	106~122	75~105
5	140~146	110~122
10	165~173	127~139
15	192~200	167~179
20	217~225	191~203
30	254~262	215~227
40	283~291	237~249
50	307~317	260~272
60	327~337	288~300
65	338~348	303~315
70	349~359	317~329
75	359~369	337~349
80	371~381	354~366
85	384~394	372~384
90	399~409	390~402
95	419~431	416~430
终馏点	462~488	464~496

附 录 C
非正构烷烃的沸点
（参考件）

C1 在某些高沸点多环型化合物的沸点与保留时间的关系中，存在明显的偏差。当把这些化合物的保留时间与常压沸点相同的正构烷烃相比较时，这些环状化合物表现出先从硅橡胶柱中洗脱出来。图 C1 所示的 30 多种非正构烷烃化合物是沿着正构烷烃校正曲线画出来的。标数点的化合物名称可由表 C1 查出。这张图上的点按常压沸点对测定的保留时间作图。如果使用不同含量的固定相，或不同的程序升温速率，则正构烷烃曲线（实线）的斜率和曲率将会改变，但是相对关系基本不变。几种化合物由曲线上估计所得的模拟蒸馏沸点与实际沸点偏差列于表 C2。表 C2 也列出了 1.333kPa 与 101.325kPa 两种压力下所得的沸点偏差，显然在 1.333kPa 压力下的偏差更小一些。这表明由气相色谱所得的蒸馏数据非常接近于减压蒸馏所得的数据。因为多环化合物的蒸气压-温度曲线和正构烷烃曲线的斜率和曲率不同，因此应用正构烷烃的常压沸点时，将出现明显的偏差。

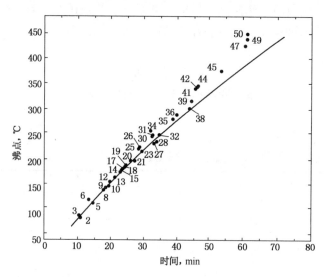

图 C1　高沸点多环化合物的沸点-保留时间关系（见表 C1）

表 C1　标数点化合物的名称（见图 C1）

标数点	沸点,℃	化　合　物	标数点	沸点,℃	化　合　物
2	80	苯	14	171	1-癸烯
3	84	噻吩	15	173	仲丁基苯
5	111	甲苯	17	178	2，3-二氢化茚
6	116	吡啶	18	183	正丁基苯
8	136	2，5-二甲基噻吩	19	186	反-十氢化萘
9	139	对二甲苯	20	194	顺-十氢化萘
10	143	二正丙基硫化物	21	195	二正丙基二硫化物
12	152	异丙基苯	23	213	1-十二烯
13	159	1-六氢化茚满	25	218	萘

续表 C1

标数点	沸点,℃	化 合 物	标数点	沸点,℃	化 合 物
26	221	2,3-苯并噻吩	39	314	1-十八烯
27	227	二正戊基硫化物	41	339	菲
28	234	三异丙基苯	42	342	蒽
30	241	2-甲基萘	44	346	吖啶
31	245	1-甲基萘	45	395	芘
34	254	吲哚	47	424	苯稠[9,10]菲
35	279	二氢苊	49	438	并四苯
38	298	正癸基苯	50	447	

表 C2 模拟蒸馏沸点对实际沸点的偏差

化 合 物	沸点,℃ 101.325kPa	对实际沸点偏差,℃	
		101.325kPa	1.333kPa
苯	80	3	−2
噻吩	84	4	1
甲苯	111	2	−1
对二甲苯	139	0	2
1-十二烯	213	0	0
萘	218	−11	−4
2,3-苯并噻吩	221	−13	0
2-甲基萘	241	−12	−2
1-甲基萘	245	−12	−1
二苯并噻吩	332	−32	−6
菲	339	−35	−9
蒽	342	−36	−8
芘	395	−48	−16
䓛[1]	447	−60	—

注：1)对䓛无 1.333kPa 的数据。

C2   当与实验室蒸馏比较时，上述偏差不会导致显著误差，因为当柱顶馏出物温度接近 260℃ 时，为防止试样裂化必须降低压力。于是，蒸馏数据就和气相色谱模拟蒸馏的数据具有相同的偏差。三个高沸点石油馏分的实沸点蒸馏数据与模拟蒸馏数据的比较见表 C3。实沸点蒸馏是在 1.33kPa 压力下于 100 个理论塔板的旋带精馏柱上进行的。

C3   澄清油特别令人感兴趣，因为含有高百分数的多环芳烃化合物，并且那些炼焦所得的高硫焦化馏出油将含有环状硫化合物和复杂烯烃类化合物。

表 C3　重馏出油的蒸馏

收率 %(m/m)	直馏馏出油		高硫焦化馏出油		澄　清　油	
	实沸点 ℃	模拟蒸馏 ℃	实沸点 ℃	模拟蒸馏 ℃	实沸点 ℃	模拟蒸馏 ℃
初馏点	230	215	223	209	190	176
10	269	263	274	259	318	302
20	304	294	296	284	341	338
30	328	321	316	312	357	358
40	343	348	336	344	377	375
50	367	373	356	364	390	391
60	394	398	377	386	410	409
70	417	424	399	410	425	425
80	447	451	427	434	445	443
90	—	488	462	467	—	469
95	—	511	482	494	—	492
100	—	543	—	542	—	542

附加说明：

本标准由石油化工科学研究院技术归口。

本标准由石油化工科学研究院、上海高桥石油化工公司炼油厂负责起草。

本标准主要起草人由源鹤、吴建华。

本标准参照采用美国试验与材料协会标准 ASTM D8887—89《石油馏分沸点范围分布测定法（气相色谱法）》。

编者注：本标准中引用标准的标准号和标准名称变动如下。

原标准号	现标准号	现 标 准 名 称
GB/T 6536	GB/T 6536	石油产品常压蒸馏特性测定法

中华人民共和国石油化工行业标准

柴油中硝酸烷基酯含量测定法
（分光光度法）

SH/T 0559—1993

（2004 年确认）

1 主题内容与适用范围

本标准规定了用分光光度法测定加入柴油中的硝酸烷基酯含量的方法。

本标准适用于硝酸烷基酯含量为 0.03%～0.30%(V/V)的柴油。若使用的标准溶液与被分析试样含有相同的硝酸烷基酯，本标准可测定柴油中任何一种硝酸烷基酯的含量。其他硝酸酯、硝酸根和氧化氮干扰测定。

2 引用标准

GB/T 6682 分析实验室用水规格和试验方法

3 方法概要

试样中的硝酸烷基酯在硫酸溶液中水解，生成硝酸。间二甲基苯酚的硝化反应与硝酸的生成同步进行。用异辛烷把生成的硝基苯酚从反应混合物中萃取出来，并使其与氢氧化钠作用，得到黄色的酚钠盐。在波长为 452nm±5nm 下用分光光度计测定吸光度。根据工作曲线的斜率计算硝酸烷基酯含量[%(V/V)]。

4 仪器与材料

4.1 仪器

4.1.1 分光光度计：721 型或类似的分光光度计。

4.1.2 比色皿：光径为 1cm。

4.1.3 康氏振荡机：每分钟振荡 275 次。

4.1.4 分液漏斗：带聚四氟乙烯活塞，容量为 125mL。

4.1.5 容量瓶：10，100mL。

4.1.6 吸量管：1，5，10mL。

4.1.7 微量滴定管：10mL。

4.2 材料

4.2.1 柴油：无添加剂。

5 试剂

5.1 乙酸：分析纯。

5.2 异丙醇：分析纯。

5.3 2，2，4-三甲基戊烷(异辛烷)：分析纯。

5.4 2，4-二甲基苯酚(间二甲基苯酚)：分析纯。

注意：有毒、有腐蚀性，避免与皮肤接触。

5.5　氢氧化钠：分析纯。

5.6　硫酸：优级纯。

5.7　水：符合 GB/T 6682 中的二级水的规格。

5.8　硝酸烷基酯：纯度大于 98%（m/m）。

注：应与被分析试样含有的硝酸烷基酯相同。

6　准备工作

6.1　间二甲基苯酚溶液的配制：量取 4mL 间二甲基苯酚加入 100mL 容量瓶中，用乙酸稀释到刻线。

6.2　氢氧化钠溶液的配制：称取 50g 氢氧化钠溶于 1000mL 水中。

6.3　硫酸溶液的配制：在玻璃棒搅动下，把 500mL 硫酸缓慢地加入 270mL 冷水中。

6.4　硝酸烷基酯标准溶液的配制：吸取 3.0mL 硝酸烷基酯加入 100mL 容量瓶中，用柴油稀释到刻线。

7　绘制工作曲线

7.1　用微量滴定管量取 1.0，3.0，5.0，8.0 及 10.0mL 硝酸烷基酯标准溶液（6.4）分别加入五个 100mL 容量瓶中，用柴油稀释到刻线。

7.2　从 7.1 条所述的每个标样中吸取 1.0mL 分别加入五个 10mL 容量瓶中，再吸取 1.0mL 空白柴油，加入另一个 10mL 容量瓶中，各瓶均用异丙醇稀释到刻线。

7.3　从 7.2 条所述的各个标准溶液中吸取 1.0mL 分别加入五个 125mL 分液漏斗中，再吸取 1.0mL 空白溶液，加入另一个分液漏斗中。配制液中硝酸烷基酯的浓度为 0.03%～0.30%（V/V）。

7.4　分别吸取 1.0mL 间二甲基苯酚溶液（6.1），加入上述各个分液漏斗中。摇动分液漏斗，使混合均匀。

7.5　向上述各分液漏斗中分别加入 40mL 硫酸溶液（6.3）。必须先加入间二甲基苯酚再加入硫酸溶液，否则会使测定结果偏低或得负值。

7.6　用橡胶圈把分液漏斗的塞子固定，摇动分液漏斗，使混合均匀。接着将分液漏斗置于康氏振荡机上振荡 30min。

注：试样与硫酸溶液充分接触与否，决定了水解反应的程度，因此，试样与标样的振荡时间和速度要相同。

7.7　向每个分液漏斗中加入 25mL 异辛烷。

7.8　用手摇动分液漏斗 1min，静置分层后，弃去酸层。分别加入 25mL 水，再摇动 1min，以便洗去残留的酸，待分层后，弃去水层。

7.9　吸取 10.0mL 氢氧化钠溶液（6.2）加入各个分液漏斗中，摇动分液漏斗 1min，然后至少静置 10min，待两相分离清晰后，从分液漏斗下部放出几滴试液冲洗排液管，再把试液装入 1cm 比色皿中，用水作参比，测 452nm±5nm 波长处的吸光度。

注：加碱后如果试液不呈黄色，可检查 pH 值，如果溶液不呈碱性，可补加 10.0mL 氢氧化钠溶液（6.2），并对增加的碱液的体积作校正计算。

7.10　工作曲线的斜率 K，由扣除空白的各标样的吸光度，按式（1）计算：

$$K = C_0/A_0 \quad\cdots\cdots\cdots\cdots\cdots\cdots\cdots \quad (1)$$

式中：C_0——各标样的硝酸烷基酯含量总和，%（V/V）；

$\quad\quad A_0$——扣除空白的各标样吸光度总和。

8　试验步骤

8.1　吸取 1.0mL 试样加入 10mL 容量瓶中，用异丙醇稀释到刻线。

8.2 吸取8.1条所制备的试样溶液1.0mL加入125mL分液漏斗中，吸取1.0mL异丙醇空白溶液加入另一个分液漏斗中。

注：若用与试样相同的柴油配制空白溶液，则准确度更高。

8.3 按第7.4~7.9条试验步骤操作。

注：若吸光度过高，可用空白溶液稀释后测定，并相应地校正计算结果。

8.4 试样中硝酸烷基酯的含量$X[\%(V/V)]$由扣除空白的试样的吸光度，根据工作曲线的斜率，按式(2)计算：

$$X = K \cdot A \quad\quad\quad (2)$$

式中：A——扣除空白的试样的吸光度；

K——工作曲线的斜率。

9 精密度

按下述规定判断试验结果的可靠性(95%置信水平)。

9.1 重复性：同一操作者重复测定的两个结果之差不应大于0.017%(V/V)。

9.2 再现性：不同实验室各自提出的两个结果之差不应大于0.036%(V/V)。

10 报告

取重复测定两个结果的算术平均值，作为测定结果。数字取到小数后第三位。

附加说明：

本标准由石油化工科学研究院技术归口。

本标准由抚顺石油学院负责起草。

本标准主要起草人潘翠莪。

本标准参照采用美国试验与材料协会标准 ASTM D4046-91《柴油中硝酸烷基酯含量测定法(分光光度法)》。

润滑油热安定性试验法

1 主题内容与适用范围

本标准规定了润滑油热安定性的试验方法。
本标准适用于矿油型和合成型润滑油。

2 引用标准

SH 0005 油漆工业用溶剂油

3 方法概要

在产品标准规定的温度条件下，将分别装有 20g 试样的两个试验杯放入已达到规定温度的润滑油热安定性试验箱内的转盘上，并以 5~6r/min 的速度旋转，在达到产品标准规定时间后，目测已经冷却的试样及试验杯底部有无沉淀，来判定试样的热安定性。

4 仪器与材料

4.1 仪器

4.1.1 润滑油热安定性试验箱（见图 1）：该箱系双层壁的长方型电热式恒温烘箱，能保持±1℃恒温控制精度。在试验箱的前面装有一个严密的双层壁合页门，门上设有 150mm×150mm 观察温度及内部状况的双层玻璃观察窗。在试验箱内侧壁装有可开关的照明灯。试验箱顶部设有总面积为 1.3~12.9cm^2 的排气口，底部设有总面积为 1.3cm^2 以上的入气口各两个，以利自然对流式通风。试验箱上的电机带动箱内上部中央悬吊垂直轴，并使安装在轴上的转盘以 5~6r/min 的速度旋转。

4.1.2 转盘：结构、尺寸如图 2 所示，是一个直径为 250mm 的铝合金圆形平板。在盘上有 9 个放试验杯的圆形位置，其内外侧各有 φ13 和 φ19 的圆孔供通风用。放试验杯位置之间有加强筋加固转盘和固定试验杯。圆盘中央有能将转盘固定在转轴上的机构，安装时务必使圆盘保持水平。

4.1.3 温度计：见附录 A。

4.1.4 试验杯：内径为 51~55mm，外高为 55~59mm，厚为 1.0~2.0mm 的耐高温（温度不低于 200℃）的烤平口式平底透明玻璃杯。离杯口边缘 10mm 处有高为 10mm，宽为 25mm 的磨砂加工带。

4.1.5 天平：感量为 0.5g。

4.1.6 干燥器：直径 300mm。

4.1.7 日光台灯。

4.2 材料

4.2.1 溶剂油：符合 SH 0005 的要求。

4.2.2 蒸馏水：二次蒸馏水或离子交换水。

5 准备工作

5.1 试验杯的准备：用溶剂油洗涤试验杯，以除去上次试验留下的油污、微量胶质或残渣。如果试验杯中有碳渣存在，可用铬酸洗液浸泡 2~3h，然后用自来水、洗涤剂清洗，最后用蒸馏水冲洗，再烘干备用。

注：如清洗后的试验杯壁上仍有沉淀物，则此试验杯就不能再用。

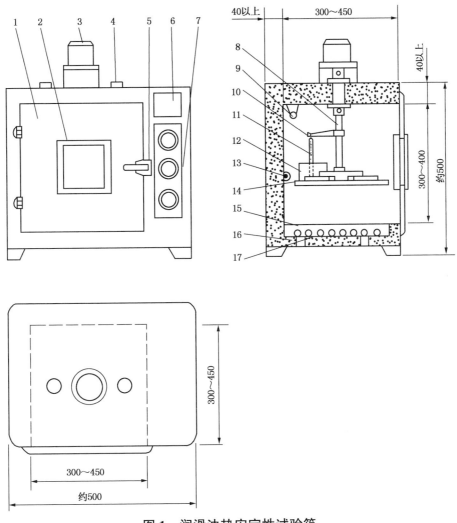

图 1 润滑油热安定性试验箱

1—试验箱门；2—双层玻璃窗；3—电机；4—排气口；5—把手；6—铭牌；7—仪表板；
8—转轴；9—照明灯；10—支架；11—试样用温度计；12—试验杯；13—温控调节器；
14—转盘；15—带孔的板；16—入气口；17—电热丝

5.2 试样的准备：目测试样应无水、无沉淀物和异物，否则用离心分离或过滤除去。

5.3 试验温度的调节：调整试验箱使转盘必须保持水平。将一个装有用于测定温度的 20g±1g（精确至 0.1g）试样的试验杯放入试验箱内转盘的预定位置处，供测定温度用。把温度计插入试验杯中，使温度计水银球下端离试验杯底部约 2~3mm。并将温度计固定在转轴支架上。

启动电机，使转盘以 5~6r/min 的速度旋转。调节试验箱的温控调节器，使试样温度控制在规定的试验温度±1℃之内。温度稳定后，停止转盘转动，打开试验箱门，取出试验杯后再次启动电机，使转盘继续运转。固定温度调节开关，使试验箱温度保持恒定。

注：① 如果试验温度与试样调节的温度相同，则不再调节试验温度，认定此试验箱的温度与上次测定的温度相同。

② 如果是不同的试样同时试验时，应选择试样中黏度或密度最大的试样为测定温度用的试样。

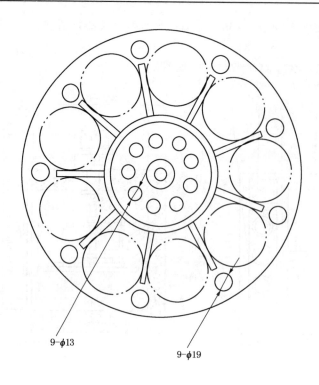

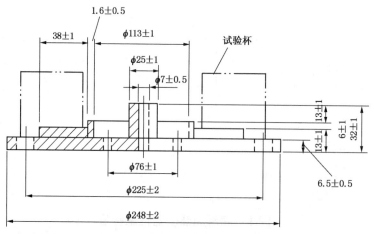

图 2 转盘

6 试验步骤

6.1 在三个清净干燥的试验杯内各称取试样 20g±1g（精确至 0.1g），然后一并放在试验机内转盘上放试验杯的位置处，将温度计按 5.3 条的规定插入其中一个作为测温用的试验杯内，并固定在转轴支架上，关闭试验箱门，启动电机使转盘旋转。

6.2 当试样温度达到比规定温度低 1℃时，开始计时。在规定的试验时间内保持恒温。若在试验中，欲观察试样温度和内部状况时，可打开照明灯和停止转盘转动，在观察窗上观察，不准开试验箱的门。观察完毕，迅速启动转盘转动和闭灯。试验过程中，测温用的试样温度必须控制在规定试验温度±1℃之内，否则试验无效。

　　注：试验时间不同的试样不能同时试验。

6.3 试验到达规定时间后，将未插温度计的两个试验杯从试验箱中取出放入干燥器里，并把干燥器移至暗处，直到试样冷至室温。观察透视冷却后在试验杯内的试样及底部有无沉淀。如果不清晰

414

时，可在日光灯下判断试样有无沉淀。

7 结果判断

7.1 平行试验的两个试样及试验杯底无沉淀时，判定为"无沉淀"，否则为"有沉淀"。若结果不一致时，需重复 6.1~6.3 条的试验步骤，直至试验结果相同。取平行测定两个相同结果作为试验结果。

7.2 试验结果中，需报告试验温度及试验时间。

附 录 A
温度计规格
（补充件）

表 A1

温 度 计 号	1	2	3
测定中心值，℃	170	150	135
测温范围，℃	165~180	145~160	130~145
浸没深度	全浸	全浸	全浸
最小分度值，℃	0.5	0.5	0.5
每一较长刻度，℃	1	1	1
刻数字	165，170，175，180	145，150，155，160	130，135，140，145
刻度误差不超过，℃	0.5	0.5	0.5
膨胀室允许加热到，℃	200	200	200
全长，mm	165~175	165~175	165~175
杆直径，mm	6~7	6~7	6~7
水银球长度，mm	10~15	10~15	10~15
水银球直径(不得比杆粗)，mm	5~6	5~6	5~6
水银球底到刻线的距离，mm	到180℃，120~134 到165℃，70~80	到160℃，120~134 到145℃，70~80	到145℃，120~134 到130℃，70~80
顶部吊环内径，mm	2~3	2~3	2~3
水银球上部	有贮液泡	有贮液泡	有贮液泡
温度计顶部	有安全泡	有安全泡	有安全泡

附加说明：

本标准由石油化工科学研究院技术归口。

本标准由大连石油化工公司负责起草。

本标准主要起草人颜贤忠。

本标准参照采用日本工业标准 JIS K2540—1989《润滑油热安定性试验方法》。

编者注：本标准中引用标准的标准号和标准名称变动如下。

原标准号	现标准号	现 标 准 名 称
SH 0005	SH 0005—1990	油漆工业用溶剂油

中华人民共和国石油化工行业标准

抗氧抗腐添加剂热分解温度测定法
（毛 细 管 法）

SH/T 0561—1993

（2004 年确认）

---

1 主题内容与适用范围

本标准规定了用毛细管法测定抗氧抗腐添加剂热分解温度的方法。

本标准适用于抗氧抗腐添加剂。

2 引用标准

GB/T 514 石油产品试验用液体温度计技术条件

3 方法概要

将试样注入一定规格的毛细管内，在规定条件下加热，测量试样变成白色晶状物质时的最低温度，即为试样的热分解温度。

4 仪器与材料

4.1 仪器

4.1.1 烧杯：500mL。

4.1.2 温度计：符合 GB/T 514 中规定的开口闪点用 1 号温度计。

4.1.3 玻璃试管：圆底，高度 160mm±10mm，内径 20mm±1mm。

4.1.4 环状玻璃棒或金属丝搅拌器。

4.1.5 注射器：2mL，分度值 0.1mL。

4.1.6 6 号封闭针头。

4.1.7 毛细管：长 80mm±1mm，内径 1.5mm±0.1mm，一头封死，壁厚约 0.15mm。材质为硬质玻璃。

4.1.8 电炉：可调节温度。

4.1.9 石棉网。

4.2 材料

甲基硅油：工业用。

5 准备工作

5.1 于 500mL 烧杯中注入三分之二体积的甲基硅油。

5.2 于玻璃试管中注入高度约 50mm 的甲基硅油。

6 试验步骤

6.1 将试样充分摇动均匀，用注射器向毛细管内注入液层高度为 5~6mm 的试样，注样时，注射器

中国石油化工总公司 1993-06-11 批准

1994-05-01 实施

针头应插至毛细管底部，使所注入的试样内不存气泡。

6.2 将装有试样的毛细管用橡胶套套在带有软木塞的温度计上，并使试样液柱中心与温度计水银球的中部在同一高度上。

6.3 用软木塞将毛细管和温度计固定于玻璃试管中心位置，并使温度计水银球底部距离玻璃试管底部 8~10mm。

6.4 将玻璃试管垂直放入装有甲基硅油的烧杯的中间位置，使玻璃试管底部距离烧杯底部 15~20mm，并使烧杯中的甲基硅油液面高出玻璃试管内甲基硅油液面至少 10mm，将搅拌器放入烧杯中。

6.5 在电炉上垫上石棉网加热烧杯，调节温度，使其均匀上升。当温度到达预计热分解温度前 40℃时，调节加热速度，使其在预计热分解温度前 20℃时，升温速度控制在每分钟升高 2~3℃，并要不断搅拌。

6.6 当试样刚由透明液体转变为白色晶状物质时，立即读取温度计读数（读至 0.5℃），此温度即为试样的热分解温度。

7 精密度

按下述规定来判定试验结果的可靠性（95%置信水平）。

7.1 重复性：同一操作者，在同一实验室重复测定两个结果之差不应大于 3℃。

7.2 再现性：不同操作者，在不同实验室测定两个结果之差不应大于 4℃。

8 报告

取重复测定两个结果的算术平均值并修约至整数，作为测定结果。

附加说明：
本标准由锦州石油化工公司提出。
本标准由石油化工科学研究院技术归口。
本标准由锦州石油化工公司锦州炼油厂负责起草。
本标准主要起草人王健、张丽霞、王德岐、于克利。

编者注：本标准中引用标准的标准号和标准名称变动如下。

原标准号	现标准号	现标准名称
GB/T 514	GB/T 514	石油产品试验用玻璃液体温度计技术条件

ICS 75.100
E 34

中华人民共和国石油化工行业标准

NB/SH/T 0562—2013
代替 SH/T 0562—2001

低温下发动机油屈服应力和表观
黏度测定法

Standard test method for determination of yield stress and
apparent viscosity of engine oils at low temperature

2013-06-08 发布   2013-10-01 实施

国家能源局 发布

NB/SH/T 0562—2013

前　言

本标准代替 SH/T 0562—2001《低温下发动机油屈服应力和表观黏度测定法》，与 SH/T 0562—2001 相比除编辑性修改外主要变化如下：

——本标准分为方法 A 和方法 B 两种试验方法。方法 A 为新增加的试验方法；方法 B 对 SH/T 0562—2001 作编辑性修改；

——本标准扩大了适用范围，不仅适用于未使用过的油，也适用于已使用过的柴油机油和汽油机油（包括轻重负荷发动机油）；

——本标准增加了 GB/T 9171 和 GB/T 27025 两个规范性引用文件；

——本标准增加了黏度计池常数、未使用过的油和使用过的油三个术语和定义；

——本标准修改了意义和用途、仪器的相关内容；

——本标准仪器增加了黏度计池盖罩、砝码、（补充）干燥气体、锁定销的具体说明；

——本标准在试剂和材料中增加了无水乙醇；

——本标准增加了目前认可使用的几种测试仪器的操作；

——本标准在方法 B 中增加了使用过的柴油机油的屈服应力和表观黏度的报告、精密度和偏差、实验室间评介程序；

——本标准增加了附录 A 中 A.3 各试验温度下所需时间表以及增加了附录 B 资料性附录。

本标准使用重新起草法修改采用美国试验与材料协会标准 ASTM D4684-08《低温下发动机油屈服应力和表观黏度测定法》。

为了适合我国国情，本标准在采用 ASTM D4684-08 时进行了修改。本标准与 ASTM D4684-08 的结构差异见附录 C。本标准与 ASTM D4684-08 的主要技术差异及其原因如下：

——为使用方便，本标准第 2 章规范性引用文件中的引用标准修改为我国相应的国家标准。

——本标准的第 7 章试剂和材料中增加无水乙醇作为冷却介质，主要从安全性和适用性方面考虑。

本标准由中国石油化工集团公司提出。

本标准由全国石油产品和润滑剂标准化技术委员会石油燃料和润滑剂分技术委员会归口（SAC/TC280/SC1）。

本标准起草单位：中国石油化工股份有限公司润滑油茂名分公司。

本标准主要起草人：许保权、吴宪、江巍、梁志顺、朱旭莹。

本标准所代替标准的历次版本发布情况为：

——SH/T 0562—1993、SH/T 0562—2001。

低温下发动机油屈服应力和表观黏度测定法

1 范围

1.1 本标准规定了发动机油在控制速率下冷却至少 45h，最终达到-40℃～-10℃的试验温度下的屈服应力和表观黏度的测定方法。表观黏度在剪切应力 525Pa、剪切速率 $0.4s^{-1}$～$15s^{-1}$ 的范围内测定。研究表明，在此剪切应力下所测得的表观黏度，在黏度到达临界值的温度和出现边界泵送故障的发动机温度之间表现出最佳的对应性。

1.2 本标准包括方法 A 和方法 B 两种方法：方法 A 合并了几种设备，可用于靠热电冷却技术和最新生产的直接制冷技术的温控仪器。方法 B 可以用方法 A 所使用的仪器，也可以用甲醇循环制冷的仪器。

1.3 本标准方法 A 中的精密度适用于测定屈服应力在小于 35Pa～210Pa、表观黏度在 4300mPa·s～270000mPa·s 的范围，但也可以测定更高的屈服应力和表观黏度。

1.4 本标准既适用于未使用过的油，也适用于已使用过的柴油机油和汽油机油（包括轻重负荷发动机油）。对除发动机油以外的其他石油产品的适用性尚未确定。

1.5 本标准涉及某些有危险性的材料、操作和设备，但无意对与此有关的所有安全问题都提出建议。因此，用户在使用本标准之前应建立适当的安全和防护措施，并确定相关规章限制的适用性。

2 规范性引用文件

下列文件对于本文件的应用是必不可少的。凡是注日期的引用文件，仅所注日期的版本适用于本文件。凡是不注日期的引用文件，其最新版本（包括所有的修改单）适用于本文件。

GB/T 4756　石油液体手工取样法（GB/T 4756—1998，eqv ISO 3170：1988）

GB/T 9171　发动机油边界泵送温度测定法

GB/T27025　检测和校准实验室能力的通用要求（GB/T 27025—2008，ISO 17025：2005，IDT）

3 术语和定义

下列术语和定义适用于本文件。

3.1

表观黏度 apparent viscosity

使用本方法所测得的黏度。

3.2

牛顿型油或流体 Newtonian oil or fluid

在任意剪切速率或剪切应力下，只要温度一定黏度都是恒定的油或流体。

3.3

非牛顿型油或流体 non-Newtonian oil or fluid

在给定温度下，黏度随剪切速率或剪切应力变化的油或流体。

3.4

剪切速率 shear rate

液体流动的速度梯度。对于牛顿型流体，在一个同心圆筒旋转黏度计中，在内筒表面测定剪切速率，详见6.1条，并忽略任何边界效应，转子表面的剪切速率 G_r（s^{-1}）按式（1）、式（2）或式（3）计算：

$$G_r = \frac{2\Omega R_s^2}{R_s^2 - R_r^2} \tag{1}$$

$$或 \quad = \frac{4\pi R_s^2}{t(R_s^2 - R_r^2)} \tag{2}$$

式中：

G_r——转子表面的剪切速率，以 s 的倒数 s^{-1} 表示；

Ω——角速度，rad/s；

R_s——定子半径，mm；

R_r——转子半径，mm；

t——转子转一圈的时间，s。

对在 6.1.1 所叙述的仪器：

$$G_r = 63/t \tag{3}$$

3.5

剪切应力 shear stress

单位面积上推动液体流动的力。对于所述的旋转黏度计，其转子表面是受剪切的面或剪切面。扭矩按式（4）或式（6）计算：

$$T_r = 9.81M \ (R_o + R_t) \ \times 10^{-6} \tag{4}$$

剪切应力 S_r（Pa）按式（5）或式（7）计算：

$$S_r = \frac{T_r}{2\pi R_r^2 h} \times 10^9 \tag{5}$$

式中：

T_r——施加在转子上的扭距，N·m；

M——施加的砝码质量，g；

R_o——轴的半径，mm；

R_t——细线的半径，mm；

S_r——施加在转子表面上的剪切应力，Pa；

h——转子高度，mm。

对于在 6.1.1 中所给的尺寸：

$$T_r = 31.7M \times 10^{-6} \tag{6}$$

$$S_r = 3.5M \tag{7}$$

3.6

黏度 viscosity

施加于流动液体上的剪切力与剪切速率的比值，有时也叫动力黏度系数，这个值也表示液体在一定剪切应力下流动时内摩擦力的量度。国际单位制［SI］中以帕·秒（Pa·s）表示，习惯用厘泊（cP）为单位。1厘泊（cP）=1毫帕·秒（mPa·s）。

3.7

校准油 calibration oils

用于确定旋转黏度计池的黏度计常数，通过该常数可以测定试验油的表观黏度。校准油属于牛顿型油或流体，可从市场上购买，具有溯源性。-20℃黏度约为 30 Pa·s（30000cP），或-25℃黏度约为 60 Pa·s（60000cP）。

3.8

黏度计池常数 cell constant

校准油黏度与转子完成头三圈旋转所需时间的比率。

3.9

试验油 test oil

任何一种用本标准测定其表观黏度和屈服应力的油。

3.10

未使用过的油 unused oil

未在发动机中使用过的油。

3.11

用过的油 used oil

在（运行的）发动机中使用过的油。

3.12

屈服应力 yield stress

液体刚刚开始流动所需的剪切应力。对于所有的牛顿型油或流体和某些非牛顿型油或流体，屈服应力为零。发动机油可能具有屈服应力，它是低温冷却速率、恒温时间和温度的函数。

4 方法概要

试验油在80℃下恒温，接着在程序控制的冷却速率下冷却至最终试验温度。给转子轴逐渐施加一个较低的扭矩直至开始旋转，测定试验油的屈服应力。然后施加一个较高的扭矩，测定试验油的表观黏度。

5 意义和用途

5.1 当发动机油被冷却时，其冷却速率和冷却时间会影响它的屈服应力和表观黏度。在本实验室试验中，新的发动机油在有蜡结晶析出的温度范围内缓慢冷却，接着相对快速冷却至最终的试验温度。这些实验室的试验结果，可预测出实际在现场由于发动机油泵送性能不足而引起的故障。这些提供现场发动机油故障的资料通常是在-25℃下试验的。人们认为这些现场的故障是发动机油形成了一种凝胶结构，从而导致发动机油的屈服应力或者表观黏度过高，或者两者都过高。

5.2 温度冷却曲线分布：

5.2.1 对于在温度-20℃或更低温度下试验的发动机油可参见附录 A 中表 A.1。表 A.1 所叙述的温度冷却曲线分布是以 ASTM 泵送性参考油（PRO）黏度特性为基础的，这一系列发动机油包括具有正常低温流动性的发动机油和低温泵送性不足的发动机油。对于-35℃和-40℃的温度冷却曲线分布，是依据 ASTM "现代先进发动机冷启动和泵送性能研究" 的数据。

5.2.2 对于-15℃或-10℃试验温度下的试验油，可参见附录 A 中表 A.2。由于缺少合适的参考油，无法确定该温度冷却曲线分布。同样的，在-10℃的试验温度下，用此表时，该试验方法的精确度是未知的。考虑到在-15℃和-10℃试验时，该参考油有较高的浊点，因此，从附录 A 中表 A.1 引伸出表

A.2 的温度冷却曲线分布，并且相对于附录 A 中的表 A.1，温度作了向上移动。

6 仪器

6.1 小型旋转黏度计

由一个高导热率的控温金属块中包含的一个或多个黏度计池组成的仪器。每一个黏度计池含有一个已校准的转子固定装置。转子轴的顶端应有一个十字横杆，与锁定销相扣，限制转子旋转。转子绕轴旋转是通过对绕在转子轴上的细线施加力来实现的。

6.1.1 小型旋转黏度计池具有下列典型尺寸：

转子直径	17.06mm±0.08mm
转子高度	20.00mm±0.14mm
黏度计池内径	19.07mm±0.08mm
轴半径	3.18mm±0.13mm
细线半径	0.1mm

6.1.2 黏度计池盖罩：

插入黏度计池上方，使循环至黏度计池空气体积减到最小的盖子。盖罩是一个阶梯状圆桶，长度为 38mm±1mm，由低导热系数材料制造，如具有已知抗溶性且适宜于在本方法的试验温度范围内使用的热塑性塑料，如乙酰共聚物。上半部分直径为 28mm±1mm，而下半部分的直径为 19mm，其公差范围和黏度计池的直径公差一致。下半部分的公差让盖罩容易装进黏度计池，又防止盖罩接触到转轴。该部件中心钻孔 11mm±1mm，盖罩分为两半，方便安装在池子的上方。

6.2 砝码

6.2.1 屈服应力测试：

一套由九个砝码和一个砝码架组成，每一个质量为 10g±0.1g。

6.2.2 黏度测试：

砝码质量 150g±1.0g。

6.3 控温系统

控制小型旋转黏度计金属块中的加热器并调节流向金属块的冷却剂流量。控温系统应将温度调节在附录 A 中表 A.1 或表 A.2 所述的温度范围内。

6.3.1 温度控制器，是本标准中最关键的部分。对控制器的要求描述参见附录 B。

6.3.2 温度冷却曲线分布，温度分布的完整描述参见附录 A 表 A.1 和表 A.2。

6.4 温度计

用于测量金属块温度。要求使用两支温度计，一支测温范围至少为 70℃~90℃，分度值 1℃；另一支测温范围至少为 -41℃~5℃，分度值 0.2℃。或使用相同精密度和灵敏度的其他测温仪表，例如内装电阻温度探测器（RTD）的数字仪表或是热敏电阻感应器。当使用金属包裹的测温仪器时，注意避免金属外壳造成温度读数的偏差。有些金属铠装的仪器显示的温度读数会比试验油实际温度值高些。这可能是由于金属外壳的热传导引起的，也可能是别的原因。

6.5 干燥气体（干燥的空气或氮气）

补充经脱水的干燥气体，用于减少凝结在仪器上方的水气。启动程序控制后，向盖罩内连续通入干燥气体；在试验的测定阶段，中断干燥气体，移开盖罩。

6.6 锁定销

一种为防止转子过早转动，与转子十字横杆共同作用使得转子处于转动不超过半周状态的设施。

7 试剂和材料

7.1 校准油：一种低浊点的牛顿型油，用于校准黏度计池。方法 B 使用-20℃表观黏度约为 30Pa·s（30000cP）的油；方法 A 使用-25℃表观黏度约为 60Pa·s（60000cP）的油。

7.2 无水甲醇：化学纯或分析纯，用作制冷液。
　　警告：有毒、易燃。

7.3 无水乙醇：化学纯或分析纯。用作制冷液。
　　警告：易燃。

7.4 石油溶剂：正庚烷或类似溶剂，化学纯，无挥发残留物。
　　警告：易燃。

7.5 丙酮：分析纯，无挥发残留物。
　　警告：易燃。

8 取样

8.1 无特殊规定应按 GB/T 4756 取样，试验油应不含悬浮固体杂质和水分。如果容器内的试验油温度在室内露点温度以下，应将试验油升温至室温后再打开容器取样。

9 方法 A

9.1 校准和标准化

9.1.1 温度传感器的校准：
　　对于温度传感器不是永久性附于温控器上的仪器，当温度传感器被安装在温控器上时，在控制金属块中校准温度传感器。

9.1.1.1 传感器的显示温度应当用 6.4 条中注明的参考温度计校验，至少校验三个温度点。

9.1.1.2 校验期间，向每一个黏度计池注入 10mL 典型试验油，转子和黏度计池盖罩就位。黏度计池盖罩不应该用于直接制冷的仪器（见 6.1.2）。

9.1.1.3 建立温度传感器和温度控制器之间的校准曲线时，要对温度传感器进行校准，应至少每隔 5℃测量一次温度，包括-5℃和最低测试温度。对于每个校验温度至少测量两次，每次观察至少间隔 10min。如使用独立温控器的仪器，参见附录 B 中 B.1。
　　注：本标准所有温度指的是实际温度而不一定是显示温度。

9.1.2 黏度计池的校准：
　　在-25℃时，用校准油做两次测试，校准每个黏度计池的校准常数。

9.1.2.1 每个黏度计池要校准两次，从转子旋转三圈所测得时间的平均值，可以计算出校准常数。当两次黏度计池校准是连续进行时，第二次测试要使用新的校准油，每次测试前要清洁仪器。
　　注：一旦校准了一整套的黏度计池，接下来的校验如果都符合 9.1.11 的要求，就可以做单次测定。

9.1.2.2 用同一质量为 150g 砝码进行校准和黏度测定。如果两个砝码质量均为 150g±0.1g，则可以用不同的砝码去校准和测定表观黏度。

9.1.3 用 9.2.1 的步骤准备黏度计池，进入校准测试阶段。

注：在把转子插入黏度计池之前，检查每个转子，确保转子轴是笔直的，转子表面是光滑的，没有凹凸痕、刮痕和其他缺陷。对于热电冷却仪器，转子在轴底部上有一个支承点，确保这一点是尖利的、位于转子轴中心。如果不符合这些条件，应修理或更换转子。

9.1.4 采用仪器给出的温度校准曲线，或者选择 GB/T 9171 给出的温度冷却曲线，作为校准油的测试温度，遵循仪器的使用手册，开始冷却曲线程序。

注：使用温度校准曲线，可以使两个黏度计池常数测定在一天内完成。

9.1.5 把温度计放在温度计插孔中。每次测量都在同一位置。应保证在试验结束前温度计已在温度计插孔中至少 1h。

9.1.6 完成温度冷却曲线后，检查最终的测试温度是否在要求的校准温度的±0.1℃范围内。温控器的最终测试温度可用套管中的温度计独立验证。

9.1.7 面对仪器，从最左边的那个黏度计池开始，按照以下步骤，依次测试每个黏度计池。

9.1.7.1 移动计时轮，使计时轮与待测黏度计池的转子位于同一直线。

9.1.7.2 将细线挂在计时轮上。

9.1.7.3 在塑料环上悬挂砝码架并加上 10g 砝码（总质量 20g）。

9.1.7.4 打开锁定销。

9.1.7.5 一旦十字横杆脱离锁定销开始转动，马上关闭锁定销，以限制转子转动不超过半周。

9.1.7.6 从塑料环上取下砝码架和 10g 砝码。

9.1.7.7 在塑料环上悬挂 150g 砝码。

9.1.7.8 打开锁定销，转子一释放就开始计时。

9.1.7.9 测定转子转三圈的时间。

注：有些仪器是可以自动计时的。

9.1.7.10 转三圈之后，关闭锁定销，从塑料环上取下砝码。

9.1.7.11 记录旋转三圈的时间和黏度池的编号。

9.1.8 剩下的黏度计池按号数顺序重复 9.1.7.1~9.1.7.11。

9.1.9 重复 9.1.3~9.1.8 得到第二套校准数据。

9.1.10 用式（8）和式（9）计算每个黏度计池的校准常数 C。

$$t = \frac{t_1 + t_2}{2} \tag{8}$$

$$C = \eta/t \tag{9}$$

式中：

η ——校准油在测试温度下的表观黏度，mPa·s（cP）；

C ——黏度计池校准常数，mPa；

t_1 ——第一次校验时，转子转三圈的时间，s；

t_2 ——第二次校验时，转子转三圈的时间，s；

t ——转子转三圈的平均时间，s。

9.1.11 测得校准常数后，检查一下是否有黏度计池的校准常数与所有黏度计池的平均校准常数的偏离大于 4%，是否有黏度计池的 t_1 和 t_2 之差偏离于 t_1 和 t_2 平均值的 4%以上，如果有的话，得出的结果就值得怀疑。如果达不到标准要求，那么就要检查该转子是否损坏，进行必要的修理或更换，然后重新按以上步骤进行校准。

9.1.12 如果控制器的温度和温度计修正后的数值的偏差大于±0.1℃，用附录 B 中 B.2 的步骤协助确定原因并进行修正。

9.2 试验步骤

9.2.1 试验油和黏度计池的准备：

9.2.1.1 如果黏度计池不干净，按9.2.7的步骤进行清洗。

9.2.1.2 把10mL±0.2mL试验油注入干净的黏度计池中。所有的黏度计池都应装有试验油和转子；如果待测试验油不足一整套，应把每个空着的黏度计池都装上同一黏度级别的试验油。

9.2.1.3 将试验油注入每个黏度计池中，仔细放入相应的转子，安装中心销，包括空着的黏度计池。

9.2.1.4 在所有的黏度计池上安装黏度计池盖罩，包括空着的黏度计池。

9.2.1.5 除了空着的黏度计池外，把长度为700mm的带环细线挂在每个转子轴的十字横杆上，把带塑料环线的一头跨过计时轮，在塑料环上挂一个较轻的重量如大回形针，用手引导转动，将细线缠绕在转子轴上，在计时轮下留100mm线头不绕在轴上，绕线不要重叠。关闭锁定销，阻止转子转动。把剩下的细线跨过轴承板，让它挂在轴承板的背面。重复本操作，直到所有需要测试的带试验油的黏度计池都准备就绪。

注：按9.2.1.3安放转子之前，细线可预绕在轴上。

9.2.1.6 在黏度计池上放置盖罩。

9.2.1.7 按照6.5条所注明的，将干燥气体通入盖罩，设置干燥气体流量约1L/h. 按需要增加或降低流量，使在黏度计池周围的结霜或水气凝结减至最少。

9.2.2 为所需测试温度选择冷却曲线，根据仪器使用指南，开始试验程序。表A.3列出了达到特定测试温度所需的时间。

9.2.3 应保证在试验温度结束前温度计放已在温度计插孔中至少1h。所有的温度测量都要使用相同的温度计插孔，而且位置要与在校准时所用的相同。

9.2.4 当程序降温结束时，检查时间—温度图，确保时间—温度曲线在偏差范围内，温度计插孔的测试温度应在最终测试温度的±0.2℃范围内。这两项检查也可由配置在仪器中的控制软件自动完成。最终温度由温控器单独验证。如果连续两次运行，所测得的最终温度与预期测试温度的偏差都大于0.1℃，则温度传感器要按照9.1.1重新校准。

9.2.5 如果温度曲线在偏差范围内，可以继续测定。如果超出偏差范围，终止本次测试，根据9.1.1重新校准温控器。

9.2.6 屈服应力和表观黏度的测定：

9.2.6.1 从仪器上取下盖罩，并迅速开始测定。

9.2.6.2 屈服应力的测定：

面对仪器，从最左边的那个黏度计池开始，跳过不需要测定的黏度计池，按照下列步骤，依次对黏度计池进行操作。

9.2.6.2.1 移动计时轮，使计时轮与将要试验的黏度计池转子位于同一直线。

9.2.6.2.2 从上轴承支架取下细线，挂到计时轮上。

9.2.6.2.3 把10g的砝码架挂到塑料环上。

9.2.6.2.4 对于带自动计时功能的仪器，开始计时，然后释放锁定销。对于手动计时的仪器，锁定销打开后立刻开始计时。

9.2.6.2.5 观察转子的十字横杆末端在15s内转动是否超过3mm（3mm约为十字横杆直径的两倍。）另一种方法就是给计时轮的旋转做标记，相当于转轴旋转3mm。

9.2.6.2.6 有些仪器上有电子或计时轮转动传感设备，可选其中一种作为观察的方法。

9.2.6.2.7 按9.2.6.2.5所述，如果观察到转子在15s内转动超过3mm，从塑料环上取下10g的砝码架，按9.2.6.3操作。

9.2.6.2.8 如果按9.2.6.2.5观察到转子在15s内转动小于3mm，停止计时，提起砝码架，增加10g

砝码。

注：由于又给砝码架增加了砝码，需要在砝码架上加挂砝码，应重新开始计时，不使用锁定销，测定屈服应力。有些仪器可以使用软件，但要确保所用的质量与程序要求的质量一致。

9.2.6.2.9 小心地把增加的砝码加到砝码架上，开始计时。

9.2.6.2.10 重复 9.2.6.2.8 和 9.2.6.2.9 的步骤，直到累积的砝码使转子旋转。此时，从塑料环上取下所有砝码。

9.2.6.2.11 如果总重量达到 100g 时还没有观测到转动，记录下屈服应力>350Pa，按 9.2.6.3 进行操作。

9.2.6.3 表观黏度的测定：

9.2.6.3.1 轻轻地把质量 150g 的砝码悬挂到塑料环上。

9.2.6.3.2 稍提起锁定销，如果 150g 砝码能使转子转动，立即关闭锁定销，让转子继续转动，直到十字横杆接触到锁定销，使旋转停止。如果没有观察到旋转发生，就终止测试，按照 9.2.6.3.7 操作。

注：曾经发生过屈服应力超过施加 150g 的应力。

9.2.6.3.3 当使用能自动计时功能的仪器，启动计时，释放锁定销，进行表观黏度测定。如果是手动计时，打开锁定销就立即开始计时。

9.2.6.3.4 从释放点开始，转子转动 3 圈后停止计时。当转一圈的时间大于 60s，只记录转一圈的时间。

注：转三圈的时间可以自动计时。

9.2.6.3.5 转完三圈（如果转一圈的时间大于 60s，则转完一圈）之后，从塑料环上取下砝码。

9.2.6.3.6 记录下旋转三圈（或一圈）的时间和旋转的圈数，按照 9.3 条计算表观黏度。

9.2.6.3.7 如果使用 150g 砝码后，没有发生旋转，记录（下）该试验油"太黏稠无法测定"（TVTM）。

9.2.6.3.8 重复 9.2.6.2~9.2.6.3.7 的操作，测定剩余的黏度计池。

9.2.7 清洗：

9.2.7.1 待全部黏度计池测试完毕后进行黏度计池的清洗。设置仪器升温，将黏度计池加热到室温或更高温度，但建议不要超过 55℃。

9.2.7.2 当达到所需的清洗温度时：

9.2.7.2.1 对没有移动黏度计池的仪器，取下细线、转子和黏度计盖罩，按 9.2.7.3 进行清洗。

9.2.7.2.2 对有移动黏度计池的仪器，可取下移动黏度计池按 9.2.7.3 独立清洗，也可按照下面 9.2.7.3 中的仪器进行清洗。

9.2.7.3 清洗黏度计池

9.2.7.3.1 用真空管从黏度计池中抽出油样。

9.2.7.3.2 用合适的溶剂冲洗黏度计池至少 3 次，每次冲洗至少用溶剂约 15mL，最后用丙酮冲洗一次。

9.2.7.3.3 用干燥空气吹扫或最好用真空管除去残余溶剂。

警告：如果用空气吹扫，确保空气是干净的，不带有油、水和其他杂质，因为这些可能会留在黏度计池里，室内空气会受污染。

9.2.7.4 用合适的溶剂清洗转子，并吹干。

9.3 计算

9.3.1 屈服应力可按式（10）得到：

$$Y_s = 3.5M \tag{10}$$

式中：

Y_s——屈服应力，Pa；

M——转子旋转时，所加砝码的质量，g。

9.3.2 用式（11），代入在式（9）中的黏度计池常数（C）可以得到黏度：

$$\eta_a = C \cdot t \cdot 3/r \qquad (11)$$

式中：

η_a——表观黏度，mPa·s，（cP）；

C——黏度计池常数，mPa；

t——转子转动 r 圈所需时间，s；

r——计时的圈数，一圈或三圈。

9.4 报告

9.4.1 表观黏度和屈服应力：报告使用方法 A 的最终试验温度，表观黏度和屈服应力。

9.4.2 屈服应力：如果观察到旋转，报告屈服应力小于观测到的值；即，如果砝码为 20g 时，观察有旋转出现，报告屈服应力小于 70Pa（20g×3.5）。如果总的砝码质量加到 100g，转子没有转动，报告屈服应力大于 350Pa。本标准测定的屈服应力分为：试验油的屈服应力达到 35Pa 时，判断为有屈服应力；小于 35Pa 时，判断为无屈服应力。

注：如果加到最小质量 10g 时，就观察到旋转，报告屈服应力小于 35Pa，而不是 0Pa。

9.4.3 表观黏度：

9.4.3.1 如果表观黏度小于 5000mPa·s（cP），则报告表观黏度小于 5000mPa·s（cP）。

9.4.3.2 如果表观黏度在 5000mPa·s（cP）～100000 mPa·s（cP）之间，则报告的表观黏度要精确到 100mPa·s（cP）。

9.4.3.3 如果表观黏度在 100000mPa·s（cP）～400000 mPa·s（cP）之间，则报告的表观黏度要精确到 1000 mPa·s（cP）。

9.4.3.4 如果表观黏度大于 400000mPa·s（cP），则报告表观黏度大于 400000mPa·s（cP）。

9.4.3.5 如果砝码加到 150g，转子仍不动，报告试验油"太黏稠无法测定"（或"TVTM"）。

9.5 精密度与偏差

按下述规定判定试验结果的可靠性（95%置信水平）。

9.5.1 精密度：

本试验方法对于未使用过的油品，它的精密度由多个实验室进行的试验结果统计而得。对于热电制冷的 MRV 仪器，在 7 至 9 个实验室里，在 -25℃，-30℃，-35℃ 和 -40℃ 下测试 10 到 11 个样品。对于直接制冷的 MRV 仪器，在 6 个实验室里，在 -25℃，-30℃，-35℃ 和 -40℃ 下测试 20 个样品。这些样品包括多级发动机油和基础油，它们的屈服应力为少于 35 Pa～210 Pa，表观黏度范围为 4300 mPa·s～270000 mPa·s。

本试验方法对于使用过的汽油机油，它的精密度由多个实验室，在 -25°C 和 -30°C 下进行的试验结果统计而得。

9.5.1.1 重复性：

如表 1，在同一实验室，由同一操作者，使用同一台仪器，按照相同的方法对同一试验油连续测定，所得两个试验结果之差不应超过表 1 中的数值。

9.5.1.2 再现性：

如表 1，在不同的实验室，由不同的操作者，使用不同的仪器，按照相同的方法对同一试验油进行测定，所得的两个单一、独立的试验结果之差不应超过表 1 中的数值。

表1 精密度（方法A）

屈服应力的精密度		
油品	重复性/ Pa	再现性/ Pa
未使用过的油品	35	70
使用过的汽油机油		
屈服应力≤35Pa	35	35
屈服应力>35Pa	70	70
表观黏度的精密度		
油品	重复性/（mPa·s）	再现性/（mPa·s）
未使用过的油品		
表观黏度 4300 mPa·s~20000 mPa·s	6.3%X	8.2%X
表观黏度>20000 mPa·s	7.5%X	14.6%X
使用过的汽油机油		
屈服应力≤35Pa	11%X	15%X
屈服应力>35Pa	25%X	34%X
注：X 为两次试验结果的平均值。		

9.5.2 偏差：

9.5.2.1 偏差（未使用过的汽油机油）——因为没有可接受的适用于确定绝对偏差的参考油，所以本试验方法未对偏差进行表述。

9.5.2.2 相对偏差：

9.5.2.2.1 屈服应力——由方法 A 与由方法 B 测得的小于 105Pa 的屈服应力的油品之间是没有显著的相对偏差的。屈服应力大于 105Pa 的相对偏差尚未确定。

9.5.2.2.2 表观黏度——无论是以方法 A 还是方法 B 测得的表观黏度之间都没有显著的相对偏差。

9.5.2.3 偏差（使用过的汽油机油）——因为没有可接受的适用于确定本试验方法偏差的参考油，所以未对偏差进行任何表述。

10 方法 B

10.1 校准和标准化

10.1.1 使用温度控制器前要对温度传感器进行校准。传感器的显示温度应用 6.4 条中注明的参考温度计校验的，至少校验三个温度点。应至少每隔 5℃测量一次温度，在温度感应器和温度控制器之间建立一条校准曲线。

注：本试验方法中所有温度指的是实际温度而不一定是显示温度。

10.1.2 在-20℃时按以下步骤，用已知黏度的校准油校准每个黏度计池（黏度计池常数）。

10.1.2.1 按 10.2.2~10.2.2.5 操作。

10.1.2.2 启动温度控制器，在 1h 或更少的时间内，将小型旋转黏度计金属块的温度冷却至-20℃，然后开始测试。

10.1.2.3 黏度计池中的试验油在-20℃±0.2℃下恒温至少 1h。如有需要，微调温度，保持此试验温度。

10. 1. 2. 4 恒温结束，记录试验温度并取下盖罩。

10. 1. 2. 5 按 10. 2. 3. 1 ~ 10. 2. 3. 3 操作。

10. 1. 2. 6 按 10. 2. 4 继续进行。

10. 1. 2. 7 按顺序自左向右对剩余的每个黏度计池重复 10. 1. 2. 5 和 10. 1. 2. 6 步骤。

10. 1. 2. 8 每个黏度计池常数 C 使用式（12）计算：

$$C = \eta_0 / T \tag{12}$$

式中：

        η_0——在-20℃时校准油的表观黏度，mPa·s（cP）；

        C——挂 150g 砝码的黏度计池常数，mPa ；

        T——转子转动三圈的时间，s 。

10. 1. 2. 9 如果任何黏度计池的校准常数高于或低于其他池的平均值的10%，那么可能是转子或者操作有问题。检查转子是否损坏，进行必要的修理或更换，然后重新进行校准。

10. 1. 3 如果控制器温度和温度计的校准值的偏差大于允许偏差值，使用附录 B 中 B. 2 协助查找原因。

10. 2 试验步骤

10. 2. 1 按附录 A 中表 A. 1 和 A. 2 所列，用程序控制温度控制器以控制小型旋转黏度计金属块温度。程序控制的温度按附录 A 中表 A. 1 和 A. 2 中的温度加上 10. 1. 1 所确定的合适的温度修正系数。附录 A 中表 A. 3 列出了达到指定试验温度的规定时间。

10. 2. 2 试验油和黏度计池的准备：

10. 2. 2. 1 将九个转子从黏度计池中取出并确保池和转子两者清洁。清洗步骤参见 10. 2. 6。

10. 2. 2. 2 向每一个黏度计池注入 10mL±1.0mL 的试验油。

10. 2. 2. 3 将转子安放在专门的定子里并安装上面的中心销。

10. 2. 2. 4 将 700mm 长的细线上的线环挂在转子轴顶端的十字横杆上，将细线缠绕在转子轴上，但留下 200mm 线不绕在轴上。绕线不要重叠。把线的另一端绕过上轴承板，使转子轴顶端的十字横杆正向前方。如有可能，用锁定销固定十字横杆。如果手动定时，可以在十字横杆指向前方的一端涂上颜色。

10. 2. 2. 4. 1 在按 10. 2. 2. 3 安放转子之前，细线可预先绕在轴上。

10. 2. 2. 5 在黏度计池上部盖好盖罩，使暴露在空气中的冷金属部件上形成的结霜减至最少。当遇到某些气候时应用干燥气体（如干燥的空气或氮气）吹扫盖罩以减少结霜。

10. 2. 2. 6 按温度冷却曲线分布表开始程序控制，将试验油加热至80℃±1℃并恒温 2h，以确保在室温下无法完全溶解的物质全部溶解。

10. 2. 2. 7 在 80℃恒温 2h 结束后，开始冷却循环，根据 10. 2. 1 所述的程序控制降温顺序冷却试验油。

10. 2. 2. 8 当程序控制降温结束后，使用温度计而不是用该温度计准确校正过的温度控制器来测量金属块温度。当程序控制降温结束时的温度应在预期的试验温度±0.2℃范围内。如果金属块温度在此范围内，应在程序控制降温结束后 30min 内完成屈服应力和表观黏度的测定，参见 10. 2. 3。

10. 2. 2. 8. 1 如果最终温度比预期温度高 0.2℃ ~ 0.5℃，调节温度控制器使金属块温度达到修正的试验温度，并且在进行测定前，在该温度下恒温 30min。整个温度修正时间不应超过 1h。凡用这种方法获得的数据，试验结果才是有效的，否则结果是无效的。

10. 2. 2. 8. 2 如果最终的试验温度比预选的温度低 0.2℃以下或高 0.5℃以上，那么预选的试验温度是无效的。如果试验结果仅作为参考信息，屈服应力和表观黏度则可在不作进一步温度调整下测定，其结果是实际温度下的而不是预选温度下的，试验结果仅供参考。

10. 2. 2. 9 如果 10. 2. 2. 8 所述的最终温度其正负偏差均超过 0.2℃，判断为失效，在开始另一次测前，参见附录 B 中 B. 2 操作。

10. 2. 2. 10 对于型号 CMRV-4 和更新的型号，如果程序报告冷却曲线超差，应该彻底检查仪表操作是否正确。比型号 CMRV-4 更早的型号，要检查温度记录的数据是否超差，然后按附录 B 中 B.2～B.4 进行调整。

10.2.3 屈服应力的测定：

10.2.3.1 面对仪器，从最左边的黏度计池开始，依次对每个池进行以下操作。

10.2.3.2 移动滑轮组件，使计时轮与进行试验的黏度计池转子轴在一条线上，以便使细线通过计时轮悬挂到仪器的前面，在进行试验时确保砝码离开仪器的边缘。

10.2.3.3 从轴承架上取下细线，小心地将它挂在计时轮上，以便使黏度计池中的试验油不受干扰（即不要让转子转动）。

10.2.3.4 CMRV-3 或更早的型号按照下述规定进行操作：

10.2.3.4.1 用肉眼观察转子轴上的十字横杆上是否转动（不要用电子光学手段测定屈服应力）。

10.2.3.4.2 若仪器没有配备锁定销，小心地在塑料环上悬挂 10g 砝码架，轻轻垂下砝码，以便不破坏试验油的凝胶结构。按 10.2.3.4.4 步骤继续进行。

10.2.3.4.3 若仪器配备锁定销，在塑料环上悬挂 10g 砝码架，然后释放锁定销。

10.2.3.4.4 如果观察到十字横杆的末端在 15s 内转动不超过 3mm（约为十字横杆直径的两倍或转动 13°），那么记录试验油有屈服应力。然后按 10.2.3.4.5 操作。如果观察到转动超过 3mm，则记下重量，并按 10.2.4 操作。

10.2.3.4.5 如果没有观察到转动，对那些没有锁定销的仪器，托住砝码架，并增加 10g 砝码，然后进行 10.2.3.4.4。如果仪器有锁定销，关闭锁定销，使之与十字横杆啮合。在砝码架上增加 10g 砝码，然后进行 10.2.3.4.4。

10.2.3.5 CMRV-4 或更新的型号按照下述规定进行操作：

10.2.3.5.1 给砝码增加重量，遵循屏幕上的指令操作。

10.2.3.5.2 对于有锁定销的仪器，在塑料环上悬挂 10g 砝码架，按下闪烁启动键，迅速释放锁定销，并按屏幕指令操作。

10.2.3.5.3 如果需要增加砝码，用锁定销固定十字横杆，然后增加 10g 的砝码，并按屏幕指令操作。按下闪烁启动键，迅速释放锁定销。重复以上步骤，直至不需要增加砝码。然后进行 10.2.4 的操作。

10.2.3.5.4 对于没有配备锁定销的仪器，在塑料环上小心悬挂 10g 砝码架，不要震动到转子，然后按屏幕的指令操作。按下闪烁启动键，然后迅速释放砝码架。

10.2.3.5.5 如果没有观察到任何转动，则按计算机屏幕指示，小心地在砝码架上增加 10g 砝码，但注意不要拉动细线。按下闪烁启动键，迅速释放砝码架。重复以上步骤，直至不需要增加砝码。然后按 10.2.4 操作。

> 注：当首次加载 10g 砝码时，有些试验油可能看出十字横杆的瞬间转动。如果在 15s 内十字横杆不再转动，则首次的转动可忽略不计。

10.2.4 表观黏度的测定：

10.2.4.1 CMRV-3 或更早的型号按照下述规定进行操作：

10.2.4.1.1 小心地将 150g 砝码挂在塑料环上。当转子的十字横杆指向正前方，启动计时器，并按以下规定进行计时。

10.2.4.1.2 当转动第一个半圈需要的时间少于 10s，测定并记录转动头三圈的时间。

10.2.4.1.3 当转动第一个半圈需要的时间大于或等于 10s 时，测定并记录转动第一圈的时间，然后把这个时间作为转动第一圈的时间。

10.2.4.1.4 当转动第一个半圈不能在 60s 内完成，则终止测定，记录转动一圈的时间大于 60s，报告表观黏度大于 10.3.2 中计算的值。

10.2.4.1.5 如果转动头三圈的时间小于 4s，记录转动时间为小于 4s，报告表观黏度小于 10.3.2 中计算的值。

10.2.4.2 CMRV-4 或更新的型号按照下述规定进行操作：

10.2.4.2.1 按屏幕上的指令，按下闪烁启动键（点击启动图标），小心地将 150g 砝码悬挂在塑料环上。一旦发生转动，便自动开始计时。当仪器上黏度测试指示灯在闪烁时，不要取下砝码。测定完成后，时间和表观黏度将会显示出来。接着按 10.2.5 操作。

10.2.5 按自左向右的顺序对其余的每个黏度计池重复 10.2.3~10.2.4 操作步骤。

10.2.6 清洗：

10.2.6.1 待所有黏度计池完成测定后进行黏度计池的清洗，设置仪器升温，将黏度计池加热至室温或稍高的温度，但不应超过 50℃。

10.2.6.2 当达到所需的清洗温度，关闭仪器，取下转子上面的中心销和转子。

10.2.6.3 用真空管抽出试验油，用溶剂冲洗黏度计池几次，每次冲洗至少用溶剂约 15mL，每次清洗后都要用真空管抽出溶剂。最后一次用丙酮清洗并抽空后，让丙酮挥发干。

10.2.6.4 用相同的方式清洗转子。

10.3 计算

10.3.1 由式（13）计算屈服应力：

$$Y_s = 3.5M \tag{13}$$

式中：

Y_s——屈服应力，Pa；

M——施加砝码的质量，g。

10.3.2 将式（12）中的黏度计池常数（C）代入式（14）可以得到表观黏度：

$$\eta_a = C \cdot t \cdot 3/r \tag{14}$$

式中：

η_a——表观黏度，mPa·s（cP）；

C——按式（12）获得的黏度计池常数，mPa；

t——转子转动整圈的圈数（r）所需的时间，s；

r——计时的圈数。

10.4 报告

10.4.1 表观黏度和屈服应力：

对于未使用过的油品，根据方法 B 报告最后试验温度，表观黏度或屈服应力只报告其中一项。已使用过的油品，根据方法 B，同时报告最后表观黏度和屈服应力。

10.4.2 屈服应力：

报告为小于测定值。

10.4.3 表观黏度：

10.4.3.1 如果表观黏度小于 5000 mPa·s（cP），那么报告表观黏度小于 5000 mPa·s（cP）。

10.4.3.2 如果表观黏度在 5000 mPa·s（cP）~100000 mPa·s（cP）之间，则报告的表观黏度要精确到 100 mPa·s（cP）。

10.4.3.3 如果表观黏度在 100000 mPa·s（cP）~400000 mPa·s（cP）之间，则报告的表观黏度要精确到 1000 mPa·s（cP）。

10.4.3.4 如果表观黏度大于 400000 mPa·s（cP），则报告表观黏度大于 400000 mPa·s（cP）。

10.4.3.5 当使用软件测得三个黏度值时，则报告第一个值作为本标准测得的表观黏度。如果希望报告所有的三个值，那么要注意三个值的顺序，不能报告三个测定值的平均值。

10.5 精密度和偏差

按下述规定判定试验结果的可靠性（95%置信水平）。

10.5.1 未使用过的发动机油的精密度：

本试验方法的精密度由实验室间的试验结果统计而得。

10.5.1.1 屈服应力

目前没有一种普遍可以接受的方法来确定其精密度。

10.5.1.2 表观黏度重复性：

在同一实验室，同一操作者，使用同一设备，按相同的方法对同一试验油连续测定，所得两个试验结果之差应不超过表2中的数值。

表2 未使用过的油表观黏度重复性和再现性（方法B）

试验温度/℃	重复性/（mPa·s）	再现性/（mPa·s）
−15	4.2%X	8.4%X
−20	7.3%X	12.1%X
−25	11.7%X	17.5%X
−30	9.3%X	18.4%X
−35	13.2%X	35.8%X
−40	19.8%X	34.1%X
注：X 为两次试验结果的平均值。		

10.5.1.3 表观黏度再现性：

在不同的实验室，由不同的操作者，使用不同的仪器，按照相同的方法，对同一试验油进行测定，所得的两个单一、独立的试验结果之差，不应超过表2中的数值。

10.5.1.4 实验室间的评价程序：

9个试验油在−15℃试验温度，有11个实验室参加。9个试验油在−20℃试验温度，有11个实验室参加。18个试验油在−25℃试验温度，有14个实验室参加。9个试验油在−30℃试验温度，有13个实验室参加。在−35℃～−40℃试验温度，有6个试验油，12个实验室参加。

10.5.2 使用过的柴油机油精密度：

10.5.2.1 屈服应力重复性：

在同一实验室，同一操作者，使用同一设备，按相同的方法对同一试验油连续测定，所得两个试验结果之差应不超过表3中的数值。

表3 使用过的柴油机油屈服应力重复性和再现性（方法B）

试验温度/℃	重复性/Pa	再现性/Pa
−20	1.735·（$X+1$）	2.993·（$X+1$）
−25	1.014·（$X+1$）	2.976·（$X+1$）
注：X 为两次试验结果的平均值，Pa。当观测到无屈服应力时（加10g砝码的转动），$X=0$。		

10.5.2.2 屈服应力再现性：

在不同的实验室，由不同的操作者，使用不同的仪器，按照相同的方法，对同一试验油进行测定，所得的两个单一、独立的试验结果之差，不应超过表3中的数值。

10.5.2.3 表观黏度重复性：

在同一实验室，同一操作者，使用同一设备，按相同的方法对同一试验油连续测定，所得两个试验结果之差应不超过表 4 中的数值。

表 4　使用过的柴油机油表观黏度重复性和再现性（方法 B）

试验温度/℃	重复性/（mPa·s）	再现性/（mPa·s）
-20	14.3%X	21.1%X
-25	10.3%X	20.8%X
注：X 为两次试验结果的平均值，mPa·s。		

10.5.2.4　表观黏度再现性：

在不同的实验室，由不同的操作者，使用不同的仪器，按照相同的方法，对同一试验油进行测定，所得的两个单一、独立的试验结果之差，不应超过表 4 中的数值。

10.5.2.5　实验室间协作试验

实验室间的协作试验包括 9 个实验室、在-20℃和-25℃试验温度下的 9 个试验油。使用过的油品包括来自 Mack T8、Mack T8E、Cummins M11-EGR 和烟炱浓度（由热重分析测得）范围约为 5%～9% 的 Mack T10 发动机试验后放出的油样。

10.5.3　偏差——因为没有可接受的适用于确定本试验方法偏差的参考油，所以未对偏差进行表述。

11　关键词

低温流动性能；低温黏度；小型旋转黏度计；泵送黏度；使用过的柴油机油；黏度；屈服应力。

附　录　A

（资料性附录）

试验温度冷却曲线分布

A.1 试验温度冷却曲线分布表见表 A.1～表 A.3。

表 A.1　试验温度冷却曲线分布表（-20℃～-40℃）

分　段　时　间 h：min	分　段　温　度[a]			允许温差[b]/℃
	始温/℃　　终温/℃	变化速率/（℃/h）		
额定的 0：20	>20　～　80			
2：00	80　～　80			±1.0
额定的 0：20	80　～　0			
额定的 0：03	0　～　-3.0			
额定的 0：07	-3.0　～　-4.0	8.5		±0.5
额定的 0：10	-4.0　～　-5.0	6.0		±0.2
6：00	-5.0　～　-8.0	0.5		±0.2
36：00	-8.0　～　-20.0	0.33		±0.2
在试验温度-20℃恒温[c] 2：00	-20.0　～　-25.0	2.5		±0.2
在试验温度-25℃恒温[c] 2：00	-25.0　～　-30.0	2.5		±0.2
在试验温度-30℃恒温[c] 2：00	-30.0　～　-35.0	2.5		±0.2
在试验温度-35℃恒温[c] 2：00	-35.0　～　-40.0	2.5		±0.2
在试验温度-40℃恒温[c]				

[a] 如果采用双控制回路，冷浴温度应低于相应要求的金属块温度5℃。但浴温最高不能超过-5℃。

[b] 温度波动保持小于±0.1℃，以提高黏度测定的精密度。

[c] 在试验温度下，30min 内完成屈服应力和表观黏度的测定。

表 A.2　试验温度的冷却曲线分布表（-10℃～-15℃）

分　段　时　间 h：min	分　段　温　度[a]			允许温差[b] /℃
	始温/℃　　终温/℃	变化速率/（℃/h）		
额定的 0：20	>20　～　80			
2：00	80　～　80			±1.0
额定的 0：20	80　～　10			
额定的 0：03	10　～　7.0			
额定的 0：07	7.0　～　6.0	8.5		±0.5
额定的 0：10	6.0　～　5.0	6.0		±0.2
6：00	5.0　～　2.0	0.5		±0.2
36：00	2.0　～　-10.0	0.33		±0.2

表 A.2 试验温度的冷却曲线分布表（−10℃～−15℃）（续）

分 段 时 间 h：min	分 段 温 度[a]			允许温差[b] /℃
	始温/℃	终温/℃	变化速率/（℃/h）	
在试验温度−10℃恒温[c] 2：00	−10.0 ～ −15.0		2.5	±0.2
在试验温度−15℃恒温[c]				
[a]如果采用双控制回路，冷浴温度应低于相应要求的金属块温度5℃。但浴温最高不能超过−5℃。 [b]温度波动保持小于±0.1℃，以提高黏度测定的精密度。 [c]在试验温度下，30min 内完成屈服应力和表观黏度的测定。				

表 A.3 达到试验温度的额定时间

试验温度/℃	额定所需时间/h
−10	45
−15	47
−20	45
−25	47
−30	49
−35	51
−40	53

附 录 B
（资料性附录）
支持操作信息

B.1 温度控制器是本方法中最关键的部件。对于采用液体介质控制黏度计池温度的系统，温度控制系统应是一个单回路程序控制器以控制金属块温度。一个程序控制器，带有积分重设和微分速率控制的比例尺，有时候被称为 PID 控制器，适合用于温度控制。该程序控制器有一个控制回路和一个温度感应器，向控制器提供合适的信号，以使温度保持在程序控制的设定温度。它有一个内部时钟，以控制该程序的执行，该控制器应这样设定，在第一个 2h：20min 里，按照温度冷却曲线分布表 A.1 或表 A.2 所述，将热量均衡地分布在所有的黏度计池。对于采用液体介质控制黏度计池温度的系统，在温度冷却曲线分布表中其余部分的温度控制，应靠控制冷却剂流量得以实施。该控制系统应是最小温度灵敏度为 0.1℃，并在规定的速率下能改变温度。当控制系统的比例范围、积分（重调）和微分（速率）参数达到最佳状态时，在温度低于-5℃时，其上、下温差不应大于 0.2℃。该温度传感器可以是铂电阻热探头、热敏电阻或是热电偶．铂电阻热探头或热敏电阻是较好的。直径为 3.2mm 温度探头可以直接插入位于 4 号与 6 号池之间的金属块后面、直径为 3.2mm 的温度计插孔中。温度传感器可以插入两个温度计孔中的任何一个。

注1：传感器应放置在被控制的同一单元中，如受控的是冷却剂的流量，则传感器应放置于金属块中。相反，如受控的是冷浴温度，则传感器应放置于浴中。不必通过传感器检测金属块温度和控制冷却系统来达到控制金属块温度。对于使用直接制冷的系统（无外部液体循环系统），可通过对作用于冷却剂气体的金属块加热程度来达到。使用热敏电阻检测器（RTD），灵敏度高、响应快，该控制系统最小温度精度为 0.1℃，可以根据本试验需要，按规定的速度改变模块温度，因此热敏电阻检测器（RTD）与温度控制模块一起集成于本仪器。

注2：使用控制器内部的延迟开启功能是有必要的，因为这样可以对表 A.1 和 A.2 中的开始温度不必过分注意。

B.2 如果最终温度其正负偏差均超过 0.2℃，那么在开始另一次测试前，应先进行如下工作：

B.2.1 检查温度计校准。对于液体玻璃温度计可以检查冰点。冰点的误差表示液体在温度计的某一点上断开了。

B.2.2 按照 9.1 条检查温度控制器的温度传感器的准确度。

B.2.3 对于带有外部液体循环的仪器：

B.2.3.1 要检查冷却剂是否流动，储罐内是否有足够的冷却剂；

B.2.3.2 对于操作温度低于-20℃的冷源，可以通过观察冷源储罐顶部的结冰情况来判断受潮程度，如果无水甲醇受潮需要及时更换。低温时无水甲醇易吸水，吸水后就降低了冷却能力。在湿度较高的环境，要一个月更换一次无水甲醇。也可以使用其他热交换介质，但其黏度和热交换能力应与无水甲醇相当，如无水乙醇。

B.2.4 检查制冷系统是否运行正常。操作手册以及仪器制造厂商将会提供相应的信息来源。

B.2.5 如果手工编程或使用温度曲线，要检查温度曲线是否有错误，并加以纠正。

B.3 检查玻璃温度计校准的一个最简单方法是检查其冰点。只要有足够的精确度，也可以采用其他校准方法对玻璃温度计中液体和电子温度传感器进行校准。

B.4 对于有些仪器，软件控制温度在测试中会生成温度记录。对于连接到纸带计录器的仪器，传感器会提供信息，以确定温度偏差是否大于表 A.1 或表 A.2 所允许的值，并相应加以纠正。

B.5 对 80℃预热程序的验证，至少持续 2h。如果不能，应按操作手册或让仪器制造厂商帮助纠正。

附　录　C

（资料性附录）

本标准的章条编号与 ASTM D4684-08 的章条编号对照表

C.1　本标准的章条编号与 ASTM D4684-08 的章条编号的对照见表 C.1。

表 C.1　本标准的章条编号与 ASTM D4684-08 的章条编号对照表

本标准的章条编号	ASTM D4684-08 的章条编号
3	3.1、3.2
7.3	—
7.4	7.3
7.5	7.4
9	—
9.1	9
9.1.2	9.2
9.2	10
9.3	11
9.4	12
9.5	13
10	—
10.1	14
10.2	15
10.4	17
10.5	18
11	19
附录 A	附录 X1
附录 B	附录 X2
附录 C	—
注：表中章条以外的本标准的其他章条编号与 ASTM D4684-08 的章条编号均相同且内容相对应。	

ICS 75. 100
E 34

中华人民共和国石油化工行业标准

SH/T 0565—2008
代替 SH/T 0565—1993

加抑制剂矿物油的油泥和
腐蚀趋势测定法

Standard test method for determination of the sludging and corrosion
tendencies of inhibited mineral oils

2008- 04- 23 发布   2008- 10- 01 实施

中华人民共和国国家发展和改革委员会   发 布

前　言

本标准修改采用美国试验与材料协会标准 ASTM D4310-06b《加抑制剂矿物油的油泥和腐蚀趋势测定法》。

本标准根据 ASTM D4310-06b 重新起草。

为了适合我国国情，本标准在采用 ASTM D4310-06b 时进行了修改。

本标准与 ASTM D4310-06b 的主要差异如下：

——本标准的引用标准采用了我国相应的现行标准。

——清洗剂更换为铬酸洗液。

为了使用方便，本标准还作了如下编辑性修改：

——重复性和再现性的表述修改为我国的习惯表述形式。

——取消了 ASTM D4310-06b 的关键词一章。

本标准代替 SH/T 0565—1993《加抑制剂矿物油的油泥趋势测定法》；SH/T 0565—1993 是参照采用 ASTM D4310-83(1991)制定的。

本标准对 SH/T 0565—1993 的主要修订内容如下：

——将原标准名称《加抑制剂矿物油的油泥趋势测定法》修改为《加抑制剂矿物油的油泥和腐蚀趋势测定法》

——规范性引用文件中增加了部分国家标准。

——范围中增加了 1.3 条，对步骤 A 和步骤 B 的测定内容进行分别说明。

——本标准允许使用电子测温装置代替加热浴温度计；更详细阐明了设置和测量浴温的办法。

——仪器中增加了胶头滴管、注射器和注射器采样管。

——增加了避免样品受到光照的要求。

——测定元素由原标准的用原子吸收光谱法测定铜和铁修改为只测定铜，本方法还适用直流等离子体发射光谱、电感耦合等离子体发射光谱或 X 射线荧光等合适的方法。

——增加了步骤 A 中采取氧化后油样进行酸值测定的内容。

——本标准测定铜含量时，对不均匀样品的灰化方法由原标准采用 GB/T 508《石油产品灰分测定法》改为 ASTM D4310-06b 的引用标准 ASTM D847 对应的 GB/T 2433《添加剂和含添加剂润滑油硫酸盐灰分测定法》。

——在结果报告中对步骤 A 和步骤 B 的报告内容分别进行规定。

——修改了精密度，并且增加了有关铜测定的精密度。

——增加了附录 A《催化剂线圈的封存方法》和附录 B《可供参考的线圈腐蚀级别的表示》。

本标准的附录 A 和附录 B 为资料性附录。

本标准由中国石油化工集团公司提出。

本标准由中国石油化工股份有限公司石油化工科学研究院归口。

本标准起草单位：中国石油天然气股份有限公司大连润滑油研究开发中心。

本标准参加起草单位：中国石油化工股份有限公司润滑油研发(北京)中心。

本标准主要起草人：于兵、苏江、李建新。

本标准所代替标准的历次版本发布情况为：

——SH/T 0565—1993。

加抑制剂矿物油的油泥和腐蚀趋势测定法

1 范围

1.1 本标准规定了高温下，在有氧气、水、金属铜和铁存在时，评价加抑制剂的矿物油型汽轮机油和矿物油型抗磨液压油对铜催化剂金属产生腐蚀并形成油泥的趋势。本标准也适用于测试相对密度小于水并含有防锈剂和抗氧剂的循环油。

注：在比对试验中，对油、水和油泥相中的铜和铁含量进行了测定。但发现铁的总含量太低（低于0.8mg）而不适合作统计分析。

1.2 本标准是对 GB/T 12581 的修改，GB/T 12581 通过跟踪测定同类油品的酸值来确定油品的氧化安定性。油品酸值达到 2.0mgKOH/g 所需试验的小时数就是氧化寿命。

1.3 本标准的步骤 A 要求测定和报告油泥的质量以及油、水和油泥中铜的总量，步骤 B 仅要求测定油泥的质量。这两个步骤中酸值的测定都是可选的。

1.4 本标准采用（SI）国际单位制表示。

1.5 本标准涉及某些与标准使用有关的安全问题。但是无意对所有安全问题都提出建议。因此，用户在使用本标准之前应建立适当的安全和防护措施并确定有适用性的管理制度。

2 规范性引用文件

下列文件中的条款通过本标准的引用而成为本标准的条款。凡是注日期的引用文件，其随后所有的修改单（不包括勘误的内容）或修订版均不适用于本标准，然而，鼓励根据本标准达成协议的各方研究是否可使用这些文件的最新版本。凡是不注日期的引用文件，其最新版本适用于本标准。

GB/T 514 石油产品试验用玻璃液体温度计技术条件

GB/T 699 优质碳素结构钢

GB/T 2433 添加剂和含添加剂润滑油硫酸盐灰分测定法（GB/T 2433—2001，eqv ISO 3987：1994）

GB/T 3953 电工圆铜线

GB/T 4756 石油液体手工取样法（GB/T 4756—1998，eqv ISO 3170：1988）

GB/T 6682 分析实验室用水规格和试验方法（GB/T 6682—1992，neq ISO 3696：1987）

GB/T 7304 石油产品和润滑剂酸值测定法（电位滴定法）

GB/T 12581 加抑制剂矿物油氧化特性测定法

SH/T 0163 石油产品总酸值测定法（半微量颜色指示剂法）

3 术语

下列术语和定义适用于本标准。

3.1 油泥 sludge

从氧化的矿物油和水中产生的沉淀或残渣。

4 方法概要

试样在 95℃并有水和铁-铜催化剂存在的情况下，与氧接触 1000h。用 5μm 孔径滤膜过滤氧化管内的不溶物，用重量法测定不溶物的质量。并测定在油、水和油泥相中铜的总量。

注：有时某些试验者可任意选择试验内容：（a）评价催化剂线圈的质量变化，或（b）测定样品氧化 1000h 时的

酸值,或以上两项全做。酸值测定可以作为确定不溶物测定是否可靠的依据。通常,对高度氧化的油品(酸值大于2.0mgKOH/g)不建议作进一步试验。本方法未包括有关选择这些试验的指南。

5 意义和用途

5.1 油品在氧化条件下会形成不溶物。

5.2 在本试验过程中,明显形成不溶物和(或)金属腐蚀产物的趋势,可以表明该油品在实际使用中将产生不溶物和(或)金属腐蚀产物。但本方法与实际应用的相关性还未建立。

6 设备

6.1 氧化管:包括试管、冷凝器和氧气导管,由硼硅玻璃制成,如图1所示。试管在20℃下标记出300mL刻线(最大误差1mL)。

6.2 加热浴:能使氧化管内的试样温度保持在95℃±0.2℃,配有合适的搅拌装置以保持整个加热浴的温度均匀,其尺寸要足够容纳所要求的氧化管数,并保证氧化管在加热浴中的插入深度为390mm±10mm,在加热介质中的浸没深度为355mm±10mm。

6.2.1 直射的阳光或人造光对本试验的结果会造成影响。为尽量减少由于光线照射试验样品而导致的影响,可采用以下一种或几种方法来避免试样受到光照:

6.2.1.1 推荐使用由金属或金属与其他不透明材料结合制造的加热浴,防止光线从侧面照射进入试管。如果加热浴上设计有观察窗,那么观察窗上应安装不透明的盖子,不进行观察时要保持关闭。

6.2.1.2 如果使用玻璃加热浴,加热浴应该用铝箔或其他不透明材料包裹。

6.2.1.3 使用不透明的防护罩能防止明亮的光线从顶部射入试管。

6.3 流量计:容量至少为3L/h,精度为0.1L/h。

6.4 加热浴温度计:氧化特性2号温度计,测量范围为72℃~126℃,符合GB/T 514中温度计GB-58的要求。允许使用精度相当或更高的温度测量装置。

6.5 氧化管温度计:氧化特性1号温度计,测量范围为80℃~100℃,分度值0.1℃。符合GB/T 514中温度计GB-57的要求。

6.6 催化剂线圈绕制棒:如图2所示。

6.7 温度计托架:材质为1Cr18Ni9Ti不锈钢,用于固定氧化管温度计,尺寸如图3所示。温度计由两个内径约5mm的氟橡胶"O"型圈固定在托架上。也可选用细的不锈钢丝。

6.8 砂布:碳化硅砂布,粒度为100号(基本粒尺寸范围125μm~150μm)。

6.9 软管:聚氯乙烯材质,内径约6.4mm,壁厚2.4mm,用于将氧气导入氧化管。

6.10 滤膜:白色,平面,直径47mm,孔径5μm。

6.11 过滤器支架:47mm,由硼硅玻璃漏斗和漏斗底座构成,漏斗底座包括粗粒(40μm~60μm)烧结玻璃过滤支承或不锈钢滤网支承,用金属夹钳把滤膜夹在玻璃漏斗的磨口密封面与其底座之间。

6.12 称量瓶:圆柱形,具塞磨口,容量60mL,内径约45mm,高度约65mm。

6.13 真空源:能使绝对压力降至13.3kPa±0.7kPa。

6.14 冷却器:干燥器或其他类型有密封盖的容器,用于称量前冷却称量瓶。建议不使用干燥剂。

6.15 干燥箱:能使温度保持在105℃±2℃。

6.16 镊子:末端无齿。

6.17 注射器:50mL,带305mm针头。

6.18 分液漏斗:容量1000mL。

6.19 橡胶淀帚。

6.20 胶头滴管。

6.21 注射器：玻璃或塑料制，容积为 10mL、带接头的注射器。

6.22 注射采样管：不锈钢管，外径 2.11mm，内径 1.60mm，长 559mm±2mm，其中一端加工成 90°角，另一端有一个能与注射器连接的密封性好的接头。

7 试剂和材料

7.1 试剂的纯度：在本试验中使用的试剂一般为分析纯。只要试剂的纯度能够保证测定精度不受影响，其他级别的试剂也允许使用。

7.2 水的纯度：除非另有说明，本方法中所涉及的水应符合 GB/T 6682 规格的二级水的要求。

7.3 丙酮：分析纯。

　　警告：有害健康，可燃。

7.4 清洗剂：铬酸洗液。在室温下将要清洗的仪器在铬酸洗液中浸泡 24h 然后进行清洗。

　　警告：腐蚀，有害健康。

7.5 正庚烷：分析纯。

　　警告：吸入有害，可燃。

7.6 浓盐酸：浓度 36%(质量分数)，相对密度 1.19。

　　警告：有毒、有腐蚀性。

7.7 异丙醇：分析纯。

　　警告：可燃。

7.8 催化剂线圈：

7.8.1 铁丝：优质碳素结构钢，直径 1.6mm(符合 GB/T 699 规格 08 号)。

　　注：如果上述铁丝无法获得，其他在与 SH/T 0565 方法的比对试验中证明能够满足要求的铁丝也允许使用。

7.8.2 铜丝：电工圆铜线，直径 1.6mm，纯度不低于 99.9%。级别相当的软铜丝也可以使用。

　　注：可选购市售符合要求的催化剂线圈。

7.9 洗涤剂：水溶性。

7.10 氧气：纯度不低于 99.5%，经过合适的压力调节使通过装置的氧气流速保持恒定。推荐在氧气钢瓶上使用两级压力调节。

　　警告：氧气可剧烈地加速燃烧。

8 取样

8.1 本方法的样品可以取自罐、桶、小包装容器甚至运行中的设备。取样依照 GB/T 4756 进行。

8.2 单个试验所需最少样品量为 300mL。

9 仪器的准备

9.1 清洗催化剂：在绕制催化剂线圈之前，用脱脂棉蘸正庚烷清洗长 3.00m±0.01m 的铁丝和铜丝各一根，再用砂布磨擦直到暴露出新的金属表面。用干燥的脱脂棉擦去所有的金属屑和砂布屑。处理催化剂线圈应戴干净的手套(棉布的、橡胶的或塑料的)，避免与皮肤接触。

9.2 催化剂线圈的准备：将准备好的铁丝和铜丝的一端紧紧地扭在一起转三圈，然后将两根金属丝并排着同时绕在带有螺纹的催化剂线圈绕制棒(见图 2)上，铁丝放在较深的螺纹中。从绕制棒上卸下线圈，将铁丝和铜丝的自由端也扭在一起转三圈，然后将扭在一起的两个末端弯曲成符合螺旋线圈要求的形状。绕制成的线圈总长度为 225mm±5mm。如果需要，线圈可以拉伸到要求的长度。

　　注：做成的催化剂线圈是铜丝和铁丝的双螺旋，总长 225mm±5mm，内径 15.9mm~16.5mm。线圈之间的间隔是均匀的，同一种金属丝相邻两圈中心到中心的距离为 3.96mm~4.22mm。图 2 所示的绕制棒设计用来制作这样的线圈。使用这个绕制棒时，铁丝被绕在直径 14.98mm 的螺纹上，铜丝被绕在直径 15.9mm 的螺纹上。较小的直径是为了能够允许铁丝在绕制后的反弹，以便得到内径 15.9mm 均匀一致的线圈。如果使用很软的退火钢丝，两种金

属丝就可以使用等螺纹直径绕制。能够使绕制出的线圈结构符合上述要求的其他方案也可采用。

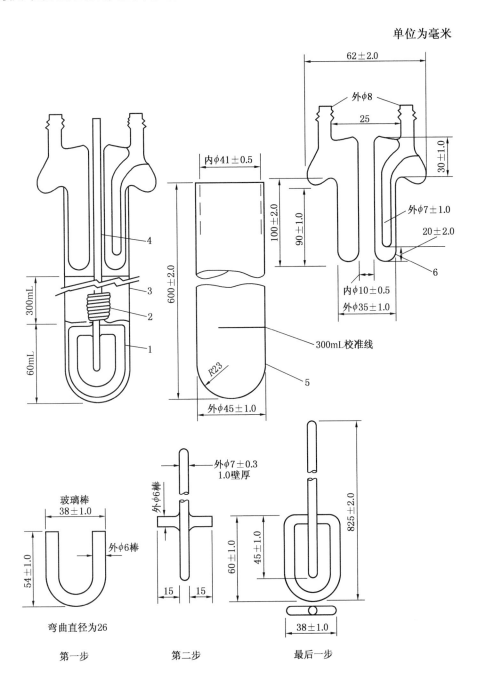

1——蒸馏水;   4——氧气导管;

2——催化剂线圈;   5——试管;

3——试样;   6——冷凝管。

注1:氧化管在20℃下标记出300mL刻线。

注2:开口末端要磨平和熔光。

图1 氧化管

单位为毫米

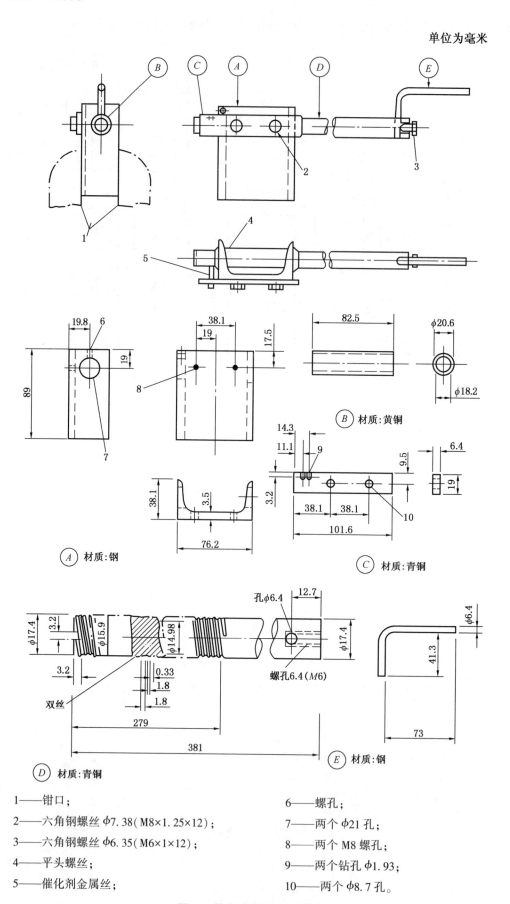

1——钳口；
2——六角钢螺丝 φ7.38(M8×1.25×12)；
3——六角钢螺丝 φ6.35(M6×1×12)；
4——平头螺丝；
5——催化剂金属丝；

6——螺孔；
7——两个 φ21 孔；
8——两个 M8 螺孔；
9——两个钻孔 φ1.93；
10——两个 φ8.7 孔。

图2 催化剂线圈绕制棒

单位为毫米

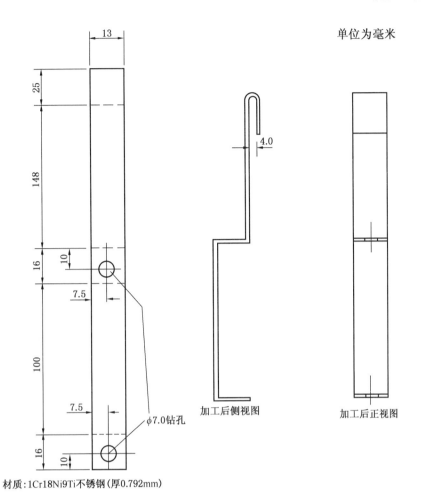

材质：1Cr18Ni9Ti不锈钢(厚0.792mm)

图3 温度计托架

9.3 催化剂存放：使用前催化剂线圈可以存放在干燥的惰性气体中。附录A给出了存放催化剂的合适程序。在使用前要检查催化剂线圈，以确保无腐蚀产物或污染物质。隔夜存放(少于24h)时，可以将线圈存放在正庚烷中。

9.3.1 用于存放催化剂的正庚烷必须不含痕量的水和腐蚀性物质。可以使用按7.5条要求重新蒸馏并贮存在密闭瓶中的正庚烷。

9.4 新玻璃仪器的清洗：用热的洗涤剂溶液清洗新的氧气导管、冷凝器和试管，再用自来水冲洗。用清洗剂清洗试管内部，冷凝器外部和氧气导管的内部及外部。用自来水彻底洗掉清洗剂溶液。用蒸馏水冲洗所有部件，并让其在室温下或烘箱中干燥。用蒸馏水冲洗后，可用异丙醇或丙酮冲洗，也可用干燥的空气吹扫，以加快在室温下的干燥速度。

9.5 用过玻璃仪器的清洗：在一次试验结束后，立即把试管内的油全部倒出。用正庚烷冲洗玻璃仪器除去油渍，倒入热的洗涤剂溶液，用长柄刷清洗，再用自来水冲洗。如果沉积物还粘附在玻璃仪器上，可以把洗涤剂溶液装满试管，插入氧气导管和冷凝器，把试管放入控制在试验温度的加热浴中。用这种方法浸泡几个小时，除氧化铁以外的所有粘附物都能除去。然后用热的(50℃)盐酸清洗以除去氧化铁。在除去所有的沉积物之后，用清洗液冲洗所有玻璃仪器。再用自来水充分地冲洗，直到除去所有的酸。用蒸馏水冲洗所有部件，并让其在室温或烘箱中干燥。在最后用蒸馏水冲洗完，可用异丙醇或丙酮冲洗，也可用干燥的空气吹扫，以加快在室温下的干燥速度。在准备使用之前，玻璃仪器应存放在干燥无灰尘的地方。

10 油品氧化步骤

10.1 调节加热浴到足够高的温度，以使氧化管内的油温保持在规定的95℃±0.2℃。

10.2 向空的氧化管中加入油样至 300mL 刻线处。从氧气导管的上部滑入催化剂线圈。如果线圈一端的金属丝不齐，则将这端朝下。把氧气导管连同催化剂线圈一起放入试管中。在氧气导管和试管上部放上冷凝器。把试管浸在加热浴中。调节加热浴的液位高度，使试管浸在液体中的深度为 355mm±10mm。把冷凝器与冷却水相连接。在试验过程中，冷凝器的出口水温不应超过 32℃。

10.3 使用长度不超过 600mm 的新聚氯乙烯软管，将氧气导管通过流量计与氧气源（见 6.9）连接。新聚氯乙烯软管在使用前要用正庚烷清洗内壁并用空气吹干。将流速调节到 3L±0.1L 并连续通气 30min。

10.4 从氧化管中提起冷凝器，向试管中加入 60mL 蒸馏水，试验开始计时。

10.5 在通氧气的条件下，确保整个试验过程中氧化管内的油-水混合物温度（试样温度）保持在 95℃±0.2℃。要满足这个要求，必须确保试样温度为 95℃±0.2℃ 时所需要控制的浴温。浴温总是要高于试样温度，这是由于氧气流动的冷却影响，并与加热浴介质、容量、循环速率及浴中氧化管的数量有关。如图 4，利用温度计托架把温度计放置在氧化管中进行样品温度测量。只能使用新的、未变质的油样进行温度测量。最好使用专用的模拟氧化管用于温度测量。当使用实际样品时，温度测量完成后要立即撤掉温度计，以这种方式测量加热浴不同位置的温度，检验温度控制的均匀性。一旦调节到要求的浴温，就使其保持在该温度的±0.2℃ 范围内。

注：安装如图 4 所示，由于温度计的 76mm 浸没线位于油面处，考虑到温度计杆在浸没线以上部分的受热，为了获得真实温度，应把温度计的读数减去 0.1℃。

10.6 在试验过程中，至少每两周向氧化管内补加一次蒸馏水，使水位恢复到氧气导管的肩部。使用采样管和 50mL 注射器加水。

注：在有些情况下，由于沉淀和乳化的形成而观察不到水的液面。可用合适的方法标记出充装好的氧化管中油的上部液面，定期补水维持这个液面，从而保证氧化管中合适的水量。如有必要，可以用能移动的金属条（图 5）指示补加水的修正液面。例如，使用可调节环形钩钳将金属条夹在氧化管的外侧。当使用这种指示器时，在试验开始时，调节金属片的较低端到上部油面。随着试验的进行和水的蒸发导致油面下降，特别是在采样前，必须加入足量的补充水使油面回到金属条标记的位置。

11 氧化后油品的处理步骤

11.1 当试验时间达到 1000h 后，从加热浴中取出氧化管，卸下冷凝器。

11.2 如果试验结束后需要测定酸值，按下列步骤取样。

11.2.1 当氧化管和试样还热的时候，将氧气导管连同催化剂线圈同时提出液面，并沥干 5min~10min。然后将氧气导管连同催化剂线圈放落，使氧气导管的末端约置于油层的中部，再将氧气导管连同催化剂线圈同时提出液面，并在氧化管中沥干 5min。最后再将氧气导管小心地从氧化管中提起，用胶头滴管吸取 3mL 试样置于合适的样品瓶中。立即将氧气导管置于氧化管中试样的上方，继续沥干 25min~30min。

11.2.2 如果使用注射器采样管取样进行酸值测定，将采样管通过冷凝器中心孔，插至油层中部。抽取 6mL 试样，将采样管放在试管的底部 5min，使水沉降至采样管底部。5min 后调节试样体积至 3mL，将采样管从氧化管中取出。此方法可使与试样一同取出的大部分水返回至氧化管中。然后将 3mL 的试样注入样品瓶中，采用 GB/T 7304 或 SH/T 0163 测定酸值。从样品瓶取样之前要充分摇匀试样。

11.3 如果试验结束后不需要进行酸值测定，将氧气导管连同催化剂线圈同时提出液面，并沥干 30min，然后固定悬挂在一个 1000mL 烧杯上方。将试管内容物倒入烧杯中。在烧杯中放入温度计，待样品温度降至 50℃ 时，用装在洗瓶中的 250mL 正庚烷分几次冲洗催化剂线圈和试管壁，冲洗液流入烧杯中，要注意彻底洗净线圈上的油渍。接着用装在洗瓶中的 100mL 蒸馏水冲洗。使油、正庚烷和水的冲洗液盛在同一烧杯中，简短地搅拌混合液，盖上玻璃盖，避光保存 16h~20h。

注1：有时固体物质可能粘附在试管壁、催化剂线圈、氧气导管或冷凝器上，用正庚烷和蒸馏水洗不下来，这时可用橡胶淀帚手工刮擦并用正庚烷冲洗，刮擦下来的物质和正庚烷冲洗液一并收集到盛油、正庚烷、水混合液

的烧杯中。

注2：放置16h~20h是为了让不溶物与油-正庚烷和水相之间有足够的平衡时间。也可使不溶物有时间聚结成易于过滤的形式，从而使油泥容易过滤。

图4　带温度计的氧化管

12　油泥质量的测定

12.1　在过滤油-水混合物之前，分别在两个称量瓶中各称量一个滤膜，精确至1mg(A_1 和 B_1)(见注1、注2)。在两个1000mL吸滤瓶上分别安装带滤膜的过滤器，滤膜只能用无齿镊子夹取。在 $13.3kPa\pm0.7kPa(100mmHg\pm5mmHg)$ 绝对压力下将约两等分的油-正庚烷层小心倒入两个过滤漏斗(不得带水层)(见注3)，真空抽滤。在油层滤过后，用正庚烷冲洗抽滤漏斗，让空气短暂地通过抽滤器后，开始将水层约等分成两份加入两个抽滤漏斗。先用水、再用正庚烷彻底冲洗烧杯壁和漏斗壁。冲洗时可能用到橡胶淀帚刮擦烧杯壁。在第一步的冲洗中水和正庚烷的用量分别不少于50mL和250mL。第二步再用100mL正庚烷冲洗至通过过滤器的正庚烷无色为止。

注1：称量本试验中要用到的瓶子、表面玻璃(一个用作容器、一个用作盖子)、玻璃培养皿或铝箔盘。

注2：如果油泥量多，可以用两个以上滤膜进行过滤。

注3：为了提高过滤的速度，在过滤油、正庚烷相过程中不要将水相引进过滤器。为此，在过滤开始之前应使用分液漏斗将水相与油相分开。有时尽管采取了上述措施，过滤速度还是很慢。这时可以考虑延长过滤时间。如果长时间过滤而无人照看，应该停止过滤，并使过滤器回到常压下。在恢复真空过滤前要用密闭的盖子盖住过滤器漏斗。

12.2　在保持真空的条件下，从滤膜和漏斗底座上卸下夹钳和漏斗。用正庚烷轻轻淋洗滤膜表面，从滤膜的边缘向中心淋洗，洗去滤膜上最后的微量油。继续抽一段时间真空，最后除去残留的正庚烷。将带有不溶物的滤膜放入已恒重的称量瓶中，放在烘箱中于105℃干燥至少1h。然后将称量瓶放入靠近天平的干燥器中冷却至少 2h 后称量(精确至 1mg)。重复进行干燥、冷却、称量,直至连续两次称量的差值不超过 2mg 或其质量的 5%,报告最后称量的质量(A_2 和 B_2)。

13 步骤 A 中油、水和油泥中铜的测定

13.1 油层和水层中铜含量测定的准备:在过滤完成后,将油-正庚烷和水滤液从两个 1000mL 抽滤瓶中转移到分液漏斗中。将油-正庚烷层与水层分离。称量两个大小合适的烧杯(称准至 1g)。一个烧杯称入全部分离出来的油-正庚烷混合物(W_{O-H}),另一个烧杯称入全部分离出来的水(W_w)(称准至 1g)。

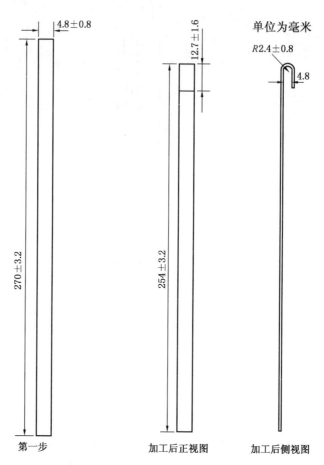

材质:1Cr18Ni9Ti不锈钢(厚0.792mm)

图 5 油位指示条

13.2 铜的分析

13.2.1 直接方法(均匀样品):用合适的方法测定油-正庚烷混合物和水溶液中的铜含量,如原子吸收光谱(AAS)、直流等离子体发射光谱(DCP-AES)、电感耦合等离子体发射光谱(ICP-AES)或 X 射线荧光光谱(XRF)。如果结果低于 0.100%,以 mg/kg 表示;如果结果等于或大于 0.100%,以%(质量分数)表示。

13.2.2 灰化法(非均匀样品):对于不溶物和在油-正庚烷混合物和水溶液不均匀的情况下,要使用灰化法。在对滤膜最后称重后,采用 GB/T 2433 灰化两个带有不溶物的滤膜。

13.2.3 如果对油-正庚烷混合物或水溶液使用灰化法,也可先蒸干溶剂或水,残余物采用 GB/T 2433 灰化,不必称量和计算灰分含量。用 5mL 浓盐酸冲洗坩埚内壁并使灰分溶解。在电热板上消解 15min 使铜完全溶解。将样品冷却至室温并转移至 50mL 容量瓶,用蒸馏水稀释至刻度。用任何

合适的方法如 AAS、DCP-AES、ICP-AES 或 XRF 测定水溶液中的铜含量。

14 计算

14.1 用式(1)计算不溶物(油泥)质量:

$$I = (A_2 - A_1) + (B_2 - B_1) \quad \cdots\cdots\cdots\cdots\cdots\cdots\cdots\cdots\cdots\cdots\cdots (1)$$

式中:

I——不溶物质量, mg;

A_1、B_1——滤膜加称量瓶或表面皿的最初质量, mg;

A_2、B_2——滤膜加称量瓶或表面皿的最后质量, mg。

14.2 计算油、水和不溶物中铜的质量, mg。

14.2.1 直接法:用式(2)~式(5)计算油、水和不溶物中铜的质量。

$$W_1 = 10W_{O-H}P_{10-H} \quad \cdots\cdots\cdots\cdots\cdots\cdots\cdots\cdots\cdots\cdots\cdots\cdots\cdots (2)$$

$$或\ W_1 = W_{O-H}P_{20-H}/1000 \quad \cdots\cdots\cdots\cdots\cdots\cdots\cdots\cdots\cdots\cdots (3)$$

$$W_2 = 10W_wP_{1w} \quad \cdots\cdots\cdots\cdots\cdots\cdots\cdots\cdots\cdots\cdots\cdots\cdots\cdots\cdots (4)$$

$$或\ W_2 = W_wP_{2w}/1000 \quad \cdots\cdots\cdots\cdots\cdots\cdots\cdots\cdots\cdots\cdots\cdots\cdots (5)$$

式中:

W_1——油中铜的质量, mg;

W_{O-H}——油-正庚烷混合物质量, g;

P_{10-H}——油-正庚烷混合物的铜含量,%(质量分数);

P_{20-H}——油-正庚烷混合物的铜含量, mg/kg;

W_2——水中铜的质量, mg;

W_w——水溶液的质量, g;

P_{1w}——水溶液的铜含量,%(质量分数);

P_{2w}——水溶液的铜含量, mg/kg。

14.2.2 灰化法:用式(6)~式(10)、式(11)计算油、水和不溶物中铜的质量。

$$W_3 = 500P_{3I} \quad \cdots\cdots\cdots\cdots\cdots\cdots\cdots\cdots\cdots\cdots\cdots\cdots\cdots\cdots (6)$$

$$或\ W_3 = 0.05P_{4I} \quad \cdots\cdots\cdots\cdots\cdots\cdots\cdots\cdots\cdots\cdots\cdots\cdots (7)$$

$$W_1 = 500P_{30-H} \quad \cdots\cdots\cdots\cdots\cdots\cdots\cdots\cdots\cdots\cdots\cdots\cdots (8)$$

$$或\ W_1 = 0.05P_{40-H} \quad \cdots\cdots\cdots\cdots\cdots\cdots\cdots\cdots\cdots\cdots (9)$$

$$W_2 = 500P_{3w} \quad \cdots\cdots\cdots\cdots\cdots\cdots\cdots\cdots\cdots\cdots\cdots\cdots (10)$$

$$或\ W_2 = 0.05P_{4w} \quad \cdots\cdots\cdots\cdots\cdots\cdots\cdots\cdots\cdots\cdots\cdots (11)$$

式中:

W_3——不溶物中铜的质量, mg。

P 表示 50mL 容量瓶中水的铜含量, 来自于:

P_{3I}——不溶物,%(质量分数);

P_{4I}——不溶物, mg/kg;

P_{30-H}——油-正庚烷混合物,%(质量分数);

P_{40-H}——油-正庚烷混合物, mg/kg;

P_{3w}——水溶液,%(质量分数);

P_{4w}——水溶液, mg/kg。

14.2.3 用式(12)计算油、水和不溶物中铜总质量, mg:

$$W = W_1 + W_2 + W_3 \quad \cdots\cdots\cdots\cdots\cdots\cdots\cdots\cdots\cdots\cdots\cdots (12)$$

15 结果报告

15.1 报告试验使用的试验方法号(步骤 A 或步骤 B)。

15.2 步骤 A：

15.2.1 不溶物的质量，mg；

15.2.2 油、水和不溶物中铜的总质量，mg；

15.2.3 如果催化剂金属的腐蚀等级也作要求，可以使用附录 B 所提供的方法。

15.2.4 试验结束时试样的酸值，mgKOH/g，以及使用的测定方法（可选）。

15.3 步骤 B：

15.3.1 不溶物的质量，mg；

15.3.2 试验结束时试样的酸值，mgKOH/g，以及使用的测定方法（可选）。

16 精密度和偏差

按下述规则判断试验结果的可靠性（95%置信水平）。

16.1 精密度

本试验方法关于不溶物（油泥）的质量和在油、水和不溶物（油泥）中铜的总质量的精密度是由实验室间的试验结果获得的。

16.1.1 重复性 r

同一操作者，使用同一仪器，按相同的试验方法，对同一试样测得的两个连续试验结果之差不超过式（19）、式（20）的值：

不溶物（油泥）质量，mg：

$$r_I = 4.6X^{2/3} \quad\quad\quad\quad\quad\quad\quad\quad\quad\quad\quad\quad\quad\quad\quad (13)$$

铜总质量，mg：

$$r_{Cu} = 1.2X^{4/5} \quad\quad\quad\quad\quad\quad\quad\quad\quad\quad\quad\quad\quad\quad (14)$$

式中：

X——两个重复测定结果的平均值。

16.1.2 再现性 R

不同操作者，在不同实验室，使用不同的仪器，用相同的方法对同一试样测得的两个单一、独立试验结果之差不超过式（21）、式（22）的值：

不溶物（油泥）质量，mg：

$$R_I = 6.3X^{2/3} \quad\quad\quad\quad\quad\quad\quad\quad\quad\quad\quad\quad\quad\quad\quad (15)$$

铜总质量，mg：

$$R_{Cu} = 3.3X^{4/5} \quad\quad\quad\quad\quad\quad\quad\quad\quad\quad\quad\quad\quad\quad (16)$$

式中：

X——两个测定结果的平均值。

16.2 这个精密度表达式是从四个新的矿物油型汽轮机油和四个新的矿物油型抗磨液压油的试验数据得出的。这些油样给出的结果范围如下：

16.2.1 不溶物（油泥）：4.6mg~250mg。

16.2.2 铜总质量：0.9mg~390mg。

16.3 偏差：因为不溶物的质量和油中、水中及不溶物中铜总质量的数值仅仅是由试验方法确定的，所以本标准无偏差。

附　录　A

（资料性附录）

催化剂线圈的封存方法

A.1　材料

A.1.1　试管：硼硅玻璃制，长 250mm，外径 25mm，内径约 22mm。

A.1.2　盖子：供试管用，聚乙烯制，设计成圆筒型能紧扣试管外表面。

A.1.3　干燥剂包：硅胶颗粒。

A.1.4　冲洗管：不锈钢或玻璃制，外径约 5mm，长 305mm，用于把氮气传送到试管的底部。

A.1.5　氮气：最低纯度 99.7%。

　　警告：压缩气体。该气体能导致窒息。

A.2　步骤

　　使用冲洗管向新试管中通氮气，吹出散落的灰尘。试管外观必须清洁干燥。使试管倾斜一定的角度，将催化剂线圈轻轻滑入试管中。加入折叠成纵向适合于试管的干燥剂包。把氮气冲洗管插入试管的中部，再到底部，并用氮气冲洗试管几秒钟。在抽出冲洗管后立即用聚乙烯盖子密封试管。

附　录　B

（资料性附录）

可供参考的线圈腐蚀级别的表示

B.1　有些研究要求对催化剂线圈进行评级作为油品腐蚀特性的定性指标，铁丝和铜丝现象表（见表 B.1，表 B.2）仅仅作为参考资料附在下面。

B.1.1　仅对线圈的外表面进行评级。

表 B.1　铁丝的腐蚀现象

评　　级	说　　明
明　　亮	外观如新抛光
变　　色	无红——褐色腐蚀锈斑，但全变色
轻　　锈	有限的锈蚀，不超过六个锈斑
中　　锈	7 至 12 个锈斑
重　　锈	超过 13 个锈斑
涂　　层	铁丝上的沉积物妨碍表面的评价

表 B.2　铜丝的腐蚀现象

评　　级	说　　明
明　　亮	外观如新抛光
变　　色	中度变色
绿　　色	明显的绿色
黑　　色	很黑的颜色
涂　　层	铜丝上的沉积物妨碍表面的评价

编者注：本标准中引用标准的标准号和标准名称变动如下。

原标准号	现标准号	现 标 准 名 称
GB/T 7304	GB/T 7304	石油产品酸值的测定　电位滴定法

中华人民共和国石油化工行业标准

SH/T 0566—1993

（2004 年确认）

润滑油黏度指数改进剂增稠能力测定法

1 主题内容与适用范围

本标准规定了用黏度法测定润滑油黏度指数改进剂增稠能力的方法。

本标准适用于各种类型的高分子聚合物黏度指数改进剂。

2 引用标准

GB/T 265 石油产品运动黏度测定法和动力黏度计算法

SH/T 0034 添加剂中有效组分测定法

3 定义

本标准中增稠能力是指含有 1%(m/m)黏度指数改进剂有效组分后的 150SN 中性油的 100℃ 运动黏度增长值。

4 方法概要

按 SH/T 0034 方法，将试样中的有效组分分离出来，经干燥、恒重，称取一定量的试样有效组分，溶解于 150SN 中性油中，分别测定加入试样有效组分前后 150SN 中性油的 100℃ 运动黏度，并通过计算得到运动黏度增长值。

5 仪器与材料

5.1 仪器

5.1.1 烧杯：100mL。

5.1.2 分析天平：感量为 0.1mg。

5.1.3 运动黏度测定仪：符合 GB/T 265 要求。

5.1.4 橡胶薄膜套渗透装置：符合 SH/T 0034 要求。

5.1.5 电炉及调压器。

5.2 材料

基础油：石蜡基大庆原油生产的 150SN 中性油。

6 准备工作

6.1 橡胶薄膜套的处理：按 SH/T 0034 中有关内容进行。

6.2 试样处理：按 SH/T 0034 中有关内容进行。

6.3 试样有效组分分离：称取试样 10g±0.1g，按 SH/T 0034 要求进行试样膜渗析分离，收集试样中的有效组分备用。

7 试验步骤

7.1 于 100mL 烧杯中称取分离出的有效组分 0.10g（称精确至 0.0004g），加入 9.90g（称精确至

0.0004g)过滤后的 150SN 中性油，在电炉上搅拌加热，温度控制在 120℃±5℃，使其充分溶解，调匀后备用的试油不得过滤处理。

7.2 按 GB/T 265 规定测定 7.1 条中备用试油的 100℃运动黏度，同时测定未加入试样有效组分的 150SN 中性油的 100℃运动黏度。

8 计算

试样的增稠能力 $X(\mathrm{mm}^2/\mathrm{s})$ 按下式计算：

$$X = \nu - \nu_0$$

式中：ν_0——所用 150SN 中性油的 100℃运动黏度，mm^2/s；

ν——含有 1%(m/m)试样有效组分的 150SN 中性油的 100℃运动黏度，mm^2/s。

9 精密度

按下述规定判断测定结果的可靠性(95%置信水平)。

9.1 重复性

同一操作者重复测定两个结果之差，不应大于 $0.150\mathrm{mm}^2/\mathrm{s}$。

9.2 再现性

两个实验室各自提出的两个测定结果之差，不应大于 $0.265\mathrm{mm}^2/\mathrm{s}$。

10 报告

取重复测定两个结果的算术平均值作为测定结果，并取四位有效数字报告结果。

———————

附加说明：

本标准由石油化工科学研究院技术归口。

本标准由大连石油化工公司负责起草。

本标准主要起草人赵兴发。

中华人民共和国石油化工行业标准

SH/T 0567—1993

难燃液压液歧管着火试验法

1 主题内容与适用范围

本标准规定了难燃液压液(油)歧管着火的试验方法。

本标准适用于难燃液压液(油)。

2 方法概要

取 15mL 试样,以一定的高度和速度滴加 10mL 到热歧管上,观察其着火现象。

3 仪器与材料

3.1 仪器

3.1.1 模拟歧管试验装置(见下图)。

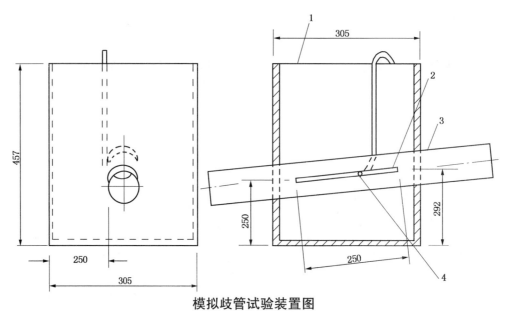

模拟歧管试验装置图

1—薄金属箱体;2—不锈钢棒;3—不锈钢管;4—热电偶

该装置是由壁厚 0.1cm,外径 7.6cm 的不锈钢管制造的。把直径 0.32cm,长 25cm 的不锈钢棒固定在管子的外表面,在钢棒的背面焊接上一个热电偶(精度±2℃),并将导线绝缘。

3.1.2 歧管支架

外壳由约 0.5cm 的薄不锈钢板焊接而成。两侧面钢板上各打一个直径为 7.6cm 的圆孔,一侧距底面约 25cm,另一侧距底面约 29.2cm。

3.1.3 电加热元件

一根 3~5Ω 的碳硅棒,用适当的方法将不锈钢管的温度控制在 704℃±10℃。

中国石油化工总公司 1993-08-19 批准

1994-05-01 实施

3.1.4 可控硅温度控制器。

3.1.5 秒表。

3.2 材料

钢丝绒：40-100 型或 60-100 型。

4 试验步骤

4.1 用钢丝绒将不锈钢管外侧擦干净。

4.2 把电加热元件安装在不锈钢管的中心，调节电压，使不锈钢管的温度维持在 704℃±10℃。

4.3 当不锈钢管达到 704℃±10℃时，每次以 40～60s 滴 10mL 试样的速度，向不锈钢管上滴加 10mL 试样。滴加时应从距不锈钢管 50~100mm 处滴向不锈钢管的不同点，观察试样的着火现象。

注意：由于高温操作，实验应在通风橱中进行，试验后应及时打开通风。

5 报告

报告结果如下：

a. 试样滴在不锈钢管上闪火或燃烧，但是从不锈钢管上滴落后不闪火或不燃烧。

b. 试样滴在不锈钢管上不闪火或不燃烧，但是从不锈钢管上滴落后闪火或燃烧。

c. 试样滴在不锈钢管上不闪火或不燃烧，从不锈钢管上滴落后也不闪火，不燃烧。

附加说明：
本标准由石油化工科学研究院技术归口。
本标准由石油化工科学研究院负责起草。
本标准主要起草人沈淑珍。
本标准参照采用美国联邦试验方法标准 FS 791C 6053.1(1986)《歧管着火试验》。

中华人民共和国石油化工行业标准

油包水型乳化液贮存稳定性测定法
（烘　箱　法）

SH/T 0568—1993

（2004 年确认）

1　主题内容与适用范围

本标准规定了测定油包水型乳化液贮存稳定性的方法。

本标准适用于油包水型乳化液。

2　引用标准

SH/T 0246　轻质石油产品中水含量测定法（电量法）

3　方法概要

取 100mL 试样，放在 85℃±1℃ 的烘箱里，恒温 48h 或 96h。然后测定其油分离量[%(V/V)]、水分离量[%(V/V)]及在规定处的上层和下层试样中的水含量[%(m/m)]。

4　意义

本标准表明油包水型乳化液在贮存和正常使用时的稳定性。

5　仪器

5.1　烘箱：带鼓风，控温在 85℃±1℃。

5.2　量筒：100mL，分度为 1mL，带磨口盖。盖上应有放气槽。

5.3　移液管：10mL。

5.4　微量注射器：0.5 或 1μL。

5.5　细口玻璃瓶：约 30mL。

5.6　洗耳球。

6　准备工作

将样品装入 1L 或 500mL 的容器中，用手剧烈地摇动或机械混合 3~5min，确保样品均匀。

注：油包水型乳化液是两相系统，与完全均相系统不同，因此，在大容器中难以混合、抽取有代表性的试样。得到均匀液体的最好方法是持续不断、剧烈地机械搅拌。然而，对已贮存半年以上的不稳定乳化液，此取样方法也不能取得有代表性的试样。

7　试验步骤

7.1　用量筒量取 100mL 试样，加盖。

7.2　将量筒放到温度保持在 85℃±1℃ 的烘箱中，放置 48h（或 96h）。放置时，量筒要放在烘箱的中部并至少离烘箱底部 75mm，以保证受热均匀。

注：在相同时间内完成多个试验时，要调整量筒的位置，以避免由于不适当的对流引起烘箱中温度的变化。同

样的理由，应限制在相同时间完成试验的数目。

7.3 48h(或96h)后，从烘箱中取出量筒，在室温(21℃±3℃)下放置1h。

7.4 观察与记录

7.4.1 油分离量[%(V/V)]。

7.4.2 水分离量[%(V/V)]。

7.5 用10mL移液管，按下列步骤取出试样。

7.5.1 将移液管尖端准确地放到量筒80mL标记处，慢慢地吸取10mL试样并转移到约30mL细口玻璃瓶中。这样得到的是上层试样。

7.5.2 将移液管尖端准确地放到量筒15mL标记处，慢慢地吸取10mL试样并转移到约30mL细口玻璃瓶中。这样得到的是下层试样。

 注：如果水分离量等于或超过10%(V/V)，那么下层水含量的测定就可以不进行了。

7.6 摇动装有试样的约30mL细口玻璃瓶，用微量注射器取0.5μL试样，按照SH/T 0246测定上层和下层试样的水含量[%(m/m)]。

8 报告

8.1 油分离量[%(V/V)]。

8.2 水分离量[%(V/V)]。

8.3 上层水含量[%(m/m)]。

8.4 下层水含量[%(m/m)]。

9 精密度

 本标准的精密度取决于乳化液的稳定程度。

9.1 类型I——稳定乳化液

 注：在85℃温度下，经48h或96h试验后，水分离量不超过1%(V/V)，并且上下层水含量差别较小，比值大于0.9的试样。

 按下述规定判断试验结果的可靠性(95%置信水平)。

9.1.1 重复性：同一操作者重复测定的两个结果之差不应大于表1中重复性规定的数值。

9.1.2 再现性：不同实验室各自提出的两个结果之差不应大于表1中再现性规定的数值。

表1 类型I的精密度

	油分离量,%(V/V)	水分离量,%(V/V)	上层和下层水含量比值之差,%
重复性	1	1	10
再现性	3	1	14

 注：以上精密度的规定是由水含量为35%~50%(m/m)之间的液压液通过对实验室间试验结果进行统计试验得到的。

9.2 类型II——不稳定乳化液

 注：在85℃温度下，经48h或96h试验后，水分离量超过10%(V/V)的试样。

 96h试验精密度极限同表1。

9.3 类型III——边缘稳定性乳化液

 试样稳定性的变化随处理的时间或条件或两者的变化而变化，使测定精密度没有意义，所以不规定精密度。

注：在85℃温度下，经48h或96h试验后，水分离量不超过10%(V/V)，但上下层水含量差别较大，比值小于0.9的试样。

————————————

附加说明：

本标准由石油化工科学研究院技术归口。

本标准由石油化工科学研究院负责起草。

本标准主要起草人霍翠娟。

本标准参照采用美国试验与材料协会标准 ASTM D3707-89《油包水型乳化液贮存稳定性测定法（烘箱法）》。

中华人民共和国石油化工行业标准

油包水型乳化液稳定性测定法
（低温-室温循环法）

SH/T 0569—1993

（2004 年确认）

1 主题内容与适用范围

本标准规定了测定油包水型乳化液在低温到室温循环条件下的稳定性方法。

本标准适用于油包水型乳化液。

2 引用标准

SH/T 0246 轻质石油产品中水含量测定法（电量法）

3 方法概要

取 100mL 试样，在规定的条件下循环九个过程。整个过程结束后，测定油分离量$[\%(V/V)]$、水分离量$[\%(V/V)]$及在规定处的上层和下层的水含量$[\%(m/m)]$。

4 意义

本标准表明乳化液经受低温使用和贮存条件下的稳定性。通常乳化液最低使用温度限制到-18℃。

5 仪器

5.1 冷箱：能恒温在-18℃±1.5℃。

5.2 量筒：100mL，分度为 1mL，带有磨口盖。盖上应有放气槽，以避免试验时出现真空或压力增加。

5.3 移液管：10mL。

5.4 微量注射器：0.5 或 1μL。

5.5 细口玻璃瓶：约 30mL。

5.6 洗耳球。

6 准备工作

试验前，将样品装入 1L 或 0.5L 的容器中，用手剧烈地摇动或机械混合 3～5min，确保样品均匀。

注：油包水型乳化液是两相系统，与完全均相系统不同，因此，在大容器中难以混合并抽取有代表性的试样。得到均匀试样的最好方法是持续不断、剧烈地机械搅拌。然而，对于已贮存半年以上的不稳定乳化液，此取样方法也不能取得有代表性的试样。

7 试验步骤

7.1 用量筒取 100mL 均匀试样，加盖。

7.2 将量筒放到温度保持在-18℃±1.5℃的冷箱中16h，然后从冷箱中取出量筒在室温(21℃±3℃)下放置8h。

7.3 按7.2条所述重复三个循环过程。

7.4 第五个循环过程，将量筒放入冷箱里64h，取出在室温下放置8h。

7.5 按7.2条再重复三个循环过程。

7.6 第九个循环过程，将量筒放入冷箱里16h，取出在室温下放置3h，然后进行观察。

7.7 观察与记录

7.7.1 油分离量[%(V/V)]。

7.7.2 水分离量[%(V/V)]。

7.8 用10mL移液管，按下列步骤取试样：

7.8.1 将移液管尖端准确地放到量筒80mL标记处，慢慢地吸取10mL试样并转移到约30mL细口玻璃瓶中。这样得到的是上层试样。

7.8.2 将移液管尖端准确地放到量筒15mL标记处，慢慢地吸取10mL试样并转移到约30mL细口玻璃瓶中。这样得到的是下层试样。

7.9 将上层和下层试样分别摇匀，用微量注射器吸取0.5μL试样，按照SH/T 0246测定上层和下层水含量[%(m/m)]。

8 报告

8.1 油分离量[%(V/V)]。

8.2 水分离量[%(V/V)]。

8.3 上层水含量[%(m/m)]。

8.4 下层水含量[%(m/m)]。

9 精密度

9.1 类型Ⅰ——稳定乳化液

注：经九个周期的循环试验后，水分离量低于10%(V/V)，并且上下层水含量差别较小，比值大于0.9的试样。

按下述规定判断试验结果的可靠性(95%置信水平)。

9.1.1 重复性：同一操作者重复测定的两个结果之差不应大于下表中重复性规定的数值。

9.1.2 再现性：不同实验室各自提出的两个结果之差不应大于下表中再现性规定的数值。

类型Ⅰ的精密度表

	油分离量,%(V/V)	水分离量,%(V/V)	上层和下层水含量比值之差,%
重复性	1	1	3
再现性	2	2	3

注：以上精密度的规定是由水含量为35%~50%(m/m)的油包水型乳化液压液通过对实验室间试验结果进行统计试验得到的。

9.2 类型Ⅱ——不稳定乳化液

注：经九个周期的循环试验后，水分离量超过10%(V/V)的试样。

由温度循环引起的试样不稳定程度的变化较大，因此精密度暂不规定。

附加说明：

本标准由石油化工科学研究院技术归口。

本标准由石油化工科学研究院负责起草。

本标准主要起草人霍翠娟。

本标准参照采用美国试验与材料协会标准 ASTM D3709-89《油包水型乳化液在低温到室温循环条件下的稳定性测定法》。

中华人民共和国石油化工行业标准

SH/T 0570—1993

（2004 年确认）

重整催化剂铂含量测定法

1 主题内容与适用范围

本标准规定了重整催化剂中铂含量的测定方法。

本标准适用于新鲜的和用过的单铂、铂-锡及铂-铼以氧化铝为载体的重整催化剂。含铂范围为 $0.200\% \sim 0.700\%(m/m)$。测定铂-铼催化剂时，铂络合物显色液中控制铼含量不大于1.5mg/100mL。钯、钌、铑元素的存在明显地干扰铂的测定。

2 方法概要

用盐酸、磷酸和过氧化氢溶解试样。溶液中的四价铂在一定的盐酸酸度下与氯化亚锡还原剂作用，生成黄色的氯铂酸锡络合物。用分光光度计测定该络合物显色液的吸光度，通过平均换算因子对吸光度的换算，计算试样中的铂含量。

3 仪器

3.1 分光光度计：波长范围200~800nm；当吸光度为1.0时，重复性为±0.002。

3.2 比色皿：1cm。

3.3 分析天平：感量为0.1mg。

3.4 高温炉：1000℃±25℃。

3.5 瓷坩埚：30mL。

3.6 真空干燥器：干燥剂为4A分子筛。

3.7 烧杯：200，250mL。

3.8 表面皿：直径85mm。

3.9 容量瓶：100，1000mL。

3.10 刻度量杯：10，50，100mL。

3.11 滴定管：25mL，精度为0.10mL。

3.12 吸量管：10mL。

3.13 称量瓶：25mm×40mm。

3.14 聚乙烯洗瓶：500mL。

3.15 瓷蒸发皿：250mL。

3.16 电炉。

4 试剂

4.1 盐酸：分析纯。按体积比配成1：1盐酸溶液。

4.2 磷酸：分析纯。

中国石油化工总公司 1993-08-19 批准

1994-05-01 实施

4.3 硝酸：分析纯。

4.4 甲酸（HCOOH）：分析纯。

4.5 氯化亚锡（SnCl₂·2H₂O）：分析纯。

4.6 过氧化氢：分析纯。

4.7 铂丝：纯度不低于99.99%。

4.8 水：去离子水，电导率不大于5μS/cm。

5 准备工作

5.1 280g/L氯化亚锡溶液的配制：称取280g氯化亚锡，溶于500mL盐酸中，加热至全部溶解后，用水稀释至1L，摇匀。此溶液需当日配制。

5.2 1mg/mL铂标准贮备溶液的配制：称取1g±0.1mg铂丝于250mL烧杯中，加入7mL硝酸、21mL盐酸，用表面皿盖上烧杯，在电炉上缓慢地加热，待溶液呈稠状时，再加入7mL硝酸和21mL盐酸，直至铂丝全部溶解，然后蒸发至近干。冷却后，加入20mL盐酸溶液洗表面皿和烧杯壁，再次蒸发至干。冷却后，用约20mL盐酸溶液洗表面皿和烧杯壁，并溶解蒸干物。加几滴甲酸于溶液中，以还原剩余的硝酸。用水将溶液转移到1L容量瓶中，加入300mL盐酸，以水稀释至近刻度，摇匀。待溶液冷却至室温后，再用水稀释至刻度，摇匀。此贮备溶液浓度为1mgPt/mL。

5.3 0.1mg/mL铂标准工作溶液的配制：用吸量管准确吸取铂标准贮备溶液（5.2条）10mL于100mL容量瓶中，加入30mL盐酸，以水稀释至近刻度，摇匀。待溶液冷却至室温后，再用水稀释至刻度，摇匀。此溶液浓度为0.1mgPt/mL。

5.4 平均换算因子的测定：用25mL滴定管准确量取5.3条中的铂标准溶液5.00、10.00、15.00mL分别放入三个100mL容量瓶中，然后各加入30mL盐酸，再用水稀释到85mL左右，冷却至室温后，加入10mL氯化亚锡溶液，用水稀释至刻度，摇匀。同时制备试剂空白溶液。放置1h后，以试剂空白溶液为参比，用1cm比色皿，在分光光度计的403nm或460nm波长处测定吸光度（403nm为测定单铂及铂-锡重整催化剂中铂所用的波长；460nm为测定铂-铼重整催化剂中铂所用的波长），计算各点铂毫克数与相应吸光度的比值，取其平均值即为平均换算因子。该因子表示单位吸光度相当的铂毫克数。本项吸光度的测定与样品的测定应同时进行。

6 试验步骤

6.1 试样的处理

6.1.1 新鲜催化剂：将已研磨至150目的试样放入称量瓶中，按下表规定量称取试样于200mL烧杯中，使含铂量依照5.4条在0.5~1.5mg范围内。用约15mL水洗烧杯壁并湿润试样。加入10mL磷酸、10mL盐酸和1mL过氧化氢，盖上表面皿，置于电炉上缓慢地加热溶解，直至溶解完全，取下烧杯稍冷，用水洗表面皿和烧杯壁，再于电炉上微沸5min，以除去过量的过氧化氢，冷却后，用水将溶液转移到100mL容量瓶中，溶液总体积不得超出60mL。

表1 试样称量规定

铂含量，%（m/m）	称样量，g
0.200~0.400	0.50~0.25（精确至0.1mg）
0.400~0.700	0.25~0.15（精确至0.1mg）

6.1.2 用过的催化剂：用过的重整催化剂上如有积炭，须先进行烧炭处理。称取约10g不含其他杂物的催化剂试样于250mL瓷蒸发皿中，在550℃±10℃的高温炉内（炉门稍打开）灼烧，灼烧过程中要搅动试样1~2次，烧炭至

2h 以上取出冷却。

烧炭后的试样，其研磨筛目、试样量及对含铂量的要求同 6.1.1。

用少量水洗烧杯壁及湿润试样后，先加入 10mL 磷酸，盖上表面皿，置于电炉上缓慢地加热溶解，直至冒烟并有铂黑析出，然后取下烧杯稍冷，用水洗表面皿和烧杯壁，再加入 10mL 盐酸和 1mL 过氧化氢，继续缓慢地加热至铂黑溶解，取下稍冷，下述操作同 6.1.1 有关部分。

注：当试样溶液除了测定铂含量外，还需测定其他元素（如铼）时，可增加称样量[如铂含量为 0.400%(m/m)时，称约 1g 试样（精确到 0.1mg）]，按 6.1.2 溶解试样的方法将试样溶解，并移入 100mL 容量瓶中，用水稀释至刻度，摇匀。分取部分溶液到 100mL 容量瓶中，使含铂量仍依照 5.4 条在 0.5~1.5 mg 范围内，并用水稀释到 60mL 左右。剩余液待测其他元素。

6.2 试样的测定

将 25mL 盐酸加入 6.1 条试样溶液中，摇匀，待冷却至室温后，加入 10mL 氯化亚锡溶液（5.1 条），用水稀释到刻度，摇匀。同时制备试剂空白溶液。放置 1h，以试剂空白溶液为参比，单铂和铂-锡重整催化剂试样在 403nm 波长处；铂-铼重整催化剂试样在 460nm 波长处，用 1cm 比色皿测定其吸光度。

6.3 灼烧基的测定

6.3.1 重整催化剂铂含量是以非挥发性基为基准进行计算的。通常在称取试样的同时称出部分样品，用以测定灼烧基。

6.3.2 称取三份约 1g（精确至 0.1 mg）试样于三个已恒重的瓷坩埚中，加盖，但要留一小缝，放在高温炉内，升温至 1000℃±25℃，恒温 3h 后取出，并放入真空干燥器内冷却 1h 后称重。

6.3.3 灼烧基 B[%(m/m)]按式（1）计算：

$$B = \frac{m_2 - m_0}{m_1} \times 100 \quad\cdots\cdots\cdots\cdots\cdots\cdots\cdots\cdots\cdots\cdots\cdots\cdots (1)$$

式中：m_0——空坩埚的质量，g；

m_1——灼烧前试样的质量，g；

m_2——灼烧后试样与空坩埚的总质量，g。

7 计算

试样中铂含量 X[%(m/m)]按式（2）计算：

$$X = \frac{A \cdot K}{m_3 \cdot B \times 1000} \times 100 \quad\cdots\cdots\cdots\cdots\cdots\cdots\cdots\cdots\cdots\cdots\cdots (2)$$

式中：A——试样溶液中铂显色后的吸光度；

K——平均换算因子，单位吸光度相当的铂毫克数；

m_3——试样的质量，g；

B——灼烧基，%(m/m)。

8 精密度

按以下规定判断试验结果的可靠性（95% 置信水平）。

8.1 重复性：同一操作者，重复测定的两个结果之差不应大于 0.005%(m/m)。

8.2 再现性：实验室间，对同一试样，各重复测定两次所得结果的算术平均值之差不应大于 0.013%(m/m)。

9 报告

取重复测定两个结果的算术平均值作为测定结果，并取三位有效数字。

附加说明：

本标准由石油化工科学研究院技术归口。

本标准由石油化工科学研究院负责起草。

本标准主要起草人吕娟。

本标准参照采用美国试验与材料协会标准 ASTM D4642-86《重整催化剂铂含量测定法》。

中华人民共和国石油化工行业标准

SH/T 0571—1993

催化剂中沸石表面积测定法

（2004 年确认）

1 主题内容与适用范围

本标准规定了用静态氮吸附容量法测定催化剂中沸石表面积的方法。

本标准适用于含大孔沸石的催化剂，包括裂化催化剂、加氢催化剂和异构化催化剂。

2 引用标准

GB/T 5816 催化剂和吸附剂表面积测定法

3 术语

3.1 催化剂表面积：催化剂孔的总表面积，m^2/g。

3.2 催化剂的基质表面积：催化剂中非沸石部分的面积，由 $V-t$ 作图法的斜率确定，m^2/g。

3.3 催化剂中沸石表面积：催化剂表面积与基质表面积之差，m^2/g。

4 方法概要

在液氮温度下，测定不同低压下催化剂所吸附氮气的体积。按 GB/T 5816 测定，由测得的氮吸附量根据 BET 公式计算，可获得催化剂总表面积；通过扩展压力范围（$P/P_0 = 0.01 \sim 0.65$ 之间实测 10～15 个试验点）采用 $V-t$ 作图法计算基质表面积，则沸石表面积为催化剂表面积与基质表面积之差。

5 仪器

5.1 全自动物理吸附仪：如 ASAP-2400 或 ASAP-2000 系列以及经典的静态氮吸附容量装置均可作为本标准的测定仪器，但要求真空系统的真空度应高于 1.33Pa。

> 注：① 下述试验步骤主要按 ASAP-2400 仪器的操作内容叙述。
> ② 1Pa = 7.5mtorr。

5.2 分析天平：感量为 0.1mg。

5.3 高温炉。

6 材料

6.1 氮气：钢瓶氮气，纯度不低于 99.9%。

6.2 氦气：钢瓶氦气，纯度不低于 99.9%。

6.3 液氮：要求饱和蒸气压（P_0）值不高于当天大气压 5.3kPa。

7 试验步骤

7.1 试样准备与脱气

7.1.1 试样放入高温炉中经 300℃、1h 加热预处理后，在干燥器中冷却至室温。

7.1.2 将干净的空白试样管置于仪器各脱气站口，经抽空后充氦气至大气压，并准确称量。

7.1.3 粗略称取催化剂试样，装入已充氦气的试样管中，选择试样量以提供试样总面积 $20 \sim 100 m^2$ 为宜。

7.1.4 将装有试样的试样管置于仪器各脱气站口，在系统压力不大于 1.33Pa 及 $300 \sim 350℃$ 条件下加热 4h，然后冷却至室温并回充氦气至大气压。

> 注：对沸石含量高的催化剂脱气允许过夜。

7.1.5 准确称量脱气后试样和试样管质量，以求出试样的质量。

7.2 氮吸附量的测定

7.2.1 向各试样杜瓦瓶中加入液氮（液面至瓶口约 60mm）。

7.2.2 将套好液氮等温罩的试样管移接到仪器各分析站口。

7.2.3 通过计算机键盘的数字键，按窗口菜单方式执行并控制全部试验过程，在 BET 线性范围内（$P/P_0 = 0.05 \sim 0.25$）至少取四个试验点；在 $V-t$ 作图线性范围内至少也要有四个试验点落在线上。

> 注：当沸石含量增加时，BET 线性范围可采用 $P/P_0 = 0.01 \sim 0.09$ 范围内。

7.2.4 $V-t$ 作图线性范围选择，t 值取 $0.4 \sim 0.6 nm$（$P/P_0 = 0.15 \sim 0.44$）为宜。

8 计算

8.1 BET 表面积 $S_{BET}(m^2/g)$ 按 GB/T 5816 计算。

8.2 吸附层厚度 t 值（nm）按 Harkins-Jura 公式，即式（1）计算：

$$t = \left[\frac{13.99}{0.034 - \log(P/P_0)} \right]^{1/2} \times 10^{-1} \quad \cdots\cdots\cdots\cdots\cdots（1）$$

式中：P——吸附平衡压力，Pa；

P_0——饱和蒸气压，Pa；

P/P_0——相对压力。

以 t 对吸附量作 $V-t$ 图，采用最小二乘法或图解法求出 $V-t$ 图直线的斜率 S_t 和截距 I_t。

8.3 基质表面积 $S_M(m^2/g)$，按式（2）计算：

$$S_M = S_t \times \left[\frac{15.47}{0.975} \right] \quad \cdots\cdots\cdots\cdots\cdots（2）$$

> 注：0.975——校正系数，适用于氧化物类型催化剂。

8.4 沸石表面积 $S_Z(m^2/g)$，按式（3）计算：

$$S_Z = S_{BET} - S_M \quad \cdots\cdots\cdots\cdots\cdots（3）$$

8.5 沸石微孔体积 $V_{MP}(mL/g)$，按式（4）计算：

$$V_{MP} = I_t \times 0.001547 \quad \cdots\cdots\cdots\cdots\cdots（4）$$

9 精密度

按以下规定判断试验结果的可靠性（95% 置信水平）。

9.1 重复性：同一实验室对同一试样重复测定的两个结果之差不应大于下表规定的数值。

9.2 再现性：不同实验室对同一试样进行测定，各自提出的结果之差不应大于下表规定的数值。

10 报告

10.1 取重复测定两个结果的算术平均值作为沸石表面积测定结果，并取三位有效数字。

10.2 报告应给出试样预处理及脱气条件。

精密度表

沸石表面积 m²/g	重 复 性		再 现 性	
	m²/g	%	m²/g	%
87.2	4.69	5.4	31.8	36.5
136	7.28	5.3	32.0	23.5
174	8.77	5.0	25.1	14.5

注：沸石表面积在 87.2~136(m²/g)、136~174(m²/g)之间，精密度按上表规定采用内插法。

沸石表面积界于 50.0~87.2(m²/g)，重复性为 5.4%，再现性为 36.5%。

沸石表面积界于 174~220(m²/g)，重复性为 5.0%，再现性为 14.5%。

附加说明：

本标准由石油化工科学研究院技术归口。

本标准由石油化工科学研究院负责起草。

本标准主要起草人张希智、李国英。

本标准参照采用美国试验与材料协会标准 ASTM D4365-85《测定催化剂中沸石表面积标准方法》。

中华人民共和国石油化工行业标准

催化剂孔径分布计算法
（氮脱附等温线计算法）

SH/T 0572—1993

（2004 年确认）

1 主题内容与适用范围

本标准规定了从氮脱附等温线计算试样孔径分布的方法。

本标准适用于含有孔半径为 1.5~50nm 的催化剂及其载体。

2 引用标准

GB/T 5816 催化剂和吸附剂表面积测定法

3 术语、符号

3.1 术语

3.1.1 孔：在催化剂材料里可以让流体进入、吸附或通过的小裂隙、空隙或空洞。

3.1.2 孔径分布：催化剂材料的孔体积被表示为孔径的函数。

3.2 符号

$P_d(i)$：脱附期间平衡后的压力，Pa。

$P_0(i)$：液氮饱和蒸气压，Pa。

V_{de}：脱附平衡后，试样吸附氮气的量，cm^3STP/g。

注：cm^3STP/g 表示标准状态下的 cm^3/g。

r_k：从 Kelvin 公式算出的孔的"内核"半径，nm。

T：氮的沸点，K。

V_L：在温度 T 时的液氮摩尔体积，cm^3/mol。

γ：在温度 T 时液氮的表面张力，mN/m。

$t(i)$：吸附在孔壁上的氮膜平均厚度，nm。

$r_p(i)$：圆柱形孔半径，$r_p(i) = r_k(i) + t(i)$，nm。

Q：体积校正因子，$(\bar{r}_p / \bar{r}_k)^2$。

$\Delta V_T(i)$：由于相对压力降低引起的吸附液态氮体积的减少，mm^3/g。

$\Delta V_t(i)$：在膜减薄时，从孔壁脱附的液态氮体积，mm^3/g。

$\Delta V_k(i)$：发生毛细管冷凝时，孔的"内核"中液态氮体积，mm^3/g。

$\Delta V_p(i)$：在具有平均孔半径 $\bar{r}_p$ 的一组孔中含有的液态氮体积，mm^3/g。

$\Sigma\Delta V_p$：累积孔体积，mm^3/g。

$\Delta S_p(i)$：体积为 ΔV_p 的圆柱形孔壁的面积，m^2/g。

4 方法概要

孔径分布由氮吸附等温线脱附支的数据计算确定。氮的吸附包括氮在孔壁上的多分子层吸附膜和氮在孔的"内核"中的毛细管冷凝液。平衡相对压力在此时发生毛细管冷凝的孔半径的关系由Kelvin公式给出。脱附期间，以前已脱空了毛细管冷凝液的孔中则发生了多分子吸附层的减薄。计算减薄体积时，要用到已暴露出来的膜的表面积和半径。在原理上，这个计算过程既能应用于氮吸附等温线的吸附支也能应用于脱附支。但实际应用时，除了那种脱附支陡然与吸附支闭合的墨水瓶形孔的等温线外，一般采用脱附支数据计算。

本标准基本遵循 B·J·H(Barrett，Joyner 和 Halenda)计算法，但作了一些简化。

注：在用吸附支计算时，建议采用 Cranston Inkley 计算步骤。

5 意义和用途

用氮吸附等温线获得的孔体积分布曲线是表征催化剂孔结构的最好手段之一。在催化剂制备过程中，由于温度、压力和挤压成型等条件的不同而引起孔结构的改变时，本标准是研究这一改变的有力工具。在研究催化剂失活机理时，孔体积分布曲线也常常能够提供有价值的信息。

6 计算

6.1 计算过程中需要用实验测定的一系列相对压力 $[P_d(i)/P_0(i)]$ 和相应的一系列氮气吸附量(单位 $cm^3 STP/g$)。计算过程中所需的实验数据的测定遵循 GB/T 5816 所规定的方法吸附到饱和，然后一点一点地脱附到 $P_d/P_0 = 0.25$ 附近为止，至少测定 20 个点。

观察氮吸附等温线上 $P_d/P_0 = 0.95$ 以上的区域，如果试样不含半径大于 50nm 的孔。则在 P_d/P_0 接近 1 的一段区域内，等温线几乎保持水平。在这种情况下，要确定孔分布的上限，选择计算开始的相对压力点是较简单的。可是如果试样中有半径大于 50nm 的孔，这时 P_d/P_0 靠近 1 的地方，等温线迅速上升。使得总孔体积难以确定，孔径分布的上限只能相对确定。在大多数情况下，可以选择开始相对压力为 0.98，相应于孔半径的上限为 50nm。如果有必要，可以用内插法确定与开始相对压力点相应的氮气吸附量 V_{de}。

本标准采用开口圆柱孔模型，这些孔之间互不连通，因而在吸附或脱附过程中彼此独立作用。

6.2 计算过程需要经过许多运算步骤，所以最好是借助于一张表格来完成，见表1。由高到低地按顺序将实验测得的相对压力值 $P_d(i)/P_0(i)$ 列于表中第 1 列。第 1 列第 1 行的相对压力值是被选定的开始相对压力值。而相对压力低于 0.25 的值则不必列出。把实验测定的氮气吸附量 $V_{de}(cm^3 STP/g)$ 乘上转换因子 1.5468(由 $V_L = 34.67 cm^3/mol$ 导出)换算成液态氮体积 $V_{de}(mm^3/g)$ 列于第 9 列。

表1 孔径分布计算表

试样名称_____ 预处理条件_____ 脱气条件_____ 日期_____

1	2	3	4	5	6	7	8	9	10	11	12	13	14	15	16
P_d/P_0	r_k nm	$\bar{r}_k$ nm	t nm	Δt nm	r_p nm	$\bar{r}_p$ nm	Q	V_{de} mm^3/g	ΔV_T mm^3/g	ΔV_f mm^3/g	ΔV_k mm^3/g	ΔV_p mm^3/g	ΔS_p m^2/g	$\Sigma\Delta S_p$ m^2/g	$\Sigma\Delta V_p$ mm^3/g
		—		—		—				—				—	—
										0					

表1(续)

1	2	3	4	5	6	7	8	9	10	11	12	13	14	15	16
P_d/P_0	r_k nm	$\bar{r}_k$ nm	t nm	Δt nm	r_p nm	$\bar{r}_p$ nm	Q	V_{de} mm³/g	ΔV_T mm³/g	ΔV_f mm³/g	ΔV_k mm³/g	ΔV_p mm³/g	ΔS_p m²/g	$\Sigma\Delta S_p$ m²/g	$\Sigma\Delta V_p$ mm³/g

第 2 列中 $r_k = -\dfrac{0.9574}{\ln(P_d/P_0)}$

第 4 列中 $t = \left[\dfrac{13.99}{0.034-\log(P_d/P_0)}\right]^{1/2} \times 10^{-1}$

第 8 列中当 $\bar{r}_k > 3$nm 或 $\Delta t < 1\%\bar{r}_k$ 时 $Q = (\bar{r}_p/\bar{r}_k)^2$

第 11 列中 $\Delta V_f = 0.85 \times \Delta t \times \Sigma\Delta S_p$ ($\Sigma\Delta S_p$ 为前一行的值)

第 12 列中 $\Delta V_k = \Delta V_T - \Delta V_f$

第 13 列中 $\Delta V_p = \Delta V_k \times Q$

第 14 列中 $\Delta S_p = 2 \times (\Delta V_p/\bar{r}_p)$

6.3 每个相对压力所对应的孔半径 r_k(nm)用 Kelvin 公式,即式(1)算出:

$$RT\ln(P_d/P_0) = -\frac{2\gamma V_L}{r_k} \quad\cdots\cdots\cdots\cdots\cdots\cdots\cdots\cdots\cdots\cdots\cdots (1)$$

式中:T,γ,V_L 见 3.2;

　　　R——气体常数,其值为 8.314J/K·mol。

　　当 $T = 77.35$K,$\gamma = 8.88$mN/m,$V_L = 34.67$cm³/mol 时,式(1)变成式(2):

$$r_k = -\frac{0.9574}{\ln(P_d/P_0)} \quad\cdots\cdots\cdots\cdots\cdots\cdots\cdots\cdots\cdots\cdots\cdots (2)$$

　　把计算出的 r_k 值列于第 2 列。对于相邻的一对 r_k 值求出平均 $\bar{r}_k$,列于第 3 列。

6.4 在每个相对压力下,孔壁上氮的多分子吸附层平均厚度为 t,t 用于计算已经脱空了毛细管冷凝液的孔壁上膜减薄的体积。用 Harkins-Jura 公式,即式(3),可计算出与每个相对压力相应的膜厚度 t(nm):

$$t = \left[\frac{13.99}{0.034 - \log(P_d/P_0)}\right]^{1/2} \times 10^{-1} \quad\cdots\cdots\cdots\cdots\cdots\cdots (3)$$

　　把计算得的 t 值列于第 4 列。相邻 t 值之差列于第 5 列。

6.5 圆柱形孔模型的半径 r_p 等于"内核"半径 r_k 加上膜厚度 t;即第 2 列的值加上相应的第 4 列的值为 r_p 值,列于第 6 列。计算相邻两个值的平均值 $\bar{r}_p$,列于第 7 列。

6.6 从第 7 列和第 3 列的值计算 $Q = (\bar{r}_p/\bar{r}_k)^2$。这个值随后将用来把"内核"体积校正到每一组孔的体积。"内核"体积指的是孔中由毛细管冷凝液填充的部分。把计算出的 Q 值列于第 8 列。

　　这个 Q 值是经过简化的值。对于圆柱孔模型,精确的 Q 值应该按式(4)计算:

$$Q = \left[\bar{r}_p/(\bar{r}_k + \Delta t)\right]^2 \quad\cdots\cdots\cdots\cdots\cdots\cdots\cdots\cdots\cdots (4)$$

　　对于 $\bar{r}_k > 3$nm 或 $\Delta t < 1\%\bar{r}_k$,Q 可以简化为 $(\bar{r}_p/\bar{r}_k)^2$。

6.7 相对压力减小引起脱附的氮量 ΔV_T 可以从第 9 列相邻两个值之差得出,列在第 10 列。每一个 ΔV_T 值都由两部分氮体积构成。一部分是当相对压力降低时,脱空的毛细管冷凝液;另一部分是此时在以前步骤中已经失去毛细管冷凝液的孔壁上多分子层吸附膜的减薄。而第 10 列第 2 行第 1 个 ΔV_T 只单独包括脱出的毛细管冷凝液。因为假设在最高相对压力时，所有的孔都被毛细管冷凝液充满。在第一次相对压力降低时，没有吸附膜减薄发生。

6.8 为了获得具有平均孔半径 $\bar{r}_p$ 的每一组孔的孔体积值 ΔV_p，必须作出前一行的计算。第 11 列的 ΔV_f 是脱附期间孔壁上多分子吸附层减薄的氮量。对于第 2 行而言，$\Delta V_f = 0$，ΔV_T 就等于毛细管冷凝液充满的"内核"体积 ΔV_k。$\Delta V_k \times Q = \Delta V_p$。这时求得的 ΔV_p 列于第 13 列第 2 行。

6.9 孔体积为 ΔV_p 的孔壁表面积 $\Delta S_p (\text{m}^2/\text{g})$ 按式（5）计算：

$$\Delta S_p = \frac{2 \times \Delta V_p}{\bar{r}_p} \quad\quad\quad\quad\quad\quad\quad (5)$$

从第 13 列的 ΔV_p 值和第 7 列相应的 $\bar{r}_p$ 值，算出的 ΔS_p 值列于第 14 列。用 ΔS_p 值加上第 14 列中所有以前行的 ΔS_p 值计算出累积表面积值 $\Sigma \Delta S_p$，这个值表示到此时已暴露出的孔的总表面积值，列于第 15 列。把第 13 列中的 ΔV_p 值加上所有以前的 ΔV_p 值，计算出 $\Sigma \Delta V_p$ 值，列于第 16 列。

6.10 本方法可以从已暴露的孔总面积 $\Sigma \Delta S_p$ 和膜厚度的减少 Δt 来计算多分子层吸附膜减薄的液态氮体积 ΔV_f。所用的 $\Sigma \Delta S_p$ 是取自前一行的值，见式（6）：

$$\Delta V_f = 0.85 \times \Delta t \times \Sigma \Delta S_p \quad\quad\quad\quad\quad\quad\quad (6)$$

把 ΔV_f 值列在第 11 列。用 ΔV_T 值减去 ΔV_f 值得到 ΔV_k 值，列于第 12 列。用 ΔV_k 乘以第 8 列中相应的 Q 值得到 ΔV_p 值，列于第 13 列。再按照 6.9 条的步骤计算出 ΔS_p、$\Sigma \Delta S_p$ 和 $\Sigma \Delta V_p$。

注：此处对求 ΔV_f 值作了简化，附录 A 给出求 ΔV_f 的详细说明及系数 0.85 的来源。

6.11 对每一行数据按照 6.10 条的步骤重复进行计算，直到相对压力落到 0.25 与 0.30 之间。

注：人们公认 Kelvin 公式在低相对压力时不再有效，而对于不同的吸附体系，这个低限是不同的。所以很难精确地确定孔径分布计算的低限。人们公认，Kelvin 公式对于半径小于 1.0～1.5nm 的孔是无效的。我们选定相对压力在 0.25 和 0.30 之间作为孔体积计算的终止点，这相当于半径为 1.16～1.30nm 之间的孔径。但也有其他可以代替的确定计算终止点的办法：

a. 可以用滞后环在低相对压力区的闭合点。这个相对压力点一般代表试样中孔结构内不可逆毛细管冷凝的开始点。

b. 用表 1 第 16 列的 $\Sigma \Delta V_p$ 值和第 9 列第一行的 V_{de} 值作比较，当 $\Sigma \Delta V_p$ 的值等于或大于开始第一个 V_{de} 值时，计算终止。因为在这一点上，所测量的开始相对压力的孔体积已被耗尽。如果试样含有微孔，不采用此种终止方法。

c. V-t 作图法可以确定毛细管冷凝的开始点。由吸附的氮量对 t 值作图，可以构成 V-t 图。V-t 曲线向上弯曲的点代表毛细管冷凝开始点。与这个点相应的相对压力可以作为计算终止点。这个方法的优点是可以检测到等温线所不能检测到的可逆毛细管冷凝现象的存在。因为这种可逆毛细管冷凝不伴随滞后环，所以对于较精细的工作，推荐使用此终止方法。

6.12 第 15 列中最后的 $\Sigma \Delta S_p$ 值为总的累积表面积值。第 16 列最后的 $\Sigma \Delta V_p$ 值为总累积孔体积值。

注：总累积表面积值和低相对压力区检测的 BET 比表面积的比较是对孔径分布计算内在一致性的经验性的检验。如果所假设的孔模型与试样中实际孔系统较为接近，这两个值应非常一致。实际表明这两个值通常相差不超过±5%，但相差±20%也是常见的。如果 BET 表面积显著大于累积表面积，两者之差可能由于微孔的存在而引起。当两者之差大于 20% 时，在解释时应该小心。

7 报告

报告应包括如下内容：

7.1 试样名称、预处理条件及脱气条件并注明使用脱附等温线和假设的圆柱孔模型。

7.2 给出一个由第 16 列的累积孔体积数据和第 6 列中相应的孔半径 r_p 值组成的表格或图形。累积孔体积图的纵轴为 $\Sigma \Delta V_p$ 值（mm^3/g），用算术坐标。横轴为相应的孔半径或孔直径（nm），用对数坐标或算术坐标。累积孔体积分布图一般为平滑曲线。有一个或几个拐点，在拐点处孔体积的变化也较大，如图1。

7.3 报告也应给出一个微分图，微分曲线的构成可以从累积曲线的斜率推出，也可以从表1第13列和第6列的数据计算的 $\Delta V_p/\Delta r_p$ 值作为纵轴与第7列的 $\bar{r}_p$ 值作为横轴而构成，如图2。

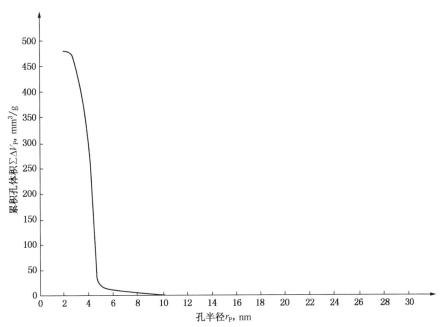

图1 催化剂试样的累积孔体积分布图的举例

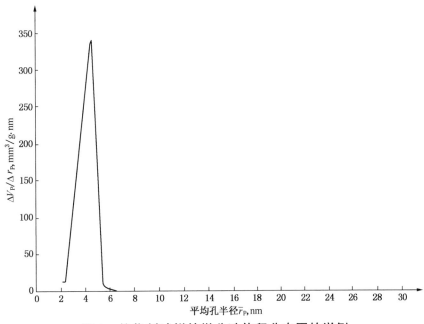

图2 催化剂试样的微分孔体积分布图的举例

8 精密度

这个计算方法适合于测定含有中孔试样的孔体积分布。计算的值与采用等温线哪一支有关，与假设的孔模型也有关，还与所用的膜厚度值及对膜厚度的校正如何处理有关，所以不可能对本计算方法规定精密度。

附　录　A
计算物理吸附层减薄的体积
（参考件）

A1　Barrett，Joyner 和 Halenda 提出求多分子层吸附膜减薄的氮体积 $\Delta V_f(i)$，$\mathrm{mm^3/g}$，按式（A1）计算：

$$\Delta V_f(i) = \Delta t(i) \sum_{j=1}^{i-1} C(j) \Delta S_p(j) \quad\cdots\cdots\cdots\cdots\cdots\cdots\cdots\cdots\cdots（A1）$$

$$C(j) = \frac{[\bar{r}_p(j) - \bar{t}(j)]}{\bar{r}_p(j)} \quad\cdots\cdots\cdots\cdots\cdots\cdots\cdots\cdots\cdots\cdots（A2）$$

式中：i、j——分别为脱附步骤顺序号；

　　　　t——吸附层厚度，nm；

　$\Delta S_p(j)$——在第 j 步脱空的那组孔的表面积，$\mathrm{m^2/g}$；

　$\bar{r}_p(j)$——在第 j 步脱空的那组孔的平均孔半径，nm；

　$\bar{t}(j)$——在第 j 步脱附时的平均吸附层厚度，nm。

A2　C 值随孔组不同而变化，而且因为 t 值是相对压力的函数，所以对于一个特定的孔组，C 值也随相对压力而逐步变化。C 值的改变使得计算 ΔV_f 非常耗时。经验表明：对特定的吸附剂用一个常数 C 值可以得到非常近似的孔径分布值。因为 C 值对任何一个孔径而言，均在 0.72~0.97 之间变化。本标准采用了一个中间值 0.85 来推出 ΔV_f 的值[见式（6）]。C 值也可以采用其他值代替 0.85。当 C 值为常数时，式（A1）变成式（A3）：

$$\Delta V_f(i) = C \times \Delta t(i) \sum_{j=1}^{i-1} \Delta S_p(j) \quad\cdots\cdots\cdots\cdots\cdots\cdots\cdots\cdots（A3）$$

在较精确的工作中，推荐使用变化的 C 值。不同孔组 C 值不一样，同一孔组在不同相对压力时，C 值也不相同。

附加说明：

本标准由石油化工科学研究院技术归口。

本标准由石油化工科学研究院负责起草。

本标准主要起草人王世珍、李国英。

本标准参照采用美国试验与材料协会标准 ASTM D4641-88《从氮脱附等温线计算催化剂的孔径分布的标准方法》。

在用润滑油磨损颗粒试验法
（分析式铁谱法）

SH/T 0573—1993

（2006 年确认）

1 主题内容与适用范围

本标准规定了用分析式铁谱仪分析在用润滑油磨损颗粒的试验方法。

本标准适用于分析内燃机油、齿轮油、液压油等油品在使用过程中机械零部件产生的磨损颗粒的形态、尺寸大小和浓度变化趋势。

2 引用标准

SH 0004 橡胶工业用溶剂油

3 名词术语

3.1 基片

分析式铁谱仪上用于沉积磨损颗粒的载片。

3.2 铁谱片（谱片）

按一定的磁场规律已沉积了磨损颗粒的基片。

3.3 谱片入口区

谱片上试样流入的区域。

3.4 磨损颗粒覆盖面积百分数

谱片上在 1.2mm 直径范围内磨损颗粒覆盖面积的百分数。

3.5 大颗粒覆盖面积百分数 A_L（%）

谱片入口区磨损颗粒覆盖面积百分数的最大值。

3.6 小颗粒覆盖面积百分数 A_S（%）

谱片上沿试样流动方向距大颗粒覆盖面积 A_L 读数位置 5mm 处磨损颗粒覆盖面积百分数。

3.7 形状因子

磨损颗粒的长轴尺寸与厚度之比。

4 方法原理

在用润滑油中的磨损颗粒在分析式铁谱仪的磁场作用下沉积在基片上，然后在铁谱显微镜下对磨损颗粒的形态、尺寸和覆盖面积进行观察和测量，以分析机械的磨损状况。

5 试剂和材料

5.1 四氯乙烯：分析纯。
5.2 溶剂油：符合 SH 0004 中的规定。
5.3 移液管：1mL。

中国石油化工总公司 1993-08-19 批准

1994-05-01 实施

5.4 试管：直径 15mm，长 150mm；直径 10mm，长 100mm。

5.5 基片：60mm×24mm×0.17mm 的玻璃片，表面上有一个与油液不浸润的 U 形限流槽。

5.6 微孔薄膜：材料为滤纸或其他不溶于油的微孔薄膜材料，直径 50mm，孔径不大于 0.8μm。

5.7 输油导管：导管材料为氟硅橡胶或聚四氟乙烯，直径 1.0~1.2mm。

6 仪器和设备

6.1 分析式铁谱仪。

6.2 铁谱显微镜。

6.3 谱片加热器。

6.4 干燥箱。

7 分析步骤

7.1 样品混合

将油样瓶中的样品(不超过瓶容量的 3/4)在 65℃±5℃ 的干燥箱中保持 30min，再充分摇动，使样品混合均匀。

7.2 样品稀释

7.2.1 样品混合均匀后立即用移液管取样 1mL，在一干净试管中进行稀释，按稀释油与样品体积比 9：1，19：1，29：1……进行。

　　注：稀释油为与样品同品种的新油，并预先用微孔薄膜进行过滤。

7.2.2 稀释后的油样必须加热摇匀，移至另一试管中，并用四氯乙烯溶剂再次稀释，摇匀后作为试样。溶剂用量为溶剂与试样体积比 1：3。

7.3 谱片的制备

7.3.1 把装有稀释过的试样的试管放在分析式铁谱仪的样品架上，将输油导管插至试管内试样底部。

7.3.2 放置基片，接上导流管，把输油导管的出口置于基片入口区上方。

7.3.3 打开铁谱仪的电源开关，使试样流动，流速为 25mL/h。

7.3.4 试样流完后，将 2~4mL 四氯乙烯溶剂加入试管中进行清洗。

7.3.5 清洗完毕，待基片上的溶剂完全挥发后，关掉电源开关，垂直向上取出铁谱片。

　　注：谱片制备过程中必须注意防尘、防震和通风。

7.4 磨损颗粒定性分析

7.4.1 把谱片放置在铁谱显微镜的载物台上，打开反射及透射光源开关，并调节至适当亮度，缓慢调节物距，直至谱片上的颗粒清晰可见，并按需要使用不同的放大倍数，观察磨损颗粒的尺寸分布和形态。

7.4.2 正常磨损颗粒的特征是薄片状、表面光滑，颗粒细小均匀，长轴尺寸为 0.5~15μm，厚度为 0.15~1μm。在机械磨合阶段，还产生一些长条状、扁平状的颗粒，这种颗粒也属于正常磨损颗粒。

7.4.3 切削磨损颗粒的特征是线状、卷曲状、弧状、车屑状、长条状，当硬摩擦面有锐边时，产生较粗大的切削磨损颗粒，长度为 25~100μm，宽度为 2~5μm；当两个摩擦面之间存在一个硬的夹杂物时，产生较细小的切削磨损颗粒，长度为 5~10μm，厚度约为 0.25μm。

7.4.4 滚动疲劳磨损颗粒有三种形态：疲劳剥落碎片、球状和层状颗粒。

7.4.4.1 疲劳剥落碎片长轴尺寸一般大于 10μm，最大可达 100μm，形状因子小于 5：1，有一个光滑的表面和不规则的周边。

7.4.4.2 球状颗粒直径一般为 1~3μm，最大可达 10μm。

7.4.4.3 层状颗粒是扁平的薄片，长轴尺寸为 20~50μm，形状因子大于 30：1，颗粒表面有一些空洞。

7.4.5 严重滑动磨损颗粒的特性是长轴尺寸在 $20\mu m$ 以上，形状因子大于 $5:1$，小于 $30:1$，表面有明显的滑动条纹，有时出现高温引起的色彩。

7.4.6 有色金属的磨损颗粒特征是颗粒不按磁场方向排列，而以随机方式沉淀，它们大多偏离铁磁性磨损颗粒链或处在相邻两链之间，并往往带有有色金属本身的特征颜色。

7.4.7 铁的氧化物中红色氧化物颗粒在白色偏振光下呈红棕色多晶体团状，主要成分是 αFe_2O_3，而黑色氧化物颗粒在白色反射光下呈黑色，表面有蓝色和桔黄色的小斑点，主要成分是不成固定比例的 Fe_3O_4、αFe_2O_3 和 FeO 的混和物。

7.4.8 摩擦聚合物特征是在双色光下可观察到无定形的胶体中嵌有金属磨损颗粒，金属磨损颗粒呈红色，而胶体呈透明的绿色。

7.4.9 腐蚀磨损颗粒的特征是颗粒非常细小，即使在放大倍数为 1000 的情况下，单个颗粒也不容易区别开来，颗粒在谱片出口区两侧有堆积，并在整个谱片上都能观察到。

7.4.10 切削磨损颗粒、疲劳磨损颗粒、严重滑动磨损颗粒、腐蚀磨损颗粒、金属氧化物都属于不正常磨损颗粒，它们的大量出现意味着机械的磨损严重。

7.5 谱片的加热分析

7.5.1 调节谱片加热器，使温度达到 330℃±10℃。

7.5.2 将谱片置于谱片加热器上，加热 90s。

7.5.3 在铁谱显微镜下观察磨损颗粒表面生成的氧化层的特征回火色，通常在白色反射光下，铸铁磨损颗粒呈草黄色，低合金钢磨损颗粒呈蓝色。

7.6 谱片覆盖面积百分数测定

7.6.1 装上光密度计，按仪器说明书要求对仪器进行校正。

7.6.2 采用 10X 物镜，移动载物台，用光密度计测定谱片的 A_L、A_s 值。

> 注：如所测定结果 A_L 值大于30%或小于10%，应重新制备谱片。

8 计算

8.1 每毫升油样的大颗粒和小颗粒覆盖面积百分数 A'_L 及 A'_s（%）分别按式（1）和式（2）计算：

$$A'_L = \frac{A_L}{M} \qquad\cdots\cdots\cdots\cdots\cdots\cdots\cdots\cdots\cdots\cdots\cdots\cdots\cdots\cdots (1)$$

$$A'_s = \frac{A_s}{M} \qquad\cdots\cdots\cdots\cdots\cdots\cdots\cdots\cdots\cdots\cdots\cdots\cdots\cdots\cdots (2)$$

式中：M——流过基片的样品体积，mL。

8.2 机械磨损的总磨损值 T（%）按式（3）计算：

$$T = A'_L + A'_s \qquad\cdots\cdots\cdots\cdots\cdots\cdots\cdots\cdots\cdots\cdots\cdots\cdots (3)$$

8.3 机械磨损的磨损严重度 S（%）按式（4）计算：

$$S = A'_L - A'_s \qquad\cdots\cdots\cdots\cdots\cdots\cdots\cdots\cdots\cdots\cdots\cdots\cdots (4)$$

8.4 机械磨损的磨损烈度指数 I_s 按式（5）计算：

$$I_s = T \cdot S \qquad\cdots\cdots\cdots\cdots\cdots\cdots\cdots\cdots\cdots\cdots\cdots\cdots\cdots (5)$$

9 报告

9.1 报告磨损颗粒的尺寸、形态、种类、成分和数量。

9.2 报告每毫升油样的大颗粒和小颗粒覆盖面积百分数、总磨损值、磨损严重度和磨损烈度指数值。

9.3 根据试验结果，分析机械磨损状况。

附加说明：

本标准由中国石化销售公司提出。

本标准由上海石油商品应用研究所技术归口。

本标准由上海石油商品应用研究所负责起草。

本标准主要起草人顾文良。

中华人民共和国石油化工行业标准

SH/T 0575—1993

（2006 年确认）

L-ERB 二冲程汽油机油评定法

1 主题内容与适用范围

本标准规定了 L-ERB 二冲程汽油机润滑油高温润滑性，一般沉积物和抗早燃性能的发动机评定法。

本标准评定通过的产品适用于中等负荷（升功率 73kW/L 以下）中等排量（125mL 左右）的风冷二冲程汽油机。该汽油机主要作为陆用摩托车发动机。

2 引用标准

GB/T 255　石油产品馏程测定法

GB/T 257　发动机燃料饱和蒸气压测定法（雷德法）

GB/T 259　石油产品水溶性酸及碱试验法

GB/T 378—1964　发动机燃料铜片腐蚀试验法

GB 1883　往复活塞式内燃机　术语

GB/T 1884　石油和液体产品密度测定法

GB 1922—1980　溶剂油

GB 5360　摩托车汽油机通用技术条件

GB 5363　摩托车汽油机台架试验方法

GB/T 5487　汽油辛烷值测定法（研究法）

SH/T 0269　内燃机润滑油清净性测定法

ZB J90 003　通用小型汽油机耐久试验方法

ZB J91 012　小型汽油机台架性能试验方法

3 定义

3.1 沉积物

由一层薄覆被逐渐累积成厚度不等的硬质附着物。它有粘性、有光泽，呈米黄色或深棕色，并常被一层很薄的积炭所覆盖。

3.2 积炭

无光泽，硬度、厚度不等，并在溶剂中保持稳定的黑色附着物。

3.3 漆膜

薄而有光、很硬很干的附着物，经溶解、擦拭后只能使颜色减退。

3.2 自由环

活塞环依靠自身重量能落入环槽内。

3.5 钝环

活塞环依靠自重不能落回环槽，用手指轻压后能在环槽内转动。

3.6 冷粘环

活塞环用手指轻压后仍不能在环槽内转动，但周边光亮，在发动机运转中仍起密封作用。

中国石油化工总公司 1993-08-19 批准

1994-05-01 实施

3.7 热粘环

活塞环周边局部或全部覆盖漆膜或沉积物，环卡死于环槽内，运转中已不起密封作用。

3.8 搭桥(连炭)

火花塞中心极与侧极之间存在的积炭相连现象。

3.9 长须

火花塞电极上出现须状积炭现象。

3.10 参比油

用于与试样的对照评比用油及设定发动机条件的校机用油。

3.11 卡缸

气缸壁与活塞各部位之间因热咬接造成的运转中断现象，并常伴有零件表面的局部明显损坏。

3.12 拉缸

气缸壁与活塞各部位之间在运动中因瞬间热咬接造成的局部损坏现象。

3.13 拉伤(擦伤、划痕)

气缸壁与活塞各部位之间在运动中产生的有手感的竖向伤痕。

3.14 早燃

在油料评定中，因积炭引起发动机表面点火燃烧，并发生在火花塞点火之前。

3.15 早燃现象

一种发动机的非正常燃烧现象，伴随着燃烧室温度的突然升高、扭矩突然下降。

3.16 大早燃、小早燃

用燃烧室内的热电偶测出平均循环温度的突然升高，或者用气缸盖热电偶、火花塞垫圈热电偶测出在稳定的温度测量线上发生的突然波动，后者当波动值等于或大于10℃时称大早燃，小于10℃时称小早燃。

4 方法概要

本标准包括三个评定程序：

程序1：高温润滑性试验

程序2：一般沉积物试验

程序3：早燃试验

4.1 高温润滑性试验

发动机在最大负荷工况下工作时，活塞与气缸体温度过高，在高温高表面压力情况下，润滑油不易保持油膜。为评价润滑油抗擦伤、抗卡缸的能力，用高温润滑性试验方法来考核。

发动机在规定工况条件下稳定工作，调整冷却风，使火花塞垫圈温度稳定在170℃，断掉冷却风。测功机置于恒速状态，保证发动机在恒速下工作。记录火花塞垫圈温度在190℃上升到290℃范围内的扭矩降低值。

计算火花塞垫圈温度在190~290℃这段温度范围内，单位时间扭矩下降值。

试样油单位时间的扭矩下降值，与标准参比油的单位时间扭矩下降值对比。确定试验油润滑性是否合格。

4.2 一般沉积物试验

发动机内部积炭，特别是燃烧室表面和排气道内积聚的沉积物，会引起发动机输出功率减少。本方法用于评定润滑油生成沉积物的倾向。

润滑油与燃料油采用高浓度容积混合比，发动机按规定程序运转50h，发动机处于被积炭污染的状态，测定发动机节气门全开时8个不同转速下的功率值，计算出8个点功率的算术平均值。

拆机对积炭状态进行了评定以后，彻底的清洗发动机，重新组装，再次进行节气门全开时8个不同转速下的功率值的规定，计算清洗前后两个功率算术平均值的差，可获得仅由于沉积物所造成的净功率损失值。功率损失系数可评定润滑油生成积炭的倾向，用以鉴定润滑油的质量。

4.3 早燃试验

由于燃烧室中的积炭，引起混合气的早燃，此时火花塞垫圈温度上升，发动机输出扭矩下降，认为是润滑油积炭引起的早燃。

早燃试验，必须选用适宜的高热值火花塞和高辛烷值的燃料，以排除火花塞和使用低辛烷值燃料所引起的不正常燃烧。以连续试验时间内发生的早燃的时间和次数作为评价润滑油是否通过早燃程序的标准。

5 试验设备和仪器

5.1 试验用发动机

采用 NF-125 二冲程汽油机，具体规格见附录 A。

5.1.1 发动机传动系统的联接

拆去变速箱及离合器，曲轴输出端通过弹性联轴器直接与测功机主轴相联接。

5.1.2 化油器改造

保持化油器处于水平工作位置，原化油器主量孔流量为 177mL/min，本方法根据不同程序改用 180 和 195mL/min 的主量孔。

5.1.3 润滑系统改造

拆下分离润滑泵的传动齿轮，停止分离润滑泵的工作，改为混合润滑。

5.2 发动机测功设备

直流电力测功机，型号 ZDC-9000 型详细规格及性能见附录 B。

5.3 冷却风机及风道

4.5 号离心鼓风机，风量 5730m³/h。

吹风口尺寸 250mm×250mm，联接胶管直径为 250mm。

为调节风量风道中需加调节闸门及旁通口。

5.4 排气系统

采用型号 B30K1-114 号防爆轴流风机，风量 3000m³/h，抽风口对着发动机消声器，可及时将排烟由管道吸走。

胶管直径 150mm。

5.5 火花塞垫圈温度测量系统

垫圈结构图见附录 C。

5.6 排气温度测量系统

采用直径 3mm 长 150mm 的 K 型铠装热电偶，距发动机排气管口 50mm 处安装，热电偶的端部，在排气管截面的中心上。

5.7 燃油系统

燃油箱的底部与化油器浮子室内油位的高度差，在试验期间内应保持在 450mm 至 500mm。

5.8 测试仪器及仪表：规格见附录 H。

6 试验用材料

6.1 试样油

每次评定需试样油 25L。

6.2 燃料油

标准燃料油，理化分析指标见附录 D。

6.3　参比油：列于表1

表1　参比油名称

参比油作用	程序1高参比油	程序2、3标准参比油	程序2低参比油	程序1低参比油
油品代号	B-201	B-201	B-202	B-203

6.4　清洗液

清洗试验后的活塞和气缸盖燃烧室表面的积炭和沉积物，采用附录 I 配制的清洗液。

6.5　溶剂油

为 GB 1922—1980 中 190 号用于清洗零件。

7　发动机、测功设备和测量仪器的准备

7.1　评定试验用发动机磨合规范

新发动机或更换活塞及气缸体的发动机须经磨合，磨合规范按附录 J 的规定进行。

磨合用机油为 B-203 按 1∶20(V/V) 与燃料油混合。

7.2　发动机的清洗

7.2.1　磨合后发动机解体，活塞与活塞环、气缸盖在清洗液中加温煮洗 2~3h，清理掉活塞顶、内腔及活塞环槽内的积炭。注意不要用尖锐工具划伤表面，装机前用溶剂油清洗。

7.2.2　排气管及消声器内表面要清理干净，消声器内通气小孔不允许残留积炭。

7.2.3　气缸体排气口及气缸套内表面用溶剂油洗净，化油器重点清洗主量孔、主喷管及怠速量孔。

7.3　发动机装配条件

装配前活塞与气缸套、活塞环与环槽、火花塞间隙、化油器量孔尺寸等，要求按附录 E 装配条件所规定的尺寸进行选择和测量。

7.4　发动机的组装

清洗后的零件按 7.3 条装配条件装配发动机。

7.4.1　活塞环定位销和活塞环的开口必须对正。活塞顶部标有箭头方向，必须对正排气口。

7.4.2　装上连杆小头滚针轴承，打入活塞销，装好挡圈，装配之前滚针轴承和活塞销要涂抹少许高参比油。

7.4.3　装配气缸体时在气缸套内表面涂抹少许高参比油，装上气缸铜垫，并涂抹高参比油。

7.4.4　装气缸盖后，按十字交叉顺序固紧螺母，扭紧力矩 25N·m。

7.4.5　火花塞扭紧力矩 20N·m。

7.5　测功设备及测量仪器每年和做仲裁试验前须标定。每次试验前系统检查测功设备、仪器是否正常。

8　高温润滑性试验

8.1　配制混合油

试验用高参比油、试样油及低参比油均按 1∶20(V/V) 与燃料油混合。

高参比油配制 8L，试验油配制 6L，低参比油配制 3L。

8.2　试验室环境温度要求在 23~27℃之间，试验应当连续做完。

8.3　润滑性试验步骤

8.3.1　调试发动机参数

使用高参比油 1∶20(V/V) 配制的混合油，起动发动机后按下列参数调整发动机。

转速　　$n = 5000 r/min \pm 25 r/min$

扭矩　　$P \geq 44.1 N(4.5 kgf)$

功率　$N_e \geqslant 4.136\text{kW}(5.625\text{PS})$

油耗率　$g_e = 470\text{g/kW} \cdot \text{h} \pm 20\text{g/kW} \cdot \text{h}(345\text{g/PS} \cdot \text{h} \pm 15\text{g/PS} \cdot \text{h})$

垫圈温度　$t_s = 170 \sim 175\text{℃}$

达到上述条件后，发动机可以进入润滑性试验程序。

8.3.2　试验程序

节气门全开，$n = 5000\text{r/min} \pm 25\text{r/min}$　$t_s = 170\text{℃} \pm 1\text{℃}$

在以上工况稳定运转40min后，调整冷却风使 $t_s = 178 \sim 180\text{℃}$，稳定运转3~5min后迅速关掉冷却风，挪开吹风口避免风道中外界风源和其他可能的外界冷却风的干扰。

8.3.3　采集扭矩下降数据

处于准备工作状态的微机采集火花塞垫圈温度由190℃上升到290℃的扭矩下降值和相应的时间值，每间隔10℃采集垫圈温度、扭矩、转速和时间。

8.3.4　恢复冷却风

当 t_s 达到290℃，微机采集到此点的扭矩以后，恢复冷却风机的工作，同时把风口恢复到原来位置，节气门减到试验时的一半，发动机转速仍保持5000r/min，使 t_s 回到170℃以下。

8.3.5　重复上述8.3.2~8.3.4的操作，高参比油重复4次试验，并采集相应的四组垫圈温度、扭矩、转速和时间的数值。

8.3.6　换油操作

高参比油在做过4次润滑性试验以后，把发动机节气门控制在怠速位置，拔下化油器燃油的进油管，烧掉化油器中残存的燃油，直至发动机自行停机，倒空油箱至化油器这段管路中的燃油后，进油管插入另一个配制好的混合油箱内，重新起动发动机在8.3.2列出的运转条件下，发动机运转30min。

8.3.7　试验次序

按照8.3.2~8.3.5操作程序依次进行表2所列四组油样的高温润滑性试验，采集表2所列各项参数。

表2　润滑性试验次序和各项参数代表符号

组号	试验次数 油样名称	火花塞垫圈温度190~290℃间的扭矩降				平均扭矩降 N·m	相应扭矩降 平均时间 s
		1	2	3	4		
1	高参比油	ΔmH_1	ΔmH_2	ΔmH_3	ΔmH_4	$\Delta MOH_{扭}$	$\Delta MOH_{时}$
2	试样油	ΔmT_5	ΔmT_6	ΔmT_7	ΔmT_8	$\Delta MOT_{扭}$	$\Delta MOT_{时}$
3	高参比油	ΔmH_9	ΔmH_{10}			$\overline{\Delta MOH}_{扭}$	$\overline{\Delta MOH}_{时}$
4	低参比油	ΔmL_{11}	ΔmL_{12}			$\Delta MOL_{扭}$	$\Delta MOL_{时}$

8.4　试验结果和合格标准

8.4.1　数据处理

$$DI = \frac{\dfrac{\Delta MOH_{扭}}{\Delta MOH_{时}} - \dfrac{\Delta MOT_{扭}}{\Delta MOT_{时}}}{\dfrac{\Delta MOH_{扭}}{\Delta MOH_{时}}} \times 100 \quad\cdots\cdots\cdots\cdots\cdots\cdots\cdots（1）$$

式中 DI 为鉴别指数，用来评定润滑油质量

$$SI = \frac{\dfrac{\overline{\Delta MOH}_{扭}}{\overline{\Delta MOH}_{时}} - \dfrac{\Delta MOL_{扭}}{\Delta MOL_{时}}}{\dfrac{\overline{\Delta MOH}_{扭}}{\overline{\Delta MOH}_{时}}} \times 100 \quad\cdots\cdots\cdots\cdots\cdots\cdots（2）$$

式中 SI 为选择性指数，用来控制试验、检查发动机区分高低参比油的可靠性。

8.4.2 润滑性试验合格标准

$DI \geq 0$ 表示试样油通过润滑性试验程序。

$SI < -5\%$ 表示评定程序本身试验数据可靠。

对于高参比油（B201）和低参比油（B203），在 L-ERB 润滑性试验中 SI 的数值要 $< -5\%$。选择性指数偏高，则需要重新调整发动机，重做润滑性试验。

9 沉积物试验

9.1 试样油按 $1:20(V/V)$ 与燃料油混合，一次试验大约需要配 225L 混合油。

9.2 试验室环境温度应为 $23 \sim 27\,{}^\circ\mathrm{C}$。

9.3 符合沉积物试验装配条件的发动机组装前称量活塞和排气弯管，分别精确到 1mg 和 1g 以便计算试验后沉积物的重量。

9.4 试验步骤

9.4.1 调试发动机参数

使用 9.1 条配制的混合油，起动发动机后按下列运转参数调整发动机。

转速　　$n = 6250\mathrm{r/min} \pm 25\mathrm{r/min}$

扭矩　　$P \geq 56.45\mathrm{N}(5.76\mathrm{kgf})$

功率　　$N_e \geq 6.6\mathrm{kW}(9.0\mathrm{PS})$

油耗率　$g_e = 496\mathrm{g/kW} \cdot \mathrm{h} \pm 20\mathrm{g/kW} \cdot \mathrm{h}(365\mathrm{g/PS} \cdot \mathrm{h} \pm 15\mathrm{g/PS} \cdot \mathrm{h})$

垫圈温度　$t_s = 170 \sim 175\,{}^\circ\mathrm{C}$

达到上述条件后，发动机可以进入沉积物试验程序。

9.4.2 走合运转

发动机达到 9.4.1 调整条件后，按表 3 进行 3h 走合运转。

表 3　3h 走合运转工况

转速，r/min	节气门开度	扭矩力，N(kgf)	火花塞垫圈温度,℃	运转时间，min
怠速				10
5000	部分开度	41.2(4.2)		50
6250	全开		170~175	50
怠速				10
4000	全开			50
怠速				10

9.4.3 试验前 8 个转速点的功率测定

在 3h 走合运转以后，更换火花塞和空气滤清器芯，节气门全开从高速 7500r/min 向低速做 8 个转速点功率测定。

转速分别为 7500，7000，6500，6000，5500，5000，4500，4000r/min。

记录（可微机采集）转速、扭矩、功率、油耗、垫圈温度、排气温度、大气压力和环境温度。

在 7500r/min 时，垫圈温度 t_1 控制为 $170 \sim 175\,{}^\circ\mathrm{C}$，其他点则可不调整风量。

每个点稳定运转 3~5min，测取油耗两次，计算出 8 个点功率算术平均值 F_1。

9.4.4 沉积物试验程序

表 4 示出发动机 2h 一循环的沉积物试验运转工况。

表4 沉积物试验运转工况

运 转 状 态	转速, r/min	负 荷	火花塞垫圈温度,℃	运转时间, min
循环试验	4000	节气门全开	115~120	50
	怠速			10
	6250	节气门全开	170~175	50
	怠速			10
第50h	6250	节气门全开	170~175	60

注：1) 第50h不进行10min怠速运转。

试验中记录：转速、扭矩、功率、油耗、垫圈温度、排气温度、大气压力及室温。

9.4.5 试验后8个转速点的功率测定

更换火花塞和空气滤清器纸芯。

按照9.4.3的规定，测定8个转速点的功率值，并记录其他运转参数、计算出8个点的功率算术平均值 F_2。

9.4.6 进行清净性评分

试验完成后与发动机解体之间的时间间隔不要超过2h，拆下活塞至清净性评分之间的时间间隔不要超过8h。

拆除活塞销之前，先行评定活塞环的灵活度，并进行灵活度的评分；拆下活塞环以后，用溶剂油或标准燃料油冲洗掉活塞上的浮油后，用万分之一克天平进行称重，得出活塞上积炭净重(g)。

检查如下项目：

气缸有无擦伤；排气管积炭堵塞状况；火花塞积炭状况。

活塞清净性评分之前，进行活塞、气缸盖、气缸体排气口及排气管口、消声器芯等有明显积炭部位的彩色拍照。

清净性评分采用优点评分，详见附录F。

9.4.7 用清洗液煮洗活塞、活塞环、气缸盖及排气管，不要用尖锐的工具清理活塞和气缸盖上的积炭。

9.4.8 按照7.4的规定安装，装配和调整发动机。

按照9.4.2的规定进行3h走合运转。

按照9.4.3的规定进行8个转速点功率的测定，计算出8个点功率算术平均值 F_3。

9.5 沉积物试验结果及合格标准

所测定的8个转速点的功率算术平均值 F_1、F_2、F_3 须经过大气压力和环境温度的校正。校正公式详见附录G。

用经过大气压力和环境温度校正的 F_1、F_2 和 F_3，计算沉积物效应系统 E_d。

沉积物效应系数 E_d：

$$E_d = \frac{F_2}{F_3} \quad\cdots\cdots\cdots\cdots\cdots\cdots\cdots\cdots\cdots\cdots\cdots\cdots\cdots\cdots\cdots\cdots\cdots\cdots\cdots \quad (3)$$

合格标准：

试样油的沉积物效应系数 E_d 应大于或等于标准参比油的沉积物效应系数。清净性优点评分大于低参比油清净性评分，排气管口堵塞不大于低参比油排气管口堵塞百分率。

9.6 校机试验

如装置一年未启用或进行十次沉积物试验后，在正式评定前须用标准参比油，按本运转程序进行沉积物试验。采用B-201标准参比油时，按沉积物试验工况运转50h，沉积物效应系数 E_d 应大于0.86，清净性优点评分应大于100分，排气堵塞率应小于13.2%。

10 早燃试验

10.1 试样油按 1:20(V/V) 与燃料油混合，一次试验大约需要 200L 混合油。

10.2 试验室环境温度应为 23~27℃。

10.3 准备好符合早燃试验条件的发动机。

10.4 调试发动机参数

更换新火花塞和空滤器纸芯。

使用 10.1 条中配制的混合油，起动发动机后按下列运转参数调整发动机。

转速 $n=5000r/min\pm20r/min$

扭矩 $P\geqslant44.1N(4.5kgf)$

功率 $N_e\geqslant4.136kW(5.625PS)$

油耗率 $g_e=448g/kW\cdot h\pm20g/kW\cdot h(330g/PS\cdot h\pm15g/PS\cdot h)$

垫圈温度 $t_s=170~175℃$

达到上述条件后，发动机可以进入早燃试验程序。

10.5 早燃试验运转工况

试验分 3 个阶段连续进行，工况见表 5。总试验时间 51h 30min。

表 5 早燃试验运转工况

序号	项目	负荷	转速 r/min	垫圈温度 t_s ℃	连续运行时间	备注
1	①	0	怠速		15min	共 13h 40min
	②	节气门全开	3800	168~170	10h	
	③	0	怠速		10min	
		停机检查火花塞，调整间隙 0.6~0.7mm				
	④	节气门全开	5000	178~180	2h	
	⑤	0	怠速		15min	
	⑥	节气门全开	6000	192~195	1h	
2	①	0	怠速		10min	每循环 7h 10min 运行 4 个循环 共 28h 40min
	②	节气门全开	3800	170	5h	
	③	节气门全开	6000	190	90min	
	④	节气门全开	6300	192~195	30min	
3	①	0	怠速		10min	共 9h 10min
	②	节气门全开	3800	170	3h	
	③	节气门全开	6000	190	6h	

试验全部过程中，连续记录火花塞垫圈温度及扭矩，当垫圈温度突升小于 10℃ 时，记录仪显示报警，此时扭矩突然下降，表示为小早燃。当垫圈温度突升大于 10℃ 时，报警系统自动停机，表示为大早燃，记录发生早燃的试验时间 T。如 T 小于 45h 说明试样油不合格，应中止试验。如 T 大于 45h，执行 10.6 条、10.7 条程序。

10.6 检查发动机

拆卸活塞，检查活塞与气缸是否有拉伤或拉缸，若有拉缸或热粘环停止试验。如因润滑油质量问题，造成上述情况，认为油样不合格。如因发动机装配不合格，须重做试验。

检查和记录火花塞是否有积炭、长须或搭桥，污染严重时要更换火花塞。

10.7 重新组装发动机

重装发动机，继续原来的程序试验。如发生第二次大早燃，记录发生大早燃的时间，中止早燃试验。如不发生第二次大早燃，继续试验直到试验结束。

10.8 早燃试验结果和合格标准

试验中试样油发生大早燃的次数，不多于标准参比油。

发生第一次大早燃的时间大于或等于标准参比油发生大早燃的时间。

采用 B201 标准参比油校机时试样油发生大早燃的时间要大于或等于 45h。

10.9 校机试验

如装置一年未启用或进行十次早燃试验后，在正式评定前须用标准参比油按本运转程序进行早燃试验，试验中必须发生一次大早燃，且发生大早燃的时间大于 45h，不出现大早燃或多于一次大早燃均须调整发动机和重新做校机试验。

三个程序的试验数据及试验结果见表 6~表 10。

表6 L-ERB 二冲程汽油机油评定程序1：高温润滑性试验表

发动机		测功机		燃料		送样单位				大气状况	温度，℃		日期	
型号	机号	型号	机号	型号	密度	试样油	牌号				大气压力 hPa			
							混合油比例		1：20		相对湿度 %			

试验数据	项目 循环次数 试验用机油 扭矩力和垫圈温度时间		1			2			3			4			平均扭矩降 N·m	平均扭矩降代号	相应于扭矩降的平均时间 s	相应于扭矩降的平均时间代号
			180℃	190℃	290℃	180℃	190℃	290℃	180℃	190℃	290℃	180℃	190℃	290℃				
	高参比油	扭矩力 N																
		扭矩降 N·m	ΔmH_1			ΔmH_2			ΔmH_3			ΔmH_4			$\Delta MOH_扭$		$\Delta MOH_时$	
		相应于扭矩降的时间 s																
	试样油	扭矩力 N																
		扭矩降 N·m	ΔmT_5			ΔmT_6			ΔmT_7			ΔmT_8			$\Delta MOT_扭$		$\Delta MOT_时$	
		相应于扭矩降的时间 s																
	高参比油	扭矩力 N																
		扭矩降 N·m	ΔmH_9			ΔmH_{10}									$\overline{\Delta MOH}_扭$		$\overline{\Delta MOH}_时$	
		相应于扭矩降的时间 s																
	低参比油	扭矩力 N																
		扭矩降 N·m	ΔmH_{11}			ΔmH_{12}									$\Delta MOL_扭$		$\Delta MOL_时$	
		相应于扭矩降的时间 s																

结果	鉴别指数 DI	$DI=\dfrac{\dfrac{\Delta MOH_扭}{\Delta MOH_时}-\dfrac{\Delta MOT_扭}{\Delta MOT_时}}{\dfrac{\Delta MOH_扭}{\Delta MOH_时}}$ $DI=$			选择性指数 SI	$SI=\dfrac{\dfrac{\overline{\Delta MOH}_扭}{\overline{\Delta MOH}_时}-\dfrac{\Delta MOL_扭}{\Delta MOL_时}}{\dfrac{\overline{\Delta MOH}_扭}{\overline{\Delta MOH}_时}}$ $SI=$
结论					评定单位公章	评定人
						负责人
备注						

表7 L－ERB 二冲程汽油机机油评定程序2：沉积物试验表

发动机	型号		测功机	型号		燃料油	牌号		试样油	牌号		送样单位		试验日期	
	机号			型式			密度			混合油比例	1:20				

项目 \ 循环次数 测试工况	1		3		5		7		9		11		13		15		17		19		23		25	
	节气门全开		节气门全开		节气门全开		节气门全开		节气门全开		节气门全开		节气门全开		节气门全开		节气门全开		节气门全开		节气门全开		节气门全开	
	4000 r/min	6250 r/min	4000 r/min	6250 r/min	4000 r/min	6250 r/min	4000 r/min	6250 r/min	4000 r/min	6250 r/min	4000 r/min	6250 r/min	4000 r/min	6250 r/min	4000 r/min	6250 r/min	4000 r/min	6250 r/min	4000 r/min	6250 r/min	4000 r/min	6250 r/min	4000 r/min	6250 r/min

试验数据
- 扭矩力，N（kgf）
- 实测功率，kW
- 大气校正系数，kp
- 校正后的功率，kW
- 燃油消耗率，g/kW·h
- 火花塞垫圈温度，℃
- 试验循环内故障

功率损失评定

	外特性转速，r/min	4000	4500	5000	5500	6000	6500	7000	7500	8个点功率算术平均，kW	大气校正系数 kp	校正后的功率 kW
	试验前外特性 F1，kW											
	试验后外特性 F2，kW											
	清除积炭后外特性 F3，kW											

评定指标

沉积物效应系数 $E_d = \dfrac{F_2}{F_3}$

表8 L-ERB二冲程汽油机油评定程序2：沉积物试验表

评定日期：　年　月　日

活塞、活塞环、气缸及气缸盖清净性评分														火花塞故障总数		排气系统沉积物描述		
环的灵活度		活塞裙部积炭及漆膜	环槽内积炭及漆膜		活塞内腔积炭及漆膜		活塞环岸积炭及漆膜		环岸拉伤	活塞及气缸拉缸或拉伤	气缸盖表面沉积物评分	优点评分总计	活塞沉积物重量, g	活塞顶部沉积物描述	跨连长须	其他	排气管及消声器沉积物描述	气缸排气口及排气垫片堵塞描述	消声器排气小孔堵塞描述
一环	二环		一环槽	二环槽	裙部内腔	顶部内腔	一环以上	二环以上											
优点评分																			

结果分析

结论

备注

评定单位公章

评定人

负责人

表9 L－ERB二冲程汽油机机油评定程序3：早燃试验表

发动机	型号		测功机	型号	
	机号			型式	
燃料	牌号		试样油	牌号	
	密度			混合油比例	1:20
送样单位			试验日期		

控制参数 监测参数	循环1 3800 r/min 1h	循环1 3800 r/min 10h	循环1 5000 r/min 11h	循环1 5000 r/min 12h	循环1 6000 r/min 13h	循环2 3800 r/min 14h	循环2 3800 r/min 18h	循环2 6000 r/min 19h	循环2 6300 r/min 20h	循环3 3800 r/min 21h	循环3 3800 r/min 25h	循环3 6000 r/min 26h	循环3 6300 r/min 27h	循环4 3800 r/min 28h	循环4 3800 r/min 32h	循环4 6000 r/min 33h	循环4 6300 r/min 34h	循环5 3800 r/min 35h	循环5 3800 r/min 39h	循环5 6000 r/min 40h	循环5 6300 r/min 41h	循环6 3800 r/min 42h	循环6 3800 r/min 44h	循环6 6000 r/min 45h	循环6 6000 r/min 50h
试验持续时间																									
扭矩力，N（kgf）																									
火花塞垫圈温度，℃																									
排气温度，℃																									
油耗，g/kW·h （g/PS·h）																									
早燃发生标记																									
发生每次早燃的时间，h																									
每次早燃后活塞、气缸及火花塞状况																									

50h累计的早燃次数	小早燃次数	
	大早燃次数	
	试油合格与否	

| 结论 | |
| 备注 | |

| 评定单位公章 | 评定人 | |
| | 负责人 | |

表10 L－ERB 二冲程汽油机油评定试验数据综合对比

评定日期：　年　月　日

油样			沉积物 试 验																	排气系统			胀紧试验		早燃试验		备注
			活塞、活塞环、气缸盖气缸盖清净性评分																								
序号	名称	沉积物效应系数 E_d	环灵活度 一环二环		活塞裙部积炭及漆膜 一环二环	环槽 一环二环槽		活塞内腔活塞环岸 一环二环岸				活塞顶裙部	活塞及气缸拉伤 气缸拉伤或拉伤 以上以上	气缸盖燃烧室表面	火花塞跨连或长须	活塞顶部沉积物描述	活塞沉积物净重, g	清净性评分总计		气缸体排气描述	排气口垫片堵塞, %	消声器排气小孔描述	鉴别指数 DI	选择性指数 SI	发生大(小)早燃次数	大早燃发生的时间 h	
1	参比油		10	10	9.99	7.69	9.95	6.13	9.15	6.86	9.86		10	9.70	沉积物多	泛白色表面有翘起	0.9176	100 ~ 110.1		全白	12 ~ 13.2		本身是标准油，不做此程序		大早燃一次	47.5	沉积物试验第37h大早燃一次
2																											

结果分析

结论

备注

评定人	
负责人	

评定单位公章

　年　月　日

附 录 A
评定用发动机规格
（补充件）

表 A1

序 号	机 型 项 目	NF-125
1	缸数	1
2	缸径×冲程，mm	56×50
3	排量，mL	123.2
4	标定功率，kW/(r/min)	8.82/7500
5	耗油率，g/kW·h	408
6	最大扭矩，N·m/(r/min)	11.76/7500
7	升功率，kW/L	71.6
8	怠速，r/min	1250~1350
9	总重量，kg	<24
10	压缩比(ε)	6.2
11	无触点点火系统	
12	火花塞型号	T 4137J
13	化油器	CPPZ-24 或 FHPZ-24
14	润滑方式	分离润滑
15	扫气型式	回流
16	气 缸	铝缸体铸铁缸套
17	活 塞	高硅铝合金
18	连 杆	锻 钢
19	气缸盖	铸铝，半球型
20	排气系统	筒式消音器

附 录 B
测 功 机 的 规 格
（补充件）

表 B1

规格参数 \ 测功器型号	ZDC-9000
最大吸收功率，kW	9.0
最大功率转速，r/min	4000~9000
最大扭矩，N·m	21.5
最大电动功率，kW	5.0
电动功率转速，r/min	0~4000~9000
励磁电流，A	12
主轴转向	双向
扭矩测量精度，%	±0.5
主轴至底面中心高，mm	310

具有高精度的电子秤。

适应环境温度 0~50℃。

有超速保护、过电流保护。

具有手动、定速和综合控制。

附 录 C
火花塞垫圈温度传感器结构图
（补充件）

在垫圈径向打一小孔，将热电偶结点装入小孔内挤压垫圈两平面，将热电偶固定在小孔内。垫圈材质为紫铜。外径 0.3mm 镍铬-镍硅 K 型热偶丝与补偿导线焊牢。外套耐热绝缘管。

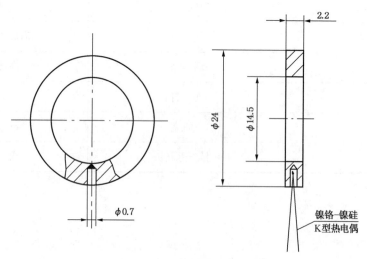

图 C1　火花塞垫圈结构图

附 录 D

标 准 燃 料

（补充件）

表 D1

项 目	质 量 标 准	试 验 方 法
密度(20℃)，kg/cm³	0.693~0.700	GB/T 1884
馏程，℃ 初馏点 50% 干点	>40 <104 <195	GB/T 255
铜片腐蚀(50℃，3h)，级	合格	GB/T 378
雷氏蒸气压，kPa	34.32~48.05	GB/T 257
研究法辛烷值	93~94	GB/T 5487

附 录 E

试验发动机装配条件

（补充件）

表 E1

项 目 名 称	项 目 部 位	装 配 尺 寸
活塞裙部与缸筒内径最小间隙，mm	自活塞裙部下缘向上 20mm 处	程序 1：润滑性试验 0.09~0.11 程序 2：沉积物试验 0.04~0.07 程序 3：早燃试验 0.04~0.07
活塞环开口间隙，mm	将环置于缸筒内距顶部 18~20mm 处	0.2~0.5
活塞环侧向间隙，mm	环在环槽内	0.03~0.05
火花塞电极间隙，mm		0.6~0.7
化油器主量孔流量，mL/min		程序 1：180 程序 2：190~195 程序 3：180

附 录 F

发动机清净性评分方法

（补充件）

F1 活塞环灵活度评分

F1.1 自由环 评分为 10 分。

F1.2 钝环 评分为 9.5 分。

F1.3 钝环和冷粘环评分表

表 F1

粘 结 状 况	优 点 评 分
0~75°	9
75°~150°	8
150°~225°	7
225°~300°	6
300°~360°	5

F1.4　热粘环评分表

表 F2

粘 结 状 况	优 点 评 分
0~75°	4
75°~150°	3
150°~225°	2
225°~300°	1
300°~360°	0

F2　活塞环槽积炭及漆膜的评分

从活塞上拆下活塞环，用溶剂油冲洗掉活塞上的浮油，不要冲洗掉活塞上的沉积物。

表 F3

沉 积 物 类 型	颜 色 系 数
不透明黑色(积炭包括黑漆膜)	10
深棕色(微带黑色)	7.5
棕色　红色	5
浅棕　黄色	2.5
稍微着色	1
清　洁	0

环槽沉积物缺点评分按下述计算方法进行：

S 为某种颜色沉积物环槽底覆盖面积百分数乘以颜色系数。该环槽总缺点评分 $=\Sigma S$(各颜色缺点评分总和)。

该环槽沉积物优点评分 $=10-\Sigma S$。

F3　活塞环岸沉积物评分

指环槽之间的台肩部分的评分。

F4　活塞内腔表面沉积物评分

F4.1　活塞内腔顶部沉积物评分。

F4.2　活塞内腔裙部表面沉积物评分。

指内腔活塞销中心线以下部位的评分。

F5　活塞裙部外表面积炭及漆膜评分

指活塞环槽以下的活塞外表面部位的评分。

F6　气缸盖表面沉积物评分

指气缸盖燃烧室表面部位的沉积物评分。

F3、F4、F5、F6各部位的沉积物评分，均与环槽评分方法相同。

F7　环岸擦伤评分表

表 F4

类　　别	优 点 评 分
无任何擦伤、划痕	10
有细的擦伤、划痕	5
深度擦伤、划痕(手能感觉到)	0

F8　拉伤评分表

因油品原因出现卡缸、拉缸，即宣告评定试验未通过。

因油品原因出现拉伤，需进行评分。

表 F5

	类　　别	优 点 评 分
1	手感轻微的拉伤	5.0
2	手感明显的拉伤	0

附　录　G
不同大气压力和环境温度发动机功率校正公式
（补充件）

当试验时，大气压力为 P_0

　　　　　环境温度为 t_a。

我国摩托车行业规定标准状态为：

大气压力为 1000hPa(相当于 750mmHg)，

环境温度为 25℃。

当发动机检查功率时，允许校正后的功率为准。功率校正按式(G1)计算方法进行：

$$F_1 = F'_1 \frac{100}{P_0} \sqrt{\frac{273+t_a}{273+25}} \quad \cdots\cdots\cdots\cdots\cdots\cdots\cdots\cdots\cdots\cdots \quad (G1)$$

式中：F'_1——实测的功率值；

　　　F_1——校正后的功率值。

附　录　H
评定台架用测试仪器、仪表规格
（参考件）

表 H1

序号	项目 仪器名称	型　号	量　程	精　度
1	四通道无笔记录仪	ST 4100 型（K 型热偶）	1.0~600℃ 2.0~58.8N(6kgf) 3.0~78.4N(8kgf) 4.0~1300℃	±1%
2	微　机 打印机 绘图仪	IBM M-1724 Dxy-800A		
3	油耗仪	SY-3	10~70mL	±1%
4	扭矩仪	CIT	0~147N(15kgf)	±0.5%
5	转速表	SZ-2	0~10000r/min	±0.2%
6	数字温度计	SWZ-101	0~800℃	±0.5%
7	油门控制器	FYT-1		
8	大气压力计	动槽式	810~1100hPa	0.1hPa
9	干湿温度计	DHW$_2$ 型	-55~55℃	±0.2℃
10	风速仪	DZM6	0~30m/s	0.2m/s
11	点火提前角测定仪	ZDC	0~9 度	<0.3 度
12	光电天平	TG 328A	0~200g	±0.0001g

附　录　I
清　洗　液　的　配　制
（参考件）

表 I1

序　号	成 分 名 称	重量, g	适 用 范 围
1	水	1000	
2	肥 皂	10	
3	碳酸钠	18.5	铝制零件
4	水玻璃	8.5	
5	重铬酸钾（$K_2Cr_2O_7$）	1	
1	水	1000	
2	苛性钠（NaOH）	25	
3	碳酸钠（Na_2CO_3）	33	钢制、铸铁零件
4	肥 皂	8.5	

附　录　J
发动机磨合规范
（参考件）

总磨合时间共 12.5h。

表 J1

序　号	工　况	转速，r/min				火花塞垫圈温度 ℃
		1500	3000	3500	4500	
1	节气门开度,%	怠　速	10	10	10	150±5
	持续时间 min	30	60	60	60	
2	节气门开度,%	—	20	20	20	160±5
	持续时间 min	—	60	60	60	
3	节气门开度,%	—	—	30	30	170±5
	持续时间 min	—	—	60	60	
4	节气门开度,%	—	—	40	40	170±5
	持续时间 min	—	—	60	60	
5	节气门开度,%	—	—	50	50	170±5
	持续时间 min	—	—	60	60	

附加说明：
本标准由石油化工科学研究院技术归口。
本标准由天津内燃机研究所负责起草。
本标准主要起草人董世强、解世文、宫玉英。
本标准参照采用欧洲协调委员会标准 CEC L-21-T—77《二冲程发动机润滑油的评定》。

编者注：本标准中引用标准的标准号和标准名称变动如下。

原 标 准 号	现 标 准 号	现 标 准 名 称
GB 1883	GB/T 1883—1989	往复活塞式内燃机　术语
GB/T 1884	GB/T 1884	原油和液体石油产品密度实验室测定法(密度计法)
GB 5360	GB/T 5360—1985	摩托车汽油机通用技术条件
GB 5363	GB/T 5363	摩托车和轻便摩托车发动机台架试验方法
GB/T 5487	GB/T 5487	汽油辛烷值的测定　研究法
SH/T 0269	SH/T 0269—1992	内燃机润滑油清净性测定法

SH/T 0576—1993

L-ERC 二冲程汽油机油评定法

（2006年确认）

1 主题内容与适用范围

本标准规定了 L-ERC 二冲程汽油机油的燃烧清净性、高温润滑性和因积炭引起早燃的发动机评定方法。

本标准评定通过的产品，适用于高负荷（升功率73kW/L以上）、大排量（250mL以上）风冷二冲程汽油机，该种汽油机主要装配高强化摩托车、雪橇车及各种高强化动力装置。

2 引用标准

GB/T 255　石油产品馏程测定法

GB/T 257　发动机燃料饱和蒸气压测定法（雷德法）

GB/T 259　石油产品水溶性酸及碱试验法

GB/T 378—1964　发动机燃料铜片腐蚀试验法

GB 1883　往复活塞式内燃机　术语

GB/T 1884　石油和液体产品密度测定法

GB 1922—1980　溶剂油

GB 5360　摩托车汽油机通用技术条件

GB 5363　摩托车汽油机台架试验方法

GB/T 5487　汽油辛烷值测定法（研究法）

SH/T 0269　内燃机润滑油清净性测定法

ZB J90 003　通用小型汽油机耐久试验方法

ZB J91 012　小型汽油机台架性能试验方法

3 定义

3.1 沉积物

由一层薄覆被逐渐累计成厚度不等的硬质附着物。它有粘性、有光泽，呈米色或深棕色，并常被一层很薄的积炭所覆盖。

3.2 积炭

无光泽，硬度、厚度不等，并在溶剂中保持稳定的黑色附着物。

3.3 漆膜

薄而有光、很硬很干的附着物，经溶解、擦拭后只能使颜色减退。

3.4 自由环

活塞环依靠自身重量能落入环槽内。

3.5 钝环

活塞环依靠自重不能落回环槽，但手指轻压后能在环槽内转动。

3.6 冷粘环

用手指轻压后活塞环仍不能在环槽内转动,但周边光亮,在发动机运转中仍起密封作用。

3.7 热粘环

活塞环周边局部或全部覆盖漆膜或沉积物,活塞环卡死于环槽内,运转中已不起密封作用。

3.8 搭桥(连炭)

火花塞中心极与侧极之间存在的积炭相连现象。

3.9 长须

火花塞电极上出现须状积炭现象。

3.10 参比油

用于与试样的对照评比及设定发动机条件的校机用油。

3.11 卡缸

气缸壁与活塞各部位之间因热咬接造成的运转中断现象,并常伴有零件表面的局部明显损坏。

3.12 拉缸

气缸壁与活塞各部位之间在运动中因瞬间热咬接造成的局部损坏现象。

3.13 拉伤(擦伤、划痕)

气缸壁与活塞各部位之间在运动中产生的有手感的竖直伤痕。

3.14 早燃

在油料评定中,因积炭引起的发动机表面点火燃烧,并发生在火花塞点火之前。

3.15 早燃现象

一种发动机的非正常燃烧现象,伴随着燃烧室温度的突然升高、扭矩突然下降。

3.16 大早燃、小早燃

用燃烧室内的热电偶测出平均循环温度的突然升高,或者用气缸盖热电偶、火花塞垫圈热电偶测出在稳定的温度测量线上发生的突然波动,后者当波动值等于或大于10℃时称大早燃,小于10℃时称小早燃。

4 方法概要

本标准包括三个评定程序

程序1:粘环与沉积物试验;

程序2:润滑性(胀紧)试验;

程序3:早燃试验。

4.1 程序1采用ROTAX503双缸风冷500mL二冲程汽油机,按规定工况运转之后,进行拆检评分比较。一缸采用试样,另一缸采用标准参比油,循环运转20h。若试样的清净性评分明显好于标准参比油,可停止试验。若不明显时,为排除两缸热负荷差异的影响,提高评定的可靠性,交换两缸使用的混合油再运转20h,之后对每种油的两缸平均清净性评分进行比较。

4.2 程序2采用WY50单缸风冷50mL二冲程汽油机,试验中保持转速恒定,切断冷却空气,使t_s(火花塞垫圈热电偶温度)自200℃上升至350℃(或330℃),测出其间的扭矩降低值,值的大小可表明机油润滑性的好坏。

4.3 程序3采用与程序2相同的二冲程汽油机,以节气门全开最大扭矩(4150r/min±20r/min)运转50h,在多积炭、高热负荷条件下测定早燃发生的时间和次数。

5 试验设备和仪器

5.1 试验用发动机

评定试验用发动机采用ROTAX503和WY50,见附录A。

5.2 进气系统

将 ROTAX503 两缸一进气管的原结构改为一缸一进气管一化油器，并各自与供油系统、油耗测量系统、油门控制系统连接。

5.3 冷却系统

ROTAX503 发动机采用自身风扇冷却，为调整两缸热负荷的平衡，使两缸 t_s 值的差异在规定范围内，用风扇进口调整挡板及每缸热风出口的调整挡板调整进、出风量。

WY 50 发动机采用外风源冷却，4 号离心鼓风机由 5.5kW 电动机带动，用管路中的闸板控制鼓风量。冷却风出风口尺寸为 180mm×180mm。发动机气缸盖前风速调整范围 0~20m/s，风速仪置于风口与气缸盖之间约 1/2 位置处，风速的调整可以发动机磨合及调试中 t_s 不高于 180℃，标定工况试验中不高于 200℃ 为准则。

5.4 排气系统

ROTAX503 及 WY 50 发动机的排气管分别置于排气抽风系统中，该系统中安装有 0.6kW 防爆电动机带动的 4 号轴流抽风机。采用长度为 150mm、$\phi3mm$ 铠装 K 型热电偶测量排气温度。在 RO-TAX503 发动机每根排气支管上，排气总管上，离排气道、排气支管出口 50mm 处均按常规要求安装一支热电偶。在 WY50 发动机排气管上，离排气道出口 50mm 处按常规要求安装一支热电偶。

5.5 测功设备

程序 1 评定试验台架采用 CW 30 型电涡流测功机，程序 2、程序 3 评定试验台架采用 ZDC-3B 型电力测功机，见附录 B。

5.6 火花塞垫圈热电偶

在火花塞垫圈上装入 K 型热电偶，见附录 C。通过对垫圈温度 t_s 的控制实现对发动机热负荷的控制。

5.7 试验用仪器及仪表

见附录 H，其中四通道无笔记录仪用于程序 3 评定试验，采集扭矩力、t_s 及 t_r（排气温度）随时间变化的图形；发动机性能测试仪用于程序 1 评定试验的数据采集及打印。

6 试验用材料

6.1 试样油

提供评定试验用试样油 25L。

6.2 燃料油

为消除燃料组分差异对评定润滑油的影响，采用标准燃料油，见附录 D。

6.3 参比油

评定程序 1、2、3 采用的标准参比油为 C-301，评定程序 1 的低参比油为 C-302，评定程序 2 的低参比油为 A-103。

6.4 清洗液

发动机的清洗按附录 I 规定进行，并按附录规定配制清洗液，清理零、部件上的积炭、沉积物。

6.5 溶剂油

采用 GB 1922—1980 190 号溶剂油。

7 试验用发动机、测功设备及仪器、仪表的准备

7.1 评定试验用发动机的磨合

对于新发动机或更换零、部件后重新装配的发动机，在投入正式评定试验前，都必须按附录 G 规定的磨合规范进行磨合。

7.2 发动机的清洗

磨合后的发动机需解体清洗，活塞、活塞环、消音器、气缸盖等处的积炭需置入清洗液中加温

煮洗，各种孔、口、槽中的积炭、沉积物必须清洗干净，不可用锐器划伤。组装发动机前尚需用溶剂油清洗化油器量孔及喷管。

7.3 评定试验用发动机的装配条件及准备

清洗后的零、部件，根据附录 E 给出的装配条件对零、部件进行测量、组装，有摩擦的机械表面装配时须涂上标准参比油，火花塞及各种螺母扭紧力及发动机的准备需按附录 E 规定进行。

程序评定试验前须对 ROTAX 503 发动机进行两缸平衡校正，调整化油器油针卡簧位置及油门拉线限位触点，使两缸功率差值在规定范围。对 WY-50 发动机须进行功率、油耗率的调整，使之符合程序试验的参数要求。

7.4 测功设备及仪器、仪表的准备

试验前对 CW 30 测功机进行机械系统的零点校正，对 ZDC-3B 测功机进行压力传感器的零点校正，试验前测功机控制柜的各种仪器仪表均应有正常的数字显示。

8 评定程序1：粘环与沉积物试验

8.1 混合油配制

标准参比油 C-301 与试样油均按 $1:50 (V/V)$ 与燃料油混合，每次各配制 20L，使之混合均匀后加入各自油箱，并根据试验进展情况逐次配制以备使用。

8.2 校机

8.2.1 两缸同时采用标准参比油，按试验程序运转 20h 后进行拆检，对两缸活塞环的粘结、环槽积炭、环岸积炭、气缸盖积炭、活塞裙部漆膜、活塞顶及内腔沉积物、排气口堵塞进行清净性评分，对活塞沉积物重量进行称量。

8.2.2 完成 8.2.1 试验评定后，按第 7 章进行零、部件的清洗、发动机的装配和两缸平衡的校正，两缸仍然同时采用标准参比油，按标准试验程序再运转 20h，之后按 8.2.1 中所列项目进行评分和评定。

8.2.3 完成 8.2.1，8.2.2 试验评定后，如果两缸之间或两次运转的每缸平均值之间，各项评分差异小于 0.5 分，活塞沉积物重量差小于 0.05g，各缸的粘环评分均在 9.5 分以上，则可认为两缸试验条件基本平衡，评定方法稳定，在试样油正式评定时，不需进行两缸变换混合油的 20h 重复试验。超出上述范围时，则必须进行变换混合油的 20h 重复试验。

8.2.4 标准参比油的校机试验每 6 个月进行一次。

8.3 运行试验

8.3.1 符合装配条件的发动机，在正式评定试验前须进行两缸功率平衡试验，通过化油器、油门限位器、油门拉线限位触点的调整满足循环运行试验程序中的规定值。

8.3.2 循环运行试验程序

表 1 循环运行试验程序

程序	序号	1 运转时间 (t) min	2 功 率 (N_e) kW(PS)	3 转 速 (n) r/min	4 扭矩力 (P) N(kgf)	5 油耗率 (g_e)g/kW·h (g/PS·h)	6 油耗量 (G_t) kg/h
小循环	1	25	8.82±0.37 (11.5~12.5)	3500±10 (3490~3510)	33.6±1.5 (3.58~3.28)	503±20 (355~385)	4.1~4.6
	2	5	空负荷	800~1200	(<0.1)	—	—

续表1

序号 项目 程序		7 排温(t_{r1}，t_{r2}) ℃	8 温度(t_{s1}，t_{s2}) ℃	9 扭 矩 N·m	10 各缸平衡			11 测功器出水 温度(t_w)，℃
					G_t	N_e	P	
小循环	1	540~580	180~185	24.1±1.0 (23.1~25.1)	$G_{t1}-G_{t2}$ <0.1kg/h	$N_{e1}-N_{e2}$ <0.15kW (0.2PS)	P_1-P_2 <0.6N (0.06kg)	30~50
	2	—	—	—	—	—	—	—

发动机运行每半小时一小循环，5 个小循环运行后停车 1h 为一个大循环，共进行 8 个大循环，运转 20h。

8.3.3 循环运行试验说明

8.3.3.1 运行中记录 t_s 的突然升高，当 $\Delta t_s<10℃$ 发生早燃时，只作记录不中断试验；当 $\Delta t_s \geqslant 10℃$ 发生大早燃时，立即中断试验，更换火花塞等零、部件，排除故障之后继续运行发动机，其程序 1 评定试验的累积时间以大早燃发生前 10min 开始计算。

8.3.3.2 运行中当 t_s 突然降低、功率明显下降时，必须检查火花塞，必要时予以清理或更换。

8.3.3.3 运行中非油品引起的机械故障(包括火花塞)，可更换零、部件或调整发动机，运行中为保证参数在规定范围内，发动机可进行必要调整。

8.4 拆检与评定

8.4.1 试验结束后 12h 内必须拆检、评定，其顺序为：

拆车，擦洗，粘环评分，拆环，主要评分部位拍照，活塞称重，规定部位评分。

8.4.2 主要评分、测定项目包括：

活塞环粘结，环槽、环岸积炭；活塞裙部漆膜、内腔积炭；气缸盖积炭；活塞积炭及积炭量测定；排气口堵塞面积所占百分比。

8.4.3 评分方法及标准参照附录 F。积炭描述包括：类别、厚度、软硬、位置等。计算清净性总分及合格项目百分比。

8.4.4 检测拉缸、拉伤状况，记录更换火花塞次数，填写表 2、表 3。

8.5 试验结果及合格标准

8.5.1 试样油的主要评分项目(表 4 所示)均不低于标准参比油 0.5 分，主要评分项目总和不低于标准参比油 5.5 分。

8.5.2 活塞沉积物不超出标准参比油 0.25g。

8.5.3 火花塞故障次数不超出标准参比油 2 次，且不存在活塞拉伤。

8.5.4 试样油的排气口堵塞率与标准参比油之差不超出 10%。

8.5.5 试验结果若未达到上述规定，可以重复进行一次试验，重复试验合格时则评定通过。

9 评定程序 2：润滑性(胀紧)试验

9.1 混合油配制

标准参比油 C-301 与试样油均以 1∶50(V/V)同燃料油混合，每种配制 4L，使之混合均匀后加入各自油箱，同时再准备 4L 标准燃料油加入第三油箱，以备更换混合油之前接通发动机进油管冲洗管路。

9.2 校机

9.2.1 两次试验间隔超过 3 个月之后，在试样油正式评定之前，必须用 A-103 低参比油进行校机试验。

表2 L-ERC二冲程汽油机油评定程序1：粘环与沉积物试验表

油品级别	活塞、气缸及气缸盖评分														排气系统	
	活塞环	活塞裙部积炭及漆膜	环槽积炭漆膜	内腔积炭漆膜	活塞环岸炭漆膜	气缸盖表面沉积物评分	环岸擦伤	气缸套积炭及漆膜	拉伤、拉缸	活塞顶部沉积物评分	总评分	活塞沉积物重量，g	火花塞搭桥（长须）	活塞顶部沉积物描述	排气管沉积物描述	排气口堵塞描述
	一环 二环		一环 二环	裙内 顶内	一环 以上 二环 以上											
优点评分 一缸 1																
优点评分 一缸 2																
优点评分 二缸 1																
优点评分 二缸 2																

项目 / 缸号	活塞环	活塞裙部	活塞环槽	活塞顶部内腔	活塞环岸	气缸盖	活塞顶部
主要评分部位说明 一缸 1			1		1	1	
主要评分部位说明 一缸 2			2		2	2	
主要评分部位说明 二缸 1			1		1	1	
主要评分部位说明 二缸 2			2		2	2	

结论	
备注	

评定试验责任人

评定单位公章

年　　月　　日

表3 L－ERC 二冲程汽油机机油评定程序1：粘环与沉积物评分平均值表

油品级别		1 项 活塞环		2 项 活塞裙部积炭及积膜	3 项 环槽积炭漆膜		4 项 内腔积炭漆膜		5 项 环岸积炭漆膜		6 项 气缸盖表面沉积物评分	7 项 活塞顶部沉积物评分	8 项 环岸擦伤	9 项 缸套积炭及漆膜	10 项 拉伤、拉缸	11 项 总评分	12 项 火花塞故障次数	13 项 排气口堵塞百分比 %	14 项 活塞沉积物重量 g
		一环	二环		一环	二环	裙内	顶内	一环以上	二环以上									
优点																			
评分	一缸																		
	二缸																		
	平均值																		
	一缸																		
	二缸																		
	平均值																		
参比油与试样油平均值差 优（＋）劣（－）																			

主要评分项目分析：

a. 1～7 项试样油劣于参比油，差值为负值项数

b. 1～7 项试样油劣于参比油，差值负数小于 0.5 分项数

c. 参比油与试样油总评分差值，试样油优者为正值，劣者为负值

d. 14 项试样油活塞沉积物少者为正值

e. 火花塞故障

f. 排气口堵塞百分比比较

结论

备注

评定人

负责人

评定单位公章

年　月　日

9.2.2 按本程序规定的试验步骤，计算出标准参比油与低参比油之间的平均扭矩降的差值，若差值能明显地区分开油品的质量，则说明发动机的运转条件及装配条件所形成的对油品的苛刻度适中，可以保证试样油的正常评定，否则必须进行发动机的重新调整。

9.3 润滑性（胀紧）试验程序

润滑性试验按表 4、表 5 所示分 4 组进行，每组须按 9.4 试验步骤进行 5 次润滑性试验，ΔM_r、ΔM_c 分别代表试验油与标准参比油在 t_s 自 200℃ 至 350℃（330℃）之间发动机的输出扭矩降，$\Delta \overline{M}_r$、$\Delta \overline{M}_c$ 分别代表每种润滑油 10 次润滑性试验所测扭矩降的平均值。

表 4 试验工况

节气门全开 扭矩力（P） N（kgf）	节气门全开时 $M_{e\,max}$ 转速 r/min	功　率（N_e） kW（PS）	油耗率（g_e） g/kW·h （g/PS·h）	排温（t_r） ℃	火花塞垫圈温度 （t_s） ℃
18~21 （1.85~2.15）	4150±20	1.4~1.7 （1.9~2.3）	450±14 （330±10）	500±20	180~350 （330）

表 5 运转程序

油　品	扭矩降胀紧次数组号	ΔM_r、ΔM_c					平均扭矩降$\Delta \overline{M}_r$、$\Delta \overline{M}_c$
		1	2	3	4	5	
标准参比油	1	ΔM_{r1}	ΔM_{r2}	ΔM_{r3}	ΔM_{r4}	ΔM_{r5}	
试样油	2	ΔM_{c1}	ΔM_{c2}	ΔM_{c3}	ΔM_{c4}	ΔM_{c5}	
标准参比油	3	ΔM_{r6}	ΔM_{r7}	ΔM_{r8}	ΔM_{r9}	ΔM_{r10}	$\Delta M_{r1\sim10}$
试样油	4	ΔM_{c6}	ΔM_{c7}	ΔM_{c8}	ΔM_{c9}	ΔM_{c10}	$\Delta M_{c1\sim10}$

9.4 润滑性（胀紧）试验步骤

9.4.1 开机预热，节气门全开、4150r/min±20r/min，使 t_s=170℃ 左右，热平衡运转 1h。

9.4.2 调整冷却风使 t_s=180℃，此时节气门全开、转速不变，试验室环境温度保持在 23~27℃。

9.4.3 稳定运转 3min 之后切断冷却风源，按表 4、表 5 开始胀紧试验，为减少开始时 t_s 的上升速度，至 t_s 达到 200℃ 前不移开冷却鼓风口。胀紧过程中随时减少励磁以降低负荷保持转速恒定。试验中防止各种外界风源干扰。

9.4.4 在 t_s 自 180℃ 上升至 350℃ 期间，每隔 10℃ 采集一次数据，对每次胀紧数据用计算机进行数据处理和 X-Y 仪绘图。

9.4.5 当 t_s 达到 350℃（或 330℃）时，立即开动冷却风源，减小节气门开度，使输出功率降低约 1/2 左右，垫圈温度恢复到 160~170℃。

9.4.6 全开节气门，调整冷却风使 t_s 达到 180℃，稳定 3min 之后重复 9.4.3 以后过程。

9.4.7 每种油连续进行 5 次胀紧试验，5 次为一组共进行两组，按式（1）~式（4）计算每种油的 200℃ 至 350℃（330℃）平均扭矩降 $\Delta \overline{M}_r$、$\Delta \overline{M}_c$。

9.4.8 换油：一种混合油的胀紧试验完毕后，将化油器中的残油耗干，再用燃料油怠速运转 5min 以冲洗油路，然后换入另一种混合油，使节气门全开，转速达到 4150r/min±20r/min，运转20~30min 后重复 9.4.2 以后过程。

9.4.9 程序 2 胀紧试验必须连续完成，试验中不允许出现卡缸，拆缸后不应存在拉缸、粘环及严重拉伤现象。并将记录数据及计算数据填入表 6。

表6 L-ERC二冲程汽油机油评定程序2：胀紧试验表

发动机		测功器		燃料油		试样油			气缸活塞最小间隙,mm		试验编号	年 月 日
型号	机号	型号	型式	牌号	密度	牌号	混合比	装配条件	环开口间隙 mm			环境温度 ℃
									环侧向间隙 mm			大气压力 hPa
WY50		ZDC-38	电测				50：1		火花塞电极间隙，mm			
									点火提前角度，℃A			相对湿度 %

胀紧试验工况

节气门全开扭力(P)	节气门全开最大扭点转速	功 率 (N_e)	耗油率 (g)	排气温度 (t_r)	垫圈温度 (t_s)
19.6N± 1.47N (2.0kgf± 0.15kgf)	4150r/min± 20r/min	1.54kW± 0.15kW (2.1PS± 0.2PS)	408～ 449g/kW·h (300～ 330g/PS·h)	500℃±20℃	180℃～350℃

试验数据		项目 / 胀紧组号 扭矩力(P)及ΔM / 垫圈温度	1			2			3			4			5			鉴别值	
			180℃	200℃	350℃	180℃	200℃	350℃	180℃	200℃	350℃	180℃	200℃	350℃	180℃	200℃	350℃		
试验用机油	标准参比油	扭矩力，N（kgf）																奇异点鉴别	可信度：90% 自由度：查表 $B_{临界}$
		每组扭矩降（ΔM_{ri}）N·m	ΔM_{r1}：			ΔM_{r2}：			ΔM_{r3}：			ΔM_{r4}：			ΔM_{r5}：				
	试样油	扭矩力，N（kgf）																	Br^*： Bc^*：
		每组扭矩降（ΔM_{ci}）N·m	ΔM_{c1}：			ΔM_{c2}：			ΔM_{c3}：			ΔM_{c4}：			ΔM_{c5}：				
	标准参比油	扭矩力，N（kgf）																相当性鉴别	可信度：95% 自由度：查表 $t_{临界}$
		每组扭矩降（ΔM_{ri}）N·m	ΔM_{r6}：			ΔM_{r7}：			ΔM_{r8}：			ΔM_{r9}：			ΔM_{r10}：				
	试样油	扭矩力，N（kgf）																	t^*：
		每组扭矩降（ΔM_{ci}）N·m	ΔM_{c6}：			ΔM_{c7}：			ΔM_{c8}：			ΔM_{c9}：			ΔM_{c10}：				

续表6

标准参比油扭矩降平均值	标准参比油平均扭矩降标准偏差	试样油扭矩降平均值	试样油平均扭矩降标准偏差
$\Delta \overline{M}_r = \dfrac{\Sigma \Delta M_{ri}}{n}$ $(i=1\sim n)$ $(n=10)$ $\Delta \overline{M}_r =$	$S_r = \dfrac{\sqrt{\Sigma(\Delta M_{ri} - \Delta \overline{M}_r)^2}}{\sqrt{n-1}}$ $(i=1\sim n)$ $(n=10)$ $S_r =$	$\Delta \overline{M}_c = \dfrac{\Sigma \Delta M_{ci}}{n}$ $(i=1\sim n)$ $(n=10)$ $\Delta \overline{M}_c =$	$S_c = \dfrac{\sqrt{\Sigma(\Delta M_{ci} - \Delta \overline{M}_c)^2}}{\sqrt{n-1}}$ $(i=1\sim n)$ $(n=10)$ $S_c =$

结论	合格标准	舍去 $B^* \geq B_{临界}$ 奇异点，$t^* \leq t_{临界}$，$\Delta \overline{M}_r \geq \Delta \overline{M}_c$，试样油合格	评定单位公章	评定人	
				负责人	
备注					

9.5 数据处理

9.5.1 按下式计算标准参比油及试样油的平均扭矩降 $\Delta \overline{M}_r$ 及 $\Delta \overline{M}_c$，计算每种油平均扭矩降的标准偏差 S_r、S_c。

$$\Delta \overline{M}_r = \frac{\Sigma \Delta M_{ri}}{n} \quad\cdots\cdots\cdots\cdots\cdots\cdots\cdots\cdots\cdots\cdots\cdots\cdots (1)$$

$$\Delta \overline{M}_c = \frac{\Sigma \Delta M_{ci}}{n} \quad\cdots\cdots\cdots\cdots\cdots\cdots\cdots\cdots\cdots\cdots\cdots\cdots (2)$$

$$S_r = \sqrt{\frac{\Sigma(\Delta M_{ri} - \Delta \overline{M}_r)}{n-1}} \quad\cdots\cdots\cdots\cdots\cdots\cdots\cdots\cdots (3)$$

$$S_c = \sqrt{\frac{\Sigma(\Delta M_{ci} - \Delta \overline{M}_c)}{n-1}} \quad\cdots\cdots\cdots\cdots\cdots\cdots\cdots\cdots (4)$$

式中：$\Delta \overline{M}_c$——试样油的平均扭矩降；

$\Delta \overline{M}_r$——标准参比油的平均扭矩降；

i——1，2，3……n；

n——胀紧试验次数，$n=10$。

9.5.2 按附录 J 计算奇异点鉴别值 B_c^*、B_r^*，并舍去各种油的 10 个扭矩数据点中的 B_c^*、$B_r^* > B_{临界}$ 的奇异点，之后重新计算 $\Delta \overline{M}_r$、$\Delta \overline{M}_c$ 及 S_r、S_c。

9.5.3 按附录 J 计算平均扭矩降相当性鉴别值 t^* 及组合标准偏差 S_{cr}。当 $t^* \leq t_{临界}$ 时可认为两种油的平均扭矩降测值及准确度相当。

9.5.4 S_r 及 S_c 的偏差应基本相同。偏差大者是由该油品扭矩降数据点间差异大所致，是因在胀紧过程中出现发动机不正常工作所致（断火），必须进行奇异点鉴别。

9.6 试验结果及合格标准

9.6.1 $\Delta \overline{M}_c \leq \Delta \overline{M}_r$

9.6.2 在计算 $\Delta \overline{M}_c$ 及 $\Delta \overline{M}_r$ 时，必须事先对采集的数据进行奇异点鉴别和相当性鉴别，舍去数据中的奇异值且 $t^* \leq t_{临界}^*$。奇异点鉴别的可信度为 90%，相当性鉴别的可信度为 95%。

9.6.3 若试样油的试验结果未达到合格标准，可重复一次试验，若重复试验达到合格标准时，试样油评定通过。

10 评定程序3：早燃试验

10.1 混合油配制

试样油按1∶33(V/V)与燃料油混合，每次配制4L，使之混合均匀后加入油箱。同时，为了校机需用标准参比油(C-301)及低参比油(A-103)按同样混合比与燃料油配制混合油。

10.2 校机

10.2.1 低参比油校机：试验间隔3个月或进行过10次早燃试验后，在正式评定试验前需用低参比油按本运转程序进行早燃试验。运行中必须发生大早燃1~3次，不出现大早燃时须在表3规定范围内调整发动机运转条件。

10.2.2 标准参比油校机：间隔半年或进行过50次早燃试验后，或用低参比油校机时大早燃次数超过3次时，均需用标准参比油按表3程序进行早燃试验。并记录发生大早燃的时间及次数。

10.3 运行试验

10.3.1 起动发动机逐渐使节气门全开，按表7中第2项调整运转参数，稳定运转20min后进入运转程序。

10.3.2 试验程序见表3。

表7

序号	工 况		功率(N_e) kW(PS)	转速(n) r/min	扭矩力(P) N(kgf)	油耗率(g_e) g/kW(PS)·h	垫圈温度(t_s) ℃	运转时间 h
1	最大扭矩高油耗					490±14 (360±10)	175±5 (170~180)	29
2	最大扭矩低油耗		1.4~1.7 (1.9~2.3)	4150±20	18~21 (1.84~2.14)	435±14 (320±10)	200±3 (197~203)	1.0
3	共两个循环	最大扭矩高油耗				490±14 (360±10)	175±5 (170~180)	8.5
4		最大扭矩低油耗				435±14 (320±10)	200±3 (197~203)	1.5

10.3.3 试验说明

10.3.3.1 低温高油耗有利于积炭生成，高温、低油耗有利于积炭表面点火，可根据实际校机状况，在给定的范围内取高、低限值。

10.3.3.2 在进入表7中2，4工况前0.5~1.0h内，通过调节空气量孔和空气滤清器滤芯来调整混合气的浓度。

10.3.3.3 试验中以开始时的最大扭矩点功率为准，当功率下降10%~15%时需更换新的排气系统，以恢复功率。

10.3.3.4 50h运行中，试样油不允许出现大早燃，当出现大早燃时必须拆卸发动机，并报告拆检情况，包括：有无粘环、拉缸、拉伤，报告火花塞积炭情况及更换情况(因积炭引起早燃的故障不能更换)。

10.3.3.5 程序3评定试验结束后，将已采集到的数据填入表8。

10.4 试验结果及合格标准

10.4.1 在50h运行中，试样油大早燃发生次数不多于标准参比油，或发生第1次大早燃的时间大于或等于标准参比油，则试样为评定通过。

10.4.2 若试样油不合格时，可进行一次重复试验，重复试验合格为评定通过。

SH/T 0576—1993

表8 L–ERC 二冲程汽油机油评定程序 3：早燃试验表

试验编号						试验日期		
机油牌号								年 月 日 至 年 月 日

发动机 型号 WY–50　　机号　　牌号

测功器 型号 ZDC–3B　型式 电测

燃料油 密度　混合比 33:1

早燃程序评定用发动机装配条件

点火提前角，°CA	气缸活塞最小间隙，mm	活塞环开口间隙，mm	环侧向间隙，mm	火花塞电极间隙，mm

发动机工况：发动机节气门全开，于最大扭矩点工况 4150r/min ±20r/min 运行 50h，试验中按循环工况要求调整 t_s 及 g_e（耗油率）

监测项目 / 试验持续时间，h	1	2	4	6	8	10	12	14	16	18	20	22	24	26	28	29	29.5	30	32	34	36	38	38.5	39	40	42	44	46	48	48.5	49	50
测功器扭力，N（kgf）																																
发动机功率，kW（PS）																																
火花塞垫圈温度 ℃																																
耗油率，g/kW·h（g/PS·h）																																
排气温度，℃																																

循环工况说明：发动机高温、低油耗造成易点火条件，低温、高油耗造成易造成积炭发生条件

环境条件：气压　气温

排气系统更换状况

拆检后气缸、活塞及火花塞状况：运行中早燃发生的时间；50h 内累积早燃发生的次数

合格条件：50h 运行中相当于 C–301 参比油，50h 运行中相当于 C–301 参比油通过评定，则试样油通过评定

结论

备注

评定人　　负责人　　评定单位公章

513

附　录　A

评定试验用发动机规格

（补充件）

序号	机型 项目	WY50	ROTAX503
1	缸数	1	2
2	缸径×冲程，mm	40×39.6	72×61
3	排量，mL	49.8	494
4	标定功率，kW/r/min	2.06/5600	22.0/5500
5	油耗率，g/kW·h	462(340g/PS·h)	480(353g/PS·h)
6	最大扭矩，N·m/r/min	3.7(0.38kg·m)/4000~4500	42~45(4.3~4.6kg·m)/4500~5000
7	升功率，kW/L	41.2(45PS/L)	44.5(60.5PS/L)
8	怠速，r/min	1300~1500	800~1000
9	总重量，kg	<4.5	<45
10	压缩比(ε)	7.5	6.3
11	火花塞型号	T4135J	4197J
12	点火方式	CDI 电子点火	CDI 电子点火
13	化油器	JT-50A	PZ34J 柱塞式
14	燃油机油混合比(V/V)	33：1 或 50：1	50：1
15	扫气型式	回流	回流
16	气缸	镀铬铝合金	铸铝缸体与特种铸铁缸套配合
17	活塞	高硅铝合金	高硅铝合金
18	连杆	锻钢	锻钢
19	气缸盖	铸铝，半球型	铸铝，半球型
20	排气系统	筒式消音器	排气支管与圆筒式消音器

附　录　B

评定台架测功机

（补充件）

发动机型号		WY50	ROTAX503
L-ERC 油评定程序		程序 2、3	程序 1
测功机型号		ZDC-3B	CW30
最大吸收功率，kW	逆时针	3.0	30
	顺时针	2.4	
最大功率转速，r/min		4100~9000	6000
最大扭矩，N·m	逆时针	6.86	114.7
	顺时针	5.49	

续表

发动机型号		WY50	ROTAX503
最大电动功率，kW	逆时针	1.3	—
	顺时针	1.8	
电动功率转速，r/min		0～3500～9000	
励磁电流，A		3.5	2.8
主轴转向		双向	双向
主轴至地面中心高，mm		260	400
冷却水进口温度，℃		—	25
冷却水出口温度，℃		—	55
冷却水压力，kPa		—	20～59
冷却水流量，L/min		—	15～20
扭矩测量精度，%		±0.5(电子)	±0.5

附　录　C

火花塞垫圈温度传感器结构图

（补充件）

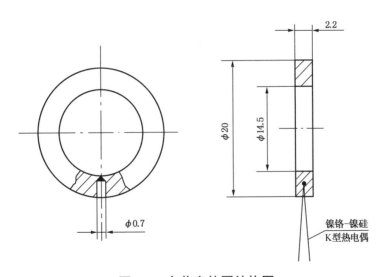

图 C1　火花塞垫圈结构图

如图所示，在垫圈径向打一小孔，将热电偶结点装入小孔内，挤压垫圈两平面，将热电偶固定在小孔内。

垫圈材料：用紫铜制作垫圈。

热电偶材料：直径为 0.3 的镍铬－镍硅制成 K 型热电偶丝，用绝缘材料绝缘。

测量温度时，将垫圈套入火花塞上，然后再将火花塞旋入缸盖。

附 录 D
标 准 燃 料 油
（补充件）

表 D1

项　目	质 量 指 标	试 验 方 法
密度(20℃)，kg/cm³	0.693~0.700	GB/T 1884
馏程,℃ 　初馏点 　50% 　干点	 >40 <104 <195	 GB/T 255
铜片腐蚀(50℃，3h)，级	合　格	GB/T 378
雷氏蒸气压，kPa	34.3~48.0	GB/T 257
研究法辛烷值	93~94	GB/T 5487

附 录 E
评定试验用发动机装配条件及准备
（补充件）

E1 装配条件

表 E1

序号	机 型 项 目	WY50	ROTAX503
1	缸套与活塞间隙	裙底向上 13mm 处 最小间隙 0.03mm±0.01mm(早燃) 0.19mm±0.1mm(胀紧)	裙底向上 10mm 处 （约 8~13mm） 最小间隙 0.092~0.112mm （沉积物） 使用间隙≤0.22mm
2	活塞环开口间隙	将环置于缸套内距顶部 5~10mm 处测量 0.2~0.4mm	将环置于缸套内距顶部 16mm 处测量 0.2~0.3mm （超 1.2mm 时更换新环）
3	活塞环侧向间隙	0.02~0.04mm （环的定位销面向排气侧）	0.045~0.077mm （环槽高度 $2.1^{+0.065}_{+0.045}$ mm 环高 $2.1^{-0.012}_{0}$ mm 间隙超过 0.15mm 时更换环或活塞）
4	火花塞电极间隙	0.6mm (有触点) 0.8~1.0mm(无触点)	0.4~0.5mm
5	白金间隙或点火提前角	0.3mm±0.05mm，或无触点 18°18′CA	无触点 20℃A

E2 WY50 发动机

E2.1 扭紧力矩

气缸盖螺母 $M6$ 分三次扭紧（二字交叉），$M_r = 9.8 \sim 11.8\text{N} \cdot \text{m}$；磁电机飞轮紧固螺母（$M10 \times 1.25$），$M_r = 39.2 \sim 49\text{N} \cdot \text{m}$；火花塞（$M14 \times 1.5$ 螺纹），$M_r = 10.8 \sim 13.7\text{N} \cdot \text{m}$。

E2.2 热磨合及调机中 t_s 不超过 170℃，标定工况下冷却风速 $V = 13 \sim 15\text{m/s}$，冷却风量 $Q = 800 \sim 900\text{m}^3/\text{h}$。

E2.3 在平板上测量气缸垫平整度，若能插入 0.05mm 塞规则应校正或更换。安装排气管须使用新的垫圈。

E2.4 用气缸表检查压缩压力，一般在 $784\text{kPa} \pm 50\text{kPa}(8.0\text{kg/cm}^2 \pm 0.5\text{kg/cm}^2)/1000\text{r/min}$，核算压缩比 $\varepsilon = 7.5$。

E2.5 发动机完成 5 个胀紧试验程序，即有近 100 次胀紧过程之后，或已进行过 3 个早燃试验程序（近 150h）之后，必须更换活塞、活塞环、气缸套及断电臂、各种垫圈，并检查气缸盖、排气系统、点火线圈等，必要时更换新件。发动机累积运转 1000h 时必须更新整台发动机。

E2.6 火花塞垫圈热电偶应制成 K 型热电偶。

E2.7 采用 L-ERA 油程序 2 排气系统，易于拆卸、清洗、称量并能安装三支热电偶，除排气温度外，其他热点温度只作为监测不作为报告数据，用于分析吹风冷却情况及排气堵塞情况。

E2.8 气缸盖无减压装置，以减少漏气因素。化油器须经专门校准及清洁，以保证工况稳定及油耗率范围。

E2.9 活塞与气缸套应在每次试验前测量、选配组合。

E3 ROTAX503 发动机

E3.1 扭紧力矩

火花塞（$M14 \times 1.5$ 螺纹）$M_r = 10.8 \sim 13.7$ N · m；磁电机固定螺母 $M_r = 83\text{N} \cdot \text{m}$；冷却风扇叶轮螺母 $M_r = 64\text{N} \cdot \text{m}$；进、排气支管螺母 $M_r = 20\text{N} \cdot \text{m}$；上下曲轴箱体螺母 $M_r = 20\text{N} \cdot \text{m}$；气缸体与曲轴箱四根螺柱螺母 $M_r = 20\text{N} \cdot \text{m}$。

E3.2 新发动机在最初 24h 内，油门需在半开状态下轻负荷工作，以加强磨合防止拉伤。起动及停车均应在空载下运转 $3 \sim 5\text{min}$。

E3.3 热磨合及调试中 t_s 不超过 180℃，标定工况试验中 t_s 不超过 200℃，冷却风速 $12 \sim 14\text{m/s}$，风量约 3200m^3/h。

E3.4 用点火测定仪测定程序工况及标定工况点火提前角。新发动机应实测压缩比。

E3.5 化油器的调整

贫油时将油针卡簧置于低一档环槽中，使油针位置提高。富油时以相反方式调整。

贫油鉴别：发动机过热、加大油门时灭火、火花塞电极呈白色或灰白色（正常为棕色）、中心极有白色颗粒、发动机不易起动。

富油鉴别：发动机低温、低速不稳、排烟大有油雾、火花塞电极为黑色、有油润湿、发动机不易起动。

E3.6 完成 5 个完整程序试验（约 200h）之后，重新装配、检查发动机，曲轴箱、曲轴、连杆、轴承、密封圈有故障时必须更换。

E3.7 磨合后的发动机及程序试验后的发动机，均应清理积炭、清洗化油器及进气系统，并进行发动机装配条件的检查与调整。卸下气缸体及火花塞时必须待发动机冷却到室温。

附　录　F
清净性评分方法
（补充件）

F1　分类

F1.1　积炭及各种颜色沉积物，缺点评分系数为 10。

F1.2　漆膜

表 F1

类　别		缺点评分系数
1	黑　色	10.0
2	深棕色(带黑)	7.5
3	棕色(带红)	5.0
4	黄　色	2.5
5	微　着	1.0
6	金属本色	0

F1.3　拉伤

因油品原因出现卡缸、拉缸，即宣告评定试验未通过。

因油品原因出现拉伤，需进行评分。

表 F2

类　别		缺点评分系数
1	手感轻微的拉伤	5.0
2	手感明显的拉伤	10.0

F1.4　活塞环评分：按表 F3 及线图进行评分。

表 F3

活塞环状况		缺　点　评　分	
1	自由环	0	
2	钝　环	0.5	
3	粘　环	粘结 30°	粘结 330°
	冷粘环	1.0	5.0
4	热粘环	6.0	10.0

F2　评分

按沉积物、漆膜、拉伤分类分别计算所占评分部位面积百分比，该值乘以缺点评分系数，得缺点评分，之后按优点评分＝10-缺点评分系数×面积百分比计算评分部位的优点分。

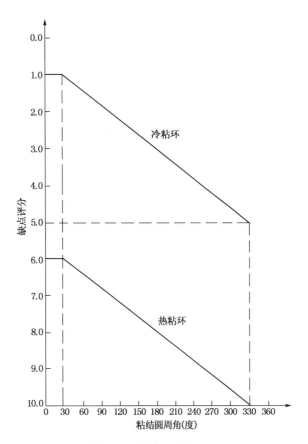

图 F1　活塞环评分图

附　录　G

评定试验用发动机磨合规范

（参考件）

G1　新发动机或更换配件的发动机试验前必须磨合，磨合规范的制定应考虑到磨合后可进行正式评定试验、测功机的摩擦功率及发动机运转功率、时间的限制等因素。

G2　WY50 发动机(程序 2、程序 3)

表 G1　第 1 阶段磨合

时间 h	转　速 r/min	标定功率百分比 %	扭矩力 N(kgf)	垫圈温度 ℃	功　率 kW(PS)
2	3500	10	2.9(0.30)	120±5	0.20(0.28)
2	4000	25	6.9(0.70)	130±5	0.51(0.70)
2	4000	50	13.7(1.40)	140±5	1.03(1.40)
1	4500	50	12.2(1.24)	150±5	1.03(1.40)
1	4500	60	14.7(1.50)	160±5	1.24(1.68)

表 G2　第 2 阶段磨合

时间 h	转　速 r/min	标定功率百分比 %	扭矩力 N(kgf)	垫圈温度 ℃	功　率 kW(PS)
2	4000	50	13.7(1.40)	130±5	1.03(1.40)
1	4000	65	17.6(1.80)	150±5	1.34(1.82)
1	3500	全开	实测	150±5	实测
2	4000	50	13.7(1.40)	140±5	1.03(1.40)
1	4000	65	17.6(1.80)	160±5	1.34(1.82)
1	4500	全开	实测	170±5	实测

注：胀紧试验必须经第 1 阶段和第 2 阶段磨合，早燃试验经第 1 阶段磨合后能达到标定功率
2.06kW±0.1kW/5600r/min时，即可结束磨合。

G3　ROTAX503 发动机(程序 1)

表 G3　第 1 阶段磨合(16h×2)

时间 h	转　速 r/min	标定功率百分比 %	扭矩力 N(kgf)	垫圈温度 ℃	功　率 kW(PS)
2	2000	10	14.7(1.50)	记录	2.2(3.0)
3	3000	20	19.6(2.00)	130±5	4.4(6.0)
3	4000	32	23.5(2.40)	150±5	7.0(9.5)
3	2500	20	23.5(2.40)	140±5	4.4(6.0)
2	3000	30	28.4(2.90)	140±5	6.6(8.6)
2.5	3500	30	24.5(2.50)	150±5	6.6(8.6)
30min	4000	40	29.4(3.00)	160±5	8.8(12.0)
10min	4500	50	32.3(3.30)	170±5	11.0(15.0)

注：第 1 阶段磨合 2 个循环后(共 32h)进行程序 1 校机。要达到全功率外特性需进行第 2 阶段磨合。

表 G4　第 2 阶段磨合(8h)

时间 h	转　速 r/min	标定功率百分比 %	扭矩力 N(kgf)	垫圈温度 ℃	功　率 kW(PS)
5	3500	30	33.7(3.44)	150±5	6.6(8.6)
2	3500	40	39.2(4.00)	150±5	8.8(12.0)
0.5	4000	50	36.8(3.75)	160±5	11.0(15.0)
0.5	4500	70	43.5(4.44)	170±5	15.0(20.4)

附　录　H
评定台架仪器、仪表
（参考件）

表 H1

序号	仪器名称	型号	量程	精度
1	四通道无笔记录仪	ST 4100 型 （K 型热偶）	$0\sim600℃(t_s)$ $0\sim800℃(t_s)$	±1%
2	发动机性能测试仪	PXC-101 型	$0.3\sim9kg/h$ 流量 $120\sim9999r/min$ $0\sim99.99s$	±0.5~1.0% ±0.2% ±0.01%
3	多路数字温度计	DSW-1-3A	—	±1%
4	单通道多波段数字温度计	YEW TYPE 2809	—	±1%
5	油耗仪	SY-3	$0\sim10mL$ $10\sim70mL$	±1%
6	转速表	SZ-2	$0\sim10000r/min$	±0.2%
7	扭矩仪	SJZ	$0\sim49N(0\sim5kg)$ $0\sim97.9N(0\sim9.99kg)$	±0.5%
8	数字显示温度计	SWZ-101	$0\sim800℃$ $0\sim1200℃$	±1.0%
9	风速仪	DZM6	$0\sim30m/s$	0.2m/s
10	大气压力计	动槽式	$810\sim1100hPa$	0.1hPa
11	干湿温度计	DHW2 型	$-55\sim55℃$	±0.2℃
12	气缸压力表	YT-6 型	$0\sim1.4MPa$	
13	油门开度控制仪	SD 型	天津内燃机研究所制造	
14	恒速给定装置	TNS 型	天津内燃机研究所制造	
15	快速打印机	M-1724 型		
16	自动绘图仪	DXY-800 型		
17	微机	IBM、XT		

附　录　I
发动机的清洗规定
（参考件）

I1　活塞与气缸套，气缸盖与活塞环，气口与排气管：

全部在规定的除炭清洗剂中，煮洗有沉积物部分，之后进行清理。在装配前全部用溶剂油清洗、晾干，对于有摩擦的表面需涂上 C-301 参比油。

I2 **清洗剂配方:**

铝制零件:1L 水,18.5g 碳酸钠,10g 肥皂,8.5g 水玻璃。在 60~70℃时溶解。将零件放入溶液,于 85~90℃保持 2~3h 之后用刷子刷洗,再用清水洗净,干燥。

钢和铸铁件:1L 水,33g 碳酸钠,25g 氢氧化钠,8.5g 肥皂配制。用上述同样方法清洗、干燥。

附 录 J
数 据 处 理
(参考件)

J1 奇异点鉴别值 B^*

$$B^* = \frac{\Delta}{\sqrt{\varepsilon}} \quad\cdots\cdots\cdots\cdots\cdots\cdots\cdots\cdots\cdots\cdots\cdots\cdots\cdots\cdots\cdots\cdots\cdots \quad (J1)$$

或
$$\Delta = |\Delta M_{ri} - \Delta \overline{M}_r|_{max}$$
$$\Delta = |\Delta M_{ci} - \Delta \overline{M}_c|_{max}$$
$$\varepsilon = \Sigma(\Delta M_{ri} - \Delta \overline{M}_r)^2$$

或
$$\Sigma(\Delta M_{ci} - \Delta \overline{M}_c)^2$$

式中:$\Delta M_{ri}(\Delta M_{ci})$——每次胀紧过程的扭矩降,$i = 1$,2,3……$n$,标准参比油、试样油各有 10 个数据点,$n = 10$;

$\Delta \overline{M}_r(\Delta \overline{M}_c)$——标准参比油(试样油)的平均扭矩降。

奇异点鉴别值 $B^* \geq B_{临界}$时,则计算该 Δ 值的数据点(ΔM_{ri} 或 ΔM_{ci})应舍掉,该扭矩降为奇异值,常因发动机间断断火造成。舍掉奇异点后,自由度 n 由 10 变为 9,按 $n = 9$ 重新计算试样油及准参比油的平均扭矩降及标准偏差。$B_{临界}$:临界值,常取 90%置信度,查下表得出。

表 J1 $B_{临界}$值分布表

自由度 n	置 信 度			
	90%	95%	99%	99.9%
5	0.8357	0.8575	0.8818	0.9917
6	0.8119	0.8440	0.8823	0.9032
7	0.7912	0.8246	0.8733	0.9051
8	0.7679	0.8038	0.8596	0.9006
9	0.7458	0.7831	0.8439	0.8923
10	0.7254	0.7633	0.8274	0.8817
11	0.7064	0.7445	0.8108	0.8597
12	0.6389	0.7271	0.7947	0.8571
13	0.6722	0.7107	0.7791	0.8442
14	0.6578	0.6954	0.7642	0.8313
15	0.6438	0.6811	0.7500	0.8185
16	0.6308	0.6676	0.7364	0.8062
17	0.6187	0.6550	0.7235	0.7942
18	0.6073	0.6431	0.7112	0.7825

续表 J1

自由度 n	置　信　度			
	90%	95%	99%	99.9%
19	0.5985	0.6319	0.6996	0.7711
20	0.5884	0.6213	0.6894	0.7602
21	0.5769	0.6113	0.6778	0.7497
22	0.5679	0.6018	0.6677	0.7396
23	0.5593	0.5927	0.6681	0.7293
24	0.5512	0.5841	0.6485	0.7204
25	0.5434	0.5760	0.6400	0.7113
26	0.5360	0.5631	0.6315	0.7025
27	0.5289	0.5607	0.6234	0.6940
28	0.5222	0.5535	0.6156	0.6359
29	0.5157	0.5466	0.6031	0.6780
30	0.5095	0.5400	0.6009	0.6704

J2　相当性鉴别值 t^*

$$t^* = S_{cr} \mid \Delta\overline{M}_c - \Delta\overline{M}_r \mid / \sqrt{n} \quad\cdots\cdots\cdots\cdots\cdots\cdots\cdots\cdots\cdots\cdots\cdots\text{（J2）}$$

$$n = n_r + n_c - 2$$

S_{cr}：组合标准偏差

$$S_{cr} = \sqrt{(n_r S_r^2 + n_c S_c^2)} / \sqrt{n_r + n_c}$$

式中：n_r、n_c——分别为标准参比油、试样油胀紧次数；

　　　S_r、S_c——分别为标准参比油、试样油标准偏差。

自由度 n 等于全部数据点个数（20）减去样品数（参比油、试样油两种需减2）。舍去的奇异点数应在全部数据点个数中减去。

表 J2 给出临界鉴别值 $t_{临界}$，一般取置信度95%，当 $t^* \leqslant t_{临界}$ 时，可以认为两种油的平均扭矩降及精确度相当。扭矩降单位取 N·m。

表 J2　t 值分布表

自由度 n	置　信　度				
	90%	95%	97.5%	99%	99.5%
1	3.078	6.314	12.706	31.821	63.657
2	1.886	2.920	4.303	6.965	9.925
3	1.638	2.353	3.182	4.541	5.841
4	1.533	2.132	2.776	3.747	4.604
5	1.476	2.015	2.571	3.365	4.032
6	1.440	1.943	2.447	3.143	3.707
7	1.415	1.895	2.365	2.998	3.499

续表 J2

自由度 n	置 信 度				
	90%	95%	97.5%	99%	99.5%
8	1.397	1.860	2.306	2.896	3.355
9	1.383	1.833	2.262	2.821	3.250
10	1.372	1.812	2.228	2.764	3.169
11	1.363	1.796	2.201	2.718	3.106
12	1.356	1.782	2.179	2.631	3.055
13	1.350	1.771	2.160	2.650	3.012
14	1.345	1.761	2.145	2.624	2.977
15	1.341	1.753	2.131	2.602	2.947
16	1.337	1.746	2.120	2.583	2.921
17	1.333	1.740	2.110	2.567	2.898
18	1.330	1.734	2.101	2.552	2.878
19	1.328	1.729	2.093	2.539	2.861
20	1.325	1.725	2.036	2.528	2.845
21	1.323	1.721	2.050	2.513	2.831
22	1.321	1.717	2.074	2.503	2.819
23	1.319	1.714	2.069	2.500	2.807
24	1.318	1.711	2.064	2.492	2.797
25	1.316	1.703	2.060	2.485	2.787
26	1.315	1.706	2.056	2.497	2.779
27	1.314	1.703	2.052	2.473	2.771
28	1.313	1.701	2.048	2.467	2.763
29	1.311	1.699	2.045	2.462	2.756
30	1.310	1.697	2.042	2.457	2.750
40	1.303	1.684	2.021	2.423	2.704
60	1.296	1.671	2.000	2.390	2.660
120	1.289	1.658	1.950	2.358	2.617
∞	1.282	1.645	1.960	2.326	2.576

注：临界 $t_{临界} = t \times 0.554$。

附加说明：

本标准由石油化工科学研究院技术归口。

本标准由天津内燃机研究所负责起草。

本标准主要起草人解世文、董世强、宫玉英。

本标准参照采用美国试验与材料协会标准 ASTM D02 委员会 1985 年发布的《TSC-3 二冲程汽油

机润滑油的评定》。

编者注：本标准中引用标准的标准号和标准名称变动如下。

原标准号	现标准号	现 标 准 名 称
GB 1883	GB/T 1883—1989	往复活塞式内燃机　术语
GB/T 1884	GB/T 1884	原油和液体石油产品密度实验室测定法(密度计法)
GB 5360	GB/T 5360—1985	摩托车汽油机通用技术条件
GB 5363	GB/T 5363	摩托车和轻便摩托车发动机台架试验方法
GB/T 5487	GB/T 5487	汽油辛烷值的测定　研究法
SH/T 0269	SH/T 0269—1992	内燃机润滑油清净性测定法

中华人民共和国石油化工行业标准

铁路柴油机油高温摩擦磨损性能测定法
（青 铜-钢 法）

SH/T 0577—1993

（2006 年确认）

1 主题内容与适用范围

本标准规定了铁路柴油机油高温摩擦磨损性能测定法。

本标准适用于铁路柴油机油高温摩擦磨损性能的测定。

2 引用标准

GB 1787 洗涤汽油

GB 1922—1980 溶剂油

3 方法概要

本方法包括 A 法和 B 法，试验者根据油品性能选用 A 法或 B 法。

3.1 A 法

一个钢球紧压着三个固定在油杯内的青铜圆盘，在 196N±2N 负荷和 600r/min±20r/min 转速下旋转。钢球与青铜圆盘接触的几何形状与四球接触形式一样；在各级试验中接触点始终浸泡在润滑油中。试验从 93℃±3℃ 开始，每增加 28℃ 试验 5min，共七级试验，最后一级试验温度为 260℃±3℃。每级试验测量并记录摩擦系数，七级试验终了测量青铜圆盘磨斑直径并计算平均值。以最大摩擦系数与平均磨斑直径的乘积和出现最大摩擦系数时的温度评价试验油的高温摩擦磨损性能。

3.2 B 法

本方法试验时，第一级试验温度为 93℃±3℃，每增加 28℃ 试验 5min，共四级试验，最后一级试验温度为 177℃±3℃。试验结果不含出现最大摩擦系数时的温度。其他均与 A 法同。

4 设备与材料

4.1 设备

4.1.1 试验机：使用 A 法时，试验油温度能加热到 260℃±3℃；使用 B 法时，试验油温度能加热到 177℃±3℃，有摩擦力测绘系统的磨损四球机。

4.1.2 显微镜：放大倍数 25X，刻度分值为 0.01mm。

4.2 材料

4.2.1 洗涤汽油：符合 GB 1787 要求。

4.2.2 石油醚：沸程 60~90℃，分析纯；或溶剂油（符合 GB 1922—1980 90 号要求）。

4.2.3 金相砂纸：型号 02（M 20）。

4.3 试件

4.3.1 试验钢球：四球机专用钢球，直径 12.7 mm，洛氏硬度 HRC 64~66。材质 GCr15。

4.3.2 青铜圆盘：材质为高铅锡青铜（80/10/10 连续浇铸青铜，铜 78%~81%，锡 9.3%~10.7%，铅 8.3%~10.7%），直径 $6.35^{+0.05}_{-0}$ mm，厚度 $1.59^{-0.025}_{+0.025}$ mm，布氏硬度在 HB 90~100 之间，表面粗糙度 R_a0.63~2.50μm，R_z3.2~10μm，精密车床加工而成。

5 试验准备

5.1 试件准备

5.1.1 挑选三个青铜圆盘和一个钢球，依次用洗涤汽油和石油醚清洗，干燥空气吹干。与试件接触的夹具也要做同样的清洗并干燥。

5.1.2 安装青铜圆盘进入油杯孔中。允许沿圆周方向用金相砂纸打磨青铜圆盘，使其密切配合进入油杯孔中。

5.1.3 用清洁绸子拿取钢球装入上卡头内，并将上卡头装到主轴上。

5.1.4 将油杯装入加热室。

5.1.5 把试验油加入油杯中，使试验油覆盖到钢球与青铜圆盘接触点以上。

5.2 试验机准备

5.2.1 调整主轴传动系统，使转速能达到 600r/min±20r/min。

5.2.2 接通电源使试验机预热 15min。

5.2.3 校正摩擦力表(校正方法参照试验机说明书)。

5.2.4 调整记录仪(调整方法参照记录仪说明书)。

6 试验步骤

6.1 固定油杯，给试验件施加预压负荷 588N，用手驱动主轴旋转一周。

6.2 将负荷降到 196N±2N 的试验负荷。

6.3 调整定时器为 5min。

6.4 在温度控制器上按 6.9 条规定的试验温度顺序设置试验温度。

6.5 连接摩擦力测试系统。

6.6 当温度到达试验温度时，先启动摩擦力记录仪，再启动主轴电动机。当 5min 结束时试验机停止运转，记录最大摩擦力。

6.7 依次关闭记录仪、加热器和定时器。

6.8 重复 6.3 条~6.7 条步骤，进行下一级试验。

6.9 试验温度误差为±3℃，其顺序是：

A 法：93，121，149，177，204，232，260℃。

B 法：93，121，149，177℃。

6.10 完成最后一级试验后，卸去负荷，脱开温度和摩擦力测试系统，取下油杯，在油杯冷却后倒掉试验油。

6.11 从主轴上取下卡头，卸下钢球。

6.12 用洗涤汽油清洗油杯和青铜圆盘，用竹夹或木制夹清除磨斑周围铜屑，在显微镜下，沿磨斑条纹方向和垂直方向测量三个青铜圆盘的磨斑直径，记录六次测量结果。

6.13 用洗涤汽油和石油醚依次清洗上卡头、油杯和试验夹具，干燥空气吹干。

7 结果计算

7.1 将三个青铜圆盘磨斑直径的六次测量值做算术平均，以算术平均值作为平均磨斑直径。

7.2 用 6.6 条中记录的每级试验下的最大摩擦力乘以常数值并除以试验负荷得到摩擦系数。

注：常数值可以从试验机说明书中查找。

7.3 取 7.2 条中计算的最大值作为最大摩擦系数。

7.4 用最大摩擦系数乘以平均磨斑直径得到摩擦评价级。

7.5 把最大摩擦系数所对应的该级试验温度，规定为出现最大摩擦系数时的温度。

8 报告

8.1 A法

8.1.1 青铜圆盘的平均磨斑直径，精确到0.01mm。

8.1.2 出现最大摩擦系数时的温度，精确到1℃。

8.1.3 摩擦评价级，精确到0.01mm。

8.2 B法

B法报告8.1.1和8.1.3两项。

9 精密度

用下列数值来判断结果的可靠性(95%置信水平)。

9.1 A法

9.1.1 重复性

同一操作者，在同一试验室使用同一试验机，对同一试验油连续测定两次结果之差，不应超过表1中的数值。

9.1.2 再现性

不同操作者，在不同实验室使用同类型的试验机，对同一试验油样测得结果之差，不应大于表1中的数值。

表1 精密度规定(A法)

试验结果	重复性	再现性
平均磨斑直径，mm	0.22	0.35
出现最大摩擦系数时温度，℃	28	84
摩擦评价级，mm	0.05	0.09

9.2 B法

9.2.1 重复性

同一操作者，在同一实验室使用同一试验机，对同一试验油连续测定两次结果之差，不应超过表2中的数值。

9.2.2 再现性

不同操作者，在不同实验室使用同类型的试验机，对同一试验油测得结果之差，不应大于表2中的数值。

表2 精密度规定(B法)

试验结果	重复性	再现性
平均磨斑直径，mm	0.15	0.27
摩擦评价级，mm	0.05	0.09

附加说明：

本标准由兰州炼油化工总厂提出。

本标准由石油化工科学研究院技术归口。

本标准由兰州炼油化工总厂负责起草。

本标准主要起草人蔡继元。

编者注：本标准中引用标准的标准号和标准名称变动如下。

原 标 准 号	现 标 准 号	现标准名称
GB 1787	GB 1787	航空活塞式发动机燃料

中华人民共和国石油化工行业标准

SH/T 0578—1994
（2004 年确认）

乳化液 pH 值测定法

1 主题内容与适用范围

本标准规定了测定乳化液 pH 值的方法。

本标准适用于金属加工用乳化液。

2 方法概要

乳化液试样在 100mL 烧杯中，用 pH 计测定其 pH 值。

3 仪器与材料

3.1 仪器

3.1.1 pH 计：精度为 0.1pH。

3.1.1.1 玻璃电极：231 型。

3.1.1.2 甘汞电极：232 型。

3.1.2 电磁搅拌器：附玻璃搅拌子。

3.1.3 天平：感量为 0.2g。

3.1.4 烧杯：100mL。

3.1.5 洗瓶：500mL。

3.2 材料

滤纸。

4 试剂

除另有说明外，全部试验用的试剂均为分析纯，凡涉及到水时，应用蒸馏水或与其纯度相同的水。在温度为 20℃时，蒸馏水的 pH 值应为 6.0~7.0。

4.1 苯二甲酸氢钾。

4.2 磷酸二氢钾。

4.3 磷酸氢二钠。

4.4 四硼酸钠（$Na_2B_2O_7 \cdot 10H_2O$）。

4.5 氯化钾：配成饱和溶液。

4.6 95%乙醇。

5 准备工作

5.1 乳化液试样的制备

在 100mL 的烧杯中称取 49g（或 47.5g）蒸馏水，再称入 1g（或 2.5g）可溶性油。配成浓度为 2%（m/m）或 5%（m/m）的乳化液试样，待测其 pH 值用。

5.2 缓冲溶液的配制

5.2.1 pH 值为 4.01 的缓冲溶液

称取经 105～110℃下干燥 1h 的苯二甲酸氢钾 10.21g，称精确至 0.01g，溶于新鲜的蒸馏水中，并稀释至 1L。此溶液 20℃时 pH 值为 4.01。

5.2.2 pH 值为 6.88 缓冲溶液

称取经 105～110℃干燥 1h 的磷酸二氢钾 3.40g，称精确至 0.01g，然后再称取经 105～110℃干燥 1h 的磷酸氢二钠 3.55g，称精确至 0.01g，将两者均溶于新鲜的蒸馏水中，并稀释至 1L。此溶液 20℃时 pH 值为 6.88。

5.2.3 pH 值为 9.22 的缓冲溶液

称取 3.81g 的四硼酸钠，称精确至 0.01g，将其溶于新鲜的蒸馏水中，并稀释至 1L。此溶液 20℃时 pH 值为 9.22。

注：可以使用市场出售的缓冲剂或制备好的缓冲溶液。

5.3 电极系统的准备

5.3.1 玻璃电极

新的电极应在蒸馏水中浸泡 24h 后方可使用，试验后的电极应该用 95% 乙醇和蒸馏水冲洗净，然后浸泡在蒸馏水中备用。当电极连续使用一周后，若电极球表面污染，可将电极球放在冷铬酸洗液中浸泡 30s，然后用蒸馏水洗净，再泡在蒸馏水中备用。

注意：铬酸洗液危险，易引起严重烧伤，是强氧化剂、吸湿剂和有毒物质。

5.3.2 甘汞电极

甘汞电极内的氯化钾饱和溶液要保持一定高度。不用时将橡胶套套上，连续试验一周后，应将氯化钾饱和溶液洗掉，换新的氯化钾饱和溶液。

注：电极清洗一定要彻底，否则试验时，残留在电极表面上的杂质会引起液体的接触电位，从而导致试验结果偏差。

5.3.3 玻璃电极安装时，下端玻璃泡必须比甘汞电极陶瓷芯端稍高一些，以免碰坏玻璃球。

5.4 仪器的校正

5.4.1 接通 pH 计电源，稳定 30min，然后按仪器说明书进行调节。将电极浸入所选择的缓冲溶液中，将 pH 计中温度调节旋钮调到与缓冲溶液的温度相一致，这时调节仪器的"定位"旋钮，使仪器显示的 pH 值与缓冲溶液 pH 值一致。缓冲溶液的 pH 值与温度对照见下表。

表

pH 值　　　溶液 温度，℃	苯二甲酸氢钾	磷酸二氢钾 磷酸氢二钠	四硼酸钠
5	4.00	6.95	9.39
10	4.00	6.92	9.33
15	4.00	6.90	9.28
20	4.00	6.88	9.23
25	4.00	6.86	9.18
30	4.01	6.85	9.14
35	4.02	6.84	9.10
40	4.03	6.84	9.07
45	4.04	6.83	9.04

5.4.2 用蒸馏水冲洗电极，并用滤纸吸干，然后把电极浸入至另一个缓冲溶液中，此时 pH 计显示数值应与缓冲溶液的 pH 值之差在 0.05pH 值内。如果不符，则表明电极有故障，应更换电极重新校

正(校正所用的两种缓冲溶液的 pH 值范围应包括被测试样的 pH 值)。

6 试验步骤

6.1 把玻璃电极和甘汞电极插入 5.1 条已配好的 2%(m/m)或 5%(m/m)的乳化液试样烧杯内，该烧杯中加入一个玻璃搅拌子，然后将其放在磁力搅拌器上搅拌均匀。当指示值稳定后，记录该试样的 pH 值。

6.2 将电极提起，用 95%乙醇及蒸馏水清洗，并用滤纸吸干。

7 精密度

按下述规定判断结果的可靠性(95%置信水平)。

7.1 重复性：同一操作者重复测定的两个结果之差不应大于 0.2pH 值。

7.2 再现性：不同实验室各自提出的两个结果之差不应大于 0.5pH 值。

8 报告

取重复测定两个结果的算术平均值，作为该试样的 pH 值(结果取至小数点后一位)。

附加说明：

本标准由洛阳石油化工工程公司提出。

本标准由石油化工科学研究院技术归口。

本标准由洛阳石油化工工程公司炼制研究所负责起草。

本标准主要起草人周耀华、靳素勤、范垂凡。

中华人民共和国石油化工行业标准

SH/T 0579—1994

乳化液稳定性测定法

（2004 年确认）

1 主题内容与适用范围

本标准规定了测定试样稳定性的方法。

本标准适用于金属加工用乳化液。

2 方法概要

将一定浓度的试样摇匀后，按产品规格规定的时间静止，记录试样上层漂浮的纯油量和乳化皂量，并观察乳化液状态。

3 仪器与材料

3.1 仪器

玻璃具塞量筒：100mL，最小分度 1mL。

3.2 材料

蒸馏水：20℃时，pH 值为 6.0~7.0。

4 试验步骤

4.1 在 100mL 的玻璃具塞量筒中加入 50mL 蒸馏水，再加 5mL±1mL 的可溶性油，轻微摇动后，再用蒸馏水加至 100mL。

4.2 塞好具塞量筒的塞子，上下（振幅约 300mm）剧烈摇动 60 次，使油水充分混合后静置。

4.3 按产品规格规定的时间静置后，仔细观察并记录上层的纯油和乳化皂的毫升数及乳化液的状态。

5 结果表示

5.1 读数及表示：纯油层的量，mL；

乳化皂层的量，mL。

5.2 目测状态：在乳化皂以下的液体状态分下列三种：

W：纯水或几乎是纯净的水；

EW：淡乳化液；

E：乳化液。

6 精密度

按下述规定判断试验结果的可靠性（95%置信水平）。

6.1 重复性：同一操作者重复测定的两个结果之差，漂浮的纯油层的量不应大于 0.5mL、乳化皂层的量不应大于 0.5mL。

6.2 再现性：不同操作者，不同实验室各自提出的两个结果之差，漂浮的纯油层的量不应大于

0.5mL、乳化皂层的量不应大于 1.0mL。

7 报告

7.1 静止时间，h。

7.2 以纯油层的量/乳化皂层的量/乳化液状态，表示结果。

7.3 取相同状态下重复测定纯油层和乳化皂层两个结果的算术平均值作为测定结果(报告到小数后一位)。

附加说明：

本标准由洛阳石油化工工程公司提出。

本标准由石油化工科学研究院技术归口。

本标准由洛阳石油化工工程公司炼制研究所负责起草。

本标准主要起草人周耀华、靳素勤、范垂凡。

中华人民共和国石油化工行业标准

乳化液中油含量测定法

SH/T 0580—1994

（2004 年确认）

1 主题内容与适用范围

本标准规定了测定试样中油含量的方法。

本标准适用于金属加工用乳化液。

2 方法概要

将盐酸加入试样中摇匀，加热恒温。使油、水完全分离，冷却至室温后读出油的体积，以体积百分含量表示。

3 仪器

3.1 油含量测定器：115mL，带磨口塞，颈部容量 15mL 需带有刻度，分度值 0.1mL，尺寸见下图。

3.2 电热恒温箱：温控精度为±1℃。

3.3 吸管。

3.4 移液管：10mL。

4 试剂

4.1 盐酸：化学纯。

4.2 氯化钠：分析纯，配成氯化钠饱和溶液。

5 试验步骤

5.1 将 100mL 混合均匀的试样加入清洁、干燥的油含量测定器中，然后用移液管加入 10mL 盐酸，摇动均匀，随后打开塞子放气。静止几分钟后放入 90℃±1℃ 的电热恒温箱中，加热恒温 2h，如油水不能分离，可继续恒温加热，直至油水完全分开。或加入 2～3mL 氯化钠饱和溶液，继续加热，促其分离。

5.2 取出油含量测定器放置于空气中，冷却至室温，读出油的体积量，读到 0.05mL，以试样的体积百分数表示。

注：测定使用中的乳化液试样的油含量读取分离油的毫升数时，不应包括水和油相之间的不溶物部分。

6 精密度

按下述规定判断试验结果的可靠性(95%置信水平)。

6.1 重复性：同一操作者重复测定的两个结果之差不应大于 0.3%(V/V)。

6.2 再现性：不同操作者、不同实验室各自提出的两个结果之差不应大于 0.5%(V/V)。

7 报告

取重复测定两个结果的算术平均值作为试验结果，报告到小数点后一位。

中国石油化工总公司 1994-03-10 批准

1994-10-01 实施

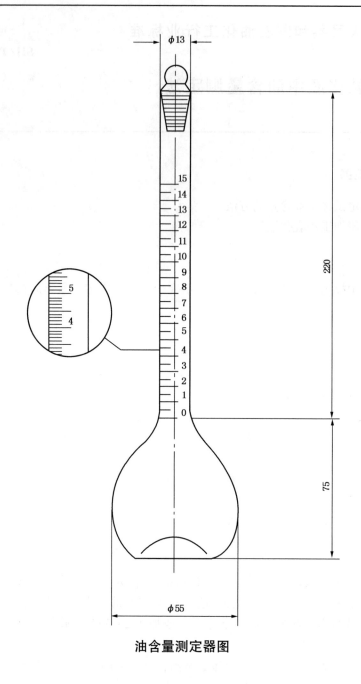

油含量测定器图

附加说明：

本标准由洛阳石油化工工程公司提出。

本标准由石油化工科学研究院技术归口。

本标准由洛阳石油化工工程公司炼制研究所负责起草。

本标准主要起草人周耀华、靳素勤、范垂凡。

中华人民共和国石油化工行业标准

SH/T 0581—1994

轧制液锈蚀性能试验法

（2004年确认）

1 主题内容与适用范围

本标准规定了试样锈蚀性能的试验方法。

本标准适用于轧制液，包括全油及乳化液。

2 引用标准

GB/T 711 优质碳素结构钢热轧厚钢板技术条件和宽钢带

GB/T 3190 铝及铝合金加工产品的化学成分

GB/T 5231 加工铜及铜合金化学成分和产品形状

3 方法概要

在规定的条件下，将打磨清洗吹干的试片涂试样后置入恒温恒湿箱中，经规定的试验时间后，将试片取出清洗，然后观察试片的表面，根据试片锈蚀状况定级，以确定轧制液抗锈蚀的能力。

4 仪器与材料

4.1 仪器

4.1.1 恒温恒湿箱：由温度、湿度调节控制装置、空气输送装置及水箱等构成。该箱应符合下列技术要求。

4.1.1.1 温度调节范围：50~70℃，温控精度±1℃。

4.1.1.2 相对湿度：95%以上。

4.1.1.3 箱体底部水层（蒸馏水）的 pH 值为 6.0~7.0。

4.1.1.4 箱盖凝露的水滴不允许落在试片上，试片上滴下的试样在接样搪瓷盘中不得污染箱底的水层。

4.1.1.5 恒温恒湿箱应放置在空气清洁、无污染的室内，环境温度保持在15~35℃。

4.1.2 预磨机：抛盘直径230mm，转速450~500r/min。

4.1.3 金相抛光机：抛盘直径200mm，转速450~500r/min。

4.1.4 吹风机：冷热两用。

4.1.5 高速搅拌机：转速12000r/min；附钢杯500mL。

4.1.6 搪瓷盘。

4.1.7 塑料杯：150mL。

4.1.8 镊子。

4.1.9 玻璃滴管：2mL。

4.1.10 吊钩：用不锈钢丝制成，供勾试片涂样用。

4.1.11 试管架：供涂样后放试片用。

4.2 材料

4.2.1 试片

4.2.1.1 45 号钢：符合 GB/T 711 中高温回火状态规格。钢试片尺寸为50mm×50mm×（3~5）mm，孔眼位置见图1。

中国石油化工总公司 1994-03-10 批准

1994-10-01 实施

4.2.1.2　铝 LY12：符合 GB/T 3190 规格。铝试片尺寸为 50mm×50mm×3~5mm，孔眼位置见图 1。

4.2.1.3　黄铜 H62：符合 GB/T 5231 规格。黄铜试片的尺寸 35mm×35mm×3~5mm，其中一面中心竖焊一段直径 18mm、长 30mm 的铜管(为了抛光时手拿住不易滑脱)，焊管位置见图 2。

4.2.1.4　铜 T3：符合 GB/T 5231 规格。铜试片的尺寸为 35mm×35mm×3~5mm，其中一面中心竖焊一段直径 18mm、长 30mm 的铜管(为了抛光时手拿住不易滑脱)，焊管位置见图 2。

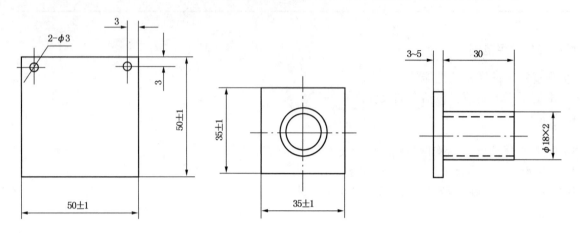

图 1　钢、铝试片尺寸及孔眼位置　　　　图 2　黄铜、铜试片和焊管尺寸及焊管位置

4.2.2　医用纱布和脱脂棉。

4.2.3　砂布(或砂纸)：粒度为 120 号、160 号。

4.2.4　滤纸：定性滤纸。

4.2.5　蒸馏水：20℃时 pH 值为 6.0~7.0。

5　试剂

5.1　石油醚：60~90℃，分析纯。

5.2　无水乙醇：分析纯。

5.3　丙酮：分析纯。

5.4　三氧化二铬：化学纯。

6　准备工作

6.1　试片的制备

6.1.1　钢、铝试片的制备

6.1.1.1　每个试样取三块试片，将试片的棱角，四个边及两孔用 120 号砂布打磨，然后在预磨机上磨光试片表面，试验前再经 160 号砂布打磨，其纹路与两孔中心线平行，最后粗糙度达到 $\overset{0.8}{\triangledown}$ ~ $\overset{0.4}{\triangledown}$ ，试片清除砂粒后，用滤纸包好立即放入干燥器中。存放时间不能超过 24h，否则重新打磨。

6.1.1.2　取四个清洁的塑料杯，分别盛装石油醚、石油醚、无水乙醇、无水乙醇，用镊子夹取脱脂棉按以上顺序擦洗钢、铝试片，待涂试样用。

6.1.2　黄铜、铜试片(以下简称铜试片)的制备

6.1.2.1　每次试验取两块试片，并将试片的棱角四个边都打磨圆滑。

6.1.2.2　将试片先在预磨机上打磨，然后再在金相抛光机上，边磨边加三氧化二铬与水的混合研磨剂，进行抛光，使铜试片表面光亮如镜面。

6.1.2.3　用水洗去多余的混合研磨剂。擦干后浸泡在丙酮中 2h，用脱脂棉仔细擦干试片的表面，不留任何的污迹，待试验用。

6.1.3　试片打磨后不得与手接触。

6.1.4　涂样前必须对清洗了并擦干的试片进行检查，试片表面不得有凹坑、划伤和锈痕迹。

6.2　样品的准备

6.2.1 取全油试样，待涂试片用。

6.2.2 将可溶性油配成5%(m/m)的乳化液试样200mL于钢杯中，在12000r/min高速搅拌机上搅拌1min后待涂试片用。

6.3 恒温恒湿箱系统的准备

6.3.1 试验前先在设备水箱和湿球用水盒中加四分之三高度的蒸馏水，同时也加满贮水瓶，用于在试验过程中向水箱逐渐添加蒸馏水，以保持水箱水位的高度，避免因断水而烧坏箱内的加热管。

6.3.2 调节旋转干、湿球导电表头部的温度调节帽，使温度设定在试验所需温度值上。

恒温恒湿箱是采用干湿球法来进行湿度调节的，首先根据试验所需的温度从《相对湿度对照表》(见使用说明书)上的"干球温度"一栏内找出该温度值，在此温度所对应的行里找出试验所需要的相对湿度值，该相对湿度值所对应的"干湿球之差"档内的值即为干球导电表与湿球导电表的差值，湿球导电表的温度计即可确定。例如，试验所需温度为60℃，相对湿度为95%，查得干湿球之差值为1℃，则湿球导电表应设定为59℃。

6.3.3 一切准备就绪后，开启恒温恒湿箱电源、鼓风和加热开关，水箱开关，再开启加湿开关，检查电机水泵运转是否正常，待试验。

7 试验步骤

7.1 钢、铝试片涂全油试样

取全油试样前应将油样摇匀，倒入塑料杯中，待气泡消失后，用吊钩将试片勾起，再缓慢地将试片全部浸入全油试样中，1min后将试片提起(试片上不得有气泡，如发现有气泡应重复以上过程)，三块叠摞在搪瓷盘中的试管架上，一并送入恒温恒湿箱中，按下表中规定的试验条件进行试验。

7.2 钢、铝试片涂乳化液试样

用吊钩将试片缓慢地全部浸在搅拌均匀的乳化液试样中，3s后将试片提起，三块叠摞平放在试管架上送入恒温恒湿箱中，按下表中规定的试验条件进行试验。

7.3 铜试片涂全油试样

将打磨合格并在丙酮中浸泡2h的铜试片用脱脂棉擦干，用玻璃滴管将搅拌均匀的全油试样滴1滴在磨成镜面的铜试片的中心，然后将另一试片磨成镜面的面，叠放在加全油试样的试片上，压紧，放在试管架上送入恒温恒湿箱中，按下表中规定的试验条件进行试验。

7.4 铜试片涂乳化液试样

将打磨抛光合格并在丙酮中浸泡2h后的铜试片用脱脂棉擦干，用滴管将摇动均匀的乳化液试样滴4滴在磨成镜面的试片靠中心四个点上，取另一块铜试片叠压在加乳化液试样的铜试片上，压紧，放在试管架上，送入恒温恒湿箱中，按下表中规定条件进行试验。

7.5 恒温恒湿箱在达到各项规定的试验条件时，记录开始时间，连续运转8h，然后停止运转(停止加热、通气和加湿)，不得打开恒温恒湿箱门，静止16h，记为1d。

7.6 每天检查调整两次箱内温度、湿度及箱底水层高度。

7.7 如有需要做相同温度及湿度，而做不同时间试片时，必须在运转中放入或取出试片。

7.8 试验期满后，立即取出试片，用医用纱布(或脱脂棉)依次蘸取石油醚，无水乙醇清洗钢、铝试片，丙酮擦洗铜试片，以除去试样及松浮的腐蚀产物，清洗好的试片用热风吹干或晾干。

试验条件 \ 类别 \ 材质		涂 全 油			涂 5%(m/m)乳化液		
		温度，℃	湿度，%	试验时间，d	温度，℃	湿度，%	试验时间，d
钢试片		60	≥95	7	60	≥95	2
铝试片		60	≥95	10	60	≥95	10
铜试片	黄铜	50	≥95	5	50	≥95	1
	铜						

8 结果的判断

8.1 将清洗干燥后的试片和新打磨的试片同在光线充足、但避免阳光直射的条件下进行比较，观察两者表面的变化情况。

钢、铝试片观看三块的锈蚀情况，上面第一块观看接触面的下面，中间的试片有两面，看锈蚀重的一面，第三块观看向上接触的一面。

8.2 在每一评定面上，按以下规定评定锈蚀度。

8.2.1 钢、铝试片锈蚀程度分级：

0级——无变色(与新打磨试片表面比较几乎无变化)。

1级——轻微变色(与新打磨试片表面比较有均匀轻微变色)。

2级——中度变色(与新打磨试片表面比较有明显变色)。

3级——深度变色(与新打磨试片表面比较有严重变色)。

4级——严重变色(与新打磨试片表面比较有明显腐蚀)。

三块试片锈蚀级别相同时，按同级定级；三块试片锈蚀相差在两级以内(包括两级)并且其中两块试片是同级的，则按同级两块试片的级别定级；三块试片锈蚀级别各不相同，但属相邻的级别时，则按中间一块级别定级；三块试片中的两块试片锈蚀极差超过两级时，则不能定级，试验需重做。

8.2.2 铜试片锈蚀程度分级：

0级——光亮几乎无变色(同新磨光的铜片一样)。

1级——轻微均匀变色(淡橙色)。

2级——中度变色(橙色、金黄色色斑)。

3级——深度变色(深橙色、洋红色色斑)。

4级——严重变色(棕色、墨色色斑)。

两块试片锈蚀级别相同时，按同级定级；两块锈蚀级不同时，按严重的一块定级。

9 报告

9.1 试验条件。

9.2 锈蚀级别。

附加说明：
本标准由洛阳石油化工工程公司提出。
本标准由石油化工科学研究院技术归口。
本标准由洛阳石油化工工程公司炼制研究所负责起草。
本标准主要起草人周耀华、靳素勤、范垂凡。

编者注：本标准中引用标准的标准号和标准名称变动如下。

原标准号	现标准号	现标准名称
GB/T 711	GB/T 711	优质碳素结构钢热轧厚钢板和钢带
GB/T 3190	GB/T 3190—1996	变形铝及铝合金化学成分
GB 5231	GB/T 5231	加工铜及铜合金牌号和化学成分

中华人民共和国石油化工行业标准

润滑油和添加剂中钠含量测定法
（原子吸收光谱法）

SH/T 0582—1994

（2004年确认）

1 主题内容与适用范围

本标准规定了试样经灰化后，用原子吸收光谱测定其钠含量的方法。

本标准适用于测定未使用过及使用过的润滑油和添加剂中钠含量。

2 引用标准

GB/T 508 石油产品灰分测定法

3 方法概要

试样经灰化后用盐酸溶解，配成含盐酸的试样溶液。用原子吸收光谱测定钠原子在 589.0nm 波长处的吸光度。按基体匹配原则以氯化钠水溶液作标准溶液，求出试样中的钠含量。

4 仪器与材料

4.1 仪器

4.1.1 原子吸收分光光度计：具有空气/乙炔火焰原子化器的各种型号商品仪器。

4.1.2 钠空心阴极灯。

4.1.3 天平：感量 0.01g 及 0.0001g。

4.1.4 石英烧杯（或石英坩埚）：50mL。

4.1.5 高温炉：能控制在 550℃±25℃。

4.1.6 电炉：1kW（可调）。

4.1.7 移液管：0.5，1，2，5，10mL。

4.1.8 容量瓶：10，25，50，100，200，1000mL。

4.1.9 聚乙烯塑料瓶：250，1000mL。

4.1.10 聚乙烯塑料洗瓶：500mL。

4.2 材料

4.2.1 去离子水：蒸馏水再经阳离子交换树脂（氢型）进行二次脱离子处理，其中钠含量以不影响测定为准。

4.2.2 定量滤纸：直径 9cm。

4.2.3 空气：压缩空气经净化无油水。

4.2.4 乙炔气：纯度 99.9% 以上。

5 试剂

5.1 盐酸：优级纯。配成 1∶1（体积比）盐酸溶液。

中国石油化工总公司 1994-03-10 批准

1994-10-01 实施

5.2 氯化钠：光谱纯。

6 准备工作

6.1 配制钠标准贮备液：称取经105℃，2h干燥并恒重过的氯化钠2.5420g(精确至0.1mg)溶于去离子水中，转移并稀释至1000mL容量瓶中配成含钠量为1mg/mL的标准贮备液，贮存于聚乙烯塑料瓶内。

6.2 用盐酸和去离子水洗净石英烧杯(或石英坩埚)及玻璃器皿。

6.3 绘制标准工作曲线

6.3.1 配制标准溶液系列：用移液管吸取适量的6.1条钠标准贮备液于容量瓶内，以去离子水稀释，使各标准溶液中含有该溶液总体积十分之一的盐酸，其含钠量分别为0，1，2，3，4，5，6，7μg/mL的(或相应浓度稀释10倍的)标准溶液系列。

注：此标准溶液系列不必当天配制，可用8周，必要时进行基体匹配。

6.3.2 仪器调节和吸光度测定。

6.3.2.1 按表1条件调节仪器。

表1 仪器操作条件

元素灯	分析线波长 nm	灯电流 mA	通 带 nm	燃烧器高度 mm	空气量 L/min	乙炔量 L/min
Na	589.0	5	0.2	5	10	2.4

注：表1条件仅作参考，不同类型仪器条件不完全相同。可用火焰发射代替吸收测定。

6.3.2.2 测定吸光度：以去离子水调零，依序测定6.3.1标准溶液系列各浓度溶液的吸光度(燃烧器转角或不转角)，从低含量到高含量，再从高含量测至低含量。每一个标准溶液测量两次吸光度，取平均值作为测定值。

6.3.3 绘制标准工作曲线：以各标准溶液的浓度值作为横坐标，其相应吸光度为纵坐标。绘制出钠的标准工作曲线，以检查标准工作曲线的线性度及仪器等状况。

7 取样

样品经充分搅拌均匀(必要时加热至50℃左右)，若样品含水及杂质应进行脱水及过滤后，取其有代表性的试样供分析试验用。

8 试验步骤

8.1 在清洁干燥的石英烧杯(或石英坩埚)内，按表2推荐称取试样。对于钠含量高的添加剂试样，则称在约15mm×25mm的"Π"形定量滤纸上再置于石英烧杯(或石英坩埚)内。

表2 试样量

钠含量，%(m/m)	试样量，g	称量精度，g
≤0.001	25	0.05
>0.001~0.0025	10	0.02
>0.0025~0.005	5	0.01
>0.005~0.01	3	0.005
>0.01	1~0.1	0.0004

注：可视仪器灵敏度及试样情况，改变试样量，但要确保称量精度。

8.2 按GB/T 508方法进行灰化处理，但灰化温度为550℃±25℃，灼烧2h后取出，冷至室温。若试样难灰化完全，应在石英烧杯(或石英坩埚)中，滴加几滴盐酸溶液(5.1)浸润残渣助灰化，蒸干后再继续在550℃±25℃，灼烧15min。经上述处理仍未灰化完全时，可重复助灰化及灼烧。

8.3 用10mL盐酸溶液(5.1)溶解灰分。若经多次溶解仍有不溶物时，应过滤除渣。

8.4 将上述溶液转移到25(或50)mL的容量瓶中，用去离子水稀释，并分别加入盐酸溶液(5.1)5(或10)mL。配制成试样溶液(或稀释10倍的试样溶液)。

注：需稀释或添加有关试剂时，保持与标样基体匹配。

8.5 不加试样按8.3~8.4条步骤配制相应空白溶液。

8.6 在仪器操作条件下(参见表1)，以去离子水调零后按下列步骤进行。

8.6.1 测定空白溶液吸光度(或调零)。

8.6.2 从低含量到高含量，依序测定6.3.1标准溶液系列的吸光度。

8.6.3 测定试样溶液(8.4)的吸光度。若不在8.6.2吸光度范围内，则重新配制试样溶液直至满足要求。

8.6.4 重复8.6.2步骤。

8.6.5 重复8.6.3步骤，连续两次测定。

8.6.6 从高含量到低含量，依序测定6.3.1标准溶液系列的吸光度。

8.6.7 测定空白溶液的吸光度(或调零)。

8.6.8 重复8.6.1~8.6.7步骤。以两次测定吸光度的平均值作为各标准溶液和试样溶液的吸光度测定值。

注：对于超出测定范围的钠含量高的试样，可以通过减少试样量，加大稀释体积和缩短吸收程长度等办法测量。

8.6.9 以标准溶液系列(6.3.1)的吸光度测定值为纵坐标，相应浓度为横坐标，绘制测定工作曲线。

8.7 根据试样溶液的吸光度测定值，在测定工作曲线上查出相应的试样溶液浓度C_x(μg/mL)。浓度直读仪器可直接读出C_x值。

9 计算

9.1 据8.7条的C_x值，试样中的钠含量$X\%(m/m)$按式(1)计算：

$$X = \frac{C_x \cdot V}{m} \times 10^{-4} \quad\cdots\cdots (1)$$

式中：m——试样的质量，g；

　　　C_x——试样溶液的浓度，μg/mL；

　　　V——稀释体积，mL。

9.2 若测量值在测定工作曲线的直线部分，试样中钠含量$X\%(m/m)$按式(2)计算：

$$X = \frac{A_x \cdot C_s \cdot V}{A_s \cdot m} \times 10^{-4} \quad\cdots\cdots (2)$$

式中：m——试样的质量，g；

　　　V——稀释体积，mL；

　　　A_x——试样溶液的吸光度；

　　　A_s——比A_x高且与A_x最近的标准溶液的吸光度；

　　　C_s——与A_s相对应的标准溶液的浓度 μg/mL。

10 精密度

按下述规定判断试验结果的可靠性(95%置信水平)。

10.1 重复性：同一操作者重复测定的两个结果之差，不应大于表3中重复性规定。

10.2 再现性：不同实验室各自提出的两个结果之差，不应大于表3中再现性规定。

表3 精密度 %(m/m)

钠 含 量	重 复 性	再 现 性
≤0.0005	0.0001	0.0002
>0.0005～0.005	0.0002	0.0004
>0.005～0.01	0.0003	0.0007
>0.01	$0.10\overline{X}$	$0.20\overline{X}$

11 报告

取重复测定两个结果的算术平均值($\overline{X}$)作为测定结果。

附加说明：
本标准由上海高桥石油化工公司提出。
本标准由石油化工科学研究院技术归口。
本标准由上海高桥石油化工公司炼油厂负责起草。
本标准主要起草人陈昌群。

中华人民共和国石油化工行业标准

烃类相对分子量测定法
（热电测量蒸气压法）

SH/T 0583—1994

（2004年确认）

---

1 主题内容与适用范围

本标准规定了用热电测量蒸气压法测定烃类平均相对分子量（分子量）的方法。

本标准适用于初馏点不低于220℃，相对分子量3000以内的石油馏分。

2 方法概要

将一定质量的试样溶解在适合的一定量的溶剂中，分别将1滴试样溶液和1滴溶剂滴到被溶剂蒸气饱和的密封室的两个热敏电阻上。由于试样溶液的饱和蒸气压低于溶剂的饱和蒸气压，饱和蒸气相的溶剂分子就会冷凝在试样溶液滴上，放出冷凝热，于是两滴间产生了温差。测量温度的变化，并与事先做好的标准曲线进行比较就可计算出试样的相对分子量。

3 意义

相对分子量是烃类的一个最基本的物理参数，它可以与其他物理性能一起用来表征烃类、计算结构族组成和多种结构参数。

4 仪器

4.1 蒸气压渗透仪（VPO仪）：灵敏度，每格不大于1×10^{-4}℃，样品室恒温稳定性±0.001℃/h。

4.2 容量瓶：25mL。

4.3 注射器：针头带弹簧，1mL。

5 试剂

5.1 溶剂：本标准所选用的溶剂必须能完全溶解试样，并对试样无缔合、缩合或离解作用。下面列出适用于烃类和石油馏分的溶剂。

5.1.1 苯：分析纯。

注意：苯有毒，致癌物，易燃，蒸气能被皮肤吸收，使用时要适当通风。

5.1.2 三氯甲烷（氯仿）：分析纯。

注意：氯仿有毒，吞入会致命，使用时适当通风。

5.1.3 1,1,1-三氯乙烷：分析纯。

注意：1,1,1-三氯乙烷有毒，使用时要适当通风。

5.1.4 正己烷：分析纯。

注意：正己烷易燃，蒸气可闪火，吸入有害，使用时应远离热源和明火。

注：用不同溶剂测定相同的样品，所测得的相对分子量略有不同。有争议时，以苯作溶剂测定的结果为准。

5.2 标样：用已知准确相对分子量的色谱纯物质作为标准样。经使用成功的标样有联苯酰

(210.2)、正三十烷(422.8)、正十八烷(254.5)、角鲨烷(422.8)和正二十四烷(338.7)。

6 准备工作

仪器操作按仪器说明书进行。现以常用的 VPO 仪为例说明。

6.1 将标样完全溶解到选定的溶剂中，配成物质的量浓度为 0.01～0.1mol/L 范围的标准溶液，至少六种。

6.2 拿掉样品池上部系统，取出溶剂杯。用选定的溶剂冲洗溶剂杯。在清洁、干燥的溶剂杯中放入专用蒸气芯，加入约 20mL 溶剂。将溶剂杯放回样品池槽内，使蒸气芯开口与观察窗在一条直线上。重新装好样品池上部系统。

6.3 接通电源，打开稳压器及仪器加热开关，调节十圈螺旋电位器，使样品室在 37℃ 温度下稳定 2～3h。

6.4 用至少八支清洁、干燥的注射器，其中两支各取溶剂约 1mL，放到注射室的 1 号、2 号孔中，其余注射器分批取 6.1 条的标准溶液各约 1mL，按浓度由小到大的顺序分批放入 3 号、4 号、5 号和 6 号孔中预热。

6.5 打开通用电子温度测量仪开关。用 1 号、2 号孔中的溶剂约 4 滴分别冲洗两支热敏电阻，再各悬挂 1 滴大小近似的液滴。待仪器稳定后，将灵敏度档置于最高档，调好零点。按下"%"推进钮，调节桥电压，使电桥输入电压的电位差计指示到最大值 100%。重复检查零点，直到零点变化在满量程的 0.5% 以内。

6.6 用 3 号孔中的标准溶液 3～4 滴冲洗样品热敏电阻，再悬挂 1 滴标准溶液在样品热敏电阻上，将 1 号孔中的溶剂悬挂 1 滴在参比热敏电阻上，开始计时，并读取 ΔV 值。每隔 1min 读一次，直到两次读数之差不超过 1mV，即认为达到平衡。记录达到平衡的时间，这就是该溶剂在以后实验中的平衡时间。记录达到平衡时间的 ΔV 值，精确到 1mV。

6.7 按照 6.6 条相同的方法，依序测试其余孔中的标准溶液，记录各标准溶液达到平衡时间的 ΔV 值。

6.8 每一种浓度的标准溶液测试后，立即用 2 号孔中的溶剂冲洗样品热敏电阻，并悬挂 1 滴溶剂，再检查仪器零点。零点变化应在满量程的 0.5% 以内。

6.9 在直角坐标纸上，以标准溶液的物质的量浓度(mol/L)为横坐标，各浓度相应的 ΔV 值为纵坐标，绘制标准曲线。

注：相同批号的同种溶剂测定的标准曲线应重复。批号改变应重作标准曲线。

7 试验步骤

7.1 在 25mL 容量瓶中称取一定质量的试样，称至 0.1mg。用选定的溶剂稀释至刻度。推荐的试样量为：

相对分子质量	试样量，g
<200	0.3
200～500	0.3～0.6
500～700	0.6～0.9
700～1000	0.9～1.3

7.2 用两支注射器取溶剂约 1mL 放入 1 号、2 号孔中，其他注射器取试样溶液约 1mL 放入其他孔中，按照 6.5 条相同的方法调节仪器零点及桥电压。

7.3 将 7.2 条的试样溶液 3～4 滴冲洗样品热敏电阻，并悬挂 1 滴试样溶液在样品热敏电阻上，将 1 号孔中的溶剂悬挂 1 滴在参比热敏电阻上，记录达到 6.6 条确定的平衡时间时的 ΔV 值，精确到 0.1mV。

当测试一组试样时，要反复检查仪器零点。

7.4 由试样溶液达到平衡时间的 ΔV 值，从 6.9 条得到的标准曲线上查得相应的物质的量浓度（mol/L）值。

8 计算

试样的相对分子量 M_r（以分子的摩尔质量计）按下式计算：

$$M_r = \frac{c}{c_1}$$

式中：c——试样溶液的浓度，g/L；

c_1——由 7.4 条查得的物质的量浓度，mol/L。

9 精密度

本标准的精密度是用苯作溶剂的试验结果。

按下述规定判断试验结果的可靠性（95% 置信水平）。

9.1 重复性

同一操作者，使用同一台仪器，对同一试样重复测定的两个结果之差应不大于下表所列数值。

9.2 再现性

不同操作者在不同实验室，对同一试样测得的两个结果之差应不大于下表所列数值。

精密度规定表

相对分子量	重 复 性	再 现 性
245~399	5	14
400~599	12	32
600~800	30	94

注：本标准未确定相对分子质量 800 以上的石油馏分的精密度。

10 报告

取重复测定的两个结果的算术平均值作为试样的平均相对分子量，精确至整数。

附加说明：

本标准由上海高桥石油化工公司提出。

本标准由石油化工科学研究院技术归口。

本标准由上海高桥石油化工公司炼油厂负责起草。

本标准主要起草人邓淑明、陶文晟、张金芳。

本标准参照采用美国试验与材料协会标准 ASTM D 2503-92《烃类相对分子量（分子量）测定法（热电测量蒸气压法）》。

中华人民共和国石油化工行业标准

防锈油脂包装贮存试验法

（百叶箱法）

SH/T 0584—1994

（2004 年确认）

1 主题内容与适用范围

本标准规定了防锈油脂包装贮存在百叶箱中的试验方法。

本标准适用于防锈油脂。

2 引用标准

SH 0004　橡胶工业用溶剂油

SH/T 0217　防锈油脂试验试片锈蚀度试验法

SH/T 0218　防锈油脂试验用试片制备法

3 方法概要

用包装纸包装好涂有试样的试片，将其放置在百叶箱中，经规定的试验时间后，检查油膜的防锈性能。

4 仪器与材料

4.1 仪器

4.1.1　百叶箱：选择优质木材制作，百叶箱内部装有耐腐蚀筛网，内部底板上设有水槽，并且有试片支架，座北朝南，箱底距地面距离应不少于 800mm，百叶箱内、外壁及窗门应漆成白色，百叶箱设计时应考虑有安装气象测量仪的位置。其结构如图 1。

4.1.1.1　筛网：塑料筛网，网孔为 300μm。

4.1.1.2　水槽：685mm×830mm×130mm，以耐腐蚀材料构成，壁厚由保证足够强度而定。

4.1.1.3　试片支架：以木材或塑料制成，结构如图 1。

4.1.2　电炉：500W。

4.1.3　烧杯：1000mL。

4.2 材料

4.2.1　金属试片：符合 SH/T 0218 的要求。

4.2.2　脱脂棉。

4.2.3　砂布：粒度为 240 号。

4.2.4　包装纸：内层聚乙烯薄膜；外层牛皮纸，规格为 100mm×150mm。

4.2.5　透明粘胶带：宽 10mm。

5 试剂

5.1　石油醚：分析纯，60~90℃。

中国石油化工总公司 1994-03-10 批准

1994-10-01 实施

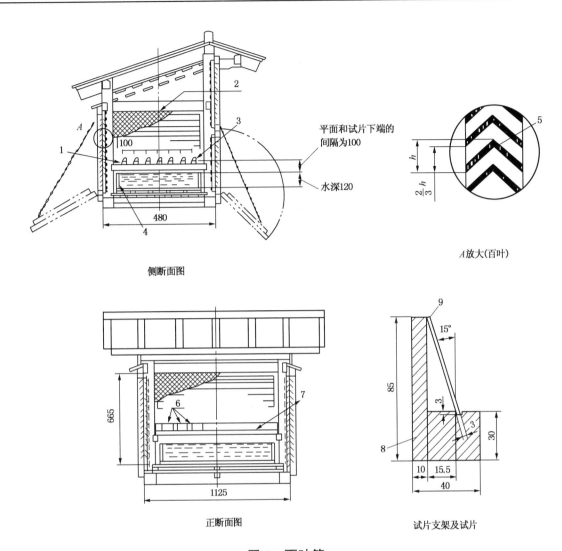

图 1 百叶箱

1，7，8—试片支架；2—网；3，6，9—试片；4—水槽；5—百叶

5.2 无水乙醇：化学纯。

5.3 溶剂油：符合 SH 0004 要求。

6 试验步骤

6.1 试片的制备：每个试样需三块试片，按 SH/T 0218 规定进行研磨，一面作为测定面，然后进行清洗及涂试样。

6.2 涂好试样的试片按 SH/T 0218 规定时间沥干后，用包装纸聚乙烯膜面为内侧与试片的测定面接触，按图 2 所示的方法包装。

6.3 把包装好的试片放在百叶箱内的试片支架上，并且测定面朝南。

6.4 向百叶箱内水槽加水，水面距试片下端约 100mm，并保持此水位至试验终止。

6.5 试片按产品标准规定的试验时间进行贮存，试验期满后取出，拆开包装，目视检查和记录测定面裂痕、脱落等变化情况。

6.6 用石油醚和溶剂油清洗去试片表面油膜，并干燥测定面，按 SH/T 0217 规定进行评级。

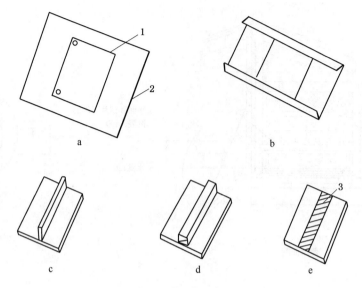

图2　包装方法

1—试片；2—包装纸；3—透明粘胶带

7　报告

取试验结束后三块试片锈蚀度的平均值，修约到整数，再用相应的级别表示。

另外，当油膜有裂痕、脱落等异常变化时记录下来。

———————

附加说明：

本标准由石油化工科学研究院技术归口。

本标准由茂名石油化工公司研究院负责起草。

本标准主要起草人郑康强。

本标准参照采用日本工业标准 JIS K2246－89《防锈油》中 5.37 条"包装贮存试验方法（百叶箱法）"。

中华人民共和国石油化工行业标准

航空燃料氧化安定性测定法
（潜在残渣法）

SH/T 0585—1994

（2004 年确认）

1 主题内容与适用范围

本标准规定了用潜在残渣法测定试样氧化安定性的方法。

本标准适用于活塞式航空发动机和航空涡轮发动机燃料。

本标准不适用于测定燃料组分的安定性，尤其是低沸点不饱和烃含量高的燃料组分。

2 引用标准

GB/T 4756　石油液体手工取样法

GB/T 8018　汽油氧化安定性测定法（诱导期法）

GB/T 8019　车用汽油和航空燃料实际胶质测定法（喷射蒸发法）

3 术语

本标准所用术语均以经 X 小时氧化后，100mL 试样中下述各项的毫克数表示。X 为 100℃ 的加速氧化周期。

3.1　沉淀物：氧化燃料中的沉渣和悬浮物，由氧化燃料和玻璃样品容器的洗液经过滤而得。

3.2　不溶胶质：除去氧化燃料、沉淀物和可溶胶质后粘附在玻璃样品容器上的沉积物，不溶胶质由玻璃样品容器的质量增加而测得。

3.3　可溶胶质：在规定的氧化周期结束时出现的变质产物。这类变质产物一部分溶解在氧化燃料中；一部分沉积在玻璃样品容器壁上，能溶于甲苯–丙酮溶液。将氧化燃料和洗玻璃样品容器的洗液一起蒸发，所得的不挥发残渣即可溶胶质。

3.4　潜在胶质：可溶胶质与不溶胶质之和。

3.5　潜在残渣总量：潜在胶质与沉淀物之和。

4 方法概要

在规定的试验条件下，将装有 100mL 试样的氧弹充氧后放入氧化浴中，达到规定时间后，分别测定试样氧化生成的可溶胶质、不溶胶质和沉淀物的质量。

5 意义与用途

本试验的结果可用于预示该燃料油的贮存安定性。在这些试验中燃料形成胶质及沉淀物的倾向性未和在不同贮存条件下胶质和沉淀物形成的现场性能（现场性能变化可以非常的大）相关联。

6 仪器与材料

6.1　仪器

6.1.1 氧弹、玻璃样品瓶和盖子、压力表及有关附件见 GB/T 8018 附录 A。

6.1.2 温度计：见 GB/T 8018 附录 B。

6.1.3 烘箱：温度范围 100~150℃。

6.1.4 钢钳：耐腐蚀。

6.1.5 氧化浴：参见 GB/T 8018 氧化浴，温度可恒温控制在 100℃±0.1℃ 或维持其沸点处，该沸点应在 99.5~100.5℃ 之间。

6.1.6 微孔烧结玻璃坩埚：细孔，孔径不大于 5μm。

6.2 材料

氧气：纯度不低于 99.6%。

注意：氧气在高温和高压下可引起爆炸及火灾，操作时应远离热源、火花和明火，消除一切火种，特别是一些非防爆的电器和加热器。

7 试剂

7.1 甲苯：化学纯。

7.2 丙酮：化学纯。

7.3 胶质溶剂：等体积甲苯、丙酮混合液。

注意：胶质溶剂易燃、有毒，应避免长时间吸入其蒸气或长时间与皮肤接触，并在良好的通风条件下使用。

8 取样

按 GB/T 4756 取样。

9 准备工作

9.1 彻底清洗玻璃样品瓶及盖子，以除去微量附着物。将玻璃样品瓶及盖子浸泡在加有去垢剂的清洁液中，用钢钳从清洁液中取出玻璃样品瓶及盖子(并且在以后的操作中只能用钢钳持取)，先用自来水，后用蒸馏水彻底洗涤，然后放入 100~150℃ 的烘箱中干燥 1h，将玻璃样品瓶和盖子放在干燥器中，冷却至少 2h，称量玻璃样品瓶质量，称精确至 0.1mg。

注：① 合格的清洁液应与铬酸洗涤效果相同，可以通过观察外观及在试验条件下玻璃器皿加热后的质量损失来进行上述比较。

② 用铬酸洗液时，需将玻璃样品瓶和盖子浸泡在新配制的铬酸洗液中 6h，然后用蒸馏水冲洗并干燥。铬酸是一种公认的致癌物，具有强氧化性，与人体接触可引起严重烧伤，与有机物接触可引起火灾，吸湿性强，因此使用过程中切忌用手接触液体，需要穿防护衣和戴防护手套。

③ 实验表明，活塞式航空发动机燃料的不溶胶质可忽略不计，因此测定此类燃料时，玻璃样品瓶经胶质溶剂洗涤后，除非仍留有可见的不溶物质，否则玻璃样品瓶无需称重。若出现前者情况时，必须进行重复试验，并记下玻璃样品瓶质量。

9.2 排净氧弹中所有燃料，先用浸有胶质溶剂的湿布擦拭氧弹及弹盖内表面，然后用干布擦拭，从弹柄上拆除弹杆，同样用胶质溶剂擦拭弹柄、弹杆及针形阀，除去胶质及燃料。每次试验开始前，氧弹、阀和所有连接管线均需彻底干燥。

注意：前一次试验中，仪器内可能积聚已形成的易挥发的过氧化物。若不彻底清除，会产生潜在爆炸条件。

9.3 如使用恒温控制的氧化浴，温度应控制在 100℃±0.1℃，并在试验期间始终维持此温度范围。

9.4 如使用沸水氧化浴，则通过加水或乙二醇之类更高沸点的液体，使温度控制在 99.5~100.5℃ 之内。若温度偏离 100℃，则根据表 1 给出的修正因数修正"X"小时氧化期。

表 1 氧化期修正因数

温度，℃	修 正 因 数
99.5	1.06
99.6	1.04
99.7	1.03
99.8	1.02
99.9	1.01
100.0	1.00
100.1	0.99
100.2	0.98
100.3	0.97
100.4	0.96
100.5	0.95

注：求操作温度下的修正氧化期时，可将100℃的规定氧化期乘以修正因数。

10 试验步骤

10.1 将氧弹及待测燃料维持在 15~25℃温度范围，将已称重的玻璃样品瓶加入 100mL±1mL 的试样，并放在氧弹中，盖好瓶盖，拧紧氧弹，通入氧气，直至表压达到 689~703kPa(100~102psi)，调节针形阀以不大于 345kPa/min(50psi/min)的缓慢速度放空，释放压力时要均匀慢速，每次释放时间不少于 15s，再次重复充气和放气步骤，以便赶净弹内原有气体。最后，将氧弹压力充至 689~703kPa(100~102psi)，并观察是否漏气，可忽略由于氧在试样中溶解而出现的迅速的压力降(一般不超过 41.4kPa 即 6psi)。如果 10min 内压力下降速度不超过 13.8kPa(2psi)，则认为系统无泄漏，可进行试验而不必重新升压。

10.2 将装好试样的氧弹放入氧化浴中，放时要小心勿晃动，并记录氧弹浸入氧化浴中的起始时间，氧弹在浴中放置规定的"X"小时氧化期。如使用沸水氧化浴，并且试验开始后的温度偏离 100℃，则用表 1 所给的修正因数修正氧化时间"X"小时。

10.3 待氧化结束后，从氧化浴中取出氧弹，在进气阀关闭情况下，迅速用水冷却至室温。调节针形阀以不大于 345kPa/min(50psi/min)的速度放掉氧弹中的压力(放压过程要缓慢匀速，操作过程不少于 15s)。打开氧弹，取出玻璃样品瓶。

10.4 如未见到玻璃样品瓶内有明显沉淀物，或规格上未明确要求测定其量，则可将氧化后的试样直接转移到烧瓶中，玻璃样品瓶用胶质溶剂洗涤两次以除去可溶胶质，胶质溶剂每次用量 10mL 将氧化后试样和洗涤液混合充分，并保留此混合液用于测定可溶胶质，然后将玻璃样品瓶按 10.6 条所述过程进行试验。如果玻璃样品瓶内有沉淀物出现，并规格上要求测定其量，则通过微孔烧结玻璃坩埚过滤氧化后试样，并保存滤液。用胶质溶剂洗涤玻璃样品瓶两次，以除去可溶胶质和沉淀物，胶质溶剂每次用量 10mL。将洗涤液经微孔烧结玻璃坩埚过滤，并把两种滤液充分混合，保留混合液用于测定可溶胶质。

注：在测定沉淀物前，微孔烧结玻璃坩埚与玻璃样品瓶用相同的称重方法称重，记下微孔烧结玻璃坩埚初始质量，并称精确至 0.1mg。

10.5 将微孔烧结玻璃坩埚放在 100~150℃的烘箱内干燥 1h，在天平附近的干燥器中冷却至少 2h，随后称重，记下增加的质量作为沉淀物(A)。

10.6 将玻璃样品瓶放在 100~150℃的烘箱中干燥 1h，在天平附近的干燥器中冷却至少 2h，随后称重，记下增加的质量作为不溶胶质(B)。

10.7 将 10.4 条中所得混合液分成两等份(误差在 2mL 内)按照 GB/T 8019 的步骤和试验条件，测定其中的可溶胶质，只是每次试验的试样量不是 GB/T 8019 方法所规定的 50mL，而是整个混合液的一半，记下两个烧杯增加的质量之和，作为可溶胶质(C)。

11 精密度

按下述规定判断试验结果的可靠性(95%置信水平)。

11.1 重复性：同一操作者重复测定的两个结果之差不应大于下列数值。

重复性(氧化16h)

潜在胶质，mg/100mL	活塞式航空发动机燃料	航空涡轮发动机燃料
≤5	2	2
>5～10	3	3
>10～20	4	5
沉淀物，mg/100mL		
≤2	1	

11.2 再现性：不同操作者，在两个实验室各自提出的试验结果之差不应大于下列数值。

再现性(氧化16h)

潜在胶质，mg/100mL	活塞式航空发动机燃料	航空涡轮发动机燃料
≤5	3	4
>5～10	4	5
>10～20	6	7
沉淀物，mg/100mL		
≤2	1	

12 报告

将分别测得的结果按表2格式组合，计算其结果，并将该结果报告为此试验方法"X"小时的氧化性质。

表 2 氧化性质

氧化性质报告项目	残 渣 组 合	
	活塞式航空发动机燃料	航空涡轮发动机燃料
潜在胶质，mg/100mL	不溶胶质 B 与可溶胶质 C 之和(B+C)	
沉淀物，mg/100mL	沉淀物 A(需要时测定)	
潜在残渣总量，mg/100mL		沉淀物 A(需要时测定)、不溶胶质 B 与可溶胶质 C 之和(A+B+C)

────────────

附加说明：

本标准由石油化工科学研究院技术归口。

本标准由石油化工科学研究院负责起草。

本标准主要起草人伍伟、孙思杰。

本标准参照采用美国试验与材料协会标准 ASTM D873—88《航空燃料氧化安定性试验方法(潜在残渣法)》。

────────────

编者注：本标准中引用标准的标准号和标准名称变动如下。

原标准号	现标准号	现 标 准 名 称
GB/T 8018	GB/T 8018	汽油氧化安定性的测定 诱导期法
GBT 8019	GB/T 8019	燃料胶质含量的测定 喷射蒸发法

ICS 75.140
E 42

SH

中华人民共和国石油化工行业标准

NB/SH/T 0588—2013
代替 SH/T 0588—1994

石油蜡体积收缩率测定法

Standard test method for determining the volume
contraction of petroleum waxes

2013-06-08 发布

2013-10-01 实施

国家能源局 发布

前　言

本标准按照 GB/T 1.1—2009 给出的规则起草。

本标准代替 SH/T 0588—1994《石油蜡体积收缩率测定法》。

本标准与 SH/T 0588—1994 相比的主要差异如下：

——增加了安全警告（见警告）。

——扩大了方法的适用范围（见 1，1994 版的 1.2）。

——删除了 GB/T 2539《石油蜡熔点的测定冷却曲线法》引用文件说明（见 2）。

——增加了精密度适用范围说明（见 9.1.3）

——增加了精密度偏差说明（见 9.2）。

本标准使用重新起草法修改采用美国试验与材料协会标准 ASTM D1168-08《电气绝缘用烃类蜡标准测定法》第 7 章~第 10 章内容。

为适合我国国情，本标准在采用 ASTM D1168-08 第 7 章~第 10 章内容时进行了修改，本标准与 ASTM D1168-08 标准的主要差异如下：

——本标准的引用标准采用了我国相应的国家标准和行业标准。

——增加安全性警告（见警告）。

——在试验步骤中增加了恒温 20min 的规定（见 6.4）。

请注意本文件的某些内容可能涉及专利。本文件的发布机构不承担识别这些专利的责任。

本标准由中国石油化工集团公司提出。

本标准由全国石油产品和润滑剂标准化技术委员会石油蜡类产品分技术委员会（SAC/TC280/SC3）归口。

本标准起草单位：中国石油化工股份有限公司抚顺石油化工研究院。

本标准起草人：高健、严益民。

本标准首次发布于 1994 年，本次为第一次修订。

石油蜡体积收缩率测定法

警告：本标准可能涉及某些有危险的材料、设备和操作，但并无意对与此有关的所有安全问题都提出建议。因此，在使用本标准之前，用户有责任建立适当的安全和防护措施，并确定相关规章的适用性。

1 范围

本标准规定了石油蜡体积收缩率的测定方法。

本标准适用于石蜡和微晶蜡，也适用于天然蜡、合成蜡及特种蜡产品。

2 规范性引用文件

下列文件对于本文件的应用是必不可少的。凡是注日期的引用文件，仅所注日期的版本适用于本文件。凡是不注日期的引用文件，其最新版本（包括所有修改单）适用于本文件。

GB/T 8026　石油蜡和石油脂滴熔点测定法（GB/T 8026—1987，ISO 6244.1982，EQV）

3 方法概要

将高于样品滴熔点 5.5℃ 的试样注入成型量筒中，至 100mL 刻度线处，冷却至低于滴熔点 27.8℃ 时所产生的体积收缩，用 50%（体积分数）甘油水溶液填充，所消耗甘油水溶液的毫升数与试样体积（100mL）之比，即为体积收缩率。

本方法也可适用测量其他区间温度。测定试样任意温度区间的体积收缩率时，应注明区间温度。

4 仪器

4.1　成型量筒：玻璃制，100mL，上端能盖橡胶塞，用于抽真空。

4.2　恒温浴：盛水深度应浸没成型量筒 100mL 刻度线。水浴温度控制精度为 ±0.5℃，内设蛇形盘管。

4.3　恒温箱。

4.4　真空泵。

4.5　水浴温度计：全浸式，最小分度为 0.5℃。

4.6　玻璃棒：长度为 300mm 左右，直径 2mm~3mm，一端为锥形。

4.7　烧杯：400mL，熔化蜡样使用。

4.8　滴定管：25mL。

4.9　刮刀。

4.10　金属环：用于在水浴中固定成型量筒。

5 试剂

5.1　丙三醇（甘油）：化学纯。配成 50%（体积分数）的甘油水溶液。

5.2　蒸馏水。

6 试验步骤

6.1 将试样置于清洁、干燥的烧杯中，在高于试样滴熔点 5.5℃ 的恒温箱中熔化。

6.2 调节恒温水浴温度，控制在高于试样滴熔点 5.5℃±0.5℃。

6.3 将成型量筒置于恒温水浴中，用金属环压住。浸没深度不低于成型量筒的 100mL 刻度线。

6.4 将熔化好的试样准确倒入相同温度的成型量筒中，接近 100mL，在水浴中恒温 20min 后，精确调整至 100mL 刻度线处。

6.5 将水浴降温，并冷却试样。在 2h 内水温降低至试样滴熔点以下 27.8℃±0.5℃。可以向水浴中的蛇型盘管通自来水，以控制降温速度。

6.6 成型量筒中的试样在冷却收缩时形成由薄层蜡覆盖的空腔（有的试样无空腔）。均用一端为锥形的玻璃棒从薄层蜡的中心穿透至空腔，形成一个 2mm~3mm 直径的开口孔。再将成型量筒置于低于试样滴熔点 27.8℃±0.5℃ 的恒温水浴中恒温 2h。

6.7 用 25mL 滴定管量取 50%（体积分数）甘油水溶液，滴入从水浴中取出的成型量筒中，至 100mL 刻度线处。

6.8 用真空泵将成型量筒抽真空。首先打开成型量筒橡胶塞上的放空阀，再适量关闭放空阀，使其形成低微的真空度，此时有气泡产生，以排除其中的空气（切忌真空度过大而将成型量筒中的甘油水溶液抽出）。再向成型量筒中补加 50%（体积分数）甘油水溶液至 100mL。如此重复，直至抽真空时成型量筒中不再产生气泡，甘油水溶液液面于 100mL 刻度线处不变为止。记录所消耗甘油水溶液的体积。

7 计算

按式（1）计算试样体积收缩率：

$$K_t = \frac{V}{V_0} \times 100 \tag{1}$$

式中：

　　K_t ——试样的体积收缩率，%（体积分数）；

　　V ——所消耗甘油水溶液的体积，mL；

　　V_0 ——所取试样的体积，100mL。

8 报告

取重复测定两个结果的算术平均值作为测定结果，数值精确至小数点后一位。

9 精密度和偏差

9.1 精密度

用下述规定判断试验结果的可靠性（95% 置信水平）。

9.1.1 重复性（r）：由同一操作者使用同一仪器，在相同的操作条件下，对同一样品进行的两个试验结果之差不大于 2%（体积分数）。

9.1.2 再现性（R）：由不同的操作者在不同的实验室，对同一样品进行测定，所得两个独立结果之差不大于 5%（体积分数）。

9.1.3 以上精密度适用于测量温度范围从高于试样滴熔点 5.5℃，至低于试样滴熔点 27.8℃的样品。

9.2 偏差

由于具有相同特性的标准参考物质不易获得，因此偏差性质无法考证。

中华人民共和国石油化工行业标准

石油蜡转变温度测定法
（差示扫描量热法）

SH/T 0589—1994

（2005 年确认）

1 主题内容与适用范围

本标准规定了用差示扫描量热法（简称 DSC）测定石油蜡转变温度的方法。
本标准适用于石蜡和微晶蜡。

2 引用标准

GB/T 2539　石蜡熔点（冷却曲线）测定法
GB/T 8026　石油蜡和石油脂滴熔点测定法

3 方法原理

差示扫描量热法是在程序控制温度下，测量输给试样和参比物的功率差与温度关系的一种技术。石油蜡固–固态的晶型变化和固–液态的物态变化时的温度，该法扫描曲线吸热峰顶点所对应的温度即为转变温度。

将试样和参比物置于差示扫描量热计中，在氮气流中以一定的速度加热，由于试样的吸热反应而与参比物产生温差，通过微伏放大器和热量补偿器使温差等于零，记录其电功率，得到试样的热量变化，用扫描曲线上的吸热峰来确定转变温度。

4 试剂与材料

4.1　试剂：作为校正温度的标准物质，纯度应该大于 99%。常用的标准物质如下：

名　　称	熔点，℃
苯氧基苯	26.9
对硝基甲苯	51.5
萘	80.3
苯甲酸	122.4
己二酸	153.0
金属铟	156.6

4.2　氮气。

4.3　氧化铝：粉末状，粒度小于 200 目。

4.4　变色硅胶。

4.5　铝箔。

5 仪器、设备

5.1　差示扫描量热计：功率补偿式或热流式均可。要求能以 10℃/min±1℃/min 的速度加热和冷却，加热温度为 15~150℃，其温度读数精度为 ±0.5℃，并能自动记录以温度为函数的功率信号。

5.2 试样杯：用具有高导热性的铝或其他金属制作，不能用铜及其合金制作。

5.3 记录仪：记录热量随温度的变化。

5.4 分析天平：感量为 0.1mg。

5.5 烘箱：温度能达到 150℃±1℃。

5.6 干燥塔。

5.7 烧杯：50mL 若干个。

5.8 滴管：前端内径小于 1mm。

5.9 流量计。

5.10 不锈钢刀片。

6 分析步骤

6.1 温度的校正：选取纯度大于 99%，其熔点与试样熔点相近的标准物质，按仪器生产厂家提供的方法，对仪器温度进行校正。

6.2 试样的制备：取约 10g 蜡样放在 50mL 烧杯中，将烧杯置于烘箱中加热到高出蜡样熔点或滴熔点 10℃左右，用在同样条件下加热后的滴管取熔化好的蜡样，滴到干净的金属铝箔片上，使其形成一薄层蜡片，从铝箔上分离蜡片，再用不锈钢刀片将其分成小片。

6.3 取样：分别在试样杯中称取 10mg±1mg 试样蜡片和氧化铝粉并置于样品托架和参比托架上，盖好杯盖。

6.4 打开氮气阀，氮气要经过硅胶干燥。调节氮气流量在 10~50mL/min。

6.5 接通电源，升温速度调到 10℃/min 档，加热试样到高于试样熔点或滴熔点 20℃±5℃。将冷却速度调到 10℃/min 档，冷却试样到 15℃±5℃，保持 30s。

6.6 将升温速度调到 10℃/min 档，再次加热试样，并记录从 15℃到高于试样熔点或滴熔点 20℃±5℃全部吸热峰的扫描曲线。

7 分析结果的表述

在扫描曲线上，延长每一个吸热峰斜面切线，两个斜面切线的交点所对应的温度为转变温度。按出峰顺序用 T_{1A}、T_{2A} 表示，见下图。

斜面切线外推与基线的交点所对应的温度为吸热峰的起始温度 T_{10}、T_{20} 和终止温度 T_{1E}、T_{2E} 见下图。终止温度和起始温度的差值即为吸热峰的峰宽。

用"℃"报告一次扫描曲线吸热峰的第一个热转变温度和终止温度即 T_{1A}、T_{1E} 和第二个热转变温度和终止温度 T_{2A}、T_{2E} 精度为 ±0.5℃，数值取至一位小数。

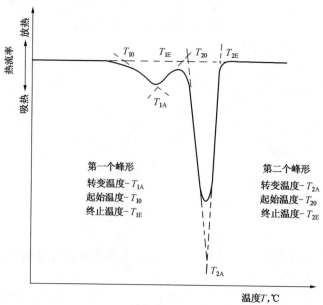

石蜡扫描曲线图

8 精密度

用下述规定判断试验结果的可靠性(95%置信水平)。

8.1 重复性：同一操作者两次测定结果的允许差值见下表。

8.2 再现性：不同操作者,在两个不同实验室测定结果的允许差值见下表。

精密度规定

		重复性,℃	再现性,℃
固−液转变温度	转变温度 T_{2A}	0.8	3.5
	终止温度 T_{2E}	1.0	6.1
固−固转变温度	转变温度 T_{1A}	1.2	2.3
	终止温度 T_{1E}	1.4	11.2

附加说明:

本标准由抚顺石油化工研究院提出并技术归口。

本标准由抚顺石油化工研究院负责起草。

本标准主要起草人张巧歌。

本标准等效采用美国试验与材料协会标准 ASTM D4419-84《差示扫描量热法测定石蜡转变温度》。

编者注:本标准中引用标准的标准号和标准名称变动如下。

原标准号	现标准号	现 标 准 名 称
GB/T 2539	GB/T 2539	石油蜡熔点的测定　冷却曲线法

中华人民共和国石油化工行业标准

SH/T 0596—1994

润滑脂接触电阻测定法

1 主题内容与适用范围

本标准规定了润滑脂接触电阻测试方法。

本标准适用于测定润滑脂的接触电阻。

2 方法概要

将润滑脂试样涂在板状电极上，涂脂厚度为 0.2mm，使其与半球状电极接触，保证两极间承受 1.38N±0.01N 的力。用直流双臂电桥测定高温(50℃±1℃)、室温(15～30℃)、低温(−25℃±2℃)时的接点电阻，以涂脂前后接触电阻的差值作为润滑脂接触电阻值。

3 材料

3.1 半球状、板状电极，详见图1。

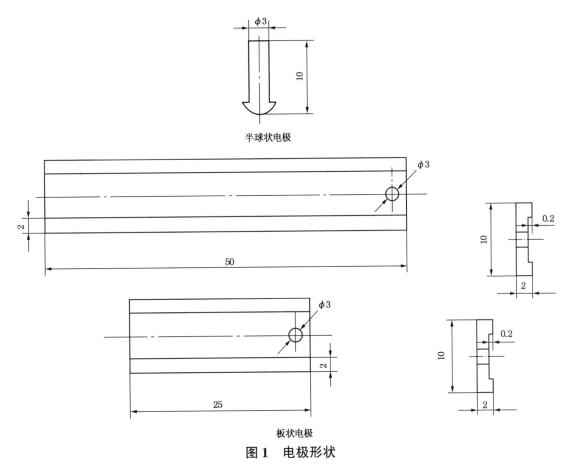

半球状电极

板状电极

图1 电极形状

中国石油化工总公司 1994-05-04 批准

1994-12-01 实施

3.2 900 号金相砂纸及 600 号水砂纸。

4 仪器

4.1 润滑脂接触电阻测定仪：详见图 2、图 3。

4.2 直流双臂电桥：测定范围 0.0001~10Ω，灵敏度不低于 0.01mΩ。

4.3 致冷仪：致冷温度应低于−30℃，其冷室体积应大于直径 45mm，高 90mm。

4.4 恒温水浴：在 30~80℃间任一温度恒温，误差为±1℃。

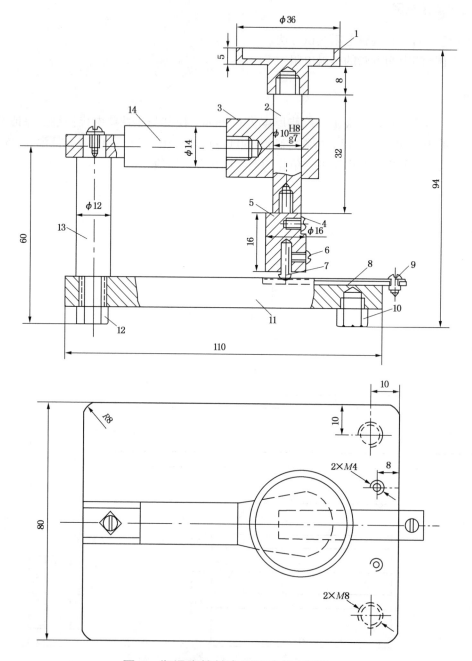

图 2　润滑脂接触电阻测定仪(常温)

1—托盘；2—尼龙连接杆；3—连接杆固定件；4—电极接线螺栓；5—黄铜连接杆；
6—固定电极的螺栓；7—半球状电极；8—板状电极；9—电极接线螺栓；10—地脚螺栓；
11—仪器底盘；12—地脚螺栓；13—支撑柱；14—连接杆

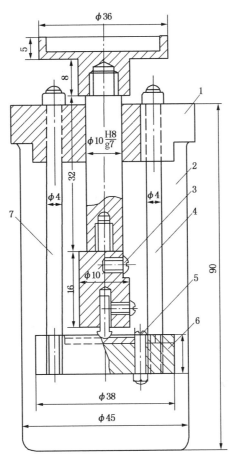

图 3　润滑脂接触电阻测定仪（50℃、−25℃）

1—铝盖；2—试验杯；3—电极连接螺栓；4—连接杆；5—电极接线螺栓；
6—板状电极插件；7—连接杆

4.5　砝码：100g。

5　准备工作

5.1　用金相砂纸将电极打磨干净，使其呈现均匀、光亮的金属光泽，用脱脂棉擦去铜屑。处理后的电极不应与手或不洁物接触，组装电极应用镊子。

5.2　仪器、设备上的接线柱、线鼻等接触点用水砂纸打磨干净，并保证接触良好。

5.3　电桥以双线连接法与电极连接，详见图4。

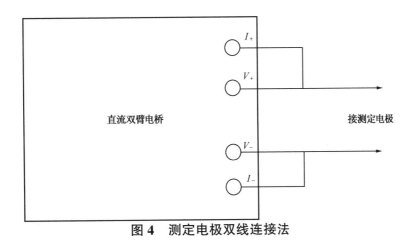

图 4　测定电极双线连接法

6 试验步骤

6.1 室温条件下接触电阻的测定

6.1.1 将处理好的电极装在测定仪器中，按照5.3条与电桥连接。

6.1.2 室温控制在15~30℃之间。

6.1.3 将半球状电极接触在板状电极上，使其承受（包括砝码100g及托盘、连接杆、半球状电极和螺栓总质量为140g±1g）1.38N±0.01N的力，在电桥上读取5次数值，取其平均值为第1点接触电阻值。

6.1.4 移动板状电极，改变半球状电极在板状电极上的位置，重复6.1.3步骤，可以测得第2、3点接触电阻值。取三个点接触电阻的平均值作为空白值。

6.1.5 空白值试验每个点的5次读数与其算术平均值最大偏差不应超过0.03mΩ。三个点电阻值最大偏差不应超过其算术平均值0.05mΩ。否则应重新测定。

6.1.6 在板状电极的凹槽中均匀地涂上待测润滑脂试样，用刮刀刮平。按照6.1.3和6.1.4测定涂脂后的接触电阻值。

6.2 高温条件下接触电阻的测定

6.2.1 将图3所示的试验仪器置于已调至试验温度50℃±1℃的恒温水浴中，恒温30min。

6.2.2 参照6.1.3及6.1.4测定高温时的接触电阻空白值，测定数据偏差参照6.1.5。

6.2.3 参照6.1.6测定涂脂后的接触电阻，测定数据偏差参照6.1.5。

6.3 低温条件下接触电阻的测定

6.3.1 将图3所示的试验仪器置于调至试验温度−25℃±2℃的致冷仪中恒温30min。

6.3.2 参照6.1.3及6.1.4测定低温时的接触电阻空白值，测定数据参照6.1.5。

6.3.3 参照6.1.6测定涂脂后的接触电阻，测定数据偏差参照6.1.5。

7 计算

$$R = R_2 - R_1$$

式中：R——润滑脂接触电阻值，mΩ；

R_1——不涂脂接触电阻平均值即空白值，mΩ；

R_2——涂脂后接触电阻平均值，mΩ。

8 报告

取3次接触电阻测定值的算术平均值作为测定结果，数字精确到0.01mΩ。

附加说明：
本标准由中国石油化工总公司提出。
本标准由中国石油化工总公司一坪化工厂技术归口。
本标准由长城高级润滑油公司负责起草。
本标准主要起草人金中令、薛玉玲、李长龙。

中华人民共和国石油化工行业标准

石油沥青冻裂点测定法
（器　皿　法）

SH/T 0600—1994

（2005 年确认）

1　主题内容与适用范围

本标准规定了石油沥青冻裂点的测定方法。
本标准适用于测定石油沥青的冻裂点。

2　引用标准

GB/T 514　石油产品试验用液体温度计技术条件

3　方法概要

将试样熔化后倒入试样皿内，在规定的试验条件下进行冷冻，测定试样表面开始出现裂纹时的温度。

4　仪器与材料

4.1　测定仪：SLD 型石油沥青冻裂点测定仪。

4.2　试样皿：钢制、内径 55mm，内部深度 35mm，壁厚 1.1~1.5mm，同石油沥青针入度试验皿。

4.3　温度计：−60~60℃或−80~60℃，分度值 1℃，符合 GB/T 514 中结晶点、凝点温度计的技术要求。

5　准备工作

将试样熔化，熔化温度不超过试样估计软化点的 100℃，熔化时间不超过 30min，加热时不断搅拌，以防局部过热。将完全熔化的试样倒入清洁并预热到 100~110℃的各试样皿内至皿口约 3mm 处，且液面以上的内壁及外壁不应沾有试样，试样内不得有气泡和杂质。然后在室温中自然冷却不少于 1.5h。

6　试验步骤

6.1　将盛有试样的皿放入测定仪的冷槽内，插入温度计，使温度计水银球底端距试样表面约 5mm。

6.2　启动测定仪，降温到预计冻裂点的温度并恒定在 ±1℃范围内，在此温度下保持 1h，在降温及恒温过程中注意倾听试样开裂时发出的响声。当听到响声时，立即记下温度，并观察有无裂纹。

6.3　当试样出现裂纹时，换另一试样皿，升高试验温度 2℃或更高的温度，恒温 1h，再观察。

6.4　当试样恒温 1h 无裂纹时，继续降低试验温度 2℃或更低的温度，恒温 1h，再观察。

6.5　反复上述操作，直至测得裂与不裂的温度之差不超过 2℃时为止，取其平均值作为冻裂点。

6.6　在不需测出实际冻裂点数据，只测某温度下裂或不裂时，在该温度下恒温 3h 后，取出观察裂或未裂。

中国石油化工总公司 1994-10-07 批准

1995-07-01 实施

7 精密度

重复性：同一操作者重复测定两个结果之差不超过2℃。

8 报告

取重复测定两个结果的算术平均值作为试样的冻裂点。
在未测得实际冻裂点时，报告测定温度下裂或未裂。

附加说明：
本标准由石油大学技术归口。
本标准由独山子炼油厂负责起草。
本标准主要起草人孟淑芳、申国禧、龚树鹏。

编者注：本标准中引用标准的标准号和标准名称变动如下。

原标准号	现标准号	现 标 准 名 称
GB/T 514	GB/T 514	石油产品试验用玻璃液体温度计技术条件

中华人民共和国石油化工行业标准

SH/T 0603—1994

（2004 年确认）

冷冻机油 R_{12} 不溶物含量测定法

1 主题内容与适用范围

本标准规定了测定冷冻机油中 R_{12} 不溶物含量的方法。

本标准适用于用卤化烃作致冷剂的冷冻机油。

2 引用标准

GB/T 514 石油产品试验用液体温度计技术条件

GB/T 7372 工业用二氟二氯甲烷（F_{12}）

注：我国的 F_{12} 即为 R_{12}。

3 方法概要

将试样与 R_{12} 在一定温度条件下混合，当温度在 −30℃ 时，试样中的石蜡起絮凝作用形成沉淀，通过对该沉淀进行过滤、洗涤、称量、计算出试样中 R_{12} 不溶物的质量百分含量。

4 仪器与材料

4.1.1 试验仪器装置：见下图。

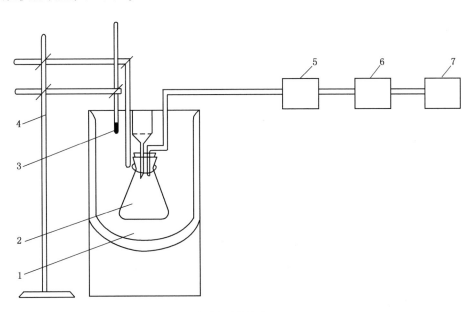

试验仪器装置图

1—低温恒温浴；2—试验装置；3—温度计；4—铁架台；

5—真空压力计；6—压力调节器；7—真空泵

中国石油化工总公司 1994-10-07 批准

1995-07-01 实施

4.1.2　低温恒温浴或广口保温瓶：内直径不小于200mm，高度不低于300mm，能调节温度至 -30℃±1℃和-40℃±2℃。

4.1.3　锥形瓶：带刻度，250mL。

4.1.4　蒸发皿：玻璃制成，容量100mL，外径不小于80mm，高度不低于30mm。

4.1.5　布氏漏斗：容积40mL，直径40mm，孔径16~40μm，由硼硅玻璃制成。

4.1.6　真空泵或水流泵。

4.1.7　真空压力计。

4.1.8　温度计：-38~+50℃，分度值1℃，符合GB/T 514中倾点用温度计的规定，以及分度值为 2℃的低温温度计。

4.1.9　杜瓦氏洗瓶：玻璃制成，容量500mL。

4.1.10　紫外线灯。

4.1.11　干燥器。

4.2　材料

4.2.1　工业用二氟二氯甲烷，符合GB/T 7372规定。

4.2.2　固体二氧化碳或其他冷却剂。

4.2.3　定量滤纸：中速(滤速31~60s)，直径11cm。

5　试剂

5.1　无水乙醇：化学纯。

5.2　无水硫酸钠(或无水氯化钙)：化学纯。

5.3　1,1,1-三氯乙烷：化学纯，使用前新蒸馏，要求蒸发无残余物。

6　准备工作

注意：准备工作和试验步骤均在通风橱内进行。

6.1　按图安装仪器，使布氏漏斗口距冷却液面8~10mm之间，温度计水银球与过滤漏斗板保持在 同一平面。

6.2　将R_{12}经无水硫酸钠(或无水氯化钙)干燥过滤和-40℃±2℃低温恒温浴或广口保温瓶液化后， 收集于杜瓦氏洗瓶中备用(如暂不用，则可将杜瓦氏洗瓶置于-25℃±5℃冷柜中保存)。

6.3　将用重铬酸钾洗液浸泡后洗净的过滤漏斗在105℃±3℃下干燥1h，并转移至干燥器中冷却， 干燥保存备用。蒸发皿用1,1,1-三氯乙烷浸泡4h后洗净，在105℃±3℃烘箱中干燥1h，转移至干燥 器中冷却2h以上，称精确至0.0002g备用。

6.4　将试样用定量滤纸过滤除去机械杂质(每张滤纸过滤的试样不超过25g)。

6.5　将两台低温恒温浴温度调节至-30℃±1℃。

7　试验步骤

7.1　在一洁净的250mL锥形瓶中称取过滤后的试样约10g，称精确至0.1g，迅速地加入R_{12}至 100mL标线处(在常温下操作)，并立即将锥形瓶转移至预先准备好的-30℃±1℃的低温恒温浴中， 用玻璃棒搅拌并摇动锥形瓶直到试样完全溶于R_{12}为止，然后在低温恒温浴中静止3~5min，使沉淀 颗粒结团，这样便于更好地过滤。

7.2　R_{12}不溶物的过滤

7.2.1　R_{12}不溶物用布氏漏斗通过真空泵(或水流泵)抽滤，调整放空阀在吸干时对大气压的压差不 超过10kPa。

7.2.2　预先用大约25mLR_{12}对布氏漏斗进行淋洗，然后将锥形瓶中的R_{12}与试样混合液转移至布氏 漏斗中过滤。通过杜瓦氏洗瓶直接将100mLR_{12}分多次吹入锥形瓶中淋洗。冲洗用的R_{12}全部转移至布 氏漏斗中过滤，然后再用25mLR_{12}淋洗布氏漏斗内壁，使锥形瓶和布氏漏斗均不带残油。

7.2.3 布氏漏斗中的混合液经淋洗吸干后,将布氏漏斗在紫外灯下检查壁上是否有残油。如果漏斗壁上没有出现荧光,就可认为不带残油,否则应进一步用 R_{12} 淋洗直至检验合格。

7.3 将过滤装置从冷浴中移出,取下锥形瓶,将恒重好的蒸发皿安放在布氏漏斗的下方,待布氏漏斗温度回升至室温后,将 30~45mL1,1,1-三氯乙烷溶剂分三次,依次加到布氏漏斗中,溶解 R_{12} 不溶物,并将过滤滤液全部收集于蒸发皿中。将蒸发皿放在水浴上加热,蒸发溶剂,待蒸干后,移至 105℃±3℃烘箱中干燥 1h,然后将蒸发皿放入干燥器中冷却 2h 以上,称精确至 0.0002g。

8 计算

试样的 R_{12} 不溶物含量 $X[\%(m/m)]$ 按下式计算:

$$X = \frac{m_2 - m_1}{m} \times 100$$

式中:m_1——蒸发皿的质量,g;

m_2——带有 R_{12} 不溶物的蒸发皿的质量,g;

m——试样的质量,g。

9 精密度

用下述规定判断试验结果的可靠性(95%置信水平)。

9.1 重复性

由同一操作者重复测定两个结果之差不应超过下列数值:

R_{12} 不溶物,%	重复性,%
≤0.1	0.01
>0.1	算术平均值的 10%

9.2 再现性

由两个实验室提出的两个结果之差不应超过下列数值:

R_{12} 不溶物,%	再现性,%
≤0.1	0.02
>0.1	算术平均值的 20%

10 报告

10.1 取重复测定两个结果的算术平均值作为试样的 R_{12} 不溶物含量,结果精确至 0.01%(m/m)。

10.2 当测定结果低于 0.02%(m/m)时,以"低于 0.02%(m/m)"报告结果。

附加说明:

本标准由石油化工科学研究院技术归口。

本标准由克拉玛依炼油厂负责起草。

本标准主要起草人郭槐、武丽琴、赵晓婷、黄绍忠。

本标准等效采用德国国家标准 DIN 51590·T1(85)《冷冻机油 R_{12} 不溶物含量测定法(在-30℃时的方法)》。

编者注:本标准中引用标准的标准号和标准名称变动如下。

原标准号	现标准号	现 标 准 名 称
GB/T 514	GB/T 514	石油产品试验用玻璃液体温度计技术条件

前　　言

　　本标准等效采用国际标准 ISO 12185：1996《原油和石油产品密度测定法—U 形振动管法》，对 SH/T 0604—1994《液体密度和相对密度测定法（数字密度计法）》进行修订。

　　本标准与 ISO 12185：1996 在技术内容上有以下主要差异：

　　1. 由于"蜡析出温度"的方法在我国目前较难实现，所以本标准未采用"蜡析出温度"的定义及相关内容。

　　2. 为了使用方便，本标准将 ISO 12185：1996 附录 A 中内容改为标准正文。

　　3. 为了使用方便，将英国石油学会（IP）《石油和相关产品分析和试验方法标准汇编》（1999）附录 G 中的水密度表和附录 H 中的空气密度表作为本标准的附录 A 和附录 B。

本标准对 SH/T 0604—1994 的技术内容作以下修订：

　　1. 标准名称由原来的《液体密度和相对密度测定法（数字密度计法）》改为《原油和石油产品密度测定法（U 形振动管法）》。

　　2. 增加了用数字密度计测定原油密度的相关内容。

　　3. 删除了相对密度的有关内容。

本标准的附录 A 和附录 B 都是标准的附录。

本标准由中国石油化工集团公司提出。

本标准由中国石油化工集团公司石油化工科学研究院归口。

本标准起草单位：中国石油化工集团公司石油化工科学研究院。

本标准主要起草人：薄艳红、林　庆。

本标准首次发布于 1994 年 10 月。

中华人民共和国石油化工行业标准

原油和石油产品密度测定法
（U 形振动管法）

SH/T 0604—2000

eqv ISO 12185：1996

代替 SH/T 0604—1994

Crude petroleum and petroleum products-Determination of density-Oscillating U-tube method

1 范围

1.1 本标准规定了使用 U 形振动管密度计测定原油和石油产品密度的方法。本标准适用于在试验温度和压力下可处理成单相液体，其密度范围为 $600\sim1100kg/m^3$ 的原油和石油产品。

本标准可用于任何蒸气压的液体，但要采取适当措施，保证样品在处理及密度测定过程中，保持成单相并没有轻组分损失和组成及密度改变。

注：如果使用石油计量表将测定的密度换算到标准温度下的密度，测定密度的温度应尽可能地接近标准温度。这样可以将由于使用通用表而带来的不确定度减少到最小值。

本方法不能用于在线密度计的标定。

1.2 使用本标准可能会涉及到危险物质、操作和设备。使用本标准并不意味着和所有安全问题有联系。本标准使用者的职责是在操作前建立起适当的安全和保健措施及规章制度。

2 引用标准

下列标准所包含的条文，通过在本标准中引用而构成为本标准的一部分，除非在标准中另有明确规定，下述引用标准都应是现行有效标准。

GB/T 1885 石油计量表

GB/T 3535 石油倾点测定法

GB/T 4756 石油液体手工取样法

GB/T 6682 分析实验室用水规格和试验方法

GB/T 6986 石油浊点测定法

GB/T 13377 原油和液体或固体石油产品密度或相对密度测定法（毛细管塞比重瓶和带刻度双毛细管比重瓶法）

3 定义

本标准采用下列定义。

3.1 密度 density

物质的质量除以它的体积，以 kg/m^3 或 g/cm^3 表示。

3.2 标准温度 reference temperature

报告样品密度的温度。

注：标准温度可为 20℃，也可为 15℃。

4 原理

把少量样品(一般少于1mL)注入控制温度的试样管中,记录振动频率或周期,用事先得到的试样管常数计算试样的密度。试样管常数是用试样管充满已知密度标定液时的振动频率确定的。

5 仪器

5.1 密度计:经标定,密度分辨率为±0.1kg/m³ 或更高。

注:

1. 密度计一般显示两种数字结果,一种为密度值,另一种为用来计算密度值的振动周期。

2. 密度计由于黏度的影响偏差可大到1kg/m³,使用者可用GB/T 13377方法来检查是否需要作黏度修正,也可使用化学特性和黏度类似于试样的校准标样,可使黏度的影响减到最小值。

3. 当密度计试样管的温度低于环境空气的露点温度时,在试样管传感器和电子元件上会凝结水气,这时要将周围的空气保持干燥。

5.2 循环恒温浴:如果需要恒温浴,要能使循环液体的温度保持在要求温度的±0.05℃内。

5.3 已校准的温度传感器:能测量试样管的温度精确到至少±0.10℃。通过试样管的能量传递速率是很低的,因此,为了使沿导线进出试样管的热量传递最小,应注意使用导线很细的传感器。

5.4 均化器:适用于样品及样品容器,能使样品均匀,可用高速剪切器、静态混合器以及其他合适的形式。

6 试剂

除非另有规定,只能使用分析纯试剂。

6.1 洗涤溶剂:可以使用任何溶剂,只要能得到清洁干燥的试样管。

6.2 过硫酸铵:配成8g/L硫酸溶液。

警告:过硫酸铵是一种强氧化剂。

6.3 标定液体

标定试样管至少需要两种标定液,选择的标定液其密度范围应在试验样品的密度范围内,标定液的密度应能溯源到国家标准或采用国际公认的数值。

当使用水和空气时,应符合6.3.1和6.3.2要求。

6.3.1 水:应符合GB/T 6682的二级或更高级要求。

使用前,水用0.45μm的过滤器过滤,煮沸除去溶解的空气并冷却,一旦除去空气,应小心处理,以尽量减少空气再次溶解其中。

不同温度下的水密度值,在本标准的附录A中给出。

6.3.2 空气

使用的空气密度值,在本标准的附录B中给出。

6.4 水:洗涤用,应符合GB/T 6682中三级要求。

7 取样

除非另有规定,样品应按GB/T 4756的规定采取。

要特别注意防止样品中任何挥发组分的损失,应尽可能在同一容器中进行样品的吸取、转移和存放。

不推荐使用自动取样技术采取挥发性液体,除非使用容积可变的容器来收集和转移样品到实验室。使用固定容积的容器(不论是耐压的或不耐压的)可能在取样时造成轻组分损失,影响密度的测定。当使用容积可变的容器取样时,样品的压力和温度应记录在容器的标签上。

要确保试样代表整个样品,通常在采样之前混合样品,以保证均匀。

8 样品制备

8.1 一般要求

样品应按以下方式处理：

a）轻组分损失最小；

b）样品温度不能低于以下值之一[1]：

1）按 GB/T 6986 测定的样品的浊点；

2）或按 GB/T 3535 测定的样品倾点以上 20℃。

注：在均化或加热含有沉淀物、水或不溶性蜡的挥发性原油和石油产品时，必然造成轻组分的损失，这可能引起密度值的测定误差。

8.2 无水或无沉淀物并具有充分流动性的石油产品

轻微晃动混合。

8.3 含水或沉淀物的原油或石油产品

在原始容器中混合样品，采取所有措施使轻组分损失最小。

注：在开口容器中混合挥发性原油和石油产品会导致轻组分的损失，因此，不推荐使用这种方法。

8.4 含蜡原油

在混合之前，把样品加热到其倾点以上 20℃，采取所有措施使轻组分损失最小。

8.5 含蜡馏分

在混合之前，把样品加热到其浊点以上 3℃。

8.6 燃料油

在混合之前，把样品加热到流体状态。

9 仪器准备

9.1 试验温度

9.1.1 样品密度应尽可能在标准温度下测定。

如果不可能，应选择高于浊点 3℃或高于倾点 20℃并低于样品中出现气体的温度。

9.1.2 如果密度计的试样管本身带有恒温器，按制造厂说明书设置试样管温度。否则，另外连接恒温浴，使温度保持平衡。

密度计试样管的温度和压力不要超过制造厂规定的工作范围。

当使用恒温浴时，要保持循环液的清洁。

9.2 试样管的清洗

用洗涤溶剂清洁和干燥试样管，如果必须用水（6.4），则用一种与水互溶的洗涤溶剂冲洗后，再用清洁的干燥空气吹干。

在试验完含有溶解盐的原油后，应用洗涤溶剂冲洗，然后用水（6.4）清洗试样管。

如果试样管出现有机沉淀物，用过硫酸铵溶液注入试样管清洗，排除过硫酸铵溶液后，用水（6.4）清洗，再用与水互溶的洗涤溶剂清洗，接着用清洁干燥的空气吹干。

10 仪器标定

10.1 当首次安装、试验温度改变、维修或系统受干扰后，密度计都应标定。

如果距上次标定时间超过 7 天，在使用前应重新标定。

采用说明：

1]由于蜡析出温度的方法在我国目前较难实现，所以本标准未采用"蜡析出温度"的定义及相关内容。

10.2 如果空气是一种标定物质，用环境空气充满试样管，记录密度读数或振动周期，可略去10.3。

10.3 注入第一种标定液(6.3)到试样管中，使它和试样管达到温度平衡，记录振动周期或密度读数以及试样管的温度，按9.2清洗和干燥试样管。

10.4 注入第二种标定液到试样管中，使它和试样管达到温度平衡，记录振动周期或密度读数以及试样管的温度。

10.5 按制造厂说明书计算试样管常数。

10.6 标定后，按9.2给出的步骤清洗和干燥试样管。

11 试验步骤

11.1 当试样管用环境空气充满时，检查密度计读数，并与标定时达到的标准值比较应在其最小有效数字±1范围内。如果达不到，应重新清洗和干燥试样管，并再次检查。如果读数仍然超差，应重新标定密度计。

11.2 用合适的注射器或自动取样器把试样注入试样管中，按说明书中要求充满试样管。

当试验含蜡馏分或含蜡原油或残渣燃料油时，在试验中应把注射器或自动取样器加热到高于试样浊点以上3℃或高于倾点以上20℃。

11.3 当使用自动进样器时，要加倍进样或采用检查样品办法，以便检查由气泡产生的误差并监测系统性能。

11.4 在任何阶段都不能使用虹吸样品的方法，因其可造成轻组分的损失。样品应倒入注射器，然后注入试样管，或用自动进样器通过压力把样品压入仪器中。

11.5 当手工注射样品时，在注射前，打开试样管的照明灯，按制造厂说明书要求边进样边检查试样管内是否有气泡，如果发现有气泡，退空试样管，再次进样并重新检查气泡。

检查试样管以后，立即关闭照明灯，因为灯产生的热量影响试样管的温度。

11.6 当密度计显示的密度读数稳定在0.1kg/m³或振动周期达到五位有效数字，记录显示的数字和精确至0.1℃的试样管的温度。

注：如果振动周期或密度读数一直在漂移，说明试样管温度还没达到平衡。读数随机变化，一般表明试样管中存在有空气或气泡，这种情况下，应重新进样。如果由于气泡使读数变化，必须在较低温度下试验，以确保样品保持单相。

如果样品在注入前由于混合不充分，在样品中存在有大水滴，指示的密度值和振动周期都将是不稳定的。

11.7 当测定黏稠液体的密度时，即使有空气或气泡存在，有时也会得到一稳定读数。对于这些液体，应对试样管稍加压力，并重测密度。如果液体呈单相，由于加压而造成密度的漂移将是很小的。另一方面，由于气体或空气泡的存在，当它们被压缩时会观察到密度值有很大的漂移，在这种情况下，要重新进样。

11.8 如果试样中含有很细的悬浮水滴，当达到热平衡后，立即观察密度。

注：如果试样中含有很细的悬浮水滴，若试样长时间地留在试样管中，水滴会慢慢地结合并迁移到试样管的最低点，引起密度明显变化。

11.9 按9.2给出的步骤清洁和干燥试样管。

12 计算

12.1 如果密度计显示的是振动周期，由观察到的试样管的振动周期，按制造厂说明书计算样品的密度。

12.2 如果要求标准温度下的密度而不是在测定温度下的密度，首先作玻璃密度计膨胀系数修正后[见式(1)、式(2)]，再使用GB/T 1885，把密度换算到标准温度下的密度。

注：由于 GB/T 1885《石油计量表》是基于钠−钙玻璃密度计得到的，当不是用钠−钙玻璃密度计或标准温度下标定的比重瓶方法测定密度时，在引用 GB/T 1885《石油计量表》前，要考虑已包括在表中的密度计的玻璃膨胀修正的影响。

标准温度为 20℃

$$系数 = 1-0.000023(t-20)-0.00000002(t-20)^2 \quad\cdots\cdots\cdots\cdots\cdots\cdots\quad (1)$$

式中：t——试验温度，℃。

由观察密度乘以该系数的倒数得修正后密度。

标准温度为 15℃

$$系数 = 1-0.000023(t-15)-0.00000002(t-15)^2 \quad\cdots\cdots\cdots\cdots\cdots\cdots\quad (2)$$

式中：t——试验温度，℃。

由观察密度乘以该系数的倒数得修正后密度。

12.3 应用于原油作这项修正的例子

观察密度 $= 875.5\mathrm{kg/m^3}$（非玻璃密度计测得）

试验温度 $= 50℃$

求原油 20℃下的密度

a）按 12.2 中(1)式计算玻璃膨胀修正系数：

$$1-0.000023(50-20)-0.00000002(50-20)^2 = 0.999292$$

b）由玻璃膨胀修正系数的倒数乘以观察密度得修正后密度：

$$875.5 \times 1/0.999292 = 876.12（已修约）$$

c）用修正后的 50℃下的观察密度查 GB/T 1885《石油计量表》中原油表，得 20℃下的密度为 896.1$\mathrm{kg/m^3}$。

13 报告结果

密度最终结果报告到 0.1$\mathrm{kg/m^3}$ 或 0.0001$\mathrm{g/cm^3}$。

14 精密度

按下述规定判断结果的可靠性(95%置信水平)。

14.1 重复性

同一操作者用同一仪器在恒定的试验条件下对同一个测定物质，按正常和正确的实验方法操作，得到的连续测定两个结果之间的差，不能超过以下数值：

透明的中间馏分　　　　　　　0.2$\mathrm{kg/m^3}$

原油和其他石油产品　　　　　0.4$\mathrm{kg/m^3}$

14.2 再现性

不同操作者，在不同实验室对同一测定物质，按正常和正确的实验方法操作，得到的两个单独的结果之间的差不应超过以下数值：

透明的中间馏分　　　　　　　0.5$\mathrm{kg/m^3}$

原油和其他石油产品　　　　　1.5$\mathrm{kg/m^3}$

附 录 A

（标准的附录）

水 密 度 表

表 A1　水密度表

kg/m³

t_{90},℃	0.0	0.1	0.2	0.3	0.4	0.5	0.6	0.7	0.8	0.9
0	999.840	9.846	9.853	9.859	9.865	9.871	9.877	9.883	9.888	9.893
1	999.898	9.904	9.908	9.913	9.917	9.921	9.925	9.929	9.933	9.937
2	999.940	9.943	9.946	9.949	9.952	9.954	9.956	9.959	9.961	9.962
3	999.964	9.966	9.967	9.968	9.969	9.970	9.971	9.971	9.972	9.972
4	999.972	9.972	9.972	9.971	9.971	9.970	9.969	9.968	9.967	9.965
5	999.964	9.962	9.960	9.958	9.956	9.954	9.951	9.949	9.946	9.943
6	999.940	9.937	9.934	9.930	9.926	9.923	9.919	9.915	9.910	9.906
7	999.901	9.897	9.892	9.887	9.882	9.877	9.871	9.866	9.860	9.854
8	999.848	9.842	9.836	9.829	9.823	9.816	9.809	9.802	9.795	9.788
9	999.781	9.773	9.765	9.758	9.750	9.742	9.734	9.725	9.717	9.708
10	999.699	9.691	9.682	9.672	9.663	9.654	9.644	9.634	9.625	9.615
11	999.605	9.595	9.584	9.574	9.563	9.553	9.542	9.531	9.520	9.508
12	999.497	9.486	9.474	9.462	9.450	9.439	9.426	9.414	9.402	9.389
13	999.377	9.364	9.351	9.338	9.325	9.312	9.299	9.285	9.271	9.258
14	999.244	9.230	9.216	9.202	9.187	9.173	9.158	9.144	9.129	9.114
15	999.099	9.084	9.069	9.053	9.038	9.022	9.006	8.991	8.975	8.959
16	998.943	8.926	8.910	8.893	8.876	8.860	8.843	8.826	8.809	8.792
17	998.774	8.757	8.739	8.722	8.704	8.686	8.668	8.650	8.632	8.613
18	998.595	8.576	8.557	8.539	8.520	8.501	8.482	8.463	8.443	8.424
19	998.404	8.385	8.365	8.345	8.325	8.305	8.285	8.265	8.244	8.224
20	998.203	8.182	8.162	8.141	8.120	8.099	8.077	8.056	8.035	8.013
21	997.991	7.970	7.948	7.926	7.904	7.882	7.859	7.837	7.815	7.792
22	997.769	7.747	7.724	7.701	7.678	7.655	7.631	7.608	7.584	7.561
23	997.537	7.513	7.490	7.466	7.442	7.417	7.393	7.369	7.344	7.320
24	997.295	7.270	7.246	7.221	7.195	7.170	7.145	7.120	7.094	7.069
25	997.043	7.018	6.992	6.966	6.940	6.914	6.888	6.861	6.835	6.809
26	996.782	6.755	6.729	6.702	6.675	6.648	6.621	6.594	6.566	6.539
27	996.511	6.484	6.456	6.428	6.401	6.373	6.344	6.316	6.288	6.260
28	996.231	6.203	6.174	6.146	6.117	6.088	6.059	6.030	6.001	5.972
29	995.943	5.913	5.884	5.854	5.825	5.795	5.765	5.735	5.705	5.675
30	995.645	5.615	5.584	5.554	5.523	5.493	5.462	5.431	5.401	5.370
31	995.339	5.307	5.276	5.245	5.214	5.182	5.151	5.119	5.087	5.055
32	995.024	4.992	4.960	4.927	4.895	4.863	4.831	4.798	4.766	4.733
33	994.700	4.667	4.635	4.602	4.569	4.535	4.502	4.469	4.436	4.402
34	994.369	4.335	4.301	4.267	4.234	4.200	4.166	4.132	4.098	4.063
35	994.029	3.994	3.960	3.925	3.891	3.856	3.821	3.786	3.751	3.716
36	993.681	3.646	3.610	3.575	3.540	3.504	3.469	3.433	3.397	3.361
37	993.325	3.289	3.253	3.217	3.181	3.144	3.108	3.072	3.035	2.999
38	992.962	2.925	2.888	2.851	2.814	2.777	2.740	2.703	2.665	2.628
39	992.591	2.553	2.516	2.478	2.440	2.402	2.364	2.326	2.288	2.250
40	992.212	2.174	2.135	2.097	2.058	2.020	1.981	1.942	1.904	1.865

表 A1(续)   kg/m³

t_{90}, ℃	0.0	0.1	0.2	0.3	0.4	0.5	0.6	0.7	0.8	0.9
41	991.826	1.787	1.747	1.708	1.669	1.630	1.590	1.551	1.511	1.472
42	991.432	1.392	1.353	1.313	1.273	1.233	1.193	1.152	1.112	1.072
43	991.031	0.991	0.950	0.910	0.869	0.828	0.787	0.747	0.706	0.664
44	990.623	0.582	0.541	0.500	0.458	0.417	0.375	0.334	0.292	0.250
45	990.208	0.167	0.125	0.083	0.040	9.998	9.956	9.914	9.871	9.829
46	989.786	9.744	9.701	9.658	9.616	9.573	9.530	9.487	9.444	9.401
47	989.358	9.314	9.271	9.227	9.184	9.141	9.097	9.053	9.010	8.966
48	988.922	8.878	8.834	8.790	8.746	8.701	8.657	8.613	8.568	8.524
49	988.479	8.435	8.390	8.345	8.301	8.256	8.211	8.166	8.121	8.076
50	988.030	7.985	7.940	7.894	7.849	7.803	7.758	7.712	7.667	7.621
51	987.575	7.529	7.483	7.437	7.391	7.345	7.298	7.252	7.206	7.159
52	987.113	7.066	7.020	6.973	6.926	6.879	6.832	6.786	6.739	6.691
53	986.644	6.597	6.550	6.503	6.455	6.408	6.360	6.313	6.265	6.217
54	986.169	6.122	6.074	6.026	5.978	5.930	5.881	5.833	5.785	5.737
55	985.688	5.640	5.591	5.543	5.494	5.445	5.397	5.348	5.299	5.250
56	985.201	5.152	5.103	5.054	5.004	4.955	4.906	4.856	4.807	4.757
57	984.708	4.658	4.608	4.558	4.508	4.459	4.409	4.358	4.308	4.258
58	984.208	4.158	4.107	4.057	4.007	3.956	3.905	3.855	3.804	3.753
59	983.702	3.651	3.601	3.550	3.498	3.447	3.396	3.345	3.294	3.242
60	983.191	3.139	3.088	3.036	2.985	2.933	2.881	2.829	2.777	2.725
61	982.673	2.621	2.569	2.517	2.465	2.412	2.360	2.308	2.255	2.203
62	982.150	2.097	2.045	1.992	1.939	1.886	1.833	1.780	1.727	1.674
63	981.621	1.568	1.515	1.461	1.408	1.354	1.301	1.247	1.194	1.140
64	981.086	1.032	0.979	0.925	0.871	0.817	0.763	0.708	0.654	0.600
65	980.546	0.491	0.437	0.382	0.328	0.273	0.219	0.164	0.109	0.054
66	980.000	9.945	9.890	9.834	9.779	9.724	9.669	9.614	9.558	9.503
67	979.448	9.392	9.337	9.281	9.225	9.170	9.114	9.058	9.002	8.946
68	978.890	8.834	8.778	8.722	8.666	8.610	8.553	8.497	8.440	8.384
69	978.327	8.271	8.214	8.158	8.101	8.044	7.987	7.930	7.873	7.816
70	977.759	7.702	7.645	7.588	7.530	7.473	7.416	7.358	7.301	7.243
71	977.185	7.128	7.070	7.012	6.955	6.897	6.839	6.781	6.723	6.665
72	976.607	6.548	6.490	6.432	6.373	6.315	6.257	6.198	6.139	6.081
73	976.022	5.963	5.904	5.846	5.787	5.728	5.669	5.610	5.551	5.491
74	975.432	5.373	5.314	5.254	5.195	5.135	5.076	5.016	4.957	4.897
75	974.837	4.777	4.718	4.658	4.598	4.538	4.478	4.418	4.358	4.297
76	974.237	4.177	4.117	4.056	3.996	3.935	3.874	3.814	3.753	3.693
77	973.632	3.571	3.510	3.449	3.388	3.327	3.266	3.205	3.144	3.082
78	973.021	2.960	2.898	2.837	2.776	2.714	2.652	2.591	2.529	2.467
79	972.406	2.344	2.282	2.220	2.158	2.096	2.034	1.972	1.909	1.847
80	971.785	1.723	1.660	1.598	1.535	1.472	1.410	1.347	1.285	1.222
81	971.159	1.096	1.033	0.970	0.907	0.844	0.781	0.718	0.655	0.591
82	970.528	0.465	0.401	0.338	0.274	0.211	0.147	0.084	0.020	9.956
83	969.893	9.829	9.765	9.701	9.637	9.573	9.509	9.444	9.380	9.316
84	969.252	9.187	9.123	9.059	8.994	8.929	8.865	8.800	8.736	8.671
85	968.606	8.541	8.476	8.411	8.346	8.281	8.216	8.151	8.086	8.021
86	967.955	7.890	7.825	7.759	7.694	7.628	7.563	7.497	7.431	7.366
87	967.300	7.234	7.168	7.102	7.036	6.971	6.904	6.838	6.772	6.706

表 A1(续)   kg/m³

t_{90}, ℃	0.0	0.1	0.2	0.3	0.4	0.5	0.6	0.7	0.8	0.9
88	966.640	6.573	6.507	6.441	6.374	6.308	6.241	6.174	6.108	6.041
89	965.975	5.908	5.841	5.774	5.707	5.640	5.573	5.506	5.439	5.372
90	965.305	5.237	5.170	5.103	5.035	4.968	4.900	4.833	4.765	4.697
91	964.630	4.562	4.494	4.426	4.359	4.291	4.223	4.155	4.087	4.018
92	963.950	3.882	3.814	3.745	3.677	3.609	3.540	3.472	3.403	3.335
93	963.266	3.197	3.129	3.060	2.991	2.922	2.853	2.784	2.715	2.646
94	962.577	2.508	2.439	2.369	2.300	2.231	2.161	2.092	2.022	1.953
95	961.883	1.814	1.744	1.674	1.605	1.535	1.465	1.395	1.325	1.255
96	961.185	1.115	1.045	0.975	0.904	0.834	0.764	0.693	0.623	0.552
97	960.482	0.411	0.341	0.270	0.200	0.129	0.058	9.987	9.916	9.845
98	959.774	9.703	9.632	9.561	9.490	9.419	9.348	9.276	9.205	9.133
99	959.062	8.991	8.919	8.847	8.776	8.704	8.633	8.561	8.489	8.417
100	958.345									

注
1　本表所列非整数温度的水密度值，略去了十位和百位上的数。
2　t_{90}是基于 1990 年的国际温标

附 录 B

（标准的附录）

空 气 密 度 表

表 B1　环境空气密度表(相对湿度为 60%，CO_2 体积含量为 0.04%)　　　kg/m³

空气压力 mbar	空气温度，℃											
	6	8	10	12	14	15	16	18	20	22	24	26
900	1.121	1.113	1.104	1.096	1.088	1.084	1.080	1.072	1.064	1.055	1.047	1.039
910	1.133	1.125	1.117	1.108	1.100	1.096	1.092	1.084	1.075	1.067	1.059	1.051
920	1.146	1.137	1.129	1.120	1.112	1.108	1.104	1.096	1.087	1.079	1.071	1.063
930	1.158	1.150	1.141	1.133	1.124	1.120	1.116	1.107	1.099	1.091	1.083	1.074
940	1.171	1.162	1.154	1.145	1.136	1.132	1.128	1.119	1.111	1.103	1.094	1.086
950	1.183	1.175	1.166	1.157	1.149	1.144	1.140	1.131	1.123	1.115	1.106	1.098
960	1.196	1.187	1.178	1.169	1.161	1.156	1.152	1.143	1.135	1.126	1.118	1.109
970	1.208	1.199	1.190	1.182	1.173	1.168	1.164	1.155	1.147	1.138	1.130	1.121
980	1.221	1.212	1.203	1.194	1.185	1.181	1.176	1.167	1.159	1.150	1.141	1.133
990	1.233	1.224	1.215	1.206	1.197	1.193	1.188	1.179	1.171	1.162	1.153	1.144
1000	1.246	1.237	1.227	1.218	1.209	1.205	1.200	1.191	1.182	1.174	1.165	1.156
1010	1.258	1.249	1.240	1.231	1.221	1.217	1.212	1.203	1.194	1.185	1.176	1.168
1020	1.271	1.261	1.252	1.243	1.234	1.229	1.224	1.215	1.206	1.197	1.188	1.179
1030	1.283	1.274	1.264	1.255	1.246	1.241	1.236	1.227	1.218	1.209	1.200	1.191
1040	1.296	1.286	1.277	1.267	1.258	1.253	1.248	1.239	1.230	1.221	1.212	1.203
1050	1.308	1.299	1.289	1.279	1.270	1.265	1.261	1.251	1.242	1.233	1.223	1.214
1060	1.321	1.311	1.301	1.292	1.282	1.277	1.273	1.263	1.254	1.244	1.235	1.226

注：1mbar＝100Pa

表 B2　当相对湿度不是 60% 时，环境空气对相对湿度修正的密度表　　　kg/m³

相对湿度	空气温度, ℃					
%	5	10	15	20	25	30
30	+0.001	+0.002	+0.002	+0.003	+0.004	+0.006
35	+0.001	+0.001	+0.002	+0.003	+0.004	+0.005
40	+0.001	+0.001	+0.002	+0.002	+0.003	+0.004
45	+0.001	+0.001	+0.001	+0.002	+0.002	+0.003
50	0	+0.001	+0.001	+0.001	+0.001	+0.002
55	0	0	0	+0.001	+0.001	+0.001
60	0	0	0	0	0	0
65	0	0	0	-0.001	-0.001	-0.001
70	0	-0.001	-0.001	-0.001	0.001	-0.002
75	-0.001	-0.001	-0.001	-0.002	0.002	-0.003
80	-0.001	-0.001	-0.002	-0.002	-0.003	-0.004
85	-0.001	-0.001	-0.002	-0.003	-0.004	-0.005
90	-0.001	-0.002	-0.002	-0.003	-0.004	-0.006

编者注：本标准中引用标准的标准号和标准名称变动如下。

原标准号	现标准号	现 标 准 名 称
GB/T 3535	GB/T 3535	石油产品倾点测定法
GB/T 6986	GB/T 6986	石油产品浊点测定法
GB/T 13377	GB/T 13377	原油和液体或固体石油产品　密度或相对密度的测定　毛细管塞比重瓶和带刻度双毛细管比重瓶法

ICS 75.100
E 34

中华人民共和国石油化工行业标准

SH/T 0605—2008
代替 SH/T 0605—1994

润滑油及添加剂中钼含量的测定
原子吸收光谱法

Standard test method for determination of molybdenum in lubricant and
additive by atomic absorption spectrometry（AAS）

2008-04-23 发布

2008-10-01 实施

中华人民共和国国家发展和改革委员会　　发　布

前　言

本标准代替 SH/T 0605—1994《润滑油中钼含量测定法（原子吸收光谱法）》，SH/T 0605—1994 是等效采用 DIN 51379·T3(85)《润滑剂检测–钼含量的测定–第 3 部分：原子吸收光谱法》制定的。

本标准与 SH/T 0605—1994 的主要变化如下：

——本标准扩大了方法的适用范围，除润滑油样品外增加了添加剂样品；

——SH/T 0605—1994 中 5.6 条规定"蒸馏水：二次蒸馏水"本标准改为"蒸馏水：符合 GB/T 6682 中二级水要求"。

——SH/T 0605—1994 中 7.2.2 规定"以相同溶液浓度的两次吸光度的算术平均值作为测定值"本标准改为"以相同溶液浓度的五次吸光度的算术平均值作为测定值"。

——SH/T 0605—1994 中 6.3 条规定"空白，5mg/L，10mg/L，20mg/L 和 40mg/L 五点校准"，本标准增加了 30mg/L，50mg/L 两点，改为七点校准。

——本标准增加了添加剂样品的称样规定。

——与 SH/T 0605—1994 的重复性和再现性有变化。

本标准由中国石油化工集团公司提出。

本标准由中国石油化工股份有限公司石油化工科学研究院归口。

本标准起草单位：中国石油天然气股份有限公司大连润滑油研究开发中心。

本标准参加起草单位：中国石油化工股份有限公司润滑油重庆分公司、中国石油天然气股份有限公司大连石化分公司。

本标准主要起草人：陆泽波、李萍、李立。

本标准所代替标准的历次版本发布情况为：

——SH/T 0605—1994。

润滑油及添加剂中钼含量的测定　原子吸收光谱法

1　范围

1.1　本标准规定了用原子吸收光谱法测定润滑油及添加剂中钼含量的方法。

1.2　本标准适用于硫化钼(Ⅳ)添加剂及含有硫化钼(Ⅳ)添加剂的矿物油和合成油。

1.3　本标准采用国际单位制[SI]单位。

1.4　本标准涉及某些有危险的材料、操作和设备，但并未对此有关的所有安全问题都提出建议。因此，用户在使用本标准之前有必要建立适当的安全和防护措施，并确定相应的管理制度。

2　规范性引用文件

　　下列文件中的条款通过本标准的引用而成为本标准的条款。凡是注日期的引用文件，其随后所有的修改单(不包括勘误的内容)或修订版均不适用于本标准，然而，鼓励根据本标准达成协议的各方研究是否可使用这些文件的最新版本。凡是不注日期的引用文件，其最新版本适用于本标准。

　　GB/T 508　石油产品灰分测定法(GB/T 508—1985，ref ISO 6245：1982)

　　GB/T 4756　石油液体手工取样法 (GB/T 4756—1998，eqv ISO 3710：1988)

　　GB/T 6682　分析实验室用水规格和试验方法(GB/T 6682—1992，neq ISO 3696：1987)

3　方法概要

　　试样经灰化处理，用焦硫酸钾加热分解后，再用蒸馏水稀释，然后用空气/乙炔火焰测定其吸光度，将试样吸光度与标准工作溶液吸光度比较，求出试样中钼含量。

4　仪器

4.1　原子吸收分光光度计：波长范围 190nm~900nm，在吸光度为 0.1~0.5 区间内能够对钼的分析线(313.3nm)进行测量的原子吸收分光光度计都可以使用。

4.2　钼空心阴极灯。

4.3　容量瓶：50mL，100mL，1000mL。

4.4　移液管：0.5mL，1mL，2mL，5mL。

4.5　天平：感量为 0.1mg。

4.6　烧杯：250mL。

4.7　高温炉：能保持温度在 550℃±25℃。

4.8　铂坩埚或镍坩埚：50mL。

4.9　电加热炉。

5　试剂与材料

5.1　试剂

5.1.1　钼酸铵：分析纯。

5.1.2　焦硫酸钾：分析纯。

5.1.3　氯化铵：分析纯。

5.1.4　氯化铝：分析纯。

5.1.5　硫酸：分析纯，配制成 10%(质量分数)硫酸溶液。

5.1.6 蒸馏水：符合 GB/T 6682 中二级水要求。

5.2 材料

5.2.1 乙炔气：钢瓶装，纯度不低于 99.9%。

警告：乙炔气易燃。

5.2.2 空气：压缩空气，经净化无油、水。

6 取样

除非另有规定，取样应按 GB/T 4756 进行。

7 准备工作

7.1 空白溶液的配制：取 20g 焦硫酸钾转移至 1000mL 容量瓶中，用蒸馏水溶解，并稀释至刻线，摇匀。

7.2 钼标准贮备液的配制：称取 1.8400g（精确至 0.1mg）钼酸铵于 250mL 烧杯中，加蒸馏水溶解后转移至 1000mL 容量瓶中，并用蒸馏水稀释至刻线，摇匀，即得钼含量为 1mg/mL 的钼标准贮备液。

7.3 钼标准工作溶液的配制：用移液管准确取出 0.5mL，1.0mL，2.0mL，3.0mL，4.0mL 和 5.0mL 的钼标准贮备液于 100mL 容量瓶中，用空白溶液加至刻线，摇匀，得钼含量为 5mg/L，10mg/L，20mg/L，30mg/L，40mg/L 和 50mg/L 的钼标准工作溶液。

7.4 试样溶液的制备

7.4.1 在称重前，将试样加热至 50℃~60℃，并充分搅拌均匀。

7.4.2 称取 2g 试样（添加剂样品称取 1mg）于坩埚中（精确至 0.1mg），按 GB/T 508 中规定将其燃烧，然后放入 550℃±25℃ 高温炉中进行灰化处理。

注：称样量根据样品中钼含量大小酌增或减。

7.4.3 待残渣冷却后，在坩埚中加入 1g 焦硫酸钾，并放置于电炉上加热直至形成一清澈的熔融物。

7.4.4 冷却后将热蒸馏水倒入坩埚内，微微加热，并用玻璃棒搅拌使其溶解，将清澈的溶液定量转入 50mL 容量瓶中，用蒸馏水稀释至刻线，摇匀。

7.4.5 若熔融物溶解时，同时有浑浊出现，则应加入一些硫酸溶液，使其澄清，然后将清澈的溶液定量转入 50mL 容量瓶中，用蒸馏水稀释至刻线，摇匀，并在空白溶液和标准工作溶液中加入等量的硫酸溶液。

7.4.6 如试样中含有钙、铁等干扰离子，则应在试样溶液中加入 1g 氯化铵和 0.25g 氯化铝，溶解后，将清澈的溶液定量转入 50mL 容量瓶中，用蒸馏水稀释至刻线，摇匀。

8 试验步骤

8.1 按表1条件调好仪器。

表1 仪器参考工作条件

元素	分析线波长 nm	灯电流 mA	狭缝 nm	燃烧器高度 mm	空气流量 L/min	乙炔流量 L/min	提取量 mL/min	扩展（倍）
Mo	313.3	9	0.38	7	10	4	2.8	1

注：不同型号的仪器性能有差异，具体操作可根据仪器说明书进行，上述条件仅供参考。

8.2 测定吸光度

8.2.1 用空白溶液调零。

8.2.2 测量钼标准工作溶液的吸光度，按溶液浓度由低至高，然后按由高至低依次测量，以相同

SH/T 0605—2008

溶液浓度的五次吸光度的算术平均值作为测定值，绘制钼标准工作溶液浓度–吸光度的标准工作曲线。

8.2.3 用空白溶液调零。

8.2.4 测量试样溶液的吸光度。

8.2.5 测量吸光度与试样溶液最接近的标准工作溶液的吸光度。

8.2.6 重复 8.2.3~8.2.5 步骤，以两次吸光度的算术平均值作为测定值。

8.2.7 标准工作溶液与试样溶液应同时测定，并在同一天测量其吸光度。

9 计算

用式(1)计算试样中钼含量 X,%(质量分数):

$$X = \frac{A_X \times C \times V}{A_S \times m \times 10^6} \times 100 \quad\cdots\cdots (1)$$

式中:

A_X——试样溶液的平均吸光度;

A_S——与试样溶液最接近的标准工作溶液的平均吸光度;

C——与 A_S 对应的标准工作溶液的浓度，mg/L;

V——试样的体积，mL;

m——试样的质量，g。

注1:上述公式在钼标准工作溶液浓度–吸光度的标准工作曲线为直线时才适用。试样溶液稀释后，计算时须确定稀释系数。

注2:钼标准工作溶液浓度–吸光度的标准工作曲线也可以由仪器的计算机绘制并直接得出试验结果。

10 报告

取重复测定两个结果的算术平均值作为测定结果，取至小数点后三位。

11 精密度

按下述规定判断测定结果的可靠性(95%置信水平)。

11.1 重复性 r

同一操作者使用相同的仪器，在相同的操作条件下，对同一试样进行重复测定得到的两个连续结果之差，不应超过式(2)的值。

$$r = 0.1X \quad\cdots\cdots (2)$$

式中:

X——重复测定的两个试验结果的算术平均值。

11.2 再现性 R

不同操作者使用不同的仪器，在相同的操作条件下，对同一试样进行测定得到的两个独立试验结果之差，不应超过式(3)的值。

$$R = 0.3X \quad\cdots\cdots (3)$$

式中:

X——两个独立试验结果的算术平均值。

ICS 75.160.20
E 31

中华人民共和国石油化工行业标准

SH/T 0606—2005
代替 SH/T 0606—1994

中间馏分烃类组成测定法
（质 谱 法）

Standard test method for hydrocarbon types in middle distillates
by mass spectrometry

2005-10-10 发布　　　　　　　　　　　　2006-02-01 实施

中华人民共和国国家发展和改革委员会　　发 布

前　　言

本标准修改采用美国试验与材料协会标准 ASTM D2425-04《中间馏分烃类组成测定法（质谱法）》。

本标准根据 ASTM D2425-04 重新起草。

为了更适合我国国情，本标准在采用 ASTM D2425-04 时进行了修改。这些技术性差异用垂直单线标识在它们所涉及条款的页面空白处。本标准与 ASTM D2425-04 的主要差异如下：

——在第 1 章范围中，ASTM D2425-04 适用于馏程范围为 204℃ ~ 343℃（用 ASTM D86 测定 5% ~ 95% 体积分数的回收温度）的直馏中间馏分，本标准修改为适用于馏程范围 204℃ ~ 365℃（用 GB/T 6536 测定 5% ~ 95% 体积分数的回收温度）的中间馏分。增加如果样品中烯烃含量较高（如烯烃含量质量分数大于 5.0%），会对各类饱和烃的测定有干扰。

——ASTM D2425-04 中分离方法采用 ASTM D2549"高沸点油品中饱和烃和芳烃洗脱色谱分离法"，本标准中由附录 A"中间馏分饱和烃和芳烃分离法（色层分离法）"代替，同时，对标准中与 ASTM D2549 相关的内容予以相应的改动或删除。另外增加附录 B"中间馏分饱和烃和芳烃分离和测定法（固相萃取-气相色谱法）"。

——在第 6 章干扰中补充：如果样品中烯烃含量较高（如质量分数大于 5.0%），将影响各类饱和烃的测定结果。

——将 ASTM D2425-04 的 7.3 条"微量滴管或恒体积移液管"修改为"微量注射器：5μL 或 10μL"。

——将 ASTM D2425-04 的 8.1.2 条"从 m/e^+ 40 ~ 292 作磁场扫描"修改为"从 m/e^+ 40 ~ 292 作质量扫描"。

——删除 ASTM D2425-04 中注 4 的内容。

——第 10 章中"用微量滴管或恒体积移液管注入足够量的试样于压力为 2Pa ~ 4Pa（15mTorr ~ 30mTorr）的进样储罐中"修改为"用微量注射器注入足够量的试样于进样系统中"。

为了使用方便，本标准还做了如下编辑性修改：

——重复性和再现性文字表述按我国习惯进行改写。

——删除 ASTM D2425-04 中注 8 的内容。

——删除关键词章节。

本标准代替 SH/T 0606—94《中间馏分烃类组成测定法（质谱法）》。SH/T 0606—94 等效采用 ASTM D2425-88。

本标准与 SH/T 0606—94 相比主要变化如下：

——将 SH/T 0606—94 "适用于馏程范围为 204℃ ~ 343℃（用 GB/T 6536 测定 5% ~ 95% 体积分数的回收温度）的直馏中间馏分"修改为"适用于馏程范围为 204℃ ~ 365℃（用 GB/T 6536 测定 5% ~ 95% 体积分数的回收温度）的中间馏分"，增加"如果样品中烯烃含量较高（如烯烃含量质量分数大于 5.0%），会对各类饱和烃的测定有干扰"。

——根据 ASTM D2425-04，取消引用标准"GB 6041 化工产品用质谱分析方法通则"。

——在干扰中补充：如果样品中烯烃含量较高（如质量分数大于 5.0%），将影响各类饱和烃的测定结果。

——把 SH/T 0606—94 的 10.1.2 改为"从 m/e^+ 40 ~ 292 作质量扫描"。

——把 SH/T 0606—94 的 12.2 条中"用 10μL 微量注射器注入足够量的试样，使进样罐中的压力为 2Pa ~ 4Pa（0.015 Torr ~ 0.30Torr）"改为"用微量注射器注入足够量的试样于进样系统中"。

——增加附录 B"中间馏分饱和烃和芳烃分离和测定法(固相萃取–气相色谱法)"。

本标准的附录 A 和附录 B 是规范性附录。

本标准由中国石油化工集团公司提出。

本标准由中国石油化工股份有限公司石油化工科学研究院归口。

本标准起草单位：中国石油化工股份有限公司石油化工科学研究院。

本标准主要起草人：刘泽龙。

本标准所代替标准的历次版本发布情况为：

——SH/T 0606—1994。

中间馏分烃类组成测定法
(质 谱 法)

1 范围

1.1 本标准规定了用质谱法测定中间馏分烃类组成的方法。本标准适用于馏程范围为 204℃~365℃（用 GB/T 6536 测定 5%~95% 体积分数的回收温度）的中间馏分，可分析链烷烃平均碳数在 C_{12} 到 C_{16} 之间的样品。测定十一类烃组成，包括链烷烃、一环环烷、二环环烷、三环环烷、烷基苯、茚满和/或萘满、茚类和/或 C_nH_{2n-10}、萘类、苊类和/或 C_nH_{2n-14}、苊烯类和/或 C_nH_{2n-16} 和三环芳烃和/或 C_nH_{2n-18}。如果样品中烯烃含量较高（如烯烃含量质量分数大于 5.0%），会对各类饱和烃的测定有干扰。

1.2 本标准采用 SI 国际单位制单位。

1.3 本标准并未对所涉及的所有安全问题提出建议，本标准的用户在使用前应建立适当的安全防范措施，确定适当的规章制度。

2 规范性引用文件

下列文件中的条款通过本标准的引用而成为本标准的条款。凡是注日期的引用文件，其随后所有的修改单（不包括勘误内容）或修改版均不适用于本标准，然而，鼓励根据本标准达成的协议的各方研究是否可使用这些文件的最新版本。凡不注明日期的引用文件，其最新版本适用于本标准。

GB/T 6536 石油产品蒸馏测定法

3 术语和定义

下列术语和定义适用于本标准。

特征质量碎片加和定义如下：

3.1

Σ71（链烷烃） Σ71（paraffins）

m/e^+ 71 和 85 的总峰强。

3.2

Σ67（一环环烷） Σ67（mono or noncondensed polycycloparaffins, or both）

m/e^+ 67，68，69，81，82，83，96 和 97 的总峰强。

3.3

Σ123（二环环烷） Σ123（condensed dicycloparaffins）

m/e^+ 123，124，137，138，151，152，165，166，179，180，193，194，207，208，221，222，235，236，249 和 250 的总峰强。

3.4

Σ149（三环环烷） Σ149（condensed tricycloparaffins）

m/e^+ 149，150，163，164，177，178，191，192，205，206，219，220，233，234，247 和 248 的总峰强。

3.5

Σ91（烷基苯） Σ91（alkyl benzenes）

m/e^+ 91，92，105，106，119，120，133，134，147，148，161，162，175 和 176 的总峰强。

3.6

Σ103(茚满和/或萘满) Σ103(indans or tetralins, or both)

m/e^+ 103，104，117，118，131，132，145，146，159，160，173，174，187 和 188 的总峰强。

3.7

Σ115(茚类和/或 C_nH_{2n-10}) Σ115(indenes or C_nH_{2n-10}, or both)

m/e^+ 115，116，129，130，143，144，157，158，171，172，185 和 186 的总峰强。

3.8

Σ128(萘) Σ128(naphthalene)

m/e^+ 128 的峰强。

3.9

Σ141(萘类) Σ141(naphthalenes)

m/e^+ 141，142，155，156，169，170，183，184，197，198，211，212，225，226，239 和 240 的总峰强。

3.10

Σ153(苊类和/或 C_nH_{2n-14}) Σ153(acenaphthenes or C_nH_{2n-14}, or both)

m/e^+ 153，154，167，168，181，182，195，196，209，210，223，224，237，238，251 和 252 的总峰强。

3.11

Σ151(苊烯类和/或 C_nH_{2n-16}) Σ151(acenaphthylenes or C_nH_{2n-16}, or both)

m/e^+ 151，152，165，166，179，180，193，194，207，208，221，222，235，236，249 和 250 的总峰强。

3.12

Σ177(三环芳烃和/或 C_nH_{2n-18}) Σ177(tricyclic aromatics or C_nH_{2n-18}, or both)

m/e^+ 177，178，191，192，205，206，219，220，233，234，247 和 248 的总峰强。

4 方法概要

按附录 A 或附录 B 把试样分离成饱和烃和芳烃馏分，分别进行质谱测定。根据特征质量碎片加和确定各类烃的浓度。由质谱数据估计烃类的平均碳数，根据由各类烃的平均碳数确定的校正数据进行计算。每个馏分的结果根据分离得到的质量分数进行归一，结果以质量分数表示。

5 意义和用途

对 204℃～365℃馏分范围的石油馏分和加工物流烃类组成的了解，可用于判断工艺参数变化的影响及装置操作失常的原因，评价组成变化对产品性能的影响。

6 干扰

含硫、含氮非烃化合物不包括在本标准的矩阵计算中。如果这些非烃化合物含量较高(如硫含量的质量分数大于 0.25%)，将干扰用于烃类计算的谱峰。如果样品中烯烃含量较高(如烯烃含量的质量分数大于 5.0%)，将影响各类饱和烃的测定结果。

7 仪器

7.1 质谱仪：本方法中使用的质谱仪的适用性，应用标准中的性能试验来验证。

7.2 进样系统：允许使用进样时不损失、不受污染或其组成不变的任何进样系统。为了满足这些

SH/T 0606—2005

要求，该系统需保持在125℃~325℃范围内升温，因此需提供一个合适的进样装置。

7.3 微量注射器：5μL 或 10μL。

8 校准

8.1 校正系数是在以下操作条件下获得的，可供直接使用。

8.1.1 调节离子源的推斥极使正十六烷分子离子峰 m/e^+226 最大。

8.1.2 从 $m/e^+40~292$ 作质量扫描。

8.1.3 电离电压 70eV，电离电流 $10\mu A~70\mu A$。

> 注：校正系数是通过调节离子源的参数，使正十六烷的 $\sum 67/\sum 71$ 的比值为 0.26/1 的条件下获得。本实验方法的合作研究表明可接受的 $\sum 67/\sum 71$ 比值范围在 0.20/1 至 0.30/1 之间。

9 性能试验

9.1 一般情况下，质谱仪连续运转时，分析试样前不需其他准备工作。如果仪器刚启动，则需按本标准及仪器说明书检查仪器状态，以确保仪器稳定。

9.2 质谱本底：碳数范围在 $C_{10}~C_{18}$ 的试样的本底应抽真空到小于试样谱图中两个最大峰的0.1%。例如，饱和烃的本底一般抽真空 2min~5min，使其 m/e^+69 和 71 峰强应小于试样谱图中相应峰强的 0.1%。

10 试验步骤

10.1 按附录 A 或附录 B 方法，将试样分离成饱和烃、芳烃两部分并求出质量分数，分别进行质谱测定。

10.2 用微量注射器注入足够量的试样于进样系统中。采用8.1.1 到8.1.3 所述的仪器条件记录 $m/e^+40~292$ 的质谱图。

> 注意：此馏分范围的烃类试样是可燃的。

11 计算

11.1 芳烃馏分：从记录的谱图中读出 $m/e^+67~69$，71，81~83，85，91，92，96，97，103~106，115~120，128~134，141~148，151~162，165~198，203~212，217~226，231~240，245，246，247~252 的峰强。

按式(1)~式(9)求出：

$$\sum 71 = 71 + 85 \cdots\cdots (1)$$

$$\sum 67 = 67 + 68 + 69 + 81 + 82 + 83 + 96 + 97 \cdots\cdots (2)$$

$$\sum 91 = \sum_{N=0}^{N=6} [(91 + 14N) + (92 + 14N)] \cdots\cdots (3)$$

$$\sum 103 = \sum_{N=0}^{N=6} [(103 + 14N) + (104 + 14N)] \cdots\cdots (4)$$

$$\sum 115 = \sum_{N=0}^{N=5} [(115 + 14N) + (116 + 14N)] \cdots\cdots (5)$$

$$\sum 141 = \sum_{N=0}^{N=7} [(141 + 14N) + (142 + 14N)] \cdots\cdots (6)$$

$$\sum 153 = \sum_{N=0}^{N=7} [(153 + 14N) + (154 + 14N)] \cdots\cdots (7)$$

$$\sum 151 = \sum_{N=0}^{N=7} \left[(151 + 14N) + (152 + 14N) \right] \quad \cdots\cdots\cdots\cdots\cdots\cdots (8)$$

$$\sum 177 = \sum_{N=0}^{N=5} \left[(177 + 14N) + (178 + 14N) \right] \quad \cdots\cdots\cdots\cdots\cdots\cdots (9)$$

11.2 按式(10)计算碳数为 $n=10 \sim n=18$ 的各烷基苯的摩尔分数：

$$\mu_n = \left[P_m - P_{m-1}(K_1) \right] / K_2 \quad \cdots\cdots\cdots\cdots\cdots\cdots\cdots (10)$$

式中：

μ_n——每个烷基苯的摩尔分数，n 表示每个分子碎片的碳数；

m——所计算烷基苯的分子量；

$m-1$——分子量减 1；

P——m，$m-1$ 峰的峰强；

K_1——同位素校正因子(见表1)；

K_2——n 个碳数烷基苯的摩尔灵敏度(见表1)。

注：此计算步骤假设其他烃类对烷基苯的分子峰和分子离子减 1 峰没有贡献。选择最低碳数为 10 是基于 C_9 烷基苯的沸点低于 204℃，而且它们的浓度可忽略不计。

表 1　同位素校正因子和摩尔灵敏度

碳　　数	m/e	同位素校正因子 K_1	摩尔灵敏度 K_2
烷基苯			
10	134	0.1101	85
11	148	0.1212	63
12	162	0.1323	60
13	176	0.1434	57
14	190	0.1545	54
15	204	0.1656	51
16	218	0.1767	48
17	232	0.1878	45
18	246	0.1989	42
		L_1	L_2
萘　类			
11	142	0.1201	194
12	156	0.1314	166
13	170	0.1425	150
14	184	0.1536	150
15	198	0.1647	150
16	212	0.1758	150
17	226	0.1871	150
18	240	0.1982	150

11.3 按式(11)计算芳烃馏分中烷基苯的平均碳数 A：

$$A = \left(\sum_{n=10}^{n=18} n \times \mu_n \right) / \left(\sum_{n=10}^{n=18} \mu_n \right) \quad \cdots\cdots\cdots\cdots\cdots\cdots (11)$$

11.4 按式(12)计算碳数为 $n=11 \sim n=18$ 的各萘类的摩尔分数：

$$X_n = \left[P_m - P_{m-1}(L_1) \right] / L_2 \quad \cdots\cdots\cdots\cdots\cdots\cdots (12)$$

式中：

X_n——每个萘的摩尔分数，n 表示每个分子碎片的碳数；

m——所计算萘类的分子量；

$m-1$——分子量减 1；

P——m，$m-1$ 峰的峰强；

L_1——同位素校正因子（见表 1）；

L_2——n 个碳数萘类的摩尔灵敏度（见表 1）。

> 注：此计算步骤假设其他烃类对萘类的分子峰和分子离子减 1 峰没有贡献。分子量（指相对分子质量）为 128 的萘的浓度在矩阵计算中只取 m/e^+128 单个多同位素峰强。萘类的平均碳数从 11（分子量为 142）至 18（分子量为 240）。

11.5 按式（13）计算芳烃馏分中萘类的平均碳数 B：

$$B = (\sum_{n=11}^{n=18} n \times X_n) / (\sum_{n=11}^{n=18} X_n) \quad\cdots\cdots\cdots\cdots\cdots\cdots\cdots\cdots\cdots\cdots\cdots\cdots\cdots\cdots\cdots (13)$$

11.6 根据烃类碳数选择断裂模型和灵敏度系数。链烷烃、环烷烃（相应各为 $\sum71$ 和 $\sum67$）的平均碳数与烷基苯的碳数（11.3 条）相互关系，如表 2 所示。包含在芳烃馏分矩阵中的 $\sum71$ 和 $\sum67$ 用于检验分离时可能产生的重叠。其他烃类如 $\sum's103$，115，153 和 151 的浓度一般较低，因而它们的分子离子峰会受到其他烃类的影响，它们的平均碳数不是直接计算所得，而是通过对芳烃谱图的观察来估算，一般情况下，它们的平均碳数与萘类的相同或最接近于在 11.5 计算的整数值。三环芳烃 $\sum177$ 的平均碳数至少为 C_{14}，对中间馏分油可以用 C_{14} 来代表 $\sum177$ 类型的平均碳数。根据计算和估算的烃类的平均碳数，用表 3 所给的校正数据建立芳烃馏分的矩阵。

表 4 为芳烃馏分的一个矩阵。矩阵计算是解一组联立线性方程，断裂模型的系数列于表 3。常数项为谱图确定的 $\sum$ 值。二次近似解具有足够的准确度。如果多次分析都是采用同一矩阵来计算，为了简单、快速的计算，可以把这个矩阵转换成逆阵。矩阵计算可以用计算机自动操作而做到程序化。矩阵计算结果除以质量灵敏度转换成质量分数，该质量分数用分离过程测定的芳烃质量分数归一化。

表 2　烷基苯、链烷烃和环烷烃平均碳数的关系

烷 基 苯	链烷烃和环烷烃
平均碳数	平均碳数
10	11
11	12
12	13
13	15（14.5）
14	16（15.5）

表 3　中间馏分的断裂模型和灵敏度

烃 类 型	链 烷 烃				一环环烷				二环环烷			三环环烷		
碳　　数	12	13	14.5	15.5	12	13	14.5	15.5	13	14.5	15.5	13	14.5	15.5
特征峰组														
$\sum71$	100	100	100	100	4	4	6	6	2	1.1	1.5	1	1	2
$\sum67$	19	21	23	26	100	100	100	100	160	130	150	175	170	150
$\sum123$	…	…	0.1	0.2	1	1	1	3	100	100	100	26	10	20
$\sum149$	…	…	…	…	…	…	…	…	0.2	5	8	100	100	100
$\sum91\sim176$	0.4	0.4	0.4	0.4	…	…	0.2	3	4	4	5	15	15	20
$\sum103\sim188$	…	…	…	…	…	…	…	…	…	…	…	1	…	3
$\sum115\sim186$	0.5	…	…	…	1	1	1	1	0.5	…	…	…	…	…
$\sum128$ 峰	…	…	…	…	…	…	…	…	…	…	…	…	…	…

表3(续)

烃 类 型	链 烷 烃				一 环 环 烷				二 环 环 烷			三 环 环 烷		
碳 数	12	13	14.5	15.5	12	13	14.5	15.5	13	14.5	15.5	13	14.5	15.5
Σ141	9	9	10	12	…	…	2	0.3	0.2	…	…	0.1	0.1	0.4
Σ153	…	…	…	…	1	2	2	2	…	…	…	…	…	…
Σ151	…	…	…	…	1	5	7	10	…	…	…	…	…	…
Σ177	…	…	…	…	…	…	2	2	…	…	…	…	…	…
灵敏度														
摩 尔	148	170	192	238	302	347	416	439	220	268	298	220	268	298
体 积	66	70	74	81	145	153	165	170	107	137	117	118	150	127
质 量	87	92	97	104	180	191	204	209	122	156	134	124	158	135

烃 类 型	烷 基 苯				茚满和/或萘满				茚类和/或 C_nH_{2n-10}		萘 类			
碳 数	11	12	13	14	10	11	12	13	10	13	10	11	12	13
特征峰组														
Σ71	0.3	0.3	0.4	0.5	0.2	0.4	0.4	1	0.3	1.7	0.5	5.2	1.5	2
Σ67	0.7	0.7	2	3	0.6	1	1	2	0.3	6.0	0.8	1.2	1.5	2
Σ123	0.1	0.1	0.2	0.3	…	0.1	1	2	0.4	4.8	0.2	0.5	7.8	4
Σ149	1.3	1	1.5	2	…	0.1	0.2	0.3	…	0.9	…	0.1	0.7	0.5
Σ91~176	100	100	100	100	15~34[a,b]	18	17	15	0.6	6.2	0.1	0.9	1	1
Σ103~188	9	10	10	9	100	100	100	100	1.5	20.3	0.6	0.1	0.1	0.1
Σ115~186	4.4	4.5	5	5	20~12[a,b]	28	25	25	100	100	11.4	23	19	18
Σ128 峰	0.7	1	1	1	3	5.4	7	…	15	13	100	0.7	5.6	5.6
Σ141	…	…	…	…	…	1.0	2.5	…	…	28	…	100	100	100
Σ153	…	…	…	…	…	…	…	…	…	6.1	…	…	8	10
Σ151	…	…	…	…	…	…	…	…	…	4.5	…	…	7	7
Σ177	…	…	…	…	…	…	…	…	…	0.6	…	…	…	…
灵敏度														
摩 尔	450	450	450	450	380	420	420	420	410	372	236	360	380	380
体 积	265	242	222	206	280	276	250	227	307	198	211	259	248	226
质 量	304	278	256	237	288	288	263	241	315	200	184	254	244	224

烃 类 型	茚类和/或 C_nH_{2n-14}		茚烯类和/或 C_nH_{2n-16}		三环芳烃和/或 C_nH_{2n-18}	特征质量峰组	
碳 数	12	13	12	13	14	峰 值	烃类型
特征峰组							
Σ71	1	1	1	1	0.6		
Σ67	0.3	2	1	5	0.7	Σ71 = 71,85	链烷烃
Σ91~176	0.1	5	1	3	18	Σ67 = 67,68,69,81,82,83,96,97	一环环烷
Σ103~188	…	3	0.2	3	1.5	Σ123 = 123,124,137,138 直到249,250	二环环烷
Σ115~186	0.8	0.8	0.3	2.7	1.0	Σ149 = 149,150,163,164 直到247,248	三环环烷
Σ128 峰	1	0.7	0.2	0.1	0.8	Σ91 = 91,92,105,106 直到175,176	烷基苯
Σ141	8	10	1	…	0.3	Σ103 = 103,104,117,118 直到187,188	茚满和/或萘满
Σ153	100	100	17	15	3.5	Σ115 = 115,116,129,130 直到185,186	茚类和/或 C_nH_{2n-10}
Σ151	27	20	100	100	30	Σ128 峰 = 128峰	萘
Σ177	…	4	…	15	100	Σ141 = 141,142,155,156 直到239,240	萘类
灵敏度						Σ153 = 153,154,167,168 直到251,252	茚类和/或 C_nH_{2n-14}
摩 尔	330	330	340	340	365	Σ151 = 151,152,165,166 直到249,250	茚烯类和/或 C_nH_{2n-16}
体 积	218	198	199	187	211	Σ177 = 177,178,191,192 直到247,248	三环芳烃和/或 C_nH_{2n-18}
质 量	214	196	224	205	205		

[a] 甲基茚满。
[b] 萘满。

表4 芳烃浓度矩阵

烃类型	链烷烃	环烷烃	烷基苯	茚满和/或萘满	茚类	萘	萘类	苊类和/或 C_nH_{2n-14}	苊烯类和/或 C_nH_{2n-16}	三环芳烃和/或 C_nH_{2n-18}
碳 数	15.5	15.5	14	13	13	10	13	13	13	14
特征峰组										
$\Sigma 71$	100	6	0.5	1	1.7	0.5	2	1	1	0.6
$\Sigma 67$	26	100	3	2	6	0.8	2	2	5	0.7
$\Sigma 91$	0.4	3	100	15	6.2	0.1	1	5	3	18
$\Sigma 103$	…	2	9	100	20.3	0.6	0.1	3	3	1.5
$\Sigma 115$	…	1	5	25	100	11.4	18	0.8	2.7	1
$\Sigma 128$ 峰	…	…	1	3	13	100	5.6	0.7	0.1	0.8
$\Sigma 141$	12	0.3	…	…	28	…	100	10	…	0.3
$\Sigma 153$	…	2	…	…	6.1	…	10	100	15	3.5
$\Sigma 151$	…	10	…	…	4.5	…	7	20	100	30
$\Sigma 177$	…	2	…	…	0.6	…	…	4	15	100
灵敏度										
摩 尔	238	439	450	420	372	236	380	330	340	365
体 积	81	170	206	227	198	211	226	198	187	211
质 量	105	209	237	241	200	184	224	196	205	205

11.7 饱和烃馏分：从记录的谱图中读出 m/e^+ 67～69，71，81～83，85，91，92，96，97，105，106，119，120，123，124，133，134，137，138，147～152，161～166，175～180，191～194，205～208，219～222，233～236，247～250的峰强。

按式(14)～式(18)求出：

$$\Sigma 71 = 71 + 85 \quad\cdots\cdots\cdots\cdots\cdots\cdots\cdots\cdots\cdots\cdots\cdots\cdots\cdots\cdots\cdots\cdots \quad (14)$$

$$\Sigma 67 = 67 + 68 + 69 + 81 + 82 + 83 + 96 + 97 \quad\cdots\cdots\cdots\cdots\cdots \quad (15)$$

$$\Sigma 123 = \sum_{N=0}^{N=9} \left[(123 + 14N) + (124 + 14N) \right] \quad\cdots\cdots\cdots\cdots\cdots\cdots \quad (16)$$

$$\Sigma 149 = \sum_{N=0}^{N=7} \left[(149 + 14N) + (150 + 14N) \right] \quad\cdots\cdots\cdots\cdots\cdots\cdots \quad (17)$$

$$\Sigma 91 = \sum_{N=0}^{N=6} \left[(91 + 14N) + (92 + 14N) \right] \quad\cdots\cdots\cdots\cdots\cdots\cdots\cdots \quad (18)$$

11.8 用于矩阵计算的断裂模型和灵敏度系数的选择是根据各类烃的平均碳数而定。链烷烃、环烷烃(Σ's 71，69，123和149)的平均碳数与芳烃馏分计算所得的烷基苯平均碳数(11.3条)有关，如表2所示。在饱和烃馏分中包含 $\Sigma 91$，则可用于检测分离过程的效率。$\Sigma 91$ 的断裂模型和灵敏度系数是以芳烃谱图计算或估计的平均碳数(11.3条)为依据的。根据所确定的平均碳数，用表3所给出的校正数据建立饱和烃馏分的矩阵。表5为饱和烃馏分的一个模型矩阵。饱和烃部分的矩阵计算是解一组联立线性方程。矩阵计算结果(当满足二次近似解时)除以质量灵敏度转换成质量分数，该质量分数用分离过程测定的饱和烃质量分数归一化。

表5 饱和烃浓度矩阵

烃 类 型	链 烷 烃	一环环烷	二环环烷	三环环烷	烷基苯
碳 数	15.5	15.5	15.5	15.5	14
特征峰组					
Σ71	100	6	1.5	2	0.5
Σ67	26	100	150	150	3
Σ123	0.2	3	100	20	0.3
Σ149	…	…	8	100	2
Σ91	0.4	3	5	20	100
灵敏度					
摩 尔	238	439	298	298	450
体 积	81	170	117	127	206
质 量	105	209	134	135	237

12 精密度和偏差

12.1 用表6所示组成的样品，由实验室间试验结果的统计检验所确定的本试验方法精密度(95%置信水平)如下：

12.1.1 重复性：由同一操作者用相同仪器对同一样品重复测定的两个结果之差不应大于表7中规定的数值。

12.1.2 再现性：不同实验室的不同操作者用不同仪器对同一样品各自测定的两个结果之差不应大于表7中规定的数值。

注：如果被分析样品的组成与精密度统计试验所用的样品组成有明显的不同，则所给出的精密度不适用。

12.2 偏差：由于没有用于确定偏差的参考物质，因此该方法的偏差无法确定。

表6 试验样品的组成[a]

组 分	平均值,%(质量分数)	σ_r[b]	σ_R[c]
7号样品[d]：			
链烷烃	44.25	0.16	1.30
一环环烷	22.04	0.34	1.70
二环环烷	8.54	0.23	1.42
三环环烷	2.84	0.11	0.64
烷基苯	0.33	0.04	0.10
8号样品[e]：			
链烷烃	0.07	0.14	0.14
一环环烷	0.75	0.15	0.25
烷基苯	5.10	0.10	0.44
茚满和/或萘满	3.65	0.09	0.14
C_nH_{2n-10}	2.05	0.08	0.20
萘 类	5.15	0.08	0.29
C_nH_{2n-14}	2.50	0.04	0.28
C_nH_{2n-16}	1.65	0.10	0.18
C_nH_{2n-18}	1.05	0.04	0.14

[a] 12个实验室合作，每个样品分析两次。

[b] σ_r 重复性标准偏差。

[c] σ_R 再现性标准偏差。

[d] 7号样品是直馏中间馏分的饱和烃馏分（占总量的78.0%质量分数）。

[e] 8号样品是直馏中间馏分的芳烃馏分（占总量的22.0%质量分数）。

表 7 方法精密度   %(质量分数)

化 合 物	含 量	重 复 性	再 现 性
饱和烃馏分			
链烷烃	40~50	0.5	4.0
一环环烷	18~25	1.1	5.2
二环环烷	6~12	0.7	4.4
三环环烷	1~5	0.3	2.0
烷基苯	0~3	0.2	0.3
芳香烃馏分			
链烷烃	0~2	0.4	0.6
环烷烃	0~2	0.5	0.9
烷基苯	3~8	0.3	1.4
茚满和/或萘满	2~5	0.3	0.5
C_nH_{2n-10}	0~4	0.3	0.7
萘 类	3~8	0.3	1.0
C_nH_{2n-14}	0~3	0.1	0.9
C_nH_{2n-16}	0~3	0.3	0.7
C_nH_{2n-18}	0~3	0.1	0.4

附 录 A
（规范性附录）
中间馏分饱和烃和芳烃分离法（色层分离法）

A.1 方法概要

本方法采用硅胶为吸附剂，以正戊烷、二氯甲烷为冲洗液将中间馏分试样分离成饱和烃、芳烃两部分，分别回收溶剂、恒重，计算出饱和烃和芳烃的质量分数。

A.2 仪器

A.2.1 色谱柱：如图 A.1 所示。

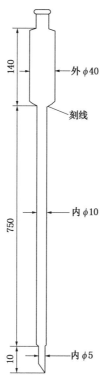

图 A.1

A.2.2 锥形瓶：25 mL，250mL

A.2.3 量筒：100mL。

A.2.4 水浴。

A.2.5 分析天平：感量1mg。

A.3 试剂与材料

A.3.1 正戊烷：化学纯。

A.3.2 二氯甲烷：化学纯。

A.3.3 细孔硅胶：100目~200目（150μm~75μm）。

A.4 试验步骤

A.4.1 将硅胶在150℃恒温活化5h，放入具塞玻璃瓶中备用。

A.4.2 称取约 2g 试样，精确至 1mg。

A.4.3 将吸附柱垂直固定，柱的末端用脱脂棉塞紧。然后加入硅胶，并将硅胶敲紧至刻线为止，加入 30mL 正戊烷将色谱柱润湿。当润湿液全部进入吸附层后，把已称重好的试样转移到色谱柱中。用 30mL 正戊烷分三次连续冲洗装试样的 25mL 锥形瓶，将冲洗液加入色谱柱中。当试样完全进入吸附层后，依次加入正戊烷 150mL、二氯甲烷 150mL 分别冲洗出饱和烃、芳烃馏分。色谱柱下用 250mL 锥形瓶接收冲洗液。冲洗速度为 1mL/min。然后将 250mL 锥形瓶中接收的正戊烷、二氯甲烷冲洗液分别在水浴上蒸去溶剂。将除去溶剂的饱和烃、芳烃分别转移到已称重的 25mL 锥形瓶中恒重，5min 一个周期，直到两次连续称重损失小于 20mg 为止。但其收率必须达到 95% 以上。

A.5 计算

A.5.1 试样中芳烃的含量 X_1（%质量分数）按式（A.1）计算：

$$X_1 = [m_1/(m_1 + m_2)] \times 100 \qquad\qquad (A.1)$$

式中：

m_1——所接收芳烃的质量，g；

m_2——所接收饱和烃的质量，g。

A.5.2 试样中饱和烃的含量 X_2（%质量分数）按式（A.2）计算：

$$X_2 = [m_2/(m_1 + m_2)] \times 100 \qquad\qquad (A.2)$$

附 录 B

（规范性附录）

中间馏分饱和烃和芳烃分离和测定法（固相萃取-气相色谱法）

B.1 范围

本方法采用固相萃取法分离中间馏分试样中的饱和烃和芳烃，用内标气相色谱法测定试样中的饱和烃和芳烃含量。

B.2 方法概要

用固相萃取法分离中间馏分试样中的饱和烃和芳烃，将萃取得到的饱和烃和芳烃溶液全部收集后，分别加入等量内标物，再分别取样进行气相色谱分析。通过饱和烃和芳烃的气相色谱图计算二者的质量分数。

B.3 意义和用途

本方法可用于评价中间馏分的组成变化对产品性能的影响。固相萃取得到饱和烃和芳烃溶液可进行气相色谱-质谱分析，测定试样的详细烃类组成。

B.4 仪器

B.4.1 固相萃取柱：如图 B.1 所示，可使中间馏分饱和烃和芳烃有效分离。

注：固相萃取柱可由中国石油化工股份有限公司石油化工科学研究院提供。

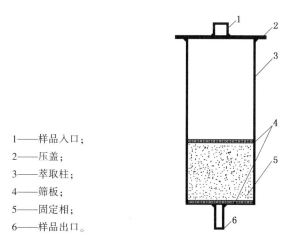

1——样品入口；
2——压盖；
3——萃取柱；
4——筛板；
5——固定相；
6——样品出口。

图 B.1 固相萃取柱示意图

B.4.2 锥形瓶：25mL。

B.4.3 注射器：5mL，0.25mL。

B.4.4 移液管：1mL。

B.4.5 气相色谱仪：任何带有火焰离子化检测器和可在表 B.1 给出的条件下操作的气相色谱仪均可使用。

表 B.1 仪器参数[a]

色谱柱	石英毛细管色谱柱
尺寸	柱长 30m、内径 0.25mm、膜厚 0.25μm
固定相	非极性，如 100%二甲基聚硅氧烷或 5%苯基-甲基聚硅氧烷
温度	
汽化室	300℃
检测器	350℃
色谱柱	80℃保持 3min，再以 40℃/min 升至 300，保持 5min
载气	氦气或氮气
柱流速	约 1.0mL/min
分流比	约 20∶1
检测器	火焰离子化检测器
燃气	氢气(约 30mL/min)
助燃气	空气(约 300mL/min)
试样量	约 0.5μL

[a] 表中所给出的仪器参数为可选的参数条件，可使用 15m～30m 柱长、内径 0.15mm～0.32mm 的色谱柱，选择合适的色谱柱升温程序，以能保证所分析试样中的溶剂、样品和内标完全分离即可。

B.5 试剂与材料

B.5.1 试剂

B.5.1.1 正戊烷：分析纯。

B.5.1.2 二氯甲烷：分析纯。

B.5.1.3 正己烷：分析纯。

B.5.1.4 C_{30}正构烷烃：色谱纯。

B.5.1.5 内标溶液：C_{30}正构烷烃溶于正戊烷或正己烷中，浓度为 0.002g/mL～0.005g/mL。

B.5.2 材料

B.5.2.1 载气：氮气或氦气，纯度不小于 99.99%。

B.5.2.2 燃气：氢气，纯度不小于 99.9%。

B.5.2.3 助燃气：压缩空气，纯度不小于 99.9%。

B.6 试验步骤

B.6.1 用 0.25mL 注射器吸取约 0.15mL 试样滴入固相萃取柱中的固定相上并被完全吸附。

B.6.2 依次用 2mL 正戊烷和 0.5mL 二氯甲烷冲洗固定相，萃取出其中吸附的饱和烃。再用 2mL 二氯甲烷冲洗固定相，萃取出所吸附的芳烃。固相萃取柱下分别用 25mL 锥形瓶接收冲洗液。冲洗速度为 2mL/min。

B.6.3 用移液管分别向接收有饱和烃和芳烃冲洗液的 25mL 锥形瓶中准确加入 1.00mL 内标溶液。

B.6.4 将含内标的饱和烃和芳烃溶液分别进行气相色谱分析，得到如图 B.2 和图 B.3 的色谱图，根据饱和烃和芳烃溶液的色谱图计算试样的饱和烃和芳烃的质量分数。

B.7 计算

B.7.1 试样中饱和烃的含量 X_1[%(质量分数)]按式(B.1)计算：

$$X_1 = (A_s \times w/A_{ns})/[(A_s \times w/A_{ns}) + (A_a \times w/A_{na})] \times 100$$
$$= (A_s/A_{ns})/[(A_s/A_{ns}) + (A_a/A_{na})] \times 100 \quad\cdots\cdots\cdots\cdots\cdots\cdots\cdots\cdots\cdots\cdots (B.1)$$

式中：

w——加入的内标物质量，g；

A_s——饱和烃色谱图中饱和烃的总峰面积；

A_{ns}——饱和烃色谱图中内标物峰面积；

A_a——芳烃色谱图中芳烃的总峰面积；

A_{na}——芳烃色谱图中内标物峰面积。

B.7.2 试样中芳烃的含量 X_2[%(质量分数)]按式(B.2)计算：

$$X_2 = (A_a \times w/A_{na})/[(A_s \times w/A_{ns}) + (A_a \times w/A_{na})] \times 100$$
$$= (A_a/A_{na})/[(A_s/A_{ns}) + (A_a/A_{na})] \times 100 \quad\cdots\cdots\cdots\cdots\cdots\cdots\cdots\cdots\cdots\cdots (B.2)$$

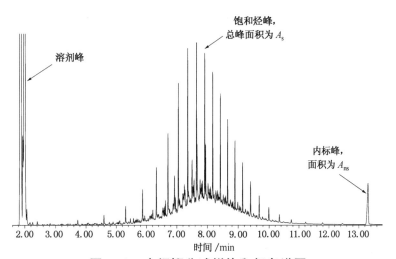

图 B.2 中间馏分试样饱和烃色谱图

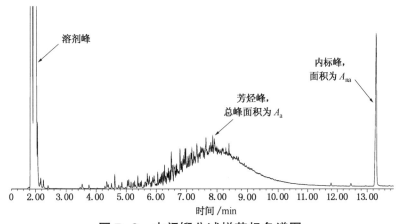

图 B.3 中间馏分试样芳烃色谱图

编者注：本标准中引用标准的标准号和标准名称变动如下。

原标准号	现标准号	现 标 准 名 称
GB/T 6536	GB/T 6536	石油产品常压蒸馏特性测定法

中华人民共和国石油化工行业标准

橡胶填充油、工艺油及石油衍生油族组成测定法
（白土-硅胶吸附色谱法）

SH/T 0607—1994

（2004年确认）

1 主题内容与适用范围

本标准规定了用白土-硅胶吸附色谱法测定橡胶填充油、工艺油及石油衍生油族组成的方法。

本标准适用于初馏点大于260℃的试样族组成的测定。对于正戊烷不溶物大于0.1%的试样，不能直接使用本标准，须先除去试样中正戊烷不溶物后再进行测定，但精密度有所降低。

2 术语

2.1 沥青质或正戊烷不溶物：在特定条件下，从正戊烷的油溶液中沉淀出的不溶物。

2.2 极性化合物：在特定条件下，用正戊烷作冲洗剂，试样吸附后，保留在白土中的物质（包括极性芳烃）。

2.3 极性芳烃：极性化合物的同义词。

2 4 芳烃：在特定条件下，以正戊烷作冲洗剂，试样中能通过装有白土吸附剂的吸附柱，被吸附在硅胶上的物质。

2.5 饱和烃：在特定条件下，以正戊烷作冲洗剂，试样中既不吸附于白上也不吸附于硅胶的物质。

3 方法概要

试样用溶剂稀释后，加到装有吸附剂的吸附柱中。用冲洗剂洗脱，按规定收集流出液。除掉流出液中的溶剂，称量残余物，计算出饱和烃和极性化合物的含量，芳烃通过差减法算出，或通过硅胶柱脱附，蒸发掉甲苯后测定。

4 仪器与材料

4.1 仪器

4.1.1 烧杯：100mL。

4.1.2 白土-硅胶吸附柱：见图1。吸附柱材质为玻璃，上、下两柱用24/40磨口连接。

4.1.3 锥形烧瓶：250，500mL。

4.1.4 量筒：100，250，500mL。

4.1.5 漏斗：普通玻璃漏斗。

4.1.6 分液漏斗：500mL。

4.1.7 加热板：功率可调，且防爆，并具有在100~105℃范围内加热能力。

4.1.8 抽提装置：见图2。

4.1.9 烘箱。

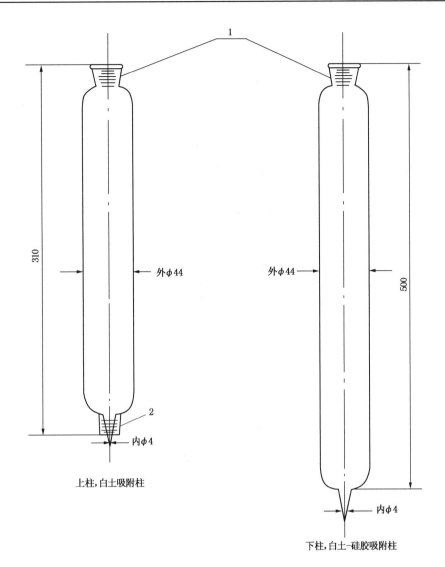

上柱,白土吸附柱

下柱,白土-硅胶吸附柱

图 1   白土-硅胶吸附柱

1—24/40 内磨口；2—24/40 外磨口

4.2   材料

4.2.1   氯化钙：无水颗粒。

4.2.2   白土：30~60 目。其质量可用附录 A 中试验方法来检验。白土的偶氮苯活性值应在 30~35 之间。

4.2.3   硅胶：30~200 目，粗孔。用前于 190℃ 烘箱中活化 4h。

5   试剂

5.1   丙酮：分析纯。

5.2   正戊烷：化学纯。

5.3   甲苯：分析纯。

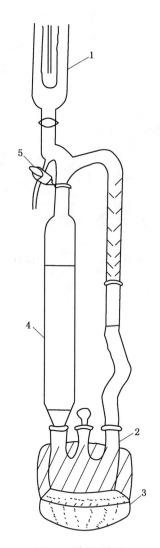

图2　抽提装置

1—回流冷凝器；2—500mL三口圆底烧瓶；3—加热套(功率1kW，可调)；4—分离柱；5—阀A

6　试验步骤

6.1　族分离

6.1.1　装柱：上、下柱底部均用脱脂棉塞紧(也可采用有滤板的吸附柱)。在上柱加入100g白土吸附剂。在下柱下部加200g硅胶，上部加50g白土。用带软橡胶的敲棒在每根柱的不同位置轻轻敲打，直至吸附剂表面不下降为止。然后，在上柱白土表面松松地放一些玻璃毛(约25mm厚)，以防止加入冲洗剂时白土表面被冲出陷窝，连接两个柱子。

6.1.2　按下列极性化合物含量范围称取相应的试样量。

极性化合物含量范围，%(*m/m*)	试样量，g
0～20	10±0.5
>20	5±0.2

注：若预先不知道试样中极性化合物含量范围，则用10g±0.5g试样。

6.1.3　用25mL正戊烷稀释试样，使其完全溶解。此时不应出现沉淀或絮状物。若出现沉淀或絮状物，则应按附录B中步骤除去沥青质，但精密度不再适用，重要的是所得到的极性化台物含量不能大于上面所规定的试样量相应的极性化合物含量。因为在这些浓度时，白土保留极性组分的能力是有限的，如果测定结果超过上述规定，用较少的试样重新进行试验。极性化合物与芳烃之间的分离受试样量大小的影响，使用不同的试样量，所得的结果是不一样的。

注：对于黏稠的试样，用25mL环己烷稀释试样不影响试验结果，但不能检测出少量沥青质。

6.1.4 用25mL正戊烷预湿白土，待正戊烷完全进入白土后加入已稀释的试样，用少量正戊烷洗涤烧杯数次，洗涤液亦倒入柱中。待所有试样进入白土层后，用正戊烷冲洗存有少量试样的柱内壁。试样和正戊烷应通过一个直径为65mm的宽颈漏斗（漏斗能放到柱顶部），加到柱中。在操作过程中，不能使空气进入白土层。

6.1.5 当洗涤液全部进入白土层时加正戊烷于柱中，并保持白土层上面完好，冲洗吸附柱中试样的饱和烃组分，用量筒在柱下面接收正戊烷流出液280mL±10mL。

6.1.6 拆开组合柱，继续用正戊烷冲洗上面吸附柱。控制正戊烷加入量，使白土层上面保持适当的液面高度，当量筒中收集了150mL流出液时，吸附柱液面高度应为25mm。此时停止加入正戊烷，让液体从柱中流出，量筒中应大约接收200mL流出液。如果用差减法测芳烃含量，则此步得到的正戊烷流出液应弃去。若要回收芳烃，则此200mL流出液在蒸发溶剂时应加到由硅胶柱得到的芳烃溶液中。

注：白土层必须用足够的正戊烷冲洗，以保证芳烃冲洗干净。

6.1.7 加体积比为1：1的甲苯-丙酮混合液于上吸附柱中。流出液收集在一个500mL分液漏斗中。收集250mL流出液，或收集至流出液无色为止。

6.1.8 将分液漏斗振荡数次，以沉积水分，然后放置5min，排掉水分。加入约50g无水氯化钙于分液漏斗中，塞上塞子，摇动30s，边摇边打开活塞放气，然后静止沉降至少10min。

6.1.9 用滤纸过滤上述组分，滤液收集于一个500mL锥形烧瓶中。用大约25mL正戊烷洗净分液漏斗，再用10~15mL正戊烷洗滤纸，冲洗液一并加到锥形烧瓶中。

注意：分液漏斗中所有有机溶剂的转移都要盖上盖子，以避免转移中带入水分，而使其在氯化钙中沉积。

6.2 芳烃的脱附

6.2.1 如采用分离法来测定芳烃，则需将已收集完280mL±10mL正戊烷的硅胶柱，按图2安装抽提装置进行抽提。

6.2.2 将200mL±10mL甲苯加入到500mL圆底烧瓶中，并以10mL/min±2mL/min的速度回流2h。

注：甲苯回流速度可通过图2中阀A，并用一个带刻度量筒收集1min的量来测定回流速度。

6.2.3 回流结束后，打开阀A，放出甲苯大约50mL。剩下溶液与在6.1.6中得到的200mL正戊烷流出液混合即为芳烃回收液。

6.3 溶剂的蒸发回收

6.3.1 取流出液（饱和烃来自6.1.5，芳烃来自6.1.6和6.2.3，极性化合物来自6.1.9）体积的一半分别注入三个已称量的锥形烧瓶中。然后把它们放在表面温度为100~105℃左右的电热板上蒸发回收溶剂，当体积减少至四分之一左右时，继续加入上述流出液蒸发。在液体表面上可用一个氮气流保护，氮气流既不能太强也不能将插管口接触液体表面，装流出液的锥形烧瓶应用正戊烷冲洗干净，并倒入已称量的锥形烧瓶中进行蒸发。

6.3.2 当所有溶剂蒸发干后，待锥形烧瓶冷却到室温，每10min间隔称量锥形烧瓶，当两次所称的质量之差小于10mg时即认为溶剂已蒸干。

7 计算

7.1 试样中饱和烃含量 X_1 [%（m/m）]、芳烃含量 X_2 [%（m/m）]、极性化合物的含量 X_3 [%（m/m）]按式（1）~（4）计算。

$$X_1 = (m_2/m_1) \times 100 \qquad\qquad\qquad\qquad (1)$$

$$X_2 = (m_3/m_1) \times 100 \quad\cdots\cdots\cdots\cdots\cdots\cdots (2)$$

$$X_3 = (m_4/m_1) \times 100 (\text{对 10g 试样}) \quad\cdots\cdots\cdots\cdots (3)$$

$$X_3 = [0.88 \times (m_4/m_1)] \times 100 (\text{对 5g 试样}) \quad\cdots\cdots (4)$$

式中：m_1——所用试样质量，g；

m_2——正戊烷流出液蒸发后的残余物质量，g；

m_3——下柱中甲苯流出液和上柱正戊烷冲洗液(200mL)，蒸发后的残余物质量，g；

m_4——甲苯–丙酮流出液蒸发后的残余物质量，g。

7.2 所有回收组分的总量应大于或等于加入试样量的97%(m/m)，否则试验作废，应重新进行试验。

注：对橡胶填充油，计算式(4)中的因子在较宽的极性化合物含量范围内，保持结果的连续性。

7.3 如果芳烃不脱附，则可用在7.1条计算出的正戊烷不溶物、饱和烃含量、极性化合物含量，按式(5)计算芳烃含量 $X_4[\%(m/m)]$：

$$X_4 = 100 - (X_1 + X_3) \quad\cdots\cdots\cdots\cdots\cdots\cdots (5)$$

式中：X_1——饱和烃百分含量，$[\%(m/m)]$；

X_3——极性化合物百分含量，$[\%(m/m)]$。

8 精密度

按下述规定判断试验结果的可靠性(95%置信水平)。

8.1 重复性：同一操作者重复测定两个结果之差，不应超过表1中数值。

表1 重复性数值 %(m/m)

饱和烃含量	2.1
芳烃含量	2.3
极性化合物含量	
<1	0.24
1~5	0.81
>5	1.2

8.2 再现性：不同操作者，在不同实验室所得两个结果之差，不应超过表2中数值。

表2 再现性数值 %(m/m)

饱和烃含量	4.0
芳烃含量	3.3
极性化合物含量	
<1	0.4
1~5	1.3
>5	1.8

注：上述精密度是在不包括已在试验前除去正戊烷不溶物的试样(附录B)时取得的。

9 报告

9.1 取重复测定两个结果的算术平均值作为测定结果，并取至小数点后两位。

9.2 试验报告应包括下列内容：

9.2.1 试样名称。

9.2.2 饱和烃、芳烃和极性化合物的百分含量。

9.2.3 芳烃含量测定法：脱附法或差减法。

9.2.4 若芳烃是脱附得到的，则应给出回收率。

附　录　A

白土偶氮苯活性试验法

（补充件）

A1　适用范围

本方法叙述了测定渗析类白土吸附活性的方法。

A2　方法概要

1%（m/m）偶氮苯异辛烷溶液在装有一定量白土的特定吸附柱中渗析，当偶氮苯浓度为 0.5%（初始浓度的 50%）时所回收的液体量即为白土吸附活性值。

A3　仪器与材料

A3.1　偶氮苯吸附柱：玻璃制成，由两个外径分别为 12.0mm 和 6.0mm 标准玻璃管及上面一个大约 125mL 储液槽构成。柱上头应有磨口玻璃接头（详见图 A1）。

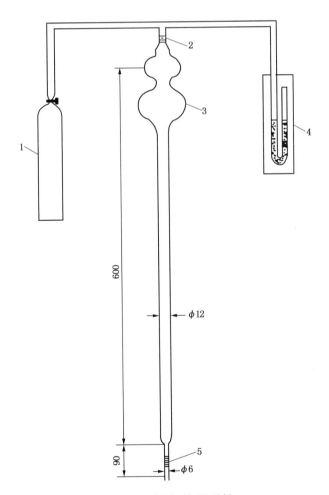

图 A1　偶氮苯吸附柱

1—气瓶；2—磨口；3—125mL 储液瓶；4—压力计；5—玻璃毛

A3.2　量筒：5 或 10mL，分度为 0.1mL。

A3.3 气体或空气压力系统：压力可调。

A3.4 分光光度计；具有446nm测定波长，配有1mm(或0.5mm)厚吸收池。

A4 **试剂**

偶氮苯溶液[1%(*m/m*)]：溶解10g±0.001g化学纯偶氮苯于990g异辛烷中。

注意：①偶氮苯可能是致癌物；

②异辛烷易燃。

A5 **试验步骤**

A5.1 向偶氮苯吸附柱底部插入一小块玻璃毛(6.0mm外径管)，调整其上表面，使至两玻璃管相连处为25mm。

注：插入足够量玻璃毛，使其上表面为平滑表面。

A5.2 称20g±0.001g白土，加入偶氮苯吸附柱中。

A5.3 用带软橡胶棒敲打偶氮苯吸附柱，直至白土层不下降为止。

A5.4 加100~115mL偶氮苯溶液到偶氮苯吸附柱中。

A5.5 用5或10mL量筒收集流出液，保持流出速度为1mL/min。收集3mL后，开始调节流速，至收集5mL后调节好。试验过程中要经常检查流速。如果速度太快，须调节针形阀保持恒定流速。如果发现速度低于规定界限，在柱顶连接压力线，用压力调节至规定流速。

注：正常情况下，仅需较小压力，即$6.7×10^2 ~ 2.0×10^3$Pa。在试验过程中，收集流出液所用的分钟数与收集的毫升数相差不应大于2。

A5.6 当收集25mL流出液后，顺序收集至少6个2mL流出液，用分光光度计测定上述流出液在446nm处的吸光度，在已绘制的标准工作曲线上查出对应的偶氮苯浓度。

A5.7 绘出流出液偶氮苯浓度与流出体积关系曲线，从而确定0.5%偶氮苯浓度时的流出体积，这就是白土的偶氮苯活性值。

A6 **精密度**

重复性：同一操作者所得两个结果之差不应超过1mL。

A7 **报告**

取重复测定两个结果的算术平均值作为白土的偶氮苯活性值。

注：若重复测定两结果之差大于1mL，则应做第三次，并取三个数值的平均值作为最后结果。

附 录 B
正戊烷不溶物除去法
（参考件）

如果6.1.3中稀释的试样中有沉淀物或絮状物，则按下列步骤进行：

B1 称取10g±0.5g试样(精确至0.5mg)加到预先称重的250mL锥形烧瓶中，加100mL正戊烷，并混合均匀。将混合物在热水浴上加热数秒钟，不断地振荡，使其完全溶解。在室温下放置30min，对不溶物含量较高的试样应激烈搅拌以溶解正戊烷可溶部分。在此情况下，可用一边搅拌，一边断断续续加热的办法，促使试样溶解，试样在过滤前应冷至室温。

B2 用一个500mL吸滤瓶和一个装有15cm快速滤纸的125mL玻璃漏斗组成的过滤系统，过滤试样。用60mL正戊烷冲洗锥形烧瓶和搅棒，并将冲洗液倒入滤纸上过滤。

B3 用60mL正戊烷冲洗滤纸和滤纸上的物质。注意冲洗滤纸的边缘。

B4 将滤液转移到锥形烧瓶中，在温度为100～105℃的电热板上蒸发回收正戊烷。用少量正戊烷冲洗吸滤瓶，将冲洗液加到锥形烧瓶中。当10min内，锥形烧瓶质量改变小于10mg时，可认为正戊烷已除净，可在锥形烧瓶上使用一个慢的氮气流促使蒸发，但应避免快速搅动。

B5 称量回收油，则正戊烷不溶物质量(g)=试样质量(g)-回收油质量(g)，然后回收油经稀释后加到白土-硅胶柱中进行族组成测定。

B6 精密度：由于循环试验试样太少，以致于不能满足实验室试验方法精密度试验的要求，然而，可大略规定为重复性：1.3%(m/m)，再现性：7.8%(m/m)。

附加说明：

本标准由石油化工科学研究院技术归口。

本标准由大连石油化工公司负责起草。

本标准主要起草人杜吉洲。

本标准等效采用美国试验与材料协会标准 ASTM D2007-91《用白土-硅胶吸附色谱法测定橡胶填充油、工艺油及石油衍生油族组成的标准方法》。

中华人民共和国石油化工行业标准

工业丙烷、丁烷组分测定法
（气相色谱法）

SH/T 0614—1995

（2004 年确认）

本标准等效采用国际标准 ISO 7941：1988《商品丙烷和丁烷的分析(气相色谱法)》。

1 主题内容与适用范围

本标准规定了用气相色谱法测定工业丙烷、丁烷组分的方法。

本标准适用于测定丙烷、丁烷及其烃类，但不包括浓度在 $0.1\%(m/m)$ 以下的烃类组分。还适用于测定液化石油气的各种烃类组分及其混合物(包括饱和及不饱和的 C_2、C_3、C_4 和 C_5 烃类)。不适用于"在线"色谱。

2 引用标准

GB/T 6005 试验筛 金属丝编织网、穿孔板和电成型薄板 筛孔的基本尺寸

GB/T 13290 工业用丙烯和丁二烯 液态采样法

3 方法概要

试样被载气带入色谱柱，在色谱柱内被分离成相应的组分，通过热导或火焰离子化检测器检测并记录其色谱图，利用相对保留值定性，按面积归一化法计算各组分的含量。

4 定义或术语

4.1 校正因子：等量不同组分在检测器中产生不等量信号，在进行计算时，所采用的校正系数。

4.2 峰：色谱柱流出组分通过检测器系统时所产生的响应信号的微分曲线。

4.2.1 峰面积：峰与峰底之间的面积。

4.2.2 峰高：从峰最大值到峰底的距离。

4.2.3 峰宽：在峰两侧拐点处所作切线与峰底相交两点间的距离。

半峰宽是通过在峰高的中点处作一条与基线平行的线。此线与峰两侧截段的部分。

如果基线偏离水平线而倾斜，则峰宽和半峰宽应是测量两者在水平轴上的投影部分。

4.3 分离度：两个相邻色谱峰的分离程度，以两个组分保留值之差与其平均峰宽值之比表示，由 7.4 中的式(1)计算，低于 1 的值表示重叠，大于 1 表示组分分离。

4.4 保留值

4.4.1 调整保留时间：减去死时间的保留时间。

4.4.2 调整保留体积：减去死体积的保留体积。

4.4.3 相对保留值：在相同操作条件下，组分与参比组分的调整保留值之比。

4.5 归一法：试样中全部组分都显示出色谱峰时，测量的全部峰值经相应的校正因子校准并归一后，计算每个组分含量的方法。

5 试剂与材料

5.1 试剂

5.1.1 色谱固定液。

5.1.1.1 顺丁烯二酸二丁酯。

5.1.1.2 β，β'-氧二丙腈。

5.1.1.3 癸二腈。

5.1.2 6201 色谱载体或其他红色载体：筛取 $180 \sim 250 \mu/m$（见 GB/T 6005）的部分。

5.1.3 正戊烷或三氯甲烷：分析纯。

5.1.4 二氯甲烷、甲苯或乙醚：分析纯。

5.2 材料

5.2.1 氢气、氮气：纯度大于99%。

5.2.2 标准气：1-丁烯、异丁烯、顺2-丁烯、异戊烷等纯气，或已知准确组分的气体混合物。

6 仪器

6.1 进样装置：

6.1.1 气体进样阀：定量管容积不大于 0.5mL。

6.1.2 取样管：2mL。

6.1.3 铝箔取样袋：2L。

6.1.4 不锈钢毛细管：内径 0.2mm、长 $2 \sim 4m$。

6.1.5 液体进样阀：定量管容积 $0.5 \sim 1\mu L$。

6.2 色谱柱：色谱柱及使用条件见表1。

6.3 检测器：检测器可以是热导检测器（热丝型或热敏电阻型）或火焰离子化检测器。对 0.1% (m/m) 含量的烃类组分所产生的峰高应大于噪声的两倍。如果使用电子积分仪，当分析样品时，应能测量组分浓度为 0.1% (m/m) 的信号，且重复性不大于20%（相对）。

通过注入一系列浓度变化较大，但浓度已知的标准气混合物，或通过注入已知不同分压的多种纯气体的混合物来检查仪器的响应线性。

6.4 记录仪：$0 \sim 1mV$ 或 $0 \sim 5mV$，满刻度应答时间小于 1s。

6.5 积分仪或数据处理机。

6.6 多孔金属过滤器：如果使用液体进样阀（6.1.5），推荐在进样阀前，装一个合适的多孔金属过滤器，以防固体颗粒进入进样阀，过滤器应恰好放在取样瓶或钢瓶的出口阀之后。

7 准备工作

7.1 固定相的制备

按液相载荷量（见表1）先倒入固定液并加入适当的溶剂溶解。使所得溶液体积稍大于载体的体积，边搅拌边加入载体，然后轻轻地搅拌蒸发除去溶剂。

7.2 色谱柱的填充

将色谱柱管内部洗净、烘干，在一端填塞少许玻璃棉，并接至真空泵抽吸，从另一端缓慢地加入固定相并不断轻轻地敲击色谱柱，直至色谱柱填充紧密、均匀。两色谱柱连接处填充相同的固定相。

7.3 色谱柱的老化

色谱柱使用前应在稍高于柱温（低于固定液最高使用温度）的条件下通载气5h。

表1 色谱柱及使用条件

色谱柱	顺丁烯二酸二丁酯+β,β′-氧二丙腈串联柱		顺丁烯二酸二丁酯柱	癸二腈柱
固定液	顺丁烯二酸二丁酯	β,β′-氧二丙腈	顺丁烯二酸二丁酯	癸二腈
溶 剂[1]	正戊烷或三氯甲烷	正戊烷或三氯甲烷	正戊烷或三氯甲烷	二氯甲烷或甲苯或乙醚
载 体	6201 型	6201 型	6201 型	6201 型
载体粒度,μm	180~250	180~250	180~250	180~250
液相载荷量,%(m/m)	25	25	25	20
柱管材质	不锈钢、铜、铝或玻璃管			
柱长,m	8	3	8	9[2]
柱内径,mm	2~5	2~5	2~5	2~5
柱温,℃	20~40		20~40	20~40[3]

注:柱长、柱内径及柱管材质在能满足(7.4)分离度要求时,可由操作者选择。

7.4 组分的分离度

工业丙烷中的丙烷与丙烯、工业丁烷中的丙烯与异丁烷之间,应达到式(1)分离度。见图1。

$$R_{AB} = 2\frac{\left[d'_{R(B)} - d'_{R(A)}\right]}{W_A + W_B} \geq 1.5 \quad \cdots\cdots\cdots\cdots\cdots\cdots\cdots \quad (1)$$

式中: A 和 B——分别代表丙烷和丙烯或丙烯和异丁烷组分;

R_{AB}——峰 A 与峰 B 的分离度;

$d'_{R(A)}$ 和 $d'_{R(B)}$——分别是组分 A 和 B 的调整保留时间,用图上的距离表示,mm;

W_A 和 W_B——分别表示组分 A 和 B 的峰宽。

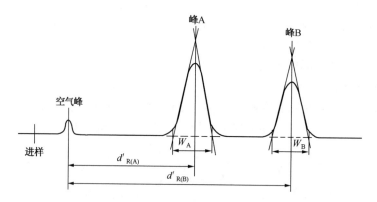

图1 分离度的测量

采用说明:

1] ISO 7941 溶剂为正戊烷、甲苯或二氯甲烷,本标准推荐使用三氯甲烷和乙醚。

2] 癸二腈柱长较 ISO 7941 增加了 3m。

3] 癸二腈柱的柱温,ISO 7941 规定 20℃±1℃,本标准推荐使用 20~40℃。

8 采样

采样按 GB/T 13290 进行。

9 试验步骤

9.1 试验条件

9.1.1 汽化室温度：40℃±5℃或由操作者选择的适宜温度。

9.1.2 柱温：按表1所示或能得到良好分离的适宜温度。

9.1.3 载气流速：30mL/min 或能得到良好分离度(7.4)所需要的流速。

注：使用氢气作载气时，应该采取特别的安全预防措施，必须保证气路系统无泄漏，并将氢气排放至室外。

9.1.4 检测器温度：热敏型热导检测器应在40~50℃之间操作。

热丝型热导检测器应在100~150℃之间操作。

火焰离子化检测器应在100~150℃之间操作。

9.2 标定

9.2.1 定性分析

组分的鉴定可用标准参照混合物或几种纯烃通过柱子，或者与图2、图3、图4的典型色谱图及表2中所示的相对保留值(见4.4.3)相比较，即可给组分定性。

表 2　相对保留值

组　　分	相 对 保 留 值		
	顺丁烯二酸二丁酯柱	顺丁烯二酸二丁酯柱+ β，β'-氧二丙腈柱[1]	癸二腈柱
空气+甲烷	0	0	0
乙　烷	0.11	0.10	0.11
乙　烯	0.11	0.10	0.11
丙　烷	0.33	0.31	0.32
丙　烯	0.42	0.41	0.52
异丁烷	0.68	0.66	0.64
正丁烷	1.00	1.00	1.00
1-丁烯	1.20	1.26	1.50
异丁烯	1.20	1.26	1.61
反2-丁烯	1.55	1.59	1.95
顺2-丁烯	1.77	1.83	2.31
1，3-丁二烯	1.96	—	3.17
异戊烷	2.21	—	2.19
正戊烷	2.86	—	2.83

9.2.2 定量分析

计算方法是归一化法，表3给出所采用的峰面积校正因子，这些数字仅是一种指导或近似值，有制备标定气体混合物经验的试验室应该自己测定校正因子。

采用说明：

1] 此保留值是根据大量试验取得的，与 ISO 7941 典型色谱图吻合。ISO 7941 中保留值与其本身的典型色谱图不相符。

9.3　测定

9.3.1　液体进样

将取样瓶或气体钢瓶直立放置，使出口阀位于底部。用一个非增塑性或塑料的透明铠装的或耐压的管子(管子应"接地")，通过金属过滤器(6.6)将阀连接到进样器(见图5)。

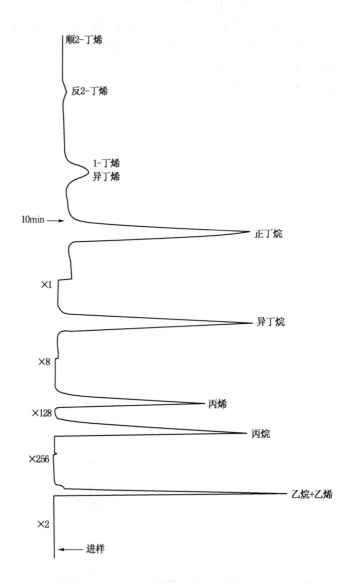

图 2　在顺丁烯二酸二丁酯+β，β′-氧二丙腈柱上的典型谱图
(工业丙烷)

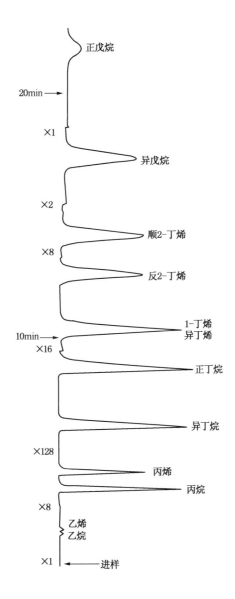

图 3　在顺丁烯二酸二丁酯柱上的典型谱图[1]
（工业丁烷）

采用说明：

1）ISO 7941 中图 3 乙烷、乙烯位置标错，本图予以更正。

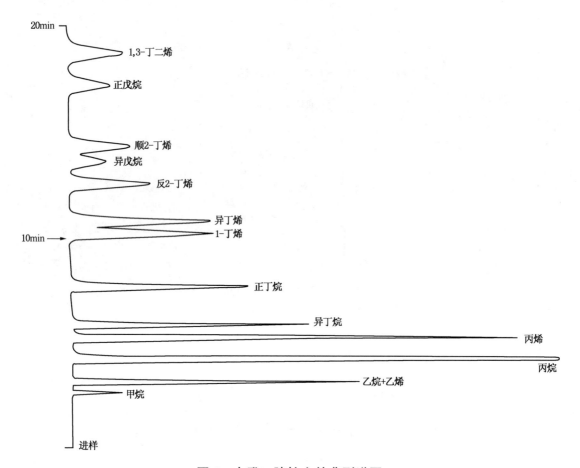

图 4 在癸二腈柱上的典型谱图

（含液化石油气组分的参考混合物）

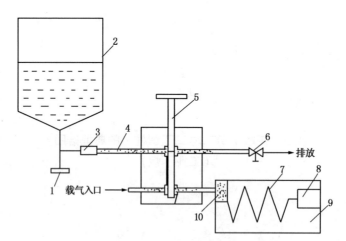

注：取样瓶或气体钢瓶，铠装管和进样系统应接地。

图 5 液相进样系统

1—取样瓶或气体钢瓶出口阀；2—取样瓶或气体钢瓶；3—多孔金属过滤器；
4—铠装的透明管子或耐压管子(见注)；5—液体进样阀；6—减压阀；7—色谱柱；
8—检测器；9—色谱仪；10—进样器

在进样装置排放系统的下游安装一个减压阀,以避免当流量达到平衡时在其上游产生任何汽化。打开出口阀,并控制通过透明管子的流量,让液体完全充满透明管子。将试样注入柱子,关闭出口阀。

9.3.2 气体进样

9.3.2.1 把规格为2mL的取样管(见图6),连接样品源或含该样品液相的一个较大些的取样钢瓶,打开该2mL取样管的阀门直到出口出现液体,关闭出口阀,约10min后(以达到平衡),关闭进口阀,关闭样品源和断开2mL取样管。把该样品完全汽化于2L空锡铂取样袋中,充分混合样品(必要时置于50~70℃水中充分汽化),把锡铂取样袋与进样阀连接,控制流量为20mL/min,然后将样品注入色谱柱内。

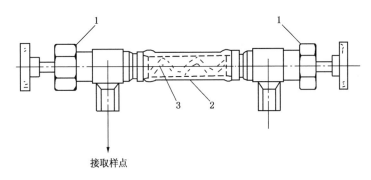

接取样点

图6 2mL取样管

1—细调阀;2—尼龙管;3—抗静电丝

9.3.2.2 将内径0.2mm、长2~4m不锈钢毛细管置于50~70℃的恒温水浴内。毛细管一端与取样钢瓶底部出口连接,另一端直接与进样阀连接,打开取样钢瓶出口阀,控制流量为20mL/min,然后将样品注入色谱柱内。

9.4 色谱图

9.4.1 典型色谱图

图2、图3、图4代表工业丙烷、丁烷和含液化石油气组分参考混合物的典型色谱图。

9.4.2 定性分析

测工业丙烷用顺丁烯二酸二丁酯+β,β'-氧二丙腈柱。

测工业丁烷用顺丁烯二酸二丁酯柱。

既测定丙烷又测定丁烷时,用癸二腈柱。

9.4.2.1 组分的定性

与参照混合物进行比较,或采用相对保留时间(见9.2.1)来鉴别组分。

9.4.2.2 干扰

在本标准推荐的条件下,以下几对组分分不开:

空气和甲烷(采用顺丁烯二酸二丁酯柱、顺丁烯二酸二丁酯+β,β'-氧二丙腈串联柱、癸二腈柱)。

乙烷和乙烯(采用顺丁烯二酸二丁酯柱、顺丁烯二酸二丁酯+β,β'-氧二丙腈串联柱、癸二腈柱)。

1-丁烯和异丁烯(采用顺丁烯二酸二丁酯柱、顺丁烯二酸二丁酯+β,β'-氧二丙腈串联柱)。

9.4.3 定量分析

9.4.3.1 使用记录器

测量每个峰高和半高峰宽(见7.4),并计算其乘积,以得到每个峰的记录峰面积,将所有记录的峰面积修正到同一衰减,以绘出峰面积。

9.4.3.2 使用积分仪或计算机

记下每个峰的读数响应值,并用它代替在计算中的峰面积(见 10)。

10 结果的表示

用下式计算试样中每个组分的浓度。

10.1 热导检测器

试样中组分 i 的质量百分数 $X_i\%(m/m)$ 按式(2)计算:

$$X_i = \frac{f_i \cdot A_i}{\sum\limits_{i=1}^{i=n}(f_i \cdot A_i)} \times 100 \quad\cdots\cdots\cdots\cdots\cdots\cdots\cdots\cdots (2)$$

式中:A_i——组分 i 的峰面积;

f_i——组分 i 的质量校正因子,见表 3;

n——混合物中组分的数目。

试样中组分 i 的摩尔百分数 $X_i\%(mol)$ 按式(3)计算:

$$X_i = \frac{f'_i \cdot A_i}{\sum\limits_{i=1}^{i=n}(f'_i \cdot A_i)} \times 100 \quad\cdots\cdots\cdots\cdots\cdots\cdots\cdots\cdots (3)$$

式中:A_i——组分 i 的峰面积;

f'_i——组分 i 的摩尔校正因子,见表 3;

n——混合物中组分的数目。

计算结果取至小数点后两位。

10.2 火焰离子化检测器

试样中组分 i 的质量百分数 $X_i\%(m/m)$ 按式(4)计算:

$$X_i = \frac{f''_i \cdot A_i}{\sum\limits_{i=1}^{i=n}(f''_i \cdot A_i)} \times 100 \quad\cdots\cdots\cdots\cdots\cdots\cdots\cdots\cdots (4)$$

式中:A_i——组分 i 的峰面积;

f''_i——组分 i 的质量校正因子,见表 3;

n——混合物中组分的数目。

试样中组分 i 的摩尔百分数 $X_i\%(mol)$ 按式(5)[1]计算:

$$X_i = \frac{A_i/n_{Ci}}{\sum\limits_{i=1}^{i=n}(A_i/n_{Ci})} \times 100 \quad\cdots\cdots\cdots\cdots\cdots\cdots\cdots\cdots (5)$$

式中:A_i——组分 i 的峰面积;

n_{Ci}——组分 i 中的有效碳原子数目;

n——混合物中组分的数目。

计算结果取至小数点后两位。

采用说明:

1]ISO 7941 中公式有误,经查阅文献此公式应增加×100。

表 3 组分的相对校正因子

组 分	热导检测器				火焰离子化检测器
	质量校正因子		摩尔校正因子		质量校正因子
	载气 氢气	载气 氦气	载气 氢气	载气 氦气	
甲 烷	0.56	0.65	2.03	2.37	1.11
乙 烷	0.74	0.86	1.44	1.66	1.03
乙 烯	0.74	0.84	1.52	1.74	0.97
丙 烷	0.89	0.97	1.17	1.28	1.01
丙 烯	0.90	0.94	1.24	1.29	0.97
异丁烷	1.03	1.02	1.03	1.02	1.00
正丁烷	1.00	1.00	1.00	1.00	1.00
1-丁烯	1.00	1.00	1.03	1.03	0.97
异丁烯	1.01	1.00	1.04	1.04	0.97
反 2-丁烯	0.99	0.96	1.02	1.00	0.97
顺 2-丁烯	0.99	0.94	1.02	0.98	0.97
1，3-丁二烯	1.01	0.99	1.08	1.07	0.93
异戊烷	1.14	1.05	0.92	0.85	0.99
正戊烷	1.10	1.01	0.89	0.82	0.99

11 精密度

按下述规定判断试验结果的可靠性(95%置信水平)。

11.1 重复性

同一操作者，使用同一台仪器，对同一样品在相同操作条件下，以正常和正确的操作方法进行操作，所得重复测定的两个结果之差，不应超过表4中所示的数值。

11.2 再现性

不同操作者，使用不同仪器，对同一样品在相同操作条件下，以正常和正确的操作方法进行操作，各自提出的两个结果之差，不应超过表4中所示的数值。

表 4 重复性和再现性

操 作 条 件	产品和组分	重 复 性	再 现 性
气体进样，用火焰离子化或热导检测器	工业丙烷全组分	0.25	1
	工业丁烷全组分	0.25	2
液体进样，用热导检测器	工业丙烷组分浓度： ≥0.1%和<1% ≥1%和<5% ≥5%	0.05 0.20 0.5	0.20 0.50 1
	工业丁烷组分浓度： <25% ≥25%	0.5 0.5	1 1.5

注：组分浓度范围以质量百分数表示；精密度数据以质量百分数(绝对值)表示。

12 试验报告

报告应包括以下内容：

a. 有关试样的全部资料：批号、日期、取样地点等；

b. 试验结果、结果报告至小数点后两位；

c. 在试验过程中观察到的异常现象。

———————————

附加说明：

本标准由石油化工科学研究院技术归口。

本标准由天津石化公司第二石油化工厂负责起草。

本标准主要起草人李辉、安丽琴。

中华人民共和国石油化工行业标准

汽油中 $C_2 \sim C_5$ 烃类测定法
（气相色谱法）

SH/T 0615—1995

（2004 年确认）

1 主题内容与适用范围

本标准规定了试样中 $C_2 \sim C_5$ 烷烃和单烯烃的测定方法。

本标准适用于汽油和石脑油。

2 引用标准

GB/T 11132 液体石油产品烃类测定法（荧光指示剂吸附法）

SH/T 0062 汽油和石脑油脱戊烷测定法

3 方法概要

将试样注入到毛细管色谱柱中，试样随着载气通过毛细管色谱柱时，烃类组分被分离成单个组分，进入氢火焰离子化检测器检测，并在数据处理机上记录色谱峰。用面积归一化法计算各组分含量。高于五个碳原子的组分可以加起来作为碳六以上组分计算总量。

4 意义

在使用 GB/T 11132 方法对汽油的烃类进行测定时，有些汽油馏分需要在测定前用 SH/T 0062 方法脱戊烷才能使测定结果可靠。因其脱除的 $C_2 \sim C_5$ 组分占汽油的 4%～23%（V/V），用本标准测定 $C_2 \sim C_5$ 的烃类组成，可使汽油馏分的烃类测定数据完整、准确。

5 试剂与材料

5.1 试剂

用于定性的标样纯度应大于 99%（m/m）。

5.1.1 乙烯、乙烷。

5.1.2 丙烷。

5.1.3 异丁烷。

5.1.4 1-丁烯、异丁烯。

5.1.5 正丁烷。

5.1.6 反-2-丁烯。

5.1.7 顺-2-丁烯。

5.1.8 3-甲基-1-丁烯。

5.1.9 异戊烷。

5.1.10 1-戊烯。

5.1.11 2-甲基-1-丁烯。

中国石油化工总公司 1995-06-15 批准

1995-10-01 实施

5.1.12　正戊烷。

5.1.13　反-2-戊烯。

5.1.14　顺-2-戊烯。

5.1.15　2-甲基-2-丁烯。

5.2　材料

5.2.1　氢气：纯度大于 99.99%。

5.2.2　压缩空气：用分子筛脱水净化。

5.2.3　高纯氮：纯度大于 99.99%。

5.2.4　固体二氧化碳。

6　仪器、设备

6.1　气相色谱仪：具有程序升温加热柱箱和氢火焰离子化检测器(FID)及放大器的毛细管色谱仪。检测器的灵敏度必须保证在测定试样时，使其中含有的 0.1%(V/V)的 1-戊烯，在记录纸上产生的色谱峰应高于 5mm。

6.2　数据处理机：C-R3A 型数据处理机或能满足本标准要求的其他型号的数据处理机。记录器量程为 1mV，其全量程响应时间小于 1s。

6.3　色谱柱：推荐使用长 50m，内径 0.2mm 的 OV-1 熔融石英毛细管商品标准柱，或其他能满足本标准精密度要求的毛细管色谱柱。要求相邻组分色谱峰的分离度大于或等于 0.8。

6.4　微量注射器：1μL。

6.5　广口保温瓶。

7　色谱操作条件

7.1　汽化室温度：250℃。

7.2　检测室温度：250℃。

7.3　柱室温度：40℃。

7.4　分流比：1∶100。

7.5　进样量：0.2~0.5μL。

7.6　载气：氮气，入口压力 0.1MPa，柱后线速 12cm/s。

7.7　尾吹气：氮气，流量 15~20mL/min。

7.8　燃气：氢气，入口压力 0.1MPa，流量 30mL/min±5mL/min。

7.9　助燃气：空气，流量 500mL/min±50mL/min。

7.10　纸速：5mm/min。

8　准备工作

8.1　初次试验时，按第 7 章所述色谱条件操作，再以 8℃/min 的升温速率程序升温，使柱箱温度达 220℃，恒温 2h，以除去色谱柱中可能残留的组分，然后降至室温。

8.2　按第 7 章所述色谱条件操作，根据需要，在数据处理机上编好测定和计算程序，使其处于正常平稳状态。

8.3　按 SH/T 0062 方法制备 $C_2 \sim C_5$ 烃类试样，并记录该试样占汽油(或石脑油)的体积百分含量。立即将该试样及试验所用的注射器存放在盛固体二氧化碳的保温瓶中待用。

9　试验步骤

9.1　用微量注射器吸取适量(约 0.2~0.5μL)试样，并迅速注入到汽化室，同时按下记时键，启动数据处理机，记录色谱峰及出峰时间。

9.2 待试样中色谱峰全部出完后，用编好的测定和计算程序进行自动计算。数据处理完毕后可进行第二次试样的测定。

注：当色谱柱性能变差时，重复8.1条操作。

9.3 分离得到的典型色谱图如图1、图2所示。被分离组分可采用纯组分标样进行定性。在无标样时，采用文献上Kovats保留指数进行定性。各分离组分的相对保留值见附录A。

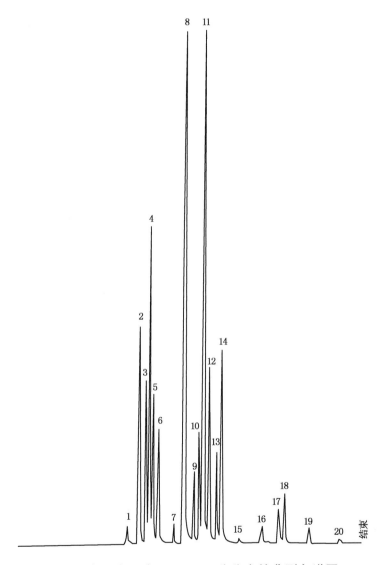

图1 车用汽油中 $C_2 \sim C_5$ 组分分离的典型色谱图

1—丙烷；2—异丁烷；3—1-丁烯、异丁烯；4—正丁烷；5—反-2-丁烯；6—顺-2-丁烯；
7—3-甲基-1-丁烯；8—异戊烷；9—1-戊烯；10—2-甲基-1-丁烯；11—正戊烷；
12—反-2-戊烯；13—顺-2-戊烯；14—2-甲基-2-丁烯；15～20—总 C_6

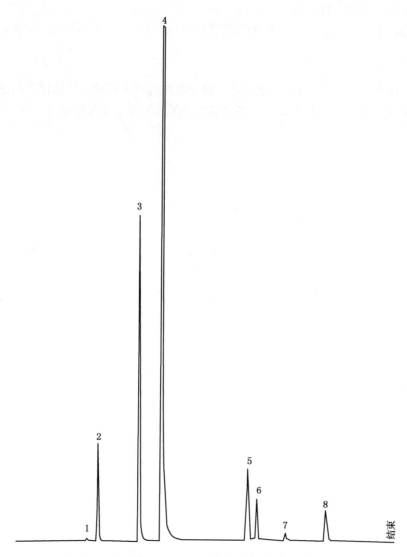

图 2   石脑油中 $C_2 \sim C_5$ 组分分离的典型色谱图

1—异丁烷；2—正丁烷；3—异戊烷；4—正戊烷；5~8—总 C_6

10   分析结果的表述

采用面积归一化法定量。按下式计算下列各单体烃化合物的质量或体积百分含量。报告时精确到 0.1%。

由于本标准使用氢火焰离子化检测器，对本标准方法所涉及到的烃类化合物的响应值相近，所以各组分的相对质量校正因子以 1.0 计。试样中 i 组分的质量百分含量 X_i 按式（1）计算：

$$X_i = \frac{A_i}{\sum_{i=1}^{n} A_i} \times 100 \quad\cdots\cdots\cdots\cdots\cdots\cdots\cdots\cdots\cdots\cdots\cdots\cdots\cdots\cdots\cdots\cdots \quad (1)$$

式中：A_i——i 组分的峰面积；

$\quad\quad n$——试样中组分色谱峰数。

本标准在与 GB/T 11132 和 SH/T 0062 联合使用测定汽油馏分中的烃类组成时，需要用体积百分含量表示其测定结果，试样中 i 组分在汽油中的体积百分含量 Y_i 按式（2）计算：

$$Y_i = \frac{A_i / \rho_i \cdot E}{\sum\limits_{i=1}^{n} A_i / \rho_i} \quad \cdots\cdots\cdots\cdots\cdots\cdots\cdots\cdots\cdots\cdots\cdots\cdots (2)$$

式中：A_i——i 组分的峰面积；

　　　n——试样中组分色谱峰数；

　　　ρ_i——i 组分相对密度（见附录 B）；

　　　E——试样占汽油的体积百分含量，%(V/V)。

取重复测定结果的算术平均值作为试样测定结果。

11　精密度

用下述规定判断试验结果的可靠性（95%置信水平）。

11.1　重复性

同一操作者对同一试样，用同一台色谱仪，按本标准规定的试验条件进行操作，所得到的两个测定结果之差不应超过表 1 所列数值。

表 1　精密度　　　　　　　　　　　　　　　　　　　　　　　　%

组　　分	浓　　度	重　复　性	再　现　性
烯烃：			
丙　　烯	0.2~0.8	0.1	0.3
1-丁烯加异丁烯	1.5~1.9	0.1	0.5
反-2-丁烯	1.0~1.3	0.1	0.4
顺-2-丁烯	0.8~1.0	0.1	0.3
1-戊烯	0.2~0.5	0.1	0.2
2-甲基-1-丁烯	0.9~1.5	0.2	0.3
反-2-戊烯	1.0~1.5	0.1	0.3
顺-2-戊烯	0.5~0.8	0.1	0.3
2-甲基-2-丁烯	2.5~3.2	0.3	0.8
烷烃：			
丙　　烷	0.1~0.5	0.1	0.2
异丁烷	0.5~2.0	0.1	0.3
正丁烷	0.3~0.9	0.1	0.2
异戊烷	2.8~4.0	0.3	0.4
正戊烷	0.8~1.8	0.1	0.2

11.2　再现性

由不同实验室，不同操作者对同一试样，按本标准规定的试验条件进行操作，所得到的两个测定结果之差不应超过表 1 所列数值。

11.3　如果将单体烃的浓度加起来，提供总 C_5 和 C_5 以下烯烃的结果及总 C_5 和 C_5 以下烷烃的结果，则使用下面的精密度。

烃　　类	浓度，%	重复性，%	再现性，%
总 C_5 和 C_5 以下烯烃	6.5~12	0.4	2.5
总 C_5 和 C_5 以下烷烃	11~20	0.6	3.3

附　录　A

有关烃类保留值

（补充件）

表 A1　有关烃类保留值

组　　分	相对保留值	保留指数
丙　烷	0.77	
异丁烷	0.82	
1-丁烯	0.85	
正丁烷	0.86	400.00
反-2-丁烯	0.87	406.15
顺-2-丁烯	0.89	416.48
3-甲基-1-丁烯	0.96	445.34
异戊烷	1.00	457.89
1-戊烯	1.04	483.72
2-甲基-1-丁烯	1.06	486.14
正戊烷	1.08	500.00
反-2-戊烯	1.10	504.54
顺-2-戊烯	1.13	509.83
2-甲基-2-丁烯	1.15	513.01

附　录　B

有关烃类相对密度

（补充件）

表 B1　有关烃类相对密度

单体烃名称	相对密度 ρ_4^{20}
乙　烷	0.3425
丙　烯	0.5167
丙　烷	0.4995
异丁烷	0.5572
正丁烷	0.5792
1-丁烯	0.5951
反-2-丁烯	0.6042
顺-2-丁烯	0.6230
3-甲基-1-丁烯	0.6273
异戊烷	0.6197
1-戊烯	0.6406
2-甲基-1-丁烯	0.6505
正戊烷	0.6262
反-2-戊烯	0.6482
顺-2-戊烯	0.6555
2-甲基-2-丁烯	0.6623
总碳六平均	0.6710

附 录 C

预 防 措 施

（补充件）

C1　异丁烷、正丁烷、1-丁烯、异丁烯、反-2-丁烯、顺-2-丁烯、异戊烷、3-甲基-1-丁烯、正戊烷、1-戊烯、2-甲基-1-丁烯、反-2-戊烯、顺-2-戊烯、2-甲基-2-丁烯易燃、吸入有害。远离热源、火花和明火，使用时适当通风。

C2　空气、氮气

使用高压下的压缩气体时，必须使用减压阀。

防止日晒，远离热源。

切勿摔倒气瓶，确保竖立支撑并固定好。

注意气瓶标志，确保符合使用要求。

C3　氢气

危险！可燃气体，受压时易燃。

更换气瓶时，瓶内压力不得低于 980.7kPa。

使用时适当通风。

其他注意事项同 C2。

附加说明：

本标准由石油化工科学研究院归口。

本标准由抚顺石油化工研究院负责起草。

本标准主要起草人胡艳秋、蔡秀党。

本标准非等效采用美国试验与材料协会标准 ASTM D2427-92《气相色谱法测定汽油中 $C_2 \sim C_5$ 烃类》。

编者注：本标准中引用标准的标准号和标准名称变动如下。

原标准号	现标准号	现标准名称
GB/T 11132	GB/T 11132—2002	液体石油产品烃类测定法（荧光指示剂吸附法）

中华人民共和国石油化工行业标准

喷气燃料水分离指数测定法
（手提式分离仪法）

SH/T 0616—1995

（2004 年确认）

---

1 主题内容与适用范围

本标准规定了喷气燃料水分离指数的测定方法。

本标准适用于水分离指数为 50~100 的 1 号喷气燃料、2 号喷气燃料、3 号喷气燃料、宽馏分喷气燃料和高闪点喷气燃料。

2 引用标准

GB/T 11129 喷气燃料水分离指数测定法

3 术语

3.1 微型分离仪评级 MSEP（Micro Separometer rating）

试验最终显示的数值表示在表面活性物质（表面活性剂）的影响下，乳化水从燃料中聚结分离的难易程度。

本标准采用试验方式 A 和试验方式 B 得到的 MSEP 评定结果（即水分离指数）分别称作 MSEP—A 和 MSEP—B。MSEP 评定结果可与 GB/T 11129 相比，其评定结果相同。

3.2 参比液

经 5%（m/m）活性白土（120℃下活化 4h）处理，必要时，还需水洗和经过过滤分离器处理，然后加入一定量的已知表面活性剂（典型的为二-2-乙基己基磺基琥珀酸钠的甲苯溶液）的燃料。

4 意义和应用

4.1 本标准为外场和实验室提供了一种手提式的快速而简便的评定手段，以评定喷气燃料通过玻璃纤维聚结材料时释放携带的游离水或乳化水的能力，以水分离指数表示。

4.2 本标准提供了一种测定喷气燃料中存在表面活性剂的方法，以评价喷气燃料的洁净度。与 GB/T 11129 相同，本标准能检测生产过程中和从产地到使用地运输过程中加入或混入燃料中的表面活性物质使油水难以分离，可使燃料过滤系统堵塞，从而影响飞机发动机的正常工作，甚至堵塞油路系统发生突发性严重故障。

4.3 微型分离仪测定水分离指数的范围从 50~100，如果测量结果超出 50~100 范围，那就认为该测量结果是不可靠和无效的。如果测量结果大于 100，这很可能是试验样品在聚结过程中把燃料中含有减弱光透射的物质从燃料中除去了。这样，被测燃料的透光度就比透光度为 100 的参比燃料高。

4.4 本标准包括两种试验方式：试验方式 A 和试验方式 B。两者之间的基本区别是水和燃料的乳化液被压过标准玻璃纤维聚结器的流速不同，即乳化液压过聚结器所需的时间不同，方式 A 为 45s±2s，而方式 B 为 25s±1s。

4.5 方式 A 或方式 B 的选择取决于特定的燃料及其规格要求，表 1 列出了对不同燃料推荐的试验方式。

表 1　不同喷气燃料可适用的试验方式

燃料名称	可适用的试验方法
1 号喷气燃料	A
2 号喷气燃料	A
3 号喷气燃料	A
高闪点喷气燃料	A
宽馏分喷气燃料	B

4.6　方式 A 适用于 1 号、2 号、3 号喷气燃料和高闪点喷气燃料,其评定结果几乎与 GB/T 11129 评定结果相同。

4.7　方式 B 适用于宽馏分喷气燃料,其评定结果几乎与 GB/T 11129 评定结果相同。

5　方法概要

本标准使用一种手提式微型分离仪进行试验。水和燃料样品的乳化是在一个注射器中使用高速混合器进行的。随后乳化液从注射器中以预定的速度压出,通过一个标准玻璃纤维聚结器,测定流出燃料的透光度以确定喷气燃料的水分离指数,透光度值以 0~100 数值来表示,以最接近的整数来报告。透光度值高表示燃料中的水易被聚结,意味着燃料中含有较少的表面活性物质。反之,就多。试验在 5~10min 内就能完成。

6　试剂与材料

6.1　试剂

6.1.1　气溶胶 OT,固体(100%干剂):二-2-乙基己基磺基琥珀酸钠。配成 1mg 气溶胶 OT/mL 的甲苯溶液,作分散剂用。其配制方法是称取气溶胶 OT 0.1g(称至 0.0002g),分几次用少量甲苯将其溶解并转入 100mL 棕色容量瓶中,再用甲苯稀释至刻线,摇匀待用。

6.1.2　甲苯:分析纯。

注意:可燃,蒸气有毒。

6.2　材料

6.2.1　参比基础液:一种不含表面活性剂的、清洁的烃类燃料,用于检验操作是否恰当和校正仪器,其制备方法详述于附录 A 中。

注意:可燃,蒸气有毒。

注:要求参比基础液不加任何分散剂,其标准是 MSEP 评定结果为 99 或 99 以上。用它标定仪器,测定结果达不到 99 就表明仪器的精度不够,得到的数据在 50~100 的测量范围之外是无效的。

6.2.2　水:清洁的、蒸馏过的、无表面活性剂的水。

7　仪器

7.1　手提式 Mark V Deluxe 1140 型微型分离仪或具有相同功能经鉴定的国产仪器。

7.1.1　微型分离仪完全是手提和自容式的。仪器可用交流电电源或内部充电电池工作。对于不同电压采用不同的可拆卸电源线。交流电源可为仪器供电或给充电电池充电。供六次试验所需的附件及消耗材料都被装在带锁的本仪器箱内。

7.1.2　这种 MarkV Deluxe 1140 型微型分离仪的全貌和有关的控制板如图 1 所示,乳化器是在竖起板面的右侧,注射器推动机构在其左侧。具有操作控制功能的控制板装在箱内左边的固定板上。表 2 列出了这种仪器的手动和自动操作特点。

（Mark V Deluxe 1140 型微型分离仪）

图 1 微型分离仪外貌和组合控制板

表 2 Mark V Deluxe 1140 型微型分离仪的手动和自动操作特性

可用的试验方式	Deluxe A 和 B
功能	按钮
试验方式选择	
方式 A	按 A
方式 B	按 B
注射器推动速度选择	不需要
清洗循环	START
压按钮	
自动程序	
开　始	START
取　消	RESET
第一次表读数	
第一次表调整	按 ARROWED 按钮
第二次表读数	
第二次表调整	按 ARROWED 按钮
样品收集	短音和 C/S 指示灯亮
第三次表读数	
记录测量结果	脉冲音响 5s 进行第三次读数

7.1.3 所有的控制键都以按钮的形式排列在控制板上。当按下按钮时灯亮，于是指明是操作状态。一个固定在控制板上的断路器为交流电路提供保护。

7.1.4 按下 ON 按钮，电路接通。当仪器以交流电源操作时，ON 按钮指示灯会闪烁，当用内部充电电池操作时，指示灯一直亮着。标有字母的按钮指示灯连续闪烁。表明操作状态准备完毕，可以进行试验方式的选择。

注：标有字母 A~G 的按钮中只有 A 和 B 按钮是本标准方法可适用的。

7.1.5 RESET 按钮能在任何时间按下以取消正在进行的试验和恢复程序至初始方式。标有字母的按钮开始顺序闪烁，这就表明进入试验方式选择的准备状态。

7.1.6 试验方式 A 和试验方式 B 程序的选择是通过按下 A 或 B 的按钮来完成的。按下的按钮指示灯会亮,其他顺序闪亮的字母按钮指示灯将停止。START 按钮指示灯也亮。

7.1.7 最初按下 START 按钮时,清洗注射器过程即开始,乳化器马达进行清洗操作,同时使注射器推动装置移至上方。

7.1.8 在清洗过程之后按下 START 按钮时,便开始自动过程,读数显示器和两个↑↓箭头按钮亮起来,表示可进入满量程调整阶段。数值会出现在读数显示器上(参见表3试验程序)。

表3 试验程序

微型分离仪动作	操作员动作	时 间			
		程序(s)		计时(min:s)	
		方 式		方 式	
		A	B	A	B
启动程序	按下启动开关	0	0	0	0
脉冲声	准备读数	4	4		
读数开始	满量程调整1	10	10	0:14	0:14
乳化开始	观察乳化	30	30	0:44	0:44
无动作	将乳化样品放入注射器推动器	30	30	1:14	1:14
脉冲声	准备读数	4	4	1:18	1:18
读数开始	满量程调整2	10	10	1:28	1:28
注射器推动器开始下降	聚结阶段收集样品	45	25	2:13	1:53
无动作	将样品放入浊度计池中	56	56	3:09	2:49
持续声	准备读数	4	4	3:13	2:53
读数开始	读结果	5	5	3:18	2:58
1s信号声音	记录结果	5	5	3:23	3:03

7.1.9 浊度计位于主控板下方,由放置直颈瓶的池、光源和光电池组成。

7.1.10 按下台适的↑↓箭头按钮,显示的数值会按照要求增加或减小,从而使浊度计池中的燃料样品得到100的参考水平。

7.2 进行实验所需要的附属设备和消耗材料如下:

7.2.1 注射器堵头:一种塑料堵头,在清洗和乳化过程中用来堵住注射器,以防漏油。

7.2.2 注射器:塑料制成,由注射器筒和柱塞组成。

7.2.3 直颈瓶:外径25mm的玻璃瓶,预先在瓶口标记了放在浊度计池中合适的刻线。

7.2.4 铝质聚结器:标明用于喷气燃料、消耗性的、已预先校准过的,并带有一个与注射器相配的尖端。

7.2.5 微量注射器:50μL[1]。经校准,总容量误差小于5%。

7.2.6 助丝:一段金属丝,其一端带有一个圆环。用于试验中当柱塞被插入时,释放封在注射器筒中试样上方的气体。每台微型水分离仪提供一根助丝。

7.2.7 塑料容器:随每台微型分离仪提供,用于收集聚结试验阶段的废燃料。

7.2.8 盛水容器:一个清洁的盛蒸馏水的容器。

7.2.9 量筒:50mL。用于试验过程中取样。

采用说明:

1] 将 ASTM D3948 中生物移液 G 管及所带塑料夹 F,改为 50μL 微量注射器。

7.2.10 每次试验要用一个新的注射器、直颈瓶、注射器堵头和铝质聚结器，这些消耗材料装在供六次试验用的盒中。这个盒子固定放在微型分离仪的顶盖里(见图2)。

图2 消耗品部件(供六次试验用)

注：每次试验用的注射器、铝质聚结器等配件，也可使用国内经鉴定的产品。

7.2.11 移液管：100mL 和 10mL 各一支。

8 准备工作

8.1 仪器的准备

8.1.1 仪器的操作按仪器说明书进行。现以 Mark V Deluxe 1140 型微型分离仪为例说明。

8.1.2 将仪器放置于一个干净的工作台上，环境温度处于 18~29℃ 之间且变化不超过 ±3℃。

8.1.3 打开箱子，抬起右侧板至完全垂直并锁住。如有交流电源，可根据电压不同选择不同的连接电源线并接通仪器。如用内部电池电源，要保证充电电池的电量足以进行所需次数的试验。电源灯不亮表明电池电力不足，应在使用前将仪器接在交流电源上充电 16h，这大约可供做 25 次试验的用电。

8.1.4 通过按下标有 ON 的按钮开关而接通电源。当仪器连接在交流电源上时，ON 的电源指示灯应闪烁。当以内装充电电池操作时，该指示灯应持续发亮。使用内装充电电池操作的试验过程中，如果电源指示灯闪烁，则表明电池必须重新充电。

8.1.5 准备好需要的注射器、直颈瓶、铝质聚结器、注射器堵头、微量注射器助丝及盛有蒸馏水的洁净容器。

8.1.6 在聚结试验阶段注射器推动器推进的时间最初在厂家已对每种方式的操作进行了校准，推进的时间对最终试验结果有重要影响。使用试验方式 A 或 B，聚结试验阶段注射器推动器推进时间应分别为 45s±2s 或 25s±1s 的范围内。如果注射器推动器推进时间不在 45s±2s 或 25s±1s 的范围内，可将仪器退回厂家调整。

注：注射器推动器推进时间超过上限，会导致最终结果偏高，反之，推进时间低于下限，会使最终结果偏低。

8.1.7 Mark V Deluxe 1140 型微型分离仪有自检电路来查出注射器推动器推进时间超限度的情况。报警指示灯(标有 SYR)随超限度的状况(超过 3s)而亮，同时也会发出三声短音(1s)。试验中偶然会出现超限度的警报，这并不表明仪器状态不好。如果多次发生重复警报的话，则应将仪器退回厂家去调整。

8.2 参比液的制备

8.2.1 为了校验微型分离仪的操作性能，需配制参比液，其配制方法是用移液管定量吸取 0.2，0.4，0.6，0.8，1.0 和 1.2mL 分散剂，分别加入到已准备好的每 1L 参比基础液中而配成。适用于 1号、2号、3号喷气燃料和高闪点喷气燃料的 MSEP—A 评定结果见表4。适用于宽馏分喷气燃料的 MSEP—B 评定结果见表5。参比液应按第10章所述使用相应的操作方式进行试验。如果评定结果不在表4或表5所列极限范围内，参比液则应废弃，而配制新的参比液并重复测定之，重复试验超出允许的试验结果之外，就应将仪器退回厂家调整和校准。

8.2.2 按照8.2.1所述，把分散剂加到参比基础液中制备参比液。

注：① 不能选用有吸附性的容器盛放参比液，因添加剂可能被器壁吸附，MSEP评定结果可能明显增加。考虑到容器内壁的影响，参比液最多只能存放24h。

② 对新仪器和更换主要零件及发生异常时，要用参比液进行验证，其结果符合表4或表5要求，方可进行试验样品的测定。

表4 使用试验方式A的不同浓度参比液的水分离指数可接受范围

分散剂的浓度，mL/L	标准评定结果	可接受结果的范围[1]	
		最　小	最　大
0	99	97	100
0.2	89	82	94
0.4	80	69	88
0.6	72	59	83
0.8	65	51	77

注：1）水分离指数的预期范围是通过增加分散剂的量而得到的，通常用作校验仪器的标准。

表5 使用试验方式B的不同浓度的参比液的水分离指数可接受范围

分散剂的浓度 mL/L	标准评定结果	可接受结果的范围[1]	
		最　小	最　大
0	99	93	100
0.2	88	83	93
0.4	81	76	86
0.6	74	69	79
0.8	69	64	74
1.0	64	59	69
1.2	60	55	65

注：1）水分离指数的预期范围是通过增加分散剂的量而得到的，通常用作校验仪器的标准。

8.2.3 分散剂的稀释液：用于外场使用，可以用一种分散剂的稀释液（按6.1.1配制），一种参比基础液（按附录A配制）和蒸馏水，去完成MSEP试验对仪器进行校验。分散剂的稀释液是一种10：1的稀释液，它是通过稀释10mL分散剂与90mL甲苯（6.1.2）而配成。因此，1mL的稀释液相当于0.1mL的分散剂。把上述50μL稀释液加到50mL参比基础液中时，参比基础液中的分散剂浓度就为0.1mL/L（1L参比基础液中含0.1mL分散剂）。表4和表5中列出的各个分散剂浓度都是0.1mL/L的均等倍数。与做MSEP试验要用50μL微量注射器加蒸馏水一样，用50μL微量注射器分几次吸取0.1mL/L的稀释液配制出表4和表5中所列不同分散剂浓度的参比液。根据表中列的参比液浓度数据，把MSEP评定结果与表中所列的对应结果进行对比。

9 试样的准备

9.1 试验样品不能预先过滤，因为过滤介质可能会除去很多表面活性剂，这些表面活性剂正是本标准所要检测的。如果试验样品被颗粒物质所污染，试验前应将这些物质从试验样品中沉淀出去。

9.2 不管是直接放入试验注射器还是放入样品容器，取样都要十分当心和保持清洁。从容器倒出试验样品前，用一块干净、不掉毛的抹布彻底擦净容器出口，将试验样品注入洁净烧杯或直接注入试验注射器筒中。

注：试验结果对来自采样容器的痕量污染物是很敏感的，建议采用的取样容器要符合附录B的要求。

9.3 如果试验样品未在试验温度 18~29℃范围内，允许将样品静置到试验温度的范围。

10 试验步骤

10.1 选择方式 A 或方式 B 进行操作。

10.1.1 接通电源，按下 ON 按钮，接通电路。然后根据所选方式 A 或方式 B 操作，按下相应的 A 按钮或 B 按钮，连续闪亮的按钮将停止，被按下的按钮也将停止闪烁，表示试验方式 A 或方式 B 已被选择好，便自动地设置了正确的注射器推动速度。

10.2 从一个新的 50mL 注射器上拔出柱塞，将注射器堵头插入注射器筒圆锥底部，在注射器筒中加入大约 50mL 试验样品，将注射器和筒放在乳化器架上并旋转锁住。确保注射器筒正好与搅拌器处于同一轴线，而不接触搅拌浆。

10.3 按下 START 按钮，清洗过程开始。

注意：装有试验样品的注射器应按 10.2 的要求安装到位后，方能启动搅拌器。搅拌器轴承靠燃料润滑。

10.4 用量筒取大约 15~20mL 试验样品加入一个新的直颈瓶中，用一块干净不掉毛的抹布擦净瓶的外表，并将其插入浊度计池中，使瓶上的黑色标记与控制板上的刻线对齐。

10.5 在清洗过程结束，搅拌马达停止转动时，从乳化器上取下注射器筒，倒掉其中试验样品，并将注射器筒内试验样品彻底排干，然后按注射器筒上标的 50mL 刻线准确量取 50mL 试验样品。

10.6 手持注射器筒时，应使试验样品尽可能少地被体温加热。

10.7 用 50μL 微量注射器移取 50μL 蒸馏水，加入注射器筒内的试验样品中，使微量注射器针头的尖端刚好浸到注射器筒中心的试验样品液面下，以确保水滴排干净并沉到底部。

10.8 将注射器筒放到乳化器架上，并旋转锁住。

10.8.1 确保注射器筒正好与搅拌器轴成同心直线。是否成直线可通过握住注射器筒转动，直到搅拌器末端的螺旋浆不碰注射器筒壁为止。不成一直线可造成塑料刮屑的形成，并被收集到铝质聚结器过滤材料上从而引起错误的试验结果。

10.9 当注射器就位后，按下 START 按钮，表3 所列可适用试验方式程序的自动部分便开始。如因任何原因要想中断程序和重新开始试验，则按下 RESET 按钮便会取消试验的进程，并复原到开始试验的程序。

10.10 自动程序随读数指示(四短音)开始，接着是 10s 满量程调整阶段。在此阶段用标有↑↓箭头按钮调整读数到 100。当数值低于 100，按下↑箭头按钮调整，当数值高于 100，按下↓箭头按钮调整，直到显示读数为 100 为止。如此时未完成调整，最终的调整可在随后试验过程的第二次读数调整阶段完成。

10.11 在满量程调整阶段后，搅拌马达自动启动，乳化过程开始。

注：在高速乳化过程中有少数几滴试验样品从乳化器头部孔中漏出，这不影响试验结果。

10.12 搅拌停止其乳化过程结束后，从乳化器上取下注射器，部分地插入柱塞，通过使用助丝或倒转注射器的方法，释放注射器筒中试验样品上方的残留空气，而试验样品没有明显的损失，然后用铝质聚结器取代堵头，把这一套完整的组合件放在注射器推动机构上。

10.12.1 使用助丝排出注射器筒内残留空气的方法：在插入柱塞之前将助丝放入注射器筒中，用手握住注射器筒的上部使注射器与助丝成一锐角，插入并压下柱塞到注射器筒上的 50mL 刻线处，释放出其中残留空气。迅速从注射器中拉出助丝，然后从注射器下端拔去堵头，用一个铝质聚结器替换它。

10.12.2 倒置注射器排出注射器内残留空气的方法：插入柱塞，然后倒转注射器(尖端向上)，从注射器尖端上拔下堵头，推或压柱塞到注射器筒上的 50mL 刻线处，使注射器筒中残留的空气从注射器尖端上的孔中排干净，然后把一个铝质聚结器固定在注射器的末端。

10.12.3 上述两种排气方法的一整套动作必须在规定时间(30s)内完成，并将这一整套注射器部件

636

放入注射器推动机构中(否则无效)。为了使柱塞在注射器筒中的阻力减至最小,使注射器的组合部件竖直地对准注射器推动机构。在铝质聚结器下面放一塑料容器,以便收集聚结阶段不要的那部分试验样品。

10.12.4　每台仪器都备有一根接地线,把它连接到微型分离仪上,以防止产生静电而造成易燃的试验样品着火。它的一端有一个鳄鱼夹,另一端有一个香蕉形塞子。把鳄鱼夹夹到铝质聚结器上,将香蕉形塞子插入机壳接地孔中。

10.13　四声短声表明第二次读数调整阶段开始。如需要,操作者可利用按下标有↑↓箭头的按钮使测量数值调至100。在测量调整阶段末尾,注射器推动机构会开始向下运行,将水与试验样品的乳化液压过铝质聚结器,在此操作期间,从浊度计池中取出直颈瓶倒掉其中试验样品,以待收集最后15mL试验样品。

10.14　当收集试验样品指示灯(标有 C/S)闪亮并发出短而连续的脉冲声音,表明收集最后15mL试验样品的时间到了。用直颈瓶收集这最后的15mL通过铝质聚结器过滤的试验样品。为减少在此操作中带入试验样品的空气量,将直颈瓶斜成一个小角度让试验样品沿内表面流下。当最后一部分试验样品从铝质聚结器中排完时,将直颈瓶移出。

10.15　用一块干净不掉毛的抹布擦直颈瓶的外表,擦掉留在直颈瓶外表上的指纹和试验样品。将直颈瓶放入浊度计池中,并使直颈瓶上的标线与控制板上池前的标线对齐。在沉降时间(1min)结束时,一个持续的声音(连续4s)会提醒操作者去读数。

10.16　在声音结束时,测量会自动地进行约10s。

10.16.1　MSEP 评定结果是在10s测量读数过程中由短的1s声音提示而读出的。以第二响后的读数作为单次试验结果。

11　精密度

11.1　按下述规定判断使用方式 A 的试验结果的可靠性(95%置信水平)。

11.1.1　重复性:

在同一实验室,由同一操作人员,使用同一台仪器对同一参比液相继做两次试验,所测结果的差值应不大于图3重复性曲线所示数值。对同一试样相继做两次试验,所测结果的差值应不大于图4重复性曲线所示数值。

11.1.2　再现性:

在不同实验室,由不同操作人员,用不同仪器对同一参比液所测得的两个单次测定结果的差值应不大于图3中再现性曲线所示数值。对同一试样所测得的两个单次测定结果差值应不大于图4中再现性曲线所示数值。

11.2　按下述规定判断使用方式 B 的试验结果的可靠性(95%置信水平)。

11.2.1　重复性

在同一实验室,由同一操作人员,使用同一台仪器对同一参比液相继做两次试验,所测结果的最大差值应不大于9。对同一试样相继做两次试验,所测结果的最大差值应不大于16。

11.2.2　再现性

在不同实验室,由不同操作人员,用不同仪器对同一参比液所测得的两个单次测定结果的最大差值应不大于10。对同一试样所测得的两个单次测定结果的最大差值应不大于19。

12　报告

12.1　报告在10.16.1中所测得的结果,对于方式 A 操作报告 MSEP-A 评定结果。对于方式 B 操作报告 MSEP-B 评定结果。

12.2　取重复测定的两次结果的算术平均值作为试验结果。

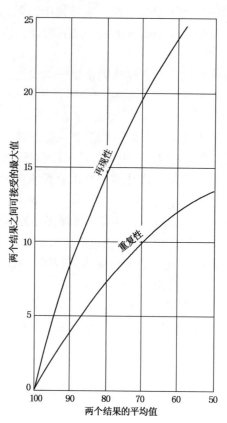

图 3　对于用喷气燃料制备的含有分散剂的参比液，使用试验方式 A
测得的 MSEP-A 评定结果的重复性和再现性变化曲线

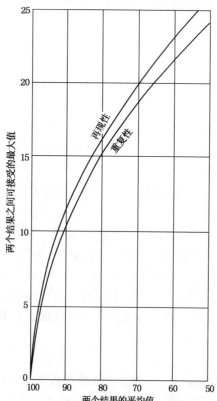

图 4　对于喷气燃料试验样品，使用试验方式 A
操作测得的 MSEP-A 评定结果的重复性和再现性变化曲线

附　录　A

参比基础液的制备

（补充件）

A1　主题内容与适用范围

A1.1　这一过程叙述了一个在实验室快速，简便制备参比基础液的方法，这一过程可得到 MSEP 评级为 99 的滤液。

A2　过程概述

取喷气燃料馏分油(不含添加剂)，加入 5%(m/m)活性白土(120℃下活化 4h)，搅拌 30min，沉降后用滤纸过滤上部清液贮于瓶中备用，底部白土弃掉。

A3　材料

A3.1　活性白土：一级品。

A4　设备

A4.1　进料容器：能装燃料油的方形或圆形玻璃或铁桶，至少能装 5L 燃料油。

A4.2　样品瓶：容量 5L，干净的，能供接收经白土过滤后的燃料。

A4.3　量筒：2L。

A4.4　漏斗。

A4.5　工业滤纸。

A5　过滤程序

A5.1　在 120℃下烘活性白土 4h。

A5.2　量取 5L 喷气燃料馏分油并称重。

A5.3　根据喷气燃料馏分油的质量计算出所需活性白土量[用量为 5%(m/m)]。

A5.4　先将喷气燃料馏分油加入搅拌容器中，然后按量加入活化后的活性白土，搅拌 30min，沉降 30min。

A5.5　用漏斗加工业滤纸将白土处理后的基础燃料过滤到样品瓶中，作为参比基础液备用，余下的白土弃掉。

附　录　B

采　样　容　器

（参考件）

B1　推荐采用的采样容器

B1.1　最好选择环氧树脂衬里的容器，经所采样品冲洗三次后可直接使用或用做样品的贮存。

B1.1.1　使用过的容器用 1,1,2-三氯-1,2,2-三氟乙烷清洗(用该溶剂充满容器的 10%～20%，如此冲洗三次，每次冲洗容器应封闭并摇荡 1min，尔后换溶剂进行下次冲洗，最后一次冲洗溶剂排净后，容器应该用空气干燥)干净后才能够重新使用。

B1.1.2 如果要采取含有相同添加剂的同类型燃料样品，其准备工作是用这种新样品冲洗容器三次。

B1.2 可使用硬质条型聚乙烯瓶。

B2 对聚四氟乙烯瓶没有作过评价，但按照 B1.1.1 用三氯三氟乙烷清洗后或许是令人满意的。

附加说明：
本标准由石油化工科学研究院技术归口。
本标准由石油化工科学研究院负责起草。
本标准主要起草人孙云、单国忠。
本标准等效采用美国试验与材料协会标准 ASTM D3948-93《便携式水分离仪测定航空涡轮燃料水分离特性的标准试验方法》。

中华人民共和国石油化工行业标准

润滑油中铅含量测定法
（原子吸收光谱法）

SH/T 0617—1995

（2004 年确认）

1 主题内容与适用范围

本标准规定了用原子吸收光谱法测定试样中铅含量的方法。

本标准适用于新的和使用过的润滑油。

2 引用标准

GB/T 508 石油产品灰分测定法

3 方法概要

试样经高温灰化，用硝酸溶解灰分，制备成试样的硝酸溶液，用原子吸收光谱仪测定标准溶液和试样溶液在 283.3nm 波长处的吸光度。求出试样中的铅含量。

4 仪器与材料

4.1 仪器

4.1.1 原子吸收分光光度计：波长范围 190~900nm，在吸光度为 0.1~0.5 区间内能够对铅的分析线（283.3nm）进行测量的原子吸收分光光度计都可以使用。

4.1.2 铅空心阴极灯。

4.1.3 高温炉：能保持温度在 550℃±25℃。

4.1.4 天平：感量 0.1mg。

4.1.5 石英坩埚：50mL。

4.1.6 容量瓶：100，1000mL。

4.1.7 移液管：2，5mL，分度分别为 0.01，0.1mL。

4.1.8 烧杯：250mL。

4.2 材料

4.2.1 空气：压缩空气，经净化除去油、水。

4.2.2 乙炔气：钢瓶装，纯度不低于 99.9%。

4.2.3 蒸馏水：二次蒸馏水。

5 试剂

5.1 乙酸铅（Pb(CH₃COO)₂·3H₂O）：熔点 75℃，或高纯铅粒（99.999%）。

5.2 硝酸：优级纯，配成 5%（m/m）硝酸溶液。

5.3 硝酸铵：分析纯，配成 100g/L 硝酸铵溶液。

6 准备工作

6.1 空白溶液

在 1000mL 容量瓶中加入 20mL 5%(m/m)硝酸溶液，用水稀释至刻度，摇匀。

6.2 配制铅储备溶液

用乙酸铅配制：称取 1.8310g(精确至 0.1mg)乙酸铅于 250mL 烧杯中，加蒸馏水溶解后转移至 1000mL 容量瓶中，加蒸馏水至刻度，摇匀，即得铅含量为 1mg/mL 的铅标准储备液。

如用高纯铅粒配制：称取高纯铅粒 1.0000g，用 1∶2(体积比)硝酸溶液溶解，用蒸馏水转移至 1000mL 容量瓶中，加蒸馏水至刻度，摇匀，即得铅含量为 1mg/mL 的铅标准储备液。

6.3 配制标准工作溶液及绘制工作曲线：

用移液管准确取出 0.1，0.5，1.0，2.0 和 5.0mL 的铅标准储备液于 100mL 容量瓶中，用空白溶液加至刻度，摇匀，即得铅含量为 1，5，10，20 和 50μg/mL 的铅标准工作溶液，并绘制工作曲线。

6.4 试样溶液的制备

6.4.1 在称量前，将试样加热至 50~60℃，并充分搅拌均匀。

6.4.2 称取 2g 试样于石英坩埚中(精确至 0.1mg)，按 GB/T 508 将其燃烧，燃烧后放入高温炉，在 550℃±25℃温度下灰化 2h 左右。

注：在石英坩埚内剩下的灰分中不应含有任何未烧尽的碳，若遇上难灰化试样，必要时滴加几滴 100g/L 硝酸铵溶液。

6.4.3 待灰分冷却后，加入 5mL 5%(m/m)硝酸溶液，并放置于电炉上加热溶解灰分，直至完全溶解剩约 0.5mL 试样溶液为止。

6.4.4 将上述溶液转移至 100mL 容量瓶中，用蒸馏水稀释至刻度，并摇匀。

7 试验步骤

7.1 仪器工作条件

按表 1 条件调好仪器。

表 1 仪器工作条件

元 素	分析线波长 nm	灯电流 mA	狭 缝 nm	燃烧器高度 mm	空气流量 L/min	乙炔流量 L/min	提取量 mL/min	扩展倍
铅	283.3	7	0.38	7	10	2.5	2.8	1

注：不同型号的仪器性能有差异，上述条件仅供参考。

7.2 测定吸光度

7.2.1 用空白溶液调零。

7.2.2 测定试样溶液的吸光度。

7.2.3 测定与试样溶液最接近的标准工作溶液的吸光度。

7.2.4 测定试样溶液的吸光度。

7.2.5 测定与试样溶液最接近的标准工作溶液的吸光度。

7.2.6 用空白溶液校对零点。

7.2.7 按 7.2.1~7.2.6 步骤重复测定标准工作溶液、试样溶液吸光度，取两次重复测定吸光度的算术平均值作为测定值。

注：① 标准工作溶液与试样溶液应同时配制，并在同一天测定其吸光度。

② 对于超出测定范围的高含量试样可以通过减少称样量、加大稀释体积和缩短光程长度等办法进行测定。

③ 本标准最佳线性范围为 5~50mgPb/kg。

8 计算

试样中铅含量 $X[\%(m/m)]$ 按下式计算：

$$X = \frac{A_x \cdot C \cdot V}{A_s \cdot m \cdot 10^6} \times 100$$

式中：A_x——试样溶液的平均吸光度；

A_s——与试样溶液相近的标准工作溶液的平均吸光度；

C——与 A_s 对应的标准工作溶液的浓度，mg/L；

V——稀释体积，mL；

m——试样的质量，g。

注：上述公式在铅标准工作溶液浓度–吸光度的标准工作曲线呈线性时才适用。

9 精密度

按下述规定判断测定结果的可靠性(95%置信水平)。

9.1 重复性：同一操作者重复测定两个结果之差不应大于表 2 中重复性的规定。

9.2 再现性：不同实验室各自提出的两个结果之差不应大于表 2 中再现性的规定。

表 2 精密度规定   %(m/m)

铅 含 量	重 复 性	再 现 性
0.2~0.5	0.05	0.1
>0.5~1.0	$0.1\overline{X}$	$0.2\overline{X}$

注：$\overline{X}$ 是两个测定结果的算术平均值。

10 报告

取重复测定两个结果的算术平均值作为测定结果，取至小数点后三位。

附加说明：

本标准由石油化工科学研究院技术归口。

本标准由大连石油化工公司负责起草。

本标准主要起草人沈福寅。

本标准非等效采用德国国家标准 DIN 51827—89《润滑脂中铅含量的测定(原子吸收光谱法)》。

中华人民共和国石油化工行业标准

高剪切条件下的润滑油动力黏度测定法
（雷范费尔特法）

SH/T 0618—1995

（2004 年确认）

1 主题内容与适用范围

本标准规定了润滑油在高剪切条件下的动力黏度的测定方法。
本标准适用于润滑油。

2 方法概要

将试样加入已固定的球型套筒中的转子和定子之间。转子和定子间以锥体配合，可调节它们之间的间隙，来调节剪切速率。转子在已知速率下旋转，测出反作用的扭矩值。根据其扭矩值，再从已用牛顿标准油得到的标准曲线上查出试样的动力黏度。试验温度为 150℃，剪切速率为 $10^6 s^{-1}$。

3 仪器与材料

3.1 仪器

3.1.1 高剪切黏度计：BE 型（单速），或 BS 型（多速）。

3.1.2 校正砝码（随仪器提供）。

3.1.3 洗瓶：带金属喷嘴。

3.1.4 恒温油浴：能保持温度在 150℃±0.2℃。

3.1.5 计算机：具有绘制标准曲线及计算扭矩值功能的计算机均可使用。

3.1.6 真空泵。

3.2 材料

3.2.1 牛顿标准油：CEC 参考油 RL102～RL107。

3.2.2 非牛顿检查油：CEC 参考油 RL174 或检查油"B"。

注：CEC 检查油每批的商品号及黏度值是不相同的。

4 试剂

石油醚：分析纯，60～90℃。
注意：溶剂较轻，注意安全。

5 准备工作

5.1 仪器的稳定性

在设置零点和满量程之前，除热浴外，整个仪器必须开启至少 30min，以达到稳定状态。

5.2 零点的设置

5.2.1 从电动机上取下转子。

5.2.2 开启电动机 10s，使其平稳运转。

5.2.3 调节指示器上标有"Z"的螺丝，使扭矩计显示为零。

注：在转子插入定子之后，即使零点发生偏移，也不能重新设置零点。

5.3 满刻度位置的设置

见附录 A。

5.4 仪器的校准

5.4.1 对于 RL106 标准油，用校准证书上的常数计算在 $1 \times 10^6 s^{-1}$ 剪切速率下的扭矩值。开始时假设转子的有效高度等于"h_e"（有关方程见附录 B）。

5.4.2 在系统达到试验温度时，小心地调整转子的垂直位置直到转子的顶部与定子的顶部持平。

5.4.3 将千分表放在支撑柱上，并将其读数调为零。

5.4.4 主机的上部放在定位球上，然后旋转手轮使其升降螺丝完全进入松弛状态。

5.4.5 用石油醚将定子冲洗几次，用手轻轻的转动转子，并将其从侧臂吸出。

5.4.6 从侧臂将 RL106 标准油注入测量系统，直至其液面刚好覆盖转子。

5.4.7 慢慢降低定位球，同时用手轻轻转动转子直到转动明显受阻为止。记下千分表的读数。

5.4.8 升高定位球，使其千分表指针刚好往回转两圈。

5.4.9 开启电动机。

5.4.10 观察扭矩计的读数。该读数在冷油加入后经电动机的启动，开始读数会上升，随着 RL106 标准油温度的升高，又逐渐向下偏移。如果读数变化无规律性，可将定位球降低 0.025~0.05mm。

5.4.11 电动机运转 30~60s。在此期间由于黏滞加热使得温度升高及扭矩值下降。记下这个过程中一个适当温度点的扭矩读数。然后关闭电动机。

5.4.12 从侧臂吸出 RL106 标准油并用石油醚将样品池清洗干净。

5.4.13 再次注入 RL106 标准油，开启电动机几分钟。从侧臂吸出并再次注入 RL106 标准油。

5.4.14 重复 5.4.9~5.4.11 的步骤。得到的读数之差不得超过±2.0 分度。

5.4.15 重新开启电动机并以小的增量降低定位球。观察扭矩计读数。在每个阶梯上使电动机运转约 5min，用这种方法降低转子，直到在设定的温度下达到 5.4.1 中计算得到的扭矩值。

注：新的或修理后的转子/定子对不能直接进行 5.4.15 的过程，而需要一个"磨合"的过程。

5.4.16 到达指定的扭矩读数后，应该用转子的有效高度"h_e"来重新计算扭矩值。此时记下千分表的读数。

注：千分表读数以"a"表示。"a"值的换算方法在校正书中给出。

5.4.17 用 RL106 标准油检查仪器校准程度。应与上面一致。

5.5 温度的设置

5.5.1 开始阶段油浴温度要比试验温度高 1~2℃。

5.5.2 注入试样，温度将有所下降。

5.5.3 开启电动机后，试验温度将会上升，开始时上升较快，然后以较慢的速度升高，当接近试验温度时，温升速度为每升高 0.1℃不小于 4s。

注：油浴控制的温度与试样的黏度有一定的关系，应随时调整。试样黏度较大，油浴的温度应控制低些，试样黏度较小，油浴的温度控制应稍高一些。

5.6 标准曲线的绘制

5.6.1 用溶剂清洗样品池并注入标准油。开启电动机几分钟。

5.6.2 关闭电动机，从侧臂吸出标准油。再用同样的标准油注入样品池，并刚好覆盖转子。

5.6.3 当温度升至 145℃时，用手检查转子是否转动灵活，然后开启电动机。

5.6.4 当接近试验温度时，观察温升速度，如果满足 5.5.3 的要求，试验温度到达 150℃时，记下此时的扭矩值。如果不能达到 5.5.3 要求，调节浴温并重复 5.6.1 的步骤。

5.6.5 重复 5.6.2 到 5.6.4 的步骤。

5.6.6 如果两个扭矩的测定值之差在其算术平均值的1%之内。可用其平均值来对 5.6.8 的黏度作图。如果误差达不到要求，则重复5.6.5的操作，直到两个值之差在其算术平均值的1%以内。以其算术平均值作为测定结果。

5.6.7　对其他五种标准油重复5.6.1~5.6.6的步骤。

5.6.8　用六个标准油的扭矩值对黏度值作标准曲线。它应是一条通过原点的直线，回归分析结果表明，其相关系数应大于0.99990，而截距不应大于±2.0g·cm。

> 注：当截矩超过±2.0g·cm时，说明转子/定子之间相互接触，在这种情况下，必须立即中止试验，并对转子/定子进行修复(见附录C)。

5.7　苛刻程度检查

用一种非牛顿检查油来消除试验苛刻程度随时间的变化，同时也减少不同实验室所得结果间的偏差，从而提高数据的再现性。每天做试验之前必须要做苛刻程度检查。

5.7.1　在完成5.6条工作后，将检查油"B"注入黏度计，按照5.6.1~5.6.6的步骤在150℃、10^6s^{-1}的条件下测定扭矩。

5.7.2　从标准曲线上查出检查油"B"的黏度，这个值应为3.54mPa·s±0.07mPa·s。

> 注：每批检查油的黏度值不同，此值由检查油的供应商提供。

5.7.3　观察千分表读数应与5.4.16相同。

6　试验步骤

6.1　试验前至少提前3h打开热浴、循环泵和黏度计的电路开关。

6.2　当即将到达试验温度时，将转子落入定子中，使主机上部碰到定位球，然后继续旋转手轮直到升降机构完全处于松弛状态。

> 注：下降转子一定要在样品池内有油的情况下进行。

6.3　检查千分表读数应与5.7.3相同。

6.4　用石油醚清洗样品池，然后注入试样，开启电动机几分钟后关闭。

6.5　从侧臂吸出试样，重新注入新的试样。

6.6　按5.6.3~5.6.6步骤，测得的两个值的算术平均值作为试样的扭矩值。

> 注：当黏度计闲置时间超过几分钟时，要求用手轮将转子轻轻提起。在停止加热后必须将转子提起。

7　计算与报告

7.1　将6.6条中得到的扭矩值分别从校正曲线上或输入计算机内查出对应的黏度值。

7.2　取两次黏度值的算术平均值作为试样在150℃、10^6s^{-1}条件下的动力黏度结果。以mPa·s为单位提出报告，报告结果精确到小数点后两位数字。

8　精密度

按下述规定判断结果的可靠性(95%置信水平)。

8.1　重复性

同一操作者重复测定的两个结果之差不应大于0.06mPa·s。

8.2　再现性

不同操作者在不同实验室，对同一试样进行测定的两个结果之差不应大于$0.0239(\overline{X}+2)$mPa·s。

此处$(\overline{X})$为150℃、10^6s^{-1}条件下的两个结果的算术平均值。

> 注：本精密度数值得于1984年，是在150℃、10^6s^{-1}的条件下由7个实验室对7个黏度值在2.6~4.7mPa·s范围的油样进行试验后得到的统计结果。

下面是再现性的一些典型数据：

$\overline{X}$, mPa · s	再现性，mPa · s
2.5	0.11
3.0	0.11
3.5	0.13
4.0	0.14
4.5	0.15
5.0	0.17

附 录 A
满刻度位置的设置
（补充件）

A1 电子调零

将转子安装在联轴节之前进行电子调零。仪器预热 1h 左右开启电动机，在标有"ZERO"的电位器上调整仪表盘的指示为零。

A2 满量程调整

A2.1 机械调整

由机械结构和轭架顶部两个弹簧的比值决定，一般仪器在出厂前已调好，不需要使用者调整。

A2.2 电子调整

a. 取下主机外罩。

b. 用一根长 800～1000mm 结实的棉绳，一端套在仪器顶端的摇摆架螺钉上，另一端拴在画线板的调节栓上。

c. 在距细棉绳一端的 300mm 处，拴上一根约 300mm 长，下面拴着 250g 砝码的另一根细绳，如图 A1 所示：

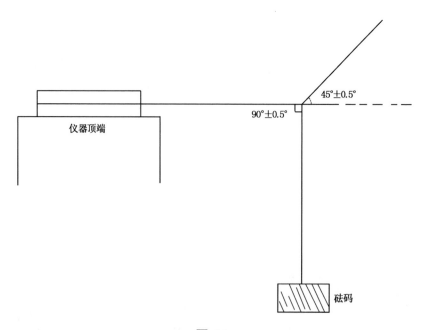

图 A1

扭矩轴的半径为 7cm，砝码重量为 250g。

扭矩值＝250g×7cm

当开启电动机后，调整标有"span"的电位器，使仪表盘指示为计算出的扭矩值。

注：① 电子调整和满量程调整要反复调整两次，一旦调好后，只要仪器不挪动，则在几个月内不需再调整，如果仪器挪动，那就必须重新调整。

② 当转子落入定子中，即使零点有些变化，也不需要重新调整零点。

附 录 B
计 算
（补充件）

柱状黏度计动力黏度 η（mPa·s）按式（B1）计算：

$$\eta = \frac{\sigma}{\dot{\gamma}} \quad\cdots\cdots\cdots\cdots\cdots\cdots\cdots\cdots\cdots\cdots\cdots\cdots\cdots（B1）$$

$$\sigma = \frac{X}{A \cdot R} \quad\cdots\cdots\cdots\cdots\cdots\cdots\cdots\cdots\cdots\cdots\cdots\cdots\cdots（B2）$$

所以

$$X = \dot{\gamma} \cdot \eta \cdot A \cdot R \quad\cdots\cdots\cdots\cdots\cdots\cdots\cdots\cdots\cdots\cdots\cdots\cdots\cdots（B3）$$

式中：σ——剪切应力，mPa；

$\dot{\gamma}$——剪切速率，s^{-1}；

X——扭矩，g·cm；

A——转子曲面面积，cm^2；

R——转子半径，cm。

转子曲面面积 A（cm^2）按式（B4）计算：

$$A = \frac{d\pi h\left[360 - 4\cos^{-1}\left(\dfrac{t}{d}\right)\right]}{360} \quad\cdots\cdots\cdots\cdots\cdots\cdots\cdots\cdots（B4）$$

式中：h——转子高度，cm；

d——转子直径（见图 B1），cm；

t——转子平面宽度（见图 B1），cm。

因此：扭矩

$$X(N \cdot m) = \frac{\dot{\gamma}\eta d^2 \pi h\left[360 - 4\cos^{-1}\left(\dfrac{t}{d}\right)\right]}{7.2\times10^8} \quad\cdots\cdots\cdots\cdots\cdots\cdots\cdots（B5）$$

$$X(g \cdot cm) = \frac{\dot{\gamma}\eta d^2 \pi h\left[360 - 4\cos^{-1}\left(\dfrac{t}{d}\right)\right]}{100\times2\times360\times981} \quad\cdots\cdots\cdots\cdots\cdots\cdots（B6）$$

或者对于给定的转子/定子系统：

$$扭矩\ X = R_c \cdot \dot{\gamma} \cdot \eta \cdot h_e \quad\cdots\cdots\cdots\cdots\cdots\cdots\cdots\cdots（B7）$$

式中：h_e——转子的有效高度，cm；

R_c——转子常数，在校正书中给出。

$$R_c = \frac{\pi d^2\left[360 - 4\cos^{-1}\left(\dfrac{t}{d}\right)\right]}{7.063\times10^7} \quad\cdots\cdots\cdots\cdots\cdots\cdots\cdots\cdots（B8）$$

说明：当 $a < (S-h)$ 时，$h_e = h$。

当 $a > (S-h)$ 时，$h_e = S-a$（见图 B2）。

$(S-h)$：在校正书中给出。

S：定子深度（在校正书中给出）。

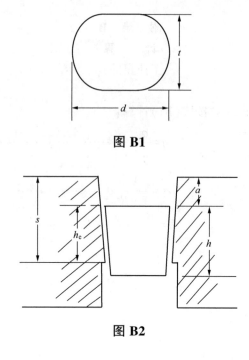

图 B1

图 B2

附 录 C
转子/定子的修复
(参考件)

C1 准备好转子和定子。

C2 通过滤纸注入烧杯中 5mL 抛光液，然后加等量清洁的石油醚，彻底搅拌混合液。

注：抛光液由仪器配带。

C3 把转子固定在特制的工具上，沾上抛光液放入定子中。

C4 轻轻地转动转子，而且要连续的推、转、压，重复数次。

C5 重复上述步骤，直到抛光液变黑。然后在石油醚中漂洗干净，再重复 C4 的步骤。

注：这是一个相当细心的工作，必须认真操作。

C6 观察转子/定子表面的划痕基本消失后，抛光才能结束。完成抛光后，必须认真地把转子、定子冲洗干净，然后才能安装到电动机上进行"磨合"工作。

附加说明：

本标准由石油化工科学研究院技术归口。

本标准由石油化工科学研究院负责起草。

本标准主要起草人吕芝华。

本标准等效采用欧洲协调委员会(CECL—36—T—84)标准方法《高剪切条件下润滑油动力黏度的测定(雷范费尔特法)》。

中华人民共和国石油化工行业标准

SH/T 0619—1995

（2004 年确认）

船用油水分离性测定法

1 主题内容与适用范围

本标准规定了试样在有水存在的条件下，油与水分离能力的测定方法。

本标准适用于船用低速十字头柴油机油及中速筒状柴油机油。

2 方法概要

于锥形离心试管中加入 98mL 试样和 2mL 蒸馏水，在 18℃±2℃，以特定的搅拌器在 3600r/min± 100r/min 的转速下搅拌 30s 后，将油水混合物在相对离心力为 700 的条件下分离 2h，通过观测离心分离后的水层、乳化层体积来评价油品的水分离能力。

3 仪器与材料

3.1 仪器

3.1.1 离心机：能一次离心两个或两个以上充有液体，长度为 203mm 的锥形离心管，离心管尖端的相对离心力可控制在 500~800 的范围内。

离心机的转速 n(r/min) 按下式计算：

$$n = 1335\sqrt{rcf/d}$$

式中：n——转速，r/min；

rcf——相对离心力；

d——旋转状态下相对的两个离心管尖端的距离，mm。

3.1.2 离心管：锥形。尺寸见图 1，其标定公差如表 1 所示。

表 1 离心管的标定公差   mL

刻 度 范 围	最 小 刻 度 单 位	体 积 公 差
0~0.1	0.05	±0.02
>0.1~0.3	0.05	±0.03
>0.3~0.5	0.05	±0.05
>0.5~1.0	0.10	±0.05
>1.0~2.0	0.10	±0.10
>2.0~3.0	0.20	±0.10
>3.0~5.0	0.50	±0.20
>5.0~10	1.0	±0.50
>10~25	5.0	±1.00
>25~100	25	±1.00

中国石油化工总公司 1995-06-15 批准

1995-10-01 实施

3.1.3 搅拌装置：见图2所示，其电机转速为3600r/min±100r/min。启动电机后5s之内可达到所要求的转速，并配有定时装置和转速显示器。搅拌桨的材质为1Cr18Ni9Ti合金，其形状和尺寸如图3。

3.1.4 烘箱：可恒温在105℃±2℃。

3.1.5 移液管：2mL。

3.1.6 秒表：最小刻度为0.1s。

3.1.7 水浴：可恒温在18℃±2℃。

3.1.8 安全罩：透明，厚度不低于6mm，大小以足以保护操作者为宜。

3.2 材料

3.2.1 蒸馏水。

3.2.2 直馏汽油：终馏点<150℃。

3.2.3 石油醚：60~90℃，分析纯。

4 准备工作

4.1 离心管的清洗：依次用直馏汽油、石油醚、自来水和蒸馏水彻底清洗离心管，然后，将其置于烘箱中干燥1h，用夹具取出离心管，自然冷却至室温，备用。

4.2 搅拌桨的清洗：把搅拌桨垂直地浸入石油醚中2~3次，再用洗瓶内的石油醚反复冲洗，待石油醚彻底挥发后备用。

4.3 搅拌时间给定：启动电机，当转速达到3600r/min±100r/min时立即计时，时间给定为30s加上达到该转速的时间。

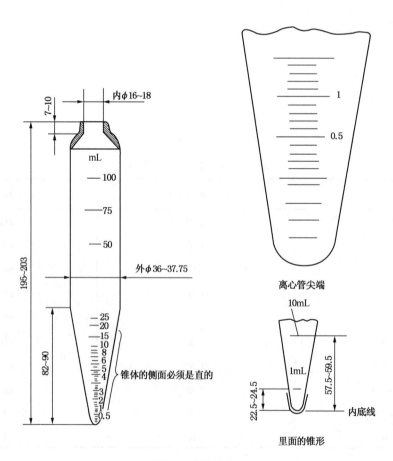

图1 离心管

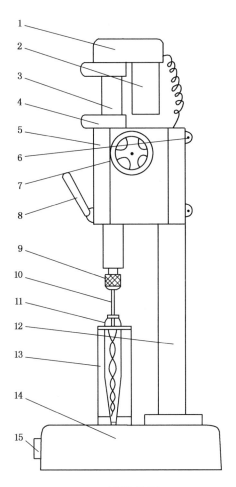

图 2　搅拌装置

1—罩壳；2—电机；3—伸缩筒；4—调位圈；5—导程体；6—螺钉；7—手轮；8—手柄；
9—钻夹；10—搅拌桨；11—离心管；12—支架；13—固定圆筒；14—底座；15—延时器

5　试验步骤

5.1　将离心管放到搅拌装置的固定圆筒中，然后将固定圆筒安放到搅拌装置底座的磁性止口凹槽中，再将搅拌桨插入钻夹中并固定，用手轮调整搅拌桨的高度，使搅拌桨的最尖端距离心管底部3mm±0.5mm。然后，固定调位圈，保证伸缩筒每次下降到最低点时，搅拌桨的尖端到离心管底部的距离均为3mm±0.5mm。

5.2　将水浴与固定圆筒相连，固定圆筒内温度保持18℃±2℃。

5.3　取出离心管，在离心管中加入约50mL试样，用移液管加入2mL蒸馏水，再加试样至100mL刻度处。

5.4　将装试样的离心管置于固定圆筒中，将固定圆筒放在搅拌装置底座的磁性止口凹槽中，并安放稳妥。

5.5　放下搅拌桨，此时搅拌桨应位于离心管中心，且搅拌桨与离心管同心。用手转动搅拌桨，搅拌桨与离心管不得有任何部位的摩擦。在适当位置安放安全罩。离心管放置一段时间，使离心管中的试样与水浴温度相同。

5.6　启动电机，在5s之内搅拌器的转速应达到3600r/min±100r/min，在该转速下搅拌30s。

5.7　搅拌停止，摇动手轮，从离心管中提起搅拌桨，悬置2min，使残留在桨上的试样滴入离心管中。

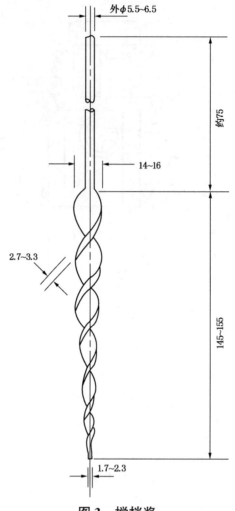

图 3 搅拌桨

5.8 用石油醚清洗并用绸布仔细擦净搅拌桨上的残油，直到确认清洁，通风干燥。

5.9 在 15min 以内将离心管(5.7 条)放入离心机中，启动离心机。离心管底部的相对离心力为 700，开动时间为 2h。

5.10 从离心机中取出离心管，并进行试验结果的评判。

6 结果表示

6.1 水层体积：读至 0.05mL。

6.2 乳化层体积：2mL 以上读至 0.1mL；2mL 以下读至 0.05mL。

6.3 为提交产品质量认证用，在完成试验后 30min 内对离心管下端拍摄彩色照片。

7 报告

试验结果应报告以下各项：

a. 分离出的水层体积，mL。

b. 分离出的乳化层体积，mL。

取重复测定两个结果的算术平均值作为试验结果报告(mL，保留两位小数)。

附加说明：

本标准由石油化工科学研究院技术归口。

本标准由大连石油化工公司负责起草。

本标准主要起草人于军、于淑媛、林洪安。

本标准非等效采用英国国防标准91—22/第二版附录 B《乳化液的分离和有水存在时油品添加剂的稳定性的测定方法》中乳化液的分离部分。

中华人民共和国石油化工行业标准

SH/T 0620—1995

（2004 年确认）

发动机冷却液对传热状态下的
铸铝合金腐蚀测定法

1 主题内容与适用范围

本标准规定了测定发动机冷却液在发动机铝质缸盖所存在的传热状态下对常用的铸铝合金腐蚀的方法。

本标准适用于发动机冷却液及其浓缩液。

2 引用标准

GB 3452.1 液压气动用 O 形橡胶密封圈尺寸系列及公差

GB/T 6682 分析实验室用水规格和试验方法

SH/T 0065 发动机冷却液或防锈剂试验样品的取样及其水溶液的配制

SH/T 0069 发动机防冻剂、防锈剂和冷却液 pH 值测定法

3 意义和用途

发动机工作时，发动机冷却液能有效地抑制铝质气缸盖传热腐蚀极为重要，因为形成的任何腐蚀产物都可能沉积在散热器的内表面上，导致冷却系统过热和冷却液沸腾溢出。本标准提供了筛选未使用过的发动机冷却液是否具有抑制铝质气缸盖传热腐蚀性能的方法。但在本标准中具有良好性能的冷却液不一定具有长期的使用性能，必须经模拟使用、台架和行车试验的综合评定才能确定冷却液的长期使用性能。

4 方法概要

将发动机铝质缸盖常用的铸铝合金加工成试件，称量后将试件的试验面浸在发动机冷却液试样中，用空气对试样施加压力，将试件在 135℃±1℃ 下恒温 168h，试验结束后将试件进行清洗处理后再次称量，以校正后的试件质量变化值评价腐蚀。

5 仪器与材料

5.1 仪器

5.1.1 传热腐蚀试验仪[1]：FLY 93–135/168 型发动机冷却液铝热表面腐蚀仪（见图 1）或性能相当的其他类型的腐蚀试验仪。FLY93–135/168 型腐蚀仪由传热腐蚀室、加热器和温度控制器等组成，传热腐蚀室的组件有玻璃容器、O 形橡胶密封圈、顶端板和底端板等。

5.1.1.1 玻璃容器：内径为 40~42mm，壁厚 3~4mm，长 530mm，两端各有一个内径 48mm、外径 57mm、深度为 2.5mm 的 O 形槽，采用能承受试验压力的耐热玻璃制作（见图 2）。

采用说明：

1] 传热腐蚀试验仪与原标准中规定的仪器的功率、外形和外形尺寸、安全阀有差异。

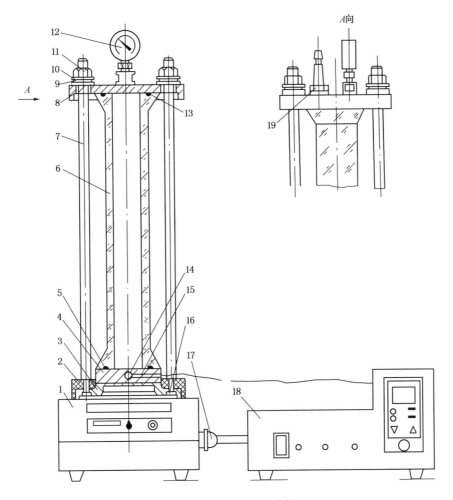

图 1 传热腐蚀试验仪

1—加热器；2—聚四氟乙烯保温套；3—底端板；4—铸铝合金试件；

5、13—O 形橡胶密封圈；6—玻璃容器；7—螺杆；8—顶端板；9—弹

簧垫；10—平垫；11、16—螺母；12—气压表；14—温度计插孔；

15—热电偶；17—电源插头；18—温度控制器；19—空气入口

5.1.1.2 O 形橡胶密封圈：与玻璃容器两端 O 形槽相配合，尺寸符合 GB 3452.1 相关尺寸，用硅橡胶制作。

5.1.1.3 顶端板和底端板：用不锈钢制作(见图2)。

5.1.1.4 加热器：使用 200W、220V 的电加热套。

5.1.1.5 温度控制器：能满足 135℃±1℃，连续工作 168h 试验条件的要求。采用热电偶或其他热传感器件与试件相连。

5.1.1.6 安全装置：采用弹簧垫、安全阀或其他安全泄压装置。

5.1.1.7 温度计：0~200℃，分度值为 1℃。

5.1.1.8 安全罩：用有机玻璃管制作，内径 115~120mm、厚度 4~5mm，罩的两端要有孔洞，以便使罩内的空气流通。

5.1.2 超声波清洗器：功率约 50W。

5.1.3 真空干燥箱：控温范围 0~150℃。

5.1.4 真空泵：与真空干燥箱配合。

5.1.5 分析天平：感量 0.1mg。

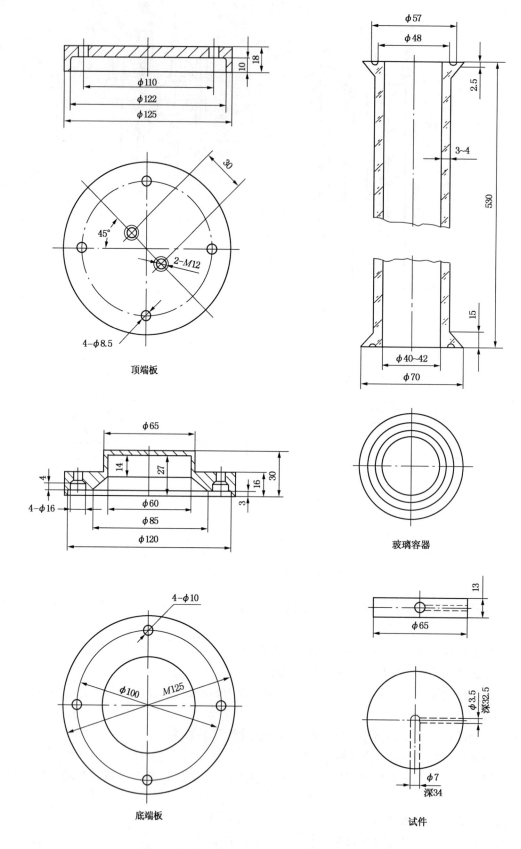

图 2　传热腐蚀室主要组件及试件尺寸图

5.1.6　显微镜：放大倍数 10~30 倍。

5.1.7　干燥器。

5.2　材料

5.2.1　铸铝合金试件(简称试件)：化学组成为硅 5.5%~6.5%、铜 3.0%~4.0%、铁<1.2%、锰<0.8%、镁 0.1%~0.5%、镍<0.5%、锌<1.0%、钛<0.25%、铝余量。直径 65mm、厚 13mm。有一个热电偶插孔和一个温度计插孔(见图 2)。

5.2.2　砂布(或砂纸)：粒度 150 号、180 号和 240 号。

5.2.3　金相砂纸：磨料粒度为 W20(20~14μm)。

5.2.4　塑料刮片：材质的硬度小于铸铝合金试件，如聚乙烯和聚丙烯材质，其中有一边为刃边。

5.2.5　镊子。

5.2.6　空气源：空气压缩机供气或管道气源，能提供干燥、清洁的空气。

5.2.7　清洗剂：中性清洗剂。

5.2.8　蒸馏水：符合 GB/T 6682 三级水规定。

5.2.9　软毛刷：柔软的长把棕毛刷。

5.2.10　浮石粉。

6　试剂

6.1　无水乙醇：化学纯。

6.2　氯化钠：分析纯。

6.3　三氧化铬：化学纯。

6.4　磷酸：化学纯(85%)。

注意：磷酸是强酸，三氧化铬是一个有强毒性的氧化剂，要避免皮肤和眼睛与其接触。

7　准备工作

7.1　试件的准备

为了得到最大程度的重复性和再现性，应按如下步骤准备试件。

7.1.1　试件依次用 150 号、180 号和 240 号砂布(或砂纸)打磨，最后用金相砂纸打磨。

7.1.2　先用温水洗涤试件，然后用蒸馏水漂洗，最后用无水乙醇漂洗。为了确保热电偶插孔和温度计插孔没有金属屑和磨粒，需用无水乙醇冲洗两个插孔，并用玻璃毛细管或合适的工具去除剩余在插孔中的液体。

7.1.3　将试件放在 65~90℃ 的真空干燥箱中干燥 4h，以去除可能存在于试件孔隙中的残液。此后，拿试件时必须戴薄棉纱手套，或用镊子夹取。

7.1.4　从真空干燥箱中取出试件，放在干燥器中冷却到室温。

7.1.5　用分析天平将试件称至 0.1mg。如果需要，试件可再次使用，但需按 7.1.1~7.1.5 再次准备。

7.2　取样

发动机冷却液及其浓缩液样品的取样按 SH/T 0065 进行。

7.3　试验溶液的准备

7.3.1　腐蚀水的制备

将 220mg 氯化钠溶于 1L 的蒸馏水中。

注：如果试验需要大量的腐蚀水，则可把 10 倍数量的氯化钠溶于 1L 的蒸馏水中，制成腐蚀水的浓缩液。当需要时，将 1 体积的浓缩液用 9 体积的蒸馏水进行稀释。

7.3.2　试样的制备

7.3.2.1 发动机冷却液浓缩液试样的准备

将 1 体积的发动机冷却液的浓缩液样品用 3 体积的 7.3.1 所制备的腐蚀水配成 25%(V/V) 的水溶液试样。

7.3.2.2 发动机冷却液试样的准备

用 7.3.1 所配制的腐蚀水将冷却液样品稀释到 25%(V/V) 的水溶液试样。配制方法参见附录 A。

8 试验步骤

8.1 彻底清洗传热腐蚀室所用玻璃容器、O 形橡胶密封圈、顶端板和底端板等组件。

8.2 按图 1 所示组装传热腐蚀试验仪。每次试验要求在玻璃容器和试件之间使用新 O 形橡胶密封圈。为了有助于 O 形橡胶密封圈的良好密封，应在玻璃容器 O 形槽中加入少量试样起润滑密封作用。四个支杆上的螺母不要上得过紧。

8.3 将 500mL 试样通过空气入口加入到传热腐蚀室，装上空气加注管，装上安全罩，用压缩空气对传热腐蚀室逐渐加压至 140kPa。接通加热器，对试件加热，随着温度的上升，传热腐蚀室的压力逐渐升高，要注意调整压力，使得当试件温度达到 135℃时，传热腐蚀室的压力为 190~200kPa[1]。

注意：尽管有安全装置，但因传热腐蚀室内有压力，传热腐蚀室发生破裂也是可能的，因此使用一个透明安全罩，并保证罩内空气能对流是完全必要的。

8.4 将试件的温度控制在 135℃±1℃，每隔一段时间观察放置在试件温度计插孔内的温度计的温度，在此温度下试验持续进行一周(168h)。

8.5 试验终了时，关闭加热器，待传热腐蚀室冷却到室温，释放传热腐蚀室的压力，拿掉空气加注管，倒出或虹吸出试样，拆卸传热腐蚀室，取出试件。

注：拆卸完传热腐蚀室后，用电钻带动长把毛刷，用浮石粉、清洗剂和自来水清洗玻璃容器。如仍有沉淀物，则把玻璃容器浸在铬酸清洗液中至清洁为止，再细心进行漂洗。

8.6 试件的清洗

8.6.1 用软毛刷和中性清洗剂洗涤试件，用塑料刮片的刃边去除 O 形橡胶密封圈在试件上的残留物。

8.6.2 在通风橱中，将试件浸泡在 80℃的三氧化铬和磷酸混合液中 5min，并不时地用软毛刷刷洗试件表面。然后把装有试件和清洗液的烧杯转放到超声波清洗器上清洗 1min。

注：三氧化铬和磷酸混合溶液的配制是将 20g 的三氧化铬溶于 980g 1:19(按体积比)的磷酸溶液中。

8.6.3 从清洗溶液中取出试件，用自来水冲洗，然后用蒸馏水冲洗，最后用无水乙醇冲洗。要确保将热电偶插孔和温度计插孔清洗干净，残余液要除净。用放大 10~30 倍显微镜检查试件的试验表面。如果仍有沉淀物存在，则重复 8.6.2~8.6.3 清洗步骤。

8.6.4 按 7.1.3 方法在真空干燥箱中干燥试件。

8.6.5 将试件放在干燥器中冷却到室温，然后进行称量，称至 0.1 mg。

8.6.6 空白清洗质量损失值的确定：取三个按 7.1.1~7.1.4 准备好的未试验过的试件进行称量，称至 0.1mg，然后按 8.6.1~8.6.5 分别进行清洗处理并称量，称至 0.1mg，取三个试件的平均清洗质量损失值作为空白清洗质量损失值。

9 计算

试样的传热腐蚀率 $R(mg/cm^2)$ 按下式计算：

$$R = \frac{[m_1 - (m_2 + B)] \times 1000}{A}$$

采用说明：

1] 原标准传热腐蚀室初始压力为 138kPa，试件温度 135℃时，其压力保持在 193kPa。

式中：m_1——试验前试件质量，g；

$\quad\quad m_2$——试验后试件质量，g；

$\quad\quad B$——试件的空白清洗质量损失值，g；

$\quad\quad A$——在 O 形橡胶密封圈内试件传热表面积，cm^2。

10 报告

10.1 报告试样传热腐蚀率（mg/cm^2），取至 $0.1mg/cm^2$。

10.2 当试样传热腐蚀率结果有争议时，应做第二次试验，以两次试验结果的算术平均值报告结果，取至 $0.1mg/cm^2$。

10.3 报告试件的外观，如点蚀、坑蚀、颜色和残余产物情况。

10.4 报告试样的外观和按 SH/T 0069 测定的试验前后的 pH 值。

11 精密度和偏差

本标准精密度和偏差暂未定[1]。

采用说明：

1] 原标准的 15 和 17 章内容已在本标准相关章节做了叙述。

附　录　A

发动机冷却液试样的配制方法

（参考件）

对于冰点为 -12~-50℃ 的乙二醇型发动机冷却液按下表用腐蚀水稀释成 25%（V/V）的水溶液试样。

表 A1

样品的 冰点,℃	浓　度 %（V/V）	腐蚀水加量 mL/100mL	样品的 冰点,℃	浓　度 %（V/V）	腐蚀水加量 mL/100mL
-12	25	0	-30	44	76
-14	28	12	-32	45.5	82
-16	30	20	-34	47	88
-18	33	32	-35	47.5	90
-20	34.5	38	-36	48.5	94
-22	37	48	-38	50	100
-24	38.5	54	-40	52	108
-25	39.5	58	-43	55	120
-26	40.5	62	-45	56	124
-28	42.5	70	-50	60	140

例如用冰点 -35℃ 的乙二醇发动机冷却液制备 1000mL 25%（V/V）的传热腐蚀试验用的水溶液试样，-35℃ 的冷却液样品和腐蚀水的加入量分别计算如下：

$$样品加入量为：\frac{1000}{100 + 90} \times 100 = 526.3mL$$

$$腐蚀水加入量为：1000 - 526.3 = 473.7mL$$

附加说明：

本标准由中国人民解放军总后勤部物资油料部提出。

本标准由石油化工科学研究院技术归口。

本标准由中国人民解放军总后勤部油料研究所、中国石化销售华北公司负责起草。

本标准主要起草人李庆年、李建华、张凤泉、董芳、王学成。

本标准等效采用美国试验与材料协会标准 ASTM D4340-89《传热状态下发动机冷却液中的铸铝合金腐蚀标准试验方法》。

编者注：本标准中引用标准的标准号和标准名称变动如下。

原 标 准 号	现 标 准 号	现 标 准 名 称
GB 3452.1	GB/T 3452.1	液压气动用 O 形橡胶密封圈　第 1 部分：尺寸系列及公差

中华人民共和国石油化工行业标准

SH/T 0621—1995

发动机冷却液氯含量测定法

（2004年确认）

---

1 主题内容与适用范围

本标准规定了发动机冷却液氯含量的测定方法。

本标准适用于巯基苯并噻唑含量不超过 0.6%（m/m）的发动机冷却液或浓缩液，氯含量测定范围在 5~200ppm，也适用于含有芳基三唑的发动机冷却液或浓缩液。可与银离子发生反应的其他物质对测定有干扰作用。

2 引用标准

GB/T 6682　分析实验室用水规格和试验方法

SH/T 0065　发动机冷却液或防锈剂试验样品的取样及其水溶液的配制

SH/T 0079　石油产品试验用试剂溶液配制方法

3 方法概要

首先将试样的 pH 值调到 12~13，然后加入过氧化氢溶液，把其中的巯基苯并噻唑氧化成可溶性的磺酸盐，处理后的试样先用冰乙酸溶解，然后采用电位滴定法，用 0.01mol/L 的硝酸银标准滴定溶液进行滴定。由于在此系统中氯化银的溶解度相当小，在很低的氯离子浓度下不能获得本试验明显的滴定拐点，故此时要往冰乙酸中加入适量氯化物，然后用空白滴定进行校正。对于含有芳基三唑而不含巯基苯并噻唑的冷却液或浓缩液，可用本标准直接测定，而不需用过氧化氢进行预处理。

4 意义和用途

本标准可用于测定发动机冷却液中微量的氯。发动机冷却液中含有的普通防腐剂、巯基苯并噻唑及有关的硫醇通常会与硝酸银反应，生成不溶性的银盐而干扰测定。

5 仪器与材料

5.1 仪器

5.1.1　pH 计及滴定装置：pH 计的精确度至少 2mV，滴定用一个银指示电极和一个玻璃参比电极。必要时，银电极应用钢丝绒或擦洗粉擦亮，并彻底清洗干净。

注：电极需按仪器说明书进行清洗和校正。

5.1.2　微量滴定管：5mL，分度值为 0.02mL。

5.1.3　高型烧杯：250mL。

5.1.4　移液管：5，10，20，100mL。

5.1.5　回流装置：容量 250mL 的锥形烧瓶和外套长 300mm 的冷凝器，配套使用。

5.1.6　容量瓶：100，200mL。

注：玻璃仪器必须用铬酸洗液清洗，然后用大量的自来水冲洗，最后用丙酮清洗、干燥。

中国石油化工总公司 1995-06-15 批准

1995-10-01 实施

5.2 材料

5.2.1 蒸馏水：符合 GB/T 6682 中三级水规定。

6 试剂

6.1 硝酸银：分析纯。

6.2 氯化钾：分析纯。

6.3 氢氧化钠：分析纯，配成 250g/L 的氢氧化钠溶液。

> 注：此溶液应保存在内壁敷有石蜡的玻璃瓶中或耐碱的塑料瓶中。

6.4 冰乙酸：分析纯。

6.5 30%过氧化氢：分析纯。

6.6 丙酮：分析纯。

> 注：本标准所用试剂大多有毒，有腐蚀性，应注意避免直接接触及吸入体内。一旦接触，应用大量水冲洗。

7 准备工作

7.1 氯化钾溶液的配制

在 100mL 蒸馏水中溶解 0.20g±0.02g 氯化钾，该溶液每毫升中含有 1mg 氯离子。

7.2 0.01mol/L 硝酸银标准滴定溶液的配制[1]

按 SH/T 0079 方法配制 0.05mol/L 硝酸银标准滴定溶液，并进行标定。准确量取 20mL 标定好的 0.05mol/L 硝酸银标准滴定溶液，置于 100mL 容量瓶中，用蒸馏水稀释到刻度，摇匀，得到 0.01 mol/L 硝酸银标准滴定溶液，并计算实际浓度。

7.3 滴定溶剂的准备

从一个盛有 2.3kg 冰乙酸的玻璃瓶中取 100mL 冰乙酸，采用电位滴定法，用 0.01mol/L 硝酸银标准滴定溶液滴定 100mL 冰乙酸，做溶剂空白试验。如果溶剂空白试验消耗的 0.01mol/L 硝酸银标准滴定溶液超过 0.2mL，则此瓶冰乙酸不合要求，不能使用。如果消耗的 0.01 mol/L 硝酸银标准滴定溶液小于 0.05mL，则往瓶中剩余的冰乙酸中加入适量(最多 1mL)的氯化钾溶液，混合均匀后，再从中取出 100mL 冰乙酸进行滴定，使溶剂空白试验大约消耗 0.1mL 0.01mol/L 硝酸银标准滴定溶液。冰乙酸应准确地做两次溶剂空白试验，两次结果的差值不应大于 0.02mL。将此溶剂备用，每次试验前应做溶剂空白试验。

7.4 取样

按 SH/T 0065 取样。

8 试验步骤

8.1 在一个 250mL 锥形烧瓶中加入 50g±0.1g 发动机冷却液试样和大约 30mL 蒸馏水，加入 5 mL 250g/L 氢氧化钠溶液，使 pH 值为 12～13，再加入 5mL 30%过氧化氢溶液，并进行搅拌，然后把冷凝器安装在锥形烧瓶上；加热回流 30min，待溶液冷却到室温后，全部转移到 200mL 容量瓶中，并加入蒸馏水稀释到刻度。

8.2 在另一个 200mL 容量瓶中，加入 5mL 250g/L 氢氧化钠溶液及 5mL 30%过氧化氢溶液，并用蒸馏水稀释到刻度，准备做空白试验。

8.3 用移液管分别移取 100mL 冰乙酸，加入到两个 250mL 高型烧杯中，准确地往其中一个高型烧杯中加入 20mL，经 8.1 条处理过的发动机冷却液试样，往另一个高型烧杯中加入 20mL 8.2 条中所配

采用说明：

1] ASTM D 3634 中 0.1N 硝酸银标准滴定溶液配制及标定方法采用 ASTM E200 的 44～48 章，本标准采用 SH/T 0079 方法。

制的空白溶液，并使之混匀，在缓慢的磁力搅拌下，采用电位滴定法，用 0.01mol/L 硝酸银标准滴定溶液分别滴定两个高型烧杯中的溶液。在接近终点时，电位平衡时间较长，应按 0.02mL 的增长量滴定，并保证足够的时间以得到稳定的读数。记录电位值（mV）和相应的滴定体积（mL）。

8.4 以电位值和相应的滴定体积绘制 $E\text{-}V$ 曲线，纵坐标 E 为电位，每小格 2mV，横坐标 V 为滴定体积，每小格 0.02mL，滴定终点在曲线最陡部分中点（见图）。在曲线上分别读出到达终点时，滴定空白溶液和试样溶液消耗的硝酸银标准滴定溶液的体积（mL）。

9 计算

试样氯含量 $X[\text{ppm}(m/m)]$ 按下式计算：

$$X = \frac{(V - V_0)c \times 0.0355 \times 200 \times 10^6}{20 \times m} = \frac{(V - V_0)c \times 355000}{m}$$

式中：V——滴定试样所消耗硝酸银标准滴定溶液的体积，mL；

　　　V_0——滴定空白溶液所消耗硝酸银标准滴定溶液的体积，mL；

　　　c——硝酸银标准滴定溶液的实际浓度，mol/L；

　　　m——试样的质量，g；

　0.0355——与 1.00mL 硝酸银标准滴定溶液 $[c(AgNO_3)=1.000mol/L]$ 相当的以克表示的氯的质量；

　　　200——配制试样的体积，mL；

　　　20——试验用试样的体积，mL。

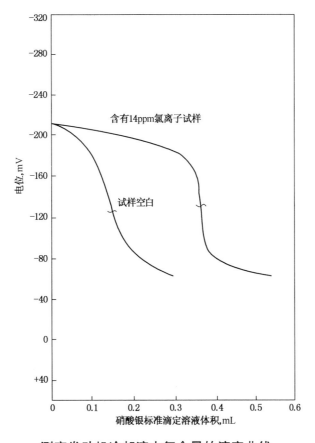

测定发动机冷却液中氯含量的滴定曲线

10 精密度

10.1 再现性：不同实验室各自提出的两个结果之差不应大于 5ppm。

11 报告

报告发动机冷却液的氯含量，精确到 1ppm。

———————————

附加说明：

本标准由中国石油化工总公司销售公司提出。

本标准由石油化工科学研究院技术归口。

本标准由中国石化销售华北公司、中国人民解放军总后勤部油料研究所负责起草。

本标准主要起草人张新昌、董芳、李建华、李庆年、张凤泉。

本标准等效采用美国试验与材料协会标准 ASTM D3634-88《发动机冷却液氯含量标准试验法》。

中华人民共和国石油化工行业标准

SH/T 0625—1995

（2004 年确认）

硅铝催化剂中 γ-Al₂O₃ 含量测定法
（X 射线衍射法）

1 主题内容与适用范围

本标准规定了用 X 射线衍射仪测定硅铝催化剂中 $\gamma\text{-}Al_2O_3$ 及其他过渡态氧化铝相对含量的方法。

本标准适用于含有氧化硅、氧化铝、硅酸铝（包括无定形硅酸铝、高岭土或硅酸铝分子筛）的催化剂。

2 方法概要

经过焙烧和磨细的催化剂试样，在以 $CuK\alpha$ 为辐射源及其他规定的试验条件下，收集 2θ 角50°~55°、62°~73°两段 X 射线衍射图[1]（其中第一段衍射图仅作为第二段衍射图确定被测峰前背底强度时使用），通过计算试样与 $\gamma\text{-}Al_2O_3$ 参比样 2θ 角约为 67°的衍射峰净强度比，得到试样中 $\gamma\text{-}Al_2O_3$ 相对含量。

3 意义和用途

3.1 本标准认为，出现在 2θ 角 67°附近的宽散的衍射峰是由 $\gamma\text{-}Al_2O_3$ 形成的。它适于评估焙烧过的催化剂中 $\gamma\text{-}Al_2O_3$ 的相对含量，其中可能包括文献中被描述为 $\eta\text{-}$、$\chi\text{-}$、$\gamma\text{-}$ 这三种形态的 Al_2O_3。$\delta\text{-}Al_2O_3$ 在同样范围内也有衍射峰，但一般要在 800℃以上形成，而大多数催化剂的处理温度都不高于此温度。对于晶相种类的鉴别可参考有关文献，由本标准给出的结果统称为 $\gamma\text{-}Al_2O_3$。

3.2 某些其他组分可能引起一些干扰，如 $\alpha\text{-}$石英、硅酸铝分子筛、高温下形成的铝基尖晶石等。如怀疑有干扰物质存在，就要对衍射图仔细核查。当催化剂中含有大量重金属或稀土元素时，由于它们表现出强的 X 射线吸收和散射，也可能引起更严重的干扰。因此，在同类试样之间进行比较，比组成差异很大的试样之间进行比较更为适宜。

4 仪器、设备

4.1 X 射线粉末衍射仪：使用 $CuK\alpha$ 辐射源、镍滤波片及相同规格的样品架。发散狭缝 2°、接收狭缝 0.6mm、防散射狭缝 2°。

收集 X 射线衍射图时需要选择的试验条件见下表[2]。

4.2 焙烧炉：工作温度可达 800℃。

4.3 研磨设备：可把试样磨细到粒度为 75~38μm（200~400 目）。

采用说明：

1] 原标准要求收集 2θ 角 52°~76°一段 X 射线衍射图。

2] 原标准要求使用单色器及相应的狭缝，并要求选择增益因子。本标准要求使用滤波片及较宽的各种狭缝，在仪器正常工作情况下不要求重新选择增益条件，采取两段扫描及与之相配合的试验条件收集衍射数据，并规定了参比样净峰高最低限。

中国石油化工总公司 1995-08-14 批准

1995-12-01 实施

记录方式	衍射图	扫描范围 (2θ)	扫描速度 或步宽	时间常数 或预置时间	图纸速度
连续扫描	第一段	50°~55°	2°/min	1s	40mm/min
	第二段	62°~73°	0.5°/min	1s	10mm/min
步进扫描	第一段	50°~55°	每步0.02°	每步0.4s	每步0.4mm
	第二段	62°~73°	每步0.01°	每步1s	每步0.2mm

注：① 满量程最小选用2000CPS，两段衍射图量程一致。

② 管电压和管电流值根据X光管功率大小，量程大小和参比样衍射峰峰高情况(净峰高必须达到满量程的60%以上)来确定，两段衍射图所用管电压和管电流值必须相同。

③ 当满量程选用2000CPS，管电压和管电流选用仪器所能允许的最大值，而参比样的衍射峰净峰高仍不能达到满量程的60%时，则认为，该衍射仪不能满足本标准的测量要求。

5 材料

γ-Al₂O₃参比样：选用高结晶度的拟薄水铝石样[1]经550℃焙烧3h制得，其γ-Al₂O₃晶相含量认定是100%。

注：γ-Al₂O₃参比样由标准化技术归口单位提供。

6 试验步骤

6.1 试样经500℃焙烧3h处理(对于已经过500℃以上活化处理或工业运转后的催化剂试样可免去此步骤，但是，如果这些试样明显受潮，则需经烘干处理)。

6.2 研磨试样，使粒度达到75~38μm，然后，将试样压入样品架中待测。

6.3 按4.1条要求，选择记录方式和试验条件，进行两段扫描，收集试样和γ-Al₂O₃参比样的衍射图。每个试样压三个样片重复测定，取其平均值；而γ-Al₂O₃参比样重复性较好，在连续测量一组试样时一般只需测量一次。

7 计算

数据处理过程参考γ-Al₂O₃衍射示意图[2]。

7.1 确定被测衍射峰前后背底强度：从每一段衍射图中无干扰衍射峰处(最好取中间位置)可得到背底强度b_1，从每二段衍射图末尾(即73°附近)无干扰衍射峰处可得到被测衍射峰的后背底强度b_2，将b_1、b_2两点的强度标在第二段衍射图纵坐标相应位置，b_1与b_2的中点为b_3，b_3即作为被测衍射峰的前背底(2θ角62°位置)强度。

7.2 在第二段衍射图上，通过b_3和b_2画一条直线作为被测衍射峰的基线，并以此基线为准，测量试样衍射峰的净峰高$H(s)$和峰半高宽$W(s)$。

7.3 以7.1和7.2两条同样方法，测量出γ-Al₂O₃参比样衍射峰的净峰高$H(r)$和峰半高宽$W(r)$。

7.4 γ-Al₂O₃相对质量百分含量$X[\%(m/m)]$按下式计算：

采用说明：

1] 原标准为细晶粒的纯薄水铝石样。

2] 原标准中无γ-Al₂O₃衍射示意图。

668

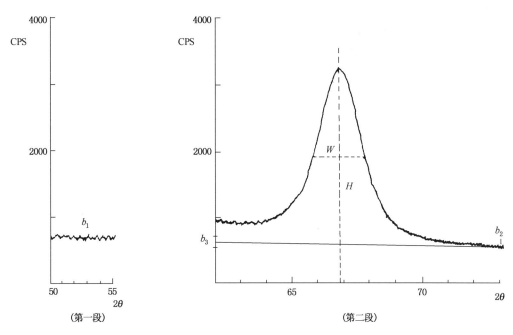

γ-Al$_2$O$_3$ 衍射示意图

$$X = \frac{H(\mathrm{s})}{H(\mathrm{r})} \times \frac{W(\mathrm{s})}{W(\mathrm{r})} \times \frac{F(\mathrm{s})}{F(\mathrm{r})} \times 100\%^{[1]}$$

式中：$F(\mathrm{s})$——记录试样衍射图时的满量程读数 CPS；

$F(\mathrm{r})$——记录 γ-Al$_2$O$_3$ 参比样衍射图时的满量程读数 CPS。

7.5　试验证明，对于 γ-Al$_2$O$_3$ 含量较低(一般指 20% 以下)的试样，其他组分对被测衍射峰的干扰成为突出问题，有时被测衍射峰轮廓线的准确位置很难判断，此时，用峰高比值代替峰面积比值[即省略 7.4 条公式中的 $W(\mathrm{s})/W(\mathrm{r})$ 项]会有更好的重复性。但是，由此得出的结果与由峰面积得到的结果之间有系统误差，因此，在报结果时一定要注明"峰高法"[2]。

7.6　根据需要，不同 X 射线衍射实验室可以选用 γ-Al$_2$O$_3$ 第二参比样。但考虑到实验室间的数据可比性，必须用本标准中使用的 γ-Al$_2$O$_3$ 参比样对第二参比样进行标定，求出换算系数。

8　精密度

无论由峰面积还是由峰高法计算的结果，均用以下规定来判断结果的可靠性(95% 置信水平)。

8.1　重复性：同一实验室测定结果的重复性为测量平均值的 ±15%。

8.2　再现性：不同实验室之间测定结果的再现性为测量平均值的 ±24%。

9　报告

每个试样重复测量三次，取算术平均值作为测定结果。

由峰高比值计算的结果要注明"峰高法"。

采用第二参比样测得的结果，在实验室间进行数据比较时，要注明第二参比样编号和换算系数。

采用说明：

1]　原标准计算公式中的 $\dfrac{G(\mathrm{r})}{G(\mathrm{s})}$ 项，换成本标准的 $\dfrac{F(\mathrm{s})}{F(\mathrm{r})}$ 项。

2]　原标准一概要求计算峰面积。

附加说明：

本标准由石油化工科学研究院技术归口。

本标准由石油化工科学研究院负责起草。

本标准主要起草人张明海。

本标准等效采用美国试验与材料协会标准 ASTM D4926-89(1994)《硅铝催化剂中 γ-Al_2O_3 含量 X 射线衍射测定法》。

前　言

本标准可作为石脑油和重整原料油产品质量控制和生产监测的手段。它能定量给出石脑油和重整原料油中的总砷含量。

本标准不使用吡啶等毒性大异味大的有机溶剂，显色反应速度快，操作简便，灵敏度高。

本标准由中国石油化工总公司石油化工科学研究院归口。

本标准起草单位：抚顺石油学院。

本标准主要起草人：杜海燕。

中华人民共和国石油化工行业标准

石脑油中砷含量测定法
（硼氢化钾-硝酸银分光光度法）

SH/T 0629—1996

（2004 年确认）

1 范围

本标准规定了用硼氢化钾-硝酸银分光光度法测定试样中砷含量的方法。

本标准适用于石脑油，也适用于重整原料油。其适用的范围为砷含量 $1\sim550\mu g/kg$。

2 引用标准

GB/T 1884 原油和液体石油产品密度实验室测定法（密度计法）

GB/T 4756 石油液体手工取样法

注：除非在标准中另有明确规定，上述引用标准都应是现行有效标准。

3 原理

用硫酸和过氧化氢萃取试样中的砷。加热破坏萃取液中的有机物。在酒石酸介质中，用硼氢化钾发生砷化氢。经净化除去砷化氢中的杂质。用硝酸银-聚乙烯醇-乙醇溶液吸收，形成黄色银溶胶。在410nm 处测定吸光度。

4 试剂

4.1 硫酸：优级纯，配成 1∶1 体积比的硫酸溶液。

4.2 30%过氧化氢：分析纯。

4.3 酒石酸：分析纯，配成 200g/L 的酒石酸溶液。

注：如市售酒石酸的溶解度差，则应另选。

4.4 硼氢化钾（或硼氢化钠）：分析纯。

4.5 氯化钠：分析纯。

4.6 乙酸铅：分析纯，配成 100g/L 的乙酸铅溶液。

4.7 甲基橙：指示剂，配成 2g/L 的甲基橙指示液。

4.8 乙醇胺：分析纯。

4.9 二甲基甲酰胺：分析纯。

4.10 硫酸钠（无水）：分析纯。

4.11 硫酸氢钾：分析纯。

4.12 硝酸银：分析纯。

4.13 硝酸：优级纯。

4.14 聚乙烯醇：化学纯，平均分子量为 1750±50。

4.15 无水乙醇：分析纯。

4.16 三氧化二砷：分析纯。

4.17 氢氧化钠：分析纯，配成50g/L的氢氧化钠溶液。

4.18 高氯酸：分析纯。

4.19 盐酸：优级纯，配成1∶24体积比的盐酸溶液。

4.20 氨水：分析纯，配成1∶1体积比的氨水溶液。

4.21 蒸馏水和二次蒸馏水。

5 仪器

5.1 分光光度计：带1cm比色皿。

5.2 砷化氢发生、吸收装置(见图1)[1]。

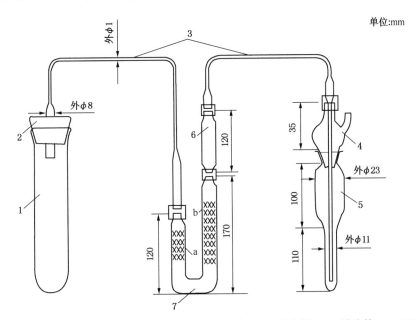

1—反应管；2—3号橡胶塞；3—导气管；4—通气塞；5—吸收管；6—脱胺管；7—U形管；

a—乙酸铅棉，5~7cm；b—吸收2mL二甲基甲酰胺混合液的脱脂棉10~12cm

注：导气管、通气塞、脱胺管和U形管使用前应洗净烘干。脱胺管两端放少许脱脂棉。

图1 砷化氢发生、吸收装置

5.2.1 反应管：外径23~25mm，容积100mL，19号磨口。

5.2.2 导气管：外径8mm，可加热拉细的高压聚乙烯管。

5.2.3 通气塞：14号磨口。

5.2.4 吸收管：14号磨口。

5.2.5 脱胺管：外径10~11mm，内装脱胺剂9~10g的高压聚乙烯管。

放入脱胺管中的脱胺剂一般可进行200余次试验。如发现吸收管经常出现白色烟雾或因固体潮湿结块堵塞气路时，应更换。

5.2.6 U形管：外径10~11mm，内装乙酸铅棉和吸附二甲基甲酰胺混合液的脱脂棉。

放入U形管内的脱脂棉应松紧适当和均匀一致。向脱脂棉上加二甲基甲酰胺混合液后，用洗耳球慢慢吹气约1min，使其均匀吸附在脱脂棉上，防止流至U形管底部；棉花变黄时，应更换。乙酸铅棉有1/4变黑时，应更换。

新加二甲基甲酰胺混合液时，用5mL砷(Ⅴ)标准溶液按本标准步骤反应一次至二次，以平衡装置。不应让银离子混入二甲基甲酰胺混合液。

---

1) 砷化氢发生、吸收装置可由抚顺石油学院生产和提供，由石油产品标准化技术归口单位监制。

5.3 分液漏斗：125，250，500 和 1000mL。

5.4 三角瓶：100mL。

5.5 量筒：10，25，100 和 500mL。

5.6 吸量管：5mL。

5.7 容量瓶：500 和 1000mL。

5.8 硬质玻璃取样瓶：2000mL。

5.9 电炉：2kW（可调）。

6 准备工作

6.1 硼氢化钾片[1)]：硼氢化钾与氯化钠按 1∶5 质量比混匀，在 100℃烘干 1h，用 $3×10^3 \sim 5×10^3$ kg 压片机压成直径为 12mm，质量为 1.5g±0.1g 的片剂。

6.2 乙酸铅棉：7g 脱脂棉浸于 100mL 乙酸铅溶液中，将全部溶液吸附于脱脂棉内，置于 70℃烘箱中烘干或于室温风干，储于广口玻璃瓶中。

6.3 二甲基甲酰胺混合液：乙醇胺与二甲基甲酰胺按 1∶9 体积比混匀，储于棕色玻璃瓶中。若溶液变黄，应重新配制。

6.4 脱胺剂：硫酸钠与硫酸氢钾按 10∶1 质量比混匀，在研钵中研细，储于干燥器中。

6.5 硝酸银溶液：硝酸银 4.08g，用 100mL 二次蒸馏水溶解，加入 10mL 硝酸，用二次蒸馏水稀释至 500mL，储于棕色玻璃瓶中。

6.6 聚乙烯醇溶液：1.0g 聚乙烯醇加于 500mL 二次蒸馏水中，在不断搅拌下加热至全溶，盖上表面皿微沸 10min，冷至室温，储于玻璃瓶中。若出现絮状沉淀，应重新配制。

6.7 吸收液的配制：用量筒依次将硝酸银溶液、聚乙烯醇溶液和无水乙醇按 1∶1∶2 体积比加至一具塞玻璃瓶内，充分混匀，此溶液可稳定 3h。

6.8 砷（Ⅲ）标准溶液，100μg/mL：称取于 105℃烘干 2h 的三氧化二砷 0.1319g，溶于 10mL 氢氧化钠溶液中，再加入硫酸溶液 120mL，移入 1000mL 容量瓶中，以蒸馏水定容。

6.9 砷（Ⅴ）标准溶液，1.0μg/mL：取 5.0mL 砷（Ⅲ）标准溶液于 100mL 烧杯中，加入硝酸 5mL 和高氯酸 2mL，加热至冒高氯酸白烟，冷至室温。用盐酸溶液冲洗烧杯至少三次，并移入 500mL 容量瓶中，以盐酸溶液定容。

注意：三氧化二砷为剧毒物质，用时小心。

6.10 容器脱砷：全部玻璃器皿使用前用铬酸洗液浸洗，再用自来水、蒸馏水冲洗。分析砷含量差异过大的样品时，所用玻璃器皿一定要分开使用。

注意：铬酸洗液是强氧化剂、吸湿剂和有毒物质，使用时采取防护措施。

6.11 工作曲线绘制：于六支反应管中分别加入 0.0，1.0，2.0，3.0，4.0 和 5.0mL 砷（Ⅴ）标准溶液，各加酒石酸溶液 6mL，用蒸馏水稀释至 50mL。于六支洁净干燥的吸收管中分别加入 5.0mL 吸收液。按图 1 连接实验装置。放一片硼氢化钾片于反应管中，立即盖紧橡胶塞。待反应完毕（3min 左右，吸收管内无连续气泡），将显色后的吸收液注入 1cm 洁净干燥的比色皿中，以吸收液（6.7）为参比，在 410nm 处测定吸光度。以每个砷标准溶液测得的吸光度减去空白溶液（零浓度）的吸光度为纵坐标，相应的砷含量（μg）为横坐标，绘制工作曲线。

插入吸收液中的导气管在每次吸收反应完成后，要放在盛有 1∶1 硝酸溶液的吸收管中浸洗，不用时一直放在此液中。

试验完毕，应将橡胶塞从反应管取下，以免反应管内水气凝结，吸收管内的溶液倒吸入 U 形管中。

1）硼氢化钾片可由抚顺石油学院生产和提供，由石油产品标准化技术归口单位监制。

分析试样的同时校正工作曲线。

分析砷含量低于 5μg/kg 的样品时，可改用 0.0，0.5，1.0，1.5，2.0 和 2.5mL 砷（Ⅴ）标准溶液绘制工作曲线，吸收液体积为 3.0mL。

注意：反应管中生成的砷化氢气体为剧毒物质，全部反应过程应在通风橱内或通风良好处进行。

7 取样

在工艺流程装置上取样时，要预先打开取样口，放出相当于"死"角存油的三倍至五倍后，直接取样于清洁、干燥的取样瓶中，并立即加盖。在其他容器中取样时，按照 GB/T 4756 进行。所取试样应在 24h 内分析测定。

8 试验步骤

8.1 试样用量

按照 GB/T 1884 准确地测定试验温度下的试样密度。按表 1 量取一定体积的试样于分液漏斗中。

表 1 试样用量表

砷含量 μg/kg	取样量 mL	分液漏斗容积 mL	吸收液体积 mL
≤5	500	1000	3
>5～20	300	500	5
>20～60	100	250	5
>60～200	30.0	125	5
>200	≤10.0	不萃取	5

注：如果砷含量大于 200μg/kg，取小于或等于 10mL 试样时，可不萃取，直接取试样于 100mL 三角瓶中，加入 30%过氧化氢 10mL 和硫酸溶液 30mL，充分与试样混匀，放在电炉上加热，以下按 8.3 进行。

8.2 萃取

向分液漏斗中加入 30%过氧化氢 5mL 和硫酸溶液 15mL，剧烈振荡 5min，静置分层，分出酸液于 100mL 三角瓶中。再加入 30%过氧化氢 5mL 和硫酸溶液 15mL，剧烈振荡 5min，静置分层，分出酸液和前次萃取的酸液合并。用 15mL 水洗涤油相中残存的酸液，分出与前两次萃取的酸液合并，并充分地混合均匀。

8.3 消解

将盛有酸液的三角瓶放在电炉上加热，至剩余液为 2～3mL 时（冒三氧化硫白烟约 10min。切勿蒸干，以免砷挥发损失），将三角瓶取下（如果溶液中析出的黑色残炭过多，可滴加 30%过氧化氢使残炭消失，再加热至剩余液为 2～3mL），冷至室温。沿三角瓶壁加入蒸馏水 2～3mL，冷至室温。加甲基橙指示液一至二滴，滴加氨水溶液中和至刚转黄色。将三角瓶内溶液转入反应管，用 5～10mL 蒸馏水分三次冲洗三角瓶，冲洗液也转入反应管。

注意：试验在通风橱中进行。

8.4 测定

反应管中加入酒石酸溶液 6mL，以下按 6.11 进行，测定吸光度 A_1。并在不加试样的情况下重复试样操作步骤，测定试样空白吸光度 A_0。求出净吸光度 A（$A = A_1 - A_0$）。由 A 在工作曲线上查得所对应的砷含量 X（μg）。

9 计算

试样中砷含量 As(μg/kg)按式(1)计算：

$$As = \frac{X \times 10^3}{V \times \rho} \quad \cdots\cdots\cdots\cdots\cdots\cdots\cdots\cdots\cdots\cdots\cdots\cdots\cdots (1)$$

式中：X——试样的净吸光度在工作曲线上所对应的砷含量，μg；

　　　V——试样体积，mL；

　　　ρ——试样在试验温度下的密度，g/mL。

10 精密度

按下述规定判断结果的可靠性(95%置信水平)。

10.1 重复性：同一操作者重复测定的两个结果之差不应大于表2中重复性的规定。

10.2 再现性：不同操作者，在不同实验室，各自提出的两个结果之差不应大于表2中再现性的规定。

表 2　精密度

μg/kg

砷　含　量	重　复　性	再　现　性
1~5	1.0	2.5
>5~20	2.0	5.0
>20	$0.1\bar{X}$	$0.25\bar{X}$

注：$\bar{X}$ 为两个结果的算术平均值。

11 报告

取重复测定两个结果的算术平均值作为测定结果，保留三位有效数字。

前　言

本标准采用了微库仑滴定原理及由微机控制的分析仪，测定范围溴指数为 0.2~1000mgBr/100g、溴价为 0.1~300gBr/100g，终点自动检测，克服了柴油等石油产品终点不易判断的困难。本标准使用了不含汞盐的电解液，单次分析仅需 3~5min，一次电解液可连续进行几十次至几百次的分析，节约了试剂，减少了环境污染。

本标准由中国石油化工总公司石油化工科学研究院提出并归口。

本标准起草单位：中国石油化工总公司石油化工科学研究院。

本标准主要起草人：魏月萍。

中华人民共和国石油化工行业标准

SH/T 0630—1996

（2004 年确认）

石油产品溴价、溴指数测定法
（电　量　法）

1　范围

本标准规定了用电量法测定试样的溴价、溴指数的方法。

本标准适用于汽油、煤油、柴油、润滑油、蜡油及轻、重芳烃等石油产品。其测定溴价的范围是 $0.1 \sim 300gBr/100g$，溴指数的范围是 $0.2 \sim 1000mgBr/100g$。

2　定义

本标准采用下列定义。

溴价　bromine number

在规定条件下和 100g 试样起反应时所消耗的溴的克数，以 gBr/100g 表示。

溴指数　bromine index

在规定条件下和 100g 试样起反应时所消耗的溴的毫克数，以 mgBr/100g 表示。

3　方法概要

当试样注入含有已知溴的特殊电解液中，试样中的不饱和烃同电解液中的溴发生以下反应：

$$R-CH=CH_2+Br_2 \longrightarrow R-\underset{\underset{Br}{|}}{\overset{\overset{H}{|}}{C}}-\underset{\underset{Br}{|}}{\overset{\overset{H}{|}}{C}}-H$$

反应消耗的溴由电解阳极电解补充：

$$2Br^- -2e \longrightarrow Br_2$$

测量电解补充溴所消耗的电量，根据法拉第电解定律，即可计算出试样的溴价或溴指数。

4　仪器

4.1　微库仑滴定仪：BR-1 型溴价、溴指数测定仪[1]。其平衡电流不低于 300mA，检测灵敏度不低于 0.1mgBr/100g，电解电流能随测量信号变化，具有正反脉冲电解功能，或性能相当的仪器。

4.2　滴定池：其结构如图 1 所示。

4.3　注射器：0.25，1，2，5，100mL。

4.4　微量注射器：0.5，1，5，10，50，100μL。

4.5　具塞细口瓶：100mL，1L。

4.6　注射针头：7 号或 9 号，长 80mm。

---

[1]　该仪器及滴定池均为专利产品，其专利号分别为 ZL 94 2 0280.4 及 ZL 93 2 15743.2。此类仪器可由江环分析仪器有限公司生产和提供，由石油产品标准化归口单位监制

中国石油化工总公司 1996-05-24 批准　　　　　　　　　　　　　　　　　　　　1996-12-01 实施

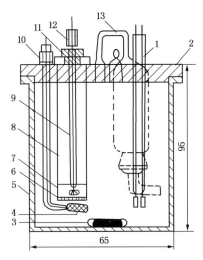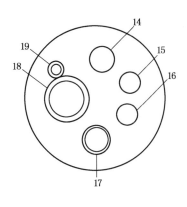

1—测量电极；2—滴定池盖；3—搅拌子；4—电解阳极；5—阳极室；6—离子交换膜；7—阴极室帽；8—阴极室；
9—电解阴极，10—电解阳极固定帽；11—阴极室盖；12—电解阴极固定帽；13—干燥管；14—干燥管安装孔；
15—更换液体口；16—测量电极安装孔；17—进样口；18—阴极室安装孔；19—电解阳极安装孔

图 1　滴定池结构示意图

5　试剂与材料

5.1　试剂

5.1.1　冰乙酸：分析纯。

5.1.2　苯(或二氯甲烷)：分析纯。

注意：苯为有毒试剂，使用中应避免皮肤接触和吸入苯蒸气，并应在良好的通风条件下使用及带防护手套。

5.1.3　95%乙醇：分析纯。

5.1.4　溴化锂：化学纯。

5.2　材料

5.2.1　水：全部为蒸馏水或去离子水。

5.2.2　标准样品[1)]：10gBr/100g 或 100mgBr/100g，或根据需要采用不同浓度的标准样品。

6　准备工作

6.1　溴化锂溶液的配制

取 100g 溴化锂溶解于 100mL 水中。置于 100mL 具塞细口瓶中备用。

6.2　电解液的配制

6.2.1　溴价电解液的配制：依次取 50mL 溴化锂溶液、450mL 95%乙醇、400mL 苯(或二氯甲烷)及 100mL 冰乙酸于 1L 具塞细口瓶中，摇匀备用。

6.2.2　溴指数电解液的配制：依次取 68mL 溴化锂溶液、600mL 95%乙醇、200mL 苯(或二氯甲烷)及 132mL 冰乙酸于 1L 具塞细口瓶中，摇匀备用。

注意：在配制电解液过程中，切忌取完溴化锂溶液后立即加入冰乙酸，以避免电解液中有游离溴出现。

---

1) 可采用由石油化工科学研究院提供的系列溴价、溴指数标准样品(国家二级标准物质，标准号 GBW(E)060114~060121)。

6.3 仪器调试

6.3.1 分别向洗净的滴定池阳极室注入 80mL 电解液(测定溴价时,注入 6.2.1;测定溴指数时,注入 6.2.2)、阴极室注入 5mL 电解液(同前)。将滴定池置于搅拌器上滴定池的固定位置上,并按电极连线的标记连接好电极。

注意:避免强光直接照射滴定池。

6.3.2 打开仪器电源开关,调整好搅拌速度至滴定液起旋涡而不产生气泡为宜。

6.3.3 按仪器说明书进行操作。现以 BR—1 型测定仪为例:

按表 1 所给的参数选择给定值,例如选择给定值为 5,那么依次按下 A给定 键,再按 5 数字键,最后按 启动 键,仪器自动开始电解、平衡,达到终点时蜂鸣器响,进样显示灯亮,表示仪器已达到平衡状态,可以进行仪器标定或样品分析。

表 1 给定选择参考值

估计值范围		给 定 值
溴　价:	≥10gBr/100g	5~2
	<10gBr/100g	7~5
溴指数:	≥10mgBr/100g	8~7
	<10mgBr/100g	9.5~8

6.4 仪器标定

6.4.1 当仪器调整好后即可用已知溴价、溴指数的标准样品进行标定。当回收率达到 100%±10% 以内,则认为仪器正常,可以进行试样分析。

7 试验步骤

7.1 用待分析试样冲洗注射器三至五次,参照表 2 所给参数抽取适量的试样。

表 2 试样参考取样量

项　　目	估计值范围	参考取样量, μL
溴　价	>100	0.1~1.0
gBr/100g	100~10	1.0~10
	10~1.0	10~100
溴指数	1000~10	100~500
mgBr/100g	10~1.0	500~1000
	<1.0	1000~2000

7.2 在仪器进样显示灯亮的情况下,将各项参数,包括体积(μL)、在取样温度时的密度(g/mL)、延时时间(s)输入仪器内,然后按下 启动 键,进样显示灯灭,仪器开始自动计延时时间,将取好的试样迅速通过滴定池进样口注入滴定池内。

注意:

a) 输入或改变各项参数必须在进样显示灯亮的情况下进行。

b) 只有在参数输入并确认无误后才可按下 启动 键,如发现输入错误,可在按 启动 键前进行修改。这时只需按一下所要修改项目的功能键,再输入正确的数字,这样便可将错误的数字清除。对同一样品在相同条件下进行分析时,从第二次进样开始,即不必重新输入参数,只需在进样显示灯

亮后按下 启动 键便可进样分析。

c）在进行新的试样分析时，必须注意各项参数是否需要改变，否则会出现错误的结果。

7.3 当延时时间到，仪器自动进行滴定，到终点时，蜂鸣器响，数码显示器依次显示 gBr、mC 值或 mgBr、mC 值。此时若需打印结果，按下 打印 键，仪器便将各参数及结果打印出来。当结果打印完后，仪器立即自动执行基线平衡指令，很快达到新的平衡，进样显示灯亮，即可进行下一次分析。

> 注：对于一些不能用注射器直接抽取的重质石油馏分油及一些非液态石油产品，可以采用称重稀释法，即称取 0.100~0.500g 试样于 10mL 容量瓶中，用苯稀释至刻度，混合均匀。然后直接用注射器从容量瓶中抽取此稀释样，此时在参数中输入稀释后试样的密度。在试验温度下，稀释后试样的密度 ρ_0（g/mL）按式（1）计算：

$$\rho_0 = \frac{m}{V_0} \quad\cdots\cdots\cdots\cdots\cdots\cdots\cdots\cdots\cdots\cdots\cdots\cdots\cdots\cdots\cdots\cdots\cdots\cdots\cdots\cdots\cdots\cdots\cdots (1)$$

式中：m——试样的称取量，g；

V_0——稀释液总体积，mL。

8 计算

当试样分析时，未输入试样体积、密度等项参数，或出现参数输入错误，或使用其他性能相同，仅显示电量的仪器时，可根据仪器显示的电量，按给出的公式进行结果计算。

8.1 试样的溴价 X（gBr/100g）按式（2）计算：

$$X = \frac{Q \times 79.9 \times 100}{96500 \times V \times \rho}$$

$$= \frac{Q \times 0.0828}{V \cdot \rho} \quad\cdots\cdots\cdots\cdots\cdots\cdots\cdots\cdots\cdots\cdots\cdots\cdots\cdots\cdots\cdots\cdots\cdots\cdots (2)$$

式中：Q——仪器显示的电量，mC；

V——分析所用试样的进样体积，μL；

ρ——分析时在取样温度下所用试样的密度，g/mL；

96500——法拉第常数，C/mol；

79.9——1 摩尔溴阴离子的质量，g/mol；

100——试样的质量，g。

8.2 试样的溴指数 X_1（mgBr/100g）按式（3）计算：

$$X_1 = \frac{Q_1 \times 79.9 \times 100 \times 1000}{96500 \times V_1 \times \rho_1}$$

$$= \frac{Q_1 \times 82.8}{V_1 \cdot \rho_1} \quad\cdots\cdots\cdots\cdots\cdots\cdots\cdots\cdots\cdots\cdots\cdots\cdots\cdots\cdots\cdots\cdots (3)$$

式中：Q_1、V_1 和 ρ_1 同式（2）中 Q、V 和 ρ；

1000——gBr 与 mgBr 换算系数；

其他各项与式（2）中相同。

9 精密度

按下述规定判断试验结果的可靠性（95%置信水平）。

9.1 重复性：同一操作者重复测定两个结果的差值不应超过表3的数值。

9.2 再现性：不同操作者在不同实验室所得两个结果的差值不应超过表3的数值。

表3 精密度数值

项　　目	范　　围	重　复　性	再　现　性
溴　价，gBr/100g	1~100	$0.09\bar{X}$	$0.16\bar{X}$
溴指数，mgBr/100g	≤3	0.3	0.5
溴指数，mgBr/100g	>3~500	$0.09\bar{X}$	$0.16\bar{X}$
注：$\bar{X}$为两次结果的平均值。			

注：本精密度是由15个实验室、溴价为1~100gBr/100g、溴指数为0.8~500mgBr/100g范围的17个样品的统计试验得到的。

10　报告

取重复测定两个结果的算术平均值，作为试样的测定结果。

溴价小于1gBr/100g时，结果取至0.1gBr/100g；溴价为1~小于100gBr/100g时，结果取至0.1gBr/100g；溴价等于或大于100gBr/100g时，结果取整数。

溴指数小于100mgBr/100g时，结果取至0.01mgBr/100g；溴指数等于或大于100mgBr/100g时，结果取整数。

前　言

美国试验与材料协会标准 ASTM D4927-93 包括两种不同方法，A 法为内标法，B 法为数学校正法。本标准是等效采用 ASTM D4927-93《润滑油和添加剂中钡、钙、磷、硫和锌测定法(X-射线荧光光谱法)》中 B 法制定的，因为 B 法较适合我国的国情。本标准与 ASTM D4927-93 B 法的主要差异是：

1. 标准样品配制，ASTM D4927-93B 法推荐 20 个样品，其组分配比集中在少数几个点上，而本标准推荐 32 个样品，其组分配比贯穿整个测量范围，更符合数学校正的要求。

2. ASTM D4927-93 B 法推荐的试剂国内难以购买到，本标准除采用 ASTM D4927-93 B 法推荐试剂外另外选用了国内容易购买到的相关的试剂代替 ASTM D4927-93 B 法推荐试剂进行试验，达到同样的效果。

3. ASTM D492-93 B 法推荐的装样量为"半杯"，本标准提出对下照射光谱仪样品装"半杯"，对上照射光谱仪样品装"满杯"。

本标准由中国石化大庆石油化工总厂提出。

本标准由中国石油化工总公司石油化工科学研究院归口。

本标准起草单位：中国石化大庆石油化工总厂研究院。

本标准主要起草人：陈锁志、李建栋、纪桂芬。

中华人民共和国石油化工行业标准

SH/T 0631—1996

（2004 年确认）

润滑油和添加剂中钡、钙、磷、硫和锌测定法
（X 射线荧光光谱法）

1 范围

本标准适用于测定元素浓度范围为 $0.03\%(m/m) \sim 1.0\%(m/m)$［硫为 $0.01\%(m/m) \sim 2.0\%(m/m)$］的润滑油和添加剂中的钡、钙、磷、硫和锌的含量。元素浓度高的润滑油和添加剂也可以在稀释之后测定。

2 方法概要

2.1 用数学方法校正分析元素的测量强度，以防止试样中其他元素干扰，用数学方法进行校正就需要知道试样中所有元素的 X 射线荧光光谱强度。

2.1.1 将试样放在 X 射线束中，并测定钡、钙、磷、硫和锌的分析线的 X 射线荧光强度和背景强度，分析元素的浓度是由所测得的净强度（分析线强度减去背景强度）和从标样获得的校正系数通过计算而获得。

2.1.2 用一系列标准样通过回归分析求出元素间的校正系数，同时也对 X 射线荧光光谱仪进行了初始校正。

2.1.3 以后对仪器进行校正时，只需少量样品即可完成，这种校正只有在元素间校正系数需重新测定时才进行。当进行大量分析时，这些样品中的任何一个都能用来监控仪器的漂移。

2.2 测定添加剂或复合添加剂时，可用稀释剂（白油、煤油、二甲苯等）稀释样品，使分析元素浓度在第 1 章中所述的范围内。

3 意义与用途

有些润滑油的配方中含有有机金属添加剂，其作用是作为清净剂、抗氧剂和抗磨剂等，其中的一些添加剂含有钡、钙、磷、硫和锌这些元素中的一种或几种，本标准为测定这五种元素的浓度提供了方法。而测得的浓度又为润滑油中添加剂的含量提供了数据。

4 干扰

润滑油中添加剂所含的各种元素在不同程度上影响待测元素的强度，一般对于润滑油来讲，分析元素所辐射的 X 射线会被试样基体中的其他元素所吸收，并且，一种元素辐射的 X 射线还会进一步激发另一种元素。当较重元素浓度从 $0.03\%(m/m)$ 变化到 $1\%(m/m)$ 时，对于较轻元素的这种影响是很明显的。试样中存在的其他元素对分析元素的射线强度的吸收增强，可用数学方法校正。如果一种元素以较高浓度存在于试样中，而又未进行元素间的相互校正，则结果可能会因吸收而偏低，或因激发而偏高。

5 仪器

5.1 为实现检测 0.1nm～1nm 的软 X 射线，X 射线荧光光谱仪应具有以下配置：

中国石油化工总公司 1996-05-24 批准

1996-12-01 实施

5.1.1 X 射线光管：铬、铑、钪，也可用其他靶子。

5.1.2 氦气光路。

5.1.3 可更换的晶体：锗、氟化锂（LiF$_{200}$）、石墨、聚对苯二甲酸乙酯（PET）或它们的组合，也可使用其他晶体。

5.1.4 脉冲高度分析器或其他能量鉴别器。

5.1.5 检测器：流动正比计数器、闪烁计数器或二者的组合。

5.2 装有薄膜窗的塑料杯：适用的薄膜有麦勒膜、聚丙烯或聚酰亚胺膜，其厚度为 6.3～8.8μm。

> 注：有些薄膜含有污染分析元素的物质，应对污染程度进行评估，并在整个分析中，都应使用同一批号薄膜。

6 试剂与材料

6.1 试剂[1]

所有试剂都应使用试剂级药品，所含钡、钙、磷、硫和锌含量已知。纯度在 97%（m/m）以上的试剂可以不标定，纯度低于 97%（m/m）的试剂可按有关标准对相关的有机化学药品中的目的元素进行准确标定后也可使用。

6.1.1 辛酸钡（或环烷酸钡，烷基酚钡）。

6.1.2 辛酸钙（或环烷酸钙，水杨酸钙）。

6.1.3 磷酸二(2-乙基己基)酯（或亚磷酸二正丁酯）。

6.1.4 二正丁基硫醚（或硫化异丁烯）。

6.1.5 辛酸锌（或环烷酸锌）。

6.2 材料

6.2.1 氦气：用于光谱仪光路中。

6.2.2 P-10 离子气体：含 90%（V/V）的氩气与 10%（V/V）甲烷，用于流动正比计数器。

6.2.3 稀释溶剂：不含金属和磷，硫含量低于 0.01%（m/m）的适用溶剂（例如煤油、白油、二甲苯等）。

7 校准标样的制备

7.1 用稀释溶剂将辛酸钡、辛酸钙、磷酸二(2-乙基己基)酯、二正丁基硫醚和辛酸锌精确地稀释到表 1 所列的浓度[2]。

表 1 标样参考浓度　　　　　　　　　　　　　　　%（m/m）

元素　标样号	钡	钙	磷	硫	锌
1	1.0	1.0	1.0	2.0	1.0
2	0.1	0.8	1.0	0.1	0.8
3	0.8	0	0.5	0.1	0.8
4	0.1	0.8	0.8	1.8	0.1
5	0.5	0.4	0.25	1.0	0.5

采用说明：

1] 括号中所列试剂为本标准推荐的可替代 ASTM D4927—93 B 法推荐的试剂。

2] 标准样品配制，ASTM D4927—93 B 法推荐 20 个样品，本标准推荐 32 个样品。

表1(续)   %(m/m)

标样号 ＼ 元素	钡	钙	磷	硫	锌
6	0.1	0.1	0.6	1.8	0.6
7	0.6	0.1	0.1	1.8	0.4
8	1.0	0.1	0.3	1.7	0.1
9	0.1	0.9	0.1	1.3	0.7
10	0.6	0.3	0.5	0.8	0.2
11	0.4	0.8	0.1	1.8	0.1
12	0.3	0.7	0.7	1.6	0.7
13	0.2	1.0	0.1	0.1	0
14	0.8	0.4	0.2	1.3	0.1
15	1.0	1.0	0.6	0.1	0.1
16	1.0	1.0	0.1	0.1	1.0
17	0.6	0.5	0.1	1.4	0.7
18	0.1	0.1	0.1	0.6	0.1
19	0.06	0.2	0.4	1.0	0.2
20	0.8	0	0.1	0.1	0
21	0	0	0.8	0	0
22	0	0	0	0.5	0
23	0	0	0	0	0.5
24	0	0.6	0	0	0
25	0	0.8	0.5	0	0.5
26	1.0	0.8	0.5	0.1	0
27	1.0	0	0	0.1	0.5
28	1.0	0	0.5	1.5	0.5
29	0.5	0.4	0.25	0.75	0.25
30	1.0	0.8	0.5	1.5	0.5
31	0	0	0.5	0	0
32	0	0	0	0.75	0

8 校准

8.1 在预先装好薄膜窗的各个塑料杯中分别装满校准标样溶液，对下照射光谱仪装半杯，对上照射光谱仪装满杯，确保薄膜平整[1]。

8.2 将塑料杯置于 X 射线束中，用表2规定的条件，测量并记录每个标样中分析元素的净强度(分析线强度减去背景强度)。在每个波长位置上的分析线的计数时间至少为 60s。

采用说明：

1] ASTM D 4927-93 B 法推荐装半杯样品，本标准推荐下照射光谱仪装半杯样品，上照射光谱仪装满杯。

表2 仪器工作条件[1]

元　素	钡	钙	磷	硫	锌
波长，mm	0.278	0.355	0.615	0.537	0.143
分光晶体	LiF$_{200}$	LiF$_{200}$	锗	石墨	LiF$_{200}$
峰值角度，2θ	87.13	113.10	140.92	106.22	41.79
背景角度，2θ	85.70	114.50	142.90	108.00	43.60
检测器[2]	FS	F	F	F	FS

注：1）表2工作条件因仪器不同而异，仅供参考。
　　2）S是闪烁检测器；
　　　　F是流动正比检测器；
　　　　FS是两种检测器。

8.3　元素间的校准系数及校准曲线的斜率与截距可由所用仪器附带的程序或类似以下形式的模型用回归分析法获得。

被分析元素 i 的浓度 $C_i\%(m/m)$，按式（1）计算：

$$C_i = (D_i + E_i I_i)(1 + \sum \alpha_{ij} C_j) \quad\cdots\cdots\cdots\cdots\cdots\cdots\cdots\cdots\cdots\cdots\cdots（1）$$

式中：D_i——元素 i 的校准曲线截距；

　　　　E_i——元素 i 的校准曲线斜率；

　　　　I_i——元素 i 的净强度；

　　　　α_{ij}——干扰元素 j 对分析元素 i 的元素间校正系数；

　　　　C_j——干扰元素 j 的浓度%（m/m）。

利用式（1），可计算出每种分析元素的斜率、截距和一系列元素间校正系数。

8.4　求取斜率、截距和元素间校正系数时，只需进行一次初始校准，以后重新校准时只需两个标样，以便检查斜率与截距。被选的两个标样覆盖了未知样品所期望的浓度范围，也可以制备一个（任选的）稳定的标样，对它进行定期测量，以便检测仪器的漂移。

9　试验步骤

9.1　按8.1步骤装样。

9.2　所有试样中各个元素的净强度可按8.2所述的测定标样的方法获得。

9.3　利用测量得到的强度以及按8.3所述获得的校正系数，计算出每种试样的分析元素浓度。

9.4　当试样中钡、钙、磷和锌的浓度超过1%（m/m）或者硫的浓度超过2%（m/m）时，应将该试样稀释后重复9.1~9.3步骤。

10　精密度与偏差

10.1　用下述规定判断试验结果的可靠性（95%置信水平）。

10.1.1　重复性——由同一操作者，用同一仪器，在恒定的操作条件下，正常和正确地按照试验方法操作时，对同样的被测物质相继测定的两个结果之差，应不超过表3中所列数值。

10.1.2　再现性——在不同实验室工作的不同操作者，正常和正确地按照试验方法操作时，对同样的被测物质得出的两个单一和独立的结果之差，应不超过表3中所列数值。

表 3　精密度

%（ m/m ）

元素	重复性 r	$\bar{X}=0.1$ r	再现性 R	$\bar{X}=0.1$ R
钡	$0.020\bar{X}^{1.13}$	0.001	$0.138\bar{X}^{0.93}$	0.016
钙	$0.0238\bar{X}^{0.85}$	0.003	$0.1136\bar{X}^{0.85}$	0.016
磷	$0.0348\bar{X}^{0.92}$	0.004	$0.0642\bar{X}^{0.56}$	0.018
硫	$0.0509(\bar{X}+0.0214)$	0.006	$0.1559(\bar{X}+0.0214)$	0.019
锌	$0.0193\bar{X}$	0.002	$0.1165\bar{X}$	0.012

注：$\bar{X}$ 表示所测分析元素浓度的平均值。

10.2　偏差——由于没有已知组分的适当参比物料，因此未对本标准方法的偏差进行测定。

ICS 75. 080
E 30

中华人民共和国石油化工行业标准

NB/SH/T 0632—2014
代替 SH/T 0632—1996

比热容的测定　差示扫描量热法

Standard test method for determining specific heat capacity by
differential scanning calorimetry

2014-06-29 发布
2014-11-01 实施

国家能源局 发布

前　　言

本标准按照 GB/T 1.1—2009 给出的规则起草。

本标准代替 SH/T 0632—1996《航空涡轮发动机润滑剂比热测定法（热分析法）》，本标准与 SH/T 0632—1996 相比，主要技术变化如下：

——修改了标准名称，由《航空涡轮发动机润滑剂比热测定法（热分析法）》修改为《比热容的测定　差示扫描量热法》；

——修改了适用范围。由适用于航空涡轮发动机润滑剂、航空润滑油、热传导油和扩散泵油，修改为适用于热稳定性好的固体、液体；

——增加了"规范性引用文件"、"安全事项"、"取样"、"校准"、"样品处理"、"报告"、"精密度和偏差"章（见第 2 章、第 9 章、第 10 章、第 11 章、第 12 章、第 15 章和第 16 章）；

——修改了对试验过程中使用的惰性气体的气流控制要求及控制精度的要求，删除了对氩气的要求（见 7.1.1.4 和 13.1.1，1996 版 6.2 和 8.2）；

——将原标准物由二苯醚修改为人工合成蓝宝石、删除了对二苯醚标准物的要求、增加了对人工合成蓝宝石圆片标准物的要求、删除了二苯醚比热容数据、增加了人工合成蓝宝石和铝的比热容数据（见 13.1.8、8.1 和附录 A，1996 版 6.1、第 7 章和附录 A）；

——修改了量热灵敏度 E 和样品比热容的计算公式和字母含义（见 14.3 和 14.4，1996 版第 7 章和第 9 章）；

——增加了参考文献。

本标准采用重新起草法修改采用 ASTM E1269-11《差示扫描量热仪测定比热容试验方法》。

本标准与 ASTM E1269-11 的技术性差异及原因如下：

——增加了对试验仪器处于稳定状态的要求；

——将人工合成蓝宝石和铝的比热容数据由正文改为附录 A（规范性附录）；

——增加了对压缩气体安全要求的附录 B（规范性附录）。

本标准由中国石油化工集团公司提出。

本标准由全国石油产品和润滑剂标准化技术委员会石油燃料和润滑剂分技术委员会（SAC/TC280/SC1）归口。

本标准起草单位：中国石油天然气股份有限公司兰州润滑油研究开发中心、中国石油天然气股份有限公司大连润滑油研究开发中心。

本标准主要起草人：胡玉华、马丙水、陆沁莹、王毅、刘妍、王鹏、张琦。

本标准所代替标准的历次版本发布情况为：

——SH/T 0632—1996。

比热容的测定　差示扫描量热法

警告：本标准的应用可能涉及到某些有危险性的材料、操作和设备，但并未对与此有关的所有安全问题都提出建议。用户在使用本标准之前有责任制定相应的安全和保护措施，并确定相关规章限制的适用性。

1　范围

本标准规定了用差示扫描量热法（DSC）测定比热容的方法。

本标准适用于热稳定性好的固体、液体。通常试验温度范围为-100℃~600℃。如果测量仪器、样品坩埚可满足于更高温度的使用要求，试验温度范围可以扩展到更大的范围。

与本标准要求等效的计算机或者电子仪器、技术或数据处理才可以使用。

注：本标准的使用者应认识到并非所有的仪器或者技术均与本标准等效。本标准使用者在使用前有责任确定相关仪器和技术是否符合本标准的要求。

2　规范性引用文件

下列文件对于本文件的应用是必不可少的。凡是注日期的引用文件，仅注日期的版本适用于本文件。凡是不注日期的引用文件，其最新版本（包括所有的修改单）适用于本文件。

ASTM E967　差示扫描量热仪和差热分析仪温度校准规程

ASTM E968　差示扫描量热仪和差热分析仪热流校准规程

3　术语和定义

下列术语和定义适用于本文件。

比热容　specific heat capacity

单位质量物质升高1℃（或者1K）所需要的能量。

4　方法概要

利用DSC仪进行试验。在测试区域内，在惰性气体的保护下，加热试样进行试验。惰性气体的流量、炉体的加热速率都是可以控制的。记录DSC热曲线，比较试样、标准物和空坩埚的DSC热曲线的不同，利用软件或者手动计算出试样的比热容。

5　方法应用

5.1　差示扫描量热仪（DSC）提供了一种快速、简单的方法测定材料比热容。

5.2　材料比热容对反应器和制冷系统设计、质量控制及研究开发都有重要意义。

6　干扰事项

6.1　因为样品用量是毫克级的，所以样品应确保其均匀性和具有代表性。

6.2 样品在受热过程发生化学反应或者质量损失都会造成测试结果无效，因此应该选择合适的试验温度范围和样品坩埚，以避免试验结果的无效。

6.3 若水作为样品，则有一种特殊的干扰。如果在密闭的坩埚中有太多的顶部空间，大量的汽化热会引起测定的比热容值过大。使样品完全填充满坩埚可以得到更加准确的结果。

7 仪器

7.1 差示扫描量热仪（DSC）：能提供本标准所要求的差示扫描量热能力。

7.1.1 DSC 测试区域：

7.1.1.1 炉子：对样品进行可控的加热（或制冷）。在此温度范围（−100℃~600℃）内能使样品恒定在某个特定值，或者以恒定的升温速率加热（或制冷）样品。

7.1.1.2 温度传感器：能够显示样品温度，温度灵敏度±10 mK，约 0.01℃。

7.1.1.3 差热传感器：能够测定样品与空坩埚之间 1 μW（微瓦）的热流差。

7.1.1.4 能保持测试区域惰性气体流量在 10 mL/min~50 mL/min 内任意一个值，并且上下波动不超过 5 mL/min。

> 注：若担心样品在空气中被氧化，则需使用纯度超过99%的氮气、氩气或者氦气对样品进行保护。一般情况下建议使用干燥的吹扫气体。在低温下应使用干燥的吹扫气体。

7.1.2 温度控制器：通过炉子实现温度的程序控制，能选择升温速率从 10℃/min~20℃/min 内任意选定值（精度±0.1℃/min），也要能实现恒温控制（精度±0.1℃）。

7.1.3 记录设备：数字信号或者模拟信号都可以，只要能记录和显示所有的热流信号（DSC 曲线），DSC 曲线包含信号噪音。

7.1.4 试验者可以使用符合本标准要求的数据处理软件。一般建议使用仪器厂家提供的专用软件。

7.1.5 容器：由平底坩埚和盖子构成。它里面可以放入样品或者标准物。它要有合适的外形结构，并且根据本标准的具体要求，能完整容纳样品或者标准物。一般使用仪器厂家配套的铝制坩埚。

7.1.6 DSC 仪有快速降温的制冷能力，制冷速率能保持恒定、且能够达到10℃/min。能实现室温以下的操作，维持恒定的低温，并且可以实现上述温控程序的组合操作。

7.2 天平：用于称量样品及坩埚，量程不小于 100 mg，精度±10μg。

8 试剂和材料

比热容标准物：人工合成蓝宝石圆片，10 mg~100 mg。

> 注：实验室间研究表明，其它形状的人工合成蓝宝石与圆片相比，试验结果的精密度低、偏差大。

9 安全事项

9.1 安全预防措施

如果样品受热分解、可能会释放有毒物、生成腐蚀物。

9.2 技术预防措施

9.2.1 校准仪器和测试样品应该使用相同的加热速率。

9.2.2 加热速率的精确控制、样品坩埚放置在正确位置、使用平底样品坩埚，以及热平衡的建立是试验最基本的要求。一旦完成仪器的校准，试验过程中不应再对仪器的设置进行修改。

10 取样

10.1 粉末状或者颗粒状样品应在取样前混合均匀，并且应在储存罐的不同部分进行取样。将取自各个部分的样品依次混匀，以保证样品的代表性。

10.2 液体样品可以搅拌后直接取样。如果样品为水，则应尽可能装满坩埚，但不能超过坩埚的压力限值。

10.3 固体样品可以用干净的小刀或者刀片切割取样。由于固体内部可能存在离析现象，所以应确定样品的均一性。

注：被取出的固体样品应一面均匀平整，从而保证最大限度与样品坩埚底面接触。这样的接触利于传热，否者容易导致比热容测试结果偏小。

10.4 应对接受到的原样进行分析。如果在分析前样品经过了加热或者机械处理，则应在报告中注明。

11 校准

11.1 比热容是作为温度函数的能量的定量测定值。因此测试仪器应校正温度和热流模型。因为比热容不是快速变化的温度函数，所以仪器的温度模型只需要偶尔的校正和检查。但是热流模型很重要，并且通过使用标准物而成为比热容测定的一部分。

11.2 用制造商在操作指南描述的校准程序来校准仪器。

11.3 仪器的温度校准执行 ASTM E967 标准。

11.4 仪器的热流校准执行 ASTM E968 标准。

11.5 热流校准：

11.5.1 推荐用比热容标准物人工合成蓝宝石圆片（即 α-型三氧化二铝，氧化铝）进行热流校准。其比热容值见附录 A 中的表 A.1。

注：使用其他的标准材料或者其它形状的人工合成蓝宝石片都是可以的，但是应在报告中注明。人工合成蓝宝石通常可以从 DSC 供应商处购买。

11.5.2 热流校准可以定期进行或者每次比热容测定前进行。

注：建议热流校准的频率至少每天一次。选择别的热流校准频率也是可以的，但应在报告中注明。

11.5.3 如果定期校准热流，那么量热灵敏度 E 可以用表 A.1 中比热容标准物的比热容值和通过式（1）计算出来。

$$E = [b/(60 \cdot D_{st})][W_{st} \cdot C_{p(st)} + \Delta W \cdot C_{p(c)}] \cdots\cdots\cdots\cdots\cdots (1)$$

式中：

b——加热速率，单位为摄氏度每分钟（℃/min）；

$C_{p(st)}$——比热容标准物的比热容，单位为焦耳每克每开尔文度（J/(g·K)）；

$C_{p(c)}$——样品坩埚的比热容，单位为焦耳每克每开尔文度（J/(g·K)）；

E——DSC 仪器量热灵敏度；

D_{st}——给定温度时空坩埚热曲线和比热容标准物热曲线垂直位移值，单位为毫瓦（mW）；

W_{st}——比热容标准物质量，单位为毫克（mg）；

ΔW——空坩埚和比热容标准物坩埚之间质量差，单位为毫克（mg）。假如比热容标准物坩埚和空坩埚不是同一个。

11.5.4 如果每次比热容测定前都实施一次热流校准，那么量热灵敏度 E 就无需计算了。具体试验步骤在第 13 章有所涉及。

12 样品处理

12.1 当进行筛选测试或者定性测试时，可以在通常的实验室环境下处理样品和试验用坩埚，但是如果需要一个宽温度范围内的定量数据，则需要对样品进行处理。对于暴露在低温下的样品要进行防潮；对于暴露在高温下的样品要防止氧化。

12.2 任何性质活泼的样品都易于氧化或受潮，因此应密封放置在干燥惰性的环境中，所有与样品接触的材料都应该在干燥惰性的环境下进行吹扫，真空脱气的样品应在高温下进行。

12.3 在惰性气体保护下，非挥发样品直接测试就可以。若样品已在普通实验室气氛中密封在坩埚中，再采用惰性气体也不能起到保护作用。

12.4 在升温程序启动之前样品应该在起始温度条件下预平衡几分钟。建议预平衡4min。其他的预平衡时间也可以，但是要在报告里注明。

13 试验步骤

13.1 比热容标准物热曲线

使用比热容标准物测定得到比热容标准物热曲线。

注：试验仪器开启后，仪器需要一段时间才能处于稳定状态。试验者有责任确认仪器已经处于稳定状态后再进行试样测试。

13.1.1 在整个试验过程中用干燥氮气（或者其它惰性气体）吹扫DSC仪器，气流大小在10 mL/min～50 mL/min之间的某个定值，精度±5 mL/min。

13.1.2 称量干净的带盖空坩埚的质量，称准至±0.01 mg，记录数值作为皮重。

13.1.3 放置带盖空坩埚和带盖参比坩埚（如果可能，挑选质量相当的坩埚）在DSC仪器合适的位置。

注：应在标准热曲线和试样热曲线运行中使用同一带盖的参比坩埚。

13.1.4 加热（或冷却）DSC试验区域温度至试验起始温度，加热速率为20℃/min，冷却速率由仪器的制冷能力决定。

13.1.5 保持DSC试验区域在试验起始温度下恒温至少4 min，建立平衡。记录热曲线（见12.4）。

13.1.6 加热试样，以20℃/min的加热速率从试验起始温度到目标终点温度。继续记录热曲线。

注：通过提高加热速率可以提高仪器的分辨率。也可以使用其它的加热速率，但需要在报告注明。

13.1.7 在试验最高温度点，记录一段稳定状态的恒温基线（见12.4）。

13.1.7.1 以上步骤完成后结束热曲线。

13.1.7.2 冷却DSC试验区域至室温。

13.1.8 将标准物（人工合成蓝宝石）放入13.1.2中使用的那个带盖空坩埚里。

13.1.9 称量比热容标准物和带盖空坩埚的总质量，称准至±0.01 mg。记录质量。

13.1.10 重复13.1.4~13.1.7的步骤。

注：每隔一段固定时间实施步骤（13.1.1~13.1.9），或者在每个试样比热容测定之前都实施步骤（13.1.1~13.1.9）。见11.5条。也可以参考仪器生产厂家提供的用户指南。

13.2 试样热曲线

重复13.1.1~13.1.7的步骤和如下步骤得到试样热曲线。

注：如果空坩埚、试样坩埚是同一个坩埚的话，计算可以简化。假如使用的是不同坩埚，那么两个坩埚的质量差需要校正。见第14章。

13.2.1 放置测试试样到 13.1.2 中使用的带盖空坩埚里（如果需要，试样应进行样品处理。见12.1），在压盖器上压紧坩埚和盖。

注：试样的质量和仪器的灵敏度应该调整至最合适匹配程度以提高测定的精确度。建议有机液体和有机固体试样的质量在 5 mg~15 mg 之间，无机试样的质量在 20 mg~50 mg 之间。低密度的试样可以压缩小丸或者融化（如果试样稳定），像液体一样密实填充到坩埚里。

13.2.2 称量试样和带盖空坩埚的总质量，称准至±0.01 mg，并记录质量。

注：性质活泼的试样需惰性条件密封测定总质量。性质不活泼的试样可以直接压盖后测定总质量。

13.2.3 重复 13.1.3~13.1.7 的步骤。

13.2.4 试验完成后，称量试样及带盖坩埚的总质量。如果发现质量损失≥0.3%，那么测量结果无效。质量的任何变化都要在报告里注明。

14 计算

14.1 在温度 T 时测量空坩埚热曲线和比热容标准物热曲线间距离（即温度 T 下，基线到比热容标准物线的距离），即图 1 中的 D_{st}。见图 1。

14.2 在温度 T 时测量空坩埚热曲线和样品热曲线间距离（即温度 T 下，基线到样品线的距离），即图 1 中的 D_s。见图 1。

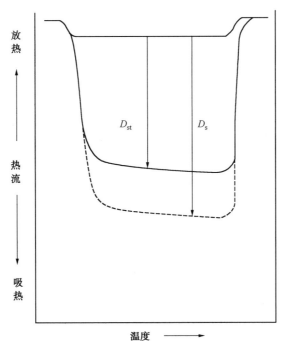

图 1　蓝宝石标准物和样品比热容热曲线

14.3 如果定期进行热流校准，量热灵敏度 E 可以用附录 A 中表 A.1 给出的比热容标准物的比热容值和附录 A 中表 A.2 给出的坩埚铝的比热容值计算出来，具体计算见式（1）：

注：如果坩埚质量差≤样品质量的 0.1%，那么在式（1）的右边第二个修正项可以忽略。

14.4 用量热灵敏度 E 计算样品的比热容，计算公式见式（2）：

$$C_{p(s)} = \frac{60 \cdot E \cdot D_s}{W_s \cdot b} - \frac{\Delta W \cdot C_{p(c)}}{W_s} \tag{2}$$

式中：

$C_{p(s)}$——样品的比热容，单位为焦耳每克每开尔文度（J/（g·K））；

D_s——给定温度时空坩埚热曲线和测试样品热曲线垂直位移值，单位为毫瓦（mW）；

ΔW——空坩埚和测试样品坩埚之间质量差，单位为毫克（mg）。假如空坩埚和样品坩埚不是同一个坩埚。

14.5 假设试样坩埚、比热容标准物坩埚及空坩埚的质量相当，差值在样品质量 0.1% 以内，并且每次测定比热容前都进行热流校准，用式（3）计算比热容：

$$C_{p(s)} = C_{p(st)} \cdot \frac{D_s \cdot W_{st}}{D_{st} \cdot W_s} \tag{3}$$

式中：

$C_{p(s)}$——样品的比热容，单位为焦耳每克每开尔文度（J/（g·K））；

$C_{p(st)}$——比热容标准物的比热容，单位为焦耳每克每开尔文度（J/（g·K））；

D_s——给定温度时空坩埚热曲线和测试试样热曲线垂直位移值，单位为毫瓦（mW）；

D_{st}——给定温度时空坩埚热曲线和比热容标准物热曲线垂直位移值，单位为毫瓦（mW）；

W_s——样品的质量，单位为毫克（mg）；

W_{st}——比热容标准物的质量，单位为毫克（mg）。

15 报告

报告如下信息：

——被测样品的类型和标识；

——本标准使用的仪器描述，包括制造商的名字和型号；

——如果数据获得和计算，使用了程序、软件，描述程序、软件；

——材料、尺寸及样品坩埚几何形状的说明；

——样品的热历史、样品处理及样品被密封时环境的说明；

——如果用的不是蓝宝石进行热流校准，那么要说明热流校准的方法；

——记录热流校正的频率；

——如果平衡时间不是 4 min，那么说明平衡所用时间；

——比热容测定后如果有质量的变化，请说明；

——如果使用坩埚质量不相当，说明所有坩埚的质量；

——使用的扫描速率说明；

——吹扫气体的流速、纯度和组成的说明；

——比热容值，说明是在一系列温度下单独测定的值还是测定不同样品的平均值；

——说明比热容测定时的温度；

——注明对本标准的引用。

16 精密度和偏差

1990 年，7 个实验室在 40℃ 到 80℃ 的温度区间对三种材料（二苯醚、线型聚乙烯和铟）进行了测试，并且确定了其 67℃ 的比热容值。

注：2011 年在 3 个实验室对二苯醚及 4 种液体石油产品进行了测试，验证了本方法的精密度，67℃ 温度点的精密度仍然可靠。本标准制定过程中，同时测试了二苯醚及 4 种液体石油产品 87℃ 的比热容值，给本标准的使用者提供参考。

16.1 精密度

按照下述规定判断试验结果的可靠性（95% 置信水平）。

16.1.1 重复性，*r*

同一操作者，在同一试验室，使用同一仪器，按照相同的方法，对同一样品进行连续测定得到的两个试验结果之差不应大于其平均值的 6.2%。

16.1.2 再现性，*R*

不同操作者，在不同试验室，使用不同的仪器，按照相同的方法，对同一样品分别进行测定得到的两个单一、独立的试验结果之差不应大于其平均值的 8.4%。

16.2 偏差

16.2.1 偏差的估计值是通过每种材料获得比热容的平均值与文献报道值的计算得出的，偏差值=比热容平均值−文献值。

16.2.2 二苯醚的平均比热容值 1.70 J/（g·K）与文献值 1.683 J/（g·K）比较，有+0.95%的偏差。

16.2.3 对于线性聚乙烯的平均比热值 2.18 J/（g·K）与文献值 2.200 J/（g·K）比较，就是−1.1%的偏差。

16.2.4 对于金属铟的平均比热值 0.243 J/（g·K）与文献值 0.241 J/（g·K）和 0.239 J/（g·K）比较，就是+0.8%或者+1.8%的误差。

附　录　A

（规范性附录）

比热容标准物（人工合成蓝宝石即 α 型三氧化二铝）和铝（坩埚材料）的比热容

表 A.1 给出了比热容标准物的比热容，表 A.2 给出了铝（坩埚材料）的比热容。

表 A.1　比热容标准物（人工合成蓝宝石，α 型三氧化二铝）比热容

温度		比热容	温度		比热容
℃	K	J/（g·K）	℃	K	J/（g·K）
−123.15	150	0.3133	206.85	480	1.0250
−113.15	160	0.3525	216.85	490	1.0332
−103.15	170	0.3912	226.85	500	1.0411
−93.15	180	0.4290	236.85	510	1.0486
−83.15	190	0.4659	246.85	520	1.0559
−73.15	200	0.5014	256.85	530	1.0628
−63.15	210	0.5356	266.85	540	1.0694
−53.15	220	0.5684	276.85	550	1.0758
−43.15	230	0.5996	286.85	560	1.0819
−33.15	240	0.6294	296.85	570	1.0877
−23.15	250	0.6577	306.85	580	1.0934
−13.15	260	0.6846	316.85	590	1.0988
−3.15	270	0.7102	326.85	600	1.1040
6.85	280	0.7344	336.85	610	1.1090
16.85	290	0.7574	346.85	620	1.1138
26.85	300	0.7792	356.85	630	1.1184
36.85	310	0.7999	366.85	640	1.1228
46.85	320	0.8194	376.85	650	1.1272
56.85	330	0.8380	386.85	660	1.1313
66.85	340	0.8556	396.85	670	1.1353
76.85	350	0.8721	406.85	680	1.1393
86.85	360	0.8878	416.85	690	1.1431
96.85	370	0.9027	426.85	700	1.1467
106.85	380	0.9168	446.85	720	1.1538
116.85	390	0.9302	466.85	740	1.1605
126.85	400	0.9429	486.85	760	1.1667
136.85	410	0.9550	506.85	780	1.1727
146.85	420	0.9666	526.85	800	1.1784
156.85	430	0.9775	546.85	820	1.1839
166.85	440	0.9879	566.85	840	1.1890
176.85	450	0.9975	586.85	860	1.1939
186.85	460	1.0074	606.85	880	1.1986
196.85	470	1.0164			

注：参见文献 [3]。

表 A.2　铝（坩埚材料）比热容

温　度		比热容
℃	K	J/（g·K）
-123.15	150	0.684
-113.15	160	0.710
-103.15	170	0.734
-93.15	180	0.754
-83.15	190	0.773
-73.15	200	0.789
-63.15	210	0.804
-53.15	220	0.818
-43.15	230	0.831
-33.15	240	0.843
-23.15	250	0.853
-13.15	260	0.863
-3.15	270	0.873
6.85	280	0.882
16.85	290	0.890
26.85	300	0.897
76.85	350	0.930
126.85	400	0.956
176.85	450	0.978
226.85	500	0.997
276.85	550	1.016
326.85	600	1.034
376.85	650	1.052
426.85	700	1.073
476.85	750	1.098
526.85	800	1.128

注：数据来源于对文献 Downie, D.B.；Martin, J.F., Giauque, W.F.；Meads, P.F.；*J Chem. Thermodynam*, 12, 779 - 786（1980）和 Ditmars, D.A.；Plint, C.A.；Shukla, R.C. *Int. J. Thermophys*, 6, 499 - 515（1985）中的热熔值和焓值进行最小二乘法计算得到。

附　录　B

（规范性附录）

压缩气体

B.1　惰性气体可降低用于呼吸的氧浓度。

B.2　保持容器关闭。

B.3　使用时保证空气流通。

B.4　在空气不流通时禁止进入钢瓶储存区。

B.5　在开气瓶前应先松开减压阀。

B.6　不能转到其他钢瓶中。

B.7　不能在气瓶中混合气体。

B.8　不能弄倒气瓶。

B.9　开气瓶阀时，要远离气瓶出口。

B.10　气瓶应远离热源。

B.11　气瓶要远离腐蚀源。

B.12　不要使用无标签的气瓶。

B.13　不要使用有凹痕或缺陷的气瓶。

B.14　仅用于实验，不能用于呼吸。

参 考 文 献

[1]　Furakawa, G. T., et al, Journal Res. National Bureau of Standards, Vol 46, 1951

[2]　Ginnings, D. C., and Furakawa, G. T., J. Amer Chem Soc., Vol 75, 1953, p. 522

[3]　Archer, D. G., J. Phys. Chem. Ref. Data, Vol 22, No. 6, pp. 1441－1453

前　　言

本标准等同采用美国船舶制造商协会(简称NMMA)《TC-WII　锈蚀试验方法》。

本标准用于评定水冷二冲程汽油机油抗锈蚀的能力,主要用做NMMA TC-WII汽油机油程序评定的一部分。

本标准原使用甲醇清洗簧片,考虑到甲醇毒性较大,不利于操作者的健康,现改为使用化学纯无水乙醇,经多次验证试验表明,使用这二种溶剂清洗簧片并不影响试验的最后结果,所以本标准确定使用无水乙醇清洗簧片。

本标准由中国石化茂名石油化工公司提出。

本标准由中国石油化工总公司石油化工科学研究院归口。

本标准由中国石化茂名石油化工公司研究院负责起草。

本标准主要起草人:冯心凭、华献君、邓以彪、练文娟、张珉。

中华人民共和国石油化工行业标准

SH/T 0633—1996

（2004年确认）

水冷二冲程汽油机油锈蚀测定法

1 范围

本标准规定了测定二冲程汽油机油防止发动机进气簧片锈蚀能力的方法。

本标准适用于水冷二冲程汽油机油。

2 方法概要

将处理后的簧片分别放入试样和参考油中浸润1min，沥干，悬挂在盛有氯化钠水溶液的容器中。通过观察及比较簧片锈蚀状况，来确定试样能否通过锈蚀试验。

3 仪器与材料

3.1 仪器

3.1.1 容器：无色透明玻璃制品，5000mL。

3.1.2 镊子：不锈钢或非金属制品。

3.1.3 温度计：0~50℃，分度值1℃。

3.1.4 烧杯：50mL。

3.1.5 荧光台灯：二盏15W荧光灯管。

3.1.6 电炉：电阻丝封闭式，300W。

3.2 材料

3.2.1 簧片：美国水星船舶公司（Mercury Marine）制造，编号为34—31942AI。

3.2.2 不锈钢丝：直径1mm。

3.2.3 透明坐标纸：分辨率1mm。

3.2.4 参考油：美国CITGO 93738。

3.2.5 蒸馏水。

4 试剂

4.1 石油醚：沸程(60~120)℃，分析纯。

4.2 氯化钠：化学纯。

4.3 无水乙醇：化学纯。

5 准备工作

5.1 将227g氯化钠溶于3785mL蒸馏水中，配制成氯化钠溶液，然后将盛有氯化钠溶液的容器置放在温度为24℃±3℃避光处。容器上方装有二盏15W荧光灯。

5.2 将试样及参考油分别倒入贴有标签的50mL烧杯中，然后置于24℃±3℃避光处。各烧杯中的液面应相同并保证簧片可以完全浸入。

6 试验步骤

6.1 将不锈钢丝吊的簧片浸泡在沸腾的石油醚中充分清洗，以除去簧片上所有的防锈油脂。

6.2 再将簧片置于沸腾的无水乙醇溶液中漂洗，沥干。

注：以上清洗过程中不得用手接触簧片，须用镊子夹取，清洗应在通风柜中进行并注意安全。

6.3 将处理好的簧片分别在盛有参考油和试样的烧杯中浸润 1min，取出沥干 1min，然后吊入准备好的氯化钠溶液中，簧片应完全浸入溶液，簧片与容器液面上方的荧光灯管距离约 300mm。

6.4 每隔 30min 观察一次簧片，观察时打开荧光灯。直到参考油簧片上第一个直径超过 1mm 的锈点出现后；或者除参考油簧片外，其他试样簧片均已出现第一个直径超过 1mm 的锈点后，停止试验。

6.5 从氯化钠溶液中取出簧片，在距荧光灯管(2×15W)300mm 下的平白面上进行比较，计算各簧片的腐蚀面积。

7 计算

簧片锈蚀面积百分比按式(1)计算。

$$X = \frac{X_1}{1138} \times 100 \quad\cdots\cdots\cdots\cdots\cdots\cdots\cdots\cdots\cdots\cdots\cdots\cdots \quad(1)$$

式中：X_1——试样(或参考油)中的簧片锈蚀总面积，mm^2；

　　　1138——簧片两面总面积，mm^2。

注：簧片锈蚀总面积是将簧片两面锈蚀面积相加而得，每面锈蚀面积则用透明坐标纸覆盖测得。

8 评定标准

若试样簧片锈蚀面积百分比小于参考油簧片锈蚀面积百分比时，则试样通过。

前　言

本标准等同采用美国船舶制造商协会(简称 NMMA)《TC-WII　滤清器堵塞试验方法》。

本标准用于评定水冷二冲程汽油机油因混入含有金属有机化合物的发动机油，并有少量水存在时，所产生的沉淀物或凝胶对机油滤清器产生堵塞的趋势。本标准主要用做 NMMA TC-WII 油程序评定的一部分。

本标准附录 A 是标准的附录。

本标准由中国石化茂名石油化工公司提出。

本标准由中国石油化工总公司石油化工科学研究院归口。

本标准由中国石化茂名石油化工公司研究院负责起草。

本标准主要起草人：冯心凭、邓以彪、华献君、张珉。

中华人民共和国石油化工行业标准

SH/T 0634—1996

（2004 年确认）

水冷二冲程汽油机油滤清器
堵塞倾向测定法

1　范围

本标准规定了测定水冷二冲程汽油机油内因混入含有金属有机化合物的发动机油，并有少量水存在时，所产生的沉淀物或凝胶对滤清器造成堵塞趋势的方法。

本标准适用于水冷二冲程汽油机油。

2　方法概要

当油品产生凝胶或沉淀时，会造成其过滤速率减慢。通过对按比例加入参考油的油品其不加水与加水后的过滤速率进行比较，可以判断油品对机油滤清器的堵塞趋势。

3　仪器与材料

3.1　仪器

3.1.1　磨口三角烧瓶：磨口 125mL、250mL。

3.1.2　量筒：100mL。

3.1.3　移液管：0.5mL。

3.1.4　滴定管：25mL。

3.1.5　滴定台架。

3.1.6　秒表。

3.1.7　烧杯：300mL。

3.1.8　滤清器：美国 Millipore 公司 NoXX3001200。

3.1.9　弹簧夹。

3.2　材料

3.2.1　塑料管：内径 8mm。

3.2.2　硅橡胶管：内径 3mm。

3.2.3　过滤网：美国 OMC 公司机油过滤网 No398319。

3.2.4　水：蒸馏水。

3.2.5　参考油：美国 CITGO93511。

注：本试验不使用具有精确流动速率的标准参考油。

4　准备工作

4.1　室温下将体积各为 100mL 的试样和参考油置于 250mL 同一磨口三角烧瓶中，加盖后充分摇匀。

4.2　用 100mL 量筒将上述混合好的油分成 80mL 和 120mL 两份。

4.3　将 80mL 的一份油装入 125mL 磨口三角烧瓶中盖紧后在室温下放置 48h。该油作为"核对试样"。

4.4 将120mL的一份油装入250mL磨口三角烧瓶中,加入0.3mL蒸馏水,加盖后用手摇匀。

4.5 将上述含水油平分为两等份,各装入125mL磨口三角烧瓶中,盖紧后于室温下放置48h。一份作为"测试试样",另一份作为备用。

注:为了使所有试样通过滤清器,取60mL试样,其中50mL用于试验测定,而10mL用于装满和校准滴定管,这样可使沉在瓶底的重物质均能置入滴定管。

5 试验步骤

5.1 检查核对试样有无明显的凝胶或沉淀现象产生。如果有此现象产生,则认为试样不合格而应终止试验。如无此现象则继续下一步试验。

5.2 将核对试样注入滴定管内,排除弹簧夹至滴定管液面的残余空气并使液面高于"0"刻度2~3cm。

5.3 打开弹簧夹,连续测定并记录从0至25mL刻度间的每5mL的流动时间。

5.4 测定完核对试样的流动时间后,待排液管排尽油液后,按5.2条所述将测试试样注入滴定管。

5.5 打开弹簧夹,连续测定并记录测试试样从0至25mL刻度间的每5mL的流动时间。

5.6 按5.2~5.3所述步骤将测试试样重复测定一次。

5.7 试验结束后,拆洗、干燥过滤系统的滴定管、塑料管、聚四氟乙烯压盖等部件,更换新过滤网并重新组装过滤系统。

6 计算

6.1 每5mL测试试样(或核对试样)的流动速率 $X(\mathrm{mL/s \cdot cm^2})$ 按式(1)计算。

$$X = (A/B)/C \quad \cdots\cdots\cdots\cdots (1)$$

式中:A——测试试样(或核对试样)的体积,mL;

B——流动时间,s;

C——以滤清器O型圈内径计算出的滤网有效面积,$\mathrm{cm^2}$。

6.2 测试试样较之核对试样在最后5mL的流动速率降低值百分比 $Y(\%)$ 按式(2)计算。

$$Y = \frac{b-a}{a} \times 100 \quad \cdots\cdots\cdots\cdots (2)$$

式中:a——核对试样最后5mL的流动速率,$\mathrm{mL/(s \cdot cm^2)}$;

b——测试试样最后5mL的流动速率,$\mathrm{mL/(s \cdot cm^2)}$。

7 评定标准

7.1 如果在执行5.1时有明显凝胶或沉淀产生,则可认为试样不合格。

7.2 当测试试样较之核对试样在最后5mL的流动速率降百分值小于20%时,则认为试样是合格的。

8 报告

取重复测定两个结果的算术平均值(取至小数点后一位)作为试样的测定结果。试验报告还要包括下列内容:

a. 说明核对试样凝胶或沉淀现象产生情况。

b. 核对试样在各5mL时的流动速率(结果取至小数点后两位)。

c. 测试试样在各5mL时的流动速率(结果取至小数点后两位)。

d. 测试试样较之核对试样在最后5mL的流动速率降低值(结果取至小数点后一位)。

附　录　A

（标准的附录）

试样试验结果计算举例

A1　流动时间的测定

表 A1 所示的流动时间是每 5mL 试样的流动时间，用能够连续计时的秒表测定流动时间（例如核对试样从 5mL 刻度线流到 10mL 刻度线的时间为 6.75s）。如果使用的秒表仅能给出经过的时间，则必须减去起始刻度的时间，以得到该间隔的时间（例：12.36-5.61=6.75s）。

表 A1　在所示的体积时的流动时间

体积，mL	核对试料，s	测试试料，s
5	5.61	7.60
10	6.75	11.24
15	6.77	16.00
20	6.81	22.01
25	7.16	30.99

用公式计算得到其他试样的流动速率列于表 A2。

A2　流动速率 X 的计算

由本标准公式（1）计算流动速率 $X(\text{mL/s} \cdot \text{cm}^2)$，则核对试样的第一个 5mL 的流动速率为：

$$X = (A/B)C$$
$$= (5\text{mL}/5.61s)/0.636\text{cm}^2$$
$$= 1.40\text{mL/s} \cdot \text{cm}^2$$

表 A2　在所示的体积下流动速率

体积，mL	核对试样，mL/s·cm	测试试样，mL/s·cm
5	1.40	1.03
10	1.16	0.70
15	1.16	0.49
20	1.15	0.36
25	1.10	0.25

A3　流动速率降低值百分比 $Y(\%)$ 的计算

利用表 2 中的数值，由本标准公式（2）计算测试试样较之核对试样在最后 5mL 的流动速率降低值百分比 $Y(\%)$。

A3.1　流动速率降低值百分比 $Y(\%)$

$$Y\% = \frac{b-a}{a}$$
$$= \frac{0.25-1.10}{1.10}$$
$$= -77.3\%$$

前　　言

　　液体石油产品采样法(半自动法)是用流体力学的基本原理设计的采样器从罐内采集液体样品的方法。本采样方法具有不上罐、快速、准确、安全等特点。

　　本标准由中国石化锦州石油化工公司提出。

　　本标准由中国石油化工总公司石油化工科学研究院归口。

　　本标准起草单位：中国石化锦州石油化工公司锦州炼油厂。

　　本标准主要起草人：郭万长。

中华人民共和国石油化工行业标准

SH/T 0635—1996

液体石油产品采样法
（半自动法）

1 范围

本标准规定了从立式油罐中采取液体石油和液体石油化工产品样品的方法。

本标准不适用于从卧式油罐、油罐车、油船及管线输送中采取样品。

本标准采取的样品，适用于检验该批均匀石油产品的质量；估计非均匀石油产品的质量。其密度可用于油量的计算。

2 方法概要

当流体从薄壁小孔中流出时，流体流出薄壁小孔的线速度 ω_i(m/s)与该孔距离液面的高度 h_i(m)的关系符合式(1)：

$$\omega_i = \oint \cdot \sqrt{2g \cdot h_i} \quad\text{……………………………………}\quad (1)$$

式中：$\oint$——流体的速度系数；

g——重力加速度，m/s^2。

依照上述原理，在贮罐中安装一个采样器，该采样器能每隔相等距离采取相等数量的样品，即可从罐底部的采样口采集到代表性样品。

3 设备

3.1 采样器[1]：包括安装有标准采样孔的采样管、采样泵及采样阀门等（见图1）。

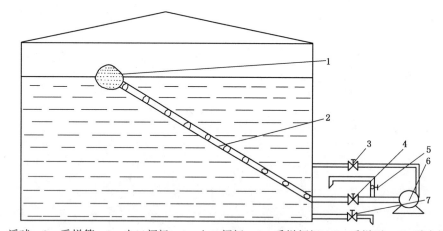

1—浮球；2—采样管；3—出口阀门；4—入口阀门；5—采样阀门；6—采样泵；7—采水阀门

图1 采样器示意图

---

[1] 采样器由石油产品标准化技术归口单位监制、由锦州石油化工公司锦州炼油厂提供。

3.2 样品容器：用于盛装样品，容量通常在 0.25~5L 之间，视需要而定。样品容器不应渗漏，能耐溶剂、具有足够强度和合适的塞子。可有以下选择：

3.2.1 玻璃瓶：应清洁、干燥并备有能密封的塞子。挥发性液体不应使用软木塞。如油品对光敏感，则应采用深色玻璃瓶。

雷德蒸气压大于 180kPa 的样品不应使用玻璃瓶。

3.2.2 油听：用镀锌铁皮制成。用前应对渗漏及生锈情况进行检查。油听应清洁无锈、干燥。当有焊缝时，只能在油听的外表面使用松香焊剂焊接。不能使用软木塞。油听应配带有耐油垫片的螺旋帽盖。垫片只能使用一次。

3.2.3 塑料瓶：用未着色的聚乙烯制成。壁厚不小于 0.7mm。可在不影响油品被测性质时使用。

3.3 样品冷却器：可由内径 6~8mm 不锈钢管绕制而成。盘管出口端用于连接到样品容器上，进口端应配置法兰或接到采样阀门的其他合适器件上。使用时，冷却盘管可浸没在适宜的冷却介质中。

4 安全注意事项

4.1 采样泵及泵的进出口阀门应经常检查，防止泄漏。每年对泵体检修一次。

4.2 在可能产生可燃蒸气的区域里，操作者不应穿能产生火花的鞋及穿人造纤维衣服。

4.3 灯和手电筒应是防爆型的。

4.4 操作者在采样时应站在上风口处，避免吸入有毒有害石油蒸气。

4.5 采取温度较高的样品时，操作者应戴防护手套，以防止烫伤。

4.6 冬季应对进出口油管线及泵体适当保温，以防样品受冷凝固或因罐内底部水进入管线及泵体，造成冻坏设备及跑油事故。

5 操作方法

5.1 操作者在采样前应认真检查样品容器，保证无渗漏、清洁和干燥，封口塞子要严密。

5.2 需要检查采样泵是否灵活好用。运转正常时，按照下述方法检查：当关闭进出口阀门时，摇动采样泵应很吃力；当打开进、出口阀门摇动采样泵时，将耳朵贴近管壁可以听到油品流动的响声。当采样泵运转异常时，应停止使用，进行检修。

5.3 检查采样泵进、出口阀门是否处于常开状态。以每分钟 30 次以上的往复频率扳动采样泵手柄 30s 以上，使采样管内的存油全部返回罐中，形成"空管"。

5.4 在继续依 5.3 的频率扳动采样泵手柄的情况下，打开采样阀门，放出 100mL 以上的油头，弃入废油瓶中，然后用事先准备好的样品容器采集样品至规定数量。

5.5 关闭采样阀门，同时停止扳动采样泵。

前　言

　　粘附率是表示沥青粘附性能的指标，一些专用石油沥青(如电缆沥青、电池封口剂、绝缘沥青、管道防腐沥青等)都有粘附率指标，因此，制订统一的粘附率测定方法标准是必要的。本标准是根据SH/T 0423—92《绝缘胶检验法》中的方法 F《粘附率的测定》、SH 0001—90《电缆沥青》中的附录 B《粘附率测定法》、SH 0098—91《管道防腐沥青》中的附录 A《沥青粘附率的测定》等方法综合制定的。

　　本标准自生效之日起，代替上述标准中的粘附率测定方法。

　　本标准由独山子炼油厂提出。

　　本标准由石油大学技术归口。

　　本标准由独山子炼油厂负责起草。

　　本标准主要起草人：孟淑芳、申国禧。

中华人民共和国石油化工行业标准

SH/T 0637—1996

石油沥青粘附率测定法

(2005 年确认)

1 范围

本标准规定了测定石油沥青粘附率的方法。

本标准适用于测定软化点在 70℃ 以上的石油沥青。

2 方法概要

将装入模筒与模板之间的试样，在规定温度下保持 1h 后，用拉力机拉开，拉断后试样在模板上的覆盖率为粘附率，以百分数表示。

3 试剂与材料

3.1 190 号溶剂油或直馏汽油。

3.2 脱脂棉。

4 仪器设备

4.1 模具：见图 1。

4.2 拉力机：拉力不小于 1000N，拉速 100~500mm/min。

4.3 烘箱：可保持 100~110℃。

4.4 水浴：容量不小于 2L。

4.5 温度计：-30~60℃，分度 1℃。

4.6 电炉或其他加热器。

5 准备工作

5.1 将模板及模筒用溶剂油洗净、擦干，放入 100~110℃ 的烘箱内 15~30min。

5.2 将试样熔化，熔化温度不超过估计软化点的 100℃，熔化时间不超过 30min，加热时不断搅拌，以防局部过热。

5.3 从烘箱中取出模筒及模板，将模筒端放在模板上，然后把熔化好的试样倒满模筒，在室温下自然冷却 1~1.5h。

6 试验步骤

6.1 将盛有试样的模筒旋上模盖，放入产品技术条件要求温度的水浴(或冰水浴)中的中间部位，保持±1℃，恒温 1h。

6.2 取出试样，立即旋上拉环，在 2min 内用拉力机将试样匀速拉断，取下模板，目测沥青试样在模板上未黏结的面积。

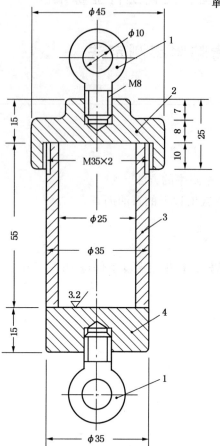

单位：mm

1—拉环；2—模盖；3—模筒；4—模板

图1 粘附率模具

7 计算

石油沥青粘附率 $X(\%)$ 按下式计算：

$$X = \frac{S - A}{S} \times 100$$

式中：A——试样在模板上未黏结的面积，mm^2；

S——试样在模板上全黏结时的面积，本试验取值为 $500mm^2$。

8 精密度

重复性：同一操作者对同一试样重复测定的二个结果之差值不大于5%。

9 报告

取重复测定二个结果的算术平均值作为测定结果。

前　言

　　本标准非等效采用国际标准 ISO 2908—1974《石油蜡含油量测定法》，是用体积法测定微晶蜡的含油量。本标准与 ISO 2908 在蜡与溶剂比例、冷却、冷凝、搅拌、过滤等条件相同；只是加大了取样量，采用回流冷凝溶解试样，用体积法取滤液。

　　本标准自发布之日起生效，代替 SH 0013—1990《微晶蜡》产品标准中技术要求表内的 GB/T 3554。

　　本标准由抚顺石油化工研究院技术归口。

　　本标准由抚顺石油化工研究院起草。

　　本标准主要起草人：杨令儒、李玉敏、郭洪杰。

中华人民共和国石油化工行业标准

SH/T 0638—1996

微晶蜡含油量测定法
（体 积 法）

（2005 年确认）

neq ISO 2908—1974

1 范围

本标准规定了用体积法测定微晶蜡含油量的方法。

本标准适用于测定冻凝点在 30℃ 以上，含油量不大于 15%(m/m) 的微晶蜡、混晶蜡，也适用于石蜡，不适用于某些含油量大于 5%(m/m)、在丁酮中不能完全溶解而分层的蜡。

2 引用标准

GB/T 3554　石油蜡含油量测定法

SH/T 0132　石油蜡冻凝点测定法

注：除非在标准中另有明确规定，上述引用标准都应是现行有效标准。

3 方法概要

取 4g 蜡试样，加入 60mL 丁酮，加热回流溶解试样，溶液冷至 -32℃，析出蜡。过滤并重取 15mL 滤液。将滤液中的丁酮蒸发出，称量残留油，计算蜡的含油量。

4 试剂

丁酮：分析纯。

蒸发 15mL 丁酮，残留物不超过 0.0004g，检验方法按 6.10 进行。

5 仪器

5.1　微晶蜡含油量测定仪：包括下述专用仪器。

5.1.1　油蜡分离器：包括微孔玻璃过滤器（按 GB/T 3554 附录 A 测定孔径并符合该标准要求）；试样管（每套两个）和冷凝器。过滤器和冷凝器用磨口与试样管联接，见图 1。

5.1.2　试样移液管：5.4mL，在 5.2mL 处刻字，在刻字线上下各刻 0.2mL，最小分度为 0.05mL。

5.1.3　丁酮移液管：15mL，30mL。经校正分别准确到 15mL±0.05mL 和 30mL±0.10mL。

5.1.4　滤液体积量管：14.5mL±0.1mL，分度 0.1mL，上下各刻 0.5mL。配聚四氟乙烯活塞，见图 2。

5.1.5　锥形称量瓶：25~30mL。带空心磨口塞。

5.1.6　温度计：符合 GB/T 3554"1.6"温度计要求，用于低温冷浴。

5.1.7　玻璃搅拌棒：直径 5mm，长约 300mm，在插入端 30~40mm 处稍加弯曲，并保证上下端平行，使下端容易接触瓶壁。

5.1.8　化蜡烘箱：70~100℃。

中国石油化工总公司 1996-12-20 批准

1997-07-01 实施

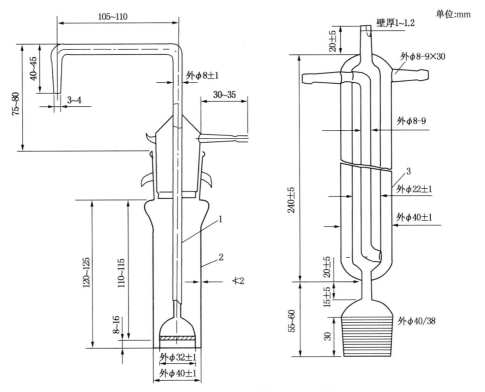

单位:mm

1—微孔玻璃过滤器；2—试样管；3—冷凝器

图 1　油蜡分离器

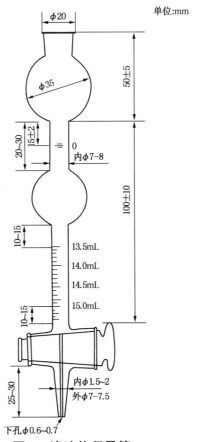

单位:mm

图 2　滤液体积量管

5.1.9　熔蜡浴：90℃±5℃。

5.1.10　冷蜡浴：0℃~1℃。

5.1.11　低温冷浴：-34.5℃±1℃并恒温，用乙醇作介质。

5.1.12　蒸发装置：保证每个喷嘴以2~3L/min的洁净空气吹入瓶中，瓶周围的温度要保持在35℃±1℃。见图3。

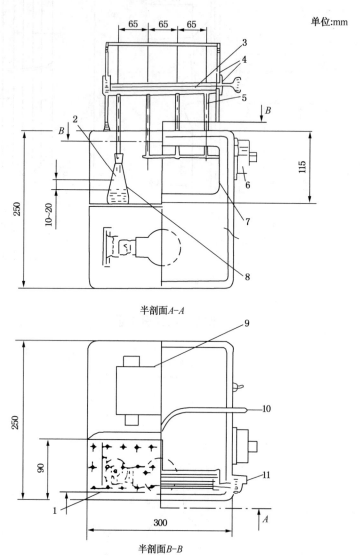

图3　蒸发装置

1—多孔金属平台(孔径6.5)；2—蒸发开始时喷嘴位置；3—歧管；4—调节喷嘴高度的齿条和齿轮；
5—空气喷嘴(内 ϕ3.8~4.2，外 ϕ 约6.0)；6—恒温器；7—有玻璃窗的折叶门；
8—锥形称重瓶；9—加热器控制；10—来自流速计的过滤空气；11—温度计

5.1.13　空气压缩泵：为蒸发装置提供稳定足够量的清洁干净的空气流；为此要配有净化塔。空气总流量可用浮子流量计计量，每个喷嘴的空气量可用皂膜流量计测定。

5.1.14　减压阀：为油蜡分离器提供均匀流速和适当压力的空气流。

5.2　通用仪器

5.2.1　烧杯：100mL。

5.2.2　天平：感量0.1mg。

6 试验步骤

6.1 取有代表性的试样约50g放入100mL烧杯中，放入控制在蜡冻凝点（按SH/T 0132测定）以上10~20℃的化蜡烘箱(5.1.8)，将试样管(5.1.1)和试样移液管(5.1.2)也同时放入，待蜡样熔化搅匀后，用试样移液管取5.2mL左右试样，加入到试样管中。

  注：量取约5.2mL熔化蜡，一般在4g±0.2g范围内，每个操作者要用称量法校正所用仪器和不同牌号蜡样的体
    积数。

6.2 取出试样管，稍冷后，转动试样管，使蜡样均匀地凝固在管壁上，其高度不超过加入溶剂后的高度。

6.3 加60mL丁酮于试样管中，联接冷凝器(5.1.1)，并置于熔蜡浴(5.1.9)中，在溶剂冷凝回流条件下溶解试样，以避免溶剂损失。

6.4 待形成透明溶液(熔点较高的蜡允许形成均匀的雾状混合液)，移出熔蜡浴，待停止回流后，取下冷凝器。

6.5 将试样管置于冷蜡浴(5.1.10)中10min，使溶液呈糊状物。

  注：此时可通过称量确定溶剂损失量，多次称量在1%(m/m)以下时，称量步骤可省略。

6.6 将试样管移入-34.5℃±1℃的低温冷浴(5.1.11)中，同时将用滤纸包裹的微孔玻璃过滤器插入预先置于低温冷浴的空试样管中。

6.7 先用玻璃搅拌器(5.1.7)剧烈搅拌糊状物，防止蜡结块和粘附在管壁，造成蜡包油。待蜡形成细粒结晶后插入温度计(5.1.6)，在温度计轻轻搅拌下使糊状物冷至-31.7℃±0.3℃。

6.8 将在低温冷浴中至少冷却10min的微孔玻璃过滤器取出，用滤纸迅速擦拭管壁，放入取出温度计的试样管中，磨口塞要密封，并用弹簧或橡皮圈联接玻璃钩。

  注：微孔玻璃过滤器不要在空气中停留时间过长，避免在壁上形成霜层。

6.9 将压缩空气与微孔玻璃过滤器相联接，把滤液缓缓压入滤液体积量管(5.1.4)中，使滤液高度在大球的一半以上，并在0℃~20℃范围内取14.5mL滤液。

6.10 将装有滤液的不加盖的锥形称量瓶置于恒温在35℃±1℃的蒸发装置(5.1.12)中，使空气喷嘴与瓶颈同心，喷嘴尖端比液面高15mm±5mm，以2~3L/min空气流吹30~50min，移入不带干燥剂的干燥器中，盖上瓶盖，在天平附近静置10min，称准至0.0001g，重复操作，每次吹5min，直至连续两次称重不超过0.0002g为止。要防止因空气湿度过大或因空气中的灰尘造成结果偏高。

7 计算

  微晶蜡含油量以质量百分数(X)表示，用式(1)计算：

$$X = 100m - 0.15 \quad\quad\quad (1)$$

式中：m——相当于1g试样中所含油分的质量，g；

   0.15——在-31.7℃时，蜡在溶剂中溶解的平均校正值。

8 精密度(95%置信度)

8.1 重复性：同一操作者重复差值，不应大于0.06加平均值的8%。

8.2 再现性：两个实验室提出的试验结果，其差值不应大于0.2加平均值的11%。

9 报告

  取平行测定的平均值作为含油量测定结果，如为负值，则含油量为零。

前　言

本标准等效采用国外公司标准。

本标准与所采用的国外公司标准的主要差异：

1. 本标准规定了取样量允差为±1g。

2. 本标准规定了氧化温度允差为±2℃。

3. 本标准中氧化加热器增加了酒精喷灯。

4. 本标准增加了方法的再现性精密度。

本标准由抚顺石油化工研究院技术归口。

本标准由抚顺石油化工研究院负责起草。

本标准主要起草人：杨绍泉。

中华人民共和国石油化工行业标准

SH/T 0639—1996

(2005年确认)

石 蜡 热 安 定 性 测 定 法

1 范围

本标准规定了石蜡热安定性的测定方法。

本标准适用于全精炼石蜡和食品用石蜡。

2 引用标准

GB/T 514 石油产品试验用液体温度计技术条件

GB/T 3555 石油产品赛波特颜色测定法(赛波特比色计法)

注:除非在标准中另有明确规定,上述引用标准都应是现行有效标准。

3 方法概要

称取150g试样,装入300mL耐热烧杯中,170℃恒温30min后,在高于试样熔点8~17℃下保持30min,测定其赛波特色号。

4 材料

乙醇:含水≤5%。

5 仪器

5.1 加热器:酒精喷灯(吊瓶式)或煤气本生灯。

5.2 玻璃烧杯:300mL,直径75mm±2mm。

5.3 金属石棉网:直径8~10cm。

5.4 温度计:30℃~180℃软化点用温度计(GB/T 514 编号35)。

5.5 玻璃搅拌器:两片羽翅,每片直径16mm±1mm。

5.6 电动搅拌机:100r/min。

5.7 铁架台:高60~70cm。

5.8 恒温器:恒温水浴、恒温烘箱、酒精喷灯均可。

5.9 赛波特比色计(符合GB/T 3555 要求)。

6 准备工作

6.1 烧杯、玻璃搅拌器清洗干净,干燥后备用。

6.2 按图1组装好石蜡氧化仪器,仪器应安装在没有明显空气流动的地方。

7 试验步骤

7.1 称取150g±1g试样,装入300mL烧杯内,将烧杯放在金属石棉网上,用酒精喷灯(或本生灯)将试样缓缓加热到约100℃。

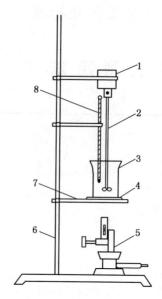

1—电动机；2—玻璃搅拌器；3—烧杯；4—金属石棉网；5—酒精喷灯；
6—铁架台；7—环型金属托架；8—温度计

图1 石蜡氧化仪器

7.2 将搅拌器置于加热的试样中，搅拌翅距离烧杯底部约10mm，启动搅拌电机，以100r/min速度搅拌试样。立即调节加热器，强火加热试样，使试样在5min内由100℃升至170℃±2℃。具体操作为：试样温度由100℃升至约165℃时，迅速撤出加热器。当温度升到170℃±2℃不再升高时，调节火焰大小，再将加热器放回到石棉网下，使试样温度恒至170℃±2℃。

7.3 恒温过程中，根据温度变化情况，随时调节火焰大小或调节火焰距离石棉网底部的位置。

7.4 试样在170℃±2℃恒温30mm，停止加热与搅拌，从石棉网上取下烧杯，自然冷却到高于试样熔点8~17℃，将烧杯放入恒温器中，在高于试样熔点8~17℃下保持30min。

7.5 按照GB/T 3555方法测定试样的赛波特色号。

8 精密度

按以下规定判定结果的可靠性(置信水平95%)。

8.1 重复性

同一操作者重复测定差值不应大于1个赛波特色号。

8.2 再现性

两个实验室提出的测定结果差值不应大于2个赛波特色号。

9 报告

9.1 以赛波特色号报告试验结果。

9.2 试验结果取重复测定结果中较小的值。

编者注：本标准中引用标准的标准号和标准名称变动如下。

原 标 准 号	现 标 准 号	现 标 准 名 称
GB/T 514	GB/T 514	石油产品试验用玻璃液体温度计技术条件

前　　言

本标准非等效采用美国试验与材料协会标准 ASTM E659-78(1989)$^{\varepsilon1}$《液体化学品自燃点标准试验方法》。

本标准与 ASTM E659-78(1989)$^{\varepsilon1}$方法的主要差异如下：

ASTM E659-78(1989)$^{\varepsilon1}$方法不仅适用于液体化学品，而且也适用于在试验温度下容易熔化和蒸发的固体化学品。本标准只适用于对自燃点有要求的液体石油和石油化工产品，例如：热传导液、难燃液压液、难燃汽轮机油、难燃变压器油等。

本标准未采用 ASTM E659-78(1989)$^{\varepsilon1}$方法中有关冷焰的术语和冷焰自燃点的定义及测定方法。

本标准未采用 ASTM E659-78(1989)$^{\varepsilon1}$中有关预燃反应临界温度的定义。

本标准未采用 ASTM E659-78(1989)$^{\varepsilon1}$中的意义和用途。

本标准只报告热焰自燃点即自燃点，及其相应的着火延迟时间、大气压。

本标准的附录 A 是标准的附录。

本标准由中国石油化工总公司石油化工科学研究院归口。

本标准起草单位：中国石油化工总公司石油化工科学研究院。

本标准主要起草人：陈丽卿。

液体石油和石油化工产品
自燃点测定法

SH/T 0642—1997

（2004年确认）

Petroleum and petrochemical products—
Determination of autoignition temperature

1 范围

本标准规定了测定试样自燃点的方法。

本标准适用于热传导液、难燃液压液、难燃汽轮机油和难燃变压器油等液体石油和石油化工产品。

2 术语

本标准采用下列术语。

2.1 着火 ignition

燃烧的开始。对于本标准来说，解释为：火焰出现，且伴随着气体混合物温度的突然升高。

2.2 自燃 autoignition

物质通常在没有外界着火源(火焰或火花)的情况下由于放热氧化反应而在空气中进行的燃烧现象。

2.3 自燃点 autoignition temperature

在规定的试验条件下自燃发生时的最低温度。

2.3.1 自燃点(autoignition temperature)也称自发着火温度(spontaneous ignition temperature)、自身着火温度(self-ignition temperature)或自动着火温度(autogenous ignition temperature)，用首字母缩略词 AIT 和 SIT 表示。本标准测定的自燃点(AIT)是物质在大气压下的空气中，没有外界着火源(如火焰或火花)帮助下，其易燃混合气体因放热氧化反应放出热量的速率高于热量散发速率而使温度升高引起着火的最低温度。

2.4 着火延迟时间 ignition delay time

物质从加热到着火经过的时间。它是从试样加入烧瓶中到试样着火瞬间之间的时间。此时间在最低自燃温度时是最大的，也称为着火时滞。

3 方法概要

量取少量试样加入到恒定在预定温度下，并含有空气的 500mL 玻璃烧瓶中，观察烧瓶内容物 10min，或到自然发生时为止。自然是由烧瓶里的火焰突然出现和气体混合物的温度突然升高来判定。当测定规定体积的试样发生着火时，烧瓶内部的气体混合物的最低温度(T)作为试样的自燃点(AIT)，同时记录着火延迟时间。

4 试剂与材料

4.1 试剂

4.1.1 石油醚：30~60℃，分析纯。

4.1.2 苯：分析纯。

4.1.3 丙酮：分析纯。

4.1.4 无水乙醇：分析纯。

4.1.5 乙醚：分析纯。

注意：上述试剂的蒸气均有毒（或有害），操作要在通风柜中进行，防止长时间吸入其蒸气。装试剂用的容器应该保持密闭。使用和保存时要远离热源、火花或明火，防止与眼睛和皮肤接触，防止吸入体内。

4.2 材料

铝箔：用作包裹烧瓶和衬盖的底面。

5 仪器

5.1 加热炉：电加热坩埚炉，具有圆柱形的内腔，直径12.7cm，深度至少17.8cm。能容纳试验烧瓶并保持烧瓶温度均匀，温度可达600℃或更高。

注意：加热炉应安装在通风柜内，及时将有毒气体抽走，以防操作人员长时间大量吸入有毒气体。

5.2 温控系统：温度在350℃以下时，能控制在±1℃范围内，高于350℃时能控制在±2℃范围内。用烧瓶的底部、中部和颈部三点的外部热电偶来检测温度。

5.3 试验烧瓶：由硼硅玻璃制成的500mL圆底、短颈烧瓶。用厚的绝缘夹持装置把烧瓶悬挂于加热炉中，其颈部顶端嵌在绝缘盖套下，以使烧瓶完全装入炉内。烧瓶用铝箔紧紧包住。绝缘夹持装置用铝箔衬底。见图1。

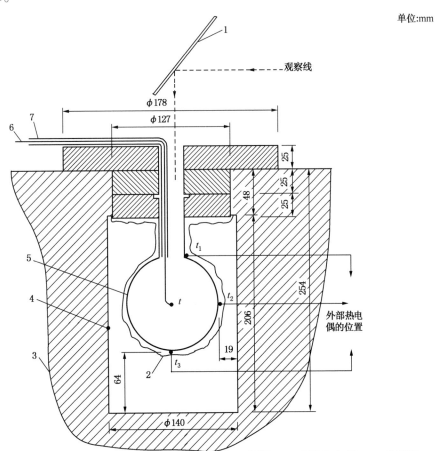

1—镜子；2—铝箔；3—炉壁；4—控制热电偶；5—500mL烧瓶；6—内部热电偶；7—玻璃管

图1 自燃点测定装置

5.4 注射器：500μL 或 1000μL 的注射器，装有 15.2cm 长的不锈钢针。注射器的分度为 10μL 或 20μL。钢针带有合适角度的弯曲(见图 2)，以便操作人员把样品注入烧瓶里时手能离开烧瓶的瓶口。

注：用注射器注入试样后，手立即离开试验烧瓶。

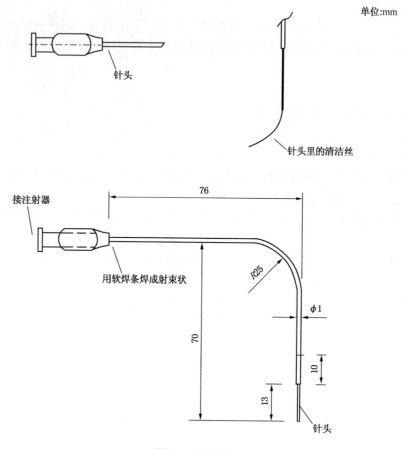

图 2 改型针头

5.5 热电偶：精密的镍铬-镍铝合金热电偶，用来测量烧瓶内的气体温度(t)，并且经常要复检，不能使用铁-康铜(铜镍合金)热电偶。测量外部烧瓶的温度用镍铬-镍铝热电偶或用较精密的热电偶放于烧瓶的顶部(t_1)、中部(t_2)和底部(t_3)。

5.6 秒表：分度 0.1s 或 0.2s。

5.7 镜子：一种边长为 7.6cm 或其他合适尺寸的正方形镜子，安放于烧瓶的正上方，以便观察烧瓶的内部。

注：操作人员观察烧瓶里的火焰时，要通过一面镜子来观察，因为，有些火焰正好辐射到烧瓶顶端的正上方。

5.8 吹风机。

5.9 附录 A 给出了有关仪器和试验结果影响因素的说明。

6 试验步骤

6.1 如图 1 所示安装烧瓶，预设加热温度，开启加热炉并加热烧瓶。当烧瓶内部的温度(t)达到所要求的温度时，调整温度控制器，以使温度保持稳定，使整个系统达到平衡。

6.2 用待测试样冲洗注射器和针头。

6.3 用注射器注入 100μL 试样到烧瓶里进行试验，并迅速地撤回注射器。

6.4 当试样注入烧瓶里时，启动秒表开始计时。

6.5 使用放于烧瓶上端的有适当角度的镜子，观察试验烧瓶的内部。

6.5.1 若在 10min 内未观察到着火，就认为在烧瓶内部温度下所试验的试样不发生自燃。用吹风机吹净烧瓶内残留气体，并停秒表。

注：大多数物质在少于 10min 内着火，一些化学物质（如饱和的环状有机体）将显示长的延迟时间，最初的试验可用较短的时间，但最后的试验要用 10min 试验时间。

6.5.2 升高温度大约 30℃，重复上述试验过程，若观察到着火，即停秒表，记录从试样加入到着火的延迟时间。然后以 3℃的倍数间隔降低温度，重复试验过程，直至不出现自燃为止。以 3℃间隔确定着火和不着火的分界点，得到最低着火温度。

6.5.3 用较多的试样（150μL）重复上述试验过程，若增加试样后测定的最低着火温度低于 100μL 试样测定的最低着火温度，则采用更多的试样（200μL，最终 250μL）重复试验过程，直至获得最低的自燃温度。

6.5.4 若采用 150μL 试样测定的最低着火温度高于 100μL 试样测定的最低着火温度，则采用较少的试样（70μL，最终 50μL）重复试验过程，直至获得最低的自燃温度。

6.5.5 每个试样应使用一个干净的烧瓶。若试样在试验完成前烧瓶内已形成了一层残余物，则应更换烧瓶进行后面的试验。

6.5.6 试验后，将上次试验时注射器和针头里的试样完全挤净，并用溶剂反复清洗，直至干净。然后用洗耳球将针头里的溶剂吹走，反复吹几次，自然干燥或烘干，注射器用吹风机吹干或烘干，放置备用。

6.5.7 将上次试验用过的烧瓶中的残余物清理掉，并将烧瓶洗干净，烘干后备用。

6.5.8 自燃通常由试验时产生的各种颜色的火焰来证明，例如黄色、红色或蓝色，一般情况下，自燃产生时，温度突然上升至少 200℃~300℃或更多。

6.6 记录试验温度、大气压力、所用试样的体积、着火延迟时间和自燃点。

7 精密度

用下述规定判断试验结果的可靠性（95%置信水平）。

7.1 重复性：同一操作者重复测定所得两个自燃点结果之差不应大于其算术平均值的 2%。

7.2 再现性：两个实验室各自所得自然点结果之差不应大于其算术平均值的 5%。

8 报告

8.1 自燃点，AIT（℃）。

8.2 相应的着火延迟时间（s）和气压计的压力（kPa）。

附 录 A

(标准的附录)

有关仪器和试验结果影响因素的说明

A1 仪器

A1.1 尺寸

图 1 是工业用的安装于罐式坩埚炉里的典型试验烧瓶装置剖面图。电加热坩埚炉能保持所需温度的均匀性。

A1.2 绝缘盖

绝缘盖是由矿物绝缘材料制成的可以分开的装置，便于试验烧瓶移动和安装，盖的底面衬有铝箔。

A1.3 热电偶

A1.3.1 试验温度(t)所用的热电偶是一根裸镍铬-镍铝合金(K 型)热电偶，其探头应放于试验容器的中央，把它插入一定形状小直径的玻璃管中，并放到合适位置，玻璃管不应低于颈部而伸到烧瓶的球形部分，以避免火焰熄灭。

A1.3.2 烧瓶的表面温度是由放于试验容器外边包裹在铝箔里的热电偶 t_1、t_2 和 t_3 测量，用手动电位计记录这些热电偶的读数。如果规定的试验温度的均匀性已经充分确定，例如在 A1.5 中，通常不必使用外部热电偶。如果并联顶部、侧壁和底部加热系统可获得烧瓶内均匀的温度，这时需要三个外部热电偶。

A1.3.3 加热炉控制热电偶放于炉膛内，图解说明见图 1，热电偶插到加热炉耐火材料表面。

A1.4 烧瓶安装位置

A1.4.1 如果加热炉的深度允许，烧瓶颈部的顶端将置于绝缘盖下面的凹处。烧瓶安放尽量接近加热炉的加热中心线(见图 1)，以使烧瓶安装位置最合适并且热量损失最少，铝箔包裹烧瓶的作用是使烧瓶温度均匀。

A1.5 温度均匀性

A1.5.1 表 A1 所列的温度是由图 1 所示结构的加热炉得到的，这种加热炉具有围绕四周侧壁的垂直加热装置。

表 A1 温度均匀性

试验温度(t),℃	外部烧瓶温度,℃		
	t_1	t_2	t_3
81	81	82	82
232	232	236	235
343	342.3	349	347
505	504.5	512	509

A2 体积对自燃点的影响

A2.1 许多研究者已经注意到试验容器越大，得到的自燃点越低。

因此将本方法得到的温度用于实际情况时应加以注意。

A2.2 测定容器体积的影响，可利用三个或更多个具有同样结构的试验容器，例如 250，500，1000 和 5000mL 进行重复测定。自燃点与容器体积的对数曲线图，在估价其他体积的自燃点时是有帮助的。

A3 压力对自燃点的影响

许多研究者已经证实，升高压力使自燃点降低。

前　言

本标准等效采用美国试验与材料学会标准 ASTM D4049-93《润滑脂抗水喷雾性测定法》。

本标准与 ASTM D4049-93 标准主要差异是，洗涤用的溶剂油，由符合 ASTM D235《溶剂油（石油溶剂油）（烃类干洗溶剂油）》规格改为用符合 SH 0005《油漆工业用溶剂油》标准。因上述两种溶剂油质量近似，而且只是用于清洗仪器，故用国产溶剂油代替。

本标准由中国石油化工总公司石油化工科学研究院提出。

本标准由中国石油化工总公司石油化工科学研究院归口。

本标准起草单位：中国石油化工总公司石油化工科学研究院。

本标准主要起草人：李显名。

中华人民共和国石油化工行业标准

润 滑 脂 抗 水 喷 雾 性 测 定 法

SH/T 0643—1997

（2005 年确认）

Lubricating greases-Determination of
resistance to water spray

1 范围

1.1 本标准是在规定的试验条件下，评定在水喷雾润滑脂时，润滑脂对金属表面的粘附能力。

1.2 用国际单位制（SI）表示的数值被认为是标准值。括弧内给出的数值仅供参考。

1.3 本标准未阐明与其使用有关的所有安全问题。本标准的使用者在使用前有责任制订相应的安全和保健措施，并确定其受限制的适用范围。

2 引用标准

下列标准包括的条文，通过引用而构成本标准的一部分。除非在标准中另有明确规定，下述引用标准都应是现行有效标准。

SH 0005 油漆工业用溶剂油

3 方法概要

将润滑脂涂在一块不锈钢板上，用在规定试验温度和压力下的水喷雾。经 5min 后，测定润滑脂的喷雾失重百分数，作为润滑脂抗水喷雾性的量度。

4 意义和用途

本标准是用于评定润滑脂在直接水喷雾时，润滑脂对金属表面的粘附能力。本标准所得的结果认为与直接水喷雾冲击运转有相应关系，例如轧钢机的辊颈轴承工作状况。

5 仪器

5.1 不锈钢板：如图 1 所示。

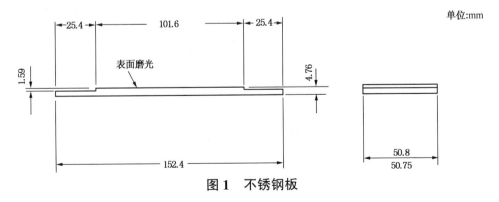

单位:mm

图 1 不锈钢板

中国石油化工总公司 1997-07-12 批准

1997-12-01 实施

5.2 模具：用于不锈钢板上涂润滑脂，如图2所示。

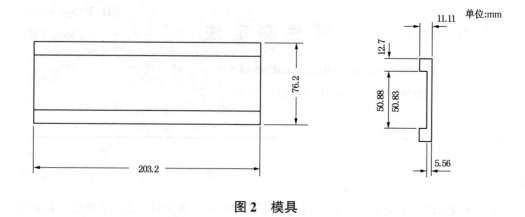

图2 模具

5.3 水喷雾仪：如图3所示。

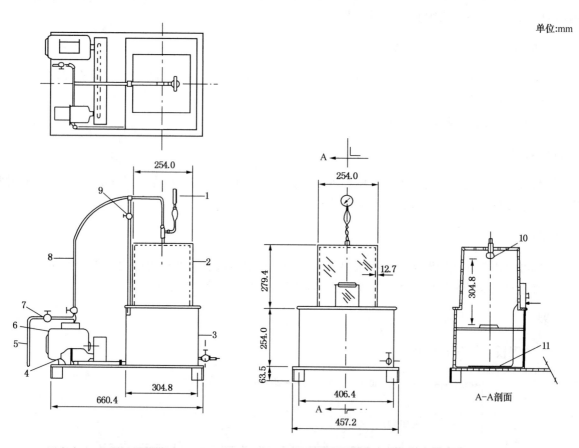

1—压力表(0~414kPa)；2—喷雾罩(有机玻璃)；3—水槽；4—循环齿轮泵；5—排水管；6—电动机；
7—关闭阀；8—高压软管；9—旁通针形阀；10—喷嘴；11—加热器

图3 水喷雾仪

5.4 喷嘴：如图4所示。

5.5 温度计或热电偶：测定水喷雾温度的温度计应放在不影响喷雾方式的位置上。

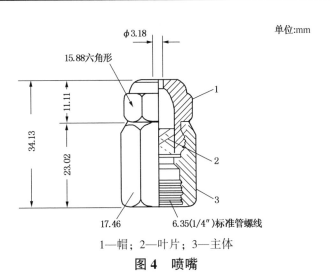

单位:mm

1—帽;2—叶片;3—主体

图 4　喷嘴

6　试剂与材料

6.1　试剂

正庚烷:分析纯。

注意:易燃,如吸入有害。

6.2　材料

溶剂油[1]:符合 SH 0005 油漆工业用溶剂油标准。

注意:易燃,蒸气有害。

7　准备工作

7.1　用毛刷和溶剂油清洗不锈钢板,然后用正庚烷冲洗,并在空气中干燥。

7.2　用水将水槽冲洗干净,并擦掉水槽表面和喷雾室表面残留油层。

7.2.1　每次试验后都应按 7.2 条清洗仪器。

8　试验步骤

8.1　称量干净不锈钢板的质量,精确至 0.1g,并记录为 m_1,然后用金属模具(如图 2 所示)在不锈钢板上涂 0.794mm 厚润滑脂层。把不锈钢板上超出画线外的润滑脂清除掉。再称量并记录为 m_2。

8.2　最少加 8000mL 自来水到水槽中,并调节温度到 38℃±0.5℃。当水槽中的水温达到 38℃±0.5℃时,使水循环 2~3min,在向不锈钢板喷雾前使水温达到平衡。用旁通阀调节泵压力到 276kPa±7kPa(40psi±1psi)。旁通阀必须在压力表前,而不是在压力表和喷嘴之间。关掉电动机。

8.3　插入不锈钢板,一定要使不锈钢板放在喷嘴下方中央并呈水平。开动电动机,向不锈钢板上喷雾 5min±15s。

8.4　关掉电动机停止喷雾,并取出不锈钢板。除去不锈钢板上画线外部和沿边以及不锈钢板底部多余的润滑脂。把不锈钢板呈水平状态置于 66℃±1℃ 的烘箱中 1h±5min。

8.5　从烘箱中取出不锈钢板,让其冷却至室温。再称不锈钢板质量,记录为 m_3。

9　计算

润滑脂的喷雾失重百分数 $x[\%(m/m)]$,按式(1)计算:

采用说明:

1]　溶剂油代替 ASTM D235 溶剂油(石油溶剂油)(烃类干洗溶剂油)。

$$x = \frac{m_2 - m_3}{m_2 - m_1} \times 100 \quad \cdots\cdots\cdots\cdots\cdots\cdots\cdots\cdots\cdots\cdots\cdots\cdots (1)$$

式中：m_1——干净不锈钢板的初始质量，g；

m_2——喷雾前不锈钢板加润滑脂的质量，g；

m_3——喷雾后不锈钢板加润滑脂的质量，g。

10 精密度和偏差

10.1 按下述规定判断试验结果的可靠性(95%置信水平)。

10.1.1 重复性：在长期、正常和正确地按本标准操作的情况下，同一操作者在规定的操作条件下用一台仪器对同一试验材料所得的两次试验结果之差，不应超过其平均值的6.0%。

10.1.2 再现性：在长期、正常和正确地按本标准操作的情况下，不同操作者在不同实验室对同一试验材料所得的两个单个的和独立的试验结果之差，不应超过其平均值的18.0%。

10.2 偏差：本试验方法操作步骤不存在偏差，因为喷雾失重数值仅取决于试验方法本身。

11 报告

按第9章计算出的喷雾失重百分数，作为报告结果。

编者注：本标准中引用标准的标准号和标准名称变动如下。

原标准号	现标准号	现 标 准 名 称
SH 0005	SH 0005—1990	油漆工业用溶剂油

前　　言

本标准非等效采用美国联邦标准 FED-STD-791C-3459.1《低温安定性试验法》(1986 年版)。

本标准与所采用标准的主要技术差异：

1　适用范围：FS 3459.1 为成品调合液，本标准为航空液压油和其他液压油。

2　试验温度：FS 3459.1 为-54℃，本标准为-60℃。

3　染色剂：FS 3459.1 用"伊利河枣红 B"或与其相当的产品，本标准采用与"伊利河枣红 B"相当的偶氮型红色染料 5GN。

4　本标准增加对结果的判断，并对"报告"内容做了详细说明。

本标准由中国石油化工总公司石油化工科学研究院归口。

本标准起草单位：克拉玛依炼油厂。

本标准主要起草人：黄绍忠、马勇、孙华云、马骊军。

中华人民共和国石油化工行业标准

航空液压油低温稳定性试验法

SH/T 0644—1997

（2004 年确认）

Aviation hydraulic oils–Test method
of low temperature stability

1 范围

本标准规定了航空液压油低温稳定性的试验方法。

本标准适用于航空液压油和其他液压油。

2 引用标准

下述标准所包含的条文，通过引用而构成本标准的组成部分。除非在标准中另有明确规定，下述引用标准都应是现行有效标准。

GB/T 514 石油产品试验用液体温度计技术条件

3 方法概要

将一定量的试样，在规定的温度条件下，放置一定的时间，对其振荡，将其浊度与参比溶液的浊度相比较，以观察其有无凝胶、结晶及凝固现象来判断试样的稳定性。

4 仪器与材料

4.1 仪器

4.1.1 样品瓶：见图 1，材质为无色玻璃，容量 250mL，带有磨口塞。

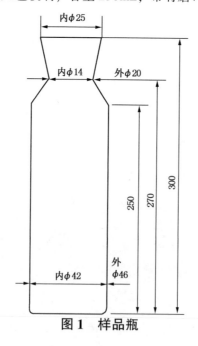

图 1 样品瓶

中国石油化工总公司 1997-07-12 批准

1997-12-01 实施

4.1.2 冷却设备：可恒温在-60℃±1℃的恒温箱或冷却浴；冷却剂采用工业乙醇。

4.1.3 温度计：符合GB/T 514中结晶点和凝点(酒精)用温度计的技术要求。

4.2 材料

4.2.1 工业用甲醇。

4.2.2 工业乙醇。

4.2.3 甘油。

将工业用甲醇与甘油按1∶1配成甲醇-甘油溶液。

5 试剂

5.1 氯化钡：分析纯，配制成0.00322mol/L的氯化钡溶液。

5.2 硫酸：分析纯，配制成0.025mol/L的硫酸溶液。

5.3 氢氧化钠：分析纯，配制成1mol/L的氢氧化钠溶液。

5.4 红色染料：偶氮型红色染料5GN，由上海染料化工三厂生产。

用蒸馏水配制成0.2g/L红色染料的染色溶液。

6 准备工作

6.1 浊度参比液的配制：在使用前30min内准备。

6.1.1 将0.00322mol/L的氯化钡溶液25mL注入250mL容量瓶中。

6.1.2 加入0.025mol/L的硫酸125mL，充分振荡以保证沉淀完全。

6.1.3 加入1mol/L的氢氧化钠溶液约25mL使溶液呈碱性。

6.1.4 加入蒸馏水使体积达到250mL刻度，并将配制好的溶液倒进一清洗干净的样品瓶，并用瓶塞塞紧。

6.1.5 对红色液压油，需用0.2g/L红色染料的染色溶液代替6.1.4中的蒸馏水。

7 试验步骤

7.1 将样品瓶洗净，并在105℃±5℃条件下至少干燥24h，冷却、干燥备用。

7.2 量取240mL试样倒入样品瓶内，盖紧瓶塞。

7.3 调整恒温箱或冷却浴，控制温度在-60℃±1℃，并将上述样品在恒温箱内或冷却浴中静置72h。

注：其他液压油的试验温度及静置时间根据产品标准确定。

7.4 如果采用恒温箱作为冷却设备，则需要在试验规定时间结束前将甲醇-甘油溶液冷却至-60℃±1℃。

7.5 在进行试样与浊度参比液比较前5min之内，将参比液用力振荡10s。

7.6 待试样静置时间结束时取出试样，用力振荡约10s。

7.7 如果试样是在恒温箱内静置的，取出振荡完后须在甲醇-甘油冷浴中蘸一下以防结霜。从冷却处取出试样在1min之内与浊度参比液进行目测对比。

8 结果判断

8.1 试样与参比溶液相比较，以试样的浊度低于、等于或高于参比液的浊度来表示，并对有凝胶、结晶、凝固现象也表示出来。

8.2 要求平行测定的两个试验判定结果必须相一致，否则试验重新做。

9 报告

对判定结果为"低于参比液浊度"且无凝胶、结晶、凝固现象时，以试样低温稳定性试验"合格"

作为报告。

对于其他判定结果均以试样低温稳定性"不合格"报告。

编者注：本标准中引用标准的标准号和标准名称变动如下。

原 标 准 号	现 标 准 号	现 标 准 名 称
GB/T 514	GB/T 514	石油产品试验用玻璃液体温度计技术条件

前　言

本标准是自行研究制定的模拟评定柴油机油清净性的热管氧化法。

本标准适用于模拟评定柴油机油的清净性并规定了 CC、CD 级柴油机油清净性模拟评定时的试验温度与时间。

本标准附录 A 和附录 B 都是标准的附录。

本标准由中国石油化工总公司石油化工科学研究院提出并技术归口。

本标准由中国石油化工总公司兰州炼油化工总厂、中国科学院兰州化学物理研究所起草。

本标准主要起草人：谢继善、李荣熙、陈祥科。

SH/T 0645—1997

柴油机油清净性测定法
（热管氧化法）

**Lubricants test method for determination of
detergence of diesel engine-Hot tube method**

1 范围

本标准规定了模拟评定柴油机油清净性的试验方法。

本标准适用于模拟评定柴油机油的清净性。

本标准规定了模拟评定柴油机油清净性时的设备及气体流量，试样流量，反应条件与级别评定等。

本标准提出了 CC、CD 级柴油机油清净性模拟评定时的试验温度与时间。

本标准不适用于模拟评定柴油机油中酚类添加剂大于 2% 的润滑油的清净性。

2 引用标准

下列标准包含的条文，通过引用而构成为本标准的一部分。除非在标准中另有明确规定，上述引用标准都应是现行有效的标准。

GB/T 6682　分析实验室用水规格和试验方法

SH 0114　航空洗涤汽油

3 方法概要

被测试样（柴油机油），在受控的高温氧化环境中与氧气混合后，在受高温的玻璃管中循环回流，经过设定的温度与时间后，受热玻璃管的内管壁会产生沉积物。沉积物颜色的深浅及沉积量与样品的清净性有一定相关性。据此，模拟评定柴油机油的清净性。

4 仪器

使用 RGY-911 型热管氧化试验仪。也可使用具有 4.1 相同功能的其他热管氧化仪。

4.1 仪器流程图见图 1。

仪器设有四个通道，可同时测定 4 个油样。

温控在 200~500℃间可调，精度为 0.2℃。

氧化压力为 0.005~0.15MPa，流量在 0.05~10.0mL/min 间可以调节，精度为 0.02mL/min，各通道间最大差值不大于平均值 2%。

试油流量在 0.05~200mL/min 间可以调节，精度为平均值 5%。

4.2 温度控制仪

使用全集成化高级智能控温仪，配有 EU$_2$ 型铠装式热电偶（ϕ4mm×800mm）。

温度显示精度为 0.2℃

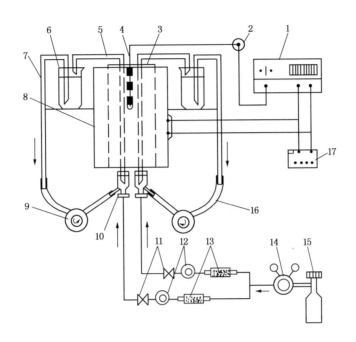

1—温度控制仪；2—热电偶冷点；3—导热炉芯；4—热电偶；5—玻璃反应管；6—贮油杯；
7—回流管；8—加热炉；9—蠕动泵；10—混合器；11—微调阀；12—稳压阀；13—干燥管；
14—减压阀；15—氧气瓶；16—硅橡胶管；17—打字机

图 1   RGY-型热管氧化试验仪流程图

4.3   加热炉

立式管状电阻炉(ϕ50mm×260mm)，功率 1.3kW，炉膛内装有铜套及铝质(或铜质)炉芯。如图 2 所示。

4.4   气流控制系统

连接管线为外径 ϕ3mm±0.3mm，内径 ϕ2mm±0.3mm 的不锈钢管。干燥器为 ϕ30mm×250mm 的金属筒，内装变色硅胶。当变色硅胶二分之一以上变色后要立即更换。见图 3。

4.5   试油输送控制系统

此系统先由硅橡胶管连接回流管，后经电子蠕动泵压槽与油/氧混合器侧管联接。硅橡胶管外径 ϕ3.0mm±0.3mm，内径 ϕ1.3mm±0.2mm，每根长为 600~630mm。

4.5.1   电子蠕动泵：LDB-AB 组合型，混合两组六通道，左、右泵头转速及转速同步性可调，调速拨码 0~99，液体泵送流量在 0.05~200mL/min 间可调。

4.5.2   混合器：见图 4。

材质为 1Cr18Ni9Ti。

5   **材料与试剂**

5.1   量筒：5mL，4 支。

5.2   秒表：分度 0.1s，一只。

5.3   架盘天平：最大称量 200g，感量 0.2g。

5.4   烧杯：1000mL 一只；100 或 200mL 一只。

5.5   带乳头滴管：一支。

5.6   乙醇：95%，化学纯。

5.7   正庚烷：化学纯。

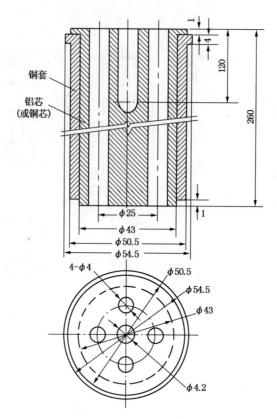

铜套

铝芯
(或铜芯)

图2 铝(铜)芯铜套

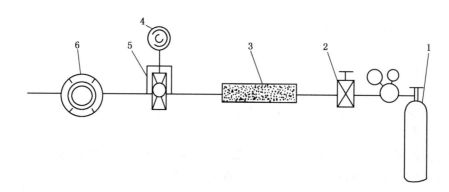

1—气瓶；2—截止阀；3—换向阀；4—干燥管：φ30mm×250mm 金属筒，内装变色硅胶；
5—压力表；6—稳压阀；7—微调针阀

图3 给氧系统示意图

5.8 蒸馏水：符合 GB/T 6682 实验室用水规格中三级。

5.9 皂膜流量计：5mL，分度值 0.1mL。

5.10 标准色管：由 11 支不同沉积物级别的反应管组成，使用有效期为三年。有关其级别标准见附录 A(标准的附录)。

5.11 标准试油：由六种油品组成。兰州炼油化工总厂石化研究院按标准要求统一制作与提供，其标准油的级别见附录 B(标准的附录)。

5.12 试油循环用玻璃器皿：示意图见图5。

反应管使用前应先用铬酸洗液浸泡、洗净、干燥后备用。

5.13 航空洗涤汽油：符合 SH 0114。

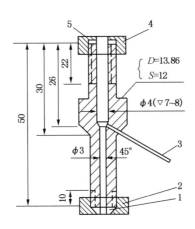

1—铜碗塞四氟垫；2—螺母 M6×0.75；3—不锈钢侧管(ϕ2×0.5)；4—螺母 M8×1；5—硅橡胶垫圈

图 4 油/氧混合器

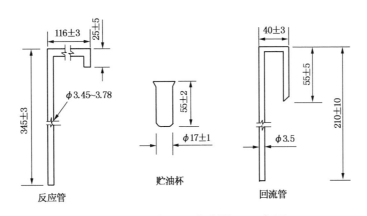

反应管　　　　贮油杯　　　　回流管

图 5 试油循环用玻璃器皿示意图

5.14 氧气纯度 98%以上。

5.15 脱脂棉。

5.16 贮油杯：尺寸如图 5，材质为普通硬质玻璃。

5.17 砂纸：粒度为 180 号。

5.18 铬酸洗液：取 20g 重铬酸钾置于 1L 烧杯中，加入少量水溶解后，慢慢加入 400mL 浓硫酸，边加边搅。配置好的洗液应呈深红色。

6 准备工作

6.1 炉芯温度校准：

用 UJ-31 型低电阻电位差计校准温度控制器示数及炉芯通孔的温度分布，当控制温度为 300℃时，通孔中间部位 8cm 长度内温度变化不超过±1℃，13cm 长度内温度变化不超过±2℃。

每年由计量校对人员校准一次，如有异常及时校准。

6.2 氧流量校准：

采用皂膜流量计校准法。校准时，氧气钢瓶压力应大于 6MPa，减压阀输出压先调至 0.3MPa±0.05MPa，再用热管仪控制箱 1—4 通道气路稳压阀将压力准确调至 0.1MPa±0.02MPa，仔细调节气路精密微调针阀，使皂膜流量计在 80~85s 内流出气体体积为 2mL，此时氧流量值为 1.5~1.4mL/min，记录下四个通道针阀手柄位置所标的圈数。

每月校准一次，如有异常，及时校准。

6.3 试油流量校准：

6.3.1 用水初步校准：取本标准规定的硅橡胶管嵌入蠕动泵滚动槽内并压紧，嵌入长度应为 98～105mm，蠕动泵挂"快"、"顺"挡，以水为流体，测量流出体积和时间，仔细调整蠕动泵拨码数，使水流出速度在 1.05～1.25mL/min 范围内，记下左、右泵头所选定的拨码数。

6.3.2 试油校准：更换硅橡胶管，按图 1 装好反应管、回流管。贮油杯盛 5.0g±0.2g 试油(任取一试油，见 3.4 条)，按 5.3.1 安装并接通硅橡胶管出口和混合器侧管，炉温控制到 300℃±0.2℃后，按 6.2 给氧，开启蠕动泵，10min 后，记录 2min 内热油流出体积，应在 2.1～2.5mL 范围内，若超过流量范围，可通过拉紧和放松硅橡胶管改变嵌入长度予以调整，记录拨码数及嵌入硅橡胶管的确切长度。

　　每月校准一次，如有异常，及时校准。

6.4 仪器的标定：

　　每批试样测试前要按照第 7 章试验步骤，选取二个不同级别标准油进行标定，其测定结果与标准油所给的等级应顺序一致，级差与级别均不得超过一级。

6.5 检查加热系统：

　　热电偶应插入炉芯探孔直到底部，冷端置冰水中；然后设定各控温参数。

6.6 检查气路系统：

　　氧气瓶氧气压力应大于 6MPa，减压阀输出调节至 0.3MPa±0.05MPa，稳压阀调至 0.1MPa±0.02MPa，检查微调阀圈数，应与 6.2 条校准的记录值相符。

6.7 将硅橡胶管按 6.3.2 测得的确切长度嵌入蠕动泵滚槽内并压紧，蠕动泵挂"快"、"顺"挡，打开开关，运转 2min 左右，观察蠕动泵运转情况。

6.8 称取试油 5.0g±0.2g 并置于加热炉支架上。

6.9 将回流管插入支架固定孔内，上端要插到贮油杯底部，下端接硅橡胶管，硅橡胶管经过泵槽与混合器侧管相连。

6.10 取四支反应管，小心插入炉芯通孔中，反应管在孔内上下滑动及转动自如，反应管下端插入油/氧混合器上端，拧紧密封螺母，同时置反应管上端出口于贮油杯中心的上方约 3～5mm 处。

6.11 于热电偶冷端的保温瓶中加入冰块，使成冰水体系。

7 试验步骤

7.1 开启控制箱电源。此时指示灯亮，电压显示 220V±10V。

7.2 开启温控仪，此时加热炉开始程序升温。

7.3 开启打印机电源开关，电源指示灯亮，按起动(set)键，打印机开始工作。

7.4 按 6.2 给氧。

7.5 经过约 65min 升温后，对 CC 级柴油机油当温控仪显示炉温为 300℃±0.3℃，CD 级柴油机油 320℃±0.3℃(或其他温度)，开启蠕动泵左、右两泵头电源开关，开始输油，计时，试验正式运行。

　　注：对其他油品，也可选择其他试验条件。

7.6 蠕动泵启动 5min 内，应注意观察油/氧混合器压紧螺母处是否漏油，反应管底部油、气流动状态；并记录炉温波动情况(在启动 20min 内，炉温显示允许波动±0.6℃)。

7.7 每隔 20min 记录一次炉温和所观察到的试验现象(如蠕动泵运转情况，氧气压力，油气混合情况及试油颜色变化等)。

7.8 输油达 4h 时(或设定反应时间)，停止试验。

7.9 关闭温控仪，停止加热。

7.10 将回流管上部自贮油杯中提出，置于支架铝板上。

7.11 将反应管上端出口由贮油杯上方移动一定角度，用量筒盛接热油，测量并记录两分钟内流出

的试油体积 $V(mL)$。然后将反应管出口移回原位，让管内试油全部流入贮油杯内。以下式计算试油流量 ν，$\nu = V/2(mL/min)$。

7.12 关闭蠕动泵电源，使其停止运转。

7.13 松开油/氧混合器上端压紧螺母，将反应管从螺母中拔出，用脱脂棉擦净下端少量残余试油。小心、迅速地将反应管从铝芯中垂直提出，以备洗涤后评级。

7.14 关闭气瓶直角阀，松开减压阀。

7.15 脱开硅橡胶管两端，并从蠕动泵滚槽中取出。

7.16 将回流管、贮油杯取出。

7.17 用航空洗涤汽油滴洗硅橡胶管、回流管、贮油杯，洗至无残油，晾干下次备用。滴洗反应管至无残留试油，(外壁如有残炭，用砂纸磨净)以备与标准色管对照评级。

8 评级和试验结果报告

将反应管洗净后，与标准色管相对照，其中任意两支之差不得超过一级。以变色严重的一支定为该油的热管氧化评定级别。当介于邻近的两级之间时可精确至0.5级。

报告试样的评定级别，报告至0.5级。同时报告评定时试验温度、时间、氧流量、试油流量等。

9 精密度

9.1 重复性：同一操作者，同一台设备，在同一实验室重复测定的两个结果之差不大于一级。

9.2 再现性：不同操作者，不同实验室各自测定的两个结果之差不大于二级。

附 录 A

（标准的附录）

标 准 色 管

A1 依据玻璃管沉积漆膜颜色及沉积物长度将热管沉积分为 0~10 级共 11 个级别。

A2 11 个级别玻璃管的漆膜颜色及沉积物长度的标准，构成标准比色盒。随 RGY-911 型试验仪配备。使用有效期为三年。

A3 热管沉积等级的描述

0——反应管无色透明，或有长度不大于 1cm 的白色雾状沉积（对光观察）。

1——反应管白色雾状沉积大于 1cm，透明度降低，或带很淡之黄色而透明度很好。

2——反应管淡黄，透明度好。

3——反应管内壁为桔黄，长度 3~4cm，有一定透明度。

4——反应管内壁沉积物有约 3~4cm 呈棕色且不透明，沉积总长度 12~15cm。

5——反应管内壁沉积物有约 7~8cm 呈棕褐色且不透明，沉积物总长度 15~16cm。

6——反应管内壁沉积物呈明显深棕色，长度 4~6cm，沉积物总长度 17~18cm。

7——深棕色沉积物长度达 4~10cm，黑色增加，透明度完全消失，沉积总长度 17~18cm。

8——黑色沉积物长度达 18cm 左右，两端棕色沉积物长度约 2~3cm。

9——黑色积炭长度 20~22cm，透明度完全消失，两端棕色沉积物长度约 2~3cm。

10——反应管受热段（26cm）全为黑色积炭。

A4 热管上黑点

由于某些低黏度指数的润滑油基础油，常加有一定量增黏剂，以提高黏度指数。加有增黏剂的润滑油在热管法模拟评定清净性时，易分解成小黑点。尤其当评定 CD 级试油，温度设定为 320℃时较为明显。此时对低于 5 级的热管评级时，除仍按上述沉积物描述来确定级别外，对有较多黑点出现的热管，评级时加 0.5 级。

附 录 B

（标准的附录）

标 准 油 样

B1 本标准规定六个标准油样。三个为 CC 级评定时使用，另三个为 CD 级评定时使用。

B2 CC 级柴油机油的标准油样为：

标样名称	级别
CC-标 1	二级
CC-标 2	四级
CC-标 3	六级

B3 CD 级柴油机油的标准油样为：

标样名称	级别
CD-标 1	一级
CD-标 2	三级
CD-标 3	七级

B4 标准油有效期为二年，应存放在棕色、密闭瓶中，避光通风保存。

前　言

本标准等效采用日本 JASO M342—92《二冲程汽油发动机润滑油排气烟度试验方法》。

本标准是首次发表。

本标准的附录 A、附录 B、附录 C、附录 E 都是标准的附录；

本标准的附录 D 是提示的附录。

本标准由中国石油化工总公司石油化工科学研究院技术归口。

本标准起草单位：茂名石油化工公司研究院、天津内燃机研究所。

本标准主要起草人：吴达伟、王学汉、林跃生、解世文、梁奇瑞、宫玉英。

中华人民共和国石油化工行业标准

SH/T 0646—1997

（2006年确认）

风冷二冲程汽油机油
排气烟度评定法

Lubricants test method for evaluating exhaust
gas smoke of air-cooled two-stroke gasoline engine

1 范围

本标准规定了评定风冷二冲程汽油发动机润滑油排烟性能的方法。

本标准适用于评定风冷二冲程汽油机油(简称二冲程油)排烟性能。

2 引用标准

下列标准包含的条文，通过引用而构成为本标准的一部分。除非在本标准中另有明确规定，上述引用标准都应是现行有效标准。

GB/T 264 石油产品酸值测定法

GB/T 265 石油产品运动黏度测定法和动力黏度计算法

GB/T 268 石油产品残炭测定法(康氏法)

GB/T 380 石油产品硫含量测定法(燃灯法)

GB/T 2433 添加剂和含添加剂润滑油硫酸盐灰分测定法

GB/T 5487 汽油辛烷值测定法(研究法)

GB/T 6536 石油产品蒸馏测定法

GB/T 8017 石油产品蒸气压测定法(雷德法)

GB/T 8019 车用汽油和航空燃料实际胶质测定法(喷射蒸发法)

GB/T 8020 汽油铅含量测定法(原子吸收光谱法)

GB/T 11132 液体石油产品烃类测定法(荧光指示剂吸附法)

SH 0041—1993 无铅车用汽油

SH/T 0251 石油产品碱值测定法(高氯酸电位滴定法)

SH/T 0260—1992 普通柴油机油高温清净性评定法(1105单缸评定法)

3 定义

本标准采用下列定义。

3.1 排烟

从发动机排气管排出来的可见烟。

3.2 排气烟度

即排气烟浓度，用百分比表示。

3.3 参比油

用于与试验油进行对比评定的标准油。

3.4 校机油

用来确认发动机是否处于正常状态的标准油。

3.5 混合比

试验用燃料与二冲程油的体积比。

3.6 混合燃料

试验前将试验用燃料与二冲程油按混合比调合而成的混合油。

4 方法概要

在规定的试验条件下，通过测量参比油和试验油的排气烟度，计算出烟度指数来评价试验油的排烟性能。

5 试验设备与仪器仪表

5.1 试验发动机

铃木 SX-800R 发电机组的发动机，主要技术参数见附录 A。

5.2 发动机的改造

5.2.1 燃料入口压力的控制

从发动机拆下燃料罐。按图 1 所示准备一个燃料压力调节器以便控制燃料压力。燃料压力调节器应安装在原燃料罐的地方，用螺栓固定。

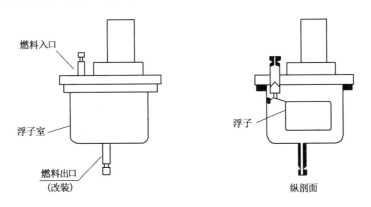

图 1 燃料压力调节器示意图

5.2.2 消音器改造

5.2.2.1 拆除玻璃棉

拆除消音器上的隔热板，如图 2 所示。沿着铆接线及排气管上半周焊接线拆开消音器，如图 3 所示。除去消音器的玻璃棉，保留隔板，如图 4 所示。重新焊好消音器。

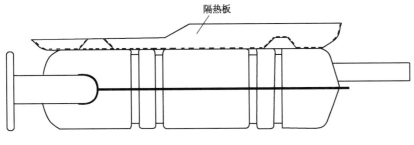

图 2 拆除隔热板示意图

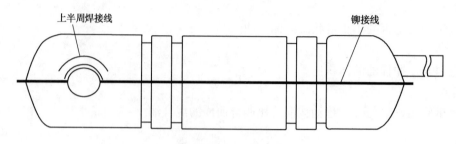

图3　拆开消音器示意图

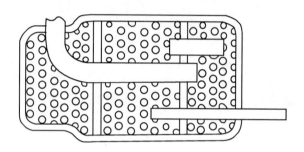

图4　拆除玻璃棉示意图

5.2.2.2　增加辅助消音器

做一个如图5所示的辅助消音器，并把它焊接到原消音器的尾管上。焊接时，消声器尾管插入深度与辅助消音器壁厚相等。

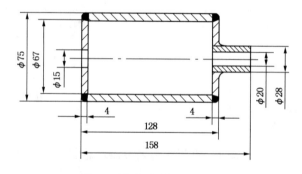

图5　辅助消音器工作图

5.2.2.3　改变排气管方向

沿着图6中的A-A线切掉排气管，然后按图7所示重新焊接。

5.2.2.4　保温层的设置

为了消除主消音器及辅助消音器中残余的油，须使用约300mm×500mm×20mm的绝热保温层，可以紧裹在主辅消音器上。

5.3　电能消耗装置

为了消耗发电机发出的电能，可安装如图8所示的电负荷消耗装置，也可安装其他耗能装置，如用200W、400W、600W、800W、670W、750W电阻丝组成的耗能器。

5.4　测量仪表

使用的所有仪表应满足表4所示的测量项目。

5.4.1　排气烟度测量仪　使用全流透光式烟度计(型号：LESM-2，使用其他类型的烟度计须经验证和修正)。从烟度计出来的信号通过两个1000μF的电解电容组成平行电路修正后送到记录仪。

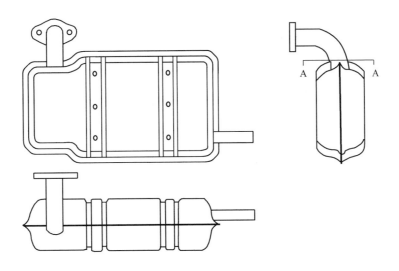

图 6 排气管改装前的消音器示意图

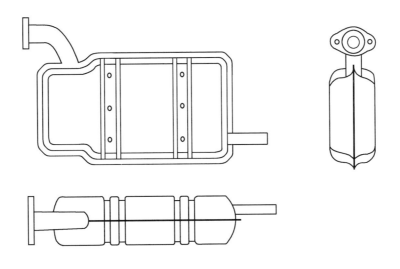

图 7 排气管改装后的消音器示意图

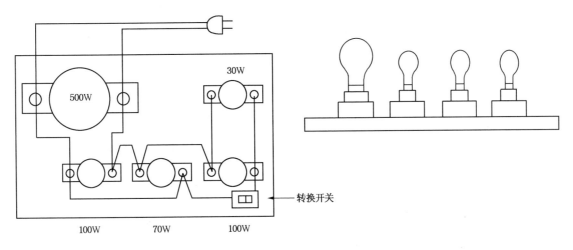

图 8 电能消耗装置示例

5.4.2　测量记录仪　使用计算机或笔式记录仪，能够连续测量记录。

5.4.3　温度表　使用精度为±1℃的仪表。

5.4.4　发动机转速仪　使用精度为±10r/min的转速表。

5.4.5　燃料流量计　选用测量范围为0~1L/h的流量计。可用一个玻璃量筒作为燃料流量计，也可用带有输出信号的电子秤直接测量油耗。

5.4.6　湿度计　使用精度为±1%的湿度计。

5.4.7　气压计　使用精度为±0.1kPa的仪器。

5.4.8　电流计　使用精度为±0.01A的电流表。

5.5　外部冷却设备

用风扇或鼓风机作外部冷却设备，同时冷却发电机和消音器，如图9所示。

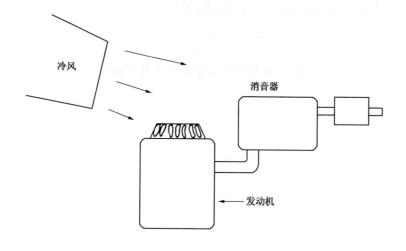

图9　外部冷却示意图

5.6　排风系统

由防爆排风机、管线组成。排风机的风量以不干扰发动机排烟为宜。

5.7　温度传感器的设置

5.7.1　火花塞垫圈温度

用紫铜加工的火花塞垫圈代替原火花塞垫圈。铜垫厚1.8~2.2mm，外径20.8~21mm，内径14.3~14.6mm。在厚度中间沿直径方向钻两个直径1mm的孔，然后将热电偶两极分开插入，用银焊接固定，如图10所示。热电偶安装在冷却风下风口，如图11所示。

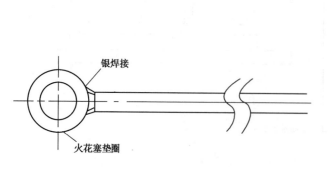

图10　火花塞垫圈热电偶示例

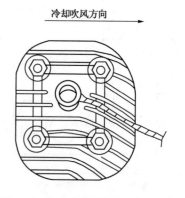

图11　热电偶放置位置示意图

5.7.2 排气温度

热电偶安装在辅助消音器尾管里面，并且必须放在尾管中心位置上，如图12所示。

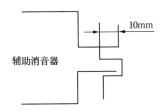

图12 排气温度热电偶安装示意图

5.8 燃料供给系统

采用高位供油，如图13所示。

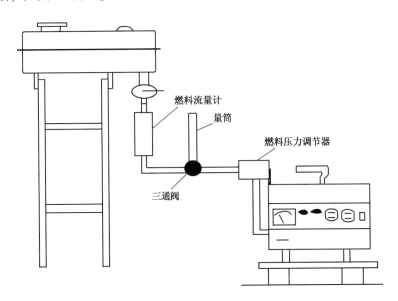

图13 燃料供给系统示例

5.9 烟度计的放置

烟度计安装在除了排风外不受其他气流干扰的地方。烟度计光轴中心必须调节至高辅助消音器出口150mm的地方，并且在排烟气流的中心线上，如图14所示。

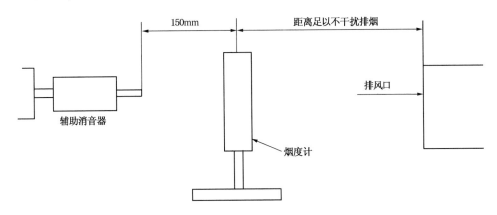

图14 烟度计、排风口和消音器之间的位置关系示意图

6 试剂与材料

6.1 燃料
使用具有附录 B 性质的燃料。由于本方法要用参比油与试验油进行对比评价，对于同一系列试验，必须使用同一批燃料。

6.2 参比油与校机油
参比油用 JATRE-1，校机油用 JATRE-1 和 JATRE-3，其主要特性见附录 C。

6.3 积炭清洗剂
积炭清洗剂的配方见附录 D。

7 试验准备

7.1 发动机的准备

7.1.1 磨合
若使用一台新发动机或者更换曲柄连杆机构的发动机应首先按表 1 规定的条件进行磨合。

表 1 磨合条件

名　称	说　明	名　称	说　明
混合比	50：1	频率，Hz	60
二冲程油	相当于参比油质量的油	时间，h	2(各负荷磨合)
负荷，W	0、200、400、600、800		

7.1.2 发动机转速的调节
移动频率控制杆位置和调节发动机转速调节螺栓，满足以下两种负荷时的转速：

50Hz　　670W 时　　3000r/min±50r/min

60Hz　　750W 时　　3600r/min±50r/min

7.1.3 燃料流量的确定
在磨合结束或试验相隔一周后，重新确认燃料流量，调节到以下范围：

50Hz　　无负荷　　350mL/h±20mL/h

50Hz　　670W　　630mL/h～670mL/h

7.1.4 无负荷下燃料流量调节
当无负荷时燃料流量达不到 7.1.3 要求，则按下列方法调节：

若燃料流量偏低时，反时针旋转油量调节螺丝，若达不到要求则换大一号的喷嘴。如正在使用的是 32.5 号喷嘴则换成 35 号喷嘴。图 15 指示了油量调节螺丝和喷嘴位置。

7.1.5 发动机状态的确定
校机油的排气烟度应在表 2 所示的范围之内。如果不在该范围，则必须按 7.1.4 的方法调节燃料流量。

表 2 校机油的排气烟度

校机油名称	排气烟度，%
JATRE-1	20±3
JATRE-3	40±3(参考值)

7.1.6 部件更换

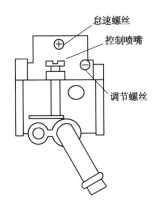

图 15　喷嘴等位置示意图

需要更换的部件及更换间隔见表3。

表 3　部件更换表

部 件 名 称	部 件 号	更 换 间 隔
活　塞	12110—87601	
活塞环	12140—87600	
气　缸	11211—87600	
气缸头密封垫	11141—91A00	每次装气缸头的时候
气缸密封垫	11241—87600	每次装气缸的时候
小端滚珠轴承	09263—10010	必要时
活塞销	12151—87600	
活塞销卡环	09381—10006	
排气管密封垫	14140—87600	排气产生泄漏时
火花塞	09482—00316	每天试验开始时
注：表中部件必要时根据发动机制造厂商拟定的维修手册更换。		

7.1.7　燃烧室及排气口积炭的清除

每测量烟度75次后拆下缸盖，消除活塞顶、缸盖及排气门的积炭。

7.1.8　消音器中积炭的清除

定期(发动机每运转50h)清除消音器中的积炭，推荐以下两种消除方法：

方法一：用附录D配方的积炭清洗剂清洗。

方法二：用高温炉(如电阻炉)将整个消音器烧至通红，把消音器中的积炭去掉，然后用水清洗。

当上述方法不能使发动机恢复到原来输出功率时，就应更换消音器。用了新的消音器功率仍不能恢复，就要对发动机大修或换上一台新发动机。

7.2　混合燃料的准备

按燃料与二冲程油体积比10：1分别调合参比油和试验油的混合燃料，每种用量约1L。若二冲程油与燃料产生分离现象，则不能进行试验，并在附录E的试验报告中说明。

7.3　混合燃料系统的清洗

每次更换混合燃料均用试验燃料清洗干净燃料罐，并将燃料管、燃料压力调节器及化油器中的残油放掉。燃料罐装入新混合燃料后，应从化油器的排放口放掉约100mL混合燃料。

7.4 烟度计的准备

烟度计在测量烟度前 1 h 接通电源，以防止零点偏移。在调节好烟度计零点之后，通过标准镜对烟度计校正，同时对记录仪作零点及刻度调整。

8 试验步骤

8.1 试验程序

8.1.1 为除去消音器的残油，用保温层裹住消音器。把发电机上的频率控制杆移到 60Hz 处。起动发动机并在 750W 负荷下运转，当排气温度达到 320℃，排气烟度小于 0.5% 时，停发动机。若排气烟度未能小于 0.5%，则发动机继续运转 15min 后停机。

8.1.2 拆开保温层，吹风使发动机冷却。

将发动机冷却到火花塞垫圈温度 60℃±5℃，此时排气温度通常在 50℃ 以下。

必须在冷却过程中对烟度计、记录仪的零点进行调整，用标准镜对烟度计进行校正。

8.1.3 将频率控制杆推回 50Hz 处，起动发动机，在无负荷下运转 20min，记录在此过程中的排气烟度并作为参考值。

8.1.4 将负荷切换为 670W±10W，读出排气烟度最大值，作为计算烟度指数的数据。发动机继续运转至排气烟度下降后停机。

8.2 在同一天内，按参比油 JATRE-1→一或两种试验油→参比油 JATRE-1 顺序试验，每种油各重复 3 次 8.1 试验程序，各测得三个排气烟度最大值。

8.3 烟度最大值的确定

排气烟度受很多因素影响，因此必须严格按 5.9 放置烟度计。8.1.4 中，烟度计显示仪显示的最大值称为最大烟度。最大排气烟度示例见图 16，图中 A 是烟度的最大值。

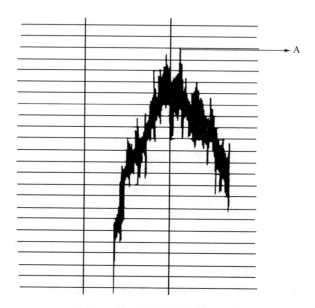

图 16　确定烟度最大值示例

8.4 测量记录

表 4 是测量的项目，将测得的数据记录在附录 E 中。

表4 需要测量的项目

测 量 条 件	测 量 项 目
60Hz 750W 时	发动机转速，r/min
50Hz 670W 时	发电电流，A
50Hz 0W，负荷变更前	火花塞垫圈温度,℃
50Hz 0W，负荷变更前 50Hz 670W，最大烟度时	排气温度,℃
50Hz 0W，负荷变更前(参考值) 50Hz 670W，最大烟度时	排气烟度,%
试验前后	湿 度,%
	大气压，kPa

9 结果评价

9.1 试验结果有效的条件

参比油两次试验的烟度的偏差 $Y(\%)$ 在±15%范围内，试验结果有效，否则无效。计算方法：

$$Y(\%) = [(B - A) \div A] \times 100 \qquad\qquad\qquad (1)$$

式中：A——参比油第一次试验三个最大烟度平均值；

　　　B——参比油第二次试验三个最大烟度平均值。

9.2 烟度指数的计算

$$试验油烟度指数 = (S_R/S_c) \times 100 \qquad\qquad\qquad (2)$$

式中：S_R——参比油两次试验六个最大烟度平均值；

　　　S_c——试验油三个最大烟度平均值。

烟度值取一位小数，烟度指数取整数。

9.3 报告

按附录 E 报告试验结果。

附 录 A
（标准的附录）

试验发动机主要技术参数

表 A1　试验发动机主要技术参数

型　　号	铃木 SX-800R 的发动机
气缸数	1
冷却方式	强制风冷
缸径×冲程，mm	46.0×42.0
排量，mL	69
压缩比	5.6

附 录 B
（标准的附录）

燃 料 性 质

表 B1　燃料性质

测 定 项 目			规 格 指 标	试 验 方 法
实际胶质，mg/100mL		不大于	4	GB/T 8019
蒸气压(37.8℃)，kPa		不大于	75	GB/T 8017
四乙基铅，g/L		不大于	0.001	GB/T 8020
馏　程	10%，℃	不高于	70	GB/T 6536
	50%，℃	不高于	110	
	90%，℃	不高于	167	
硫含量，%(m/m)		不大于	0.03	GB/T 380
辛烷值(研究法)			89~93	GB/T 5487
含烃类型	烯烃，%(V/V)		5~20	GB/T 11132
	芳烃，%(V/V)		25~35	

注：其他测定项目要符合 SH 0041—1993 要求。

附 录 C

（标准的附录）

参比油和校机油的主要特性

表 C1 参比油和校机油的主要特性

项 目		JATRE-1	JATRE-3	试 验 方 法
运动黏度，mm^2/s	40℃	58.14	60.90	GB/T 265
	100℃	8.580	8.548	
黏度指数		121	112	
酸值，mgKOH/g		0.17	0.15	GB/T 264
碱值，mgKOH/g		1.45	1.58	SH/T 0251
硫酸盐灰分，%(m/m)		0.12	0.12	GB/T 2433
残炭，%(m/m)		0.35	0.19	GB/T 268

附 录 D

（提示的附录）

积炭清洗剂配方

D1 配方一

肥皂 100g，水玻璃 85g，碳酸钠 185g，重铬酸钾 10g，水 10kg，将零件放入洗液中煮至 90℃左右 2~3h，然后用水清洗干净。

D2 配方二

煤油 22%，汽油 8%，松节油 17%，油酸 8%，氨水 15%，苯酚 30%。第一步是将煤油、汽油、松节油混合，配成母液；第二步是将油酸和苯酚混合后再与氨水混合；第三步是将油酸、苯酚、氨水混合液在搅拌下倒入煤油、汽油、松节油制成的母液中，混合后即可使用。使用时，将零件浸放在洗液里 2~3h，取出后用水冲洗再用粉皂粉清洗即可。因洗液气味大，腐蚀性大，使用时要注意安全。

附　录　E

（标准的附录）

风冷二冲程汽油机油排气烟度试验报告

表 E1　风冷二冲程汽油机油排气烟度试验报告

试验方法					送样单位								
试验日期					试验编号								
油样名称		JATRE-1										JATRE-1	
试验号		1	2	3	1	2	3	1	2	3	1	2	3
排气烟度 %	50Hz/0W												
	50Hz/670W												
垫圈温度 ℃	50Hz/0W												
	50Hz/670W												
排气温度 ℃	50Hz/0W												
	50Hz/670W												
发动机转速 r/min	50Hz/670W												
	60Hz/750W												
室温,℃													
大气压,kPa													
湿度,%													
平均烟度,%			A			C			D			B	
$[(B-A)\div A]\times 100\%$					判断是否在±15%范围内								
A 和 B 平均烟度,%													
烟度指数													
备　　注													

试验人员：　　　　　　　　报告：　　　　　　　　审核：

编者注：本标准中引用标准的标准号和标准名称变动如下：

原 标 准 号	现 标 准 号	现 标 准 名 称
GB 5363	GB/T 5363	摩托车和轻便摩托车发动机台架试验方法
GB/T 5487	GB/T 5487	汽油辛烷值的测定　研究法
GB/T 6536	GB/T 6536	石油产品常压蒸馏特性测定法
GB/T 8017	GB/T 8017	石油产品蒸气压的测定　雷德法
GB/T 8019	GB/T 8019	燃料胶质含量的测定　喷射蒸发法
GB/T 8020	GB/T 8020	汽油铅含量的测定　原子吸收光谱法
GB/T 11132	GB/T 11132	液体石油产品烃类的测定　荧光指示剂吸附法

前　　言

本标准等效采用美国 ASTM D4858—92《测定二冲程汽油机润滑油加速早燃倾向性标准试验方法》。

由于 ASTM D4858 方法中试验用的 YAMAHA CE50S 型发动机已经不生产，本标准使用 YAMAHA CY50 型发动机，两种型号的发动机主要技术性能相同。

本标准根据美国船舶制造协会 NMMA 的《NMMA TC—W Ⅱ 许可证试验》的要求，将 ASTM D4858 方法中早燃试验时间由 50h 改为 100h。

本标准附录 A，附录 B，附录 C，附录 D 都是标准的附录。

本标准由中国石油化工总公司石油化工科学研究院技术归口。

本标准起草单位：茂名石油化工公司研究院、天津内燃机研究所。

本标准主要起草人：梁奇瑞、陈光辉、吴达伟、解世文、梁高升、冯秋。

SH/T 0647—1997

（2006年确认）

水冷二冲程汽油机油
早燃倾向评定法

**Lubricants test method for evaluating preignition
tendency of water-cooled two-stroke gasoline engine**

1 范围

本方法规定了评价二冲程汽油发动机润滑油（简称二冲程油）早燃倾向的试验方法。

本标准适用于评定用于舷外机等的水冷二冲程油减少早燃发生的性能。

2 引用标准

下列标准包括的条文，通过引用而构成为本标准的一部分。除非在标准中另有明确规定，下述引用标准都应是现行有效标准。

GB/T 260　石油产品水分测定法

GB/T 380　石油产品硫含量测定法（燃灯法）

GB 1922　溶剂油

GB/T 5096　石油产品铜片腐蚀试验法

GB/T 5487　汽油辛烷值测定法（研究法）

GB/T 6536　石油产品蒸馏测定法

GB/T 8017　石油产品蒸气压测定法（雷德法）

GB/T 8018　汽油氧化安定性测定法（诱导期法）

GB/T 8019　车用汽油和航空燃料实际胶质测定法（喷射蒸发法）

GB/T 8020　汽油铅含量测定法（原子吸收光谱法）

SH/T 0116—1992　含乙基液汽油酸度测定法

3 定义

本标准采用下列术语。

3.1 早燃

在火花点火的发动机中，燃烧室内混合燃料在受控制的火花产生前的点火现象，即燃料提前燃烧。

3.2 大早燃

引起气缸盖内表面温度上升10℃或10℃以上的早燃。

3.3 小早燃

使气缸盖内表面温度上升7℃以上而小于10℃的早燃。

3.4 火花塞结焦

在火花塞电极中间沉积基本上是不导电物质，这种物质可能阻碍火花塞正常工作。

3.5 火花塞电极搭桥

导电物质沉积在火花塞电极之间，形成电极之间产生电桥，造成火花塞短路。

3.6 擦伤

在润滑中，相对运动的部件表面由于瞬间的黏结造成的损伤。

3.7 混合比

试验燃料与二冲程油的体积比。

3.8 混合燃料

试验前将试验用的燃料与二冲程油按混合比调合而成的混合油。

3.9 参比油

用于与待评油进行对比评定的标准油。

3.10 校机油

用来确认发动机是否处于正常状态的标准油。

3.11 待评油

需用本方法来评定其性能的二冲程油。

4 方法概要

试验使用一台 49mL 排量单缸风冷二冲程汽油发动机。混合比 20：1，在节气门全开，转速为 4000r/min 的条件下，运转 100h，记录燃烧室急剧升温来表示发生早燃的次数。

5 试验设备与仪器仪表

5.1 试验发动机 YAMAHA CY50 的发动机，主要技术参数见附录 A。

5.2 发动机的改造

5.2.1 拆除发动机从曲轴到后轴的动力传送部件，使输出功率直接地从曲轴输出。拆除发动机原有的冷却风扇。

5.2.2 燃烧室温度

按图 1 所示在气缸盖安装一支屏蔽式热电偶测量燃烧室温度。要求穿孔直径约 3mm，以便紧贴装入 φ3mm 的热电偶，其触点应与缸盖内表面齐平。在缸盖镗孔安装一个卡套螺纹接头以固定热电偶。镗孔与缸盖内表面距离不得小于 4mm。镗孔和螺纹尺寸根据卡套螺纹接头而定，但螺纹直径应小于 14mm。气缸盖装上热电偶后应不漏气。一般要求在磨合运转约 90min 后热电偶温度读数便稳定下来。

5.2.3 火花塞温度

用紫铜加工火花塞垫圈代替原火花塞垫圈，铜垫厚 1.8~2.2mm，外径 20.8~21mm，内径14.3~14.6mm。在厚度中间沿直径方向钻两个直径 1mm 的孔，两孔间距 5~9mm。然后将热电偶两极分开插入，用银焊接固定，以测量火花塞温度。

5.2.4 排气温度

在排气管距气缸排气出口约 65mm 处，安装热电偶，以测量排气温度。热电偶触点位于排气管中心±3mm。

5.2.5 燃料系统

在化油器入口处安装压力表。进入化油器的燃料压力应保持在 19~21kPa。

5.3 外冷风机

风机的风量为 34m³/min，流量可以调节。风机的出风口与发动机的吸入口用管连接。

5.4 测功机

满足在 4000~6000r/min 时，吸收功率 2.5kW，其扭矩测量精度为±0.5%。当改变输入功率时，转速仍可保持在 4000r/min±30r/min 的测功机。测功机可由发动机直接带动或通过皮带传动。

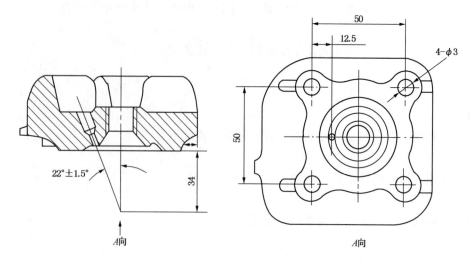

图 1　气缸盖加工示意图

5.5　仪器仪表

5.5.1　转速仪　精度为±25r/min。

5.5.2　温度记录仪　使用连续记录，最大间隔为 2s，量程为 40~750℃和精度为±2℃记录仪。

5.5.3　流量计　流量在 1kg/h 时精确到±0.01kg/h 的各类质量流量计。若用容积流量计，操作时测定温度与密度的关系，进行容积和质量的换算。

5.5.4　压力表　量程为 35kPa，精度为±2%。

5.6　停机装置

　　发动机上应设置停机装置以防气缸盖内表面急促(1min 或更短)升温 10℃或更大时(这表明发生一次大早燃)，用自动关闭装置停机，以减少早燃对发动机的损害。若没有自动停机装置，至少应提供警报装置，在温度升高 6~7℃时发出警报，使操作人员在温度升高达到 10℃时进行手工停机。

6　材料

6.1　试验燃料

　　试验燃料使用无铅汽油符合附录 B 的要求。

6.2　校机油

　　用 ASTM 601 和 605，每次校机试验约需 8L，其主要性质见附录 C。

6.3　参比油

　　用 ASTM 601 或 NMMA93738，每次试验约需 8L。

6.4　待评油

　　每次试验约需 8L。

6.5　每次试验的装配和磨合均使用 ASTM 600 或待评油 0.4L，ASTM 600 油主要性质见附录 C。

6.6　溶剂油

　　GB 1922 190#溶剂油。

7　试验前的准备

7.1　更换零部件

7.1.1　首次装配要使用新的活塞、活塞环、气缸、气缸盖及缸盖垫片。

7.1.2　试验后重装发动机，要求缸盖垫片、排气垫、活塞、活塞环、消声器更换新的，其他部件若符合要求，就不必更换。

7.1.3 发动机运转 100h~150h 后，通常需更换气缸。运转 1000h~1 500h 后需更换整台发动机或全部重装。

7.2 拆卸

7.2.1 拆下发动机罩和火花塞。拆下螺母和气缸盖，拆除进气管和舌簧阀组件，折下气缸。用合适的钳子拆开活塞销卡环。用一把辅助的装拆器慢慢地轻敲，压出活塞销，如果销难以取出来，可用加热活塞的方法。最后取出活塞和活塞环。

7.2.2 拆卸曲轴箱，参阅 YAMAHA CY50 服务手册。

7.3 零部件的检查

7.3.1 活塞与气缸间隙的测量

活塞直径与气缸内径的间隙为 0.045mm~0.13mm。标准组件会有公差。记下活塞与气缸间隙。

最小间隙＝最小孔径−活塞最大直径

最大间隙＝最大孔径−活塞最小直径

7.3.2 气缸内径的测量

在曲轴平行和垂直两个方向，按以下位置测量并记录气缸内径(精确到 0.01mm)。

缸顶下 7mm；

缸顶下 12mm；

缸顶下 43mm；

记录圆度和圆柱度。

7.3.3 活塞外径的测量

在活塞销孔平行和垂直两个方向，按以下位置测量并记录活塞直径(精确到 0.01mm)。

顶环岸中间；

活塞顶向下 12mm；

活塞顶向下 43mm。

7.3.4 活塞环间隙的测量

将活塞环水平放入距气缸顶 15mm 处，测量开口间隙，要求为 0.15mm~0.4mm。将活塞环装上活塞，测量其侧向间隙，要求为 0.03mm~0.05mm。

7.3.5 检查活塞销孔是否有锐边或毛刺，如有，用砂纸轻轻磨去，不能使孔扩大。

7.3.6 气缸盖

将气缸盖放在平台上，若气缸盖表面与平台之间可以插入一支 0.05mm 的塞尺时，要对其进行校正或更换。

7.3.7 连杆和曲柄轴承间隙的测量

用溶剂油清洗曲轴箱组件，测量并记录连杆和曲柄轴承接触面之间的间隙。如果间隙超过 0.5mm 或轴承有疲劳现象，则更换相关的部件或整台发动机。检查完毕用 ASTM 600 油润滑各部件以防锈。

7.3.8 进气系统

检查进气系统是否有裂纹或变形。检查簧片有否裂纹或剥落。将簧片组件对着光源检查有否泄漏。更换任何有缺陷的部件。

7.3.9 其他零部件

对空气滤清器、化油器和点火线路进行一般性检查，并进行清洗、修理或必要时更换。

7.4 发动机的组装

7.4.1 用溶剂油清洗所有零部件并风干，在活塞组件、气缸涂上 ASTM 600 油。按顺序装上活塞和气缸。活塞顶部的箭头指向排气管一边。安装气缸盖，开始拧螺母至 5~6N·m，再至 10.5~

11.5N·m。曲轴箱、连杆、气缸、缸盖属首次装配要检查和调整压缩比，见附录 D，使压缩比在 7.0∶1 到 8.0∶1 之间。

7.4.2 检查点火定时是否在上止点前 17°～19°之间。

7.4.3 在簧块垫片的两边涂上薄薄一层密封涂料，把它装到气缸上。安装簧片组件和进气管，将螺栓拧紧到 0.7N·m。用新的垫片，装上化油器，并拧紧到 0.7N·m。

7.4.4 装上新的 NGK BP6HS 或相当型号的火花塞，扭力为 20N·m。火花塞垫圈的热电偶应安装在冷却风的下风口。

7.4.5 安装进气系统、排气消声器、冷却风系统。

7.4.6 装上风罩，联接冷却风系统。

8 试验步骤

8.1 磨合

每次试验前应按表 1 的规定用 ASTM 600 或待评油混合比为 20∶1 的混合燃料进行磨合，持续时间为 2h。磨合后将活塞和气缸拆下来检查，如果出现活塞擦伤、黏环或其他故障，应更换有关部件重新磨合。

表 1 磨合条件

	持续时间 min	转速 r/min	节气门开度	火花塞垫圈温度 ℃	循环次数 次
一阶段	2	2000±100	关闭	记录	2
	2	4000±50	开 1/3	最高 125	
	2	5500±50	开 1/3	最高 125	
	2	3500±50	开 1/3	最高 125	
	2	4500±50	开 1/3	最高 125	
二阶段	2	2000±100	关闭	记录	4
	2	4000±50	开 1/2	最高 140	
	2	5500±50	开 1/2	最高 140	
	2	3500±50	开 1/2	最高 140	
	2	4500±50	开 1/2	最高 140	
三阶段	2	2000±100	关闭	记录	4
	2	4000±50	开 3/4	最高 155	
	2	5500±50	开 3/4	最高 155	
	2	3500±50	开 3/4	最高 155	
	2	4500±50	开 3/4	最高 155	
四阶段	2	2000±100	关闭	记录	2
	2	4000±50	全开	最高 170	
	2	5500±50	全开	最高 170	
	2	3500±50	全开	最高 170	
	2	4500±50	全开	最高 170	

8.2 调整运转

磨合和结束检查发动机后，放掉燃料。换上新的试验用的试样混合的燃料，混合比为 20∶1，重新起动发动机，按表 2 进行调整运转。

表 2　调整运转条件

运转时间 min	转　速 r/min	负　荷 kW	火花塞温度 ℃
30	4000±30	0.746±0.07	174±3

8.3　预热运转

因故停机重新起动均应按表 3 所列条件运转 8min 预热。预热时间不计入总试验时间。

表 3　预热运转条件

持续时间 min	转　速 r/min	节气门开度	负　荷 kW	火花塞温度 ℃
2	2000±200	关闭	0	记录
2	3000±50	开 1/3	记录	125
2	3500±50	开 2/3	记录	185
2	4000±50	全开	记录	200

8.4　正式试验

发动机预热后即按表 4 规定运转 100h。应连续记录燃烧室的温度及火花塞垫圈温度，连续记录的间隙不能超过 2s。每 30min 记录燃料压力，燃料流量、进气温度。每 2h 记录大气压和试验室相对湿度。并注意燃料室及火花塞垫圈温度的变化。排气温度属监测项目。

表 4　试验运转条件

转速，r/min	节气门开度	负　荷	火花塞温度，℃
4000±30	全开	记录	200±3

8.4.1　大早燃

在节气门全开，转速为 4000r/min 的任何时候，燃烧室温度急剧上升，超过稳定温度 10℃ 或更大，则是发生了大早燃，应立即停机，记录发生的时间，计时精确到 0.1h。通常发生大早燃时，火花塞温度升高，扭矩下降。

停机后不能马上拆除火花塞。将排气管和气缸盖拆下，检查气缸。如果没有机械损伤，即清除燃烧室内沉积物，换上新的气缸盖垫和火花塞后继续试验。在原火花塞上标明总运转时间（h）。如果出现擦伤或卡死，即拆下气缸并检查活塞。必要时换上新活塞和气缸，重复 8.1 至 8.2 步骤，继续试验。

8.4.2　小早燃

如果记录仪表明燃烧室温度急剧升 7℃ 以上而小于 10℃，将它作为小早燃现象记录下来，同时记下发动机总运转时间、燃烧室温度最后变化时间（精确到 0.1h），以及由于燃烧室温度升高而伴随扭矩的减少情况。发生小早燃，不停机。

8.5　火花塞及其他故障

如果发动机转速降低 100r/min 以上，并且在 2min 内不能回复原转速，同时燃烧室温度降低，应停机查找原因，注意火花塞是否电极搭桥或结焦。如果问题与火花塞无关，重新起动时继续用原来的火花塞，相反，则更换火花塞，并记下火花塞的寿命及拆卸原因，然后继续试验。

8.6　排气系统堵塞

在任何时候扭矩降至初始稳定值的90%时，需清除排气口的沉积物并更换一个新的消音器，若还不能恢复功率，应作检查和适当的修理，并作记录。

9 校机

使用新的或完全重装的发动机或做完10次试验的发动机均应进行校机。试验使用 ASTM 605 作校机油，与其他试样一样运转100h。运转过程中大早燃现象至少8次，最多达20次。如果大早燃发生少于8次，检查问题并校正，重新校机；如果605油试验时大早燃多于20次，而且自最近一次校准后超过180天，或经50次运转后（先到为准），用 ASTM 601 校机油运转100 h。如果发生大早燃不超过1次，不需要采取进一步措施。否则，要查找原因，重做校机试验。

10 试验结果报告

试验结果报告包括待评油与参比油的试验结果。内容包括：试验日期、试验的详细结果，并作必要的说明。

附 录 A

（标准的附录）

发动机主要技术参数

表 A1 发动机主要技术参数

车 型	YAMAHA CY50
发动机型号	3kJ
缸 数	1
冷却方式	强制风冷
扫气方式	二冲程回流扫气
缸径×冲程，mm	40.0×39.2
排气量，mL	49
压缩比	7.0∶1~8.0∶1

附 录 B

（标准的附录）

燃 料 性 质

表 B1 燃料性质

测 定 项 目		规 格 指 标	试 验 方 法
实际胶质，mg/100mL	不大于	4	GB/T 8019
蒸气压(37.8℃)，kPa	不大于	75	GB/T 8017
四乙基铅，g/L	不大于	0.001	GB/T 8020
馏 程	10%，℃ 不高于	70	GB/T 6536
	50%，℃ 不高于	110	
	90%，℃ 不高于	167	
硫含量，%(m/m)	不大于	0.03	GB/T 380
辛烷值(研究法)		89~93	GB/T 5487
含烃类型	烯烃，%(V/V)	5~20	GB/T 11132
	芳烃，%(V/V)	25~35	
注：其他测定项目符合 SH 0041 的要求。			

附　录　C

（标准的附录）

参比油和校机油的主要性质

表 C1　参比油和校机油的主要性质

ASTM 旧编号		VI-D	VI-E	VI-N
ASTM 新编号		600	601	605
黏　度	40℃，mm²/s	34.2~38.2	121.0	107.9
	100℃，mm²/s	6.1~6.6	12.2	12.4
黏度指数		128	90	106
总酸值，mgKOH/g		1.7	—	—
总碱值，mgKOH/g		6.5	—	—
硫酸盐灰分，%(m/m)		<0.005	0.16	1.28

附　录　D

（标准的附录）

压缩比的测定及调整

D1　有效工作容积的确定

D1.1　将活塞置于下止点，测量活塞顶面至缸盖装配面的距离。

D1.2　测量排气孔顶端至缸盖装配面的距离。测量结果与 D1.1 之差加上活塞环槽的深度即为有效排气孔高度。

D1.3　测定有效排气孔高度后，将活塞置于上止点，测量从活塞顶面到缸盖装配面的距离。D1.1 与 D1.3 测量值之差减去有效排气孔高度，就是有效行程。

D1.4　有效行程(以 cm 表示)乘以对应于气缸直径截面积(约 12.57cm²)，得到有效工作容积(以 mL 表示)。

D2　压缩容积的测定

D2.1　装上缸盖，调整发动机位置，使火花塞孔座平面朝上且成水平。

D2.2　取下缸盖，将活塞置于上止点。

D2.3　用手指将润滑脂压入活塞和气缸壁之间的空间，使活塞周围不出现间隙。抹去活塞顶和缸盖垫表面多余的油。注意操作时不要移动活塞。

D2.4　装上缸盖，拧紧到 10.5N·m~11.5N·m。

D2.5　用溶剂油按 5∶1 比例稀释 600 油，将其注入燃烧室至火花塞孔的顶面，慢慢除去泡沫，待油面稳定后记录所用的油量(精确到±0.1mL)，正常用量约 5.0mL。建议用一支 10mL 的滴定管计量油量。

D2.6　从油容积中减去 1.1mL 火花塞所占的容积，即是压缩容积。

D3　压缩比的计算

压缩比计算公式如下：　　　　　$\varepsilon = (ESV + CV)/CV$ ·· (D1)

式中：ESV——有效工作容积，mL；

CV——压缩容积，mL。

D4 压缩比不在 7.0∶1~8.0∶1 的范围时，应尽量通过更换气缸来达到

编者注：本标准中引用标准的标准号和标准名称变动如下。

原 标 准 号	现 标 准 号	现 标 准 名 称
GB 1922	GB 1922—1980	溶剂油
GB/T 5487	GB/T 5487	汽油辛烷值的测定 研究法
GB/T 6536	GB/T 6536	石油产品常压蒸馏特性测定法
GB/T 8017	GB/T 8017	石油产品蒸气压的测定 雷德法
GB/T 8019	GB/T 8019	燃料胶质含量的测定 喷射蒸发法
GB/T 8020	GB/T 8020	汽渍铅含量的测定 原子吸收光谱法

前　　言

本标准等效采用美国国家船舶制造商协会 NMMA-9—88《二冲程汽油机润滑油 TC-W Ⅱ 许可证试验》中第 6.2 节 NMMA 清净性和一般性能试验方法。

由于原方法试验使用的 J40ECC 舷外机已经不再生产，本标准使用 J40ELETB 型舷外机，两种型号的舷外机主要技术性能相同。

由于原方法对试验结果的评分叙述较简单，本标准增加了评分的内容。

本标准附录 A，附录 B，附录 C，附录 D 都是标准的附录。

本标准由中国石油化工总公司石油化工科学研究院技术归口。

本标准起草单位：茂名石油化工公司研究院、天津内燃机研究所。

本标准主要起草人；梁奇瑞、解世文、吴达伟、陈光辉、冯心凭、王学汉。

中华人民共和国石油化工行业标准

SH/T 0648—1997

（2006 年确认）

水冷二冲程汽油机油
清净性及一般性能评定法

Lubricants test method for evaluating detergence and general
performance of water-cooled two-stroke gasoline engine

1 范围

本标准规定了评价用于舷外机等水冷二冲程汽油发动机润滑油清净性及一般性能的方法。

本标准适用于评定水冷二冲程汽油机油（简称二冲程油）的清净性及一般性能。

2 引用标准

下列标准包括的条文，通过引用而构成为本标准的一部分。除非在本标准中另有明确规定，下述引用标准都应是现行有效标准。

GB/T 380　石油产品硫含量测定法（燃灯法）

GB/T 5487　汽油辛烷值测定法（研究法）

GB/T 6536　石油产品蒸馏测定法

GB/T 8017　石油产品蒸气压测定法（雷德法）

GB/T 8019　车用汽油和航空燃料实际胶质测定法（喷射蒸发法）

GB/T 8020　汽油铅含量测定法（原子吸收光谱法）

GB/T 11132　液体石油产品烃类测定法（荧光指示剂吸附法）

SH 0041—1993　无铅车用汽油

SH/T 0510　汽油机油发动机试验评分方法

3 定义

本标准采用下列术语。

3.1　负载轮

舷外机在试验水池（箱）中运转时，取代螺旋桨的功率吸收装置。

3.2　动力头

为舷外机提供动力的二冲程汽油发动机。

3.3　短体

由缸体、曲轴、动力头的连杆、活塞组、缸盖等所有内部部件组成的整个单元。

3.4　水下部分组件

舷外机除去动力头及外壳之外的部分。

3.5　混合比

试验燃料与二冲程油的体积比。

中国石油化工总公司 1997-07-12 批准

1997-12-01 实施

3.6 混合燃料

试验前将试验燃料与二冲程油按混合比调合而成的混合油。

3.7 参比油

用于与待评油进行对比评定的标准油。

3.8 得分评分

表示零件表面扣除任何沉积物影响的评分总和。它表示了零件的清净程度，分数越大，表面受沉积物的污染越少。

3.9 漆膜

是一种薄而硬、一般具有光泽、不溶于油又不易被擦掉的沉积物。它由试验油的有机残余物构成、呈现从浅黄到黑等多种颜色。它不溶于某些溶剂，如汽油，但可溶于苯、三氯甲烷、丙酮和漆膜结构相似的溶剂中。

3.10 漆膜苛刻性系数

是用数值的大小描述各种漆膜沉积物的苛刻性，如颜色和氧化状态的深浅程度等。

3.11 积炭

是一种有明显厚度的黑色、坚硬又不易溶解的沉积物，除和零件有摩擦的部分外，其表面没有光泽。

3.12 堵塞

沉积物在流体通道边界的聚积，这种聚积会使流体的流动受到阻碍。

3.13 腐蚀

金属表面与周围介质发生化学反应或电化学反应而受到破坏的现象。

腐蚀表面如果有不规则分布的平滑麻坑，称为腐蚀性点蚀。

3.14 自由环

当把活塞环从水平转到垂直位置时，环靠自重落入环槽内。

3.15 钝环

当把活塞环从水平转到垂直位置时，环靠自重不能落入环槽内，但用手指对它施一中等压力即能压下。

3.16 点粘环

活塞环在非常小的范围内由沉积物黏着，使环能在点绕动，但不能在环槽中转动。

3.17 冷粘环

活塞环在手指的中等压力下不能移动，但环的整个外表均为光亮的磨光面。

3.18 热粘环

活塞环在手指的中等压力下不能移动，并且在部分环周表面上覆盖着漆膜或积炭。

4 方法概要

使用经过改造的 OMC 737mL 排量的二冲程舷外机，在试验水池（箱）中参比油与一个或多个待评油分别在二台或多台舷外机上同时进行对比试验。如条件不允许，也可用一台发动机，先后进行参比油与待评油的对比试验。发动机在规定的操作条件下节气门全开运转 55min，怠速 5min 运转 7h 后至少有 1h 停机冷却时间。这个循环重复 14 次达到总运行时间 98h。通过参比油与待评油的评定结果比较从而评价待评油的清净性及一般性能。

5 设备和仪器仪表

5.1 试验发动机：J40ELETB 二冲程舷外机，主要技术参数见附录 A。

5.2 发动机的改造

5.2.1 拆除原机的螺旋浆，用一个负载轮（OMC 部件编号为 382861）代替作功率吸收装置。负载轮需经加工才能装进功率输出轴和符合节气门全开发动机转速保持4500r/min±100r/min的要求。

5.2.2 因使用预混合燃料，要将原机的机油泵吸入口堵住。

5.2.3 对发动机的冷却系统进行改造，建议动力头部分的冷却水直接用一台在约69kPa~83kPa水压下排量约76L/min的水泵循环供给。冷却水经过热交换器调节水温确保气缸头水出口温度在规定的范围内。

5.3 试验水池(箱)

试验应在具有足够通风的合适的舷外机试验水池(箱)中进行，水池(箱)应有足够的容积和安装必要的缓冲器，以避免水流影响转速的平稳。水池(箱)有进水口、排水口、根据舷外机的高度设置一个溢流口，以保持水池(箱)的液面高度。建立抽风系统抽走舷外机废气，避免废气进入化油器，影响吸入新鲜空气。

5.4 燃料系统

发动机的燃料由燃油泵供给。为便于排空和保持燃料入口压力相对稳定，采用高位供油。混合燃料从油箱出来后经过滤清器、油耗仪、舷外机燃料连接器到燃油泵。停机时，燃油泵吸入口的燃料压力不能超过35kPa。

5.5 仪器仪表

5.5.1 火花塞垫圈 用紫铜加工，代替原火花塞的垫圈。铜垫圈厚度1.8~2.2mm，外径20.8~21mm，内径14.3~14.6mm。在厚度中间钻两个直径1mm的孔，用银焊接测温热电偶。

5.5.2 火花塞垫圈温度记录仪 选用能连续记录，最大间隔2s，精度为±1℃的记录仪。

5.5.3 发动机进出口水温记录仪 使用连续记录，最大间隔小于2min，精度为±1℃的仪表。

5.5.4 转速表 选用精度为±25r/min的电子或振动式转速表。

5.5.5 燃料流量计 选用11kg/h下，精度为±0.23kg/h的流量计。

5.5.6 点火定时灯 使用具有高能点火系统的定时灯。

6 试剂和材料

6.1 试验燃料符合附录B的要求。同一系列的试验必须用同一批的燃料。一个完整的试验需用汽油约3200L。

6.2 参比油Citgo公司生产的标号为93738的二冲程油，一次试验约需19L。

7 试验准备

7.1 发动机的组装

7.1.1 每次试验都要换上新的活塞、活塞环、火花塞、连杆轴承、主轴承、密封组件。用溶剂油清洗部件，更换其他有损伤的部件，必要时更换整个短体乃至整台发动机。

7.1.2 在下列位置按与曲轴平行和垂直两个方向测量气缸直径：

气缸顶下19mm；

排气口上部；

底部切口上部。

圆度和圆柱度不大于0.05mm，气缸内表面粗糙度为0.0005~0.001mm。

7.1.3 按与活塞销平行和垂直两个方向在顶环岸和裙上部测量活塞的直径。

7.1.4 活塞与气缸的间隙必须保证：

活塞顶环岸与气缸顶下19mm处的间隙为0.53~0.61mm。

活塞裙上部与气缸排气口上部的间隙为0.41~0.48mm。

7.1.5 活塞环水平放进气缸顶下19mm处，测量活塞环开口间隙，要求为0.18~0.43mm。活塞环在活塞中的侧向间隙为0.03~0.09mm。

7.1.6 在有关部件上薄薄涂上一层试样，按OMC维修手册重新装配发动机，并注意冷却液的走向和密封情况。堵塞内部排气腔上凸缘下排气辅助孔，保证外部供给动力头的冷却水循环使用不外泄和由舷外机冷却泵供给的冷却排气腔的冷却水不上窜动力头。

7.2 将装好的舷外机固紧于试验水池(箱)中。

8 试验步骤

8.1 磨合

试验用燃料和试验油样配制成50：1的混合燃料，部分开启节气门，按下列条件磨合：

3000r/min   运转1h

4000r/min   运转1h

磨合后，停机。以25.8N·m~27.1 N·m扭矩拧紧气缸盖螺栓。然后排尽罐、管线和化油器中的燃料。

8.2 正式试验

8.2.1 正式试验条件

换上同一试样混合比为100：1的混合燃料，起动发动机按表1条件运转。

表1 正式试验条件

项　　目	指　　标
转速，r/min	4500±100
节气门开度	全开
燃料流量，kg/h	9.5~10
气缸盖冷却水出口温度，℃	77±3
试验室温度，℃	14~43
点火定时	上止点前21°

8.2.2 试验循环

息速(700r/min~800r/min)运转5min，气节门全开运转55min。重复7次为一个试验循环。两个循环之间停机至少1h，最长不超过24h。重复循环14次，总试验时间98h。

8.2.3 如果两台以上发动机同时进行对比试验，任何一台发动机需要维修时，其他发动机也必须停下来。节气门全开时发动机转速损失200r/min或更多时应停机检查，找出原因排除故障后继续试验。在试验过程中因故障需要更换活塞组、缸盖、连杆轴承以及整个短体时，试验结果无效。若是因试样质量问题而无法继续试验时，则终止试验，在试验结果报告中加以说明。

8.2.4 试验记录

发动机冷却水进出口温度：连续记录。

火花塞垫圈温度：连续记录。

发动机转速：每次息速阶段之前和之后5mm以及息速结束前。

燃料流量、点火定时、试验房的气温气压和湿度：每7h记录一次。

8.2.4.1 在试验过程中火花塞垫圈温度突然升高10℃或更高是发生早燃的标志，应记录早燃发生的时间并停机更换火花塞后继续试验。

8.2.4.2 当确定是火花塞不点火时，拆下并记录火花塞状况及发生故障时间。

9 试验结果及报告

9.1 试验结束后2h至12h内拆机进行试验结果评定，其顺序为：拆机、活塞环评分、拆活塞环，相关部件拍照，规定部件评分和评价。清净性及一般性能评分法见附录C。

9.2 试验结果报告

将待评油与参比油的试验结果进行比较，按附录D出具试验结果报告，并附上相关部件的照片。

附 录 A

（标准的附录）

试验发动机主要技术参数

表 A1 试验发动机主要技术参数

发动机型号	J40ELETB	发动机型号	J40ELETB
缸 数	2	扫气方式	二冲程回流扫气
缸径×冲程，mm	80.96×71.63	冷却方式	强制水冷
排气量，mL	737	化油器数	2
标定功率，kW/r/min	29.8/5000	压缩比	7.0∶1～7.2∶1
节气门全开转速范围，r/min	4500～5500		

附 录 B

（标准的附录）

燃 料 性 质

表 B1 燃料性质

测 定 项 目		规 格 指 标	试 验 方 法
实际胶质，mg/100mL	不大于	4	GB/T 8019
蒸气压(37.8℃)，kPa	不大于	75	GB/T 8017
四乙基铅，g/L	不大于	0.001	GB/T 8020
馏 程	10%，℃ 不高于	70	GB/T 6536
	50%，℃ 不高于	110	
	90%，℃ 不高于	167	
硫含量，%(m/m)	不大于	0.03	GB/T 380
辛烷值(研究法)		89～93	GB/T 5487
含烃类型	烯烃，%(V/V)	5～20	GB/T 11132
	芳烃，%(V/V)	25～35	
注：其他测定项目符合 SH 0041 的要求。			

附 录 C

（标准的附录）

水冷二冲程汽油机油清净性及一般性能结果评分法

C1 范围

本方法仅适用于评定水冷二冲程汽油机油的舷外机试验的结果评价。

C2 评分环境

C2.1 评分工作应在评分箱内进行。

C2.2 评分箱内表面涂白色调合漆。箱内安装两只各15W的冷白荧光灯。灯的色温约4500K，照度为210LX～5400LX。

C3 活塞环评分

C3.1 活塞从气缸中取出后，立即对每个活塞环灵活度进行评分。取两个缸共四道环的平均分。

C3.2 活塞环状态与得分的关系如下：

活塞环状态	得分
自由环	10
钝环	9.5
点粘环	9.0
冷粘环	$4.5 \times \left(2 - \dfrac{冷黏度数}{360}\right)$
热粘环	$4.5 \times \left(1 - \dfrac{热黏度数}{360}\right)$

C4 活塞清净性评分

C4.1 拆下活塞环，用细绒布仔细擦活塞表面，直至活塞表面无润滑油或油泥。

C4.2 对活塞裙部、顶环岸、第二环岸和活塞内顶四个部位分别评分。取两个缸共八个部位的平均分。

C4.3 评分方法

C4.3.1 采用优点评分的方法，未覆盖任何漆膜的表面评为10分；全部覆盖黑色漆膜的评为0分。介于两者之间时，可用漆膜苛刻性系数乘以各自对应的漆膜覆盖面积百分率，将乘积相加得该部位的漆膜评分。

C4.3.2 活塞环岸平均划分10个区域，每区域面积为10%。活塞裙部区域划分和每区域面积百分率见图C1，活塞内顶的划分见图C2。

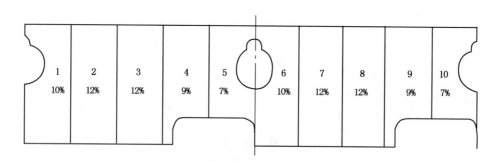

图C1 活塞裙部区域划分及面积百分率

C4.3.3 漆膜苛刻性系数用SH/T 0510漆膜颜色标准色板中相应的色板级数表示。

C4.3.4 所有积炭均按黑色漆膜处理。

C4.3.5 试验前对评分的四个部位进行检查，如果原始表面清净程度低于标准色板的10级，那么，试验后评分时应予修正，在判断完各种漆膜苛刻性系数后，要在每个漆膜苛刻性系数上加上原来所差的级数。例如，试验前某一部位的苛刻性系数为9，试验后这一部位的苛刻性系数必须上升一个级数，即判定的漆膜苛刻性系数若为5，校正后的漆膜苛刻性系数应为6。

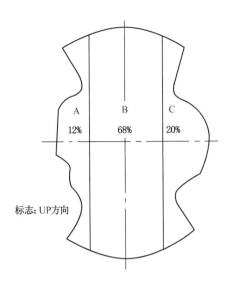

标志: UP方向

图 C2 活塞内顶区域划分及面积百分率

C4.3.6 评分举例见表 C2 和表 C3。

C5 排气孔堵塞的评定

用排气孔沉积物占排气口截面积百分率来表示排气孔堵塞的情况。必须在部件小心拆下来时评定。

C6 火花塞故障的判别

在试验结果报告中说明因试验油样而引起的火花塞结焦和电极连结造成停机的次数，但不包括由机械问题而引起的火花塞故障。

C7 部件评价

C7.1 对活塞裙部、缸套、轴承、主轴颈的腐蚀、擦伤、损伤等状态进行直观评价，并将待评油和参比油的部件状态进行直接对比，用好于、差于和一样来表示。

C7.2 燃烧室沉积物采取评分的方法来进行评价。只对缸盖、活塞外顶评分，并取两个缸四个部位的平均分。

C7.2.1 未覆盖任何沉积物的表面为 10 分，覆盖厚度为 12.8mm 以上为 0 分。介于两者之间时，可用沉积物苛刻性系数乘以各自对应的沉积物覆盖面积百分率，将乘积相加即得该部位的沉积物评分。

C7.2.2 沉积物苛刻性系数见表 C1。

表 C1 沉积物苛刻性系数表

苛刻性系数	沉 积 物 状 态
10	干净
9.9~9.0	漆膜沉积物按 C4.3.3 分级 沉积物苛刻性系数=9.0+漆膜苛刻性系数/10
9.0	厚度<0.1mm 的积炭
8.0	0.1≤厚度<0.2mm 的积炭
7.0	0.2≤厚度<0.3mm 的积炭
6.0	0.3≤厚度<0.4mm 的积炭
5.0	0.4≤厚度<0.8mm 的积炭

表 C1(续)

苛刻性系数	沉 积 物 状 态
4.0	0.8≤厚度<1.6mm 的积炭
3.0	1.6≤厚度<3.2mm 的积炭
2.0	3.2≤厚度<6.4mm 的积炭
1.0	6.4≤厚度<12.8mm 的积炭
0	厚度为 12.8mm 以上的积炭

C7.2.3 缸盖和活塞外顶沉积物评分举例见表 C4。

C8 试验结果报告的平均分取一位小数

表 C2 水冷二冲程汽油机油清净性评分表示例

活塞编号＿＿＿＿＿＿＿ 油样名称＿＿＿＿＿＿＿ 评分日期＿＿＿＿＿＿＿

试验日期＿＿＿＿＿＿＿ 送样单位＿＿＿＿＿＿＿ 评 分 员＿＿＿＿＿＿＿

	部 位	系 数	1	2	3	4	5	6	7	8	9	10	面积%合计	评 分
活塞漆膜和沉积物优点评分	顶环岸	10												
		9												
		8												
		7												
		6					3						3	0.18
		5		4		5	3			6	6		24	1.2
		4		2		2	2			2	2		10	0.4
		3												
		2												
		1			5					5			10	0.1
		0	10	4	5	3	2	10	10	5	2	2	53	0
		合计											100	1.88
	二环岸	10												
		9												
		8	6	10	7	2	9			2	2		38	3.04
		7				4		3					7	0.49
		6				2		5	4				11	0.66
		5			2	2			7		3	2	16	0.8
		4				1				3			4	0.16
		3	2										20	0.06
		2	2							2	5	6	15	0.3
		1					1		1				2	0.02
		0						2	3				5	0
		合计											100	5.53

780

表 C3 水冷二冲程汽油机油清净性评分表示例

活塞编号：

	系数	区域和每区域面积,%										面积,%合计	评分（分）
		1	2	3	4	5	6	7	8	9	10		
		10%	12%	12%	9%	7%	10%	12%	12%	9%	7%		
活塞裙部优点评分	10		1	2	1					1		5	0.5
	9	2	2	4	3			2	2	2		17	1.53
	8						3	2	2		1	8	0.64
	7	3	3	2		1	3	2	2		2	18	1.26
	6		2	2	3	2			2	2		13	0.78
	5					2						2	0.1
	4	2	2	1	2		2	3	2	2	2	18	0.72
	3	1	2	1				3	2	2		11	0.33
	2	2				2	2				2	8	0.16
	1												
	0												
	合计											100	6.02

	系数	面积,%			面积,%合计	评分（分）
		A	B	C		
		12%	68%	20%		
活塞内顶优点评分	10	5	5		10	1
	9		19	10	29	2.61
	8	5	20	10	35	2.8
	7					
	6	2	10		12	0.72
	5		10		10	0.5
	4					
	3					
	2		2		2	0.04
	1					
	0		2		2	0
	合计				100	7.67

		顶环（分）	二环（分）
活塞环优点评分	灵活		
	钝环		9.5
	点黏环	9	
	冷黏环		
	热黏环		
	小计		
	合计	18.5	
	平均	9.25	

表 C4 水冷二冲程汽油机油清净性试验评分表示例

活塞编号：　　　　　　　　　　　　　　　　　汽缸盖编号：

活塞外顶评分

苛刻性系数		面积,% A25%	B25%	C25%	D25%	评分
漆膜评分	10					
	9.9					
	9.8					
	9.7					
	9.6					
	9.5					
	9.4					
	9.3					
	9.2					
	9.1					
	9.0					
积碳评分	9	80 (25	25	15	15)	7.2
	8	10 (		5	5)	0.8
	7	10 (		5	5)	0.7
	6					
	5					
	4					
	3					
	2					
	1					
	0					
评分			8.70			

汽缸盖评分

苛刻性系数		面积,% A25%	B25%	C25%	D25%	评分
漆膜评分	10					
	9.9					
	9.8					
	9.7					
	9.6					
	9.5					
	9.4					
	9.3	10 (5	5)			0.93
	9.2	10 (5	5)			0.92
	9.1	20 (10	10)			1.82
	9.0					
积碳评分	9	50 (5	5	20	20)	4.5
	8	10 (		5	5)	0.8
	7					
	6					
	5					
	4					
	3					
	2					
	1					
	0					
评分			8.97			

附 录 D

(标准的附录)

水冷二冲程汽油机油清净性及一般性能试验结果报告

表 D1 水冷二冲程汽油机油清净性及一般性能试验结果报告

								待评油与参比油比较
试样名称		NMMA93738#						
送样单位								
试验方法								
试验日期								
清净性评分		一缸	二缸	平均	一缸	二缸	平均	
活塞环评分	顶环(分)							
	二环(分)							
	小计(分)							
	合计(分)							
活塞沉积物评分	顶环岸(分)							
	二环岸(分)							
	活塞内顶(分)							
	裙部(分)							
	小计(分)							
	合计(分)							
部件评价	活塞外顶(分)							
	缸盖(分)							
	缸 套							
	轴 承							
	其 他							
火花塞故障(次)								
排气孔堵塞(%)								
早燃(次)								
结 论								
备 注								

评分员：　　　　　　　　　　　报告：　　　　　　　　审核：

编者注：本标准中引用标准的标准号和标准名称变动如下。

原 标 准 号	现 标 准 号	现 标 准 名 称
GB/T 5487	GB/T 5487	汽油辛烷值的测定　研究法

续表

原标准号	现标准号	现标准名称
GB/T 6536	GB/T 6536	石油产品常压蒸馏特性测定法
GB/T 8017	GB/T 8017	石油产品蒸气压的测定 雷德法
GB/T 8019	GB/T 8019	燃料胶质含量的测定 喷射蒸发法
GB/T 8020	GB/T 8020	汽油铅含量的测定 原子吸收光谱法
GB/T 11132	GB/T 11132	液体石油产品烃类的测定 荧光指示剂吸附法

前　言

本标准是根据我国船用筒状活塞柴油机油和船用十字头柴油机油研制、生产和使用要求制定的。

本标准由中国石化大连石油化工公司提出。

本标准由中国石油化工总公司石油化工科学研究院归口。

本标准起草单位：中国石化大连石油化工公司。

本标准主要起草人：王莉萍。

船用润滑油腐蚀试验法

SH/T 0649—1997

（2004 年确认）

Marine lubricating oils–Test
method of corrosiveness

1 范围

本标准规定了用四种材质的合金试片测定船用润滑油腐蚀性能的方法。

本标准适用于船用筒状活塞柴油机油和船用十字头柴油机油。

2 引用标准

下列标准包括的条文，通过引用而构成为本标准的一部分，除非在标准中另有明确规定，下述引用标准都应是现行有效标准。

GB/T 1151　内燃机　主轴瓦及连杆轴瓦　技术条件

GB/T 1174　铸造轴承合金

JB 3368　页状金相砂纸

3 方法概要

在盛有 170mL 试样的试验杯中浸有四种不同材质的合金试片，将试验杯置于船用润滑油腐蚀测定仪内，在 140℃ 恒温 100h。根据试验后试片的变色情况评定试样的腐蚀性能。

4 仪器与材料

4.1 仪器

4.1.1　船用润滑油腐蚀测定仪：以铝合金制成的固体加热装置。加热体底部及四周由耐久性能良好的电热器加热，并有绝缘及绝热层保护，在试验条件下保证恒温精度为 ±1℃，并可连续使用 100h 以上无失控现象。加热体垂直方向均匀地排布 12 个孔位（孔径 52mm±1mm，孔深 160mm），各孔位温度均衡，温差不大于 0.5℃。

4.1.2　试验杯：玻璃制成，外径 50mm±1mm，高 200mm±2mm，在 170mL 处有刻线。

4.1.3　支架：玻璃制成。柱体直径 6mm±0.5mm，高 180mm±2mm，底座直径 40mm±1mm，在距离底座 75mm 处有一突起部分，为支撑挂环所用。见图 1。

4.1.4　挂环：玻璃圆环，套在支架突起部分。外缘周等距离有四个挂勾，用于吊挂试验片。见图 2。

4.1.5　竹镊子。

4.2 材料

4.2.1　试片：合金材质，长 60mm±1mm，宽 15mm±1mm，厚 2mm±0.2mm。每一试片距短边 5mm 中央处有一个直径 5mm 的孔眼。

试片合金牌号：

锡基合金试片：ZSnSb11Cu6　符合 GB/T 1174 要求

铅青铜合金试片：ZCuPb30 符合 GB/T 1174 要求

锡青铜试片：ZCuSn10P1 符合 GB/T 1174 要求

铝基合金试片：AlSn20Cu 符合 GB/T 1151 要求

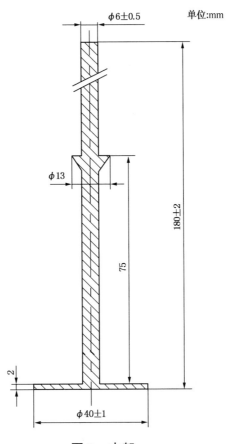

图 1 支架

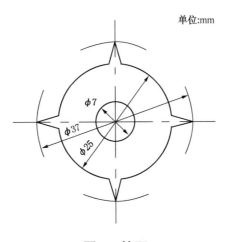

图 2 挂环

4.2.2 金相砂纸；规格 W20，符合 JB 3368 要求。

4.2.3 脱脂棉。

4.2.4 定性滤纸：直径 11cm。

5 试剂

5.1 石油醚：60~90℃，分析纯。

5.2 无水乙醇：分析纯。

6 准备工作

6.1 依次用洗液洗涤试验杯、支架、挂环，然后用自来水、蒸馏水冲净，烘干待用。

6.2 用金相砂纸(W20)打磨试片的六个表面，直至表面光洁无痕，然后用竹镊子夹住试片，在石油醚中反复用脱脂棉擦洗，直至试片表面无残留物，再用无水乙醇冲洗。经处理的试片自然干燥后放入干燥器中24h内备用。

注：打磨及擦洗试片时应戴手套，避免皮肤直接触及。

7 试验步骤

7.1 将船用润滑油腐蚀测定仪升温至140℃±1℃。

7.2 向试验杯内倒入170mL试样(至刻线)，并记录试样编号。

7.3 将挂环套在支架上，用竹镊子将已处理好的四种试片分别挂在四个挂环勾上，并记录四种试片编号。将此支架放入试验杯中。用定性滤纸罩住试验杯口。

7.4 将试验杯放入已达到规定温度的船用润滑油腐蚀测定仪中，预热1h后开始计时，且每隔2h记录一次试验温度。

7.5 试验100h后关闭电源，取出试验杯。

7.6 从试验杯中取出试片，用石油醚洗净油迹，再用无水乙醇冲洗，自然干燥。

7.7 根据试片的颜色变化情况评定试样的腐蚀性能。

8 结果判断

8.1 通过：四种试片均呈光亮无色变(与新片相比)或表面呈蓝色等彩色条纹，在此范围内均可认为是"通过"，即试样腐蚀性能合格。

8.2 不通过：只要有一种试片表面有任何程度的变黑、结垢及片状沉积物生成，则认为是"不通过"，即试样腐蚀性能不合格。

9 报告

根据试验后试片颜色的评定，报告试样的试验结果：试样腐蚀性能"通过"，或试样腐蚀性能"不通过"。

编者注：本标准中引用标准的标准号和标准名称变动如下。

原标准号	现标准号	现 标 准 名 称
JB 3368	JB 3368—1983	页状金相砂纸

前　　言

本标准等效采用美国材料与试验协会标准 ASTM D1748-83(1993)[e1]《潮湿箱中金属保护剂防锈性能测定法》。

本标准在原理上与 ASTM D1748-83(1993)[e1]相同，在技术内容上的主要差异如下：

试验设备采用国内同类产品，因此，未全部采用附录 A1 的内容；准备工作一章包括了潮湿箱操作条件和试片制备两条内容；未采用精密度一章的内容。

本标准的附录 A 是标准的附录。

本标准由中国石油化工总公司石油化工科学研究院归口。

本标准起草单位：中国石化大连石油化工公司。

本标准起草人：徐平、杨介贤。

中华人民共和国石油化工行业标准

金属保护剂防锈性能试验法
（潮湿箱法）

SH/T 0650—1997

（2004 年确认）

Standard test method for rust protection by
metal preservatives in the humidity cabinet

1 范围

1.1 本标准规定了金属保护剂在高湿度下的防锈性能评定方法。

1.2 本标准适用于金属保护剂。

1.3 本标准涉及某些有危险性的材料、操作和设备，但是无意对与此有关的所有安全问题都提出建议。因此，用户在使用本标准之前应建立适当的安全和防护措施并确定有适用性的管理制度。

2 引用标准

下述标准所包含的条文，通过引用而构成本标准的组成部分。除非在标准中另有明确规定，下述引用标准都应是现行有效标准。

GB/T 711 优质碳素结构厚钢板和宽钢带（冷轧）

GB/T 11896 水质 氯化物的测定 硝酸银滴定法

GB/T 11899 水质 硫酸盐的测定 重量法

SH/T 0024 润滑油沉淀值测定法

3 方法概要

将按规定要求清洗好的试片浸入试样中，然后取出试片使试样淌尽，并将其放在 49℃±1℃ 的潮湿箱中，悬挂至规定的试验时间。根据试片表面锈蚀的点数与大小来判断试样在高湿度下的防锈性能。

注：试验时潮湿箱内温度可按产品标准规定的温度进行试验。

4 意义与使用

4.1 本标准是用来测量金属保护剂在高湿度下防止试片锈蚀的相对能力。当高湿度不是引起锈蚀的主要因素时，就不能用本标准来判别金属保护剂的效能。

4.2 虽然发表的数据还不够多，但这些数据证明，本标准与实际使用性能之间存在着对应关系。本标准只限于用作同一用途的同一种金属保护剂之间的比较；对每一种金属保护剂和每一种用途所需要的试验寿命，应根据该金属保护剂在使用中的实际经验来决定。

4.3 本标准的精密度比要求的低，对每一种金属保护需要反复试验来确定其试验寿命，有时需用几个潮湿箱进行试验。

4.4 本试验所得结果只排除最不适宜的材料或者表明在高湿度下防锈性能的排列次序。本标准既没有规定使用产品的暴露期限，也不对实验结果进行数据处理。

中国石油化工总公司 1997-10-27 批准

1998-07-01 实施

5 仪器[1]

仪器的详细技术要求见附录 A。

6 试剂与材料

6.1 试剂

6.1.1 石油醚：60~90℃，分析纯。

6.1.2 无水乙醇：分析纯。

6.2 材料

6.2.1 沉淀石油醚：符合 SH/T 0024 中"沉淀石油醚质量要求"的规定。

6.2.2 氧化铝砂布：粒度为 240 号。

6.2.3 硅砂：白色、干燥、锐利、无氯或氧化铝[其尺寸大小应是 100%通过 10 号筛(2.00mm)，至少有 90%通过 20 号筛(850μm)，最多有 10%通过 50 号筛(300μm)]。

6.2.4 脱脂棉或医用纱布。

7 准备工作

7.1 在评定试样前潮湿箱需按附录 A 规定要求进行连续运转，并使箱内水达到如下要求：

水位：203mm±6mm；

pH 值：5.5~7.5；

含油量：清洁、无油；

氯化物：<0.002%(按 GB/T 11896)；

硫酸盐与亚硫酸盐：以硫酸盐计，<0.002%(按 GB/T 11899)；

注：在硫酸盐试验前，取水样与 10mL 含溴饱和水共沸。

盖：要关紧；

盖上的布层：不能折、不能污染、也不含水滴；

开盖：盖的前部分开到 355mm 高。

7.2 试片的制备

7.2.1 选用符合附录 A 中 A3 规定的试片，将试片放入烧杯中用石油醚洗去防腐剂。仔细地观察每个试片。为了区别试片，可在试片有效面积的外缘右下角刻上号码，或当试片磨光后在外面钩子上系一小金属片作为标志。

7.2.2 表面的处理——打磨法

7.2.2.1 用氯化铝砂布(禁止用砂纸或氧化铁磨料)打磨试片，打磨时间要短，但不许使用快速皮带磨光机，因其产生的摩擦热能够改变试片的表面性质。

7.2.2.2 在打磨时，将试片放在清洁干燥的地方，在其下面垫适当厚度的干净滤纸防止污染。用滤纸衬在试片上以防止试片与手指接触，然后用手拿住，或用一块深度为 1.6mm、面积比试片 51mm×102mm 稍大一些的木块，将试片嵌在中间。将 240 号氧化铝砂布放在手掌上，用手指压试片来回磨，或者使用一块木块，将砂布包住稳稳地磨试片，不使试片的边上有磨痕。

7.2.2.3 打磨时需用力均匀，并要与 102mm 宽边平行，作用力约为 4.5~8.9N，方向要直且每次要磨到头，以免将表面划伤。打磨时将试片固定仅移动砂布，磨几次后观察一下砂布。如砂布已用旧，则换一面再使用，继续打磨直到表面全部磨新为止。打磨后试片的光洁度要求在 0.25~0.51μm。全面观察表面，如有划痕或其他缺陷则继续再磨，直至符合要求。除非规定只用试片一个面，否则用

采用说明：

1] 本标准采用国内同类产品。

同样操作将背面磨光。

> 注：磨好的试片最好用表面光洁度仪表进行测量，以便获得所要求的表面光洁度。当掌握操作技术后就可以用
> 目测观察对照试片表面。

7.2.2.4 用脱脂棉沾石油醚将磨下来的尘屑洗去。最后用清洁的脱脂棉擦试片，直到用新的脱脂棉擦拭时不再留下污斑为止。使用洗瓶将孔中尘屑冲净。当试片全部清理干净后，在室温下将试片全部浸入无水乙醇中。

> 注：试片需用下述方法定期检查表面清洁程度：将清洁的试片直接放在平稳通风的工作台上，在其上面架一支
> 滴定管，使滴定管的口离试片 300mm，滴定管中注入蒸馏水，调整滴定管液滴达到每滴 0.05mL±0.01mL。
> 当试片表面完全清洁时，水滴滴在试片的不同位置其扩散面积基本上相同。一片完全干净的试片表面能使
> 0.05mL 蒸馏水扩散到 21~23mm。检查过的试片不宜用来进行防锈试验。

7.2.2.5 为了避免由于在空气中放置时间不同而影响试验结果，打磨清洗试片必须在短时间内完成，并且按 7.2.2.2~7.2.2.4 操作，逐片处理。处理好的试片应立即在室温下浸入无水乙醇中（浸泡时间≤2h）。安排试片的制备、浸渍与淌完试样的时间应该正好在潮湿箱将要打开的时间。

7.2.3 表面的处理——喷砂法

7.2.3.1 用喷砂材料（硅砂或氧化铝）喷试片表面，以使其新鲜均匀（推荐喷砂设备的作用力为 178~356N，试片距喷嘴距离为 51~76mm）。

7.2.3.2 喷砂后立即将试片放入装有无水乙醇的烧杯或装有无水乙醇的超声波清洗器中。

7.2.3.3 加热无水乙醇，使试片从溶剂中取出时，试片上的溶剂能立即挥发掉。

7.2.3.4 将试片放在与垂直线成 20°角的架子上，用石油醚从上向下冲洗试片上的残留物，并重复冲洗试片各面。

7.2.3.5 继续用温热的石油醚和热的无水乙醇依次清洗试片，然后放置在干燥器中冷却。

7.2.3.6 试片制备好后要在当天使用。

8 试验步骤

8.1 将试样加热到 23℃±0.5C，然后倒入清洁干燥的 500mL 玻璃杯中，其高度至少要高于 114mm（约 375mL）。每个试样需使用三片试片。用一个清洁的吊钩从无水乙醇溶液中将试片取出，挂在沸腾的沉淀石油醚蒸气中 5min，必须保证试片被回流溶剂完全湿润。

> 注：用沉淀石油醚蒸气清洗时，可将 100mL 沉淀石油醚放入 1000mL 耐热玻璃烧杯或金属杯中，在通风橱里按上
> 述步骤操作。

8.2 将试片放入沸腾的无水乙醇中清洗 10s 后取出，仔细地观察试片表面是否有污痕，特别注意吊钩的孔是否洗净。如仍有污痕，则按 7.2 规定将试片重新处理。将已清洗好的试片取出，在空气中放置 10~20s 后，浸入试样中并搅拌 10s。将试片取出淌油 10s；再放入试样中轻轻搅拌 1min；在 2~4s 的时间内将试片从试样中取出，防止摇动和撞击。将第二个试片钩的下端浸入试样并钩入该试片的第二个孔中，用两个吊钩将试片悬放在干燥清洁的地方，在 24℃±3℃ 的温度下放置 2h±20min 使试样淌干。每个试样可浸入几片试片。只要控制温度不超过 27℃。如果温度超过 27℃，则将下一片试片浸入 23℃±0.5℃ 的第二只存油的烧杯中。

> 注：使用吊钩从试样中将试片取出的速度与淌油的时间可根据金属保护剂特定的用途而定。对某些金属保护剂
> 含量很高的试样可用溶剂稀释，试片取出的速度为 102mm/min，淌油时间可长达 24h+1h。

8.3 在淌油终了时，将试片吊在潮湿箱中（见附录 A），使有号码的一面放在前方。将经试样处理过的试片根据要求在潮湿箱中停留一定的时间。

8.4 保持操作条件如 7.1 所述，并在试验开始后的每天早晨和下午要对进入潮湿箱的空气流速、空气温度、pH 值和水位进行核对调整。其他规定条件每星期核对一次，可用 pH 试纸测定 pH 值。

> 注：pH 值超出规定时，则说明有外来污染，须进行分析与校正。如 pH 值总是低，且试出有硫酸盐，则证明进
> 入的空气被硫的氧化物污染。在这种情况下，箱内的水要更换，并在空气进入系统接上碱洗瓶。

8.5 每天如下开启潮湿箱两次[1]：

(1) 一次 15min；

(2) 在第一次开启后至少间隔 3h(最好间隔 6~8h 与检查操作条件相结合)后开启 5min。一般情况下比较方便的做法是在 15min 的开启时间中观察试片，在 5min 的开启时间内放入新试片。为了统一操作避免试片冷却或其他变化的影响，尽量减少观察或放置新试片时间，开启要按上述规定。前盖开启位置要固定。

8.6 试片按产品标准规定时间进行检查，在检查时除最后一次外，其他时间检查时不要将试片从潮湿箱中取出。用来确定金属保护剂生锈时间的试片必须小心取下，并且每次观察一片试片。除在每天规定检查的时间之外，试片不得离开潮湿箱。

9 评定

9.1 试验结束后，将试片取出，用石油醚清洗。每片试片在 10min 内，置于荧光灯下按图 A1 所示的有效面积观察两个试验面。

通过——试片上一面的锈斑不多于三个，且任一锈斑点的直径不大于 1mm。

不通过——试片上一面有一点以上直径大于 1mm 的锈斑，或有四点或四点以上任何大小的锈斑。

9.2 三片试片中有两片通过或不通过，试样可评为通过或不通过。如有其他情况，需重新做。

10 报告

报告包括以下内容：

a) 在潮湿箱内的时间(h)；

b) 试验面(或试片)的数目；

c) 通过的试验面(或试片)；

d) 试片处理类型(喷砂或打磨)；

e) 除 49℃±1℃外产品标准所规定的试验温度。

采用说明：

1] ASTM D1748—83(1993)[ε1]规定"除星期六、星期日外每天如下开启潮湿箱两次"，本标准改为"每天如下开启潮湿箱两次。"

附　录　A

（标准的附录）

潮湿箱技术要求[1]

A1　位置

潮湿箱的位置必须保证试验能连续操作控制。潮湿箱应放在温度 24℃±5.5℃的室内。室内应当没有强烈的通风，也不能暴露在酸雾或能引起腐蚀的气体中，如二氧化硫、硫化氢和氨等。

A2　潮湿箱

潮湿箱由试片旋转架、空气输送装置、温度调节控制装置、过滤器及气体流量计等构成。该箱应符合下列技术要求：

A2.1　箱内温度：49℃±1℃（可按产品标准规定的温度进行试验）。

A2.2　箱内相对湿度：95%以上。

A2.3　空气输送：空气通入量为 $0.8m^3/h±0.03m^3/h$。输入箱内的空气经过滤器（活性炭和玻璃棉的过滤器或其他材料的过滤器），除去尘埃或油脂等污物后，再进入箱内，并通过箱体底部深 200mm 的水层进入试片暴露区。

A2.4　箱体底部水层 pH 值为 5.5~7.5。

A2.5　试片旋转架上的挂片槽相互间隔距离不小于 35mm。

A2.6　试片架转速（满载时的速度）为 0.33r/min±0.03r/min。

A2.7　箱盖采用两层厚布，以保证空气在箱中自由进出，凝露的水滴不允许落在试片上，试片上淌下的试样应接收在油盘中，不得污染底部的水层。

A2.8　潮湿箱采用防腐蚀材质制造。

A3　试片

A3.1　只有符合下列要求的试片才可以使用：

（1）试片尺寸为 51mm×102mm×(3.0~3.4)mm，在靠 102mm 边侧有两个直径为 2.3~3.2mm 的孔（如图 A1 所示），孔的中心离两边的距离为 1.8~2.0mm。试片的质量为 110g±15g。

（2）试片材质符合 GB/T 711(冷轧)优质碳素结构厚钢板和宽钢带要求。

（3）试片边缘需全部磨圆，表面没有任何麻坑、刮痕、锈蚀或其他缺陷。

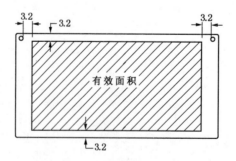

图 A1　试片的有效面积

采用说明：

1]　因采用国产仪器，故未全部采用 ASTM D1748—83(1993)[e1] 附录 A1。

A3.2 试片经过加工后，需立刻涂上非挥发性溶于水的防锈剂，并贮存在防水包装中。

A4 空白试片

转盘上悬挂试片后留下的空位用空白试片填上。空白试片用不锈钢制成，其尺寸大小与试片相同。

A5 吊钩

用直径为 1.2mm 的不锈钢丝制作。设计时要使吊钩上和转盘上冷凝水不流到试片上，而在钩的弯曲部分流掉。为使试片与潮湿箱绝热，在钢丝末端套上约 25mm 的绝缘管挂在转盘上。

A6 附加设备

A6.1 表面光洁度测定仪或其他适宜的仪器：用来定期检验试片表面的光洁度。试片有效面积如图 A1 所示。

A6.2 带有灯罩的荧光灯(12W)：试片离光源最好为 305mm 远。检查试片可使用放大镜，但当判断锈蚀面积时，不能使用放大镜。

编者注：本标准中引用标准的标准号和标准名称变动如下。

原标准号	现标准号	现 标 准 名 称
GB/T 711	GB/T 711	优质碳素结构钢热轧厚钢板和钢带

前　言

　　本标准可作为半成品、成品铂-锡重整催化剂产品质量控制和生产监测的手段。它能定量给出铂-锡重整催化剂中的锡含量。

　　目前测试重整催化剂中锡含量，尚无可参照采用的国外先进标准测试方法，生产中使用的测试方法有原子吸收光谱法和 X 射线荧光光谱法。由于原子吸收光谱法容易普及并且操作简便，所以作为本标准方法。

　　本标准由中国石油化工总公司石油化工科学研究院归口。

　　本标准起草单位：抚顺石油学院。

　　本标准主要起草人：金　珊。

中华人民共和国石油化工行业标准

重整催化剂锡含量测定法
（原子吸收光谱法）

SH/T 0651—1997

（2004 年确认）

Standard Test Method for Tin in Reforming
Catalysts by Atomic Absorption Spectrometry

1 范围

本标准规定了用原子吸收光谱法测定铂-锡重整催化剂中锡含量的方法。

本标准适用于新鲜的不含其他杂质的以氧化铝为载体的铂-锡重整催化剂，锡含量范围为 $0.170\%(m/m) \sim 0.540\%(m/m)$。

2 引用标准

下述标准所包含的条文，通过引用而构成本标准的组成部分。除非在标准中另有明确规定，下述引用标准都应是现行有效标准。

GB/T 6682 分析实验室用水规格和试验方法

3 方法概要

试样用盐酸在压力溶弹内高温溶解后，配成试样溶液。用原子吸收光谱仪测定锡标准溶液和试样溶液，由工作曲线法求出试样中的锡含量。

4 试剂与材料

4.1 试剂

4.1.1 蒸馏水：符合 GB/T 6682 标准的三级蒸馏水要求。

4.1.2 盐酸：分析纯，配成 $5\%(V/V)$ 和 $10\%(V/V)$ 的盐酸溶液。

4.1.3 锡粒：纯度为 99.99%。

4.1.4 硝酸：分析纯。

4.1.5 氯化铝（$AlCl_3 \cdot 6H_2O$）：分析纯。

4.2 材料

4.2.1 空气：压缩空气经净化无油、无水。

4.2.2 乙炔气：纯度不低于 99.9%。

5 仪器

5.1 原子吸收光谱仪：波长范围 190nm ~ 900nm；当吸光度为 0.1 时，重复性为±0.0007。

5.2 锡空心阴极灯。

5.3 分析天平：精度为 0.1mg。

5.4 高温炉：1000℃±25℃。

5.5　瓷坩埚：30mL。

5.6　烘箱：温度范围 0~300℃。

5.7　压力溶弹：聚四氟乙烯内杯的容积为 45mL。可在 0~200℃温度和 0~1MPa 压力条件下工作。

5.8　干燥器：干燥剂为变色硅胶。

5.9　称量瓶。

5.10　烧杯：250mL。

5.11　表面皿：直径 85mm。

5.12　容量瓶：50 和 1000mL。

5.13　吸量管：5mL。

6　准备工作

6.1　1mg/mL 锡标准储备溶液的配制：称取 1g±0.1mg 锡粒于 250mL 烧杯中，加入 7mL 硝酸，21mL 盐酸，用表面皿盖上烧杯，在电炉上缓慢加热，至溶液剩约 2mL 时，再加入 7mL 硝酸和 21mL 盐酸，直至锡粒全部溶解，然后蒸发至近干。冷却后，用 10%(V/V)盐酸溶液洗表面皿和烧杯壁数次，然后定量转移至 1000mL 容量瓶中，用 10%(V/V)盐酸溶液稀释至刻度，摇匀。此锡标准储备溶液每毫升含 1mg 锡。

6.2　标准溶液的配制：于六个 50mL 容量瓶中分别加入 0、0.5、1.0、1.5、2.0 和 2.5mL 锡标准储备溶液，然后模拟试样溶液中的铝含量，加入适量的氯化铝。即把称取的试样量，近似地看做完全是氧化铝，进而换算出应加入多少克氯化铝(精确至 1mg)。然后用 10%(V/V)盐酸溶液稀释至刻度，摇匀。

7　试验步骤

7.1　试样的处理和试样溶液的配制

将已研磨至粉末状的试样放入称量瓶中，按表 1 规定量称取试样(精确至 0.1mg)于压力溶弹的聚四氟乙烯内杯中，使试样溶液中锡含量在 30μg/mL 左右。用吸量管加入 5mL 盐酸，将压力溶弹密封好，放入烘箱于 160℃±5℃温度下恒温 4h，取出自然冷却后，用 5%(V/V)盐酸溶液将溶好的试样溶液定量转移至 50mL 容量瓶中，定容，摇匀后待测定。

表 1　称样量规定

锡含量，%(m/m)	称样量，g
0.290~0.540	0.50~0.30
0.170~0.290	0.72~0.50

7.2　试样的测定

7.2.1　按表 2 条件操作仪器。

表 2　仪器工作条件

元　素	分析线波长 nm	灯电流 mA	狭　缝 nm	燃烧器高度 mm	空气流量 L/min	乙炔气流量 L/min
Sn	286.3	10	0.4	9	9.4	3.6
注：不同型号的仪器条件不完全相同，上述条件由日立 180-80 型原子吸收光谱仪得出，仅供参考。						

7.2.2　以空白溶液调零。

7.2.3　从低含量到高含量，依序测量锡的各标准溶液吸光度。

7.2.4 测量试样溶液的吸光度，连续测定三次。

7.2.5 从高含量到低含量，依序测量锡的各标准溶液吸光度。

7.2.6 重复7.2.4~7.2.5步骤。将每个标准溶液测定三次所得的吸光度取平均值。将分两次进行共测定六次所得的试样溶液的吸光度取平均值。

　　注：在标准溶液和试样溶液测定的间歇期间内，要不断地喷入空白溶液调零，以保持零点的稳定。

7.2.7 以各标准溶液的浓度值为横坐标，其相应的吸光度平均值为纵坐标，绘制出锡标准溶液的工作曲线。

7.2.8 根据试样溶液的吸光度平均值，在锡标准溶液工作曲线上查出相应的试样溶液浓度 $C(\mu g/mL)$，通过计算得到试样的锡含量。

7.3 灼烧基的测定

7.3.1 重整催化剂锡含量是以非挥发性基为基准进行计算的。通常在称取试样的同时称出部分样品，用以测定灼烧基。

7.3.2 称取三份约1g(精确至0.1mg)试样于三个已恒重的瓷坩埚中，加盖，但要留一小缝，放在高温炉内，升温至1000℃±25℃，恒温3h后取出，并放入干燥器内，冷却1h后称重，分别计算灼烧基 B，以三个测定结果的平均值作为试样的灼烧基 B。

8 计算

8.1 灼烧基 B[%(m/m)]按式(1)计算：

$$B = \frac{m_2 - m_0}{m_1} \times 100 \quad\cdots\cdots\cdots\cdots\cdots\cdots\cdots\cdots\cdots\cdots (1)$$

式中：m_0——空坩埚的质量，g；

　　　m_1——灼烧前试样的质量，g；

　　　m_2——灼烧后试样与空坩埚的总质量，g。

8.2 试样中锡含量 X[%(m/m)]按式(2)计算：

$$X = \frac{C \times 50}{m_3 \cdot B \times 10^6} \times 100 \quad\cdots\cdots\cdots\cdots\cdots\cdots\cdots\cdots\cdots\cdots (2)$$

式中：C——试样溶液的浓度，$\mu g/mL$；

　　　m_3——试样的质量，g；

　　　B——试样的灼烧基，%(m/m)；

　　　50——试样溶液的体积，mL。

9 精密度

　　用下述规定判断试验结果的可靠性(95%置信水平)。

9.1 重复性：同一操作者对同一试样重复测定的两个结果之差不应大于0.010%(m/m)。

9.2 再现性：不同实验室对同一试样各自提出的两个独立结果之差不应大于0.019%(m/m)。

10 报告

　　试样的锡含量测定结果取至小数点后三位。

ICS 75.140
E 43

SH

中华人民共和国石油化工行业标准

NB/SH/T 0652—2010
代替 SH/T 0652—1998

石油沥青专业名词术语

Petroleum asphalt professional field terminology

2010-05-01 发布　　　　　　　　　　　2010-10-01 实施

国家能源局　发布

前　言

本标准根据国内外石油沥青科研、生产、应用领域的变化情况，对 SH/T 0652—1998 进行修订。

本标准是为了在石油沥青相关领域中产品和试验方法中引用术语时提供一个统一的概念。

本标准代替 SH/T 0652—1998。

本标准与 SH/T 0652—1998 的主要差异如下：

——将标准名称由石油沥青名词术语改为石油沥青专业名词术语。

——将标准名词术语分类由原料和产品、性质和试验方法、其他改为原料、产品、制品、性质和试验方法、其他。章节号进行相应修改。

——本标准将原标准已经存在但已经不够准确的名词术语进行了修订。

——本标准增加与改性沥青相关的名词术语。

——本标准增加了新出现的产品和分析方法的名词术语。

本标准由中国石油化工集团公司提出。

本标准由全国石油产品和润滑剂标准化技术委员会石油沥青分技术委员会归口。

本标准起草单位：中国石油大学(华东)重质油研究所。

本标准主要起草人：张玉贞、黄颂昌、张田英、张小英。

本标准历次版本发布情况为：

——SH/T 0652—1998。

石油沥青专业名词术语

1 范围

本标准规定了石油沥青及其制品相关的名词术语及定义。

本标准适用于制定修订有关石油沥青标准及编写、翻译相关的技术文件说明等。

2 参考文献

下列文件中的条款通过本标准的引用而成为本标准的条款。凡注明日期的引用文件,其随后所有的修改单(不包括勘误的内容)或修订版均不适用于本标准,然而,鼓励根据本标准达成协议的各方研究是否可使用这些文件的最新版本。凡是不注日期的引用文件,其最新版本适用于本标准。

GB/T 4016 石油产品名词术语

3 名词术语

本标准从原材料、产品和制品、性质和试验方法、其他五个方面进行叙述,并附有汉语拼音和英文索引。

3.1 原材料 raw materials

3.1.1 沥青 bitumen

暗褐色至黑色的、可溶于苯或二硫化碳等溶剂的固体或半固体有机物质,可以是自然界天然存在,也可以是石油、煤等原料经加工得到的残渣或黏稠物。主要由烃类和非烃类有机化合物组成。

3.1.2 天然沥青 native bitumen

在自然界中天然存在的沥青类物质。

3.1.3 岩沥青 bitumen in rock

在地壳运动过程中沉积形成的沥青类物质,一般认为是地层中的原油在地壳运动运移并沉积在岩层中的沥青类物质。

3.1.4 沥青砂 bituminous sands(tar sand)

浸渍了沥青类物质的砂子,其中沥青类物质可以被溶剂抽提出来。

3.1.5 石油沥青 asphalt(petroleum asphalt)

以原油为主要原料经加工得到的沥青类物质。

3.1.6 直馏沥青 straight asphalt

以原油为原料,经蒸馏工艺得到的沥青类物质。

3.1.7 沥青胶结料 bituminous binder(asphalt binder)

能使集料黏结成团的沥青类物质。

3.1.8 软化油(调合油) flux oil

能使沥青软化点降低的低挥发性油品。

3.1.9 减压渣油 vacuum residue(short residue)

原油经减压蒸馏塔底得到的沥青类物质。

3.1.10 乳化剂 emulsifying agent

能使油品乳化并保持一定稳定性的表面活性物质。

3.1.11 添加剂 additive

能赋予产品某些特殊性能或增强其原来具有的某些性能而加入的少量物质。

3.1.12 黏稠沥青 asphalt cement

道路沥青得一类。包括符合黏稠沥青规格的直馏沥青；或以渣油为原料经氧化或溶剂脱沥青得到的符合黏稠沥青规格的沥青产品。

3.1.13 沥青岩 asphalt rock(asphaltite)

浸有沥青类物质的石灰岩(calcareous)或硅质岩(siliceous)。

3.1.14 湖沥青 lake asphalt

天然沥青的一种表现形式，是石油中可挥发组分自然蒸发后留下的沥青类物质。湖沥青一般含有一定量的无机矿物质。

3.1.15 改性剂 modifier

加入后能改善沥青某种性质的添加剂。

3.1.16 抗剥离剂 anti stripping agent

为提高沥青在集料表面的黏附性能加入的添加剂。

3.1.17 橡胶 rubber

在很宽的温度范围内具有高弹性及伸缩性的高分子材料，包括天然橡胶与合成橡胶。代表性产品有 SBR、CR、EPDM 等。

3.1.18 热塑性橡胶 thermoplastic rubber

又称热塑性弹性体，兼具橡胶和热融性塑料特性，在常温下显示橡胶弹性，受热时显示塑料的可塑性的高分子材料。代表性产品有 SBS、SB、SIS 等。

3.1.19 热塑性树脂 thermoplastic resin

树脂的一类，可反复受热软化(或熔化)和冷却凝固的树脂，代表性产品有 EVA、PE 等。

3.1.20 稳定剂 stabilizer

能增加溶液、胶体、固体、混合物等类物质稳定性能的添加剂。当用于改性沥青时，可以保持改性剂在基质沥青中的均匀分散，降低改性沥青的表面张力，防止改性剂凝聚、离析，提高改性沥青的储存稳定性。

3.1.21 沥青再生剂 recycling agent

能使老化后的沥青恢复其使用性能，并符合相关技术要求的产品。

3.2 产品 product

3.2.1 道路石油沥青 paving asphalt(road bitumen)

主要用于铺设道路并符合沥青路面使用要求的石油沥青产品。

3.2.2 建筑沥青 asphalt for roofing and waterproofing

主要用于建筑防水工程，并满足相关性能要求的沥青产品。

3.2.3 改性沥青 modified asphalt

加入改性剂或经特殊工艺处理，性能得到了改善的沥青产品。

3.2.4 氧化沥青 oxidized asphalt(blown asphalt)

用氧化工艺生产的沥青类物质。

3.2.5 催化氧化沥青 catalytic oxidized asphalt

在催化剂存在下氧化工艺生产的沥青类物质。

3.2.6 油漆沥青 asphalt for painting

制造油漆时用作原料的石油沥青产品。

3.2.7 乳化沥青 emulsified asphalt(emulsified bitumen)。

沥青和水在乳化剂作用下制成的沥青乳化液。

3.2.8 阳离子乳化沥青 cationic emulsified asphalt(bitumen)

阳离子乳化剂作用下制成的沥青乳化液。

3.2.9 阴离子乳化沥青 anionic emulsified asphalt(bitumen)

阴离子乳化剂作用下制成的沥青乳化液。

3.2.10 非离子乳化沥青 non-ion emulsified asphalt(bitumen)

非离子乳化剂作用下制成的沥青乳化液。

3.2.11 水工沥青 hydraulic asphalt

主要用于水利工程中并符合相关技术要求的沥青产品。

3.2.12 橡胶填充沥青 asphalt used as an additive for rubber

主要用作橡胶软化剂、增强剂和填充剂，并符合相关技术要求的沥青产品。

3.2.13 防水防潮沥青 asphalt for dampproofing and waterproofing

主要用作各类防水防潮工程，并符合相关技术要求的沥青产品。

3.2.14 管道防腐沥青 asphalt used as a protective coating for pipe

主要用作金属管道防腐，并符合相关技术要求的沥青产品。

3.2.15 电缆沥青 asphalt used as a protective coating for cable

主要用作电缆防护层防腐防潮，并符合相关技术要求的沥青产品。

3.2.16 绝缘沥青 insulating asphalt

主要用作各种电器材料和电器设备涂料及绝缘填充物，并符合相关技术要求的沥青产品。

3.2.17 绝缘胶 insulating mastic

在沥青中加入适量绝缘油及少量添加剂，主要用于浇灌电器终端匣，并符合相关技术要求的沥青产品。

3.2.18 电池封口剂 asphalt for battery sealing

主要用于各种干电池及蓄电池封口，并符合相关技术要求的沥青产品。

3.2.19 稀释沥青 cut-back asphalt

在沥青中加入适量稀释剂制成的液态混合物。

3.2.20 橡胶沥青 crumber asphalt(asphalt-rubber binder(AR))

在沥青类物质中添加废旧轮胎橡胶粉，橡胶粉与热沥青接触软化而形成的混合物。

3.2.21 橡胶改性沥青 crumber modified asphalt

在热沥青类物质中加入废旧轮胎橡胶粉，橡胶粉在控制条件下降解，能够相对均匀的分散在沥青中，并具有一定储存稳定性的沥青产品。

3.2.22 聚合物改性沥青 polymer-modified asphalt

在沥青类物质中加入一种或几种聚合物，在一定的工艺条件下生产的改沥青产品。

3.2.23 改性乳化沥青 modified asphalt emulsion

在乳化剂作用下制得的改性沥青乳化液。

3.2.24 阻燃沥青 flame retardant asphalt

在沥青中加入一种或多种阻燃剂，使得到的混合物符合相关技术要求的沥青产品。

3.2.25 改性阻燃沥青 flame retardant modified asphalt

在改性沥青中加入一种或多种阻燃剂，使得到的混合物符合相关技术要求的沥青产品。

3.2.26 重交通道路沥青 heavy traffic paving asphalt

符合高速公路、一级公路、城市快速路、主干路等重交通量使用并符合"重交通道路石油沥青技术要求"的道路石油沥青，简称重交通道路沥青。

3.2.27 泡沫沥青 foamed bitumen

通过一定工艺条件将水、水蒸气或发泡剂引入到沥青中，使沥青体积膨胀而制得的泡沫状沥青。

3.3 制品 work

3.3.1 沥青玛蹄脂(沥青胶) asphalt mastic

在沥青中加入适量填充料及少量添加剂制成的混合物。主要用于建筑及道路工程。

3.3.2 沥青混合料

沥青与一定级配的矿质集料和矿粉经加热、拌合后的产品。

3.3.3 沥青混凝土　asphalt concrete

用沥青作黏结材料,与矿质集料和矿粉按一定比例经加热、拌合、压实而修成的工程实体。

3.3.4 沥青油毡　asphalt felt

建筑工业用的一种卷材,俗称油毡。系用适当的胎基(纸胎、玻璃纤维胎等)浸渍与涂覆沥青而制。

3.4 性质和试验方法　properties and test methods

3.4.1 黏度　viscosity

流体流动时内摩擦力的量度,黏度值随温度的升高而降低。

3.4.2 牛顿流体　Newtonian fluid

黏度与剪切速率无关的流体。

3.4.3 表观黏度　apparent viscosity

表示非牛顿流体流动时的内摩擦特征所采用的术语。

3.4.4 动力黏度　dynamic viscosity

表示液体在一定剪切应力下流动时内摩擦力的量度。其值为所加于流动液体的剪切应力和剪切速率之比,以帕(斯卡)·秒(Pa·s)表示。

3.4.5 运动黏度　kinematic viscosity

表示液体在重力作用下流动时内摩擦力的量度,其值为相同温度下液体的动力黏度与其密度之比,以平方米/秒(m^2/s)表示。

3.4.6 恩氏黏度　Engler viscosity

在规定条件下,一定体积的具有较高黏度石油产品试样,从恩氏黏度计中流出 50mL 所需要的时间(s)与该黏度计水值之比。

3.4.7 真空毛细管法黏度　viscosity measuring with vacuum capillary

在规定温度和真空度的条件下,采用毛细管黏度计测定沥青所得到的动力黏度。

3.4.8 密度　density

在规定温度下,单位体积内所含物质的质量数,以千克/米³(kg/m^3)表示。

3.4.9 相对密度　relative density

物质在给定温度下的密度与标准温度下标准物质的密度之比值。对沥青试样而言,其标准物质是水。

3.4.10 溶解度　solubility

沥青试样在规定溶剂(三氯乙烯)中可溶解的量,以质量分数表示。

3.4.11 油溶性　solubility in oil

油漆沥青在规定条件下与亚麻油混合时的溶解性。

3.4.12 针入度　penetration

在规定条件下,标准针垂直穿入沥青试样的深度,以 1/10mm 表示。

3.4.13 针入度指数　penetration index

沥青温度敏感性的表示。针入度指数可以用沥青的针入度和软化点计算而得,也可以用两个或两个以上不同温度下测得的沥青针入度计算而得。

3.4.14 软化点　softening point

在规定条件下,加热沥青试样使其软化至一定稠度时的温度,以℃表示。

3.4.15 环球法　ring and ball method

测定沥青软化点的一种方法。

3.4.16 蒸发损失　loss on heating

沥青在规定条件下蒸发后，其质量损失的百分数。

3.4.17　闪点　flash point

在规定条件下加热石油产品所逸出的蒸气和空气组成的混合物与火焰接触发生瞬间闪火时的最低温度，以℃表示。

3.4.18　开口闪点 flash point(open cup)

用规定的开口杯闪点测定器所测得的闪点，以℃表示。

3.4.19　延度　ductility

在规定条件下，使沥青的标准试件拉伸至断裂时的长度，以 cm 表示。

3.4.20　脆点(或弗拉斯脆点)　breaking point(Fraass breaking point)

在规定条件下冷却并弯曲沥青涂片至出现裂纹时的温度，以℃表示。

3.4.21　薄膜烘箱试验　thin film oven test(TFOT)

在规定条件下加热沥青试样，并检验其加热前后特定的物性变化(如质量变化、针入度、延度、黏度等)以判断沥青抗热老化的性能的实验。

3.4.22　旋转薄膜烘箱试验　rotating thin film oven test(RTFOT)

在规定条件下，鼓风加热旋转的沥青薄膜，并检验其加热前后特定的物性变化(如质量变化、针入度、延度、黏度等)以判断沥青抗热和空气老化的性能的实验。

3.4.23　冻裂点　freezing breaking point

沥青试样在规定器皿内冷冻至发生裂纹时的温度，以℃表示。

3.4.24　垂度　droop

在规定条件下，黏附在试验板上的沥青试样受热产生蠕变下垂的距离，以 mm 表示。

3.4.25　黏附率　adherence ratio

在规定条件下，沥青试样黏附在金属表面上的面积占金属总面积的百分数。

3.4.26　收缩率　abbreviation ratio

绝缘沥青在规定的两个温度之间的体积变化，以体积分数表示。

3.4.27　附着度(黏结性)　coating ability

在规定条件下，乳化沥青黏附在潮湿石料上的面积占石料总面积之比。

3.4.28　四组分法　four groups analysis(SARA analysis)

对渣油、石油沥青或其他重质石油馏分在规定条件下测其饱和分、芳香分、胶质、沥青质四种组分的含量并以质量分数表示的分析过程。

3.4.29　沥青质　asphaltenes

在规定条件下不溶于正庚烷而溶于甲苯的沥青组分。

3.4.30　可溶质　maltene(petrolene)

在规定实验条件下分离出沥青质后得到的沥青组分。

3.4.31　饱和分　saturates

可溶质在规定条件下用正庚烷(仲裁时所用溶剂)或石油醚从液固色谱上脱附得到的沥青组分。

3.4.32　芳香分　aromatics

可溶质在规定条件下分离出饱和分后，再用甲苯从液固色谱上脱附得到的沥青组分。

3.4.33　胶质(极性芳香分)　resins(polar aromatics)

可溶质在规定条件下分离出饱和分和芳香分后，再用甲苯-乙醇从液固色谱上脱附得到的沥青组分。

3.4.34　蜡含量　wax content

在规定条件下，沥青试样经裂解蒸馏所得的馏出油脱出的蜡量，以质量分数表示。

3.4.35　水分　water content

存在于沥青试样中的水含量。

3.4.36 灰分 ash content

在规定条件下，沥青碳化后的残留物经煅烧所得的无机物，以质量分数表示。

3.4.37 耐久性 durability

反映沥青及其制品可持续使用的期限。

3.4.38 抗老化性 anti-aging property

沥青在长期使用过程中抗变质的能力。

3.4.39 感温性 susceptibility

指沥青对温度的敏感程度，常表征为黏度或稠度随温度变化而改变的程度。

3.4.40 疲劳阻力 fatigue resistance

沥青路面阻止由重复弯曲引发的开裂的能力。

3.4.41 加速老化 accelerated weathering

在较短的时间内，进行沥青老化模拟试验，并规定试验时间和其他条件，使老化试验对试件产生的影响与实际的老化效果相似。

3.4.42 内聚力 cohesion

由于沥青分子内部的化学键或分子间的范德华力等作用力引起的沥青内部抵抗沥青本身由于温度变化导致的变形而表现出来的一种性能。

3.4.43 黏附性 adhesion

沥青与一种界面相接触时由于化学键或分子间作用力的作用而产生的抵抗外界环境的变化而引起的沥青与界面之间相互脱离而表现出的一种性能。

3.4.44 配伍性或相容性 compactibility

沥青与一种有机物相互混合达到协调一致的程度，与沥青配伍性好的有机物会改善沥青的某种性能，而与沥青配伍性不好的有机物会降低沥青的某种性能。

3.4.45 溶胀 swelling and solubility

橡胶类改性剂加入到沥青中时，沥青中的油分进入到橡胶内部从而引起橡胶体积膨胀的现象通常称为溶胀，溶胀属于物理变化。

3.4.46 复合剪切模量 complex shear modulus(G^*)

由剪切应力的峰值的绝对值(τ)除以剪切应变的峰值的绝对值(γ)计算得到的比值。

3.4.47 相位角 phase angle(δ)

在控制应变模式下施加的正弦应变和产生的正弦应力之间或在控制应力模式下施加的应力与产生的应变之间的夹角。

3.4.48 耗能剪切模量 loss shear modulus(G'')

复合剪切模量乘以用度表示的相位角的正弦值。是损失能量(在负载循环中消耗的能量)的量度。

3.4.49 储能剪切模量 storage shear modulus(G')

复合剪切模量与用度表示的相位角的余弦值的乘积，是在负载循环中储存能量的量度。

3.4.50 物理硬化 physical hardening

当沥青在低于室温条件下贮藏时发生的可逆硬化，此类硬化与时间和温度有关。

3.4.51 振荡剪切 oscillatory shear

以振荡法向试验样品施加剪切应力或剪切应变的加载模式，可使剪切应力和剪切模量以正弦方式振动。

3.4.52 线性黏弹性 linear viscoelastic

在动态剪切流变仪试验方法范围内，动态剪切模量的变化与剪切应力及剪切应变无关的线性区域。

3.4.53 分子缔合 molecular association

沥青在室温储藏条件下发生在沥青分子之间的缔合作用，指的是沥青的空间硬化。分子缔合作用会增加沥青的动态剪切模量，分子缔合程度与沥青有关，储藏几个小时后缔合程度可能就较明显。

3.4.54 脆性破坏 brittle-type of failure

试验材料一种破坏类型。应力—应变曲线从开始到破坏点基本上是线性的，试件拉伸至突然断裂，其横截面没有明显的减小。

3.4.55 延-脆性破坏 brittle-ductile-type of failure

试验材料一种破坏类型。应力—应变曲线有弯曲下降阶段，破坏时试件突然断裂，但破坏前试件横截面发生有限的减小。

3.4.56 延性破坏 ductile-type of failure

拉伸试件在达到破坏点时不产生突然断裂而是横截面逐渐变小，从而产生大的应变。

3.4.57 弯曲蠕变柔量 flexural creep compliance($D(t)$)

在弯曲梁流变仪实验中，在规定实验条件下最大弯曲应变除以最大弯曲应力得到的比率，弯曲蠕变劲度是弯曲蠕变柔量的倒数。

3.4.58 弯曲蠕变 flexural creep

通过对被简单支撑的梁的中间施加一个恒负载，测定在加载时间下梁的形变试验而得到的材料特性。

3.4.59 弯曲蠕变劲度 flexural creep stiffness

在弯曲梁流变仪实验中，在规定实验条件下，以 8.0s，15.0s，30.0s，60.0s，120.0s 和 240.0s 处测量的劲度的对数为纵坐标，时间的对数为横坐标作图拟合二次多项式得到蠕变劲度。

3.4.60 实测弯曲蠕变劲度 measured flexural creep stiffness[$S_m(t)$]

在弯曲梁流变仪实验中在规定的实验条件下测得的最大弯曲应力除以测得的最大弯曲应变得到的比率。

3.4.61 m 值 m value

在弯曲梁流变仪实验中，在规定实验条件下，劲度对数与时间对数曲线的斜率的绝对值。

3.5 其他 miscellaneous

3.5.1 针入度分级 penetration grading

根据25℃的针入度对沥青进行分级的沥青分级系统。

3.5.2 SUPERPAVE

为 superior performing asphalt pavement 的缩语。一种混合料配合比设计方法。

3.5.3 黏度分级 viscosity grading

根据60℃黏度对沥青进行分级的沥青分级系统。

3.5.4 性能分级 performance grading

在 SUPERPAVE 中使用的沥青分级体系，是以在临界温度和老化条件下沥青的力学性能为基础的沥青分级体系。

汉语拼音索引

英 文 索 引

A

B

C

D

E

F

H

I

前　　言

本标准等同采用美国试验与材料协会标准 ASTM D5442-93《石油蜡分析法(气相色谱法)》。

本标准与 ASTM D5442-93 的差异:

1. 本标准名称改为《石油蜡正构烷烃和非正构烷烃碳数分布测定法(气相色谱法)》。

2. 本标准将原文中的 5 处条文注的内容全部编辑在附录 A 中。

本标准的附录 A 是提示的附录。

本标准由北京燕山石化公司炼油厂研究所、抚顺石油化工研究院提出。

本标准由抚顺石油化工研究院归口。

本标准由北京燕山石化公司炼油厂研究所、抚顺石油化工研究院负责起草。

本标准主要起草人:郑　波、胡艳秋。

中华人民共和国石油化工行业标准

SH/T 0653—1998

（2005 年确认）

石油蜡正构烷烃和非正构烷烃碳数分布测定法
（气相色谱法）

Petroleum waxes-Determination of carbon number distribution of normal
paraffin and non-normal paraffin hydrocarbons-Gas chromatography

1 范围

1.1 本标准规定了用气相色谱内标法测定石油蜡中从 $n\text{-}C_{17} \sim n\text{-}C_{44}$ 范围内的碳数分布及每个碳数的正构烷烃和非正构烷烃的含量。C_{44} 以上的烃类用 $100\%(m/m)$ 减去 $n\text{-}C_{44}$ 及以下烃类质量百分数总和的差值来确定并以 C_{45+} 报告。

1.2 本标准适用于石油蜡，包括混合蜡。本标准不适用于氧化蜡和天然蜡，例如合成的聚乙二醇和蜂蜡、巴西棕榈蜡。

1.3 本标准不能直接用于经 GB/T 3554 方法测定含油量大于 10% 的蜡。

2 引用标准

下列标准所包含的条文，通过引用而成为本标准的一部分，除非在标准中另有明确规定，下述引用标准都应是现行有效标准。

GB/T 3554 石油蜡含油量测定法。

3 术语

3.1 碳数 carbon number
相当于烃类化合物中的碳原子数。

3.2 冷柱头进样 cool on-column injection
是一种气相色谱样品注入技术。在某一温度下，即在低于样品中大多数挥发组分沸点的温度下，将样品注入色谱柱的前端。

3.3 小体积连接器 low volume connector
一种金属或玻璃连接器，为连接不同长度的毛细管而设计的。这种设计使管端以最小死体积或最小重叠的方式连接。

3.4 非正构烷烃 non-normal paraffin hydrocarbon(NON)
除正构烷烃外其他所有烃类，包括芳烃、环烷烃和异构烷烃。

3.5 正构烷烃 normal paraffin
所有碳原子都是以 C—C 单键相连的没有支链或烃环的饱和烃。

3.6 涂壁空心柱 wall coated open tube(WCOT)
一种特殊毛细管柱。固定相涂渍在金属、玻璃或熔融石英管的内表面上，固定相可以交联或涂后键合。

中国石油化工总公司 1998-03-13 批准

1998-10-01 实施

4 方法概要

4.1 准确称取一定量的蜡样和内标物,使之完全溶解在适当的溶剂中,并注入到气相色谱柱内,将其分离成按碳数增加的烃类组分。柱温以一个可再现的速率呈线性增加,直至样品全部从色谱柱中流出。

4.2 流出组分经氢火焰离子化检测器检测,用记录仪、积分仪或计算机系统记录。每个碳数的烃类采用定性标准物的保留时间与蜡样组分的保留时间相比较进行定性,直到 C_{44} 的每个碳数的质量百分数用内标法计算。

4.3 沸点高于538℃的样品,在规定的条件下不能完全从色谱柱中流出。因此,C_{45+} 的烃类用100%(m/m)减去 C_{44} 及以下烃类质量百分数总和的差值来确定其含量。

5 意义与应用

5.1 石油蜡的碳数分布及每个碳数正构烷烃和非正构烷烃的测定,对于蜡生产过程控制和蜡的许多最终使用性能具有指导意义。

5.2 本标准方法得到的数据,对于计算用于橡胶配方中的石油蜡是非常有用的。

6 仪器

6.1 色谱仪

6.1.1 能安装毛细管柱的气相色谱装置,配置氢火焰离子化检测器并能在表1所示的条件下操作,对单个峰的保留时间重复性在0.1min 范围内。

表 1 典型的色谱条件

柱长,m	25	30	15
柱内径,mm	0.32	0.53	0.25
固定相	DB-1(甲基硅酮)	RTX-1(甲基硅酮)	DB-5(5%苯基甲基硅酮)
膜厚,μm	0.25	0.25	0.25
载气	He	He	He
载气流速,mL/min	1.56	5.0	2.3
线速度,cm/s	33	35	60
柱初温,℃	80	80	80
柱终温,℃	380	340	350
进样技术	冷柱头	冷柱头	冷柱头
程升速率,℃/min	10	8	5
检测器温度,℃	380	400	375
样品量,μL	1.0	1.0	1.0

6.1.2 该色谱仪在无分流时可注入适量样品,配置冷柱头进样器。

6.2 样品注入系统

对于冷柱头进样,采用自动进样或手动进样,具有0.15~0.25mm 外径针头的注射器可用于内径为0.25mm 或更大内径的毛细管柱,而标准的0.47mm 外径针头的注射器用于0.53mm 内径或更大内径的毛细管柱。

选择进样量的范围,不允许某些色谱峰超过检测器的线性范围或使柱容量过载。

6.3 色谱柱

满足 9.5 条中色谱分辨率的要求。推荐使用 25～30m 长的毛细管柱，其固定相为甲基硅酮或 5% 苯基甲基硅酮，首选交联或键合固定相。

6.4 记录仪

满量程小于或等于 5mV，用于测量检测器随时间变化的信号。满量程响应时间应小于或等于 2s。灵敏度和稳定性应满足在使用的操作条件下，注入 0.05%(m/m)烃类产生大于 2mm 的记录偏移。

6.5 积分仪或计算机

提供检测器信号的积分和在一定时间范围内的峰面积加和。峰面积通过计算机或积分仪测量。计算机、积分仪或气相色谱仪必须具有从样品峰面积中扣除相应基线面积(空白)的功能和画出用于峰面积积分的基线功能。

7 试剂与材料

7.1 载气

适用于氢火焰离子化检测器，推荐使用氢气和氦气，载气纯度应大于 99.95%(mol)。

7.2 正十六烷

用于加到样品中作内标物的烃，纯度应大于 98%(m/m)。

7.3 用于校准和定性的标准物

正构烷烃的标准样品应包括蜡样的碳数范围(直到 C_{44})，纯度应大于 95%(m/m)。

7.4 溶剂

用于制备正构烷烃混合物和溶解蜡样的溶剂，纯度应大于 99%(m/m)，推荐使用环己烷。

7.5 线性标准物

称量 n-C_{16}～n-C_{44} 范围内的各正构烷烃，制备成混合物，并将其溶于环己烷中。加入的正构烷烃量应近似相等并使其差值在 1%(m/m)范围内。这种混合物要求从 n-C_{16}～n-C_{44} 中每四个正构烷烃中至少有一个正构烷烃线性标准物。配制的标准样品必须密封，以防溶剂损失。

7.6 内标溶液

制备溶于环己烷的内标物稀溶液。分以下两步。

7.6.1 准确称量约 0.4gn-C_{16} 置于 100mL 容量瓶中，加 100mL 环己烷再次称量，制备 0.5%(m/m) n-C_{16} 储备溶液。记录 n-C_{16} 质量，准确至 0.001g；同时记录 n-C_{16} 与环己烷溶液的质量，准确至 0.1g。

7.6.2 用 99 份环己烷稀释 1 份储备溶液，制备稀释的 n-C_{16} 内标溶液，用式(1)计算内标物在稀释溶液中的浓度(C_{ISTD})：

$$C_{ISTD} = \frac{W_{ISTD}}{W_s} \times \frac{100\%}{100} \quad\cdots\cdots\cdots\cdots\cdots\cdots\cdots\cdots\cdots\cdots (1)$$

式中：C_{ISTD}——稀释溶液中 n-C_{16} 的质量百分数；

$\quad\quad W_{ISTD}$——从 7.6.1 条得到的 n-C_{16} 的质量，g；

$\quad\quad W_s$——从 7.6.1 条得到的 n-C_{16} 与环己烷溶液的质量，g；

$\quad\quad 100\%$——由质量分数换算成质量百分数的系数；

$\quad\quad 100$——稀释倍数。

8 取样

8.1 为了保证均匀性，将整个蜡样在高于其熔化温度 10℃的温度下熔化，搅拌使其混合均匀，用洁净的滴管取几滴蜡样滴到干净的铝箔片表面上。待其凝固后弄成碎片。该蜡样可以按 11 章中所述，直接使用或放置在密闭的样品瓶中备用。

通常所用的铝箔片在加工时其表面有一层薄油膜，使用前应用正己烷或乙醇类溶剂将其清除。

9 准备工作

9.1 色谱柱的老化

具有交联或键合固定相的毛细管柱一般不需要老化。新柱子需老化时使用下述的色谱操作过程。

把色谱柱安装在色谱仪柱箱内，使其一端与进样系统相连接，将载气流速调到分析时所使用的流量。柱箱温度调到分析时的最高温度并保持30min。然后冷却柱箱至室温，并把色谱柱的另一端与检测器连接。色谱柱末端与氢火焰离子化检测器喷嘴应尽可能接近。柱箱和检测器喷嘴间的温度必须高于色谱柱的最高使用温度。

9.2 操作条件

设定色谱仪操作条件(推荐的典型色谱操作条件见表1)，使系统达到所有温度设定点。连接记录仪、积分仪或计算机，使其能接收到检测器信号。过程开始前氢火焰离子化检测器一定要点火。

9.3 空白基线

按需要的条件设置好后，程序升温到最高使用温度，一旦柱箱温度达到最高使用温度，立即冷却柱子到设置的起始温度。不进样，启动程序升温、记录仪和积分仪。如果空白基线是可重复的，就进行两次空白基线测定。如果检测信号不稳定或空白基线不重复，应进一步老化色谱柱或更换色谱柱。

9.3.1 基线漂移

从记录仪上观察空白运行时检测器响应，当柱温升高时，由于色谱柱固定相的流失，将观察到检测器响应有些增加，只要两次空白基线是重复的，色谱柱的流失是可接受的。基线应是平滑曲线，无任何色谱峰。

9.4 溶剂空白

取1μL环己烷溶剂注入到色谱进样系统并启动程序升温。如果在蜡样流出的保留时间范围内没有检测出色谱峰，则认为溶剂的纯度是合格的。

9.5 色谱柱分辨率

按10.2条所规定的条件分析1μL0.05%(m/m)n-C_{20}和n-C_{24}环己烷溶液，检验色谱柱的柱效。要求按式(2)计算的色谱柱分辨率(R)不小于30。

$$R = \frac{2d}{1.699(W_1 + W_2)} \qquad\cdots\cdots\cdots\cdots\cdots\cdots\cdots\cdots\cdots\cdots\cdots (2)$$

式中：R——色谱柱分辨率；

d——n-C_{20}和n-C_{24}峰顶点间距离，mm；

W_1——n-C_{20}的半峰宽，mm；

W_2——n-C_{24}的半峰宽，mm。

9.6 响应的线性

为准确定量，检测器响应必须与进样质量成正比，并且假定非正构烷烃的响应值与同碳数的正构烷烃响应值相等。此外，进样技术和蜡样溶液性质必须使注入气相色谱仪的蜡样具有代表性、真实性。使用前必须使分析系统与9.6.1条的规定相符。

9.6.1 测定7.5条所述的线性标准物相对于n-C_{16}响应因子，其值必须在0.90~1.10范围内。

9.6.2 如果相对响应因子不在上述所限范围内，则需作适当的调整，重新分析线性标准物以确保线性。

9.7 保留时间重复性

重复分析线性标准物同时检查保留时间的重复性，重复分析的保留时间重复性必须小于0.10min。

10 校准和标定

10.1 正构烷烃的定性

注入少量完全溶解在环己烷中的各种烷烃或已知烷烃混合物的环己烷溶液，测定 $n\text{-}C_{16} \sim n\text{-}C_{44}$ 每个正构烷烃的保留时间。

10.2 标定

将 7.5 条所述的线性标准物注入色谱柱，用积分仪或计算机测定每个正构烷烃的峰面积。

10.2.1 计算检测器对线性标准物中每个组分对 $n\text{-}C_{16}$ 的相对校正因子。

11 试验步骤

11.1 制备石油蜡样溶液

11.1.1 按 8.1 条所述取得石油蜡样。

11.1.2 准确称取约 0.0100g 蜡样于体积大约 15mL 的玻璃瓶中，加入大约 12mL 稀内标溶液，盖上瓶盖并准确称量加入的内标溶液的质量。记录两者质量。

11.1.3 摇动玻璃瓶，使蜡样完全溶解，必要时轻微加热。

11.1.4 手动进样，注射器可以直接从玻璃瓶中吸取样品；自动进样，则将适量的样品移到自动进样瓶中。

11.2 分析蜡样前，使柱温程序升温到所使用的最高温度，一旦柱温达到最高温度，立即冷却柱箱温度到设定的起始温度，并在此温度下平衡至少 3min。不进样，启动程序升温、记录仪、积分仪或计算机进行空白运行，在 $n\text{-}C_{44}$ 保留时间后至少持续 2min。将该空白运行记录储存在计算机或积分仪中，用于从蜡样面积中扣除基线空白。

11.3 按空白运行相同的步骤注入从 11.1 条中得到的 0.5~1.0μL 蜡样溶液于冷柱头进样口，立即启动程序升温、记录仪和积分仪或计算机并存储已得到的检测信号。得到的典型色谱图如图 1 所示。

11.4 使用下述的基线结构型式对已存储的检测器信号进行积分。

11.4.1 采用谷–谷的基线结构型式对检测器信号进行积分，得到色谱图中每个正构烷烃色谱峰的面积。根据 10.1 条测定的保留时间定性各个正构烷烃峰并将其峰面积列表。积分型式如图 2 所示。

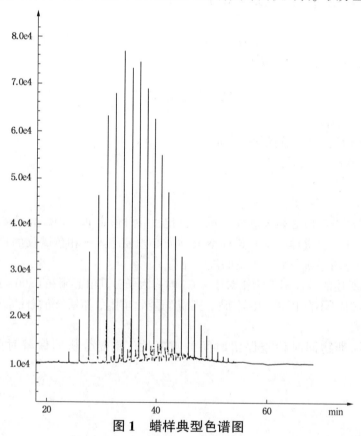

图 1 蜡样典型色谱图

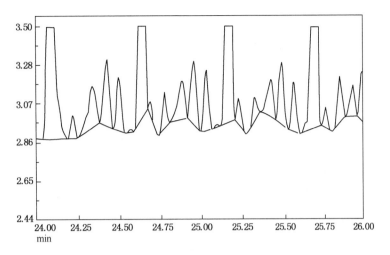

图 2　正构烷烃峰面积的谷-谷积分

11.4.2　采用向水平基线垂直划线结构型式对检测器信号进行再次积分。计算每个碳数的所有峰总面积并将每个碳数全部峰总面积列表。将在 C_{n-1} 正构烷烃峰流出的谷底到 C_n 正构烷烃峰的谷底之间的全部色谱峰定为碳数为 n 的色谱峰。积分型式如图 3 所示。

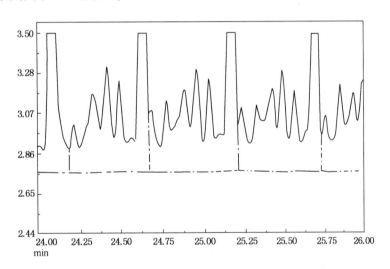

图 3　碳数峰汇总(垂直向水平基线划线)

11.4.3　为了确保积分的正确和始终一致,在每种基线结构型式下进行积分时,都应画出色谱图并使基线型式与图 2 和图 3 匹配。

11.4.4　不要把溶剂峰和内标峰作为蜡样中的一部分。

12　计算

12.1　每个碳数

在 11.4.2 条中确定的每个碳数的质量百分数(C_i)用式(3)计算:

$$C_i = \frac{A_i}{A_{ISTD}} \times R_i \times \frac{W_m}{W_{sm}} \times C_{ISTD} \quad\cdots\cdots\cdots\cdots\cdots\cdots\cdots\cdots\cdots\cdots\cdots\text{(3)}$$

式中:C_i——碳数为 i 的烃的质量百分数;

$\quad\quad A_i$——碳数为 i 的烃的总面积;

A_{ISTD}——$n\text{-}C_{16}$ 内标峰面积;

$\quad\quad R_i$——碳数为 i 的烃对 $n\text{-}C_{16}$ 的相对校正因子;

W_m——稀内标溶液的质量，g；

W_{sm}——蜡样质量，g；

C_{ISTD}——稀内标溶液中内标物（n-C_{16}）的质量百分数。

12.2 正构烷烃

在11.4.1条中确定的每个正构烷烃的单个峰面积用式(4)计算其质量百分数(N_i)。

$$N_i = \frac{A_i}{A_{ISTD}} \times R_i \times \frac{W_m}{W_{sm}} \times C_{ISTD} \quad \cdots\cdots (4)$$

式中：N_i——碳数为i的正构烷烃的质量百分数；

A_i——碳数为i的正构烷烃的峰面积；

A_{ISTD}——内标物 n-C_{16}的峰面积；

R_i——碳数为i的正构烷烃对 n-C_{16}的相对校正因子；

W_m——稀内标溶液的质量，g；

W_{sm}——蜡样质量，g；

C_{ISTD}——稀内标溶液中 n-C_{16}的质量百分数。

12.3 非正构烷烃

非正构烷烃的质量百分数(NON_i)由碳数为i的烃的质量百分数(C_i)减去碳数为i的正构烷烃的质量百分数(N_i)的差值计算： $$NON_i = C_i - N_i \quad \cdots\cdots (5)$$

式中：NON_i——碳数为i的非正构烷烃质量百分数；

C_i——碳数为i的烃的质量百分数；

N_i——碳数为i的正构烷烃的质量百分数。

12.3.1 假定同碳数组分中响应因子与在10.2条中所确定的同碳数的正构烷烃的响应因子相同。

12.3.2 对于在校准混合物中未测定到的正构烷烃的相对校正因子可以用内插法计算。

12.4 C_{44}以上烃类

C_{44}以上烃类的质量百分数(C_{45+})按式(6)计算：

$$C_{45+} = 100\% - \sum C_i \quad \cdots\cdots (6)$$

式中：C_{45+}——C_{44}以上烃类的质量百分数的和；

$\sum C_i$——C_{44}及以下烃类的质量百分数的和。

13 报告

13.1 报告蜡样中每个碳数的正构烷烃和非正构烷烃的质量百分数，精确到0.01%(m/m)，同时以C_{45+}报告C_{44}以上烃类的质量百分数总和。

14 精密度

14.1 重复性

由同一操作者，使用同一台仪器，在规定的条件下，用相同的蜡样在长时间运行中取得两个结果的差值，超过表2中的值二十次仅有一次。

14.2 再现性

由不同操作者，在不同试验室，用相同的蜡样在长时间运行中取得的单独结果之差，超过表2中的值二十次仅有一次。

表 2 重复性和再现性

碳 数	范围,%(m/m)	重复性[1]	再现性[1]
C_{21}	0.11~0.25	0.014	0.039
C_{23}	0.04~2.90	$0.0463X^{0.30}$	$0.1663X^{0.30}$
C_{26}	0.01~8.94	$0.0785X^{0.56}$	$0.4557X^{0.56}$
C_{29}	0.04~8.15	$0.0872X^{0.31}$	$0.3984X^{0.62}$
C_{32}	0.44~5.05	$0.1038X^{0.50}$	$0.6472X^{0.50}$
C_{35}	2.52~5.62	$0.1737X$	$0.4540X$
C_{38}	0.44~3.61	$0.1131(X+0.1069)$	$0.5476(X+0.1069)$
C_{41}	0.06~2.96	$0.1600X$	$0.5460X$
C_{44}	0.02~2.26	$0.4990X^{0.60}$	$0.9220X^{0.60}$
总正构烷烃	18.73~79.52	2.64	26.03
1) 这里的 X 指的是组分的质量百分数。			

15 关键词

15.1 气相色谱；正构烷烃；非正构烷烃；石蜡；石油蜡。

附 录 A
（提示的附录）
预 防 措 施

A1 环己烷

易燃，吸入有害。远离热源、火花和明火。使用时适当通风。

A2 空气、氦气

a）使用高压下的压缩气体时必须使用减压阀。

b）防止日晒，远离热源。

c）切勿摔倒气瓶，确保竖立支撑并固定好。

d）注意气瓶标志，确保符合使用要求。

A3 氢气

a）危险！可燃气体，受压时易燃。

b）更换气瓶时，瓶内压力不能低于 980.7kPa。

c）使用时适当通风。

d）其他注意事项同 A2。

前　言

本标准等同采用 ASTM D2170-92《石油沥青运动黏度测定法》，是采用国产仪器，经过与三个实验室符合 ASTM D2170-92 技术要求的进口仪器、对六个样品进行试验验证达到精密度要求后起草的。

本标准的附录 A 是标准的附录，附录 B 是提示的附录。

本标准由石油大学(华东)提出。

本标准由石油大学(华东)技术归口。

本标准由石油大学(华东)重质油研究所负责起草。

本标准主要起草人：张昌祥、张玉贞、张荣德。

中华人民共和国石油化工行业标准

石油沥青运动黏度测定法

SH/T 0654—1998

（2005 年确认）

**Test method for kinematic
viscosity of asphalts（bitumens）**

1 范围

本标准规定了用玻璃毛细管运动黏度计测定 135℃时石油沥青、铺路油和乳化沥青蒸馏残余物的运动黏度的方法。也可用于测定黏度在 6~100000mm²/s 的其他物质。

本标准也可在其他温度下使用，但精密度是以测定 135℃的黏稠沥青的黏度来确定的。

2 引用标准

下列标准包括的条文，能过引用而构成为本标准的一部分。除非在标准中另有明确规定，下述引用标准都应是现行有效标准。

GB 1922　溶剂油

GB/T 4016　石油产品名词术语

3 定义

本标准采用下列定义。

3.1　动力黏度（dynamic viscosity）

表示液体在一定剪切应力下流动时内摩擦力的量度，其值为所加于流动液体的剪切应力和剪切速率之比，在国际单位制（SI）中以 Pa·s 表示。习惯用 mPa·s 表示。

3.2　运动黏度（kinematic viscosity）

表示液体在重力作用下流动时内摩擦力的量度，其值为相同温度下液体的动力黏度与其密度之比，在国际单位制（SI）中以 m²/s 表示。习惯用 mm²/s 表示。

3.3　密度（density）

在规定温度下，单位体积内所含物质的质量数，以 g/cm³ 或 g/mL 表示。

3.4　牛顿液体（Newtonian liquid）

黏度与剪切速率无关的流体。

4　方法概要

在规定的温度条件下，测定一定体积的试样流过毛细管黏度计所需的时间，黏度计常数与时间的乘积即为运动黏度。

5　仪器设备

5.1　测定沥青运动黏度的仪器，其技术性能应与 ASTM D2170—92 等同。

5.1.1　黏度计：详见附录 A。按试样的黏度范围选取合适的黏度计。对黏稠沥青选用 BS/IP/RF U 型管逆流黏度计较常用，见图 A4。

中国石油化工总公司 1998-03-13 批准

1998-10-01 实施

5.1.2 温度计：采用校正过的分度值为 0.02℃ 的精密温度计，有关温度计的校正见附录 B。

5.1.3 油浴：油浴应能使黏度计的毛细管顶部浸没在油浴液面以下 20mm，并能清楚地观察到温度计和黏度计。黏度计应有牢固的支撑和固定。油浴应配置适当搅拌，以保证油浴中介质在整个黏度计长度范围内或不同位置黏度计之间的温度差别不大于 0.03℃。

5.1.4 计时器：采用刻度为 0.1s(或更小)、误差在 0.05% 以内、整个计时范围不小于 15min 的秒表或其他计时装置。

6 试剂与材料

6.1 90 号溶剂油：符合 GB 1922。

6.2 丙酮：化学纯。

6.3 石油醚：沸程 60~90℃，化学纯。

6.4 铬酸洗液。

6.5 蒸馏水。

7 准备工作

7.1 小心地将试样加热，并不断地搅拌以保证样品受热均匀，防止局部过热。

7.2 将至少 20mL 样品移入合适的容器内，加热至 135℃±5℃，在加热过程中应缓慢搅拌以防局部过热和产生气泡。

8 试验步骤

8.1 使油浴温度保持在试验温度 135℃±0.03℃ 范围内。

8.2 选择试样流动时间大于 60s、清洁干燥的黏度计，并预热到 135℃±5℃。

8.3 按取试样要求向黏度计内装入已准备好的样品。

8.4 把已装好样品的黏度计放入油浴中，在试验温度下保持 30min±2min。

8.5 按照附录 A 中 A2 的说明开始试验。

8.6 测定弯月面前沿通过两个计时标志所需的时间，精确至 0.1s。如果这个流动时间小于 60s，则需另选一支毛细管直径较小的黏度计，重新试验。

8.7 试验完成后，从油浴中取出黏度计，并倒放在 135℃±5℃ 的烘箱中，使沥青从黏度计中流出。用对试样溶解性好的 90 号溶剂油冲洗几次，然后再用易挥发的石油醚冲洗。向毛细管内通入小流量的干净的干燥空气(时间约 2min)或直到石油醚完全挥发以便使管子干燥。定期地用铬酸洗液清洗黏度计以彻底清除有机沉淀物。用蒸馏水和丙酮冲洗并用干净空气吹干。

9 计算

试样的运动黏度 $\nu_t(mm^2/s)$ 按式(1)计算。

$$运动黏度 \ \nu_t = C \cdot t \quad\cdots\cdots\cdots\cdots\cdots\cdots\cdots (1)$$

式中：C——黏度计常数，$(mm^2/s)/s$；

t——流动时间，s。

10 精密度

10.1 重复性：同一操作者重复测定两个结果之差不应大于 1.8%。

10.2 再现性：不同试验室各自提出的两个结果之差不应大于 8.8%。

11 报告

取重复测定两次结果的算术平均值作为试样的运动黏度，保留三位有效数字，同时报告试验温度。

附 录 A

（标准的附录）
逆流黏度计的操作及其校正

A1 牛顿液体黏度的计算

A1.1 牛顿液体的动力黏度可由它的运动黏度计算得到，运动黏度与液体在试验温度下的密度的乘积即为动力黏度。

A1.2 对于道路石油沥青，135℃的密度可由25/25℃的比重乘以系数0.934g/cm³ 得到；或者15.5/15.5℃的比重乘以系数0.931g/cm³ 得到。这些系数是基于黏稠沥青的平均膨胀系数为0.00061/℃计算得到的。

A1.3 当沥青的比重未知时，用135℃的运动黏度乘以经验密度0.948g/cm³，可以得到135℃的动力黏度。这个经验密度值是基于25/25℃的比重为1.015。大量的试验结果表明这个经验密度计算带来的 误差不超过±3%。

A2 逆流黏度计

A2.1 范围

A2.1.1 适用于测定透明和不透明液体的黏度，包括 Cannon-Fenske, Zeitfuchs, BS/IP/RF 和 Lantz-Zeitfuchs 四种黏度计。测定黏度可达 100000mm²/s。

A2.2 设备

A2.2.1 图 A1 至图 A4 分别给出了 Cannon-Fenske, Zeitfuchs, BS/IP/RF 和 Lantz-Zeitfuchs 四种黏度计的图样及尺寸，表 A1 至表 A4 分别给出了不同黏度计的近似常数、运动黏度范围、毛细管直径和球体积。表中所示的黏度范围是基于流动时间不小于 60s 得到的。

A2.3 操作说明

A2.3.1 标准的试验步骤见第8章，补充操作说明见 A2.3.2 至 A2.3.8。

A2.3.2 选择一支试样流动时间大于60s的清洁干燥的黏度计。

A2.3.3 按试验要求将试样装入黏度计。

A2.3.3.1 向 Cannon-Fenske 黏度计中装样，倒转黏度计并且对管 L 施加吸力，将管 N 浸入在液体试样中。通过管 N 吸取液体，充满球 D 至装样标线 G，擦去管 N 外过量的试样并且倒转黏度计至它的正常位置，用软木塞或橡皮塞把管 L 上口堵住。把黏度计安装在恒温的油浴中，保持管 L 垂直。

A2.3.3.2 把 Zeitfuchs 黏度计安装在恒温油浴中，保持管 N 垂直。通过管 N 倒入样品，小心不要将试样粘在管 N 的壁上，进入通臂 D 直到液面前沿不超过虹吸管 G 的 0.5mm。

A2.3.3.3 把 Lantz-Zeitfuchs 黏度计安装在恒温油浴中保持管 N 垂直。通过管 N 倒入足够的试样至完全充满球 D，使试样缓慢地溢流进入溢流球 K。如果试样是在高于试验温度时倒入的，该黏度计在油浴中再放置 15min 以便达到油浴温度。再加入适量的试样以便缓慢地溢流进入球 K。

A2.3.3.4 把 BS/IP/RF 黏度计安装在恒温油浴中保持管 L 垂直。通过管 N 倒入试样达到装样标线 G 点之上；该试样自由地流过毛细管 R，小心地保持液柱不断，直到下面的弯月面比标线 H 低约 5mm，然后用软木塞或橡皮塞把管 L 的口堵住，以便抑制它的流动。如果需要再加入适量的试样以使上面的弯月面略高于标线 G。待达到试验温度，并且试样中不再有气泡时，轻轻地放开塞子，使试样流到接近标线 H，再次停止流动。插入专用的吸管除去标线以上的多余的试样，然后把软木塞或橡皮塞盖在管 N 的口上。

A2.3.4 使黏度计在恒温油浴中保持30min，以保证试样达到试验温度。

828

A2.3.5 对于 Cannon-Fenske 和 BS/IP/RF 黏度计，分别移去管 L 和管 N 上的塞子，使样品在重力作用下流动。对于 Zeitfuchs 黏度计，对管 M 施加一点吸力使弯月面高过虹吸管直到毛细管 R 中的液面比管 D 的液面低约 30mm；此时，液体在重力作用下便开始流动。对 Lantz-Zeitfuchs 黏度计，对管 M 施加吸力(或将管 K 堵住对管 N 施压)，直到下弯月面到达计时标线 E；此时，液体在重力作用下便开始流动。

A2.3.6 测定弯月面的前沿通过计时标线 E 到计时标线 F 所需的时间，准确至 0.1s。

A2.3.7 按本标准第 9 章所描述的方法计算黏度。

A2.3.8 试验完成后，从油浴中取出黏度计，并倒放在 135℃±5℃ 的烘箱中，使沥青从黏度计中流出。用对试样溶解性好的 90 号溶剂油冲洗几次，然后再用易挥发的石油醚冲洗。向毛细管内通入小流量的干净的干燥空气(时间约 2min)或直到石油醚完全挥发以便使管子干燥。

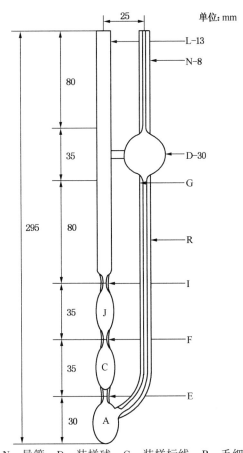

L、N—导管；D—装样球；G—装样标线；R—毛细管；
I、F、E—计时标线；A、C、J—接样球

图 A1　Cannon-Fenske 黏度计

表 A1　黏度计尺寸及运动黏度测量范围

尺寸号	近似常数 (mm²/s)/s	运动黏度范围 mm²/s	R 管内径 mm(±2%)	NGEFI 管内径 mm(±5%)	ACJ 泡体积 mL(±5%)	D 泡体积 mL(±5%)
200	0.1	6～100	1.02	3.2	2.1	11
300	0.25	15～200	1.26	3.4	2.1	11
350	0.5	30～500	1.48	3.4	2.1	11
400	1.2	72～1200	1.88	3.4	2.1	11
450	2.5	150～2500	2.20	3.7	2.1	11
500	8	480～8000	3.10	4.0	2.1	11
600	20	1200～20000	4.00	4.7	2.1	13

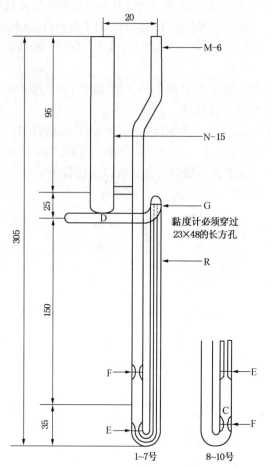

单位：mm

M、N—导管；G—装样标线；R—毛细管；

E、F—计时标线；D—通臂

图 A2　Zeitfuchs 黏度计

表 A2　黏度计尺寸及运动黏度测量范围

尺寸号	近似常数（mm²/s）/s	运动黏度范围 mm²/s	R 管内径 mm(±2%)	R 管长度 mm	底泡体积 mL(±5%)	水平管直径 mL(±5%)
4	0.10	6～100	0.64	210	0.3	3.9
5	0.3	18～300	0.84	210	0.3	3.9
6	1.0	60～1000	1.15	210	0.3	4.3
7	3.0	180～3000	1.42	210	0.3	4.3
8	10.0	600～10000	1.93	165	0.25	4.3
9	30.0	1800～30000	2.52	165	0.25	4.3
10	100.0	6000～100000	3.06	165	0.25	4.3

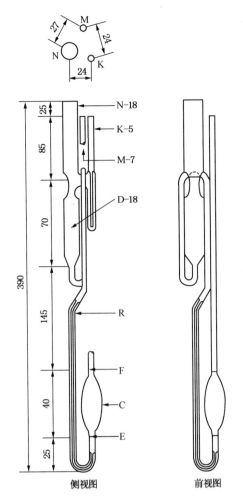

单位：mm

N—导管；K—溢流球；M—导管；R—毛细管；
E、F—计时标线；C—装样球

图 A3　Lantz–Zeitfuchs 黏度计

表 A3　黏度计尺寸及运动黏度测量范围

尺寸号	近似常数 （mm²/s）/s	运动黏度范围 mm²/s	R 管内径 mm(±2%)	R 管长度 mm	C 泡体积 mL(±5%)
5	0.3	18～300	1.65	490	2.7
6	1.0	60～1000	2.25	490	2.7
7	3.0	180～3000	3.00	490	2.7
8	10.0	600～10000	4.10	490	2.7
9	30.0	1800～30000	5.20	490	2.7
10	100.0	6000～100000	5.20	490	0.85

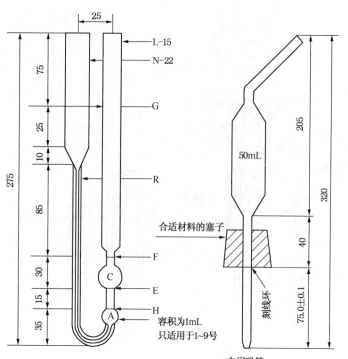

L、N—导管；G—装样标线；R—毛细管；
F、E、H—计时标线；C、A—装样球

图 A4 BS/IP/RF U 型管逆流黏度计

表 A4 黏度计尺寸及运动黏度测量范围

尺寸号	近似常数 （mm²/s）/s	运动黏度范围 mm²/s	R 管内径 mm（±2%）	R 管长度 mm	EFG 处内径 mm	C 泡体积 mL（±5%）
4	0.1	6～100	1.26	185	3.0～3.3	4.0
5	0.3	18～300	1.64	185	3.0～3.3	4.0
6	1.0	60～1000	2.24	185	3.0～3.3	4.0
7	3.0	180～3000	2.93	185	3.3～3.6	4.0
8	10	600～10000	4.00	185	4.4～4.8	4.0
9	30	1800～30000	5.50	185	6.0～6.7	4.0
10	100	6000～100000	7.70	210	7.70	4.0
11	300	18000～300000	10.00	210	10.00	4.0

A3 黏度计的校正

A3.1 范围

本附录叙述了有关校正和检验黏度计的材料和方法步骤。

A3.2 材料

A3.2.1 符合 ASTM D2170 黏度标准的标准油，其运动黏度近似值列于表 A5。每一个标准油应具有一个精确的运动黏度值。

表 A5　黏度油标准

标准油代号	近似运动黏度,mm²/s		
	37.8℃	50℃	99℃
S60	60		
S200	200		
S600	600	280	32
S2000	2000		
S8000	8000		
S30000	27000	11000	

A3.3　校正

A3.3.1　用标准油校正的黏度计:从表 A5 中选择一种标准油,在校正温度下(最好是 37.8℃)流动时间不少于 200s。按在第 8 章中描述的方法测定流动时间,准确至 0.1s,并且按式(A1)计算黏度计常数:

$$C = \nu/t \quad\quad\quad\quad\quad (A1)$$

式中: C——黏度计常数;

　　　ν——标准油的黏度,mm²/s;

　　　t——流动时间,s。

A3.3.2　对 Zeitfuchs、Lantz-Zeitfuchs 和 BS/IP/RF U 型管黏度计,黏度计常数与温度无关。

A3.3.3　Cannon-Fenske 黏度计在装样温度下有一个固定的试样体积。如果试验温度不同于装样温度,黏度计常数按式(A2)计算:

$$黏度计常数\ C_t = C_0 [1 + F(T_t - T_f)] \quad\quad\quad\quad\quad (A2)$$

式中: C_t——试验温度下的黏度计常数;

　　　C_0——当装样温度与试验温度相同时的黏度计常数;

　　　F——温度相关系数(见 A3.3.4);

　　　T_t, T_f——分别表示试验温度和装样温度,℃。

A3.3.4　温度相关系数按式(A3)计算:

$$F = 4\alpha V/\pi d^2 h = [4V(\rho_f - \rho_t)]/[\pi d^2 h \rho_t(T_t - T_f)] \quad\quad\quad\quad\quad (A3)$$

式中: V——装样体积,cm³;

　　　d——装样球中弯月面的直径,cm;

　　　h——试样液面差,cm;

　　　α——试验样品在装样温度和试验温度之间的热膨胀系数;

　　　ρ_t, ρ_f——分别表示在试验温度和装样温度下的密度,g/cm³。

A3.3.5　如果黏度计所使用的地点不同于校准的实验室地点,黏度计常数应该根据重力加速度的差别(不同的 g)加以校正,按式(A4)计算:

$$C_2 = (g_2/g_1) \times C_1 \quad\quad\quad\quad\quad (A4)$$

式中: C_2——当地实验室的校正常数;

　　　C_1——标准实验室的校正常数;

　　　g_2——当地实验室的重力加速度;

　　　g_1——标准实验室所在地的重力加速度。

黏度计的合格证应当标明标准实验室所在地的 g 值。不做重力加速度校正可以导致 0.2% 的误差。

A3.3.6　用标准黏度计校正黏度计

　　　选择任何一个具有流动时间不少于 200s 的石油馏分,再选一支已知常数的标准黏度计。

A3.3.6.1　把标准黏度计与要校正的黏度计一起安装在同一个油浴中,按照第 8 章中描述的方法测定试样在毛细管内的流动时间。

A3.3.6.2 校正黏度计常数按式(A5)计算：

$$C_1 = (t_2 \times C_2)/t_1 \quad \cdots\cdots\cdots\cdots\cdots\cdots\cdots\cdots\cdots\cdots\cdots\cdots\cdots\cdots (A5)$$

式中：C_1——校正黏度计的常数；

　　　t_1——校正黏度计流过的时间，准确至 0.1s；

　　　C_2——标准黏度计的常数；

　　　t_2——标准黏度计流过的时间，准确至 0.1s。

附　录　B
（提示的附录）
运动黏度温度计的校正

B1　冰点测定和运动黏度温度计的校正

B1.1　对于校准过的运动黏度温度计来说，为了达到±0.02℃的准确性，它需要做冰点检查，并根据冰点的变化改变校正值。建议每6个月一次；对新温度计，在前6个月应每月检查一次。

B1.2　冰点测量和温度计校正的详细步骤见 ASTM E77 的第6.5条。在本附录的下列各节中有些内容是专门对运动黏度水银温度计而言的，有可能不适用于其他温度计。

B1.2.1　运动黏度温度计的冰点读数应当是在60min之内进行，冰点读数应该精确至0.01℃。

B1.2.2　选择由蒸馏水或纯水冻成的冰。用蒸馏水冲洗冰或将冰粉碎成小块，避免用手或其他不干净的物体接触。用碎冰和蒸馏水形成冰水混合物装入杜瓦瓶中，但水不可加入太多以免冰漂浮起来。随着冰的溶化，倒出适量水，加入一些碎冰。将温度计插入杜瓦瓶中，插入的深度大约比0℃刻度线低一个刻度。

B1.2.3　3min以后，轻轻地敲打温度计杆，并且观察和读数。在1min间隔内，读数波动范围不超过十分之一刻度。

B1.2.4　记录冰点读数并且与以前的读数做比较。如果发现读数有变化，那么整个其他温度的读数将做相应的修正。

B1.3　运动黏度温度计要垂直保存，以免水银柱断开。

B1.4　建议运动黏度温度计在读数时，采用适当放大的办法，读至一个刻度的1/5。注意要保证温度计顶端的膨胀室位于恒温浴盖的上部。否则就可能产生误差。

编者注：本标准中引用标准的标准号和标准名称变动如下。

原 标 准 号	现 标 准 号	现 标 准 名 称
GB 1922	GB 1922—1980	溶 剂 油

ICS 75. 140

E 42

中华人民共和国石油化工行业标准

NB/SH/T 0655—2015

代替 SH/T 0655—1998

凡士林稠环芳烃试验法

Standard test method for
polycyclic aromatic hydrocarbons of vaseline

2015-10-27 发布

2016-03-01 实施

国家能源局 发布

前　言

本标准按照 GB/T 1.1—2009 给出的规则起草。

本标准代替 SH/T 0655—1998《凡士林稠环芳烃试验法》。本标准与 SH/T 0655—1998 的主要差异如下：

——修改了"方法概要"章（见 3，1998 版的 3）；

——修改了"规范性引用文件"章（见 2，1998 版的 2）；

——增加了"正己烷预先用二甲基亚砜处理两次，每次用 1/5 正己烷体积的二甲基亚砜试剂"（见7.1）。

——将波长测定范围由"265 nm~420 nm"修改为"260 nm~420 nm"（见 7.2，1998 版的 7.4）。

——将二甲基亚砜试剂的检验由测定透过率修改为测定吸光度（见 4.1，1998 版的 4.1）。

本标准使用重新起草法修改采用英国药典 BP-2012 版中《白凡士林》和《黄凡士林》（英文版）产品中稠环芳烃试验法。

考虑到我国国情，本标准在采用英国药典 BP-2012 时进行了修改，本标准与英国药典 BP-2012 版中《白凡士林》和《黄凡士林》产品中稠环芳烃试验法的主要差异如下：

——为适应我国国情和标准版式，增加了"范围"、"规范性引用文件"、"方法概要"、"试剂与材料"、"仪器"等章。

——本标准对操作步骤进行了细化。

本标准由中国石油化工集团公司提出。

本标准由全国石油产品和润滑剂标准委员会石油蜡类产品分技术委员会（SAC/TC280/SC3）归口。

本标准起草单位：中国石油化工股份有限公司抚顺石油化工研究院。

本标准起草人：亢格平、蔡秀党。

本标准历次版本发布情况为：

——SH/T 0655—1998。

凡士林稠环芳烃试验法

警告：本标准可能涉及某些有危险的材料、设备和操作，但并无意对与此有关的所有安全问题都提出建议。因此，在使用本标准之前，用户有责任建立适当的安全和防护措施，并确立相关规章的适用性。

1 范围

本标准规定了凡士林稠环芳烃的试验方法。
本标准适用于白凡士林、黄凡士林产品。

2 规范性引用文件

下列文件对于本文件的应用是必不可少的。凡是注日期的引用文件，仅所注日期的版本适用于本文件。凡是不注日期的引用文件，其最新版本（包括所有的修改单）适用于本文件。

GB/T 6682 分析实验室用水规格和试验方法

3 方法概要

将 1.0 g 样品溶于 50 mL 预先用二甲基亚砜处理过的正己烷中，经过两次 20 mL 二甲基亚砜萃取后，萃取液用 20 mL 正己烷反萃取，再用二甲基亚砜稀释至 50 mL 作为试液；用经二甲基亚砜处理的正己烷作参比，在 260 nm～420 nm 波长范围内测定试液的吸光度，最大吸光度与萘标准参比液在 278 nm 处的吸光度相比较来判断试样稠环芳烃试验是否通过。

4 试剂与材料

4.1 二甲基亚砜：（警告：易燃，吸入有害。）光谱纯，清澈，水白色，含量99.9%，熔点18.5 ℃，采用1 cm吸收池，以水作参比的吸光度曲线在 264 nm 处不超过 1.0，且在 420 nm 以下波长范围内无外来杂质峰。

4.2 正己烷：（警告：极易燃，吸入有害。）分析纯，沸程67 ℃～69 ℃，用水作参比，在 260 nm～420 nm 内最小透过率为97%。正己烷使用前须预先用二甲基亚砜处理，每次用正己烷1/5 体积的二甲基亚砜振荡两次，静置，分离出正己烷待用。

4.3 萘：（警告：易燃，蒸气有害。）分析纯，白色晶体，熔点为81℃。

4.4 水：符合 GB/T 6682 中三级水要求。

5 仪器与设备

5.1 分光光度计：波长范围为 250 nm～450 nm，波长精度为±1 nm，吸光度精度为±0.01，配光程 1 cm、4 cm 的石英吸收池。

5.2 天平：精度 0.1 mg。

5.3 梨形分液漏斗：100 mL、125 mL，磨口塞和旋塞不涂任何润滑脂。

5.4 容量瓶：50 mL。

5.5 量筒：10 mL、20 mL。

6 准备工作

6.1 白凡士林萘标准参比液的配制：配制 6.0 mg/L 萘的二甲基亚砜溶液。

6.2 黄凡士林萘标准参比液的配制：配制 9.0 mg/L 萘的二甲基亚砜溶液。

6.3 白、黄凡士林萘标准参比液吸光度的测定：以二甲基亚砜为参比，用 4 cm 吸收池，测定该溶液在 278 nm 处的最大吸光度。

> 注：白、黄凡士林萘标准参比液有效期 6 个月，当样品试液在 260 nm~420 nm 处的最大吸光度值与白、黄凡士林萘标准参比液在 278 nm 处的最大吸光度值接近，难以判断试样的稠环芳烃试验是否"通过"时，白、黄凡士林萘标准参比液须重新配制。

7 试验步骤

7.1 称取 1.0 g 样品溶于 50 mL 正己烷中，将该溶液转移至 125 mL 分液漏斗中，加入 20 mL 二甲基亚砜剧烈摇动 1 min，静置至清晰分层，下层溶液（甲）移至另一 125 mL 分液漏斗中。

7.2 向被萃取后的正己烷溶液中加入 20 mL 二甲基亚砜，剧烈摇动 1 min，静置至清晰分层，将下层的二甲基亚砜溶液（乙）放入溶液（甲）中。

7.3 将 20 mL 正己烷加入甲、乙混合溶液中，剧烈摇动 1 min，静置至清晰分层，下层液用二甲基亚砜稀释至 50 mL，作为试液。

7.4 取 10 mL 二甲基亚砜与 25 mL 正己烷混合，剧烈摇动 1min，静置至清晰分层，取清晰下层液作参比，用 4 cm 吸收池测定试液在 260 nm~420 nm 波长范围内的最大吸光度。

8 报告

若 260 nm~420 nm 波长内白、黄凡士林试液的最大吸光度不大于相应的萘标准参比液在 278 nm 处的吸光度，则报告试样的稠环芳烃试验"通过"；否则报告"未通过"。

前　　言

本标准等效采用美国材料与试验协会标准 ASTM D5291-96《石油产品及润滑剂中碳、氢、氮测定法(元素分析仪法)》。

本标准与 ASTM D5291-96 的主要差异：

1. ASTM D5291-96 中规定氮含量的测定浓度范围为小于 0.1%(m/m)~2%(m/m)，本标准将其改为 0.1%(m/m)~2%(m/m)。

2. 本标准将 ASTM D5291—96 中引用标准改为相应的我国现行标准。

本标准由中国石化大连石油化工公司提出。

本标准由中国石油化工总公司石油化工科学研究院归口。

本标准起草单位：中国石化大连石油化工公司。

本标准主要起草人：邓广勇、胡晓明。

中华人民共和国石油化工行业标准

SH/T 0656—1998

（2004 年确认）

石油产品及润滑剂中碳、氢、氮
测定法(元素分析仪法)

Standard test methods for instrumental determination of
carbon, hydrogen, and nitrogen in petroleum products and lubricants

1 范围

1.1 本标准规定了用元素分析仪测定石油产品及润滑剂中总碳、总氢及总氮含量的分析方法。

1.2 本标准适用于原油、燃料油、添加剂及渣油等样品中碳、氢、氮的分析。本标准测定浓度的范围：碳含量为 75%(m/m)～87%(m/m)、氢含量为 9%(m/m)～16%(m/m)、氮含量为 0.1%(m/m)～2%(m/m)[1]。

1.3 本标准不适用于氮含量小于 0.75%(m/m)的轻质材料，例如：汽油、喷气燃料、石脑油、柴油或化学溶剂。

1.4 本标准不适用于挥发性材料，如：汽油、具有含氧化合物的调合汽油或汽油类型的航空涡轮燃料。

1.5 本标准的测定结果以碳、氢、氮的质量百分含量[%(m/m)]表示。

1.6 本标准涉及某些有危险性的材料、操作和设备，但是无意对与此有关的所有安全问题都提出建议。因此，用户在使用本标准之前应建立适当的安全和防护措施并确定有适用性的管理制度。

2 引用标准

下列标准包括的条文，通过引用而构成为本标准的一部分，除非在标准中另有明确规定，下述引用标准都是现行有效标准。

GB/T 4756 石油液体手工取样法

SH/T 0229 固体和半固体石油产品取样法

3 方法概要

3.1 在本标准的试验方法中，碳、氢、氮是在一次仪器过程中同时测定的。在某些系统中，过程包括了简单的试样称量、将试样放入仪器的进样口以及初始化(自动程序控制)分析过程。在某些系统中，在一定程度上是用手动控制分析过程的。

3.2 不同的仪器实际的分析过程可能不同，但基本的过程如下：

3.2.1 被测物(全部试样)分别转化为二氧化碳、水蒸气及氮气。

3.2.2 然后，在某一合适的气流中定量测定这些气体。

采用说明：

1] ASTM D5291-96 中规定氮含量的测定浓度范围为小于 0.1%(m/m)～2%(m/m)，本标准将其改为 0.1%(m/m)～2%(m/m)。

中国石油化工总公司 1998-06-23 批准　　　　　　　　　　　　　　　　　1998-12-01 实施

3.3 在纯氧存在下，将试样在高温下燃烧，被测物转化成相应的气体。

3.3.1 由有机碳及元素碳的氧化得到二氧化碳。

3.3.2 由有机卤化物(及有机氢)得到卤化氢。

3.3.3 由(余下的)有机氢的氧化及实验室的潮气得到水蒸气。

3.3.4 由有机氮的氧化得到氮气及氮的氧化物。

3.3.5 由有机硫的氧化得到硫的氧化物。在某些系统中，由硫的氧化物及水蒸气的结合也可能得到亚硫酸及硫酸。

3.4 三种可行的被测气体产物的分离及定量测定方法如下：

3.4.1 试验方法 A——在辅助燃烧区域，用氧化钙将燃烧产物气流中硫的氧化物去除。剩余的气体由氦气携带通过高温铜去除多余的氧气，将氮的氧化物(NO_x)还原为氮气。通过氢氧化钠去除二氧化碳，通过高氯酸镁去除水蒸气。余下的氮气通过热导池检测器测量。碳和氢的测量是在检测氮的同时分别地选择红外检测器测量二氧化碳和水蒸气的含量。

3.4.2 试验方法 B——将含有二氧化碳、水蒸气和氮气的燃烧产物气流(按 3.4.1 所述，已去除硫的氧化物及多余的氧气等)引入混合室中。在精确的体积、温度及压力下使其充分混匀。混匀后，降低混合室压力，使气体通过一个加热的色谱柱，在色谱柱中气体按照选择保留时间被分离。氮气、二氧化碳和水蒸气的分离是采用分段稳定状态法产生的。

3.4.3 试验方法 C——将各组分气体经充分氧化后的燃烧产物气流通过高温铜去除多余的氧气，并将氮的氧化物还原为氮气。然后，气体通过一个高温色谱柱，按氮气、二氧化碳及水蒸气顺序将气体分离开。洗提出的各组分气体用热导池检测器测量。

3.5 三种试验方法的碳、氢、氮浓度由下面这些因素计算：

3.5.1 测出的仪器响应值。

3.5.2 (通过仪器校正建立)各种元素每单位质量的响应值。

3.5.3 试样的质量。

3.6 三种试验方法所使用的仪器应该有自动计算的功能。

4 意义和用途

4.1 碳、氢，特别是氮的分析在确定本标准所能测定的各种样品的综合性质方面是非常有用的。在石油化学工业中碳、氢、氮结果可以用来对工艺、加工深度及产率进行估计。

4.2 添加剂中氮含量的测定，可以用来评定添加剂的性能。一些石油产品也含有天然氮。样品中的氢含量对评定其性能特性是有帮助的，碳氢比可以用来对工艺性能的提高进行评估。

5 仪器与材料

5.1 仪器

5.1.1 因为多种仪器组成及配置都可以满足这些试验方法的要求，因此，本标准并不对整个系统的设计作出规定。

5.1.2 仪器的功能必须满足下列要求：

5.1.2.1 试样的燃烧条件必须是(在所有合适的样品范围内)能使全部的被测组分完全转化成二氧化碳、水蒸气(除非氢是与易挥发的卤素及硫的氧化物结合)及氮气或者氮的氧化物。通常，影响完全燃烧的仪器条件包括氧化剂的效能、温度及时间。

5.1.2.2 必须对典型的燃烧气体进行处理。

5.1.2.2.1 以氢的卤化物及硫的含氧酸方式存在的氢必须释放为水蒸气。

5.1.2.2.2 以氮的氧化物方式存在的氮必须还原为氮气。

5.1.2.3 得到的水蒸气及氮气必须是试样中存在的组分。

5.1.2.4 对组分(在检测之前)附加的处理取决于仪器采用的检测方案。

　　注：由仪器组成提供的这些附加的处理必须能满足5.1.2.2的要求。

5.1.2.5 检测系统(在它的整个量程内)必须能分别地测定被分析气体而且没有干扰。另外，每一次试样的分析过程对其他试样的分析过程必须不产生干扰。

5.1.2.5.1 检测器必须对合适的样品在整个可能的浓度范围内提供表示浓度的线性响应。

5.1.2.5.2 为了准确地校正被测组分的浓度，系统必须包括适合评定非线性响应的设备。

5.1.2.6 这些设备可以是仪器的整体部分，也可以由辅助部分提供。

5.1.2.7 这些系统都要能直接输出浓度数据，因此，仪器必须包括适当的检测器响应值读出装置。

5.1.3 分析天平：感量为0.00001g。

5.1.4 注射器或小管：用于将试样移取到密封壳中。

5.2 材料

5.2.1 锡密封壳：大小两种规格。

5.2.2 陶瓷坩埚。

5.2.3 铜密封壳。

5.2.4 锡塞。

5.2.5 锡舟。

5.2.6 铜插套。

5.2.7 铝密封壳。

5.2.8 燃烧管。

5.2.9 吸收管。

5.2.10 镍密封壳。

5.2.11 还原管。

5.2.12 载气及燃烧气体。

5.2.12.1 氧气：高纯氧，纯度不低于99.998%。

5.2.12.2 氦气：高纯氦，纯度不低于99.995%。

5.2.12.3 如有需要，可用压缩空气、氮气或氩气驱动气动阀。

5.2.12.4 二氧化碳。

6 试剂

6.1 试剂纯度

　　所有试验中使用的化学药品都应为色谱级。如使用其他级别的化学试剂必须保证测定的准确度。

6.2 校正标样

　　表1中列出了按照3.4.1~3.4.3操作对仪器进行校正最常用的纯有机化合物，也可以使用其他合适的纯化合物。

6.3 其他试剂(按照仪器说明书中规定)

　　应用的所有试剂应满足5.1.2.2及5.1.2.3的要求。仪器说明书规定的一些重要试剂如下：

6.3.1 试验方法A

6.3.1.1 涂氢氧化钠的二氧化硅。

6.3.1.2 石英丝。

6.3.1.3 高氯酸镁。

6.3.1.4 铜粒。

6.3.1.5 涂敷的氧化钙(燃烧剂)。

6.3.1.6 氮催化剂。

6.3.1.7 用于液体试样的氧化镁。

6.3.2 试验方法 B

6.3.2.1 EA1000 试剂。

6.3.2.2 涂敷钨酸银的氧化镁。

6.3.2.3 钒酸银。

6.3.2.4 石英丝。

6.3.2.5 银网。

6.3.2.6 氧化铜。

6.3.2.7 氧化钨。

6.3.2.8 氧化钴。

6.3.2.9 铜粒。

6.3.2.10 涂氢氧化钠的二氧化硅。

6.3.2.11 氧化铝。

6.3.2.12 高氯酸镁。

6.3.2.13 铂网。

6.3.3 试验方法 C

6.3.3.1 石英丝。

6.3.3.2 氧化铬(氧化催化剂)。

6.3.3.3 涂氧化钴的银。

6.3.3.4 还原铜(还原催化剂)。

6.3.3.5 高氯酸镁。

6.3.3.6 分子筛：3A(1.6mm)。

6.3.3.7 涂氢氧化钠的二氧化硅。

6.3.3.8 红色硅藻土色谱固定相(Chromosorb)：用于液体样品的吸附剂。

6.3.3.9 铜粒。

7 样品的准备

7.1 实验室样品

按照 GB/T 4756 或 SH/T 0229 规定取有代表性样品。

7.2 试样

按如下方法从实验室样品中取一部分作试样。

7.2.1 准备工作

将黏稠样品加热至可流动状态并摇动 5s。

7.2.2 移取工作

按照第 9 章所述，用干净的注射器或小管将试样移取到密封壳中。

8 仪器的准备

8.1 严格按照仪器说明书的规定准备仪器系统。

8.2 按照仪器说明书规定的标准过程，用乙酰苯胺或表 1 中合适的标样校正系统。

表1 用于碳、氢、氮仪器分析的标样

化 合 物	分子式	碳,%（m/m)	氢,%（m/m)	氮,%（m/m)
乙酰苯胺	C_8H_9NO	71.09	6.71	10.36
阿托品	$C_{17}H_{23}NO_3$	70.56	8.01	4.84
苯甲酸	$C_7H_6O_2$	68.84	4.95	—
环己酮-2,4-二硝基二苯基腙	$C_{12}H_{14}N_2O_4S_2$	51.79	5.07	20.14
胱胺酸	$C_6H_{12}N_2O_4S_2$	29.99	5.03	11.66
联苯	$C_{12}H_{10}$	93.46	6.54	—
EDTA	$C_{10}H_{16}N_2O_8$	41.10	5.52	9.59
咪唑	$C_3H_4N_2$	52.92	5.92	41.15
烟碱酸	$C_6H_5NO_2$	58.53	4.09	11.38
硬脂酸	$C_{18}H_{36}O_2$	75.99	12.76	—
丁二酰胺	$C_4H_8N_2O_2$	41.37	6.94	24.13
蔗糖	$C_{12}H_{22}O_{11}$	42.10	4.48	—
对氨基苯磺酰胺	$C_6H_8N_2O_2S$	41.84	4.68	16.27
三乙醇胺	$C_6H_{15}NO_3$	48.30	10.13	9.39

8.3 管和柱的准备

使用前，依次用肥皂、水及丙酮将所有的石英及玻璃部件清洗干净。将管子插入高温炉之前必须用丙酮等去脂溶剂将部件上干指纹去掉。拿放管子时，一定要戴天平手套，以防在管子上留下指纹。

注：所有的燃烧管及吸收管在进行50次～300次样品分析运行后应被置换。确切的更换周期应根据仪器说明书来确定。

8.3.1 试验方法A

8.3.1.1 燃烧管——在管子底部入口端装入5cm石英丝，在石英丝上面放置一个陶瓷坩埚。再在管子出口端装入3.1cm石英丝，在石英丝上面填装6.3cm燃烧剂，燃烧剂上面再装11.9cm石英丝。

8.3.1.2 还原管——在管底部插入一个铜插套，在铜插套上面填装8.8cm"氮"催化剂，在"氮"催化剂上面加13.8cm铜粒。

8.3.2 试验方法B

8.3.2.1 燃烧管——将EA1000试剂及涂敷钨酸银的氧化镁在900℃预热10～30min。将一片银网卷起，其大小要适合插入燃烧管中。卷好的银网用去污剂和水清洗干净，然后进行干燥或者快速将其放在火焰上方烧烤几次，直至烟雾消失。从管的出口端滑入2.5cm的石英丝直至接触管凹槽，加5cm EA1000试剂，上面加一薄层石英丝，加5cm涂敷钨酸银的氧化镁，加一薄层石英丝，加2.5cm钒酸银，再加一薄层石英丝，将卷起的银网滑入燃烧管，此时管中还有约1.2cm的空间。将1.2cm的石英丝从燃烧管的入口端插入，再将瓶状插头从出口端插入燃烧管中。

8.3.2.2 还原管——在管的较宽的入口端装入一薄层石英丝，然后插入处理过的卷起的银网。此管的填装是从出口端进行的，首先装入铜粒，装入时要轻轻地敲打，装至铜柱为23.8cm，然后，装入一薄层石英丝，加1.2cm氧化铜，再装一薄层石英丝。最后，在还原管的出口端插入铜插套。

8.3.3 试验方法C

8.3.3.1 燃烧反应器——在管的底部填装2mm石英丝，填装50mm涂氧化钴的银。装10mm石英丝，加120mm氧化铬，再装10mm石英丝。将燃烧管轻轻地放入燃烧炉中，并用"O"形接头固定住。

8.3.3.2 还原反应器——在管的底部填装5mm石英丝，填装还原铜，装10mm石英丝。将还原管轻轻地放入还原炉中，并用"O"形接头固定住。

8.3.3.3 脱水管——在管的底部装10mm石英丝，填装3A(1.6mm)分子筛或高氯酸镁，装10mm石英丝。将管子固定在脱水管支架上。

8.3.3.4 脱二氧化碳管——在管的底部填装 10mm 石英丝，再填装 50mm 高氯酸镁。加 130mm 涂氢氧化钠的二氧化硅，再加 50mm 高氯酸镁，并填装 10mm 石英丝。将此管固定在脱二氧化碳管支架上。

9 试验步骤

9.1 试验方法 A

9.1.1 取大约 50~200mg 均匀试样于密封壳中(称至 1mg)。用镊子将密封壳压扁至密封。

9.1.1.1 在锡密封壳中称量固体试样。

9.1.1.2 在铜密封壳中称量液体试样，并加入氧化镁吸附试样，用锡塞将铜密封壳密封。这些预防措施会使轻质样品缓慢燃烧以防止产生回火或样品燃烧不完全。

9.1.2 典型的仪器操作条件如下：

9.1.2.1 温度

燃烧炉：950℃(主燃烧区)

燃烧炉：950℃(辅助燃烧区)

催化剂加热器：750℃

柱箱：53℃

9.1.2.2 氧气及载气氦气的压力应分别设置为 275.8kPa。

9.1.2.3 典型的气体流速设置如下：

氦气：400cm³/min(正常流速)

70cm³/min(保护流速)

氧气：7dm³/min

空气：6dm³/min

9.1.3 启动分析程序，运行二至四个空白密封壳，接着运行五个标样，空白结果应在±10%以内，标样结果必须在理论值的±1%以内。

9.1.4 将所有的结果储存起来，并调用最佳值用于校正。将这些结果及已知校准剂浓度输入微处理器得出一条单点校正曲线。

9.1.5 再次分析标样，以核对新的校正曲线，标样的结果应重复或者差值小于1%。

9.1.6 用类似于标样的方法燃烧已密封试样。根据试样的结果，设置氧气量及燃烧时间，以克服不完全燃烧。

9.2 试验方法 B

9.2.1 取大约 2~4mg 均匀试样于密封壳中(称至 0.02mg)。用镊子在密封壳的中心处将其压扁并折叠，然后用镊子将其压平并再次将其折叠。

9.2.2 典型的仪器操作条件如下：

燃烧温度：975℃

还原温度：640℃

检测器加热箱温度：80~84℃

氦气：137.9kPa

氧气：110.3kPa

空气、氮气或氩气：413.7kPa

9.2.3 在系统中运行二至四个空白，间隔一个空白运行一个试样。根据试样的结果，设置氧气量及燃烧时间。重复这一操作，直至获得满意结果。

9.2.4 运行一个标样得出响应因子(K)，计算方法如下：检测器对标样的计数除以标样中氮、碳或氢的质量。

9.2.5 如得出的响应因子在说明书中规定的范围内,则可运行试样。

9.3 试验方法C

9.3.1 取约5mg均匀的试样于锡密封壳中(称至0.02mg)。用镊子将密封壳压扁至密封。

9.3.1.1 称取液体试样后,在锡密封壳中加约30mg红色硅藻土色谱固定相(Chromosorb)。

9.3.2 典型的仪器操作条件如下:

燃烧温度:1020℃

还原温度:650℃

检测器加热箱温度:60~100℃

检测器热丝温度:190℃

分析周期:420s

自动进样器进样:启动20s

自动进样器返回:停止70s

加氧气时间:70s

积分窗口延迟:2s

9.3.3 典型的气体流速设置如下:

	线 压	流 速
氧气	100kPa	20cm³/min
氮气	200kPa	检测器参比臂——40cm³/min
		检测器测量臂——80cm³/min
		吹扫试样——60cm³/min
空气	500kPa	3.5kg/cm²

9.3.4 启动分析程序,先运行一个未称量试样,以确定保留时间,接着运行一至二个空白密封壳,然后运行二至三个标样以计算响应因子(K),或者运行三至六个标样以获得线性回归曲线。然后,再运行试样。

9.3.5 在试样的分析过程中,随机插入标样,以核对及更新校正曲线。标样分析的次数取决于试样类型及分析条件是否改变。一般来说,每十个试样做一个标样。

10 计算

10.1 试样中碳、氢及氮含量 A[%(m/m)],按式(1)计算:

$$A = \frac{B \times E \times F}{C \times D} \quad\text{……………………………………} (1)$$

式中：B——扣出空白后检测器对试样中碳、氢或氮的响应值;

C——扣出空白后检测器对标样中碳、氢或氮的响应值;

D——试样质量,g;

E——标样质量,g;

F——标样中碳、氢或氮含量,%(m/m)。

10.2 应用本标准给出的试验方法仪器系统会自动给出校正曲线。

11 报告

碳、氢及氮的结果以质量百分含量[%(m/m)]报告。

12 精密度

12.1 重复性与再现性

本标准用于测定碳、氢或氮的三种试验方法的重复性与再现性是由二十六个试验室和十四个石油基样品经精密度统计试验得到的。下面给出的重复性与再现性是可接受的。这是基于这三个方法的共同的精密度，在这三个方法中无相对偏差。

	范 围 %(m/m)	重复性 %(m/m)	再现性 %(m/m)
碳	75~87	$0.0072(x+48.48)$	$0.018(x+48.48)$
氢	9~16	$0.1162(x^{0.5})$	$0.2314(x^{0.5})$
氮	0.75~2.5	0.1670	0.4456

其中：x——平均值。

12.2 偏差

因为没有可接受的石油基标准物质适用于确定这些石油产品和润滑剂中碳、氢、氮测定方法的操作偏差，所以，偏差不能确定。

ICS 75.080
E 30

中华人民共和国石油化工行业标准

SH/T 0657—2007
代替 SH/T 0657—1998

液态石油烃中痕量氮的测定
氧化燃烧和化学发光法

Standard test method for trace nitrogen in liquid petroleum
hydrocarbons by syringe/inlet oxidative combustion and
chemiluminescence detection

2007- 08- 01 发布　　　　　　　　　2008- 01- 01 实施

中华人民共和国国家发展和改革委员会　　发 布

前　言

本标准修改采用美国试验与材料协会标准 ASTM D4629-02《液态石油烃中痕量氮测定法（氧化燃烧和化学发光法）》。

本标准根据 ASTM D4629-02 重新起草。

为了适合我国的国情，本标准在采用 ASTM D4629-02 时进行了少量修改。本标准与 ASTM D4629-02 的主要差异如下：

——本标准的部分引用标准采用了我国相应的国家标准或行业标准；

——在试剂与材料中，根据我国实际情况，增加了 8-羟基喹啉作为氮标准物；

——删除了第 13 章质量保证/和有关质量控制的资料性附录 X1。

为了使用方便，本标准还作了如下编辑性修改：

——重复性和再现性的表述修改为我国的习惯表述形式。

本标准代替 SH/T 0657—1998《液态石油烃中痕量氮测定法（氧化燃烧和化学发光法）》，SH/T 0657—1998 是等效采用 ASTM D4629-96 制定的。

本标准对 SH/T 0657—1998 的主要修订内容如下：

——删除了"燃烧管图"、"典型的仪器方框图"；

——删除了 SH/T 0657—1998 中 10.2 条，本标准对进样体积和含量之间没做严格的规定；

——修改了计算公式；

——对精密度作了修改 。

本标准由中国石油化工集团公司提出。

本标准由中国石油化工股份有限公司石油化工科学研究院归口。

本标准起草单位：中国石油天然气股份有限公司大连润滑油研究开发中心、中国石化股份有限公司润滑油上海分公司。

本标准主要起草人：崔光淑、于兵、陆美玉。

本标准所代替标准的历次版本发布情况为：

——SH/T 0657—1998。

液态石油烃中痕量氮的测定 氧化燃烧和化学发光法

1 范围

1.1 本标准规定了液态石油烃中总氮含量的测定方法。本标准适用于测定沸点范围为 50℃～400℃，室温下黏度范围约 $0.2mm^2/s～10mm^2/s$，总氮含量为 $0.3mg/kg～100mg/kg$ 的石脑油、石油馏分和其他油品。

1.2 对于液态石油烃中总氮含量大于 100mg/kg 的样品，SH/T 0704 方法更为适用。由实验室之间的协作试验研究表明，对于超出方法规定范围的样品，通过选择适当的溶剂将样品的氮含量和黏度范围稀释至方法规定的范围后，本方法也可适用。然而，操作人员应核查试样在溶剂中的溶解度，并确认用注射器直接将稀释试样注入炉中时，不会因试样或溶剂在针管内的热解而造成测量结果偏低。

1.3 本标准采用国际单位制［SI］单位。

1.4 本标准涉及某些有危险性的材料、操作和设备，但是无意对与此有关的所有安全问题都提出建议。因此，用户在使用本标准之前应建立适当的安全和防护措施并且确定有适用性的管理制度。

2 规范性引用文件

下列文件中的条款通过本标准的引用而成为本标准的条款。凡是注日期的引用文件，其随后所有的修改单（不包括勘误的内容）或修订版均不适用于本标准，然而，鼓励根据本标准达成协议的各方研究是否可使用这些文件的最新版本。凡是不注日期的引用文件，其最新版本适用于本标准。

GB/T 1884 原油和液体石油产品密度实验室测定法（密度计法）（GB/T 1884—2000，eqv ISO 3675：1998）

GB/T 4756 石油液体手工取样法（GB/T 4756—1998，eqv ISO 3170：1988）

SH/T 0604 原油和石油产品密度测定法（U 形振动管法）（SH/T 0604—2000，eqv ISO 12185：1996）

SH/T 0704 石油及石油产品中氮含量测定法（舟进样化学发光法）

3 方法概要

将液态石油烃试样通过注射器或是舟进样系统导入到惰性气流（氦气或氩气）中，试样蒸发，被携带到通氧的高温区时，有机氮转化成一氧化氮，一氧化氮与臭氧接触后转化成激发态的二氧化氮，激发态的二氧化氮回到基态时的发射光被光电倍增管检测，测量产生的电信号以得到试样中的氮含量大小。

4 意义和用途

原料中即使存在痕量的氮也可能使石油加工过程中的催化剂中毒。本方法可用于测定中间原料中非游离氮，也可用于控制最终产品中氮化物的含量。

5 仪器

5.1 燃烧炉：电子控温，保持在某一温度下使试样能充分的汽化和裂解，并将其中的有机氮氧化成一氧化氮。炉温应由制造商推荐（一般为 1000℃ 左右）。

5.2 燃烧管：根据仪器制造商的规格要求制成。

5.3 干燥管：在进入检测器之前，必须除掉反应物中的水蒸气。可采用高氯酸镁过滤器或者膜干燥管（渗透干燥管）。化学发光检测器：测定一氧化氮和臭氧反应发射的光。

5.4 化学发光检测器：测定一氧化氮和臭氧反应发射的光。

5.5 计算部件：有可变的衰减，能测量、放大和积分化学发光检测器给出的电流。由内置的微处理机或相连接的电脑系统来完成。

5.6 微量注射器：容量为5μL、10μL、25μL、50μL或250μL。能够准确的量取微升级的样品。针头必须足够长，保证进样时能够伸到燃烧炉进样段最热的部分。注射器可以是仪器所带自动进样器和注射装置的一部分。

5.7 记录仪（可选）。

5.8 进样系统：选择下述一种注射器。

5.8.1 手动操作注射器。

5.8.2 注射器：有恒速注射系统，能够精确的控制进样速度。

5.8.3 舟进样系统（可选）：便于那些可能与注射器或者注射针头发生反应的试样分析。所用的燃烧管应允许舟完全进入炉中入口区。舟进样系统在燃烧炉外应冷却至室温以下，以帮助其释放从炉中带出的热量，同时也可减少试样在引入炉中之前燃烧的可能性，当采用舟进样系统测定挥发性样品如石脑油时，需冷却舟进样系统。

5.9 石英填充管（可选）：装入氧化铜或者其他由仪器制造商推荐的氧化催化剂，以促进氧化。置于高温燃烧管的出口端。

5.10 抽真空系统（可选）：化学发光监测器可以安装抽真空系统，使反应池的压力减小（通常是2666Pa~3333Pa）这样可以提高检测器的信噪比。

5.11 分析天平（可选）：感量为0.01mg。

6 试剂与材料

6.1 试剂的纯度：试验中所用的试剂均为分析纯，如果确定试剂的纯度不会影响测试精度，也可用其他级别的试剂。

6.2 高氯酸镁：干燥燃烧产物（如果没用渗透干燥管）。

　　注意：强氧化剂，具有刺激性。

6.3 惰性气体：氩气或氦气，纯度不低于99.9%。

6.4 氧气：高纯，不低于99.9%。

　　注意：剧烈加速燃烧。

6.5 溶剂：甲苯、异辛烷、二甲苯、丙酮和十六烷（或与待测样品中组分相似的其他溶剂）。溶剂含氮量应小于0.1μg/mL。

6.6 氮标准溶液储备液，浓度为1000μg/mL：准确称量1.195g咔唑（或0.565g吡啶、或1.036g 8-羟基喹啉），放入容量为100mL的容量瓶中。采用咔唑时，加入15mL的丙酮以帮助溶解。并用溶剂稀释至刻线，这个储备液可以稀释到所需的氮浓度。

　　注1：选用吡啶、8-羟基喹啉配备标样时，应选用低沸点溶剂（沸点低于220℃）。

　　注2：选用咔唑配备标样时，应选用高沸点溶剂（沸点高于220℃）。

　　注3：氮标准溶液应该因使用的次数和时间而定期配制。通常的标准溶液的使用寿命是3个月。不用时应冷藏保存。

6.7 氧化铜丝：由仪器制造商推荐。

6.8 石英毛。

6.9 吡啶。

　　注意：易燃，有刺激性。

6.10 咔唑。

6.11 8-羟基喹啉。

7 危险

本试验是在高温下进行的。易燃物品接近高温燃烧炉的时候要小心。

8 取样

可按 GB/T 4756 采样。取易挥发性样品时瓶口敞开的时间应尽量短。取样后尽快分析，避免氮化物损失或样品受到污染。

9 仪器准备

9.1 按照仪器使用说明装配仪器。

9.2 按照仪器制造商的指导调整气流和燃烧温度。

10 校正和标准化

10.1 用氮标准溶液储备液配备一系列的氮标准溶液，这些氮标准溶液要与被分析试样氮的类型和范围相似。除溶剂空白外应至少测两个标准溶液，绘制标准曲线。

10.2 用下述规定的方法确定进样的体积或者质量。

10.2.1 体积进样法：将试样充满注射器的 80%，回拉注射器，使最低液面落在 10% 刻度，记录注射器中液体体积。进样后，再回拉注射器，使最低液面落在 10% 刻度，记录注射器中液体体积，两次体积读数的差即为注射试样量。

10.2.2 采用自动进样注射器可以提高注射样品体积的重复性。

10.2.3 质量进样法：在进样前后分别称量注射器的质量，以确定进样的质量。如果用感量为 0.01mg 的精密天平，比体积进样的精度更高。

10.3 将注射器针头完全插入进样垫，以 0.2μL/s~1.0μL/s 的速度注入试样或氮标准溶液。进样速度与样品黏度、碳氢化合物的种类和氮含量有关，进样时速度必须连续、均匀。自动注射器可保证重复的进样速度，如果没用自动进样注射器装置，用 10.2.1 或者 10.2.3 确定进样量。

注1：用恒速进样装置或自动进样注射器，可得到恒定的进样速度和最好的分析结果。进样速度过快可能会导致燃烧管口成焦，可向制造商咨询。

注2：直接注射氮含量低于 5mg/kg 的试样时，注射针头空白相当重要，将注射器的针头插入热的入口部，并让针头空白在注射前先行消散，可避免测定误差。

10.4 如果采用舟进样系统，用 10.2.1、10.2.2、10.2.3 中描述的方法，把试样注射到石英舟中，石英舟被推到燃烧管内。参照使用说明，选择石英舟移动的速率和石英舟在燃烧管最热部分的停留时间。

10.5 根据仪器情况用以下描述的方法之一确定标准曲线。

10.5.1 对于用微处理机或者是电脑系统采集数据并绘制标准曲线的系统，标准曲线应该通过每个标准样品最少三次重复结果的线性回归产生。

10.5.2 对于没有微处理器或者是电脑系统的检测器，需制定标准曲线。将每个标准试样和空白溶剂重复测定三次，得到每个标准试样的净响应信号，用注射的氮含量对测定信号（积分值）做标准曲线。

10.5.3 标准曲线应该是直线，相关系数不能小于 0.999，截距不一定是 0。设备使用之前，每天应检查在用仪器的标准曲线。

11 试验步骤

11.1 按第 8 章中所述方法获得试样。试样中氮的含量应该小于标准试样中最大的氮含量值，根

据仪器的需要注射 $3\mu L \sim 100\mu L$ 的试样。注射试样的体积要与注射标准样的体积相近。

11.2 用待测试样反复的冲洗注射器几次。然后用 10.2 条~10.4 条所述的方法进样。总氮含量在 $1mg/kg \sim 100mg/kg$ 之间的试样，进样量一般为 $10\mu L$；总氮含量低于 $1mg/kg$ 的试样，进样量可以提高到 $100\mu L$。根据试样类型和氮含量及仪器制造商的建议决定进样量。

11.3 每一个试样应测量三次，取平均值作为试验结果。

12 计算

12.1 对于按体积进样（10.2.1 或 10.2.2）的试样，用 GB/T 1884、SH/T 0604 或其他测试密度的方法来计算密度值。

12.2 按式（1）或式（2）计算试样中氮含量 N，单位为 mg/kg：

$$N = (I - I_0) \times K/(S \times V \times D) \quad\cdots\cdots\cdots\cdots\cdots\cdots\cdots\cdots\cdots\quad (1)$$

或

$$N = (I - I_0) \times K/(S \times M) \quad\cdots\cdots\cdots\cdots\cdots\cdots\cdots\cdots\cdots\quad (2)$$

式中：

I——检测器平均响应信号，积分值；

I_0——校正曲线的截距，积分值；

K——稀释倍数；

S——标准曲线的斜率，积分值/ng N；

V——试样体积，μL；

D——试样的密度，g/cm^3；

M——样品质量，mg。

12.3 对于配有标定校正功能的分析仪器，按式（3）或式（4）计算试样中氮含量 N，单位为 mg/kg：

$$N = (I - B) \times K/(V \times D) \quad\cdots\cdots\cdots\cdots\cdots\cdots\cdots\cdots\cdots\quad (3)$$

或

$$N = (I - B) \times K/M \quad\cdots\cdots\cdots\cdots\cdots\cdots\cdots\cdots\cdots\quad (4)$$

式中：

I——试样的显示值，ng N；

B——空白的平均显示值，ng N；

K——稀释倍数；

V——试样体积，μL；

D——试样的密度，g/cm^3；

M——样品质量，mg。

13 精密度和偏差

13.1 精密度

按下述规定判断试验结果的可靠性（95%置信水平）。

13.1.1 重复性（r）

同一个操作者，使用同一台仪器，对同一试样进行试验所得的两个连续试验结果之差，不应超过式（5）或表1中的值：

$$r = 0.1825X^{0.5149} \quad\cdots\cdots\cdots\cdots\cdots\cdots\cdots\cdots\cdots\quad (5)$$

式中：

X——重复测定结果的算术平均值。

13.1.2 再现性（R）

在不同的实验室，由不同的操作者对同一样的试样进行的两次独立的试验结果之差，不应超过式（6）或表1中的值：

$$R = 0.8094X^{0.5149} \quad \cdots\cdots\cdots\cdots\cdots\cdots\cdots\cdots\cdots\cdots\cdots\cdots\cdots\cdots\cdots \quad (6)$$

式中：

X——两个测定结果的算术平均值。

表1 重复性和再现性的典型值

氮含量，mg/kg	重复性 r	再现性 R
100	2.0	8.7
75	1.7	7.5
50	1.4	6.1
25	1.0	4.2
10	0.6	2.6
1	0.18	0.81
0.3	0.10	0.44

13.2 偏差

因为没有已知痕量级氮的液态石油烃标准物，所以本方法没有确定偏差。

编者注：本标准中引用标准的标准号和标准名称变动如下。

原标准号	现标准号	现 标 准 名 称
SH/T 0704	NB/SH/T 0704	石油和石油产品中氮含量的测定 舟进样化学发光法

前　言

本标准等效采用美国材料与试验协会标准 ASTM D3701-92《喷气燃料氢含量测定（低分辨率核磁共振波谱法）》。

本标准与 ASTM D3701-92 的主要差异：

ASTM D3701-92 规定其他石油液体的氢含量用 ASTM D4808《轻馏分、中馏分、瓦斯油和渣油中氢含量的试验方法（低分辨核磁共振波谱法）》来测定。目前，因我国尚未制定与 ASTM D4808 相应的同类标准，故本标准在范围和引用标准中均未编入与此有关的内容。

本标准由中国石化金陵石油化工公司提出。

本标准由中国石油化工总公司石油化工科学研究院归口。

本标准起草单位：中国石化金陵石油化工公司炼油厂。

本标准主要起草人：刘庆霞。

中华人民共和国石油化工行业标准

SH/T 0658—1998

喷气燃料氢含量测定法
（低分辨核磁共振法）

（2004年确认）

Standard test method for hydrogen
content of jet fuels by low resolution
nuclear magnetic resonance spectrometry

1 范围[1]

1.1 本标准规定了用低分辨核磁共振法测定试样氢含量的方法。

1.2 本标准适用于喷气燃料。

1.3 本标准涉及某些有危险性的材料、操作和设备，但是无意对与此有关的所有安全问题都提出建议。因此，用户在使用本标准之前应建立适当的安全和防护措施并确定有适用性的管理制度。一些特殊的预防说明见第6章。

2 引用标准[1]

下列标准包括的条文，通过引用而构成本标准的组成部分。除非在标准中另有明确规定，下述引用标准都应是现行有效标准。

GB/T 4756　石油液体手工取样法

3 方法概要

以分析纯正十二烷作为标样，用低分辨核磁共振仪测定该标样和试样产生核磁共振的信号积分值，该值表示标样和试样中氢原子的绝对量。根据标样质量及其理论氢含量和试样的质量，可求得试样的氢含量(质量百分数)。

4 意义和应用

喷气燃料的燃烧质量，一般可用烟点、萘系烃、辉光值及芳烃含量等指标来控制。通过控制燃料的氢含量就更可以控制燃料质量。目前测定燃料氢含量的方法有几种，如：通过参数计算或燃烧法测定得到喷气燃料的氢含量。但比较起来还是本标准精密、快速、简便。

5 仪器

5.1 低分辨核磁共振仪：一种低分辨率的连续波动仪，能测定试样中氢原子产生的核磁共振信号。该仪器包括：

5.1.1 激磁线圈和检波线圈：其尺寸能容纳玻璃试管。

5.1.2 电子器件：控制和监控磁体和线圈用，并装有调节射频和声频增益的线路和积分计数器。

采用说明：

1] ASTM D3701—92规定其他石油液体的氢含量是用ASTM D4808来测定的。本标准未引入与此有关的内容。

注：与本标准性能相当的仪器也可采用。

5.2　调整块(铝块浴)：见图1。其上有孔穴，用于装玻璃试管的铝合金块。玻璃试管内所装试样的高度应在调整块顶部以下至少20mm。

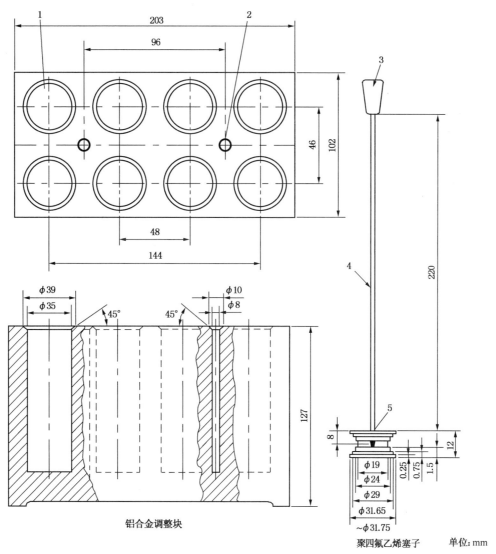

铝合金调整块

聚四氟乙烯塞子　　单位：mm

1—8个105mm深的洞；2—2个105mm深的洞；3—塑料球型柄；
4—约ϕ6金属插入杆；5—螺纹

图1　喷气燃料氢含量测定仪

5.3　玻璃试管：平底，容量约100mL，外径为33.7mm±0.5mm，内径为31.0mm±0.5mm。离管底51mm处有一环形刻线。

5.4　聚四氟乙烯塞子：用于密封玻璃试管。

5.5　插入杆：见图1。末端具有螺纹的金属杆，供安装和取出聚四氟乙烯塞子用。

5.6　天平：感量为0.01g。

5.7　移液管：25mL。

6　试剂

正十二烷：分析纯。作标样用。

注意：易燃。

7 取样

按 GB/T 4756 进行取样,得到一份均匀的样品。

8 仪器准备

8.1 测试前,详细阅读仪器使用说明书,并注意防止阳光直射或风直吹仪器,以免在测定过程中仪器和调整块温度的迅速波动。在整个测定过程中磁性材料不应靠近仪器,以消除由于磁性环境的变化而引起的误差。

8.2 按以下条件调整仪器:

在带可变选通的新核磁共振仪上,选通应设定在 1.5GS(高斯),以便与不可变选通仪器相符。

射频级   20μA

声频增益   500(刻度盘上)

积分时间   128s

8.3 接通仪器电源,预热仪器 1h 以上。

8.4 将装有试样的玻璃试管,放在激磁线圈中,并调节调谐旋钮,直至示波器上的两个共振波重合为止。在测定时可能需要重新调节此给定值。

8.5 从激磁线圈中取出玻璃试管,并观察信号,此时是否为零±3 数字。在进行系列试验时,应作定期检查,以确保激磁线圈没有被污染。

9 标样和试样的准备

9.1 取一支清洁、干燥的玻璃试管和聚四氟乙烯塞子,将其一起称重,称精确至 0.01g,记录质量。用移液管小心地向玻璃试管中加入 30mL±1mL 的标样,要防止液体溅到环形刻线以上。

9.2 用插入杆垂直地将聚四氟乙烯塞子缓慢地拧进玻璃试管,直到刚好达到液体表面以上。在塞子插入时稍稍地扭转,有助于空气从玻璃试管中逸出,并可确保塞子的底部沿整个四周翘起,这样可防止试样因迅速蒸发而引起结果的变化。

> 注:插入塞子时,可在试管内壁插入一根直径小于 0.2mm 的金属丝,直到离环形刻线约 38mm 处。待塞子推进后,将金属丝拔出。

9.3 此塞子的底边应在玻璃试管的 51mm 环形刻线处或稍低于该处,小心地拔出插入杆,不要损伤塞子。

9.4 将玻璃试管、标样和塞子一起称重,称精确至 0.01g,记录质量,并得出标样的质量。

9.5 将装有标样的玻璃试管放在调整块中。

9.6 测定试样时,重复进行 9.1~9.5 的步骤,仅将标样换成试样。

10 试验步骤

10.1 试验前,将装有标样和试样的玻璃试管放在调整块中至少 30min,以保证其温度均匀一致,即室温。

10.2 将装有标样的玻璃试管小心地放到激磁线圈内。当玻璃试管全部进入激磁线圈时,玻璃试管的顶端略高于仪器的盖板。

10.3 检查示波器上的峰是否重合。如果不重合,就调节调谐旋钮使其重合。

10.4 当标样在激磁线圈内放置 3s 以后,按压复位开关。

> 注:放置时间可延长,以使氢核在磁场中完全极化。

10.5 在 128s 计数时间后,数字显示会在其终值上停止,记录积分器的读数,并再按压复位开关和记录第二个读数,计算测得的标样积分平均值。

10.6　将装有标样的试管再次称重，记录总质量(与 9.4 称得的质量变化大于 0.01g 时，应弄清原因并加以纠正)。

10.7　将标样重新置入调整块中。

10.8　对待测的试样重复进行 10.2~10.5 的步骤。得到类似的两个积分读数，并计算测得的试样积分平均值。

> 注：由于标样和试样之间的温度变化以及蒸发损失而引起质量的变化，均会影响测定的准确度。因此，要测定一系列结果时试样和标样要成对地进行测定、称重和计算。不进行测定时，必须将装有标样和试样的玻璃试管放入调整块中。

11　计算

试样的氢含量 $x[\%(m/m)]$ 按式(1)计算：

$$x = \frac{S_T}{S_R} \times \frac{W_R}{W_T} \times 15.39 \quad\cdots\cdots\cdots\cdots\cdots\cdots\cdots\cdots\cdots\cdots\cdots\cdots\cdots\cdots\cdots\cdots\cdots \quad (1)$$

式中：S_T——测得的试样积分平均值；

S_R——测得的标样积分平均值；

W_T——试样的质量，g；

W_R——标样的质量，g；

15.39——正十二烷标样的氢含量，$\%(m/m)$。

12　报告

试样的氢含量结果取至 $0.01\%(m/m)$。

13　精密度和偏差

按下述规定判断测定结果的可靠性(95%置信水平)。

13.1　重复性：同一操作者，用同一仪器，对同一样品，在不变的操作条件下，测得的两个结果之差不应超过 $0.09\%(m/m)$。

13.2　再现性：不同操作者在不同实验室按相同条件对同一样品测得的两个结果之差不超过 0.11% (m/m)。

13.3　偏差：根据美国材料与试验协会 ASTM 1977 年研究报告指出，对纯的已知物的预计值来说，用本标准测定的氢含量要偏高些。

前　言

　　本标准等效采用美国材料与试验协会标准 ASTM D2786—91(1996)《瓦斯油中饱和烃馏分的烃类测定法(质谱法)》。

　　本标准与 ASTM D2786-91(1996)的主要差异：

　　1. ASTM D2786-91(1996)第 4 章中提到瓦斯油中饱和烃馏分是用 ASTM D2549-91(1995)《高沸点馏分非芳烃和芳烃部分分离法(色层分离法)》分离得到的。而本标准是采用附录 A 的方法分离试样的，其分离收率能达到 ASTM D2549-91(1995)的要求。

　　2. ASTM D2786-91(1996)在 8.2 的注 2 中提到，此标准方法是在 CEC21-103 型质谱仪上建立的，而我们建立本标准时使用的仪器为 Varian MAT311、Finnigan MAT90 型与 CEC21-103 型不是同一型号，但其正十六烷比值能达到其要求。

　　3. ASTM D2786-91(1996)中没有本标准中 9.2 的内容。因考虑到实际操作，我们加上了这一内容。

　　本标准的附录 A 是标准的附录。

　　本标准由中国石油化工总公司石油化工科学研究院归口。

　　本标准起草单位：中国石油化工总公司石油化工科学研究院。

　　本标准主要起草人：高　红。

中华人民共和国石油化工行业标准

瓦斯油中饱和烃馏分的烃类测定法
（质　谱　法）

SH/T 0659—1998

（2004年确认）

Standard test method for hydrocarbon types analysis of gas-oil
saturates fractions by high ionizing voltage mass spectrometry

1　范围

1.1　本标准规定了用高电压质谱法测定试样烃类的方法。

1.2　本标准适用于馏程范围为205～540℃的瓦斯油中饱和烃馏分（平均碳数为 C_{16}～C_{32}），并确定其中的链烷烃、一环环烷、二环环烷、三环环烷、四环环烷、五环环烷、六环环烷、单环芳烃等烃类的含量。

1.3　本标准不适用于含有烯烃以及单环芳烃含量超过5%（V/V）的试样。

1.4　本标准测得的烃类组成数据以体积百分数表示。

1.5　本标准涉及某些有危险的材料、操作和设备，但是无意对此有关的所有安全问题提出建议。因此，用户在使用本标准之前应建立适当的安全和防护措施并确定有适用性的管理制度。

2　引用标准

下列标准包括的条文，通过引用而构成为本标准的一部分，除非在标准中另有明确规定，下述引用标准都应是现行有效标准。

GB/T 6041　化工产品用质谱分析方法通则

3　符号

各类烃的特征离子峰组强度加和：

$\sum 71 = 71+85+99+113$　　　　　　　　　　　　　　　　（链烷烃）

$\sum 69 = 69+83+97+111+125+139$　　　　　　　　　　（一环环烷）

$\sum 109 = 109+123+137+151+165+179+193$　　　　　（二环环烷）

$\sum 149 = 149+163+177+191+205+219+233+247$　　　（三环环烷）

$\sum 189 = 189+203+217+231+245+259+273+287+301$　（四环环烷）

$\sum 229 = 229+243+257+271+285+299+313+327+341+355$　（五环环烷）

$\sum 269 = 269+283+297+311+325+339+353+367+381+395+409$　（六环环烷）

$\sum 91 = 91+105+117+119+129+131+133+143+145+147+157+159+171$　（单环芳烃）

4　方法概要

按照附录A把试样中分离出来的饱和烃馏分进行质谱测定[1]。根据每种分子类型具有最大的特征

采用说明：

1]　ASTM D2786-91(1996)规定按 ASTM D2549—91(1995)分离得到瓦斯油中饱和烃馏分，本标准是用附录A分离得到的。

质量碎片峰的加和是用来确定饱和烃部分中链烷烃、一环环烷、二环环烷、三环环烷、四环环烷、五环环烷、六环环烷及单环芳烃的相对丰度。计算方法是选择不同平均碳数的逆阵系数(它是由离子强度校正后的灵敏度推导而得)进行的。饱和烃馏分是色层分离法所得。

5 意义和用途

5.1 了解馏程范围为 205~540℃ 的石油馏分和过程物流的烃类组成数据,对于改变工艺参数、诊断操作失常原因以及评价组成变化对产品特性的影响是非常有益的。

5.2 本标准与有关标准方法相结合应用,则可掌握原料中烃类组成的详细分析数据。

6 仪器

6.1 质谱仪:符合 GB/T 6041 的要求[1]。

6.2 进样系统:该进样系统需保证试样不受损失、不被污染及试样的组成不被改变。该系统为一专门的进样装置,它可在 125~350℃ 范围内升温并保持恒温。

6.3 微量注射器:10μL。

7 试剂

正十六烷:分析纯。

注意:易燃,蒸气有害。

8 校准

8.1 表 1 中列出的逆阵系数,可按下述方法直接校验后采用。

8.2 仪器条件:调节离子源的推斥极使正十六烷的分子离子峰 $m/e226$ 最大。可从 $m/e65~410$ 做磁场扫描。电离电压为 70eV,电离电流 10~70μA。

8.3 校正标准:逆阵校正系数是通过调节离子源参数,使正十六烷的 $\sum 69/\sum 71$ 的比值为 0.20/1.0 的条件下获得的。研究表明,本标准可接受的 $\sum 69/\sum 71$ 的比值范围在 0.18~0.22。

9 试验步骤

9.1 如果质谱仪是刚启动,则需按仪器说明书进行校准,以保证使用时仪器的稳定性。如果质谱仪连续运转时,在分析试样之前,勿需再做校准。

9.2 用微量注射器抽取试样 0.4~1.0μL,关闭进样系统抽空阀,将试样注射到进样系统的试样储罐内,待总离子流稳定后,开始扫描。

9.3 仪器从 $m/e65~410$ 进行磁场扫描,以获得试样的质谱谱图。以连续记录两张质谱图,分别计算,取其平均值作为一次测定结果。

10 计算

10.1 从记录的质谱数据中读出如第 3 章中所列出的有关质谱峰峰强,并对各峰前面相邻的两个峰进行重同位素校正。

10.2 对第 3 章中所列出离子峰组强度进行加和。

10.3 从表 1 中选择合适的逆阵系数。

注:对试样来源及其物理性质的了解,有助于选择合适的逆阵系数做参考。

采用说明:

1] 本标准使用的质谱仪型号:Finnigan MAT90;本标准未采用 ASTM D2786—91(1996)中 8.2 条注 2 的内容。

10.3.1 用 C_nH_{2n+2} 系列谱峰中扣除重同位素贡献后的最大谱峰的碳数做为平均碳数。

10.3.2 试样中比值 γ_a 值按式（1）计算：

$$\gamma_a = (a_1b)/[(a_1b)+(cd)] \cdots\cdots\cdots\cdots\cdots\cdots\cdots\cdots\cdots\cdots\cdots\cdots\cdots\cdots\cdots (1)$$

式中：a_1——正构烷烃的相对灵敏度因子，从表2中查出；

b——扣除重同位素贡献后的平均 C_nH_{2n+2} 谱峰（相当于正构烷烃分子量）；

c——异构烷烃的相对灵敏度因子，从表2中查出；

d——比所选的最大 C_nH_{2n+2} 峰少两个碳数 C_nH_{2n+1} 谱峰的峰强（即最大正构烷烃峰减去 29 的谱峰的强度）。

如果 γ_a 值为 0.50 或大于 0.50，则采用相应的正构烷烃的逆阵系数。反之，则用异构烷烃的逆阵系数。必要时，可用内插法对表2中数据计算。

注：在质谱操作条件下，如把正十六烷的 $m/e127/226$ 比值大致调节为 1.4 时，则上述的灵敏度因子也有效。如不能达到此比值，则需在实验室另行求得与实际相符合的灵敏度因子。

10.4 当选择出合适的逆阵系数后，链烷烃离子峰强度 a_2 按式（2）计算：

$$a_2 = (b_1C_1) \pm (b_2C_2) \pm (b_3C_3) \pm \cdots\cdots \pm (b_8C_8) \cdots\cdots\cdots\cdots\cdots\cdots\cdots\cdots (2)$$

式中：b_1——$\sum71$ 峰强；

b_2——$\sum69$ 峰强；

b_3——$\sum109$ 峰强；

b_4——$\sum149$ 峰强；

b_5——$\sum189$ 峰强；

b_6——$\sum229$ 峰强；

b_7——$\sum269$ 峰强；

b_8——$\sum91$ 峰强；

C_1——$\sum71$ 逆阵系数；

C_2——$\sum69$ 逆阵系数；

C_3——$\sum109$ 逆阵系数；

C_4——$\sum149$ 逆阵系数；

C_5——$\sum189$ 逆阵系数；

C_6——$\sum229$ 逆阵系数；

C_7——$\sum269$ 逆阵系数；

C_8——$\sum91$ 逆阵系数。

重复上述相应的计算，则可获得链烷烃、一环环烷、二环环烷、三环环烷、四环环烷、五环环烷、六环环烷、单环芳烃的数据。

10.5 将各类烃的离子峰强度以 100.0 归一后，即可得到各烃类的体积百分含量。

11 精密度和偏差

按下述规定判断试验结果的可靠性（95%置信水平）：

11.1 重复性：同一操作者重复测定两个结果之差不应大于表3中规定的数值。

11.2 再现性：不同实验室各自测定两个结果之差不应大于表3中规定的数值。

注：如果被分析试样组成与表3中所采用的试样有明显不同，则不可采用此精密度。

11.3 偏差：所测数据是根据经验方法确定的，因而不可能提出偏差。

表1 逆阵系数

	$\sum 71$	$\sum 69$	$\sum 109$	$\sum 149$	$\sum 189$	$\sum 229$	$\sum 269$	$\sum 91$
				C_{16}				
正构烷烃								
链烷烃	0.5344	−0.0292	−0.0066	0.0215	0.0299	—	—	−0.0151
一环环烷	−0.0610	0.3403	−0.2146	−0.1162	−0.0362	—	—	−0.0112
二环环烷	−0.0039	0.0170	0.8491	−0.6968	−0.3420	—	—	−0.0048
三环环烷	0.0000	−0.0004	+0.0115	1.7220	−1.3545	—	—	0.0152
四环环烷	0.0001	0.0004	0.0039	−0.0138	3.2594	—	—	−0.0485
单环芳烃	−0.0007	−0.0029	−0.0237	−0.1566	−0.3494	—	—	0.3521
异构烷烃								
链烷烃	0.6543	−0.0358	−0.0081	0.0264	0.0366	—	—	−0.0185
一环环烷	−0.0866	0.3416	−0.2143	−0.1171	−0.0377	—	—	−0.0101
二环环烷	−0.0053	0.0172	0.8492	−0.6968	−0.3420	—	—	−0.0046
三环环烷	0.0001	−0.0004	0.0115	1.7220	−1.3545	—	—	0.0152
四环环烷	0.0000	0.0004	0.0039	−0.0138	3.2594	—	—	−0.0485
单环芳烃	0.0001	−0.0029	−0.0237	−0.1565	−0.3493	—	—	0.3521
				C_{17}				
正构烷烃								
链烷烃	0.5243	−0.0311	−0.0075	0.0227	0.0322	—	—	−0.0163
一环环烷	−0.0660	0.3403	−0.2130	−0.1164	−0.0385	—	—	−0.0121
二环环烷	−0.0038	0.0154	0.8375	−0.6826	−0.3318	—	—	−0.0052
三环环烷	0.0000	−0.0004	0.0095	1.6824	−1.3111	—	—	0.0166
四环环烷	0.0001	0.0004	0.0039	−0.0147	3.1247	—	—	−0.0527
单环芳烃	−0.0007	−0.0027	−0.0220	−0.1514	−0.3331	—	—	0.3612
异构烷烃								
链烷烃	0.6435	−0.0382	−0.0092	0.0279	0.0395	—	—	0.0200
一环环烷	−0.0942	0.3418	−0.2125	−0.1176	−0.0403	—	—	−0.0112
二环环烷	−0.0054	0.0155	0.8375	−0.6826	−0.3319	—	—	−0.0052
三环环烷	0.0000	−0.0002	0.0090	1.6825	−1.3111	—	—	0.0166
四环环烷	0.0000	0.0004	0.0040	−0.0147	3.1247	—	—	−0.0527
单环芳烃	0.0000	−0.0027	−0.0220	−0.1514	−0.3331	—	—	0.3612
				C_{18}				
正构烷烃								
链烷烃	0.5175	−0.0338	−0.0085	0.0234	0.0344	—	—	−0.0178
一环环烷	−0.0720	0.3404	−0.2091	−0.1183	−0.0404	—	—	−0.0136
二环环烷	−0.0039	0.0138	0.8183	−0.6626	−0.3213	—	—	−0.0057
三环环烷	0.0000	−0.0003	0.0062	1.6426	−1.2784	—	—	0.0179
四环环烷	0.0001	0.0004	0.0040	−0.0158	3.0158	—	—	−0.0567
单环芳烃	−0.0007	−0.0025	−0.0206	−0.1445	−0.3010	—	—	0.3677

表1(续)

	Σ71	Σ69	Σ109	Σ149	Σ189	Σ229	Σ269	Σ91
				C₁₈				
异构烷烃								
链烷烃	0.6335	−0.0414	−0.0103	0.0286	0.0422	—	—	−0.0215
一环环烷	−0.1016	0.3424	−0.2086	−0.1197	−0.0424	—	—	−0.0126
二环环烷	−0.0054	0.0140	0.8184	−0.6626	−0.3214	—	—	−0.0056
三环环烷	0.0000	−0.0003	0.0062	1.6426	−1.2784	—	—	0.0179
四环环烷	0.0000	0.0004	0.0040	−0.0158	3.0158	—	—	−0.0566
单环芳烃	−0.0002	−0.0025	−0.0206	−0.1445	−0.3200	—	—	0.3677
				C₁₉				
正构烷烃								
链烷烃	0.5109	−0.0363	−0.0094	0.0202	0.0404	—	—	−0.0190
一环环烷	−0.0773	0.3396	−0.2080	−0.1161	−0.0413	—	—	0.0154
二环环烷	−0.0038	0.0118	0.8076	−0.6491	−0.3184	—	—	−0.0061
三环环烷	0.0000	−0.0003	0.0032	1.6068	−1.2432	—	—	0.0193
四环环烷	0.0001	0.0004	0.0041	−0.0179	2.9192	—	—	−0.0614
单环芳烃	−0.0008	−0.0023	−0.0192	−0.1369	−0.2980	—	—	0.3764
异构烷烃								
链烷烃	0.6239	−0.0443	−0.0115	0.0246	0.0494	—	—	−0.0232
一环环烷	−0.1079	0.3418	−0.2073	−0.1173	−0.0438	—	—	−0.0142
二环环烷	−0.0053	0.0120	0.8077	−0.6493	−0.3184	—	—	−0.0061
三环环烷	0.0000	−0.0002	0.0030	1.6068	−1.2432	—	—	0.0193
四环环烷	0.0001	0.0004	0.0041	−0.0179	2.9192	—	—	−0.0614
单环芳烃	−0.0004	−0.0023	−0.0192	−0.1369	−0.2980	—	—	0.3764
				C₂₀				
正构烷烃								
链烷烃	0.5099	−0.0397	0.0105	0.0183	0.0458	0.0412	—	−0.0223
一环环烷	−0.0835	0.3403	−0.2066	−0.1137	−0.0418	0.0375	—	−0.0190
二环环烷	−0.0036	0.0097	0.7972	−0.6412	−0.3106	−0.1542	—	0.0000
三环环烷	0.0000	−0.0003	−0.0014	1.5634	−1.2179	−0.5944	—	0.0468
四环环烷	0.0000	0.0000	0.0012	−0.0409	2.7690	−1.4656	—	−0.0029
五环环烷	0.0004	0.0010	0.0085	0.0630	0.0996	4.2055	—	−0.1831
单环芳烃	−0.0008	−0.0022	−0.0188	−0.1382	−0.2910	−0.4521	—	0.4049
异构烷烃								
链烷烃	0.6188	−0.0481	−0.0127	0.0222	0.0555	0.0499	—	−0.0270
一环环烷	−0.1151	0.3427	−0.2059	−0.1149	−0.0446	0.0350	—	−0.0176
二环环烷	−0.0051	0.0098	0.7972	−0.6412	−0.3107	−0.1544	—	0.0001
三环环烷	0.0001	−0.0003	−0.0014	1.5634	−1.2179	−0.5944	—	0.0468
四环环烷	0.0000	0.0000	0.0012	−0.0409	2.7690	−1.4656	—	−0.0029
五环环烷	0.0003	0.0010	0.0085	0.0630	0.0996	4.2054	—	−0.1831
单环芳烃	−0.0007	−0.0022	−0.0188	−0.1382	−0.2910	−0.4521	—	0.4049

表1(续)

	$\Sigma 71$	$\Sigma 69$	$\Sigma 109$	$\Sigma 149$	$\Sigma 189$	$\Sigma 229$	$\Sigma 269$	$\Sigma 91$
				C_{21}				
正构烷烃								
链烷烃	0.5077	−0.0431	−0.0119	0.0195	0.0454	0.0441	—	−0.0242
一环环烷	−0.0888	0.3393	−0.2025	−0.1147	−0.0429	0.0334	—	−0.0212
二环环烷	−0.0033	0.0074	0.7808	−0.6176	−0.3082	−0.1470	—	−0.0003
三环环烷	−0.0001	−0.0002	−0.0037	1.5192	−1.1698	−0.5596	—	0.0483
四环环烷	0.0000	0.0000	0.0014	−0.0416	2.6715	−1.4243	—	−0.0056
五环环烷	0.0004	0.0009	0.0078	0.0592	0.0898	3.9781	—	−0.1851
单环芳烃	−0.0009	−0.0020	−0.0173	−0.1308	−0.2717	−0.4172	—	−0.4123
异构烷烃								
链烷烃	0.6140	−0.0522	−0.0144	0.0235	0.0550	0.0533	—	−0.0292
一环环烷	−0.1216	0.3421	−0.2016	−0.1158	−0.0458	0.0305	—	−0.0196
二环环烷	−0.0048	0.0076	0.7811	−0.6176	−0.3082	−0.1472	—	−0.0001
三环环烷	−0.0001	−0.0002	−0.0037	1.5192	−1.1698	−0.5596	—	0.0483
四环环烷	0.0000	0.0000	0.0014	−0.0416	2.6715	−1.4232	—	−0.0056
五环环烷	0.0005	0.0009	0.0078	0.0592	0.0893	3.9781	—	−0.1851
单环芳烃	−0.0010	−0.0020	−0.0173	−0.1308	−0.2717	−0.4172	—	0.4123
				C_{22}				
正构烷烃								
链烷烃	0.5084	−0.0474	−0.0133	0.0210	0.0435	0.0484	—	−0.0263
一环环烷	−0.0946	0.3397	−0.1995	−0.1145	−0.0440	0.0307	—	−0.0240
二环环烷	−0.0030	0.0050	0.7661	−0.6016	−0.3016	−0.1444	—	−0.0005
三环环烷	−0.0002	0.0000	−0.0072	1.4778	−1.1214	−0.5559	—	0.0517
四环环烷	0.0000	0.0000	0.0018	−0.0411	2.5629	−1.3179	—	−0.0117
五环环烷	0.0004	0.0008	0.0072	0.0564	0.0829	3.7619	—	−0.1890
单环芳烃	−0.0010	−0.0018	−0.0161	−0.1252	−0.2574	−0.3897	—	0.4237
异构烷烃								
链烷烃	0.6096	0.0568	−0.0160	0.0252	0.0521	0.0580	—	−0.0316
一环环烷	−0.1267	0.3427	−0.1986	−0.1158	−0.0468	0.0277	—	−0.0223
二环环烷	−0.0044	0.0053	0.7662	−0.6016	−0.3018	−0.1445	—	−0.0004
三环环烷	−0.0003	0.0000	−0.0072	1.4778	−1.1213	−0.5559	—	0.0517
四环环烷	0.0001	0.0000	0.0018	−0.0411	2.5629	−1.3179	—	−0.0177
五环环烷	0.0007	0.0008	0.0072	0.0564	0.0829	3.7619	—	−0.1890
单环芳烃	−0.0015	−0.0018	−0.0161	−0.1253	−0.2574	−0.3897	—	0.4238
				C_{23}				
正构烷烃								
链烷烃	0.5093	−0.0518	−0.0153	0.0226	0.0407	0.0521	—	−0.0285
一环环烷	−0.1003	0.3404	−0.1976	−0.1142	−0.0446	0.0282	—	−0.0269
二环环烷	−0.0024	0.0021	0.7580	−0.5880	−0.3011	−0.1405	—	−0.0008
三环环烷	−0.0002	0.0001	−0.0103	1.4393	−1.0839	−0.5414	—	0.0542
四环环烷	0.0001	0.0000	0.0020	−0.0425	2.4806	−1.2840	—	−0.0149
五环环烷	0.0005	0.0007	0.0066	0.0539	0.0750	3.6015	—	−0.1927
单环芳烃	−0.0011	−0.0017	−0.0148	−0.1189	−0.2409	−0.3560	—	0.4300

表1(续)

	∑71	∑69	∑109	∑149	∑189	∑229	∑269	∑91
C₂₃								
异构烷烃								
链烷烃	0.6093	−0.0619	−0.0183	0.0270	0.0487	0.0624	—	−0.0341
一环环烷	−0.1338	0.3439	−0.1965	−0.1156	−0.0473	0.0248	—	−0.0250
二环环烷	−0.0038	0.0023	0.7580	−0.5882	−0.3013	−0.1406	—	−0.0008
三环环烷	−0.0004	0.0001	−0.0103	1.4393	−1.0839	−0.5415	—	0.0542
四环环烷	0.0001	0.0000	0.0020	−0.0426	2.4806	−1.2840	—	−0.0149
五环环烷	0.0009	0.0007	0.0066	0.0539	0.0750	3.6016	—	−0.1927
单环芳烃	−0.0190	−0.0016	−0.0148	−0.1189	−0.2410	−0.3561	—	0.4300
C₂₄								
正构烷烃								
链烷烃	0.5105	−0.0566	−0.0174	0.0249	0.0434	0.0528	0.0372	−0.0324
一环环烷	−0.1061	0.3414	−0.1960	−0.1128	−0.0420	0.0288	0.0761	−0.0337
二环环烷	−0.0016	−0.0011	0.7505	−0.5807	−0.2908	−0.1418	0.0047	−0.0011
三环环烷	−0.0003	0.0004	−0.0146	1.4098	−1.0564	−0.5371	−0.2987	0.0706
四环环烷	0.0000	−0.0001	0.0014	−0.0506	2.3673	−1.2328	−0.6560	0.0085
五环环烷	0.0004	0.0005	0.0048	0.0407	0.0457	3.3827	−0.9376	−0.1544
六环环烷	0.0005	0.0006	0.0055	0.0457	0.0911	0.1138	3.9809	−0.1763
单环芳烃	−0.0012	−0.0015	−0.0143	−0.1190	−0.2369	−0.3388	−0.4136	0.4594
异构烷烃								
链烷烃	0.6094	−0.0675	−0.0208	0.0297	0.0518	0.0631	0.0444	−0.0397
一环环烷	−0.1403	0.3451	−0.1948	−0.1145	−0.0449	0.0253	0.0736	−0.0315
二环环烷	−0.0032	−0.0009	0.7506	−0.5808	−0.2910	−0.1420	0.0045	−0.0010
三环环烷	−0.0006	0.0004	−0.0145	1.4098	−1.0564	−0.5352	−0.2986	0.0706
四环环烷	0.0000	−0.0001	0.0014	−0.0506	2.3673	−1.2328	−0.6560	0.0085
五环环烷	0.0009	0.0005	0.0048	0.0407	0.0457	3.3828	−0.9376	−0.1544
六环环烷	0.0010	0.0005	0.0055	0.0457	0.0911	0.1139	3.9809	−0.1764
单环芳烃	−0.0026	−0.0014	−0.0142	−0.1190	−0.2370	−0.3389	−0.4137	0.4595
C₂₅								
正构烷烃								
链烷烃	0.5132	−0.0621	−0.0196	0.0262	0.0471	0.0493	0.0383	−0.0344
一环环烷	−0.1115	0.3425	−0.1930	−0.1133	−0.0435	0.0302	0.0753	−0.0380
二环环烷	−0.0009	−0.0040	0.7378	−0.5623	−0.2821	−0.1450	−0.0032	−0.0005
三环环烷	−0.0005	0.0006	−0.0185	1.3763	−1.0229	−0.5229	−0.2858	0.0741
四环环烷	0.0000	−0.0001	0.0019	−0.0520	2.2834	−1.1777	−0.6213	0.0034
五环环烷	0.0005	0.0005	0.0043	0.0389	0.0409	3.2347	−0.8915	−0.1577
六环环烷	0.0005	0.0005	0.0048	0.0424	0.0836	0.1304	3.7174	−0.1753
单环芳烃	−0.0013	−0.0014	−0.0128	−0.1125	−0.2213	−0.3157	−0.3738	0.4652

表1(续)

	$\Sigma 71$	$\Sigma 69$	$\Sigma 109$	$\Sigma 149$	$\Sigma 189$	$\Sigma 229$	$\Sigma 269$	$\Sigma 91$
C_{25}								
异构烷烃								
链烷烃	0.6096	−0.0738	−0.0233	0.0311	0.0559	0.0586	0.0455	−0.0409
一环环烷	−0.1449	0.3465	−0.1918	−0.1150	−0.0461	0.0256	0.0727	−0.0358
二环环烷	−0.0023	−0.0039	0.7378	−0.5624	−0.2821	−0.1452	−0.0032	−0.0005
三环环烷	−0.0008	0.0007	−0.0185	1.3762	−1.0229	−0.5229	−0.2857	0.0741
四环环烷	0.0000	−0.0001	0.0019	−0.0520	2.2834	−1.1777	−0.6213	0.0034
五环环烷	0.0011	0.0004	0.0043	0.0389	0.0410	3.2347	−0.8914	−0.1578
六环环烷	0.0012	0.0004	0.0048	0.0424	0.0836	0.1034	3.7175	−0.1754
单环芳烃	−0.0032	−0.0012	−0.0127	−0.1126	−0.2215	−0.3159	−0.3740	0.4653
C_{26}								
正构烷烃								
链烷烃	0.5161	−0.0679	−0.0225	0.0282	0.0500	0.0496	0.0388	−0.0369
一环环烷	−0.1166	0.3429	−0.1912	−0.1146	−0.0445	0.0291	0.0764	−0.0425
二环环烷	0.0003	−0.0080	0.7313	−0.5486	−0.2776	−0.1391	−0.0096	−0.0006
三环环烷	−0.0005	0.0010	−0.0225	1.3441	−0.9981	−0.4986	−0.2786	0.0779
四环环烷	0.0000	−0.0001	0.0023	−0.0526	2.2145	−1.1323	−0.5916	−0.0014
五环环烷	0.0005	0.0004	0.0039	0.0372	0.0355	3.0605	−0.8433	−0.1603
六环环烷	0.0005	0.0005	0.0044	0.0402	0.0776	0.0914	3.4893	−0.1773
单环芳烃	−0.0014	−0.0012	−0.0118	−0.1079	−0.2080	−0.2883	−0.3450	0.4762
异构烷烃								
链烷烃	0.6106	−0.0804	−0.0267	0.0334	0.0592	0.0586	0.0459	−0.0436
一环环烷	−0.1513	0.3475	−0.1897	−0.1165	−0.0479	0.0254	0.0700	−0.0401
二环环烷	−0.0012	−0.0078	0.7315	−0.5487	−0.2778	−0.1393	−0.0100	−0.0002
三环环烷	−0.0011	0.0011	−0.0225	1.3441	−0.9981	−0.4986	−0.2786	0.0779
四环环烷	0.0001	−0.0001	0.0023	−0.0526	2.2145	−1.1323	−0.5916	−0.0014
五环环烷	0.0013	0.0003	0.0039	0.0372	0.0356	3.0606	−0.8433	−0.1604
六环环烷	0.0015	0.0003	0.0044	0.0402	0.0777	0.0915	3.4894	−0.1774
单环芳烃	−0.0040	−0.0009	−0.0117	−0.1081	−0.2083	−0.2885	−0.3452	0.4763
C_{27}								
正构烷烃								
链烷烃	0.5207	−0.0742	−0.0259	0.0301	0.0543	0.0504	0.0374	−0.0393
一环环烷	−0.2119	0.3430	−0.1872	−0.1135	−0.0461	0.0276	0.0696	−0.0477
二环环烷	0.0014	−0.0118	0.7203	−0.5347	−0.2754	−0.1418	−0.0158	0.0000
三环环烷	−0.0008	0.0014	−0.0270	1.3144	−0.9676	−0.4789	−0.2650	0.0810
四环环烷	0.0001	−0.0001	0.0027	−0.0532	2.1375	−1.0763	−0.5666	−0.0083
五环环烷	0.0005	0.0004	0.0035	0.0355	0.0310	2.9059	−0.7842	−0.1629
六环环烷	0.0006	0.0004	0.0039	0.0373	0.0704	0.0814	3.2533	−0.1756
单环芳烃	−0.0015	−0.0011	−0.0106	−0.1027	−0.1933	−0.2678	−0.3125	0.4834
异构烷烃								
链烷烃	0.6117	−0.0872	−0.0305	0.0354	0.0637	0.0592	0.0439	−0.0462
一环环烷	−0.1562	0.3479	−0.1855	−0.1155	−0.0497	0.0238	0.0672	−0.0450
二环环烷	0.0000	−0.0116	0.7204	−0.5348	−0.2756	−0.1420	−0.0160	0.0001
三环环烷	−0.0014	0.0015	−0.0270	1.3144	−0.9677	−0.4789	−0.2650	0.0811
四环环烷	0.0001	−0.0002	0.0027	−0.0532	2.1375	−1.0763	−0.5666	−0.0083
五环环烷	0.0016	0.0002	0.0035	0.0356	0.0300	2.9060	−0.7842	−0.1630
六环环烷	0.0017	0.0002	0.0038	0.0374	0.0706	0.0815	3.2534	−0.1757
单环芳烃	−0.0048	−0.0006	−0.0105	−0.1028	−0.1937	−0.2681	−0.3127	0.4836

表1(续)

	∑71	∑69	∑109	∑149	∑189	∑229	∑269	∑91
				C₂₈				
正构烷烃								
链烷烃	0.5245	−0.0815	−0.0296	0.0332	0.0579	0.0525	0.0346	−0.0419
一环环烷	−0.1275	0.3448	−0.1848	−0.1140	−0.0466	0.0253	0.0698	−0.0545
二环环烷	0.0032	−0.0165	0.7148	−0.5230	−0.2670	−0.1396	−0.0208	0.0003
三环环烷	−0.0010	0.0019	−0.0304	1.2771	−0.9282	−0.4724	−0.2582	0.0855
四环环烷	0.0001	−0.0002	0.0031	−0.0538	2.0568	−1.0243	−0.5430	−0.0142
五环环烷	0.0006	0.0003	0.0032	0.0340	0.0263	2.7716	−0.7622	−0.1666
六环环烷	0.0006	0.0003	0.0035	0.0355	0.0667	0.0725	3.0949	−0.1791
单环芳烃	−0.0017	−0.0009	−0.0097	−0.0981	−0.1837	−0.2444	−0.2892	0.4945
异构烷烃								
链烷烃	0.6174	−0.0959	−0.0349	0.0390	0.0682	0.0618	0.0408	−0.0493
一环环烷	−0.1625	0.3502	−0.1827	−0.1163	−0.0504	0.0217	0.0676	−0.5016
二环环烷	0.0016	−0.0162	0.7149	−0.5232	−0.2671	−0.1396	−0.0209	0.0004
三环环烷	−0.0018	0.0021	−0.0304	1.2771	−0.0283	−0.4725	−0.2583	0.0855
四环环烷	0.0002	−0.0002	0.0031	−0.0538	2.0568	−1.0243	−0.5430	−0.0142
五环环烷	0.0020	0.0001	0.0031	0.0341	0.0264	2.7717	−0.7621	−0.1667
六环环烷	0.0021	0.0001	0.0034	0.0356	0.0669	0.0726	3.0950	−0.1792
单环芳烃	−0.0058	−0.0003	0.0094	−0.0983	−0.1841	−0.2448	−0.2895	0.4948
				C₂₉				
正构烷烃								
链烷烃	0.5305	−0.0902	−0.0337	0.0353	0.0639	0.0565	0.0347	−0.0441
一环环烷	−0.1342	0.3482	−0.1825	−0.1143	−0.0495	0.0225	0.0668	−0.0613
二环环烷	0.0049	−0.0214	0.7054	−0.5089	−0.2628	−0.1371	−0.0261	0.0007
三环环烷	−0.0013	0.0025	−0.0356	1.2520	−0.8991	−0.4619	−0.2492	0.0900
四环环烷	0.0002	−0.0002	0.0037	−0.0558	1.9849	−0.9773	−0.5067	−0.0237
五环环烷	0.0006	0.0003	0.0027	0.0322	0.0216	2.6445	−0.7174	−0.1685
六环环烷	0.0006	0.0003	0.0029	0.0327	0.0612	0.0656	2.8747	−0.1773
单环芳烃	−0.0018	−0.0008	−0.0086	−0.0925	−0.1724	−0.2300	−0.2603	0.5016
异构烷烃								
链烷烃	0.6202	−0.1055	−0.0394	0.0413	0.0747	0.0661	0.0406	−0.0515
一环环烷	−0.1684	0.3504	−0.1803	−0.1166	−0.0536	0.0189	0.0644	−0.0584
二环环烷	0.0033	−0.0211	0.7054	−0.5091	−0.2631	−0.1372	−0.0263	0.0008
三环环烷	−0.0023	0.0027	−0.0356	1.2520	−0.8992	−0.4620	−0.2494	0.0901
四环环烷	0.0004	−0.0003	0.0036	−0.0557	1.9850	−0.9773	−0.5067	−0.0237
五环环烷	0.0023	0.0000	0.0027	0.0323	0.0218	2.6447	−0.7172	−0.1686
六环环烷	0.0024	0.0000	0.0030	0.0328	0.0614	0.0658	2.8748	−0.1775
单环芳烃	−0.0068	0.0001	−0.0079	−0.0928	−0.1730	−0.2305	−0.2606	0.5020

表1(续)

	∑71	∑69	∑109	∑149	∑189	∑229	∑269	∑91
				C₃₀				
正构烷烃								
链烷烃	0.5352	−0.0989	−0.0388	0.0385	0.0707	0.0600	0.0359	−0.0468
一环环烷	−0.1397	0.3508	−0.1801	−0.1125	−0.0526	0.0196	0.0647	−0.0687
二环环烷	0.0071	−0.0272	0.7014	−0.5010	−0.2562	−0.1355	−0.0317	0.0012
三环环烷	−0.0015	0.0033	−0.0408	1.2276	−0.8689	−0.4464	−0.2343	0.0942
四环环烷	0.0002	−0.0003	0.0042	−0.0560	1.9167	−0.9357	−0.4859	−0.0327
五环环烷	0.0007	0.0002	0.0024	0.0301	0.0176	2.5139	−0.6842	−0.1712
六环环烷	0.0007	0.0002	0.0027	0.0300	0.0570	0.0563	2.6980	−0.1781
单环芳烃	−0.0020	−0.0006	−0.0079	−0.0864	−0.1632	−0.2080	−0.2359	0.5121
异构烷烃								
链烷烃	0.6232	−0.1151	−0.0452	0.0445	0.0823	0.0699	0.0417	−0.0545
一环环烷	−0.1735	0.3570	−0.1776	−0.1148	−0.0570	0.0158	0.0624	−0.0657
二环环烷	0.0055	−0.0268	0.7016	−0.5010	−0.2565	−0.1356	−0.0318	0.0021
三环环烷	−0.0027	0.0036	−0.0407	1.2275	−0.8691	−0.4466	−0.2344	0.0944
四环环烷	0.0006	−0.0004	0.0041	−0.0560	1.9168	−0.9456	−0.4859	−0.0327
五环环烷	0.0027	−0.0002	0.0023	0.0302	0.0178	2.5142	−0.6841	−0.1714
六坏坏烷	0.0028	−0.0002	0.0026	0.0302	0.0573	0.0566	2.6981	−0.1782
单环芳烃	−0.0079	0.0005	−0.0070	−0.0868	−0.1640	−0.2086	−0.2363	0.5127
				C₃₁				
正构烷烃								
链烷烃	0.5434	−0.1086	−0.0446	0.0411	0.0749	0.0637	0.0375	−0.0488
一环环烷	−0.1461	0.3529	−0.1757	−0.1134	−0.0529	0.0178	0.0601	−0.0784
二环环烷	0.0097	−0.0334	0.6937	−0.4895	−0.2463	−0.1371	−0.0348	0.0030
三环环烷	−0.0020	0.0044	−0.0471	1.2055	−0.8440	−0.4316	−0.2258	0.0990
四环环烷	0.0003	−0.0004	0.0048	−0.0583	1.8512	−0.8912	−0.4645	−0.0413
五环环烷	0.0007	0.0002	0.0022	0.0292	0.0144	2.3848	−0.6467	−0.1741
六环环烷	0.0007	0.0002	0.0023	0.0287	0.0535	0.0496	2.5297	−0.1794
单环芳烃	−0.0021	−0.0005	−0.0068	−0.0837	−0.1550	−0.1893	−0.2155	0.5223
异构烷烃								
链烷烃	0.6286	−0.1256	−0.0515	0.0475	0.0867	0.0737	0.0434	−0.0564
一环环烷	−0.1788	0.3594	−0.1731	−0.1160	−0.0573	0.0138	0.0579	−0.0755
二环环烷	0.0081	−0.0331	0.6938	−0.4896	−0.2464	−0.1374	−0.0370	0.0033
三环环烷	−0.0035	0.0047	−0.0471	1.2054	−0.8442	−0.4318	−0.2260	0.0990
四环环烷	0.0009	−0.0005	0.0047	−0.0582	1.8512	−0.8912	−0.4645	−0.0413
五环环烷	0.0031	−0.0003	0.0020	0.0294	0.0147	2.3851	−0.6465	−0.1743
六环环烷	0.0031	−0.0003	0.0021	0.0289	0.0538	0.0499	2.5299	−0.1796
单环芳烃	−0.0092	0.0010	−0.0062	−0.0843	−0.1559	−0.1901	−0.2160	0.5230

表 1(续)

	$\Sigma 71$	$\Sigma 69$	$\Sigma 109$	$\Sigma 149$	$\Sigma 189$	$\Sigma 229$	$\Sigma 269$	$\Sigma 91$
				C_{32}				
正构烷烃								
链烷烃	0.5524	−0.1199	−0.0522	0.0451	0.0830	0.0690	0.0393	−0.0513
一环环烷	−0.1527	0.3568	−0.1724	−0.1132	−0.0567	0.0145	0.0576	−0.0886
二环环烷	0.0130	−0.0409	0.6907	−0.4755	−0.2442	−0.1333	−0.0390	0.0050
三环环烷	−0.0026	0.0056	−0.0523	1.1703	−0.8144	−0.4180	−0.2142	0.1027
四环环烷	0.0004	−0.0005	0.0053	−0.0594	1.7832	−0.8458	−0.4427	−0.0494
五环环烷	0.0008	0.0001	0.0019	0.0282	0.0106	2.2659	−0.6013	−0.1790
六环环烷	0.0008	0.0001	0.0020	0.0267	0.0487	0.0443	2.3575	−0.1786
单环芳烃	−0.0023	−0.0003	−0.0058	−0.0797	−0.1444	−0.1774	−0.1926	0.5328
异构烷烃								
链烷烃	0.6349	−0.1378	−0.0600	0.0519	0.0954	0.0793	0.0451	−0.0590
一环环烷	−0.1841	0.3636	−0.1694	−0.1158	−0.0615	0.0106	0.0553	−0.0856
二环环烷	0.0119	−0.0405	0.6908	−0.4756	−0.2444	−0.1335	0.0414	0.0051
三环环烷	−0.0042	0.0060	−0.0521	1.1702	−0.8114	−0.4183	−0.2144	0.1029
四环环烷	0.0012	−0.0007	0.0053	−0.0594	1.7833	−0.8457	−0.4426	−0.0495
五环环烷	0.0035	−0.0005	0.0016	0.0284	0.0110	2.2663	−0.6011	−0.1792
六环环烷	0.0035	−0.0005	0.0018	0.0269	0.0491	0.0447	2.3577	−0.1789
单环芳烃	−0.0105	0.0015	−0.0050	−0.0803	−0.1457	−0.1785	−0.1932	0.5336

表 2 灵敏度因子

平均碳数	正构烷烃	异构烷烃
16	0.347	0.0364
20	0.606	0.0505
24	1.250	0.0735
28	2.439	0.1061
32	4.000	0.1380

表 3 精密度

	体积百分数	σ_r	σ_R	r	R
链烷烃(O 环)	10.5	0.5	1.6	1.5	5.4
一环环烷	17.3	0.5	1.5	1.8	5.0
二环环烷	15.8	0.2	1.5	0.5	4.9
三环环烷	16.7	0.2	1.0	0.8	3.2
四环环烷	30.1	0.6	3.4	2.0	11.0
五环环烷	6.8	0.3	1.3	0.9	4.3
六环环烷	2.8	0.2	1.1	0.7	3.5

σ_r:重复性标准偏差

σ_R:再现性标准偏差

r:重复性

R:再现性

附　录　A
（标准的附录）
瓦斯油馏分饱和烃、芳烃和胶质分离法
（色层分离法）

A1　方法概要

本方法采用硅胶为吸附剂，以正戊烷、二氯甲烷和苯与无水乙醇为冲洗液将试样分离为饱和烃、芳烃和胶质三个部分，分别回收溶剂、恒重，计算出试样中饱和烃馏分、芳烃馏分和胶质馏分的质量百分含量。

A2　设备

A2.1　色谱柱：如图 A1 所示。

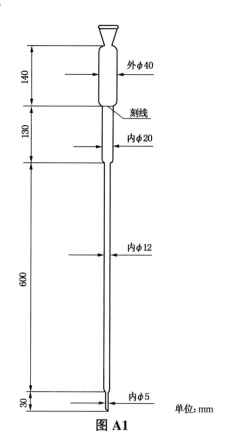

图 **A1**

A2.2　锥形瓶：25mL，250mL。

A2.3　量筒：100mL。

A2.4　水浴。

A2.5　分析天平：感量 1mg。

A3　试剂与材料

A3.1　正戊烷：化学纯。

A3.2　二氯甲烷：化学纯。

A3.3 苯：化学纯。

A3.4 无水乙醇：化学纯。

A3.5 细孔硅胶：100~200目。

A4 试验步骤

A4.1 将硅胶放入烘箱内，在150℃恒温活化5h后，放入具塞玻璃瓶中备用。

A4.2 称取2~3g试样，精确至1mg。

A4.3 将已称重好的试样放在烘箱中，烤化后加入15mL正戊烷稀释。

A4.4 将苯与无水乙醇按1∶1(体积比)配好100mL混合液。

A4.5 将吸附柱垂直固定，柱末端用脱脂棉塞紧。然后加入已活化后的硅胶，并用胶棒轻敲色谱柱，使硅胶自动压紧到刻线为止。加入50mL正戊烷将色谱柱润湿，当润湿液完全进入吸附层后，把已称重并稀释好的试样溶液定量转移到色谱柱中。用20mL正戊烷连续冲洗装试样溶液的25mL锥形瓶，将冲洗液加入色谱柱中。当试样溶液完全进入吸附层后，依次加入130mL正戊烷，待正戊烷完全进入吸附层后加入150mL二氯甲烷，等二氯甲烷完全进入吸附层后再加入100mL苯与无水乙醇混合液分别冲洗出饱和烃、芳烃和胶质馏分，色谱柱下用250mL锥形瓶接收冲洗液。冲洗速度为1~3mL/min。然后将250mL锥形瓶中接收的正戊烷、二氯甲烷和苯与无水乙醇冲洗液分别在水浴上蒸去溶剂，将除去溶剂的饱和烃、芳烃和胶质分别定量转移到已称重的25mL锥形瓶中加热后冷却恒重。15~20min为一个周期，直到两次连续称重损失小于20mg为止，但其收率必须达到95%(m/m)以上。

A5 计算

A5.1 试样中饱和烃馏分的含量X_1[%(m/m)]按式(A1)计算：

$$X_1 = [m_1/(m_1+m_2+m_3)] \times 100 \quad\cdots\cdots\cdots\cdots\cdots\cdots\cdots\cdots (A1)$$

A5.2 试样中芳烃馏分的含量X_2[%(m/m)]按式(A2)计算：

$$X_2 = [m_2/(m_1+m_2+m_3)] \times 100 \quad\cdots\cdots\cdots\cdots\cdots\cdots\cdots\cdots (A2)$$

A5.3 试样中胶质馏分的含量X_3[%(m/m)]按式(A3)计算：

$$X_3 = [m_3/(m_1+m_2+m_3)] \times 100 \quad\cdots\cdots\cdots\cdots\cdots\cdots\cdots\cdots (A3)$$

式中：m_1——所接收的饱和烃馏分的质量，g；

m_2——所接收的芳烃馏分的质量，g；

m_3——所接收的胶质馏分的质量，g。

编者注：本标准中引用标准的标准号和标准名称变动如下。

原标准号	现标准号	现标准名称
GB/T 6041	GB/T 6041	质谱分析方法通则

前　言

　　本标准等效采用日本工业标准 JIS K2246—1994《防锈油》中第 5.11 条"烃溶解性试验法"、第 5.25 条"挥发性物质含量试验法"、第 5.30 条"酸中和性试验法"、第 5.39 条"气相防锈性试验法"、第 5.40 条"暴露后气相防锈性试验法"和第 5.41 条"加温后气相防锈性试验法"。

　　本标准共分六篇,与 JIS K2246—1994 在技术内容上的主要差异:

　　1. 在第二篇"挥发性物质含量测定法"中,试样容器除选用 JIS K2246—1994 规定的容器外,还允许使用符合 SH/T 0317 的灰分用蒸发皿;加热装置增加了带有冷却回流系统。

　　2. 在第三篇"酸中和性试验法"中,由于 JIS K2246—1994 的 5.30 条规定试验用试片及其制备按 JIS K2246—1994 的 5.3.1 和 5.3.2 进行,而我国已有与其相应的石化行业标准 SH/T 0218,因此,本方法规定试验用试片及其制备按 SH/T 0218 进行。

　　3. 在第四篇"气相防锈性试验法"、第五篇"暴露后气相防锈性试验法"和第六篇"加温后气相防锈性试验法"中,JIS K2246—1994 规定洗涤试件时采用甲醇,现改为采用无水乙醇。

　　本标准由中国石油化工总公司石油化工科学研究院归口。

　　本标准起草单位:中国石油化工总公司石油化工科学研究院、苏州特种油品厂。

　　本标准主要起草人:龙化骊、范寒梅、薄艳红、胡佩华、支荣娟。

中华人民共和国石油化工行业标准

气相防锈油试验方法

SH/T 0660—1998

（2004 年确认）

Test methods for volatile preservative oils

1 范围

本标准规定了气相防锈油的烃溶解性、挥发性物质含量、酸中和性、气相防锈性、暴露后气相防锈性和加温后气相防锈性等试验方法。

本标准适用于气相防锈油。

2 引用标准

下列标准包括的条文，通过引用而构成本标准的一部分，除非在标准中另有明确规定，下述引用标准都应是现行有效标准。

GB/T 262　石油产品苯胺点测定法

GB/T 621　氢溴酸

GB/T 699　优质碳素结构钢技术条件

GB/T 1884　原油和液体石油产品密度实验室测定法（密度计法）

GB/T 1885　石油计量表

GB/T 6536　石油产品蒸馏测定法

SH 0004　橡胶工业用溶剂油

SH/T 0215　防锈油脂沉淀值和磨损性测定法

SH/T 0218　防锈油脂试验用试片制备法

SH/T 0317　石油产品试验用瓷制器皿验收技术条件

JIS G3108　磨棒钢用一般钢材

第一篇　烃溶解性试验法

3 方法概要

把按 SH/T 0215 已测定沉淀值以后的试样溶液于 23℃±3℃ 静置 24h，观察有无相变和分离。

注：相变就是混浊和胶结等。

4 仪器

离心试管：符合 SH/T 0215 中 3.1 的要求。

5 材料

沉淀用溶剂：规格见表1。

注：可用石油醚与适量苯调配而成。

表 1　沉淀用溶剂规格

项　　目		质　量　指　标	试　验　方　法
密度(15℃),g/cm³		0.692~0.702	GB/T 1884 和 GB/T 1885
苯胺点,℃		58~60	GB/T 262
馏程:			GB/T 6536
初馏点,℃	不低于	50	
50%馏出温度,℃		70~80	
终馏点,℃	不高于	130	

6　试验步骤

6.1　在室温下向两支清洁且干燥的离心试管中加入试样 10mL,用沉淀用溶剂稀释到 100mL,然后按 SH/T 0215 测定沉淀值。

6.2　把上述测定沉淀值以后的试样溶液在 23℃±3℃下静置 24h。

6.3　目测离心管中的试样溶液有无相变和分离现象。

7　结果判断

两支离心管中试样溶液都没有相变和分离现象时,即可判定为"无相变、不分离";如果两支离心管中有一支相变或分离,则重做试验。如果重做试验的两支离心管中仍有一支以上(含一支)出现相变或分离时,即可判定为"有相变、分离"。

第二篇　挥发性物质含量测定法

8　方法概要

将一定量的试样放在沸腾的水浴上加热,根据加热前后试样的质量变化,计算其挥发性物质含量。

9　仪器

9.1　加热装置[1]:口径为 50mm 的电热恒温水浴锅,在其温度计插口处接上冷凝器使蒸气冷却回流。

9.2　容器[2]:外径为 70mm 的玻璃蒸发皿(见图 1 或图 2)或使用符合 SH/T 0317 的灰分用蒸发皿。

9.3　干燥器:放入硅胶干燥剂。

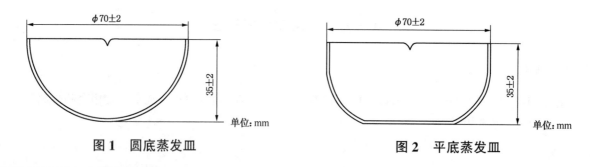

图 1　圆底蒸发皿　　　　　　　　　　图 2　平底蒸发皿

采用说明:

1]　JIS K2246—1994 未注明有冷却回流系统。

2]　JIS K2246—1994 只规定用外径 70mm 的蒸发皿。

10　试验步骤

10.1　将容器洗净、烘干,并在干燥器中冷却到室温。

10.2　取上述两个容器,分别称取约 5g 试样,精确至 0.001g。把它们置于沸腾的水浴上,加热 2h;

在试验过程中，调整浴液面距容器底部20mm~40mm。

10.3 从水浴上取下装有试样的容器，用洁净的干布擦去容器外面的水分，放入干燥器中冷却30min。

10.4 从干燥器中取出容器称重，精确至0.001g。

11 计算

试样的挥发性物质含量 $x[\%(m/m)]$ 按式（1）计算：

$$x = \frac{m_1-m_2}{m_1} \times 100 \quad\cdots\cdots\cdots\cdots\cdots\cdots\cdots\cdots\cdots\cdots\cdots \quad (1)$$

式中：m_1——加热前试样的质量，g；
m_2——加热后试样的质量，g。

12 报告

取两个测定结果的平均值作为试样的挥发性物质含量测定结果，并修约到 $0.1\%(m/m)$。

第三篇 酸中和性试验法

13 方法概要

把沾有氢溴酸溶液的试片浸入试样中1min，提起后在23℃±3℃条件下放置4h，评定试样的酸中和性能。

14 仪器

14.1 试片吊钩：用直径1mm的不锈钢丝制作。

14.2 试片架：能使试片垂直悬挂的适当吊架。

14.3 烧杯：500mL。

14.4 吹风机：冷热两用。

14.5 干燥器：放入硅胶干燥剂。

15 试剂与材料

15.1 试剂

15.1.1 氢溴酸：分析纯，氢溴酸(HBr)含量不少于 $40.0\%(m/m)$。

15.1.2 无水乙醇：化学纯。

15.1.3 石油醚：60~90℃，分析纯。

15.1.4 溶剂油：符合 SH 0004 要求。

15.2 材料

15.2.1 金属试片：符合 SH/T 0218A 法中 B 试片规定。

15.2.2 研磨材料：粒度为100号的刚玉砂布或砂纸。

16 准备工作

16.1 试片的制备

试片的制备按 SH/T 0218 第一篇第6章"试片的制备"进行，但研磨材料选用100号刚玉砂布或砂纸，磨出新的研磨面，对粗糙度无具体规定。

16.2 $0.1\%\pm0.01\%(m/m)$ 的氢溴酸溶液的配制

按 GB/T 621 确定试验用氢溴酸的实际浓度，然后称取适量的氢溴酸，用蒸馏水配成浓度为 0.1%±0.01%(m/m)的氢溴酸溶液，充分摇匀，密闭保存，备用。

> 注：氢溴酸有毒，使用时应在通风橱内进行。

17 试验步骤

17.1 将 500mL 试样倒入烧杯中，使其温度保持在 23℃±3℃。

17.2 将准备好的三片试片用吊钩吊起，浸入浓度为 0.1%±0.01%(m/m)的 500mL 氢溴酸溶液中 1s。观察试片浸酸情况，如试片不沾酸时，则此试片不能用于试验。

17.3 把经 17.2 处理的试片立即垂直地浸入按 17.1 准备好的试样中，轻轻地来回摆动 2~3 次。

17.4 在 1min 之内，反复浸入提起试片 12 次，然后将试片挂在试片吊架上。在 23℃±3℃条件下放置 4h。

17.5 用溶剂油、石油醚、无水乙醇依次洗净附着在试片上的试样和酸溶液，最后用热风吹干。

17.6 用肉眼观察试片中部 50mm×50mm 的评定面内是否有锈蚀、斑点、污迹和变色等。

18 结果判断及报告

18.1 三片试片的评定面内都没有出现锈蚀、斑点、污迹时，即报告为"合格"。

18.2 三片试片中有一片的评定面内出现锈蚀、斑点、污迹时，则应重做试验。若再次试验结果仍有一片以上(含一片)的评定面内出现锈蚀、斑点、污迹时，则报告为"不合格"。

第四篇　气相防锈性试验法

19 方法概要

在装有试件的密闭容器中，放入试样和丙三醇溶液，在 20℃条件下保持 20h，然后冷却试件，使表面结霜。3h 以后，观察试件上有无锈蚀发生。

20 仪器

20.1 具塞广口瓶：1000mL。

20.2 玻璃容器：内径 45mm，高 20mm 以下的玻璃制品。

20.3 放大镜：放大倍率约 5 倍。

20.4 橡胶塞：11 号及 23 号，中央开一个直径约为 15mm 的孔。

20.5 恒温空气浴：能容纳四组以上试验体，能保持在 20℃±2℃。

21 试剂与材料

21.1 试剂

21.1.1 无水乙醇：化学纯。

21.1.2 丙酮：分析纯。

21.1.3 丙三醇：分析纯，用蒸馏水配制成 35%(m/m)的丙三醇溶液。

21.2 材料

21.2.1 铝管：铝或铝合金无缝铝管，外径 16mm，内径 13mm，长度 114mm。

21.2.2 橡胶管。

21.2.3 试件：符合 JIS G3108 规定的 SGD3 或 GB/T 699 优质碳素结构钢(化学成分，碳：0.15%~0.20%，锰：0.30%~0.60%，硫：0.045%以下，磷：0.045%以下)，直径 16mm，长度 13mm，其一端开有直径和深度分别为 9.5mm 的孔。

21.2.4 金相砂纸：粒度为 320 号或 W40(40~37μm)。

21.2.5 溶剂：符合 SH 0004 规定的溶剂油。

22 试件的准备

22.1 研磨：用金相砂纸研磨三个试件的无孔端，把金相砂纸放在玻璃板上，前后研磨十次，接着再转 90°，研磨十次(注意：试件的边缘部位也需打磨至无锈蚀为止)。

22.2 清洗：将研磨的试件依次浸入溶剂油、无水乙醇[1]和丙酮中，每次都用纱布擦去研磨面上的污物，直到擦洗用的纱布上没有污物为止。

22.3 保存：不立即做试验时，试件应放在干燥容器内保存。但是，保存 8h 以上的试件必须重新研磨。

23 试验步骤

23.1 把试件有孔的一端插入中央部位开有直径约为 15mm 孔的 11 号橡胶塞中，插入深度为 9.5mm±0.5mm(见图 3)。

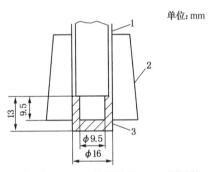

单位：mm

1—铝管；2—11 号橡胶塞；3—钢试件

图 3 试件部分放大断面图

23.2 把铝管通过 23 号橡胶塞的中央，两端露出的长度一样，橡胶塞下部的铝管一端插入 11 号橡胶塞中，直至碰到安装在 11 号橡胶塞上的试件为止(见图 3)。安装试件时，不要沾上指纹等污物。

23.3 在试件一侧的 11 号和 23 号橡胶塞之间的铝管上套上橡胶管。另外，把另一个 11 号橡胶塞套在反方向突出的铝管上。

23.4 在具塞广口瓶的底部放入 25mL 试样，为把相对湿度调整到 90%，在玻璃容器中放入 10mL 浓度为 35%(m/m)的丙三醇溶液，用装有试件的 23 号橡胶塞作塞子，构成试验体(见图 4)。

23.5 试验体放入保持在 20℃±2℃的恒温空气浴中，20h 以后用 2.0℃±0.5℃的冷水注满铝管。

23.6 3h 后取出试件，放出铝管中的水。

23.7 用放大镜观察试件研磨部分，观察有无锈蚀发生。

23.8 同时进行不加试样的空白试验，空白试验不发生锈蚀时，应检查试验条件，并重做试验。

24 结果判断

本试验是用三个试件同时进行试验。如果三个试件中两个以上(含两个)生锈时，则判为生锈；

采用说明：

1] JIS K2246—1994 采用甲醇清洗试件，本标准采用无水乙醇清洗。

如果三个试件中有一个试件生锈时，则应重做试验。当重做试验后又有一个以上(含一个)试件出现锈蚀时则判为生锈。

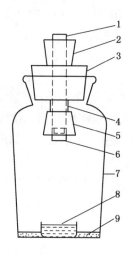

1—铝管；2，5—11 号橡胶塞；3—23 号橡胶塞；4—隔热用橡胶管；
6—钢试件；7—广口瓶；8—丙三醇溶液；9—气相防锈油

图 4　试验体

第五篇　暴露后气相防锈性试验法

25　方法概要

把在23℃条件下保持 7d 的试样按第四篇进行气相防锈性试验，考察试样暴露后的气相防锈性能。

26　仪器

26.1　培养皿：直径 120mm。

26.2　其他仪器按第四篇第 20 条规定。

27　试剂与材料

27.1　试剂

按第四篇第 21.1 条规定。

27.2　材料

按第四篇第 21.2 条规定。

28　试件的准备

按第四篇第 22 条规定。

29　试验步骤

29.1　把约 120mL 试样放入培养皿中，不盖盖子，在 23℃±3℃下暴露 7d。

29.2　把经暴露后的试样按第四篇第 23 条规定进行气相防锈性试验。

30　结果判断

按第四篇第 24 条规定。

第六篇　加温后气相防锈性试验法

31　方法概要

把在65℃条件下保持7d的试样按第四篇进行气相防锈性试验，考察试样在加温后的气相防锈性能。

32　仪器

32.1　试样瓶：外径约40mm，高约140mm。

32.2　其他仪器按第四篇第20条规定。

33　试剂与材料

33.1　试剂

按第四篇第21.1条规定。

33.2　材料

按第四篇第21.2条规定。

34　试件的准备

按第四篇第22条规定。

35　试验步骤

35.1　在试样瓶中放入约120mL试样，用塞子塞紧，在65℃±1℃下保持7d，然后冷却到室温。

35.2　将此试样按第四篇第23条规定进行气相防锈性试验。

36　结果判断

按第四篇第24条规定。

编者注：本标准中引用标准的标准号和标准名称变动如下。

原标准号	现标准号	现标准名称
GB/T 262	GB/T 262	石油产品和烃类溶剂苯胺点和混合苯胺点测定法
GB/T 621	GB/T 621	化学试剂　氢溴酸
GB/T 699	GB/T 699	优质碳素结构钢
GB/T 6536	GB/T 6536	石油产品常压蒸馏特性测定法

前　　言

本标准等效采用美国材料与试验协会标准 ASTM D2595-96《润滑脂宽温度范围蒸发损失测定法》。

本标准与 ASTM D2595-96 标准的主要差异：

1. 本标准采用国际单位制，取消英寸及华氏温度表示。

2. 取消原文 8.2 条中与 8.1 条重复部分。

本标准的附录 A 是提示的附录。

本标准由中国石油化工总公司石油化工科学研究院归口。

本标准起草单位：中国石油化工总公司石油化工科学研究院。

本标准主要起草人：李文慧。

中华人民共和国石油化工行业标准

SH/T 0661—1998

（2005年确认）

润滑脂宽温度范围蒸发损失测定法

Standard test method for evaporation loss
of lubricating greases over wide-temperature range

1 范围

1.1 本标准适用于测定在93~316℃温度范围内润滑脂的蒸发损失，本标准是把只能测至149℃的GB/T 7325方法的温度范围予以扩大。

1.2 本标准涉及某些有危险性的材料、操作和设备，但是无意对与此有关的所有安全问题都提出建议。因此，用户在使用本标准之前应建立适当的安全和防护措施并确定有适用性的管理制度。

2 引用标准

下列标准包括的条文，通过引用而构成本标准的一部分。除非本标准另有明确规定，下述引用标准应是现行有效标准。

GB/T 3498 润滑脂宽温度范围滴点测定法

GB/T 7325 润滑脂和润滑油蒸发损失测定法

3 定义

本标准采用下述定义。

3.1 润滑脂 lubricating grease

稠化剂分散于液体润滑剂中组成的一种半流体到固体的产品。

注：稠化剂的分散形成了两相体系，通过表面张力或其他物理力使液体润滑剂不流动。其他组分包括旨在改善特性的一些物质。

3.2 稠化剂 thickener

在润滑脂里，以细微粒子分散到液体里以便形成产品结构的物质。

注：稠化剂可以是纤维状（如各种金属皂）、片状或球状（像某些非皂基稠化剂），不溶或微溶在液体润滑剂里。一般要求固体颗粒非常小、均匀地分散并能与液体润滑剂形成一相对稳定，像凝胶体一样的结构。

4 方法概要

把放在蒸发器内已称重的润滑脂试样，置于保持在所需试验温度的加热器中，在润滑脂表面上通过热空气22h±0.1h，测定因蒸发而引起的试样的质量损失。

5 意义和用途

5.1 润滑脂和润滑油里易挥发物的失去对润滑剂原有的性能会产生不利影响，而且在特定的用途下，对润滑剂的评价它可能会是一个重要因素。使用润滑剂的环境，这些挥发物被认为是污染物。本标准试验结果与实际使用之间的关联性尚未确立。

5.2 本标准可在93~316℃之间任一指定的温度下进行，具体试验温度可与试验方法的使用者们商定。

中国石油化工总公司 1998-06-23 批准

1998-12-01 实施

注意：本标准不能用于超过润滑脂基础油闪点的温度。

注：规定的空气流量(2.58g/min±0.02g/min，在标准温度和压力下为2L/min)设定为干空气。人们并不清楚最初
　　的工作是在干空气下进行的，但已经显示出在再现性方面它可能是一个影响因素，必须交代清楚。在标准
　　温度和压力下比露点低10℃的空气将会满足要求。

6 仪器

6.1 蒸发器组合件(图1)，包括下列部件：

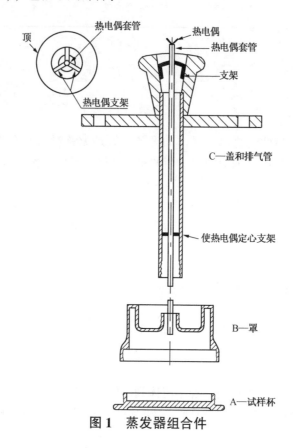

图1 蒸发器组合件

6.1.1 试样杯(A)。

6.1.2 罩(B)。

6.1.3 盖和排气管(C)：这些部件(6.1.1~6.1.3)应与GB/T 7325规格中的材质相同。设计尺寸和公差见图2和图3。

6.1.4 垫圈：应是耐热(316℃)材料。由3.2mm厚的聚四氟乙烯板加工制得的垫圈，能满足使用。

6.1.5 热电偶套管和支架：套管可用外径为3.18mm±0.025mm的不锈钢管制成，并用不锈钢定中心支架固定，如图1所示。

6.2 空气供给系统：应包括一个经校正的流量计、过滤设备和一些附属阀门。此系统能在15.6~29.4℃下，输送和保持无灰尘空气的流速在2.58g/min±0.02g/min(在标准温度和标准压力下为2L/min)。

6.3 加热器：类似图4所示铝块加热器可满足使用。在附录A中有更详细说明。

6.4 温度计：温度范围-5~400℃，应符合GB/T 3498中所述温度计的要求。

7 取样

填满单个试样杯每次试验需要约20g试样。为了能选出有代表性的试样进行试验，必须要有足

够的样品量。检验试样有无非均相现象(如分油、相转变或严重污染)。如果发现异常现象,应重新
取样。

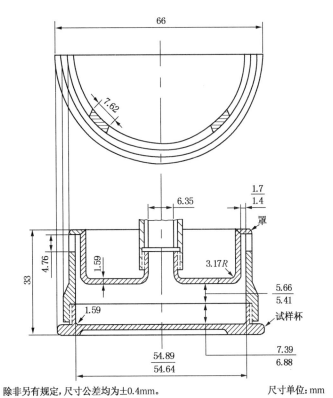

除非另有规定,尺寸公差均为±0.4mm。   尺寸单位:mm

图2 润滑脂试样杯组合件

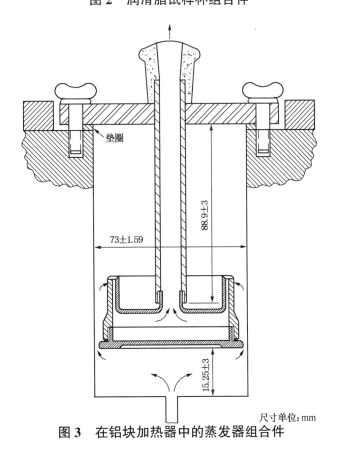

尺寸单位:mm

图3 在铝块加热器中的蒸发器组合件

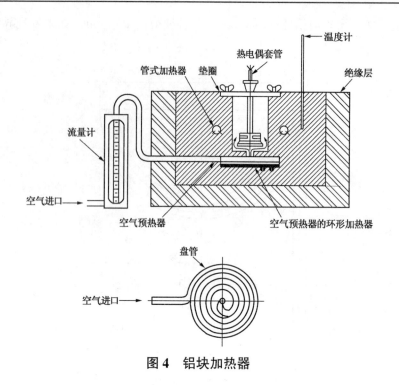

图 4 铝块加热器

8 仪器的准备

8.1 彻底清洗蒸发器组合件的所有部件。

8.2 参考图 1。把带排气管的盖(C)连到罩(B)上，调节热电偶套管，使管底与罩面相平(如图所示)。在套管中插入热电偶，调节热电偶，使其尖端与套管底边相平。压紧套管顶端，使热电偶牢固地固定在这一位置。取出热电偶一套管组合件，并把罩从排气管的盖上拆下来。

8.3 把带排气管的盖(C)、热电偶组合件和垫圈放入如图 4 所示的加热器中，使盖牢固地固定在适当的位置上。

8.4 调节加热器的温度，使其在要求试验温度±1.0℃以内。使用温度计进行观测。

8.5 调节通过组合件的空气流量至 2.58g/min±0.02g/min(在标准温度和标准压力下为 2L/min)。

8.6 通过调节空气预热器，控制空气出口温度在试验温度±1.0℃内。用热电偶和温度计指示器或记录仪进行测量。

8.7 试验前，保持加热器温度、空气出口温度和空气流速至少 0.5h。

9 试验步骤

9.1 称量干净的试样杯和罩，称精确至 1mg。卸去罩，在杯中装满润滑脂试样。填装时要小心，避免混入空气。用直边刮刀刮平脂的表面，使与试样杯边缘相平。用干净的布擦去所有留在杯的边缘上或丝扣上的脂，将罩拧在试样杯上，不要碰坏已刮平的脂表面。称量组合件，并记录润滑脂试样的净重，称精确至 1mg。

9.2 从加热器中取出盖、排气管和热电偶组合件。把称量过的和装配好的试样杯和罩拧紧在排气管上。把整个装置装在加热器中，使盖牢固地固定在适当的位置。如果有必要，则重新调节温度和空气流量，使其达到规定要求。

9.3 在 22h±0.1h 内，保持空气流速在 2.58g/min±0.02g/min(在标准温度和标准压力下为 2L/min)和空气出口温度在要求试验温度±1.0℃内。空气出口温度应是试验温度。

9.4 在 22h 周期结束后，从蒸发器试验装置上取出试样杯和罩，冷却至室温，测定试样的净重，称精确至 1mg。

10 计算

试样的蒸发损失 $X\%(m/m)$ 按式（1）计算：

$$X=\left[(S-m)/S\right]\times100 \quad \cdots\cdots\cdots\cdots\cdots\cdots\cdots\cdots\cdots\cdots\cdots\cdots\cdots\cdots\quad（1）$$

式中：S——试验前试样的质量，g；

$\quad\quad m$——试验后试样的质量，g。

11 精密度

按下述规定判断试验结果的可靠性（95%置信水平）。

11.1 重复性——在长期、正常和正确地按本试验方法操作的情况下，同一操作者在规定的操作条件下用同一台仪器对同一样品所得的两次试验结果之间的差值不应超过两次试验结果平均值的10%。

11.2 再现性——在长期、正常和正确地按本试验方法操作的情况下，不同操作者在不同实验室对同一样品所得的两个单个的或独立的试验结果之间的差值不应超过两个试验结果平均值的15%。

11.3 偏差——因为蒸发损失的数值仅依据试验方法而确立，所以本试验方法不能确定偏差。

附 录 A

（提示的附录）

铝块加热器

适用的铝块加热器是由宽约254mm，长约356mm及深约203mm的铝块构成。它的每一个面都被很好地隔热，它是由两个650W管状加热器和在两个蒸发器下各有一个500W的环形加热器加热，如图4所示。这些加热器足以加热两个蒸发器的铝块，但如果包括附加的蒸发空间，则需要增加或加大加热器。这些加热器应足够大，使铝块在放入试样后60min内可升到所需的试验温度。铝块应配备足够大的加热器和控制仪器，以保持所需的试验温度在±1.0℃内。

前　言

　　本标准等效采用美国食品和药品管理局 FDA—21CFR178·3620(1996)(b)、(c)中的试验方法。

　　本标准与美国食品和药品管理局 FDA—21CFR178·3620(1996)(b)、(c)试验方法技术内容的主要差异：

　　本标准试验方法中使用到的有关试剂，大部分都要通过净化处理后，才能满足标准方法的要求。而美国食品和药品管理局 FDA—21CFR178·3620(b)、(c)部分的试验方法中没有给出试剂的净化处理方法，因此，我们补充了"附录 A　试剂净化及处理方法"。

　　本标准的附录 A 是标准的附录。

　　本标准由中国石油化工总公司石油化工科学研究院归口。

　　本标准起草单位：中国石化茂名石油化工公司研究院。

　　本标准主要起草人：刘光珍、戴月菊、胡昌玉、曹银瑞、罗肇玲。

中华人民共和国石油化工行业标准

矿物油的紫外吸光度测定法

SH/T 0662—1998

（2004 年确认）

Mineral oil—Determination of ultraviolet absorbance

1 范围

本标准规定了测定矿物油的紫外吸光度的方法。本标准包括 A 法和 B 法。

本标准适用于用在与食物接触的非食物制品组成部件上的矿物油。A 法适用于按 GB/T 3555《石油产品赛波特颜色测定法（赛波特比色计法）》测定色度不小于 20 的矿物油。B 法适用于初馏点不小于 232℃，且按 GB/T 6540《石油产品颜色测定法》测定色度不大于 5.5 的矿物油。

A 法

2 方法概要

将试样用二甲基亚砜萃取，并在 280～350mm 波长范围内测定萃取物的紫外吸光度。

3 仪器与试剂

3.1 仪器

3.1.1 吸量管：1mL、2mL、5mL、25mL、50mL。

3.1.2 分液漏斗：60mL、125mL 磨口具塞。不能用润滑脂涂抹在磨口和旋塞处。

3.1.3 石英吸收池：光程长度 1.000cm±0.005cm，5.000cm±0.005cm。

3.1.4 分光光度计：波长范围 250～400nm，有小于 2nm 的狭缝。在仪器操作条件下，测定其吸光度，分光光度计性能须符合下列要求：

吸光度重复性：在 0.4 吸光度处为 ±0.01。

吸光度精确度：在 0.4 吸光度处为 ±0.05。

波长精确度：±1.0nm。

3.2 试剂

3.2.1 正己烷：分析纯，采用 1cm 吸收池，以水作参比，在 260～350nm 波长范围测量时，紫外吸光度不应超过 0.02。如达不到要求时，则须净化，净化方法见附录 A。

3.2.2 二甲基亚砜：光谱纯，采用 1cm 吸收池，以水作参比测定，其吸光度不应超过表 1 的要求。

表 1

波长，nm	261.5	270.0	275.0	280.0	300.0
每 1cm 光程时最大紫外吸光度	1.00	0.20	0.09	0.06	0.015

3.2.3 石油醚：分析纯，沸程 60～90℃，应符合 8.3.2 的规定指标。否则需进行净化处理，净化方法见附录 A。

3.2.4 蒸馏水：应符合 8.3.3 的规定指标。否则需进行净化处理，净化方法见附录 A。

4 试验步骤

4.1 取 25mL 试样、25mL 正己烷、5mL 二甲基亚砜均置于 125mL 的分液漏斗中，剧烈振荡 1min 使之充分萃取，静置至下层溶液透明。

4.2 将下层溶液放入另一个分液漏斗中，加 2mL 正己烷，剧烈振荡 1min，静置至下层溶液透明，将下层溶液放入 1cm 吸收池中，标明为"试样萃取液"。

4.3 取 25mL 正己烷、5mL 二甲基亚砜均置于 60mL 分液漏斗中，剧烈振荡 1min。静置至下层溶液透明，将下层溶液放入另一个 1cm 吸收池中，标明为"参比溶剂"。

4.4 以参比溶剂作参比，在 280～350nm 波长范围内，测定"试样萃取液"的紫外吸光度。如果在 280～350nm 波长范围内测定的紫外吸光度大于 2.0 时，则要用二甲基亚砜稀释，再重新测定，测定的吸光度要乘以稀释倍数。

4.5 测定的紫外吸光度如符合表 2 中的规定值时，则认为试样通过 A 法。否则试样未通过 A 法。

表 2

波长，nm	280～289	290～299	300～329	330～350
每 1cm 光程时最大紫外吸光度	4.0	3.3	2.3	0.8

B 法

5 方法概要

将试样用二甲基亚砜萃取，然后用异辛烷反萃取，在 280～400nm 波长范围内测定紫外吸光度。若测定值超过规定值时，再用硼氢化钠处理，经过氧化镁-硅藻土吸附分离，最后测定紫外吸光度。

6 仪器

6.1 分液漏斗：250mL、500mL、1000mL 和 2000mL 磨口具塞。磨口和旋塞处不能涂抹润滑脂。

6.2 容器：容量为 500mL，底部有一个 24/40 锥形磨口，容器上部有一合适的通氮气用接头。磨口上侧须有玻璃钩。

6.3 色谱柱：长 180mm，内径 15.7mm±0.1mm，下部带有一块粗孔半融玻璃板，在上部有一个 24/40 锥形磨口，磨口下侧须带有玻璃钩。

6.4 垫圈：直径为 50mm，厚约 5mm 的聚四氟乙烯片，其中心有一孔，孔径恰好能与色谱柱的柱身外径一致。

6.5 吸滤瓶：250mL 或 500mL 滤瓶。

6.6 冷凝器：带有 24/40 接头，与任意长度的干燥管相连接。

6.7 蒸发烧瓶：250mL 或 500mL 玻璃烧瓶，带锥形塞，塞上有进出口管，以便通入氮气至瓶内要蒸发的液体表面。

6.8 耐酸过滤漏斗：60mL 或 100mL。

6.9 吸量管：同 3.1.1。

6.10 容量瓶：25mL、50mL、200mL、250mL。

6.11 量杯：10mL、25mL、50mL、100mL、500mL。

6.12 烧杯：50mL、100mL、2000mL。

6.13 烘箱：能控制温度在 160℃±1℃。

6.14 玻璃小量勺：自制，量取硼氢化钠用，一勺相当于 0.3g 硼氢化钠。

6.15 玻璃棒：自制，长 250～300mm，外径约 5mm，一端呈扁平圆型，用于压紧吸附剂。

6.16 金属棒：自制，长 250~300mm，外径约 5mm，一端磨尖，用于挑松吸附剂。

6.17 石英吸收池：同 3.1.3。

6.18 分光光度计：同 3.1.4。

6.19 广口瓶：1000mL 磨口具塞。

7 试剂与材料

7.1 试剂

7.1.1 异辛烷(2，2，4-三甲基戊烷)：分析纯，应符合 8.3.2 检验指标。否则需净化处理，净化方法见附录 A。

7.1.2 苯：分析纯，应符合 8.3.2 方法检验指标。否则可采用蒸馏法净化，净化方法见附录 A。

7.1.3 丙酮：分析纯，应符合 8.3.2 方法检验指标。否则用蒸馏法净化，净化方法见附录 A。

7.1.4 正十六烷：纯度 99%，无烯烃，应符合 8.3.1 方法检验指标。否则需要通过活化硅胶柱法净化，净化方法见附录 A。

7.1.5 甲醇：分析纯，应符合 8.3.2 方法检验指标。否则用蒸馏法净化，净化方法见附录 A。

7.1.6 二甲基亚砜：同 3.2.2。

7.1.7 磷酸：浓度为 85%，分析纯。

7.1.8 蒸馏水：同 3.2.4。

7.1.9 石油醚：同 3.2.3。

7.1.10 硼氢化钠：纯度为 98%。

7.1.11 氧化镁：分析纯。

7.1.12 无水硫酸钠：分析纯，粒状。对所用的每瓶无水硫酸钠必须按 8.6 进行预洗涤，以提供本方法中所需的纯净无水硫酸钠。

7.1.13 氯化钠：分析纯。

7.2 材料

7.2.1 硅藻土：化学纯。

7.2.2 氮气：纯度 99.5%，钢瓶上装有控制阀，控制压力为 34.3kPa 下的流量。

8 准备工作

8.1 操作要求

本试验灵敏度高，因此在操作中务必十分小心，以免污染引起误差。所有的玻璃仪器包括旋塞和塞子都必须细心洗净，以除去润滑油、脂类及残留的洗涤剂等一切有机物质，并需要用紫外光检查是否有任何荧光污染。在仪器使用前必须用净化后的异辛烷淋洗。在玻璃旋塞处不准涂抹润滑脂。

8.2 样品处理

处理样品必须十分注意避免污染，并保证不得因包装不当而带入任何外来杂质。在试验中被测试的某些稠环芳烃易被光氧化，故全部试验过程必须在柔和光线下进行。

8.3 溶剂的检验

8.3.1 正十六烷的检验

取 1mL 正十六烷，用异辛烷直接稀释至 25mL，以异辛烷作参比，用 5cm 光程吸收池测定紫外吸光度。在 280~400nm 波长范围内，每 1cm 光程紫外吸光度不应大于 0.00。

8.3.2 异辛烷、石油醚、丙酮、苯和甲醇的检验

将规定量(见表 3)的溶剂放入 250mL 蒸发烧瓶中，加入 1mL 正十六烷，在水浴上通氮气蒸发至残液量不大于 1mL。蒸发速度控制在每分钟液体蒸出量约为 4mL，对苯及丙酮的残液，应再加上两次 10mL 异辛烷，操作同前，以保证除去全部的苯或丙酮。将残液溶于异辛烷中，使总体积为 25mL，

以异辛烷作参比,用5cm光程吸收池测定溶液的紫外吸光度。在280~400nm波长范围内,每1cm光程紫外吸光度不应大于表3的规定值。

表3

溶 剂	规定量,mL	每1cm光程紫外吸光度
异辛烷	180	不大于0.01
石油醚(60~90℃)	180	不大于0.01
苯	150	不大于0.01
丙酮	200	不大于0.01
甲醇	10	不大于0.00

8.3.3 蒸馏水的检验

取500mL蒸馏水放入1000mL分液漏斗中,加入25mL异辛烷,剧烈振荡5min,静置30min,分层后弃去水层,以异辛烷作参比,在280~400nm波长范围内,用5cm光程吸收池测定紫外吸光度,每1cm光程紫外吸光度不大于0.00。

8.4 试剂的制备

8.4.1 预平衡二甲基亚砜-磷酸溶液及预平衡异辛烷的制备

取300mL二甲基亚砜放入1000mL分液漏斗中,加入75mL磷酸,剧烈振荡使其混合均匀(由于二甲基亚砜和磷酸作用是放热反应,在混合时注意排气),然后放置10min,再加入150mL异辛烷并振荡混合,使溶剂达到平衡。将各层溶剂分别放出,保存于磨口具塞瓶中。

8.4.2 冲洗剂和顶替剂的制备

8.4.2.1 10%(V/V)苯-异辛烷溶液,用吸量管移取25mL苯至250mL容量瓶中,加入异辛烷至刻线,并混合均匀。

8.4.2.2 20%(V/V)苯-异辛烷溶液,用吸量管移取50mL苯至250mL容量瓶中,加入异辛烷至刻线,并混合均匀。

8.4.2.3 丙酮-苯-水混合液,取380mL丙酮加到200mL苯中,再加入20mL蒸馏水,并混合均匀。

8.5 氧化镁-硅藻土吸附剂的制备

取100g氧化镁放入一个大烧杯中,加入700mL蒸馏水使其成糊状。将此混合物放在水浴上加热(水浴温度为70℃±2℃)30min,并不断搅拌,以保证所有氧化镁完全浸湿,用垫有滤纸的布氏漏斗进行真空抽滤直至不再滴水为止。将过滤后的氧化镁移入洁净的搪瓷盘里,铺成1~2cm的厚层,然后放入烘箱中,在160℃±1℃恒温干燥24h。取出,用乳钵研碎,并用0.246mm和0.088mm孔径的标准筛过筛,收取0.246~0.088mm氧化镁。

将过筛的氧化镁和硅藻土以2:1混合(质量比)放入1000mL广口瓶中,用力振荡10min,并混合均匀。在使用前将此混合物移至搪瓷盘内铺成1~2cm的厚层,在160℃±1℃下干燥2h,然后装入广口瓶里,存放在干燥器中。

8.6 无水硫酸钠的制备

称取35g无水硫酸钠放入60mL或100mL耐酸过滤漏斗中,根据所用溶剂洗涤数次(过滤异辛烷溶液时,用异辛烷洗涤;过滤苯溶液时,则用苯洗涤),每次用15mL。收集最后一次15mL洗涤液,按8.3.2检验,测定每1cm光程紫外吸光度不大于0.00为止。一般洗涤三次即能满足要求。

9 试验步骤

9.1 萃取测定阶段

9.1.1 萃取:称取20g试样至烧杯中,并将其移入已盛有100mL预平衡好的二甲基亚砜-磷酸溶液的500mL分液漏斗中,待试样完全转移后,用50mL预平衡好的异辛烷将烧杯冲洗干净,并转移至同一个分液漏斗中,剧烈振荡 2min。另外准备三个 250mL 分液漏斗,每个分液漏斗中均盛有 30mL 预平衡好的异辛烷。待 500mL 分液漏斗中的液相分层后,将下层萃取液放入至第一个 250mL 异辛烷分液漏斗中,接着用第二、第三个盛有 30mL 异辛烷的 250mL 分液漏斗依次洗涤每个下层萃取液,每洗涤一次,振荡时间为 1min。待第三个 250mL 分液漏斗中的萃取液分层后,将下层萃取液放入盛有 480mL 蒸馏水的 2L 分液漏斗中,再用两份(每份 100mL)预平衡好的二甲基亚砜-磷酸溶液萃取两次上述 500mL 分液漏斗中的试样,每次萃取的萃取液都依次通过以上三个盛有 30mL 异辛烷的分液漏斗洗涤,经洗涤后的萃取液均放入上述 2L 分液漏斗中。

9.1.2 反萃取:将收集到的萃取液(总体积 300mL)混合均匀,冷却几分钟,加入 80mL 异辛烷振荡 2min。待液相分层后,将下层溶液放入 2L 分液漏斗中,再加入 80mL 异辛烷重复萃取一次。待液相分层后,弃去下层溶液,每份 80mL 异辛烷萃取液各用蒸馏水洗涤三次,每次 100mL,振荡 1min。

9.1.3 过滤:将第一个分液漏斗中的 80mL 异辛烷萃取液用一个耐酸过滤漏斗过滤,漏斗里加入 35g 经异辛烷预洗涤的无水硫酸钠。将滤液收集至 250mL 蒸发烧瓶中。然后用第二个分液漏斗的 80mL 异辛烷萃取液洗涤第一个分液漏斗,洗涤液也通过同一个无水硫酸钠耐酸过滤漏斗,滤液并入同一个蒸发烧瓶中。再用 20mL 异辛烷,先洗涤第二个分液漏斗、后洗涤第一个分液漏斗。洗涤液均通过前述同一个无水硫酸钠耐酸过滤漏斗,滤液并入同一个蒸发烧瓶中。

9.1.4 浓缩:往蒸发烧瓶里加入 1mL 正十六烷,将蒸发烧瓶放在水浴上,通氮气吹蒸异辛烷至残液量不大于 1mL,蒸发速度同前。再加入 10mL 异辛烷,操作同前,蒸至残液量不大于 1mL。

9.1.5 将残液移至 200mL 容量瓶中,加异辛烷到刻线,混合均匀。将溶液放入 1cm 吸收池中(溶液倒入吸收池时不得有损失)。在 280~400mm 波长范围内,以异辛烷作参比测定紫外吸光度。

9.1.6 空白试验:按 9.1.1~9.1.5 步骤。

9.1.7 判断空白试验的紫外吸光度补正试样的紫外吸光度。空白试验的紫外吸光度和补正后的试样的紫外吸光度如符合表 4 中的规定值,则认为试样通过 B 法。

表 4

每 1cm 光程 最大紫外吸光度 样品	波长 mm			
	280~289	290~299	300~359	360~400
空　白	0.02	0.02	0.02	0.02
试　样	0.7	0.6	0.4	0.09

如果补正后的每 1cm 光程紫外吸光度大于表 4 的规定值时,则试验需要按下法继续进行。

9.2 吸附分离测定阶段

9.2.1 将容量瓶和吸收池中的异辛烷溶液全部移至原 250mL 蒸发烧瓶中,用少量的异辛烷将容量瓶和吸收池冲洗干净,洗液并入蒸发烧瓶,将蒸发烧瓶放在水浴上通氮气吹蒸至残液不大于 1mL 为止,蒸发速度同前。取下蒸发烧瓶,冷却,加入 10mL 甲醇和约 0.3g 硼氢化钠(为使硼氢化钠尽量不暴露在空气中,使用玻璃小量勺),立即接上水冷凝器,振荡烧瓶至硼氢化钠溶解。在室温下放置 30min,并不时摇晃,然后卸下水冷凝器,将蒸发烧瓶放在水浴上通氮气蒸发甲醇,直至硼氢化钠开始从溶液中析出。然后,加入 10mL 异辛烷,将混合物浓缩至 2~3mL,再加入 10mL 异辛烷,再蒸发至 5mL 左右,不断摇晃烧瓶,以保证硼氢化钠得到充分洗涤。

9.2.2 先将色谱柱用聚四氟乙烯垫圈与吸滤瓶相连。称取 14g 氧化镁-硅藻土吸附剂,在抽真空下(约 18.0kPa),分次装入色谱柱内,每次约装 3cm 高的吸附层。每装好一层,用玻璃棒均匀的压紧吸附剂面,以保证填充良好,将每层上部几毫米表面层用金属棒尖端挑松,然后再加第二层吸附剂。按这样的方法,将 14g 吸附剂全部装入色谱柱内,用玻璃棒压紧吸附剂层,使得吸附剂层全高约 12.5cm,停止抽真空,取下吸滤瓶,将 500mL 容器装在色谱柱上端。色谱柱先用 100mL 异辛烷浸湿,调节氮气压力,使异辛烷下流速度为 2~3mL/min。当最后一些异辛烷快要达到吸附剂上部平面时，停止加压(注意：在任何时候液面不能低于吸附剂顶面)。

9.2.3 往已填充吸附剂的色谱柱(下称吸附柱)内加入上述异辛烷浓缩物，稍加氮气压力，使液面下降至恰好稍高于吸附剂面，用两份5mL异辛烷充分洗涤蒸发烧瓶，并迅速倒入吸附柱中。当最后5mL洗涤液恰好达到吸附剂顶面之前，加入100mL异辛烷。渗透下流速度为2~3mL/min，当最后一些异辛烷恰好达到吸附剂顶面时，向容器中加入100mL 10%苯-异辛烷冲洗剂，继续按上述速度渗透。当最后一些混合物恰好达到吸附剂顶面时，向容器中加入25mL 20%苯-异辛烷冲洗剂，继续按上述速度渗透，直至所有溶剂全部通过吸附柱，弃去所有冲洗溶液。向容器中加入300mL丙酮-苯-水顶替剂，顶替下来的溶液集于洁净的1000mL分液漏斗中，直至溶液滴完。

9.2.4 将顶替溶液用蒸馏水洗涤三次，每次用量300mL，振荡1min。液相分层后(如有乳化现象，可用氯化钠破乳化)弃去下层溶液。上层苯残留物通过苯预洗过的无水硫酸钠过滤至250mL蒸发烧瓶中，分液漏斗的上层苯残留物用苯洗涤两次，每次用20mL，洗涤液放入同一个无水硫酸钠耐酸过滤漏斗中过滤，并入蒸发烧瓶中。

9.2.5 往蒸发烧瓶中加入1mL正十六烷，在水浴上通氮气吹蒸，蒸发速度同前，直至残液不大于1mL，再加入两次10mL异辛烷，每次蒸至残液不大于1mL为止。

9.2.6 将残液移至200mL容量瓶中，加异辛烷至刻线，混合均匀。将溶液放入1cm光程吸收池中，在280~400nm波长范围内测定溶液的紫外吸光度。

9.2.7 空白试验按9.2.1~9.2.6的步骤。

如果在250~260nm波长范围内显出苯谱线的特征，则必须重新吹蒸以除去全部苯，然后再测定其紫外吸光度。

9.2.8 判断测定值用空白试验测得的紫外吸光度进行补正。空白试验的紫外吸光度和补正后的试样的紫外吸光度如符合标准中表4的规定值，则认为试样通过B法。否则试样未通过B法。

10 报告

10.1 报告试样通过A法或通过B法。

10.2 报告试样未通过A法或未通过B法。

附 录 A
（标准的附录）
试剂净化及处理方法

A1　色谱柱法

适用于异辛烷、正己烷、石油醚（沸程 60~90℃）、正十六烷的净化。

将长约 90cm、内径为 5~8cm 的玻璃色谱柱下端用洁净的棉花堵塞，边敲边装填活化好的硅胶至色谱柱四分之三高度处，硅胶装入量约 1kg 左右，继续敲打柱子至硅胶不再下降。柱子应垂直放置并用夹子夹稳，然后加入要净化的上述试剂（每种试剂的处理量根据其中的杂质而定），先滴下来的 200mL 须倒回至色谱柱再处理一次，液体流速可控制在 4~5mL/min。

因正十六烷用量少，也可用小色谱柱净化，色谱柱的内径为 1.5cm，柱长为 60cm 为宜。

注：用在 150℃±1℃ 下活化 5~6h 的 0.246~0.124mm 孔径的细孔硅胶。

A2　蒸馏法

适用于异辛烷、石油醚（沸程 60~90℃）、苯、丙酮和甲醇的净化。可用一般的蒸馏装置，在常压下蒸馏。

A2.1　净化异辛烷

取 1500mL 经色谱柱法净化后的异辛烷，加入蒸馏烧瓶中，加入几粒泡沸石进行蒸馏，控制流速为 4~5mL/min。取出 1300mL 流出液进行检验。

A2.2　净化石油醚（沸程 60~90℃）

取 1500mL 经色谱柱法净化后的石油醚，加入蒸馏烧瓶中，加入几粒泡沸石进行蒸馏，流速和截取液量均与异辛烷相同。

A2.3　净化苯

取 1500mL 苯加入蒸馏烧瓶中，加入几粒泡沸石进行蒸馏，控制流速为 4~5mL/min，取出 1200mL 流出液进行检验。

A2.4　净化丙酮、甲醇

净化丙酮、甲醇的方法与净化苯的方法相同。

A3　萃取法

适用于蒸馏水的净化。

取一次蒸馏的蒸馏水 1500mL 放入 2L 分液漏斗中，加入 80mL 纯净的石油醚（沸程 60~90℃），振荡 10min，静置分层后，取下层溶液进行检验。

ICS 75.160.20
E 31

中华人民共和国石油化工行业标准

NB/SH/T 0663—2014
代替 SH/T 0663—1998

汽油中醇类和醚类含量的测定　气相色谱法

Standard test method for determination of alcohols and ethers in gasoline by gas chromatography

2014-06-29 发布

2014-11-01 实施

国家能源局 发布

NB/SH/T 0663—2014

前　言

本标准按照 GB/T 1.1—2009 中给出的规则起草。

本标准代替 SH/T 0663—1998《汽油中某些醇类和醚类测定法（气相色谱法）》，与 SH/T 0663—1998 相比主要技术变化如下：

——对 SH/T 0663—1998 中适用范围 1.2 条进行了修改，各种醇醚测量下限由 0.1% 修改为 0.2%（见第 1 章，1998 年版中 1.2）；

——对图 1 和图 2 进行了修改（见图 1 和图 2，1998 年版中的图 1 和图 2）；

——删除 SH/T 0663—1998 中毛细管预切柱 1 及长 30 m，内径 0.35 mm 分析柱的相关内容（见 1998 年版中的第 6 章）；

——取消 SH/T 0663—1998 中表 1 和含氧化合物体积浓度计算公式（20）中 15.56℃时的相对密度（见 1998 年版的表 1 和 14.3）；

——增加了烃干扰资料性附录（见附录 A）。

本标准使用重新起草法修改采用美国试验与材料协会标准 ASTM D4815—09《汽油中甲基叔丁基醚、乙基叔丁基醚、甲基叔戊基醚、二异丙醚、叔戊醇及 C1~C4 醇类的气相色谱测定法》。

本标准与 ASTM D4815—09 的主要差异及其原因如下：

——将标准名称修改为《汽油中醇类和醚类含量的测定 气相色谱法》，以简化并符合我国标准名称的编写要求；

——在第 2 章"规范性引用文件"中，采用我国相应的国家标准和行业标准，以方便使用；

——将 ASTM D4815—09 表 1 中各组分 15.56℃的相对密度变更为 20℃密度；同时，根据 ISO 3838：1983 标准方法，本标准在表 1 中补充了水的 20℃密度，因我国标准密度为 20℃密度；

——以氮气取代氢气作载气，以适合我国的载气使用情况。

本标准由中国石油化工集团公司提出。

本标准由全国石油产品和润滑剂标准化技术委员会石油燃料和润滑剂分技术委员会（SAC/TC280/SC1）归口。

本标准起草单位：中国石油化工股份有限公司石油化工科学研究院。

本标准主要起草人：金珂。

本标准所代替标准的历次版本发布情况为：

——SH/T 0663—1998。

汽油中醇类和醚类含量的测定　气相色谱法

警告：本标准可能涉及某些有危险性的材料、操作和设备，但是并未对与此有关的所有安全问题都提出建议。因此，使用者在应用本标准前应建立适当的安全和防护措施，并确定相关规章限制的适用性。

1　范围

本标准规定了采用气相色谱法测定汽油中的醚类和醇类的方法。所测定的特殊组分是：甲基叔丁基醚（MTBE）、乙基叔丁基醚（ETBE）、甲基叔戊基醚（TAME）、二异丙基醚（DIPE）、甲醇、乙醇、异丙醇、正丙醇、异丁醇、叔丁醇、仲丁醇、正丁醇及叔戊醇。

本标准适用于单一醚测定的质量分数范围为 0.20%～20.0%。单一醇测定的质量分数范围为 0.20%～12.0%。本标准提供了用于将各组分转变为氧的质量分数和体积分数的计算公式。质量分数小于 0.20%时，烃类会对某些醚类和醇类产生干扰。对于烯烃含量不大于 10%（体积分数）的汽油检测限为 0.20%（质量分数）。对于烯烃含量大于 10%（体积分数）的汽油，烃类干扰可能大于 0.20%（质量分数）。附录 A 显示了烯烃含量为 10%（体积分数）汽油的烃类干扰情况的色谱图。

本标准不适用于醇基燃料，如 M-85、E-85、MTBE 产品、乙醇产品及变性醇。

苯能被本标准同时检测，但不能被定量，需要用另外的方法分析（见试验方法 SH/T 0713）。

2　规范性引用文件

下列文件对于本文件的应用是必不可少的。凡是注日期的引用文件，仅注日期的版本适用于本文件。凡是不注日期的引用文件，其最新版本（包括所有的修改单）适用于本文件。

GB/T 1884　原油和液体石油产品密度实验室测定法（密度计法）（GB/T 1884—2000，eqv ISO 3675：1998）

GB/T 4756　石油液体手工取样法（GB/T 4756—1998，eqv ISO 3170：1988）

SH/T 0246　轻质石油产品中水含量测定法（电量法）

SH/T 0604　原油和石油产品密度测定法（U 形振动管法）（SH/T 0604—2000，eqv ISO 12185：1996）

3　术语和缩略语

下列术语、定义和缩略语适用于本文件。

3.1　术语和定义

3.1.1
小体积接头　low volume connector
一个用来连接两根内径 1.6 mm 及内径更小的长管子的特殊接头。有时又称零死体积接头。
3.1.2
含氧化合物　oxygenate

任何含氧的可以被用来作为燃料或燃料补充物的有机化合物，例如各种醇类和醚类。

3.1.3

分流比 split ratio 或 SP

在毛细管气相色谱仪中，样品进样口载气的总流量与进入毛细管柱的载气流量之比，表示为式（1）：

$$SP = (S + C)/C \quad\cdots\cdots\cdots\cdots\cdots\cdots\cdots\cdots\cdots\cdots\cdots\cdots \quad(1)$$

式中：

S——分流放空口流量；

C——柱出口流量。

3.1.4

tert-amyl alcohol 或 tert-pentanol

叔戊基醇，又名叔戊醇。

3.2 缩略语

3.2.1

MTBE，methyl tert-butylether

甲基叔丁基醚。

3.2.2

ETBE，ethyl tert-butylether

乙基叔丁基醚。

3.2.3

TAME，tert-amyl methylether

甲基叔戊基醚。

3.2.4

DIPE，diisopropylether

二异丙基醚。

3.2.5

TCEP，1，2，3-tris-2-cyanoethoxypropane

1，2，3-三-（2-氰基乙氧基）丙烷，一种气相色谱固定液。

3.2.6

WCOT，wall coated open tubalar column

壁涂开管柱，一种类型的气相色谱毛细管柱。这类柱子通过在毛细管内壁涂渍薄层固定液制备而成。

4 方法概要

4.1 将适当的内标，如1，2-二甲氧基乙烷（乙二醇二甲基醚 DME）加到试样中，然后将此试样导入装有两根柱子及一个柱切换阀的气相色谱仪中。试样首先通过极性的 TCEP 预切柱，先将轻烃冲洗放空，并保留含氧化合物及较重的烃组分。

4.2 在甲基环戊烷之后，但在 DIPE 和 MTBE 从预切柱流出之前，将阀切换至反吹位置，让含氧化合物进入非极性 WCOT 分析柱。在任何重烃类组分流出之前，醇类和醚类从分析柱上依沸点顺序流出。

4.3 待苯和 TAME 从分析柱流出以后，将柱切换阀切回到起始位置，以便反吹重烃组分。

4.4 通过火焰离子化检测器（FID）或热导检测器（TCD）检测流出的组分。记录与组分浓度成比例的检测器响应值，测定峰面积，并参考内标计算每个组分的浓度。

5 方法应用

5.1 醚类、醇类和其他含氧化合物都能被添加到汽油中以提高辛烷值及减少汽车尾气排放。各种含氧化合物的类型和浓度都有规定，并被加以调整以便保证能达到商用汽油的质量。驱动性、蒸汽压、相分离、尾气和挥发性气体排放都是含氧化合物燃料所关注的一些性能。

5.2 本测试方法既可用于汽油质量控制，也可用于测定有意或额外加入的含氧化合物或污染物的测定。

6 仪器

6.1 色谱仪

6.1.1 只要能分离表 1 中所显示的各种醚类和醇类的任何气相色谱系统均可用于此分析。相当于图 1 所示的气相色谱仪适合本标准的分析，它能在表 2 所给的条件下操作，并具有一套柱切换和反吹系统。载气流量控制器应能精确控制所需要的低流量（表 2）。压力控制装置和压力表应能准确控制需要的典型压力范围。

6.1.2 检测器：火焰离子化检测器或热导检测器都可以使用。系统应有足够的灵敏度和稳定性，以便对于一个浓度为 0.005 % 体积分数的含氧化合物样品在信噪比最小为 5∶1 时，获得记录器偏移至少为 2 mm。

表 1 与 TCEP/WCOT 柱设定条件的有关物理常数和保留特征

组分	保留时间/min	相对保留时间		相对分子质量	密度 20℃/（g/cm³）
		M	D		
水	2.90	0.58	0.43	18.0	0.9982
甲醇	3.15	0.63	0.46	32.0	0.7913
乙醇	3.48	0.69	0.51	46.1	0.7894
异丙醇	3.83	0.76	0.56	60.1	0.7855
叔丁醇	4.15	0.82	0.61	74.1	0.7866
正丙醇	4.56	0.90	0.67	60.1	0.8038
甲基叔丁基醚	5.04	1.00	0.74	88.2	0.7406
仲丁醇	5.36	1.06	0.79	74.1	0.8069
二异丙基醚	5.76	1.14	0.85	102.2	0.7235
异丁醇	6.00	1.19	0.88	74.1	0.8016
乙基叔丁基醚	6.20	1.23	0.91	102.2	0.7399
叔戊醇	6.43	1.28	0.95	88.1	0.8090
乙二醇二甲基醚（DME）	6.80	1.35	1.00	90.1	0.8670
正丁醇	7.04	1.40	1.04	74.1	0.8097
苯	7.41	1.47	1.09	78.1	0.8794
甲基叔戊基醚	8.17	1.62	1.20	102.2	0.7707

注：M 以 MTBE 的相对保留时间为 1；D 以 DME 的相对保留时间为 1。

表 2　色谱操作条件

项　　目	条件 1（氦气）	条件 2（氦气）
柱箱初温/℃	60	80
进样器温度/℃	200	200
到进样器流量/（mL/min）	75	75
柱流量/（mL/min）	5	5
分流比	15：1	15：1
检测器温度/℃		
TCD	200	
FID	250	250
阀温度/℃	60	50
检测器气体：		
辅助气（氮气）/（mL/min）	3	
补充气（氮气）/（mL/min）	18	18
反吹时间/min	0.2~0.3	0.2~0.3
阀复位时间/min	8~10	12~15
进样体积/μL	1.0~3.0[a]	1.0
总分析时间/min	18~20	25~28

[a] 样品量应如此调整，以便让从柱中流出的醇的质量分数 0.20%~12.0 %，醚的质量分数在 0.20 %~20.0 %范围之内，并使其处于检测器检测线性范围之内。在大多数情况中采用 1.0 μL 的样品体积进样。

6.1.3　切换反吹阀：安装于气相色谱柱炉内，具有能完成在第 11 章和图 1 所说明的功能。此阀应具有小内孔体积，并且对色谱分离无明显变差的影响。

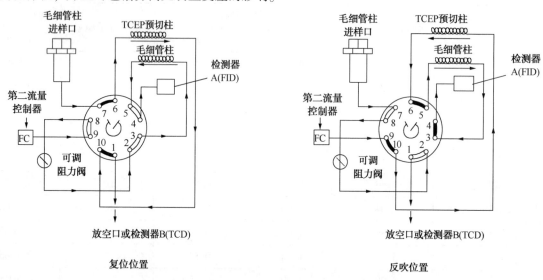

图 1　汽油中含氧化合物分析的色谱系统流程

6.1.3.1　Valco Model No. A 4 C10WP 十通阀：具有 1.6 mm（1/16 in.）柱接头。此特殊的阀曾用于第 15 章的大部分分析研究工作。

6.1.3.2　Valco Model No. C10W 十通阀：具有 0.8 mm（1/32 in.）柱接头。推荐将此阀用于柱内径在 0.32 mm 及以下的色谱柱。

6.1.3.3　某些气相色谱仪安装有一个可容纳阀和极性柱（预切柱）的辅助柱箱。在这样的结构中，非极性柱（分析柱）安装在主柱箱中，两个柱箱炉温度都能调节，可以得到含氧化合物的最佳分离。

6.1.4　应使用自动阀切换装置来确保切换时间的重复。此装置应该与进样时间和数据收集时间同步。

6.1.5　进样系统：如果使用毛细管柱和火焰离子化检测器，则色谱仪应安装分流进样设备。为使实际的色谱样品量保持在柱负荷和检测器最佳效率和线性范围之内，应采用分流进样。

6.1.5.1 某些气相色谱仪装有柱上进样器和能进小样品量的自动进样器。这种进样系统可用来提供在柱负荷和检测器最佳效率及线性范围之内的样品量。

6.1.5.2 为了将代表性样品导入气相色谱仪进样口，微量注射器、自动进样器及液体进样阀都可使用。

6.2 数据的显示和计算

6.2.1 记录器：使用记录器或相当的设备，具有 5 mV 或更小的满量程，用来监视检测器信号。其满刻度响应时间应小于 1 s，同时具有足够的灵敏度和稳定性，以便满足 6.1.2 的要求。

6.2.2 积分仪或计算机：应提供测定检测器响应的手段。峰高或峰面积可以用计算机、电子积分仪或手工技术测量。

6.3 两种色谱柱

6.3.1 极性柱：此柱完成从相同沸点范围的挥发性烃中预分离含氧化合物。含氧化合物和其余烃类被反吹到 6.3.2 中的非极性柱上。具有相当或优于 6.3.1.1 中描述的色谱效率及选择性的任何柱子都可以使用。除非是放置在如 6.1.3.3 的辅助炉内，该柱应该在与 6.3.2 中色谱柱所要求的相同温度下运行。

6.3.1.1 TCEP 微填充柱：长 560 mm，1.6 mm 外径，及 0.76 mm 内径不锈钢管，填充 0.14 g~0.15 g 20% TCEP/Chromosorb P（AW）180 μm~250 μm 固定相。

6.3.2 非极性（分析）柱：具有相当或更优于 6.3.2.1 和图 2 所描述的色谱柱效及选择性的任何柱子都可以使用。

6.3.2.1 WCOT 甲基硅酮柱：长 30 m，内径 0.53 mm，涂有 2.6 μm 膜厚的交联甲基硅酮弹性石英毛细管 WCOT 柱。

7 试剂和材料

7.1 载气：使用与检测器类型相适应的载气，如高纯氦气或氮气。曾成功的使用过氢气。所用载气的最低纯度应为 99.95%（摩尔分数）。

7.2 定性定量标样：需要包括所有被分析组分和内标的标样，以便应用保留时间定性和定量测量校正。这些物质应该已知纯度且不含其他待测组分。

警告：这些物质都是易燃的，人如果摄取或吸入可能有害或致命。

7.3 二氯甲烷：用于色谱柱制备。分析纯，无挥发残余物。

警告：若吸入有害。高浓度可导致昏迷或死亡。

8 柱填料（TCEP 柱填料）的制备

8.1 凡能从汽油烃类化合物中将相同沸点范围的 C_1~C_4 的醇类和 MTBE、ETBE、DIPE 及 TAME 的醚类保留分离的色谱柱填料的任何制备方法都可以使用。

8.2 将 10 gTCEP 完全溶解于 100 mL 二氯甲烷中。向此溶液中加入 40 g 的 Chromosorb P（AW）180 μm~250 μm 载体。在通风橱内将该混合物快速转移至培养皿中，不用特意搜集容器中的残余物。轻微而恒定地搅拌涂渍物，直到溶剂完全蒸发。此柱填料可立即用于 TCEP 微填充柱制备。

9 取样

9.1 应按 GB/T 4756 或其他相当的方法取样。

9.2 自实验室收到样品起，在完成任何子样品取样前，应将盛装原始样品的容器冷却到0℃~5℃下保存。

9.3 如果必要，转移冷却样品到压力密封容器中，并在0℃~5℃储藏，直到需要进行分析时。

10 TCEP微填充柱的制备

10.1 用甲醇清洗一根长560 mm，外径1.6 mm（内径0.76 mm）的不锈钢管，并用压缩氮气或空气吹干。

10.2 在不锈钢管的一端插入6股~12股银丝束、细筛目隔板或不锈钢网制成的堵头。由柱另一端慢慢地加入0.14 g~0.15 g的TCEP填料，通过轻轻地振动将柱内填料填实。并于装料端加上堵头。当银丝束或不锈钢网堵头被用于保持柱内填料时，在柱两端分别约占6 mm长的柱空间。

10.3 色谱柱老化：使用前，TCEP和WCOT柱都应简单地加以老化。将柱子连接到色谱炉的阀上（见11.1）。按12.3调节载气流量，并将阀转到复位的位置。几分钟后，升高柱炉温度到120℃，并保持这些条件5 min~10 min。将柱冷却到60℃以下关闭载气。

11 仪器的准备及条件的建立

11.1 组装

用小体积接头和细孔径不锈钢管将WCOT柱连接到阀系统上。尽量减少同样品接触的色谱系统的体积是很重要的，否则，将出现峰变宽的现象。

11.2 检漏

按表2所列调整操作条件，但不要打开检测器电路系统。在往下做之前应对系统进行检漏。

11.2.1 如果使用不同极性和非极性柱，或小内径的毛细管柱，或两者同时使用，这时有必要使用不同的最佳流量和温度。

11.3 分流比调节

11.3.1 连接流量测量设备到预切柱放空口，让阀处于复位位置，然后调节进样口压力，给出5.0 mL/min流量。为此可采用皂膜流量计进行测量。

11.3.2 连接流量测量装置到分流进样器放空口，并使用A气路流量控制器和背压调节器调节该流量为70 mL/min。如11.3.1中那样重新检查柱出口流量，反复调节直至达到所需流量。

11.3.3 切换阀到反吹位置，反复调节阻力阀，以便达到11.3.1中所设定的预切柱放空流量，即使阻力阀的阻力与预切柱的阻力相同。这对阀切换时减小流量变化，获得稳定色谱基线十分必要。

11.3.4 切换阀到复位位置，调节B气路流量控制器，以便在检测器出口得到3.0 mL/min~3.2 mL/min的流量。在所用具体仪器需要时，调节补充气流量或TCD的切换气流量，以便使检测器出口总流量达到21 mL/min。

11.4 检测器

使用热导检测器时，打开热导桥流电路系统使其平衡。当使用火焰离子化检测器时，调节氢气和空气流量，并点火。

11.5 反吹时间的测定

反吹时间对于每一个柱系统来说都有轻微变化，应通过如下实验测定。积分仪的起动时间和阀定时器应与进样同步，以便可准确地重复反吹时间。

11.5.1 开始设定阀反吹时间为 0.23 min。将阀放置到复位处，进 1 μL~3 μL，每个含氧化合物的浓度至少为 0.5%（质量分数）的混合液，同时开始分析计时。在 0.23 min 切换阀到反吹位置，并保持到 TAME 完全流出。记录此时间作为复位时间，即阀回到复位位置的时间。当所保留的烃类全部被反吹出来以后，讯号将回到稳定基线，同时系统将准备另一次分析。显示的色谱图应与图 2 相似。

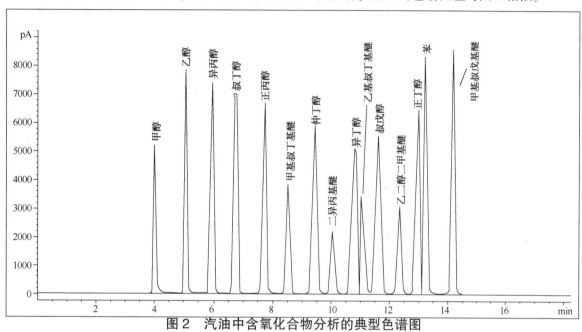

图 2　汽油中含氧化合物分析的典型色谱图

11.5.1.1 应确保有足够的反吹时间来定量转移较高浓度的醚类，特别是让 MTBE 能进入分析柱中。

11.5.2 有必要通过分析含氧化合物标准混合物来选择阀最佳反吹时间。将阀切换的时间预定在 0.20 min~0.35 min 之间，用实验来测定正确的反吹时间。当阀切换太快时，C_5 和较轻的烃类被反吹，并且与 C_4 醇类冲洗在相同的谱图段。当阀切换太晚时，部分或全部的醚类组分（MTBE，ETBE 或 TAME）被放空，造成不正确的醚类测定结果。

11.5.2.1 DIPE 也许要求反吹时间比其它醚类稍短。如果需要分析 DIPE，系统可能需要重新选择最佳条件。

11.5.3 为便于确定反吹时间，可将图 1 中的柱放空口经细内径管线连接至另一个检测器（TCD 或 FID），然后用含某些醚类的含氧化合物标样测试它通过预切柱的时间。在扣除该含氧化合物通过外连接管线的时间之后，即可确定反吹时间。

12　定性和定量

12.1　定性

通过分别地进少量纯化合物或已知混合物样品，或通过与表 1 中的相对保留时间比较来确定每个组分的保留时间。

12.1.1 为了确保尽量减小来自烃类化合物的干扰，推荐预先做无含氧化合物汽油的色谱测定，以便确定烃类干扰水平。

12.2　校正样品的制备

按照试剂的挥发性，由低到高的次序精确称量和混合的原则配制多组分含氧化合物校正标样。

12.2.1 对于每个含氧化合物，至少配制 5 种校正标样来覆盖样品中含氧化合物的浓度范围。例如，对全范围校正可以使用质量分数为 0.1%，0.5%，2%，5%，10%，15% 和 20% 的每种含氧化合物浓度。

12.2.2 配制标样前，需测定含氧化合物试剂的纯度，并对发现的杂质进行修正。尽可能使用纯度至少为 99.9%（质量分数）的物质。用按 SH/T 0246 所测定的水含量，修正组分的纯度。

12.2.3 为了减少轻组分的挥发，冷却所有用来配制标样的化学试剂和汽油。

12.2.4 使用移液管或滴管［用于小于 1%（体积分数）的体积］，按如下方法转移固定体积的含氧化合物到 100 mL 容量瓶中或带隔垫帽的小瓶中来配制标样。加盖并记录空容量瓶或小瓶质量，称至 0.1 mg。打开瓶帽，并小心地将含氧化合物加入到容量瓶或小瓶中。不要让样品沾污容量瓶或小瓶上瓶帽接触的部分。盖好瓶帽并记录下所加入的含氧化合物的质量（W_i），称至 0.1 mg。对每个需要的含氧化合物重复此加样和称重过程。类似地，加 5 mL 内标（DME），并且记录下它的净质量（W_s），称至 0.1 mg。

12.2.5 用无含氧化合物汽油或烃类混合物，如异辛烷/二甲苯（体积比）约为 63/37，将每个标样稀释到 100 mL，并且记录下它的净质量，称至 0.1 mg。所有含氧化合物不要超过 30%（体积分数），包括加入的内标。当不分析时，将校正标样在 5℃ 下密封保存。

12.3 定量校正

12.3.1 运行校正标样并建立各个含氧化合物的校正曲线。以响应比（rsp_i）作为 y 轴，对应的质量比（amt_i）作为 x 轴画出各含氧化合物的校正曲线。响应比（rsp_i）和质量比（amt_i）分别按式（2）和式（3）计算：

响应比

$$rsp_i = (A_i/A_s) \quad\cdots\cdots\cdots\cdots\cdots\cdots\cdots\cdots\cdots\cdots\cdots\cdots (2)$$

式中：

A_i——含氧化合物 i 的面积；

A_s——内标的面积。

对应的质量比

$$amt_i = (W_i/W_s) \quad\cdots\cdots\cdots\cdots\cdots\cdots\cdots\cdots\cdots\cdots\cdots (3)$$

式中：

W_i——含氧化合物 i 的质量，单位为克（g）；

W_s——内标的质量，单位为克（g）。

检查每个含氧化合物校正曲线的相关系数值 r^2，r^2 值应当至少为 0.99 或更好。r^2 按式（4）和式（5）、式（6）计算：

$$r^2 = \frac{(\sum xy)^2}{(\sum x^2)(\sum y^2)} \quad\cdots\cdots\cdots\cdots\cdots\cdots\cdots (4)$$

其中：

$$x = X_i - \bar{x} \quad\cdots\cdots\cdots\cdots\cdots\cdots\cdots\cdots\cdots\cdots\cdots (5)$$

$$y = Y_i - \bar{y} \quad\cdots\cdots\cdots\cdots\cdots\cdots\cdots\cdots\cdots\cdots\cdots (6)$$

式中：

X_i——质量比（amt_i）数据点；

$\bar{x}$——所有（amt_i）数据点平均值；

Y_i——响应比（rsp_i）的数据点；

$\bar{y}$——所有（rsp_i）数据点的平均值。

12.3.2 表 3 给出一个根据理想数据组 X_i 和 Y_i 计算 r^2 的例子。

表3 相关系数的计算范例

X_i	Y_i	$x = X_i - \bar{x}$	$y = Y_i - \bar{y}$	xy	x^2	y^2
1.0	0.5	−2.0	−1.0	2.0	4.0	1.0
2.0	1.0	−1.0	−0.5	0.5	1.0	0.25
3.0	1.5	0.0	0.0	0.0	0.0	0.0
4.0	2.0	+1.0	0.5	0.5	1.0	0.25
5.0	2.5	+2.0	1.0	2.0	4.0	1.0
$\bar{x} = 3.0$	$\bar{y} = 1.5$			$(\sum xy)^2 = 25.0$	$\sum x^2 = 10.0$	$\sum y^2 = 2.5$
		$r^2 = \dfrac{(\sum xy)^2}{(\sum x^2)(\sum y^2)} = \dfrac{25.0}{(10.0 \times 2.5)} = 1.0$				

12.3.3 对于每个含氧化合物 i 校正数据组，可获得线性最小二乘法拟合方程式如式（7）：

$$rsp_i = (m_i)(amt_i) + b_i \quad\cdots\cdots\cdots\cdots\cdots\cdots\cdots\cdots\cdots\cdots \text{（7）}$$

式中：

rsp_i——含氧化合物 i 的响应比（y 轴）；

m_i——含氧化合物 i 的线性方程式的斜率；

amt_i——含氧化合物 i 的质量比（x 轴）；

b_i——y 轴截距。

12.3.4 m_i 和 b_i 的值分别按式（8）和式（9）计算：

$$m_i = \sum xy / \sum x^2 \quad\cdots\cdots\cdots\cdots\cdots\cdots\cdots\cdots\cdots\cdots \text{（8）}$$

及

$$b_i = \bar{y} - m_i \bar{x} \quad\cdots\cdots\cdots\cdots\cdots\cdots\cdots\cdots\cdots\cdots \text{（9）}$$

12.3.5 以表3中的数据为例：应引出式（10）、式（11）和式（12）

$$m_i = 5/10 = 0.5 \quad\cdots\cdots\cdots\cdots\cdots\cdots\cdots\cdots\cdots\cdots \text{（10）}$$

$$b_i = \bar{y} - m_i \bar{x} = 1.5 - 0.5 \times 3 = 0 \quad\cdots\cdots\cdots\cdots\cdots\cdots\cdots\cdots \text{（11）}$$

注：一般的 b_i 值不为0，而可能是正数或负数。图3给出 MTBE 线性最小二乘法拟合的例子，所得方程与上面方程式（7）的形式相同。

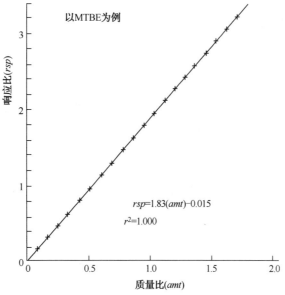

图3 MTBE 的最小二乘法拟合校正曲线

所以，上述表3中例子的最小二乘法拟合方程式为：

$$rsp_i = 0.5amt_i + 0 \quad\cdots\cdots\cdots\cdots\cdots\cdots\cdots\cdots\cdots\cdots\cdots\cdots (12)$$

12.3.6 为了得到最佳的校正，y 截距 b_i 的绝对值应处于极小值。在这种情况下，当 w_i 小于等于 0.1%（质量分数）时，A_i 趋近于 0。测定含氧化合物 i 的质量百分数或 w_i 的方程式简化为式（13）。y 的截距可以用下面的式（13）测试出来：

$$w_i = (b_i/m_i) \times (W_s/W_g) \times 100\% \quad\cdots\cdots\cdots\cdots\cdots\cdots\cdots (13)$$

式中：

w_i——含氧化合物 i 的质量分数，%，这里 $w_i \leq 0.1\%$（质量分数）；

W_s——加到汽油中内标的质量，单位为克（g）；

W_g——汽油的质量，单位为克（g）。

注：由于实际中的 W_s 和 W_g 对不同样品有细微变化，因此使用平均值。

12.3.7 下面给出一个利用图3测试 y 截距（b_i），从而计算含氧化合物（MTBE）i 浓度的例子。对 MTBE，其 $b_i = 0.015$ 及 $m_i = 1.83$，而从 13.1 可知，一个典型样品配制可能含有近似 $W_s = 0.4$ g（0.5 mL）内标及 $W_g = 7$ g（9.5 mL）的汽油。将这些值代入式（13）中可得式（14）：

$$w_i = (0.015/1.83) \times (0.4\ g/7\ g) \times 100\% = 0.05\%（质量分数）\quad\cdots\cdots\cdots (14)$$

12.3.8 因为 w_i 小于 0.1%（质量分数），所以对于 MTBE，y 截距 b_i 有一个可接受的值。类似地可测定所有其它含氧化合物的 w_i。对于所有含氧化合物，w_i 应小于 0.1%（质量分数）。如果任何 w_i 值大于 0.1%（质量分数），都需重新进行含氧化合物 i 的校正过程，或检查仪器参数及硬件，或检查烃类的干扰。

13　试验步骤

13.1　试样制备

用一支移液管将 0.5 mL 内标物转移到一个称过瓶重和瓶帽重的 10 mL 容量瓶中。称量盖上瓶帽的容量瓶，精确至 0.1mg。记录所加内标的净质量（W_s）。让样品装满容积为 10 mL 的容量瓶，盖上瓶帽，称重容量瓶，并记录所加样品的净质量（W_g），称至 0.1 mg。将溶液完全混合，并取样注入气相色谱仪中。如果使用自动进样器，那么转移一部分溶液到一个气相色谱用 GC 玻璃瓶中。用有聚四氟乙烯衬垫的铝帽密封 GC 玻璃瓶。如果不立即分析此样品，则应将其在低于 5℃ 下储藏。

13.2　色谱分析

按校正分析所用的相同技术和试样量，将有代表性的试样，包括内标，一起导入色谱仪。分流比为 15：1 时，进样量在 1.0 μL~3.0 μL 为好。记录和积分装置的启动要与试样的导入同步。获得一张谱图或峰积分报告，或显示每个被测组分峰的保留时间及积分面积的报告。

13.3　谱图解释

将试样分析所得的组分保留时间与那些校正分析结果进行比较，来对存在的含氧化合物进行定性。

14　计算和报告

14.1　含氧化合物的质量分数：

在定性鉴定各种含氧化合物以后，测量每个含氧化合物峰及内标峰的面积。从相应的最小二乘法拟合校正曲线，如图 3 中 MTBE 示例显示的那样，用含氧化合物面积对内标面积的响应比（rsp_i）来计算汽油试样中每个含氧化合物的质量（W_i），按式（15）、式（16）或式（17）、式（18）计算：

$$rsp_i = (m_i)(amt_i) + b_i \quad \text{......（15）}$$

式中：

m_i——线性拟合的斜率；

b_i——y 截距；

amt_i——式（3）定义的质量比。

或

$$amt_i = \frac{W_i}{W_s} = (rsp_i - b_i)/m_i \quad \text{......（16）}$$

或

$$W_i = [(rsp_i - b_i)/m_i]W_s \quad \text{......（17）}$$
$$= [(A_i/A_s - b_i)/m_i]W_s \quad \text{......（18）}$$

由式（19）可获得每个含氧化合物的质量分数（w_i）结果：

$$w_i = \frac{W_i}{W_g} \times 100 \quad \text{......（19）}$$

式中：

W_g——汽油试样的质量，单位为克（g）。

14.2　所报告的每种含氧化合物质量分数，精确至 0.01%。浓度小于或等于 0.20% 的报告为"未检出"。

14.3　含氧化合物的体积分数：

如果希望求每种含氧化合物的体积分数 V_i，则按式（20）计算：

$$V_i = w_i \left(\frac{D_f}{D_i} \right) \quad \text{......（20）}$$

式中：

w_i——式（19）计算的含氧化合物 i 的质量分数，%；

D_i——于表 1 中查得的各含氧化合物在 20℃ 时的相对密度；

D_f——按 GB/T 1884 或 SH/T 0604 测定的有关汽油在 20℃ 时的相对密度。

14.4　报告每种含氧化合物体积分数，精确至 0.01%。

14.5　氧的质量分数：

为了测定汽油的总氧含量 [W_{tot}%（质量分数）]，按式（21）或式（22）变换并加和所有含氧化合物组分的氧含量：

$$W_{tot} = \sum \frac{w_i \times 16.0 \times N_i}{M_i} \quad \text{......（21）}$$

或

$$W_{tot} = \frac{w_1 \times 16.0 \times N_1}{M_1} + \frac{w_2 \times 16.0 \times N_2}{M_2} + \cdots \quad \text{......（22）}$$

式中：

w_i——用式（13）测定的含氧化合物 i 的质量分数，%；

M_i——表 1 中给出的含氧化合物的相对分子质量；

16.0——氧的相对原子质量；

N_i——含氧化合物分子中的氧原子数。

14.6　报告汽油中氧的总质量分数（%），精确至 0.01%。

15 精密度和偏差

15.1 精密度

按下述规定判断试验结果的可靠性（95%置信水平）。

15.1.1 重复性

同一操作人员使用相同仪器，对同一试样进行试验，所得两个重复结果之差，不应超过表4或表5中的数值。

15.1.2 再现性

在不同实验室，不同操作人员使用不同仪器，对同一试样所得两个单一和独立测试结果之差，不应超过表4或表5中的数值。

表4 精 密 度

组 分	重 复 性	再 现 性
甲醇（MeOH）	$0.09\,(X^{0.59})$	$0.37\,(X^{0.61})$
乙醇（EtOH）	$0.06\,(X^{0.61})$	$0.23\,(X^{0.57})$
异丙醇（iPA）	$0.04\,(X^{0.56})$	$0.42\,(X^{0.67})$
叔丁醇（tBA）	$0.04\,(X^{0.56})$	$0.19\,(X^{0.67})$
正丙醇（nPA）	$0.03\,(X^{0.57})$	$0.11\,(X^{0.57})$
甲基叔丁基醚（MTBE）	$0.05\,(X^{0.56})$	$0.12\,(X^{0.67})$
仲丁醇（sBA）	$0.03\,(X^{0.61})$	$0.44\,(X^{0.67})$
二异丙基醚（DIPE）	$0.08\,(X^{0.56})$	$0.42\,(X^{0.67})$
异丁醇（iBA）	$0.08\,(X^{0.56})$	$0.42\,(X^{0.67})$
乙基叔丁基醚（ETBE）	$0.05\,(X^{0.82})$	$0.36\,(X^{0.76})$
叔戊醇（tAA）	$0.04\,(X^{0.61})$	$0.15\,(X^{0.57})$
正丁醇（nBA）	$0.06\,(X^{0.61})$	$0.22\,(X^{0.57})$
甲基叔戊基醚（TAME）	$0.05\,(X^{0.70})$	$0.31\,(X^{0.51})$
总氧	$0.02\,(X^{1.26})$	$0.09\,(X^{1.27})$

注：其中 X 是组分的平均质量分数,%。

表5 精密度区间   单位为%（质量分数）

组分	重复性													
	甲醇	乙醇	异丙醇	叔丁醇	正丙醇	甲基叔丁基醚	仲丁醇	二异丙基醚	异丁醇	乙基叔丁基醚	叔戊醇	正丁醇	甲基叔戊基醚	总氧
0.20	0.04	0.02	0.02	0.02	0.01	0.02	0.01	0.03	0.03	0.01	0.02	0.02	0.02	
0.50	0.06	0.04	0.03	0.03	0.02	0.03	0.02	0.05	0.05	0.03	0.03	0.04	0.03	
1.00	0.09	0.06	0.04	0.04	0.03	0.05	0.03	0.08	0.08	0.05	0.04	0.06	0.05	0.02
2.00	0.14	0.09	0.06	0.06	0.05	0.07	0.05	0.12	0.12	0.09	0.06	0.09	0.08	0.05
3.00	0.17	0.12	0.07	0.07	0.06	0.09	0.06	0.15	0.15	0.12	0.08	0.12	0.11	0.08
4.00	0.20	0.14	0.09	0.09	0.07	0.11	0.07	0.17	0.17	0.16	0.09	0.14	0.13	0.12
5.00	0.23	0.16	0.10	0.10	0.08	0.12	0.08	0.20	0.20	0.19	0.11	0.16	0.15	0.15
6.00	0.26	0.18	0.11	0.11	0.08	0.14	0.09	0.22	0.22	0.22	0.12	0.18	0.17	
10.00	0.35	0.24	0.15	0.15	0.11	0.18	0.12	0.29	0.29	0.33	0.16	0.24	0.25	
12.00	0.39	0.27	0.16	0.16	0.12	0.20	0.14	0.32	0.32	0.38	0.18	0.27	0.29	
14.00						0.22		0.35		0.44			0.32	
16.00						0.24		0.38		0.49			0.35	
20.00						0.27		0.43		0.58			0.41	

组分	再现性													
	甲醇	乙醇	异丙醇	叔丁醇	正丙醇	甲基叔丁基醚	仲丁醇	二异丙基醚	异丁醇	乙基叔丁基醚	叔戊醇	正丁醇	甲基叔戊基醚	总氧
0.20	0.14	0.09	0.14	0.07	0.04	0.04	0.15	0.14	0.14	0.11	0.06	0.09	0.14	
0.50	0.24	0.16	0.26	0.12	0.07	0.08	0.28	0.26	0.26	0.21	0.10	0.15	0.22	
1.00	0.37	0.23	0.42	0.19	0.11	0.12	0.44	0.42	0.42	0.46	0.15	0.22	0.31	0.09
2.00	0.57	0.34	0.67	0.30	0.16	0.19	0.70	0.67	0.67	0.61	0.22	0.33	0.44	0.22
3.00	0.72	0.43	0.80	0.40	0.21	0.25	0.92	0.88	0.88	0.83	0.28	0.41	0.54	0.36
4.00	0.86	0.51	1.06	0.48	0.24	0.30	1.11	1.06	1.06	1.03	0.33	0.49	0.63	0.52
5.00	0.99	0.58	1.23	0.56	0.28	0.35	1.29	1.23	1.23	1.22	0.38	0.55	0.70	0.70
6.00	1.10	0.64	1.40	0.63	0.31	0.40	1.46	1.40	1.40	1.41	0.42	0.61	0.77	
10.00	1.51	0.86	1.97	0.89	0.41	0.56	2.06	1.97	1.97	2.07	0.56	0.82	1.00	
12.00	1.68	0.95	2.22	1.00	0.45	0.63	2.33	2.22	2.22	2.38	0.62	0.91	1.10	
14.00						0.70		2.46		2.68			1.19	
16.00						0.77		2.69		2.96			1.28	
20.00						0.89		3.13		3.51			1.43	

15.2 偏差

美国国家标准技术研究院（NIST）提供了混在参考燃料中的几种选择的醇类化合物。例如，可以按 NIST 的标准参考目录的说明得到表 6 所列参考燃料中的几种标准参考物（SRM）。

表 6　参考燃料中的几种标准参考物（SRM）

参考目录（SRM）	类型	标称浓度/%（质量分数）		
		甲醇	乙醇	甲醇+叔丁醇
1829	参考燃料中的醇类	0.335	11.39	10.33+6.63
1837	甲醇和叔丁醇			10.33+6.63
1838	乙醇		11.39	
1839	甲醇	0.335		

附　录　A

（规范性附录）

烃　干　扰

A.1 图 A.1 显示了含 10%（体积分数）烯烃的汽油的烃干扰。含 10%（体积分数）烯烃汽油中加入醇类和 0.1%（质量分数）MTBE 等醚类与未加入醇和醚所得到的色谱图比较。

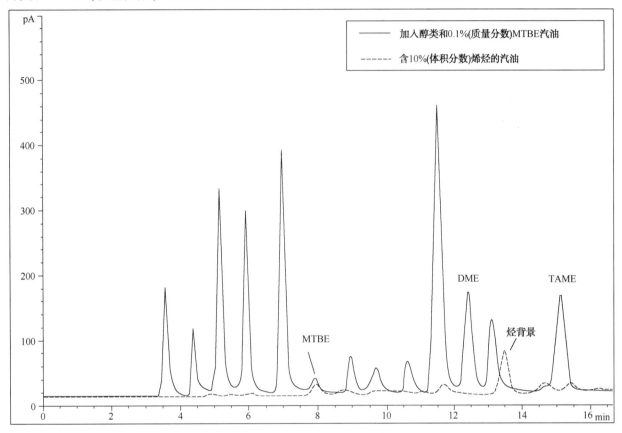

图 A.1　烃干扰的色谱示意图

参 考 文 献

[1] SH/T 0713 车用汽油和航空汽油中苯和甲苯含量测定法（气相色谱法）

前　言

本标准等效采用日本汽车标准化组织 JASO M341—92《评定二冲程汽油机油清净性试验程序》。

本标准采用的试验程序、试验条件与 JASO M341—92 标准方法相同，评定用发动机及参比油与 JASO 标准规定一致，测试设备、仪器仪表及辅助装置采用满足 JASO 标准方法规定功能、精度要求的产品。

本标准的附录 A、附录 B 和附录 C 都是标准的附录。

本标准由中国石油化工集团公司石油化工科学研究院归口。

本标准起草单位：天津内燃机研究所、茂名石油化工公司研究院。

本标准主要起草人：解世文、吴伟达、宫玉英、梁高升、刘成科、林跃生。

风冷二冲程汽油机油清净性评定法

SH/T 0667—1998

（2006年确认）

**Detergency test procedure for evaluating
air-cooled two-stroke gasoline engine oils**

1 范围

本标准规定了评定风冷二冲程汽油机油（简称二冲程油）清净性的试验方法，即高温下活塞环的黏结趋势及发动机活塞、气缸盖、火花塞、排气口等的清洁程度。

本标准适用于评定摩托车发动机、通用汽油机、雪橇车动力等二冲程汽油机使用的二冲程油。

2 引用标准

下列标准包括的条文，通过引用而构成为本标准的一部分，除非在标准中另有明确规定，下述引用标准都应是现行有效标准。

GB/T 265　石油产品运动黏度测定法和动力黏度计算法

GB/T 268　石油产品残炭测定法（康氏法）

GB/T 380　石油产品硫含量测定法（燃灯法）

GB 1922　溶剂油

GB/T 1995　石油产品黏度指数计算法

GB/T 2433　添加剂和含添加剂润滑油硫酸盐灰分测定法

GB/T 5363　摩托车和轻便摩托车发动机台架试验方法

GB/T 5487　汽油辛烷值测定法（研究法）

GB/T 6536　石油产品蒸馏测定法

GB/T 7304—1987　石油产品和润滑剂中和值测定方法（电位滴定法）

GB/T 8017　石油产品蒸气压测定法（雷德法）

GB/T 8019　车用汽油和航空燃料实际胶质测定法（喷射蒸发法）

GB/T 8020　汽油铅含量测定法（原子吸收光谱法）

GB/T 11132　液体石油产品烃类测定法（荧光指示剂吸附法）

SH 0041—1993　无铅车用汽油

SH/T 0510　汽油机油发动机试验评分方法

3 术语

本标准采用下列术语。

3.1 清净性　detergency

二冲程发动机运行中，活塞环的黏结和机内沉积物的生成程度。

3.2 标准参比油　standard reference oil

用于评定试样油性能的二冲程油，采用 JASO JATRE-1 参比油。

中国石油化工集团公司 1998-09-24 批准　　　　　　　　　　　　　　　　1999-04-01 实施

3.3 试样油 candidate oil

需用本标准方法评定的二冲程油。

3.4 校机油 calibration oil

用来确认发动机运转状态是否进入正常评定工况的一种二冲程油，本标准采用 JASO JATRE-1 及 JATRE-3。

3.5 混合燃料油 mixed fuel

试验用标准燃料油与二冲程油按一定比例混合而成的混合油。

3.6 混合比 mixing ratio

试验用标准燃料油与二冲程油进行调和时的体积比。

3.7 磨合 breaking-in

使用新的或更换主要零部件后的发动机进行评定试验时，为保证发动机性能，在正式试验前所必须进行的运转。

3.8 沉积物 deposit

由一层薄覆被逐渐积累成厚度不等的硬质附着物。它有黏性、有光泽，呈米黄色或深棕色，并常被一层很薄的积炭所覆盖。

3.9 积炭 carbon

无光泽，硬度、厚度不等，并在溶剂中保持稳定的黑色附着物。

3.10 漆膜 varnish

薄而有光泽、很硬很干的附着物，经溶剂擦拭后只能使颜色减退。

3.11 自由环 free ring

活塞环依靠自身重量能落入环槽内。

3.12 钝环 sluggish ring

活塞环依靠自重不能落回环槽，但手指轻压后能在环槽内转动。

3.13 冷粘环 cold stuck ring

用手指轻压后活塞环仍不能在环槽内转动，但周边光亮，在发动机运转中仍起密封作用。

3.14 热粘环 hot stuck ring

活塞环周边局部或全部覆盖漆膜或沉积物，活塞环卡死在环槽内，运转中已不起密封作用。

3.15 搭桥(连碳) plug bridging

火花塞中心极与侧极之间存在的积炭相连现象。

3.16 长须 plug whiskering

火花塞电极上出现须状积炭现象。

3.17 卡缸 seizing

气缸壁与活塞各部位之间因热咬接造成的运转中断现象，并常伴有零件表面的局部明显损坏。

3.18 拉缸 scuffing

气缸壁与活塞各部位之间在运动中因瞬间热咬接造成的局部损坏现象。

3.19 拉伤(擦伤、划痕) scotching

气缸壁与活塞各部位之间在运动中产生的有手感的竖直伤痕。

4 方法概要

本标准采用排量49.4cm³的单缸、风冷二冲程汽油机进行清净性试验，发动机按给定工况运行后，评定因润滑油引起的活塞环粘结，活塞、气缸盖沉积物的生成程度。

发动机在6000r/min、低负荷运行10min之后节气门全开、全负荷(排气中一氧化碳浓度：6.0% ±0.5%(V/V)运行60min。

采用 JATRE-1 参比油,试样油与参比油按规定的顺序在同一天内完成试验,燃料油/润滑油体积混合比为 100：1。

5 试验设备和仪器

5.1 试验用发动机

评定试验用发动机为 HONDA AF27 型摩托车用 SK50MM 型发动机,铝制气缸体,铸铁气缸套。主要技术参数见表1。

5.2 发动机的改装

5.2.1 拆除曲轴至后轴的动力传动部件,由曲轴直接输出功率。

5.2.2 改装导风罩,使冷却气缸体后的冷风不吹向化油器(见图1)。

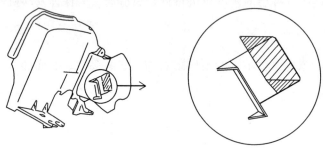

- 拆除影线部分的冷风导流板
- 堵塞化油器侧的出风口

图1 发动机导风罩改装图

表1 发动机主要技术参数

序　号	发动机型号	HONDA AF27 用发动机 SK50MM
1	发动机型式	单缸、风冷
2	缸径×冲程,mm	39.0×41.4
3	排量,cm^3	49.4
4	标定功率,kW/(r/min)	5.00/7000
5	最大扭矩,N·m/(r/min)	7.15/6500
6	升功率,kW/L	102.0
7	息速,r/min	2000±200
8	压缩比 ε	7.0
9	点火型式	无触点点火系统
10	火花塞型号	NGK BR8HSA ND W24 FR-L
11	润滑方式	分离润滑
12	扫气方式	回流

5.2.2.1 封住朝向化油器侧的出风口,使冷风直接流向尾端。

5.2.2.2 拆除朝向化油器的导流板,使冷风平衡地流向尾端。

5.2.3 机油泵

预混合燃料油不使用机油泵,须将油泵进出口短路,堵塞化油器供油孔,并在油泵中充满二冲程油以防柱塞卡死。

5.2.4 试验不使用燃料油泵,须堵住安装在曲轴箱上的油泵吸入管。

5.2.5 用铝、钢或玻璃钢等材料制作隔热板,装在空气滤清器和消声器之间,尽可能减少排气管及冷却风扇对进气温度的影响(见图2)。

5.3 测功机

选用的测功机其特性应满足 4000r/min 下吸收功率 2.0kW,6000r/min 下吸收功率 4.0kW,最好与发动机曲轴直接相连,也可通过减速装置与发动机连接,但要进行传动效率补偿。

测功机最好具有反拖功能,或为操作方便而配装一台起动电机。

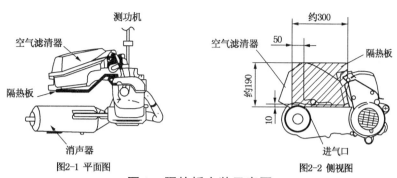

图2-1 平面图   图2-2 侧视图

图2　隔热板安装示意图

5.4　冷却系统

拆除发动机自身冷却风扇，采用外风源进行冷却。建议选用由 5.5kW 电动机带动的 4 号离心鼓风机，用管路中的闸板控制鼓风量。冷却风出口尺寸为直径 180mm，风速的调整应使发动机在磨合中火花塞垫圈热电偶温度 t_s 不高于 180℃，标定工况温度 t_s 不高于 240℃。条件不具备时，也可采用原机冷却系统。

5.5　排气系统

发动机的排气管置于排气抽风系统中，建议该系统安装 0.6kW 防爆电动机带动的 4 号轴流抽风机。采用长度为 150mm、直径 8mm 铠装 K 型热电偶测量排气温度(t_r)，在离排气管进口 50mm 处，按常规要求安装热电偶。

5.6　火花塞垫圈热电偶

在火花塞垫圈上装入 K 型热电偶，见图 3、图 4，通过对垫圈温度(t_s)的控制实现对发动机热负荷的控制。

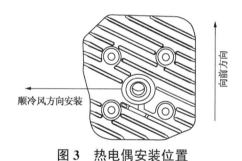

图3　热电偶安装位置

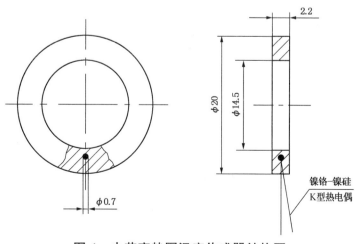

图4　火花塞垫圈温度传感器结构图

5.7 一氧化碳浓度及进气温度测量

为控制发动机的运行状态，除测量 t_s、t_r 外，尚须测量空气滤清器的进气温度(t_a)及排气中一氧化碳浓度，测量部位见图5、图6。

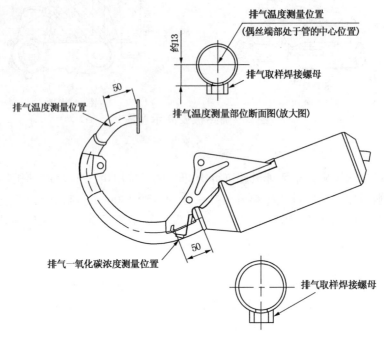

图5 排气温度、一氧化碳浓度测量位置

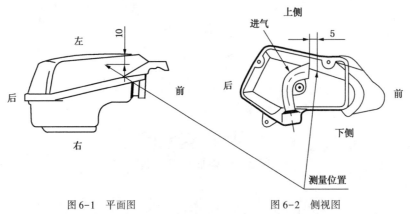

图6 进气温度测量位置示意图

5.8 燃料油供给系统

燃料油箱容量4L，高于浮子室液面500mm，不用燃料油泵而靠压力头供油。油管应尽量减少压力损失，其走向应避免管道气阻产生，见图7。

5.9 试验用仪器、仪表

5.9.1 测功机的扭矩测量范围为 0N·m~10N·m，测量精度为±0.05N·m。

5.9.2 转速表的转速测量精度为±10r/min。

5.9.3 温度表对各种温度的测量范围分别为：

缸盖：0~400℃

排气：0~800℃

进气：0~100℃

精度均为±1℃。

干湿球温度计的测量范围为-55～+55℃，精度为±1℃。

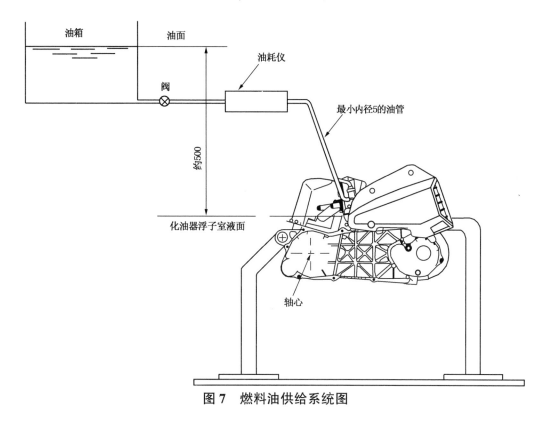

图7 燃料油供给系统图

5.9.4 记录仪能连续记录排气、进气、缸盖温度,若不能实现连续记录,也需每隔10min采集一次数据。

5.9.5 燃料油流量计

燃料油流量计测量范围为0～3.0L/h，测量精度为±0.05L/h。

5.9.6 一氧化碳浓度测量仪

测量仪量程为0～10%(V/V)，测量精度为±0.1%(V/V)。

5.9.7 大气压力计

测量范围为31～110kPa，测量精度为±0.1kPa。

6 试验用材料

6.1 燃料油

使用具有表2所示性质的试验燃料油,其他测定项目符合SH 0041—1993标准。对于同一系列的评定试验必须使用同一批燃料油。

表2 试验燃料油性质

项　　目		质 量 指 标	试 验 方 法
辛烷值(研究法)		89～93	GB/T 5487
四乙基铅,g/L	不大于	0.001	GB/T 8020
馏程:10%蒸发温度,℃	不高于	70	GB/T 6536
50%蒸发温度,℃	不高于	110	
90%蒸发温度,℃	不高于	167	
蒸气压,kPa	不大于	75	GB/T 8017
实际胶质,mg/100mL	不大于	4	GB/T 8019
硫含量,%(m/m)	不大于	0.03	GB/T 380
烃族组成:烯烃,%(V/V)		5～20	GB/T 11132
芳香烃,%(V/V)		25～35	

6.2 标准参比油和校机油

JATRE-1 为评定清净性的标准参比油，JATRE-1、JATRE-3 为校机油，其性能见附录 A。

7 试验的准备

7.1 发动机的准备

7.1.1 发动机的组装

参比油和试样油的每次清净性试验，均应按附录 B 要求装上新的部件，组装程序应按厂商的维修手册规定进行，装配时零配件表面应涂上薄薄的一层试样油。

7.1.2 磨合

对一台新发动机或更换了气缸及曲轴系统配件的发动机，须按表 3 运转条件进行磨合，磨合第二阶段节气门全开，排气一氧化碳浓度应达到 6.0%±0.5%(V/V)，最小输出扭矩 4.25N·m。若不在此范围，应调整化油器主喷嘴及油针位置，一般推荐采用 No.78 主喷嘴及油针锁圈处于自顶而下第三台位置。

磨合使用的混合燃料油，其混合比为 50：1(V/V)，润滑油为 JATRE-1 标准参比油。

表 3　磨合运转条件

阶　段	时　间 min	发动机转速 r/min	输出扭矩 N·m	节气门开度	一氧化碳浓度 %(V/V)
Ⅰ	10	4000±20	1.76±0.18	部分开度	—
Ⅱ	10	6000±20	最低 4.25	节气门全开	6.0±0.5

7.1.3 发动机的调整、维修

在发动机转速 6000r/min、满负荷输出功率降低值超过 10% 时，需进行发动机的调整、维修，必要时更换新的发动机，或按厂商的维修手册规定进行零部件的调整、更换。

7.2 评定试验用混合燃料油的准备

标准参比油与试样油均按 1：100(V/V) 比例与燃料油进行混合，用量各 4L。当混合燃料油出现分层现象时，必须终止试验，并在报告中注明。

7.3 燃料油供给系统的准备

交换试样油时，把燃料油箱、燃料油管、流量计、化油器中的混合燃料油排尽，并用试样油清洗燃料油箱。当燃料油箱倒入新的混合燃料油时，应松开化油器浮子室的排油螺钉，放出约 100mL 混合燃料油。

7.4 预运转

完成磨合运转后，在正式评定试验前，应按表 4 进行发动机的预运转。

表 4　预运转条件

持续运转时间,min	发动机转速,r/min	输出扭矩,N·m
10	6000±20	1.76±0.18

8 评定试验

8.1 预运转后将油门继续开大，直至全开，按表 5 工况进行试验。标准参比油与试样油的试验在同一天内进行，以排除环境条件变化的影响。试验中最少每 10min 测量一次发动机转速 n、输出扭矩 M_e、火花塞垫圈温度 t_s、排气温度 t_r、进气温度 t_a、燃料油消耗量、排气一氧化碳浓度共 7 项参数。评定试验开始与结束，分别记录干球温度、湿球温度、试验室环境温度、大气压力共 4 项参数，见表 6。

影响评定试验的主要因素是一氧化碳浓度。当浓度值不在表 5 中规定的范围时，必须重新调整发动机，从磨合第 Ⅱ 阶段重新开始试验。

表 5 评定试验工况

持续时间 min	发动机转速 r/min	节气门开度 %	一氧化碳浓度 %(V/V)	火花塞垫圈温度 t_s,℃	排气温度 t_r,℃	燃料油消耗量 L/h
60	6000±20	100	6.0±0.5	(235~240)	(470)	(2.60)
注:括号内参数为参考值。						

表 6 测 量 项 目

项　　　目	连续或少于10min间隔	试验前后
发动机转速 n,r/min	测定	
输出扭矩 M_e,N·m	测定	
火花塞垫圈温度 t_s,℃	测定	
排气温度 t_r,℃	测定	
空气进口温度 t_a,℃	测定	
燃料油消耗量,L/h	测定	
一氧化碳浓度,%(V/V)	测定	
干球温度,℃		测定
湿球温度,℃		测定
大气压力,kPa		测定
环境温度,℃		测定

8.2　按表5条件运转1h后停机,试验结束。自然冷却30min后拆机。将活塞从发动机中取出,首先评定活塞环的粘结状况,然后将活塞用GB 1922中NY-190号溶剂油轻轻清洗数秒钟。

9 试验结果与评定

9.1 评分

按附录C规定的方法进行零件的清净性评分。

9.1.1 评分零件

　　a) 活塞环(顶环、二环的黏结状况);

　　b) 活塞环岸(顶环岸、二环岸);

　　c) 活塞环槽(顶环槽、二环槽);

　　d) 活塞裙部;

　　e) 活塞顶部内腔;

　　f) 活塞顶;

　　g) 缸盖。

　　注:评定与膨胀环相接触的环槽表面时,以假定该接触的两个侧面沉积物是连续的为前提,忽略因膨胀环的运
　　　　动在接触面的边界上所刮掉的沉积物。

9.1.2 加权评分

采用清净性校正系数(加权系数),对每个部位的评分进行校正,加权评分按式(1)计算,清净性加权系数见附录C中C6。

$$加权评分=优点评分×加权系数 \cdots\cdots\cdots\cdots\cdots\cdots\cdots\cdots\cdots\cdots (1)$$

9.1.3 评述

　　a) 火花塞损坏状况;

　　b) 排气口的堵塞状况;

　　c) 活塞销和连杆小头轴承的损坏与磨损状况;

　　d) 曲轴主轴承及连杆大头轴承的磨损等。

9.1.4 填表与拍照

将评定结果及试验测量参数填入表7、表8。并对评定零件进行彩色拍照,其部位为:气缸盖燃烧室表面、活塞顶表面、活塞内腔、排气侧活塞表面、进气侧活塞表面、右侧活塞销孔方向活塞表面、左侧活塞销孔方向活塞表面、火花塞电极及间隙共8张照片,并注明试验编号、试样油、试验

日期、清净性指数。

9.2 清净性指数 DIX

清净性指数按式(2)计算，并记录在表8中。

$$DIX = \frac{试样油各零件加权评分之和}{JATRE-1 标准参比油各零件加权评分之和} \times 100 \quad\cdots\cdots\cdots\cdots\cdots\cdots (2)$$

9.3 活塞裙部漆膜指数 VIX

活塞裙部漆膜指数按式(3)计算，并记录在表8中。

$$VIX = \frac{试样油活塞裙部各侧加权评分之和}{JATRE-1 标准参比油活塞裙部各侧加权评分之和} \times 100 \quad\cdots\cdots\cdots\cdots\cdots (3)$$

注：清净性指数按四舍五入取整数报告数据。

表7 风冷二冲程汽油机油清净性试验优点评分表

试验编号＿＿＿＿＿＿ 试样油＿＿＿＿＿＿ 试验方法＿＿＿＿＿＿ 发动机＿＿＿＿＿＿ 评分日期＿＿＿＿＿＿

颜色 评分系数	活塞环岸						活塞环槽						活塞裙部			活塞内腔	
	1			2			1			2			面积,%		优点分	面积 %	优点分
	面积,%		优点分	面积,%		优点分	面积,%		优点分	面积,%		优点分	进气侧	排气侧			
	进气侧	排气侧		进气侧	排气侧		进气侧	排气侧		进气侧	排气侧						
10																	
9																	
8																	
7																	
6																	
5																	
4																	
3																	
2																	
1																	
0																	
评分																	

沉积物 评定系数	活塞顶部		气缸盖		
	面积,%	优点分	面积,%	优点分	
10					
9.0~9.9					
9					
8					
7					
6					
5					
4					
3					
2					
1					
0					
评分					

活塞环粘结
	1	2
火花塞故障		

排 气 口
状态	
评分	

其他事项

排 堵塞面积 %
| 评分 | |

评定单位＿＿＿＿＿＿ 评定试验人员＿＿＿＿＿＿ 评分员＿＿＿＿＿＿

925

表 8 风冷二冲程汽油机油清净性试验结果

评定项目	活塞、气缸及缸盖清净性评分								缸盖表面沉积物评分	活塞顶部沉积物描述及评分	优点评分总计	排气口及排气垫片堵塞评定	火花塞故障		活塞销及其轴承状况
	环的粘结		环槽积炭及漆膜		环岸积炭及漆膜		裙部积炭与漆膜	活塞内腔积炭及漆膜					跨连长须	其他	
	一环	二环	一环槽	二环槽	一环以上	二环以上									
加权系数	2.3	2.0	1.3	1.2	1.0	0.6	0.5	0.5	0.3	0.3					
优点评分 标准油															
优点评分 试样油															
加权优点评分 标准油															
加权优点评分 试样油															

标准油(JATRE-1)＝ DIX ＝

试样油( )＝ VIX ＝

备注	评定结果	
	评定单位公章	
		年　月　日

测量项目	校正输出扭矩 N·m	火花塞垫圈温度 ℃	排气温度 ℃	进气温度 ℃	燃油消耗量 L/h	一氧化碳浓度 %	干球温度 ℃	湿球温度 ℃	大气压力 kPa	校正系数 K^*
测值 标准油 最大										
最小										
平均										
试样油 最大										
最小										
平均										

* 参见 GB/T 5363。

附 录 A

（标准的附录）

标准参比油和校机油及其主要性质

A1 标准参比油和校机油见表 A1。

表 A1 标准参比油和校机油

名 称	说 明
JATRE-1	一种清净性较好的二冲程油,作为基准,用来评定油品清净性
JATRE-3	一种清净性较差的二冲程油

A2 标准参比油和校机油的主要性质见表 A2。

表 A2 标准参比油和校机油的主要性质

试 验 项 目	JATRE-1	JATRE-3	试验方法
运动黏度(40℃),mm^2/s	58.14	60.90	GB/T 265
（100℃）,mm^2/s	8.580	8.548	
黏度指数	121	112	GB/T 1995
总酸值,mgKOH/g	0.17	0.15	GB/T 7304—1987
总碱值,mgKOH/g	1.45	1.58	GB/T 7304—1987
硫酸盐灰分,%(m/m)	0.12	0.12	GB/T 2433
残炭,%(m/m)	0.35	0.19	GB/T 268

附 录 B

（标准的附录）

更换的零部件

B1 更换的零部件见表 B1。

表 B1 更换的零部件

零件名称	零 件 号	数 量	更换要求
活 塞	13101-GW2-000	1	
活塞环	131A2-GW0-003	1	
气缸盖	12201-GZ0-010	1	
火花塞（BR 8 HSA NGK）	98076-5871G	1	每次试验
火花塞（W24FR-L ND）	98076-5872G	1	
缸盖垫片	122251-GW0-000	1	
活塞销片	13115-156-000	2	
气 缸	12101-GW0-730	1	
活塞销	13111-GZ0-000	1	
连杆小头轴承	91102-GW0-008	1	
气缸垫片	12191-GAH-000	1	需要时
排气管垫片	18291-GE2-920	1	
主量孔（75A#）	99101-GAH-0750	1	
主量孔（78A#）	99101-GAH-0780	1	

附　录　C

（标准的附录）

清净性评分方法

C1　活塞环粘结评分见表C1。

表 C1　活塞环粘结评分

环 状 况	粘结角度,(°)	优 点 评 分
灵 活		10
钝 环		9.5
冷粘环	0~75	9
	75~150	8
	150~225	7
	225~300	6
	300~360	5
热粘环	0~75	4
	75~150	3
	150~225	2
	225~300	1
	300~360	0

C2　活塞环槽、环岸、裙部及活塞顶内腔漆膜和沉积物评分

厚度小于0.1mm的沉积物按颜色等级进行漆膜评分，根据SH/T 0510颜色等级，确定各部分颜色评分加权系数和面积百分比。

对于活塞裙部，评分面积限于接触面，不包括活塞销周围的面积，即不与缸套接触的部分。

对于活塞顶部内腔评分面积，指从活塞内腔顶部到最低活塞环槽部位以上的面积。对于不规则形状，分别确定各组成部分的面积。用式（C1）计算优点总评分值。

$$优点总评分 = \sum(颜色评分加权系数 \times 面积,\%)/100 \quad\cdots\cdots\cdots\cdots\cdots\cdots（C1）$$

举例：

颜色评分加权系数		面积,%		
10	×	25	=	2.50
8	×	60	=	4.80
4	×	10	=	0.40
0	×	5	=	0.00
		总和	=	7.70
		优点总评分	=	7.7

对于厚沉积物（积炭），评分加权系数为零。

C3　活塞顶部和缸盖沉积物评分

用表C2给出的沉积物评分加权系数及计算式（C2），计算出沉积物优点总评分。

$$优点总评分 = \sum(沉积物评分加权系数 \times 面积,\%)/100 \quad\cdots\cdots\cdots（C2）$$

表 C2 活塞顶部和缸盖沉积物评分

沉积物评分加权系数	沉 积 物 状 况
10	清净,金属表面无沉积物
9.9~9.0	只有漆膜(薄沉积物) 按 SH/T 0510 颜色等级,使用下式计算沉积物评分系数 漆膜沉积物评分加权系数=9.0+(颜色评分加权系数/10)

	沉积物厚度,mm
9	小于 0.1
8	0.1~0.2
7	0.2~0.3
6	0.3~0.4
5	0.4~0.8
4	0.8~1.6
3	1.6~3.2
2	3.2~6.4
1	6.4~12.8
0	超过 12.8

举例:

沉积物评分加权系数 　　 面积,%

9.9	×	10	=0.99(颜色评分加权系数=9)
9.5	×	20	=1.90(颜色评分加权系数=5)
9.2	×	50	=4.75(颜色评分加权系数=2)
6.0	×	10	=0.60
5.0	×	10	=0.50

总和　=8.74

优点总评分　=8.7

C4 排气口堵塞评分

指排气口被沉积物堵塞的面积百分数,按式(C3)计算优点评分。

$$优点评分=10-(堵塞面积,\%/100) \quad\quad\quad\quad\quad (C3)$$

C5 火花塞状况

凭视觉描述火花塞的状况,使用下面提供的表达方式:

- 正常沉积物
- 中心极搭桥
- 间隙搭桥
- 提前点火
- 其他

C6 清净性加权评分见表 C3

表 C3 清净性加权评分

试验日期:		JATRE-1		试 样 油	
评 分 部 位	加权系数	评 分	加权评分	JPI评分	加权评分
活塞环的粘结 — 顶环	2.3				
活塞环的粘结 — 二环	2.0				
环岸沉积物 — 顶环	1.0				
环岸沉积物 — 二环	0.6				
环槽沉积物 — 顶环	1.3				
环槽沉积物 — 二环	1.2				
活塞裙部	0.5				
活塞内腔	0.5				
活塞顶	0.3				
气缸盖	0.3				
总分(满分100分)					
清净性指数		（JATRE-1＝100）			
裙部漆膜指数		（JATRE-1＝100）			

C7 二冲程汽油机零件清净性评分表(举例)

试验编号: ___JPL-01___   试验用油: ___Ⅵ-D___   评分日期: ___1991.06.19___

试验方法: ___二冲程油清净性试验___   发 动 机: ___SK50MM___

颜色评分系数	环岸1 面积% 进气侧	环岸1 面积% 排气侧	环岸1 优点分	环岸2 面积% 进气侧	环岸2 面积% 排气侧	环岸2 优点分	环槽1 面积% 进气侧	环槽1 面积% 排气侧	环槽1 优点分	环槽2 面积% 进气侧	环槽2 面积% 排气侧	环槽2 优点分	裙部 面积% 进气侧	裙部 面积% 排气侧	裙部 优点分	内腔 面积%	内腔 优点分
10																	
9													60 30	30	5.4		
8																	
7				60 20	40	4.2							30 10	20	2.1	30	2.1
6	30 10	20	1.8	60 20	40	1.2							10 10		0.6		
5								20 20	1.0		10 10	0.5					
4							50 20	30	2.0								

续表

颜色评分系数	活 塞 环 岸						活 塞 环 槽						活 塞 裙 部			活 塞 内 腔	
	1			2			1			2							
	面积,%		优点分	面积,%		优点分	面积,%		优点分	面积,%		优点分	面积,%		优点分	面积 %	优点分
	进气侧	排气侧		进气侧	排气侧		进气侧	排气侧		进气侧	排气侧		进气侧	排气侧			
3							20		0.6							30	0.9
							20										
2				10		0.2	10		0.2								
					10						10						
1										20		0.2				40	0.4
										10	10						
0	70			10			10			60							
	40	30			10		10			40	20						
评分[1]	1.8			5.6			3.6			0.9			8.1			34.0	

1) 评分=∑(颜色加权评分系数×面积,%)/100

沉积物加权评分系数	活 塞 顶 部		气 缸 盖	
	面积,%	优点分	面积,%	优点分
10				
9.0~9.0	(9.2)40	3.68	(9.9)35	3.46
	(9.1)60	5.46		
9			65	5.85
8				
7				
6				
5				
4				
3				
2				
1				
0				
评分[2]	9.1		9.3	

2) 评分=∑(沉积物加权评分系数×面积,%)/100

活塞环粘结			火花塞状态
	1	2	一般沉积物
状　态	360℃冷粘	60℃冷粘	
评　分	5.0	9.0	

排　气　孔		其他事项
堵塞面积 %	0	无
评分[3]	10	

3) 评分 = 10 − (堵塞面积,%/100)

编者注：本标准中引用标准的标准号和标准名称变动如下：

原 标 准 号	现 标 准 号	现 标 准 名 称
GB 1922	GB 1922—1980	溶剂油
GB/T 5487	GB/T 5487	汽油辛烷值的测定　研究法
GB/T 6536	GB/T 6536	石油产品常压蒸馏特性测定法
GB/T 8017	GB/T 8017	石油产品蒸气压的测定　雷德法
GB/T 8019	GB/T 8019	燃料胶质含量的测定　喷射蒸发法
GB/T 8020	GB/T 8020	汽油铅含量的测定　原子吸收光谱法
GB/T 11132	GB/T 11132	液体石油产品烃类的测定　荧光指示剂吸附法

前　　言

本标准等效采用日本汽车标准化组织 JASO M340—92《评定二冲程汽油机油润滑性试验程序》。

本标准采用的试验程序、试验条件与 JASO M340—92 标准方法相同，评定用发动机及标准参比油与 JASO 标准一致，测试设备、仪器仪表及辅助装置采用满足 JASO 方法规定的功能和精度要求的产品。

本标准的附录 A、附录 B 和附录 C 都是标准的附录。

本标准由中国石油化工集团公司石油化工科学研究院归口。

本标准起草单位：天津内燃机研究所、茂名石化公司研究院。

本标准主要起草人：宫玉英、吴达伟、解世文、梁高升、刘成科、林跃生。

中华人民共和国石油化工行业标准

风冷二冲程汽油机油润滑性评定法

SH/T 0668—1998

（2006年确认）

**Lubricity test procedure for evaluating
air-cooled two-stroke gasoline engine oils**

1 范围

本标准规定了评定风冷二冲程汽油机油（简称二冲程油）润滑性的试验方法。

本标准适用于摩托车、通用汽油机、雪橇车动力等二冲程汽油机使用的二冲程油。

2 引用标准

下列标准包括的条文，通过引用而构成为本标准的一部分，除非在标准中另有明确规定，下述引用标准都应是现行有效标准。

GB/T 265 石油产品运动黏度测定法和动力黏度计算法

GB/T 268 石油产品残炭测定法（康氏法）

GB/T 380 石油产品硫含量测定法（燃灯法）

GB 1922 溶剂油

GB/T 1995 石油产品黏度指数计算法

GB/T 2433 添加剂和含添加剂润滑油硫酸盐灰分测定法

GB/T 5363 摩托车和轻便摩托车发动机台架试验方法

GB/T 5487 汽油辛烷值测定法（研究法）

GB/T 6536 石油产品蒸馏测定法

GB/T 7304—1987 石油产品和润滑剂中和值测定方法（电位滴定法）

GB/T 8017 石油产品蒸气压测定法（雷德法）

GB/T 8019 车用汽油和航空燃料实际胶质测定法（喷射蒸发法）

GB/T 8020 汽油铅含量测定法（原子吸收光谱法）

GB/T 11132 液体石油产品烃类测定法（荧光指示剂吸附法）

SH 0041—1993 无铅车用汽油

3 术语

本标准采用下列术语。

3.1 润滑性 lubricity

二冲程油对发动机运动部件（活塞与气缸之间）的润滑性能。

3.2 初始扭矩指数 initial torque index

润滑性试验中，火花塞垫圈温度200℃时，试样油与标准参比油各自的扭矩输出平均值之比。

3.3 标准参比油 standard reference oil

用于评定试样油性能的二冲程油，采用JASO JATRE-1。

3.4 校机油 calibration oil

用于确认发动机运行状态是否处于正常评定工况的二冲程油。采用 JASO JATRE-1 和 JATRE-3。

3.5 试样油 candidate oil

被评定的二冲程油。

3.6 混合燃料油 mixed fuel oil

由试验用标准燃料油与二冲程油按一定比例预先混合好的燃料油。

3.7 混合比 mixing ratio

试验用标准燃料油与二冲程油的体积比。

3.8 磨合 breaking-in

使用新发动机或更换零部件(如活塞、活塞环、气缸、曲轴系统)后的发动机,为了使性能稳定,正式试验前进行的运转。

3.9 扭矩降 torque drop

扭矩降是指火花塞垫圈温度自200℃到300℃时的发动机输出扭矩降低值。

4 方法概要

本试验使用一台排量为49cm³的单缸、风冷二冲程汽油机,评定二冲程油的润滑性能。试验用混合燃料油的混合比(标准燃料油/二冲程油)为50∶1(V/V)。

发动机在节气门全开、4000r/min工况下运行(一氧化碳浓度调整到6.0%±0.5%(V/V))。待运行工况稳定后,停止供给冷却风。当火花塞垫圈温度达到200℃时,测定发动机输出扭矩值;达300℃时,再测定其扭矩值,并计算出扭矩降低值。

重复5次试验,获得一组数据。完成一组试验后,更换试验油继续试验。试验依次按标准参比油—试样油—标准参比油的顺序进行。

5 试验设备和仪器

5.1 试验用发动机

5.1.1 试验用发动机主要技术参数见表1。

表1 发动机主要技术参数

发动机型号	HONDA AF27 摩托车用(SK50MM)
缸 数	1
冷却方式	强制风冷
缸径×冲程,mm	39.0×41.4
排量,cm³	49.4
压缩比	7.0
火花塞	NGK BR8HSA,ND W24FR-1

5.1.2 发动机的改装

5.1.2.1 拆除从曲轴到后轴的动力传动部件,以便直接从曲轴输出功率。

5.1.2.2 拆除发动机的冷却风扇,由外冷却系统供给冷却风。

5.1.2.3 发动机导风罩的改装按下述方法进行,以使冷却气缸后的冷却风不吹向化油器(见图1)。

　　a)堵住朝向化油器侧面的出风口,使冷却风直接流向尾端。

　　b)拆除朝化油器侧面的导流板,使冷却风平稳地流向尾端。

5.1.3 机油泵

由于使用预混合燃料油,不需要机油泵,须将油泵的进出口短路,堵住化油器进油口。为防止油泵卡住,应将油泵充满二冲程油。

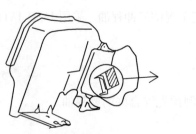
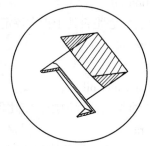

注：图中影线部分去除，并将该处方孔封死。

图1　发动机导风罩的改装示意图

5.1.4　燃料泵吸入管

由于不使用燃料泵，须堵住安装在曲轴箱上的燃料泵吸入管。

5.1.5　隔热板

为了减少排气管和冷却风对进气温度的影响，在空气滤清器与消声器之间安装一隔热板（见图2）。隔热板材料可选择铝、钢或玻璃钢等。

5.2　外冷却系统

由于发动机靠外风源冷却，因此必须配备一台鼓风机，并用管道连接，将冷却风引至所需冷却的部位（吹风方向如图2所示）。推荐选用由7.5kW电动机带动的4.5号鼓风机。

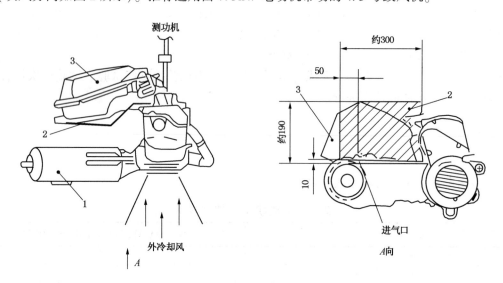

图2　隔热板的安装图

1—消声器；2—隔热板；3—空气滤清器

5.3　排气抽风系统

配备一台轴流风机，并连接抽风管道至发动机消声器处，将发动机排出的废气直接排至室外。建议选用0.6kW防爆电机带动的4号轴流风机。

5.4　测功机

选用的测功机应能满足4000r/min下吸收功率2.0kW。测功机最好直接与发动机曲轴连接，也可通过减速装置连接，但要补偿功率损失。

由于不使用发动机上的起动电机，因此测功机最好具备能够反拖发动机的功能，或者配备一台起动电机。

5.5　测量、控制设备

测量、控制设备应满足表3、表4试验条件的要求和表5规定的测量要求。

5.5.1 扭矩测量仪

选择合适的扭矩测量仪,其量程为 0~10N·m,测量精度为±0.01N·m。

5.5.2 转速表

选择合适的转速表,其测量精度为±10r/min。

5.5.3 温度表

选择合适的温度表,其测量精度为±1℃。

5.5.4 记录仪

应选用能连续测量并记录数据的记录仪。如果实现不了,则可每隔15s或每间隔10℃记录一次。

5.5.5 燃料流量计

选择合适的燃料流量计,其测量范围应满足 0~3.0L/h。

5.5.6 一氧化碳浓度测量仪

选择合适的一氧化碳测量仪,其量程为 0~10%(V/V),测量精度为±0.1%(V/V)。

5.5.7 干湿球温度计

选择合适的温度计,其测量精度为±0.1℃。

5.5.8 大气压力计

选择合适的大气压力计,其测量精度为±0.1kPa。

5.6 温度和一氧化碳浓度的测量位置

5.6.1 火花塞垫圈温度

测量火花塞垫圈温度是为了控制和监测试验期间发动机的热负荷状态,其测量位置及热电偶示例见图3和图4。

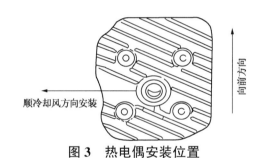

图3 热电偶安装位置

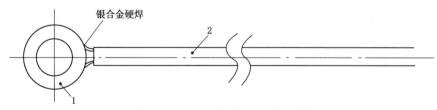

图4 火花塞垫圈热电偶示例

1—火花塞垫圈;2—热电偶

5.6.2 进气温度

空气滤清器入口处空气温度的测量位置见图5。

5.6.3 排气中的一氧化碳浓度

排气中一氧化碳浓度的测量位置见图6。

5.7 燃料油供给系统

由于燃料油供给是靠位差压力,需要制备一个至少能容纳4L燃料油的容器,放置在高于化油器浮子室 500mm 的位置。油管结构应尽可能减少燃料油位差压力损失,管路中不能存有气泡。

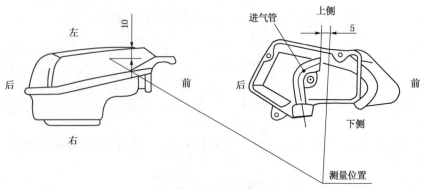

图 5　进气温度测量位置

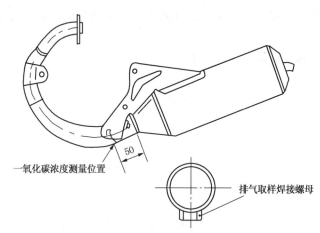

图 6　排气中一氧化碳浓度的测量位置

6　试验用材料

6.1　燃料油

推荐使用满足表 2 性能的标准燃料油。试验自始至终必须使用同一批燃料油，因为试样油与参比油之间要进行相对比较。

6.2　标准参比油和校机油

标准参比油(JATRE-1)和校机油(JATRE-1 和 JATRE-3)性能见附录 A。

表 2　标准燃料油的性质

项　目			质量指标	试验方法
实际胶质,mg/100mL		不大于	4	GB/T 8019
蒸气压,kPa		不大于	75	GB/T 8017
四乙基铅,g/L		不大于	0.001	GB/T 8020
馏　程	10%蒸发温度,℃	不高于	70	GB/T 6536
	50%蒸发温度,℃	不高于	110	
	90%蒸发温度,℃	不高于	167	
硫含量,%(m/m)		不大于	0.03	GB/T 380
辛烷值(研究法)			89～93	GB/T 5487
烃族组成	烯烃,%(V/V)		5～20	GB/T 11132
	芳香烃,%(V/V)		25～35	
注:其他测量项目符合 SH 0041—1993 标准				

7 试验的准备

7.1 发动机的准备

7.1.1 对于新发动机或经维修保养后,在正式试验前必须按表3的规定进行磨合。在第Ⅱ阶段磨合运行期间调整冷却风,使火花塞垫圈温度达165℃±5℃,排气中的一氧化碳浓度应达6.0%±0.5% (V/V)。如果超出这个范围,可通过调节化油器主喷嘴和油针所在夹紧台位置来调整(推荐的主喷嘴编号为75A,油针夹紧位置是从顶往下第三个台)。

磨合使用混有标准参比油的混合燃料油,其混合比(标准燃料油/二冲程油)为50:1(V/V)。

7.1.2 发动机的组装

发动机零部件清洗后,应按照厂商提供的发动机维修手册组装,零部件表面应涂上少许标准参比油。

表3 磨合工况

阶 段	时 间 min	发动机转速 r/min	输出扭矩 N·m	节气门开度 %
Ⅰ	30	4000±20	1.76±0.18	部分开度
Ⅱ	90	4000±20	≥3.29	100

注
1 在第Ⅰ阶段通过调节节气门开度,使输出扭矩达1.76N·m±0.18N·m。
2 发动机按第Ⅱ阶段规定的工况稳定运行,输出扭矩应不小于3.29N·m,一氧化碳浓度达6.0%±0.5%(V/V)。
3 完成第Ⅱ阶段磨合后,停机并拆检活塞、气缸、活塞环等。

7.1.3 零部件的更换标准

零部件在下列情况下应更换:

a) 已进行20组试验;

b) 使用标准参比油时的初始扭矩(火花塞垫圈温度200℃时)下降大于10%;

c) 拆检时活塞裙部有泄漏痕迹或活塞、气缸上的划痕对试验有影响。

7.2 混合燃料油的准备

标准燃料油分别与标准参比油和试样油混合,混合比为50:1。每组试验大约需要配制4L混合燃料油。如果二冲程油与标准燃料油混合后出现分层,试验就不再进行,并作为特殊情况在报告中说明。

7.3 燃料供给系统的准备

每次更换试样油时,都应将燃料箱、油管和化油器浮子室中的燃料油放净,并用标准燃料油冲洗后再将下一种混合燃料油装入燃料箱,然后松开浮子室的排放螺钉,放出约10mL混合燃料油,以消除前一组试验的影响。

8 试验程序

8.1 发动机按以下步骤运行

8.1.1 发动机按表4工况运转30min。在此期间调节冷却风,使火花塞垫圈温度保持在160℃±5℃。

表4 发动机运行工况

发动机转速 r/min	油门开度 %	一氧化碳浓度 %(V/V)	耗油量 L/h
4000±20	100	6.0±0.5	1.5±0.5

8.1.2 停止供给冷却风,连续记录火花塞垫圈温度和扭矩值。如果不能连续记录,可以15s或每间隔10℃记录一次。

8.1.3 必须特别记录火花塞垫圈温度200℃和300℃时的扭矩值，一经记录完毕，立即供给冷却风。

8.1.4 供给冷却风后约10min，并确认火花塞垫圈温度降至160℃±5℃之后，再停止供给冷却风。试验运行模式见附录B。

8.1.5 重复8.2~8.4步骤5次为一组试验，并获得一组数据。如果所记录的5个扭矩降中的任何一个超出这组数据平均值的±0.028N·m，就将这个值视为导常值舍弃，继续重复一次试验，并重新计算这组数据的平均值。当5个值中的任何一个仍超出新的平均值的±0.028N·m时，可以再重复一次试验。但每种油试验不得超过7次，否则终止试验。

8.1.6 如果试验重复了7次，任何5个值都不在其平均值±0.028N·m的范围内，则试验无效，查明原因并调整发动机后重新试验(同一天内这组试验之前已获得的所有数据都应废除，因为这个试验被认为是不可靠的)。

8.1.7 试验按照标准参比油—试样油—标准参比油的顺序在同一天内完成，以减少环境对试验结果的影响。试验过程中按表5规定的项目测定并记录。

表5

项　　目	连　　续	预运行期间
发动机转速,r/min	测定	—
输出扭矩,N·m	测定	—
火花塞垫圈温度,℃	测定	—
一氧化碳浓度,%(V/V)	—	测定
干球温度,℃	—	测定
湿球温度,℃	—	测定
大气压力,kPa	—	测定

8.2 数据处理

将所测得的数据进行统计处理，相对比较试样油的润滑性。如果两组标准参比油试验数据之间在统计上存在有效差，则试验被认为是不可靠的。

8.3 校正扭矩的计算

将所测得的扭矩值按GB/T 5363方法换算到标准进气状态下的校正扭矩值，然后再计算扭矩降低值。

8.4 试验可靠性的判断

在95%置信度下，两个标准参比油扭矩降之间在统计上不存在有效差，试验被认为是可靠的。如果存在有效差，则试验不可靠。

9　结果分析(统计分析过程实例)

以表6数据为例进行统计分析。

表6　校正扭矩降数据

序号	油品名称	1	2	3	4	5	6
1	标准参比油(第一次)	0.256	(0.290)	0.257	0.246	0.255	0.237
2	试样油	0.265	0.263	0.279	0.261	0.270	
3	标准参比油(第二次)	0.238	0.249	0.241	0.245	0.248	

根据8.1.5规定，通过分析，表6中括号内的值(0.290)不在±0.028N·m范围内，应该舍弃。

9.1 扭矩降平均值、标准偏差和方差的计算

扭矩降平均值 $\overline{X}$、标准偏差 σ 和方差 v 分别按式(1)、式(2)和式(3)计算：

$$\bar{X} = \frac{\sum X_n}{n} \quad \cdots\cdots\cdots\cdots\cdots\cdots\cdots\cdots\cdots\cdots\cdots\cdots\cdots\cdots \quad (1)$$

$$\sigma_{n-1} = \sqrt{\frac{\sum (X_n - \bar{X})^2}{n-1}} \quad \cdots\cdots\cdots\cdots\cdots\cdots\cdots \quad (2)$$

$$\upsilon = (\sigma_{n-1})^2 \quad \cdots\cdots\cdots\cdots\cdots\cdots\cdots\cdots\cdots\cdots\cdots\cdots \quad (3)$$

式中：X_n——各个扭矩降低值；

$\quad\quad n$——数据的个数；

$\quad\sum X_n$——各个扭矩降低值的总和。

9.2　将上述统计结果列于表7

表7　平均值、标准偏差和方差计算结果

油 品 名 称	代码	n	$\sum X_n$	X	σ_{n-1}	υ
标准参比油（第一次）	a	5	1.251	0.2502	0.00858	0.000074
试样油	b	5	1.338	0.2676	0.00720	0.000052
标准参比油（第二次）	c	5	1.221	0.2442	0.00466	0.000022
标准参比油 （第一次和第二次总和）	d	10	2.472	0.2472	0.00724	0.000052

9.3　试验可靠性的检验

试验可靠性的先决条件是：两次标准参比油的试验结果之间无有效差。以下是可靠性的说明。

9.3.1　两次标准参比油试验结果之间的标准组合偏差（σ_{ac}）和 t-检测值（t_{ac}^*）分别按式（4）和式（5）计算：

$$\sigma_{ac} = \sqrt{\frac{(n_a-1)\cdot\upsilon_a+(n_c-1)\cdot\upsilon_c}{n_a+n_c-2}} \quad \cdots\cdots\cdots\cdots\cdots\cdots \quad (4)$$

$$t_{ac}^* = \frac{|\bar{X}_a - \bar{X}_c|}{\sigma_{ac}\cdot\sqrt{(1/n_a+1/n_c)}} \quad \cdots\cdots\cdots\cdots\cdots\cdots\cdots \quad (5)$$

将表6结果代入式（4）和式（5）可得：

$$\sigma_{ac} = 0.006907, \quad t_{ac}^* = 1.3736$$

9.3.2　将所得 t-检测值（t^*）与附录C中的 t-临界值（t_{crit}）进行比较，如果在95%置信度下 $t^* \leqslant t_{crit}$，就认为标准参比油第一次和第二次试验之间没有有效差。这里自由度 Φ 为（$n-1$），但当试样油为两个组合时，Φ 为（n_a+n_c-2）。因此标准参比油的自由度为8。由附录C查得 $t_{crit} = 1.860$。

检验结果：$t_{ac}^*[1.3736] < t_{crit}[1.860]$，可以认为它们之间没有有效差，试验是可靠的。

9.4　标准参比油与试样油之间的有效差检验与两次标准参比油之间的有效差检验类似，这里自由度 Φ 为（n_d+n_b-2）。

9.4.1　标准参比油与试样油之间组合标准偏差（σ_{bd}）和 t-检测（t_{bd}^*）由式（4）和式（5）可得：

$$\sigma_{bd} = 0.007226, \quad t_{bd}^* = 5.1543$$

9.4.2　由附录C查得 $t_{crit} = 1.771$（置信度为95%，自由度为13），检验结果 $t_{bd}^* > t_{crit}$，可以认为它们之间有有效差，说明试样油的润滑性较标准参比油差。

9.5　润滑性指数（LIX）按式（6）计算：

$$LIX = \frac{\bar{X}_d}{\bar{X}_b} \quad \cdots\cdots\cdots\cdots\cdots\cdots\cdots\cdots\cdots\cdots\cdots\cdots \quad (6)$$

式中：$\bar{X}_d$——标准参比油校正扭矩降（两次总和）平均值；

$\overline{X}_b$——试样油校正扭矩降平均值。

9.6 初始扭矩指数(ITIX)按式(7)计算:

$$ITIX = \frac{200℃时试样油校正扭矩平均值}{200℃时标准参比油校正扭矩平均值} \times 100 \quad\cdots\cdots\cdots\cdots\cdots\cdots\cdots\cdots\quad(7)$$

10 试验结果报告

将试验结果填入表8中。

表8 风冷二冲程油润滑性试验结果表　　　　　　　　　　　　编号

试验日期					
试验油		JATRE-1,第一次	试样油	JATRE-1,第二次	JATRE-1,两次总和
编　号		a	b	c	d
校正扭矩降 N·m	1				
	2				
	3				
	4				
	5				
	6				
	7				
有效数据个数 n		5	5	5	10
扭矩降之和 ΣX					
扭矩降平均值 $\overline{X}$					
标准偏差 σ_{n-1}					
方差 υ					
标准参比油第一次与第二次之间有效差检验	标准组合偏差 σ_{ac}				
	t-检测值 t^*_{ac}				
	t-临界值 (95%)t_{crit}				
	有效差和可靠性检查	没有(可靠)/有(不可靠)			
标准参比油与试样油之间有效差检验	标准组合偏差 σ_{bd}				
	t-检测值 t^*_{bd}				
	t-临界值 (95%)t_{crit}				
	有效差和可靠性检查	没有(可靠)/有(不可靠)			
润滑性指数		JATRE-1=100	试样油=		
初始扭矩指数		JATRE-1=100	试样油=		
一氧化碳浓度,%(V/V)					
入口空气温度,℃					
干泡温度,℃					
湿泡温度,℃					
大气压,kPa					
校正系数 K					
备注					

附 录 A

（标准的附录）

标准参比油和校机油及主要性质

A1 标准参比油和校机油见表 A1。

表 A1 标准参比油和校机油

名 称	说 明
JATRE-1	一种清净性较好的二冲程油，作为基准用于评定油品清净性
JATRE-2	一种清净性较差的二冲程油

A2 标准参比油和校机油的主要性质见表 A2。

表 A2 标准参比油和校机油的主要性质

试 验 项 目	JATRE-1	JATRE-3	试验方法
运动黏度（40℃），mm²/s	58.14	60.90	GB/T 265
（100℃），mm²/s	8.530	8.548	
黏度指数	121	112	GB/T 1995
总酸值，mgKOH/g	0.17	0.15	GB/T 7304—1987
总碱值，mgKOH/g	1.45	1.58	GB/T 7304—1987
硫酸盐灰分，%（m/m）	0.12	0.12	GB/T 2433
残炭，%（m/m）	0.35	0.19	GB/T 268

附 录 B

（标准的附录）

润滑性试验运行模式

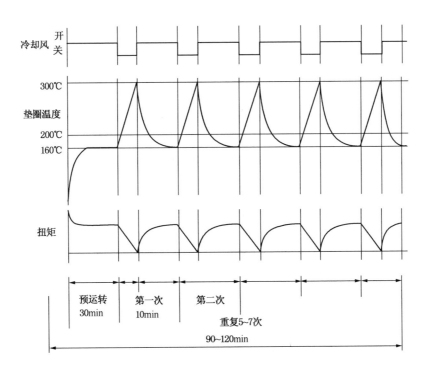

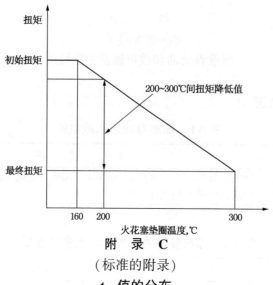

附 录 C

（标准的附录）

t_{crit} 值的分布

自由度 Φ	置 信 度							
	75.0%	80.0%	85.0%	90.0%	95.0%	97.5%	99.0%	99.5%
1	1.000	1.376	1.963	3.078	6.314	12.706	31.821	63.657
2	0.816	1.061	1.386	1.886	2.920	4.303	6.965	9.925
3	0.765	0.978	1.250	1.638	2.353	3.182	4.541	5.841
4	0.741	0.941	1.190	1.533	2.132	2.776	3.747	4.604
5	0.727	0.920	1.156	1.476	2.015	2.571	3.365	4.032
6	0.718	0.906	1.134	1.440	1.943	2.447	3.143	3.707
7	0.711	0.896	1.119	1.415	1.895	2.365	2.998	3.499
8	0.706	0.889	1.108	1.397	1.860	2.306	2.896	3.355
9	0.703	0.883	1.100	1.383	1.833	2.262	2.821	3.250
10	0.700	0.879	1.093	1.372	1.812	2.228	2.764	3.169
11	0.697	0.876	1.088	1.363	1.796	2.201	2.718	3.106
12	0.695	0.873	1.083	1.356	1.782	2.179	2.681	3.055
13	0.694	0.870	1.079	1.350	1.771	2.160	2.650	3.012
14	0.692	0.868	1.076	1.345	1.761	2.145	2.624	2.977
15	0.691	0.866	1.074	1.341	1.753	2.131	2.602	2.947
16	0.690	0.865	1.071	1.337	1.746	2.120	2.583	2.921
17	0.689	0.863	1.069	1.333	1.740	2.110	2.567	2.898
18	0.688	0.862	1.067	1.330	1.734	2.101	2.552	2.878
19	0.688	0.861	1.066	1.328	1.729	2.093	2.539	2.861
20	0.687	0.860	1.064	1.325	1.725	2.086	2.528	2.845
21	0.686	0.859	1.063	1.323	1.721	2.080	2.518	2.831
22	0.686	0.858	1.061	1.321	1.717	2.074	2.508	2.819
23	0.685	0.858	1.060	1.319	1.714	2.069	2.500	2.807

表 1(续)

自由度 Φ	置 信 度							
	75.0%	80.0%	85.0%	90.0%	95.0%	97.5%	99.0%	99.5%
24	0.685	0.857	1.059	1.318	1.711	2.061	2.492	2.797
25	0.684	0.856	1.058	1.316	1.708	2.060	2.485	2.787
26	0.684	0.856	1.058	1.315	1.706	2.056	2.479	2.779
27	0.684	0.855	1.057	1.314	1.703	2.052	2.473	2.771
28	0.683	0.855	1.056	1.313	1.701	2.048	2.467	2.763
29	0.683	0.854	1.055	1.311	1.699	2.045	2.462	2.756
30	0.683	0.854	1.055	1.310	1.697	2.042	2.457	2.750
40	0.681	0.851	1.050	1.303	1.684	2.021	2.423	2.704
60	0.679	0.848	1.046	1.296	1.671	2.000	2.390	2.660
120	0.677	0.845	1.041	1.289	1.658	1.980	2.358	2.617
∞	0.674	0.842	1.036	1.282	1.645	1.960	2.326	2.576

编者注：本标准中引用标准的标准号和标准名称变动如下。

原 标 准 号	现 标 准 号	现 标 准 名 称
GB 1922	GB 1922—1980	溶剂油
GB/T 5487	GB/T 5487	汽油辛烷值的测定　研究法
GB/T 6536	GB/T 6536	石油产品常压蒸馏特性测定法
GB/T 8017	GB/T 8017	石油产品蒸气压的测定　雷德法
GB/T 8019	GB/T 8019	燃料胶质含量的测定　喷射蒸发法
GB/T 8020	GB/T 8020	汽油铅含量的测定　原子吸收光谱法
GB/T 11132	GB/T 11132	液体石油产品烃类的测定　荧光指示剂吸附法

前　言

本标准等效采用日本汽车标准化组织 JASO M343—92《评定二冲程汽油机油排气系统堵塞试验程序》。

本标准采用的试验程序、试验条件与 JASO M343—92 标准方法相同。评定用发动机及标准参比油与 JASO 标准规定一致。测试设备、仪器仪表及辅助装置均按 JASO 方法规定的功能、精度要求，采用国内产品。

本标准的附录 A 和附录 B 都是标准的附录。

本标准由中国石化集团公司石油化工科学研究院归口。

本标准起草单位：天津内燃机研究所、茂名石油化工公司研究院。

本标准主要起草人：宫玉英、吴达伟、解世文、林跃生、兰军、梁奇瑞。

中华人民共和国石油化工行业标准

风冷二冲程汽油机油排气系统堵塞评定法

SH/T 0669—1998

(2006 年确认)

Exhaust system blocking test procedure for evaluating
air-cooled two-stroke gasoline engine oils

1 范围

本标准规定了评定风冷二冲程汽油机油(简称二冲程油)防止发动机排气系统堵塞倾向的试验方法。

本标准适用于评定摩托车发动机、通用汽油机、雪橇车动力等二冲程汽油机使用的二冲程油。

2 引用标准

下列标准包括的条文，通过引用而构成为本标准的一部分，除非在标准中另有明确规定，下述引用标准都应是现行有效标准。

GB/T 265 石油产品运动黏度测定法和动力黏度计算法

GB/T 268 石油产品残炭测定法(康氏法)

GB/T 380 石油产品硫含量测定法(燃灯法)

GB 1922 溶剂油

GB/T 1995 石油产品黏度指数计算法

GB/T 2433 添加剂和含添加剂润滑油硫酸盐灰分测定法

GB/T 5363 摩托车和轻便摩托车发动机台架试验方法

GB/T 5487 汽油辛烷值测定法(研究法)

GB/T 6536 石油产品蒸馏测定法

GB/T 7304—1987 石油产品和润滑剂中和值测定方法(电位滴定法)

GB/T 8017 石油产品蒸气压测定法(雷德法)

GB/T 8019 车用汽油和航空燃料实际胶质测定法(喷射蒸发法)

GB/T 8020 汽油铅含量测定法(原子吸收光谱法)

GB/T 11132 液体石油产品烃类测定法(荧光指示剂吸附法)

SH 0041—1993 无铅车用汽油

3 术语

本标准采用下列术语。

3.1 排气系统 exhaust system
包括气缸排气口、排气管和消声器。

3.2 堵塞倾向 blocking tendency
由于排气系统中的沉积物导致排气通道堵塞的程度。

3.3 标准参比油 standard reference oil

用于评定试样油性能的二冲程油，本标准采用 JASO JATRE-1 二冲程油。

3.4 校机油 calibration oil

用于确认发动机运转状态是否处于正常评定工况的二冲程油，本标准采用 JASO JATRE-1 和 JATRE-3 二冲程油。

3.5 试样油 candidate oil

被评定的二冲程油。

3.6 混合燃料 mixed fuel

由试验用标准燃料油与二冲程油按一定比例预先混合好的燃料油。

3.7 混合比 mixing ratio

标准燃料油与二冲程油的体积比。

3.8 磨合 breaking-in

使用新发动机或更换零部件(如活塞、活塞环、气缸、曲轴系统)后的发动机，为了使性能稳定，正式试验前进行的运转。

4 方法概要

本试验使用一台装备有排量为 69cm³ 的单缸、强制风冷二冲程发动机的 SX-800R 发电机。由于排气系统炭沉积物的堵塞，导致发动机的输出功率下降。本试验通过比较发动机进气负压达到规定值时持续运行的时间，来评定二冲程油防止排气系统堵塞的倾向。

本试验使用分别混有标准参比油和试样油的两种混合燃料油。其混合比(标准燃料油/二冲程油)为 5∶1。两台试验发动机使用不同的混合燃料油，按图 10 所示的运行模式同时连续运转。完成试验后，交换两台发动机的混合燃料油，然后按与第一次相同的条件进行第二次试验，从而获得试样油和标准参比油各两个试验结果。通过计算堵塞指数进行评定。

5 试验设备和仪器

5.1 试验用发动机

发动机规格见表 1。发动机的改装按如下说明进行：

表 1 发动机规格

序　号	型　号	SUZUKI 发电机:SX-800R
1	缸数和冷却方式	单缸,强制风冷
2	缸径×冲程,mm	46.0×42.0
3	排量,cm³	69.8
4	压缩比 ε	5.6

5.1.1 发动机的改装

5.1.1.1 消声器

不使用原来的标准消声器，根据表 4 购置装有筛网的消声器，并参考图 1 进行如下改装：

a) 消声器的内部改造参照图 2，在消声器箱体上的 6 个焊点处钻孔，切去四周的压边，然后打开消声器箱体，拆除里面的导管、隔板和玻璃棉，然后对接消声器箱体，焊接四周，并焊死焊点处的孔，使消声器复原，并确认不漏气。

b) 拆除隔热板，参照图 3，在 4 个焊点处钻孔，拆除隔热板后再焊死这些孔。

c) 参考标准消声器和图 1，制备一个图 4 所示的盖板，与排气采样管和排气压力测量管焊接在一起，以测量排气中一氧化碳浓度和排气压力。

d) 为使消声器绝热，使用 500mm×300mm，厚 200mm 的玻璃棉覆盖消声器，如图 5 所示。

e）消声器护罩的改装，如图 6 所示，修改消声器护罩，将去除部位处装上热绝缘体。

f）改变消声器支点的位置，如图 7 所示。

5.1.1.2　吸气管

在簧片阀体上安装吸气管，以测量发动机进气负压，如图 8 所示。

5.2　负荷吸收系统

选用符合试验要求的电阻负荷吸收系统控制电负荷，参见图 9。

5.3　控制系统

要求控制设备满足图 10 运行工况的要求，在规定的排气温度下能自动接通和断开 60Hz、750W±15W 电负荷。参见图 14，配备以下设备。

5.3.1　温度控制器

选择合适的控制器，其温控范围为：0~600℃。

5.3.2　继电器

可以使用市售的防爆型电子继电器。

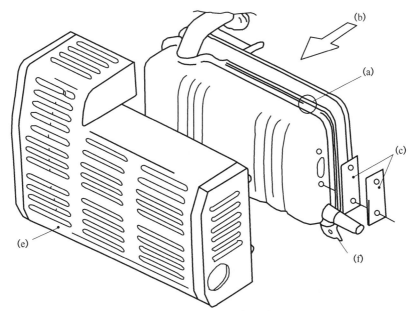

图 1　消声器的改装示意图

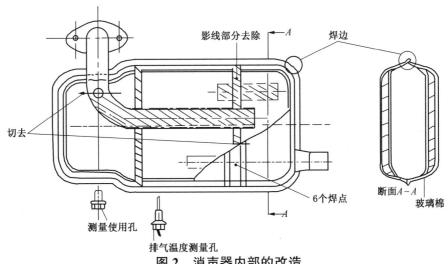

图 2　消声器内部的改造

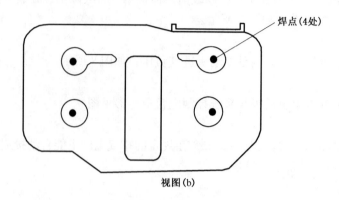

视图(b)

图3 隔热板的拆除

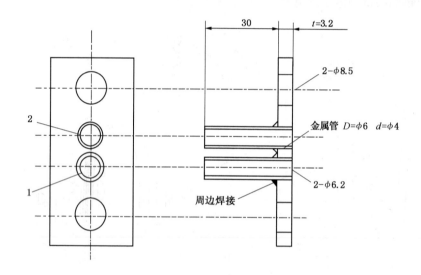

1—排气压力测量管；2—排气收集管

图4 排气收集管和排气压力测量管的制备

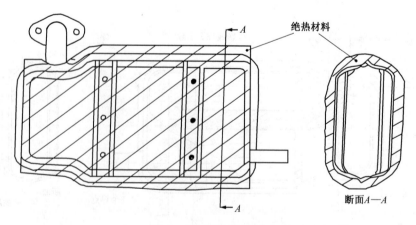

断面A—A

图5 消声器的绝热

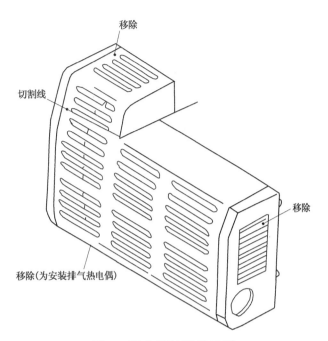

图 6　消声器护罩的改装

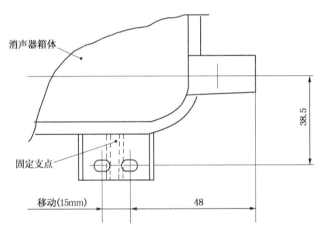

图 7　改变支电的位置

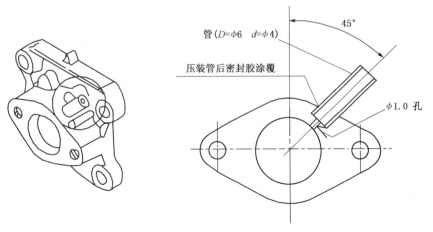

图 8　吸气管的安装

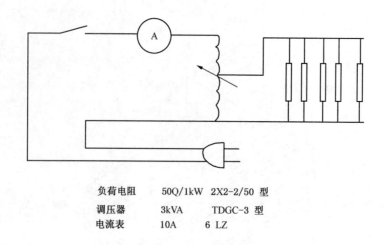

负荷电阻　　50Q/1kW　2X2-2/50 型
调压器　　　3kVA　　　TDGC-3 型
电流表　　　10A　　　　6 LZ

图 9　负载吸收系统

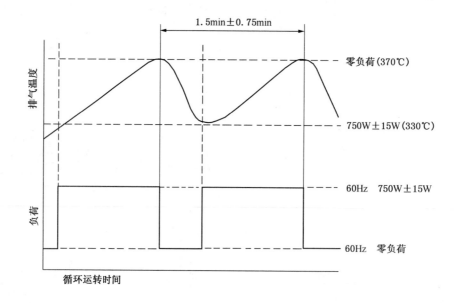

图 10　运行模式图

5.4　测量设备

配备下列测量设备，并和记录仪连接，参见图 14。

5.4.1　温度表

选择合适的温度表，其精度为±1℃，并具备与测量记录仪连接的输出端。

5.4.2　排气压力表

选择合适的排气压力表，其量程为 0~20kPa，并具备与测量记录仪连接的输出端。

5.4.3　进气压力表

使用量程为 0~10kPa 范围的压力表，并具备与测量记录仪连接的输出端。

5.4.4　记录仪

应选用能够连续测量的笔式记录仪。

5.4.5　计数器

应选用能够记录开-关转换次数的仪器。

5.4.6　一氧化碳浓度测量仪

使用能够测量浓度范围为 0~10%(V/V)，精度为±0.1%(V/V)的测量仪器。

5.4.7　干湿球温度计

使用测量精度为±1℃的干湿球温度计。

5.4.8　气压表

选用测量精度为±0.1kPa 的气压表。

5.4.9　转速表

选用测量精度为±10r/min 的转速表，可与记录仪连接。

5.5　温度的测量位置

5.5.1　排气温度

参见图 11 配制一支排气温度传感器，安装于图 2 指示的螺栓处，使其顶端处于排气管的中心位置。

5.5.2　火花塞垫圈温度

火花塞垫圈热电偶示例见图 12，其安装位置参见图 13。

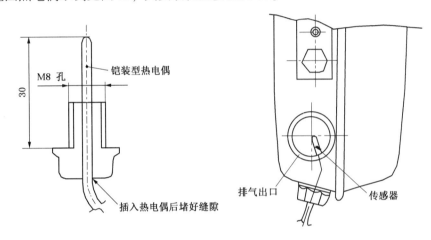

图 11　排气温度热电偶的安装

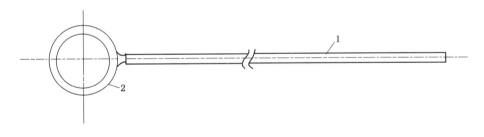

1—热电偶；2—火花塞垫圈

图 12　火花塞垫圈热电偶示例

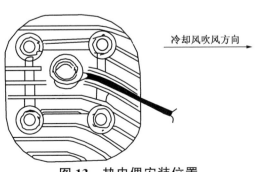

图 13　热电偶安装位置

5.6 试验发动机的固定

将试验发动机通过四个橡胶减震垫固定在支座上，然后将支座固定在试验台上，见图15。

建议将两台发动机分开放置，使相互不受热干扰，并保持空气流通。如果实现不了，就在两台发动机之间安装一隔热板。

5.7 排气抽风系统

该系统将发动机排出的废气直接排至室外。建议选用 0.6kW 防爆电动机带动的 4 号轴流风机，

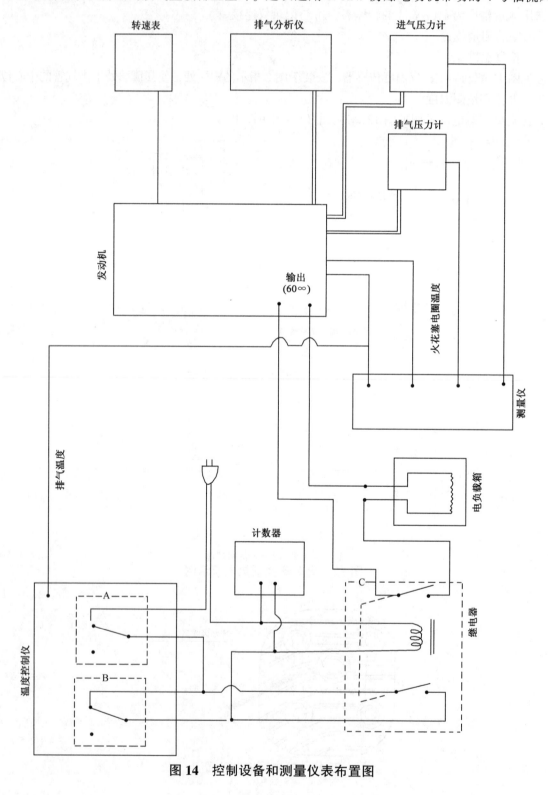

图 14 控制设备和测量仪表布置图

连接抽风管道至发动机消声器处。

5.8　燃料油供给系统

图16给出燃料油供给系统的示例。

5.8.1　燃料油供给

燃料油供给是靠位差压力。为保证压力恒定，最好配制一个燃料压力调节器，可以用化油器改装，如图17所示，安装在靠近发动机的地方。

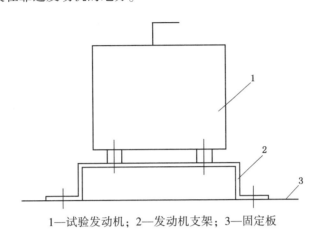

1—试验发动机；2—发动机支架；3—固定板

图 15　发动机固定示例

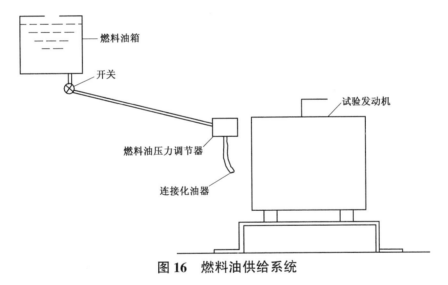

图 16　燃料油供给系统

图 17　燃料油压力调节器结构

5.8.2 燃料油管

采用的油管结构尽可能减小燃料油位差压力损失，管路中不能存有气泡。

5.8.3 燃料油罐

需要制备容积为 10L 左右的燃料油罐。

6 试验用材料

6.1 使用具有表2特性的标准燃料油。同一个试样油试验必须使用同一批标准燃料油，因为试样油与标准参比油之间要进行相对比较。

6.2 标准参比油和校机油

标准参比油和校机油的性能见附录 A。

表2 标准燃料油的性质

项目		质量指标	试验方法
实际胶质,mg/100mL	不大于	4	GB/T 8019
蒸气压(37.8℃),kPa		75	GB/T 8017
四乙基铅,g/L	不大于	0.001	GB/T 8020
馏程	10%,℃ 不高于	70	GB/T 6536
	50%,℃ 不高于	110	
	90%,℃ 不高于	167	
硫含量,%(m/m)	不大于	0.03	GB/T 380
辛烷值(研究法)		89~93	GB/T 5487
烃族组成	烯烃,%(V/V)	5~20	GB/T 11132
	芳香烃,%(V/V)	25~35	
注:其他测量项目符合 SH 0041—1993 标准			

7 试验的准备

7.1 发动机的准备

7.1.1 磨合

对于新发动机或更换零部件(气缸、活塞、活塞环、曲轴等)后，在正时试验之前必须按表3规定的工况进行磨合。磨合使用原机消声器。

表3 磨合工况

混合比(标准燃料油/二冲程油)(V/V)	50:1
润滑油	一种相当于标准参比油的二冲程油
负荷,W	0,200,400,600
频率,Hz	60
持续时间,h	每个工况运行 2h

7.1.2 检查与保养

零部件的更换和保养按表4指定的时间进行。未列项目按制造厂维修手册进行。

7.1.2.1 零部件的保养方法

表4列出的零部件的保养按以下方法进行：

a) 气缸、气缸盖、活塞和活塞环

每次试验都要把这些零件上面的积炭清除干净。如果试验后活塞环出现粘结，必须更换活塞和活塞环。

b）空气滤清器

每次试验都要清洗滤芯，清洗后用试验使用的混合燃料油浸泡，然后用手轻轻挤干。

c）消声器

用机械方法清除消声器管口的积炭后，在除炭液中浸泡大约24h，然后用自来水冲洗并晾干。

d）筛网

将筛网置于火中燃烧至积炭烧尽，然后用自来水冲洗并晾干。筛网安装在消声器尾管中，保证在管中有一定程度的自由度。

e）排气温度传感器

每次试验都要清除上面的积炭。

表4 零部件的保养和更换

零件名称	零件号	数量	保养和更换时间		备注
			每次试验	每次拆卸	
气缸盖	11111-87600	1	保养		
缸盖垫片	11141-91A00	1		更换	
火花塞	09482-00316	1	更换		
气缸	11211-87600	1	保养		
气缸垫片	11241-87600	1		更换	
活塞	12110-87601	1	保养		
活塞环	12140-87600	1	保养		
活塞销	12151-87600	1			
小头轴承	09263-10010	1			
活塞销卡环	09381-10006	1		更换	
空气滤清器	13781-87600	1	保养		
排气垫片	14140-87600	1		更换	
消声器系统	14320-87620	1	保养		按要求进行
筛网	14840-87600	1	保养		
部件目录	9900B-90094-001				
	9900B-45451				
服务指南	99500-87610-01E				

7.1.2.2 定期检查

每完成10组试验后，按生产厂的《服务指南》进行检查。

7.1.3 发动机的装配

改装后和更换零部件后的发动机按照服务指南进行装配。安装时，运动件表面涂上少量的试验用二冲程油。

7.2 混合燃料油的准备

标准燃料油分别与标准参比油和试样油按5：1(V/V)混合，但如果二冲程油与标准燃料油混合后出现分层，试验就不再进行，并作为特殊情况在报告中注明。

7.3 燃料供给系统的准备

每当更换试验油时，都应将燃料油罐、油管和化油器浮子室中的混合燃料油放净，以消除前一试验的影响。

7.4 发动机的预运转

正式试验前，发动机按表5规定的条件和图10运行模式预运转，以调整发动机运行状况。

7.4.1 发动机运转工况的调整

7.4.1.1 发动机转速

按生产厂的《服务指南》说明调整发动机转速。

7.4.1.2 一氧化碳浓度

调节一氧化碳浓度从零负荷开始，通过调节化油器的控制螺钉来实现满足运行条件的要求。如果不能实现，则可更换辅助喷嘴或主喷嘴，最好在更换辅助喷嘴之后再更换主喷嘴(推荐参照表6配备主喷嘴和辅助喷嘴)。此外，当发动机总运行时间偏短时，一氧化碳浓度应调整到下限。

表5 预运转和正式试验的条件

项 目	参 数 值	测 量 时 间
混合比(标准燃料油、二冲程油)(V/V)	5:1	发动机开始运转至10min后，750W时
发动机转速，r/min	3600±50	
进气负压，kPa	>2.8	
一氧化碳浓度，%(V/V)	3.5±0.75	发动机开始运转至10min后，零负荷和750W时
循环时间，min	1.5±0.75	

表6

零 件 名 称	零 件 号	标 注
主喷嘴	09491－60005	60#
主喷嘴	09491－62004	62.5#
主喷嘴	09491－65006	65(标准)#
主喷嘴	09491－66003	66.3#
主喷嘴	09491－67002	67.5#
主喷嘴	09491－70009	70#
辅助喷嘴	09492－32007	32.5(标准)#
辅助喷嘴	09492－35005	35#
辅助喷嘴	09492－35011	37.5#

7.4.1.3 循环时间

调节运行工况的循环时间是通过改变消声器的热绝缘体的薄厚来实现

8 试验步骤

8.1 完成预运转后，按试验要求安装改装后的消声器，两台发动机同时开始正式试验。发动机运行10min后，在不停机的情况下注意观测运行状况，确认达到所规定的运行条件及控制设备可靠，则继续试验。

8.2 如果没有满足运行条件，则重新从预运转开始并重新调整发动机。

8.3 当进气负压达到2kPa时，试验结束。如果由于火花塞积炭而使发动机停止运行，则更换火花塞，继续试验，并记录发动机停机之前的运行时间作为特别说明。

8.4 记录

记录表5中的测量项目于表7中。

8.5 试验有效性的检验

由于两台发动机之间的某些差别，使发动机在运行时存在着一定的误差。当同一种试验油的试验结果满足式(1)条件时，其试验有效。如果试验无效，则应检查和调整发动机，并重新确认运行条件或使用新发动机重新试验。

$$1.75 \geqslant \frac{\text{同种油的较长运行时间}}{\text{同种油的较短运行时间}} \quad \cdots\cdots\cdots\cdots\cdots\cdots\cdots\cdots \quad (1)$$

8.6 堵塞指数(BIX)

堵塞指数按式(2)计算，指数值修约到整数。

$$BIX = \frac{试样油的总运行时间}{标准参比油的总运行时间} \quad\cdots\cdots\cdots\cdots\cdots\cdots\cdots\cdots\cdots\cdots\cdots (2)$$

注：总运行时间指第一次运行时间和第二次运行时间的总和。

8.7 试验结果报告

将试验结果填入表7。

表7 风冷二冲程汽油机油排气堵塞试验报告表

试 验 方 法	排气系统堵塞试验				试验日期	年 月 日 至 年 月 日
试 验 号	I		II			备 注
试验发动机	1	2	1	2		
试验油名称						
大气压力,kPa						试验开始时和试验结束时
环境温度,℃						
湿度,%						
一氧化碳浓度,%（V/V）						运行开始 10min 后,750W 时的最高值
火花塞垫圈温度,℃						
进气负压,kPa						
排气压力,kPa						
循环次数						
运行时间,min						
特别项目						
试验有效确认: 成立条件:$1.75 \geq \dfrac{同一试样油的长时间}{同一试样油的短时间}$ 确认计算:JATRE-1: 　　　　　试样油:						
堵塞指数 　$BIX =$						

附　录　A

（标准的附录）

标准参比油和校机油及其主要性质

A1　标准参比油和校机油见表 A1。

表 A1　标准参比油和校机油

名　　称	说　　明
JATRE-1	一种清净性较好的二冲程油，作为基准用于评定油品清净性
JATRE-3	一种清净性较差的二冲程油

A2　标准参比油和校机油的主要性质见表 A2。

表 A2　标准参比油和校机油的主要性质

试 验 项 目	JATRE-1	JATRE-3	试 验 方 法
运动黏度（40℃），mm²/s	58.14	60.90	GB/T 265
（100℃），mm²/s	8.530	8.548	
黏度指数	121	112	GB/T 1995
总酸值，mgKOH/g	0.17	0.15	GB/T 7304—1987
总碱值，mgKOH/g	1.45	1.58	GB/T 7304—1987
硫酸盐灰分，%（m/m）	0.12	0.12	GB/T 2433
残炭，%（m/m）	0.35	0.19	GB/T 268

编者注：本标准中引用标准的标准号和标准名称变动如下：

原 标 准 号	现 标 准 号	现 标 准 名 称
GB 1922	GB 1922—1980	溶剂油
GB/T 5487	GB/T 5487	汽油辛烷值的测定　研究法
GB/T 6536	GB/T 6536	石油产品常压蒸馏特性测定法
GB/T 8017	GB/T 8017	石油产品蒸气压的测定　雷德法
GB/T 8019	GB/T 8019	燃料胶质含量的测定　喷射蒸发法
GB/T 8020	GB/T 8020	汽油铅含量的测定　原子吸收光谱法
GB/T 11132	GB/T 11132	液体石油产品烃类的测定　荧光指示剂吸附法

前　言

本标准等效采用美国材料与试验协会标准 ASTM D4863-1995《评定二冲程汽油机油润滑性的标准试验方法》。

本标准采用美国船舶制造学会 NMMA-9《NMMA TC-W II 许可证试验》NMMA 93738 号参考油。

由于 ASTM D4863-1995 方法中试验用发动机已不再生产，本标准变更了试验用发动机型号。

本标准的附录 A、附录 B、附录 C 和附录 D 都是标准的附录。

本标准的附录 E 是提示的附录。

本标准由中国石油化工集团公司石油化工科学研究院归口。

本标准起草单位：天津内燃机研究所、茂名石油化工公司研究院。

本标准主要起草人：陈光辉、梁奇瑞、解世文、林跃生、董世强、冯心凭。

SH/T 0670—1998

（2006 年确认）

水冷二冲程汽油机油
润滑性评定法

Standard test method for determination of lubricity
of water-cooled two-stroke gasoline engine oils

1 范围

1.1 本标准规定了评定舷外机等水冷二冲程汽油机油（以下简称二冲程油）润滑性的试验方法。

1.2 本标准适用于评定舷外机等水冷二冲程汽油机使用的水冷二冲程汽油机油。

1.3 本标准无意说明与使用相关的所有安全性问题，用户在使用本标准之前应建立适当的安全和防护措施，并确定有适用性的管理制度。

2 引用标准

下列标准包括的条文，通过引用而构成本标准的一部分。除非在标准中另有明确规定，下述引用标准都应是现行有效标准。

GB/T 265 石油产品运动黏度测定法和动力黏度计算法

GB/T 380 石油产品硫含量测定法（燃灯法）

GB 1922 溶剂油

GB/T 1995 石油产品黏度指数计算法

GB/T 2433 石油产品和含添加剂润滑油硫酸盐灰分测定法

GB/T 5487 汽油辛烷值测定法（研究法）

GB/T 6536 石油产品蒸馏测定法

GB/T 7304—1987 石油产品和润滑剂中和值测定方法（电位滴定法）

GB/T 8017 石油产品蒸气压测定法（雷德法）

GB/T 8019 车用汽油和航空燃料实际胶质测定法（喷射蒸发法）

GB/T 8020 汽油铅含量测定法（原子吸收光谱法）

GB/T 11132 液体石油产品烃类测定法（荧光指示剂吸附法）

SH 0041—1993 无铅车用汽油

SH/T 0224 石油添加剂中氮含量测定法（克氏法）

SH/T 0251 石油产品碱值测定法（高氯酸电位滴定法）

SH/T 0270 添加剂和含添加剂润滑油的钙含量测定法

3 术语

本标准采用下列术语。

3.1 润滑性 lubricity

描述发动机运转时，润滑油减小活塞与气缸壁两表面间摩擦与损坏的性能。

3.2 标准参比油 standard reference oil

用于评定试样油性能的二冲程油，本标准采用 NMMA 93738 号参比油。

3.3 试样油 candidate oils

需用本标准方法评定的二冲程油。

3.4 校机油 calibration oils

用来确定发动机运转状态是否进入正常评定工况的一种二冲程油，本标准采用 ASTM 602 和 ASTM 604 参比油。

3.5 磨合 break-in

使用新的或更换零部件（如气缸、曲轴系统等）的发动机进行评定试验时，为保证发动机性能，在正式试验前所必须进行的运转。

3.6 粘环 ring sticking

活塞环局部或全部覆盖沉积物，在沉积物的作用下，使活塞环在环槽内不能运动。

3.7 拉伤 scuffing

气缸壁与活塞各部位之间在运动中产生的有手感的竖直伤痕。

4 方法概要

本标准采用排量为 49cm³ 的单缸、风冷二冲程汽油机，使用试验燃料油与标准参比油或试样油体积混合比为 150∶1 的混合燃料油。试验中发动机节气门全开，转速恒定，稳定后断开冷却风，测量火花塞垫圈温度为 200~350℃时的发动机扭矩，记录其间的扭矩下降值。扭矩下降值越小，则表明润滑油的润滑性越好。交替进行参比油和试样油的试验，每组试验通常进行 5 次胀紧。

5 仪器设备

5.1 试验用发动机

5.1.1 试验用发动机规格

使用 YAMAHA CY50 型摩托车发动机作为试验用发动机，发动机规格见表 1。

表 1 试验用发动机主要技术参数

摩托车型号	YAMAHA CY50
发动机型号	3kJ
气缸数	1
缸径×冲程,mm×mm	40×39.2
排量,mL	49
冷却方式	强制风冷
压缩比	7.2∶1
活 塞	铝合金
气 缸	铸铁缸套

5.1.2 活塞间隙调整

根据本试验的目的，珩磨气缸使内径具有 0.45~0.70μm 的平均粗糙度，活塞裙部直径方向上的间隙为 0.10~0.13mm，如附录 B 所示。建议珩磨出一定数量的气缸，调整后的气缸应明确标注出来。

试验用发动机应提供以下条件：

（1）包括功率和燃料油消耗量的外特性曲线，3000~6000r/min 范围内间隔 500r/min；

（2）外特性曲线上每个工况点的火花塞垫圈温度；

（3）活塞与气缸的尺寸和间隙；

（4）活塞环的间隙尺寸。

5.2 测功机

扭矩测量精度为±0.5%，测功机在4000r/min时其吸收功率为2.5kW。当改变其功率输入时，测功机仍可保持4000r/min ±30r/min的运转速度，测功机可由发动机直接带动或通过皮带传动。

5.3 冷却系统

拆除发动机上的冷却风扇，采用外接鼓风机冷却发动机。鼓风机的风量至少为34m³/min，并通过管路引至发动机前端，冷却风流量可以调节。

5.4 燃料油系统

进入化油器前燃料油压力应保持在19～21kPa、燃料油温度不超过30℃，温度过高时应进行冷却。本试验通常需要三种燃料油，一种是试样油与试验燃料的混合油，一种是参比油和试验燃料的混合油，另一种是不加润滑油的试验燃料。

5.5 发动机温度测量

5.5.1 火花塞垫圈热电偶

在铜制火花塞垫圈上装入K型热电偶，结构见附录E，测量精度为±1%。

5.5.2 排气温度热电偶

使用长150mm、直径3mm的铠装K型热电偶测量排气温度，热电偶安装在距气缸排气口约65mm、排气管中心±3mm处。

5.5.3 温度显示记录仪

火花塞垫圈温度显示记录的间隔不超过1s，排气温度显示记录的间隔不超过10s，显示记录仪的精度为±1℃。

5.6 仪器仪表

使用计算机对火花塞垫圈温度、发动机扭矩、发动机转速等数据进行采集、处理和绘图。或使用X-Y记录仪记录火花塞垫圈温度和发动机扭矩，由记录曲线上确定扭矩降值。

5.6.1 转速表：转速表的精度为±10r/min。

5.6.2 温度计：精度为±1℃的温度计，用于测量试验室内温度。

5.6.3 气压计：精度为±0.1kPa的气压计，用于测量试验室内大气压力。

5.6.4 湿度计：精度为±5%的湿度计或精度±1℃的干、湿球温度计，用于测量试验室湿度。

6 试验用材料

6.1 燃料

试验燃料的主要性质见表2。

表2 试验燃料的主要性质

项　　目		限　　值	检验标准
辛烷值(研究法)		89～93	GB/T 5487
四乙基铅,g/L	不大于	0.001	GB/T 8020
馏程:10%蒸发温度,℃	不大于	70	GB/T 6536
50%蒸发温度,℃	不大于	110	
90%蒸发温度,℃	不大于	167	
终馏点,℃		—	
雷德蒸气压,kPa(37.8℃)	不大于	75	GB/T 8017
实际胶质,mg/100 mL	不大于	4	GB/T 8019
硫含量,%(m/m)	不大于	0.03	GB/T 380
烃族组成:烯烃,%(V/V)		5～25	GB/T 11132
芳香烃,%(V/V)		25～35	
注:其他测定项目应符合SH 0041—1993标准要求。			

6.2 试样油

一次试验约需要 0.4L。

6.3 参比油

参比油的主要性质见附录 A。

一次试验需要 NMMA 93738 号标准参比油 0.4L。

一次校准试验需校机油 ASTM 602 和 ASTM 604 各 0.4L。

6.4 溶剂油

采用 GB 1922NY-190 号溶剂油。

7 试验用发动机的准备

7.1 发动机的组装

装机时，使用新的活塞、活塞环、缸盖垫片，使用新的或清洗过的排气管，按附录 B 的规定进行组装，对符合技术要求的其他部件可不必更换。每隔 3~5 次完整试验更换一次气缸，做完 125~175 次完整试验(约 1000~1500h)，更换整台发动机。

7.2 磨合

每次更换气缸后，应对发动机进行磨合。发动机使用试验燃料与标准参比油混合比为 20∶1 的混合油，按表 3 的条件进行磨合。磨合后应拆机检查活塞和气缸，如果发现活塞拉伤、粘环或其他不正常情况，应更换部件并重新磨合。在完成磨合后拆机之前，用不加润滑油的试验燃料使发动机在空负荷下以 4000r/min 运转 5min。

表 3 磨合工况表

组 号	循 环	时间,min	转速,r/min	节气门开度	火花塞垫圈温度,℃
1	重复 2 个循环共 20min	2	2000±100	全闭	记录
		2	4000±100	1/3	最高 125℃
		2	5500±100	1/3	最高 125℃
		2	3500±100	1/3	最高 125℃
		2	4500±100	1/3	最高 125℃
2	重复 4 个循环共 40min	2	2000±100	全闭	记录
		2	4000±100	1/2	最高 140℃
		2	5500±100	1/2	最高 140℃
		2	3500±100	1/2	最高 140℃
		2	4500±100	1/2	最高 140℃
3	重复 4 个循环共 40min	2	2000±100	全闭	记录
		2	4000±100	3/4	最高 155℃
		2	5500±100	3/4	最高 155℃
		2	3500±100	3/4	最高 155℃
		2	4500±100	3/4	最高 155℃
4	重复 2 个循环共 20min	2	2000±100	全闭	记录
		2	4000±100	全开	最高 170℃
		2	5500±100	全开	最高 170℃
		2	3500±100	全开	最高 170℃
		2	4500±100	全开	最高 170℃

7.3 校机

7.3.1 在完成 30 次试验或累积运转达到 90 天时，以及在使用一台新的发动机或完全重装的发动机时，在评定试验前，应对试验台架进行校机试验。

7.3.2 使用 NMMA 93738 号标准参比油试验时，以校机油 ASTM 604 和 ASTM 602 为试样油进行校机试验，按 9.1~9.3 的程序，如确定 ASTM 602 为通过，而 ASTM 604 为失败，则试验台架通过校机试验。

8 试验步骤

8.1 发动机在节气门全开、转速 4000r/min、火花塞垫圈温度为 169~171℃ 的状态下，稳定运行 20~30min 以建立热平衡。此时发动机输出功率不低于 1.4kW。断开冷却风，当火花塞垫圈温度升至 200℃ 时，开始记录发动机扭矩，一直至火花塞垫圈温度达到 350℃ 时止，即完成一次胀紧。冷却后再使火花塞垫圈温度保持在 169~171℃，稳定运转 3~4min，断开冷却风，重复上述试验过程。断开冷却风期间，应避免发动机受鼓风。为保证良好的重复性，应在环境温度为 23~30℃ 时进行试验。一组试验中进行 5 次胀紧，在 8.3 情况下，最多可包括 7 次胀紧。

8.2 按表 4 的次序运转两组标准参比油和试样油的试验，每种油的试验过程不能中断。两种油之间的停机时间不能超过 1h，否则要重作整个试验，因为此时标准参比油与试样油的对比已不可靠。

表 4 试验运转次序

油 品	胀紧数据号	组 号
标准参比油	1~5	1
试样油	6~10	2
标准参比油	11~15	3
试样油	16~20	4

8.3 扭矩降的范围

对一组试验的 5 次胀紧，比较其扭矩下降值，若最大值与最小值之差即扭矩降的范围超过 0.085N·m，重做一次胀紧以替换超出扭矩降范围的一次，如果替换一次后扭矩降的范围仍超过 0.085N·m，则再替换一次。一组试验最多进行 7 次胀紧。如果从 7 次胀紧中去除两次后，扭矩降的范围仍超过 0.085N·m，则对发动机重新组装，重做试验。

8.4 完成一组试验后，放净化油器中的混合燃料，更换或清洗输油管路。在进行下一组试验之前，用不含润滑油的试验燃料，使发动机在空负荷下以 4000r/min 转速运转 5min，然后放净化油器中的燃料油，换上另一种混合燃料油后，按 8.1 进行下一组试验。

8.5 发动机的异常情况

试验中若火花塞工作异常，更换火花塞并继续试验，重做故障发生所在组别的试验。试验后检查不应出现粘环和拉伤现象。

9 数据的检查与计算

9.1 奇异值的检查

当试验扭矩下降值虽未超出 8.3 规定的范围，但有较大偏差时，应进行奇异性检验以确定试验数据的有效性。奇异性检验方法见附录 C。如果一种油的试验数据中有两个以上的奇异值，试验无效。

9.2 相当性检验

分别计算参比油和试样油的扭矩下降值的平均值和标准偏差，并按附录 C 中相当性检验方法确定两种油的试验结果是否有显著的区别。

9.3 通过—失败标准

按 9.1、9.2 的检查和计算，若试样油的平均扭矩降小于或等于标准参比油的平均扭矩降，即 $\overline{\Delta M_c} \leqslant \overline{\Delta M_r}$，则试样油通过。

10 试验结果

试验结果报告见附录 D。

11 精密度及偏差

11.1 精密度

因为本标准评定试样油润滑性是否好于或等于标准参比油，所以不做精密度说明。

11.2 偏差

因为二冲程汽油机油润滑性只根据本标准确定，所以对偏差未做说明。

附　录　A

（标准的附录）

参比油主要性质

A1　参比油的主要性质见表A1。

表A1　参比油的主要性质

编　　号	NMMA93738	ASTM604	ASTM602	试验方法
运动黏度（40℃），mm^2/s	34.2~38.2	56.6	107.9	GB/T 265
（100℃），mm^2/s	6.1~6.6	8.2	12.4	
黏度指数	128	114	106	GB/T 1995
总酸值，mgKOH/g　　　不大于	1.7	—	0.9	GB/T 7304—1987
总碱值，mgKOH/g　　　不大于	6.5	—	5.7	SH/T 0251
硫酸盐灰分，%（m/m）	<0.005	<0.005	0.75	GB/T 2433
钙含量，%（m/m）	0	0	2.5	SH/T 0270
氮含量，%（m/m）	0.58	0.40	0.02	SH/T 0224
近似的成分，%（V/V）				
150号光亮油	9.00	0	60	
650号中性油	61.65	72.55	0	
650号中性油	0	0	0	
斯陶达溶剂	20	20	0	
添加剂	9.35[1]	7.45[1]	—[2]	

　1）主要为无灰分散剂；
　2）主要为金属清净剂。

附　录　B

（标准的附录）

试验用发动机的组装

B1　本附录概括介绍了对新的试验发动机的检查和试验时需更换的零件。更多的细节参阅 YAMAHA CY50 使用手册。

B2　拆机

B2.1　气缸和活塞：拆下发动机罩和火花塞。先以交叉方式将缸盖螺母松开1/4圈，再拧下螺母取下气缸盖。拆下排气管、进气管和舌簧组件。取下气缸体。用干净的布盖住曲轴箱口。拆下活塞销卡环，用导向器轻敲或挤压活塞销，如果未能取下活塞销，可对活塞加热再挤压活塞销，敲击用力过大会损坏活塞或连杆。按 B3 和 B4 的规定对零件检查、修正，必要时更换。

B2.2　曲轴箱：通常不需解体。如果需要拆装，参阅 YAMAHA CY50 使用手册。

B3　零件检查

B3.1　气缸盖垫片：将缸盖垫片平放在平板上，如果在垫片与平板间能塞入0.05mm的塞尺，则应对气缸盖垫片修正或更换。

B3.2 气缸盖：对照气缸盖垫片检查缸盖平面，如有必要对其修正或更换。

B3.3 连杆和曲柄轴承：取下盖在曲轴箱口上的布，用溶剂汽油清洗曲轴箱，检查曲柄轴承是否有褪色痕迹。测量并记录连杆与曲柄行程间的端面间隙，如果超过 0.5mm 或有任何轴承损坏或疲劳的迹象，更换曲轴总成或整台发动机。

B3.4 进气系统：检查进气管是否开裂或弯曲。检查舌簧片是否开裂、变形或破漏，更换其损坏的部分。

B3.5 其他部件：检查空气滤清器、化油器和点火线圈，必要时进行清洗、修理或更换。

B4 发动机零件的再加工

B4.1 活塞与气缸间隙：按 B4.2 至 B4.4 的规定，活塞与气缸间隙为 0.10~0.13mm。可珩磨气缸套，并要求缸套内壁为 0.45~0.7μm 的表面粗糙度。

B4.2 气缸内径：在珩磨前后，沿曲轴方向和垂直于曲轴方向上，按下列位置测量并记录气缸内径，至少精确到 0.01mm。

气缸上顶面下 7mm 处

气缸上顶面下 12mm 处

气缸上顶面下 32mm 处

记录下最大椭圆度和锥度。

B4.3 活塞：沿曲轴方向和垂直于曲轴方向上，按下列位置测量并记下活塞直径，至少精确到 0.01mm。

顶岸中部

距活塞顶 12mm 处

距活塞顶 32mm 处

记录下活塞最大和最小直径。

B4.4 活塞气缸间隙计算

最小间隙＝气缸最小直径–活塞最大直径

最大间隙＝气缸最大直径–活塞最小直径

活塞气缸间隙如果超出 B4.1 的规定，更换其中的零件。

B4.5 活塞环：将活塞环置于气缸内，用活塞压入距气缸上顶面 15mm 处，测量活塞环开口间隙，开口间隙为 0.15~0.45mm。将活塞环装在活塞环槽内，测量活塞环侧向间隙，侧向间隙为 0.03~0.05mm。如果超出此规定，更换其中的零件。

B5 组装

B5.1 动力段：使用 NMMA 93738 号参比油作为装配润滑油，润滑轴承，使活塞顶部箭头指向排气侧安装活塞，安装活塞环和缸体垫片，润滑活塞组件和气缸套并安装气缸套。安装缸盖，先以 5~6N·m 扭矩拧缸盖螺母，再以交叉方式拧紧至 10.5~11.5N·m。

B6 点火系统：检查点火定时是否在上止点前 17°~19°。

B7 进气系统：在簧块垫片的两面加一薄层密封胶，装在气缸上，安装簧片组件及进气支管。拧紧螺栓至 0.7N·m，使用新垫片安装化油器，螺栓拧紧至 0.7N·m。

B8 选用 NGK BP6HS 或相当型号的新火花塞，火花塞电极间隙为 0.9mm，用高温润滑剂润滑螺纹，安装火花塞，拧紧至 19~20N·m。

B9 检查并安装排气管。

附 录 C

（标准的附录）

数据的检查与计算

C1 奇异值的检查

对参比油和试样油的试验数据，按下式分别计算临界值 B^*：

$$\overline{\Delta M_r} = \sum \Delta M_{ri}/n_r \qquad\qquad (C1)$$

$$\overline{\Delta M_c} = \sum \Delta M_{ci}/n_c \qquad\qquad (C2)$$

$$B_r^* = \frac{|\Delta M_{ri} - \overline{\Delta M_r}|_{max}}{\sqrt{\sum (\Delta M_{ri} - \overline{\Delta M_r})^2}} \qquad\qquad (C3)$$

$$B_c^* = \frac{|\Delta M_{ci} - \overline{\Delta M_c}|_{max}}{\sqrt{\sum (\Delta M_{ci} - \overline{\Delta M_c})^2}} \qquad\qquad (C4)$$

式中：ΔM_{ri}，ΔM_{ci}——参比油和试样油的第 i 次胀紧扭矩下降值，$i=1$，$2 \cdots n_r$（或 n_c）；

　　　　$\overline{\Delta M_r}$，$\overline{\Delta M_c}$——参比油和试样油的扭矩下降平均值；

　　　　n_r，n_c——参比油和试样油的有效胀紧次数。

将计算的 B_r^* 和 B_c^* 与表 C1 中查得的 B_{crit} 相比较，置信度取 90%，自由度为 n_r 或 n_c。如果 $B^* \geqslant B_{crit}$，则满足 $|\Delta M_{ri}-\overline{\Delta M_r}|_{max}$ 或 $|\Delta M_{ci}-\overline{\Delta M_c}|_{max}$ 的数据为奇异值，数据无效应舍去，n_r 或 n_c 减 1，对剩余数据继续进行奇异性检验。若舍去 2 个奇异值后，仍存在奇异值，试验结果无效。

C2 相当性检验

分别计算标准参比油和试样油的扭矩下降平均值和标准偏差，进行相当性检验，以确定两种油的结果是否有显著的区别，按如下公式计算临界值 t^*：

$$S_r = \frac{\sqrt{\sum (\Delta M_{ri} - \overline{\Delta M_r})^2}}{\sqrt{(n_r - 1)}} \qquad\qquad (C5)$$

$$S_c = \frac{\sqrt{\sum (\Delta M_{ci} - \overline{\Delta M_c})^2}}{\sqrt{(n_c - 1)}} \qquad\qquad (C6)$$

$$S_{rc} = \frac{\sqrt{(n_r-1)S_r^2+(n_c-1)S_c^2}}{\sqrt{(n_r+n_c-2)}} \qquad\qquad (C7)$$

$$t^* = \frac{|\overline{\Delta M_r}-\overline{\Delta M_c}|}{S_{rc}\sqrt{(1/n_c+1/n_r)}} \qquad\qquad (C8)$$

式中：S_r，S_c——参比油和试样油的标准偏差；

　　　　S_{rc}——参比油和试样油的组合标准差。

计算得到的 t^* 与表 C2 中的 t_{crit} 相比较，置信度通常取 95%，自由度为 (n_r+n_c-2)。若 $t^* \leqslant t_{crit}$，则认为两种油的平均扭矩降是相当的，否则是不相当的即有显著的区别。

表 C1 B_{crit} 值分布表

自由度	置 信 度			
	90%	95%	99%	99.9%
5	0.8357	0.8575	0.8818	0.9917
6	0.8119	0.8440	0.8823	0.9032
7	0.7912	0.8246	0.8733	0.9051
8	0.7679	0.8038	0.8596	0.9006
9	0.7540	0.7831	0.8439	0.8923
10	0.7254	0.7633	0.8274	0.8817
11	0.7064	0.7445	0.8108	0.8597
12	0.6389	0.7271	0.7947	0.8571
13	0.6722	0.7107	0.7791	0.8442
14	0.6578	0.6954	0.7642	0.8313
15	0.6438	0.6811	0.7500	0.8185
16	0.6308	0.6676	0.7364	0.8062
17	0.6187	0.6550	0.7235	0.7942
18	0.6073	0.6431	0.7112	0.7825
19	0.5985	0.6319	0.6996	0.7711
20	0.5884	0.6213	0.6894	0.7602
21	0.5769	0.6113	0.6778	0.7497
22	0.5679	0.6018	0.6677	0.7396
23	0.5593	0.5927	0.6581	0.7293
24	0.5512	0.5841	0.6485	0.7204
25	0.5434	0.5760	0.6400	0.7113

C3 计算实例

C3.1 如试验中，得到下列扭矩下降值（N·m）：

标准参比油	0.275,(0.336),0.258,0.249,0.244,0.260
试样油	0.264,0.251,0.263,0.247,0.256
标准参比油	0.262,0.248,0.268,0.272,0.248
试样油	0.263,0.259,0.267,0.270,0.265

C3.2 第一组中，明显看出扭矩降的范围已超出 0.085N·m，按 8.2.3 的规定增加一次胀紧以替换 0.336，这样的数值通常是由发动机点火不良的结果。如果原来第 2 个数值是 0.321，虽未超出扭矩降的范围，但仍是可怀疑的。这种情况下，采用 C1 的方法确定该数值点是奇异值并去除。

C3.3 分别计算两种油扭矩下降值平均值和标准偏差，计算得

参比油 $\overline{\Delta M_r}=0.2584$ $S_r=0.01096$

试样油 $\overline{\Delta M}=0.2605$ $S_c=0.00725$

C3.4 试样油比参比油扭矩下降平均值大，可能是由于读数点少造成统计上的误差，实际上两种油的性能是相当的。应按 C2 的方法进行相当性检验。计算得：

$$S_{re} = 0.0093 \qquad t^* = 0.517$$

查表 C2 得 $t_{crit} = 1.734$。$t^* < t_{crit}$，即认为两种油的平均扭矩降无显著区别，试样油平均扭矩降等于标准参比油平均扭矩降，试样油通过。

表 C2 t_{crit}值分布表

自由度	置信度			
	90%	95%	99%	99.9%
10	1.372	1.812	2.764	3.169
11	1.363	1.796	2.718	3.106
12	1.356	1.782	2.681	3.055
13	1.350	1.771	2.650	3.012
14	1.345	1.761	2.624	2.977
15	1.341	1.753	2.602	2.947
16	1.337	1.746	2.583	2.921
17	1.333	1.740	2.567	2.898
18	1.330	1.734	2.552	2.878
19	1.328	1.729	2.539	2.861
20	1.325	1.725	2.528	2.845
21	1.323	1.721	2.513	2.831
22	1.321	1.717	2.503	2.819
23	1.319	1.714	2.500	2.807
24	1.318	1.711	2.492	2.797
25	1.316	1.708	2.485	2.787
26	1.315	1.706	2.477	2.779
27	1.314	1.703	2.473	2.771
28	1.313	1.701	2.467	2.763
29	1.311	1.699	2.462	2.756
30	1.310	1.697	2.457	2.750

附　录　D

（标准的附录）

试验结果报告

D1　将试验数据和检查计算结果填入表 D1。

D2　在图 D1 中绘制扭矩-温度曲线。

表 D1 水冷二冲程汽油机油润滑性试验结果

送样单位：   试验时间：

发 动 机			测 功 机		燃 油		室温,℃	
型 号	传动比	传动效率	型 号	型 式	牌 号	比 重	大气压力,kPa	
							相对湿度,%	

		序号	1		2		3		4		5	
火花塞		垫片温度	200℃	350℃	200℃	350℃	200℃	350℃	200℃	350℃	200℃	350℃
试验数据	参考油	扭矩值,N·m										
		扭矩降,N·m										
	试样油	扭矩值,N·m										
		扭矩降,N·m										
	参考油	扭矩值,N·m										
		扭矩降,N·m										
	试样油	扭矩值,N·m										
		扭矩降,N·m										

统计检验	奇异性检验	参比油	
		试验油	
	相当性检验	参比油	$\overline{\Delta M_r}$	$S_r =$
		试验油	$\overline{\Delta M_c}$	$S_c =$
		$S_{rc} =$	$t^* =$

结 论		试验负责人	
备 注		单位公章	

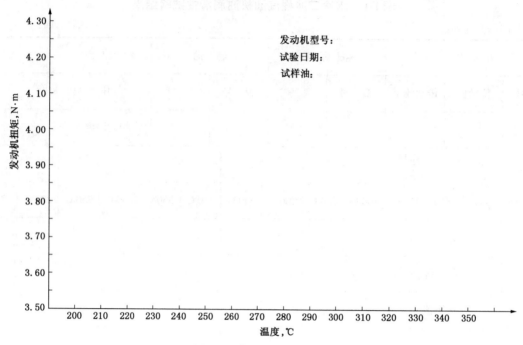

图 D1　扭矩–温度曲线

附　录　E

（提示的附录）

火花塞垫圈热电偶

E1　制作紫铜材料的火花塞垫圈，垫圈外径 20.8~21mm，内径 14.3~14.6mm，垫圈厚度为 1.8~2.2mm。

E2　在垫圈侧面沿径向钻一个直径 0.8~1mm 的小孔，插入 K 型热电偶，并用银焊住，接点外热电偶丝之间保持绝缘。

E3　根据试验的要求，可在垫圈上装一个或 2 个热电偶。装有 2 个热电偶的火花塞垫圈热电偶结构见图 E1。

E4　校准热电偶，在 40~400℃ 范围内测量精度为 ±1%。

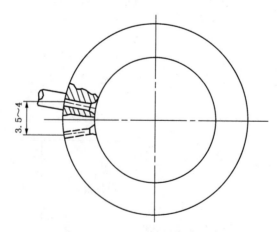

图 E1　火花塞垫圈结构图

编者注：本标准中引用标准的标准号和标准名称变动如下。

原 标 准 号	现 标 准 号	现 标 准 名 称
GB 1922	GB 1922—1980	溶剂油
GB/T 5487	GB/T 5487	汽油辛烷值的测定 研究法
GB/T 6536	GB/T 6536	石油产品常压蒸馏特性测定法
GB/T 8017	GB/T 8017	石油产品蒸气压的测定 雷德法
GB/T 8019	GB/T 8019	燃料胶质含量的测定 喷射蒸发法
GB/T 8020	GB/T 8020	汽油铅含量的测定 原子吸收光谱法
GB/T 11132	GB/T 11132	液体石油产品烃类的测定 荧光指示剂吸附法

前　言

本标准等效采用美国材料与试验协会 ASTM D4682-1987(1996)《二冲程汽油机油流动性及其与汽油混溶性测定法》。

本标准用于评定二冲程汽油机油与汽油混和溶解的能力以及该油的低温流动性能，推荐作为二冲程汽油机油程序评定的一部分。

本标准的附录 A 和附录 B 都是标准的附录。

本标准由中国石油化工集团公司石油化工科学研究院归口。

本标准起草单位：茂名石油化工公司研究院。

本标准主要起草人：冯心凭、华献君、陆雨丽、吴林平。

中华人民共和国石油化工行业标准

二冲程汽油机油流动性及其
与汽油混溶性测定法

SH/T 0671—1998

（2006年确认）

Test method for miscibility with gasoline and
fluidity of two-stroke-cycle gasoline engine lubricants

1 范围

1.1 本标准规定了二冲程汽油机油的四种分类，该分类是依据润滑油的低温流动性能及其与汽油的混溶性能进行分类的。本标准规定了测定二冲程汽油机油流动性及其与汽油混溶性的试验方法。

1.2 本标准适用于二冲程汽油机油。

1.3 本标准对安全性问题不提出建议，如有则与其使用有关。本标准使用者在使用前有责任建立适当的安全性与健康性方法及确定受规章限制的适用范围。

2 引用标准

下列标准包含的条文，通过引用而构成为本标准的一部分。除非在标准中另有明确规定，下述引用标准都是现行有效标准。

GB/T 265 石油产品运动黏度测定法和动力黏度计算法

GB/T 2433 添加剂和含添加剂润滑油硫酸盐灰分测定法

GB/T 3535 石油倾点测定法

GB/T 11145 车用流体润滑剂低温黏度测定法（勃罗克费尔特黏度计法）

SH 0041—1993 无铅车用汽油

3 术语

本标准采用下列术语。

3.1 流动性 fluidity

二冲程汽油机油的流动性是绝对黏度的倒数。绝对黏度的单位为 mPa·s。

3.2 混溶性 miscibility

二冲程汽油机油的混溶性系指在规定的条件下，通过搅拌，使以单相形式置于仪器中的燃料和润滑油混合成为单一混合物。混溶性是所需时间的反函数。

4 分类

根据试验所控制的温度，将试样分为0℃、-10℃、-25℃、-40℃四个等级。每一等级都有各自的参比油（详见附录A），同一等级的混溶性试验和流动性试验使用同一种参比油。

5 通过标准

5.1 混溶性——试验按照第6章所述进行，试样与汽油完全混溶所需翻转次数不多于参比油与汽油完全混溶所需翻转次数的110%，并且垂直放置48h无相分离现象时，判为通过，否则为不通过。

5.2 流动性——试验按照第7章所述进行，试样的黏度不大于参比油黏度的10%时，判为通过，否则为不通过。

6 混溶性试验

6.1 方法概要

把试样与参比油分别倒入带塞的玻璃量筒中，然后把量筒和装有汽油的容器放入带旋转器的制冷器中，在规定的温度下恒温16h后，将汽油分别注入装有试样及参比油的量筒中，然后使量筒和制冷器盖子复位并开动旋转器。通过观测记录汽油与油样完全混溶时的翻转数，然后垂直静止48h，检查有无相分离。确定试样能否通过混溶性试验。

6.2 设备

6.2.1 制冷器：制冷器要求在0～-40℃温度范围内，温度控制精度为±1℃，并在操作中能适应整个旋转器组件且有透明盖子以便观察混溶状况。盖子建议用两块玻璃板以约10～15mm的空间隔开。

6.2.2 旋转器：由直径12～14mm，长300mm的抗磨轴和安装在轴上的三个或四个标准的夹子以及转数计组成。该轴以电动机驱动，转速约10～14r/min，使得量筒在旋转中连续不断地被倒置。为了操作方便，轴上最多能夹四个量筒。

6.2.3 量筒（带塞）：容量为500mL，要求长度与直径之比为(10～12)：1，且在任何状态下均保证塞紧。

6.2.4 温度计：0～-50℃，棒式，分度值为1℃。

6.2.5 锥形瓶：500mL，带塞。

6.2.6 试管架：能放置四个6.2.3规定量筒的架子。

6.3 材料

6.3.1 参比油：每一个混溶性等级需用相应等级的参比油。附录B中列出不同等级参比油的性质。

6.3.2 汽油：符合SH 0041—1993质量指标汽油均可使用。当这一试验同发动机试验一同进行时，通常使用发动机试验中规定的汽油，不应使用含氧化合物调合的或其他含非烃调合组分的燃料。

6.4 试验步骤

6.4.1 将20mL参比油和试样分别注入四个量筒中，塞紧塞子。在其刻度约为350mL处用夹子夹紧，垂直地固定在制冷器的旋转器轴上。

6.4.2 在每个锥形瓶中注入400mL汽油后塞上塞子，放入制冷器中。

6.4.3 启动制冷器开始制冷，且在设定温度下恒温16h。

6.4.4 打开制冷器盖，将量筒倾斜约30°角。

6.4.5 将各锥形瓶中的400mL汽油分别注入各量筒内，必须小心地将汽油沿量筒壁注入，以减少与油样的混和。

6.4.6 当所有的量筒注入汽油后，盖紧量筒盖，并确保在旋转过程中量筒中液体不会发生泄漏，然后将制冷器盖子复位并启动旋转器。

6.4.7 观察量筒并记录油样与汽油完全混和时(当量筒倒置时，在其底部看不到有未混和的残留润滑油)的转数，如果环境湿度较大，制冷器内的透明玻璃盖板会生成霜雾，则应事先涂抹专用的防雾化合物，以便于观察。

6.4.8 试验结束后，将量筒垂直地置于制冷器内至少48h，然后检查相分离状况。

6.5 评定结果

若试样与汽油完全混合所需转数超过参比油与汽油完全混合所需转数的110%或检查相分离时发现试样与汽油分离为不通过，反之则通过。

6.6 报告

　　报告试验设定温度以及试样和参比油各自与汽油完全混和时的翻转次数。如果观察到分离，记录分离的程度以及放置的时间，以小时(h)表示。

6.7　精密度与偏差

　　由于参比油与每组试样同时试验，所以不要求其精密度与偏差。

7　流动性试验

7.1　方法概要

　　试样的黏度是在与混溶性试验相同的温度下按 GB/T 11145 测定，并与同时测定的参比油黏度进行比较，如试样的黏度不高于参比油黏度的10%，可视为试样的流动性通过，否则视为不通过。

7.2　设备与材料

7.2.1　设备

　　勃罗克费尔特黏度计及其有关仪器，见 GB/T 11145。

7.2.2　材料

　　详见6.3。

7.3　试验步骤

7.3.1　每个试验大约需要 50mL 试样。

7.3.2　在要测级别的温度下，或者如果该试验油的级别未知，则在高于该试验油倾点的最低温度级别的试验温度下，按 GB/T 11145 测定试样的黏度。

7.4　报告

　　报告试样与参比油的勃罗克费尔特黏度、测量温度以及每次测量心轴的转速(r/min)。

7.5　精密度与偏差

　　本试验方法的精密度与偏差和 GB/T 11145 中的规定相同。

附 录 A

（标准的附录）

二冲程汽油机油混溶性/流动性分类（等级）

二冲程汽油机油混溶性/流动性分类（等级）

分 类	试验温度,℃	参 比 油
1	0	VI-GG
2	−10	VI-FF
3	−25	VI-D
4	−40	VI-II

附 录 B

（标准的附录）

参比油（典型理化分析数据）

参比油（典型理化分析数据）

项 目 \ 规 格	VI-GG	VI-FF	VI-D	VI-II
运动黏度（100℃）,mm²/s	13.8	9.4	6.3	4.9
勃罗克费尔特黏度, mPa·s				
−40℃	—	—	固体	13500
−25℃	—	—	7500	—
−10℃	—	2600	950	—
0℃	3250	—	500	—
倾点,℃	−18	−18	−30	−51
硫酸盐灰分,%（m/m）	0.17	0.17	<0.005	0.17
注:参比油应置于阴凉、干燥处储存,储存期不宜超过四年。				

编者注：本标准中引用标准的标准号和标准名称变动如下：

原 标 准 号	现 标 准 号	现 标 准 名 称
GB/T 3535	GB/T 3535	石油产品倾点测定法
GB/T 11145	GB/T 11145	润滑剂低温黏度的测定 勃罗克费尔特黏度计法

前　言

本标准等效采用英国药典 BP—1993 版附录 VA 中：方法 ⅢA《滴点测定法》制定。

本标准的附录 A 是标准的附录。

本标准由中国石油化工集团公司抚顺石油化工研究院提出并归口。

本标准起草单位：中石化金陵石油化工公司化工一厂、中石化抚顺石油化工研究院。

本标准主要起草人：蒋皎梅、赵　彬、齐邦峰、马云升。

SH/T 0678—1999

（2005 年确认）

凡 士 林 滴 点 测 定 法

Vaseline—Determination of dropping point

1　范围

本标准规定了凡士林滴点的测定方法。

本标准适用于凡士林。

2　方法概要

将凡士林装入滴点计的脂杯中，在规定的加热条件下，测定脂杯中的试样滴出第一滴液体时的温度。

3　试验装置与材料

3.1　滴点温度计：技术条件见附录 A。

3.2　金属脂杯：如图 1a 所示。由镀铬黄铜制成，尺寸如下：宽口内径 7.35~7.65mm，宽口外径 9.95~9.99mm，窄口内径 3.1~3.2mm，窄口外径 5.5~5.6mm，杯高 15.0~15.4mm。宽口内部深度：宽口底部近似呈半球形，若将一个直径 7.00mm 的小钢球放进杯中，小球顶部距窄口底 12.05~12.35mm。杯顶和窄口底必须光滑、平行，并与杯中轴线垂直，窄口底边不得有槽或圆角。

3.3　滴点温度计金属套管：如图 1b 和图 1c 所示，温度计下部同轴粘结一个圆体金属管，金属管上旋有金属套，金属套上开有 2 个小孔，一个在前，一个在后，起通风作用，套内有一个定位框，金属套下部的导向片使脂杯共轴插进金属套内，其弹簧夹能使脂杯稳固地顶着定位框。当金属套旋在金属管上时，温度计水银球底部距定位框 7.9~8.2mm。

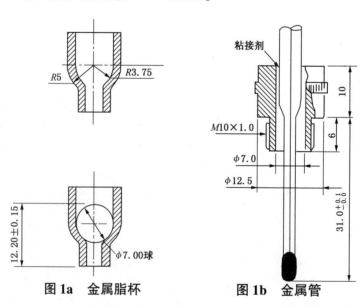

图 1a　金属脂杯　　　　图 1b　金属管

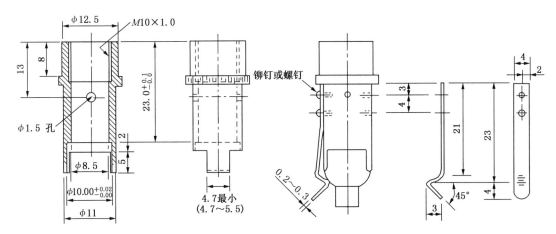

图1c 金属套

3.4 滴点测定装置：如图2所示，包括以下部分。

3.4.1 玻璃试管：总长110mm，内径25mm。

3.4.2 软木塞：长25mm，中心开有温度计的插孔，边缘开有透气槽。

3.4.3 加热浴(玻璃烧杯和加热介质)：安装试验装置时，玻璃试管的2/3垂直地浸入烧杯的液体里，试管底距烧杯底部约25mm。当滴点低于80℃时，用水作为加热介质；当滴点高于80℃时，用液蜡、甘油，或热安全性良好的浅色硅油作为加热介质。

3.4.4 搅拌器：使加热浴中的液体温度均匀。

3.4.5 辅助温度计：0~150℃，分度值为1℃，供测量浴温用。

3.4.6 支架：配有固定试管和辅助温度计的夹子，使其能方便地置于烧杯中，且能将加热浴架在热源上。

3.4.7 加热器：用来加热烧杯中的液体。

3.5 刀片。

3.6 秒表。

3.7 烘箱：温度控制能达到122℃。

3.8 恒温水浴：控制温度25℃±1℃。

4 试验步骤

4.1 安装加热浴，如图2所示。

4.2 加热试样至118~122℃，搅拌均匀，然后冷却至103~107℃。在烘箱中加热金属脂杯至103~107℃，取出后放在洁净的平板或瓷砖上，迅速倒入足量已熔化的试样，使其完全充满。

4.3 充满试样的金属脂杯在平板上冷却30min，然后置于24~26℃水浴中恒温30~40min。

4.4 从水浴中取出金属脂杯，用刀片向一个方向把试样表面削平，避免试样移动，然后将金属脂杯推进金属套内至定位框，在此过程中注意避免金属脂杯横向移动。擦去杯底挤出的多余试样，确保通气孔畅通。

4.5 用中间开孔的软木塞将滴点计固定在试管中(如图2所示)，使金属脂杯底部距试管底24~26mm，将试管垂直地安装在烧杯中，使试管至少有2/3长度浸没在加热介质中。

4.6 调节加热浴温度，使试样以1℃/min的速度升温，当第一滴熔化的试样从金属脂杯底滴落时，记录此时滴点温度计读数，并作为此次测定的结果。重复测定三次，取小数点后一位，每次均应使用新鲜试样。

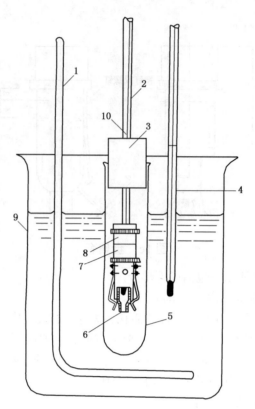

1—搅拌器；2—滴点温度计；3—软木塞；4—辅助温度计；5—试管；
6—金属脂杯；7—金属套；8—金属管；9—加热浴；10—温度计浸没线

图 2　滴点测定装置

5　重复性

重复测定的每两个结果间的差值，不应超过 3℃。

6　报告

以重复测定三个结果的算术平均值作为试样的滴点，取整数位。

附　录　A

（标准的附录）

滴点温度计技术条件

温度范围		−5～105℃
最小分度		1℃
长线刻度		5℃
刻字分度		10℃
浸没深度		100mm
刻线粗度	不大于	0.15mm
总长	不大于	255mm
主刻度长	不小于	100mm
水银球长度	不大于	6.0mm
棒直径		5.0～7.0mm
水银球底至−5℃刻线距离	不小于	100mm
示值误差	不大于	0.6℃
在一间隔区内误差	不大于	1.0/20℃
水银球直径		3.35～3.65mm
水银球和棒的细部总长	不小于	26mm

连接水银球的棒细部直径大约等于且不小于水银球直径。

前　言

本标准等效采用美国材料与试验协会标准 ASTM D4529-1995《航空燃料净热值估算法》。

本标准与 ASTM D4529-1995 的主要差异如下：

本标准未采用 ASTM D4529-1995 所述燃料类别的牌号及有关内容；未全部采用其引用标准；未采用它的密度和苯胺点的精度；本标准增加试样净热值兆焦耳每千克换算成千卡每千克的计算公式。

本标准由中国石油化工集团公司石油化工科学研究院归口。

本标准起草单位：中国石油化工集团公司石油化工科学研究院。

本标准主要起草人：黎家秀、杨婷婷。

中华人民共和国石油化工行业标准

SH/T 0679—1999

航空燃料净热值估算法

(2005年确认)

Standard test method for estimation
of net heat of combustion of aviation fuels

1 范围

1.1 本标准适用于在恒压下净热值的估算。净热值以 SI 制表示，即兆焦耳每千克。

1.2 本试验方法纯属一个经验方法，它仅用于从普通原油按通常的炼制过程所生产的、符合规格要求的液态烃燃料，例如航空汽油、或沸点在限定范围的航空涡轮发动机燃料和喷气发动机燃料。

> 注：本标准所用计算公式纯属经验的，只有当样品属于精制好的燃料类别[1]，用该类别有代表性样品的苯胺点、密度和硫含量来估算样品的净热值才是合理的。即使在此类别中，对个别样品净热值的估算误差也可能较大。

1.3 液态烃燃料的净热值也可采用 GB/T 2429 估算。按照燃料类别选用四个方程式中的一个进行计算，其精密度与本标准相当。

1.4 本标准涉及某些有危险性的材料、操作和设备，但是无意对与此有关的所有安全问题都提出建议。因此，用户在使用本标准之前应建立适当的安全和防护措施，并确定有适用性的管理制度。

2 引用标准[2]

下述标准包括的条文，通过引用而构成为本标准的一部分。除非在标准中另有明确规定，下述引用标准都应是现行有效标准。

GB/T 262 石油产品苯胺点测定法

GB/T 380 石油产品硫含量测定法(燃灯法)

GB/T 384 石油产品热值测定法

GB/T 388 石油产品硫含量测定法(氧弹法)

GB/T 1884 原油和液体石油产品密度实验室测定法(密度计法)

GB/T 2429 航空燃料净热值计算法

GB/T 11131 石油产品总硫含量测定法(灯法)

GB/T 11140 石油产品硫含量测定法(X 射线光谱法)

GB/T 13377 原油和液体或固体石油产品密度或相对密度测定法(毛细管塞比重瓶和带刻度双毛细管比重瓶法)

SH/T 0604 原油和石油产品密度测定法(U 形振动管法)

3 方法概要

用有关试验方法测定试样的苯胺点、密度和硫含量，根据其测定值，按公式或表格估算试样的

采用说明：

1] 本标准未采用 ASTM D4529—1995 所述燃料类别的牌号。

2] 本标准未全部采用 ASTM D4529—1995 第 2 章的引用标准。

净热值。

4 意义和用途

4.1 当样品的热值不能或不方便通过实测得到，并且估算又可满足使用时，本标准可用来作为一种估算手段，但它并不用于代替热值的实际测定值。

> 注：热值的实测方法见 GB/T 384 中规定。

4.2 净热值是所有航空燃料的一个性能要素。因为飞机发动机废气中含有未冷凝的水蒸气，所以燃料在汽化水时释放的能量不能被回收，并且要从总热值中减去，以计算净热值。对于高性能限重的飞机，用每单位质量的净热值和负荷燃料的质量来确定总的安全范围。飞机发动机的正常操作也需要一个确定的每单位体积所使用燃料的最低燃烧净热值。

4.3 因为烃类燃料混合物的燃烧热是混合物物理性能缓慢变化的函数，所以混合物的热值通常能够用密度和苯胺点的简单现场试验，以进行足够精确的估算，而不需要复杂的量热器。

4.4 计算无硫燃料净热值的经验二次方程式是根据对选定燃料的精确测定结果，采用最小二乘法推导得来的。选出这些燃料大多符合某些规格，并覆盖某些性质数据范围。为了避免端点影响，也选用了某些不符合规格的燃料，这些燃料超出了规格的上限或下限，扩大了密度和苯胺点范围。对含硫燃料，用联合最小二乘法回归分析，找出对硫的校正热值。

5 试验步骤[1]

5.1 按试验方法 GB/T 262 规定，测定试样的苯胺点，并精确到 0.1℃。

5.2 按试验方法 GB/T 1884，或 GB/T 13377，或 SH/T 0604 规定，测定试样 15℃密度，并精确到 0.1kg/m³。

5.3 按试验方法 GB/T 380，或 GB/T 388，或 GB/T 11131，或 GB/T 11140 规定，测定试样的硫含量，并精确到 0.02%(m/m)。

6 计算

6.1 使用步骤 a 或 b 计算净热值。

6.1.1 步骤 a(用公式)：将测定值代入式(1)，计算恒压下无硫试样的净热值 Q_P(MJ/kg)。

$$Q_P = 22.9596 - 0.0126587A + 26640.9(1/\rho) + 32.622(A/\rho) -$$

$$6.69030 \times 10^{-5}A^2 - 9217760(1/\rho)^2 \quad \cdots\cdots\cdots\cdots\cdots\cdots (1)$$

式中：ρ——15℃密度，kg/m³；

　　　A——苯胺点，℃。

> 注：在 SI 制中热值单位为焦耳每千克，但在实际使用中用倍数表示更为方便。兆焦耳每千克(1MJ/kg = 10⁶J/kg)是常用于表示石油燃料的热值单位。

6.1.2 步骤 b(见表 1)：在包括试样密度的行之间和包括试样苯胺点的列之间进行线性内插，得到试样无硫的净热值 Q_P。

6.2 试样含硫的净热值 Q_P'(MJ/kg)按式(2)进行修正计算：

$$Q_P' = Q_P - 0.1163S \quad \cdots\cdots\cdots\cdots\cdots\cdots (2)$$

式中：S——硫含量，%(m/m)。

采用说明：

1] 测定试样的密度和苯胺点的精度，采用本标准所引用相关方法的精度，未采用 ASTM D4529-1995 的有关精度。

表1 净 热 值

燃料15℃密度 $\rho \times 10^{-3}$，kg/m³	净热值 Q_P，MJ/kg						
	苯胺点 A，℃						
	20	30	40	50	60	70	80
0.6500	42.8522	43.1941	43.5225	43.8376	44.1393	44.4276	44.7026
0.6600	42.8721	43.2064	43.5272	43.8347	44.1288	44.4095	44.6768
0.6700	42.8819	43.2087	43.5222	43.8223	44.1090	44.3824	44.6423
0.6800	42.8823	43.2020	43.5083	43.8013	44.0808	44.3470	44.5998
0.6900	42.8743	43.1870	43.4864	43.7723	44.0449	44.3042	44.5500
0.7000	42.8584	43.1644	43.4570	43.7362	44.0021	44.2545	44.4936
0.7100	42.8354	43.1348	43.4209	43.6935	43.9528	44.1987	44.4313
0.7200	42.8059	43.0990	43.3786	43.6449	43.8973	44.1373	44.3635
0.7300	42.7704	43.0573	43.3307	43.5908	43.8375	44.0708	44.2908
0.7400	42.7295	43.0103	43.2778	43.5318	43.7725	43.9997	44.2136
0.7500	42.6837	42.9586	43.2201	43.4683	43.7031	43.9245	44.1325
0.7600	42.6332	42.9024	43.1582	43.4007	43.6297	43.8454	44.0477
0.7700	42.5787	42.8423	43.0925	43.3294	43.5529	43.7630	43.9597
0.7800	42.5203	42.7785	43.0233	43.2547	43.4728	43.6775	43.8687
0.7900	42.4585	42.7114	42.9509	43.1771	43.3898	43.5892	43.7752
0.8000	42.3936	42.6413	42.8757	43.0967	43.3043	43.4985	43.6793
0.8100	42.3258	42.5685	42.7978	43.0138	43.2163	43.4055	43.5813
0.8200	42.2555	42.4933	42.7177	42.9287	43.1264	43.3106	43.4815
0.8300	42.1828	42.4158	42.6354	42.8417	43.0345	43.2140	43.3801
0.8400	42.1080	42.3363	42.5513	42.7528	42.9410	43.1158	43.2772
0.8500	42.0313	42.2551	42.4655	42.6624	42.8460	43.0163	43.1731
0.8600	41.9529	42.1722	42.3781	42.5707	42.7498	42.9156	43.0650
0.8700	41.8730	42.0879	42.2895	42.4777	42.6524	42.8138	42.9619
0.8800	41.7917	42.0024	42.1997	42.3836	42.5541	42.7112	42.8550
0.8900	41.7092	41.9157	42.1085	42.2886	42.4549	42.6079	42.7475

6.3 试样体积净热值 q_p（MJ/L）按式（3）计算：

$$q_p = Q_p \rho \times 10^{-3} \qquad \cdots\cdots\cdots\cdots\cdots\cdots\cdots\cdots\cdots\cdots\cdots\cdots \text{（3）}$$

6.4 试样的净热值 Q_p，兆焦耳每千克（MJ/kg）也可按式（4）或式（5）换算成 Q_p，千卡每千克（kcal/kg）[1]：

$$Q_p = 4.1868 \times 10^{-3} \text{MJ/kg} = 1\text{kcal/kg}（国际蒸汽卡） \cdots\cdots\cdots\cdots\cdots \text{（4）}$$

$$Q_p = 4.1816 \times 10^{-3} \text{MJ/kg} = 1\text{kcal/kg}（20℃卡） \cdots\cdots\cdots\cdots\cdots\cdots \text{（5）}$$

7 报告

报告下述内容：

7.1 报告净热值的结果 Q_p 或 Q_p'（MJ/kg），精确到 0.001MJ/kg。

7.2 如果需要，则报告体积净热值 q_p（MJ/L），精确到 0.001MJ/L。

采用说明：

1] 6.4 条内容为增加的部分。

8 精密度和偏差

8.1 精密度

当使用试验方法 GB/T 262、GB/T 1884 和 GB/T 388 分别测定试样的苯胺点、密度和硫含量的数值时，用下述准则判断估算净热值结果的可靠性(95%置信水平)。

8.1.1 重复性：同一操作者对同一样品重复测定所得两个试验结果之差不应大于 0.012MJ/kg。

8.1.2 再现性：不同操作者在不同实验室，对同一样品所得两个独立试验结果之差不应大于 0.035MJ/kg。

注

1 当样品测定的苯胺点、密度和硫含量的精密度比上述试验方法的精密度更高或更低时，则估算出的净热值的精密度也会有相同的趋势。

2 作为示例 当样品密度为 810.0kg/m³ 时，体积净热值的精密度的估算值如下：

重复性 9.7MJ/m³(0.0097MJ/L)

再现性 28MJ/m³(0.028MJ/L)

8.2 偏差

由于用来确定相关关系的数据不能与可接受的标准物质相比较，因此本标准未对偏差进行规定。

编者注：本标准中引用标准的标准号和标准名称变动如下：

原 标 准 号	现 标 准 号	现 标 准 名 称
GB/T 262	GB/T 262	石油产品和烃类溶剂苯胺点和混合苯胺点测定法
GB/T 11131	GB/T 11131—1989	石油产品总硫含量测定法(灯法)
GB/T 11140	GB/T 11140	石油产品硫含量的测定 波长色散 X 射线荧光光谱法
GB/T 13377	GB/T 13377	原油和液体或固体石油产品 密度或相对密度的测定 毛细管塞比重瓶和带刻度双毛细管比重瓶法

前　言

本标准等效采用德国国家标准 DIN 51528—1994《未使用过的热载体液热稳定性测定法》制定。

本标准与 DIN 51528—1994 标准的主要差异：

（1）增加对试样及仪器称量精度的要求。

（2）增加对加热后试样外观的报告。

（3）硼硅玻璃安瓶的最小容积由 5mL 增加至 15mL。

本标准由中国石油化工集团公司提出。

本标准由中国石油化工集团公司石油化工科学研究院归口。

本标准起草单位：中国石油化工集团公司石油化工科学研究院。

本标准主要起草人：王飞、梁红。

中华人民共和国石油化工行业标准

热传导液热稳定性测定法

SH/T 0680—1999

（2005年确认）

Heat transfer fluids—Determination of thermal stability

1 范围

本标准规定了未使用过的矿物油型和合成型烃类热传导液热稳定性的试验方法。

本标准适用于在开式系统（常压下最高使用温度低于其初馏点或沸点）或闭式系统（最高使用温度可高于其初馏点或沸点）中使用的热传导液。

2 引用标准

下列标准所包含的条文，通过引用而成为本标准的一部分。除非在标准中另有明确规定，下述引用标准都应是现行有效标准。

SH/T 0558 石油馏分沸程分布测定法（气相色谱法）

3 术语

本标准采用下列术语。

3.1 热稳定性 thermal stability

在试验温度及试验过程中，热传导液因受热作用而表现出的稳定性。

注：随着温度升高，热传导液组成的变化加快，通过裂解和聚合反应会产生气相分解产物、低沸物、高沸物和不能蒸发的产物。生成物的类型和数量将影响热传导液的使用性能。

为了评定热稳定性，需要测定热传导液在规定条件下加热后产生的气相分解产物、低沸物、高沸物及不能蒸发的产物含量，并将这些产物的百分含量之和以变质率表示。变质率越小，产品的热稳定性就越好。

3.2 气相分解产物 gaseous decomposition products

样品经加热后，常压下其沸点在室温以下的物质，如氢气和甲烷等。

3.3 低沸物 products of lower boiling point

样品经加热后，沸点在未使用过的热传导液初馏点以下的物质。

3.4 高沸物 products of higher boiling point

样品经加热后，沸点在未使用过的热传导液终馏点以上，并可通过典型分离方法蒸馏出来的物质。

3.5 不能蒸发的产物 unevaporated products

通过蒸馏方法不能从加热后试样中分离出来的物质，它是球管蒸馏器测定出的残渣。

4 方法概要

在一定试验温度（产品标准中规定的最高使用温度）下，将试样隔绝空气加热至规定时间，然后观察并记录其外观[1]；计算出气相分解产物质量；对加热前后的试样进行气相色谱分析，通过模拟蒸

采用说明：

1] 本标准增加对加热后试样外观的报告。

馏曲线确定试样生成的低沸物和高沸物含量；称取一定量加热后的试样，在球管蒸馏器中测定不能蒸发的产物含量；最后计算出试样的变质率。

5 意义和用途

5.1 在规定的实验室条件下，本方法用于测定热传导液组成上的变化，此变化的大小取决于试验温度及试验时间。试验结果可以说明不同组成的热传导液在所规定的试验温度及试验时间下的热稳定性。

5.2 此试验结果并不能完全反映出工业化热传导装置中热传导液的性能，因为在装置中热传导液还受到许多附加因素的影响，如与传热装置的热交换作用、流动受热时取得的热量、热传导液循环系统中的温度分布及各种污染等因素，这些因素都会引起热传导液组成上的变化。

5.3 本标准方法基本上能够反映出一种热传导液的性能，因此在决定某一产品的最佳使用方案时可将其作为重要的参考依据。

6 仪器与材料

6.1 仪器

6.1.1 加热器

金属恒温加热器或压热釜或恒温箱：温度可控制在试验温度±1℃范围之内，并保证温度均匀分布。

注意：必须保证试样在加热器中的存放安全，这样可以确保人身安全。

6.1.2 试验器

容积至少 15mL[1]，并带有可密封的钢制或其他金属制保护管的硼硅玻璃安瓿或不锈钢制可密封的试验器。

6.1.3 气相色谱仪：符合 SH/T 0558 方法。

6.1.4 球管蒸馏器：BUCHI B-580 型（也可采用其他型号）。

6.1.5 真空泵：压力可抽至 10Pa 以下。

6.1.6 天平：感量为 0.1mg。

6.2 材料

6.2.1 干冰。

6.2.2 氮气：纯度 99.99%(m/m)以上。

7 试剂

7.1 异丙醇：分析纯。

7.2 丙酮：分析纯。

8 试验步骤

8.1 称量清洁干燥的试验器质量(m_1)，精确至 0.1mg[2]。然后将试样装至约试验器容积的一半，再称重(m_2)，精确至 0.1mg。

8.2 向试验器中通入氮气，仔细排除所余空间的空气。

8.3 小心地将硼硅玻璃安瓿密封后再称重(m_3)，精确至 0.1mg，然后将其置于保护管中。在准备过程中，不应加热试样。将保护管用螺旋帽盖紧后置于加热器中。或将不锈钢试验器进行防漏气密封后再称重(m_3)，精确至 0.1mg，然后将其放入加热器中。

采用说明：

1] 参照标准规定硼硅玻璃安瓿的最小容积为 5mL。

2] 本标准增加对称量精度的要求。

为保证试验结果的准确性，每一种热传导液至少应准备三个试样。

8.4 从室温开始加热，当温度达到低于试验温度50℃时，升温速度最高为2℃/min，最后将温度控制在试验温度的±1℃范围之内，并且在整个试验过程中一直保持该试验温度恒定，以保证试验器中任何部位甚至加热壁上的温度偏差均在试验温度的±1℃以内。试验时间为达到试验温度至停止加热时的时间，每种试样的试验时间至少480h。

注：试验温度为热传导液产品标准中规定的产品最高使用温度。

8.5 到达试验时间后停止加热，待试验器冷却至室温后将其移出加热器，然后记录试样的外观。

8.6 打开硼硅玻璃安瓿或不锈钢试验器。

8.6.1 打开硼硅玻璃安瓿

将硼硅玻璃安瓿置于杜瓦瓶中，在丙酮或异丙醇与干冰混合物（约-70℃）的冷冻下，使其内部压力降低。经过5~10min，打开硼硅玻璃安瓿，在室温下使气体完全挥发，然后称量硼硅玻璃安瓿的质量（m_4），精确至0.1mg。

注意：较大的硼硅玻璃安瓿或装有较高热负荷的试样在冷却过程中应配有安全防护套。在称量时应包括所有的玻璃碎片，并去掉附着的冷凝水。

8.6.2 打开不锈钢试验器

将不锈钢试验器置于杜瓦瓶中，在丙酮或异丙醇与干冰混合物（约-70℃）的冷冻下，使其内部压力降低。经过5~10min，小心打开不锈钢试验器的密封盖，在室温下使气体完全挥发，然后称量不锈钢试验器的质量（m_4），精确至0.1mg。

注意：在称量时去掉附着的冷凝水。

8.7 用SH/T 0558方法测定加热前后试样的沸点范围。

8.8 不能蒸发的产物含量测定。

8.8.1 先称量球管蒸馏器中空尾球的质量（m_5），精确至0.1mg，然后向尾球中滴加加热后的试样约4g，准确称量该质量（m_6），精确至0.1mg。

8.8.2 通过真空泵抽真空，使球管内的压力最终达到10Pa±0.2Pa。旋转球管蒸馏器中的球管，并将其缓慢加热至250℃±1℃，保持该试验温度及压力直至不能蒸发的产物中仍能挥发的部分小于试样质量的0.1%（m/m）。

8.8.3 称量试验后尾球的质量（m_7），精确至0.1mg。

9 计算

9.1 试样气相分解产物含量计算

试样的气相分解产物含量 $G[\%(m/m)]$ 按式（1）计算：

$$G = (m_3 - m_4)/(m_2 - m_1) \times 100 \quad\cdots\cdots\cdots\cdots\cdots\cdots\cdots\cdots\cdots\quad (1)$$

式中：m_1——空试验器质量，g；

m_2——装有未加热试样的试验器质量，g；

m_3——密封后试验器质量，g；

m_4——打开后试验器质量，g。

注：试样气相分解产物在0.5%（m/m）以下可忽略不计。

9.2 试样不能蒸发的产物含量计算

试样不能蒸发的产物含量 $U[\%(m/m)]$ 按式（2）计算：

$$U = (m_7 - m_5)/m_6 \times 100 \quad\cdots\cdots\cdots\cdots\cdots\cdots\cdots\cdots\cdots\quad (2)$$

式中：m_5——空尾球质量，g；

m_6——加热后试样质量，g；

m_7——试验后的尾球质量，g。

注：试样不能蒸发的产物在0.5%(m/m)以下可忽略不计。

9.3 试样低沸物含量 $N[\%(m/m)]$ 和高沸物含量 $H[\%(m/m)]$ 计算

9.3.1 图1给出了两种试样加热前后的模拟蒸馏曲线。其中图1(a)是试样加热后产生低沸物和高沸物的模拟蒸馏曲线,图1(b)是试样加热后只产生低沸物的模拟蒸馏曲线。现以图1(a)为例,计算加热后试样的低沸物含量 $N[\%(m/m)]$ 和高沸物含量 $H[\%(m/m)]$。

在图1(a)中, A 点为加热前试样的初馏点,过 A 点作水平线与加热后试样的模拟蒸馏曲线交于 B 点;过 B 点作垂线与收率轴交于 E 点,则试样未校正的低沸物含量 $N'[\%(m/m)]$ 为 E 点所对应的百分数。

C 点为加热前试样的终馏点,过 C 点作水平线与加热后试样的模拟蒸馏曲线交于 D 点;过 D 点作垂线与收率轴交于 F 点,则试样未校正的高沸物含量 $H'[\%(m/m)]$ 为100%减去 F 点对应的百分数。

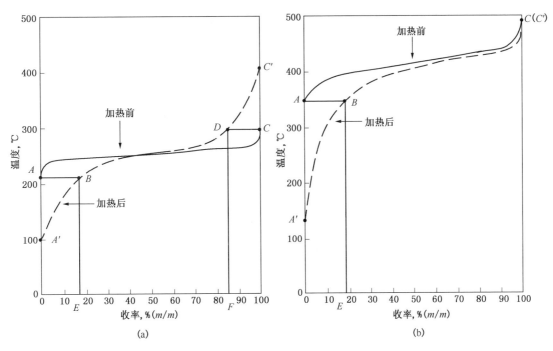

(a)   (b)

A—加热前试样的初馏点; A'—加热后试样的初馏点; C—加热前试样的终馏点;

C'—加热后试样的终馏点; AB—低沸物含量; CD—高沸物含量

图1 加热前后试样的模拟蒸馏曲线

9.3.2 考虑到采用气相色谱法无法测定气相分解产物的含量和不能蒸发产物的含量,所以必须通过式(3)和式(4)对未校正的低沸物含量 $N'[\%(m/m)]$ 和高沸物含量 $H'[\%(m/m)]$ 进行校正:

$$N = N' \times (100-G-U)/100 \quad \cdots\cdots\cdots\cdots\cdots\cdots\cdots\cdots (3)$$

式中: N——校正后试样的低沸物含量,%(m/m);

N'——通过试样模拟蒸馏曲线确定的低沸物含量,%(m/m);

G——试样的气相分解产物含量,%(m/m);

U——试样不能蒸发的产物含量,%(m/m)。

$$H = H' \times (100-G-U)/100 \quad \cdots\cdots\cdots\cdots\cdots\cdots\cdots\cdots (4)$$

式中: H——校正后试样的高沸物含量,%(m/m);

H'——通过试样模拟蒸馏曲线确定的高沸物含量,%(m/m);

G——试样的气相分解产物含量,%(m/m);

U——试样不能蒸发的产物含量,%(m/m)。

9.4 试样变质率计算

试样的变质率 $Z[\%(m/m)]$ 按式(5)计算：

$$Z = G+N+H+U \qquad \cdots\cdots\cdots\cdots\cdots\cdots\cdots\cdots\cdots\cdots\cdots\cdots\cdots\cdots \quad (5)$$

式中：G——试样的气相分解产物含量，$\%(m/m)$；

N——校正后试样的低沸物含量，$\%(m/m)$；

H——校正后试样的高沸物含量，$\%(m/m)$；

U——试样不能蒸发的产物含量，$\%(m/m)$。

10 报告

10.1 热传导液类型；

10.2 试验时间，h；

10.3 试验温度，℃；

10.4 变质率，取三个试验结果的平均值，$\%(m/m)$，并精确至小数点后一位；

10.5 气相分解产物和低沸物含量，$\%(m/m)$，并精确至小数点后一位；

10.6 高沸物和不能蒸发的产物含量，$\%(m/m)$，并精确至小数点后一位；

10.7 加热前和加热后试样的初馏点和终馏点，℃；

10.8 加热后试样外观；

10.9 与本标准不一致的条件；

10.10 试验日期。

前　言

本标准等效采用美国材料与试验协会标准 ASTM D1092-1993《润滑脂表观黏度测定法》。

本标准与 ASTM D1092-1993 标准的主要差异：

1. 引用标准用我国现行标准代替，未采用的引用标准在有关的采用说明中加以叙述；

2. 第 11 章内容作编辑性文字修改，取消 11.1 和 12 章关键词，因我国标准中暂无此项目；

3. 对标准中提示的附录作编辑性修改，用附录 B 和附录 C 表示。

由于本标准等效采用 ASTM D1092，故部分单位仍沿用 ASTM D1092-1993 中的单位。

本标准的附录 A 是标准的附录；本标准的附录 B 和附录 C 都是提示的附录。

本标准由中国石油化工集团公司提出。

本标准由中国石油化工集团公司石油化工科学研究院归口。

本标准起草单位：中国石油化工集团公司石油化工科学研究院、中国石油化工集团公司重庆一坪高级润滑油公司。

本标准主要起草人：李文慧、工红、张铀霞。

中华人民共和国石油化工行业标准

润滑脂表观黏度测定法

SH/T 0681—1999

(2005年确认)

Standard test method for measuring
apparent viscosity of lubricating greases

1 范围

1.1 本标准规定了测定润滑脂表观黏度的方法。

1.2 本标准适用于测定在−54~38℃温度范围内润滑脂的表观黏度，以 P(泊)表示。测量范围：在 $0.1s^{-1}$，$25~10^5P$；在 $15000s^{-1}$，$1~100P$。

注

1 1P(泊)= 0.1Pa·s(帕斯卡·秒)

2 在很低的温度下，由于需要很大的力迫使润滑脂通过较细的毛细管，剪切速度范围也就减少。因此，在剪切速率低于 $10s^{-1}$ 的精密度尚未建立。

1.3 本标准涉及某些有危险性的材料、操作和设备，但是无意对与此有关的所有安全问题都提出建议。因此，用户在使用本标准之前应建立适当的安全和防护措施并确定有适用性的管理制度。

2 引用标准

下列标准包括的条文，通过引用而构成本标准的一部分。除非标准中另有明确规定，下述引用标准应是现行有效标准。

GB/T 269 润滑脂和石油脂锥入度测定法

GB/T 17039 利用试验数据确定产品质量与规格相符性的实用方法

3 术语

本标准采用下列术语

3.1 表观黏度 apparent viscosity

润滑脂的表观黏度是用泊肃叶(Poiseuille)方程式计算出的剪切应力与剪切速率之比，以 P(泊)为单位表示(见 10.1)。

3.2 毛细管 capillary

本标准使用的毛细管是一种长度与直径之比为 40∶1 的直筒形管。

3.3 剪切速率 shear rate

剪切速率是润滑脂一系列相邻层彼此相对运动的速率。它与流动的线速度同毛细管半径的比值成正比，以秒的倒数(s^{-1})为单位表示。

4 方法概要

用液压系统带动的浮动活塞迫使样品通过毛细管。表观黏度是由预先测定的流量和在系统中所施加的力，根据泊肃叶方程式计算得到。用直径不同的 8 个毛细管和两个泵速来测定在 16 个剪切速率下的表观黏度，实验结果以表观黏度对剪切速率的双对数曲线表示。

5 意义和用途

表观黏度对剪切速率的关系可用以预测在规定温度和稳定流动状态下在润滑脂分配系统内的压力降。

6 仪器和材料

6.1 仪器

6.1.1 压力黏度计：由四个主要部分即动力系统、液压系统、润滑脂系统（在附录 A 中有说明，并见图 1）和一个合适的浴组成。图 2 是通常于室温使用的前三个部分的照片。这种类型的仪器应配有一个直径为 178mm、高为 508mm 的圆柱形保温箱。浴中的介质是用手控操作的干冰冷却的乙醇。也可以将润滑脂系统或润滑脂系统和液压系统，或三个系统同时装进空气浴中，它们应满足试验温度范围，并使润滑脂在试验温度下保持±0.25℃以内。

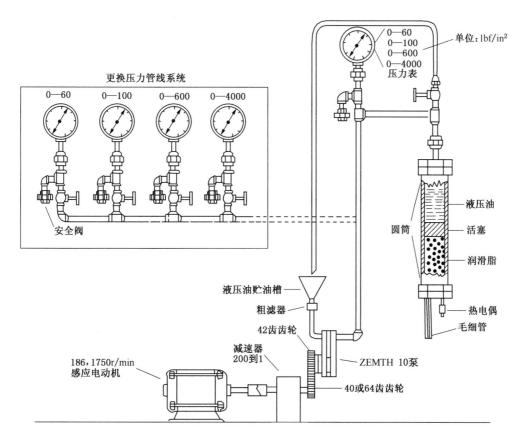

图 1　仪器示意图

6.1.2 温度计

a）水银温度计：分度值为±0.25℃；

b）低温温度计：测-54℃及其以下温度，分度值为±0.1℃。

6.1.3 100mL 量筒。

6.2 材料

6.2.1 工业乙醇。

6.2.2 干冰（固体二氧化碳）。

图2　仪器照片

7　样品

7.1　装满一个样品筒至少需要润滑脂 0.223kg。

注：熟练的操作员装满一个样品筒可以做 16 次测定。某些样品达到平衡压力很缓慢，也可能需要几千克样品。

7.2　通常样品不需要专门准备。

注
1　当润滑脂通过毛细管时，仪器对样品进行一定程度的工作。如果预先按照 GB/T 269 所述方法对润滑脂进行工作，就能得到较好的精密度。某些润滑脂工作时可能会产生气泡。
2　某些润滑脂需要用 60 目的筛子进行过滤，以防止堵塞 8 号毛细管。

8　校准和标准化

8.1　为校准液压系统，拆去润滑脂筒，换上针形阀。在试验温度下选择大约 2000m²/s 的液压油，用它充满液压系统并且使油进行循环，直到系统没有气泡。在压力为大气压时，迅速在出口处放置一只 100mL 的量筒[1]，并且开始记时。测定输送 100mL 液压油的时间，以立方厘米每秒为单位计算流量（以 1mL 等于 1cm³ 计算）。在 500、1000、1500bf/in²（3.45、6.89、10.4MPa）和大于 1500bf/in²（10.4MPa）下要导出一条如图 3 所示的校准曲线。这条曲线用于校准润滑脂输送时的流量。经过一定使用期后，为确定是否因磨损而改变了泵的流量，需要重新校准。

8.2　校准液压系统的另一种方法是测量试验润滑脂的流量。在需要的剪切范围和近似上述压力范围内进行测定。测量润滑脂流量的其他适用方法也可采用。

9　试验步骤

9.1　装填样品时应尽量避免混入空气。柔软的润滑脂可直接注入样品筒或采用真空吸入法；黏稠

采用说明：

1]　ASTM D1092—1993 中规定用 ASTM D88 中的接受器，本标准用 100mL 量筒代替，用来测流量。

的样品必须用手装填。使用真空吸入法时，拆去毛细管端盖，放入活塞，推到与打开的一端的端口相平处，然后把这一端插入样品中，在样品筒的另一端抽真空，并用木块轻敲样品筒，使易于装样，直到样品筒中全部充满润滑脂，再装上毛细管端盖，用液压油充满样品筒中活塞上面的整个空间。

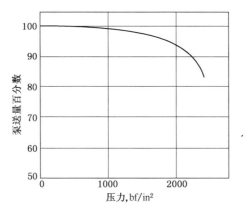

图3 泵的校准曲线

9.2 用液压油充满整个液压系统。拆下压力表，将其倒置，并用液压油充满压力表和压力表连接件，与整个液压系统连接，用液压油全部充满。将热电偶插入毛细管端盖内测定温度，调整样品温度到试验温度±0.25℃。在连接压力表之前，开动泵直到油从黏度计上的压力表接头处流出，与黏度计装配起来。随着回流阀门的打开，液压油进行循环，直到痕量空气消失为止。

9.2.1 达到试验温度的时间取决于浴，在−54℃下不搅拌的液体浴中，润滑脂从准备到试验需2h，空气浴需8h。在浴中也可使用低温温度计[1]作为测量−54℃温度的简便辅助方法。空气浴中，温度计必须放在距毛细管25.4mm之内处。

9.3 用1号毛细管，同时装上40齿的齿轮，关闭回流阀门，启动泵直到达到平衡压力为止，记录压力。换上64齿的齿轮，再建立平衡，记录压力，然后解除压力。按顺序用2号毛细管代替1号毛细管，并重复上述操作，直到所有的毛细管都测过两种流量。对一些较软或硬的润滑脂，所有的毛细管实际上不可能都用上。

注：进行了16次测定之后，需要更换新的润滑脂。

10 计算

10.1 试样的表观黏度 $\eta(P)$ 按式（1）和式（2）计算：

$$\eta = F/S \quad\cdots\cdots\cdots\cdots\cdots\cdots\cdots\cdots\cdots\cdots\cdots\cdots\cdots\cdots\cdots\cdots\quad (1)$$

式中：F——剪切应力，dyn/cm^2；

$\quad\quad S$——剪切速率，s^{-1}。

因此：

$$\eta = F/S = (p\pi R^2/2\pi RL)/[(4V/t)/\pi R^3] = p\pi R^4/(8LV/t)$$

$$= P68948\pi R^4/(8LV/t) \quad\cdots\cdots\cdots\cdots\cdots\cdots\cdots\cdots\cdots\quad (2)$$

式中：p——压力，dyn/cm^2；

$\quad\quad L$——毛细管长度，cm；

$\quad\quad P$——观察压力，bf/in^2（乘以68948换算成dyn/cm^2）；

$\quad\quad R$——使用的毛细管半径，cm；

采用说明：

1] ASTM D1092—1993 用 ASTM E1 中 74F 温度计（温度范围−55.4～−52.6℃，分度值0.05℃），本标准用0～60℃，分度值为±0.1℃的低温温度计代替。

V/t——流量，cm^3/s。

10.2 通过画一张 16 个常数的表可使计算简单化。每一个毛细管和剪切速率均可得到一个常数（表 1）。例如：1 号毛细管和 40 齿的齿轮得到的黏度如下：

$$\eta = P68948\pi R^4/(8LV/t) \text{ 或 } P \cdot K_{(1-40)} \quad\cdots\cdots\cdots\cdots\cdots\cdots\cdots\cdots\cdots\cdots\quad(3)$$

$$K_{(1-40)} = 68948\pi R^4/(8LV/t) \quad\cdots\cdots\cdots\cdots\cdots\cdots\cdots\cdots\cdots\cdots\cdots\quad(4)$$

表 1 用以记录试验结果的建议数据表格（具有例证性的数据）

样品：2 号毛细管 日期：1948.11.1					温度：25℃ 操作员：R.S	
1	2	3	4[1]	5[2]	6[1]	7[3]
毛细管	齿轮	观察压力 P，bf/in²	$K = 68948\times \pi R^4/(8Lv/t)$	表观黏度 η，$P(=P \cdot K)$	剪切速率 S，s^{-1} [$=(4v/t)/\pi R^3$]	剪切应力 F dyn/cm²($=\eta \cdot S$)
1	40	25.5	68.1	716.5	15	10748
2	40	38.3	6.83	261.6	61	15958
3	40	48.8	3.61	176.2	120	21140
4	40	63.5	1.90	120.7	230	27750
5	40	96.5	0.89	85.89	480	41225
6	40	125	0.58	72.50	755	54738
7	40	286	0.139	39.75	3140	124828
8	40	546	0.0464	25.30	9320	235796
1	64	29.5	17.60	519.2	24	12461
2	64	45.8	4.27	195.6	98	19169
3	64	60	2.26	135.6	195	26442
4	64	82.3	1.19	97.94	370	36237
5	64	130	0.556	72.28	770	55656
6	64	165	0.363	59.90	1220	73072
7	64	384	0.087	33.40	5020	167668
8	64	720	0.029	20.88	14900	311112

注
1) 栏的数值是预先测定的；
2) 栏的数值是第 3 栏乘第 4 栏的积；
3) 栏的数值是第 5 栏乘第 6 栏的积。

10.3 剪切速率计算如下：

$$S = (4v/t)/\pi R^3 \quad\cdots\cdots\cdots\cdots\cdots\cdots\cdots\cdots\cdots\cdots\cdots\cdots\quad(5)$$

参照图 3 校准曲线与观察到的压力相对应的流量，计算 8 个毛细管在两种流量下的 16 个剪切速率。由于流量不变，每次试验不需要重复计算，直到泵需重新校准。

10.4 画出表观黏度对剪切速率的双对数曲线，如图 4 所示。

注：剪切应力是以表观黏度乘以与其对应的剪切速率来计算。为了解决涉及润滑脂稳定流动的某些问题，可将剪切应力与剪切速率之间的关系绘制成适当的图表。

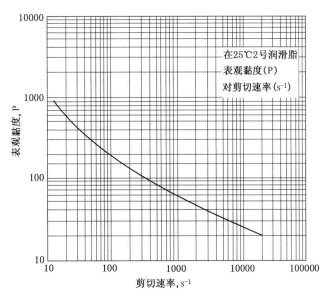

图 4 表观黏度对剪切速率的标准图

11 精密度和偏差

根据各实验室之间试验结果的统计分析确定的本试验方法的精密度如下。

11.1 根据 GB/T 17039 实用方法中提出的精密度概念，11.1.1 和 11.1.2 中的数据可用于判断试验结果的可接受性（置信水平 95%）。

11.1.1 重复性：同一操作者，在规定的操作条件下用同一台仪器对同一样品所得的两次试验结果之间的差值与平均值的比值不应超过表 2 所列数值。

11.1.2 再现性：不同操作者在不同实验室对同一样品所得的两个单个的或独立的试验结果之间的差值与平均值的比值不应超过表 2 所列数值。

表 2 精 密 度

样 品	温度，℃	重复性，%	再现性，%
光滑的，2 号润滑脂（双酯油）	−54	7	12
光滑的，2 号润滑脂（SAE20 油）	25	6	19
纤维状的，1 号润滑脂（SAE20 油）	25	6	23
黏稠的，1 号润滑脂（SAE90 油）	25	7	30
注 1 SAE20 油相当于我国 $\nu_{100} = 5.6 \sim 9.3 \text{mm}^2/\text{s}$ 的油； 2 SAE90 油相当于我国 $\nu_{100} = 13.5 \sim 24 \text{mm}^2/\text{s}$ 的油。			

11.1.3 上述样品的曲线作图运算的再现性在 5%~8% 之间变化。这些数据是根据 6 个剪切速率下的表观黏度的曲线值而确定的。每次试验都可画出一条曲线。

11.2 偏差：由于尚无适用于确定本试验方法的可接受的参比材料，因此偏差无法确定。

附 录 A
（标准的附录）
润滑脂系统表观黏度测定仪器

A1 表观黏度计

由四个主要部分，即动力系统、液压系统、润滑脂系统（如图 1 和图 2 所示，结构如 A1.1～A1.4）和一个合适的浴组成。

A1.1 动力系统

由减速器（传动比为 200∶1）和功率为 249W，转速为 1750r/min 的感应电动机组成。用可互换的 40 齿和 64 齿的齿轮带动液压泵。

A1.2 液压系统

由一个带马鞍式底座和 42 齿驱动齿轮的齿轮泵，以及一个至少与样品筒容积相等并备有 50 目筛的液压油箱组成。泵和样品筒用高压阀连接，装配如图 1。装置应备有相联接可互换的试验压力表。

A1.3 压力表

由于每个压力表仅用在一定范围内，对各种类型的润滑脂就需要几个压力表。测量范围 0～60（0.41）、0～100（0.689）、0～600（4.14）、0～4000（27.58）bf/in²（MPa）的四个压力表是合适的。另外，为了提供适当的方法排除系统中的空气，压力表可以用歧管连接（图 1）。

A1.4 润滑脂样品筒组合件

图 A1 所示公差的润滑脂样品筒组合件是由润滑脂样品筒以及浮动活塞和盖子组成，同时活塞在样品筒内移动应没有明显的摩擦。样品筒应能承受 4000bf/in²（27.58MPa）的工作压力。外观和固定的方法没有严格要求。

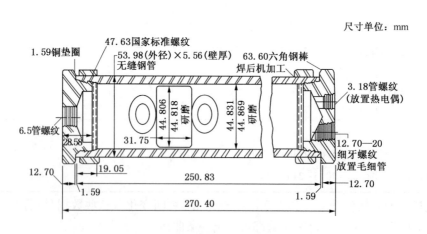

尺寸单位：mm

图 A1 润滑脂样品筒组合件

A2 毛细管

用不锈钢制的 8 个毛细管组成一套，尺寸如图 A2 所示，关键尺寸是内半径和长度。每个毛细管的半径如图 A2，长度是实际直径的 40 倍。毛细管应备有适当的保护措施，且能联接到润滑脂样品筒盖上，至于外观没有严格要求。

$40A(实际直径) = B(长度) \pm 0.002\text{cm}$

毛细管号数	直径 A，mm（近似值）
1	3.80
2	2.40
3	1.85
4	1.50
5	1.20
6	1.00
7	0.65
8	0.45

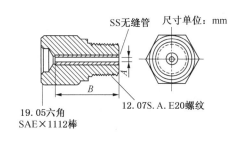

图 A2　毛细管的构造

A2.1　毛细管可用任一种适当的方法予以校准（见附录 B）。但应认为，正确制成的毛细管其长度是直径（±0.03mm）的 40 倍。由于原来的校准方法本来不精确，重新校准毛细管也不可能达到用于制造时的同样精度，因此建议保持用于制造毛细管时的原有计量和计算值。

A2.2　新毛细管的孔部应用肉眼观察，这些毛细管和孔部如呈明显粗糙或不圆，则应予弃之，在使用中损坏的毛细管也应弃去。

附　录　B

（提示的附录）

毛细管的校准

B1　本标准所要求的毛细管有数种校准方法。通常从供应部门买到的毛细管已经校准过。如果用户要自己校准，可用下面概述的方法。用户应参照附录 A 中 A2 对现用毛细管进行重新校准。

B2　校准毛细管时，用千分尺测量长度，精确至 0.03mm，封闭毛细管的一端，封端要齐平，然后装满汞。在装汞的操作中，最小的毛细管可能有困难，可以借助一根拉长的玻璃管使其直径尽可能的小，使这根玻璃管的一端插入毛细管，再装满汞。然后把装满毛细管的汞倒入已称过质量的烧杯里称重，精确至 1mg。用称得的汞的质量除以在工作温度条件下的密度，计算出体积。以厘米为单位计算半径。

B3　校准小号毛细管半径的另一种方法，是用一种已知黏度的油代替润滑脂，按第 10 章所述进行测量。计算半径 R 的方法如下：

$$R = \left[(8L\eta v/t)/\pi P68948 \right]^{\frac{1}{4}} = \left[(L\eta v/t)/27076P \right]^{\frac{1}{4}} \quad\cdots\cdots\cdots\cdots\cdots\cdots\cdots\text{（B1）}$$

式中：L——毛细管长度，cm；

　　　η——试验温度下油的黏度，P；

　　　v/t——校准泵时测定的流量，mL/s；

　　　P——观察压力，bf/in^2。

附　录　C

（提示的附录）

在低剪切速率测定表观黏度的另一种方法

C1　恒压方法

C1.1　设备

C1.1.1　如图 A1 所示的润滑脂样品筒组合件和 1 号毛细管。润滑脂样品筒和活塞组合件详述见 A1.4。

C1.1.2 氮气筒或合适的干燥压缩空气源、调节器和排气阀。

C1.1.3 测压用的已校准过的压力表。通常 0~0.10MPa 和 0~0.21MPa 的布尔登(Bourdon)管式压力表可满足要求。也可用 1.8m 水银压力计代替压力表。

C1.1.4 用作低温测定的恒温浴或冷室;在 25℃ 试验时用的恒温室或恒温浴。

C1.1.5 带有侧臂的 10mL 量管,合适的连接管和一个液体(变性乙醇)容器。通常,不需要补偿乙醇在量管和容器中的温度差,为方便起见,量管放在低温浴外面。

C1.1.6 联接压力表到润滑脂样品筒之间的弯管。

C1.1.7 秒表或其他适当的计时器。

C1.2 试验步骤

C1.2.1 用润滑脂仔细地填满样品筒和毛细管,使残留的空气减少到最低程度。用工业乙醇充满毛细管外的整个系统。

C1.2.2 采用试压法检查气体泄漏。

C1.2.3 在进行试验前,使系统于要求的温度下保持 2h。

C1.2.4 调节压力调节器和排气阀,使系统达到要求的压力(为了对不同的润滑脂在不同温度下确定压力范围,以给出所要求的流量,反复试验是必要的)。迫使润滑脂通过毛细管,置换等体积的乙醇,然后进入量管,乙醇的流量以 cm³/s 表示,以确定剪切速率。如果流速是恒定的,在已知的压力和温度下,做三次测定。如果流速变化,应进行多次测定,直到流量恒定。读数应以压力降低的顺序选取,流量的平均值以立方厘米每秒表示。

C1.3 精密度和偏差

C1.3.1 本方法的精密度和偏差尚未确定。

C2 恒速方法

C2.1 设备

C2.1.1 设备基本上和本标准第 6 章所述的设备相同,连同调节设备一起使用较大的毛细管(0号),容许在剪切速率大约 $1s^{-1}$ 下测量。因为低剪切速率下压力低,所以必须注意使用经校准的设备和良好的工作条件下试验,以保证误差在最小值。

> 注:推荐 0 号毛细管的尺寸是:
>
> 直径 9.525mm±0.025mm
>
> 长度 381.000mm±0.025mm

C2.2 试验步骤

C2.2.1 用大毛细管时,其试验步骤和本标准 9.3 所述相同。

C2.2.2 剪切速率主要在 $1s^{-1}$ 以下,推荐用经改进的变速泵送系统。然而,协作试验得到的数据表明从 $1s^{-1}$ 推论到 $0.1s^{-1}$ 是可行的。

C2.3 精密度和偏差

C2.3.1 本方法的精密度和偏差尚未确定。

前　　言

本标准等效采用美国材料与试验协会标准 ASTM D1742-1994《润滑脂在贮存期间分油量测定法》。

本标准与 ASTM D1742-1994 标准的主要差异是：洗涤用的溶剂油，由符合 ASTM D235《溶剂汽油规格》改为符合 SH 0005《油漆工业用溶剂油》标准；未采用关键词一章；滤网由符合 ASTM E11《试验用金属丝滤网规格》改为符合 GB/T 6003.1《金属丝编织网试验筛》；未采用图3、图4、图5；未采用英制单位；计算一章增加了计算公式。

本标准由中国石油化工集团公司提出。

本标准由中国石油化工集团公司石油化工科学研究院归口。

本标准起草单位：中国石油化工集团公司重庆一坪高级润滑油公司。

本标准主要起草人：曾一兵、张志明。

中华人民共和国石油化工行业标准

润滑脂在贮存期间分油量测定法

SH/T 0682—1999

（2005年确认）

Standard test method for oil separation
from lubricating grease during storage

1 范围

1.1 本标准规定了测定润滑脂在贮存期间分油量的试验方法。本方法仅适用于稠度大于 0 号的润滑脂。

1.2 本标准未论及所有可能与使用本方法有关的安全事宜。使用前应建立适当的安全卫生操作规程并确定使用范围。

2 引用标准

下列标准包括的条文，通过引用而构成本标准的一部分。除非另有明确规定，下述引用标准应是现行有效标准。

GB/T 6003.1 金属丝编织网试验筛

SH 0005 油漆工业用溶剂油

3 术语

本标准采用下列术语。

3.1 润滑脂 lubricating grease
液体润滑剂中加有稠化剂的半流体至固体产品。

3.2 润滑脂中的稠化剂 thickener in lubricating grease
具有良好物理分散性，分散于基础油中形成产品结构的组成物质。

3.3 分油 oil separation
从润滑组分中分离出液体部分的现象。

4 方法概要

4.1 将润滑脂装在 75μm 滤网上，在 25℃±1℃ 温度，1.72kPa±0.07kPa 空气压力下持续试验 24h 后，称量分出并滴入盛油皿的油的质量。

5 意义和用途

5.1 润滑脂发生了分油，剩余组分的稠度增大，会影响产品的性能。

5.2 本方法试验结果与在 15.88kg 桶内所贮存的润滑脂的分油直接相关。

5.3 本方法不说明动态工作条件下润滑脂的稳定性。

6 仪器和材料

6.1 仪器

国家石油和化学工业局 1999-09-01 批准

2000-04-01 实施

6.1.1 试验仪器由下述部件组成：严密配合的杯子和盖子、滤网、漏斗及盛油皿。图 1 为 A 型压力分油试验仪器的分体照片，图 2 为 A 型试验仪器结构详图。其中：

盖：装有一个进气入口以引入压缩的空气；

杯：侧面开有一孔以防回压；

漏斗：托住滤网和收集分出油；

图 1 A 型仪器分体照片

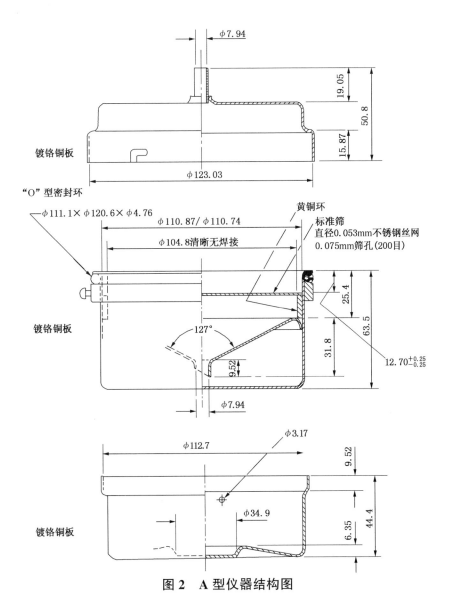

图 2 A 型仪器结构图

滤网：75μm(No.200)不锈钢滤网，标记为φ104.8×12.7—0.075/0.053—GB/T 6003.1—1997，符合 GB/T 6003.1 的要求；

盛油皿：盛分出油的玻璃皿，20mL。

6.1.2 压力系统：供给和调节空气压力，装有压力表或其他适宜的压力指示仪表和用以防止压力波动的减压阀。压缩空气应净化至无油无水。

6.2 材料

6.2.1 溶剂油：符合 SH 0005 要求。

7 样品

7.1 分析用样品量应满足试验要求。

7.2 检查样品，如发现异常，比如：分油、相变、严重污染等，应重新采样。

8 准备工作

8.1 用溶剂油仔细清洗滤网、漏斗和盛油皿，并用空气干燥。

8.2 安装前检查滤网是否将影响分出油的通过。滤网必须通畅，无任何表面不规则(如皱褶、凸凹、断裂等)情况，一旦发现，必须更换。

8.3 漏斗必须清洁，否则残留物将影响分出油的流过。

8.4 检查盖和杯，任何凸凹、扭曲将影响部件间拼合表面紧密密封。

8.5 当 O 型密封圈出现磨损时，必须及时更换。

9 试验步骤

9.1 将滤网放置在漏斗上边，称量组合件(m_1)，精准至 0.05g。用刮刀将润滑脂完全充满滤网内的空间，填充润滑脂深度为 12.7mm±0.3mm，避免不必要的工作以防止混进空气。用刮刀的直边刮去多余的润滑脂并使表面平整，避免将润滑脂压过滤网。称量装样后的组合件(m_2)，精准至 0.05g。

9.2 称量洗净干燥的盛油皿(m_3)，精准至 0.05g。将盛油皿放到底杯中心接受盘的位置上，并按图 1 所示装备好仪器。将压缩空气用一根适当长度的橡皮管连接到盖上的空气入口处。

9.3 在试验开始之前，使仪器及样品置于 25℃±1℃ 环境中，调整空气压力在 1.72kPa±0.07kPa，在该温度及压力下持续试验 24h。

9.4 试验完毕后，称量盛油皿(m_4)，精准至 0.05g。

10 计算

润滑脂的分油量 x,%(m/m)按式(1)计算。

$$x = (m_4 - m_3)/(m_2 - m_1) \times 100 \quad\cdots\cdots\cdots\cdots\cdots\cdots\cdots\cdots\cdots\cdots\cdots (1)$$

式中：m_1——装样前干净组合件质量，g；

m_2——装样后组合件质量，g；

m_3——试验前干净盛油皿质量，g；

m_4——试验后盛油皿质量，g。

11 精密度

按下述规定判断试验结果的可靠性(95%置信水平)。

11.1 重复性：由同一操作者用同一仪器对同一试样在规定条件下两次试验结果之差，不应超过其平均值的 10%。

11.2 再现性：由不同操作者在不同实验室对同一试样所得的两个单一的互相独立的结果之差，不应超过其平均值的17%。

12 报告

重复测定两个试验结果的算术平均值作为测定结果，精确至0.1%。

编者注：本标准中引用标准的标准号和标准名称变动如下。

原标准号	现标准号	现 标 准 名 称
GB/T 6003.1	GB/T 6003.1	试验筛　技术要求和检验　第1部分：金属丝编织试验筛
SH 0005	SH 0005—1990	油漆工业用溶剂油

前　言

　　本标准可作为新鲜的铂-铼重整催化剂产品质量控制和生产监测的手段，亦可作为从废旧铂-铼重整催化剂中回收铼的监测手段。它能定量测定铂-铼重整催化剂的铼含量。

　　本标准操作简便、快速、准确、精密度好、易于推广使用。

　　本标准由中国石油化工集团公司石油化工科学研究院归口。

　　本标准起草单位：中国石油化工集团公司石油化工科学研究院、抚顺石油学院。

　　本标准主要起草人：吕娟、金珊、谢莉。

中华人民共和国石油化工行业标准

重整催化剂铼含量测定法
（分光光度法）

SH/T 0683—1999

（2005 年确认）

**Standard test method for rhenium
in reforming catalysts—spectrophotometry**

1 范围

本标准规定了用分光光度法测定铂–铼重整催化剂中铼含量的方法。

本标准适用于新鲜的和用过的不含其他杂物（例如机械杂质及其他催化剂等）的以氧化铝为载体的铂–铼重整催化剂。铼含量范围为 $0.230\%(m/m) \sim 0.580\%(m/m)$。

2 方法概要

本方法系将试样用盐酸、磷酸、过氧化氢溶解，溶液中的七价铼离子在一定的盐酸酸度下，在有氯化亚锡还原剂存在时，与硫脲生成黄色络合物。用分光光度法测定络合物显色液的吸光度，通过平均换算因子对吸光度的换算，计算试样中铼含量。

3 仪器

3.1 分光光度计：波长范围 200~800nm；当吸光度为 1.0 时，重复性为 ±0.002。

3.2 比色皿：2cm。

3.3 分析天平：感量为 0.1mg。

3.4 高温炉：1000℃±25℃。

3.5 瓷坩埚：30mL。

3.6 干燥器：干燥剂为 4A 分子筛。

3.7 烧杯：200mL。

3.8 表面皿：φ85mm。

3.9 容量瓶：100mL 和 1000mL。

3.10 刻度量杯：10mL 和 50mL。

3.11 滴定管：25mL，精度为 0.1mL。

3.12 称量瓶。

3.13 聚乙烯洗瓶。

3.14 瓷蒸发皿：250mL。

3.15 电加热炉。

3.16 压力溶弹：聚四氟乙烯内杯容积为 25mL 或 50mL。可在 0~200℃温度和 0~4MPa 压力条件下工作。

3.17 玛瑙研钵。

4 试剂

4.1 水：去离子水，电导率不大于 5μS/cm。

4.2 盐酸：分析纯。

4.3 磷酸：分析纯。

4.4 过氧化氢：分析纯。

4.5 氯化亚锡（$SnCl_2 \cdot 2H_2O$）：分析纯。

4.6 硫脲：分析纯。

4.7 铼粉：纯度不低于 99.995%。

5 准备工作

5.1 50g/L 硫脲溶液的配制：称取 50g 硫脲于 500mL 水中，加热至全部溶解，用水稀释至 1L，摇匀。

5.2 250g/L 氯化亚锡溶液的配制：称取 250g 氯化亚锡于 500mL 盐酸中，加热至全部溶解后，用水稀释至 1L，摇匀。此溶液需当日配制。

5.3 0.1mg/mL 铼标准溶液的配制：称取经 105℃±5℃烘 2h 的铼粉 0.1g±0.1mg 于 200mL 烧杯中，加入 2~4mL 水润湿，再加入 5mL 过氧化氢，盖上玻璃表面皿，于 90~100℃下加热至溶解完全，取下冷至室温，再缓慢加入 25mL 盐酸，混匀，置于电加热炉上微沸 5~10min，以除去过量的过氧化氢，冷却后用水将溶液移入 1L 容量瓶中，以水稀释至刻度，摇匀。

5.4 平均换算因子的测定：用 25mL 滴定管准确量取 5.3 中的铼标准溶液 5.00，10.00，15.00mL 分别放入 3 个 100mL 容量瓶中，然后各加入 25mL 盐酸，用水稀释至 70mL 左右，冷却至室温，依次加入 10mL 硫脲溶液，6mL 氯化亚锡溶液（每加一种试剂均需摇匀），以水稀释至刻度并摇匀。同时制备试剂空白溶液。放置 60min 后，以试剂空白溶液为参比，用 2cm 比色皿，在分光光度计的 440nm 波长处测定铼的吸光度，计算各点铼含量（mg）与相应吸光度的比值，取其平均值即为平均换算因子。该因子表示单位吸光度相当的铼含量（mg）。本吸光度的测定与样品的测定同时进行。

5.5 灼烧基的测定：重整催化剂铼含量是以非挥发基为基准进行计算的。通常在称取试样的同时称出部分样品，用以测定灼烧基。

　　称取 3 份约 0.5~1g（精确至 0.1mg）试样于 3 个已恒重的瓷坩埚中，加盖，但要留一小缝，放在高温炉内，升温至 1000℃±25℃，恒温 3h 后取出，在常温下放置 3~4min，再放入干燥器内，冷却 1h 后称重，按式（1）计算灼烧基量 B。

6 试验步骤

6.1 试样的处理

6.1.1 常压溶样

6.1.1.1 新鲜催化剂：将已研磨至粉末状的试样放入称量瓶中，按表 1 规定量称取试样于 200mL 烧杯中，使铼含量依照 5.4 在 0.5~1.5mg 范围内。用约 15mL 水洗烧杯壁并湿润试样。分别加入 10mL 磷酸、10mL 盐酸和 1mL 过氧化氢，盖上表面皿，置于电炉上缓慢加热溶解，直至溶解完全，取下烧杯稍冷，用水洗表面皿和烧杯壁，再于电炉上微沸 5min，以除去过量的过氧化氢，冷却，水洗，移入 100mL 容量瓶中，溶液总体积不得超出 60mL。

表 1　试样称量规定

铼含量，%（m/m）	称样量，g
0.200~0.400	0.40~0.20（精确至 0.1mg）
0.400~0.600	0.20~0.15（精确至 0.1mg）

6.1.1.2　用过的催化剂：由于积炭对铼的测定有影响，因此，在用过的重整催化剂上如有积炭，需先进行烧炭处理。称取约10g不含其他杂物的催化剂试样于250mL瓷蒸发皿中，在550℃的高温炉内(炉门稍打开)灼烧，灼烧过程中要搅动试样1~2次，烧炭至2h取出冷却。若含炭催化剂在装置内已进行烧炭处理，不必再重复烧炭。

烧炭后的试样的处理同6.1.1.1。

由于用过的催化剂试样较难溶解，用6.1.1.1不能将试样溶解完全时，可用约15mL水洗烧杯壁及湿润样品，先加入10mL磷酸、盖上表面皿，置于电炉上缓慢加热溶解，直至稍冒烟，立即取下稍冷，用水洗表面皿和烧杯壁，再加入10mL盐酸，1mL过氧化氢，继续缓慢加热至试样全部溶解，取下稍冷，下述操作同6.1.1.1。

注：当试样溶液除了测定铼含量外，仍需测定其他元素时(如铂)，可增加称样量[如铼含量为0.400%(m/m)时，称约1g试样(精确到0.1mg)]，按6.1.1或6.1.2溶解试样的方法将试样溶解，并移入100mL容量瓶中，用水稀释至刻度，摇匀。分取部分试样溶液到另一个100mL容量瓶中，使铼含量仍依照5.4在0.5~1.5mg范围内，并用水稀释到约60mL。剩余的试样溶液待测其他元素。

6.1.2　加压溶样

将已研磨至粉末状的新鲜或经烧炭处理的废旧催化剂试样放入称量瓶中，按表1规定量称取试样于25mL或50mL容量的压力溶弹聚四氟乙烯内杯中，用2~3mL水润湿样品，加入3mL盐酸，1滴过氧化氢，密闭后置于180℃烘箱中，恒温3h，待冷却至室温后，将试样溶液转入100mL烧杯中，水洗杯壁，于低温电炉上微沸5min，以除去过量的过氧化氢，冷却，水洗移入100mL容量瓶中，溶液总体积不得超出60mL。

6.2　试样的测定

将20mL盐酸加入到6.1试样溶液中，摇匀，待冷却至室温后，依次加入10mL硫脲溶液和6mL氯化亚锡溶液(每加一种试剂均需摇匀)，用水稀释至刻度并摇匀。同时制备试剂空白溶液。放置60min后，以试剂空白溶液为参比，在分光光度计的440nm波长处用2cm比色皿测定其吸光度。按式(2)计算试样中铼含量。

7　计算

7.1　灼烧基 $B[\%(m/m)]$ 按式(1)计算：

$$B = \frac{m_2 - m_0}{m_1} \times 100 \quad\cdots\cdots\cdots\cdots\cdots\cdots\cdots\cdots\cdots\cdots\cdots\cdots\cdots\quad (1)$$

式中：m_0——空坩埚的质量，g；

　　　m_1——灼烧前试样的质量，g；

　　　m_2——灼烧后试样与空坩埚的总质量，g。

7.2　试样中铼含量 $X[\%(m/m)]$ 按式(2)计算：

$$X = \frac{A \cdot K}{m_3 \cdot B \times 1000} \times 100 \quad\cdots\cdots\cdots\cdots\cdots\cdots\cdots\cdots\cdots\cdots\quad (2)$$

式中：A——试样溶液中铼显色后的吸光度；

　　　K——平均换算因子，单位吸光度相当的铼含量，mg；

　　　m_3——试样的质量，g；

　　　B——灼烧基，$\%(m/m)$。

8　精密度

用下述规定判断试验结果的可靠性(95%置信水平)。

8.1　重复性：同一操作者对同一试样重复测定的两个结果之差不应大于0.008%(m/m)。

8.2　再现性：不同实验室对同一试样各自提出的两个结果之差不应大于0.016%(m/m)。

9　报告

取重复测定两个结果的算术平均值作为试样的测定结果，并取三位有效数字。

———————————

前　言

　　本标准非等效采用美国材料与试验协会标准 ASTM D5153-1991《原子吸收法测定分子筛催化剂中钯含量标准试验方法》。

　　本标准与 ASTM D5153-1991 的主要差异如下：

　　为了提高本标准的适用性，将标准的适用范围扩大到可以测定氧化铝基催化剂和用过的催化剂；将测定钯的含量范围扩大。

　　将溶解分子筛催化剂使用的硫酸溶液改为用王水；增加了对用过催化剂的烧炭处理；增加了氧化铝基催化剂的溶样方法及测定步骤。

　　本标准由中国石油化工集团公司石油化工科学研究院归口。

　　本标准起草单位：抚顺石油学院。

　　本标准主要起草人：金珊。

中华人民共和国石油化工行业标准

SH/T 0684—1999

分子筛和氧化铝基催化剂中钯含量测定法
（原子吸收光谱法）

（2005 年确认）

Standard test method for palladium in molecular
sieve catalysts and in aluminium oxide base catalysts
by atomic absorption spectrometry

1 范围

本标准规定了用原子吸收光谱法测定分子筛和氧化铝基催化剂中钯含量的方法。

本标准适用于新鲜的和用过的以分子筛和氧化铝为载体的含钯催化剂，钯含量范围为 0.020%（m/m）~0.900%（m/m）。

2 引用标准

下述标准所包含的条文，通过引用而构成本标准的一部分。除非在标准中另有明确规定，下述引用标准都应是现行有效标准。

GB/T 6682　分析实验室用水规格和试验方法

3 方法概要

对分子筛催化剂，用王水和氢氟酸溶解试样，试样溶解后赶出剩余的氢氟酸。对氧化铝基催化剂，用王水加试样在压力溶弹内高温溶解。

两种试样溶解后加入氯化镧溶液，再用稀盐酸配成试样溶液。用原子吸收光谱仪测定钯标准溶液和试样溶液，由工作曲线法求出试样中的钯含量。在称取试样的同时再称取一份试样测定灼烧基损失。

4 意义和用途

本标准提出了新鲜的和用过的分子筛和氧化铝基催化剂中钯含量的测定方法。这对于新催化剂的研制生产和废催化剂中贵重金属钯的回收，具有十分重要的意义。

本标准不能用于除钯以外，含有其他贵金属催化剂试样的测定。

5 仪器与材料

5.1 仪器

5.1.1　原子吸收光谱仪：波长范围 190~900nm；当吸光度为 0.1 时，重复性为±0.0003。

5.1.2　分析天平：感量为 0.1mg。

5.1.3　高温炉：1000℃±25℃。

5.1.4　瓷坩埚：30mL。

5.1.5　烘箱：温度范围 0~300℃。

5.1.6 压力溶弹：聚四氟乙烯内杯的容积为 45mL。可在 0~200℃ 温度和 0~4MPa 压力条件下工作。

5.1.7 干燥器：干燥剂为变色硅胶。

5.1.8 称量瓶。

5.1.9 聚四氟乙烯烧杯：100mL。

5.1.10 聚四氟乙烯表面皿：用于 100mL 烧杯。

5.1.11 容量瓶：100mL，500mL。

5.1.12 吸量管：4mL，6mL，8mL，10mL。

5.1.13 电热板。

5.1.14 塑料量筒：10mL。

5.1.15 玻璃量筒：5mL，10mL，25mL，50mL。

5.1.16 瓷蒸发皿：250mL。

5.1.17 玛瑙研钵。

5.2 材料

5.2.1 钯丝：纯度不低于 99.99%。

5.2.2 空气：压缩空气经净化无油、无水。

5.2.3 乙炔气：纯度不低于 99.5%。

6 试剂

6.1 蒸馏水：符合 GB/T 6682 标准的三级蒸馏水。

6.2 盐酸：分析纯，配成 5%(V/V)的盐酸溶液。

6.3 硝酸：分析纯。

6.4 氯化镧($LaCl_3 \cdot 7H_2O$)：分析纯。

6.5 氢氟酸：分析纯。

6.6 王水：三份体积盐酸加一份体积硝酸。

6.7 氯化铝($AlCl_3 \cdot 6H_2O$)：分析纯。

7 准备工作

7.1 500mg/L 钯标准溶液的配制：称取 0.2500g±0.0001g 钯丝溶解于 25mL 王水中。在电热板上缓慢加热，将该溶液蒸发至近干，加入 25mL 盐酸和 25mL 蒸馏水溶解剩下的盐，然后定量转移至 500mL 容量瓶中，冷却后稀释至刻度，摇匀。

7.2 氯化镧溶液的配制：将 25.5g 氯化镧($LaCl_3 \cdot 7H_2O$)溶入蒸馏水中，稀释至 100mL 并混合均匀。此溶液在原子吸收中用作电离抑制剂。

7.3 标准溶液的配制：把 0，0.8，1.2，1.6 和 2mL 500mg/L 的钯标准溶液分别加入到五个 100mL 容量瓶中，然后向每个容量瓶中分别加入 2mL 王水和 1mL 氯化镧溶液。再模拟试样溶液中的铝含量，加入适量的氯化铝。即根据称取试样中的铝含量，计算出在标准溶液中应加入多少克氯化铝(精确至 1mg)。最后用 5%(V/V)的盐酸溶液稀释至刻度，摇匀。钯标准系列的浓度分别为 0，4，6，8 和 10mg/L。

7.4 用过催化剂的烧炭处理

用过的钯催化剂上如有积炭，须先进行烧炭处理。称取约 10g 不含其他杂物的催化剂试样于 250mL 瓷蒸发皿中，在 550℃ 的高温炉内(炉门稍打开)灼烧，灼烧过程中要搅动试样 1~2 次，烧炭 2h 以上后取出冷却。若含炭催化剂在装置内已进行烧炭处理，不必再重复烧炭。

7.5 灼烧基的测定

称取二份各约 2.0g(精确至 0.1mg)试样于二个已恒重的瓷坩埚中，加盖，但要留一小缝，放在高温炉内，升温至 1000℃±25℃，恒温 1.5h 取出，在室温下放置 3~4min，放入干燥器内，冷却后称准至 0.1mg，按公式(1)分别计算试样灼烧基 B，以二个测定结果的平均值作为试样的灼烧基B 值。

灼烧基 B[%(m/m)] 按式(1)计算：

$$B = \frac{(I-F)}{M} \times 100 \qquad\qquad\qquad (1)$$

式中：F——空坩埚的质量，g；

　　　M——灼烧前试样的质量，g；

　　　I——灼烧后试样与坩埚的总质量，g。

8 试验步骤

8.1 试样的处理和试样溶液的配制

8.1.1 分子筛催化剂：将已研磨至粉末状的试样放入称量瓶中，按表 1 规定量称取试样(精确至 0.1mg)于聚四氟乙烯烧杯中，使试样溶液中钯含量在 2~7mg/L 范围内。

表 1　称样量规定

钯含量，%(m/m)	称样量，g
0.020~0.550	1.00~0.10
0.550~0.900	0.10~0.07

向烧杯中加入 6mL 王水和 2mL 氢氟酸，用表面皿盖好烧杯，置于电热板上缓慢加热溶解，加热温度要控制在小于 200℃，直至所有固体都溶入溶液并放出轻烟，然后蒸发溶液至近干，以除去过量的氢氟酸。取下烧杯稍冷，用水洗表面皿和烧杯壁，再于电热板上缓慢地煮沸几分钟，取下烧杯冷却后，定量转移至 100mL 容量瓶中，加入 1mL 氯化镧溶液，用 5%(V/V)盐酸溶液稀释至刻度，摇匀后待测定。

8.1.2 氧化铝基催化剂：将已研磨至粉末状的试样放入称量瓶中，按表 1 规定量称取试样(精确至 0.1mg)于压力溶弹的聚四氟乙烯内杯中，使试样溶液中钯含量在 2~7mg/L 范围内。

用吸量管加入 6mL 王水，将压力溶弹密封好，放入烘箱于 160℃±5℃ 温度下恒温 4h，取出自然冷却后，定量转移至 100mL 容量瓶中。如果有的试样氧化铝担体未完全溶解，可将试液用定性滤纸过滤于 100mL 容量瓶中，用盐酸溶液冲洗滤纸中残渣 3~4 次，再加入 1mL 氯化镧溶液，用盐酸溶液稀释至刻度，摇匀后待测定。

8.2 试样的测定

8.2.1 按表 2 条件操作仪器。

表 2　仪器工作条件

元素	分析线波长 nm	灯电流 mA	狭　缝 nm	燃烧器高度 mm	空气流量 L/mim	乙炔气流量 L/min
Pd	247.6	10	0.4	7.5	9.4	2.0
注：分析中应使用带有背景校正的原子吸收光谱仪，上述条件由日立 180-80 型原子吸收光谱仪得出，仅供参考						

8.2.2 以空白溶液调零。

8.2.3 从低含量到高含量，依序测量钯的各标准溶液吸光度。

8.2.4 测量试样溶液的吸光度，连续测定三次。

8.2.5 从高含量到低含量，依序测量钯的各标准溶液吸光度。

8.2.6 重复 8.2.4~8.2.5 步骤，将每个标准溶液测定三次所得的吸光度取平均值。将分两次进行共测定六次所得的试样溶液的吸光度取平均值。

注：在每个标准溶液和试样溶液测定前，都要喷入空白溶液调零，以保持零点的稳定。

9 结果计算

9.1 试样溶液中钯浓度 CS (mg/L)的计算

9.1.1 方法1——以各标准溶液的浓度值为横坐标，其相应的吸光度平均值为纵坐标，绘制出钯标准溶液的工作曲线。

根据试样溶液的吸光度平均值，在钯标准溶液工作曲线上查出相应的试样溶液中钯浓度 CS（mg/L）。

9.1.2 方法2——试液中的钯浓度 CS(mg/L)可按式（2）计算：

$$CS = \frac{(AS-AL) \times (CH-CL)}{(AH-AL)} + CL \quad\cdots\cdots\cdots\cdots\cdots\cdots\cdots\cdots\cdots（2）$$

式中：AS——试样溶液的吸光度；

AL——低浓度标液的吸光度；

AH——高浓度标液的吸光度；

CL——低浓度标液中钯的浓度，mg/L；

CH——高浓度标液中钯的浓度，mg/L。

9.2 试样中钯含量 $X[\%(m/m)]$ 按式（3）计算：

$$X = \frac{CS \times 0.1}{W \cdot B \times 10^3} \times 100 \quad\cdots\cdots\cdots\cdots\cdots\cdots\cdots\cdots\cdots\cdots（3）$$

式中：CS——试样溶液中钯的浓度，mg/L；

W——试样的质量，g；

B——试样的灼烧基，$\%(m/m)$；

0.1——试样溶液的体积，L。

10 精密度

用下述规定判断钯含量约为 $0.5\%(m/m)$ 试验结果的可靠性（95%置信水平）。

试验结果,$\%(m/m)$	重复性,$\%(m/m)$	再现性,$\%(m/m)$
0.5406	0.005	0.021
（平均值）	（平均值的0.95%）	（平均值的3.94%）

11 报告

试样的钯含量测定结果取至小数点后三位。

前　言

　　液化石油气密度测定法(压力密度瓶法)是基于密度的定义，通常称量恒温至20℃的已知容量内液化石油气的质量并经修正后求算出液化石油气的密度。

　　压力密度瓶法与SH/T 0221—1992压力密度计法比较，具有测量设备体积小、重量轻、造价低；易于采样、恒温时间短、测定手续简便、安全可靠等优点，非常适合用于炼油厂，液化气加油站等对液化石油气的密度进行测定。其测量准确度及精密度与SH/T 0221—1992压力密度计法相当。

　　本标准的附录 A 是标准的附录。

　　本标准由中国石油化工集团公司提出。

　　本标准由中国石油化工集团公司石油化工科学研究院归口。

　　本标准起草单位：中国石油锦州石油化工公司。

　　本标准主要起草人：郭万长、陈立、郭秋亭、张卿。

中华人民共和国石油化工行业标准

液化石油气密度测定法
（压力密度瓶法）

SH/T 0685—1999

（2005 年确认）

Liquified petroleum gases—Determination of
density—Pressure density bottle method

1 范围

本标准规定了用压力密度瓶测定液化石油气密度的方法。

本标准适用于在试验条件下饱和蒸气压不高于 1.5MPa 液化石油气。

注意：测定液化石油气密度时必须严格遵守有关安全操作规程。

2 引用标准

下列标准包括的条文，通过引用而构成为本标准的一部分。除非在标准中另有明确规定，下述引用标准都应是现行有效标准。

GB/T 514 石油产品试验用液体温度计技术条件

GB/T 6682 分析实验室用水规格和试验方法

3 定义

本标准采用下述定义。

密度 density

在一定温度下单位体积内物质的质量。单位为 kg/m³ 或 g/cm³，并注明测定温度。

4 方法概要

用经过标定的压力密度瓶采取欲测定的试样后，放入恒温至 20℃ 的水浴中，经恒温定容后称重。用称得的试样质量与试样所占容积之比并经修正后计算出液化石油气的密度。

5 仪器

5.1 压力密度瓶：有效容积 15mL，缓冲容积 3~4mL，毛细部分精确分为 6 等分，最小刻度间容积为 0.01mL。用特种硬质玻璃制造，耐压强度不小于 4MPa（见图 1）。

注：压力密度瓶由锦州石化公司专门供应。

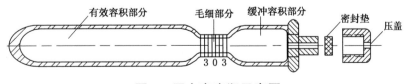

图 1 压力密度瓶示意图

5.2　真空泵：2XZ-0.3 旋片式或其他型号真空泵，残压能低于 133Pa。

5.3　恒温水浴：带有透明壁或装有观察孔的可恒温至 20.0℃±0.1℃。

5.4　分析天平：感量 0.1mg。

5.5　采样通针：将 φ1mm×0.2mm 的不锈钢管，截成长 145mm 两头加工成锥形，并在一端距端头 5mm 处开一个直径 0.3mm 的小孔。针的中间焊一根内径 1mm、长 20mm 的不锈钢管(见图 2)。

5.6　干燥器。

5.7　采样接头：不锈钢制(见图 3)。

图 2　采样通针示意图

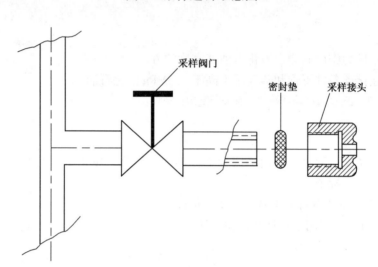

图 3　采样器接头示意图

5.8　烘箱：可恒温至 110℃±5℃。

5.9　玻璃水银温度计：18~22℃，分度 0.1℃，符合 GB/T 514 中石油产品运动黏度用 5 号液体温度计技术条件的要求。

5.10　定容针头：1μL 注射器所用长支针头。

5.11　注射器：10μL。

6　试剂

6.1　丙酮：分析纯。

6.2　无水乙醇：分析纯。

6.3　蒸馏水：符合 GB/T 6682 中三级水的要求。

6.4　铬酸洗液(注意安全)。

7　准备工作

7.1　压力密度瓶质量的测定

7.1.1　视压力密度瓶污染程度，依次用丙酮(或铬酸洗液)和蒸馏水洗涤，再以少量无水乙醇冲洗后，放入 110℃±5℃的烘箱中干燥 1h，然后移入干燥器中冷却 30min。

7.1.2　将密度瓶加上预先处理干净的胶垫，拧紧压帽，称重。烘干 20min，再移入干燥器中干燥后称重；直至连续两次称量之差值不大于 0.0004g。用真空泵抽真空 1min 后，称重。作为空压力密度瓶的质量(m_0)。

7.2　压力密度瓶有效容积及缓冲容积的标定

7.2.1　将7.1.2已知准确质量的压力密度瓶，分别用蒸馏水将压力密度瓶注满和注至"0"刻线处，将密度瓶放入20℃±0.1℃的水浴中恒温15min。用10μL注射器调节液面至准确后，将压力密度瓶小心从水浴中取出，用擦镜纸擦干瓶的外部，置入干燥器中干燥20min，称重(m_1、m_2)。

注：以液面的弯月面下缘与"0"刻线相切为准。

7.2.2　压力密度瓶的有效容积$V_{有效}$(mL)及缓冲容积$V_{缓}$(mL)按式(1)及式(2)进行计算：

$$V_{有效}=\frac{m_2-m_0}{0.998234}\quad\cdots\cdots\cdots\cdots\cdots（1）$$

$$V_{缓}=\frac{m_1-m_2}{0.998234}\quad\cdots\cdots\cdots\cdots\cdots（2）$$

式中：m_0——压力密度瓶的质量，g；

m_1——注水至满瓶时的总质量，g；

m_2——注水至"0"刻度处的总质量，g；

0.998234——水在20℃时的密度，g/cm³。

$V_{有效}$、$V_{缓}$均标定准确至0.01mL。

8　试验步骤

8.1　取样前先检查压力密度瓶胶垫是否完好。换好预先处理干净的胶垫，拧紧压盖。

8.2　按7.1.2步骤恒重后，利用通针在真空泵上抽真空不少于1min后，称重。

8.3　采样：采样时先将通针短的一端插入采样接头，打开采样阀门(见图3)，待死角液体排出后，将通针长的一端插入压力密度瓶中采样，直至试样液面超过定容刻线并达到缓冲容积部分约三分之一以上容量为止。

8.4　将装有试样的压力密度瓶放入恒温至20℃的水浴中，使压力密度瓶缓冲容积部分浸入四分之三以上，恒温15min。

8.5　用食指堵住定容针头的尾端，将定容针头插入到压力密度瓶试样液相中，缓慢松开食指排放定容刻线"0"刻线以上的多余液相，直至液面接近"0"刻线处，立即拔出定容针头。

8.6　继续恒温3min后，在水浴中准确读取偏离"0"刻线的液相的体积$V_{偏}$。

注：液面在"0"刻线以上时$V_{偏}$为"+"，反之为"-"。

8.7　小心从水浴中取出压力密度瓶，用无水乙醇擦洗压力密度瓶的外表面，再用擦镜纸擦干瓶外表面的液体。

8.8　将密度瓶放入干燥器中干燥30min，称重。重复干燥20min后，称重。直至两次称量结果之差不大于0.001g为止。

8.9　试验完毕后，在无明火的通风处打开压力密度瓶压帽，排净瓶中试样。依次用丙酮、蒸馏水将压力密度瓶洗涤干净，再用少量无水乙醇洗涤后，放入110℃±5℃的烘箱中烘干1h，移入干燥器中以备下次测定时使用。

9　计算

9.1　液化石油气初密度$\rho_{初}$(g/cm³)可由式(3)计算：

$$\rho_{初}=\frac{m_{总}}{V_{校正}}=\frac{m_{总}}{V_{有效}+V_{偏}}\quad\cdots\cdots\cdots\cdots\cdots（3）$$

式中：$m_{总}$——液化石油气的总质量，g；

$V_{校正}$——密度瓶内液化石油气的体积，mL；

$V_{有效}$——压力密度瓶的有效容积，mL；

$V_{偏}$——偏离"0"刻线的容积，mL。

9.2 根据$\rho_{初}$，从附录 A 中可查得与之相对应的$\rho_{气}$。

9.3 液化石油气密度(ρ)可按式(4)计算：

$$\rho = \frac{m_{总} - \rho_{气} V_{气}}{V_{校正}} = \frac{m_{总} - \rho_{气} V_{气}}{V_{有效} + V_{偏}} \quad \cdots\cdots\cdots\cdots\cdots\cdots\cdots\cdots\cdots\cdots\cdots\cdots\cdots\cdots\cdots \quad (4)$$

式中：$\rho_{气}$——由附录 A 查得的气相密度，g/cm^3；

$V_{气}$——平衡时(20℃)气相的容积，mL，($V_{气} = V_{缓} - V_{偏}$)；

$V_{校正}$——密度瓶内液化石油气的体积，mL；

$V_{有效}$——压力密度瓶的有效容积，mL；

$V_{偏}$——偏离"0"刻线的容积，mL。

10 精密度

按下述规定判断试验结果的可靠性(95%置信水平)。

10.1 重复性：同一操作者用同一台仪器所测得的两个平行结果之间的差值不应大于$0.001g/cm^3$。

10.2 再现性：不同操作者用不同仪器所测得的两个结果之间的差值不应大于$0.003g/cm^3$。

11 报告

11.1 取两次重复测定结果的算术平均值作为本次试验的测定结果，并注明测定温度。

11.2 结果取四位有效数字。

附　录　A

（标准的附录）

初密度($\rho_{初}$)与气相密度($\rho_{气}$)换算

用压力密度瓶法测定液化石油气密度，当体系恒温至 20℃时，压力密度瓶内气、液两相达到平衡状态。压力密度瓶缓冲容积部分充满了气化的石油气。因称重时液化石油气的总质量也包括了气相的石油气质量，即：

$$m_{总} = m_{液} + m_{气}$$

所以计算液化石油气密度时，应从总质量中扣除平衡气相部分的液化石油气质量。

表 A1 是基于如下假设经计算得到的：液化石油气主要成分是 C_3^0 和 C_4^0 的混合物；平衡体系中气相与液相的分子分率相同。

表 A1 用于从压力密度瓶法测得的液化石油气的初密度($\rho_{初}$)，换算出与之平衡时的气相密度($\rho_{气}$)。单位为 g/cm^3。

表 A1　初密度($\rho_{初}$)与气相密度($\rho_{气}$)换算表

初密度 $\rho_{初}$	气相密度 $\rho_{气}$	初密度 $\rho_{初}$	气相密度 $\rho_{气}$
0.57802	0.005612	0.56079	0.007584
0.57723	0.005701	0.56001	0.007674
0.57645	0.005791	0.55923	0.007764
0.57567	0.005881	0.55844	0.007853
0.57488	0.005970	0.55766	0.007943
0.57410	0.006060	0.55688	0.008033
0.57332	0.006150	0.55609	0.008122
0.57254	0.006239	0.55531	0.008212
0.57175	0.006329	0.55453	0.008302
0.57097	0.006419	0.55374	0.008391
0.57019	0.006508	0.55296	0.008481
0.56940	0.006598	0.55218	0.008571
0.56862	0.006688	0.55110	0.008660
0.56784	0.006777	0.55061	0.008750
0.56706	0.006867	0.54983	0.008839
0.56627	0.006957	0.54905	0.008929
0.56549	0.007046	0.54826	0.009019
0.56471	0.007136	0.54748	0.009108
0.56392	0.007226	0.54670	0.009198
0.56314	0.007315	0.54591	0.009288
0.56236	0.007405	0.54513	0.009377
0.56157	0.007495	0.54435	0.009467

表 A1(续)

初密度 $\rho_{初}$	气相密度 $\rho_{气}$	初密度 $\rho_{初}$	气相密度 $\rho_{气}$
0.54356	0.009557	0.52164	0.012067
0.54278	0.009646	0.52086	0.012157
0.54200	0.009736	0.52008	0.012247
0.54122	0.009826	0.51931	0.012336
0.54043	0.009915	0.51853	0.012426
0.53965	0.010005	0.51774	0.012516
0.53887	0.010095	0.51696	0.012605
0.53808	0.010184	0.51618	0.012695
0.53730	0.010274	0.51461	0.012874
0.53652	0.010364	0.51382	0.012964
0.53574	0.010453	0.51304	0.013053
0.53417	0.010633	0.51226	0.013143
0.53339	0.010722	0.51147	0.013233
0.53260	0.010812	0.51069	0.013322
0.53182	0.010902	0.50599	0.013860
0.53104	0.010991	0.50520	0.013950
0.53025	0.011081	0.50442	0.014040
0.52556	0.011619	0.50364	0.014129
0.52477	0.011709	0.50285	0.014219
0.52399	0.011798	0.50207	0.014309
0.52321	0.011888	0.50128	0.014398
0.52242	0.011978	0.50050	0.014488

编者注：本标准中引用标准的标准号和标准名称变动如下。

原 标 准 号	现 标 准 号	现 标 准 名 称
GB/T 514	GB/T 514	石油产品试验用玻璃液体温度计技术条件

前　言

本标准等效采用美国材料与试验协会标准 ASTM D3321-1994《用折射仪测定发动机冷却液冰点的现场试验法》。

本标准与 ASTM D3321-1994 标准的不同之处在于：

1. 舍去了华氏温度，只采用摄氏温度；

2. 校正零位改为按仪器说明书进行调节；

3. 增加"报告"一章；

4. 文字进行编辑性改动。

本标准由中国石油化工集团公司提出。

本标准由中国石油化工集团公司石油化工科学研究院归口。

本标准起草单位：中国石化销售华北公司。

本标准主要起草人：董　芳、张凤泉、张新昌。

中华人民共和国石油化工行业标准

SH/T 0686—1999

（2005 年确认）

发动机冷却液冰点现场测定法
（折 射 仪 法）

Standard test method for use of the refractometer for field test
determination of the freezing point of aqueous engine coolants

1 范围

本标准适用于用便携式折射仪测定乙二醇和丙二醇型发动机冷却液的冰点。

注：有些折射仪有辅助的测定甲氧基丙醇冷却液冰点的刻度，另有一些折射仪有测定硫酸密度的刻度，这可以确定汽车蓄电池是否该充电。

2 引用标准

下列标准所包括的条文，通过引用而构成为本标准的一部分，除非在标准中另有明确规定，下述引用标准都应是现行有效标准。

SH/T 0090 发动机冷却液冰点测定法

3 方法概要

3.1 冷却液冰点测定仪是临界角折射仪，可以快速直接地测定乙二醇和丙二醇型冷却液的冰点，测定只需要几滴试样，有些折射仪可自动修正大气温度和被测试样温度，仪器读数简单，便于清洗和保存。

3.2 冰点的读数位置在刻度表黑白两区的分界线上，有些折射仪只能测定乙二醇型冷却液，而另有些折射仪既可测定乙二醇型又可测定丙二醇型冷却液的冰点，只是刻度表不同。

4 意义和用途

4.1 本方法普遍用于测定乙二醇型和丙二醇型冷却液的冰点，用便携式折射仪，只要按规定在棱镜表面滴几滴冷却液试样，就可直接读出冷却液的冰点。这种折射仪只适用于乙二醇和丙二醇型冷却液，不适用于其他冷却液。

4.2 折射仪在使用前必须校正零位（见第 7 章）。

4.3 测定时要注意所测冷却液的类型一定要与该类冷却液的刻度表对应，否则会导致较大差错（有时与实际值相差 10℃ 或更多）。

4.4 乙二醇和丙二醇混合液（不包括其中某一组分为少量，即浓度约不大于 15% 的情况），用两种刻度表读数都不准确。

5 干扰

被测试样有污染或棱镜表面不清洁会对测定产生干扰，冷却液中少量的二乙二醇不会对测定有影响。

6 仪器与材料

6.1 仪器

6.1.1 便携式临界角折射仪是轻便测定仪器，它的镜头用高强度塑料套管包裹，以防落地受到损坏，另一端有一块抛光的玻璃棱镜，上边可转动的塑料盖板可使试样分布均匀，防止溢流，在测定时按仪器说明书对镜头和棱镜进行调整。

6.1.2 套筒式的镜头位于折射仪的一端，带刻度半透明的棱镜位于折射仪的另一端。

6.2 材料

滤纸或干净棉织物。

7 试验步骤

7.1 校准

7.1.1 掀起折射仪倾斜端棱镜上的盖板，露出盖板背面和棱镜表面，用自来水或蒸馏水清洗后，用滤纸或干净的棉织物擦洗两表面至干燥。

7.1.2 取几滴蒸馏水置于棱镜表面上，合上盖板。

7.1.3 把折射仪对准光源，从镜头看进去，若黑白两区分界线不在零刻度线，应按仪器说明书调至零位[1]。为使界线清楚，需把折射仪对准光源轻微变动方向，直至获得最清楚的读数。

7.1.4 调零最好在室温下进行，如果折射仪可自动进行温度补偿，应在其规定的温度补偿范围内操作，调零后擦洗棱镜表面至干燥。

7.2 取样：用干净吸管从试样液面底下吸取试样滴到棱镜表面上，合上盖板。

7.3 读数：按7.1.3步骤直接读取黑白两区分界线所在读数即为冰点，乙二醇型冷却液冰点折射仪直接读数即可，用乙二醇、丙二醇型冷却液冰点均能测的折射仪时，应根据所测试样类型从相应的刻度表读数，见图1[2]。

注：折射仪与温度计的刻度正好相反，折射仪的零下刻度在上部。

7.4 如果分界线或阴影边缘不清楚，可能是棱镜表面清洗不干净或没有彻底干燥或试样不足或有油污染，应从7.1重新进行试验。

7.5 刻度表完全处于黑暗表明所用试样不足，刻度表完全发亮，表明冷却液冰点低于刻度表上最低温度。

7.6 因为测定时只需很少量试样，如果取样过程中温度升高，就会因试样中水汽损失而造成测定误差，因此取样和读数都应非常迅速，一般在室温下的读数相对是最准确的。

8 精密度

本标准的精密度是对实验室间试验结果分析确定的。

8.1 由不同的操作者使用规定的仪器和上述步骤测定所得两个结果在冷却液温度为24℃时，其差值不能大于0.5℃，在冷却液温度为82℃时，与平均值之差不能大于1℃。

8.2 表1列出了分别用实验室冰点测定法和折射仪法测得的有代表性的醇水混合物的冰点。

采用说明：

1］ 未采用原文中调零的具体操作。

2］ 图1采用进口仪器中摄氏温度刻度表，原文采用进口仪器中华氏温度刻度表。

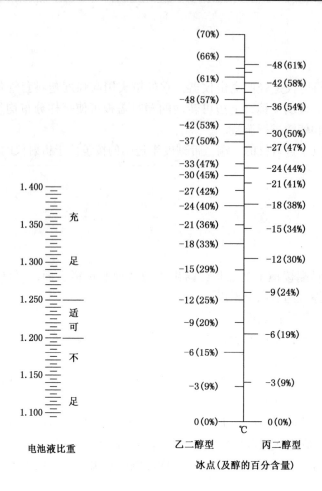

图 1　折射仪刻度表

表 1　冰点测定法对比试验结果

浓缩液组成	50%水溶液的冰点,℃	
	折射仪法	ASTM D1177 方法(SH/T 0090 方法)
95%乙二醇　5%水	−33；−34	−34
90%乙二醇　5%丙二醇　5%水	−34；−35	−34；−35
90%乙二醇　5%二乙二醇　5%水	−34；−34	−35
90%乙二醇　2.5%丙二醇　2.5%二乙二醇　5%水	−34；−34	−34
注：ASTM D1177《发动机冷却液冰点测定法》与 SH/T 0090 标准是等效的		

9　报告[1]

取重复测定两个结果的算术平均值作为测定结果,结果取整数。

采用说明：

1]　原文中无"报告"这一章。

前　言

　　本标准等效采用美国试验与材料协会标准 ASTM D5001-1990(1995)《球柱润滑性评定仪测定航空涡轮燃料润滑性的标准试验方法(BOCLE)法》。

　　本标准与 ASTM D5001-1990(1995)的主要技术差异是：

　　本标准的引用标准采用我国相应的国家标准和行业标准，对我国无相应标准的，在本标准中写入引用的实质内容，或直接引用国外标准。

　　本标准的附录 A 和附录 B 均是标准的附录。

　　本标准由中国石油化工集团公司提出。

　　本标准由中国石油化工集团公司石油化工科学研究院归口。

　　本标准起草单位：中国石油化工集团公司石油化工科学研究院。

　　本标准主要起草人：单国忠、王瑞荣、陈淑风。

SH/T 0687—2000

（2007 年确认）

航空涡轮燃料润滑性测定法
（球柱润滑性评定仪法）

Standard test method for measurement of
lubricity of aviation turbine fuels by the
ball-on-cylinder lubricity evaluator（BOCLE）

1 范围

1.1 本标准规定了用球柱润滑性评定仪测定航空涡轮燃料在摩擦钢表面上边界润滑性的磨损状况。

1.2 本标准测定的润滑性结果以在试球上产生的磨痕直径(mm)表示。

1.3 本标准使用 SI(国际单位制)作为标准计量单位。

1.4 本标准涉及某些有危险性的材料、操作和设备，但是无意对此有关的所有安全问题都提出建议。因此，用户在使用本标准之前应建立适当的安全和防护措施并确定有适用性的管理制度。

2 引用标准

下列标准包括的条文，通过引用而构成为本标准的一部分，除非在标准中另有明确规定，下述引用标准都应是现行有效标准。

GB/T 308 滚动轴承、钢球

GB/T 131—1993 机械制图 表面粗糙度符号、代号及其注法

GB/T 3077 合金结构钢 技术条件

YB 9 高碳铬轴承钢

ANSI E—52100 铬合金钢

SAE 8720 钢

3 术语

本标准采用下列术语。

3.1 柱体 cylinder

试环和心轴组合件。

3.2 润滑性 lubricity

用于描述试样的边界润滑性质的常用术语。在本试验方法中，试样的润滑性是在严格规定和控制的条件下进行测试，固定球与被试样浸润的转动试环相接触，以在固定球上产生的磨痕直径(mm)表示。

4 方法概要

把测试的试样放入试验油池中，保持池内空气相对湿度为 10%，一个不能转动的钢球被固定在垂直安装的卡盘中，使之正对一个轴向安装的钢环，并加上负荷。试验柱体部分浸入油池并以固定

速度旋转。这样就可以保持柱体处于润湿条件下并连续不断地把试样输送到球/环界面上。在试球上产生的磨痕直径是试样润滑性的量度。

5 意义和用途

5.1 由于过量摩擦而造成的磨损引起发动机部件(例如：燃料泵和燃料控制器等)的寿命缩短,有时归因于航空燃料缺少润滑性。

5.2 试验结果关系到航空燃料系统部件的损坏,现已证明某些燃料对金属组合件有磨损。因此,在部件的操作中燃料边界润滑性也是一个主要因素。

5.3 本方法试验中产生的磨痕对试样和试验材料的污染、大气中存在的氧和水以及试验温度都是很敏感的。润滑性的测定也对在采样和贮存中所带进的痕量物质较为敏感。应该采用符合附录 B 的采样容器。

5.4 本方法可能不直接反映发动机硬件的操作条件,例如：硫化物含量很高的一些燃料可能给出异常的试验结果。

6 仪器

6.1 球柱润滑性评定仪(BOCLE)示于图 1 和图 2,试验标准操作条件列于表 1 中。

6.2 恒温循环浴：当循环冷却剂通过样品油池的底座时,能够保持试样在 25℃±1℃。

6.3 显微镜：能放大 100 倍,刻度为 0.1mm,最小分度值为 0.01mm。

6.4 滑动千分尺：带有分度为 0.01mm 的刻度尺。

图 1 球柱润滑性评定仪

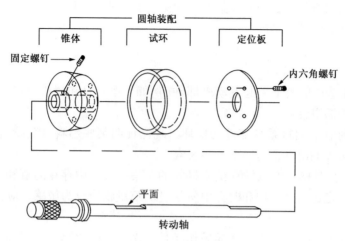

图2 环轴组装

表1 标准操作条件

试样体积	50mL±1.0mL
试样温度	25℃±1℃
经调节的空气	在25℃±1℃时的相对湿度为10%±0.2%
试样预处理	一股空气流以0.5L/min通入试样中， 同时另一股气流以3.3L/min流过试样表面15min
试样试验条件	空气以3.8L/min流过试样表面
施加的负荷	1000g(其中砝码500g)
柱体转动速度	240r/min±1r/min
试验时间	30min±0.1min

6.5 超声波清洗器：容量为1.9L(1/2加仑)，清洗功率为40W的无缝不锈钢容器。

6.6 干燥器：它装有一种非指示型干燥剂，其容积大小能储放试环、试球和金属零件。

7 试剂与材料

7.1 材料

7.1.1 试环：由SAE 8720钢(其成分见表2)或由符合GB/T 3077中20CrNiMo合金结构钢制成，其洛氏硬度C级刻度值(HRC)为58~62；表面光洁度为0.56~0.71μm(22~28μin.)均方根或按照GB/T 131—1993表示为$\frac{0.8}{0.4}$。其尺寸示于图3中。

如有争议，以SAE 8720钢制成的试环为准。

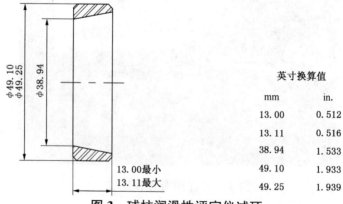

	英寸换算值	
	mm	in.
	13.00	0.512
	13.11	0.516
	38.94	1.533
	49.10	1.933
	49.25	1.939

图3 球柱润滑性评定仪试环

表 2   SAE 8720 钢成分

成　　分	%（m/m）
C	0.18~0.23
Si	0.15~0.35
Mn	0.70~0.90
Cr	0.40~0.60
Mo	0.20~0.30
Ni	0.40~0.70
S	<0.04
P	<0.035
其他	Cu≤0.35

7.1.2　圆轴：锥度为 10°的短柱体部件，用于固定试环。见图 2。

7.1.3　试球：由 ANSI 标准钢号 E-52100 铬合金钢（其成分见表 3）或 YB 9GCr15 高碳铬轴承钢制成，直径为 12.7mm（0.5in.），表面光洁度为 5~10EP 级；或符合 GB/T 308 滚动轴承、钢球标准要求，其表面粗糙度按照 GB/T 131—1993 表示为 $\overset{0.025}{\underset{0.02}{\nabla}}$ 洛氏硬度 HRC 是 64~66。如有争议，以 ANSI E-52100 铬合金钢制成的试球为准。

表 3   ANSI E-52100 铬合金钢成分

成　　分	%（m/m）
C	0.98~1.10
Mn	0.25~0.45
Si	0.15~0.35
Cr	1.30~1.60
S	<0.025
P	<0.025
Ni	<0.30
其他	Cu≤0.25

7.1.4　压缩空气：碳氢化合物含量和水含量分别小于 0.1mg/kg 和 50mg/kg。

　　警告：高压下的压缩气体，在易燃物质存在的情况下使用时，要特别注意，因为大多数有机化合物在空气中的自燃点在升压时会急剧的降低。见附录 A 中的 A1。

7.1.5　手套：干净、不起毛的棉织品，一次性使用。

7.1.6　擦布：薄丝绸、软质、无毛、不含有机溶剂，一次性使用。

7.2　试剂

7.2.1　异辛烷：分析纯。最低纯度为 95%。

　　警告：极易燃，如果吸入有害健康，蒸气可引起闪火，见附录 A 中的 A2。

7.2.2　异丙醇：分析纯。

　　警告：易燃，见附录 A 中的 A3。

7.2.3　丙酮：分析纯。

　　警告：极易燃，蒸气可引起闪火，见附录 A 中的 A4。

7.3　参考液

7.3.1　A 液：这种混合物是在 B 液中含有 30mg/kg 可溶于特定燃料的腐蚀抑制剂与润滑改进剂或性能相当的抗磨防锈添加剂。储放在带有铝箔嵌入盖的硅酸盐玻璃容器中，存放于暗处。

　　警告：易燃，蒸气有害，见附录 A 中的 A5。

7.3.2　B 液：是一种窄馏分异构烃溶剂。

　　注：A 液和 B 液可以从美国阿维奥尔公司(INTER AV INC.)或中国石油化工集团公司石油化工科学研究院获得。

8　仪器的准备

8.1　试环的清洗

8.1.1　试环应初步用异辛烷浸泡过的擦布、纸巾或棉花擦掉像蜡状物的保护涂层。

8.1.2　把初步清洗过的试环放在一个干净的 500mL 烧杯中，加入足够体积的异辛烷和异丙醇(1：1)的混合物，使试环被清洗溶剂完全覆盖住。

8.1.3　把烧杯放入超声波清洗器中，打开电源清洗 15min。

8.1.4　取出试环，用干净的烧杯和新鲜溶剂重复 8.1.3 的超声波清洗过程。

8.1.5　用干净的镊子或手套从烧杯中取出所有清洗过的试环，并用异辛烷冲洗、干燥再用丙酮冲洗。

　　注：干燥操作的完成，可使用 140~210kPa(20~30psi)压力的压缩空气吹干。

8.1.6　干燥后的试环储存在干燥器中。

8.2　试球的清洗

8.2.1　将试球放入 300mL 烧杯中，加入足够体积的异辛烷和异丙醇(1：1)混合物到烧杯中，使试球被清洗溶剂完全覆盖住。

　　注：每次清洗的试球约为五天的用量。

8.2.2　把烧杯放在超声波清洗器中，打开电源清洗 15min。

8.2.3　用干净的烧杯和清洗溶剂重复 8.2.2 的清洗过程。

8.2.4　取出试球并用异辛烷冲洗、干燥，再用丙酮冲洗。

8.2.5　干燥后的试球储存在干燥器中。

8.3　油池、油池盖、试球卡盘、试球锁定环和环轴组合件的清洗

8.3.1　用异辛烷冲洗。

8.3.2　在超声波清洗器中用异辛烷和异丙醇的 1：1 混合物清洗 5min。

8.3.3　取出后用异辛烷清洗、干燥，再用丙酮冲洗。

8.3.4　干燥后储存在干燥器中。

8.4　金属构件的清洗

8.4.1　金属构件和用具是指传动轴、扳手和镊子。它们都要与试样接触，应该用异辛烷彻底清洗干净和用擦布揩干。

8.4.2　当不使用时，这些部件应存放在干燥器中。

8.5　试验后试件的清洗

8.5.1　取出油池和柱体。

8.5.2　拆开各部件并在超声波清洗器中用体积比为 1：1 的异辛烷和异丙醇混合物清洗 5min。然后用异辛烷冲洗、干燥，再用丙酮冲洗，重新组装部件。

8.5.3　干燥后的部件贮存在干燥器中。

　　注：当试验相同试样时，允许在仪器上就地清洗油池。油池用异辛烷冲洗，用擦布或棉花擦除残余的与试样有关的沉积物和试验残渣。再一次用异辛烷冲洗油池、干燥，最后用丙酮冲洗、干燥。

8.5.4　在清洗过程中应确保试样吹气管也要洗净和干燥好，当不使用时，各部件应储存于干燥器中。

9　校准和标准化

9.1　每次试验前目测试球，将显示有凹坑、腐蚀或表面异常的试球剔除。

9.2 参考液

9.2.1 按照第 10 章使用一个预先用参考液试验标准化好的柱体，对每批新参考液进行三次试验。

9.2.2 如果磨痕直径差值对于参考液 A 大于 0.04mm 或者对于参考液 B 大于 0.08mm 时，再重做三次试验。

9.2.3 如果重做试验的磨痕直径再次大于 9.2.2 中的数值，应拒用这批参考液。

9.2.4 对于合适的参考液，三次结果均在 9.2.2 的数值内，则可计算平均磨痕直径(WSD)。

9.2.5 把平均结果与下列参考数值进行比较：

参考液 A　　　　0.56mm　　　　　　　平均 WSD
参考液 B　　　　0.85mm　　　　　　　平均 WSD

9.2.6 根据 9.2.5 中给出的参考液数值，如果在 9.2.4 中获得的平均结果对参考液 A 相差大于 0.04mm 或对于参考液 B 相差大于 0.08mm，则应拒用这批新参考液。

9.3 试环的校准

9.3.1 按照第 10 章用参考液 A 测试每一个新试环。

9.3.2 如果磨痕直径是在 9.2.5 中所示的参考液 A 数值的 0.04mmWSD 之内，这个试环是可以接受的。

9.3.3 如果磨痕直径不在 9.2.5 中所示的参考液 A 数值 0.04mmWSD 之内，则重复试验。

9.3.4 如果在 9.3.1 和 9.3.3 中所获得的两个数值，彼此之间差值大于 0.04mmWSD 或者两个数值与 9.2.5 中所示的参考液 A 的数值相比差值大于 0.04mmWSD，则废弃这个试环。

9.3.5 按照第 10 章，用参考液 B 测试每个试环。

9.3.6 如果磨痕直径是在 9.2.5 中所示参考液 B 数值的 0.08mmWSD 之内，这个试环是可以接受的。

9.3.7 如果磨痕直径不在 9.2.5 中所示参考液 B 数值的 0.08mmWSD 之内，则重复试验。

9.3.8 如果在 9.3.5 和 9.3.7 中所获得的两个数值，彼此之间差值大于 0.08mmWSD 或者两个数值与 9.2.5 中所示参考液 B 的数值相比其差值大于 0.08mmWSD，则要废弃这个试环。

9.4 负荷臂水平校正

9.4.1 负荷臂的水平每次在试验前均应进行检查，马达座的水平可通过座上环泡水平仪和调整不锈钢腿来调平。

9.4.2 按照 10.4 所述将试球装入固定螺母中。

9.4.3 拔出蓝色销杆降下负荷臂，在负荷臂的末端加上 500g 重的砝码，用手或者用负荷臂下的调节螺母把试球按下，使其与试环表面接触。

9.4.4 在负荷臂的顶部检验水平，指示水泡应被定在两条线的中间，如果需要，调整负荷臂末端的平衡块位置，使负荷臂达到水平。

9.5 柱体的组装

9.5.1 按图 2 所示，将一个干净的试环放在圆轴上，并将后板拧到圆轴上。

10 试验步骤

10.1 试验条件见表 1。

10.2 安装清洁的试验柱体

注：球柱润滑性评定仪（BOCLE）对污染特别敏感。

10.2.1 要特别注意严格遵守清洁度要求和规定的清洁步骤，在操作和安装过程中，要戴上手套以防止清洁试件（柱体、试球、油池和油池盖）受到污染。

10.2.2 用异辛烷冲洗转动轴并用一次性的毛巾擦净。

10.2.3 将转动轴通过左边的轴承座和支撑托架推入。

10.2.4　抓住带有安装螺钉的柱体面向左边，推动转动轴穿过柱体腔，再通过右边轴承支架，使该轴进入连接器内最远处，方可运转。

10.2.5　将固定螺钉对准柱体轴边的平直键槽，并拧紧固定螺钉。

10.2.6　将滑动千分尺定在0.5mm处，将柱体往左边移动直到它是稳固的对着滑动千分尺的探头。确保柱体固定螺钉直接朝向键槽（轴的扁平面）并上紧固定螺钉。

10.2.7　在驱动马达启动前，将滑动千分尺探头往后撤离柱体。

10.3　在数据表（表4）上记录环号，如果选定，用滑动千分尺指示试验柱体的位置，试环上的第一道和最后一道磨痕距离两边大约在1mm以内。

10.3.1　对于后续的试验，用千分尺重新规定柱体到一个新的试验位置。这个新的位置距环上最后一道磨痕为0.75mm，并记在数据表上，拧紧柱体固定锁钉销住柱体在一个新的试验位置后，千分尺探头应往后移，然后再往前推进柱体，检验千分尺读数以确保准确的磨痕间距，如果需要，重新调整位置。当准确的试环位置被确定时，将千分尺探头往后撤离柱体。

10.4　装入一个洁净的试球，首先将试球放在蓝色卡环中，然后再放入螺帽中，将螺帽拧到位于负荷臂下的螺纹盘上并用手拧紧。

10.5　通过插入蓝色销子保证负荷臂在"UP"位置上。

10.6　装上干净的油池，通过抬高油池装上蓝色隔离平台，将蓝色隔离平台移入油池下面的位置。把热电偶插入油池后部左边的孔中。

10.7　检验负荷臂的水平度，如果必要应进行调节。

10.8　应该采用附录B中的采样容器提供试验样品。将50mL±1mL的试样加入油池中，将干净的油池盖盖上，将6.35mm（1/4in.）和3.18mm（1/8in.）的空气管线接到油池盖上。

10.9　将电源开关置于"ON"位置。

10.10　打开压缩空气瓶，调整供气压力至210~350kPa（30~50psi）和调节仪表板上压力表的空气压力到大约100kPa（14.5psi）。

10.11　将臂升开关置于"UP"位置上。

10.12　通过拔掉蓝色销钉降下负荷臂，在负荷臂的末端挂上500g砝码再加上负荷臂重，从而给出一个1000g的负荷。

10.13　将驱动马达开关置于"ON"，启动柱体转动，调整转速到240r/min±1r/min。

10.14　用控制湿和干空气流速的流量计，调整规定的空气流速读数为3.8L/min，保持相对湿度在10.0%±0.2%。

10.15　按要求调整油池的温度直到温度稳定在25℃±1℃，通过调整恒温循环浴的温度，以获得所要求的温度。

10.16　设置燃料吹气计时器为15min和调整试样吹气流量计流量为0.5 L/min。

10.17　在吹气结束的时候，警笛将发出声响，吹气停止。空气继续以3.8L/min流经油池。先将计时器设定在30min处。然后将臂提升开关置于"DOWN"位置。大约8s后负荷臂会自动降下，使试球轻轻地与试环接触。

　　注：负荷臂降落的速度是通过小室左边的臂升调节阀来控制的，这个阀门控制气动臂升调节器的柱体的放气。

10.18　核对所有试验条件及仪表示值读数，必要时进行调整。在数据表上记录所有必要的数据。

10.19　30min后，警笛将发出声响，试验负荷臂将自动弹起。将计时器开关转到"OFF"并将负荷臂升开关置于"UP"位置。

10.20　除去试验砝码，升起试验负荷臂并用蓝色销钉固定住。

10.21　取掉油池盖，用擦布或棉花擦净转动环，以除去试环上的残余物，将马达驱动和电源开关置于"OFF"。

10.22　从锁紧螺母中取出试球，在显微镜检测之前不要从蓝色卡环中取出试球，检测前要用擦布擦净试球。

11 磨痕的测量

11.1 打开显微镜灯光和把试球放在能放大 100 倍的显微镜下。

11.2 聚焦显微镜和调节镜台,以便使磨痕位于视野内的中心点上。

11.3 把磨痕对准用机械台控制的数值刻度盘上的分割参考点,测量长轴长度准确到 0.01mm,典型的磨痕示于图 4 中,在数据表(见表 4)上记录读数。

11.4 把磨痕对准用机械台控制的数值刻度盘上的分割参考点,测量短轴长度准确到 0.01mm,在数据表(见表 4)上记录读数。

11.5 如果与参考标准试验不同,也就是说,残余物的颜色、异常的颗粒物或者磨损形式、可见的擦伤等等,以及油池中颗粒物的存在,这些磨损区的情况均需记录。

图 4 典型的磨痕

表 4 数据表

球柱润滑性评定仪			日期:	
样品:		痕迹号:	球号:	
环号:				
环境温度,℃				
开始时的基底温度,℃				
结束时的基底温度,℃				
基底温度控制(是/否)				
油池预处理的时间				
开始试验时间				
试验空气湿度,%		10		
环的转动速度,r/min		240		
加的负载,g		1000		
使用的试样体积,mL				
典型的磨痕		椭圆	圆型	其他
短轴长,mm				
长轴长,mm				
磨痕直径,mm				
观察结果				

12 计算

12.1 试样的磨痕直径 WSD(mm)按式(1)计算:

$$WSD = (M+N)/2 \quad \cdots\cdots\cdots\cdots\cdots\cdots (1)$$

式中: M——椭圆长轴长度,mm;

   N——椭圆短轴长度,mm。

13 精密度

按下述规定判断测量磨痕直径范围为 0.45~0.95mm 的试验结果的可靠性(95%置信水平)。

13.1 重复性(r):同一操作者,在同一实验室,用同一台仪器,对同一试样重复测定的两个结果之差,不应超过式(2)数值。

$$r = 0.109(WSD)^{1.80} \quad\quad\quad\quad\quad (2)$$

式中:WSD——两个试验结果的算术平均值。

13.2 再现性(R):不同操作者在不同的实验室,对同一试样所测得的两个试验结果之差,不应超过式(3)数值。

$$R = 0.167(WSD)^{1.80} \quad\quad\quad\quad\quad (3)$$

式中:WSD——两个试验结果的算术平均值。

13.3 偏差

因为润滑性的数值只能用某个试验方法来确定,所以本试验方法没有偏差。

14 报告

取重复测定两个结果的算术平均值,作为试样磨痕直径(mm)的测定结果,报告结果准至 0.01mm。

报告磨痕表面的情况,与偏离标准条件的试验载荷、相对湿度和试样温度等引起的偏差。

附　录　A
（标准的附录）
安　全　说　明

A1　压缩空气瓶

当不使用时，保持气瓶阀关闭。应使用压力调节阀，在打开气瓶前应放松压力调节阀的张力。空气瓶除空气外不许罐装其他气体，不许在气瓶中进行气体混合。气瓶不许坠落，确保气瓶竖立。当打开气瓶阀时，远离气瓶出口而站。将气瓶放在荫凉处并远离热源。保持气瓶远离腐蚀环境。不许使用无标记的气瓶。不使用有凹痕或损坏的气瓶。仅作为技术实验用，不要用于吸入目的。

A2　异辛烷

保持远离热源、火花和明火。保持容器密闭。使用时要有足够的通风。避免蒸气的形成和消除所有火源，特别是不防爆的电器和加热器。避免长期呼吸蒸气或雾气。避免长期或重复接触皮肤。

A3　异丙醇

远离热源、火花和明火。保持容器密闭。使用时要有足够的通风。避免长期呼吸蒸气或雾气。避免与眼睛和皮肤接触。不要内服。

A4　丙酮

远离热源、火花和明火。保持容器密闭。使用时要有足够的通风。避免蒸气的形成和消除所有火源，特别是不防爆的电器和加热器。避免长期呼吸蒸气或雾气。避免与眼睛和皮肤接触。

A5　异构烷烃溶剂和燃料添加剂

远离热源、火花和明火。保持容器密闭。使用时要有足够的通风。避免长期呼吸蒸气或雾气。避免长期或重复与皮肤接触。

附　录　B

（标准的附录）

润滑性试验的采样容器及清洗方法

B1　最好优先选用环氧树脂衬里的容器，用被采样品冲洗三次后，可直接用于试验或样品储存。

B1.1　对于储存样品，建议用氮气置换样品上方的空气。

B1.2　如果按下列方法清洗，环氧树脂衬里的容器能够重复使用。

B1.2.1　使用过的容器用1,1,2-三氯-1,2,2-三氟乙烷溶剂充满容器的10%~20%，共冲洗三次，每次冲洗容器应封闭并摇晃1min，而后换溶剂进行下次冲洗，最后一次冲洗溶剂排净后，容器应该用空气干燥，洗净后才能重新使用。

B2　业已发现硼硅酸盐玻璃瓶按下列方法清洗后是令人满意的。

B2.1　用在自来水中加1%（m/m）的强力水溶性实验室洗涤剂溶液充满瓶子，把瓶盖盖好浸泡至少10min。

B2.2　用洗涤剂溶液用力刷洗所有瓶子及瓶盖。

B2.3　反复地用热自来水（60~75℃）冲洗瓶子及瓶盖，直到无泡沫产生。

B2.4　充分润湿瓶盖并浸泡至少10min。

B2.5　加入热自来水（60~75℃）并重复擦洗和冲洗步骤，直到无泡沫产生。

B2.6　用热蒸馏水（60~75℃）冲洗两次以上。

B2.7　在115~125℃的烘箱中分别干燥瓶子和瓶盖。

B2.8　冷却后把瓶盖盖好。

B3　业已发现如果样品要马上试验的话，使用锡焊的马口铁容器，按照B3.1清洗后是令人满意的。

B3.1　使用前的清洗：用丙酮充至容器的一半，盖好盖子用力摇1min。排除溶剂并用空气干燥。用1,1,2-三氯-1,2,2-三氟乙烷充满容器的1/4，盖上盖子并反复摇晃，排出溶剂并用空气干燥容器。

B4　聚四氟乙烯瓶没有被评价，但按照B1.2.1清洗干燥后或许是令人满意的。

B5　不推荐使用其他塑料容器。

编者注：本标准中引用标准的标准号和标准名称变动如下。

原标准号	现标准号	现标准名称
GB 308	GB/T 308.1	滚动轴承　球　第1部分：钢球
GB/T 3077	GB/T 3077	合金结构钢

前　言

本标准等效采用美国材料与试验协会标准 ASTM D4739-1996《碱值测定法（电位滴定法）》。

本标准与 ASTM D4739-1996 的主要技术差异：

1. 方法名称不同：本方法名称：《石油产品及润滑剂碱值测定法（电位滴定法）》；ASTM D4739-1996 名称：《碱值测定法（电位滴定法）》。

2. 本标准增加了国产普通型参比电极和饱和氯化钾异丙醇参比电极内液。

3. 本标准在配制氢氧化钾异丙醇溶液时，加入了少量的氢氧化钡，所用的异丙醇为分析纯的异丙醇，水含量不超过 0.2%，而 ASTM D4739-1996 中未加氢氧化钡，所用异丙醇的水含量小于 0.1%。

本标准的附录 A 是标准的附录，附录 B 是提示的附录。

本标准由中国石油化工集团公司提出。

本标准由中国石油化工集团公司石油化工科学研究院归口。

本标准起草单位：中国石油天然气集团公司兰州炼油化工总厂。

本标准主要起草人：高俊、周亚斌。

SH/T 0688—2000

（2007 年确认）

石油产品和润滑剂碱值测定法
（电位滴定法）

**Petroleum products and lubricants—
Determination of base number—
Potentiometric titration method**

1 范围

1.1 本标准适用于测定石油产品和润滑剂中的碱性组分（见注）。根据强碱性物质的电离常数比弱碱性物质的电离常数大至少 1000 倍的原理，把石油产品和润滑剂中的碱性组分分成强碱性和弱碱性两组。

> 注：在新的或用过的油品中，碱性组分主要是一些有机碱和无机碱，包括胺基化合物。而某些重金属盐、弱酸盐、多元酸盐，以及防腐剂、清净剂等添加剂也可能显碱性。

1.2 本标准适用于测定碱值小于 70 mgKOH/g 的石油产品和润滑剂。虽然也可用于测定大于 70mgKOH/g 的碱值，但大于 70mgKOH/g 碱值测定的精密度未做考察。

> 注：碱值大于 70mgKOH/g 的样品可采用 SH/T 0251—1993《石油产品碱值测定法（高氯酸电位滴定法）》进行测定。

1.3 本标准测得的碱值通常用以阐述油品在氧化和其他条件下发生的与油品的颜色和其他特性无关的相关变化，尽管测定是在特定条件下进行的，但它仍不能用来直接预测所有在用油品的碱性。例如发生在机器内部的轴承腐蚀、磨损与油品的碱值没有必然的联系。

> 注
>
> 1 本标准是作为 GB/T 7304—1987《石油产品和润滑剂中和值测定法（电位滴定法）》中碱值的代用方法而起草的，两种方法的测定结果可能相等，也可能不等。
>
> 2 本标准测得的碱值结果和 GB/T 4945—1985《石油产品和润滑剂中和值测定法（颜色指示剂法）》所测得的结果可能相等，也可能不等。同时，SH/T 0251—1993 也是用于测定石油产品的碱值，但两种方法测定的结果没有必然的联系。

2 引用标准

下列标准包括的条文，通过引用而构成本标准的一部分，除非在标准中另有明确规定，下述引用标准都应是现行有效标准。

GB/T 6682 分析实验室用水规格和试验方法

3 定义

本标准采用下述定义。

3.1 碱值 base number（也称为总碱值，TBN）
滴定 1g 样品到滴定终点时所需酸的用量，用 mgKOH/g 表示。

3.2 强碱值 strong base number（SBN）

中和 1g 样品中的强碱性组分所需酸的用量，用 mgKOH/g 表示。

4 方法概要

将试样溶于甲苯、异丙醇、三氯甲烷和微量水组成的混合溶剂中，并用盐酸异丙醇标准溶液作为滴定剂，在玻璃电极–甘汞电极或银/氯化银电极组成的电极体系中进行电位滴定，以电位计读数对滴定剂消耗量作图。并从滴定曲线上确定滴定终点，并用以计算碱值。

5 意义和用途

新的或使用过的石油产品中含有一些碱性组分，如添加剂以及添加剂在使用过程中的降解产物，这些物质的相对变化可以用酸滴定分析而得。而碱值是油品中这些碱性物质在实验条件下的一种量度，因此常作为润滑油组成质量控制的一个参考指标，并用以测定润滑油中的添加剂在使用过程中的降解情况。但必须通过经验来确定润滑油的报废指标。

6 仪器设备

典型的滴定池装配方式见图 1。

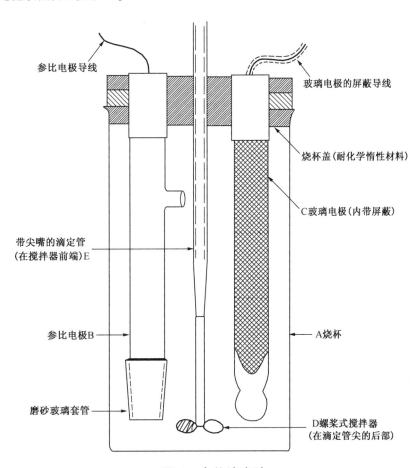

参比电极导线

玻璃电极的屏蔽导线

烧杯盖(耐化学惰性材料)

C玻璃电极(内带屏蔽)

带尖嘴的滴定管
(在搅拌器前端)E

参比电极B

A烧杯

磨砂玻璃套管

D螺浆式搅拌器
(在滴定管尖的后部)

图 1 电位滴定池

6.1 电位滴定仪：手动、自动均可，具有定时、定量滴加功能(见附录 A)。

6.1.1 滴定仪必须能自动或手动按如下方式控制滴定剂的滴加速度：每次滴加滴定剂必须定量；当一次滴加 0.1mL 后必须经过 90s 的时间间隔再进行下一次滴加，此过程重复进行直到滴定结束。

6.1.2 对于自动滴定，每次 0.1mL 的滴加量应精确到 ±0.001mL；对于手动滴定，需精确到 ±0.005mL。自动滴定管需要有较高的滴加精度，因为自动滴加到终点时，整个过程所耗的滴定剂量是每次滴加量的总和。而手动滴定管则直接从刻度上读数。

6.2　玻璃指示电极：0≤pH≤14，通用。

6.3　参比电极[1]：饱和甘汞电极或银/氯化银电极，内管和外管充满了饱和氯化锂异丙醇溶液或饱和氯化钾异丙醇溶液。

6.4　滴定管：10mL、25mL。

6.5　微量滴定管：2mL、3mL、5mL。

6.6　烧杯：150mL、250mL。

6.7　量筒：10 mL、100mL、250mL、1000mL。

6.8　容量瓶：1L。

7　试剂与材料

7.1　试剂

除另有说明外，全部试验用的试剂均为分析纯试剂，水均符合 GB/T 6682 中三级水的标准。

7.1.1　盐酸：密度(20℃)为 1.09 kg/L。

7.1.2　氢氧化钾。

7.1.3　氯化钾。

7.1.4　异丙醇。

7.1.5　2,4,6-三甲基吡啶[(γ-可力丁)，$(CH_3)_3C_5H_2N$]
应符合下列要求：
沸点：168~170℃
颜色：无色
折光率 N_d^{20}：1.4982±0.0005
警告：有毒。

7.1.6　间硝基苯酚($NO_2C_6H_4OH$)应符合下列要求：
熔点：96~97℃
颜色：淡黄色
警告：有毒。

7.1.7　甲苯。
警告：有毒。使用时应在通风橱中进行。

7.1.8　三氯甲烷(氯仿)。
警告：是一种有毒和致癌物质。

7.1.9　邻苯二甲酸氢钾：基准试剂。

7.1.10　铬酸洗液。
警告：可引起严重烧伤，是一种致癌物和强氧化剂。

7.2　材料

滤纸，脱脂棉，镊子，筛网孔径为 154μm。

8　试验准备

8.1　溶液及溶剂的配制

8.1.1　滴定溶剂：在一个棕色试剂瓶中，将 30mL 水加入到 1 L 异丙醇中，充分混合后加入甲苯和

采用说明：

1]　ASTM D4739—1996 中参比电极内液仅为饱和氯化锂异丙醇溶液。

三氯甲烷各 1L，再充分混匀。

8.1.2 氢氧化钾异丙醇标准溶液（0.1mol/L）：称取 6g 氢氧化钾加入到 1L 异丙醇中，煮沸后加入适量氢氧化钡[1]，微沸 10min，将溶液静置二天，然后将上层清液吸出，溶液存放在耐化学腐蚀瓶中。为避免空气中二氧化碳干扰，可装碱石棉或碱石灰干燥管。标定时将邻苯二甲酸氢钾溶于无二氧化碳水中，用电位滴定法确定终点，经常标定（一般为一个月），以确保标定误差不大于 0.0005mol/L。

8.1.3 氢氧化钾异丙醇标准溶液（0.2mol/L）：称取 12~13g 氢氧化钾，溶在 1L 异丙醇中；制备、贮存与标定和 8.1.2 相同。

8.1.4 盐酸异丙醇标准溶液（0.1mol/L）：取 9mL 盐酸（20℃时密度为 1.09kg/L）与 1L 异丙醇混合。用 125mL 无二氧化碳水稀释约 8mL（精确到 0.01mL）0.1mol/L 氢氧化钾异丙醇标准溶液，以此稀释溶液为滴定剂，用电位滴定法标定上述的盐酸异丙醇标准溶液。定期标定（一般为一个月）以确保标定误差不大于 0.0005mol/L。

8.1.5 盐酸异丙醇标准溶液（0.2mol/L）：取 18mL 盐酸（7.1.1）与 1L 异丙醇混合。标定与 8.1.4 相同。

8.1.6 甘汞电极内液：制备饱和氯化锂异丙醇溶液或饱和氯化钾异丙醇溶液。

8.1.7 缓冲溶液母液 A：准确称取 24.2g±0.1g 的 2,4,6-三甲基吡啶（γ-可力丁），并移至已加有 100mL 异丙醇的 1L 容量瓶中，用 250mL 量筒量取 $\frac{150}{M_1}$±5mL 的 0.2mol/L 盐酸异丙醇标准溶液（M_1 是已标定好的盐酸异丙醇标准溶液的准确浓度），在不断摇动下加入容量瓶中，用异丙醇稀释到 1000mL，混合均匀。使用期为二周。

8.1.8 缓冲溶液母液 B：准确称取 27.8g±0.1g 的间硝基苯酚，并加到已加有 100mL 异丙醇的 1L 容量瓶中。用 250mL 的量筒量取 $\frac{50}{M_2}$±1mL 0.2mol/L 氢氧化钾异丙醇标准溶液（M_2 是已标定好的氢氧化钾异丙醇标准溶液的准确浓度）在不断摇动下加入容量瓶中，再用异丙醇稀释至 1000mL，混合均匀。使用期为二周。

8.1.9 非水酸性缓冲溶液：取 10mL 缓冲溶液母液 A 加入到 100mL 滴定溶剂中，使用期为 1h。

8.1.10 非水碱性缓冲溶液：取 10mL 缓冲溶液母液 B 加入到 100mL 滴定溶剂中，使用期为 1h。

8.2 电极体系的准备

8.2.1 电极的维护和保养——玻璃电极每隔一段时间（在连续使用时，至少每周一次）插入冷铬酸洗液中清洗一次（见注）。参比电极中的饱和氯化锂异丙醇电解液或饱和氯化钾异丙醇电解液至少每周换充一次，每次充到加入口处，并确保饱和氯化锂异丙醇电解液或饱和氯化钾异丙醇电解液中始终有氯化锂或氯化钾固体结晶析出。在滴定过程中要始终保持参比电极中电解液的液面高于滴定杯中的液面。不用时，把玻璃电极的下半部插入蒸馏水中，把参比电极下半部插入饱和氯化锂异丙醇电解液或饱和氯化钾异丙醇电解液中，在两次滴定之间相隔较长时间时，绝不允许把两个电极仍插在滴定溶液中。

　　注：这一点在滴定曲线上选择终点时不太重要，但在以非水酸性缓冲溶液的电位作为滴定终点时，则显得尤为重要。

8.2.2 电极的准备——电极在使用前后，要用净布或柔软的吸水性薄纸抹干玻璃电极，并用水漂洗。用干布或软纸擦拭套管的磨砂面，轻轻地把套管复位，排出几滴电极内液浸润套管磨砂面，并牢牢固定于原位，然后用水漂洗电极。在每次滴定前，把准备好的电极在水中浸泡至少 5min，然后用干布或软纸擦去残存的水。

8.2.3 电极的检测——新的电极、久置的电极以及新安装的电位滴定仪首次使用时都要进行电极电位的检测：把 100mL 滴定溶剂和 1.0~1.5mL 的 0.1mol/L 的氢氧化钾异丙醇标准溶液充分混匀后，

　　采用说明：

　　1] ASTM D4739—1996 中在配制氢氧化钾异丙醇标准溶液时，没有加入氢氧化钡。

将电极对插入此溶液中；之后将电极对取出清洗后再插入非水酸性缓冲溶液中，读取二者的电位差应大于0.480V时，此电极对方可使用。

8.3 仪器的校正

8.3.1 测定与滴定终点相对应的非水缓冲溶液的电位或pH值——为了能正确地选择终点，对每个电极对都要进行日常的检测与校正。分别读取测定碱值时所用非水酸性缓冲溶液的电位和测定强碱值时所用的非水碱性缓冲溶液的电位。

8.3.2 如8.2.2中所述准备好电极后插入相应的缓冲溶液中，搅拌5min，保持缓冲溶液的温度在滴定温度±2℃以内。读取电位值，如果在滴定曲线上看不到拐点，就可以把在酸性缓冲溶液中测得的电位值作为电位滴定碱值的终点；把在碱性缓冲溶液中测得的电位值作为测定强碱值的终点。

8.4 用过油样的预处理

8.4.1 由于用过油样中的沉积物呈酸性、或碱性、或吸附了油样中的酸性或碱性物质，因此，采样时应该严格遵守采样规程。否则所采的试样不具代表性，从而引入较大的测定偏差。

注：当试样在贮存中有明显变化时，从润滑系统采样后，应立即进行测定，并注明采样和测定日期。

8.4.2 为使试样中的沉积物均匀地分散，应将试样在60℃±5℃下加热并搅拌。如果容器中的试样量超过容器体积的四分之三时，应转移试样至清洁的玻璃瓶中，该瓶的体积要比试样的体积至少大三分之一。在试样转移时，应彻底地摇动使得原容器中的沉积物全部转移出来。

注：当试样无明显的沉积物时，上述的加热步骤可以省略。

8.4.3 为了除去试样中沉积的大颗粒物质，当试样沉积物均匀分散开来以后，把部分或全部试样通过孔径为154μm的筛网进行过滤。

9 试验步骤

9.1 估计试样碱值，并按式(1)估算所需的试样量 $A(g)$：

$$A = 7/B \quad\cdots\cdots\cdots\cdots\cdots\cdots\cdots\cdots\cdots\cdots\cdots\cdots\cdots\cdots (1)$$

式中：B——碱值的预计值。

分析时，试样量最多为5g，最少为0.1g，称量的精度要求如表1。

表1 试样的称量精度

试样的称取量，g	称量精度，g
1~5	0.005
0.1~1	0.002

9.2 在一个称好试样的250mL的烧杯中，加入125mL滴定溶剂。如8.2.2中所述准备好电极，把烧杯置于滴定台上，调整好位置，然后把电极对插入滴定溶液中。开始搅拌，搅拌速度尽可能大，但不能有溶液飞溅或气泡产生。

9.3 选择合适的滴定管，并装入0.1mol/L盐酸异丙醇标准溶液，把滴定管固定在滴定池上。小心地把滴定管尖端插入滴定容器中的液面以下25mm处，记下滴定管中的初始体积和此时的电位值(或pH值)。

9.4 滴定——对大多数用电位滴定法测定碱值的过程来说，盐酸和碱性物质的反应进行得非常缓慢，因此，这些滴定不易达到平衡，所以为了获得良好的测定精度，规定的滴定条件一定要严格遵守。

9.4.1 不论是手动或自动滴定，在滴定过程中，必须定时定量地滴加滴定剂，即每相邻两次滴加滴定剂之间必须间隔90s，每次滴加量为0.1mL 0.1mol/L的盐酸异丙醇标准溶液，在90s间隔结束时读下电位值。如此一直滴到电位超过相对于酸性缓冲溶液电位100mV为止。

手动或自动地绘出滴定剂滴加量对电位读数的曲线，按10.1中所述确定终点。

9.4.2 在滴定结束后，移去滴定杯，先后用滴定溶剂、水、滴定溶剂依次漂洗电极和滴定管尖部。（在进行下一次滴定时，用蒸馏水浸泡电极至少5min）。不用时，将玻璃电极存放在去离子水或蒸馏水中，把参比电极浸泡在饱和氯化锂异丙醇或饱和氯化钾异丙醇溶液中（见8.2.1）。

9.4.3 空白滴定——对每一批样品，都要做等量滴定溶剂（与溶解样品时所用滴定溶剂的量相同）的空白滴定。对于碱值的空白滴定，每次滴加0.05mL 0.1mol/L盐酸异丙醇标准溶液，每间隔90s滴加一次，直到电位超过相对于酸性缓冲溶液电位100mV时为止。对于强碱值的空白滴定，用氢氧化钾异丙醇标准溶液同上滴定，直到电位超过相对于碱性缓冲溶液电位100mV时为止。

10 计算

10.1 如果拐点（见注）出现在缓冲溶液电位和超过缓冲溶液电位100mV的电位之间，记下这个拐点作为滴定终点。如果拐点没有出现在这个电位区域中，则把曲线上酸性缓冲溶液电位对应的点作为滴定终点。参见图2中的例子，选择终点。

注：如下表例子所示，对于至少5次滴加，我们可测得5个连续电位差Δ，通常把所测得的Δ值中最大的一个确认为拐点：

滴定剂量，mL	电位差Δ，mV
1.8	8.3
1.9	10.7
2.0	11.3
2.1	10.0
2.2	7.9

最大的电位差Δ值至少应为5mV，并且最大的Δ值与第一个和最后一个Δ值之间相差最少也应为2mV，如在此例中，Δ=11.3为滴定终点。

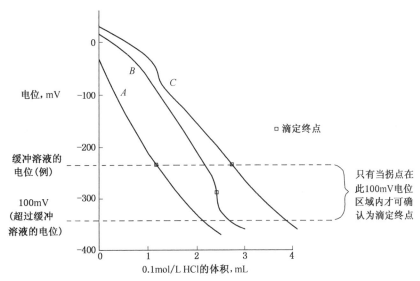

A—没有拐点的滴定曲线，把缓冲溶液的电位作为滴定终点；B—在图中指示的电位区域内有拐点的滴定曲线，把拐点作为滴定终点；C—拐点出现在缓冲溶液的电位之前，没有出现在此电位区域内，把缓冲溶液的电位作为滴定终点

图2 在滴定曲线上确定滴定终点的典型例子

10.2 按式（2）、式（3）计算试样的碱值和强碱值（mgKOH/g）：

$$碱值 = \frac{(A-B) \cdot M \times 56.1}{W} \quad\cdots\cdots\cdots\cdots\cdots\cdots\cdots (2)$$

$$强碱值 = \frac{(C \cdot M + D \cdot m) \times 56.1}{W} \quad\cdots\cdots\cdots\cdots\cdots\cdots\cdots (3)$$

式中：A——滴定试样至终点或非水酸性缓冲溶液电位值时，所消耗盐酸异丙醇标准溶液的体积，mL；

    B——相应于 A 的空白值，mL；

    M——盐酸异丙醇标准溶液的浓度，mol/L；

    W——试样的质量，g；

    C——滴定试样至非水碱性缓冲溶液电位时所消耗盐酸异丙醇标准溶液的体积，mL；

    D——相应于 C 的终点进行空白滴定时所消耗氢氧化钾异丙醇标准溶液的体积，mL；

    m——氢氧化钾异丙醇标准溶液的浓度 mol/L。

11 精密度

11.1 碱值的精密度

按下述规定判断试验结果的可靠性(95%置信水平)。

注：本方法碱值的精密度适用范围为 0.5~70mgKOH/g。

11.1.1 重复性——同一操作者，用同一仪器，对相同试样进行测定所得两个结果之差，不应超过其平均值的 10.4%。

11.1.2 再现性——不同的实验者在不同的实验室所得两个独立有效的试验结果之差不应超过其平均值的 21.1%。

11.2 强碱值的精密度——用于测强碱值的情况很少，因此测强碱值的精密度未做考察。

附 录 A

（标准的附录）

仪 器

A1 手动滴定仪组成部分

A1.1 电位计——当玻璃电极和参比电极间的电阻介于 $0.2 \sim 20M\Omega$ 时，电位计的精度为 $\pm 0.005V$，灵敏度为 $\pm 0.002V$，量程至少为 $0.5V$。玻璃电极的表面暴露部分，玻璃电极的导线，滴定台或电位计要接地以避免静电场对电位读值的干扰。理想的仪器应包括有特定量程、精确度、灵敏度的可连续读数的电子伏特计。为此，设计要求当电阻为 $1000M\Omega$ 的电极体系接到伏特计的接线柱上时，输入电流小于 $5\times10^{-12}A$；并且需要配备理想的接线柱，当此接线柱接上屏蔽线并与玻璃电极相接时，没有来自外部静电场的干扰。

A1.2 滴定杯——用硼硅酸盐玻璃制成的 250mL 烧杯，或其他适宜的滴定杯。

A1.3 搅拌器——磁力搅拌器比较理想。如果用电动搅拌器，则必须接地，以消除在滴定过程中电位计读数一直存在的误差。

A1.4 滴定台——能如图 1 中所示支撑电极、搅拌器、滴定管的实验台。比较合适的布置安装方式是当移动滴定杯时，电极、搅拌器、滴定管不会对其构成影响。

A2 自动电位滴定系统需符合 A1.1 中的要求，并具备下述的技术操作性能

A2.1 滴加量能够自动控制，每相邻两次滴加之间的时间间隔为 90s，每次滴加量均为 0.100mL ± 0.001mL。

A2.2 通常用马达驱动，能等量滴加的滴定管，精度为 ± 0.001mL。

A2.3 整个滴定过程中，每次滴加量与相应的电位变化关系曲线可连续打印出来。

附 录 B

（提示的附录）

缩短滴定时间

B1 由于滴定反应和电位平衡通常较慢，因此，在测定碱值时我们所选用的 90s/次的滴加过程导致每个样品都要花较长的滴定时间。而事实上，我们可以缩短滴定时间，即在滴定开始时，可以较快滴加，直到距缓冲溶液电位有 25mV 时，再以 90s/次的滴加速度滴加到滴定过程结束。

B2 在很多情况下，碱值的精密度未做最高要求。在这些情况下，用把样品量减半的方式来缩短滴定时间。

　　注：以上两种实验方法的精密度未做考察，但预计对精密度影响不大。

前　言

本标准等效采用美国材料与试验协会标准 ASTM D5453-1993《轻质烃及发动机燃料和其他油品的总硫含量测定法(紫外荧光法)》。

本标准引用标准采用我国相应的国家标准。

本标准由中国石油化工集团公司提出。

本标准由中国石油化工集团公司石油化工科学研究院归口。

本标准起草单位：上海高桥石油化工公司上海炼油厂、抚顺石油化工研究院。

本标准主要起草人：吴国良、王丽君。

中华人民共和国石油化工行业标准

SH/T 0689—2000

轻质烃及发动机燃料和其他油品的
总硫含量测定法(紫外荧光法)

Standard test method for determination of total sulfur in light
hydrocarbons, motor fuels and oils by ultraviolet fluorescence

1 范围

1.1 本标准适用于测定沸点范围约 25~400℃,室温下黏度范围约 0.2~10mm²/s 之间的液态烃中总硫含量。本标准适用于总硫含量在 1.0~8000mg/kg 的石脑油、馏分油、发动机燃料和其他油品。

1.2 本标准适用于测定卤素含量低于 0.35%(m/m)的液态烃中的总硫含量。

1.3 以 SI(国际单位制)作为标准计量单位。

1.4 本标准涉及某些有危险性的材料、操作和设备,但是无意对与有关的所有安全问题都提出建议。因此,用户在使用本标准之前应建立适当的安全和防护措施并确定有适用性的管理制度。

2 引用标准

下列标准包括的条文,通过引用而构成为本标准的一部分,除非在标准中另有明确规定,下述引用标准应是现行有效标准。

GB/T 4756 石油液体手工取样法

3 方法概要

将烃类试样直接注入裂解管或进样舟中,由进样器将试样送至高温燃烧管,在富氧条件中,硫被氧化成二氧化硫(SO_2);试样燃烧生成的气体在除去水后被紫外光照射,二氧化硫吸收紫外光的能量转变为激发态的二氧化硫(SO_2^*),当激发态的二氧化硫返回到稳定态的二氧化硫时发射荧光,并由光电倍增管检测,由所得信号值计算出试样的硫含量。

警告:接触过量的紫外光有害健康,试验者必须避免直接照射的紫外光以及次级或散射的辐射光对身体各部位、尤其是眼睛的危害。

4 意义和应用

石油化工厂加工的原料中含有痕量硫化合物会引起催化剂中毒。本标准可用于测定加工原料中的硫含量,也可用于控制产品中的硫含量。

5 仪器

5.1 燃烧炉:电加热,温度能达到 1100℃,此温度足以使试样受热裂解,并将其中的硫氧化成二氧化硫。

5.2 燃烧管:石英制成,有两种类型。用于直接进样系统的可使试样直接进入高温氧化区。用于舟进样系统的入口端应能使进样舟进入。燃烧管必须有引入氧气和载气的支管,氧化区应足够大(见

图 1、图 2)以确保试样的完全燃烧。图 1、图 2 给出常用的燃烧管图，如使用其他结构，精密度要达到要求。

5.3 流量控制：仪器必须配备有流量控制器，以确保氧气和载气的稳定供应。

5.4 干燥管：仪器必须配备有除去水蒸气的设备，以除去进入检测器前反应产物中的水蒸气。可采用膜式干燥器，它是利用选择性毛细管作用除去水。

5.5 紫外荧光(UV)检测器：定性定量检测器，能测量由紫外光源照射二氧化硫激发所发射的荧光。

5.6 微量注射器：微量注射器能够准确地注入 5~20μL 的样品量，注射器针头长为 50mm±5mm。

5.7 进样系统：可使用两种进样系统中任一种。

5.7.1 直接进样系统：必须能使定量注射的试样在可控制、可重复的速度下进入进口载气流中，进口载气的作用是携带试样进入氧化区域。进样器能以约 1μL/s 的速度从微量注射器中注射出试样。见图 3。

5.7.2 舟进样系统：进样舟、燃烧管均由石英制作。加长的燃烧管与氧化区入口连接，并由载气吹扫。燃烧管应能使进样舟退回到原位置，并在此位置有冷却外套，使进样舟停留冷却，等待进样。进样器的速度必须是可控制和可重复的。见图 4。

5.8 循环制冷器(可选)：用于舟进样方法，是一种可调节的能输送恒定温度低至 4℃ 的制冷物质的设备。

5.9 记录仪(可选)。

5.10 天平(可选)：感量为 ±0.01mg。

5.11 容量瓶：100mL。

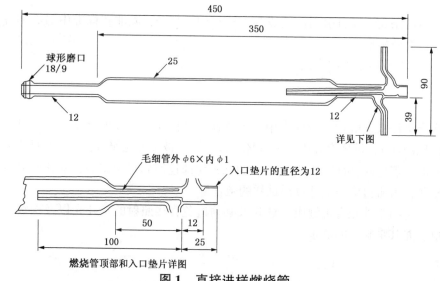

燃烧管顶部和入口垫片详图

图1　直接进样燃烧管

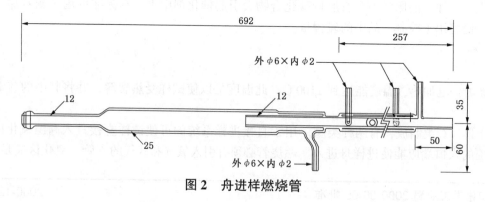

图2　舟进样燃烧管

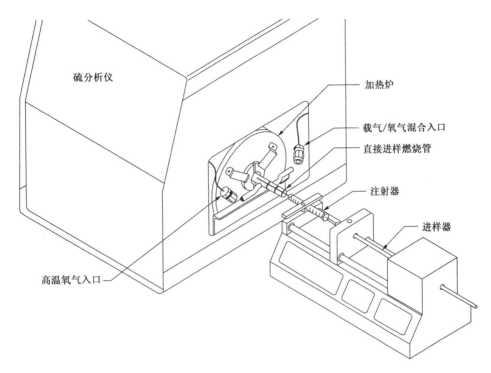

图 3　直接进样系统

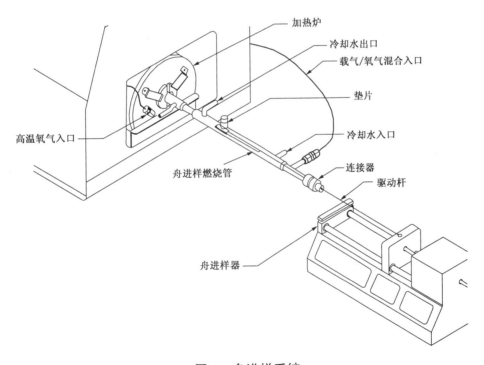

图 4　舟进样系统

6　试剂与材料

6.1　试剂的纯度：试验使用的试剂均为分析纯。如果使用其他纯度的试剂，应保证测定的精确度。

6.2　惰性气体：氩气或氦气，纯度不小于99.998%，水含量不大于5mg/kg。

6.3　氧气：纯度不小于99.75%，水含量不大于5mg/kg。

警告：氧气会剧烈加速燃烧。

6.4 溶剂：甲苯、二甲苯、异辛烷，或与待分析试样中组分相似的其他溶剂。需对配制标准溶液和稀释试样所用溶剂的硫含量进行空白校正。当所使用的溶剂相对未知试样检测不到硫存在时，无需对其进行空白校正。

警告：易燃。

6.5 硫芴：相对分子量184.26，硫含量17.399%（m/m）（见6.7注）。

6.6 丁基硫醚：相对分子量146.29，硫含量21.92%（m/m）（见6.7注）。

6.7 硫茚（苯并噻吩）：相对分子量134.20，硫含量23.90%（m/m）（见注）。

注：需校正化学杂质。

6.8 石英毛。

6.9 硫标准溶液（母液），1000μg/mL：准确称取0.5748g硫芴（或0.4562g丁基硫醚，或0.4184g硫茚）放入100mL容量瓶中，再用所选溶剂稀释至刻线，该标准溶液可稀释至所需要的硫浓度。

注：标准溶液的配制量应以使用的次数和时间为基础，一般标准溶液有效期为三个月。

7 安全注意事项

本方法使用高温。在高温炉附近使用易燃品时必须特别小心。

8 取样

8.1 按GB/T 4756采取样品。某些样品中含易挥发性组分，所以开启样品容器的时间尽可能短，取出样品后应尽快分析，以避免硫损失和与样品容器接触而被污染。

警告：低于室温采取的样品，由于样品在室温时膨胀会损坏容器，对此类样品不要将容器装满，并应留有足够的样品膨胀空间。

8.2 如果样品不立即使用，取试样前样品在容器内需充分混合。

9 仪器准备

9.1 按照制造厂家提供的说明书安装仪器并进行检漏。

9.2 根据进样方式，按表1所列条件调节仪器。

9.3 按照制造厂的要求，调节仪器的灵敏度、基线稳定性，并进行仪器的空白校正。

表1 典型的操作条件

进样器进样速度（直接进样），μL/s	1
舟进样器进样速度（舟进样），mm/min	140~160
炉温，℃	1100±25
裂解氧气流量，mL/min	450~500
入口氧气流量，mL/min	10~30
入口载气流量，mL/min	130~160

10 校准

10.1 选择表2所推荐的曲线之一。用所选溶剂稀释硫标准溶液（母液）以配制一系列校准标准溶液，其浓度范围应能包括待测试样浓度，并且所含硫的类型和基体都要与待测试样相似。

10.2 在分析前，用标准溶液冲洗注射器几次。如果液柱中存有气泡，要冲洗注射器并重新抽取标准溶液。

10.3 从表2所选定的曲线确定标准溶液进样量，将定量的标准溶液注入燃烧管或样品舟，有两种可选择的进样方法。

表 2 硫标准溶液

曲线 1 硫 ng/μL	曲线 2 硫 ng/μL	曲线 3 硫 ng/μL
0.50	5.00	100.00
2.50	25.00	500.00
5.00	50.00	1000.00
	100.00	
进样量 μL	进样量 μL	进样量 μL
10~20	5~10	5

注：在选定的操作范围之内，所有待测试样的进样量应相同或相近，以确定一致的燃烧条件。

10.3.1 为了确定进样量，将注射器充至所需刻度，回拉，使最低液面落至 10% 刻度，记录注射器中液体体积，进样后，再回拉注射器，使最低液面落至 10% 刻度，记录注射器中液体体积，两次体积读数之差即为注射进样量。

注：可使用自动进样、注射设备来代替手动进样步骤。

10.3.2 按 10.3.1 所述方法用注射器抽取标准溶液，也可采用进样前后注射器称重的方法，确定进样量。该方法如果用感量 ±0.01mg 的精密天平，可得到比体积法更好的精确度。

10.4 当微量注射器中合适的标准溶液量确定后，应立即将标准溶液迅速、定量地注入到仪器中，有两种进样技术可供选用。

10.4.1 直接进样技术：将注射器小心地插入燃烧管的入口处，并位于进样器上。允许有一定时间让针头内残留标准溶液先行挥发燃烧(针头空白)，当基线重新稳定后，立即开始分析；当仪器恢复到稳定的基线后取出注射器。

10.4.2 舟进样技术：以缓慢的速度将标准溶液定量注入到样品舟中的石英毛内，小心不要遗漏针头上最后一滴标准溶液，移去注射器开始分析。在进样舟进入炉中样品汽化前，仪器的基线应保持稳定。进样舟从炉中退回之前，仪器的基线将重新稳定(见注 1)。当进样舟完全退回到原位置，等待下次进样前应至少停留 1 min 冷却(见注 2)。

注

1 减慢舟进样速度或使舟在炉中短暂的停留，对确保样品的完全燃烧是必要的。

2 进样舟所需的冷却程度和下次进样的开始时间，与被测样品的挥发度有关。在进样舟进入炉内前，需要使用循环制冷器以使样品的挥发降至最低。

10.5 选用以下两种技术之一校准仪器。

10.5.1 使用 10.2 到 10.4 中所述方法之一，对每个校准标准溶液和空白溶液进行测量，并分别重复测量三次。在确定平均积分响应值之前，要从每一个校准标准溶液的测量值中减去平均空白(见 6.4)响应值。建立以平均响应值为 Y 轴，校准标准溶液硫含量(μg)为 X 轴的曲线。此曲线应是线性的。每天须用校准标准溶液检查系统性能至少一次。

10.5.2 若系统具有校正功能，使用 10.2 到 10.4 中所述方法之一，对每个校准标准溶液和空白溶液重复测量三次，取三次结果的平均值校正仪器。如果需要空白校正而又无法进行(见 6.4)，可按照制造厂的说明书，用每个校准标准溶液硫含量(ng)值与其相应的平均响应值建立曲线，此曲线应是线性的。每天须用校准标准溶液检查系统性能至少一次。

10.6 如果使用了与表 2 不同的曲线来校正仪器，选择基于所用曲线并接近所测溶液浓度的试样进样量。

注：注射浓度为 100ng/μL 的标准溶液 10μL，相当于建立了一个 1000ng 或 1.0μg 硫的校正点。

11 试验步骤

11.1 按第 8 章所述方法获得测定试样，试样的硫浓度必须介于校正所用标准溶液的硫浓度范围之内，即大于低浓度的标准溶液，小于高浓度的标准溶液。如有必要，可对试样用重量法或体积法稀释。

11.1.1 质量稀释：记录试样的质量、试样加溶剂的总质量。

11.1.2 体积稀释：记录试样的质量、试样加溶剂的总体积。

11.2 按 10.2 至 10.4 所述方法之一，测定试样溶液的响应值。

11.3 检查燃烧管和流路中的其他部件，以确定试样是否完全燃烧。

11.3.1 直接进样系统：如果发现有积炭或烟灰，应减少试样进样量或降低进样速度，或同时采取这两种措施。

11.3.2 舟进样系统：如果发现样品舟上有积炭或烟灰，应延长进样舟在炉内的停留时间；如果在燃烧管的出口端发现积炭或烟灰，应降低进样舟的进样速度或减少试样进样量，或同时采取这两种措施。

11.3.3 清除和再校正：按照制造厂的说明书，清除有积炭或烟灰的部件。在清除、调节后，重新安装仪器和检漏。在再次分析试样前，需重新校正仪器。

11.4 每个样品重复测定三次，并计算平均响应值。

12 计算

12.1 使用标准工作曲线进行校正的仪器，试样中的硫含量 X(mg/kg)按式(1)或式(2)计算：

$$X = (I-Y)/(S \cdot M \cdot K_g) \quad\cdots\cdots (1)$$

或

$$X = (I-Y)/(S \cdot V \cdot K_v) \quad\cdots\cdots (2)$$

式中：D——试样溶液的密度，g/mL；

I——试样溶液的平均响应值；

K_g——质量稀释系数，即试样质量/试样加溶剂的总质量，g/g；

K_v——体积稀释系数，即试样质量/试样加溶剂的总体积，g/mL；

M——所注射的试样溶液质量，直接测量或利用进样体积和密度计算，$V×D$，g；

S——标准曲线斜率，响应值/(μgs)；

V——所注射的试样溶液体积，直接测量或利用进样质量和密度计算，M/D，μL；

Y——空白的平均响应值。

12.2 配有校正功能的分析仪，而无空白校正时，试样中的硫含量 X(mg/kg)按式(3)或式(4)计算：

$$X = 1000G/(M \cdot K_g) \quad\cdots\cdots (3)$$

或

$$X = 1000G/(V \cdot D) \quad\cdots\cdots (4)$$

式中：D——试样的密度，mg/μL(不稀释进样)，或试样溶液的浓度(体积稀释进样)，mg/μL；

K_g——质量稀释系数，即试样质量/试样加溶剂的总质量，g/g；

M——所注射的试样溶液质量，直接测量或利用进样体积和密度计算，$V×D$，mg；

V——所注射的试样溶液体积，直接测量或利用进样质量和密度计算，$M×D$，μL；

G——仪器显示的试样中硫的质量，μg。

13 精密度和偏差

13.1 重复性：同一操作者，同一台仪器，在同样的操作条件下，对同一试样进行试验，所得的两个试验结果的差值，在正确操作下，20 次中只有一次超过下列值：

$$r = 0.1867X^{0.63}$$

其中：X 表示两次试验结果的平均值。

13.2 再现性：在不同的实验室，由不同的操作者，对同一试样进行的两次独立的试验结果的差值，在正确操作下，20 次中只有一次超过下列值：

$$R = 0.2217X^{0.92}$$

其中：X 表示两次试验结果的平均值。

13.3 偏差：本标准偏差由分析已知硫含量的烃类标准参考物质（SRM$_s$）确定，对标准参考物质进行分析所得测试结果在本标准的重复性内。

13.4 上述精密度估算实例见表3：

表3 重复性 r 和再现性 R mg/kg

硫 含 量	重复性 r	再现性 R
1	0.187	0.222
5	0.515	0.975
10	0.796	1.844
50	2.195	8.106
100	3.397	15.338
500	9.364	67.425
1000	14.492	127.575
5000	39.948	560.813